Die Bonus-Seite

Ihr Vorteil als Käufer dieses Buches

Auf der Bonus-Webseite zu diesem Buch finden Sie zusätzliche Informationen und Services. Dazu gehört auch ein kostenloser **Testzugang** zur Online-Fassung Ihres Buches. Und der besondere Vorteil: Wenn Sie Ihr **Online-Buch** auch weiterhin nutzen wollen, erhalten Sie den vollen Zugang zum **Vorzugspreis**.

So nutzen Sie Ihren Vorteil

Halten Sie den unten abgedruckten Zugangscode bereit und gehen Sie auf **www.sap-press.de**. Dort finden Sie den Kasten **Die Bonus-Seite für Buchkäufer**. Klicken Sie auf **Zur Bonus-Seite/Buch registrieren**, und geben Sie Ihren **Zugangscode** ein. Schon stehen Ihnen die Bonus-Angebote zur Verfügung.

Ihr persönlicher **Zugangscode** nx3s-wpjz-y2f5-r9i4

SAP® Treasury and Risk Management

SAP PRESS

SAP PRESS ist eine gemeinschaftliche Initiative von SAP und Galileo Press. Ziel ist es, Anwendern qualifiziertes SAP-Wissen zur Verfügung zu stellen. SAP PRESS vereint das fachliche Know-how der SAP und die verlegerische Kompetenz von Galileo Press. Die Bücher bieten Expertenwissen zu technischen wie auch zu betriebswirtschaftlichen SAP-Themen.

Karin Bädekerl, Heinz Forsthuber
Der elektronische Kontoauszug in SAP ERP
347 S., 2010, geb.
ISBN 978-3-8362-1471-1

Heinz Forsthuber, Jörg Siebert
Praxishandbuch SAP-Finanzwesen
657 S., 4., erweiterte Auflage 2010, geb.
mit Referenzkarte
ISBN 978-3-8362-1556-5

Martin Munzel, Renata Munzel
SAP-Controlling – Customizing
746 S., 2011, geb.
ISBN 978-3-8362-1631-9

Maxim Chuprunov
Handbuch SAP-Revision
Internes Kontrollsystem und GRC
743., 2., aktualisierte und erweiterte Auflage 2012, geb.
ISBN 978-3-8362-1928-0

Jürgen Weiss
Financial Supply Chain Management mit SAP ERP
556 S., 2009, geb.
ISBN 978-3-8362-1187-1

Aktuelle Angaben zum gesamten SAP PRESS-Programm finden Sie unter *www.sap-press.de.*

Rudolf Bryša, Thomas Fritzsche, Markus Heß, Sönke Jarré,
Reinhold Lövenich, Andreas Martin, Klaus G. Müller

SAP® Treasury and Risk Management

Galileo Press

Bonn • Boston

Liebe Leserin, lieber Leser,

vielen Dank, dass Sie sich für ein Buch von SAP PRESS entschieden haben.

Als die erste Auflage dieses Buches erschien, war die Welt eine andere. Abgesehen von den Ereignissen, die das Leben jedes Einzelnen von Ihnen seitdem gewandelt und geprägt haben, haben sich auch auf internationaler politischer und wirtschaftlicher Bühne umwälzende Veränderungen ergeben. Veränderungen, die sich auch in einer IT-Lösung wie SAP Treasury and Risk Management niederschlagen und denen auch ein Fachbuch zu dieser Software Rechnung tragen muss.

Ich freue mich sehr, Ihnen nun die zweite Auflage dieses Buches vorzustellen – rundum aktualisiert und um neue Themen wie die Korrespondenz oder das Exposure Management erweitert. Ein nicht nur umfangreiches, sondern auch inhaltlich gewichtiges Werk, das Ihnen handfestes Anwendungs- und Customizing-Wissen vermittelt. Ich bin sicher, dass Ihnen dieses Buch wertvolle Dienste leisten wird.

Wir freuen uns stets über Lob, aber auch über kritische Anmerkungen, die uns helfen, unsere Bücher zu verbessern. Am Ende dieses Buches finden Sie daher eine Postkarte, mit der Sie uns Ihre Meinung mitteilen können. Als Dankeschön verlosen wir unter den Einsendern regelmäßig Gutscheine für SAP PRESS-Bücher.

Ihre Patricia Sprenger
Lektorat SAP PRESS

Galileo Press
Rheinwerkallee 4
53227 Bonn

patricia.sprenger@galileo-press.de
www.sap-press.de

Auf einen Blick

Der Name Galileo Press geht auf den italienischen Mathematiker und Philosophen Galileo Galilei (1564–1642) zurück. Er gilt als Gründungsfigur der neuzeitlichen Wissenschaft und wurde berühmt als Verfechter des modernen, heliozentrischen Weltbilds. Legendär ist sein Ausspruch *Eppur si muove* (Und sie bewegt sich doch). Das Emblem von Galileo Press ist der Jupiter, umkreist von den vier Galileischen Monden. Galilei entdeckte die nach ihm benannten Monde 1610.

Lektorat Patricia Sprenger
Korrektorat Alexandra Müller, Olfen
Einbandgestaltung Sabine Reibeholz
Titelbild Monkey Business Images: 1105992 © veer
Typografie und Layout Vera Brauner
Herstellung Lissy Hamann
Satz III-satz, Husby
Druck und Bindung Beltz Druckpartner, Hemsbach

Gerne stehen wir Ihnen mit Rat und Tat zur Seite:
patricia.sprenger@galileo-press.de bei Fragen und Anmerkungen zum Inhalt des Buches
service@galileo-press.de für versandkostenfreie Bestellungen und Reklamationen
thomas.losch@galileo-press.de für Rezensionsexemplare

Bibliografische Information der Deutschen Nationalbibliothek
Die Deutsche Nationalbibliothek verzeichnet diese Publikation in der Deutschen Nationalbibliografie; detaillierte bibliografische Daten sind im Internet über http://dnb.d-nb.de abrufbar.

ISBN 978-3-8362-1920-4

2., aktualisierte und erweiterte Auflage 2013

Inhalt

Innerhalb der Treasury-Lösungen von SAP ist SAP Treasury and Risk Management für die Verwaltung von Finanzinstrumenten sowie für das Monitoring von Risiken und die Sicherung derselben verantwortlich.

1 Einleitung

Auf den folgenden Seiten erfahren Sie, was das vorliegende Buch beinhaltet, an wen es sich richtet und was uns bewogen hat, es zu verfassen. Darüber hinaus finden Sie einen kurzen Abriss über die Entwicklung der letzten Releases bis hin zum aktuellen Erweiterungspaket 6 (EHP 6).

1.1 Liebe Leserin, lieber Leser!

Sie lesen ein Buch mit dem Titel »SAP Treasury and Risk Management«. Da Sie sich bis hierher vorgewagt haben, wollen wir Sie auch für den »Rest« des Buches begeistern.

Bevor das Manuskript gedruckt, gesetzt und geschrieben ist, stellt sich die Frage der Konzeption: Welche Themen müssen wie umfangreich abgedeckt werden? Welche Informationen erhoffen sich die Leser von diesem Buch? Als wir uns zu Beginn unseres Buchprojekts zusammensetzten, um diese Fragen für die zweite Auflage zu klären, wurde schnell klar, dass gegenüber der ersten Auflage recht viele Erweiterungen vorgenommen und auch neue Themen aufgenommen werden sollten.

Wie Sie aus eigener Erfahrung wissen, ist das Thema »SAP Treasury and Risk Management« sehr vielschichtig und hat viele, ständig changierende Facetten: Die Finanzmärkte, getrieben durch die Banken, werden überschwemmt mit Finanzproduktinnovationen. Die Rechnungslegungsvorschriften werden ständig weiterentwickelt, die neuen IFRS (International Financial Reporting Standards) sind teilweise schon aktiv, andere Teile werden noch diskutiert. Die Finanzkrise hinterlässt auch in Form von neuen Compliance-Regelungen wie den EMIR-Regelungen (European Market Infrastructure Regulation) oder dem Dodd-Franck-Act ihre Spuren.

All das führt dazu, dass Sie mit Ihrem Mitarbeiterstab immer mehr bewältigen und Ihre Zeit wahrscheinlich im immerwährenden Wechsel zwischen verschiedenen Systemen, Tabellenkalkulationen, Präsentationen und Meetings verbringen müssen. Entsprechend unübersichtlich, komplex und – insbesondere in analytischen Themenbereichen – meist sehr mathematisch geprägt ist die Fachliteratur, die Sie zurate ziehen können.

Um diesen Veränderungen Rechnung zu tragen, ist SAP Treasury and Risk Management in den vergangenen Jahren ständig weiterentwickelt worden. Die 1100 Seiten, die das vorliegende Buch nun umfasst, reichen bei Weitem nicht aus, um die Welt von SAP Treasury and Risk Management erschöpfend zu beschreiben. An vielen Stellen mussten wir uns einschränken, einige teilweise recht neue Themen, wie das zentrale Clearing, konnten wir erst gar nicht erfassen. So spiegelt dieses Buch das Modul SAP Treasury and Risk Management nicht in seiner ganzen Komplexität wider. Vielmehr haben wir versucht, die Themen und Fragestellungen herauszufiltern, die uns und – wie wir vermuten – vielen von Ihnen besonders am Herzen liegen. Unter dieser Prämisse haben wir dieses Buch vollgepackt mit Informationen – dazu, was das SAP Treasury and Risk Management wie leistet und wie Sie das System bedienen und an Ihre Bedürfnisse anpassen können. Wir denken, dass wir Ihnen mit diesem Buch einen fundierten und ausgewogenen Einblick in diese Lösung an die Hand geben, und wünschen Ihnen viel Spaß und Erfolg beim Lesen. Auf Ihr Feedback freuen wir uns!

1.1.1 An wen richtet sich das Buch?

Wenn Sie sich fragen, ob dieses Buch für Sie geeignet ist, helfen Ihnen vielleicht die folgenden Ausführungen. Wir beschreiben hier, welche Leserkreise wir beim Schreiben des Buches vor Augen hatten.

Treasurer & Asset Manager

Sie als Treasurer wissen genau, wie Sie Ihr Unternehmen durch die Widrigkeiten der Märkte manövrieren. Sie sichern die Liquidität Ihres Unternehmens, Sie erfassen und analysieren Risiken, optimieren die Risikostruktur und verwalten überschüssige Mittel. Oder Sie verwalten als Asset Manager immense Summen für Versicherungen, für Pensionskassen oder für andere Mandate. Sie kennen die Situation am Markt, und Sie kennen die internen Wünsche und Richtlinien genauso wie die sich ständig ändernden rechtlichen Rahmenbedingungen. Sie sind der wahre »Schatzmeister« Ihres Unternehmens. Wir wollen kein Lehrbuch des Treasurys schreiben, dazu gibt es andere Werke. Wir wollen Ihnen ein leistungsfähiges und an Ihre Bedürfnisse anpassbares, integriertes Treasury-System vorstellen.

IT-Team

Als Mitarbeiter oder Leiter im IT-Team sind Sie verantwortlich für die Auswahl, Einführung oder Weiterentwicklung der SAP-Komponenten in Ihrem Hause. Sie kennen die Abläufe dort genauso gut wie die Werkzeuge der SAP. Sie werden ständig mit Anforderungen aus den Fachabteilungen konfrontiert und sind auf der Suche nach der Lösung mit dem optimalen Preis-Leistungs-Verhältnis. Wir bieten Ihnen ein fundiertes Wissen an der Nahtstelle zwischen betriebswirtschaftlichen Aspekten und der technischen Umsetzung im System an.

Berater

Als Berater möchten Sie sich in einem Projekt mit der Einführung, Erweiterung oder dem Upgrade von SAP Treasury and Risk Management auseinandersetzen. Sie verfügen vielleicht schon über Wissen aus einer anderen Komponente und möchten nun wissen, »was die im Treasury so machen«. Oder Sie kennen schon andere Treasury-Systeme und stehen jetzt vor dieser unbekannten SAP-Komponente. Wir bieten Ihnen ein fundiertes und breit angelegtes Grundlagenwissen an, angereichert mit vielen Tipps und Tricks, Optimierungshinweisen und Customizing-Möglichkeiten, Hintergrundinformationen zur Architektur und zur Integration mit anderen ERP-Komponenten.

Lehrer, Studenten und andere Wissbegierige

Sie wissen, was Treasury ist, und Sie wollten schon immer einmal erfahren, wie »die von SAP das eigentlich umgesetzt haben« und wie es von Treasurern verwendet wird. Sie möchten einmal über den Tellerrand der Theorie einen Blick in die Abgründe der Praxis werfen. Oder Sie sind als Softwareentwickler an betriebswirtschaftlichen Aspekten interessiert. Hier erhalten Sie die Einblicke in die Komponente SAP Treasury and Risk Management, die Sie suchen. Das Buch basiert auf unseren eigenen Erfahrungen als Softwareentwickler, verbunden mit Hunderten von Diskussionen, Telefonaten und Besuchen mit Neu- und Bestandskunden, Anwendern, Beratern und externen Softwareentwicklern.

1.1.2 Die Arbeit mit diesem Buch

Sie können dieses Buch ganz klassisch von vorne bis hinten lesen. Vielleicht gehen Sie aber auch mit einer konkreten Fragestellung an das Buch heran und konzentrieren sich auf bestimmte Kapitel. Um Ihnen diese Vorgehensweise zu erleichtern, finden Sie im Buch Verweise auf andere Abschnitte, die das Thema einführen oder vertiefen. Wenn Sie Informationen zu einem bestimmten Thema benötigen, finden Sie im Index einen Hinweis auf die passenden Stellen im Buch. Weiter unten, in Abschnitt 1.2, geben wir eine Übersicht über den Inhalt des Buches sowie eine Einführung in SAP Treasury and Risk Management.

Um Ihnen das Arbeiten mit diesem Buch zu erleichtern, haben wir bestimmte Stellen mit Symbolen markiert. Diese Icons haben jeweils die folgende Bedeutung:

[!] **Achtung**
Mit diesem Symbol warnen wir Sie vor möglichen Fehlerquellen oder Stolpersteinen.

[»] **Hinweis**
Kästen mit diesem Icon bieten Ihnen detaillierte Informationen und besonders wichtige Hinweise zu dem besprochenen Thema.

[+] **Tipp**
In diesem Buch geben wir Ihnen Tipps und Empfehlungen, die sich in der Praxis bewährt haben. Sie finden sie in den Kästen mit diesem Icon.

[zB] **Beispiel**
Anhand von Beispielen wird das besprochene Thema erläutert und vertieft. Unsere Beispiele sind mit diesem Symbol hervorgehoben.

1.2 Inhalt und Aufbau des Buches

Zentrale Aufgabe von SAP Treasury and Risk Management ist es, Finanzinstrumente verschiedenster Couleur in unterschiedlichen Anwendungsszenarien abzubilden, Werkzeuge für das tägliche Geschäft bereitzustellen, eine korrekte buchhalterische Abbildung gemäß verschiedenen Rechnungslegungsvorschriften zu gewährleisten und leistungsfähige Analysefunktionen in diesen Finanzinstrumenten anzubieten. Dabei werden Finanzinstrumente aus den Bereichen Geldhandel, Devisen, Derivate und Wertpapiere unterstützt. Dieser Abschnitt gibt Ihnen zum einen eine Übersicht darüber, welche Komponenten SAP Treasury and Risk Management umfasst, und informiert Sie zum anderen darüber, in welchem Kapitel dieses Buches welches Thema behandelt wird. Welche Finanzinstrumente unterstützt werden, erfahren Sie in Abschnitt 1.3.

In Abbildung 1.1 stellen wir Ihnen die Teilkomponenten von SAP Treasury and Risk Management vor. Anschließend erläutern wir die Rolle der Komponenten kurz und erwähnen, wo Sie die detaillierte Erläuterung der entsprechenden Komponente finden.

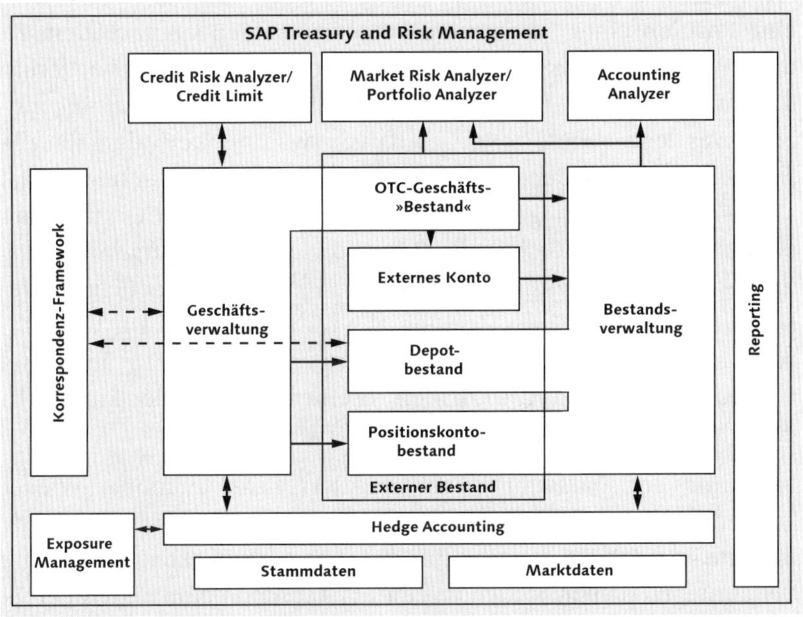

Abbildung 1.1 Die Teilkomponenten von SAP Treasury and Risk Management und deren internes Zusammenspiel

Customizing

Grundlage für ein funktionierendes Treasury ist ein Customizing, das das System an Ihr Anwendungsszenario anpasst. Da Customizing-Aktivitäten nicht zum Alltagsgeschäft eines Treasury-Nutzers gehören, werden wir nicht systematisch auf die hier bereitgestellten Adaptionsmöglichkeiten eingehen. An einigen Stellen im Verlauf der Beschreibung werden wir allerdings ins Customizing eintauchen, um wichtige Einstellungen und Optionen kennenzulernen.

Stammdaten Stammdaten stellen die Basis für alle Funktionen und Prozesse dar. Ohne Stammdaten für Wertpapiere können Sie keine Wertpapiere kaufen oder verwalten, ohne Geschäftspartnerdaten können Sie z.B. keine Geschäfte anlegen. Die Beschreibung der notwendigen Stammdaten und deren Handhabung finden Sie in Kapitel 2, »Stammdaten«.

Marktdaten Für eine marktgerechte Bewertung von Finanzinstrumenten in operativen, buchhalterischen und analytischen Prozessen ist eine gute Versorgung mit Marktdaten unabdingbar. Wie das System Marktdaten abbildet und handhabt und welche Funktionen Ihnen für das Marktdatenmanagement zur Verfügung stehen, erfahren Sie in Kapitel 7, »Marktdaten«.

Geschäftsverwaltung Sie haben sich im Rahmen Ihres Anwendungsszenarios entschieden, eine Position eines bestimmten Finanzinstruments aufzubauen. Zu diesem Zweck werden Sie ein Finanzgeschäft erfassen, das wiederum die Position aufbaut. Hierzu werden Sie die *Geschäftsverwaltung* nutzen. Was leistet diese? Die Geschäftsverwaltung verwaltet für alle Finanzinstrumente den operativen Ablauf von *Geschäften* (manchmal auch *Finanzgeschäfte* genannt) jeglichen Typs: von der Geschäftsanbahnung über den Geschäftsabschluss sowie die Geschäftsabwicklung (inklusive der Verwaltung von Bestätigungen gegenüber den Kontrahenten und inklusive der Zahlungsabwicklung) bis hin zur Überführung in die Bestandsführung und weiter in das Accounting. In Kapitel 3, »Geschäftsverwaltung«, erhalten Sie einen umfassenden Einblick in die funktionale Vielfalt der Geschäftsverwaltung.

Externer Bestand vs. Buchbestand Im Laufe der Darstellung werden zwei Begriffe immer wieder genannt werden: *Buchbestand* und *externer Bestand*. Da beide Begriffe in SAP Treasury and Risk Management genau festgelegte Bedeutungen haben, wollen wir diese jetzt schon einmal definieren.

Externer Bestand Unter *externem Bestand* verstehen wir die auch außerhalb des Systems gegenüber dem Kontrahenten oder der Depotbank sichtbaren Bestandsgrößen eines Finanzinstruments wie Nominale oder Stücke. Der externe Bestand wird demnach auf Entitäten geführt, die auch nach außen hin sichtbar sind. Verwaltet werden diese Größen an verschiedenen Stellen:

- für OTC-Finanzinstrumente in der *Geschäftsverwaltung*
- für standardisierte nicht-derivative Finanzinstrumente in der *Depotverwaltung*

- für standardisierte derivative Finanzinstrumente in der *Positionskontoführung*

OTC-Geschäftsbestand

Für *OTC-Geschäfte* beschreibt jedes einzelne Finanzgeschäft einen eigenen Bestand. Aus diesem Grund trägt und verwaltet das Finanzgeschäft für OTC-Produkte sowohl die Ausstattungsmerkmale des Finanzinstruments als auch dessen externen Bestand, inklusive dessen Historie. Die Verwaltung des OTC-Geschäftsbestands ist keine eigenständige Teilkomponente, sondern integraler Bestandteil der Geschäftsverwaltung.

Depotverwaltung und Positionskontoführung

Für standardisierte Finanzinstrumente gilt die 1:1-Zuordnung des Geschäfts zu einem externen Bestand nicht. Hier bedeuten Geschäfte im Wesentlichen eine Bestandsänderung eines externen Bestands. Da hier also externer Bestand und Geschäft auseinanderfallen, wird eine explizite Bestandsführung des externen Bestands benötigt. Die *Depotverwaltung* für standardisierte nicht-derivative Finanzinstrumente und die *Positionskontoführung* für Futures und börsengehandelte Optionen stellen diese externe Bestandsführung dar.

Interner Bestand: Buchbestand und Bestandsführung

Unter dem Begriff *Buchbestand* verstehen wir die intern sichtbaren Größen. Dabei handelt es sich in erster Linie um Größen, die nur innerhalb einer Rechnungslegungsvorschrift sinnvoll sind, wie z.B. der Buchwert oder eine Amortisierungskomponente. Diese Größen können gegenüber dem Mengenbestand auf abweichenden, teilweise nur intern bekannten Entitäten geführt werden. Die Strukturierung gegenüber dem Mengenbestand kann sowohl aggregierend, portionierend als auch ganz unabhängig von den Größen der externen Bestandsführung sein. Dabei können mehrere Rechnungslegungsvorschriften parallel in *Bewertungsbereichen* abgebildet werden. Aufgrund der Wichtigkeit dieses zentralen Bestandteils zur Verwaltung des internen Bestands hat sich der Begriff *Bestandsführung*, und als Synonym *Bestandsverwaltung*, eingebürgert. Eine genaue Darstellung dieser Funktionen finden Sie in Kapitel 5, »Bestandsverwaltung«, und in Kapitel 6, »Integration mit anderen Modulen«.

Externes Konto

Das *externe Konto* ist eine neue Entität[1], die ein Margin-Management auf einem bilateralen oder zentralen Margin-Konto (Clearing

1 Lieferung mit EHP 5 Support Package 10, EHP 6 Support Package 6 unter der Business Function `FIN_TRM_CCC`.

Account) ermöglicht. Werden OTC-Geschäfte einem externen Konto zugewiesen, übernimmt dieses externe Konto die komplette Zahlungsabwicklung gegenüber dem Kontrahenten. Das externe Konto kann Margin Calls hochladen und regulieren, wobei die Margin-Call-Informationen auf die zugeordneten OTC-Geschäfte verteilt und zugeordnet werden können, aber nicht müssen. Nicht zugewiesene Zahlungen bilden einen eigenständigen externen und internen Bestand des externen Kontos. Diese neue Funktion konnten wir bedauerlicherweise aus zeitlichen Gründen nicht mehr in diese Auflage mit aufnehmen, da sie parallel zur Manuskriptfertigstellung ausgeliefert wurde.

Korrespondenz

Über das *Korrespondenz-Framework* können Sie Schreiben zu Geschäften oder Depots erzeugen oder entgegennehmen. Die Korrespondenz ist sowohl für die interne Dokumentation, etwa Händlerzettel, als auch für die externe Kommunikation ausgelegt. Eine externe Funktion wäre z.B. der Abgleich von Geschäften mit Geschäftspartnern über verschiedene Kanäle hinweg, von E-Mail über Fax bis hin zu SWIFT[2]-Messages. Einen genaueren Einblick in die Funktionen und die Handhabung finden Sie in Kapitel 4, »Korrespondenz«.

Exposure Management

Das *Exposure Management* erlaubt die Verwaltung und Modellierung von Devisenkurs- und Commodity-Preisrisiken. Diese können manuell erfasst oder automatisch über BAPIs sowie über integrierte Schnittstellen aus den logistischen Geschäftsprozessen geladen werden. Im Exposure Management können die Risiken dann nach kundendefinierten Merkmalen sortiert und aggregiert sowie als Grundlage für Sicherungsentscheidungen den operativen Sicherungsgeschäften gegenübergestellt werden. Ist ein Hedge Accounting erforderlich, können diese Exposures in die Exposures des Hedge Accountings für Exposures übergeleitet werden. Details zu diesem jungen Bestandteil von SAP Treasury and Risk Management finden Sie in Kapitel 8, »Exposure Management«. Dieses Kapitel wurde für die zweite Auflage des Buches ergänzt, und das hier beschriebene Exposure Management entspricht nicht dem Exposure Management Release 1.0, das in der ersten Auflage in thematisiert wurde. Es handelt sich stattdessen um ein neueres Teilmodul mit flexiblerer Architektur und erweitertem

2 SWIFT® oder S.W.I.F.T.® steht für die genossenschaftlich organisierte Society for Worldwide Interbank Financial Telecommunication (*http://www.swift.com*).

Konzept, das im System als *Exposure Management 2.0* bezeichnet wird.

Hedge Accounting

Finanzinstrumente werden häufig zur Absicherung bestehender finanzieller Risiken verwendet. Möchte man diese Risiken auch buchhalterisch gemäß Rechnungslegungsvorschriften wie IAS/IFRS (IAS = International Accounting Standards) oder US-GAAP (United States Generally Accepted Accounting Principles) korrekt abbilden, ist eine Verwaltung der Sicherungsbeziehungen zwischen den zu sichernden Exposures oder Grundgeschäften einerseits und den Sicherungsinstrumenten andererseits notwendig. Erst durch diese Verwaltung der Sicherungsbeziehungen mit den damit verbundenen Prozessen und Funktionen wie Effektivitätsmessung ist eine Anwendung des *Hedge Accountings* nach IAS/IFRS oder US-GAAP erlaubt.

Für die Anwendung des Hedge Accountings stehen zwei Komponenten in SAP Treasury and Risk Management zur Verfügung, die speziell auf die Art der Grundgeschäfte zugeschnitten sind: Für das Hedge Accounting von Risiken, deren Wurzeln außerhalb von SAP Treasury and Risk Management liegen und die über Exposures abgebildet werden, ist das Hedge Accounting für Exposures geeignet. Der Schwerpunkt hier liegt auf Devisenkurs- und Commodity-Preisrisiken. Informationen dazu finden Sie in Kapitel 9, »Hedge Accounting für Exposures«. Für das Hedge Accounting von Risiken, die in Finanzinstrumenten von SAP Treasury and Risk Management selbst stecken, wie z.B. Zins- oder Aktienpreisrisiken, finden Sie in Kapitel 10, »Hedge Accounting für Bestände«, eine geeignete Lösung.

Reporting

In allen Teilen der Komponente SAP Treasury and Risk Management finden Sie viele Berichte, abgestimmt auf die jeweiligen Prozessbedürfnisse. Doch damit allein werden Sie Ihren Berichtsbedürfnissen nicht gerecht. In Kapitel 11, »Reporting mit dem Informationssystem«, erfahren Sie, welche Werkzeuge Ihnen zur Verfügung stehen, um selbst schnell und effektiv Berichte zu bauen, auch quer über alle Teile des *Transaction Managers* hinweg. Informationen zum BW-Content runden das Kapitel ab.

Market Risk Analyzer

Der *Market Risk Analyzer* beinhaltet eine Reihe von analytischen Anwendungen zur Analyse der Bestände hinsichtlich der Marktrisiken. Dabei stehen z.B. Berichte für Sensitivitäten oder Barwertanalysen mit und ohne Marktdatenszenarien oder Value-at-Risk-Auswertungen zur Verfügung. Neben einer Vielzahl von Online-Berichten gibt es zudem eine umfangreiche Ergebnisdatenbank für additive und nicht-additive Kennzahlen. Die Darstellung des Market Risk Analyzers finden Sie in Kapitel 12, »Portfolio-Controlling mit den Analyzern«.

Portfolio Analyzer und Accounting Analyzer

Der *Portfolio Analyzer* stellt Methoden und Kennzahlen zur Verfügung, um Kennzahlen zur Performanceanalyse wie Renditen sowie die Gegenüberstellung mit Benchmarks zu ermöglichen. Dabei nutzt der Portfolio Analyzer die gleiche Ergebnisdatenbank wie der Market Risk Analyzer, besitzt aber kaum Online-Auswertungen. Dieselbe Ergebnisdatenbank nutzt auch der *Accounting Analyzer*, um Werte der Bestandsführung zu speichern und sie gemeinsam mit Ergebnissen des Market Risk und des Portfolio Analyzers reportbar zu machen. Informationen hierzu finden Sie ebenfalls in Kapitel 12.

Credit Risk Analyzer

Der *Credit Risk Analyzer* ermöglicht mit seinen Bestandteilen Anrechnungsbetragsermittlung, Limitmanagement und Geschäftsprüfung die Messung, Analyse und Steuerung von Ausfallrisiken über die Vorgaben von Limits. Dabei wird im Rahmen von SAP Treasury and Risk Management nur das *Adressrisiko* ermittelt. Der Credit Risk Analyzer wird zusammen mit den beiden anderen Analyzern in Kapitel 12 vorgestellt.

Transaction Manager und Analyzer

Die genannten Teilkomponenten Geschäftsverwaltung, Bestandsverwaltung und Hedge Management bilden den transaktionalen Teil von SAP Treasury and Risk Management, den *Transaction Manager*, der manchmal auch als *Transaction Management* bezeichnet wird. Die Teilkomponenten Credit Limit, Market Risk Analyzer und Portfolio Analyzer werden als *Analyzer* bezeichnet.

Schnittstellen und Erweiterungen

In Kapitel 13, »Schnittstellen und Erweiterungen«, beschreiben wir die Möglichkeiten, die sich Ihnen bieten, um mithilfe von Schnittstellen (etwa BAPIs oder PI-Messages) und Erweiterungen (BAdIs oder Customer-Exits) die Geschäftsprozesse und Daten von SAP Treasury and Risk Management zu beeinflussen.

SOX und GdPDU

Neben Rechnungslegungsvorschriften gibt es immer mehr gesetzliche Vorschriften, die Sie im Treasury einhalten müssen. In Kapitel 14, »Gesetzliche Vorschriften«, beschreiben wir, wie das System Sie dabei unterstützt, Ihre Compliance z.B. bezüglich des Sarbanes-Oxley Acts abzudecken.

Zudem stehen Ihnen Werkzeuge wie das Ableitungstool, die Altdatenübernahme und die Initialisierung zur Verfügung, die Ihnen die Arbeit im Umfeld von SAP Treasury and Risk Management erleichtern. Erläuterungen dazu finden Sie in Kapitel 15, »Integrations- und Systemwerkzeuge«.

Integrations- und Systemwerkzeuge

1.3 Übersicht über die Finanzinstrumente

Vor der Entscheidung für eine Treasury-Softwarelösung steht oft die Frage, welche Finanzinstrumente abgebildet werden können. Wir geben Ihnen in diesem Abschnitt einen Überblick über die Palette der Finanzinstrumente, die SAP Treasury and Risk Management verwalten kann. Für einige Produkte finden Sie hier auch genauere Informationen, welche Subtypen oder wichtigen Funktionen unterstützt werden. Zuerst werden wir Ihnen die OTC-Instrumente (OTC = Over the Counter) darstellen und danach auf die handelbaren Finanzinstrumente eingehen.

1.3.1 OTC-Finanzinstrumente

SAP Treasury and Risk Management bildet eine breite Palette von Finanzinstrumenten ab.

Geldhandelsinstrumente

Im Bereich der OTC-Geldmarktinstrumente können Standardinstrumente wie Festgelder, Tages- und Termingelder, Kündigungsgelder und Commercial Paper abgebildet werden. Zinsgeschäfte bieten viele Funktionen, die auch für ein Darlehen benötigt werden.

Standardinstrumente

Eine Besonderheit bilden die Finanzstromgeschäfte. Im Gegensatz zu den anderen Geldhandelsinstrumenten, bei denen die Konditionen den Finanzstrom bestimmen, gibt es hier keine expliziten Konditionen: Finanzstromgeschäfte werden einfach durch ihren Finanzstrom beschrieben, was eine enorme Flexibilität eröffnet. Daneben werden Fazilitäten unterstützt – sowohl bilaterale Fazilitäten als auch syndizierte Fazilitäten sowie deren Ziehungen und andere Funktionen. Im Menü finden Sie deren Verwaltung unter Treasury and Risk Management • Transaction Manager • Geldhandel.

Finanzstromgeschäfte

Devisenhandelsinstrumente

Vielzahl von Finanzinstrumenten

Für den Devisenhandel steht aufgrund seiner Wichtigkeit für fast alle Unternehmen eine breite Palette von Finanzinstrumenten zur Verfügung. Neben Devisenkassageschäften, Devisentermingeschäften (beide auch mit Intercompany-Funktionen), Devisenswaps und Plain-Vanilla-Devisenoptionen (sowohl europäischen Typs als auch amerikanischen Typs) steht eine ganze Reihe speziellerer Instrumente bereit: Barrier-Optionen (Knock-in-Barrier-Option, Knock-out-Barrier-Option sowie Double-Barrier-Option), digitale Devisenoptionen (Hit-at-End-Binary-Option, One-Touch-Binary-Option), Non-deliverable Forwards, Compound-Optionen, FX Average Rate Options, FX Basket Options, FX Forward Rate Volatility Agreements sowie Correlation Options. Unter TREASURY AND RISK MANAGEMENT • TRANSACTION MANAGER • DEVISEN finden Sie die notwendigen Funktionen zur Verwaltung dieser Finanzinstrumente.

Derivative Zinsinstrumente

Swaps

Die Nomenklaturen im Bereich Swaps sind sehr vielschichtig, sodass hier nur ein kleiner Einblick in die Leistungsfähigkeit gegeben werden kann. Bezeichnungen wie Zinsswaps, Währungsswaps und Zinswährungsswaps können eine Einteilung für Swaps sein, Payerswaps und Receiverswaps eine andere. Neben diesen eher klassischen Strukturen, die alle abgebildet werden können, gibt es eine große Vielzahl von Typen und Subtypen von Swaps. Da die Bezeichnungen stark heterogen und kaum standardisiert sind, wollen wir nur erwähnen, dass eine große Zahl der Swaptypen wie z.B. Discount Swaps, Constant Maturity Swaps, Cancelable Swaps, Compound Swaps oder auch EONIA-Swaps unterstützt werden.

Daneben werden weitere gängige, derivative OTC-Zinsinstrumente wie FRAs (Forward Rate Agreement), diese sowohl im Normal Style als auch im Discount Style, Caps, Floors, Swaptions oder auch IRGs (Interest Rate Guarantee) unterstützt.

Die Funktionen zur Verwaltung finden Sie im Menü unter TREASURY AND RISK MANAGEMENT • TRANSACTION MANAGER • DERIVATE.

Sonstige OTC-Instrumente

OTC-Instrumente für Aktien

Neben den bisher genannten OTC-Instrumenten optionalen Charakters für Zinsen und Devisen stehen auch OTC-Optionen auf Aktien sowohl europäischen Typs als auch amerikanischen Typs zur Verfügung – mit Barausgleich oder mit physischer Lieferung. Repos und Reverse Repos sowie Wertpapierleihgeschäfte aus Sicht des Verleihers können ebenfalls abgebildet werden.

Im Bereich des Commodity Managements können alle gängigen OTC-Instrumente wie Forwards, Swaps oder Optionen abgebildet werden und runden das OTC-Produktportfolio ab.

Im System werden diese Finanzinstrumente ebenfalls unter Treasury and Risk Management • Transaction Manager • Derivate eingeordnet.

1.3.2 Handelbare Finanzinstrumente

Für alle standardisierten, handelbaren Finanzinstrumente gilt hinsichtlich der Einordnung der Verwaltungsfunktionen im Menü Folgendes:

- **Depotgeführte Finanzinstrumente**
  Die Funktionen für alle depotgeführten Finanzinstrumente wie Aktien, Anleihen, Investmentanteile, Optionsscheine etc. finden Sie im Menü unter Treasury and Risk Management • Transaction Manager • Wertpapiere.
- **Positionskontogeführte Finanzinstrumente**
  Die Funktionen für alle positionskontogeführten Finanzinstrumente wie Futures und handelbare Optionen finden Sie im Menü, zusammen mit den OTC-Derivaten, unter Treasury and Risk Management • Transaction Manager • Derivate.

Anleihen

Zinszahlungsstrukturen

In der Welt der Anleihen und ähnlicher standardisierter Zinsträger ist die Typenvielfalt an den Finanzmärkten ebenfalls sehr groß. Aus diesem Grund wird für das Asset Management eine große Zahl von Anleihetypen mit vielfältigen Konditionstableaus unterstützt – festverzinsliche Anleihen (Plain Vanilla), Stufenzins, variabel verzinsliche Anleihen (Floater), amortisierende Strukturen, Zerobonds, Mehrwährungsanleihen und stücknotierte Anleihen sowie Indexanleihen (Index Linked Bonds).

Rückzahlungsstrukturen von Anleihen

Neben dieser Vielfalt an Zinszahlungsstrukturen steht dem Asset Manager eine ebenso große Vielfalt an Rückzahlungsstrukturen von

Anleihen zur Verfügung: Anleihen mit Ratentilgung, Auslosungsanleihen, Anleihen mit Kündigungsrechten – sowohl aufseiten des Emittenten als auch aufseiten des Inhabers – Asset Backed Securities (ABS) sowie Mortgage Backed Securities (MBS). Darüber hinaus werden auch einige strukturierte Anleihen wie Optionsanleihen und Wandelanleihen unterstützt.

Für das Debt Management von Unternehmen, die Anleihen emittieren wollen, werden Funktionen zur Bondemission angeboten. Die Funktionen der Bondemission finden Sie unter TREASURY AND RISK MANAGEMENT • TRANSACTION MANAGER • FREMDFINANZIERUNG.

Terminmarktinstrumente

Futures und handelbare Optionen

Für den Handel und die Verwaltung börsengehandelter Derivate stehen Futures und handelbare Optionen zur Verfügung. Im Bereich der Futures als deterministische Instrumente können Futures auf Wertpapiere, Futures auf Indizes, Futures auf Zinsen und Futures für Commodities verwaltet werden. Im Bereich der optionalen Instrumente können handelbare Aktienoptionen, handelbare Indexoptionen sowie handelbare Future-Optionen verwaltet werden.

Eigenkapitalinstrumente und sonstige Kapitalmarktinstrumente

Aktien

Der Bereich Eigenkapitalinstrumente wird dominiert durch die Aktien. Diese können inklusive aller gängigen Kapitalmaßnahmen wie z.B. Kapitalerhöhungen, Aktiensplit, Aktientausch und der damit zusammenhängenden Instrumente wie Bezugsrechten, jungen Aktien oder jüngsten Aktien abgebildet werden. Neben den Aktien können auch Beteiligungen sowie Investmentanteile (Fonds) verwaltet werden.

Sonstige handelbare Instrumente

Im Bereich der optionalen Finanzinstrumente können neben börsengehandelten Optionen auch Optionsscheine abgebildet werden. Hier stehen Optionsscheine auf Indizes, auf Währungen, auf Aktien sowie auf Zinsen zur Verfügung.

1.4 Geschichte von SAP Treasury and Risk Management

Die folgenden Ausführungen beruhen auf der Komponente SAP Treasury and Risk Management des ERP-Releases 6.0. Der Einfachheit halber subsumieren wir darunter all die Funktionen, die Sie im Menü unter RECHNUNGSWESEN • FINANCIAL SUPPLY CHAIN MANAGEMENT • TREASURY AND RISK MANAGEMENT finden.

Die heutige Komponente SAP Treasury and Risk Management hat eine lange Geschichte. Funktionale Änderungen, Schnitte, Teilungen sowie Fusionen mehrerer Komponenten und funktionale Erweiterungen prägen diese Geschichte ebenso wie Namensänderungen. All das zeigt, dass die Bedeutung von SAP Treasury and Risk Management über die Jahre ebenfalls gewachsen ist und sich gewandelt hat.

Corporate Finance Management (CFM)

In den frühen 1990er-Jahren, als die Lösung DARWIN für das Financial Asset Management von Versicherungen auf den Markt kam, waren die Umbenennung in Treasury Management bei gleichzeitiger Ausgliederung der Immobilien-Lösung, die Erweiterung um erste Risikomodule wie das MRM (Marktrisikomanagement) oder die Loslösung der Darlehenskomponente bedeutende Änderungen. Richtungsweisend war dann der Wandel zu einem reinen Add-on auf Basis von R/3-Release 4.6C mit dem Namen *Corporate Finance Management* (CFM). Dabei wurden große Änderungen und Neuerungen in Bezug auf Architektur und Funktionen durchgeführt, wie die Bestandsverwaltung in parallelen Bewertungsbereichen sowie die Implementierung der drei großen analytischen Teilkomponenten – der Analyzer. Unter dem Produktdach CFM wurden auch weitere Module wie der *Liquidity Manager*, Bestandteil des *Financial Supply Chain Managements* (FSCM), oder das *In-House Cash* zusammengefasst.

Mit der Rückkehr in den ERP-Standard und der Neuordnung unter FSCM fanden auch die Funktionen des Treasurys wieder zu ihrer alten Bezeichnung, erweitert um den Namensbestandteil *Risk Management*, zurück. (SAP Financial Supply Chain Management wurde inzwischen als Oberbegriff abgelöst. Die darunter zusammengefassten Lösungen existieren aber nach wie vor.)

Wesentliches Kennzeichen der letzten Dekade war für SAP Treasury and Risk Management die ausgesprochen rege und umfassende Weiterentwicklungstätigkeit: Release für Release wurde viel Energie in verbesserte, zukunftsweisende Architektur, die Abbildung neuer Produkte und Funktionen oder die korrekte und zeitnahe Abbildung wichtiger Rechnungslegungsvorschriften wie IAS/ISFB oder US-

GAAP investiert. Heute präsentiert sich ein ausgewogenes Bild eines Treasury-Systems, das in Firmen verschiedenster Branchen eingesetzt wird – von internationalen Konzernen bis hin zu kleinen Erzeugergenossenschaften, die den Absatz ihrer Produkte an den Warenterminbörsen abbilden, und Konzernen, die intern und extern Hedging betreiben, Risiken analysieren und absichern, die ihre Finanzierung oder einfach nur ihr Cash Management optimieren. Es finden sich Versicherungen, die Dutzende oder gar Hunderte von Milliarden Euro an Vermögenswerten verwalten, und auch viele Banken, die diese Komponente z.B. im Eigenhandel einsetzen.

Ein dermaßen vielseitiges Instrumentarium hat seinen Preis: Die Komplexität von SAP Treasury and Risk Management geht weit über die der meisten anderen ERP-Komponenten hinaus.

Entwicklung in den Releases bis SAP ERP 6.0

An dieser Stelle möchten wir kurz darstellen, was in den vergangenen Jahren an Neuerungen in den verschiedenen Releases der Komponente SAP Treasury and Risk Management entwickelt wurde. Zum einen erhalten Sie dadurch einen Einblick in die Dynamik der Komponente, die auch in Zukunft bestehen wird. Wenn Sie SAP Treasury and Risk Management auf einem niedrigeren Releasestand verwenden, erhalten Sie hier einen Überblick über das, was Ihnen bei einem Upgrade auf SAP ERP 6.0 an funktionalen Erweiterungen zur Verfügung stehen wird.

1.4.1 Neuerungen zu Release SAP R/3 Enterprise 2.0

Parallele Bestandsverwaltung

Das Release Enterprise 2.0 war geprägt von der vollständigen Umstellung des Transaction Managers auf die neue Architektur der *parallelen Bestandsverwaltung*. Dies bedeutet für alle Bestandskunden eine Datenmigration zu diesem Release. Zudem können Sie in der Bestandsverwaltung mit diesem Release die für IAS/IFRS notwendigen *Impairments* bestandsverwaltungsmäßig abbilden. Es stehen Ihnen an neuen Instrumenten *Repos* (Repurchase Agreements) sowie *Short-Bestände* zur Verfügung, für Zinsderivate sind neue *BAPIs* verfügbar. Darüber hinaus unterstützt Sie im operationalen Devisenhedging der *Positionsmonitor*. Im Barwertrechner wurden Verbesserungen in der Bewertung von Bermudaoptionen (Hull-White-Modell) vorgenommen.

1.4.2 Neuerungen zu Release SAP ERP 2004

Mit Release SAP ERP 2004 stehen Ihnen einige neue Instrumente zur Verfügung: *FX Average Rate Option*, *FX Basket Option* sowie *FX Forward Volatility Agreement*. Für Zinsgeschäfte stehen Ihnen nun auch *annuitätische Tilgungen* zur Verfügung. Im Bereich der Abschlussprozesse können Sie nun auch eine *Fremdwährungsbewertung für Futures und handelbare Optionen* durchführen.

Im Hedge Management finden Sie zahlreiche Verbesserungen. Im Bereich Exposure Handling steht Ihnen ein *Upload eines Darlehensfinanzstroms* aus der Darlehensverwaltung (SAP Loans Management) zur Verfügung sowie die Möglichkeit, Exposures und Sicherungspläne direkt in der Geschäftserfassung von Sicherungsgeschäften zu erzeugen. Im Bereich der Effektivitätsmessung wurde das Verfahren des *hypothetischen Derivats auf Optionen* erweitert. Im Bereich Preisrechner wurde die *Kalibrierung* von impliziten Black-Scholes-Volatilitäten auf *Hull-White-Volatilitäten* gebaut. Im Bereich Value at Risk wurden in der Einzelwertanalyse Verbesserungen am Protokoll vorgenommen sowie der *Statistikrechner* erweitert. Hier werden nun annualisierte Volatilitäten berechnet, zudem wurde der Rechner um das *Rebonato-Verfahren* ergänzt. In der Ergebnisdatenbank wurde der *Monitor der Kennzahlen und Auswertungsverfahren* gebaut. Im Credit Limit können Sie seit diesem Release den *Geschäftspartner*, der für die Risikobetrachtung herangezogen wird, *per Ableitungsregel* ermitteln. Zudem lässt sich nun auch das Settlementrisiko für Darlehen (aus SAP Loans Management) sowie für Geldhandelsgeschäfte ermitteln. Im Bereich Credit Limit und BI wurde ein DataSource-Generierungstool gebaut, mit dem sich DataSources für Credit-Limit-Daten erzeugen lassen.

1.4.3 Neuerungen zu Release SAP ERP 6.0

An neuen Instrumenten stehen Ihnen mit Release SAP ERP 6.0 zum einen *ABS* und *MBS* als neue Asset-Instrumente zur Verfügung. Dabei können sowohl einfache *Pass-Through Structures* als auch *Pay-Through Structures* abgebildet werden. Darüber hinaus können nun auch *syndizierte Fazilitäten* sowie *Wertpapierleihgeschäfte* aus Sicht der Verleiher abgebildet werden. Als weitere große Neuerung können Sie nun auch *Bondemissionen* abbilden. Im Bereich Devisen wurden neue *BAPIs für FX-Spot- und FX-Forward-Geschäfte* zur Verfügung gestellt.

Der Bereich des Hedge Managements ist wieder geprägt von vielen Erweiterungen: Im Bereich Exposure Handling stehen Ihnen nun BAPIs zur Verfügung, um Exposures aus beliebigen Quellen zu laden. Zudem können Sie mit dem *Exposure Management* ein optionales Werkzeug zur Verwaltung von Fremdwährungsexposures nutzen. Als Sicherungsinstrumente können nun auch Caps, Floors und FRAs eingesetzt werden. Die Integration des Hedge Managements in die Bestandsverwaltung wurde abgerundet, sodass nun auch *Hedge Accounting in mehreren parallelen Bewertungsbereichen* möglich ist. Die Messung der Effektivitäten mit Dollar-Offset-Methoden kann um einen *Dämpfungsfaktor* ergänzt werden, um erratische Effektivitäten im Bereich kleiner Offsets einzudämmen. Die bei der Designation einer Sicherungsbeziehung notwendige Berechnung und Speicherung des Startbarwerts kann nun ohne Zusatzschritt implizit durchgeführt werden. Für OCI-/Equity-Komponenten, die nach Ende einer Sicherungsbeziehung reklassifiziert werden müssen, gibt es nun die Möglichkeit, diese zeitlich aufzulösen. Im Bereich Reporting wurde eine neue *logische Datenbank für Geschäfte* gebaut sowie das Konzept der *RAPIs* eingeführt. Im Portfolio Analyzer steht nun ein *Benchmarking* inklusive Composite-Benchmarks zur Verfügung. Im Credit Limit können Sie beim *Bruch eines Limits* automatisch einen *Workflow* starten. Zudem sind nun auch *Limits auf Einzelgeschäftsebene* möglich.

1.5 Erweiterungspakete zu SAP ERP 6.0

In diesem Abschnitt werden wir Ihnen zunächst einen kurzen Überblick über Erweiterungspakete (Enhancement Packages, EHPs) und Business Functions als neuem Auslieferungsmodell geben, bevor wir die Erweiterungen in SAP Treasury and Risk Management in den einzelnen EHPs beschreiben.

1.5.1 Erweiterungspakete und Business Functions

Enhancement Packages (EHPs)

Seit 2006 wird die SAP ERP-Anwendung basierend auf SAP ERP 6.0 ausschließlich durch *Erweiterungspakete* funktional erweitert.

Business Function

Mit den Erweiterungspaketen hat SAP ein Erweiterungskonzept geschaffen, das einerseits einen einfacheren und selektiven Zugang zu neuen und geänderten Funktionen bietet, andererseits bestehende Funktionen stabil hält. Dazu werden alle neuen und geänderten Funktionen in betriebswirtschaftlich zusammengehörenden Einheiten gekapselt, den *Business Functions*. Jede Business Function umfasst eine Reihe von dunkel ausgelieferten Funktionen, die durch Aktivierung der Business Function über die Switch-Framework-Technologie eingeschaltet werden.

Dadurch sind alle Neuerungen in einem Erweiterungspaket beim Einspielen des EHPs zwar technisch vorhanden, aber inaktiv. Durch die entkoppelte Aktivierung von neuen Funktionen über Business Functions sind das Anpassen und das Customizing der Geschäftsprozesse vom technischen Einspielen entkoppelt. Gleichzeitig bleiben die alten Prozesse und Benutzeroberflächen unberührt. Im Unterschied zum Einspielen eines klassischen Releases können EHPs dadurch technisch jederzeit eingespielt werden. Es werden später nur solche Business Functions aktiviert und damit mit den enthaltenen Funktionen freigeschaltet, die im Unternehmen benötigt werden.

Zu beachten bleibt, dass beim technischen Einspielen eines EHPs weiterhin ein Abgleich der eingespielten Objekte mit Kundenmodifikationen an diesen Objekten (über die Transaktionen SPAU und SPDD) erfolgen muss.

Switch

Technologisch betrachtet, klammert eine Business Function eine oder mehrere Switches des SAP Switch Frameworks. Beim Aktivieren einer Business Function werden die entsprechenden Switches aktiviert. Die Switches wiederum kontrollieren, ob Coding durchlaufen wird oder nicht, und damit, ob neue Funktionen aktiv sind oder nicht.

[«]

Reversibilität

Die Aktivierung einer Business Function sollte trotz vieler Vorteile nicht ohne Überlegung aufs Geratewohl geschehen. Viele Business Functions sind nämlich nicht reversibel. Ist eine solche Business Function aktiviert worden, kann das nur mit großem manuellen Aufwand wieder rückgängig gemacht werden.

Weiterführende Informationen zu Erweiterungspaketen finden Sie im SAP Enhancement Package Center (*http://service.sap.com/erp-ehp*) oder in weiterführender Literatur, z.B. in dem Buch »SAP Enhancement Packages – Funktionsweise und Implementierung« von Martina Kaplan und Christian Oehler (SAP PRESS 2011).

1.5.2 Business Functions in SAP Treasury and Risk Management – Überblick

In SAP Treasury and Risk Management wurde bis einschließlich EHP 6 eine ganze Reihe von Business Functions ausgeliefert. Dabei sind die Business Functions nicht immer unabhängig voneinander aktivierbar; oft gibt es Abhängigkeiten untereinander, sodass eine Business Function nur aktiviert werden kann, wenn die voraussetzende Business Function auch aktiviert wurde. Diese Abhängigkeiten werden in Abbildung 1.2 durch Pfeile dargestellt. Die Business Functions in Orange und Rosa sind separat lizenziert. Alle weiteren dargestellten Business Functions können im Rahmen einer bestehenden Lizenz von SAP Treasury and Risk Management aktiviert und genutzt werden.

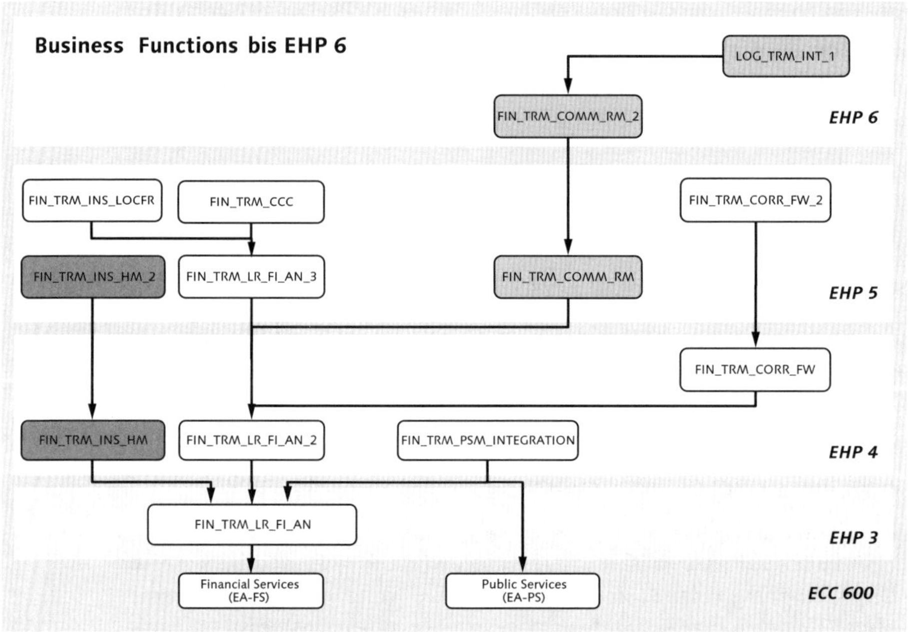

Abbildung 1.2 Übersicht über Business Functions in SAP Treasury and Risk Management

Aufgrund der Vielzahl von – teilweise recht unterschiedlichen – neuen Funktionen pro Business Function haben wir nur die *wichtigsten Neuerungen* jeder Business Function stichpunktartig zusammengefasst. Einige Funktionen wurden erst später innerhalb eines Support Packages geliefert. Diese sind unter dem entsprechenden Support Package (SP) aufgeführt.

1.5.3 Business Functions zu EHP 3

Erweiterungspaket 3 (EHP 3) enthält unter anderem die im Folgenden aufgeführte Business Function (siehe Tabelle 1.1).

Technischer Name	FIN_TRM_LR_FI_AN
Beschreibung	TRM, Hedge und Exposure Management, neues Finanzinstrument
Reversibilität	nein
Funktionaler Inhalt	
Bereich	**Funktion**
Instrumente	▶ Commodity Forward ▶ Commodity Future ▶ Handelbare Optionen, Normal Style: Erweiterungen wie z. B. Ausübung
Bestandsführung	▶ Neue buchhalterische Abgrenzung für OTCs mit funktionalen Erweiterungen (Transaktion TPM44 anstelle von TBB4, erfordert Datenmigration) ▶ Amortisierung für Geldhandelsgeschäfte ▶ Intragroup Transactions: Eliminierung von Gewinnen und Verlusten in der Konsolidierung ▶ Erweiterungen Bewertungsklassenumbuchung (Transaktion TPM15M) ▶ Portfolioumbuchung für Wertpapiere
Hedge Accounting für Exposures	▶ Dokumentation ▶ Hedge of a Net Investment
Market Risk Analyzer	▶ Yield-to-Maturity ▶ Modified Duration ▶ Mean Excess Loss ▶ Marginal VaR (Value at Risk) ▶ VaR Contribution
Portfolio Analyzer	Risikoadjustierte Kennzahlen: Sharpe Ratio, Treynor Ratio, Sortino Ratio, Jensen's Alpha, Information Ratio
Credit Limit	▶ Relative Limits ▶ Online-Limitprüfung für Wertpapiergeschäfte

Tabelle 1.1 Business Function FIN_TRM_LR_FI_AN

1.5.4 Business Functions zu EHP 4

Erweiterungspaket 4 (EHP 4) enthält u. a. die im Folgenden aufgeführten Business Functions (siehe Tabelle 1.2 bis Tabelle 1.5).

Technischer Name	`FIN_TRM_LR_FI_AN_2`
Beschreibung	TRM, Hedge und Exposure Management, neues Finanzinstrument
Reversibilität	nein
Funktionaler Inhalt	
Bereich	**Funktion**
Instrumente	▸ Wertpapiertermingeschäft (Forward Security Transaction) ▸ Non-Deliverable Forward (NDF, ab SP 9)
Exposure Management	Initiale Lieferung der Teilkomponente Exposure Management 2.0
Hedge Accounting für Exposures	Effektivitätstest mit linearer Regression
Reporting	▸ Logische Datenbank FTI_TR_POSITIONS_1 ▸ Logische Datenbank FTI_TR_PERIODS_1

Tabelle 1.2 Business Function FIN_TRM_LR_FI_AN_2

Technischer Name	`FIN_TRM_CORR_FW`
Beschreibung	TRM, Korrespondenz-Framework
Reversibilität	nein
Funktionaler Inhalt	
Bereich	**Funktion**
Korrespondenz-Framework	Initiale Lieferung der Teilkomponente

Tabelle 1.3 Business Function FIN_TRM_CORR_FW

Technischer Name	`FIN_TRM_INS_HM`
Beschreibung	TRM, Hedge Management für Bestände
Reversibilität	nein
Funktionaler Inhalt	
Bereich	**Funktion**
P-Hedge Accounting	Initiale Lieferung der Teilkomponente

Tabelle 1.4 Business Function FIN_TRM_INS_HM

Technischer Name	FIN_TRM_PSM_INTEGRATION
Beschreibung	TM, Integration in Haushaltsmanagement
Reversibilität	nein
Funktionaler Inhalt	
Bereich	**Funktion**
Instrumente	Zuordnung von Geschäften (Wertpapier und Geldhandel) zu einem oder mehreren Funds oder Grants
Bestandsführung	▸ Unterstützung von Fund und Grant als bestanddifferenzierender Größe ▸ Übergabe von Fund und Grant aus TRM ans Hauptbuch und an SAP Cash and Liquidity Management (benötigt auch Business Function FIN_TRM_CM_DIMENSIONS) ▸ Fund-/Grant-Umbuchungen ▸ Investment/Endowment Pools

Tabelle 1.5 Business Function FIN_TRM_PSM_INTEGRATION

1.5.5 Business Functions zu EHP 5

Erweiterungspaket 5 (EHP 5) enthält u. a. die im Folgenden aufgeführten Business Functions (siehe Tabelle 1.6 bis Tabelle 1.11).

Technischer Name	FIN_TRM_LR_FI_AN_3
Beschreibung	TRM, neue Instrumente, Erweiterungen Buchhaltung, Reporting
Reversibilität	nein
Funktionaler Inhalt	
Bereich	**Funktion**
Operations/generell	▸ Trennung von Zahlen und Buchen für OTC-Geschäfte ▸ Einheitliches FX-Kursart-Handling auf Buchungskreisebene für Umrechnung in Hauswährung sowie auf Bewertungsbereichsebene für Umrechnung in Bewertungswährung ▸ Unterstützung negativer Zinsen (ab SP 8)

Tabelle 1.6 Business Function FIN_TRM_LR_FI_AN_3

	▸ Erweiterung der Wertpapierstammdaten um Reporting-Attribute ▸ Verfeinerung Berechtigungsprüfung Wertpapierkurspflege
Instrumente	▸ Total Return Swap ▸ Treuhandanlagen (Fiduciary Deposit) ▸ Darlehensvorkäufe (Forward Loan Purchase)
Bestandsführung	▸ Retrospektive Amortisierung nach FASB 91 (Financial Accounting Standards Board) ▸ Bewertung: simuliertes Wiederaufsetzen ohne Buchen ▸ Bewertung: Jahresendbewertung mit Rücknahme für Wertpapiere ▸ Bewertung: Rundungsregeln am Bestandsführungsverfahren für FX-Umrechnung ▸ Einzelbestandsführung auf Portfolioebene einschaltbar ▸ Einzelbestandsführung: Verbrauchsfolgeverfahren abhängig vom Geschäftsvorfallstyp ▸ Einzelbestandsführung: neue Verbrauchsfolgeverfahren HIFO (Highest In – First Out) und LOFO (Lowest In – First Out) ▸ Manuelle Buchung mit Portfolio als Differenzierung ▸ Ableitungstool in der Kontierungsreferenzfindung ▸ Archivierung der Bestandsverwaltung (ab SP 9)
Reporting	FAS 157-Reporting
Analyzer	▸ Accounting Analyzer ▸ Buchhalterische Bestände: Finanzobjektintegration für TRL-Bestände (für Market Risk Analyzer und Portfolio Analyzer) ▸ Futures: Finanzobjektintegration für Future-Lots (für Market Risk, Portfolio und Accounting Analyzer)

Tabelle 1.6 Business Function FIN_TRM_LR_FI_AN_3 (Forts.)

Technischer Name	FIN_TRM_CORR_FW_2
Beschreibung	TRM, Korrespondenz-Framework 2
Reversibilität	nein
Funktionaler Inhalt	
Bereich	**Funktion**
Korrespondenz-Framework	▸ Unterstützung SWIFT-Nachricht MT 566 ▸ Senden von Alerts aus dem Korrespondenzmonitor ▸ Massenfreigabe von Korrespondenzobjekten

Tabelle 1.7 Business Function FIN_TRM_CORR_FW_2

Technischer Name	FIN_TRM_INS_HM_2
Beschreibung	TRM, Hedge Management für Bestände 2, zusätzliche Szenarien
Reversibilität	nein
Funktionaler Inhalt	
Bereich	**Funktion**
P-Hedge Accounting	▸ Neue Szenarien für Fair-Value-Hedge-Accounting, Cashflow-Hedge-Accounting und Bewertungseinheiten ▸ Neue Methoden in Effektivitätstests wie z. B. der prospektive Effektivitätstest mit linearer Regression ▸ Flexibilisierung im Effektivitätstest-Framework wie z. B. optionaler Testplan

Tabelle 1.8 Business Function FIN_TRM_INS_HM_2

Technischer Name	FIN_TRM_COMM_RM
Beschreibung	TRM, Financial Risk Management für Commodities
Reversibilität	nein

Tabelle 1.9 Business Function FIN_TRM_COMM_RM

Funktionaler Inhalt	
Bereich	**Funktion**
Instrumente	▸ Commodity Swaps ▸ Commodity-OTC-Optionen
Reporting	Commodity-Exposure-Report
Analyzer	Commodity-Forward-Kurve

Tabelle 1.9 Business Function FIN_TRM_COMM_RM

Technischer Name	FIN_TRM_CCC
Beschreibung	TRM, zentrales Kontrahenten-Clearing
Reversibilität	ja
Funktionaler Inhalt (Lieferung ab SP 10)	
Bereich	**Funktion**
Externes Konto	▸ Einführung externer Account mit Margin-Funktionen ▸ Zuordnung von OTC-Geschäften zu externem Konto inklusive Novation; das externe Konto übernimmt Zahlungsverpflichtungen ▸ Einlesen/Zahlungsregulierung von Margin-Calls ▸ Zuordnung von Margin-Call-Cashflows zurück zu OTC-Geschäften ▸ Verwaltung von Initial- und Variation-Margin, auch unabhängig von OTC-Geschäften ▸ externes Konto als neue Produktgruppe in der Bestandsführung

Tabelle 1.10 Business Function FIN_TRM_CCC

Technischer Name	FIN_TRM_INS_LOCFR
Beschreibung	TRM, Transaction-Management-Lokalisierung für Frankreich
Reversibilität	nein
Funktionaler Inhalt	
Bereich	**Funktion**
Bestandsführung	▸ Impairments Frankreich ▸ FIFO Reevaluation ▸ Capitalization Reserve ▸ Amortized Costs: SAC/LAC

Tabelle 1.11 Business Function FIN_TRM_INS_LOCFR

1.5.6 Business Functions zu EHP 6

Erweiterungspaket 6 (EHP 6) enthält u. a. die in Tabelle 1.12 aufgeführte Business Function.

Technischer Name	`FIN_TRM_COMM_RM_2`
Beschreibung	TRM, Financial Risk Management für Commodities 2
Reversibilität	ja
Funktionaler Inhalt	
Bereich	**Funktion**
Exposure Management	▸ Abbildung von variablen und Festpreis-Commodity-Exposures ▸ Übernahme von variabel und fest bepreisten logistischen Verträgen; hierzu muss die Business Function `LOG_TRM_INT` aktiviert sein
Reporting	Logische Datenbank FTI_TR_COMM_DEAL_EXP zum integrierten Reporting von Commodity Paper Deals und Commodity Exposures

Tabelle 1.12 Business Function FIN_TRM_COMM_RM_2

1.6 Rapid Deployment Solution und SAP Treasury and Risk Management

Lange Jahre führte der Weg zu einem lauffähigen SAP ERP-System, unabhängig davon, ob es sich um SAP Treasury and Risk Management oder ein anderes Modul handelt, über folgende Stationen: von der Systemauswahl über ein Einführungsprojekt mit Anforderungsaufnahme und Beschreibung der Konfiguration über Customizing, Test und Validierung bis zum Produktivsystem. Dieser Weg dauerte meist viele Monate. Seit 2010 gibt es hier eine Beschleunigung, direkt von SAP geliefert.

1.6.1 Rapid Deployment Solution – Überblick

Einführung zum Festpreis

Rapid Deployment Solution (RDS) ist ein neues SAP-Produktkonzept zur beschleunigten Einführung von wesentlichen Geschäftsprozessen eines Anwendungsszenarios zu einem Festpreis. Seit 2010 werden RDS für die verschiedensten Bereiche angeboten, u. a. auch für SAP Treasury and Risk Management. Im klassischen ERP-Softwaregeschäft erwirbt ein Unternehmen die Software und die Einführung getrennt; eine RDS ist dagegen eine sogenannte *Packaged Solution*, die Softwarelizenz und Einführung in einem Gesamtpaket mit einem einzigen Preis zusammenfasst. Eine RDS ist von der Größe her so geplant und aufgebaut, dass es innerhalb eines kurzen Zeitraums von acht bis zwölf Wochen produktiv eingesetzt werden kann.

Da die offiziellen SAP-Materialien informativ und gut aufgebaut sind, nutzen wir diese zur Darstellung der RDS von SAP Treasury and Risk Management. In Abbildung 1.3 finden Sie eine Darstellung des RDS-Konzepts mit den Kernkomponenten. Da die Materialien zu RDS im Allgemeinen und für die RDS von SAP Treasury and Risk Management im Besonderen nur auf Englisch verfügbar sind, haben wir, um Fehlinterpretationen zu vermeiden, darauf verzichtet, die Schaubilder zu übersetzen.

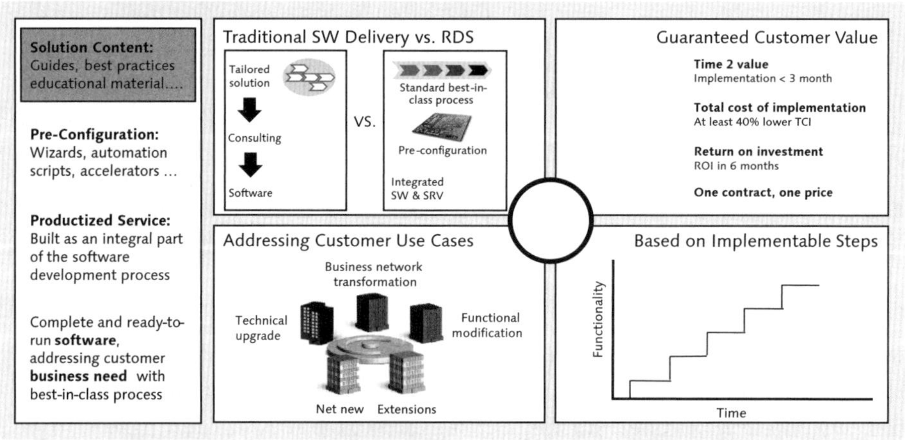

Abbildung 1.3 Konzept und Inhalt einer Rapid Deployment Solution (RDS) (Quelle: SAP)

RDS-Kernkomponenten

Eine RDS besteht dabei aus vier Kernkomponenten:

- **Software**
  Die Lizenz, einen bestimmten Funktionsumfang zu nutzen, wird gemäß SAP-Preisliste erworben. Im Allgemeinen deckt der Funktionsumfang einer RDS die wesentlichen Geschäftsprozesse eines Implementable Step ab.

- **Inhalte**
  Die RDS beinhaltet voreingestelltes Customizing und Konfigurationsinhalte basierend auf Best Practices von SAP sowie Werkzeuge zur beschleunigten Einführung (Kopiermaschinen, Automatisierungsskripte, Konsistenzcheckroutinen etc.).
- **Enablement**
  Im Lieferumfang sind Dokumente mit detaillierten Beschreibungen des Funktionsumfangs und des gelieferten Customizings, der Business Blueprint sowie Schulungsmaterialien enthalten.
- **Service**
  Die komplette Einführung der Software im beschriebenen Umfang, von der Installation der Software bis zum lauffähigen System, ist zu einem Fixpreis im RDS-Paket enthalten.

1.6.2 RDS für SAP Treasury and Risk Management

Zurzeit sind zwei unterschiedliche RDS im Bereich von SAP Treasury and Risk Management verfügbar. Die erste hat die Kernfunktionen eines Corporate Treasurys im Fokus (siehe Abbildung 1.4), während die zweite die wichtigsten Aspekte eines Commodity Risk Managements beinhaltet (siehe Abbildung 1.5). Zum Verständnis beider Abbildungen sei noch ergänzt, dass die hellgrauen Boxen nicht Bestandteil der jeweiligen RDS sind.

Weitere Informationen entnehmen Sie bitte der RDS-Webseite der SAP AG (unter *http://www.sap.com/germany/solutions/rapid-deployment/index.epx für deutsche Kunden*). Hier finden Sie umfassende Informationen zu diesen und anderen RDS. Sie finden hier auch eine Liste der Partnerunternehmen, die in Ihrem Land eine Einführung der RDS zum Festpreis anbieten.

Damit wollen wir das Thema RDS sowie die Einleitung insgesamt abschließen und wünschen Ihnen eine kurzweilige Lesereise durch die folgenden Kapitel.

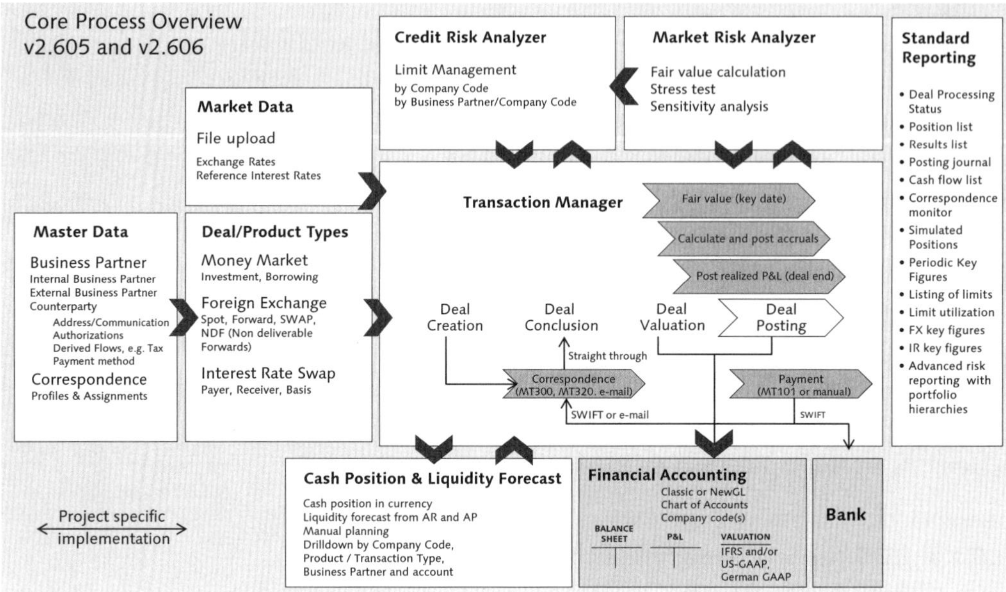

Abbildung 1.4 Inhalt der RDS mit Fokus auf ein klassisches Corporate Treasury. Sie ist verfügbar in EHP 5 und EHP 6 (Quelle: SAP).

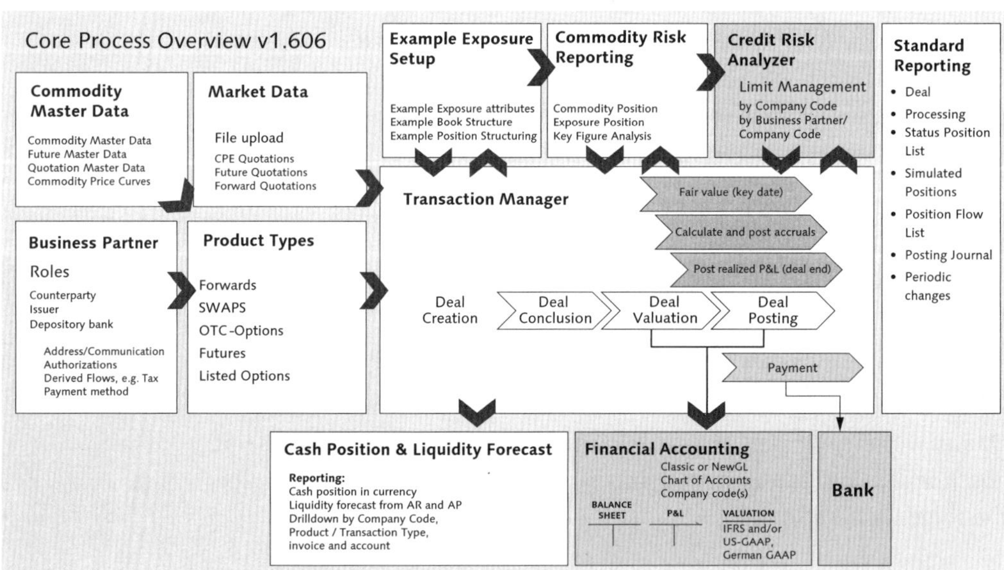

Abbildung 1.5 Inhalt der RDS mit Fokus auf ein Commodity Risk Management. Sie ist verfügbar in EHP 6 (Quelle: SAP).

Bevor Sie Finanzgeschäfte in das System eingeben können, müssen Sie neben dem Customizing auch Stammdaten pflegen. Dies gilt im Besonderen für Wertpapiergeschäfte, denn jedes dieser Geschäfte referenziert auf eine Wertpapiergattung und ein Depot.

2 Stammdaten

Daten, die der Identifikation, Klassifikation und Charakterisierung dienen und über einen längeren Zeitraum unverändert bleiben, werden *Stammdaten* genannt. Darunter fallen in SAP Treasury and Risk Management die Produktarten, mit denen Sie Ihre Finanzgeschäfte klassifizieren können, die Gattungsstammdaten für Wertpapiere, aber auch bestimmte Informationen über den Geschäftspartner, mit dem Sie Finanzgeschäfte abschließen. Wenn Stammdaten im produktiven Betrieb von SAP Treasury and Risk Management nicht angelegt oder geändert werden dürfen, liegen sie im Customizing, dies trifft z.B. auf Produktarten zu. Stammdaten, die dagegen auch im produktiven Betrieb angelegt und geändert werden, finden Sie im Menü, wie z.B. die Gattungsdaten eines Wertpapiers.

In diesem Kapitel wollen wir die zentralen Stammdaten von SAP Treasury and Risk Management beschreiben und wichtige Begriffe des Customizings vorstellen. In Abschnitt 2.1 stellen wir Ihnen zunächst die Stammdaten vor, die im Customizing liegen, insbesondere die Produktart, die Geschäftsart und die Commodity-Art. Mit diesen Arten treffen Sie elementare Aussagen über Ihre Finanzinstrumente in SAP Treasury and Risk Management. Der Handel im Bereich der Commodities und Wertpapiere findet zum Großteil über standardisierte Finanzinstrumente statt. Deren Eigenschaften werden über ihre Stammdaten festgelegt, und in den Abschnitten 2.2 und 2.3 beschreiben wir, wie Sie diese Informationen im System eingeben.

Neben den Stammdaten zu den Finanzinstrumenten sind bei jedem Finanzgeschäft spezifische Informationen über den Geschäftspartner als Kontrahenten oder Emittenten notwendig. Auf diese Informationen gehen wir in Abschnitt 2.4 ein. Schließlich behandeln wir in Abschnitt 2.5 weitere Organisationselemente für Finanzinstrumente.

2.1 Zentrale Customizing-Einstellungen

Zunächst stellen wir Ihnen in diesem Abschnitt einige zentrale Customizing-Einstellungen vor, die Voraussetzung für den richtigen Umgang mit den im Folgenden erläuterten Stammdaten sind. Anhand dieser Einstellungen lernen Sie auch ein wichtiges Schema kennen, dem das Customizing von SAP Treasury and Risk Management folgt: die frei definierbaren Arten, die auf im System vorgegebenen Typen aufbauen.

2.1.1 Arten und Typen

Das Customizing erlaubt Ihnen, die Unterschiede zwischen Finanzinstrumenten auszuprägen. Es gibt zum einen Attribute, die wesentlich für die Programmlogik sind, und zum anderen auch Attribute, die nicht berücksichtigt werden müssen. Das Customizing soll Ihnen einerseits möglichst viel Flexibilität erlauben, andererseits aber auch die Komplexität überschaubar halten. Diesen Ansprüchen wird es dadurch gerecht, dass Sie viele Begriffe frei definieren können, diesen Begriffen dann aber mit einem zentralen Attribut die für das System wesentlichen Eigenschaften zuweisen. Dieses Vorgehen werden wir im nächsten Abschnitt anhand der Produktart und des Produkttyps demonstrieren.

Frei definierbare Arten

Die von Ihnen frei definierbaren Einstellungen werden zumeist als *Art* bezeichnet, z.B. Produktart, Geschäftsart, Konditionsart oder Bewegungsart. Neben der Definition eines Schlüssels vergeben Sie auch eine Beschreibung. In den verschiedenen Transaktionen von SAP Treasury and Risk Management erscheinen immer diese Arten mit Ihren Beschreibungen, sodass Sie in der täglichen Arbeit mit vertrauten Begriffen umgehen.

Vorgegebene Typen

Die zentralen, systemsteuernden Attribute heißen stets *Typen*. So finden Sie z.B. Produkttypen, Geschäftstypen, Konditionstypen und Bewegungstypen. Mit diesen Typen weisen Sie den Arten ihre wesentlichen Eigenschaften zu, anhand derer sich das System anders verhalten muss. Sie können z.B. eine Produktart für festverzinsliche

Anleihen und eine zweite für Zerobonds anlegen. Beiden Produktarten ordnen Sie den Produkttyp Anleihe zu. Die Werte der Typen sind vom System fest vorgegeben. Beispiele für Produkttypen sind neben Anleihe z. B. Aktie, Festgeld, Kündigungsgeld, Devisengeschäft oder Zinsswap.

Neben den Typen sind häufig noch weitere Schalter oder Zuordnungen mit den Arten verknüpft. Daher kann es sinnvoll sein, mehrere Arten auf Basis der gleichen Typen anzulegen. Zum Beispiel sind für festverzinsliche Anleihen Zinskonditionen erlaubt, für Zerobonds aber nicht.

Dieses abstrakte Konzept von Arten und Typen wird anhand der Einstellungen verständlicher, die wir Ihnen in den folgenden Abschnitten vorstellen.

2.1.2 Produktart

Die *Produktart* klassifiziert ein Finanzinstrument in SAP Treasury and Risk Management. Betrachtet man alle Finanzinstrumente, unterscheiden sie sich ganz erheblich in ihren Eigenschaften und Ausstattungsmerkmalen. Daher sind sie im System bereits in einige große Bereiche unterteilt, die Sie sowohl im Customizing als auch im Menü wiederfinden:

- Geldhandel
- Devisenhandel
- Derivate
- Wertpapiere

Produktart im Bereich Geldhandel

Abbildung 2.1 zeigt die Definition einer Produktart im Bereich des Geldhandels. Sie finden das Customizing unter Treasury and Risk Management • Transaction Manager • Geldhandel • Geschäftsverwaltung • Produktarten • Produktarten definieren. Wie Sie sehen, ordnen Sie der Produktart 51A den Produkttyp 510 zu. Da Sie die Produktarten völlig frei definieren, können Sie anstelle von 51A auch sprechende Schlüssel vergeben. Auf vielen Bildern zeigt Ihnen das System auch die kurze oder lange Beschreibung der Produktart an, die Sie in den Feldern Text hinterlegen. Mit der Zuordnung des Produkttyps 510 haben Sie die wesentlichen Einstellungen vorgenommen.

Das System erwartet z.B., dass diese Produktart Konditionen für Zinsen und eine endfällige Tilgung enthält. Sonst kommt es beim Versuch, ein Geschäft für diese Produktart anzulegen, zu einer Fehlermeldung. Außerdem ist die Menge der möglichen Aktionen für eine Produktart sinnvoll eingeschränkt. Sie können ein Festgeld z.B. prolongieren, aber nicht wie eine Option ausüben. Neben dem Produkttyp machen Sie, wie in Abbildung 2.1 zu sehen ist, noch Angaben zum Vorschlagswert für die Zinsbrechnungsmethode (Feld ZINSBERECH.METHODE) und die Effektivzinsmethode (Feld EFFEKTIVZINSMETH.). Die Felder im Bildbereich FAZILITÄT sind nur für den Produkttyp Fazilität wichtig.

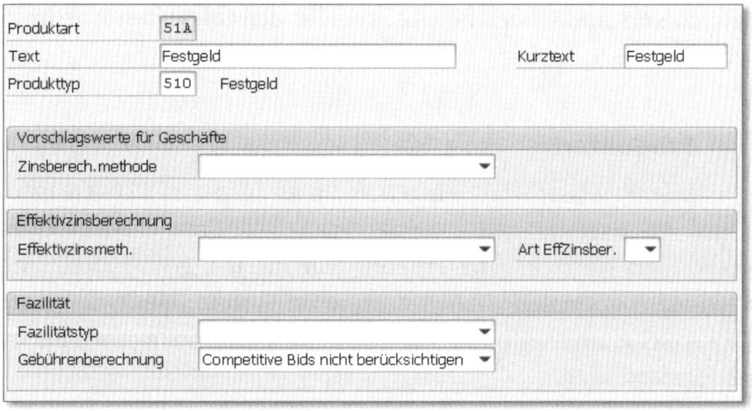

Abbildung 2.1 Definition der Produktart im Bereich des Geldhandels

Analog gehen Sie für die Produktarten in den anderen Bereichen vor. Es ist immer erforderlich, der Produktart einen Produkttyp zuzuordnen. Die weiteren Angaben zur Produktart unterscheiden sich in den verschiedenen Bereichen deutlich.

2.1.3 Geschäftsart

Die *Geschäftsart* unterscheidet die verschiedenen Geschäfte, die mit einer Produktart möglich sind. So können Sie z.B. Festgelder anlegen oder aufnehmen, Aktien kaufen oder verkaufen. Sie richten Geschäftsarten im Customizing unter TREASURY AND RISK MANAGEMENT • TRANSACTION MANAGER • GELDHANDEL/DEVISEN/WERTPAPIERE/OTC-DERIVATE/BÖRSENNOTIERTE DERIVATE • GESCHÄFTSVERWALTUNG • GESCHÄFTSARTEN • GESCHÄFTSARTEN DEFINIEREN ein. Abbildung 2.2

zeigt das Customizing im Bereich des Geldhandels. Geschäftsarten sind immer bezüglich einer Produktart definiert. Sie erkennen hier wieder das Schema von Arten und Typen: Der Geschäftsart als frei von Ihnen definierbarer Größe ist ein Geschäftstyp zugeordnet. Die möglichen Geschäftstypen hängen vom Produkttyp ab, der seinerseits aus der Produktart hervorgeht. Mit den Geschäftsarten sind Angaben zu Nummernkreisen (Bildbereich Nummernkreise) verbunden. Auch Angaben zur Abwicklung nehmen Sie hier vor, indem Sie mit dem Feld Abwicklungstyp festlegen, welche Vorgänge ein Geschäft durchläuft, z.B. von der Order über den Vertrag zur Abrechnung. Weitere Eingaben unterscheiden sich zwischen den Gruppen von Finanzinstrumenten. Für eine detaillierte Beschreibung verweisen wir auf die jeweilige F1-Hilfe.

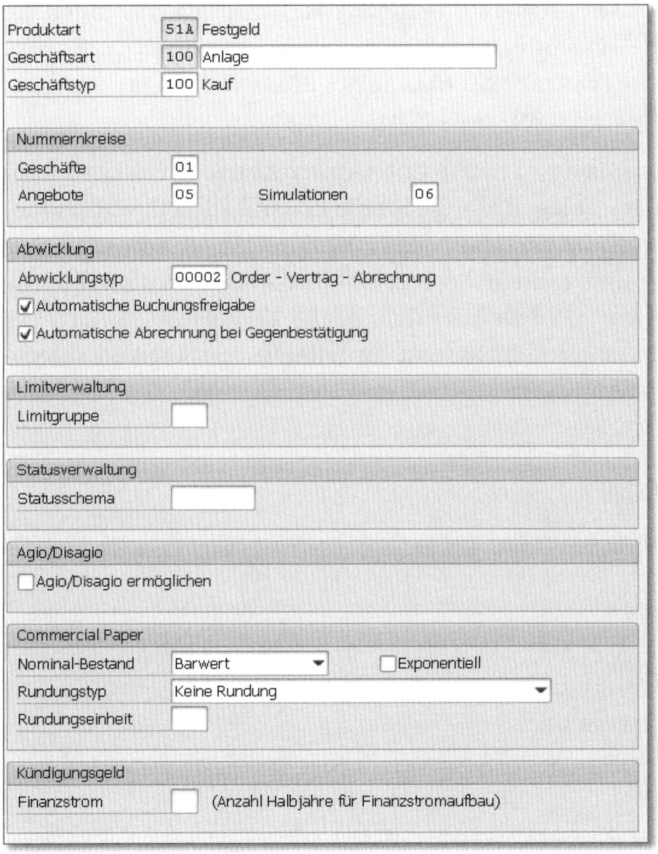

Abbildung 2.2 Definition der Geschäftsart im Bereich des Geldhandels

[+]

Automatische Abrechnung bei Gegenbestätigung

Wenn Sie die neue Korrespondenz nutzen, können Sie Geschäfte automatisch abrechnen, wenn für versandte Korrespondenz die Gegenbestätigung eintrifft. Soll für eine Geschäftsart diese automatische Abrechnung bei Gegenbestätigung erfolgen, müssen Sie das Kennzeichen AUTOMATISCHE ABRECHNUNG BEI GEGENBESTÄTIGUNG setzen. Weitere Informationen zur neuen Korrespondenz finden Sie in Kapitel 4, »Korrespondenz«.

2.1.4 Commodity-Art

Für die Anlage, Verwaltung und Risikobewertung von Commodity-Derivaten und Commodity-Exposures in SAP Treasury and Risk Management benötigen Sie Stammdaten des unterliegenden Commoditys. Analog zu einem Finanzinstrument müssen Sie deshalb mithilfe der *Commodity-Art* ein Commodity klassifizieren. Sie finden die entsprechende Customizing-Aktivität unter TREASURY AND RISK MANAGEMENT • TRANSACTION MANAGER • BÖRSENNOTIERTE DERIVATE/ OTC-DERIVATE • STAMMDATEN • COMMODITIES.

Commodity-Typ

Mit der Customizing-Aktivität COMMODITY-ARTEN DEFINIEREN können Sie die Arten anlegen, die Sie für die Klassifikation Ihrer Commodities benötigen. Sie vergeben den Namen der Commodity-Art, ihre Beschreibung und ordnen der Commodity-Art einen Commodity-Typ zu, der festlegt, zu welcher Gruppe das Commodity gehört. Die Commodity-Typen sind im System vordefiniert. Es stehen die folgenden Werte zur Auswahl:

- Metall
- unedles Metall
- minderwertiges Metall
- Getreide
- Samenöl
- Vieh
- »sanfte« Commodities
- Energie
- Leistung
- Gas
- Öl
- Wetter

Mit den Customizing-Aktivitäten COMMODITY-GRUPPIERUNG 1 DEFINIEREN und COMMODITY-GRUPPIERUNG 2 DEFINIEREN können Sie zwei Gruppierungen anlegen. Diese können Sie beim Anlegen der Commodity-Stammdaten in der Transaktion COMMODITY (Transaktion TPM_CTY_MASTER) zur weiteren Klassifikation Ihrer Commodities verwenden.

Incoterms

Zuletzt können Sie unter INCOTERMS DEFINIEREN die *Incoterms* anlegen, die Sie für Ihre Commodities benötigen. Zur Unterteilung der Incoterms sind die folgenden Werte möglich:

- Transportbeginn
- nicht frachtfrei
- frachtfrei
- Transportende

Obwohl Sie Incoterms pflegen können, werden sie in den Commodity-Stammdaten nicht verwendet. Daher besteht auch keine Notwendigkeit, die Incoterms zu pflegen.

2.1.5 Buchungskreis

Kleinste bilanzierende Einheit

Der *Buchungskreis* beschreibt im SAP-System die kleinste bilanzierende Einheit, entspricht also normalerweise der Firma. Er ist nicht nur für SAP Treasury and Risk Management relevant, sondern gilt übergreifend für viele Module. Sie können mehrere Buchungskreise in einem System verwalten. Üblicherweise entspricht ein Konzern einem Mandanten im SAP-System, ein Buchungskreis entspricht z.B. einer Niederlassung dieses Konzerns.

Einfluss des Buchungskreises

Alle Geschäftsvorfälle und auch viele Stammdaten im Transaction Manager erfassen Sie mit Bezug zu einem Buchungskreis. Große Teile des Customizings hängen auch explizit vom Buchungskreis ab. Damit können Sie im System Unterschiede zwischen verschiedenen Firmen eines Konzerns im Prozessablauf oder auch in der Buchführung abbilden.

Accounting-Kreis

Die interne Bestandsführung des Transaction Managers verwendet den Begriff des *Accounting-Kreises*, um die Firma zu bezeichnen. Buchungskreis und Accounting-Kreis müssen eindeutig einander zugeordnet sein. Auf den Accounting-Kreis kommen wir in Kapitel 5, »Bestandsverwaltung«, zurück.

2.2 Commodity-Stammdaten

Die Stammdaten eines Commoditys, die für die Anlage und Verwaltung von Commodity-Derivaten in SAP Treasury and Risk Management notwendig sind, können Sie mit der Transaktion COMMODITY (Transaktion TPM_CTY_MASTER) pflegen. Sie finden diese Transaktion im Menü unter TREASURY AND RISK MANAGEMENT • TRANSACTION MANAGER • COMMODITIES • STAMMDATEN. Abbildung 2.3 zeigt die Transaktion mit der Registerkarte BASISDATEN. Insbesondere werden bei der Anlage der Gattungsdaten eines Commodity-Futures die Commodity-Stammdaten direkt in die Gattungsdaten des Futures übernommen.

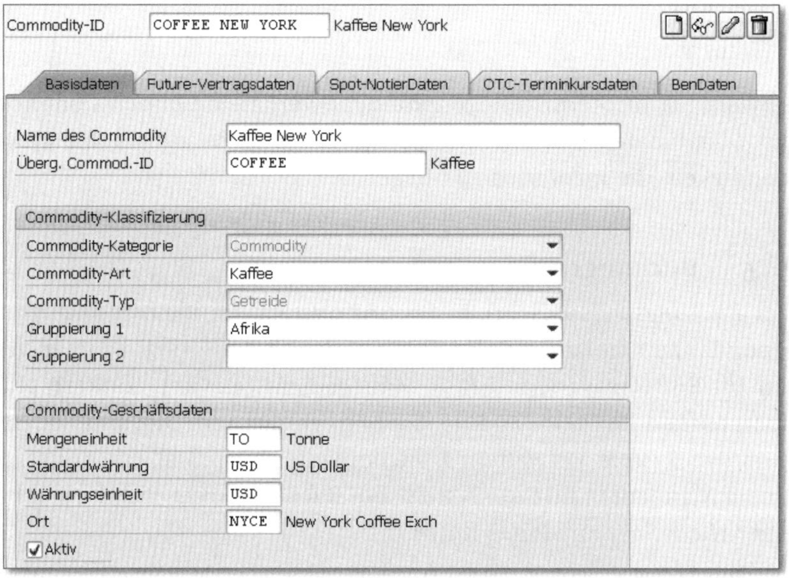

Abbildung 2.3 Transaktion TPM_CTY_MASTER mit der Registerkarte »Basisdaten«

Abstraktes Commodity

Commodity-Stammdaten können sowohl unabhängig als auch abhängig von den Details angelegt werden, unter denen sie gehandelt werden. Wir empfehlen Ihnen, zuerst ein übergeordnetes *abstraktes Commodity* anzulegen, das unabhängig von den Handelsdetails ist. Dieses abstrakte Commodity können Sie dann als Vorlage für die von den Handelsdetails abhängigen Commodities benutzen und diese auch dem abstrakten Commodity unterordnen. Die Einordnung in ein abstraktes Commodity oder ein »einfaches« Commodity legen Sie bei der Anlage der Stammdaten im Pop-up COMMODITY

ANLEGEN mit der COMMODITY-KATEGORIE fest. Dort müssen Sie auch für ein Commodity eine COMMODITY-ID eines übergeordneten abstrakten Commoditys angeben.

Basisdaten

Auf der Registerkarte BASISDATEN werden der NAME DES COMMODITY, das entsprechend ÜBERGEORDNETE COMMODITY und im Bildbereich COMMODITY-KLASSIFIZIERUNG die COMMODITY-KATEGORIE angezeigt. Darüber hinaus müssen Sie für die Klassifizierung die COMMODITY-ART auswählen, aus der sich dann der COMMODITY-TYP ableitet, und Sie können einen Wert für GRUPPIERUNG 1 und GRUPPIERUNG 2 festlegen.

Im Bildbereich COMMODITY-GESCHÄFTSDATEN legen Sie die MENGENEINHEIT, die STANDARDWÄHRUNG, die WÄHRUNGSEINHEIT und für ein nicht abstraktes Commodity den ORT der Preisfeststellung fest. Die Orte der Preisfeststellung können Sie mit der Transaktion ORT DER PREISFESTSTELLUNG (Transaktion TPM_LOCATION) pflegen, die Sie im Menü unter TREASURY AND RISK MANAGEMENT • FINANCIAL RISK MANAGEMENT FÜR COMMODITIES • STAMMDATEN finden. Wenn das Kennzeichen AKTIV gesetzt ist, können Sie die Stammdaten des Commoditys beim Anlegen eines Commodity-Derivats, z.B. eines Commodity-Futures oder eines Commodity-Forwards, verwenden.

Future-Vertragsdaten

Auf der Registerkarte FUTURE-VERTRAGSDATEN geben Sie den HANDELSPLATZ, die MENGE (Kontraktgröße) eines Future-Kontrakts mit der entsprechenden MENGENEINHEIT, den TICK mit seiner WÄHRUNGSEINHEIT und den EMITTENTEN an. Der TICKWERT wird aus der Menge und dem Tick durch Multiplikation berechnet. Sie können Future-Vertragsdaten für verschiedene Handelsplätze anlegen, an denen das Commodity gehandelt wird. Diese Werte werden dann bei der Anlage der Gattungsdaten eines Commodity-Futures in dessen Grunddaten übernommen.

Notierungsquellen

Mit der Registerkarte SPOT-NOTIERDATEN lassen sich die NOTIERUNGSQUELLEN und damit die Lieferanten der Commodity-Marktdaten festlegen, die der Market Risk Analyzer für die Barwertberechnung benötigt. Eine Notierungsquelle kann als Standard-Notierungsquelle gesetzt werden. Das Customizing der Notierungsquellen finden Sie im Customizing unter TREASURY AND RISK MANAGEMENT • GRUNDFUNKTIONEN • MARKTDATENVERWALTUNG • STAMMDATEN • COMMODITIES • COMMODITIES (TREASURY) • NOTIERUNGSQUELLEN DEFINIEREN UND LOGISTISCHEN NOTIERUNGSQUELLEN ZUORDNEN.

OTC-Terminkursdaten

Für ein OTC-Commodity-Derivat können Sie die benötigte Struktur zur Eingabe oder Übernahme der Terminkursdaten über die Registerkarte OTC-TERMINKURSDATEN festlegen. Neben dem LIEFERANTEN, dem GÜLTIG-VON-Datum, der WÄHRUNGSEINHEIT und der MENGENEINHEIT legen Sie die Anzahl der Monate, Quartale und Jahre fest, zu denen jeweils Terminkurse geliefert werden.

Wir werden in Kapitel 7, »Marktdaten«, auf das Customizing und die Verwaltung der Marktdaten für Commodities näher eingehen. Insbesondere werden wir Future-Style-Kurven für börsennotierte Derivate und Forward-Style-Kurven für OTC-Derivate besprechen. Wir gehen auch darauf ein, welche BAPIs für die Anlage und Änderung der Commodity-Stammdaten zur Verfügung stehen.

[+]

Übersicht über Ihre Commodity-Stammdaten

Mit der Transaktion COMMODITY-ÜBERSICHT (Transaktion TPM_CTY11) erhalten Sie eine Übersicht Ihrer Commodity-Stammdaten. Sie können von dort in die Pflege der Stammdaten oder in die Anzeige der Handelsplatzdetails und Notierung abspringen.

2.3 Gattungsstammdaten

Zu allen Finanzinstrumenten gibt es Stammdaten, also Angaben, die das Finanzinstrument beschreiben und sich über seine Laufzeit hinweg selten ändern. Im Bereich börsennotierter Finanzinstrumente sind dies die Informationen, die mit der Kennnummer der Gattung direkt verknüpft sind. Mit *Gattung* werden sowohl Wertpapiere als auch Futures und handelbare Optionen bezeichnet. Auf die Gattungsstammdaten werden wir in diesem Abschnitt eingehen. Die Stammdaten zu OTC-Geschäften entstehen erst mit Abschluss des Geschäfts, daher sind sie in SAP Treasury and Risk Management Teil des Geschäfts und werden nicht mit eigenen Transaktionen, sondern im Rahmen der Geschäftsverwaltung bearbeitet. Weitere Informationen dazu finden Sie in Kapitel 3, »Geschäftsverwaltung«.

2.3.1 Gattungsstammdaten erfassen

Gattungsstammdaten existieren unabhängig davon, ob Sie das Wertpapier etc. tatsächlich besitzen. Bevor Sie das erste Geschäft zu einer Gattung erfassen, müssen die Stammdaten im System bekannt sein.

Mit der Transaktion GATTUNGSSTAMMDATEN (Transaktion FWZZ) geben Sie die Stammdaten ein. Sie finden diese Transaktion im Menü unter TREASURY AND RISK MANAGEMENT • TRANSACTION MANAGER • WERTPAPIERE • STAMMDATEN • GATTUNG.

Gattungsdaten erfassen

Abbildung 2.4 zeigt das Einstiegsbild der Transaktion FWZZ. Dieses Bild sehen Sie, wenn Sie eine neue Gattung eingeben wollen. Zuvor haben Sie in einem Pop-up festgelegt, zu welcher Produktart die neue Gattung gehören soll. PRODUKTART und PRODUKTTYP zeigt Ihnen das System auf der Registerkarte SUCHBEGRIFFE nochmals an. Aufgrund des Produkttyps kann das System entscheiden, welche Angaben auf jeden Fall notwendig oder auch unsinnig sind. Darüber hinaus ist mit der Produktart die Feldauswahlsteuerung verknüpft, mit deren Hilfe Sie aussteuern können, welche Felder ein- oder ausgeblendet werden sollen, eine Eingabe erlauben oder erfordern. Auf der Registerkarte SUCHBEGRIFFE machen Sie weitere Angaben in den Bildbereichen BEZEICHNUNGEN, SEKUNDÄRINDIZES und RATINGS sowie zu Klassifizierungen.

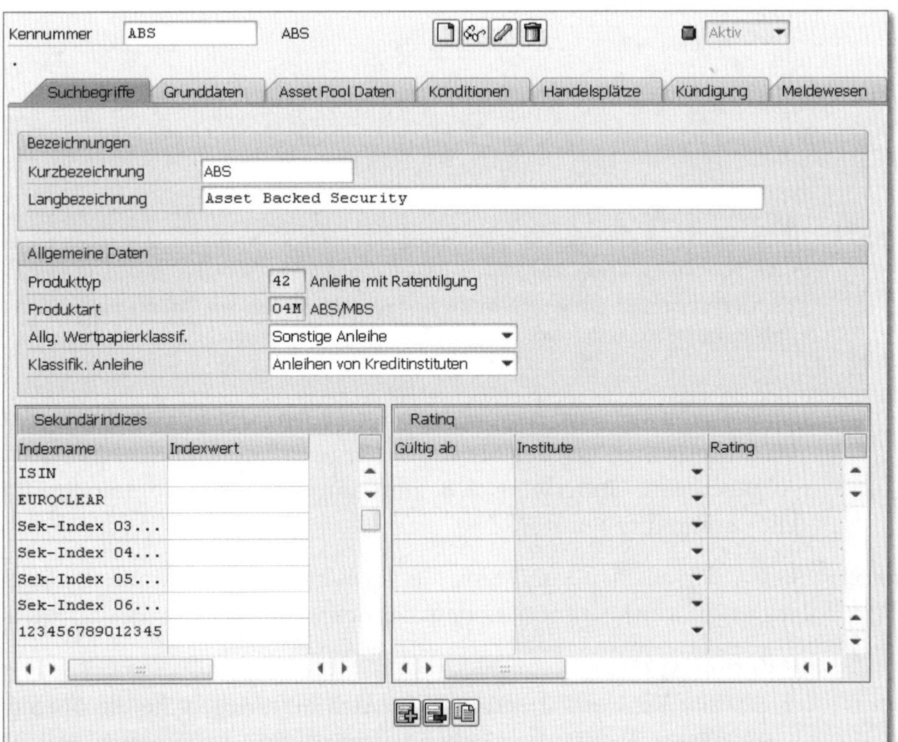

Abbildung 2.4 Definition einer Gattung

Grunddaten Informationen zum EMITTENTEN, zur LAUFZEIT und zum EMISSIONSKURS geben Sie auf der Registerkarte GRUNDDATEN ein. Abbildung 2.5 zeigt die Registerkarte für ein Wertpapier vom Produkttyp Anleihe mit Ratentilgungen. Dieser Produkttyp ist vor allem für Asset Backed Securities gedacht.

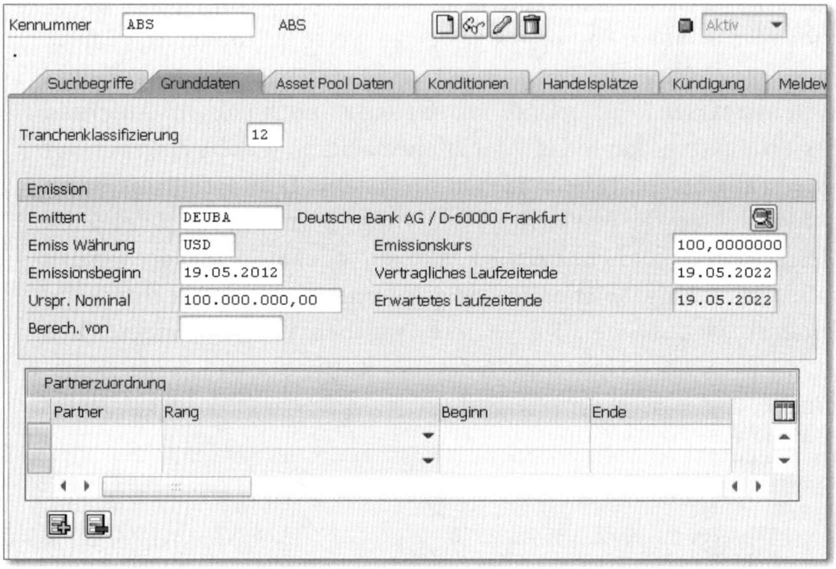

Abbildung 2.5 Grunddaten einer Gattung

[»]

Hinweis zur weiteren Darstellung

Da der Produkttyp Anleihe Angaben auf den meisten Registerkarten erfordert und er einige Besonderheiten hat, wollen wir ihn im Folgenden als Beispiel für beliebige Wertpapiere betrachten.

Im Fall von Futures, handelbaren Optionen, Optionsscheinen oder Wandelanleihen machen Sie auf der Registerkarte GRUNDDATEN auch Angaben zum Underlying, z.B. zum unterliegenden Commodity für ein Commodity-Future.

Weitere Registerkarten Bevor wir uns den Konditionen eines Wertpapiers zuwenden, klären wir noch, welche Informationen die anderen Registerkarten enthalten.

- **Handelsplätze**
  Auf der Registerkarte HANDELSPLÄTZE hinterlegen Sie die Börsen, an denen die Gattung gehandelt wird, und bestimmen, welche

Börse die Heimatbörse ist. Marktdaten zu einer Gattung werden immer mit Bezug zu einem Handelsplatz angegeben (siehe Abschnitt 8.2).

- **Kündigung**
  Kündigungszeiträume des Emittenten oder Käufers geben Sie auf der Registerkarte KÜNDIGUNG an. Die Dokumentation dieser Rechte führt auch dazu, dass die Kennnummer der Rechteausübung bekannt wird (siehe Abschnitt 5.2).
- **Asset Pool Daten**
  Die Registerkarte ASSET POOL DATEN ist nur für den Produkttyp Anleihe mit Ratentilgung sichtbar.
- **Frei gestaltbare Registerkarten**
  Außerdem können Sie, wie in Abschnitt 2.3.4 beschrieben, zwei zusätzliche Registerkarten aktivieren, die Sie nach Ihren eigenen Anforderungen gestalten können, um z. B. kundeneigene Daten zu erfassen, die Sie mit den Stammdaten ablegen wollen.
- **Klassifizierung**
  Wenn Sie die Anbindung der Gattungsdaten an das *SAP-Klassifizierungstool* nutzen, erhalten Sie eine weitere Registerkarte KLASSIFIZIERUNG (siehe Abschnitt 2.3.5).
- **Verwaltungsdaten und Meldewesen**
  Schließlich gibt es noch Registerkarten für systemtechnische VERWALTUNGSDATEN und das MELDEWESEN (siehe Abschnitt 6.5).

Konditionen

Auf der Registerkarte KONDITIONEN, die in Abbildung 2.6 dargestellt ist, beschreiben Sie, wie der Finanzstrom eines Wertpapiers aufgebaut werden soll. Dazu bedienen Sie sich der Konditionen. Es gibt z. B. Konditionen zu festen oder variablen Zinsen, Tilgungen, Dividenden, Ausschüttungen oder auch Zinsfixierungen. Diese Registerkarte ist nur für Wertpapiere relevant. Die wichtigsten Informationen der Konditionen sehen Sie in der Liste KONDITIONSPOSITIONEN im unteren Bereich des Bildes. Zentrale Angabe und gleichzeitig auch beschreibendes Merkmal einer Kondition ist die Konditionsart. Hinter dem Button TILGUNGSPLÄNE verbergen sich letztlich auch Konditionen, nämlich die zu Ratentilgungen. Da Ratentilgungen bei Wertpapieren prozentual angegeben werden müssen, bildet das System sie anders ab als die Konditionen in der Liste KONDITIONSPOSITIONEN.

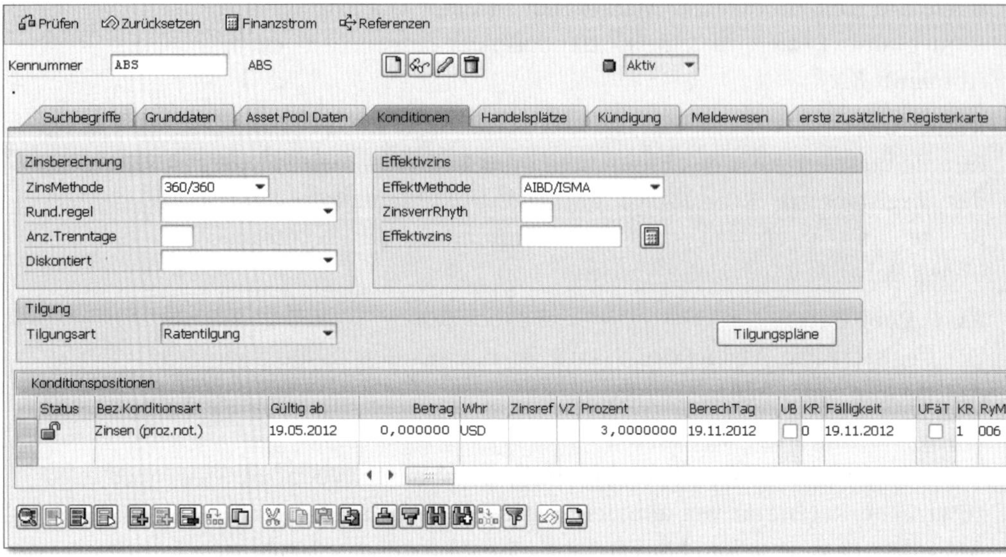

Abbildung 2.6 Konditionen einer Wertpapiergattung

[+]

Konditionen zu Ratentilgungen

Verwenden Sie immer den Produkttyp Wertpapiere mit Ratentilgungen und Tilgungspläne, wenn Sie Ratentilgungen abbilden möchten. Die Verwendung eines anderen Produkttyps oder anderer Konditionen führt zur Berechnung fehlerhafter Finanzströme.

Finanzstrom

Auf der Basis der Konditionen berechnet das System Finanzströme von Wertpapierbeständen. Neben den Konditionen gehen in die Berechnung eines Finanzstroms die bestandsverändernden Geschäftsvorfälle, in erster Linie also Käufe und Verkäufe, ein. Darüber hinaus sind einige weitere Einstellungen im System notwendig, die wir in Abschnitt 5.2 beschreiben. Wenn Sie auf den Button FINANZSTROM oberhalb der Registerkarten klicken, erzeugt das System einen Finanzstrom auf der Basis eines fiktiven Kaufs zu Emissionsbeginn. Damit können Sie sich vergewissern, dass der Finanzstrom Ihren Erwartungen entspricht.

Konditionsdetails

Durch Doppelklick auf eine Kondition gelangen Sie in das Detailbild zu dieser Kondition. Auf der Registerkarte BETRÄGE geben Sie die Beträge von Dividendenzahlungen oder die Prozentsätze für Zinsen an. Die Registerkarte TERMINE, die Sie in Abbildung 2.7 sehen, erlaubt Ihnen, die verschiedenen Termine der zu erzeugenden Bewegungen sehr flexibel einzustellen. Die beiden wichtigsten Termine sind der BERECHNUNGSTAG und der FÄLLIGKEITSTAG. Letzterer entspricht für Bewegungen auf der Basis von Konditionen dem Bestandsdatum der Bestandsführung. Häufig sind Finanzströme Rhythmisch, in Abbildung 2.7 z.B. alle sechs Monate. Bei einer einmaligen Kondition machen Sie keine Angaben in den Feldern hinter Rhythmisch. Neben Rhythmisch können Sie auch die Option Relativ einstellen, wodurch dieser Termin dann von dem nicht relativ eingestellten Termin abgeleitet wird und Sie kein weiteres Datum angeben können. Weitere Eingaben betreffen das Verständnis des angegebenen Termins als Inklusiv oder Ultimo eines Monats oder z.B. noch durchzuführende Werktageverschiebungen. Für Letztere ist der Bezug zu einem Kalender notwendig.

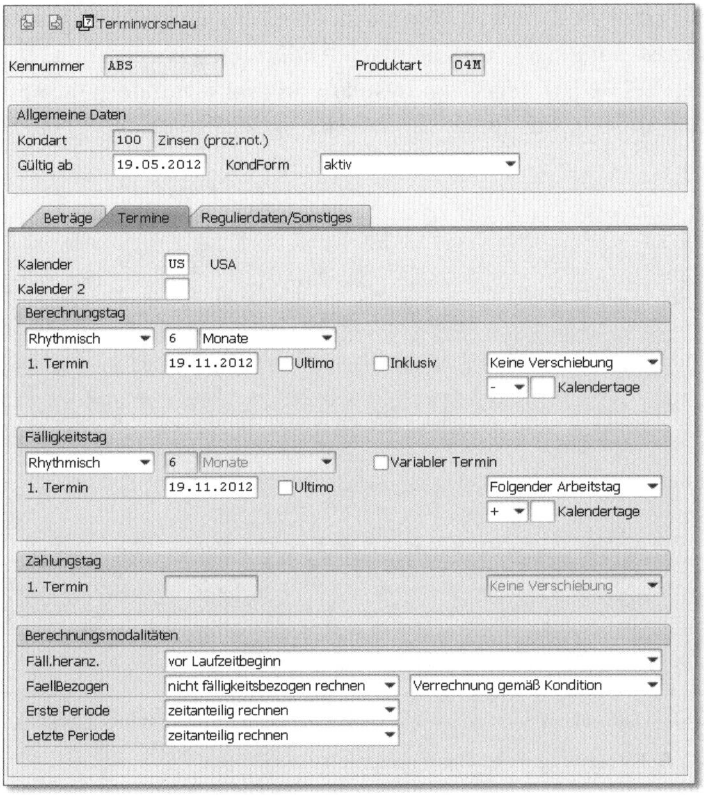

Abbildung 2.7 Detailbild einer Zinskondition

Rhythmischer Finanzstrom [zB]

In Abbildung 2.7 sehen Sie eine Definition einer rhythmischen Zinskondition, die halbjährliche Zinsbewegungen erzeugt. Der Fälligkeitstag wird dabei immer auf den folgenden Arbeitstag verschoben.

Tilgungsplan und Tilgungsplanset

Wenden wir uns nun der Eingabe eines *Tilgungsplans* zu. Der Tilgungsplan ist das Hilfsmittel, um Wertpapiere mit Ratentilgungen abzubilden. Letztlich geben Sie dort zu den Tagen der Ratentilgungen an, wie viel Prozent des Emissionsvolumens noch vorhanden sind. Wenn Sie auf den Button TILGUNGSPLÄNE auf der Registerkarte KONDITIONEN klicken (siehe Abbildung 2.6), gelangen Sie zur Einrichtung eines Tilgungsplansets (siehe Abbildung 2.8). Das Tilgungsplanset ist die »Klammer« um die Tilgungspläne eines Wertpapiers, auf der Sie Angaben machen, die für alle Tilgungspläne gelten. Das System kann mehrere Tilgungspläne zur gleichen Gattung führen, um damit die Historie von Änderungen an den Tilgungsplänen zu dokumentieren und für die buchhalterische Bewertung verfügbar zu machen. Sie brauchen sich nicht darum zu kümmern, wann ein neuer Tilgungsplan notwendig ist, sondern können einfach Änderungen vornehmen. Das System legt bei Bedarf neue Tilgungspläne an und verhindert, dass Sie z.B. Daten ändern, zu denen Sie bereits Geschäftsvorfälle gebucht haben.

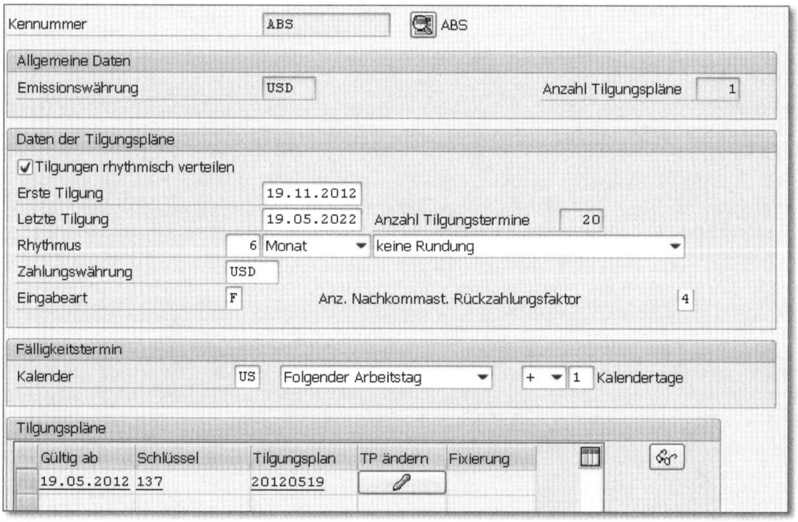

Abbildung 2.8 Einrichtung eines Tilgungsplansets

Tilgungsplan eines ABS

Um die Einstellungen für das Tilgungsplanset besser verstehen zu können, schauen wir uns zunächst einen Tilgungsplan selbst an (siehe Abbildung 2.9). Sie gelangen zu diesem Tilgungsplan, indem Sie im Tilgungsplanset (siehe Abbildung 2.8) in der Liste der Tilgungspläne in der Spalte TP ÄNDERN auf den Button EDITIEREN ( ) klicken. Der Tilgungsplan ist im Wesentlichen die Liste der FAKTOREN und der zugehörigen Termine (Spalte GÜLTIG AB), zu denen das System Ratentilgungen erzeugt. Das Datum der Spalte GÜLTIG AB ist immer das Berechnungsdatum einer Ratentilgung. Neben den Faktoren zeigt das System auch den verbleibenden NOMINALBETRAG des Emissionsvolumens an, das wir bei den Grunddaten eingegeben haben (siehe Abbildung 2.5). In der Spalte FIXIERUNG erkennen Sie, ob einzelne Faktoren wegen gebuchter Wertpapiergeschäfte oder Ratentilgungen nicht mehr änderbar sind. In der Spalte STAT. FAK. können Sie informativ angeben, ob Sie einen Faktor selbst geschätzt haben oder ob er von einer Börse veröffentlicht wurde. Den Beginn der Gültigkeit des Tilgungsplans als Ganzes finden Sie im Feld GÜLTIG AB des Bildbereichs TERMINE. Für den ersten Tilgungsplan einer Gattung legen Sie ihn üblicherweise auf den Laufzeitbeginn, für die folgenden Tilgungspläne schlägt Ihnen das System einen Wert vor, den Sie nicht zu verändern brauchen. Dieses Datum kann durchaus nach der ersten Ratentilgung liegen. Ratentilgungen vor diesem Datum sind wegen gebuchter Geschäftsvorfälle jedoch bereits fixiert.

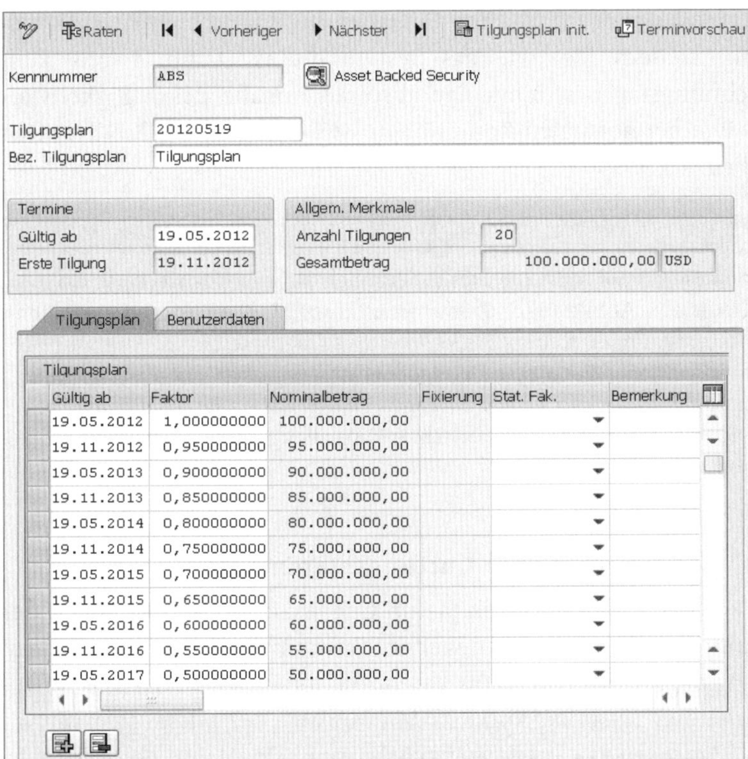

Abbildung 2.9 Eingabe der Faktoren eines Tilgungsplans

Eingabe eines Tilgungsplans

Sie können die Faktoren eines Tilgungsplans manuell eingeben und für ihren Gültigkeitsbeginn einen beliebigen Termin wählen. Häufig sind die Ratentilgungen rhythmisch, in unserem Beispiel halbjährlich. In diesen Fällen müssen Sie nicht alle Angaben manuell vornehmen. Stattdessen wählen Sie im Tilgungsplanset in Abbildung 2.8 TILGUNGEN RHYTHMISCH VERTEILEN aus und geben in den dann erscheinenden Feldern den RHYTHMUS sowie das Datum der ERSTEN und LETZTEN TILGUNG an. Wenn Sie dann im Tilgungsplan (siehe Abbildung 2.9) den Button RATEN anklicken, erzeugt das System die entsprechende Liste von Faktoren.

Nun können wir auch die verbleibenden Eingaben im Tilgungsplanset (siehe Abbildung 2.8) klären. Mit dem Feld EINGABEART legen Sie fest, ob Sie die Ratentilgungen über Faktoren (F) oder über das Restnominal (C), auch *Current Face* genannt, eingeben wollen. Entsprechend ist im Tilgungsplan die eine oder andere Spalte eingabebereit. Das System berechnet den Finanzstrom immer auf der Basis der Faktoren, deren Genauigkeit Sie durch das Feld ANZAHL DER NACHKOMMASTELLEN festlegen. Mit den Eingaben im Bildbereich FÄLLIGKEITSTERMIN steuern Sie, wie das System dieses Datum relativ zum Berechnungstag bestimmt. Die absolute Angabe des Fälligkeitstermins wie bei normalen Konditionen (siehe Abbildung 2.7) ist nicht möglich.

[+]

Ratentilgungen und Zinsen

Achten Sie darauf, dass die Zinskonditionen auf der Registerkarte KONDITIONEN (siehe Abbildung 2.6) immer zu Zinszahlungen an den Terminen der Ratentilgungen führen. Sie können zwar mehrere Zinskupons im Zeitraum zwischen zwei Ratentilgungen einstellen, aber die Periode eines Zinskupons darf nicht über den Termin einer Ratentilgung hinausgehen. Das System überprüft diese Einschränkung nicht, es erzeugt aber falsche Finanzströme.

2.3.2 Customizing der Gattungsstammdaten

Konditionsarten definieren

Bei Wertpapieren benötigen Sie im Gegensatz zu Futures neben der Definition der Produktarten weitere Customizing-Einstellungen, um die Gattungsstammdaten einrichten zu können. Sie finden das Customizing unter TREASURY AND RISK MANAGEMENT • TRANSACTION MANAGER • WERTPAPIERE • STAMMDATEN • PRODUKTARTEN und den darunterliegenden Verzeichnissen. Auf der Registerkarte KONDITIONEN (siehe

Abbildung 2.6) haben Sie gesehen, dass das wichtigste Merkmal einer Kondition die Konditionsart ist. Abbildung 2.10 zeigt die Definition der Konditionsart. Dazu vergeben Sie einfach einen Schlüssel (Spalte KONDITIONSART) und ordnen ihm einen finanzmathematischen Berechnungstyp (Spalte FIMA-...) zu. Dies ist der Konditionstyp im Sinne der Klassifikation in Typen und Arten aus Abschnitt 2.1.1. Im Bereich der OTC-Geschäfte gibt es tatsächlich den Begriff Konditionstyp, der eindeutig einem Berechnungstyp zugeordnet ist. Variabel verzinsliche Wertpapiere benötigen eine Konditionsart für die Zinsanpassung (siehe Überschrift »Variable Zinsen und Zinsanpassung« in Abschnitt 5.2.1). Die zugrunde liegende Zinskondition geben Sie als Referenzkonditionsart (Spalte REF...) an. Mit der Konditionsart ist auch die Feldauswahlsteuerung (Button FELDAUSWAHL) für die Eingabe der Konditionen (siehe Abbildung 2.7) verknüpft.

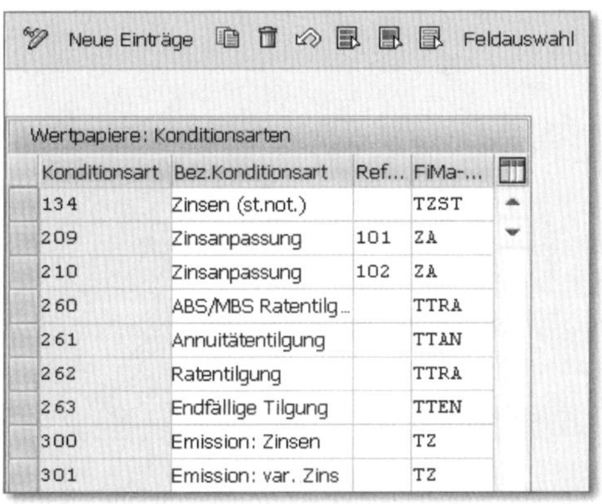

Konditionsart	Bez.Konditionsart	Ref...	FiMa-...
134	Zinsen (st.not.)		TZST
209	Zinsanpassung	101	ZA
210	Zinsanpassung	102	ZA
260	ABS/MBS Ratentilg...		TTRA
261	Annuitätentilgung		TTAN
262	Ratentilgung		TTRA
263	Endfällige Tilgung		TTEN
300	Emission: Zinsen		TZ
301	Emission: var. Zins		TZ

Abbildung 2.10 Konditionsarten definieren

Konditionsgruppen

Schließlich müssen Sie die Konditionsarten für Wertpapiere den verschiedenen Produktarten zuordnen. Dies erfolgt über den Zwischenschritt der *Konditionsgruppen*. Mit den Konditionsgruppen bilden Sie zunächst Mengen von Konditionsarten, die zusammen bei einem Finanzinstrument auftreten können. Zum Beispiel können Sie eine Konditionsgruppe für festverzinsliche Anleihen bilden, die aus den beiden Konditionsarten für Zinsen und endfällige Tilgung besteht. Die Konditionsgruppen wiederum weisen Sie den Produktarten zu. Nur zu Konditionsarten einer zugewiesenen Konditionsgruppe können Sie in den Gattungsstammdaten tatsächlich Konditionen erfassen.

[+]

Konditionsart für Ratentilgungen

Für Anleihen mit Ratentilgungen (Produkttyp 042) müssen Sie eine Konditionsart vom FiMa-Typ TTRA (Ratentilgung) anlegen. Diese Konditionsart können Sie aber nicht auf der Registerkarte KONDITIONEN (siehe Abbildung 2.6) auswählen. Das System verwendet sie, um aus den Tilgungsplänen Ratentilgungen zu erzeugen.

Wenn Sie den Konditionsgruppen Konditionsarten zuweisen (siehe Abbildung 2.11), können Sie gleichzeitig Vorschlagswerte für die Felder des Detailbilds der Konditionen (siehe Abbildung 2.7) hinterlegen.

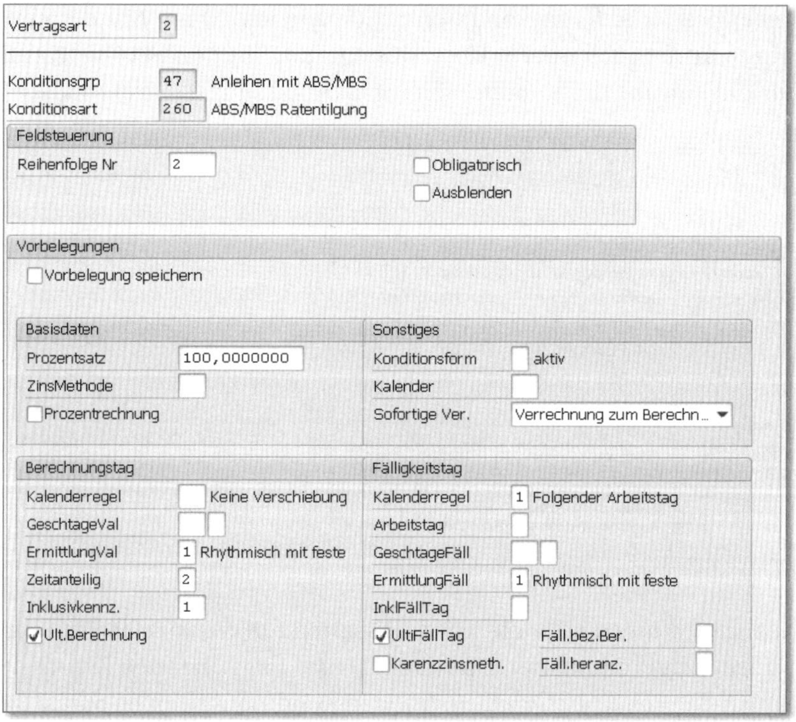

Abbildung 2.11 Konditionsarten einer Konditionsgruppe zuordnen

[+]

Vorschlagswerte für Ratentilgungen

Die Vorschlagswerte haben für Ratentilgungen eine besondere Bedeutung, weil sie nicht über normale Konditionen, sondern über Tilgungspläne eingegeben werden. Die Tilgungspläne erlauben es nicht, alle Einstellungen der Vorschlagswerte zu übersteuern, wie Sie durch einen Vergleich von Abbildung 2.8 und Abbildung 2.11 feststellen können.

Damit die Fälligkeitstermine, insbesondere bei Werktagsverschiebung, richtig berechnet werden, müssen Sie die Zinsberechnungsmethode (Feld ZINSMETHODE) 2, 3, 4 oder E einstellen. Für die Zinsen selbst können Sie jede Zinsberechnungsmethode verwenden. Außerdem müssen Sie bei der Ermittlung der Fälligkeit (Feld ERMITTLUNGFÄLL) »3« eingeben.

In weiteren Customizing-Aktivitäten unter dem genannten Pfad legen Sie z.B. je Produktart die TILGUNGSART fest, die auf der Registerkarte KONDITIONEN zu sehen ist (siehe Abbildung 2.6). Auch die Wertemengen verschiedener klassifizierender Attribute (Felder ALLG. WERTPAPIERKLASSIF. oder KLASSIFIZ. ANLEIHE in Abbildung 2.4) bestimmen Sie dort.

2.3.3 Börsennotierte Commodity-Derivate

Der Transaction Manager ermöglicht es Ihnen, Commodity-Futures und Optionen auf Commodity-Futures anzulegen. Beide Finanzinstrumente sind börsennotierte Derivate, deren Stammdaten Sie analog zu den Stammdaten anderer börsennotierter Derivate mit der Transaktion GATTUNG (Transaktion FWZZ) anlegen. Einem Commodity-Future wird ein Commodity als Underlying zugeordnet, deshalb geben Sie bei der Anlage des Commodity-Futures das unterliegende Commodity und dessen Handelsplatz an. Mit diesem Schlüssel werden dann die Stammdaten des Commoditys, die Sie mit der Transaktion COMMODITY (Transaktion TPM_CTY_MASTER) gepflegt haben, für das Future übernommen. Eine Option auf ein Commodity-Future wird analog zu anderen börsennotierten Optionen angelegt, aber mit einem Commodity-Future als Underlying.

2.3.4 Zusätzliche Registerkarten für die Gattungsstammdaten

Für die Erfassung der Gattungsstammdaten stehen Ihnen auch zwei Registerkarten zur Verfügung, die Sie nach Ihren eigenen Anforderungen gestalten können. Die erste dieser zusätzlichen Registerkarten bietet vordefinierte Textfelder, Datumsfelder und Währungsfelder an, die Sie im Customizing ausprägen können. Die zweite Registerkarte wird über ein BAdI implementiert und lässt Ihnen daher alle Möglichkeiten bei der Gestaltung offen.

Erste zusätzliche Registerkarte

Die erste zusätzliche Registerkarte beziehungsweise deren Felder aktivieren Sie über die produktartenspezifischen Einstellungen der Feldauswahl. Sie finden diese für Wertpapiere im Customizing unter Treasury and Risk Management • Transaction Manager • Wertpapiere • Stammdaten • Produktarten • Produktarten definieren (Feldauswahl Kundendaten) und für börsennotierte Derivate im Customizing unter Treasury and Risk Management • Transaction Manager • Börsennotierte Derivate • Stammdaten • Produktarten • Feldauswahl für Gattungsdaten definieren (Feldauswahl Grunddaten). Da die Feldauswahl bezüglich der Produktart vorgenommen wird, können Sie die erste zusätzliche Registerkarte abhängig von der Produktart aussteuern (siehe Abbildung 2.12).

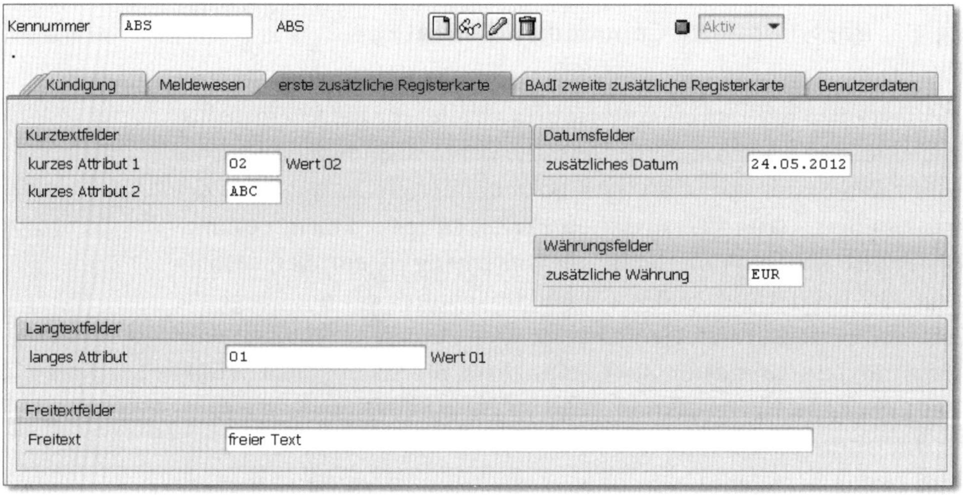

Abbildung 2.12 Erste zusätzliche Registerkarte

Es stehen Ihnen die folgenden vordefinierten Felder zur Verfügung:

- fünf lange Textfelder (20 Zeichen) für eigene vordefinierte Werte
- zehn kurze Textfelder (fünf Zeichen) für eigene vordefinierte Werte
- fünf Freitextfelder
- zwei Währungsfelder
- zwei Datumsfelder
- ein Zeitraum mit Beginn und Ende

Die Pflege dieser Felder finden Sie im Customizing unter TREASURY AND RISK MANAGEMENT • TRANSACTION MANAGER • WERTPAPIERE/BÖRSENNOTIERTE DERIVATE • STAMMDATEN • SPEZIFISCHE GATTUNGSEINSTELLUNGEN • ZUSÄTZLICHE REGISTERKARTEN FÜR GATTUNGSSTAMMDATEN • VORDEFINIERTE REGISTERKARTE. Mit der Customizing-Aktivität ÜBERSCHRIFT FÜR REGISTERKARTE DEFINIEREN legen Sie die Überschrift der Registerkarte fest. Als Überschrift wird der Langtext des Eintrags verwendet, der als DEFAULT markiert ist. Darüber hinaus können Sie die Namen (Bezeichner) der Währungsfelder, Datumsfelder und Freitextfelder pflegen. Für die langen und kurzen Textfelder mit vordefinierten Werten können neben den Bezeichnern auch jeweils die vordefinierten Werte der Felder mit einem zusätzlichen Text zum Wert angegeben werden. Bei der Pflege der Gattungsstammdaten können für diese Textfelder mittels der [F4]-Hilfe Werte ausgewählt werden, und der Wert und sein Text werden angezeigt.

Zweite zusätzliche Registerkarte

Die zweite zusätzliche Registerkarte können Sie mithilfe des BAdIs TPM_SEC_CUST_DATA selbst implementieren und damit frei gestalten. Die Implementierung dieses BAdIs können Sie mit der Transaktion BADI-BUILDER IMPLEMENTIERUNG (Transaktion SE19) oder über das Customizing unter TREASURY AND RISK MANAGEMENT • TRANSACTION MANAGER • WERTPAPIERE/BÖRSENNOTIERTE DERIVATE • STAMMDATEN • SPEZIFISCHE GATTUNGSEINSTELLUNGEN • ZUSÄTZLICHE REGISTERKARTEN FÜR GATTUNGSSTAMMDATEN • BENUTZERDEFINIERTE REGISTERKARTE BADI: ZUSÄTZLICHE REGISTERKARTE IN GATTUNGSDATEN anlegen und pflegen. Sie müssen für Ihre Felder eine Dynpro-Erweiterung anlegen und eine Tabelle der Gattungsstammdaten mit einer Append-Struktur erweitern. Um die notwendige Programmlogik zu implementieren, bietet das BAdI das Interface IF_EX_TPM_SEC_CUST_DATA an. Im Standard wird eine Beispielimplementierung des BAdIs TPM_SEC_CUST_DATA ausgeliefert, die Sie als Vorlage verwenden können.

BAPI

Die beiden zusätzlichen Registerkarten können auch über die BAPIs der Gattungsstammdaten angelegt und gepflegt werden. Für die vordefinierten Felder auf der ersten Registerkarte sind die Schnittstellen der BAPIs mit der Struktur BAPI1076_CUSTDATA erweitert, und für die Felder auf der zweiten Registerkarte stehen in dem Interface IF_EX_TPM_SEC_CUST_DATA des BAdIs TPM_SEC_CUST_DATA die Methoden BAPI_SET_CUSTOM_DATA und BAPI_GET_CUSTOM_DATA bereit.

2.3.5 Klassifizierung

SAP-Klassensystem

Die Gattungsstammdaten können auch an das *SAP-Klassensystem* angebunden werden, damit Sie über die Vergabe Ihrer selbst definierten Klassifizierungsmerkmale Wertpapiere und börsennotierte Derivate in das Klassensystem einbringen können. Als Voraussetzung müssen Sie im Customizing unter ANWENDUNGSÜBERGREIFENDE KOMPONENTEN • KLASSENSYSTEM das SAP-Klassensystem mit den von Ihren benötigten Klassen, Merkmalen und deren Merkmalsausprägungen einrichten. Danach können Sie für Wertpapiere und börsennotierte Derivate im Customizing unter TREASURY AND RISK MANAGEMENT • TRANSACTION MANAGER • WERTPAPIERE/BÖRSENNOTIERTE DERIVATE • STAMMDATEN • PRODUKTARTEN • ANBINDUNG AN DAS KLASSIFIZIERUNGSTOOL AKTIVIEREN die Anbindung an das Klassensystem abhängig von der Produktart aktivieren. Die Gattungsstammdaten enthalten anschließend die weitere Registerkarte KLASSIFIZIERUNG, auf der Sie die Klassenzuordnung und Merkmalspflege vornehmen können.

2.4 Geschäftspartner

Eine Treasury-Abteilung macht viele Geschäfte mit den Hausbanken eines Unternehmens. Neben den Hausbanken treten nur wenige andere Geschäftspartner auf. Daher ist es für die Treasury-Abteilung praktisch, Einstellungen zu Prozessabläufen mit dem Geschäftspartner verbinden zu können. Der Geschäftspartner als Stammdatum hat für SAP Treasury and Risk Management also eine besondere Bedeutung.

2.4.1 Hausbanken

Hausbank und Hausbankkonto

In den Einkaufs- oder Verkaufsprozessen eines Unternehmens treten Hausbanken normalerweise neben dem Verkäufer bzw. Käufer und dem Unternehmen selbst als dritte Partei auf, die in die Abwicklung der Zahlungen eingebunden ist. Die *Hausbank* ist im SAP-System folglich zunächst nicht als normaler Geschäftspartner abgebildet, sondern als eigener Bereich. Abbildung 2.13 zeigt die Angaben, die Sie zu einer Hausbank machen müssen. Sie finden die Transaktion HAUSBANKEN UND BANKKONTEN BEARBEITEN (Transaktion FI12) im Menü unter TREASURY AND RISK MANAGEMENT • GRUNDFUNKTIONEN •

Hausbanken. Auf der Ebene der Hausbank geben Sie neben Bankland und Bankschlüssel (in Deutschland üblicherweise die Bankleitzahl) vor allem Adressdaten an. Diese Angaben zeigt Ihnen das System bei der Pflege der Bankkonten im unteren Teil des Bildes an. Das Hausbankkonto wird im System über die Konto-ID angesprochen. Dem Hausbankkonto ist auch eine Sachkontonummer im Hauptbuch zugeordnet (Feld Hauptbuch). Dies nutzt das System in der Kontenfindung aus (siehe Abschnitt 6.2).

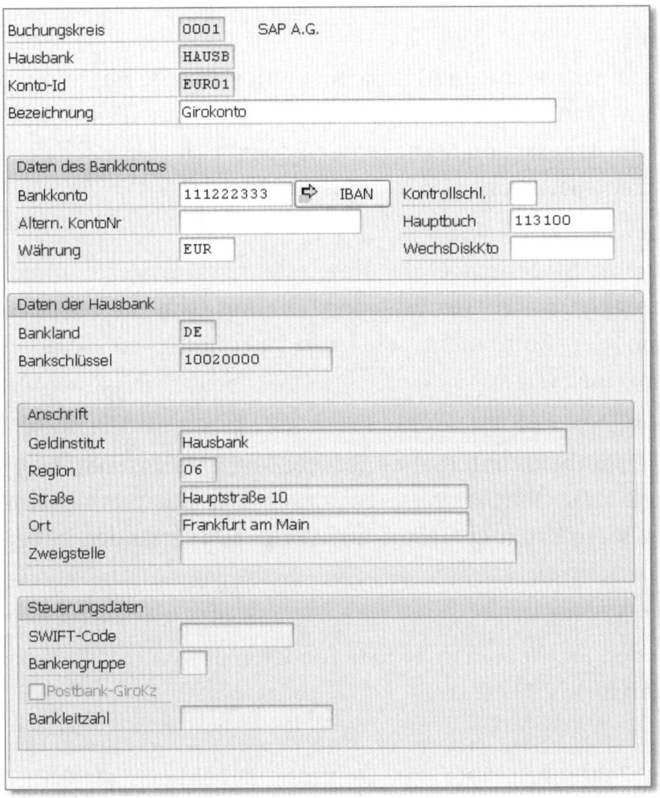

Abbildung 2.13 Hausbanken und Hausbankkonten definieren

2.4.2 Geschäftspartnerrollen

Geschäftspartner und ihre Rollen

Der gleiche Geschäftspartner kann gegenüber einem Unternehmen in verschiedenen Rollen auftreten. Je nach Rolle sind unterschiedliche Informationen über den Geschäftspartner von Interesse. Da es sich aber um den gleichen Partner handelt, ist eine zentrale Pflege dieser Stammdaten wünschenswert. Die Transaktion Geschäftspart-

NER BEARBEITEN (Transaktion BP) bietet diese umfassende Sicht. Sie finden Sie im Menü unter TREASURY AND RISK MANAGEMENT • GESCHÄFTSPARTNER. Wie Sie in Abbildung 2.14 sehen, sind die Informationen auf verschiedene Registerkarten aufgeteilt. Nur wenige Registerkarten sind eingeblendet, wenn Sie den Geschäftspartner ohne eine bestimmte Rolle anlegen. Je nach Rolle kommen dann weitere Karten hinzu oder werden bei einer anderen Rolle gezielt ausgeblendet. Die wichtigsten Rollen aus Sicht von SAP Treasury and Risk Management sind folgende:

- **Kontrahent**
  In dieser Rolle tritt der Geschäftspartner auf, wenn Sie mit ihm ein Geschäft im Transaction Manager abschließen. Mit dieser Rolle verbindet der Transaction Manager viele spezifische Eigenschaften eines Geschäftspartners.
- **Regulierer**
  Der Regulierer ist derjenige, der Ihre Zahlungen entgegennimmt oder sie bezahlt, je nach Richtung des Zahlungsstroms. Zumeist ist es zugleich der Kontrahent, es kann aber auch ein anderer Geschäftspartner sein.
- **Depotbank**
  Bei einer Depotbank unterhalten Sie ein Wertpapierdepot (siehe Abschnitt 2.5.1). Üblicherweise ist dieser Geschäftspartner eine Hausbank. Viele Zahlungsströme zu Wertpapierbeständen laufen über die Depotbank.
- **Emittent**
  Sie tragen den Emittenten in den Stammdaten des Wertpapiers ein (siehe Abbildung 2.5).
- **Debitor**
  Wenn Sie Zahlungen über das Debitorennebenbuch abwickeln wollen, muss der Geschäftspartner in dieser Rolle vorhanden sein (siehe Abschnitt 6.3).
- **Hauptdarlehensnehmer**
  Wenn Sie SAP Treasury and Risk Management zusammen mit der Darlehensverwaltung SAP Loans Management (früher Consumer Mortgage Loans, CML) einsetzen, ist auch diese Rolle von Bedeutung.

Geschäftspartner und Hausbank

Die Hausbank ist als Rolle eines Geschäftspartners nicht vorgesehen. Sie müssen die Hausbanken als Geschäftspartner in der Rolle *Kontrahent* anlegen, um mit ihnen Geschäfte im Transaction Manager abschließen zu können.

Abhängigkeiten vom Buchungskreis

Viele Daten eines Geschäftspartners sind unabhängig davon, mit welcher Firma, also welchem Buchungskreis, er in Beziehung tritt, z.B. Adressen. Als weiteres Beispiel zeigt Abbildung 2.14 die Pflege des ZAHLUNGSVERKEHRS. Es handelt sich um die Bankverbindung des Geschäftspartners, also Bank (Spalten LAND und BANKSCHLÜSSEL) und BANKKONTO, das der Geschäftspartner unterhält, um Zahlungen von Ihnen entgegenzunehmen. Diese Informationen benötigen Sie vorwiegend für Geschäftspartner, die nicht zugleich Ihre Hausbank sind. Wenn Daten einer Rolle vom Buchungskreis abhängen, bietet das System die Buttons ALLGEMEINE DATEN und BUCHUNGSKREIS an, um zwischen den beiden Sichten zu wechseln. Informationen des Geschäftspartners in seiner Rolle als Kontrahent hängen vom Buchungskreis ab.

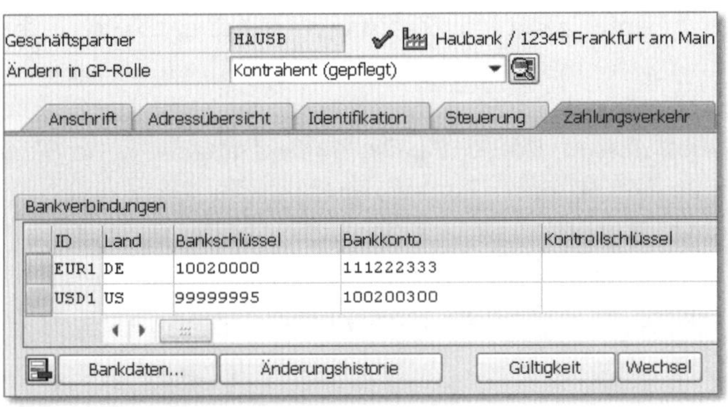

Abbildung 2.14 Pflege des Geschäftspartners

2.4.3 Standing Instructions

Für eine Treasury-Abteilung ist es eine große Arbeitserleichterung, Übereinkünfte über Prozessabläufe mit den wenigen für sie relevanten Geschäftspartnern in deren Stammdaten hinterlegen zu können. Diese Angaben werden als *Standing Instructions* bezeichnet. Sie sind mit der Rolle *Kontrahent* verknüpft. Die entsprechenden Registerkarten tragen als Zusatz das Kürzel (SI, siehe Abbildung 2.15). Sie können Standing Instructions zu den folgenden Themen angeben:

- Zahlungsverbindungen
- Korrespondenz
- Berechtigungen
- abgeleitete Bewegungen

Zahlungsverbindungen

Mit den Standing Instructions zu Zahlungsverbindungen geben Sie an, wie Zahlungen von Ihrer Seite aus abgewickelt werden, im Gegensatz zur Registerkarte ZAHLUNGSVERKEHR aus Abbildung 2.14, die den Zahlungsempfänger beschreibt. Eine Zahlungsverbindung wird durch ihren Schlüssel (Spalte ZAHLVER-ID) identifiziert und bezieht sich immer auf Zahlungen in einer Währung. Sie müssen zumindest über die Spalten HAUSBANK und KONTO-ID Ihr Hausbankkonto angeben, von dem Geld abgeht oder auf das Geld eingeht. Ist der Kontrahent Ihre Hausbank, sind diese Angaben möglicherweise schon ausreichend, weil diese nach dem z. B. telefonischen Geschäftsabschluss ohne Ihr weiteres Zutun die Zahlungen abwickelt. Die Zahlungsverbindung EURO1 stellt einen solchen Fall dar. Ist Ihr aktives Mitwirken notwendig, müssen Sie in den weiteren Feldern Angaben machen. Zum Beispiel zeigt die Zahlungsverbindung EURO2 die Abwicklung über Zahlungsanordnung (siehe auch Abschnitt 6.3). Bei aktivem Zahlen müssen Sie den Empfänger der Zahlung (Spalte REGULIERER) und dessen Konto (Spalte PBANK) angeben. Im Feld PBANK tragen Sie die ID einer Bankverbindung des Regulierers aus der Registerkarte ZAHLUNGSVERKEHR ein (siehe Abbildung 2.14).

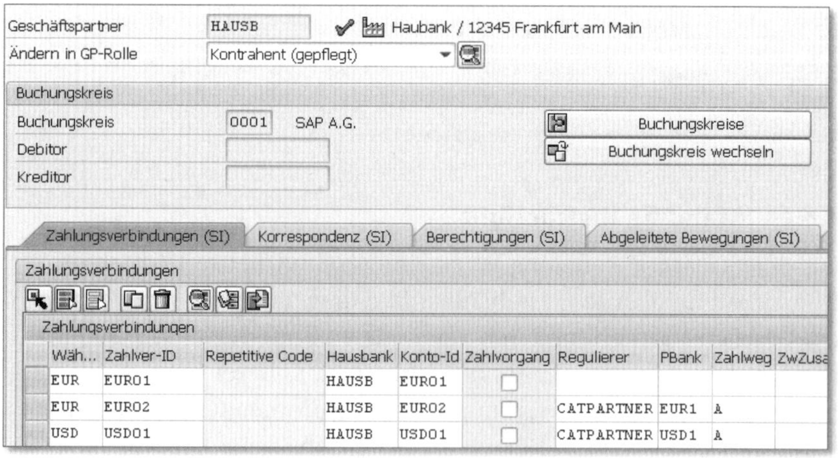

Abbildung 2.15 Buchungskreisabhängige Daten eines Geschäftspartners in der Rolle Kontrahent einrichten

Zahlungsverbindungen zuordnen

Um die Zahlungsverbindungen automatisch nutzbar zu machen, müssen Sie sie Elementen des Transaction Managers zuordnen. Alle Standing Instructions ordnen Sie Kombinationen aus Produktarten und Geschäftsarten zu. Im Fall der Zahlungsverbindungen wählen Sie dazu eine Zahlungsverbindung aus und klicken auf den Button ZUORDNEN (, siehe Abbildung 2.15). Dann gelangen Sie in das Bild in Abbildung 2.16. Wie Sie sehen, sind die Produktarten hierarchisch angeordnet, und Sie können die Zuordnung auch auf einer höheren Ebene für alle darunterliegenden Produktarten und Geschäftsarten vornehmen. Dies gilt auch für die übrigen Standing Instructions. Im Fall der Zahlungsverbindungen treffen Sie eine Zuordnung für ausgehende (Spalte Z-ID AUSG.) und eingehende Zahlungen (Spalte Z-ID EING.). Dazu wählen Sie einen Eintrag der Hierarchie aus und klicken auf den jeweiligen Button ZEILE MARKIEREN/ENTMARKIEREN (, siehe Abbildung 2.16). Die so festgelegten und zugeordneten Zahlungsverbindungen übernimmt das System bei jeder Erfassung eines Geschäfts, sodass Sie diese nur noch in Einzelfällen im Geschäft ändern müssen.

Abbildung 2.16 Zahlungsverbindungen den Produktarten zuordnen

Korrespondenz

Die Registerkarte KORRESPONDENZ unter den Standing Instructions gehört zum Customizing der klassischen Korrespondenz. Mit ihr können Sie Korrespondenzarten entlang der Hierarchie verschiedenen Übermittlungswegen zuordnen und festlegen, ob Gegenbestätigungen erforderlich sind. Informationen dazu, wie diese Einstellungen in der klassischen Korrespondenz verwendet werden und durch welche Einstellungen diese in der neuen Korrespondenz abgelöst wurden, finden Sie in Kapitel 4, »Korrespondenz«.

Berechtigungen

Bei den Standing Instructions zu Berechtigungen geht es um Berechtigungen des Geschäftspartners Ihnen gegenüber, also nicht um Berechtigungen von Nutzern des Systems. Sie können z. B. festlegen, dass Sie mit einem bestimmten Geschäftspartner nur Festgeldanlagen tätigen, nicht aber Devisentermingeschäfte.

Abgeleitete Bewegungen

Standing Instructions zu abgeleiteten Bewegungen dienen vor allem dazu, Gebühren automatisch berechnen zu lassen, die Ihnen der Geschäftspartner üblicherweise in Rechnung stellt. Im Customizing können Sie dazu unter TRANSACTION MANAGER • GELDHANDEL/DEVISEN/WERTPAPIERE/BÖRSENNOTIERTE DERIVATE/OTC-DERIVATE • GESCHÄFTSVERWALTUNG • BEWEGUNGSARTEN • ABGELEITETE BEWEGUNGEN Ableitungsverfahren definieren, mit denen Sie auch komplizierte Berechnungsvorschriften abbilden können. Diese Ableitungsverfahren ordnen Sie in den Standing Instructions zu.

2.5 Organisationselemente

Für Wertpapiere, Futures und handelbare Optionen benötigen Sie neben den Gattungsstammdaten weitere Stammdaten, um Geschäfte anlegen zu können, nämlich Depots oder Positionskonten. Diese Stammdaten organisieren Ihre börsennotierten Bestände nach außen hin. Ein internes Organisationsmerkmal stellt das Portfolio dar, das nicht auf Wertpapiere beschränkt ist, sondern auch OTC-Geschäfte umfasst. Alle diese Organisationselemente möchten wir Ihnen in diesem Abschnitt, beginnend mit dem Depot, vorstellen.

2.5.1 Depot

Depot und Depottyp

In *Depots* verbucht die Bank Wertpapierbestände. Mithilfe der Transaktion DEPOT BEARBEITEN (Transaktion TRS_SEC_ACC) legen Sie Depots im Transaction Manager an. Sie finden diese Transaktion im Menü unter TREASURY AND RISK MANAGEMENT • TRANSACTION MANAGER • WERTPAPIERE • STAMMDATEN • DEPOT • BEARBEITEN. Wie Sie in Abbildung 2.17 sehen, bietet Ihnen die Transaktion auf der linken

Seite eine nach Buchungskreisen gegliederte Übersicht Ihrer Depots. Beim Anlegen eines Depots vergeben Sie neben dem Schlüssel eine Bezeichnung und ordnen dem Depot eine Depotart zu. Die möglichen Depotarten legen Sie im Customizing unter Treasury and Risk Management • Transaction Manager • Wertpapiere • Bestandsverwaltung • Depotverwaltung • Depotarten definieren fest. Die Depotarten erlauben es Ihnen, Depots für Reporting-Zwecke zu gruppieren. Der zugeordnete Depottyp, der in Abbildung 2.17 ebenfalls angezeigt wird, bestimmt über die Verwendung eines Depots und klassifiziert die im Depot verwalteten Bestände. Es gibt folgende Depottypen:

- **Aktivdepot**
  Diesen Depottyp verwenden Sie für Ihre Vermögensgegenstände. Depots dieses Typs entsprechen den normalen Depots, die Sie bei Ihrer Depotbank unterhalten.
- **Passivdepot**
  Depots dieses Typs dienen der Verwaltung von emittierten Anleihen im System. Sie haben keine Entsprechung zu tatsächlichen Depots.
- **Leihedepot**
  Depots dieses Typs enthalten Wertpapiere während des Zeitraums einer Wertpapierleihe.

Abbildung 2.17 Depot einrichten

Zahlungsverbindungen

Auf der Registerkarte BANKDATEN in Abbildung 2.17 geben Sie neben Informationen wie der DEPOTNUMMER und dem VERRECHNUNGSKONTO bei der DEPOTBANK vor allem Zahlungsverbindungen ein. Diese Zahlungsverbindungen verwendet das System als Vorschlagswerte für Finanzströme zu Wertpapierbeständen, also z.B. Zinsen, Tilgungen oder Dividenden. Die in den Standing Instructions angegebenen Zahlungsverbindungen im Bereich Wertpapiere (siehe Abbildung 2.16) gelten nur für Wertpapiergeschäfte, also Käufe und Verkäufe. Die Angaben der Zahlungsverbindung für das Depot sind identisch, hängen hier allerdings neben der Währung von der Fortschreibungsart ab. Die Fortschreibungsart beschreibt die Bewegung eines Finanzstroms in der Bestandsverwaltung. Bei Aktivdepots sind die meisten Finanzströme eines Depotbestands eingehend, sodass Sie in der Regel den Zahlungsprozess nicht aktiv anstoßen müssen. Sie geben daher wie im Beispiel der Abbildung 2.17 nur HAUSBANK und KONTO-ID an. Das Hausbankkonto entspricht dann dem Verrechnungskonto, was aber nicht überprüft wird.

Zuordnung des Depots

Die Registerkarte SONSTIGES bietet Ihnen die Möglichkeit, einen Begünstigten sowie Verfügungssperren anzugeben. Daneben können Sie das Depot und damit seine Bestände einem Geschäftsbereich und einer Depotgruppe zuweisen. Während der Geschäftsbereich ein modulübergreifender Begriff aus dem SAP-Finanzwesen ist, ist die Depotgruppe auf den Transaction Manager beschränkt. Sie ermöglicht Ihnen, interne Bestände gröber als die Depotbestände zu führen (siehe Abschnitt 5.3). Sie können das Depot auch einem Portfolio zuordnen.

2.5.2 Positionskonto

Analog zum Depot führen Banken Bestände zu Futures und handelbaren Optionen auf *Positionskonten*. Die Transaktion zum Bearbeiten der POSITIONSKONTEN (Transaktion TPM4) entspricht der für Depots aus Abbildung 2.17. Sie finden die Transaktion unter TREASURY AND RISK MANAGEMENT • TRANSACTION MANAGER • DERIVATE • STAMMDATEN • BÖRSENNOTIERTE DERIVATE • POSITIONSKONTO. Der Finanzstrom eines Positionskontobestands besteht neben den Zu- und Abgängen aus Bewegungen der Variation- und Close-Margins, mit denen die Börse täglich die Veränderung des Marktwertes eines Bestands gegen ein Margin-Konto verrechnet. Margins werden normalerweise nicht unmittelbar gezahlt, sondern erst die Unterschreitung eines Mindestsaldos des Margin-Kontos zieht eine Zahlung nach sich. Der Transaction Manager bildet das Margin-Konto nicht ab. Zahlungsverbindungen sind daher für Positionskontobestände nicht so wichtig. Trotzdem bietet Ihnen die Transaktion TPM4 die Möglichkeit, Zahlungsverbindungen wie beim Depot zu pflegen. Darüber hinaus können Sie ein Positionskonto, wie das Depot, einem Geschäftsbereich oder Portfolio zuordnen.

Broker-Kontonummer

Oft entsprechen die Positionskonten nicht den realen Konten der Broker, sondern werden zur Strukturierung der Future-Bestände verwendet. Deshalb können Sie einem Positionskonto mit dem Feld BROKER-KTO.NR. die Kontonummer eines Broker-Kontos zuordnen. Diese Kontonummer steht dann bei der Selektion der Future-Bestände wie in der Transaktion POSITIONSKONTOBESTAND (Transaktion TPM9) zur Verfügung.

2.5.3 Portfolio

Das *Portfolio* ist üblicherweise ein Begriff, um Bestände von Finanzinstrumenten zu gruppieren und zu strukturieren. In SAP Treasury and Risk Management dient das Portfolio ebenfalls diesem Zweck, jedoch auf zwei Arten, die genau zu unterscheiden sind.

Portfolio zur Gruppierung von Geschäften im Reporting

Sie können das Portfolio als Gruppierungsbegriff für Geschäfte im Reporting einsetzen. Zu jedem Geschäft können Sie ein Portfolio erfassen. In den meisten Berichten können Sie sich dieses Merkmal anzeigen lassen und es für Ihre Auswertung heranziehen. Es klassifiziert in dieser Rolle jedoch zunächst Geschäfte und nicht Bestände. Im Bereich der Wertpapiere können mehrere Geschäfte den gleichen Bestand betreffen. Viele Bewegungen zu Wertpapieren beziehen sich auf einen Bestand und nicht auf ein Geschäft, wie z.B. Zinsen, Tilgungen oder Dividenden. Bei OTC-Geschäften, also Finanzinstrumenten in den Bereichen Geldhandel, Devisenhandel und OTC-Derivate, entspricht ein Geschäft einem Bestand. Da sich das Portfolio als Reporting-Merkmal zunächst auf Geschäfte bezieht, ist es nur auf den Bewegungen zu sehen, die eindeutig einem Geschäft zuzuordnen sind. Wegen der Übereinstimmung von Geschäft und Bestand für OTC-Geschäfte ist das Portfolio hier auf allen Bewegungen, also z.B. auch auf solchen einer buchhalterischen Bewertung, verfügbar. Folglich ist es für OTC-Geschäfte in vielen Berichten auch als Selektionskriterium vorhanden. Bei Wertpapieren finden Sie das Portfolio in dieser Rolle nur auf den Bewegungen zu Käufen und Verkäufen.

Portfolio für Wertpapierbestände

Eine andere Rolle kann das Portfolio für Wertpapierbestände annehmen. Die Bestandsführung des Transaction Managers erlaubt eine flexible Einteilung Ihrer buchhalterischen Bestände. Sie können dort festlegen, dass Wertpapierbestände nach Portfolio unterschieden werden sollen (siehe Abschnitt 5.3.4, »Differenzierung«). In diesem Fall führen z.B. zwei Käufe des gleichen Wertpapiers mit unterschiedlichen Portfolios zu unterschiedlichen buchhalterischen Beständen, auch wenn sie in das gleiche Depot erfolgen. Das Portfolio ist nun also ein unterscheidendes Merkmal eines Wertpapierbestands. Zumeist wird dies als *Portfolio als Differenzierung* bezeichnet. In vielen Berichten gibt es für diese Rolle des Portfolios eine eigene Spalte. Sie ist nur für Wertpapiere gefüllt und auch nur dann, wenn Sie das Portfolio zur Unterscheidung der Bestände verwenden. Beachten Sie, dass das Portfolio zwar mit dem Bestand verknüpft ist, jedoch aus den ihn aufbauenden Geschäften stammt, also aus dem gleichen Feld, das auch als Reporting-Merkmal dient.

Ihre Portfolios können Sie im Customizing unter TREASURY AND RISK MANAGEMENT • TRANSACTION MANAGER • ÜBERGREIFENDE EINSTELLUNGEN • ORGANISATION • PORTFOLIO DEFINIEREN anlegen.

2.5.4 Andere Organisationselemente

Neben den Organisationselementen für Finanzinstrumente spielen solche für die Unternehmensorganisation im Treasury and Risk Management nur eine untergeordnete Rolle, wenn wir vom Buchungskreis absehen. Sie haben gesehen, dass Sie z.B. einem Depot einen Geschäftsbereich zuordnen können. Neben dem Geschäftsbereich können Sie Beständen auch Kostenstellen zuweisen (siehe Abschnitt 6.2). Umfassendere Anforderungen, wie z.B. Profit-Center oder Segmente, können Sie mithilfe von BAdIs umsetzen (siehe Abschnitt 14.3).

Die Geschäftsverwaltung befasst sich mit dem operativen Ablauf von Geschäften: dem Handel, der Abwicklung und dem operativen Reporting. Sie ist die Grundlage für alle weiteren Geschäftsprozesse eines Unternehmens.

3 Geschäftsverwaltung

Geschäfte sind Vereinbarungen über finanzielle Rechte und Verpflichtungen. Ihr operativer Ablauf wird in der Geschäftsverwaltung gesteuert. Traditionell wird die Geschäftsverwaltung in drei Teilbereiche aufgeteilt, in den *Handel*, die *Abwicklung* und das *operative Reporting*. Diese klassische Aufteilung wird in SAP Treasury and Risk Management übernommen.

In diesem Kapitel stellen wir Ihnen zuerst vor, wie die unterschiedlichen Finanzinstrumente als Geschäfte abgebildet werden und auf welche Art und Weise die Geschäfte erfasst und bearbeitet werden können. Anschließend untersuchen wir den Handel als ersten Teilbereich der Geschäftsverwaltung. Er besteht aus der Vorbereitung und der Erfassung von Geschäften sowie der Ausübung von Rechten. Im darauffolgenden Abschnitt gehen wir auf die Abwicklung ein, den zweiten Teilbereich. Die Abwicklung beschäftigt sich mit der Überwachung, Kontrolle und Freigabe der Geschäfte, wie z.B. der Abrechnung.

Den letzten Teilbereich, das operative Reporting, betrachten wir in Abschnitt 3.4. Dabei geht es um die Möglichkeit, Termine und den Verlauf der Geschäfte zu kontrollieren und einen Überblick über die vorhandenen Geschäfte zu erlangen. Im darauffolgenden Abschnitt stellen wir sämtliche in der Geschäftsverwaltung verfügbaren Finanzinstrumente vor.

Daran schließt sich eine kurze Einführung in die Architektur der Geschäftsverwaltung an. Diese stellen wir anhand der Beispielimplementierung der kundeneigenen Registerkarten vor. Abschließend behandeln wir drei Spezialthemen, die über die Grundlagen der Geschäftsverwaltung hinausgehen: Rollen, Spiegelgeschäfte und den internen Devisenhandel.

[»]

Transaktionspfade in diesem Kapitel

Innerhalb dieses Kapitels geben wir für Transaktionen keine Menüpfade an. Sie finden die Transaktionen je nach Finanzinstrument im Menü unter TREASURY AND RISK MANAGEMENT • TRANSACTION MANAGER • GELDHANDEL/DEVISEN/DERIVATE/COMMODITIES/WERTPAPIERE/FREMDFINANZIERUNG und – abhängig vom Abschnitt, den Sie gerade lesen – in einem entsprechenden Unterorder.

Durch die Menge der in der Geschäftsverwaltung verwendeten Transaktionen wird der Text auf diese Weise lesbarer. Bei einigen hiervon abweichenden Ausnahmen geben wir den Pfad jedoch mit an.

3.1 Geschäft

Definition Geschäft

Ein *Geschäft* ist ein Vertrag zwischen mindestens zwei Geschäftspartnern über den Eigentumsübergang eines Finanzinstruments oder eines Rechtes in Form eines Finanzinstruments. Die Vielfalt der Finanzinstrumente spiegelt sich also auch in den Geschäften wider. Der Aufbau der Geschäfte in SAP Treasury and Risk Management ergibt sich aus der Beschreibung der Aktionen zu einem Geschäft und der Beschreibung der allgemeinen Bestandteile eines Geschäfts.

Aktionen »Anlegen« und »Bearbeiten«

Die Aktionen zu einem Geschäft sind aufgeteilt in die Aktionen ANLEGEN und BEARBEITEN:

- Beim *Anlegen* beziehen Sie sich über den Kontext Buchungskreis, Geschäftsart, Produktart, Partner sowie eventuell einige spezifische Daten auf ein Finanzinstrument.
- Beim *Bearbeiten* hingegen wählen Sie über den eindeutigen Schlüssel Buchungskreis und Geschäftsnummer ein existierendes Geschäft aus.

Diese beiden grundlegenden Vorgehensweisen spiegeln sich in den Transaktionen der Geschäftsverwaltung wider. Bei den meisten Transaktionen handelt es sich um Zwei-Bild-Transaktionen. Im ersten Bild, dem *Einstiegsbild*, wird bei der Geschäftserfassung der Kontext angegeben (siehe Abbildung 3.3) und bei der Geschäftsbearbeitung das Geschäft über den eindeutigen Schlüssel ausgewählt (siehe Abbildung 3.4). Das zweite Bild, das *Datenbild*, ist bei der Geschäftserfassung und der Geschäftsbearbeitung identisch. Dort werden die Geschäftsdaten eingegeben.

Neben der Geschäftserfassung und Geschäftsbearbeitung gibt es viele weitere Berichte als Zwei-Bild-Transaktionen, bei denen auf dem ersten Bild eine Auswahl eingegeben wird und auf dem zweiten Bild die Ergebnisse der Auswahl angezeigt werden. In diesem Fall wird das erste Bild *Selektionsbild* und das zweite Bild *Ergebnisbild* genannt.

Aufbau Datenbild

Da die Anzahl von Geschäftsdaten groß ist, wird das Datenbild durch *Registerkarten* strukturiert. Die meisten dieser Registerkarten enthalten die Merkmale und Kennzahlen, die bei jedem Geschäft benötigt werden und unabhängig von der Ausprägung des Finanzinstruments sind. Diese Registerkarten sind bei allen Geschäften identisch.

Die Ausstattungsdaten machen jedoch das Unterscheidungskriterium der Finanzinstrumente aus. Deswegen besitzt jedes Finanzinstrument seine individuellen Registerkarten. Prinzipiell sind die Ausstattungsdaten gleich aufgebaut und basieren auf Bewegungen, Konditionen, Underlyings und/oder Stammdaten. Auf welchen dieser Angaben ein Finanzinstrument basiert und wie die Ausprägung dieser Angaben ist, charakterisiert das Finanzinstrument.

Feldauswahl

Die Auswahl der Felder für die Dateneingabe auf den jeweiligen Registerkarten können Sie individuell aussteuern: Über Einstellungen im Customizing zur *Feldmodifikation* können Sie Einfluss darauf nehmen, ob ein Feld ausgeblendet, angezeigt, eingabebereit oder unbedingt einzugeben ist.

Vorgänge

Ein Geschäft durchläuft durch Handelsfunktionen oder Abwicklungsfunktionen verschiedene Status. Um diese Status abzubilden und nachvollziehbar zu machen, gibt es *Vorgänge*. Zu einem Vorgang wird der Finanzstrom in Form von Bewegungen und Konditionen zugeordnet und ist damit auch nachvollziehbar.

3.1.1 Bedienungskonventionen

Die Bedienung der Transaktionen innerhalb der Geschäftsverwaltung, insbesondere die Durchführung der Geschäftserfassung und -bearbeitung, folgt gewissen Konventionen. Sobald Sie diese Konventionen verinnerlicht haben, ist die Bedienung selbst neuer Transaktionen relativ einfach und ohne weitere Erklärungen möglich.

Zu diesen Bedienungskonventionen zählen die Verwendung von Icons auf Buttons, die exakte Angabe eines Datums mithilfe von Inklusiv- und Ultimokennzeichen sowie die Eingabeunterstützung mithilfe von Shortcuts für Datumsangaben und Beträge. Innerhalb dieses Abschnitts gehen wir auf diese Konventionen näher ein.

Verwendung von Icons

Wie im SAP-System generell üblich, wird auch in SAP Treasury and Risk Management mit zwei Arten von Schaltflächen gearbeitet: Zum einen Buttons, die mit einem sprechenden Text versehen sind (z.B. der Button BARAUSGLEICH in Abbildung 3.2). Manchmal enthält so ein Button auch zusätzlich ein Symbol. Buttons werden wir im Verlauf des Buches immer mit ihrem sprechenden Text benennen.

Zum anderen werden häufig Icons verwendet, Schaltflächen, die nur ein Symbol und keinen sprechenden Text zeigen. In der Regel wird die Funktion, für die dieses Icon steht, gut durch das Symbol vermittelt. Wenn Sie den Cursor auf ein Icon setzen, wird die genaue Bedeutung des Icons (bzw. die dahinterstehende Funktion) zudem in Form eines Tooltips angezeigt. In diesem Buch werden wir sowohl die Tooltip-Bedeutung als auch das Symbol der Icons direkt im Text nennen bzw. zeigen. Abbildung 3.1 zeigt die in der Geschäftsverwaltung gebräuchlichsten Icons.

Abbildung 3.1 Gebräuchliche Icons in der Geschäftsverwaltung

Datum

Inklusiv- und Ultimokennzeichen

Sowohl Bewegungen als auch Konditionen enthalten viele Datumsangaben. Um diese Datumsangaben für Berechnungen eindeutig zu gestalten, gibt es zu einem Datumsfeld häufig ein Inklusivkennzeichen, das angibt, ob das eingegebene Datum bei der Berechnung noch zu einer Periode dazugehört oder nicht. Dazu kann es in einigen Fällen noch ein Ultimokennzeichen geben, das anzeigt, ob es sich bei dem Datum um ein Monatsende handelt.

[zB]

Periodenberechnung

Das wichtigste Beispiel für die Verwendung von Inklusivkennzeichen und Ultimokennzeichen ist die Berechnung von Perioden. Wird für ein Periodenende der 30.04.2012 inklusiv und ein monatlicher Rhythmus angegeben, sind die folgenden Periodenenden 30.05.2012 inklusiv, 30.06.2012 inklusiv etc. Wird zusätzlich das Ultimokennzeichen gesetzt, wären bei einem monatlichen Rhythmus die Termine 31.05.2012 inklusiv und ultimo, 30.06.2012 inklusiv und ultimo, und die Berechnung würde sich analog fortsetzen.

[+]

Periodenberechnung im Februar

Bei Zinsberechnungsmethoden mit 30 Basistagen und Periodenende 28.02.2012 inklusiv wird der Februar mit 28 Tagen verzinst, bei Periodenende 28.02.2012 exklusiv und ultimo gibt es 29 Zinstage. Bei Periodenende 28.02.2012 inklusiv und ultimo wird der Februar mit 30 Tagen verzinst.

Eingabeunterstützung

Vorbelegung

Beim Anlegen von Geschäften sind viele Felder schon mit sinnvollen Werten vorbelegt. Zum Beispiel wird der Laufzeitbeginn mit dem aktuellen Datum gefüllt. Falls in Ihrem speziellen Fall die Vorbelegung auf andere Art sinnvoller wäre, stehen hierfür teilweise BAdIs zur Verfügung, teilweise kann die Vorbelegung nur über eine Modifikation des SAP-Standardcodings geändert werden. Darüber hinaus werden Vorbelegungen aus dem Customizing ausgelesen, wie z.B. die Zahlungsverbindungen aus den Standing Instructions des Geschäftspartners.

Datum

In den Benutzereinstellungen können Sie das Datumsformat (z.B. TT.MM.YYYY) einstellen. Die Eingabe eines Datums kann innerhalb der Geschäftsverwaltung absolut erfolgen. Dabei werden auch verkürzte Schreibweisen, wie z.B. 260412, als 26.04.2012 erkannt. Betriebswirtschaftlich kann sich ein Datum auch auf ein anderes

Datum beziehen. So ist z.B. das Laufzeitende eines Geschäfts relativ zu seinem Laufzeitbeginn. Diese Beziehung der Datumsfelder ist im Bild nicht ersichtlich, jedoch im System hinterlegt. Zur Eingabe der Richtung einer relativen Datumsangabe stehen einige *Shortcuts* zur Verfügung (siehe Tabelle 3.1).

Shortcut	Bedeutung
+	folgender Tag
++	folgender Monat
+++	folgendes Jahr
-	vorheriger Tag
--	vorheriger Monat
---	vorheriges Jahr

Tabelle 3.1 Shortcuts für Datumsangaben

Sowohl die einfache Verwendung als auch die Kombination von Shortcuts ist möglich (siehe Tabelle 3.2).

Beispiel	Bedeutung
0	derselbe Tag
+2	in zwei Tagen
--4	vor vier Monaten
+++1++3	in einem Jahr und drei Monaten

Tabelle 3.2 Beispiel für Shortcuts bei Datumsangaben

Betrag Für Beträge können Sie im Customizing unter Treasury and Risk Management • Transaction Manager • Allgemeine Einstellungen • Organisation • Benutzerdaten definieren einstellen, welche Abkürzungen Sie für Tausend und Millionen verwenden wollen. Standardmäßig sind diese vorbelegt mit den in Tabelle 3.3 aufgeführten Abkürzungen.

Abkürzung	Bedeutung
T	Tausend
M	Million

Tabelle 3.3 Abkürzung für Beträge

Auch hier ist eine Kombination der Shortcuts möglich (siehe Tabelle 3.4).

Beispiel	Bedeutung
2T	2.000
5,2M	5.200.000
3M20T	3.020.000

Tabelle 3.4 Beispiel für Shortcuts bei Beträgen

Nach Drücken der [↵]-Taste oder dem Ausführen einer Aktion wird der Shortcut umgerechnet. Sie können dann kontrollieren, ob dies der gewünschten Eingabe entspricht.

Beispiel Devisen

Auch wenn die Transaktion ANLEGEN EINES GESCHÄFTES (Transaktion FTR_CREATE) erst im folgenden Abschnitt erklärt wird, verwenden wir ihr Datenbild schon an dieser Stelle, um Ihnen ein Beispiel für die Verwendung von Shortcuts zu geben. Wir schließen ein Devisentermingeschäft am 26.04.2012 ab über den Tausch von 100.000 EUR gegen USD am 26.05.2012 zum Kurs von 1,3. Dabei verwenden wir für die Valuta eine relative Datumsangabe und für den Betrag eine standardmäßige Abkürzung (siehe Abbildung 3.2).

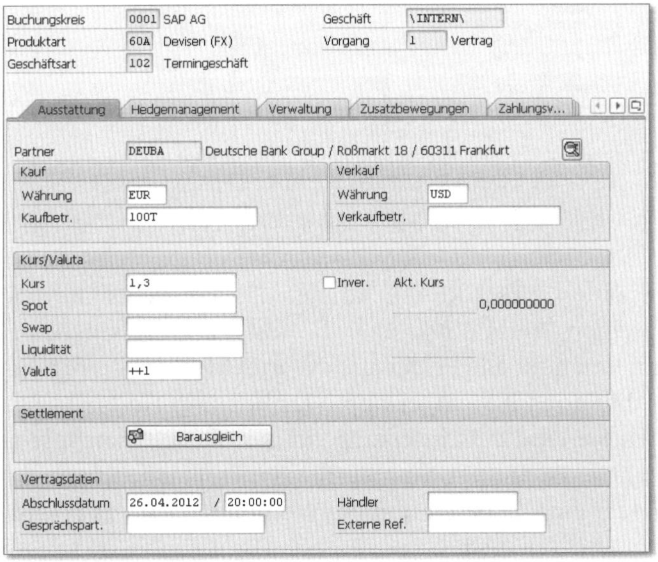

Abbildung 3.2 Datenbild des Devisengeschäfts

3.1.2 Einstieg in die Geschäftsverwaltung

Der Einstieg in die Geschäftserfassung und -bearbeitung ist über viele Transaktionen und Funktionen möglich. Je nachdem, in welchem

Arbeitsschritt ein Anwender sich gerade befindet, wird er unterschiedlich vorgehen. Im Folgenden stellen wir Ihnen die zentralen Transaktionen vor.

Geschäftserfassung

Transaktion FTR_CREATE

Der zentrale Einstieg in die *Geschäftserfassung* ist die Transaktion ANLEGEN EINES GESCHÄFTES (Transaktion FTR_CREATE), über die Sie für jedes Finanzinstrument in der Geschäftsverwaltung ein Geschäft anlegen können (siehe Abbildung 3.3). Darüber hinaus besitzt jedes Finanzinstrument seine »eigenen« Transaktionen zum Anlegen eines Geschäfts. Diese »eigenen« Transaktionen sind aber nicht mehr im Menü aufgeführt.

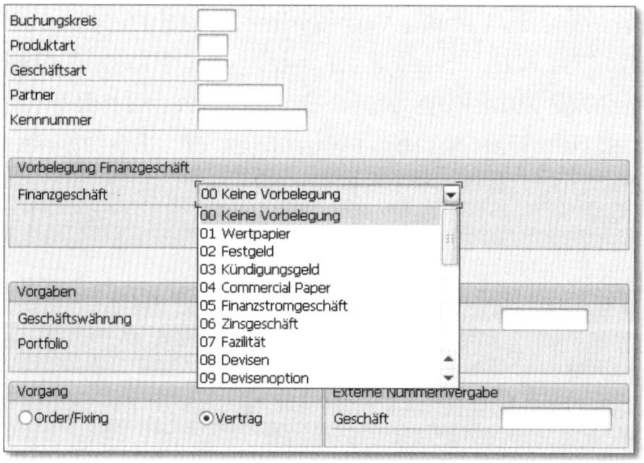

Abbildung 3.3 Geschäftserfassung mit der Transaktion FTR_CREATE

Bei der Transaktion FTR_CREATE können Sie einerseits die von Ihnen gewünschten Werte direkt über die Tastatur eingeben. Andererseits stehen Ihnen für alle Felder auch Wertehilfen zur Verfügung. Über die in Abbildung 3.3 aufgeklappte Listbox im Feld FINANZGESCHÄFT können Sie eine Einschränkung auf der Ebene Finanzinstrument vornehmen, woraufhin nur die für dieses Finanzinstrument relevanten Felder eingabebereit und die Wertehilfen auf das Finanzinstrument eingeschränkt sind.

Geschäftsbearbeitung

Transaktion FTR_EDIT

Für die *Geschäftsbearbeitung* ist die Transaktion BEARBEITEN EINES GESCHÄFTES (Transaktion FTR_EDIT) der zentrale Einstieg. Mit dieser Transaktion wählen Sie zusätzlich zu der Eingabe des Geschäfts die gewünschte Aktion aus, die Sie für das Geschäft ausführen wollen. Über die Listbox ist es Ihnen möglich, die Aktionen auf der Finanzinstrumentebene einzuschränken (siehe Abbildung 3.4).

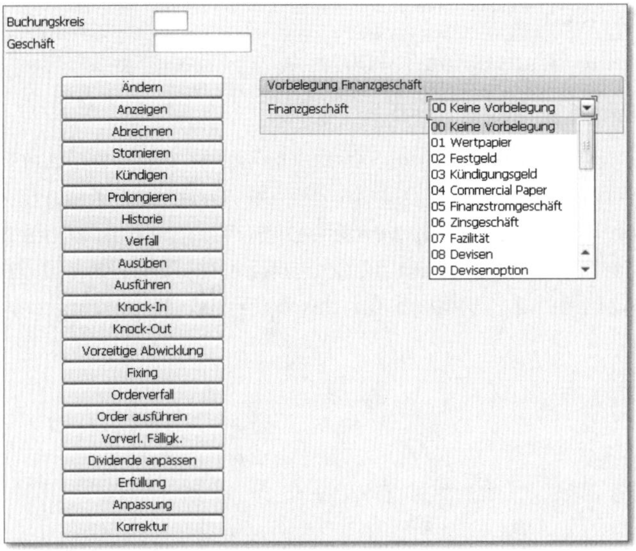

Abbildung 3.4 Geschäftsbearbeitung mit der Transaktion FTR_EDIT

Analog zur Geschäftserfassung besitzt jedes Finanzinstrument auch in der Geschäftsbearbeitung für die jeweilige Aktion eine eigene Transaktion. Das Einstiegsbild in dieser »eigenen« Transaktion besteht aus den Feldern BUCHUNGSKREIS und GESCHÄFTSNUMMER. Sie können also auch die »eigenen« Transaktionen nutzen, diese sind jedoch nicht im Menü aufgeführt.

Sammelbearbeitung

Alternativ zu den zentralen oder finanzinstrumentspezifischen Einstiegstransaktionen können Sie auch über die *Sammelbearbeitung* in die Geschäftsbearbeitung einsteigen. Die Sammelbearbeitung zeigt eine Liste von Geschäften übersichtlich an und bietet Ihnen die Möglichkeit, aus der Liste heraus in die Geschäftsbearbeitung zu verzweigen.

Sammelbearbeitung für Finanzinstrumente

Für die verschiedenen Finanzinstrumente stehen Ihnen die folgenden Sammelbearbeitungen zur Verfügung:

- Geldhandel (Transaktion TM00)
- Devisen (Transaktion TX06)

- OTC-Optionen (Transaktion TI91)
- Zins-Derivate (Transaktion TI92)
- Futures und handelbare Optionen (Transaktion TI00)
- Repos (Transaktion TF00)
- Wertpapierleihe (Transaktion TSL00)
- Wertpapiere (Transaktion TS00)

Transaktion FTR_00

Darüber hinaus gibt es die zentrale SAMMELBEARBEITUNG GESCHÄFTSVERWALTUNG (Transaktion FTR_00), in der die Geschäfte finanzinstrumentübergreifend dargestellt werden. Diese Transaktion können Sie z.B. über Varianten und deren umfangreiche Selektionsmöglichkeiten (siehe Abbildung 3.5) auch für das operative Reporting verwenden.

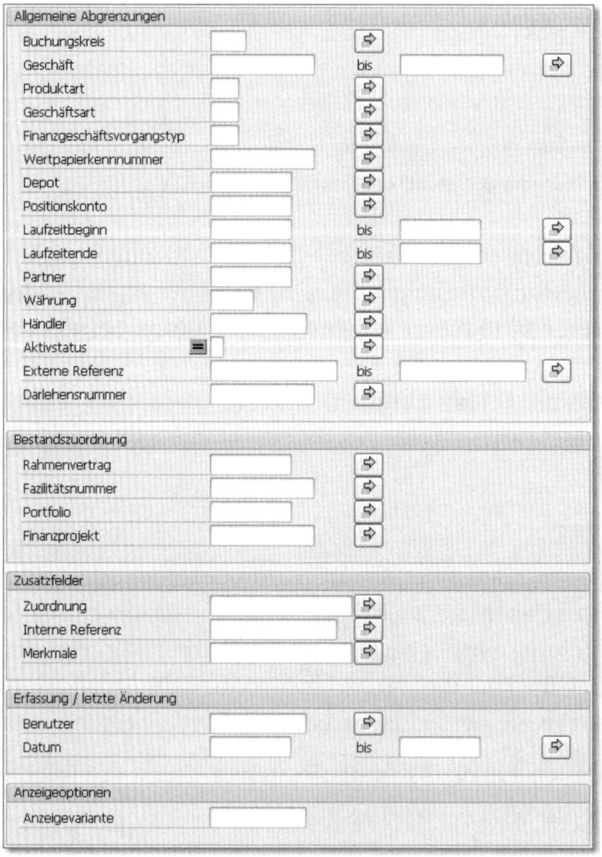

Abbildung 3.5 Selektionsbild der zentralen Sammelbearbeitung (Transaktion FTR_00)

Beachten Sie für diesen Fall, dass die Merkmale der Finanzinstrumente so differenziert sind, dass sie nicht in einheitlicher Form dargestellt werden können. Daher enthält das Ergebnisbild das Feld Ausstattung Finanzgeschäft, in dem die wichtigsten Merkmale eines Finanzinstruments als Fließtext angegeben werden (siehe Abbildung 3.6).

Produkt-/Geschäftstyp (Bez.)	BuKr.	Geschäft	Kennnummer	Partner	Ausstattung Finanzgeschäft
Aktie-Kauf	0001	2037	1	DEUBA	100,00000 Stücke 8.000000 EUR
Investmentzertifikat-Kauf	0001	4654	DE0009769869	DEUBA	100,00000 Stücke 50.000000 EUR
Anleihe-Kauf	0001	10192	FLT_EURIB06	DEUBA	EUR 100.000.000,00 - 100.000000%
Auslosungsanleihe-Kauf	0001	5932	BOND-4	DEUBA	EUR 1.000,00 - 1.000000%
Anleihe mit Ratentilgung-Kauf	0001	8480	CASCH_MBS11	DEUBA	EUR 200.000,00 - 90.000000%
Wandelanleihe-Kauf	0001	8375	BOND_002	DEUBA	EUR 100.000.000,00 - 99.000000%
Festgeld-Anlage	0001	5394		DEUBA	EUR 1.000,00 - 8,0000000 %
Kündigungsgeld-Anlage	0001	10114		DEUBA	EUR 1.000.000,00 - 1,0000000 %
Commercial Paper-Kauf	0001	9293		DEUBA	EUR 96.000,00 - 3,9999958 % Skonto
Finanzstrom-Geschäft-Anlage	0001	9294		DEUBA	EUR 100.000,00 -
Zinsgeschäft-Anlage	0001	10744		DEUBA	EUR 1.000.000,00 - BONDYEUR02 Endf.Tilg.
Fazilität-eingeräumt	0001	8081		DEUBA	Limit: EUR 5.000.000,00 Frei(+)/Überschr.(-): EUR 5.000.000,00
Treuhandanlage-Kauf	0001	5097		DEUBA	Ursprünglicher Investitionsbetrag EUR 10.000,00
CAP/FLOOR-Kauf	0001	9277		DEUBA	1,0000000 % 100,00 EUR
SWAP-Tausch	0001	10189		DEUBA	Receiverswap 100.000.000,00 EUR 3,0000000 % <EURIBEUR06>
FRA-Kauf	0001	9200		DEUBA	1.000.000,00 EUR 3,0000000 % EUR_02_M_M 17.11.2011
Total Return Swap-Swap	0001	7489	TR04	DEUBA	Nominalbetragsvermind. (n.brl) 76.00000 Stücke 0,00 EUR
Futures-Close-Geschäft	0001	10084	EW_FUT_TEST	DEUBA	Verkauf Optionen/Futures EUR 14.400,00 + 60,00000 Stücke 200.000000 EUR
Futures-Open-Geschäft	0001	10087	ES12345	DEUBA	Kauf Optionen/Futures USD 930,00 - 1,00000 Stücke 93.000000 USD
Repos-reverse Repo	0001	2419	400000	DEUBA	rev. Repo: Forward Verkauf 1.000.820,12 EUR
Wertpapiertermingeschäft-Verkauf	0001	2687	CAPO_1032	DEUBA	100.00000 Stücke 10.600,00 EUR
Handelbare Optionen-Close-Geschäft	0001	8642	ALVGR5	DEUBA	Verkauf Optionen/Futures 492.150,00 EUR 8500.00000 Stücke 5.790000 EUR
OTC Optionen-Verkauf	0001	10207		DEUBA	EUR 417.710,94 + 1.197000000 Put
Wertpapierleihe-Verleihe	0001	8489	800202	DEUBA	67,14 EUR 3,0000000 %
Forward-Forward	0001	3917		DEUBA	EUR 3.333,33 + 1.200000000 Long Call
Forward-Darlehen-Kauf	0001	8490		DEUBA	Kauf, ID zugrund. Darlehen: 10004850, Zusagekapital: 10000000.00 EUR, Terminkurs: 100 %
Commodity-Forward-Kauf	0001	10745		DEUBA	EUR 222.000,00 - 1.000,00000 TO 222,00000 ALU 06.08.2012
Commodity-Swap-Swap	0001	9113		DEUBA	Variabel TST1_COPPER_LM 100.000 TO - Fix TST1_COPPER_LM 100.000 TO

Abbildung 3.6 Ergebnisbild der zentralen Sammelbearbeitung (Transaktion FTR_00)

Schnellerfassung und -bearbeitung

Transaktionen für die Schnellerfassung

Für einige Finanzinstrumente werden auch *Schnellerfassungen* angeboten. Darin werden die Daten des Einstiegsbildes und des Datenbildes zu einem Bild zusammengefasst. Dabei sind sowohl die eingebbaren Daten als auch die Funktionalität eingeschränkt, sodass Sie mit der Schnellerfassung nur einfache »Standardgeschäfte« anlegen können. Folgende Transaktionen für Schnellerfassungen stehen Ihnen zur Verfügung:

- Festgeld-Schnellerfassung (Transaktion TM0F)
- Kündigungsgeld-Schnellerfassung (Transaktion TM1F)
- Commercial-Paper-Schnellerfassung (Transaktion TM3F)

Transaktion TM20

Für die Finanzinstrumente Festgeld und Kündigungsgeld wird mit der Transaktion Geldhandel: Schnellbearbeitung (Transaktion

TM20) eine *Schnellbearbeitung* angeboten. In einem Bild werden mehrere Festgelder und Kündigungsgelder angezeigt, und Sie können Betrag, Zinssatz, Laufzeitende, Zinsbehandlung bei Prolongation und Zinskapitalisierung ändern.

3.1.3 Datenbild

Aufbau Datenbild

Nach dem Einstieg in die Geschäftserfassung oder -bearbeitung gelangen Sie in das *Datenbild*. Dieses hat für alle Finanzinstrumente den gleichen Aufbau. Oben wird der Kopf des Geschäfts angezeigt, je nach Finanzinstrument mit den Informationen zum Buchungskreis, der Geschäftsnummer, dem Vorgang, der Produktart, der Geschäftsart und der Wertpapierkennnummer (siehe Abbildung 3.7).

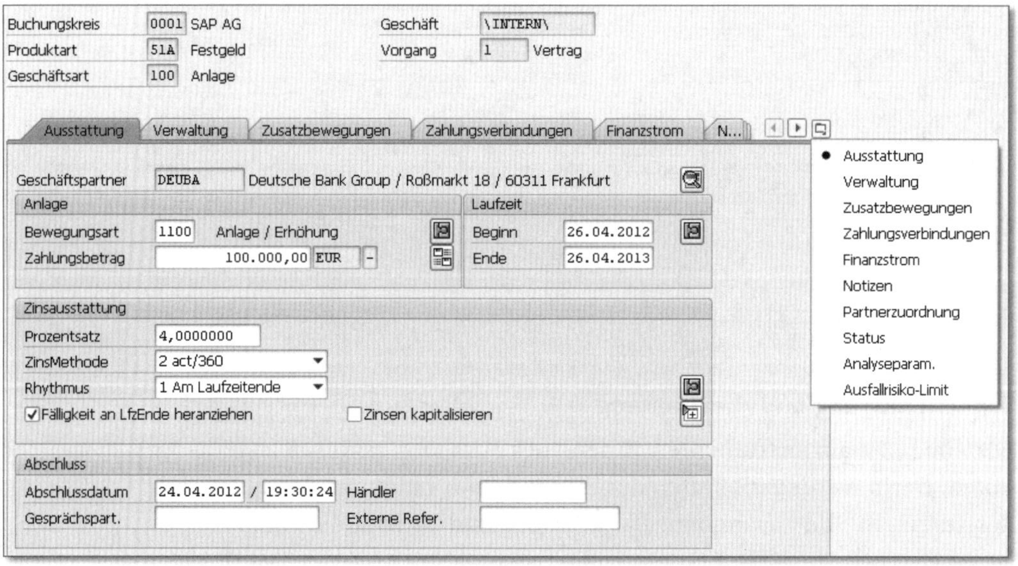

Abbildung 3.7 Datenbild des Finanzinstruments »Festgeld«

Darunter befinden sich die Registerkarten. Prinzipiell besitzen alle Geschäfte dieselben Registerkarten, es werden jedoch nur die Registerkarten angezeigt, die für das Finanzinstrument benötigt werden. So wird z.B. die Registerkarte ZINSANPASSUNG nur bei Finanzinstrumenten mit variabler Verzinsung angezeigt und bei den übrigen Finanzinstrumenten ausgeblendet.

Feldauswahl

Darüber hinaus können Sie im Customizing unter TREASURY AND RISK MANAGEMENT • TRANSACTION MANAGER • ALLGEMEINE EINSTEL-

LUNGEN • GESCHÄFTSVERWALTUNG • FELDAUSWAHL DEFINIEREN nicht gewünschte Registerkarten bis auf die Registerkarte AUSSTATTUNG ausblenden.

Registerkarten

Wir besprechen nun nacheinander die zur Verfügung stehenden Registerkarten.

- **Registerkarte »Ausstattung«**
  Auf dieser Registerkarte können Sie die Ausstattungsmerkmale angeben, die die Finanzinstrumente voneinander unterscheiden. Auf diese Merkmale gehen wir in den Abschnitten 3.1.4 bis 3.1.7 näher ein. Zudem wird am oberen Rand der Geschäftspartner des Geschäfts angezeigt und ein Absprung zur Geschäftspartnerverwaltung angeboten (Icon DETAILS () in Abbildung 3.7). Am unteren Rand können Sie im Bildbereich ABSCHLUSS Vertragsabschlussdaten wie Abschlussdatum und Uhrzeit, Gesprächspartner, Händler sowie eine externe Referenz eingeben.

  Da bei einigen Finanzinstrumenten die Registerkarte AUSSTATTUNG zur Angabe sämtlicher Ausstattungsmerkmale nicht ausreicht, stehen bis zu drei weitere Registerkarten für diesen Zweck zur Verfügung.

  Tabelle 3.5 stellt dar, bei welchen Finanzinsrumenten von dieser Möglichkeit Gebrauch gemacht wird. Die zusätzlichen Registerkarten heißen teilweise auch AUSSTATTUNG.

Finanzinstrument	Registerkarte	Registerkarte	Registerkarte
Wertpapiere	Handel	Ausstattung	
Fazilität	Gebühren	Profile	Regeln
Treuhandanlage	Sicherheiten		
Total Return Swap	Dividende		
Futures	Handel	Ausstattung	
Handelbare Optionen	Handel	Ausstattung	
OTC-Option	Underlying		
Wertpapierleihe	Sicherheit		
Forward	Underlying		

Tabelle 3.5 Zusätzliche Registerkarten für Ausstattungsmerkmale

- **Registerkarte »Hedge Management«**
  Die Registerkarte HEDGE MANAGEMENT wird angezeigt, wenn das Geschäft Teil einer Sicherungsbeziehung ist. Die Daten zur Sicherungsbeziehung werden durch *SAP List Viewer* (ALV, ehemals ABAP List Viewer) angezeigt. Per Doppelklick auf eine Zeile gelangen Sie zur Anzeige der Sicherungsbeziehung. Weitere Informationen zum Hedge Management finden Sie in Kapitel 9, »Hedge Accounting für Exposures«.

- **Kundenspezifische Registerkarte**
  Es gibt zwei Registerkarten, auf denen Sie über BAdI-Technologie eigene Bilder einbinden und Daten zu einem Geschäft anzeigen, eingeben und speichern können. Näheres dazu erfahren Sie in Abschnitt 3.6.3.

- **Registerkarte »Verwaltung«**
  Die Registerkarte VERWALTUNG stellt Daten zur Verwaltung der Geschäfte bereit. Im Bildbereich BESTANDSZUORDNUNG klassifizieren Sie über die allgemeine Bewertungsklasse die Geschäfte nach Vermögensteilen, z. B. in kurzfristige Anlagen. Im Bildbereich ZUSATZFELDER können Sie ein Geschäft kennzeichnen oder Verbindungen zu anderen Geschäften angeben. Im Bildbereich BERECHTIGUNG können Sie Berechtigungsgruppen festlegen, sodass nur spezielle Personen dieses Geschäft bearbeiten dürfen. Im Bildbereich ZENTRALE CLEARING DATEN können Sie bestimmen ob und – wenn ja – wie das Geschäft über eine zentrale Stelle abgewickelt werden soll. Im Bildbereich RATING geben Sie Daten zum Geschäftspartner und dem bewertenden Bonitätsinstitut an.

- **Registerkarte »Zusatzbewegungen«**
  Über die Registerkarte ZUSATZBEWEGUNGEN ist es möglich, Bewegungen abzubilden, die nicht Nominal, Zins oder Tilgung sind, also z. B. Gebühren oder Steuern. Dazu müssen Sie im Customizing entsprechende Bewegungsarten mit dem Bewegungstyp ZUSATZBEWEGUNG/-KONDITION gepflegt haben.

  Nach der Eingabe der Bewegungsart, der Richtung, des Zahlbetrags, der Währung sowie des Zahltermins ist es möglich, per Doppelklick auf eine Zeile mit einer Zusatzbewegung in ein Detailbild zu navigieren und dort Berechnungsgrundlagen zu hinterlegen. Weitere Informationen zu Zusatzbewegungen finden Sie in Abschnitt 3.1.4.

- **Registerkarte »Zahlungsverbindungen«**
  Die Registerkarte ZAHLUNGSVERBINDUNGEN enthält Angaben zum Zahlungsverkehr mit dem jeweiligen Geschäftspartner. Diese Daten werden nicht für jede Bewegung einzeln eingegeben, sondern sind allgemein für das Geschäft gültig. Über einen Schlüssel, bestehend aus der Richtung und der Währung sowie eventuell einer Einschränkung auf die Gültigkeit und die Bewegungsart, findet eine Zuordnung der Zahlungsverbindung zu den Bewegungen statt. Sind für eine Bewegung mehrere Zahlungsverbindungen möglich, wird die Zahlungsverbindung mit dem genauesten Schlüssel ausgewählt.

Zuordnung von Zahlungsverbindungen mithilfe des Schlüssels [zB]

Sie haben z. B. zwei unterschiedliche Zahlungsverbindungen spezifiziert, die erste mit Richtung + und Währung EUR, die zweite mit derselben Richtung und Währung, jedoch zusätzlich mit der Bewegungsart 1900. Bei entsprechender Richtung und Währung ist für eine Zinsbewegung mit Bewegungsart 1200 nur die erste Zahlungsverbindung möglich und wird der Bewegung zugeordnet. Für eine Zusatzbewegung mit Bewegungsart 1900 und entsprechender Richtung und Währung sind beide Zahlungsverbindungen möglich, es wird aber die speziellere, die zweite Zahlungsverbindung, zugeordnet.

  Per Doppelklick auf eine Zeile mit einer Zahlungsverbindung navigieren Sie in das Detailbild dieser Zahlungsverbindung. Hier können Sie nähere Angaben zur Buchung sowie der Zahlungsanordnung vornehmen. Dabei können Sie einen Repetitive Code verwenden, der für die gleichbleibenden Daten eines Zahlungstransfers steht und somit den administrativen Aufwand bei wiederkehrenden Zahlungen mit gleichen Zahlungsverbindungen verringert. Zahlungsverbindungen müssen für sämtliche zahlungsrelevanten Währungen und Richtungen eines Geschäfts angelegt werden. Dabei werden Sie unterstützt, indem beim Anlegen eines Geschäfts die in den Standing Instructions des Geschäftspartners hinterlegten Zahlungsverbindungen gezogen und als Vorbelegung angezeigt werden (siehe Abschnitt 2.4.3).

- **Registerkarte »Finanzstrom«**
  Der Finanzstrom gibt Ihnen einen Überblick über alle Finanzbewegungen eines Geschäfts. Er wird durch einen ALV angezeigt. Hier können Sie verschiedene Funktionen ausführen, die wichtigsten sind:

- *Filter*
  Mithilfe von Filtern können Sie nicht benötigte Bewegungen ausblenden. Standardmäßig ist ein Filter gesetzt, und es werden nur Ausstattungsbewegungen angezeigt. Sie können diesen Filter aber löschen oder ändern und damit auch Abgrenzungs-, Bewertungs- und Umbuchungsbewegungen einblenden.
- *Varianten*
  Über Varianten können Sie angeben, welche Merkmale und Kennzahlen der Bewegungen sichtbar sein sollen. Im SAP-Standard werden einige Varianten mit ausgeliefert. Diese können Sie als Vorlage für eigene Varianten verwenden oder ganz neue Varianten erstellen.
- *Bewegungsdetail*
  Per Doppelklick auf eine Bewegung gelangen Sie in das Bewegungsdetailbild, wo Ihnen weitere Informationen angezeigt werden.
- *Bewegungen ändern oder Bewegungen stornieren*
  Über den Button BEWEGUNGEN () oder den Eintrag BEWEGUNG EDITIEREN im Kontextmenü können Sie eine Bewegung manuell ändern. Auf die gleiche Art und Weise ist es möglich, gebuchte Bewegungen zum Storno vorzumerken. Beide Funktionen können aufgrund des Status des Geschäfts oder der Bewegung nicht durchführbar sein und sind in diesem Fall nicht auswählbar.

- **Registerkarten »Ausgehend« und »Eingehend«**
  Bei Tauschgeschäften wie dem Swap der OTC-Zinsderivate kann man den Finanzstrom in den Finanzstrom der ausgehenden Seite und den Finanzstrom der eingehenden Seite aufteilen. Dazu gibt es die Registerkarten AUSGEHEND und EINGEHEND. Die Registerkarte FINANZSTROM ist davon nicht beeinträchtigt und wird zusätzlich angezeigt.
- **Registerkarten »Zinsanpassung«, »Wertpapierkursanpassung« und »Commoditypreisanpassung«**
  Sämtliche OTC-Zinsderivate werden variabel verzinst, zudem können das Zinsgeschäft und der Total Return Swap variabel verzinst werden. Für diese Geschäfte erhalten Sie auf der Registerkarte ZINSANPASSUNG einen Überblick über durchgeführte und ausstehende Zinsanpassungen. Weitere Angaben zur Zinsanpassung finden Sie in Abschnitt 3.3.1.

Für die variablen Wertpapierpreise gibt es beim Total Return Swap die Registerkarte WERTPAPIERKURSANPASSUNG mit derselben Art von Information. Genauso gibt es für die variablen Commodity-Preise beim Commodity Swap die Registerkarte COMMODITY-PREISANPASSUNG (siehe Abschnitt 3.3.2).

Ebenso wie beim Finanzstrom wird zur Anzeige der Anpassungsdaten ein ALV verwendet, für den Sie auch eigene Varianten anlegen können. Durch Doppelklick auf das Icon in der Spalte ZINSFESTSTELLUNG werden Ihnen die Detaildaten zu dieser Zeile in dem Bereich unterhalb des ALV angezeigt.

- **Registerkarte »Notizen«**
  Auf der Registerkarte NOTIZEN können Sie ergänzende Informationen zu einem Geschäft als freien Text hinterlegen. Dazu müssen Sie im Customizing unter TREASURY AND RISK MANAGEMENT • TRANSACTION MANAGER • ALLGEMEINE EINSTELLUNGEN • GESCHÄFTSVERWALTUNG • NOTIZBUCH PFLEGEN die entsprechenden Notizarten gepflegt haben. Mit den Notizen wird eine zentrale Funktion aus der Basis genutzt. Daher kann es sein, dass Ihnen die Eingabe schon aus anderen Bereichen vertraut ist.
- **Registerkarte »Partnerzuordnung«**
  Die Registerkarte PARTNERZUORDNUNG stellt Ihnen eine Partnerübersicht mit allen relevanten Daten zu dem jeweiligen Partner für das Geschäft zur Verfügung. Es ist möglich, direkt in die Geschäftspartnerverwaltung zu verzweigen, weitere Partnerzuordnungen vorzunehmen oder Partner für das Geschäft anzulegen.
- **Registerkarte »Status«**
  Zu einem Geschäft gibt es verschiedene Status, die auf dieser Registerkarte zusammen angezeigt werden:
  - *Korrespondenz*
    Abhängig vom Geschäftspartner können Sie im Customizing festlegen, ob eine externe Korrespondenz in Form einer Bestätigung und gegebenenfalls Gegenbestätigung erfolgen soll. An dieser Stelle werden Ihnen der Korrespondenzstatus und damit implizit die Customizing-Einstellungen angezeigt.
  - *Vorgang*
    Zum Vorgang werden Ihnen der aktuelle Vorgangstyp sowie dessen Status angezeigt.

- *Geschäft*
  Zum Geschäft werden Abwicklungstyp, Status, aktiver Vorgang, Freigabezustand, Erfasser sowie der letzte Änderer angezeigt. Außerdem steht Ihnen ein Absprung in die Statusverwaltung zur Verfügung.
- *Statusverwaltung*
  Die Geschäftsverwaltung ist an die allgemeine Statusverwaltung angeschlossen (siehe Abschnitt 3.3.6). An dieser Stelle werden Ihnen Informationen über den Status zur Verfügung gestellt. Zudem können Sie sehen, welche betriebswirtschaftlichen Vorgänge zu dem Geschäft möglich sind.

- **Registerkarten für das Finanzobjekt**
  Die Registerkarten für das Finanzobjekt werden nur für OTC-Geschäfte verwendet. Bei standardisierten Geschäften werden die entsprechenden Daten für den externen Bestand im Hintergrund erzeugt.
  Bei aktiver Finanzobjektintegration erscheint für die Finanzobjektkomponenten ANALYSE und AUSFALLRISIKO-LIMIT jeweils eine eigene Registerkarte. Darauf können Sie die entsprechenden Daten des zum Geschäft korrespondierenden Finanzobjekts pflegen. Dazu erfahren Sie mehr in Abschnitt 12.2.5.

3.1.4 Bewegungen

Klassifizierung

Eine *Bewegung* ist der Transfer eines Betrags zwischen verschiedenen Konten zu einem Datum. Dieser Transfer kann sowohl zwischen den Geschäftspartnern als auch intern stattfinden. Alle Bewegungen zusammen ergeben den Finanzstrom und werden auf der Registerkarte FINANZSTROM angezeigt.

Standardmäßig ist auf der Registerkarte FINANZSTROM ein Filter gesetzt, und es werden nur die Ausstattungsbewegungen angezeigt, die das Geschäft beschreiben. Ohne diesen Filter werden alle Bewegungen sichtbar. Diese Bewegungen werden grob in vier Kategorien klassifiziert:

- Ausstattungsbewegungen
- Umbuchungsbewegungen
- Bewertungsbewegungen
- Abgrenzungsbewegungen

Umbuchungs-, Bewertungs- und Abgrenzungsbewegungen werden nicht mehr in der Geschäftsverwaltung, sondern in der Bestandsführung erzeugt, da sie sich beim Führen eines Bestands ergeben. Durch Altdatenübernahmen können diese Bewegungen zu einem Geschäft in der Geschäftsverwaltung noch existieren.

Bis Release Enterprise 1.10 konnte aufgrund von Customizing-Einstellungen bei der Ausübung von OTC-Optionen die Optionsprämie in das ausgeübte Geschäft eingestellt werden. Ebenfalls bis Release Enterprise 1.10 wurde die Bewertung in der Geschäftsverwaltung durchgeführt, und es wurden dort Bewertungsbewegungen erzeugt. Und auch die bei der Abgrenzung entstandenen Abgrenzungsbewegungen sind seit ERP 6.0 EHP 3 in der Bestandsverwaltung enthalten.

Im Gegensatz dazu stehen die Ausstattungsbewegungen, die eine Beschreibung des Geschäfts darstellen. Im Folgenden gehen wir näher auf einige Formen der Ausstattungsbewegungen ein, die Hauptbewegungen, die Zusatzbewegungen und die abgeleiteten Bewegungen.

Pflege der Bewegungsart

Für die Kategorie der Ausstattungsbewegungen müssen Sie im Customizing die Bewegungsarten pflegen und der Geschäftsart zuordnen. Zum Beispiel definieren Sie unter Treasury and Risk Management • Transaction Manager • Geldhandel • Geschäftsverwaltung • Bewegungsarten • Bewegungsarten definieren die Bewegungsarten für den Geldhandel. Für Hauptbewegungen wird der Bewegungstyp Kapitalbestandserhöhung oder Kapitalbestandsverminderung, für Zusatzbewegungen der Bewegungstyp Zusatzbewegung/-kondition benötigt. Anschließend müssen Sie unter Treasury and Risk Management • Transaction Manager • Geldhandel • Geschäftsverwaltung • Bewegungsarten • Bewegungsarten der Geschäftsart zuordnen die Bewegungsart der Geschäftsart zuordnen.

[+]

Zuordnung konditionsbasierte Bewegungsart zu Geschäftsart

Es ist nicht notwendig, Bewegungsarten für Bewegungen zuzuordnen, die aus Konditionen erzeugt wurden. Dies erfolgt schon implizit über die Konditionsart.

Hauptbewegungen

Die Hauptbewegungen enthalten die betragsmäßige Ausstattung eines Geschäfts. Daher werden sie auch Kapital- oder Nominalveränderungen genannt. Es gibt sowohl Bewegungen für eine Erhöhung als auch für eine Verminderung der betragsmäßigen Ausstattung eines Geschäfts.

Wenn ein Finanzinstrument Hauptbewegungen besitzt, finden Sie diese auf der Registerkarte Ausstattung. Dort wird die chronologisch erste Hauptbewegung angezeigt. Sie können den Betrag, die Währung und teilweise die Bewegungsart eingeben oder ändern.

Beispiel Festgeld

Als Beispiel dafür zeigt Abbildung 3.8 die Anlage eines Festgeldes von 100.000 EUR am 26.04.2012 für ein Jahr zu 4 %. Die Daten werden auf der Registerkarte Ausstattung im Bildbereich Anlage eingegeben.

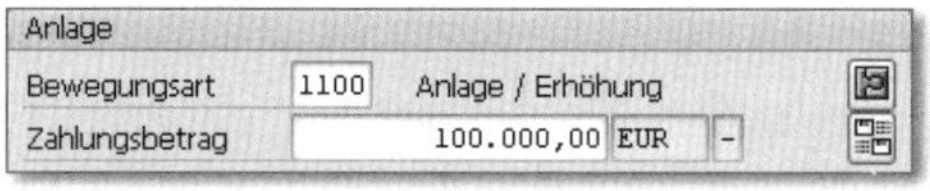

Abbildung 3.8 Hauptbewegung auf der Registerkarte »Ausstattung«

Über das Icon Weitere Kapitalveränderungen () können Sie in das Übersichtsbild für Hauptbewegungen navigieren. Dort können Sie weitere Hauptbewegungen eingeben. Dass weitere Hauptbewegungen im Geschäft bereits vorhanden sind, können Sie auf der Registerkarte Ausstattung daran erkennen, dass sich das Icon Weitere Kapitalveränderungen farblich verändert hat ().

Im Übersichtsbild können Sie eine im Customizing hinterlegte Bewegungsart auswählen. Nach der Eingabe des Zahlbetrags, der Währung und des Zahldatums können Sie bei einigen Finanzinstrumenten auch einen abweichenden Berechnungstag festlegen.

[+]

Hauptbewegung beim Festgeld

Beim Finanzinstrument Festgeld wird die auf der Registerkarte Ausstattung eingegebene Hauptbewegung nicht im Übersichtsbild angezeigt, sondern kann nur über den in Abbildung 3.8 dargestellten Button Detail () näher betrachtet werden.

Beispiel Festgeld

Für das Festgeld, das wir angelegt haben, wird am 26.10.2012 der Kapitalbestand um 25.000 EUR auf 125.000 EUR erhöht. Die einzugebenden Daten entnehmen Sie Abbildung 3.9.

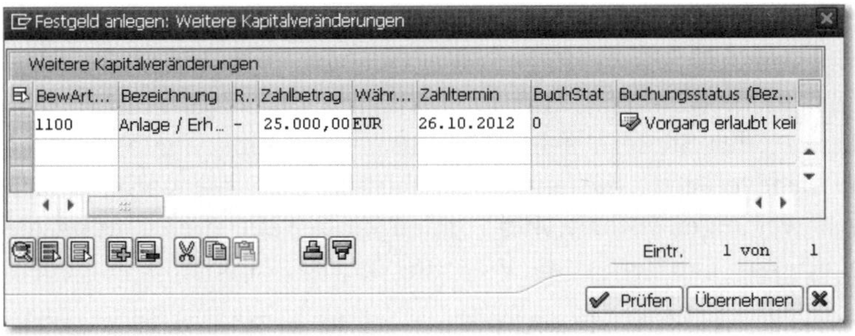

Abbildung 3.9 Übersichtsbild der Hauptbewegungen

Detailbild

Vom Übersichtsbild können Sie per Doppelklick auf die entsprechende Zeile oder über das Icon Detail (🔍) in das Detailbild navigieren. Dort werden weitere Angaben zur Hauptbewegung angezeigt (siehe Abbildung 3.10).

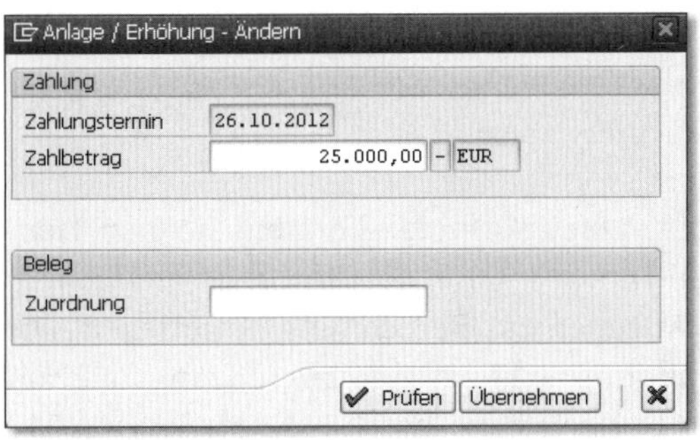

Abbildung 3.10 Detailbild der Hauptbewegung

Falls es sich bei der Zahlwährung nicht um die Hauswährung handelt, wird ein zusätzlicher Bildbereich eingeblendet, in dem Sie einen fixierten Kurs oder einen fixierten Betrag vorgeben können. Oder Sie können angeben, dass ein aktueller Kurs aus der Kurstabelle gezogen wird.

[+]

Early Repayment

Neben der Nominalzinsberechnung wird auch die Stückzinsberechnung unterstützt. Dies können Sie bei der Definition der Bewegungsart für die Nominalbewegung angeben. Bei einer Nominaländerung können Sie dann den *Clean Preis* (Nominal ohne Zins) oder den *Dirty Preis* (Nominal einschließlich Zinsen) angeben. Es ist nicht möglich, in einem Geschäft gleichzeitig Nominalbewegung mit Stückzinsberechnung und mit Nominalzinsberechnung anzugeben.

Zusatzbewegungen

Mithilfe von Zusatzbewegungen ist es möglich, Bewegungen abzubilden, die nicht Nominal, Zins oder Tilgung sind. Das können z.B. Gebühren oder Steuern sein. Für Zusatzbewegungen gibt es eine eigene Registerkarte, die ein Übersichtsbild über die vorhandenen Zusatzbewegungen enthält. Hier können Sie die Seite, die Richtung, die Bewegungsart, den Betrag, die Währung und das Zahldatum eingeben.

Beispiel Festgeld

Für unser Festgeld ist eine Abschlussgebühr in Höhe von 300 EUR am Laufzeitbeginn 26.04.2012 zu zahlen (siehe Abbildung 3.11).

Abbildung 3.11 Registerkarte »Zusatzbewegungen«

Detailbild

Von der Registerkarte ZUSATZBEWEGUNGEN können Sie per Doppelklick oder über das Icon DETAIL () in das Detailbild navigieren. Dort können Sie weitere Angaben zur Berechnung hinterlegen. Die Abschlussgebühr aus Abbildung 3.11 ist z.B. abgrenzungsrelevant und soll über die gesamte Laufzeit vom 26.04.2012 bis 26.04.2013 abgegrenzt werden. Das zeigt das Detailbild in Abbildung 3.12.

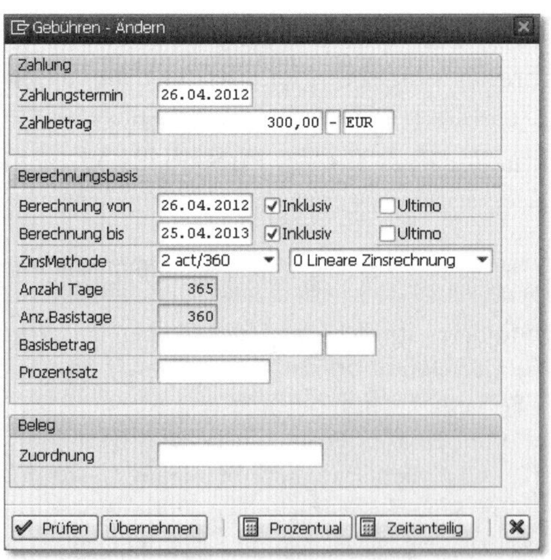

Abbildung 3.12 Detailbild der Zusatzbewegung

Abgeleitete Bewegungen

Abgeleitete Bewegungen sind Bewegungen, die sich aus anderen Bewegungen heraus berechnen. Dies kann z. B. bei einem Aktienkauf die Maklerprovision oder die Börsenumsatzsteuer sein.

Pflege der Ableitung

Abgeleitete Bewegungen gehören wie die Zusatzbewegungen zum Bewegungstyp ZUSATZBEWEGUNG/-KONDITION. Zur Erzeugung dieser Bewegungen werden im Customizing TREASURY AND RISK MANAGEMENT • TRANSACTION MANAGER • GELDHANDEL • GESCHÄFTSVERWALTUNG • BEWEGUNGSARTEN • ABGELEITETE BEWEGUNGEN • ABLEITUNGSVERFAHREN UND -REGELN DEFINIEREN Regeln hinterlegt. Diese Regeln bestimmen, aus welcher Bewegungsart heraus die Bewegungen abgeleitet werden und welche Ausstattung sie haben.

Zusätzlich müssen Sie für den Geschäftspartner in der Rolle *Kontrahent* im entsprechenden Buchungskreis der Geschäftspartnerverwaltung (Transaktion BP) Einstellungen vornehmen. Ordnen Sie dafür auf der Registerkarte ABGELEITETE BEWEGUNGEN (SI) das Ableitungsverfahren der Produktart zu.

[+]

Anzeige abgeleiteter Bewegungen

Auch wenn abgeleitete Bewegungen zu den Zusatzbewegungen gehören, werden sie in der Geschäftserfassung oder Geschäftsbearbeitung nicht auf der Registerkarte ZUSATZBEWEGUNGEN angezeigt, sondern sind nur auf der Registerkarte FINANZSTROM vorhanden. Dort sind sie auch änderbar.

Netto-Zinskapitalisierung

Auf zu kapitalisierende Zinsen kann über abgeleitete Bewegungen eine Steuer gezahlt werden, die bei Berechnung des Nominalbetrags berücksichtigt werden kann. Über das BAdI `FTR_TR_FIMA_CALLBACK` können Sie eine individuell definierte Netto-Zinskapitalisierung realisieren.

[+]

Aggregierte abgeleitete Bewegungen

Ein Geschäft enthält mehrere Bewegungen mit demselben Zahldatum, es soll aber nur eine Bewegung gebucht werden. Wenn Sie im Customizing zur Definition der Ableitungsregel bei der Einstellung BERECHNUNG PER die Option SUMME DER EINGEHENDEN BEWEGUNGEN wählen, wird eine entsprechende abgeleitete Bewegung erzeugt. Diese Funktionalität wird mit SAP-Hinweis 1703542 eingeführt und näher beschrieben.

3.1.5 Konditionen

Konditionstyp

Konditionen sind eindeutige Berechnungsvorschriften für Bewegungen und werden für regelmäßig wiederkehrende Bewegungen verwendet. Die betragsmäßige Ausstattung dieser Bewegungen ist von der Höhe des Kapitals abhängig. Ein Konditionstyp ist eine Kategorisierung einer Kondition. Zu den Konditionstypen zählen Zinsen, Tilgungen und bei einigen Finanzinstrumenten die Prämien.

Für einen Konditionstyp ist es nicht möglich, zwei parallele Konditionen festzulegen. Daher gibt es zu jeder Kondition ein Gültig-ab-Datum. Eine Kondition ist so lange gültig, bis es eine neue Kondition vom selben Konditionstyp mit einem aktuelleren Gültig-ab-Datum gibt, eine sogenannte *Folgekondition*. Damit ist es z. B. möglich, einen veränderten Zinssatz durch eine Folgekondition auszudrücken.

Auch das Gültig-ab-Datum hat ein Inklusivkennzeichen. Dieses ist allerdings nicht in einem Bild zu sehen, sondern wird aus dem Inklusivkennzeichen des Laufzeitbeginns bzw. dem Inklusivkennzeichen der vorherigen Zinsperiode ermittelt. So kann es passieren, dass Sie als Gültig-ab-Datum den 26.04.2012 angeben, dieses jedoch als exklusiv angenommen wird, und die Zinsperiode erst am 27.04.2012 beginnt.

Berechnung

Konditionen werden auch in anderen Bereichen verwendet, z. B. dem Darlehen. Daher ist die Berechnung der Bewegung basierend auf den Konditionen in der Finanzmathematik (FIMA) allgemein umgesetzt.

Wenn ein Finanzinstrument Konditionen besitzt, finden Sie diese auf der Registerkarte Ausstattung. Hier werden zu einigen Konditionstypen Informationen zur chronologisch ersten Kondition angeboten. Zu welchen Konditionstypen welche Informationen angeboten werden, unterscheidet sich von Finanzinstrument zu Finanzinstrument.

Konditionenübersicht

Über den Button Kondition in der Menüleiste oder über das Menü können Sie zu einem Übersichtsbild aller Konditionen des Geschäfts navigieren (siehe Abbildung 3.13).

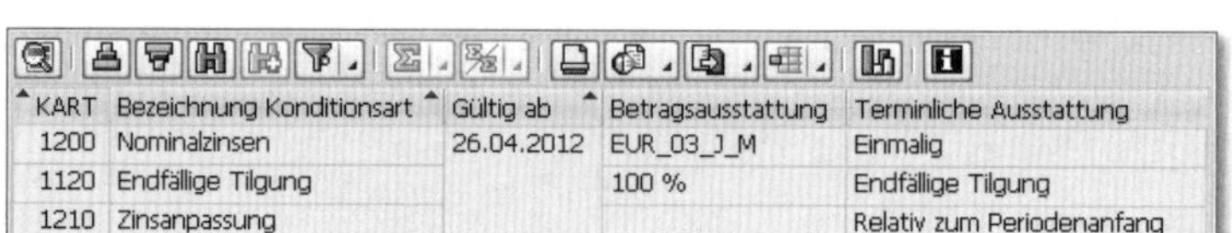

KART	Bezeichnung Konditionsart	Gültig ab	Betragsausstattung	Terminliche Ausstattung
1200	Nominalzinsen	26.04.2012	EUR_03_J_M	Einmalig
1120	Endfällige Tilgung		100 %	Endfällige Tilgung
1210	Zinsanpassung			Relativ zum Periodenanfang

Abbildung 3.13 Übersichtsbild der Konditionen

Konditionendetail

Per Doppelklick auf eine Zeile oder über das Icon DETAIL ( ) gelangen Sie in ein Detailbild. Alternativ wird auf der Registerkarte AUSSTATTUNG neben den Angaben zu der ersten Kondition eines Konditionstyps ein DETAIL-Button angeboten, um direkt in das Detailbild zu gelangen. Im Detailbild können Sie zu möglichen Folgekonditionen oder Vorgängerkonditionen navigieren bzw. Folgekonditionen erfassen.

Pflege der Konditionsart

Die Konditionsarten müssen Sie im Customizing z.B. für den Geldhandel unter TREASURY AND RISK MANAGEMENT • TRANSACTION MANAGER • GELDHANDEL • GESCHÄFTSVERWALTUNG • KONDITIONSARTEN • KONDITIONSARTEN DEFINIEREN definieren und anschließend der Geschäftsart zuordnen. Bei der Definition der Konditionsart geben Sie an, welche Bewegungsart erzeugt werden soll. Diese Bewegungsart brauchen Sie der Geschäftsart nicht mehr zuzuordnen. Dies geschieht implizit über die Konditionsart.

Zinskondition

Im Detailbild für die Zinskondition können Sie unter allen dem Finanzinstrument zugeordneten Konditionsarten für Nominalzinsen und Zinskapitalisierung die gewünschte Konditionsart auswählen.

Zinsausstattung

Im Bildbereich ZINSAUSSTATTUNG geben Sie die Zinsberechnungsmethode, die Art der Zinsrechnung sowie die Form der Zinsverrechnung an. Zudem gibt es drei verschiedene Arten der Zinsausstattung, wobei nicht für jedes Finanzinstrument alle drei Arten zur Verfügung stehen:

- Die erste Art der Zinsausstattung ist ein *Festbetrag*. Hier ist die Angabe des Betrags notwendig. Da die erste und letzte Periode verkürzt sein können, müssen Sie angeben, ob in diesen Perioden der Festbetrag vollständig, anteilig oder nicht berücksichtigt wird.
- Für die Zinsausstattungsart *fester Zins* wird ein Prozentsatz benötigt, der die feste Höhe der Verzinsung angibt. Durch die Angabe eines Zahlungskurses kann angegeben werden, wie viel des berechneten Zinses tatsächlich gezahlt wird.
- Die dritte Art der Zinsausstattung ist ein *variabler Zins*. Hier geben Sie einen Referenzzins mit einem eventuellen Spread an. Falls das nicht ausreicht, können Sie sogar eine ganze Formel für die Berechnung der Verzinsungshöhe erfassen. Dazu stehen einige vordefinierte Formeln zur Verfügung, die Sie bei Bedarf über den

Formeleditor durch eigene Formeln ergänzen können (siehe hierzu SAP-Hinweis 594637). Auch bedingte Formeln sind möglich, etwa:

IF <logischer Ausdruck> THEN <arithmetische Formel> ELSE <arithmetische Formel>

Ebenso können Sie bei der variablen Verzinsung einen abweichenden Zahlungskurs angeben.

Zinsperiode und Fälligkeit

Für eine Zinskondition benötigen Sie zwei Terminserien. Eine für das Zinsperiodenende und eine für den Fälligkeitstag (siehe Abbildung 3.15, Bildbereiche ZINSPERIODENENDE und FÄLLIGKEITSTAG). Wie diese beiden Terminserien berechnet werden, wird über die Fortschreibungsmethode angegeben (Bildbereich FORTSCHREIBUNG in Abbildung 3.15).

Die Fortschreibungsmethode RHYTHMISCH bietet die Möglichkeit, beide Terminserien unabhängig voneinander anzugeben, jeweils durch die Angabe des ersten Datums sowie eines gemeinsamen Rhythmus. Bei den Fortschreibungsmethoden ADJUSTED und UNADJUSTED werden beide Terminserien relativ zueinander angegeben: Bei ADJUSTED wird für die eine Terminserie ein Rhythmus vorgegeben, die andere Terminserie ist eine relative Angabe nach der Werktageverschiebung. Bei UNADJUSTED ist dies identisch, nur dass die relative Angabe vor der Werktageverschiebung erfolgt. Dabei wird über den Radiobutton STANDARD festgelegt, dass das Zinsperiodenende relativ zum Fälligkeitstag berechnet wird, beim Radiobutton SPEZIAL ist umgekehrt der Fälligkeitstag relativ zum Zinsperiodenende (siehe Abbildung 3.15).

Die weiteren Fortschreibungsmethoden erklären sich aus den bisher beschriebenen Methoden sowie dem Namen der Methode selbst.

[+]

Terminvorschau

Im Detailbild können Sie in der Menüleiste über den Button TERMINVORSCHAU erfahren, welche Datumsangaben sich aus den Einstellungen für die Terminserien berechnen.

Beispiel Zinsgeschäft

Ein Beispiel ist die Anlage eines Zinsgeschäfts von 100.000 EUR für ein Jahr, beginnend am 26.04.2012. Es soll eine variable Verzinsung erfolgen, die sich aus dem 1,5-Fachen des Referenzzinses EUR_03_J_M minus 1 % ergibt. Die Zinsen sind alle drei Monate fällig, das Zinsperiodenende soll einen Tag vor Fälligkeit liegen (siehe Abbildung 3.14).

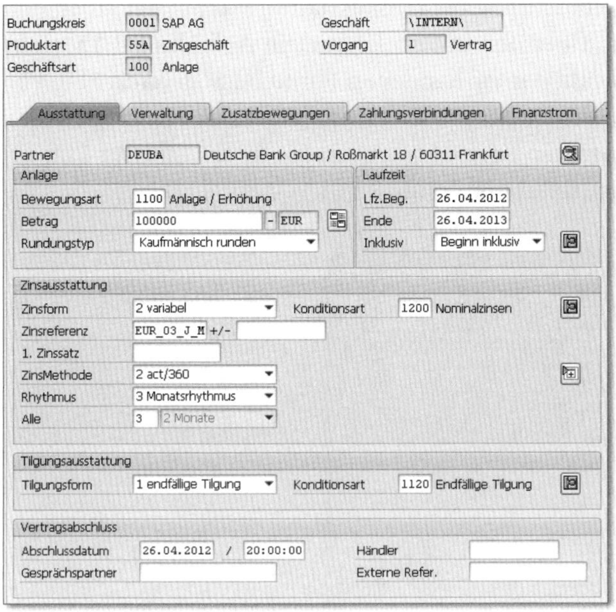

Abbildung 3.14 Datenbild des Zinsgeschäfts

Über den Button DETAIL (![]) im Bildbereich ZINSAUSSTATTUNG gelangen Sie in das Detailbild für die Zinskondition und können die weiteren Eingaben vornehmen (siehe Abbildung 3.15).

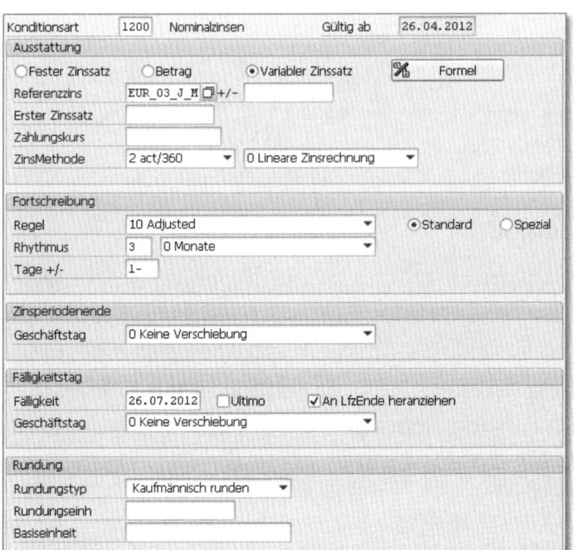

Abbildung 3.15 Detailbild der Zinskondition

Die im Beispiel beschriebene Zinsausstattung kann nur über eine Formel erfolgen. Über den Button FORMEL in Abbildung 3.15 gelangen Sie zur Auswahl der vorhandenen Formeln. Standardmäßig vorhanden sind die Formeln *V1*V2+V3* und *V1*V2+V3*V4*. Nach Auswahl der gewünschten Formel gelangen Sie in das Bild zur Eingabe der Formelwerte (siehe Abbildung 3.16).

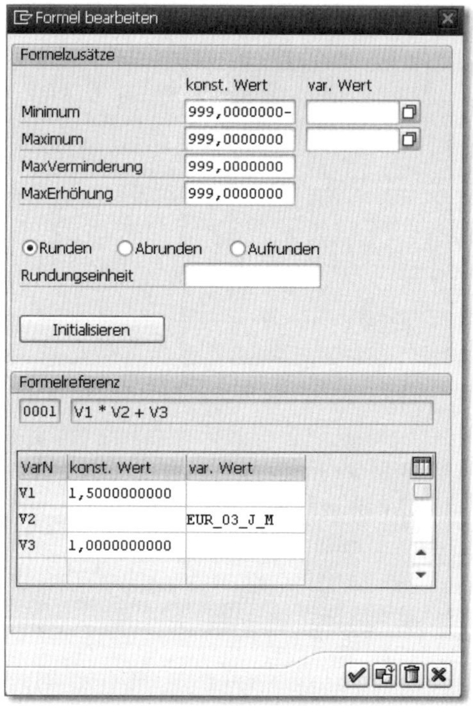

Abbildung 3.16 Detailbild der Formel

Zinsanpassungskondition

Eine *Zinsanpassungskondition* gibt an, wann für einen Referenzzins die Festlegung des Zinssatzes erfolgt (*Zinsfeststellung*) und wann dieser Zinssatz für das Geschäft Gültigkeit erlangt (*Zinsanpassung*). Natürlich werden diese Zinsanpassungskonditionen nur bei Geschäften mit variabler Verzinsung benötigt. Hierzu zählen Zinsgeschäfte mit variablen Zinsen als Zinsausstattung sowie alle OTC-Zinsderivate und der Total Return Swap.

Zinsanpassung und Zinsfeststellung

Die Zinsanpassungskondition umfasst wie erwähnt zwei Terminserien, eine für die Zinsanpassung und eine für die Zinsfeststellung.

Dabei sind für die Zinsfeststellung sowohl absolute Angaben über die Fortschreibungsregel Rhythmisch als auch relative Angaben über die Fortschreibungsregel Relativ zu einem Referenzdatum möglich.

Beispiel Zinsgeschäft

Bei unserem Zinsgeschäft soll die Zinsanpassung für den Referenzzins EUR_03_J_M am Periodenbeginn erfolgen, die Zinsfeststellung jedoch zwei Tage vorher (siehe Abbildung 3.17).

Abbildung 3.17 Detailbild der Zinsanpassung

Kondition Zahlung kapitalisierter Zinsen

Zinskapitalisierung

Bei Zinskapitalisierung werden die Zinsen dem Kapital zugeschlagen, das im Rahmen der Tilgung wieder abgebaut wird. Spätestens mit der letzten Tilgung werden auch die kapitalisierten Zinsen zurückgezahlt.

Bei OTC-Zinsderivaten ist es häufig der Fall, dass das Kapital gar nicht getauscht wird, sondern lediglich als Berechnungsgrundlage dient. In diesem Fall sind auch die Tilgungen nicht zahlungsrelevant. Um trotzdem Zinskapitalisierung zu ermöglichen, wurde der Konditionstyp *Zahlung kapitalisierter Zinsen* speziell für die OTC-Zinsderivate eingeführt. Wenn Sie diesen Konditionstyp verwenden, werden die kapitalisierten Zinsen weiterhin dem Kapital zugeteilt und sind nicht buchungsrelevant. Sie werden jedoch nicht mit der Tilgung abgebaut, sondern über den neuen Konditionstyp verringert, dessen Bewegung buchungsrelevant ist. Dadurch ist es auch möglich, kapitalisierte Zinsen innerhalb der Laufzeit zurückzuzahlen.

Beispiel EONIA-Swap

Als Beispiel zeigen wir die Anlage eines EONIA-Swaps, der ein Spezialfall eines Compound-Swaps ist. Die Laufzeit ist vom 26.04.2012 bis zum 26.05.2012. Auf der eingehenden Seite gibt es auf 100.000 EUR einen festen Zins von 4 %, der am Laufzeitende gezahlt wird.

Auf der ausgehenden Seite besteht für denselben Betrag eine variable Verzinsung über die Zinsreferenz EONIA, die ebenfalls am Laufzeitende gezahlt wird, jedoch einer täglichen Zinsanpassung unterliegt. An Wochenenden wird der Zinssatz vom Freitag genommen. Das Detailbild für die Zinsen der ausgehenden Seite ist in Abbildung 3.18 dargestellt.

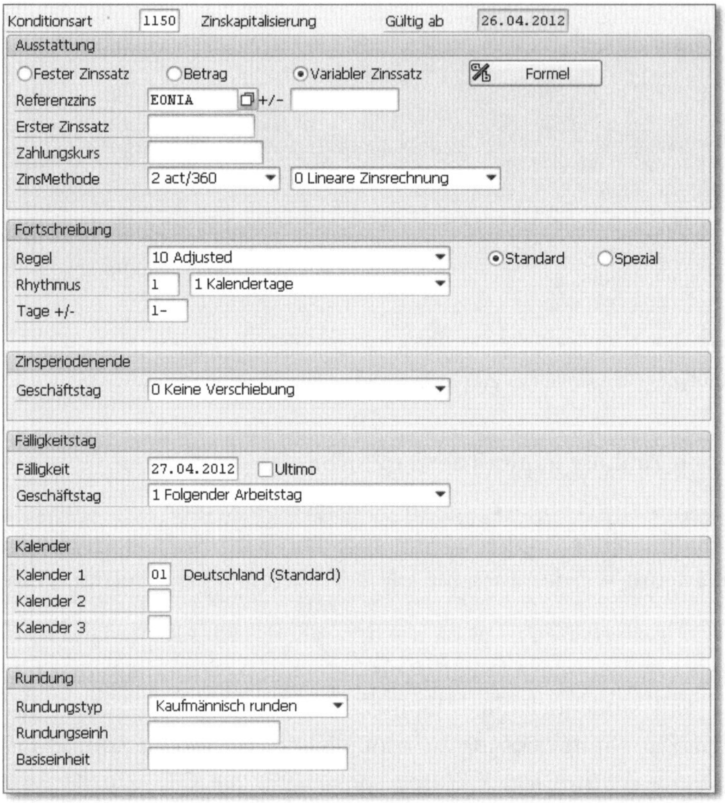

Abbildung 3.18 Detailbild der Zinskondition

Nach der Eingabe einer Konditionsart, für die Zinskapitalisierung im Customizing eingestellt ist, ist auf der Registerkarte AUSSTATTUNG ein zusätzlicher Button für den Absprung in das Detailbild der Zahlung kapitalisierter Zinsen vorhanden. Der Zins beim EONIA-Swap errechnet sich aus einem Durchschnittswert, der auf vier Nachkommastellen gerundet ist (siehe Abbildung 3.19, Bildbereich BERECHNUNG).

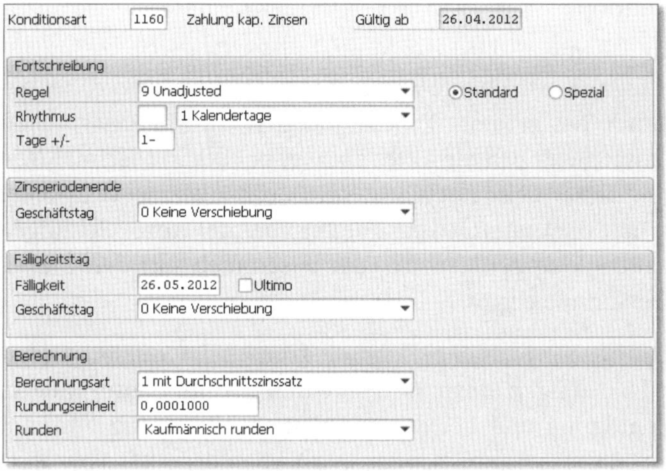

Abbildung 3.19 Detailbild der Kondition »Zahlung kapitalisierter Zinsen«

Prämienkondition

Für die Finanzinstrumente Cap und Floor ist die Prämie als eine Kondition abgebildet. Bei diesen beiden Finanzinstrumenten gibt es entweder eine einmalige Prämienzahlung oder eine wiederkehrende Prämie für jede Sicherungsperiode.

Beispiel Cap

Als Beispiel dient die Anlage eines Caps. Die Laufzeit ist vom 26.04.2012 bis zum 26.04.2013 mit einem Nominal von 100.000 EUR. Es wird die Zinsreferenz EUR_03_J_M mit einer dreimonatigen Periode mit einer Obergrenze von 4% abgesichert. Dafür ist zu jedem Periodenbeginn eine Prämie in Höhe von 200 EUR zu zahlen. Das Detailbild für die Prämie sehen Sie in Abbildung 3.20.

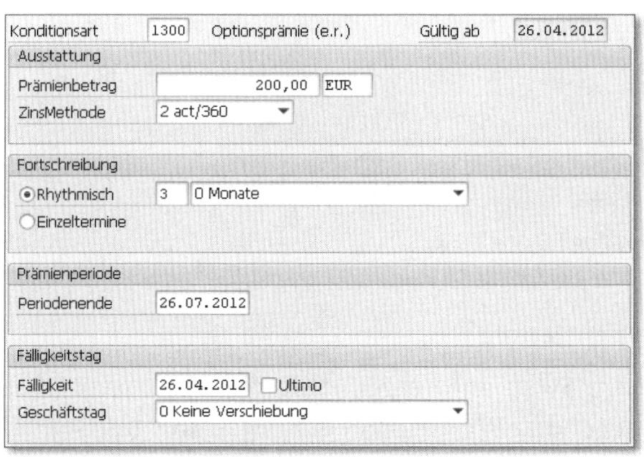

Abbildung 3.20 Detailbild der Prämie

Tilgungskondition

Tilgungsarten

Mithilfe von Tilgungen wird das Kapital eines Geschäfts reduziert. Die meisten Finanzinstrumente nutzen die *endfällige Tilgung*, bei der am Laufzeitende das gesamte Kapital getilgt wird. Das Zinsgeschäft verwendet zusätzlich noch die *Ratentilgung*, bei der in regelmäßigen Abständen ein fester Betrag getilgt wird. Darüber hinaus verwendet das Zinsgeschäft die *annuitätische Tilgung*, bei der in regelmäßigen Abständen ein Betrag getilgt wird, der zusammen mit den Zinsen stets dieselbe Summe ergibt.

Im Detailbild für die endfällige Tilgung können Sie nur die Bewegungsart und bei einigen Finanzinstrumenten das Zahldatum ändern. Bei der Ratentilgung und bei der annuitätischen Tilgung wird am Laufzeitende das gesamte Kapital zurückgeführt. Ist vor dem Laufzeitende das Kapital vollständig getilgt, wird die Höhe der letzten Rate auf das Restkapital angepasst.

Beispiel Zinsgeschäft

Als Beispiel dient die Anlage eines Zinsgeschäfts von 100.000 EUR am 26.04.2012 für ein Jahr. Es findet eine feste Verzinsung in Höhe von 4% statt, die am Laufzeitende zu zahlen ist. Außerdem wird das Nominal monatlich um 5.000 EUR getilgt (siehe Abbildung 3.21).

Abbildung 3.21 Detailbild der Tilgung

Kondition Preiskompensierung

Bei einem Total Return Swap wird regelmäßig die Marktpreisänderung des zugrunde liegenden Wertpapiers gezahlt. Dafür müssen Sie analog zur Zinskondition zwei Terminserien definieren, eine für das

Zinsperiodenende und eine für den Fälligkeitstag. Dies haben wir bei den Zinskondition schon ausführlich beschrieben (siehe die Überschrift »Zinskondition« am Beginn von Abschnitt 3.1.5).

3.1.6 Underlying

Die Ausstattung des Finanzinstruments OTC-Option besteht aus Angaben über die Ausübung, die Prämie und das zugrunde liegende Underlying. Es wird sowohl die europäische als auch die amerikanische Ausübungsart unterstützt. Im Customizing zur Produktart der OTC-Option hinterlegen Sie, welche Produkt- und Geschäftsart das Underlying hat. Die entsprechenden Angaben sehen Sie dann im Bildbereich UNDERLYING (siehe z.B. Abbildung 3.22).

Wählen Sie im Feld SETTLEMENT den Wert BARAUSGLEICH, wird bei der Ausübung der OTC-Option eine Zahlung im Wert des Underlyings vorgenommen. Wählen Sie hingegen den Wert PHYSISCHE AUSÜBUNG, wird bei der Ausübung der OTC-Option aus dem Underlying ein Geschäft. Das Underlying wird auf einer eigenen Registerkarte UNDERLYING abgebildet, die der Registerkarte AUSSTATTUNG des entsprechenden Finanzinstruments sehr ähnelt.

Beispiel Devisenoption

Als Beispiel für ein Underlying dient hier der Abschluss einer Devisenoption am 26.04.2012 mit einer europäischen Ausübungsfrist von einem Monat und einer Prämie in Höhe von 1.000 EUR am 26.04.2012 (siehe Abbildung 3.22).

Abbildung 3.22 Datenbild der Devisenoption

Zugrunde liegt ein Devisentermingeschäft über den Tausch von 100.000 EUR gegen USD am 26.07.2012 zum Kurs von 1,3 (siehe Abbildung 3.23). Diese Registerkarte ähnelt der in Abbildung 3.2 gezeigten Registerkarte AUSSTATTUNG für ein Devisengeschäft. Da im Kopf des Datenbildes jedoch die Daten der Devisenoption stehen, werden die allgemeinen Daten des Underlyings auf der Registerkarte AUSSTATTUNG in einem eigenen Bildbereich UNDERLYING angezeigt. Außerdem fehlt die Möglichkeit, für das Devisengeschäft einen Barausgleich vorzunehmen, da dieses ja nur als Underlying existiert.

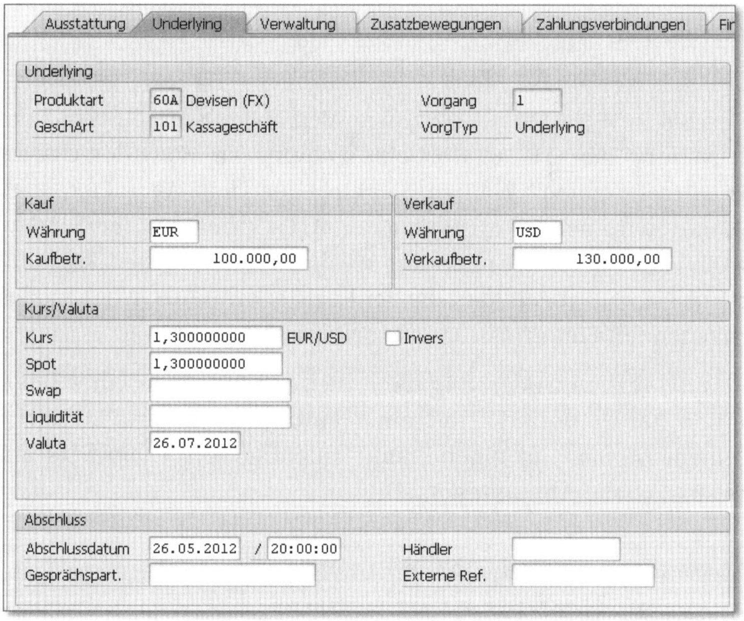

Abbildung 3.23 Registerkarte »Underlying«

3.1.7 Handelbare Finanzinstrumente

Zu den handelbaren Finanzinstrumenten zählen Wertpapiere, Repos, Futures und handelbare Optionen. Die Ausstattungsmerkmale für diese Finanzinstrumente sind in ihren Gattungsstammdaten hinterlegt (siehe Kapitel 2, »Stammdaten«). Eine Gattung wird eindeutig über ihre Wertpapierkennnummer (WKN) identifiziert, die bei der Anlage des Geschäfts im Einstiegsbild angegeben werden muss. Daher werden auf der Registerkarte AUSSTATTUNG des Datenbildes der Geschäftserfassung lediglich der Preis bzw. der Kurs, die Menge, das Datum sowie der betroffene Bestand, mit der Angabe des Depots oder des Positionskontos, benötigt. Weitere Daten zum Handel können auf der Registerkarte HANDELSDATEN eingegeben werden.

Beispiel Aktienkauf

Ein Beispiel ist der Kauf von 100 SAP-Aktien mit der Wertpapierkennnummer 716460 zu einem Kurs von 50,00 EUR am 26.04.2012. Diese sollen dem Depot DEPOT4711 zugeordnet werden (siehe Abbildung 3.24).

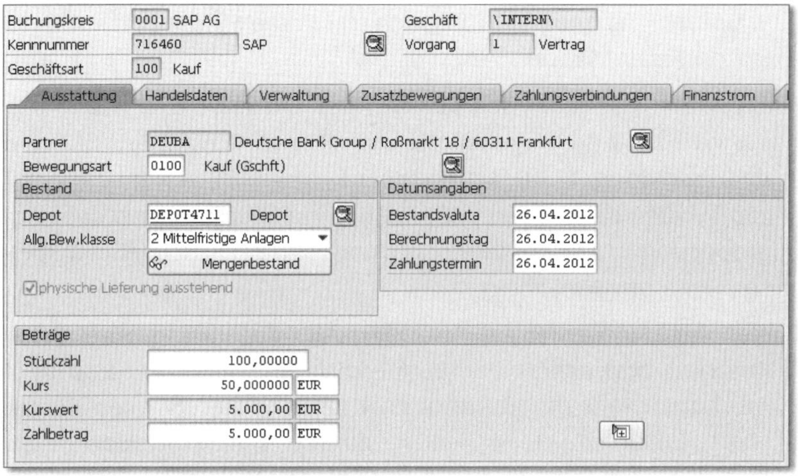

Abbildung 3.24 Datenbild des Wertpapiergeschäfts

3.1.8 Feldauswahl

Die Felder im Datenbild von Geschäftserfassung und -bearbeitung sind vorgegeben. Da das Datenbild aber in verschiedenen Situationen verwendet wird, ist es für die Anwendung notwendig, auf dessen Darstellung Einfluss nehmen zu können. So werden z.B. nach dem Buchen einer Bewegung die Felder der zugehörigen Kondition nur noch angezeigt und können nicht mehr geändert werden.

Pflege der Feldauswahl

Sie können über das Customizing TREASURY AND RISK MANAGEMENT • TRANSACTION MANAGER • ALLGEMEINE EINSTELLUNGEN • GESCHÄFTSVERWALTUNG • FELDAUSWAHL DEFINIEREN auf die Darstellungsattribute eines Feldes Einfluss nehmen, indem Sie eine Registerkarte, eine Feldgruppe oder ein einzelnes Feld auf AUSBLENDEN, MUSSEINGABE, KANNEINGABE oder ANZEIGEN setzen. Kommt es zu Konflikten zwischen der Anwendung und den Einstellungen durch den Anwender, übersteuert die Vorgabe der Anwendung die Einstellungen des Anwenders.

Beispiel Feldauswahl für OTC-Zinsswap

Wenn Sie z.B. für einen OTC-Zinsswap der Produktart 62A für den Buchungskreis 0001 festlegen möchten, dass nur feste Zinsen auf der ausgehenden Seite gegen variable Zinsen auf der eingehenden Seite getauscht werden können, legen Sie eine entsprechende Feldauswahl an und ordnen diese der Produktart zu. Gehen Sie wie folgt vor:

1. Im Customizing unter TREASURY AND RISK MANAGEMENT • TRANSACTION MANAGER • ALLGEMEINE EINSTELLUNGEN • GESCHÄFTSVERWALTUNG • FELDAUSWAHL DEFINIEREN klicken Sie doppelt auf DEFINITION FELDAUSWAHL.

   Legen Sie dann über den Button NEUE EINTRÄGE eine neue Feldauswahl an, und vergeben Sie den Namen (SWAP_PAYER) und den Produkttyp (620). Nach einem Doppelklick auf die Zeile setzen Sie die Feldgruppen 862 und 865 auf MUSSEINGABE, die Feldgruppen 863, 864 und 866 auf AUSBLENDEN. Abschließend speichern Sie Ihre Eingaben.

2. Nun sind Sie wieder am Ausgangspunkt des Customizings FELDAUSWAHL DEFINIEREN. Per Doppelklick auf ZUORDNUNG ZU PRODUKTARTEN UND BUCHUNGSKREISEN nehmen Sie über den Button NEUE EINTRÄGE einen neuen Eintrag mit Produktart 62A, Buchungskreis 0001 und Feldauswahl SWAP_PAYER vor.

Auf die gleiche Art ist es z.B. möglich, für den Vorgang ABRECHNUNG alle Felder auf ANZEIGEN zu setzen.

[+]

Aktive Feldauswahl finden

Um zu sehen, ob bei der Geschäftserfassung im Datenbild eine Feldauswahl aktiv ist, geben Sie in das OKCODE-Feld »FMOD« ein und drücken die [↵]-Taste. In der Statuszeile wird eine Meldung eingeblendet mit der Angabe, ob und, wenn ja, welche Feldauswahlleiste zu dem Geschäft aktiv ist.

3.1.9 Vorgänge

Ein Geschäft durchläuft durch Handelsfunktionen oder Abwicklungsfunktionen verschiedene Status. Um diese abzubilden und nachvollziehbar zu machen, gibt es *Vorgänge*. Sobald ein neuer Status erreicht wird, wird ein neuer Vorgang angelegt. Es gibt zu einem Zeitpunkt immer nur einen aktiven Vorgang. Bei einem Vorgangsübergang wird der bisher aktive Vorgang auf *abgelöst* gesetzt und der neue

Vorgang aktiviert. Eine Ausnahme von dieser Regel ist die Zinsanpassung (siehe Abschnitt 3.3.1).

Tabelle 3.6 zeigt die möglichen Vorgangsarten.

Vorgangsarten

Vorgangsart	Finanzinstrument
Vertrag	alle
Vertragsabrechnung	alle
Order	Wertpapiere, Devisen, OTC-Zinsderivate, Futures, handelbare Optionen, OTC-Optionen, Forward
Orderverfall	Wertpapiere, Devisen, OTC-Zinsderivate, Futures, handelbare Optionen, OTC-Optionen, Forward
Fixing	Devisen
Kündigung	Kündigungsgeld, Commercial Paper, OTC-Zinsderivate, Total Return Swap, OTC-Optionen, Wertpapierleihe, Forward, Commodity Swap
Kündigungsabrechnung	Kündigungsgeld, Commercial Paper, OTC-Zinsderivate, Total Return Swap, OTC-Optionen, Wertpapierleihe, Forward, Commodity Swap
Prolongation	Festgeld, Kündigungsgeld, Wertpapiertermingeschäft, Wertpapierleihe
Prolongationsabrechnung	Festgeld, Kündigungsgeld, Wertpapiertermingeschäft, Wertpapierleihe
Knock-in	OTC-Optionen
Knock-in-Abrechnung	OTC-Optionen
Knock-out	OTC-Optionen
Knock-out-Abrechnung	OTC-Optionen
Ausübung	Wertpapiertermingeschäft, OTC-Optionen, Forward-Darlehen
Ausübungsabrechnung	OTC-Optionen
Verfall	OTC-Optionen
Verfallabrechnung	OTC-Optionen
Angebot	Festgeld, Kündigungsgeld, Commercial Paper, Devisen
Simulation	Festgeld, Kündigungsgeld, Commercial Paper, Devisen
Fälligkeit	Repos

Tabelle 3.6 Vorgangsarten der Finanzinstrumente

Vorgangsart	Finanzinstrument
Forward-Fixing	Forward
Forward-Fixingabrechnung	Forward
Vorverlegung Fälligkeit	Wertpapiertermingeschäft
Abrechnung der Vorverlegung	Wertpapiertermingeschäft
Kapitalmaßnahme	Total Return Swap, Wertpapiertermingeschäft
Dividendenanpassung	Total Return Swap, Wertpapiertermingeschäft
Geschäftsanpassung	Treuhandanlage
Abrechnung Geschäftsanpassung	Treuhandanlage
Geschäftskorrektur	Treuhandanlage
Abrechnung Geschäftskorrektur	Treuhandanlage

Tabelle 3.6 Vorgangsarten der Finanzinstrumente (Forts.)

Abwicklungstyp

Im Customizing müssen Sie bei der Definition der Geschäftsart einen *Abwicklungstyp* angeben. Dieser legt die möglichen Vorgänge und deren Abfolge fest. Sind die möglichen Abwicklungstypen für ein Finanzinstrument im System hinterlegt, ist z.B. die Reihenfolge Order, Vertrag, Kündigung möglich. Für OTC-Optionen gibt es wegen der vielen möglichen Vorgänge auch viele unterschiedliche Abwicklungstypen. Über die Abwicklungstypen können Sie die bei Ihnen vorhandenen Prozesse konkret vorgeben.

[+]

Historie

Für jedes einzelne Geschäft können Sie sich den aktuellen Vorgang sowie alle bisher durchlaufenen Vorgänge durch die Handelsfunktion HISTORIE anzeigen lassen (siehe Abschnitt 3.2.3).

3.2 Handel

In der Geschäftsverwaltung beginnt der Handel mit der Vorbereitung von Geschäften, an die sich eine Handelsentscheidung anschließen kann.

Durch eine Handelsentscheidung wird eine Handelsfunktion ausgeführt, und es werden entweder Geschäfte erfasst oder Rechte ausgeübt.

Handelsentscheidung

Zur Vorbereitung von Geschäften der Finanzinstrumente Festgeld und Devisen können Sie Angebote einholen und Simulationen durchführen. Zudem steht Ihnen für sämtliche Finanzinstrumente eine Reihe von Werkzeugen zur Verfügung, um die richtige Handelsentscheidung treffen zu können.

Handelsfunktion

Durch eine Handelsentscheidung können Sie mit Ihrem Geschäftspartner zu einer Einigung gelangen und ein neues Geschäft abschließen oder ein bestehendes Geschäft verändern. Zur Realisierung der Handelsentscheidung führen Sie eine Handelsfunktion durch. Dazu steht Ihnen die in Abschnitt 3.1.2 beschriebene Geschäftserfassung und -bearbeitung zur Verfügung.

[«]

Ausübung von Rechten

Früher war auch die Ausübung von Rechten als eine Art Handelsfunktion in der Geschäftsverwaltung beheimatet. Mit der Einführung der Bestandsverwaltung und deren Aufteilung in externe und interne Bestandsverwaltung war es nur konsequent, die Ausübung von Rechten in die externe Bestandsverwaltung zu verschieben. Sie ist in Abschnitt 5.2.3 ausführlich beschrieben.

3.2.1 Vorbereitung

Für die beiden Finanzinstrumente Festgeld und Devisen können Sie Geschäfte vorbereiten, indem Sie Angebote einholen und verwalten sowie Simulationen durchführen.

Angebot

Angebot anlegen

Wenn Sie für ein Finanzinstrument Festgeld oder Devisen ein Angebot eingeholt haben, können Sie dieses als Angebot im System mit der Transaktion Angebot anlegen (Transaktion TMCA) anlegen. Zu einem Geschäftspartner können Sie für Festgelder den Zinssatz (siehe Abbildung 3.25) und für Devisengeschäfte den Devisenkurs, den Spotkurs und den Swapsatz erfassen. Die erfassten Angebote werden nach ihrer Qualität sortiert.

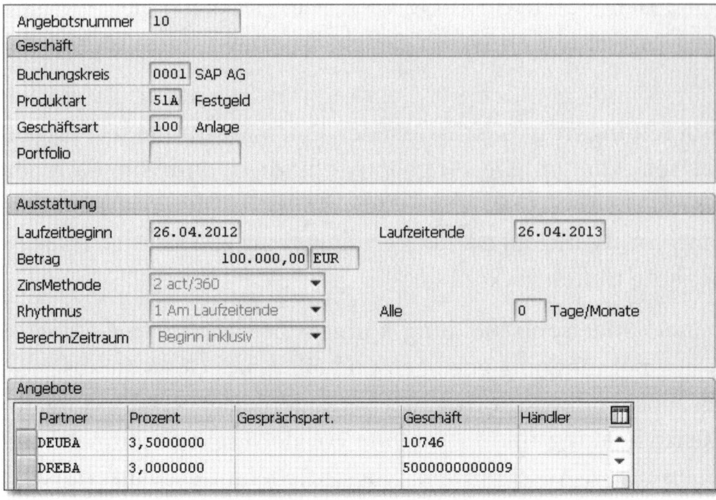

Abbildung 3.25 Angebotserfassung mit der Transaktion TMCA

Ein Angebot wird in SAP Treasury and Risk Management selbst als Geschäft in einem besonderen Nummernkreis für Angebote angelegt. Führen Sie ein Angebot aus, wird ein Geschäft mit Vorgang VERTRAG in seinem üblichen Nummernkreis angelegt. Alle Angebote sowie ein möglicherweise resultierendes Geschäft werden über eine Referenz verknüpft.

[+]

Angebot im Reporting

Falls Sie im Reporting der Geschäftsverwaltung die Selektion auf Angebote einschränken wollen, müssen Sie im Feld AKTIVSTATUS den Wert »4« eingeben.

Simulation

Für Analysen und Auswertungen im Marktrisikomanagement können Sie für Festgelder und Devisen simulierte oder fiktive Geschäfte mit der Transaktion SIMULATION ANLEGEN (Transaktion TMSA) anlegen. Gegenüber der Anlage eines Geschäfts steht Ihnen nur eine eingeschränkte Auswahl der Eingabefelder zur Verfügung (siehe Abbildung 3.26). So ist z.B. die Eingabe eines Geschäftspartners nicht möglich. Nach dem Sichern der Daten können Sie eine Simulation anzeigen, ändern, ausführen oder wieder löschen.

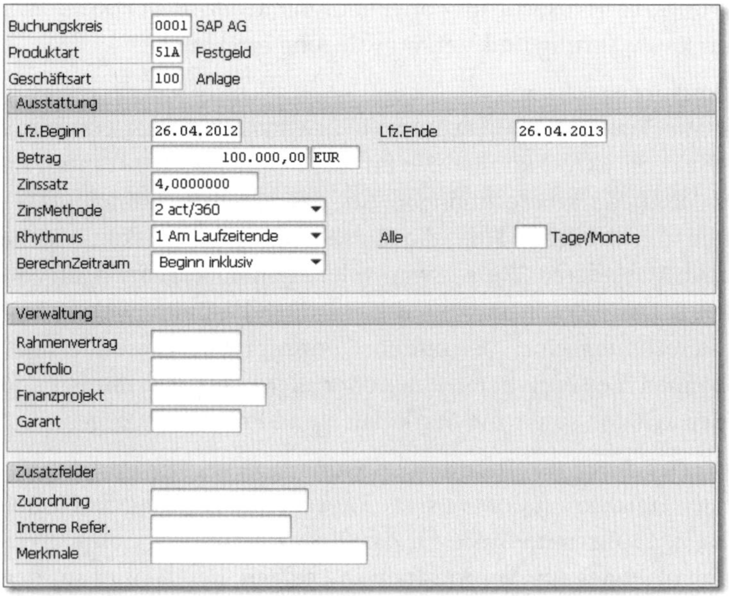

Abbildung 3.26 Anlage einer Simulation mit der Transaktion TMSA

Auch eine Simulation wird als Geschäft in einem eigenen Nummernkreis für Simulationen angelegt. Wenn Sie eine Simulation ausführen, wird aus dieser heraus ein reales Geschäft angelegt. Dieses Geschäft befindet sich im Vorgang VERTRAG in Ihrem üblichen Nummernkreis.

Simulation im Reporting [+]

Falls Sie im Reporting der Geschäftsverwaltung die Selektion auf Simulationen einschränken wollen, müssen Sie im Feld AKTIVSTATUS den Wert »5« eingeben.

3.2.2 Entscheidungsunterstützende Werkzeuge

Hilfe bei Handelsentscheidungen

Um die richtigen Handelsentscheidungen treffen zu können, stehen Ihnen die folgenden entscheidungsunterstützenden Werkzeuge zur Verfügung:

- **Cross-Rate-Rechner**
  In der Geschäftserfassung für das Finanzinstrument Devisen navigieren Sie vom Datenbild über den Button CROSS-RATE-RECHNER oder über das Menü ZUSÄTZE • CROSS-RATES zu einem Pop-up. Hier können Sie jeweils den Kurs der Kaufwährung und der Verkaufs-

währung zur Hauswährung angeben, daraus wird der Kurs zwischen Kaufwährung und Verkaufwährung errechnet.

- **Optionspreisrechner**
  Über die Transaktion Berechnung der Prämien von Optionen (Transaktion TXAK) können Sie mit dem Optionspreisrechner Prämien- und Marktberechnungen für das Finanzinstrument OTC-Option durchführen. Sind die Zinskurven gepflegt, können Sie aktuelle Marktdaten-, Zins-, Swap- oder Prämienberechnungen vornehmen. Darüber hinaus kann die Volatilität bestimmt werden, die der Berechnung einer bekannten Optionsprämie zugrunde liegt. Sie können die Sensivitäten einer oder aller Prämien ermitteln und die Sensivitäten sowie die Marktdaten und Prämien anzeigen.
- **Barwertrechner für Commercial Paper**
  Mit der Transaktion Commercial Paper: Barwertrechner (Transaktion TM30) ermitteln Sie für das Finanzinstrument Commercial Paper Folgendes aus den Angaben zu Laufzeit, Kapital und aus den alternativen Angaben zu Kurs und Zins: Zahlbetrag, Zinsbetrag, Zinssatz, Kurs und die Anzahl der Tage (siehe Abschnitt 12.5.1 für weitere Angaben zur Berechnung des Barwertes).
- **Limitprüfungen**
  Sie können mit der Transaktion Geschäftsberechtigung für Händler ändern (Transaktion TBT1) die Berechtigung für einen Händler auf der Ebene Vertragsart, Produkttyp, Produktart und Geschäftsart so einschränken, dass dieser nur Geschäfte bis zu einem bestimmten Volumen abschließen darf. Die Berechtigung auf höherer Ebene umfasst automatisch die Berechtigung auf niedrigerer Ebene. Die Transaktion TBT1 finden Sie im Menü unter Treasury and Risk Management • Transaction Manager • Hilfsmittel.
- **Terminprüfungen**
  Damit Sie Termine schon vor Geschäftsabschluss prüfen können, steht Ihnen die Transaktion Prüfung von Terminen gegen Kalender (Transaktion TM22) zur Verfügung. Mit dieser Transaktion können Sie gegen zwei Kalender prüfen, ob ein Termin ein Geschäftstag ist und um welchen Wochentag es sich handelt. Ist der Termin kein Geschäftstag, werden der folgende und der vorangegangene Geschäftstag angezeigt.

Außerdem können Sie die in Abschnitt 3.4.2 beschriebenen Möglichkeiten des operativen Reportings nutzen, um für Ihre Handelsentscheidung einen Überblick über die vorhandenen Geschäfte zu bekommen.

3.2.3 Handelsfunktionen

Umsetzung von Entscheidungen

Mit den Handelsfunktionen werden Entscheidungen aus dem Handel realisiert. Daher können Sie mit den Handelsfunktionen ein Geschäft in seinem aktuellen Vorgang bearbeiten oder für dieses Geschäft einen neuen Vorgang anlegen. Da es immer nur einen aktiven Vorgang gibt, wird bei einem Vorgangsübergang der bisherige aktive Vorgang abgelöst und der neue Vorgang aktiviert.

In der Geschäftserfassung mit der Transaktion FTR_CREATE wird die Handelsfunktion Anlegen verwendet; in der Geschäftsbearbeitung mit der Transaktion FTR_EDIT sind die möglichen Handelsfunktionen durch die entsprechenden Buttons repräsentiert (siehe Abbildung 3.4). Diese Handelsfunktionen werden wir im Folgenden erläutern.

Anlegen, Ändern und Anzeigen

Mit der Funktion Anlegen legen Sie ein Geschäft mit dem gewünschten Vorgang Vertrag, Order oder Fixing an. Die Geschäftserfassung ist in Abschnitt 3.1 beschrieben. Mit der Funktion Ändern können Sie die Daten des aktiven Vorgangs eines Geschäfts ändern. Bei den Funktionen Anlegen und Ändern finden Prüfungen auf die Konsistenz der Eingaben statt. Die Funktion Anzeigen zeigt Ihnen alle Daten des aktiven Vorgangs eines Geschäfts an.

Stornieren

Durch die Funktion stornieren stornieren Sie den aktiven Vorgang eines Geschäfts, und der Vorgängervorgang wird wieder aktiv. Gibt es keinen Vorgängervorgang, wird das Geschäft auf *inaktiv* mit dem Aktivstatus »3« gesetzt. Sind in dem zu stornierenden Vorgang schon Bewegungen gebucht, werden diese nach einer entsprechenden Warnmeldung storniert bzw. auf den Status *zu stornieren* gesetzt, damit die Bestandsverwaltung die Buchung zurücknehmen kann.

[«]

Keine Rücknahme eines Stornos

Es ist nicht möglich, einen Storno wieder rückgängig zu machen. Haben Sie den Storno irrtümlich ausgeführt, müssen Sie den stornierten Vorgang erneut erfassen.

Historie

In der HISTORIE werden Ihnen die Vorgänge eines Geschäfts mit ihrem aktuellen Status angezeigt. Per Doppelklick können Sie in den jeweiligen Vorgang navigieren. Dabei werden die Daten so angezeigt, wie sie zu dem Zeitpunkt waren, als der Vorgang aktiv war.

[»]

Historische Rekonstruktion nicht exakt möglich

Diese historische Rekonstruktion der Daten ist aber nicht immer möglich. So wird z.B. bei der Kündigung von OTC-Zinsderivaten je nach Abwicklungstyp mit der Zinskondition aus dem Vorgang VERTRAG oder ABRECHNUNG gearbeitet. Wenn nun nach der Kündigung die Zinskondition verändert wird, wird in der Historie auch für den Vorgang VERTRAG oder ABRECHNUNG die veränderte Zinskondition angezeigt.

Kündigen

Mit der Funktion KÜNDIGEN findet ein Vorgangsübergang in den Vorgang KÜNDIGUNG statt. Dabei können Sie Zusatzbewegungen erfassen, um z.B. Ausgleichszahlungen abzubilden. Je nach Finanzinstrument hat die Kündigung andere Auswirkungen:

- Üblicherweise werden nur Bewegungen mit Berechnungsdatum bis zum Kündigungsdatum beibehalten und im Finanzstrom angezeigt, alle übrigen Bewegungen werden gesperrt.
- Beim *Kündigungsgeld* wird der bis dahin endlose Finanzstrom zum Kündigungsdatum abgeschnitten, und es werden nur noch Bewegungen mit Berechnungsdatum bis zum Kündigungstermin erzeugt.
- Bei den *OTC-Zinsderivaten* ist es außerdem möglich, die endfällige Tilgung an den Kündigungstermin heranzuziehen.
- *OTC-Optionen* werden durch die Kündigung glatt gestellt, d.h., bevor der Ausübungstag erreicht ist, wird auf das Recht der Ausübung verzichtet. Dafür notwendige Zahlungen bilden Sie über Zusatzbewegungen ab.
- Bei *Wertpapieren* können Anleihen gekündigt werden. In diesem Fall wird die Tilgung auf den Kündigungstermin vorgezogen und die gesamte Anleihe, oder ein Teil der Anleihe, zu einem festzulegenden Kurs zurückgezahlt.

Prolongieren

Für die Finanzinstrumente Festgeld, Kündigungsgeld, Wertpapierleihe und Wertpapiertermingeschäft leitet die Prolongation einen Vorgangsübergang in den Vorgang PROLONGATION ein. Das Laufzeitende wird in die Zukunft verlegt, und gleichzeitig sind eine Kapitaländerung oder andere Ausstattungsänderungen möglich.

Für das Finanzinstrument Devisen werden durch die Prolongation zwei neue Einzelgeschäfte erzeugt. Das erste Geschäft stellt mit gegenläufigen Konditionen das gesamte oder Teile des ursprünglichen Geschäfts glatt. Das zweite Geschäft enthält die ursprünglichen Daten als Vorschlagswerte. Diese Daten können Sie anpassen und insbesondere den Kurs neu festlegen und die Valuta bestimmen, die im Verhältnis zum ursprünglichen Geschäft in die Zukunft verlegt wird. Die beiden neuen Geschäfte sind über die Referenz SWP (Swapklammer) miteinander verbunden. Zudem sind das ursprüngliche Geschäft und die beiden neuen Geschäfte über die Referenz PRL (Prolongation) miteinander verbunden.

Vorzeitige Abwicklung

Die Funktion Vorzeitige Abwicklung verhält sich für das Finanzinstrument Devisen genauso wie die Funktion Prolongieren, nur dass für das zweite Geschäft die Valuta im Vergleich zum ursprünglichen Geschäft in die Vergangenheit verlegt wird. Zu einem Devisengeschäft werden wieder zwei neue Einzelgeschäfte erzeugt. Sie können auch einen Teil des Betrags vorzeitig abwickeln und einen anderen Teil prolongieren. Hingegen wird beim Total Return Swap die Rückführung der Stücke und des Nominals nach vorne verlegt, und alle zeitlich später liegenden Bewegungen werden gesperrt. Beim Wertpapiertermingeschäft ist es möglich, nur Teile vorzeitig abzuwickeln.

Ausführen

Mit der Funktion Ausführen findet ein Vorgangsübergang vom Vorgang Order in den Vorgang Vertrag statt. Dabei können Sie die Geschäftsdaten ändern oder ergänzen.

Massenausführung [+]

Mit der Transaktion Massenorderausführung (Transaktion FTR_MASS_EXEC) können Sie viele Geschäfte im Vorgang Order gleichzeitig ausführen.

Knock-in und Knock-out

Sobald eine Knock-in-Option die vereinbarte Grenze erreicht, findet durch die gleichnamige Funktion ein Vorgangsübergang in den Vorgang Knock-In statt. Im Anschluss haben Sie die Möglichkeit, die OTC-Option auszuüben oder verfallen zu lassen. Erreicht eine Knock-out-Option die vereinbarte Grenze, wird durch die Funktion Knock-Out ein Vorgangsübergang in den Vorgang Knock-Out durchgeführt. Im Anschluss können Sie diese OTC-Option *nicht* mehr ausüben, sondern nur noch verfallen lassen.

Ausüben/Fixing/ Erfüllung

Auch wenn es betriebswirtschaftliche Unterschiede gibt, haben die Handelsfunktionen Ausüben, Fixing und Erfüllung dasselbe Prinzip. Das Geschäft wird beendet, und das zugrunde liegende Underlying wird angelegt, oder es wird eine Ausgleichszahlung erzeugt:

- Mit der Funktion Ausüben üben Sie eine OTC-Option aus, und es findet für die OTC-Option ein Vorgangsübergang in den Vorgang Ausübung statt. Bei OTC-Optionen mit Barausgleich wird die Barzahlung als Differenz zwischen Strike und Marktpreis errechnet. Bei OTC-Optionen mit physischer Ausübung wird aus dem Underlying das Geschäft generiert. Vor dem Ausüben müssen Sie für Knock-in-Optionen zuerst den Knock-in durchführen, für Knock-out-Optionen dürfen Sie noch keinen Knock-out durchgeführt haben.
- Wird ein Devisengeschäft zuerst ohne Kurs angelegt (Devisenfixinggeschäft), kann dieser Kurs mit der Funktion Fixing eingetragen werden. Beim Forward hingegen werden mit der Funktion Fixing (analog zum Ausüben einer OTC-Option) die zugrunde liegenden Devisenoptionen angelegt.
- Wertpapiertermingeschäfte und Darlehensvorkäufe sind unbedingte Geschäfte und müssen am Ende erfüllt werden.

Verfall

Durch die Funktion Verfall verfällt ein Geschäft im Vorgang Order oder ein Wertpapiergeschäft, eine handelbare Option, ein Repo oder eine OTC-Option im Vorgang Vertrag. Es findet ein Vorgangsübergang in den Vorgang Verfall statt. Durch diesen Vorgang ist es möglich, zu einem späteren Zeitpunkt in der Abwicklung das Geschäft abzurechnen.

[+]

Massenverfall

Mit der Transaktion Ablauf Massen-Order (Transaktion FTR_MASS_ORDR_EXPIRY) können Sie viele Geschäft im Vorgang Order gleichzeitig verfallen lassen.

Dividende anpassen

Wird während der Laufzeit eines Wertpapiertermingeschäfts oder eines Total Return Swaps für das Wertpapier eine Dividende gezahlt, wird diese über die Handelsfunktion Dividende anpassen in das Geschäft eingetragen.

Anpassung/ Korrektur

Mit der Funktion Korrektur ist es möglich, vorhandene Bewegungen eines Treuhandgeschäfts zu korrigieren. Mit der Funktion Anpassung kann der Marktwert einer Bewegung geändert werden.

3.3 Abwicklung

Innerhalb der Geschäftsverwaltung beinhaltet die Abwicklung die Überwachung, Kontrolle und Freigabe von Geschäften. In SAP Treasury and Risk Management werden für die Abwicklung unterschiedliche Funktionen bereitgestellt. Je nach Ablauf Ihrer Geschäftsprozesse wählen Sie die entsprechenden Funktionen aus und stellen diese Funktionen in Ihrem System ein.

Überwachung

Die Funktionen, die zur Laufzeit eines Geschäfts durchzuführen sind, werden in der Überwachung zusammengefasst. Hierzu zählen die Zinsanpassung bei variabler Verzinsung, das Devisenkursfixing bei Devisenfixinggeschäften, aber auch die Verknüpfung von Geschäften über Referenzen. Die interne und externe Korrespondenz zählen auch zur Überwachung (siehe Kapitel 4, »Korrespondenz«).

Kontrolle

Die Kontrolle gibt die Reihenfolge der Vorgänge und Status vor, die ein Geschäft durchläuft. Über den Abwicklungstyp legen Sie die Vorgangsreihenfolge fest, und insbesondere entscheiden Sie, ob für das Geschäft eine Abrechnung erfolgt. Durch den Anschluss an die allgemeine Statusverwaltung können Sie zudem den von Ihnen gewünschten Geschäftsablauf über den Status realisieren.

Jeder einzelne Vorgang oder Status kann einen Workflow anstoßen. Der Workflow setzt dabei ein Genehmigungsverfahren um, das zur Freigabe des Vorgangs oder Status führt. Sämtliche Änderungen des Geschäfts werden auf Datenbankebene mit Änderungsbelegen protokolliert.

Im Folgenden stellen wir Ihnen die Funktionen der Abwicklung vor, mit denen Sie die Überwachung, Kontrolle oder Freigabe durchführen können.

3.3.1 Zinsanpassung

Plansatz

Bei variabler Verzinsung ist die Höhe der Zinsen bei Geschäftsabschluss noch nicht bekannt, und es wird auf einen Referenzzins oder über eine Formel auf mehrere Referenzzinsen Bezug genommen. Bis die Höhe der Zinsen bekannt ist, werden die Zinsbewegungen als *Plansätze* bezeichnet.

Wie diese Plansätze im Geschäft und in SAP Cash and Liquidity Management fortgeschrieben werden, können Sie im Customizing einstellen. Damit dort möglichst aktuelle Zahlen stehen, empfiehlt es sich, die Plansätze regelmäßig zu aktualisieren. Sobald der Zinssatz feststeht, kann die Zinsanpassung maschinell oder manuell erfolgen. Für jede Zinsanpassung wird ein eigener Vorgang angelegt. Solange die Zinsanpassung nicht storniert wird, hat dieser Zinsanpassungsvorgang den Status *aktiv*. Auf diese Weise kann es zu einem Geschäft mehrere Vorgänge mit dem Status *aktiv* geben, aber es kann nur genau einen Vorgang im Status *aktiv* geben, der keine Zinsanpassung ist.

Plansatzfortschreibung

Plansatzfortschreibungsmethoden

Normalerweise sollen Plansätze mit einem möglichst gut geschätzten Wert im Finanzstrom sichtbar sein und an SAP Cash and Liquidity Management weitergegeben werden. Solange der Zinssatz nicht angepasst wurde, wird er auf die im Customizing hinterlegte Art fortgeschrieben. Dazu stellen Sie unter Treasury and Risk Management • Transaction Manager • Allgemeine Einstellungen • Organisation • Buchungskreiszusatzdaten einstellen im Bereich Einstellungen variable Zinsen eine der folgenden Plansatzfortschreibungsmethoden ein:

- **Nullfortschreibung**
  Noch nicht angepasste Zinsbewegungen erhalten den Zinssatz 0 % und somit ebenfalls den Betrag 0.
- **Fortschreibung mit maschinell gepflegten Zinssätzen**
  Als Zinssatz wird der im System zuletzt zum Referenzzins maschinell angepasste Zinssatz verwendet.
- **Fortschreibung mit manuell gepflegten Zinssätzen**
  Als Zinssatz wird der im System zuletzt zum Referenzzins manuell angepasste Zinssatz verwendet.
- **Fortschreibung mit aktuellen Zinssätzen**
  Als Zinssatz wird der im System zuletzt zum Referenzzins angepasste Zinssatz genutzt, unabhängig davon, ob dieser manuell oder maschinell angelegt ist.
- **Fortschreibung mit maschinell/manuell gepflegten Zinssätzen**
  Als Zinssatz wird der Zinssatz verwendet, der im System zuletzt zum Referenzzins maschinell angepasst wurde. Gibt es keinen

maschinell angepassten Zinssatz, wird der zuletzt manuell angepasste Zinssatz gewählt.

Plansatzaktualisierung

Da sich durch aktuelle Marktdaten oder die Zinsanpassungen für andere Geschäfte die Schätzwerte für die Zinsreferenzen verändern, sollten Sie die Plansätze der Geschäfte in regelmäßigen Abständen aktualisieren. Auf diese Weise bleiben auch die Daten in SAP Cash and Liquidity Management möglichst aktuell. Auch durch eine Änderung an einem Kalender oder eine Korrektur innerhalb der Finanzmathematik kann es für Sie notwendig werden, die Plansätze bzw. den gesamten Finanzstrom an die veränderten Rahmenbedingungen anzupassen.

Sie aktualisieren die Plansätze zu einem einzelnen Geschäft entsprechend der Plansatzfortschreibungsmethode, indem Sie im Änderungsmodus ein Geschäft aufrufen und dieses speichern. Um Plansätze zu vielen Geschäften auf einmal zu aktualisieren, können Sie die Transaktion PLANSÄTZE AKTUALISIEREN (Transaktion TJ09) nutzen, die Sie auch im Batch ausführen können.

Transaktion TJ09

Nachdem Sie die Transaktion TJ09 gestartet haben, gelangen Sie in ein Selektionsbild (siehe Abbildung 3.27). Für die Anpassungsart ZINSANPASSUNG nehmen Sie Einschränkungen auf den Buchungskreis und das Zinsfeststellungsdatum vor, bis zu dem einschließlich die Zinsanpassungen durchgeführt werden (Bildbereich ALLGEMEINE ABGRENZUNGEN). Darüber hinaus können Sie die anzupassenden Zinsreferenzen einschränken und angeben, ob Sie alle Geschäfte wählen oder auf einzelne Geschäfte einschränken (Bildbereiche SPEZIFISCHE REFERENZZINSSÄTZE FÜR ZINSANPASSUNG und SPEZIFISCHE GESCHÄFTE). Für diese Einschränkungen stehen Ihnen die bei SAP üblichen Selektionsoptionen zur Verfügung, bei denen Sie nicht nur Werte oder Wertebereiche vorgeben, sondern auch Werte oder Wertebereiche ausschließen können.

Protokoll

Nach der Ausführung wird ein Protokoll angezeigt, das für alle Geschäfte im Selektionsumfang angibt, ob und zu welchem Zinssatz eine Plansatzaktualisierung vorgenommen wurde. Aus dem Protokoll können Sie direkt in die Anzeige des Geschäfts verzweigen.

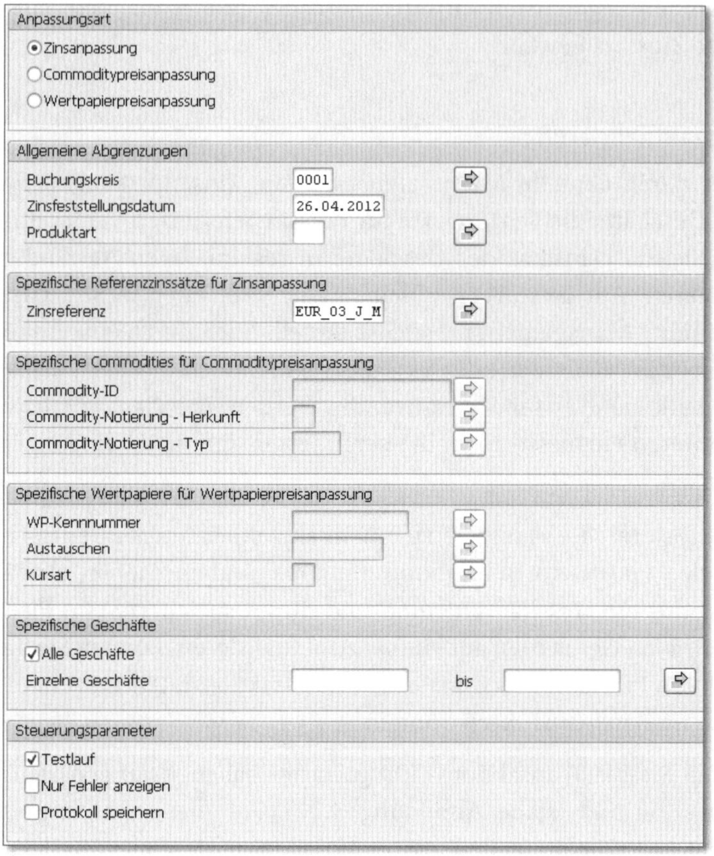

Abbildung 3.27 Selektionsbild der Zinsanpassung

[+]

Neuberechnung des Finanzstroms

Die Transaktion Geldhandel: Finanzstrom aufbauen (Transaktion TMFM) baut für Festgelder, Kündigungsgelder und Commercial Paper den Finanzstrom neu auf. Die Notwendigkeit, auch fest verzinsliche Finanzinstrumente neu zu berechnen, kann sich z.B. durch eine Kalenderänderung ergeben.

Zudem wird für Kündigungsgelder der Finanzstrom für die im Customizing eingestellte Anzahl von Halbjahren im Voraus aufgebaut (Customizing unter Treasury and Risk Management • Transaction Manager • Geldhandel • Geschäftsverwaltung • Geschäftsarten definieren). Falls das Kündigungsgeld während dieser Zeit nicht gekündigt wird, können Sie den Finanzstrom mithilfe der Transaktion Kündigungsgeld Finanzstrom-Fortschreibung (Transaktion TM21) erneut für diese Periode im Voraus aufbauen.

Manuelle Zinsanpassung

Sie können Zinsanpassungen manuell mit folgenden Transaktionen bearbeiten: ZINSANPASSUNG ANLEGEN (Transaktion TI10), ZINSANPASSUNG ÄNDERN (Transaktion TI11), ZINSANPASSUNG ANZEIGEN (Transaktion TI12) und ZINSANPASSUNG STORNIEREN (Transaktion TI37). Die Transaktionen verwenden dieselben Bilder, daher genügt es im Folgenden, nur eine Transaktion exemplarisch vorzustellen.

Transaktion TI10

Nachdem Sie die Transaktion TI10 gestartet haben, selektieren Sie für die Anpassungsart ZINSANPASSUNG über den Buchungskreis und die Geschäftsnummer ein einzelnes Geschäft und gelangen in das Zinsanpassungsbild (siehe Abbildung 3.28). Mit einem Doppelklick auf das Icon in der Spalte ZINSFEST. werden Details zu dieser Zinsanpassung im Bildbereich DETAILSICHT ZINSANPASSUNG angezeigt. Für alle Zinsanpassungen mit Status *in Bearbeitung* können Sie den Zinssatz eingeben.

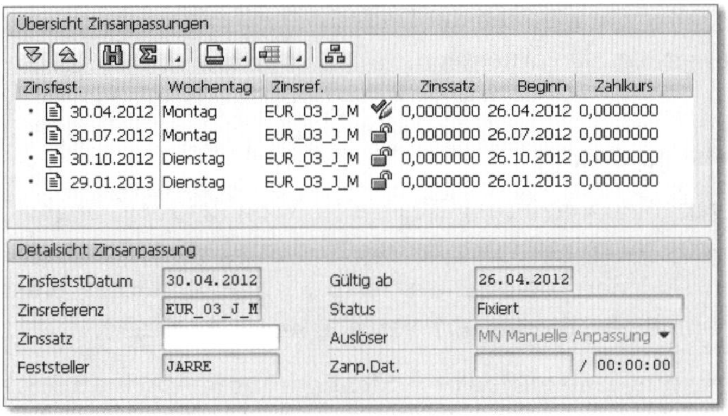

Abbildung 3.28 Manuelle Zinsanpassung

Storno

Beim Storno mit der Transaktion TI37 wählen Sie aus, welche Zinsanpassung mit allen zeitlich folgenden Zinsanpassungen storniert werden soll.

Maschinelle Zinsanpassung

Transaktion TJ05

Die Transaktion MASCHINELLE ZINSANPASSUNG (Transaktion TJ05) verwendet dasselbe Selektionsbild (siehe Abbildung 3.27), dasselbe Protokoll und auch dieselben Funktionen wie die Plansatzfortschreibung. Sie können mehrere Zinsanpassungen auf einmal anlegen. Voraussetzung ist, dass Sie über den Datafeed oder eine File-Schnittstelle Marktdaten zu den Referenzzinsen eingespielt haben (siehe Kapitel 7, »Marktdaten«).

Storno

Über die Transaktion STORNO MASCHINELLE ZINSANPASSUNG (Transaktion TJ05_REV) können Sie nur maschinell angelegte Zinsanpassungen stornieren. Dabei ist im Selektionsbild das Zinsfeststellungsdatum das entscheidende Datum, bis zu dem storniert werden soll.

Zinsanpassung aktualisieren

Neuberechnung

Ist in der Zinsanpassungskondition als Terminfortschreibungsregel die Option ZUM REFERENZZINSEINTRAG ausgewählt, sollen Zinsanpassungen dann vorgenommen werden, wenn während der Laufzeit (zu einem beliebigen Datum) ein Eintrag in der Marktdatentabelle vorhanden ist. Vor Laufzeitbeginn sind üblicherweise keine Marktdaten für Termine während der Laufzeit vorhanden.

Mit der Transaktion ZINSANPASSUNGSDATEN AKTUALISIEREN (Transaktion TJ13) können Sie während der Laufzeit eine Neuberechnung der Zinsanpassungstermine vornehmen.

3.3.2 Preisanpassung

Analog zur variablen Verzinsung ist auch ein variabler Preis möglich. Der Commodity Swap kann sich auf die Notierung eines Commoditys beziehen und der Total Return Swap auf die Notierung eines Wertpapiers (und gleichzeitig auch variable Zinsen besitzen).

Plansatzfortschreibung

Die Preisanpassung läuft analog bzw. identisch zur in Abschnitt 3.3.1 beschriebenen Zinsanpassung ab. Für die Commodity-Preisanpassung und die Wertpapierpreisanpassung sind zur Zinsanpassung identische Plansatzfortschreibungsmethoden definiert. Für Commodity gibt es lediglich eine zusätzliche Plansatzfortschreibungsmethode: Der Commodity-Preis wird anhand der ebenfalls anzugebenden Commodity-Kurve berechnet.

Plansatzaktualisierung und Preisanpassung

Die Plansatzaktualisierung sowie die manuelle Preisanpassung und die maschinelle Preisanpassung werden mit denselben Transaktionen (Transaktionen TJ09, TI10, TI11, TI12, TI37, TJ05 und TJ05_REV) ausgeführt. Auf diesen Transaktionen wählen Sie im Bildbereich ANPASSUNGSART aus, ob es sich um Zinsanpassung, Commodity-Preisanpassung oder Wertpapierpreisanpassung handelt. Bei entsprechender Auswahl werden die zugehörigen Selektionsparameter eingabebereit (siehe Abbildung 3.27).

3.3.3 Devisenkurs

Kurs fixieren

Das Finanzinstrument Devisenfixinggeschäft bezieht sich auf einen an der Börse notierten Mittelkurs an einem festgelegten Tag. Sobald dieser Kurs feststeht, tragen Sie ihn durch das automatische oder manuelle Fixing in das Geschäft ein. Durch das Fixing findet ein Vorgangsübergang vom Vorgang FIXING bzw. FIXINGABRECHNUNG in den Vorgang VERTRAG statt.

Für einige Finanzinstrumente aus dem Bereich OTC-Optionen ist es ebenfalls notwendig, die Devisenkurse zu fixieren. Dabei ist das Fixing aber kein eigener Vorgang, sondern lediglich der Eintrag des Kurses in das Geschäft. Erst nachdem alle Fixierungen für ein Geschäft gelaufen sind, ist die Ausübung der OTC-Option möglich.

Automatische Fixingbearbeitung

Die automatische Fixingbearbeitung für das Finanzinstrument Devisen mit der Transaktion AUTOMATISCHE FIXINGBEARBEITUNG (Transaktion TBCS) fügt in die Geschäfte den Mittelkurs mit Kurstyp M aus der Währungstabelle TCURR ein. Dabei wird für Spreads, die von der Geld- und Briefspanne abweichen, ein Zu- bzw. Abschlag in Höhe der separat hinterlegten Fixingmarge berücksichtigt. Anschließend wird das Geschäft im Vorgang VERTRAG gespeichert.

Voraussetzung für die automatische Fixingbearbeitung ist, dass Sie Marktdaten zu den aktuellen Devisenkursen über den Datafeed oder eine File-Schnittstelle eingespielt haben (siehe Kapitel 7, »Marktdaten«).

Manuelles Fixing

Die Finanzinstrumente Devisen können auch manuell über die Transaktion FIXINGGESCHÄFT AUSFÜHREN (Transaktion TXV5) bzw. Transaktion BEARBEITEN EINES GESCHÄFTES (Transaktion FTR_EDIT) mit dem Button FIXING fixiert werden. Bei beiden Transaktionen gelangen Sie in das Datenbild der Geschäftsbearbeitung, können einen Währungskurs eingeben und das Geschäft in dem neuen Vorgang VERTRAG sichern.

Average Rate Fixing

Fixing

Die Transaktion Average Rate Fixing durchführen (Transaktion TAV1) fixiert Devisenkurse für die Finanzinstrumente Average Rate Option, Basket Option und Correlation Option. Bei diesen Finanzinstrumenten werden bei der Anlage des Geschäfts Termine hinterlegt, an denen eine Fixierung der Devisenkurse erfolgen muss. Aus den Devisenkursen heraus wird bei der Ausübung der Option der Settlement-Betrag ermittelt.

Selektionsbild

Das Selektionsbild der Transaktion enthält allgemeine Abgrenzungen zu den Geschäften. Über den Parameter bis einschliesslich Kursdatum bestimmen Sie, bis zu welchem Stichtag die Fixierung stattfinden soll.

Wenn Sie das Kennzeichen nur tagesgenaue Kurse gesetzt haben, werden bei der Ermittlung der Devisenkurse nur solche Kurse berücksichtigt, deren Datum mit dem Fixierungsdatum des Geschäfts übereinstimmt. Gibt es zu dem gegebenen Datum keinen Devisenkurs im System, wird eine Fehlermeldung ausgegeben. Wenn dieses Kennzeichen nicht gesetzt wird, wird bei der Ermittlung der Devisenkurse zunächst versucht, einen taggenauen Kurs zu finden. Ist dies nicht möglich, werden auch Kurse berücksichtigt, die aus Sicht des vorgegebenen Fixierungsdatums in der Vergangenheit liegen. Nach der Ausführung der Selektion wird Ihnen ein Protokoll mit dem Ergebnis sowie den Fehlermeldungen angezeigt.

Rücknahme Fixing

Die Transaktion Average Rate Fixing zurücknehmen (Transaktion TAV2) nimmt die mit der Transaktion TAV1 angelegten Fixierungen von Devisenkursen zurück. Anschließend können Sie die Fixierungen wieder vornehmen. Das Selektionsbild der Transaktion TAV2 ähnelt dem Selektionsbild für Average Rate Fixing durchführen (Transaktion TAV1). Dabei gibt das Feld ab einschliesslich Kursdatum an, ab welchem Stichtag die fixierten Kurse gelöscht werden sollen. Das Protokoll ist identisch aufgebaut.

3.3.4 Referenzen

Eine Referenz stellt eine Beziehung zwischen beliebig vielen Geschäften her. Der Referenztyp legt dabei die Bedeutung einer Referenz fest. Einige Referenzen werden automatisch bei Aktionen in den Geschäften erzeugt, andere werden explizit durch einen Anwender manuell angelegt. Für die Bearbeitung der Referenzen stehen folgende Transaktionen zur Verfügung: REFERENZ ANLEGEN (Transaktion TBR6), REFERENZ ÄNDERN (Transaktion TBR7), REFERENZ ANZEIGEN (Transaktion TBR8) und REFERENZ AUFLÖSEN (Transaktion TBR9).

Referenztypen

Tabelle 3.7 zeigt die Referenztypen, die Ihnen zur Verfügung stehen.

Referenztyp	Beschreibung	Anlage
BID	Angebot	automatisch
CON	SWIFT-Bestätigungsfiles	automatisch
EUR	Euro-Transaktionswährungsumstellung	automatisch
MIR	Spiegelgeschäft-Verknüpfungen	automatisch
KMP	Kompensationen	manuell
OPT	Optionsreferenz Derivate	automatisch
PRL	Prolongation von Devisengeschäften	automatisch
REF	Allgemeine Referenz	manuell
SWP	Devisenswap	automatisch
ICH	Emissionsvertrag Absicherung	manuell

Tabelle 3.7 Referenztypen

Mit Ausnahme der Spiegelgeschäft-Verknüpfungen können Sie bei automatisch angelegten Referenzen auch manuelle Änderungen vornehmen, z.B. könnten Sie nach dem Stornieren einer Devisenoption, die zu einem Zylinder gehörte, die neu erfasste Devisenoption manuell wieder der anderen Devisenoption zuordnen. Ein solches manuelles Eingreifen ist aber nur in Ausnahmefällen notwendig.

Sammelbearbeitung der Referenzen

Die Referenzen können Sie über die Transaktion SAMMELBEARBEITUNG DER REFERENZEN (Transaktion TBRL) überwachen. In der Ergebnisliste stehen die Funktionen ANLEGEN, ÄNDERN, ANZEIGEN und AUFLÖSEN zur Verfügung, um in die Bearbeitung von Referenzen einzusteigen.

Übersicht über einen Referenztyp

Für eine Übersicht aller Kompensationen mit einem Partner, an denen Geldhandelsgeschäfte beteiligt sind, können Sie wie folgt vorgehen: Starten Sie die Transaktion TBRL, und wählen Sie den Referenztyp KMP und als Anwendung Geldhandel. Anschließend schränken Sie die Auswahl auf einen oder mehrere Partner ein.

[+]

Überblick über die Referenzen

Vom Datenbild der Geschäftserfassung können Sie über UMFELD • OBJEKTVERKNÜPFUNGEN einen Überblick über die Referenzen eines Geschäfts bekommen. Durch einen Doppelklick auf eine Referenz gelangen Sie zur detaillierten Anzeige der Referenz. Von dort können Sie in die jeweiligen Geschäfte verzweigen.

3.3.5 Abrechnung

Abrechnungsvorgang

Der in Abschnitt 3.1.9 erwähnte Abwicklungstyp legt ebenfalls fest, ob es Abrechnungsvorgänge gibt. Zum Beispiel ist für Produkttyp 600 und Geschäftstyp 100 der Abrechnungstyp 00101 mit der Vorgangsfolge ORDER – VERTRAG – ABRECHNUNG definiert. Sie können also mithilfe der Abwicklungstypen eine Kontrollfunktion für die Geschäftserfassung vornehmen.

Durch die Abrechnung gibt es einen Vorgangsübergang vom aktuellen Vorgang in den entsprechenden Abrechnungsvorgang. Dabei können Sie Daten ändern, und es finden Prüfungen auf die Konsistenz der Daten statt. In der zentralen Einstiegstransaktion FTR_EDIT zur Geschäftsbearbeitung wird die Abrechnungsfunktion über den Button ABRECHNEN repräsentiert.

[+]

Massenabrechnung

Mit der Transaktion MASSENABRECHNUNG VON FINANZGESCHÄFTEN (Transaktion FTR_MASS_SETTLE) können Sie viele Geschäfte gleichzeitig abrechnen.

3.3.6 Statusverwaltung

System- und Anwenderstatus

Die Geschäftsverwaltung ist an die allgemeine Statusverwaltung angeschlossen. Dort sind die Systemstatus definiert, und eine Zuordnung ist festgelegt, welche betriebswirtschaftlichen Vorgänge zu einem Status möglich sind. Da die Transaktionen der Geschäftsverwaltung jeweils betriebswirtschaftliche Vorgänge repräsentieren, ist auch festgelegt, wie ein Vorgang einen oder mehrere Systemstatus setzt oder löscht. Zusätzlich können Sie Anwenderstatus selbst definieren und deren Steuerung einstellen. Der aktuelle Status und die daraus resultierenden betriebswirtschaftlich möglichen Vorgänge werden Ihnen im Datenbild auf der Registerkarte STATUS angezeigt.

Beispiel Anwenderstatus

Für das Festgeld 51A mit Geschäftsart 100 soll nach dem Anlegen des Vertrags erst die Gegenbestätigung erfolgen, bevor es möglich ist, das Geschäft abzurechnen. Dazu legen Sie im Customizing über TREASURY AND RISK MANAGEMENT • TRANSACTION MANAGER • ALLGEMEINE EINSTELLUNGEN • GESCHÄFTSVERWALTUNG • STATUSVERWALTUNG • STATUSSCHEMA DEFINIEREN ein Schema an und vergeben einen Namen für das Statusschema, den Text und die Pflegesprache. Per Doppelklick auf eine Zeile mit einem Statusschema gelangen Sie in das in Abbildung 3.29 dargestellte Bild und können den Status definieren. Über den Button OBJEKTTYPEN können Sie die Zuordnung zum Finanzinstrument Geldhandel vornehmen.

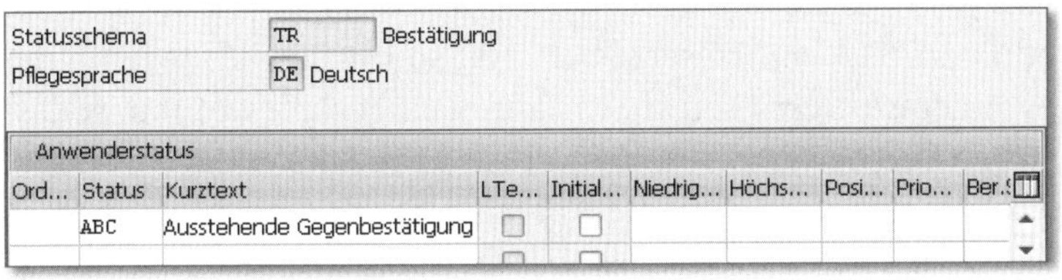

Abbildung 3.29 Customizing zur Definition eines Statusschemas

Anschließend gelangen Sie per Doppelklick auf den in einer Zeile dargestellten Anwenderstatus in dessen Vorgangssteuerung (siehe Abbildung 3.30). Hier stellen Sie ein, dass der betriebswirtschaftliche Vorgang ABRECHNEN durch den Status verboten wird. Außerdem wird als Folgeaktion aus dem Vorgang VERTRAG ANLEGEN der Status ABC gesetzt und als Folgeaktion des Vorgangs BESTÄTIGEN der Status gelöscht.

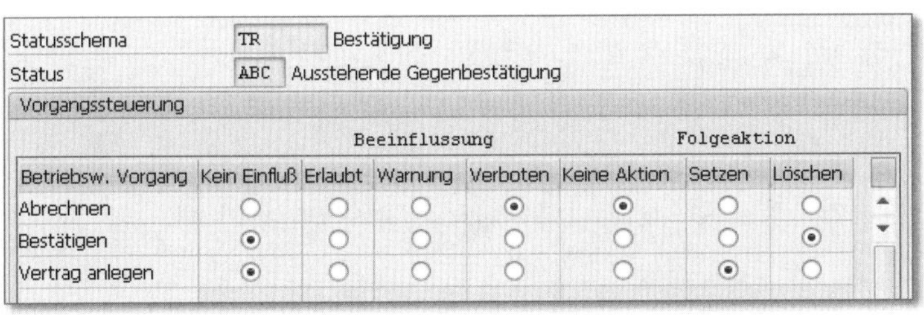

Abbildung 3.30 Customizing zur Vorgangssteuerung eines Statusschemas

Nach dem Speichern Ihrer Eingaben müssen Sie im Customizing unter TREASURY AND RISK MANAGEMENT • TRANSACTION MANAGER • GELDHANDEL • GESCHÄFTSVERWALTUNG • GESCHÄFTSARTEN • GESCHÄFTSARTEN DEFINIEREN der gewünschten Geschäftsart das neue Statusschema zuordnen.

[+]

Korrektur des Status

Falls der Status eines Geschäfts in einen inkonsistenten Zustand geraten ist, können Sie den korrekten Status mithilfe des Reports `RFTB_STATUSOBJECT_CREATE` wiederherstellen.

3.3.7 Workflow

Über einen Workflow ist es möglich, Freigabeverfahren für die Geschäftserfassung oder Geschäftsbearbeitung zu definieren und die Freigabe in den Arbeitsvorrat eines Benutzers aufzunehmen. Durch die Statusverwaltung werden beim Business-Objekt `BUS2042` (Finanzgeschäft) Ereignisse ausgelöst und dadurch Workflows angestoßen.

Beispiel Workflow

Für Produktart 51A mit Geschäftsart 100 soll für das Anlegen eines Vertrags ein einstufiges Freigabeverfahren eingestellt werden, sodass ein weiterer Bearbeiter zustimmen muss, bevor die Anlage wirksam wird und Folgeprozesse, wie die Abrechnung, durchgeführt werden können. Dabei soll eine Geschäftsbearbeitung möglich sein und in diesem Fall das Freigabeverfahren zurückgesetzt werden.

Im Customizing unter Treasury and Risk Management • Transaction Manager • Allgemeine Einstellungen • Geschäftsverwaltung • Freigabe • Freigabeverfahren definieren können Sie für die Produktart und die Geschäftsart den entsprechenden Eintrag vornehmen und das Kennzeichen Freigabeverfahren setzen. Markieren Sie die Zeile, und doppelklicken Sie auf den Ordner Freigabebedingungen. Nun können Sie eine neue Freigabe anlegen (siehe Abbildung 3.31).

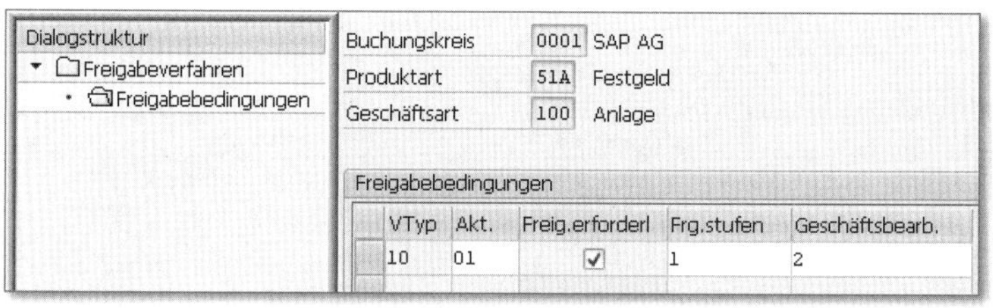

Abbildung 3.31 Customizing zur Definition von Freigabebedingungen

Anschließend sollten Sie im Customizing unter Treasury and Risk Management • Transaction Manager • Allgemeine Einstellungen • Geschäftsverwaltung • Freigabe • Workflow-Muster anpassen und ggf. kopieren die vorgegebene Regel 20000034 und den Workflow 20000139 kopieren und nach Ihren Wünschen anpassen.

Falls Sie einen neuen Workflow angelegt haben, müssen Sie über die Transaktion ANZEIGE/PFLEGE EREIGNISTYPKOPPLUNGEN (Transaktion SWETYPV) noch die Ereignistypkopplung für das Business-Objekt BUS2042 um die neue Aufgabe ergänzen. Diese Transaktion finden Sie im Menü unter WERKZEUGE • ABAP WORKBENCH • ENTWICKLUNG • SAP BUSINESS WORKFLOW • DEFINITIONSWERKZEUGE • EREIGNISSE • EREIGNISKOPPLUNG. Wenn Sie nun ein solches Geschäft als Vertrag anlegen, wird im Arbeitsvorrat der eingestellten Bearbeiter ein neues Workitem zur Genehmigung erzeugt.

3.3.8 Änderungsbelege

Zu jedem Geschäft werden Änderungen in der Datenbank protokolliert und in die Änderungsbelege geschrieben. Vom Datenbild der Geschäftserfassung gelangen Sie über das Menü UMFELD • ÄNDERUNGSBELEGE in das Selektionsbild der Änderungsbelege (siehe Abbildung 3.32). Alternativ können Sie die Transaktion ÄNDERUNGSBELEGE GESCHÄFTE (Transaktion TBCD) direkt aufrufen.

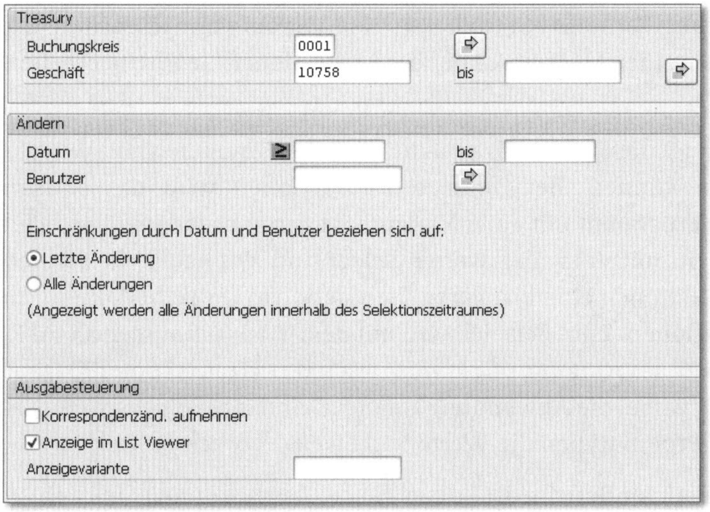

Abbildung 3.32 Selektionsbild der Änderungsbelege

Sie können nun ein Geschäft und weitere Parameter eingeben. Nach dem Ausführen erhalten Sie eine Liste, in der alle Änderungen entsprechend den Selektionsparametern enthalten sind (siehe Abbildung 3.33).

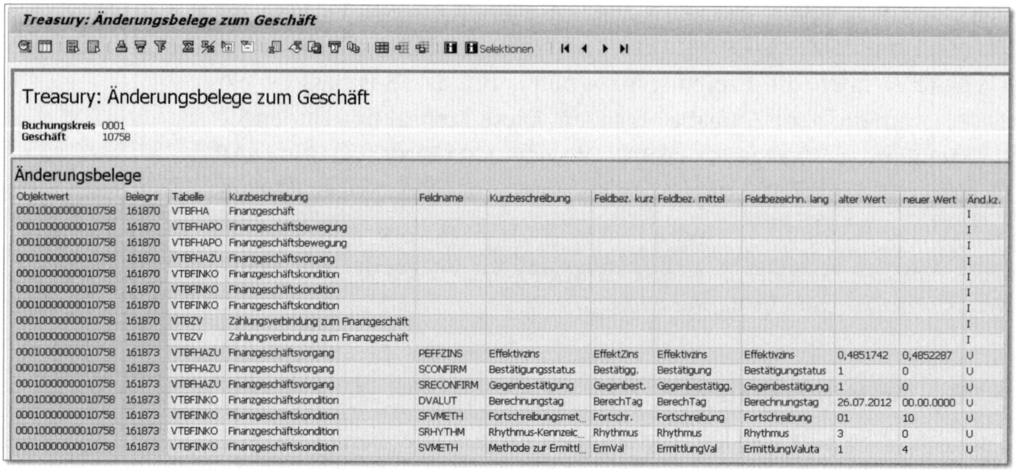

Treasury: Änderungsbelege zum Geschäft

Selektionen

Treasury: Änderungsbelege zum Geschäft

Buchungskreis 0001
Geschäft 10758

Änderungsbelege

Objektwert	Belegnr	Tabelle	Kurzbeschreibung	Feldname	Kurzbeschreibung	Feldbez. kurz	Feldbez. mittel	Feldbezeichn. lang	alter Wert	neuer Wert	Änd.kz.
0001000000010758	161870	VTBFHA	Finanzgeschäft								I
0001000000010758	161870	VTBFHAPO	Finanzgeschäftsbewegung								I
0001000000010758	161870	VTBFHAPO	Finanzgeschäftsbewegung								I
0001000000010758	161870	VTBFHAZU	Finanzgeschäftsvorgang								I
0001000000010758	161870	VTBFINKO	Finanzgeschäftskondition								I
0001000000010758	161870	VTBFINKO	Finanzgeschäftskondition								I
0001000000010758	161870	VTBFINKO	Finanzgeschäftskondition								I
0001000000010758	161870	VTBZV	Zahlungsverbindung zum Finanzgeschäft								I
0001000000010758	161870	VTBZV	Zahlungsverbindung zum Finanzgeschäft								I
0001000000010758	161873	VTBFHAZU	Finanzgeschäftsvorgang	PEFFZINS	Effektivzins	EffektZins	Effektivzins	Effektivzins	0,4851742	0,4852287	U
0001000000010758	161873	VTBFHAZU	Finanzgeschäftsvorgang	SCONFIRM	Bestätigungsstatus	Bestätigg.	Bestätigung	Bestätigungstatus	1	0	U
0001000000010758	161873	VTBFHAZU	Finanzgeschäftsvorgang	SRECONFIRM	Gegenbestätigung	Gegenbest.	Gegenbestätigg.	Gegenbestätigung	1	0	U
0001000000010758	161873	VTBFINKO	Finanzgeschäftskondition	DVALUT	Berechnungstag	BerechTag	BerechTag	Berechnungstag	26.07.2012	00.00.0000	U
0001000000010758	161873	VTBFINKO	Finanzgeschäftskondition	SFVMETH	Fortschreibungsmet...	Fortschr.	Fortschreibung	Fortschreibung	01	10	U
0001000000010758	161873	VTBFINKO	Finanzgeschäftskondition	SRHYTHM	Rhythmus-Kennzeic...	Rhythmus	Rhythmus	Rhythmus	3	0	U
0001000000010758	161873	VTBFINKO	Finanzgeschäftskondition	SVMETH	Methode zur Ermittl...	ErmVal	ErmittlungVal	ErmittlungValuta	1	4	U

Abbildung 3.33 Ergebnisbild der Änderungsbelege

3.4 Operatives Reporting

Mit dem *operativen Reporting* können Sie innerhalb der Geschäftsverwaltung Termine kontrollieren, den Verlauf von Geschäften prüfen sowie einen Überblick über die vorhandenen Geschäfte erhalten.

Parametertransaktion

Für das operative Reporting stehen Ihnen ausgelieferte Berichte zur Verfügung, die Sie über Transaktionen oder Parametertransaktionen aufrufen können. Bei Parametertransaktionen wird das entsprechende Programm mit einer Variante aufgerufen, sodass Eingabefelder bereits mit Vorschlagswerten belegt sind. Oft haben die Parametertransaktionen einen längeren Transaktionscode als herkömmliche Transaktionen. Zum Beispiel wird mit dem Transaktionscode S_ALR_87014407 das Journal der Finanzgeschäfte (Transaktion TJ01) aufgerufen, wobei die Anwendung auf den Geldhandel eingeschränkt ist und als Produkttypen die Werte 510 bis 560 vorbelegt sind.

Berichtsaufbau

Der Ablauf der Berichte ist immer gleich. Zuerst können Sie in einem Selektionsbild eine Selektion der Geschäfte nach unterschiedlichen Gesichtspunkten vornehmen. Nach der Selektion erhalten Sie eine Ergebnisliste, auf der die selektierten Geschäfte für die gegebene Anforderung entsprechend aufbereitet sind. In der Regel können Sie von hier per Doppelklick auf das entsprechende Geschäft oder über den Button Detail in die Einzelanzeige des Geschäfts springen oder eine andere Funktion für ein Geschäft auswählen.

In diesem Abschnitt beschreiben wir die wichtigsten ausgelieferten Berichte. Dabei teilen wir die Berichte entsprechend ihrer Funktion in die Bereiche Kontrolle und Überblick ein. Für die weiteren Aufgaben des Reportings und der Analyse Ihrer Daten steht Ihnen das Informationssystem des Transaction Managers zur Verfügung, das wir in Kapitel 11, »Reporting mit dem Informationssystem«, beschreiben.

3.4.1 Kontrolle

Die Kontrolle in der Geschäftsverwaltung umfasst sowohl die Termine für spezielle Ereignisse, wie z.B. die Zinsanpassung bei variabler Verzinsung, als auch den Geschäftsablauf an sich, um z.B. die Frage zu klären, ob die Korrespondenz durchgeführt wurde. Im Folgenden haben wir Ihnen eine Auswahl der wichtigsten Berichte, bei denen die Kontrolle im Vordergrund steht, zusammengestellt:

- **Alertmonitor**
  Die Transaktion Finanzgeschäft: Alertmonitor (Transaktion FTR_ALERT) fasst mehrere spezielle Transaktionen zur Kontrolle zusammen. Dabei werden die Nachrichten zu den Geschäften in komprimierter Form dargestellt. Damit steht Ihnen ein umfassender Überblick über die Bereiche Abrechnung, Freigabe, Zahlung und Buchung sowie Korrespondenz zur Verfügung.

Varianten [+]

Mithilfe von Varianten können Sie dynamische Datumseingaben, wie z.B. »Heute minus 3 Tage«, mit den aus Abschnitt 3.1.1 bekannten Shortcuts speichern. Damit können Sie eine periodische Prüfung sehr komfortabel realisieren.

- **Korrespondenzmonitor**
  Die Transaktion Korrespondenzmonitor (Transaktion FTR_COMONI) ist das zentrale Werkzeug der Korrespondenz (siehe Kapitel 4, »Korrespondenz«).
- **Fälligkeitsliste OTC-Optionen**
  Die Transaktion Optionsfälligkeit (Transaktion TJ06) zeigt OTC-Optionen und deren Fälligkeitstermine in übersichtlicher Form an. Vom Ergebnisbild aus können Sie für einzelne OTC-Optionen in die Geschäftsbearbeitung springen und die Handelsfunktionen Anzeigen, Ausüben oder Verfallen ausführen.

- **Verfall/Barrier-Check**
  Mit der Transaktion SAMMELÜBERWACHUNG OPTIONEN (Transaktion TI94) können Sie die In- und Outstrikes von Devisen-Barrier-Optionen prüfen. Das System vergleicht die Geschäftsdaten mit den relevanten Kursen und schlägt Ihnen eine der Handelsfunktionen KNOCK-IN, KNOCK-OUT oder VERFALLEN vor.
- **Zins- und Preisanpassungsplan**
  Die Transaktion ZINS- UND PREISANPASSUNGSPLAN (Transaktion TJ07) zeigt an, wann für die selektierten Geschäfte Zinsanpassungen, Commodity-Preisanpassungen oder Wertpapierpreisanpassungen vorzunehmen sind und welchen Status diese Anpassungen haben.

3.4.2 Übersicht

Aus unterschiedlichen Anforderungen ist es wichtig, eine Übersicht über die bestehenden Geschäfte nach verschiedenen Gesichtspunkten zu bekommen. Im Folgenden sind die wichtigsten Berichte zusammengestellt, bei denen eine Übersicht der Geschäfte im Vordergrund steht.

- **Sammelbearbeitung**
  In Abschnitt 3.1.2 haben wir die Sammelbearbeitungen eingeführt. Mit der Transaktion FTR_00 gibt es zum einen die zentrale Sammelbearbeitung, und zum anderen gibt es finanzinstrumentspezifische Sammelbearbeitungen. Mit den Sammelbearbeitungen können Sie sich einen Überblick über bestehende Geschäfte verschaffen und aus den jeweiligen Ergebnislisten in die Geschäftsbearbeitung verzweigen.
- **Angebotsübersicht**
  Ähnlich wie bei den Sammelbearbeitungen erhalten Sie mit der Transaktion AUSWERTUNG ANGEBOTE (Transaktion TCOM) eine Übersicht über die erfassten Angebote. Aus der Ergebnisliste heraus können Sie in die Angebotsanzeige verzweigen und detailliertere Informationen erhalten.
- **Journal der Finanzgeschäfte**
  Mit der Transaktion JOURNAL FINANZGESCHÄFTE (Transaktion TJ01) werden die Geschäfte entsprechend den Selektionsparametern selektiert und nach Produktart, Geschäftsart sowie Erfas-

sungsdatum oder Vorgangstyp sortiert ausgegeben. Per Doppelklick gelangen Sie in die Einzelanzeige eines Geschäfts.

- **Geschäfte mit Finanzströmen**
  Mit der Transaktion JOURNAL: GESCHÄFTE MIT FINANZSTRÖMEN (Transaktion TJ12) können Sie die Finanzströme zu vorgegebenen Geschäften darstellen. Zusätzlich zu den üblichen Finanzstromdaten werden Informationen zum Vorgangstyp und zum Buchungsstatus einer Bewegung angezeigt. Weitere Daten können nach Bedarf eingeblendet werden. Auch hier gelangen Sie per Doppelklick in die Einzelanzeige des Geschäfts.
- **Zahlungsplan Geldhandel**
  Mit der Transaktion ZAHLUNGSPLAN (Transaktion TJ04) erhalten Sie einen Überblick über die zahlungsrelevanten Bewegungen der selektierten Geschäfte und deren Status. Dabei sind die Bewegungen nach dem Zahltag sortiert. Per Doppelklick auf eine Zeile wird das zugehörige Geschäft angezeigt.
- **Positionsmonitor**
  Zum Positionsmonitor gelangen Sie über die Transaktion DEALER POSITION (Transaktion FTR_DEALPOS). Hier werden die Positionen der Währungen zu den Stichtagen angeführt. Per Doppelklick auf einen Betrag wird dieser erklärt, indem die zugehörigen Geschäfte in einer Liste angezeigt werden. Durch einen Doppelklick in diese Liste wird ein einzelnes Geschäft angezeigt. Über das BAdI `FTR_TR_POSMON` können Sie die Selektion und Bewertung der Daten beeinflussen.
- **Geschäftsfreigabe**
  Vorausgesetzt, der Workflow wurde im Customizing aktiviert, zeigt die Transaktion GESCHÄFTSFREIGABE: WORKITEM-LISTE (Transaktion TJ08) alle Freigabe-Workflows an, die im SAP Treasury and Risk Management ausgelöst wurden. Per Doppelklick auf eine Zeile des Ergebnisbildes können Sie sich das geschäftsbezogene Workflow-Protokoll anzeigen lassen.
- **Wertpapierleihe**
  Mit der Transaktion WERTPAPIERLEIHE, SICHERHEITEN, ERTRÄGE (Transaktion TSL10) werden alle Geschäfte des Finanzinstruments Wertpapierleihe zu einem bestimmten Stichtag mit ihrer Menge, ihrem Marktpreis und ihrem Marktwert angezeigt. Zudem werden alle Bar- und Wertpapiersicherheiten mit ihrem Marktwert ange-

zeigt. Aus dem Marktwert des verliehenen Bestands sowie dem Marktwert der Sicherheiten wird der Besicherungsgrad berechnet und in Prozent angezeigt.

Auf der Registerkarte LEIHERTRÄGE des Selektionsbildes können Sie ein Zeitintervall angeben. Der auf dieses Zeitintervall entfallende Anteil wird berechnet, und die Leiherträge werden angezeigt.

- **Fazilität**
  Die Transaktion KREDITLINIE & AUSLASTUNG (Transaktion TM_60) zeigt eine Fazilität und deren Auslastung an. Es steht dabei auch ein Absprung in die Anzeige des Geschäfts und in die Anzeige der Partner zur Verfügung.

  Die Transaktion KREDITLINIEN, ZIEHUNGEN, GEBÜHREN (Transaktion TM_60A) berechnet pro Fazilität, Bank und Kreditlinie die Kennzahlen Commitment von Kreditlinien für den primären und sekundären Markt, Ziehungen und Gebühren. Die Berechnung können Sie wahlweise für einen Stichtag oder ein Zeitintervall durchführen. Im Fall des Stichtags werden dann nicht die Ziehungen, sondern es wird die Auslastung der Fazilität angezeigt.
- **Depotliste**
  Mit der Transaktion DEPOTLISTE (Transaktion FWDP) zeigen Sie die Stammdaten zu einer Auswahl von Depots an und können diese bei Bedarf ausdrucken. Die Auswahl der Depots schränken Sie dabei über verschiedene Parameter, wie z.B. den Buchungskreis, die Depotart, den Depottyp oder das Portfolio, ein.
- **Gattung**
  Mit der Transaktion GATTUNGSINFORMATION (Transaktion FWDG) können Sie sämtliche Gattungsdaten auf einem Drucker ausgeben. Eine Einschränkung der Selektion ist über die Kennnummer und die Produktart möglich. Auf Wunsch kann für eine Anleihe der aus den Stammdaten generierbare Finanzstrom mit ausgegeben werden.

3.5 Produkttypen

In den voangegangenen Abschnitten haben wir Ihnen die Prinzipien und Grundlagen der Geschäftsverwaltung vorgestellt. Nun wenden wir uns den vorhandenen Produkttypen zu, die eine Gliederung der Finanzinstrumente darstellen. Diese Produkttypen verwenden die beschriebenen Konditionen, Bewegungen und Underlyings. Auf welche Art diese Elemente jedoch genau verwendet werden und wie die weiteren Ausstattungsmerkmale und Eigenschaften jedes Produkttyps aussehen, erfahren Sie in diesem Abschnitt. Dabei erfolgt jedoch keine vollständige Beschreibung der Produkttypen. Wenn Sie eine Funktion oder Eigenschaft vermissen, sollten Sie sich bei einem SAP-Berater erkundigen, ob diese nicht doch zur Verfügung steht.

3.5.1 Wertpapier

In der Geschäftsverwaltung wird nur das Geschäft verwaltet, also der stichtagsbezogene Kauf oder Verkauf eines Wertpapiers. Auf den Wertpapierbestand und dessen Eigenschaften gehen wir in Kapitel 5, »Bestandsverwaltung«, ein.

Wertpapier – Produkttypen

Folgende Produkttypen werden unter dem Begriff *Wertpapier* zusammengefasst:

- Aktie
- Investmentzertifikat
- Bezugsrecht
- Anleihe
- Auslosungsanleihe
- Anleihe mit Ratentilgung
- Optionsanleihe
- Wandelanleihe
- Optionsschein auf Index
- Optionsschein auf Stücke
- Optionsschein auf Währung
- Optionsschein auf Zins
- Beteiligung

Eingabe

Den Wertpapierkauf oder Wertpapierverkauf können Sie zuerst als Order anlegen. Das Orderbuch wird in der Bestandsverwaltung geführt. Diese Order kann ausgeführt werden oder verfallen.

In den Wertpapierstammdaten sind die Ausstattungsmerkmale hinterlegt (siehe Kapitel 2, »Stammdaten«). Auf die Wertpapierstammdaten wird im Geschäft über die Wertpapierkennnummer Bezug genommen (siehe Abbildung 3.24). Mit dem Feld DEPOT geben Sie an, auf welchem Depot die Bestandsverwaltung diesen Bestand führt. Damit ist es lediglich notwendig, die Menge und den Preis des Wertpapiers anzugeben, eventuell mit einem Umrechnungskurs oder dem Betrag z.B. in Hauswährung.

Die Stückzinsberechnung wird angezeigt und kann beim Anleihekauf oder -verkauf unterdrückt werden. Über Angaben zum Kupon können Sie auf die Stückzinsen Einfluss nehmen. Dabei werden die Standardfälle der Stückzinsrechnung unterstützt. Darüber hinaus wird der Effektivzins berechnet und angezeigt, Sie können den Wertpapierkurs auch über die Vorgabe eines Effektivzinses berechnen lassen. Die physische Lieferung der Wertpapiere kann per Korrespondenz bestätigt werden und wird im Geschäft und im Bestand angezeigt.

Bestandsdatum

Über das Feld BESTANDSDATUM steuern Sie aus, wann das Geschäft bestandswirksam wird, also ob Sie zum Handelstag (Trade Date Accounting) oder zum Erfüllungstag (Settlement Date Accounting) bilanzieren.

3.5.2 Festgeld

Ein Festgeld verzinst einen Betrag für eine Laufzeit zu einem festen Prozentsatz. Im Hinblick auf das Festgeld sind die folgenden Punkte von besonderem Interesse:

- **Nominalbetrag**
  Sie können ein Agio/Disagio eingeben, indem Sie einen vom Nominalbetrag abweichenden Zahlbetrag angeben. Während der Laufzeit des Festgelds kann es jederzeit Nominaländerungen geben, auch bei diesen ist ein Agio/Disagio möglich.
- **Zinsen**
  Die Zinsen geben Sie über eine Zinskondition ein. Die erste Zinskondition wird angezeigt, Folgekonditionen können Sie über das Detailbild eingeben. Zinskapitalisierung ist möglich, genauso kann die Zinszahlung als Betrag angegeben werden.
- **Tilgung**
  Am Laufzeitende findet die Rückzahlung des verbleibenden Nominals in Form einer endfälligen Tilgung statt. Eine Prolongation verschiebt das Laufzeitende, dabei können eine Nominaländerung und neue Zinskonditionen eingegeben werden.

3.5.3 Kündigungsgeld

Nominalbetrag und Zinsen

Bei einem Kündigungsgeld wird ein Betrag zu einem festen Prozentsatz bis auf Weiteres verzinst. Beim Kündigungsgeld haben Nominalbetrag und Zinsen denselben Umfang wie beim Festgeld. Mit der Kündigungsfrist geben Sie die Zeit zwischen der Vereinbarung der Kündigung und ihrer Wirksamkeit bekannt. Bei der Kündigung wird das Nominal mit einer endfälligen Tilgung zurückgeführt.

Berechnung

Der Finanzstrom wird beim Kündigungsgeld nur für eine im Customizing eingestellte Zeit in die Zukunft berechnet. Er muss gelegentlich durch Änderung des Geschäfts oder mithilfe der Transaktion KÜNDIGUNGSGELD FINANZSTROM-FORTSCHREIBUNG (Transaktion TM21) aktualisiert werden.

3.5.4 Commercial Paper

Ein Commercial Paper legt den am Laufzeitende des Geschäfts zurückzuzahlenden Nominalbetrag sowie einen Zinssatz fest. Der Kaufwert des Commercial Papers zu Laufzeitbeginn des Geschäfts ergibt sich aus dem Nominalbetrag abzüglich der Zinsen. Sie können im Customizing auswählen, ob der Barwert oder der Nominalwert die Grundlage dieses Geschäfts ist. Darüber hinaus kann auch die Zinsbewegung im Finanzstrom mit ausgewiesen oder über ein Agio/Disagio bei der Nominalbewegung abgebildet werden.

Berechnung

Sie können entweder den Zinssatz oder den Zahlungskurs im Geschäft angeben, der andere Wert wird berechnet. Die Berechnung des Barwertes kann über Rendite oder Skonto erfolgen. Unterjährig wird linear abgezinst, bei Laufzeiten über einem Jahr ist es auch möglich, die exponentielle Abzinsung zu verwenden.

3.5.5 Finanzstromgeschäft

Mit einem Finanzstromgeschäft können Sie einen beliebigen Finanzstrom abbilden. Dabei wird jede Bewegung einzeln erfasst, im Bewegungsdetailbild können Sie weitere Informationen zu einer Bewegung festhalten. Auch das Finanzstromgeschäft ermöglicht ein Agio/Disagio für Nominalbewegungen. Zum Laufzeitende wird geprüft, ob der Bestand wieder vollständig zurückgeführt ist.

3.5.6 Zinsgeschäft

Bei einem Zinsgeschäft wird innerhalb der Laufzeit ein Nominalbetrag verzinst. Das Nominal kann sich während der Laufzeit beliebig ändern, und ein Agio/Disagio ist möglich.

Zinsen

Die Verzinsung kann fest, variabel oder als vorgegebener Betrag erfolgen. Dies können Sie während der Laufzeit über eine Folgekondition mehrfach ändern. Zinskapitalisierung ist möglich, und auch abwechselnde Zinskapitalisierung und Nominalzinsen sind erlaubt.

Tilgung

Die Rückzahlung des Nominals erfolgt per endfälliger Tilgung, annuitätischer Tilgung oder per Ratentilgung. Die Raten können dabei vorgegeben oder berechnet werden.

3.5.7 Fazilität

Eine Fazilität legt Kreditlinien als Rahmenbedingungen für eine Serie von Kreditinanspruchnahmen fest, für die sogenannten *Ziehungen*. Die Fazilität wird im Rahmen der Geschäftserfassung als eigenes Geschäft erfasst.

Ziehungen

Ziehungen können zeit- und betragsmäßig variabel bis zur zugesagten Höhe der Kreditlinie sein. Eine Ziehung wird durchgeführt, indem eines der Finanzinstrumente Festgeld, Kündigungsgeld, Finanzstromgeschäft oder Zinsgeschäft erfasst und bei der Geschäftserfassung im Datenbild der Registerkarte VERWALTUNG die Fazilität eingetragen wird.

Bestätigt und unbestätigt

Eine bestätigte Fazilität garantiert die jederzeitige Verfügbarkeit einer limitierten Kreditsumme. Dafür hat der Kreditnehmer eine Gebühr zu entrichten. Bei einer unbestätigten Fazilität muss hingegen jede einzelne Ziehung abgestimmt werden.

Bilateral und syndiziert

Es findet auch eine Aufteilung in bilaterale und syndizierte Fazilitäten statt. Bei den bilateralen Fazilitäten gibt es einen Kreditnehmer und einen Kreditgeber, bei den syndizierten Fazilitäten gibt es einen Kreditnehmer und mehrere Kreditgeber mit jeweils eigenen Kreditlinien. Es gibt sowohl Hauptkreditlinien, die parallel zueinander existieren, als auch Unterkreditlinien, die einer Hauptkreditlinie untergeordnet sind. Für die Geschäftspartner müssen Sie im Customizing unter TREASURY AND RISK MANAGEMENT • TRANSACTION MANAGER • GELDHANDEL • GESCHÄFTSVERWALTUNG • SYNDIZIERTE FAZILITÄT • PART-

NERRANG DEFINIEREN angeben, welche Aufgaben die Geschäftspartner im Zusammenhang mit der Fazilität übernehmen können.

Haupt- und Unterkreditlinie

Um zusätzlich zur Hauptkreditlinie mit weiteren Kreditlinien zu arbeiten, müssen Sie diese zusätzlichen Kreditlinien mit der Transaktion KREDITLINIE BEARBEITEN (Transaktion TCL1) definieren, die Sie im Menü unter TREASURY AND RISK MANAGEMENT • TRANSACTION MANAGER • FREMDFINANZIERUNG • STAMMDATEN • FAZILITÄT finden. Um in der Fazilität eine neue Kreditlinie anzulegen, klicken Sie auf der Registerkarte AUSSTATTUNG auf den Button WEITERE LINIEN. Eine weitere Hauptkreditlinie tragen Sie in der Spalte KREDITLINIE ein, eine neue Unterlinie tragen Sie in der Zeile der zugehörigen Hauptkreditlinie in der Spalte UNTERKREDITLINIE ein.

Für die Angabe der Gebühren steht Ihnen die Registerkarte GEBÜHREN zur Verfügung. Sie können z.B. je nach Auslastung einen anderen Zinssatz erheben. Voraussetzung dafür ist, dass Sie Konditionsarten definiert haben, z.B. *Fazilitätsgebühr frei*, *Fazilitätsgebühr verfügt*, *Fazilitätsgebühr überzogen* oder *Fazilitätsgebühr bereitgestellt*.

Auf der Registerkarte REGELN können Sie einstellen, welche Finanzinstrumente Sie als Ziehungen zulassen. Über die Registerkarte PROFILE erhalten Sie einen Überblick über die der Fazilität bereits zugeordneten Geschäfte.

3.5.8 Treuhandanlage

Die Treuhandanlage ist ein finanzstrombasiertes Geschäft. Nur der Kauf einer Treuhandanlage ist abgebildet, der Verkauf hingegen nicht. Der Einzahler zahlt eine Prämie und erhält einen monatlichen, fixen Finanzstrom, der aus Rückzahlung und Zinsbewegung besteht. Die Bewegungen können aus Excel importiert werden und beliebig viele Zugänge enthalten.

Sicherheiten

Für die Treuhandanlage müssen Sicherheiten hinterlegt werden. Auf der Registerkarte SICHERHEITEN können Sie Anleihen, Anleihen mit Ratentilgung, Optionsanleihen oder Wandelanleihen verwenden. Mit der Handelsfunktion KORREKTUR können Sie vorhandene Bewegungen korrigieren. Mit der Handelsfunktion ANPASSUNG können Sie eine Entnahme oder Erweiterung vornehmen.

3.5.9 Devisengeschäft

Kassa- und Termingeschäft

Ein Devisengeschäft ist der Kauf oder Verkauf einer Währung gegen eine andere Währung zum aktuellen Datum (Kassageschäft) oder zu einem bestimmten Termin in der Zukunft (Termingeschäft). Eine Unterscheidung nach Kasse oder Termin findet üblicherweise über unterschiedliche Geschäftsarten statt.

Ausübung und NDF

Ein Geschäft kann physisch ausgeübt werden oder per Barausgleich glatt gestellt werden. Bei einer Prolongation oder einer vorzeitigen Abwicklung wird ein Geschäft mit gegenläufigen Konditionen zum Glattstellen des ursprünglichen Geschäfts erzeugt und ein zweites Geschäft für die neuen Werte angelegt. Bei einem *Non-deliverable Forward* (NDF) ist von vornherein bekannt, dass ein Barausgleich stattfinden wird, da eine Währung meist nicht oder kaum handelbar ist. Hierfür muss ein Fixing durchgeführt werden, bei dem der Ausgleichsbetrag oder -kurs eingegeben und der Barausgleich berechnet wird.

Devisenswap

Ein Devisenswap besteht aus zwei Einzelgeschäften, einem Devisenkassageschäft und einem Devisentermingeschäft, die über eine Referenz vom Typ SWP miteinander verbunden sind.

3.5.10 Cap/Floor

Ein Cap/Floor ist eine Serie von Zinsoptionen, die ausgeübt werden, wenn ein Referenzzinssatz eine bestimmte Zinshöhe über- bzw. unterschreitet. Neben der Eingabe einer Ober- oder Untergrenze kann über eine Zinskondition die Serie von Zinsoptionen angegeben werden. Über Folgekonditionen sind Änderungen möglich.

Die Prämie wird ebenfalls über eine Kondition angegeben, sodass eine Einmalprämie genauso möglich ist wie eine Prämie zu jeder einzelnen Zinsoption.

3.5.11 Zinsswap

Nominal

Ein Zinsswap ist ein Tauschgeschäft auf Basis unterschiedlicher Zinsen. Alle Eingaben erfolgen pro Seite, sodass Sie beide Seiten unabhängig voneinander aussteuern können. Sie können für die beiden Seiten auch unterschiedliche Währungen eingeben (Währungsswap). Das Nominal kann auf beiden Seiten während der Laufzeit beliebig geändert werden. Diese Änderungen können für die andere Seite übernommen werden.

Zinsen

Über die Konditionen werden sowohl Nominalzinsen als auch die Zinskapitalisierung unterstützt. Auf beiden Seiten können sowohl feste Zinsen, ein fester Betrag als auch variable Zinsen eingegeben werden; Änderungen der Zinsen sind über Folgekonditionen möglich. Wie bei einem Diskountswap üblich, können Zinsen am Periodenbeginn gezahlt werden. Dabei wird diskontiert wie verzinst.

Zahlung kapitalisierter Zinsen

Bei Zinskapitalisierung und einem nicht buchungsrelevanten Nominalbetrag werden die kapitalisierten Zinsen auch schon während der Laufzeit über die Zahlung der kapitalisierten Zinsen gezahlt. Die Spezialform eines solchen Compound-Swaps ist der EONIA-Swap.

Tilgung

Am Laufzeitende wird der restliche Nominalbetrag per endfälliger Tilgung zurückgezahlt.

3.5.12 Forward Rate Agreement (FRA)

Mithilfe eines *Forward Rate Agreements* (FRA) können Sie einen festen Zinssatz für eine zukünftige Periode zum heutigen Zeitpunkt festlegen. Die Differenz zum Marktzins wird zum Beginn der Sicherungsperiode gezahlt. Es gibt keine Konditionendetails, sondern es werden die Vorlaufzeit, die Sicherungsperiode und das Zinsfixierungsdatum sowie Basisbetrag, Zinssatz und Zinsreferenz angegeben.

Berechnung

Es stehen zwei Arten von Berechnungen zur Verfügung, die zu leicht unterschiedlichen Ergebnissen kommen können. Entweder werden der FRA-Satz und der Referenzzinssatz bestimmt, zu den resultierenden Beträgen der Differenzbetrag ermittelt und dann der Differenzbetrag abgezinst. Oder es werden sowohl FRA-Satz als auch Referenzzinssatz bestimmt, beide zugehörigen Beträge separat abgezinst und dann der Differenzbetrag bestimmt.

3.5.13 Total Return Swap

Ein Total Return Swap tauscht das Return Leg mit dem Finanzstrom eines Wertpapierbestands (Marktpreisänderung, Dividenden, Zinszahlungen etc.) gegen das Funding Leg mit dem Finanzstrom aus einer festen oder variablen Verzinsung eines Nominalbetrags. Aktuell werden nur Aktien als Wertpapier unterstützt.

Return Leg

Auf dem Return Leg legen Sie die Menge und den Preis des Wertpapiers sowie den Handelsort fest. Über Preiskompensierungskonditionen geben Sie an, zu welchen Zeitpunkten der Marktpreis bestimmt werden und die Differenz zum vorherigen Marktpreis gezahlt werden soll. Sie können einen voraussichtlichen Dividendenzahlungsplan auf der Registerkarte DIVIDENDE hinterlegen und die Dividendenanpassung während der Laufzeit vornehmen.

Funding Leg

Das Funding Leg enthält den Nominalbetrag sowie eine Zinskondition für Nominalzinsen oder Zinskapitalisierung. Fester Zins, fester Betrag oder variabler Zins sind als Zinskonditionen möglich und können sich durch Folgekonditionen abwechseln.

Beenden

Beim Ausüben am Laufzeitende kann die Preisanpassung direkt mit vorgenommen werden. Ist bei einer vorzeitigen Beendigung nicht zufällig eine Preisanpassung vorhanden, kann diese erzeugt und auch direkt mit ausgeführt werden.

Kapitalmaßnahmen

Für einen Total Return Swap können Kapitalmaßnahmen mit der Transaktion BUCHEN KAPITALMASSNAHME (Transaktion FWKB) durchgeführt werden.

3.5.14 Future

Future-Typen

Ein Future ist ein beidseitig verpflichtendes Geschäft mit standardisierter Ausstattung. In der Geschäftsverwaltung ist lediglich der Kauf/Verkauf abgebildet, der Bestand und die daraus resultierenden Margenzahlungen werden in der Bestandsverwaltung geführt. In den Future-Stammdaten sind die Ausstattungsmerkmale hinterlegt. Je nach Underlying gibt es verschiedene Typen von Futures:

- Wertpapier-Future
- Index-Future
- Zins-Future
- Commodity-Future

Auf die Stammdaten wird im Geschäft über die Wertpapierkennnummer Bezug genommen. Über das Feld POSITIONSKONTO geben Sie an, auf welche Positionskonten die Bestandsverwaltung den Bestand führt. Sie müssen also lediglich die Stücke, den Kurs und den Kurswert angeben.

Über das Feld BESTANDSDATUM steuern Sie aus, wann das Geschäft bestandswirksam wird und somit, ob Sie zum Handelstag (Trade Date Accounting) oder zum Erfüllungstag (Settlement Date Accounting) bilanzieren.

Bestandsdatum

3.5.15 Repo

Repo und Reverse-Repo

Mit einem Repo (Repurchase Agreement, Rückkaufvereinbarung) können Sie eine Anleihe, Auslosungsanleihe, Optionsanleihe oder Wandelanleihe zum aktuellen Datum zu einem Spotkurs verkaufen und zu einem zukünftigen Termin zu einem festgelegten Terminkurs wieder zurückkaufen. Beim Reverse-Repo kaufen Sie zum aktuellen Termin und verkaufen zum zukünftigen Termin. Dazu müssen Sie über die Wertpapierkennnummer, das Depot und den Nominalbetrag den entsprechenden Bestand angeben.

Lieferung

Bei Repos mit Lieferung werden die Wertpapiere dem Depot tatsächlich entnommen. Zinserträge während der Repo-Laufzeit stehen dann dem Repogeber zu. Bei Repos ohne Lieferung bleiben die Repos im Depot, und die Zinserträge stehen dem Reponehmer zu.

Stückzinsen

Sind Stückzinsen gewünscht, können diese aus dem Terminkurs ermittelt werden.

3.5.16 Wertpapiertermingeschäft

Mit einem Wertpapiertermingeschäft können Sie eine bestimmte Menge von Aktien, Investmentzertifikate, Anleihen oder Beteiligungen zu einem bestimmten Betrag und zu einem zukünftigen Termin kaufen oder verkaufen. Der Terminkurs errechnet sich aus dem Spotkurs unter Berücksichtigung von Zinsen, Kosten und Dividenden.

Bestandssperre

Für den Verkauf können Sie festlegen, ob der zugehörige Bestand gesperrt werden soll oder ob es eine Prüfung mit einer Warn- oder Fehlermeldung geben soll.

Beim Buchen von Kapitalmaßnahmen wird das Wertpapiertermingeschäft angepasst. Ein Dividendenplan wird auf der Registerkarte DIVIDENDE hinterlegt, wo Sie die Dividenden auch manuell anpassen. Am Laufzeitende kann die Erfüllung sowohl als Barausgleich als auch als physische Ausübung durchgeführt werden. Das gesamte Wertpapiertermingeschäft oder auch Teile des Geschäfts können prolongiert oder die Fälligkeit kann vorverlegt werden.

3.5.17 Handelbare Option

Typen

Eine handelbare Option ist ein einseitig verpflichtendes Geschäft mit standardisierter Ausstattung. In den Wertpapierstammdaten sind die Ausstattungsmerkmale hinterlegt, dort werden je nach Underlying verschiedene Typen von handelbaren Optionen definiert:

- Option auf Aktien
- Option auf Aktienindizes
- Option auf Wertpapier-Future (Bond)
- Option auf Index-Future
- Option auf Commodity-Future

Positionskonto und Bestandsdatum

Auf die Stammdaten wird im Geschäft über die Wertpapierkennnummer Bezug genommen. Über das Feld POSITIONSKONTO geben Sie an, auf welche Positionskonten die Bestandsverwaltung den Bestand führt. Daher müssen Sie lediglich die Stücke, den Kurs und den Kurswert angeben. Über das Feld BESTANDSDATUM steuern Sie aus, wann das Geschäft bestandswirksam wird und ob Sie zum Handelstag (Trade Date Accounting) oder zum Erfüllungstag (Settlement Date Accounting) bilanzieren.

Margin

Sie können handelbare Optionen wie Futures behandeln und entsprechende Initial-Margins, Variation-Margins und Close-Margins in der Bestandsverwaltung erzeugen.

Verfall und Ausübung

Über die Transaktion OPTIONSRECHT AUSÜBEN (Transaktion FWER) können Sie eine handelbare Option zum Laufzeitende (europäisch) oder jederzeit (amerikanisch) ausüben oder verfallen lassen. Bei physischer Lieferung werden die Stücke in das Depot gebucht, bei Barausgleich wird eine Zahlung angelegt.

3.5.18 OTC-Option

Underlying

Eine OTC-Option ist ein nicht standardisiertes Geschäft mit einer einseitigen Verpflichtung. Für dieses Recht wird eine Optionsprämie gezahlt. Folgende Underlyings stehen für die OTC-Option zur Verfügung:

- Wertpapiere
- Devisen
- Zinsswap

- FRA
- Future
- OTC-Option
- Commodity Forward

Optionstyp

Je nach Optionstyp der OTC-Option kann es eine oder mehrere Barrieren geben. Dies sind die verfügbaren Optionstypen:

- Standard
- Average Rate Option
- Down&In
- Down&Out
- Up&In
- Up&Out
- OneTouchCall
- OneTouchPut
- HitAtEndCall
- HitAtEndPut
- Double Knock Out
- Double Knock In
- Double Barrier Up&In Up&Out
- Double Barrier Down&In Down&Out
- Basket Option
- Basket Option AVG Rates
- Correlation Option
- Correlation Option AVG Rates

Verfall und Ausübung

Auch die OTC-Option kann zum Laufzeitende (europäisch) oder jederzeit (amerikanisch) ausgeübt werden. Bei physischer Auslieferung wird ein Geschäft erzeugt, beim Barausgleich wird eine entsprechende Zahlung angelegt.

3.5.19 Wertpapierleihe

Sie können im System nur die Verleihe eingeben, jedoch nicht die Leihe. Dabei werden Wertpapiere aus dem Wertpapierbestand verliehen und dafür auf ein Verleihedepot umgebucht.

Befristete und unbefristete Leihe

Man unterscheidet zwischen einer befristeten und einer unbefristeten Leihe. Bei einer befristeten Leihe geben Sie Laufzeitbeginn und -ende an. Diese Leihe kann prolongiert werden. Bei einer unbefristeten Leihe geben Sie nur den Laufzeitbeginn an. Der Finanzstrom wird dann für eine im Customizing einstellbare Zeit im Voraus aufgebaut, das Laufzeitende wird durch eine Kündigung festgelegt. Der Leihertrag wird in beiden Fällen als Prozentsatz oder Betrag mit einem Rhythmus angegeben.

3.5.20 Forward

Ein Forward Volatility Agreement ist die Vereinbarung, einen Straddle zu kaufen oder zu verkaufen. Ein *Straddle* ist eine Kombination aus einer Devisen-Call-Option und einer Devisen-Put-Option mit identischem Underlying. Das Forward-Datum ist der Tag, an dem die Laufzeit der Optionen beginnt. Zum Forward-Datum wird der Strike des Straddles festgelegt. Bei der Fixierung werden die beiden Optionen des Straddles als Geschäfte angelegt. Durch eine Kündigung wird die Fixierung verhindert.

3.5.21 Darlehensvorkauf

Darlehensarten

Wird ein Darlehen erst zu einem späteren Zeitpunkt ausgezahlt, wird das Darlehen in der SAP-Komponente Darlehensverwaltung (SAP Loans Management) erfasst. Der Darlehensvorkauf wird jedoch in der Geschäftsverwaltung erfasst, über die Darlehensnummer wird dann auf das Darlehen referenziert. Das heißt, Sie müssen erst das Darlehen erfassen, bevor Sie den Darlehensvorkauf erfassen können. Der Darlehensvorkauf steht nur für folgende Darlehensarten zur Verfügung: Hypotheken- und Schuldscheindarlehen, Policendarlehen und allgemeine Darlehen

In dem Geschäft müssen Sie lediglich den Darlehensvertrag und den Laufzeitbeginn des Darlehensvorkaufs angeben. Bei der Erfüllung wird das Darlehen angelegt.

3.5.22 Commodity Forward

Ein Commodity Forward ist ein unbedingtes, nicht standardisiertes Termingeschäft für den Kauf oder Verkauf eines Commoditys zu einem festgelegten Preis. Der Bezug auf die Commodity-Stammdaten erfolgt über die Commodity-ID. Außerdem zählt die Angabe einer Menge und ihrer Einheit sowie eines Preises und seiner Einheit (es werden nicht nur Währungen, sondern auch Währungseinheiten unterstützt) zu den Ausstattungsmerkmalen.

Lieferung

Physische Lieferung ist nicht möglich. Der Barausgleich wird über die Eingabe eines Spotpreises errechnet oder kann direkt eingegeben werden.

3.5.23 Commodity Swap

Ein Commodity Swap ist ein Tauschgeschäft auf Basis unterschiedlicher Commodities. Alle Eingaben erfolgen pro Seite, sodass Sie beide Seiten unabhängig voneinander aussteuern können. Die Anzahl der Bewegungen muss jedoch auf beiden Seiten gleich sein. Für sämtliche Bewegungen auf einer Seite werden die Commodity-ID, die Menge, die Zahlwährung sowie (bei festem Preis) der Preis bzw. (bei variablem Preis) ein möglicher Spread eingegeben. Bei variablem Preis ist die Preisfindung über den Durchschnitt einzelner Preisfixierungen möglich.

Netting

Häufig sollen nicht die Bewegungen beider Seiten gezahlt werden, sondern nur deren Differenz. Dies ist über das Netting mit einer eigenen Bewegung möglich.

3.6 Architektur

Ein grundlegendes Verständnis der Geschäftsverwaltungsarchitektur ist dann notwendig, wenn Sie die Strukturierung und die Funktionen der Geschäftsverwaltung nachvollziehen möchten. Darüber hinaus helfen Architekturkenntnisse, die Schnittstellen der Geschäftsverwaltung zu anderen Anwendungen zu verstehen. Diese Schnittstellen stellen wir Ihnen in Kapitel 13, »Schnittstellen und Erweiterungen«, vor.

In diesem Abschnitt gehen wir zuerst auf die Persistenz ein. Alle Finanzinstrumente haben denselben Aufbau und basieren auf Bewegungen, Konditionen, Underlyings und/oder Stammdaten. Auf welchen dieser Angaben ein Finanzinstrument basiert und wie die Ausprägung dieser Angaben ist, charakterisiert das Finanzinstrument. Auf diese Weise können wir alle Daten zu Finanzinstrumenten in denselben Datenbanktabellen speichern.

Anschließend betrachten wir das Application Framework, das eingeführt wurde, um gemeinsame Aufgaben von Finanzinstrumenten zu übernehmen, es sind z.B. auf dem Datenbild der Geschäftsverwaltung viele Registerkarten identisch. Das Application Framework übernimmt die Verwaltung dieser Registerkarten.

Abschließend verdeutlichen wir die Architektur mit einer Beispielimplementierung der kundenspezifischen Registerkarten. Auf diesen Registerkarten des Datenbildes können Sie eigene Daten anzeigen und auch speichern.

3.6.1 Datenbank

Finanzinstrumente nutzen dieselben Datenbanken

Bei der Beschreibung der Finanzinstrumente in Abschnitt 3.1 wurde schon von einem konkreten Finanzinstrument abstrahiert und ein einheitlicher Aufbau aller Finanzinstrumente – basierend auf Bewegungen, Konditionen, Underlyings und/oder Stammdaten – angeführt. Dieser einheitliche Aufbau spiegelt sich auch in der Datenablage wider, da die Daten der Finanzinstrumente einheitlich in denselben Datenbanktabellen gespeichert werden.

Geschäft

Für jedes Geschäft wird genau ein Eintrag in der Datenbanktabelle `VTBFHA` angelegt. Dieser Eintrag enthält die allgemeinen Angaben zum Geschäft. Hier finden Sie auch im Feld `RFHAZUL` die Angabe zum aktuellen Vorgang des Geschäfts sowie im Feld `RFHAZUNR` den Nummernstand der Vorgänge.

Vorgänge

Zu einem Geschäft gibt es in der Regel viele Vorgänge (siehe Abschnitt 3.1.9). Jeder dieser Vorgänge wird in der Datenbanktabelle `VTBFHAZU` durch einen Eintrag repräsentiert. Ein wichtiges Feld dieser Datenbanktabelle ist das Feld `SAKTIV`, das den Aktivstatus eines Vorgangs angibt.

Alle Vorgänge und damit die Einträge zu einem Geschäft sind über die Vorgangsverkettung miteinander verknüpft. In dem Feld `ROFHAZU` ist die Nummer des Vorgängervorgangs vermerkt. Damit können Sie, ausgehend vom aktuellen Vorgang eines Geschäfts, per Rückwärtsverfolgung die Historie des Geschäfts nachvollziehen.

Konditionen

Zu einem Vorgang kann es mehrere Konditionen geben (siehe Abschnitt 3.1.5). Eine Kondition wird als ein Eintrag in der Datenbanktabelle `VTBFINKO` gespeichert. Dabei wird die Kondition über den Schlüssel der Tabelle einem Vorgang zugeordnet. Die einzelnen Bestandteile einer Formel werden als Alternativkonditionen jeweils mit einem eigenen Eintrag in der Datenbanktabelle VTBAFINKO abgelegt. Zur Laufzeit werden die Einträge der Konditionen und Alternativkonditionen zu einer internen Tabelle zusammengefasst.

Bewegungen

Zu einem Vorgang kann es auch mehrere Bewegungen geben (siehe Abschnitt 3.1.4), die in der Datenbanktabelle VTBFHAPO gespeichert sind. Eine Ausnahme davon sind die variablen Zins- und Preisbewegungen, die noch nicht zins- oder preisfixiert sind und in der Datenbanktabelle VTBFHAPO_UNFIXED abgelegt sind. Zur Laufzeit werden die Einträge aus beiden Datenbanktabellen aber meist zusammen in einer internen Tabelle gehalten. Wichtige Felder sind unter anderem der Buchungsstatus (Feld SBEWEBE) und der Sperrgrund (Feld SSPRGRD).

3.6.2 Application Framework

Obwohl die Anwendungen und Funktionen der Geschäftsverwaltung für jedes Finanzinstrument in einzelnen Funktionsgruppen implementiert sind, zeigen sie nach außen ein einheitliches Bild. Diese gemeinsame Darstellung der Finanzinstrumente ist im Application Framework umgesetzt. Das Design ist so gestaltet, dass die Kontrolle über den gesamten Prozess bei der Anwendung liegt. Diese ruft zu definierten Zeitpunkten für bestimmte Funktionen das Application Framework. In Abbildung 3.34 ist dieses Design der Geschäftsverwaltung dargestellt.

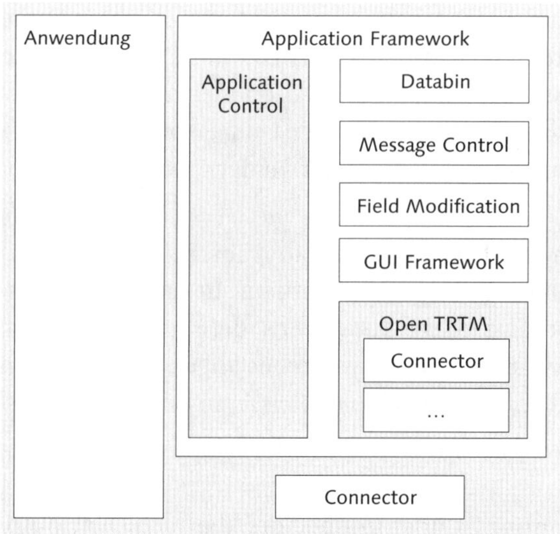

Abbildung 3.34 Architektur der Geschäftsverwaltung

Im Folgenden werden die einzelnen Komponenten des Application Frameworks näher beschrieben:

- **Anwendung**
  Die Anwendung besitzt die Kontrolle über den gesamten Prozess. Zu bestimmten Zeitpunkten und für spezielle Funktionen ruft sie Methoden der Application Control auf. So kann z.B. das Trägerbild der Anwendung durch Subscreens aus dem Application Framework ergänzt werden.
- **Application Control**
  Die Application Control ist die Hauptinstanz des Application Frameworks und die Schnittstelle zur Anwendung. Innerhalb der Application Control werden Ereignisse ausgelöst und an die weiteren Komponenten des Application Frameworks kommuniziert.
- **Databin**
  Die Databin ist der Container, in dem alle Daten des Geschäfts verwaltet werden.
- **Message Control**
  Die Message Control nimmt alle Meldungen auf, bereitet diese auf und kann sie ausgeben.
- **Field Modification**
  Die Field Modification legt fest, ob Werte in die Felder auf den Bildern eingegeben werden müssen oder können, angezeigt oder sogar ausgeblendet sind. Der Anwender kann über die Feldauswahl die dynamischen Eigenschaften von Feldern vorgeben. Diese Eigenschaften werden auch durch die Anwendung über direkte Vorgaben beeinflusst. Die Field Modification gleicht diese Vorgaben mit den statischen Eigenschaften der Felder ab und entscheidet über die tatsächliche Darstellung der Felder.
- **GUI Framework**
  Über das GUI Framework können zentrale Subscreens in das Trägerbild der Anwendung eingefügt werden. In der Funktionsgruppe `FTR_SUBSCR` sind diese Subscreens definiert und lokale Klassen für die Prozessierung der Subscreens angelegt. Außerdem gibt es für jeden Subscreen eine globale Klasse, in der die betriebswirtschaftliche Logik gekapselt ist.
- **Connector**
  Die Geschäftsverwaltung ist über Connectors, die auch Distributoren genannt werden, an die Bestandsführung angeschlossen. Die

Finanzinstrumente Wertpapier, handelbare Optionen und Futures rufen ihren Connector direkt auf. Für die übrigen Finanzinstrumente erfolgt der Aufruf über das Application Framework. Der Connector ist der Anwendung nicht bekannt, sondern als BAdI über das Open TRTM an die Anwendung angeschlossen.

- **Open TRTM**
  Das Open TRTM ist ein Interface, in das über BAdI-Technologie weitere SAP-Komponenten oder kundenspezifische Anwendungen eingebunden werden können. Aufgrund der Ereignisse innerhalb der Application Control werden die BAdI-Methoden aufgerufen. Dabei werden spezielle Interfaces verwendet, um den Kontext für das BAdI herzustellen.

BAdIs des Open TRTM

Die SAP-Komponenten sind über SAP-eigene BAdIs an das Open TRTM angebunden. Diese BAdIs können nicht modifiziert werden und sind in Tabelle 3.8 aufgeführt.

BAdI	Bedeutung
FTR_BAV	Meldewesen
FTR_FINANCIAL_OBJECT	Finanzobjekt
FTR_HEDGE_MGMT	Hedge Management
FTR_MIRROR_DEALS	Spiegelgeschäfte
FTR_PARTNER_ASSIGN	Partnerzuordnung
FTR_TR_DISTRIBUTOR	Distributor an Bestandsführung
FTR_TR_FACILITY	Fazilität

Tabelle 3.8 BAdIs zur Anbindung von SAP-Komponenten an das Open TRTM

Zwei BAdIs zur Anbindung kundenspezifischer Anwendungen an das Open TRTM können Sie nach Ihren eigenen Wünschen ausgestalten (siehe Tabelle 3.9).

BAdI	Bedeutung
FTR_TR_GENERIC	generisch, mehrfache Verwendung möglich
FTR_CUSTOMER_EXTENT	kundenspezifische Registerkarten

Tabelle 3.9 BAdIs zur Anbindung kundenspezifischer Anwendungen an das Open TRTM

BAdI-Methoden

Für die Ereignisbehandlung in den BAdIs stehen folgende Methoden zur Verfügung:

- **Methode EVT_APPLICATION_START**
  Beim Anlegen einer Application Control werden einmalig die weiteren Komponenten des Application Frameworks instanziiert.
- **Methode EVT_TRANSACTION_CHECK**
  Über den Button PRÜFEN innerhalb der Anwendung werden die vorhandenen Daten geprüft.
- **Methode EVT_TRANSACTION_SAVE_CHECK**
  Über den Button SPEICHERN innerhalb der Anwendung wird der Prozess des Speicherns angestoßen. Dazu werden die vorhandenen Daten zuerst geprüft.
- **Methode EVT_TRANSACTION_SAVE_CANCEL**
  Treten bei den Prüfungen zu `EVT_TRANSACTION_SAVE_CHECK` Meldungen auf, werden diese dem Benutzer über ein Pop-up angezeigt. Bricht der Benutzer daraufhin das Speichern ab, wird der Abbruch in dieser Methode behandelt.
- **Methode EVT_TRANSACTION_SAVE_REQUIRED**
  Diese Methode ist obsolet, wird aber immer noch aufgerufen. Wenn bei der Methode `EVT_TRANSACTION_SAVE_CHECK` keine Meldungen auftreten oder der Benutzer die Meldungen übergeht, werden alle angeschlossenen Komponenten gefragt, ob eine Dateneingabe erfolgt und somit ein Sichern notwendig ist. Da jedoch anschließend das Ergebnis dieser Anfrage immer auf SPEICHERN NOTWENDIG gesetzt wird, ist eine Reaktion auf dieses Ereignis nicht erforderlich.
- **Methode EVT_TRANSACTION_SAVE_READY**
  Die Daten sind mit der Methode `EVT_TRANSACTION_SAVE_CHECK` geprüft, und das Speichern wurde durch den Benutzer nicht abgebrochen. Nun werden die vorhandenen Daten an die Verbuchung übergeben.
- **Methode EVT_TRANSACTION_FCODE**
  Über diese Methode werden Funktionscodes, die die Anwendung nicht kennt, an die Komponenten des Application Frameworks weitergeleitet.
- **Methode EVT_TRANSACTION_SET_DATA**
  Im BAPI-Fall stehen die Daten nicht im kundeneigenen Bild zur Verfügung, sondern werden über diese Methode an die BAdI-Implementierung übergeben.

- **Methode EVT_APPLICATION_FREE**
  Das Application Framework soll beendet werden, und dazu müssen zuerst die allokierten Ressourcen freigegeben werden. Dies ist vor allem für Transaktionen notwendig, die mehrere Geschäfte nacheinander abarbeiten, wie z.B. die maschinelle Zins- und Preisanpassung. Wird diese Methode nicht richtig implementiert, kann es zu Speicherproblemen und Performanceproblemen kommen.

Interface

Das Open TRTM stellt den BAdIs die im Folgenden aufgelisteten Interfaces zur Verfügung, die diesen bei der Instanziierung mitgeteilt werden. Durch die dort vorhandenen Attribute und Methoden kennen die BAdIs den Kontext und können ihre Aufgaben durchführen.

- **Interface IF_OPEN_TRTM_PROXY_DEAL_DATA**
  Über die Attribute dieses Interfaces werden die Daten der Anwendung gelesen. Zu jedem aufgeführten Attribut gibt es ein Attribut mit identischem Namen und einem Suffix _ORI. In diesem Attribut wird angegeben, wie die Daten vor Aufruf der Transaktion auf der Datenbank aussahen. Die Attribute und deren Bezug zu den Datenbanktabellen werden aus Tabelle 3.10 ersichtlich.

Attribut	Beschreibung	Datenbanktabelle
A_TRANSACTION	Geschäft	VTBFHA
A_ACTIVITY	Vorgänge	VTBFHAZU
A_TAB_CASHFLOW	Bewegungen	VTBFHAPO VTBFHAPO_UNFIXED
A_TAB_CONDITIONS	Konditionen	VTBFINKO VTBAFINKO
A_EDITMODE	Editiermodus	

Tabelle 3.10 Zuordnung Attribute zu Datenbanktabellen

- **Interface IF_OPEN_TRTM_PROXY_MESSAGE**
  Durch die Methoden dieses Interfaces werden Nachrichten an das Application Framework gegeben.
- **Interface IF_OPEN_TRTM_PROXY_FCODE**
  Das Attribut A_FCODE enthält den aktuellen Funktionscode der Anwendung.
- **Interface IF_OPEN_TRTM_CUSTOMER_FMODE**
  Mithilfe der Methoden und Attribute dieses Interfaces werden

dynamische Feldmodifikationen für die Bilder der kundeneigenen Registerkarten durchgeführt.

- **Interface IF_OPEN_TRTM_CUSTOMER_DATA**
  Falls Daten im Rahmen der Append-Technik an die Datenbanktabelle VTBFHA angefügt werden, werden die Methoden dieses Interfaces zum Lesen und Schreiben dieser Daten benötigt.

3.6.3 Kundenspezifische Registerkarte

Im Datenbild der Geschäftsverwaltung stehen Ihnen zwei kundenspezifische Registerkarten für kundenspezifische Erweiterungen zur Verfügung. In diesem Abschnitt erfahren Sie, welche Möglichkeiten Sie für die Erweiterungen haben und wie Sie diese Erweiterungen vornehmen können.

Beispielimplementierung

Die Erweiterungen implementieren Sie im BAdI FTR_CUSTOMER_EXTENT. Dieses BAdI ist über das Open TRTM an das Application Framework angeschlossen. Eine Beispielimplementierung vollständig aufzulisten wäre für dieses Buch zu umfangreich. Daher verwenden wir die in der Funktionsgruppe FTR_CUSTOM_BADI_SAMPLE ausgelieferten Beispiele für Bilder und Funktionsbausteine, erklären deren Aufbau und zeigen exemplarisch die Implementierung des BAdIs durch den Aufruf eines dieser Funktionsbausteine.

Erste und zweite Registerkarte

Auf der ersten kundenspezifischen Registerkarte wird das Bild 0100 der Funktionsgruppe FTR_CUSTOM_BADI_SAMPLE angezeigt. Sie können sich in diesem Bild den Buchungskreis und die Geschäftsnummer anschauen und sich einen Überblick über die Konditionen mithilfe eines ALV verschaffen. Über den Button DEMO_DRUCKTASTE können Sie einen eigenen Funktionscode auslösen, der durch das Application Framework durchgereicht wird und auf den das BAdI mit der Ausgabe einer Meldung reagiert.

Die zweite kundenspezifische Registerkarte zeigt das Bild 0200 derselben Funktionsgruppe. Mithilfe eines ALV erhalten Sie einen Überblick über die Bewegungen des Geschäfts. Sie können ebenfalls über einen Button einen eigenen Funktionscode auslösen und eine Meldung ausgeben.

Zeitpunkt PBO

Vor dem Anzeigen der Bilder werden die Daten zum Zeitpunkt PBO aus dem Interface IF_OPEN_TRTM_PROXY_DEAL_DATA geholt und in die Anzeigestrukturen bzw. den ALV gesetzt. Außerdem werden über das Interface IF_OPEN_TRTM_CUSTOMER_FMODE die Feldwerte dynamisch durch Aufruf der Methode APPLY_FMOD gesetzt.

Zeitpunkt PAI

Nach dem Anzeigen der Bilder werden Daten in der Ablauflogik zum Zeitpunkt PAI über die Methode SET_CUST_DATA in das Interface IF_OPEN_TRTM_CUSTOMER_DATA gesetzt. Diese implementierte Logik ist nur exemplarisch angeführt, da in dem Beispiel lediglich Daten des Geschäfts angezeigt und keine kundenspezifischen Daten verwaltet werden. Würden Sie eigene Daten verwalten, müssten Sie diese entweder über die Append-Technik an die Datenbanktabelle für Geschäfte VTBFHA anfügen oder in einer eigenen Datenbanktabelle ablegen. Im letzten Fall müssen Sie sich selbst um die Sperren und die Verbuchung kümmern. Auf keinen Fall können Sie Daten der Anwendung ändern.

Vorbereitung

Der Funktionsbaustein FTR_CUSTOM_BADI_SAMPLE_START wird zum Vorbereiten der Funktionsgruppe FTR_CUSTOM_BADI_SAMPLE aufgerufen. Die Referenzen auf die Interfaces werden in globalen Variablen gespeichert, damit sie überall innerhalb der Funktionsgruppe zur Verfügung stehen. Die Bilder 0100 und 0200 werden auf die Funktionscodes für die kundenspezifischen Registerkarten OPEN_TRTM_CUST_01 und OPEN_TRTM_CUST_02 registriert, indem der Exportparameter mit einer Zuordnung der Funktionscodes zu den Bildern gefüllt wird. Für beide Bilder werden die Felder Buchungskreis und Geschäftsnummer im Interface IF_OPEN_TRTM_CUSTOMER_FMODE über die dynamische Feldmodifikation auf Anzeigen gesetzt.

Funktionscode-behandlung

Innerhalb des Funktionsbausteins FTR_CUSTOM_BADI_SAMPLE_FCODE wird der aktuelle Funktionscode über das Attribut A_FCODE vom Interface IF_OPEN_TRTM_PROXY_FCODE abgefragt. Ist dies ein Funktionscode, der durch das Anklicken eines Buttons im Bild 0100 oder 0200 erzeugt wurde, soll in unserem Beispiel mit der Ausgabe einer Meldung reagiert werden. Die Meldung wird in das Interface IF_OPEN_TRTM_PROXY_MESSAGE gestellt.

Prüfungen

Da in dem Beispiel keine eigenen Daten verwaltet, sondern lediglich Daten angezeigt werden, brauchen keine Prüfungen durchgeführt zu werden. Der Funktionsbaustein FTR_CUSTOM_BADI_SAMPLE_CHECK ist aber implementiert, um die Funktionsweise der Eingabedaten-Überprüfung zu veranschaulichen. Es wird eine Meldung in das Interface IF_OPEN_TRTM_PROXY_MESSAGE gestellt, um zu zeigen, dass er aufgerufen wurde.

Speichern Aus demselben Grund ist auch das Speichern nicht notwendig. Hier ist dennoch der Funktionsbaustein FTR_CUSTOM_BADI_SAMPLE_SAVE angelegt, um zu zeigen, dass die beiden BAdI-Methoden EVT_TRANSACTION_SAVE_CHECK und EVT_TRANSACTION_SAVE_READY durchlaufen wurden. Es wird eine Informationsmeldung in das Interface IF_OPEN_TRTM_PROXY_MESSAGE gestellt. Der Funktionsbaustein FTR_CUSTOM_BADI_SAMPLE_CANCEL ist leer, da wir z.B. keine eigenen Sperren zurücksetzen müssen. Für die Methode EVT_TRANSACTION_SAVE_REQUIRED ist kein Funktionsbaustein vorhanden, da dieses Ereignis obsolet ist.

Ressourcenfreigabe Die BAdI-Methoden für BAPI-Fälle haben wir außer Acht gelassen. Die BAdI-Methoden zur Freigabe der Ressourcen sollten Sie unbedingt implementieren und dort die globalen Variablen der Funktionsgruppe löschen.

BAdI-Implementierung Für die Implementierung des BAdIs selbst verwenden Sie die Transaktion BADI-BUILDER – IMPLEMENTIERUNGEN (Transaktion SE19), die Sie im Menü unter WERKZEUGE • ABAP WORKBENCH • HILFSMITTEL • BUSINESS ADD-INS finden. Gehen Sie folgendermaßen vor:

1. Im Bereich IMPLEMENTIERUNG ANLEGEN wählen Sie den Radiobutton KLASSISCHES BADI, geben »FTR_CUSTOMER_EXTENT« ein und klicken auf den Button IMPL. ANLEGEN.
2. Im Pop-up geben Sie als Implementierungsnamen etwa »Z_FTR_CUSTOM_BADI_SAMPLE« ein. Vergeben Sie einen Kurztext, und speichern Sie die Eingaben.
3. Wechseln Sie auf die Registerkarte INTERFACE, und navigieren Sie per Doppelklick in eine Methode. Implementieren Sie hier den Aufruf der oben beschriebenen Funktionsbausteine.

Ein Beispiel einer Implementierung könnte wie folgt aussehen (siehe Listing 3.1):

```
method IF_EX_FTR_CUSTOMER_EXTENT~EVT_APPLICATION_START.
  CALL FUNCTION 'FTR_CUSTOM_BADI_SAMPLE_START'
    EXPORTING
      PI_PROXY_TRANSACTION = pi_proxy_transaction
      PI_PROXY_MESSAGES    = pi_proxy_messages
      PI_PROXY_FCODE       = pi_proxy_fcode
      PI_PROXY_FMOD        = pi_proxy_fmod
      PI_CUST_TRANSACTION  = pi_cust_transaction
    CHANGING
      PC_TAB_BADI_TABS     = pc_tab_badi_tabs.
endmethod.
```

Listing 3.1 Beispiel einer Implementierung

Verbot der Verbuchung [!]

Beachten Sie bei der Implementierung, dass innerhalb eines BAdIs der ABAP-Befehl `COMMIT WORK` nicht abgesetzt werden darf. Dies geschieht innerhalb der Anwendung, da diese die Kontrolle über den gesamten Prozess hat.

3.7 Spezialthemen

Zum Abschluss dieses Kapitels werden wir noch einige Themen behandeln, die in besonderen Fällen von Interesse sind.

Zuerst befassen wir uns mit den Rollen der Geschäftsverwaltung. Wir beschreiben, was die Rollen sind, wozu sie dienen und welche Rollen es innerhalb von SAP Treasury and Risk Management gibt. In Abschnitt 3.7.2 gehen wir auf die Spiegelgeschäfte ein. Nach einer allgemeinen Einführung in Spiegelgeschäfte stellen wir Ihnen an einem ausführlichen Beispiel die notwendigen Customizing-Einstellungen vor. Daran schließt sich der Abschnitt über den internen Devisenhandel an. Nach einer Einleitung nehmen wir in einem Beispiel die benötigten Customizing-Einstellungen vor und legen ein Geschäft an.

3.7.1 Rollen

Rollenverwaltung

Die Rollen legen das Menü sowie die Berechtigungen für die Transaktionen fest. Sie sind Anwendern zugeordnet, damit diese ihre Funktionen wahrnehmen können. Mit der Rollenverwaltung verwalten Sie Rollen und Berechtigungsdaten. Innerhalb einer Rolle können Sie die Berechtigungsdaten auf der Basis ausgewählter Menüfunktionen automatisch erzeugen und nachbearbeiten. Die Rollen werden von der Rollenverwaltung den einzelnen Anwendern zugeordnet.

Die Transaktion Pflege von Rollen (Transaktion PFCG) dient zur Pflege und Verwaltung der Rollen, der Berechtigungen und der Profile. Sie finden diese Transaktion im Menü unter Werkzeuge • ABAP Workbench • Entwicklung • SAP Business Workflow • Umfeld • Organisationsmanagement • Werkzeuge • Berechtigungen. Wenn Sie eine neue Rolle anlegen, erstellen Sie zuerst ein Benutzermenü. Darin sind die Transaktionen, Menüzweige und Bereichsmenüs zusammengestellt, die dem Tätigkeitsfeld eines Anwenders oder einer Gruppe von Anwendern entsprechen und die der Anwender im Menü angezeigt bekommt. Die zum Benutzermenü gehörenden Berechtigungsobjekte werden automatisch vorgeschlagen und sind teilweise schon mit Werten vorbelegt. Diese Werte können Sie manuell überarbeiten und ergänzen. Daraus generieren Sie das Berechtigungsprofil. Abschließend ordnen Sie noch die Anwender der Rolle zu.

Standardrollen Für einige Funktionen werden Standardrollen mit ausgeliefert. Falls Sie diese verwenden wollen, sollten Sie die Standardrolle kopieren und die Kopie nach Ihren Wünschen modifizieren. Tabelle 3.11 gibt Ihnen einen Überblick über die Standardrollen von SAP Treasury and Risk Management.

Rolle	Funktion
SAP_TRM_ADMINISTRATOR	Administrator
SAP_TRM_DEALER	Händler
SAP_TRM_LIMIT_MANAGER	Limit Manager
SAP_TRM_RISK_CONTROLLER	Risk Controller
SAP_TRM_TM_BACKOFFICE_PROCES	Abwickler
SAP_TRM_TM_FUND_MANAGER	Disponent
SAP_TRM_TM_STAFF_ACCOUNTANT	Buchhalter
SAP_TRM_TM_TRADE_CONTROLLER	Handelscontroller
SAP_TRM_TREASURY_MANAGER	Leiter Treasury

Tabelle 3.11 Rollen von SAP Treasury and Risk Management

Eine Beschreibung der einzelnen Rollen entnehmen Sie der Dokumentation Ihres Systems.

[+]

Berechtigungen

Der Einstieg in die Geschäftserfassung und Geschäftsbearbeitung ist in den Transaktionen FTR_CREATE und FTR_EDIT vereinheitlicht. Die Berechtigungsprüfungen auf dem Berechtigungsobjekt F_T_TRANSB erfolgen jedoch weiterhin auf den alten Transaktionen, die im Hintergrund gerufen werden. Um die relevanten Transaktionscodes zu finden, verwenden Sie am besten die Einstellungen für die Berechtigungen der ausgelieferten Standardrollen.

3.7.2 Spiegelgeschäfte

Mithilfe von Spiegelgeschäften können Sie Geschäfte in einem Buchungskreis erfassen und automatisch in einen anderen Buchungskreis spiegeln. Dies bietet sich an, wenn mehrere Gesellschaften eines Konzerns oder die Filialen eines Unternehmens durch eigene Buchungskreise abgebildet werden und diese miteinander Geschäfte tätigen. Voraussetzung für Spiegelgeschäfte ist, dass beide Gesellschaften im selben Mandanten als eigener Buchungskreis abgebildet werden und dass beide Gesellschaften im Buchungskreis der anderen Gesellschaft als Geschäftspartner vorliegen.

Richtung der Spiegelung

Sie können Geschäfte nur in eine festgelegte Richtung spiegeln, also stets ausgehend von demselben Buchungskreis. Beim Anlegen eines Geschäfts in diesem Buchungskreis wird automatisch ein Geschäft mit entgegengesetzten Zahlungsströmen im Buchungskreis des Kontrahenten angelegt. Eine Doppelerfassung ist nicht nötig. Beide Geschäfte werden mit einer Referenz vom Typ MIR miteinander verknüpft. Beim Anzeigen eines Geschäfts erhalten Sie die Meldung, dass ein Spiegelgeschäft zu dem angezeigten Geschäft existiert.

Finanzinstrumente für Spiegelgeschäfte

Spiegelgeschäfte stehen für die Finanzinstrumente Festgeld, Kündigungsgeld, Finanzstromgeschäft, Zinsgeschäft, Devisen und Devisenswaps zur Verfügung. Ein Devisenswap besteht aus einem Devisenkassageschäft und einem Devisentermingeschäft, die über eine Referenz vom Typ SWP verbunden sind. Bei der Spiegelung entstehen damit insgesamt vier Geschäfte, die zudem über die Referenz vom Typ MIR miteinander verbunden sind.

Beispiel Spiegelgeschäft

In einem System wird die Muttergesellschaft in Buchungskreis 0001 und die Tochtergesellschaft in Buchungskreis 1000 abgebildet. Die Muttergesellschaft wird als Geschäftspartner ZENTRALE geführt, die Tochtergesellschaft als Geschäftspartner FILIALE. Abgeschlossen werden soll ein Devisenkassageschäft mit Produktart 60A und Geschäftsart 101.

Im Customizing müssen Sie dazu einige Einstellungen vornehmen. Unter Treasury and Risk Management • Transaction Manager • Allgemeine Einstellungen • Geschäftsverwaltung • Spiegelgeschäfte-Verteilung • Pflege der relevanten Produkt- und Geschäftsarten geben Sie im Buchungskreis der Muttergesellschaft die für das Spiegeln relevante Produktart und Geschäftsart an (siehe Abbildung 3.35).

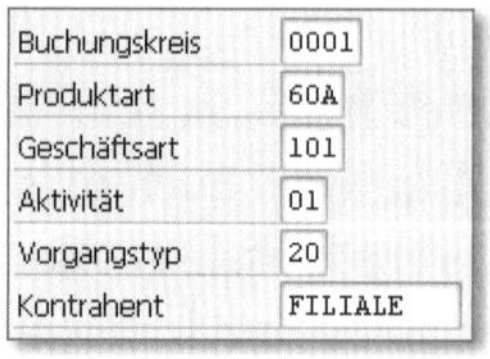

Abbildung 3.35 Customizing zur Pflege der relevanten Produkt- und Geschäftsarten für Spiegelgeschäfte

Anschließend definieren Sie unter Treasury and Risk Management • Transaction Manager • Allgemeine Einstellungen • Geschäftsverwaltung • Spiegelgeschäfte-Verteilung • Mapping Produkt- und Geschäftsarten, welche Produkt- und Geschäftsart aus dem Buchungskreis der Muttergesellschaft heraus gespiegelt werden soll (siehe Abbildung 3.36).

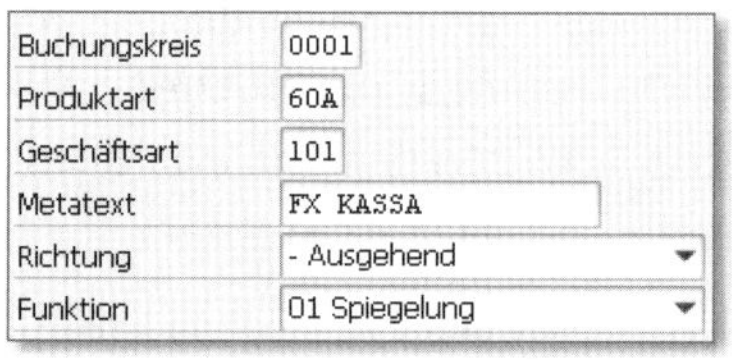

Abbildung 3.36 Customizing zum Mapping Produkt- und Geschäftsarten für Spiegelgeschäfte

Die Einstellungen zur Verarbeitung der Eingangsdaten im Buchungskreis der Tochtergesellschaft geben Sie unter Treasury and Risk Management • Transaction Manager • Allgemeine Einstellungen • Geschäftsverwaltung • Spiegelgeschäfte-Verteilung • Verarbeitung der Eingangsdaten an (siehe Abbildung 3.37).

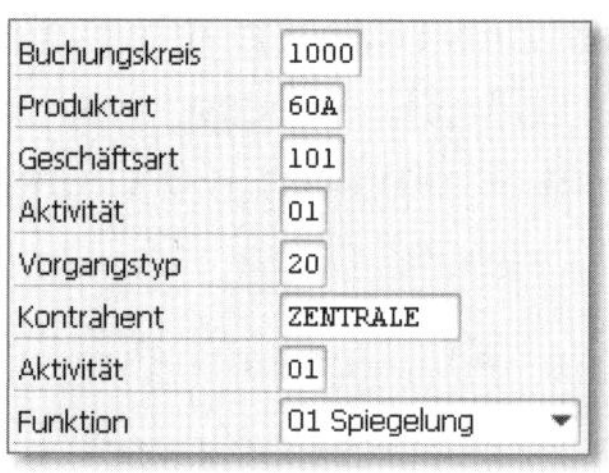

Abbildung 3.37 Customizing zur Verarbeitung der Eingangsdaten bei Spiegelgeschäften

Abschließend müssen Sie noch die Zuordnung des Buchungskreises zum Geschäftspartner unter Treasury and Risk Management •

Transaction Manager • Allgemeine Einstellungen • Geschäftsverwaltung • Spiegelgeschäfte-Verteilung • Zuordnung Buchungskreis • Partner vornehmen (siehe Abbildung 3.38).

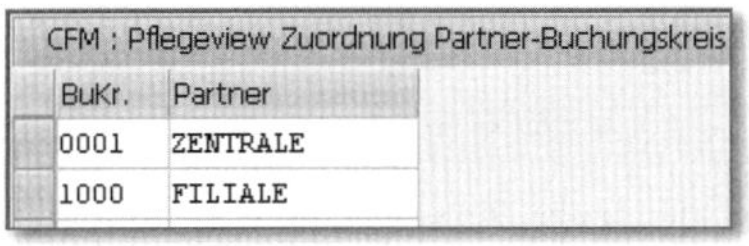
CFM : Pflegeview Zuordnung Partner-Buchungskreis

BuKr.	Partner
0001	ZENTRALE
1000	FILIALE

Abbildung 3.38 Customizing der Zuordnung des Buchungskreises zum Partner bei Spiegelgeschäften

Beide Gesellschaften schließen ein Devisengeschäft miteinander ab. Die Muttergesellschaft verkauft 1.000.000 USD und erhält dafür EUR zu einem Kurs von 1,3 von der Tochtergesellschaft. Die Muttergesellschaft erfasst ein solches Devisengeschäft im Buchungskreis 0001 und gibt als Geschäftspartner FILIALE an. Beim Sichern wird ein automatisch gespiegeltes Geschäft im Buchungskreis 1000 der Tochtergesellschaft mit dem Geschäftspartner ZENTRALE angelegt.

3.7.3 Interner Devisenhandel

Wenn eine Tochtergesellschaft oder Filiale keine eigenständigen Devisengeschäfte mit externen Banken tätigt, sondern dies zentral erfolgen soll, werden innerhalb des internen Devisenhandels durch die Muttergesellschaft oder die Zentrale automatisch Kurse zur Verfügung gestellt. Auf der Grundlage der dabei getätigten Geschäfte kann die Muttergesellschaft anschließend ihre eigenen Devisengeschäfte gegenüber dem Markt durchführen.

Automatische Kurserstellung

Der interne Devisenhandel steht für die Finanzinstrumente Devisenkassageschäft, Devisentermingeschäft sowie Devisenswap zur Verfügung. Die Muttergesellschaft stellt einen Kurs automatisch auf der Grundlage von Realtime-Devisenkursen bzw. Devisenswapsätzen sowie im Customizing eingestellten Kurszuschlägen und -abschlägen zur Verfügung (Customizing unter Treasury and Risk Management • Transaction Manager • Devisen • Geschäftsverwaltung • interner Devisenhandel • Kursauf-/-abschläge für internen Devisenhandel definieren).

Liegt bei sogenannten *Cross-Geschäften* kein entsprechender Kurs im Marktdatenpuffer vor, wird dieser Kurs über die jeweiligen Kurse und Swapsätze der Kaufwährung bzw. Verkaufwährung zur Hauswährung errechnet. Zusätzlich zum Kurs werden der Spotkurs und der Swapsatz angezeigt. Wird der erfragte Kurs innerhalb von 60 Sekunden von der Tochtergesellschaft akzeptiert, wird ein Geschäft im Buchungskreis der Muttergesellschaft automatisch angelegt. Bei Bedarf kann dieses Geschäft in den Buchungskreis der Tochtergesellschaft gespiegelt werden (siehe Abschnitt 3.7.2).

Voraussetzung für die automatische Kurserstellung ist ein Datafeed für die Lieferung von Realtime-Devisenkursen bzw. Devisenswapsätzen. Dieser Datafeed stellt die Daten in den Marktdatenpuffer.

Kundenspezifische Änderungen

Über das BAdI `FTR_FX_INT_EXIT` können Sie auf vielfältige Weise auf diesen Prozess Einfluss nehmen. Sie können die Zeitspanne für die Kursakzeptierung verändern, eigene Vorschlagswerte definieren und komplexe Kursanpassungen vornehmen.

Übersicht der aktuellen Kurse

Die Transaktion INTERNE DEVISENGESCHÄFTE: KURSÜBERSICHT (Transaktion TX30) bietet Ihnen eine Übersicht über die aktuellen Kurse pro Währung. Im Selektionsbild bestimmen die Felder WÄHRUNG und BASISWÄHRUNG die Währungspaare, für die die Kurse errechnet werden. Das Feld BEZUGSWÄHRUNG legt fest, ob über eine dritte Währung gerechnet werden soll. Diese Übersicht können Sie zudem dazu verwenden, das Customizing sowie die Marktdaten auf Vollständigkeit zu überprüfen.

Beispiel

Eine Tochtergesellschaft benötigt 100.000 EUR gegen USD zum 26.04.2012. Das Geschäft wird aus Sicht der Tochtergesellschaft erfasst, aber aus Sicht der Muttergesellschaft gespeichert. Daher ist ein Mapping wie bei den Spiegelgeschäften notwendig. Anschließend soll das Geschäft in den Buchungskreis der Tochtergesellschaft gespiegelt werden, dazu verwenden wir die Einstellungen aus dem Beispiel in Abschnitt 3.7.2. Im Customizing für den internen Devisenhandel unter TREASURY AND RISK MANAGEMENT • TRANSACTION MANAGER • DEVISEN • GESCHÄFTSVERWALTUNG • INTERNER DEVISENHANDEL • MAPPING PRODUKT- UND GESCHÄFTSARTEN geben Sie zuerst für den ausgehenden Buchungskreis an, welche Produkt- und Geschäftsart verwendet werden soll (siehe Abbildung 3.39).

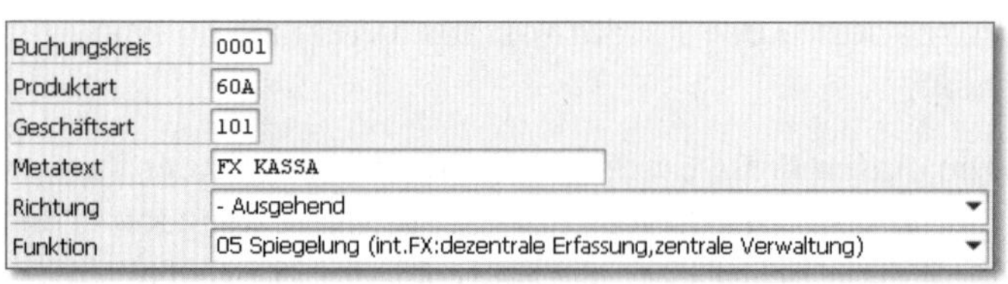

Abbildung 3.39 Customizing zum Mapping der ausgehenden Produkt- und Geschäftsarten für den internen Devisenhandel

Anschließend geben Sie an derselben Stelle im Customizing an, welche Produkt- und Geschäftsart für den eingehenden Buchungskreis verwendet wird (siehe Abbildung 3.40). Zwischen diesen Produkt- und Geschäftsarten wird das Mapping durchgeführt.

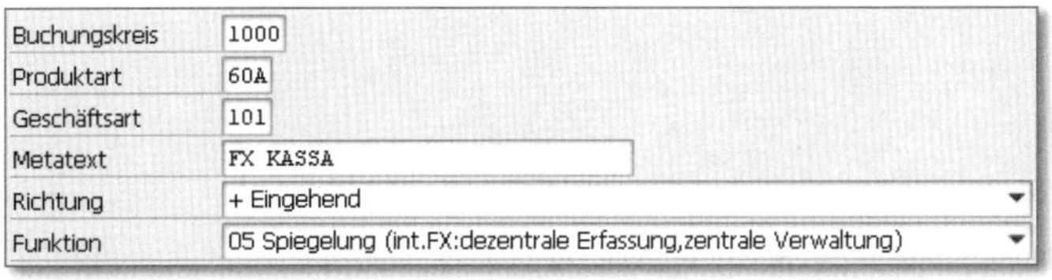

Abbildung 3.40 Customizing zum Mapping der Produkt- und Geschäftsarten für den internen Devisenhandel

Die Zuordnung von Buchungskreis und Partner wurde schon beim Spiegelgeschäft vorgenommen und muss nicht erneut erfolgen.

Für die Eingabe des internen Devisenhandels starten Sie die Transaktion INTERNE DEVISENGESCHÄFTE ANLEGEN (Transaktion TX31). Der Mitarbeiter der Tochtergesellschaft gibt das Geschäft in seiner Sicht ein und klickt auf den Button KURS ANFRAGEN (siehe Abbildung 3.41).

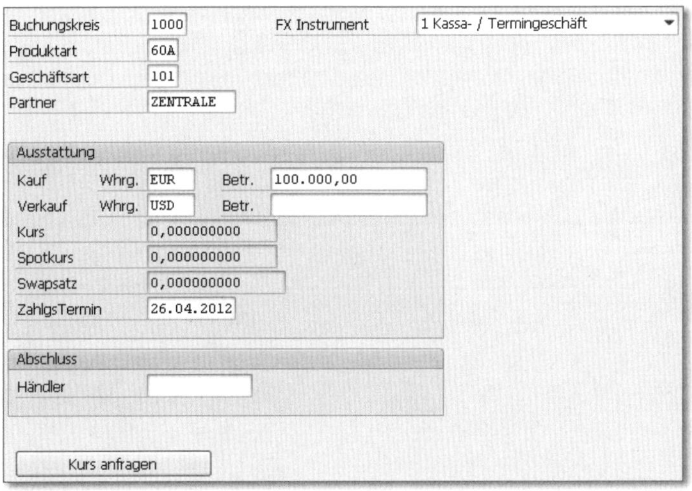

Abbildung 3.41 Eingabebild des internen Devisenhandels

Daraufhin erhält er einen Kursvorschlag und kann über den Button KURS AKZEPTIEREN das Geschäft abschließen. Dieses wird im Buchungskreis der Muttergesellschaft 0001 angelegt und aufgrund der Einstellungen zu Spiegelgeschäften in den Buchungskreis der Tochtergesellschaft 1000 gespiegelt.

Mit der Korrespondenz erstellen Sie Nachrichten für die interne und externe Kommunikation. Die Korrespondenz ist in die weiteren Geschäftsprozesse der Geschäftsverwaltung integriert.

4 Korrespondenz

Die Korrespondenz ist ein Teil der Geschäftsverwaltung, über sie können Sie spezielle Schreiben zu Geschäften oder Depots erzeugen oder entgegennehmen. Die Korrespondenz ist sowohl für die interne Dokumentation, wie den Händlerzettel, als auch für die externe Kommunikation, wie den Abgleich von Geschäften mit Geschäftspartnern, ausgelegt.

Bis einschließlich SAP ERP 6.0 EHP 3 wird lediglich die sogenannte »alte« Korrespondenz angeboten. Mit der alten Korrespondenz ist es möglich, für ausgehende Korrespondenz Formulare (SAPscript oder PDF) zu erstellen und diese zu drucken bzw. per E-Mail/Fax zu verschicken. Für die Finanzinstrumente Festgelder und Devisen stehen die SWIFT-Formate MT300 und MT320 zur Verfügung. Eingehende Korrespondenz wird mit der alten Korrespondenz, die wir in Abschnitt 4.1 beschreiben, nur rudimentär unterstützt.

Mit SAP ERP 6.0 EHP 4 ist eine parallel existierende »neue« Korrespondenz verfügbar. Dazu wurde ein offenes, flexibles Framework entwickelt, das durchgehende (Straight-Through-Processing), automatisierbare Prozesse unterstützt. Es werden PDF-Formulare, SAPscript-Formulare oder eine Datei eines beliebigen Formats erstellt, die dann z.B. als E-Mail, Fax oder Ausdruck verschickt werden können. Auch für eingehende Nachrichten sind durchgehende Prozesse vorhanden. Gesendete und empfangene Nachrichten werden gespeichert und können jederzeit unverändert angezeigt werden.

Ab Abschnitt 4.3 beziehen wir uns ausschließlich auf die »neue« Korrespondenz, die zur Vereinfachung in diesem Kapitel häufig nur als

Korrespondenz bezeichnet wird. Für den Übergang von der »alten« zur »neuen« Korrespondenz muss eine Migration durchgeführt werden, die in Abschnitt 4.2 beschrieben ist. Im folgenden Abschnitt wird die »neue« Korrespondenz grundlegend beschrieben, und ihre wichtigsten Begriffe werden erläutert. Anschließend werden die Einstellungen im Customizing und in den Stammdaten beschrieben, die für den Ausgangsprozess (siehe Abschnitt 4.5) und den Eingangsprozess (siehe Abschnitt 4.6) benötigt werden.

Daran schließen sich Abschnitte an, in denen auf umfangreichere Funktionen der »neuen« Korrespondenz eingegangen wird: Beim Mapping werden die Daten zwischen der internen Datenstruktur und der Nachricht übertragen; mit der Verknüpfung werden zueinander gehörende Nachrichten gefunden; und ein Alert zeigt einen Fehler in der Prozesskette an.

In die Korrespondenz kann aus dem Geschäft oder der Depotumbuchung gesprungen werden. Jedoch ist das zentrale Werkzeug der Korrespondenz der Korrespondenzmonitor, aus dem heraus nahezu jede die Korrespondenz betreffende Funktion gestartet und die Korrespondenz überwacht werden kann. Dieser Korrespondenzmonitor wird in Abschnitt 4.11 beschrieben.

Um ein offenes und flexibles Framework zu ermöglichen, sind viele BAdIs definiert und teilweise auch implementiert worden. Eine Beschreibung aller BAdIs finden Sie abschließend in Abschnitt 4.12.

[+]

Bemerkung zu Pfadangaben

Zur Vereinfachung sind viele Pfadangaben in diesem Kapitel gekürzt. Ein abgekürzter Customizing-Pfad beginnt mit KORRESPONDENZ • und ist die Abkürzung für FINANCIAL SUPPLY CHAIN MANAGEMENT • TREASURY AND RISK MANAGEMENT • TRANSACTION MANAGER • ALLGEMEINE EINSTELLUNGEN • KORRESPONDENZ.

Ist für eine Transaktion kein Menüpfad angegeben, finden Sie die Transaktion im Menü unter RECHNUNGSWESEN • FINANCIAL SUPPLY CHAIN MANAGEMENT • TREASURY AND RISK MANAGEMENT • TRANSACTION MANAGER • GELDHANDEL/DEVISEN/DERIVATE/COMMODITIES/WERTPAPIERE/FREMDFINANZIERUNG • ABWICKLUNG • KORRESPONDENZ.

Zur Verdeutlichung der Funktionen und Einstellungen verwenden wir durchgehend im gesamten Kapitel zwei Beispiele.

Durchgehendes Beispiel 1: MT320

[zB]

Für ein Festgeld soll ein PDF-Formular erstellt und an die interne Revision per Fax geschickt werden. Zudem soll eine Bestätigung an den Geschäftspartner in Form einer SWIFT-MT320-Nachricht geschickt werden. Diese Nachricht muss im 4-Augen-Prinzip freigegeben werden. Die Korrespondenz soll automatisch verschickt werden, bei deren Empfang wird eine technische Eingangsbestätigung zurückgeschickt. Der Geschäftspartner schickt eine Gegenbestätigung, und aus dieser soll die externe Referenz ins Geschäft übernommen werden. Bestätigung und Gegenbestätigung sollen automatisch einander zugeordnet werden. Zudem soll mit Erhalt der Gegenbestätigung das Geschäft automatisch abgerechnet werden.

Durchgehendes Beispiel 2: MT535

[zB]

Für ein Depot soll ein externer Depotauszug in Form einer SWIFT-MT535-Nachricht eingelesen und zum Abgleich mit dem im System vorhandenen externen Bestand (Depotgattungsbestand) bereitgestellt werden. Dieser Abgleich findet weiterhin manuell mittels der Transaktion Externe Depotauszüge abgleichen (Transaktion RECON5) statt.

4.1 Alte Korrespondenz

Mit der alten Korrespondenz können Sie SAPscript-Formulare, PDF-Formulare oder eingeschränkt Dateien gemäß SWIFT-Definition (SWIFT-Dateien) zu Geschäften erzeugen und über fest vorgegebene Kanäle verschicken. Der Erhalt von Nachrichten wird nicht unterstützt. Es ist lediglich möglich, den Status einer versandten Nachricht aufgrund einer erhaltenen Nachricht manuell auf Bestätigt zu setzen.

Plansatz

Bei der Sicherung eines korrespondenzrelevanten Vorgangs eines Geschäfts wird ein *Plansatz* für die Nachricht erstellt. Abhängig von den Einstellungen wird dieser Plansatz direkt und automatisiert ausgeführt, oder es ist eine manuelle Ausführung erforderlich. Nach der Ausführung wird der Plansatz zu einem *Istsatz*.

Korrespondenzmedium

Die Kommunikation mit Geschäftspartnern findet über das *Korrespondenzmedium* per Fax oder E-Mail statt. Die Nachricht kann auch an einen Drucker geschickt werden. Für die Finanzinstrumente Festgeld und Devisen besteht außerdem auch die Möglichkeit, SWIFT-Dateien der Formate MT300 und MT320 zu erzeugen und IDocs zu versenden. Für die Kommunikation per Fax oder Mail muss entsprechend die Kommunikationsschnittstelle eingerichtet sein (siehe SAP-

Hinweis 152474). Wird die Nachricht ausgedruckt, kann der eingestellte Drucker bei Bedarf im Customizing übersteuert werden, z.B. wenn der Drucker defekt ist. Wenn die Druckerübersteuerung nicht mehr benötigt wird, muss der Eintrag wieder entfernt werden.

Formulare Die Basis für die alte Korrespondenz sind Formulare. Dieselben Formulare werden auch in der neuen Korrespondenz verwendet. Sie werden in Abschnitt 4.4.7 sowie Abschnitt 4.4.8 beschrieben.

Nachrichtensteuerung Über die Nachrichtensteuerung unter TREASURY AND RISK MANAGEMENT • TRANSACTION MANAGER • ÜBERGREIFENDE EINSTELLUNGEN • GESCHÄFTSVERWALTUNG • NACHRICHTENSTEUERUNG ÄNDERN können Sie Einfluss auf den Bearbeitungsablauf eines Geschäfts nehmen. Es wird bei jedem Vorgangsübergang geprüft, ob die ausgehende Bestätigung des Vorgängervorgangs bereits erfolgt ist und, wenn ja, ob die Gegenbestätigung (wenn diese erforderlich ist) schon abgestimmt ist. Bei einer Vorgangsänderung wird überprüft, ob das zu ändernde Geschäft bereits gegenbestätigt wurde. Es wird jeweils eine Nachricht ausgegeben, und über die Nachrichtensteuerung können Sie einstellen, welcher Nachrichtentyp verwendet wird.

Korrespondenzmonitor Das zentrale Werkzeug für die alte Korrespondenz ist die Transaktion KORRESPONDENZMONITOR (Transaktion TBZ11). Entsprechend den Selektionen wird eine Liste mithilfe des SAP List Viewers (ALV, ehemals ABAP List Viewer) angezeigt. Für die einzelnen Plansätze und Istsätze wird ein optisches Signal verwendet, das nach den Kriterien Statusrelevanz und Gegenbestätigungsstatus gesetzt ist. Darüber hinaus stehen Ihnen viele Bearbeitungs- und Überwachungsfunktionen zur Verfügung.

[+]

Anpassung des Korrespondenzmonitors

Diese Übersicht und das optische Signal können Sie mithilfe des User-Exits `RFTBCOMO` anpassen. So können Sie z.B. einen Istsatz auf eine rote Signalampel setzen, wenn die Gegenbestätigung seit einer Stunde aussteht.

Korrespondenzstatus Der aktuelle Status der Korrespondenz eines Geschäfts ist im Datenbild der Geschäftsbearbeitung auf der Registerkarte STATUS ersichtlich. Über das Menü SPRINGEN • KORRESPONDENZ gelangen Sie zur Korrespondenzübersicht und können sich einzelne Korrespondenzvorfälle anzeigen lassen. Hier können Sie sich auch archivierte Korrespondenzschreiben ansehen.

[+]

Zurückgenommene Gegenbestätigungen

Die Transaktion ÜBERSICHT ZURÜCKGENOMMENER GEGENBESTÄTIGUNGEN (Transaktion TBZ12), die nicht im Menü eingebunden ist, zeigt Ihnen eine Übersicht über die zurückgenommenen Gegenbestätigungen.

[zB]

Alte Korrespondenz

Für ein Festgeld mit Produktart 51A und Geschäftsart 100 wollen Sie beim Anlegen des Vertrags (Vorgangstyp 10) automatisch einen Händlerzettel erstellen. Bei der Abrechnung des Vertrags (Vorgangstyp 20) soll eine Bestätigung erstellt werden, die manuell verschickt und durch eine Gegenbestätigung bestätigt werden soll. Darüber hinaus soll es dem Benutzer MUELLER verboten werden, ein bereits gegenbestätigtes Geschäft zu ändern.

Korrespondenzart

Im Customizing unter TREASURY AND RISK MANAGEMENT • TRANSACTION MANAGER • GELDHANDEL • GESCHÄFTSVERWALTUNG • KORRESPONDENZ • KORRESPONDENZARTEN DEFINIEREN verwenden Sie die im Muster-Customizing ausgelieferten Korrespondenzarten *Bestätigung* (001) und *Händlerzettel* (002).

Formular

Unter TREASURY AND RISK MANAGEMENT • TRANSACTION MANAGER • GELDHANDEL • GESCHÄFTSVERWALTUNG • KORRESPONDENZ • KORRESPONDENZVORFALL DEFINIEREN nehmen Sie die Einstellungen aus Abbildung 4.1 vor. Dabei verwenden Sie die beiden ausgelieferten Formulare F_TR_DEALER_ALL und F_TR_CONFIRM_ALL, da diese genau den Ansprüchen des Beispiels genügen.

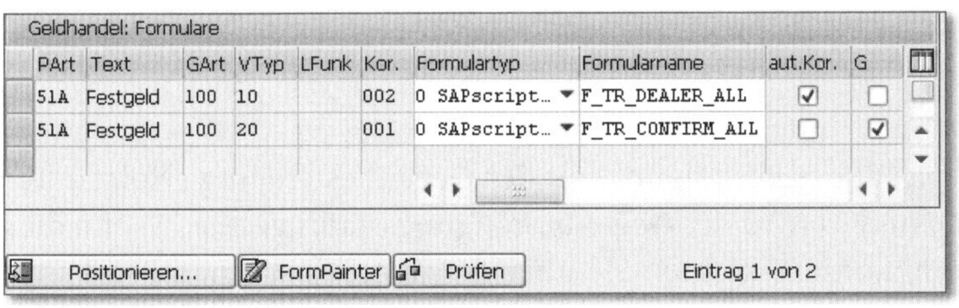
Geldhandel: Formulare

PArt	Text	GArt	VTyp	LFunk	Kor.	Formulartyp	Formularname	aut.Kor.	G
51A	Festgeld	100	10		002	0 SAPscript…	F_TR_DEALER_ALL	☑	☐
51A	Festgeld	100	20		001	0 SAPscript…	F_TR_CONFIRM_ALL	☐	☑

Abbildung 4.1 Customizing für den Korrespondenzvorfall

Damit die Gegenbestätigung erfolgt, müssen Sie zudem in den Standing Instructions des Geschäftspartners (Transaktion BP, Registerkarte KORRESPONDENZ (SI)) das Kennzeichen GEGENBESTÄTIGUNG ERFORDERLICH für das Finanzinstrument setzen. Ist entweder im Customizing oder in den Standing Instructions das Kennzeichen nicht gesetzt, findet keine Gegenbestätigung statt. Im Customizing unter

TREASURY AND RISK MANAGEMENT • TRANSACTION MANAGER • ÜBERGREIFENDE EINSTELLUNGEN • GESCHÄFTSVERWALTUNG • NACHRICHTENSTEUERUNG ÄNDERN definieren Sie für den Benutzer MUELLER die Meldung T0 843 als Fehlermeldung mit dem Message-Typ E.

Nach dem Anlegen eines Festgeldes im Vorgang VERTRAG ist im Korrespondenzmonitor der Händlerzettel als Istsatz vorhanden. Nach dem Abrechnen des Geschäfts können Sie im Korrespondenzmonitor einen weiteren Plansatz sehen (siehe Abbildung 4.2). Über die Transaktion KORRESPONDENZ AUSGEBEN (Transaktion TBZ1) können Sie die ausgehende Korrespondenz verschicken. Dabei werden nur die Plansätze ausgeführt, für die Sie ein Medium (Drucker, Fax, E-Mail, IDoc) ausgewählt haben. SWIFT-Dateien werden über die Transaktion SWIFT-ERZEUGUNG (Transaktion TSW2) erzeugt.

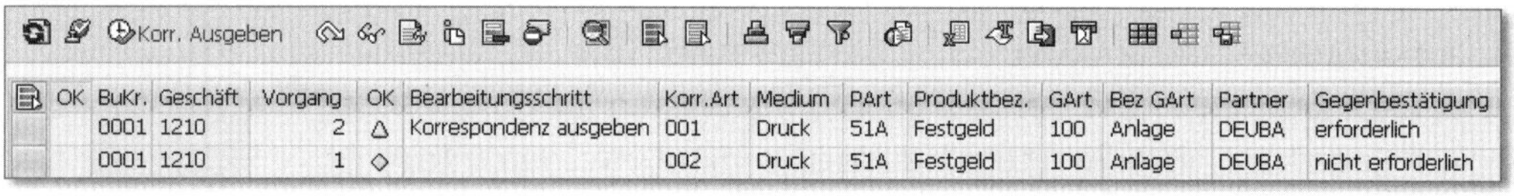

OK	BuKr.	Geschäft	Vorgang	OK	Bearbeitungsschritt	Korr.Art	Medium	PArt	Produktbez.	GArt	Bez GArt	Partner	Gegenbestätigung
	0001	1210	2	△	Korrespondenz ausgeben	001	Druck	51A	Festgeld	100	Anlage	DEUBA	erforderlich
	0001	1210	1	◇		002	Druck	51A	Festgeld	100	Anlage	DEUBA	nicht erforderlich

Abbildung 4.2 Ergebnisbild des Korrespondenzmonitors

[+]

Alte Korrespondenz bei Verwendung von BAPIs

Wenn Sie die BAPI-Technologie der Geschäftsverwaltung nutzen, müssen Sie zum Anlegen oder Bearbeiten eines Geschäfts meist mehrere BAPIs aufrufen. Dabei wird nach jedem BAPI-Aufruf eine Korrespondenz erstellt. Wenn Sie die Korrespondenz nicht automatisch verschicken, sondern mit Plansätzen arbeiten, können Sie die nicht gewünschten Plansätze manuell im Korrespondenzmonitor löschen und nur für die relevanten Plansätze Korrespondenzschreiben erzeugen.

Der Abgleich der Bestätigung mit der Gegenbestätigung erfolgt automatisch, und es wird der Gegenbestätigungsstatus gesetzt. Wenn dies nicht funktioniert, können Sie über den Workflow einen Bearbeiter informieren, damit dieser die Gegenbestätigung manuell abstimmt. Es ist auch möglich, im Korrespondenzmonitor den Gegenbestätigungsstatus zu setzen.

4.2 Migration

Um die erweiterten Funktionen zu ermöglichen, die die neue Korrespondenz bietet, musste die Architektur vollständig überarbeitet werden. Als Konsequenz daraus werden sowohl für die Korrespondenzdaten als auch für das Customizing neue Datenbanktabellen verwendet. Um die neue Korrespondenz nutzen zu können, müssen deshalb entweder die Daten und das Customizing migriert werden, oder das Customizing muss neu aufgebaut werden. Die alten Nachrichten können in beiden Fällen nicht mehr angezeigt werden.

Bei einer Migration müssen unabhängig davon, welche Einträge im Customizing der alten Korrespondenz tatsächlich genutzt wurden, zu jeder möglichen Kombination von Customizing-Einträgen der alten Korrespondenz neue Customizing-Einträge erzeugt werden. Dies führt in der Regel zu einer sehr großen Anzahl von Customizing-Einstellungen. Darüber hinaus werden die Namen der Customizing-Einstellungen automatisch erzeugt und sind somit technisch, was die Nutzung zusätzlich erschwert.

Business Function

Mit der Business Function `FIN_TRM_CORR_FW` wird die neue Korrespondenz aktiviert. Ist eine Migration der Daten und des Customizings gewünscht, muss diese Migration manuell und *vor* Aktivierung der Business Function ausgeführt werden.

Ausführung Migration

Die Migration ist im Customizing in das allgemeine Umsetzprogramm Financial Supply Chain Management • Treasury and Risk Management • Transaction Manager • Allgemeine Einstellungen • Werkzeuge • Umsetzprogramme (Transaktion TPM_MIGRATION) integriert. Dort müssen folgende drei Schritte ausgeführt werden:

1. Customizing für Korrespondenz konvertieren
2. Standing Instructions des GP für Korrespondenz konvertieren
3. Korrespondenzdaten konvertieren

Die ersten beiden Schritte betreffen das Customizing, Sie können diese Schritte in Ihrem Testsystem durchführen und die Änderungen dann in das Produktivsystem transportieren. Der dritte Schritt muss unbedingt auch auf Ihrem Produktivsystem erfolgen.

[+]

Keine Migration des Customizings und der Daten

Die Migration der Daten erzeugt zwar ein technisch korrektes Customizing, jedoch ist dieses Customizing von menschlichen Benutzern nur schwer nachvollziehbar. Daher sollten Sie das Customizing selbst aufbauen und während einer Übergangsfrist bei Bedarf die alten Korrespondenzvorfälle im alten System betrachten.

4.3 Grundlagen

Um Ihnen einen ersten Überblick über die Korrespondenz zu geben, betrachten wir zuerst, wie es zu der »neuen« Korrespondenz gekommen ist. Einige Begriffe wurden zwar schon verwendet, sollen aber noch einmal genau erklärt werden. Außerdem ist es sinnvoll, einen ersten Überblick über die neue Lösung zu bekommen und den Lebenszyklus eines Korrespondenzobjekts zu betrachten.

4.3.1 Historie

Mit der »neuen« Korrespondenz sollten Probleme der »alten« Korrespondenz behoben werden. Ausgehende und eingehende Nachrichten sollten jederzeit unverändert angezeigt werden. Ein durchgehender Prozess für eingehende Nachrichten in Form von SWIFT-Dateien sollte vorhanden sein. Zudem sollten alle Funktionen der »alten« Korrespondenz verfügbar und eine Migration der Daten sollte möglich sein.

Business Function

Im Laufe der Entwicklung, des Tests und der Nutzung durch die ersten Kunden kamen immer weitere Ideen hinzu (z.B. die Unterstützung von Anerkennungsnachrichten), sodass speziell die Migration immer komplexer wurde. Schließlich wurde die »neue« Korrespondenz mit einer eigenen Business Function `FIN_TRM_CORR_FW` versehen (siehe SAP-Hinweis 1335689), sodass Sie durch Aktivierung dieser Business Function selbst entscheiden, die »neue« Korrespondenz zu nutzen. Darüber hinaus gibt es keine automatische Migration mehr. So wuchs der Funktionsumfang der neuen Korrespondenz stetig, selbst jetzt werden noch häufig neue Funktionen ergänzt und bis SAP ERP 6.0 EHP 4 heruntergezogen. Daher gibt es viele umfangreiche Hinweise, und es empfiehlt sich, ein aktuelles Support Package zu verwenden. Speziell für ERP 6.0 EHP 4 sollten Sie mindestens Support Package 7 nutzen.

4.3.2 Begriffe

Begriffserläuterungen

In diesem Kapitel werden einige grundlegende Begriffe verwendet, die wir nun näher erläutern werden.

- **Korrespondenz**
  Korrespondenz ist der Oberbegriff für das Thema und umfasst die betriebswirtschaftlichen Prozesse für die interne und externe

Kommunikation über Nachrichten und die technische Implementierung im System.

- **Korrespondenz-Framework**
  Das *Korrespondenz-Framework* ist die Bezeichnung für die technische Umsetzung der Korrespondenz. Das Korrespondenz-Framework wird in Abschnitt 4.3.3 näher beschrieben.
- **Korrespondenzobjekt**
  Ein *Korrespondenzobjekt* ist eine abstrakte Entität, die alle für das Erstellen und das Senden einer Nachricht notwendigen Daten enthält. Mit dem Korrespondenzobjekt werden Funktionen ausgeführt. Es hat einen eigenen Status. Eine nähere Beschreibung des Korrespondenzobjekts finden Sie in Abschnitt 4.3.4.
- **Nachricht**
  Eine *Nachricht* wird zwischen Sender und Empfänger ausgetauscht und enthält die betriebswirtschaftlichen Daten. Der Austausch der Nachricht kann über einen beliebigen Kommunikationskanal erfolgen (Fax, E-Mail, Datei, Druck etc.).
- **Korrespondenzmonitor**
  Der *Korrespondenzmonitor* ist das zentrale Tool des Korrespondenz-Frameworks, um Korrespondenzobjekte anzuzeigen oder Statusfunktionen zu Korrespondenzobjekten auszuführen (z.B. Senden). Eine Beschreibung des Korrespondenzmonitors finden Sie in Abschnitt 4.11.

4.3.3 Korrespondenz-Framework

Dieser Abschnitt gibt Ihnen einen groben Überblick über die Abläufe im Korrespondenz-Framework. Auf die Details der einzelnen Abläufe gehen wir in den folgenden Abschnitten näher ein.

Anlage

Je nach Customizing-Einstellungen kann ein Korrespondenzobjekt in folgenden Fällen angelegt werden:

- bei Anlage oder Änderung eines Geschäfts
- bei Anlage einer Depotumbuchung
- manuell aus dem Korrespondenzmonitor heraus

Dabei werden die administrativen und betriebswirtschaftlichen Daten in das Korrespondenzobjekt repliziert und in eigenen Datenbanktabellen gespeichert. Sie haben die Möglichkeit, an diese Datenbanktabellen eigene Felder anzuhängen und mit Ihren Daten zu füllen.

Korrespondenzmonitor Im Korrespondenzmonitor können Sie Korrespondenzobjekte anzeigen. Hier steht Ihnen eine große Anzahl an Funktionen für die Arbeit mit den Korrespondenzobjekten zur Verfügung, etwa die Vorschau auf die Nachricht, das Senden der Nachricht, das Anhängen von Dateien an das Korrespondenzobjekt oder das Erstellen von Notizen.

Freigabe Bevor eine Nachricht gesendet werden kann, ist es möglich, eine Freigabe per Workflow zu definieren. So können Sie ein 4-Augen-Prinzip z.B. auch bei der Korrespondenz realisieren. Dabei wird das *Framework für 4-Augen-Prinzip* verwendet, das auch in anderen Bereichen genutzt wird, wie etwa dem Exposure Management oder dem Hedge Accounting für Bestände.

Senden Es gibt verschiedene Wege, das Senden einer Nachricht auszulösen:

- manuell im Korrespondenzmonitor
- bei entsprechender Customizing-Einstellung automatisch bei der Anlage oder der Freigabe eines Korrespondenzobjekts
- über einen Report, der auch batchfähig ist

Mapping Eine Nachricht besteht entweder aus einem SAPscript-Formular, einem PDF-Formular oder aus einer Datei. Dabei müssen die Daten aus der internen Struktur des Korrespondenzobjekts auf die externe Struktur der Nachricht übertragen werden. Für die Formulare ist die externe Struktur bekannt und das Mapping vorhanden. Für Dateien müssen Sie das Mapping definieren (siehe Abschnitt 4.7). Wird eine Datei erstellt, wird diese in dem im Customizing eingestellten Ordner des Applikationsservers abgelegt, das Versenden dieser Datei liegt außerhalb des Verantwortungsbereichs des Korrespondenz-Frameworks. Das Versenden können Sie über den normalen Dateitransfer vornehmen oder z.B. das SAP SWIFT Integration Package 4 anschließen.

Dokumentenmanagementsystem Unabhängig davon, welches Format die ausgehende Nachricht hat, wird diese beim Senden im *Dokumentenmanagementsystem* gespeichert und kann später jederzeit unverändert angezeigt werden.

Empfangen Erhalten Sie eine elektronisch bearbeitbare Nachricht (z.B. eine Datei im SWIFT-Format), können Sie diese über einen batchfähigen Report aus dem im Customizing hinterlegten Ordner vom Applikationsserver einspielen. Auch eingehende Nachrichten werden im Dokumentenmanagementsystem gespeichert. Anschließend wird über das Mapping die externe Struktur der Nachricht in die interne Struktur des Korrespondenzobjekts überführt und ein Korrespondenzobjekt angelegt. Für andere Nachrichten, z.B. für per Fax erhaltene Nachrichten, können Sie ein Korrespondenzobjekt manuell anlegen, die Daten manuell erfassen und das Fax als Anhang anfügen.

Zuordnen

Ein Korrespondenzobjekt gehört zu einem Geschäft oder zu einem Depot. Ausgehende Korrespondenzobjekte werden bei der Anlage entsprechend ihrem Auslöser automatisch einem Geschäft oder einem Depot zugeordnet; eingehende Korrespondenzobjekte werden während des Eingangsprozesses zugeordnet oder müssen manuell zugeordnet werden.

Verknüpfung

Zusammengehörende (eingehende und ausgehende) Korrespondenzobjekte werden über die Verknüpfung herausgefunden. Die Verknüpfung wird in Abschnitt 4.8 näher erläutert. Dabei werden Felder der Korrespondenzobjekte miteinander verglichen, oder Sie können per BAdI eigene Verknüpfungskriterien implementieren.

Aktualisierung Geschäft

Sowohl ausgehende als auch eingehende Korrespondenzobjekte zu einem Geschäft können den Korrespondenzstatus des Geschäfts setzen. Bei eingehender Korrespondenz ist es darüber hinaus noch möglich, weitere Daten in das Geschäft zu übernehmen.

Ereignisse

Beim Speichern der Korrespondenzobjekte werden Ereignisse ausgelöst und zugehörige BAdI-Methoden gerufen. So können die Daten z.B. beim Speichern eines eingehenden Depotauszugs dem manuellen Abgleich (Transaktion RECON5) zur Verfügung gestellt werden.

Alert

Zur Überwachung der Korrespondenz können Sie den Alert Monitor verwenden. Standardmäßig werden dort drei Arten von Alerts angeboten, die Sie durch beliebige weitere Alerts ergänzen können. Aus dem Alert Monitor oder über ein batchfähiges Programm können Sie die Alerts versenden (z.B. per E-Mail, SMS). Die Alerts werden in Abschnitt 4.9 näher beschrieben und sind auch im Korrespondenzmonitor integriert.

4.3.4 Korrespondenzobjekt

Ein *Korrespondenzobjekt* ist die interne Repräsentation der administrativen und betriebswirtschaftlichen Korrespondenzdaten. Es besteht aus einer Hierarchie von Datenbanktabellen, die sich gegenseitig referenzieren, und abstrahiert vom Underlying (dem zugrunde liegenden Geschäft oder der Depotumbuchung). Alle notwendigen Daten, sowohl vom Underlying als auch aus dem Customizing, werden in das Korrespondenzobjekt repliziert. So ist es gegenüber Änderungen des Underlyings geschützt, und die erstellten Nachrichten sind immer aus den Korrespondenzobjektdaten nachvollziehbar. Sie haben die Möglichkeit, alle Datenbanktabellen um Appends zu erweitern und diese Felder per BAdI zu füllen.

Status

Zur Unterstützung der Prozesse und Funktionen des Korrespondenz-Frameworks sind für ein Korrespondenzobjekt viele Status und Statusfunktionen, zum Übergang von einem Status in den nächsten Status, definiert. Im Folgenden beschreiben wir zu größeren Prozessen die Status und möglichen Statusfunktionen.

Initiieren und Freigabe

Beim Erzeugen eines neuen Korrespondenzobjekts erhält dieses zuerst den Status *Initiiert*. Bei entsprechender Berechtigung kann ein Benutzer die Daten des Korrespondenzobjekts manuell ändern. Für ein Korrespondenzobjekt kann ein Freigabeprozess definiert sein. Dies ist in Abschnitt 4.5.4 beschrieben. In Abbildung 4.3 sehen Sie die bei dem Freigabeprozess durchlaufenen Status und möglichen Statusfunktionen.

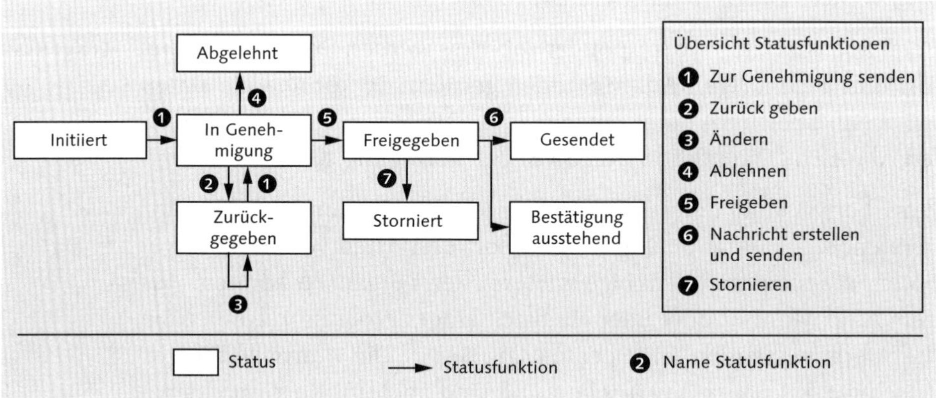

Abbildung 4.3 Status bei der Freigabe

Anerkennungsnachricht

Bei der Definition eines Kommunikationskanals können Sie einstellen, dass der Kommunikationskanal eine technische Anerkennungsnachricht sendet. Dies wird in Abschnitt 4.6.7 beschrieben. In Abbildung 4.4 sehen Sie die dabei durchlaufenen Status eines Korrespondenzobjekts und die Statusfunktionen.

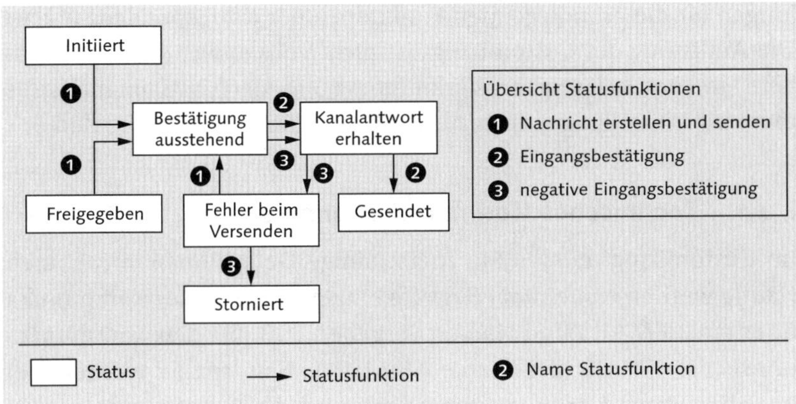

Abbildung 4.4 Status bei Anerkennungsnachricht

Senden und Empfangen

Das Senden wird in Abschnitt 4.5.5 und der Eingangsprozess in Abschnitt 4.6 beschrieben. Die dabei relevanten Status und Statusfunktionen sind aus Abbildung 4.5 ersichtlich. Beachten Sie, dass für das Zuordnen kein eigener Status verwendet wird, für die Verknüpfung hingegen der Status *Abgestimmt*. Dass ein Geschäft zugeordnet ist, erkennen Sie im Korrespondenzobjekt daran, dass das Feld für Geschäft (technischer Name `DEALNUMBER`) oder Depot (technischer Name `SEC_ACC`) gefüllt ist.

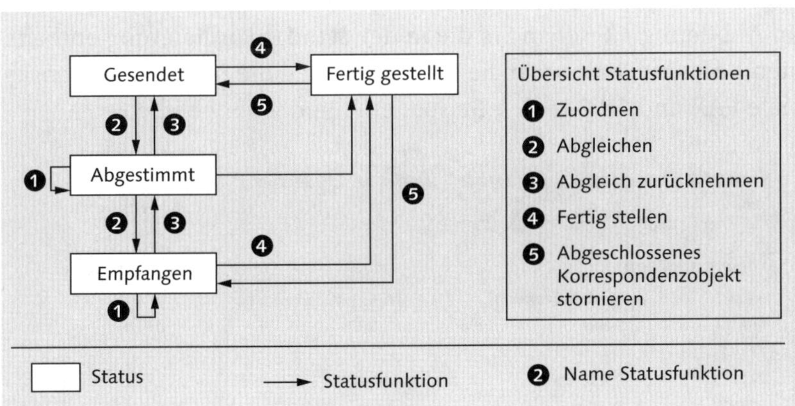

Abbildung 4.5 Status beim Senden und Empfangen

4.4 Customizing und Stammdaten

In diesem Abschnitt werden die Customizing- und Stammdateneinstellungen für die grundlegenden Funktionen der Korrespondenz erklärt. Die Auflistung des Customizings ist nicht vollständig, da weitere größere Funktionen (Freigabe, Verknüpfung und Alert) mitsamt ihren Customizing-Einstellungen in späteren Abschnitten erläutert werden.

4.4.1 Technisches Kommunikationsprofil

Im Customizing müssen Sie zuerst einige Definitionen vornehmen. Häufig werden erst einmal Begriffe eingeführt (z.B. der Kommunikationskanal EMAIL) und Namen vergeben (z.B. für den Kommunikationskanal EMAIL der Name »E-Mail«). Erst später werden den Begriffen dann Attribute zugeordnet, und die Begriffe werden miteinander verknüpft (siehe die Überschriften »Kommunikationsprofil definieren« und »Format zuordnen« in Abschnitt 4.4.1). Da häufig der Begriff ohne Namen verwendet wird, ist es jedoch sehr sinnvoll, von Anfang an möglichst sprechende Namen zu vergeben.

Kommunikationskanal

Wie wird etwas gesendet?

Der Kommunikationskanal beantwortet die Frage, *wie* etwas gesendet wird. Im Customizing unter KORRESPONDENZ • KORRESPONDENZSCHNITTSTELLE (MESSAGING) • KOMMUNIKATIONSKANÄLE DEFINIEREN legen Sie fest, welche Kommunikationskanäle zur Verfügung stehen. In Abbildung 4.6 sehen Sie die in der Standardauslieferung enthaltenen Kommunikationskanäle. Davon werden die Kommunikationskanäle FAX und FILE in den Beispielen 1 und 2 verwendet.

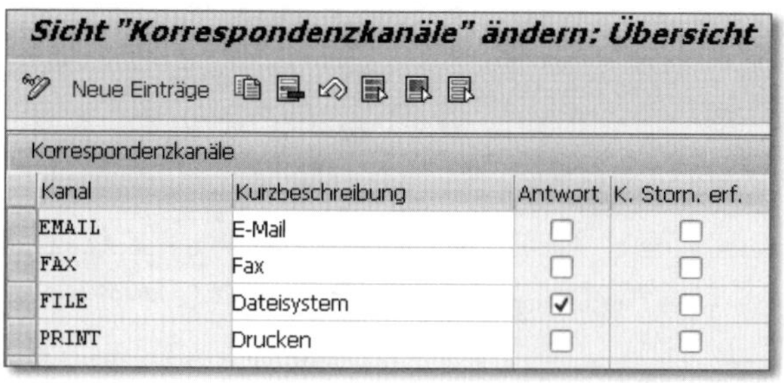

Kanal	Kurzbeschreibung	Antwort	K. Storn. erf.
EMAIL	E-Mail	☐	☐
FAX	Fax	☐	☐
FILE	Dateisystem	☑	☐
PRINT	Drucken	☐	☐

Abbildung 4.6 Kommunikationskanäle der Standardauslieferung

[«]

Verwendung eigener Kommunikationskanäle

Für ein offenes, flexibles Korrespondenz-Framework ist der Kommunikationskanal eine Customizing-Größe. Allerdings wird spezifische Programmlogik für den Kommunikationskanal benötigt. Dazu gibt es BAdIs, die über den Filter CHANNEL je nach Kommunikationskanal unterschiedliche Implementierungen aufrufen. Für die in der Standardauslieferung enthaltenen Kommunikationskanäle sind die BAdI-Implementierungen ebenfalls in der Standardauslieferung enthalten (siehe Abschnitt 4.12).

Wenn Sie eigene Kommunikationskanäle verwenden, müssen Sie darauf achten, auch die folgenden BAdIs zu implementieren:

- `BADI_TCORF_CHANNEL_MULTI`
- `BADI_TCORF_CHANNEL_SINGLE_OPT`

Darüber hinaus werden im Kommunikationsprofil kommunikationskanalabhängige Attribute verwendet. Verwenden Sie eigene Kommunikationskanäle, müssen Sie auch eine eigene Datenbanktabelle anlegen, in der die abhängigen Attribute gespeichert werden (siehe Abschnitt 4.4.5, Überschrift »Dynamische Zuordnung«).

Format-Metatyp

Welche Art von Nachricht wird gesendet?

Der Format-Metatyp beantwortet die Frage, *welche Art* von Nachricht gesendet wird. Im Customizing unter Korrespondenz • Korrespondenzschnittstelle (Messaging) • Format-Metatypen definieren legen Sie fest, welches abstrakte Format eine Nachricht hat. In Abbildung 4.7 sehen Sie die in der Standardauslieferung enthaltenen Format-Metatypen FORM (für die Verwendung von PDF-Formularen oder SAPscript-Formularen), SWIFT (für Dateien, die der SWIFT-Definition entsprechen) sowie SWIFT SAP (für Dateien mit SWIFT-Nachrichten, die über das SAP Integration Package 4 verschickt werden). In den beiden Beispielen in diesem Kapitel verwenden wir die Format-Metatypen FORM und SWIFT.

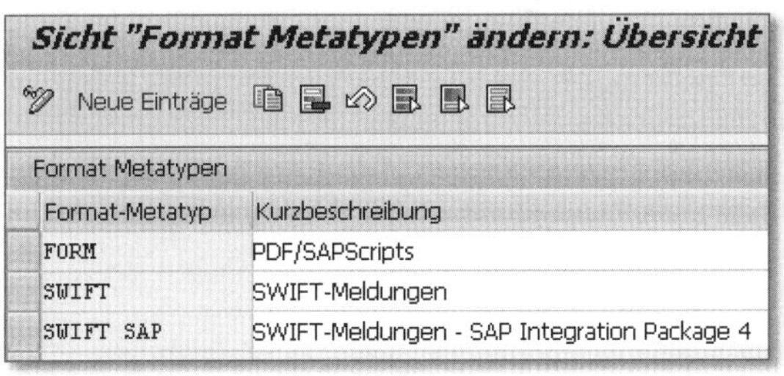

Format-Metatyp	Kurzbeschreibung
FORM	PDF/SAPScripts
SWIFT	SWIFT-Meldungen
SWIFT SAP	SWIFT-Meldungen - SAP Integration Package 4

Abbildung 4.7 Format-Metatypen der Standardauslieferung

[+] **Verwendung eigener Format-Metatypen**

Für ein offenes, flexibles Korrespondenz-Framework ist der Format-Metatyp eine Customizing-Größe. Allerdings wird spezifische Programmlogik für den Format-Metatyp benötigt. Dazu gibt es BAdIs, die über den Filter METATYP je nach Format-Metatyp unterschiedliche Implementierungen aufrufen. Für die in der Standardauslieferung enthaltenen Format-Metatypen sind die BAdI-Implementierungen ebenfalls in der Standardauslieferung enthalten (siehe Abschnitt 4.12). Wenn Sie eigene Format-Metatypen verwenden, müssen Sie daran denken, auch die folgenden BAdIs zu implementieren:

- `BADI_TCORF_META`
- `BADI_TCORF_META_OPTION`

Darüber hinaus werden im Kommunikationsprofil formatabhängige Attribute verwendet. Verwenden Sie eigene Format-Metatypen, müssen Sie auch eine eigene Datenbanktabelle anlegen, in der die Attribute für die Formate gespeichert werden, die diesen Format-Metatyp verwenden (siehe Abschnitt 4.4.5, Überschrift »Dynamische Zuordnung«).

Korrespondenzklasse

Warum wird eine Nachricht gesendet?

Die Korrespondenzklasse beantwortet die Frage, *warum* eine Nachricht gesendet wird. Im Customizing unter KORRESPONDENZ • KORRESPONDENZSCHNITTSTELLE (MESSAGING) • KORRESPONDENZKLASSEN DEFINIEREN legen Sie fest, welche Korrespondenzklassen existieren. Eine Korrespondenzklasse spiegelt den Grund oder den Zweck einer Nachricht wider, unabhängig davon, welcher Format-Metatyp verwendet wird. In Abbildung 4.8 sehen Sie die für die Beispiele in diesem Kapitel relevanten Korrespondenzklassen MM_CONF sowie SEC_STMNT_HOLD aus der Standardauslieferung.

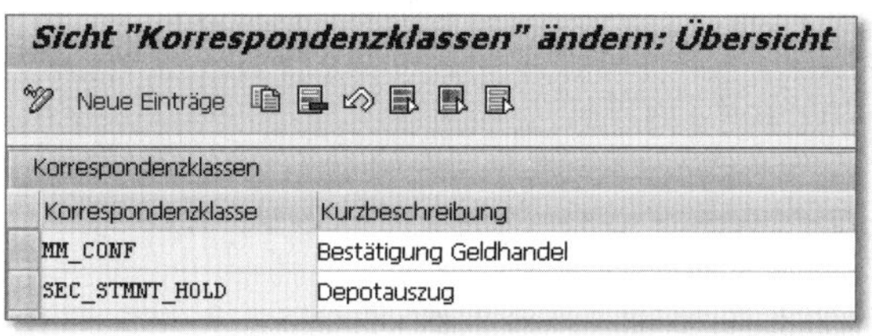

Abbildung 4.8 In den Beispielen verwendete Korrespondenzklassen

Format

Was wird gesendet?

Das Format beantwortet die Frage, *was* gesendet wird. Es ist die syntaktische und semantische Struktur einer Nachricht. Im Customizing unter KORRESPONDENZ • KORRESPONDENZSCHNITTSTELLE (MESSAGING) • FORMATE DEFINIEREN legen Sie fest, welche Formate existieren.

[+]

Verwendung eigener Formate

Die in der Standardauslieferung enthaltenen Formate verwenden das Mapping der Standardauslieferung. An diesem Mapping können Korrekturen sowohl bezüglich der Mapping-Regeln als auch bezüglich der verwendeten Mapping-Methoden vorkommen. Daher sollten Sie keine Formate der Standardauslieferung verwenden, sondern stets eigene Formate definieren.

Für Beispiel 1 und 2 kopieren wir die in der Standardauslieferung vorhandenen Formate MT320 und MT535 und definieren die in Abbildung 4.9 ersichtlichen Formate ZMT320 und ZMT535.

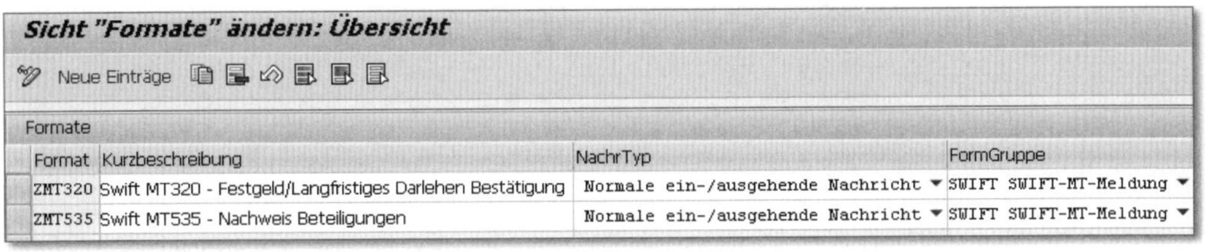

Abbildung 4.9 In den Beispielen verwendete Formate

[+]

Verwendung eigener Formate

Für ein offenes, flexibles Korrespondenz-Framework ist das Format eine Customizing-Größe. Es wird eine für das Format spezifische Programmlogik benötigt. Dazu gibt es BAdIs, die über den Filter FORMAT je nach Format unterschiedliche Implementierungen aufrufen. Für die in der Standardauslieferung enthaltenen Formate sind die BAdI-Implementierungen ebenfalls in der Standardauslieferung enthalten (siehe Abschnitt 4.12).

Wenn Sie eigene Formate verwenden, müssen Sie darauf achten, auch die folgenden BAdIs zu implementieren (siehe SAP-Hinweis 1681249):

- `BADI_TCORF_FORMAT_MULTI_OPTION`
- `BADI_TCORF_FORMAT_SINGLE`
- `BADI_TCORF_FORMAT_SINGLE_OPT`

Korrespondenzempfängerart

Von wem/an wen wird gesendet?

Die Korrespondenzempfängerart beantwortet die Frage, *an wen* die Nachricht geschickt werden soll oder *von wem* die Nachricht gesendet wurde. Im Customizing unter KORRESPONDENZ • KORRESPONDENZ-

Schnittstelle (Messaging) • Korrespondenzempfängerarten definieren legen Sie fest, welche Korrespondenzempfängerarten für Nachrichten existieren. Für ausgehende Nachrichten ist damit der Empfänger gemeint, für eingehende Nachrichten der Sender. Der Korrespondenzempfängerart müssen Sie eine Geschäftspartnerrolle zuordnen. In einem konkreten Geschäft oder einem konkreten Depot muss es daraufhin einen Geschäftspartner in der entsprechenden Rolle geben. In Abbildung 4.10 sehen Sie die in der Standardauslieferung enthaltenen Korrespondenzempfängerarten. In den Beispielen dieses Kapitels verwenden wir die Korrespondenzempfängerarten COUNTERPARTY und DEPOSITORYBANK.

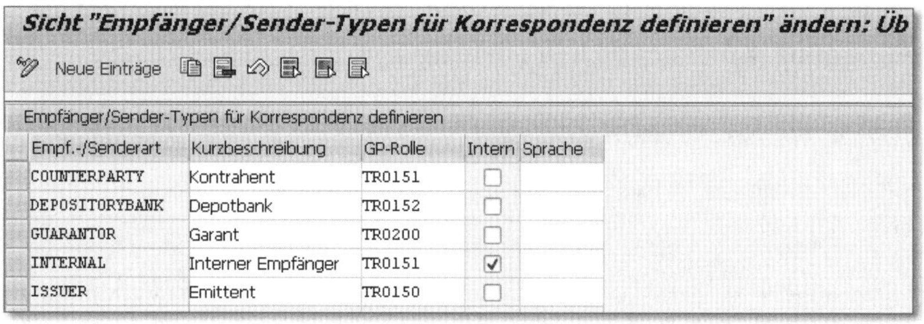
Sicht "Empfänger/Sender-Typen für Korrespondenz definieren" ändern: Üb

Neue Einträge

Empfänger/Sender-Typen für Korrespondenz definieren

Empf.-/Senderart	Kurzbeschreibung	GP-Rolle	Intern	Sprache
COUNTERPARTY	Kontrahent	TR0151	☐	
DEPOSITORYBANK	Depotbank	TR0152	☐	
GUARANTOR	Garant	TR0200	☐	
INTERNAL	Interner Empfänger	TR0151	☑	
ISSUER	Emittent	TR0150	☐	

Abbildung 4.10 Korrespondenzempfängerarten der Standardauslieferung

Kommunikationsprofil definieren

Die oben angegebenen Definitionen sind technische Attribute, die zu einem technischen Profil zusammengefasst werden, dem Kommunikationsprofil. Dieses Kommunikationsprofil steuert das Anlegen, Senden und Empfangen von Nachrichten. Sie finden es im Customizing unter Korrespondenz • Korrespondenzschnittstelle (Messaging) • Kommunikationsprofile definieren.

Definitionsschritte

Folgende Schritte sind notwendig, um ein Kommunikationsprofil zu definieren:

1. **Namen vergeben**
   Über den Button Neue Einträge (□) erscheint in der rechten Bildhälfte ein neuer Eintrag. Hier müssen Sie einen Namen für das Kommunikationsprofil vergeben. Für die Beispiele dieses Kapitels verwenden wir ZPR_DEUBA als Namen für das technische Profil (siehe Abbildung 4.11).

Abbildung 4.11 In den Beispielen verwendetes Kommunikationsprofil

2. **Kommunikationskanalzuweisung**
   Anschließend ordnen Sie der Korrespondenzklasse (*warum* etwas gesendet werden soll) und der Korrespondenzempfängerart (*an wen* etwas gesendet werden soll) einen Kommunikationskanal (*wie* etwas gesendet werden soll) zu. Dazu markieren Sie das gewünschte Kommunikationsprofil und klicken den Eintrag KANALZUWEISUNG an. Sie können vorhandene Einträge ändern oder über den Button NEUE EINTRÄGE ( ) weitere Einträge ergänzen (siehe Abbildung 4.12).

   Für Beispiel 1 erfolgt die Kommunikation mit dem Geschäftspartner durch den Austausch von Dateien gemäß SWIFT-Format, die Nachricht an das interne Controlling soll per Fax versendet werden. In Beispiel 2 wird der Depotauszug von der Depotbank per SWIFT-Datei zur Verfügung gestellt. Die benötigten Einstellungen für die Kommunikationskanalzuweisungen sehen Sie in Abbildung 4.12.

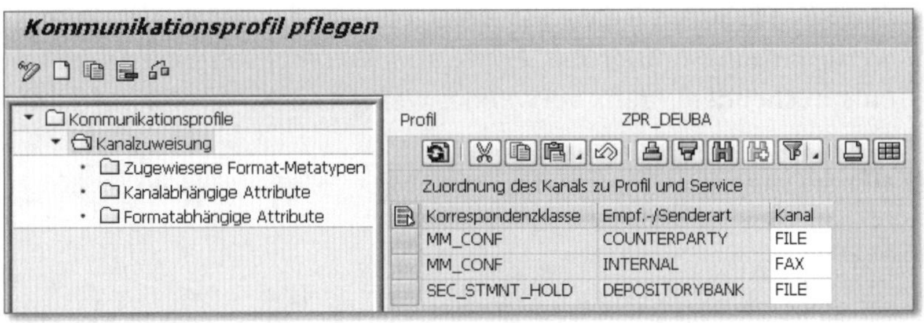

Abbildung 4.12 In den Beispielen verwendete Kommunikationskanalzuweisungen

3. **Zuweisung Format-Metatyp**
   Danach müssen Sie für einen Kommunikationskanal (*wie* etwas gesendet werden soll) festlegen, welcher Format-Metatyp (*welche Art* gesendet werden soll) verwendet wird. Dazu markieren Sie eine Kanalzuweisung und wählen den Eintrag ZUGEWIESENE FORMAT-METATYPEN in Abbildung 4.13. In den beiden Beispielen in

diesem Kapitel sollen für Dateien der Format-Metatyp SWIFT und für Formulare der Format-Metatyp FORM verwendet werden. In Abbildung 4.13 sehen Sie lediglich den zugewiesenen Format-Metatyp für den Kommunikationskanal FAX, die Einstellung für den Kommunikationskanal FILE ist SWIFT.

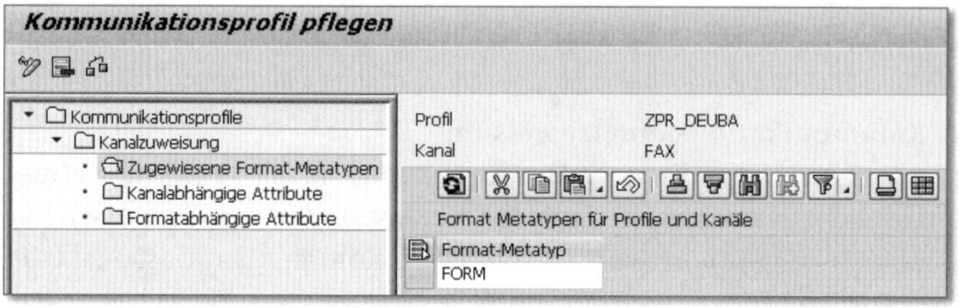

Abbildung 4.13 In den Beispielen zugewiesene Format-Metatpyen

4. **Kanalabhängige Attribute**
   Außerdem müssen Sie für einen Kommunikationskanal (*wie* etwas gesendet werden soll) die kanalabhängigen Attribute angeben. Dazu markieren Sie eine Kanalzuweisung und wählen den Eintrag Kanalabhängige Attribute in Abbildung 4.14. Welche Attribute zu einem Kommunikationskanal gehören, ist durch dynamische Zuordnung zu einer Datenbanktabelle festgelegt (siehe Abschnitt 4.4.5, Überschrift »Dynamische Zuordnung«). In den beiden Beispielen in diesem Abschnitt soll der Austausch der SWIFT-Dateien über die Formate ZMT320 und ZMT535 erfolgen. Im Ausgangs- beziehungsweise Eingangsordner des Applikationsservers soll eine Datei mit entsprechendem Präfix verwendet werden (siehe Abbildung 4.14).

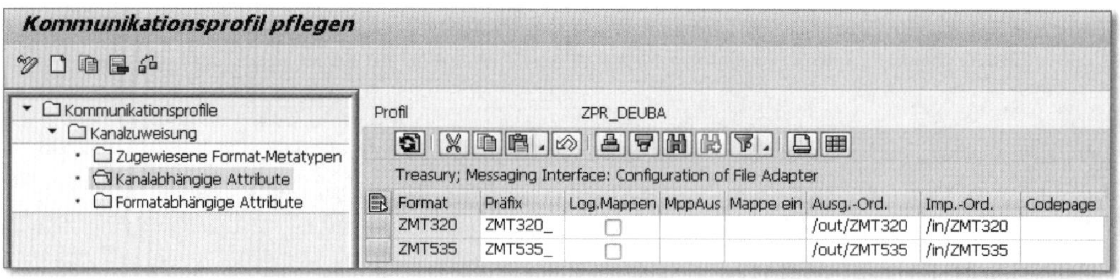

Abbildung 4.14 In den Beispielen verwendete kanalabhängige Attribute des Kommunikationskanals FILE

In Beispiel 1 soll für das Fax an das interne Controlling das Format PDF_CONF_MM verwendet werden (siehe Abbildung 4.15). Dazu markieren Sie die entsprechende Kanalzuweisung und wählen den Eintrag KANALABHÄNGIGE ATTRIBUTE.

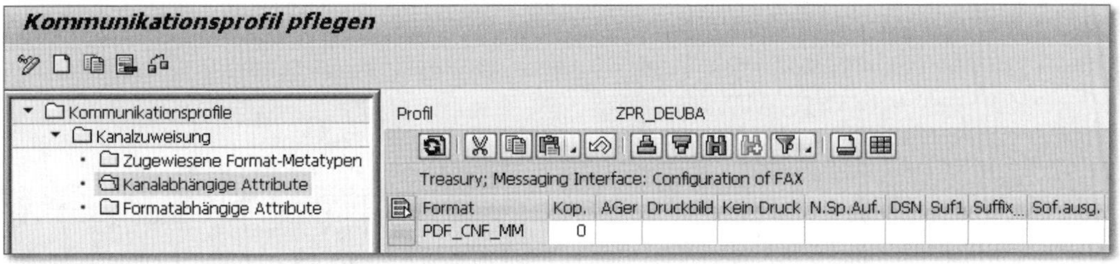

Abbildung 4.15 In den Beispielen verwendete kanalabhängige Attribute des Kommunikationskanals FAX

5. **Formatabhängige Attribute**

   Abschließend ist es notwendig, auch formatabhängige Attribute zu definieren. Darunter fällt insbesondere das externe Format für per Datei ausgetauschte Nachrichten. Dazu ist es notwendig, die Formate zuzuordnen (siehe nächster Abschnitt). Da bei der Zuordnung jedoch das Kommunikationsprofil verwendet wird, müssen vor der Zuordnung der Formate die Kommunikationsprofile definiert werden. Zuletzt werden bei der Kommunikationsprofildefinition die formatabhängigen Attribute definiert.

   In Beispiel 1 soll für das Format ZMT320 die externe Formatidentifikation 320 verwendet werden. Dazu markieren Sie eine Kanalzuweisung und wählen den Eintrag FORMATABHÄNGIGE ATTRIBUTE in Abbildung 4.16. Die entsprechende Einstellung 535 für Beispiel 2 und das Format ZMT535 ist nicht abgebildet.

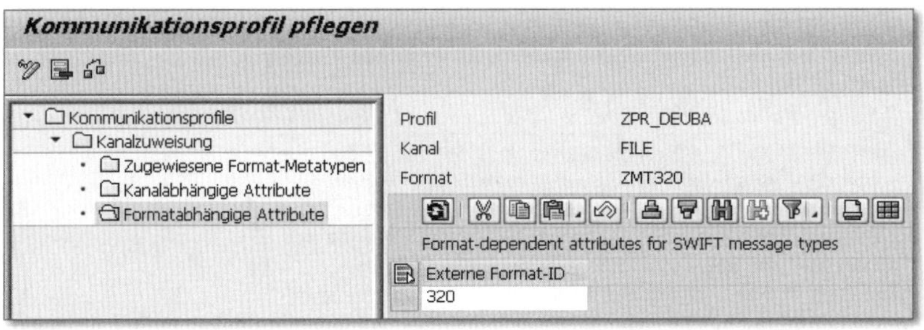

Abbildung 4.16 In den Beispielen verwendete formatabhängige Attribute

In Beispiel 1 muss für das Format PDF_CONF_MM angegeben werden, dass dies ein PDF-Formular ist und um welches Formular es sich handelt. Dazu markieren Sie die entsprechende Kanalzuweisung und wählen den Eintrag FORMATABHÄNGIGE ATTRIBUTE in Abbildung 4.17.

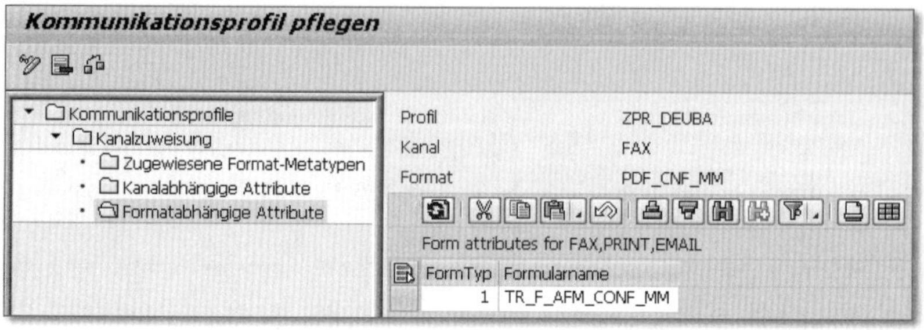

Abbildung 4.17 In den Beispielen verwendete formatabhängige Attribute

Format zuordnen

Im Customizing unter KORRESPONDENZ • KORRESPONDENZSCHNITTSTELLE (MESSAGING) • FORMATE ZUORDNEN ordnen Sie ein Format (*was* gesendet werden soll) der Kombination aus dem Kommunikationsprofil, der Korrespondenzklasse (*warum* etwas gesendet werden soll), der Korrespondenzempfängerart (*an wen* etwas gesendet werden soll) und dem Kommunikationskanal (*wie* etwas gesendet werden soll) zu.

In Beispiel 1 werden Zuordnungen für die Bestätigung an den Geschäftspartner und die Gegenbestätigung des Geschäftspartners (ein gemeinsamer Eintrag) benötigt sowie die Information an das interne Controlling. In Beispiel 2 wird die Zuordnung für den eingehenden Depotauszug benötigt (siehe Abbildung 4.18).

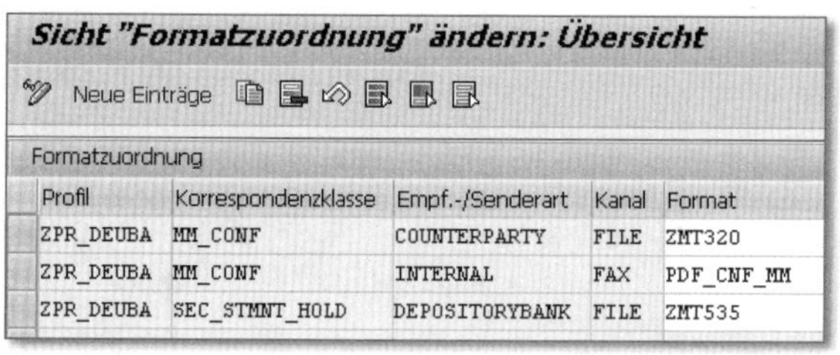

Profil	Korrespondenzklasse	Empf.-/Senderart	Kanal	Format
ZPR_DEUBA	MM_CONF	COUNTERPARTY	FILE	ZMT320
ZPR_DEUBA	MM_CONF	INTERNAL	FAX	PDF_CNF_MM
ZPR_DEUBA	SEC_STMNT_HOLD	DEPOSITORYBANK	FILE	ZMT535

Abbildung 4.18 In den Beispielen zugeordnete Formate

4.4.2 Korrespondenzpartner

Der Korrespondenzpartner ist bei ausgehenden Nachrichten der Empfänger, bei eingehenden Nachrichten der Sender. Dies kann sowohl ein Geschäftspartner als auch ein interner Partner innerhalb Ihres Unternehmens sein. Die für den Korrespondenzpartner benötigten Customizing-Einstellungen sind Gegenstand dieses Abschnitts.

Internen Empfänger definieren

Empfänger innerhalb des Unternehmens

Im Customizing unter Korrespondenz • Allgemeine Einstellungen • Interne Empfänger definieren legen Sie fest, welche internen Empfänger existieren. Hier handelt es sich um Empfänger innerhalb Ihres Unternehmens, die z.B. ein einzelner Benutzer, eine Gruppe von Benutzern (eine Abteilung) oder auch ein Drucker innerhalb einer Abteilung sein können.

In Beispiel 1 soll an die interne Revision eine Bestätigung des Geschäfts geschickt werden. Dazu legen wir den internen Empfänger ZINT_CONT an (siehe Abbildung 4.19).

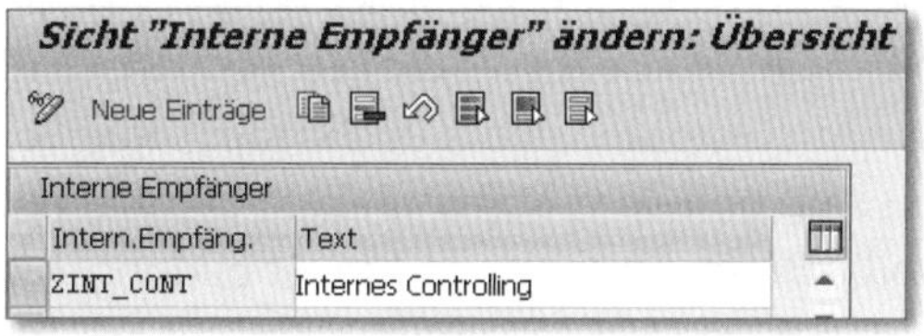

Abbildung 4.19 In Beispiel 1 verwendeter interner Empfänger

Geschäftspartnergruppe

Im Customizing unter Korrespondenz • Allgemeine Einstellungen • Geschäftspartnergruppen definieren legen Sie fest, welche Geschäftspartnergruppen existieren. Ein Geschäftspartner gehört zu den Stammdaten und kann deshalb im Customizing nicht verwendet werden. Daher wird im Customizing eine Geschäftspartnergruppe definiert, der später die Geschäftspartner zugeordnet werden (siehe Abschnitt 4.4.3). Dies hat auch den Vorteil, dass Geschäftspartner mit denselben Eigenschaften zusammengefasst werden können. In der Praxis ist dies jedoch nur sinnvoll, wenn es sich um Filialen desselben Unternehmens handelt: Sollte sich später eine Eigenschaft bei einem Geschäftspartner ändern, wird es schwierig, diese Geschäftspartnergruppe zu trennen. Daher sollten für unterschiedliche Unternehmen eigene Geschäftspartnergruppen verwendet werden. In der Standardauslieferung ist die Geschäftspartnergruppe BPG_DEFAULT enthalten.

In den Beispielen 1 und 2 arbeiten wir für die externe Korrespondenz mit demselben Geschäftspartner DEUBA. Dazu legen wir eine Geschäftspartnergruppe ZBPG_DEUBA an (siehe Abbildung 4.20).

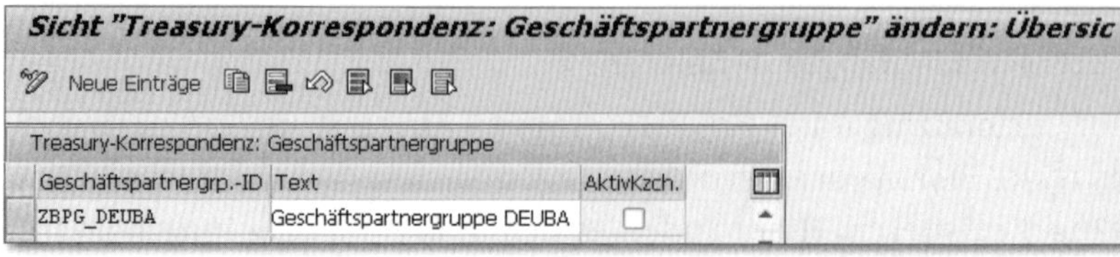

Abbildung 4.20 In den Beispielen verwendete Geschäftspartnergruppe

Geschäftspartnergruppen Attribute zuordnen

Im Customizing unter KORRESPONDENZ • ALLGEMEINE EINSTELLUNGEN • GESCHÄFTSPARTNERGRUPPEN ATTRIBUTE ZUORDNEN ordnen Sie einer Geschäftspartnergruppe, der Korrespondenzempfängerart (*an wen* etwas gesendet werden soll) und der Korrespondenzklasse (*warum* etwas gesendet werden soll) die Attribute zu, die die betriebswirtschaftlichen Prozesse steuern. Die Attribute sind damit unabhängig vom Format (*was* gesendet werden soll) und vom Kommunikationskanal (*wie* etwas gesendet werden soll). Diese Attribute sind in Abbildung 4.21 dargestellt und werden in den folgenden Abschnitten einzeln erklärt.

Automatische Korrespondenz

Wenn ein Korrespondenzobjekt einen Status erreicht hat, der das Senden der Korrespondenz erlaubt, ist im Korrespondenzmonitor die Statusfunktion NACHRICHT ERSTELLEN UND SENDEN aktiv, und die Korrespondenz kann manuell versandt werden. Ist im Customizing hingegen das Attribut AUTOMATISCHE KORRESPONDENZ gesetzt, wird die Korrespondenz automatisch bei Erreichen eines entsprechenden Status vom System versandt.

Freigabe erforderlich

Das Attribut FREIGABE ERFORDERLICH gibt an, ob vor dem Versenden der Korrespondenz ein Freigabeprozess stattfinden soll, der über den Workflow gesteuert wird. In der Übersicht über das Korrespondenz-Framework (siehe Abschnitt 4.3.3) wurde die Freigabe bereits erwähnt und in Abschnitt 4.5 wird sie näher erläutert.

Gegenbestätigung erforderlich

Ist das Attribut GEGENBESTÄTIGUNG ERFORDERLICH gesetzt, wird für eine ausgehende Korrespondenz eine eingehende Korrespondenz benötigt, die den betriebswirtschaftlichen Sachverhalt bestätigt. In dem Fall kann ein ausgehendes Korrespondenzobjekt erst auf den Status *Fertig gestellt* gesetzt werden, wenn mindestens ein eingehendes Korrespondenzobjekt mit ihm abgeglichen ist, bei dem das Attribut STATUSRELEVANT gesetzt ist. Ob eine Gegenbestätigung aussteht, können Sie über die Alerts überwachen (siehe Abschnitt 4.9).

Automatischer Abgleich bei Lieferung

Die Reihenfolge von Bestätigung und Gegenbestätigung ist nicht fest. Beim Eingangsprozess einer Gegenbestätigung wird immer die Verknüpfung gestartet, um die zugehörige Bestätigung zu finden. Soll auch beim Ausgangsprozess die Verknüpfung gestartet werden, muss das Attribut AUTOM. ABGLEICH BEI LIEFERUNG gesetzt werden. Da die Verknüpfung jedoch laufzeitintensiv sein kann, sollte dieses Attribut nur bei tatsächlichem Bedarf gesetzt werden.

Nicht senden vor Freigabe

Für Geschäfte können Sie einen eigenen Freigabeprozess definieren (siehe Abschnitt 3.3.7). Um zu verhindern, dass die Nachricht schon vor der Geschäftsfreigabe gesendet wird, können Sie das Attribut NICHT SENDEN VOR FREIGABE verwenden. Daraufhin wird die Nachricht weder automatisch noch manuell versandt. Sobald die Geschäftsfreigabe erfolgt ist und das Attribut AUTOMATISCHE KORRESPONDENZ gesetzt ist, wird das automatische Senden angestoßen. Ansonsten muss das Senden manuell angestoßen werden.

Abgleichen

Das Attribut ABGLEICHEN bezieht sich nicht auf die Verknüpfung zwischen den Korrespondenzobjekten. Es bezieht sich stattdessen auf den Abgleich zwischen den externen Daten, die in ein eingehendes Korrespondenzobjekt geschrieben wurden, mit den internen Daten im System.

[zB]

Externe mit internen Daten abgleichen

Wird das Korrespondenzobjekt z.B. für einen Depotauszug erstellt, können Sie mit dem Wert X – ABGLEICHEN DEPOTAUSZUG aus dem Korrespondenzobjekt einen externen Depotauszug erstellen (z.B. für das SWIFT-Format MT535). Dazu wird das BAdI `BADI_TCOR_EVENT_FILTER_SECACC` gerufen. Dieses Anlegen eines externen Depotauszugs erfolgt analog zum manuellen Anlegen mittels der Transaktion EXTERNE DEPOTAUSZÜGE BEARBEITEN (Transaktion RECON4). Anschließend stehen diese Werte zum tatsächlichen Abgleich in der Transaktion EXTERNE DEPOTAUSZÜGE ABGLEICHEN (Transaktion RECON5) zur Verfügung.

Wird hingegen das Korrespondenzobjekt für eine Dividendenzahlung erstellt, können Sie mit dem Wert A – ABGLEICH DIVIDENDENZAHLUNG das BAdI `BADI_TCOR_EVENT_FILTER_DIVPAYM` aufrufen (z.B. für das SWIFT-Format MT566). Die eingehende Dividende wird dann mit den in den Wertpapierstammdaten enthaltenen Informationen zur Dividende abgeglichen.

Werte aus Gegenbestätigung holen Durch das Setzen des Attributs WERTE AUS GEGENBESTÄTIGUNG HOLEN werden der Gesprächspartner (Feld CONTACT_PERSON) und die externe Referenz (Feld EXTERNAL_REFNCE) aus der Gegenbestätigung in die Bestätigung und das Geschäft übernommen.

Kennzeichen physische Lieferung Im Customizing unter RECHNUNGSWESEN • FINANCIAL SUPPLY CHAIN MANAGEMENT • TREASURY AND RISK MANAGEMENT • TRANSACTION MANAGER • WERTPAPIERE • GESCHÄFTSVERWALTUNG • GESCHÄFTSARTEN • GESCHÄFTSARTEN DEFINIEREN können Sie einstellen, dass die physische Lieferung der Wertpapiere beachtet werden soll. Erfolgt die physische Lieferung, muss eine eingehende Nachricht erfolgen, für die das Attribut KENNZ. PHYS. LIEFERUNG gesetzt ist. Die Lieferung wird im Geschäft vermerkt. Außerdem wird in der Transaktion DEPOT-GATTUNGSFINANZSTROM ANZEIGEN (Transaktion TPM40) in der Spalte NICHT GELIEFERT (Feld SNOTDELIVERED) angezeigt, dass die Lieferung erfolgt ist.

Statusrelevant Soll sich ein Korrespondenzobjekt auf den Geschäftsstatus auswirken, muss das Attribut STATUSRELEVANT gesetzt werden (Bildbereich AUS- UND EINGEHENDE KORRESPONDENZ in Abbildung 4.21):

- Ein Geschäft wird auf den Status *Bestätigt* gesetzt, wenn ein ausgehendes Korrespondenzobjekt statusrelevant ist und die Korrespondenz gesendet wurde.
- Ein Geschäft wird auf den Status *Gegenbestätigt* gesetzt, wenn ein ausgehendes Korrespondenzobjekt gegenbestätigungsrelevant ist und mit einem eingehenden Korrespondenzobjekt abgeglichen wurde, das statusrelevant ist.

Automatische Erledigung In der Übersicht über das Korrespondenz-Framework (siehe Abschnitt 4.3.3) haben wir bereits erwähnt, dass Korrespondenzobjekte in den finalen Status *Fertig gestellt* überführt werden. Soll diese Erledigung automatisch erfolgen, müssen Sie das Attribut AUT. ERLEDIGUNG setzen, ansonsten müssen Sie das Korrespondenzobjekt manuell im Korrespondenzmonitor auf erledigt setzen: Ist das Attribut gesetzt, wird ausgehende Korrespondenz, die nicht gegenbestätigungsrelevant ist, direkt nach dem Senden auf den Status *Fertig gestellt* gesetzt. Ist die ausgehende Korrespondenz gegenbestätigungsrelevant, wird sie direkt nach der Verknüpfung mit einem statusrelevanten eingehenden Korrespondenzobjekt auf den Status *Fertig gestellt* gesetzt.

Analog werden eingehende Korrespondenzobjekte, die nicht statusrelevant sind, sofort nach dem Empfangen auf den Status *Fertig gestellt* gesetzt. Eingehende statusrelevante Korrespondenzobjekte werden erst nach der Verknüpfung mit einem ausgehenden gegenbestätigungsrelevanten Korrespondenzobjekt auf den Status *Fertig gestellt* gesetzt.

Alert-Wartezeit

Mithilfe des Alert Monitors können Sie die Korrespondenz überwachen und einen Alert senden, falls ausgehende Nachrichten nicht gesendet wurden, eingehende Nachrichten nicht abgeglichen wurden oder Gegenbestätigungen ausstehen (siehe Abschnitt 4.9). Damit diese Funktion auch im Korrespondenzmonitor zur Verfügung steht, müssen Sie im Customizing dieselben Angaben zur Alert-Wartezeit wie beim Selektionsbild des Alert Monitors vornehmen (Bildbereich ALERT-WARTEZEIT in Abbildung 4.21). Im Korrespondenzmonitor wird daraufhin im Falle eines Alerts in der Spalte ALERT FÜR NICHT ABGEGLICHENES KORRESPONDENZOBJEKT (Feld ICON_ALERT) ein Fehler-Icon ( ) eingeblendet.

Beispiele 1 und 2

Die Attribute für die Bestätigung und Gegenbestätigung aus Beispiel 1 sind in Abbildung 4.21 dargestellt. Für die Korrespondenz an das interne Controlling (Korrespondenzempfängerart INTERNAL) werden lediglich die Attribute AUTOM. KORRESPONDENZ und AUT. ERLEDIGUNG gesetzt.

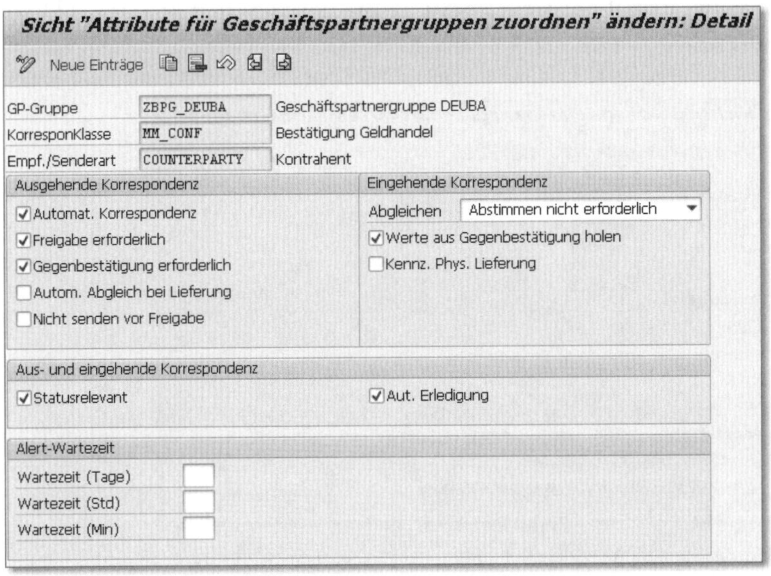

Abbildung 4.21 In Beispiel 1 zugeordnete Attribute der Geschäftspartnergruppe

Für den Depotauszug aus Beispiel 2 verwenden wir die in Abbildung 4.22 dargestellten Attribute.

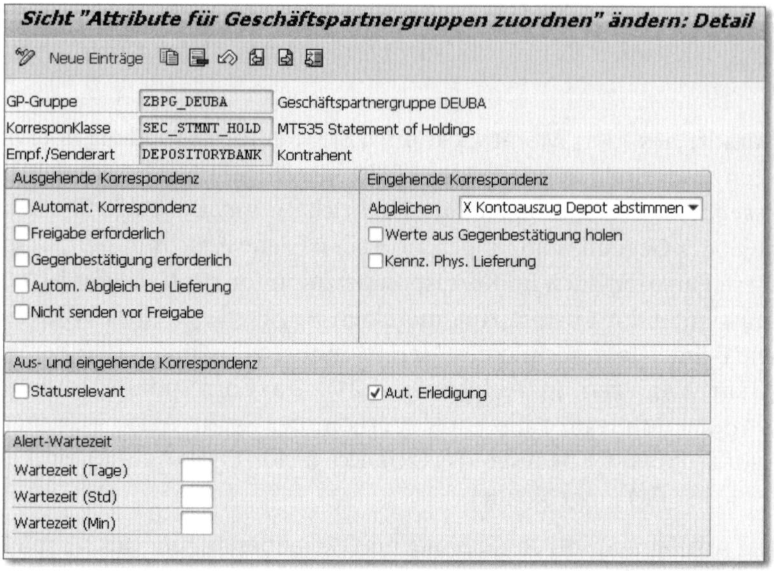

Abbildung 4.22 In Beispiel 2 zugeordnete Attribute der Geschäftspartnergruppe

Abweichend von den vorherigen Attributen der Geschäftspartnergruppe wird direkt bei der Definition der Geschäftsart eingestellt, dass bei Erhalt der Gegenbestätigung das Geschäft abgerechnet werden soll.

Abbildung 4.23 In Beispiel 1 definierte Geschäftsart für Festgeldanlage

Sobald die Gegenbestätigung mit der Bestätigung abgeglichen ist, soll das Geschäft abgerechnet werden (vom Vorgang VERTRAG in den Vorgang VERTRAGSABRECHNUNG überführt werden). Die entsprechende Einstellung an der Geschäftsart ist in Abbildung 4.23 zu sehen.

4.4.3 Zuordnungen für den Eingangsprozess

Die in Abschnitt 4.4.1 definierten Begriffe sind für den Eingangsprozess mit Bedeutung zu füllen, indem sie oder weitere Informationen ihnen zugeordnet werden.

Korrespondenzklassen für den Inbound-Prozess zuordnen

Im Customizing unter KORRESPONDENZ • KORRESPONDENZSCHNITTSTELLE (MESSAGING) • KORRESPONDENZKLASSEN FÜR INBOUND-PROZESS ZUORDNEN ordnen Sie einem Format (*was* gesendet werden soll) und einer Korrespondenzempfängerart (*an wen* etwas gesendet werden soll – bzw. in diesem Fall, *wer* etwas sendet) eine Korrespondenzklasse (*warum* etwas gesendet werden soll) zu. Die für die Beispiele 1 und 2 benötigten Zuordnungen sehen Sie in Abbildung 4.24.

Abbildung 4.24 In den Beispielen zugeordnete Korrespondenzklassen für den Eingangsprozess

Korrespondenzklasse für den Eingangsprozess

Transaktion FTR_INB_FUNC

Alternativ zu der Möglichkeit, über Customizing die Korrespondenzklasse zuzuordnen, können Sie diese, wenn zusätzlich zu dem Format und der Korrespondenzempfängerart auch der Geschäftspartner bekannt ist, mit der Transaktion EINGEHENDE FUNKTION PARTNER ZUORDNEN (Transaktion FTR_INB_FUNC) zuordnen. Die für die Beispiele 1 und 2 benötigten Zuordnungen sehen Sie in Abbildung 4.25.

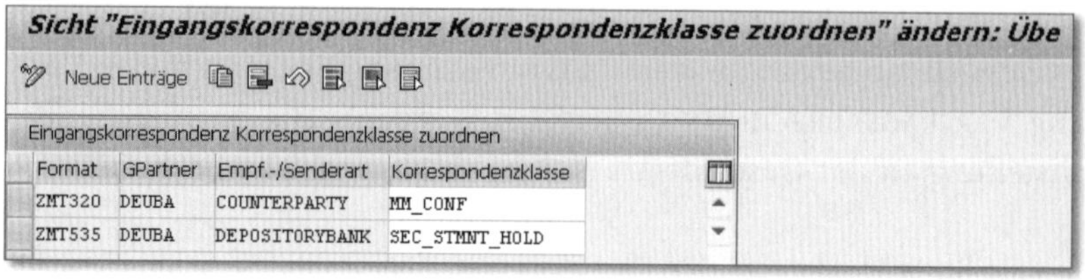
Sicht "Eingangskorrespondenz Korrespondenzklasse zuordnen" ändern: Übe

Neue Einträge

Eingangskorrespondenz Korrespondenzklasse zuordnen

Format	GPartner	Empf.-/Senderart	Korrespondenzklasse
ZMT320	DEUBA	COUNTERPARTY	MM_CONF
ZMT535	DEUBA	DEPOSITORYBANK	SEC_STMNT_HOLD

Abbildung 4.25 In den Beispielen zugeordnete Korrespondenzklassen für den Eingangsprozess

Geschäftspartnergruppe für den Eingangsprozess

Transaktion FTR_INB_ASSIGN

Beim Eingangsprozess muss die Geschäftspartnergruppe bestimmt werden, da die Attribute der Geschäftspartnergruppe die betriebswirtschaftlichen Prozesse definieren. Mit der Transaktion GP-Gruppe für Eingangsformat pflegen (Transaktion FTR_INB_ASSIGN) können Sie diese Zuordnung vornehmen. Sie haben hier dieselben Felder wie bei der Definition der Korrespondenzvorfälle zur Verfügung (siehe Abschnitt 4.4.5, Überschrift »Korrespondenzvorfall definieren«) und können genauso durch Leerlassen eines Feldes mit einem Platzhalter arbeiten. Auch hier wird bei mehreren möglichen Einträgen der speziellste Eintrag genommen. In Beispiel 1 erhalten Sie die Gegenbestätigung des Geschäftspartners und in Beispiel 2 den Depotauszug. Die Zuordnungen sehen Sie in Abbildung 4.26.

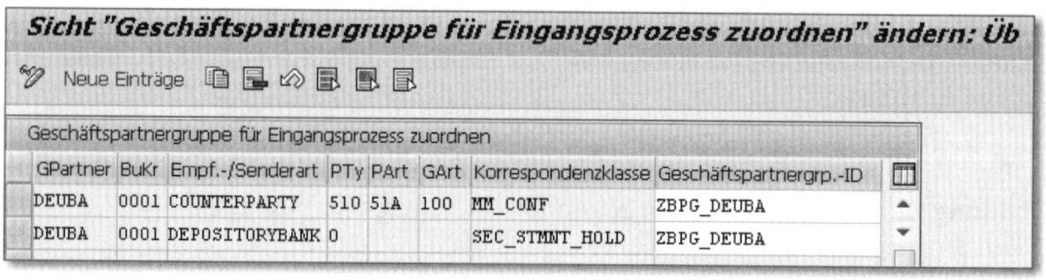
Sicht "Geschäftspartnergruppe für Eingangsprozess zuordnen" ändern: Üb

Neue Einträge

Geschäftspartnergruppe für Eingangsprozess zuordnen

GPartner	BuKr	Empf.-/Senderart	PTy	PArt	GArt	Korrespondenzklasse	Geschäftspartnergrp.-ID
DEUBA	0001	COUNTERPARTY	510	51A	100	MM_CONF	ZBPG_DEUBA
DEUBA	0001	DEPOSITORYBANK	0			SEC_STMNT_HOLD	ZBPG_DEUBA

Abbildung 4.26 In den Beispielen zugeordnete Geschäftspartnergruppen für Eingangsprozess

4.4.4 Zuordnungen für den Ausgangsprozess

Auch beim Ausgangsprozess müssen die in Abschnitt 4.4.1 definierten Begriffe mit Bedeutung gefüllt werden, indem sie einander oder ihnen weitere Informationen zugeordnet werden.

Externe Empfänger zuordnen

Transaktion FTR_EXT_ASSIGN

Im Ausgangsprozess müssen dem Geschäftspartner in einem Buchungskreis und in seiner Korrespondenzempfängerart sowohl das zu verwendende technische Kommunikationsprofil als auch die Geschäftspartnergruppe zugewiesen werden. Diese Zuordnung nehmen Sie in der Transaktion PROFIL UND GESCHÄFTSPARTNERGRUPPEN-ZUORDNUNG ZU EXTERNEN EMPFÄNGERN PFLEGEN (Transaktion FTR_EXT_ASSIGN) vor.

Dabei kann die Zuordnung auf verschiedenen Ebenen erfolgen und z.B. generell für alle Wertpapiere gelten oder speziell für eine Produktart vorgenommen werden. Da auch hier wieder Platzhalter verwendet werden und mehrere Zuordnungen zu einem Korrespondenzobjekt passen können, wird bei mehreren passenden Einträgen der speziellste Eintrag genommen.

Soll nicht die Standardadresse des Geschäftspartners verwendet werden, können Sie über das Feld ABWEICHENDE ADRESSE eine alternative Adresse aus den Geschäftspartnerstammdaten angeben.

Beispiel 1

In Beispiel 1 senden wir die Bestätigung der Anlage eines Festgeldes (Produktart 51A, Geschäftsart 100) an den Geschäftspartner DEUBA und verwenden dazu das oben definierte technische Kommunikationsprofil ZPR_DEUBA und die Geschäftspartnergruppe ZBPG_DEUBA. Die entsprechenden Zuordnungen sehen Sie in Abbildung 4.27.

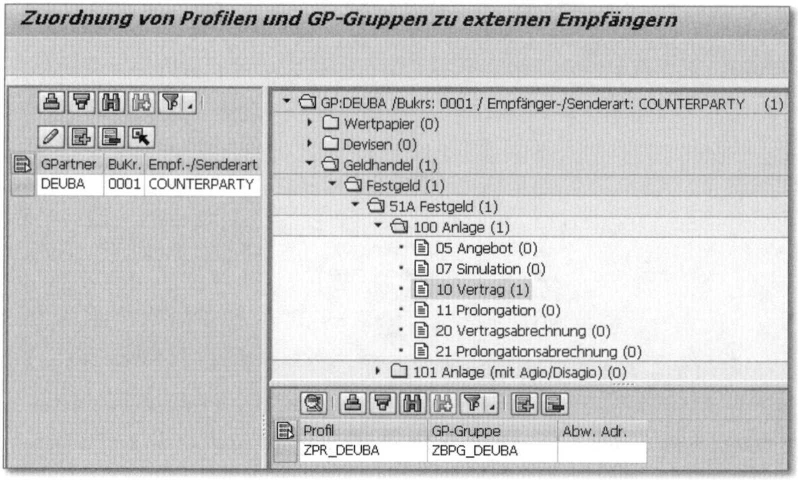

Abbildung 4.27 In den Beispielen verwendete Zuordnung zu externen Empfängern

Interne Empfänger zuordnen

Transaktion FTR_INT_ASSIGN

Wird ausgehende Korrespondenz an einen internen Empfänger verschickt, muss analog zu den externen Empfängern eine Zuordnung der internen Empfänger erfolgen. Diese nehmen Sie mit der Transaktion PROFIL UND GESCHÄFTSPARTNERGRUPPEN-ZUORDNUNG ZU INTERNEN EMPFÄNGERN PFLEGEN (Transaktion FTR_INT_ASSIGN) vor.

Sie können wieder das Kommunikationsprofil und die Geschäftspartnergruppe zuordnen. Darüber hinaus können Sie einen Benutzer angeben, von dem die Adressdaten verwendet werden sollen. Wenn ein von den Benutzerdaten abweichendes Land, eine abweichende Faxnummer oder eine abweichende E-Mail-Adresse verwendet werden soll, können Sie das in den entsprechenden Feldern angeben.

Beispiel 1

In Beispiel 1 senden wir ein Fax an das interne Controlling. Die Einstellungen sind analog zu denen der externen Empfängerzuordnung. Zusätzlich wird angegeben, die Benutzereinstellungen des Benutzers JARRE zu verwenden. Daraufhin wird die Nachricht mit den Daten aus der Geschäftspartnergruppe ZBPG_DEUBA erstellt, die Nachricht aber an die in den Stammdaten des Benutzers JARRE angegebene Faxnummer gesendet (siehe Abbildung 4.28).

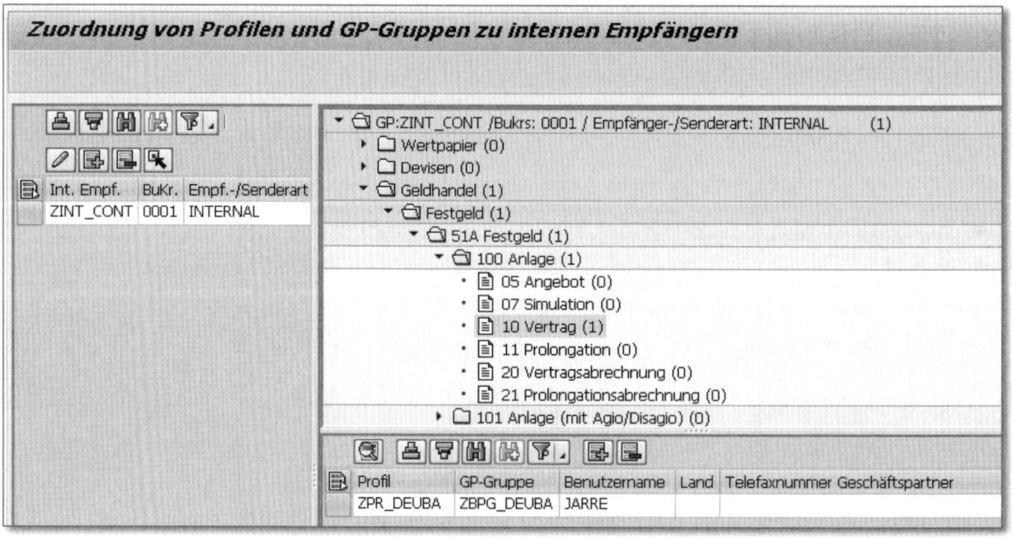

Abbildung 4.28 In den Beispielen verwendete Zuordnung zu internen Empfängern

4.4.5 Weitere Einstellungen

Zusätzlich zu den bisherigen Einstellungen müssen Sie noch eine Reihe von allgemeinen Einstellungen vornehmen.

Korrespondenzvorfall definieren

Geschäft

Ein Korrespondenzvorfall beantwortet die Frage, *wann* ausgehende Korrespondenz erzeugt wird. Im Customizing unter Korrespondenz • Korrespondenzvorfälle • Korrespondenzvorfälle definieren Geldhandel/Devisen/Derivate/Wertpapiere legen Sie fest, wann (also bei welchem Vorgang eines Geschäfts) Korrespondenzobjekte für Geschäfte erzeugt werden sollen. Wenn Sie ein Feld leer lassen, wird dieses als Platzhalter gezählt. Falls bei Korrespondenzerzeugung mehrere Einträge für dieselbe Korrespondenzempfängerart zutreffen, wird der Eintrag mit der speziellsten Definition verwendet. Mehr dazu erfahren Sie in Abschnitt 4.5.

Beispiel 1

In Beispiel 1 soll bei der Anlage (Geschäftsart 100) eines Festgeldes (Produktart 51A) die Bestätigung an den Kontrahenten geschickt werden. Die Definition des Korrespondenzvorfalls sehen Sie in Abbildung 4.29.

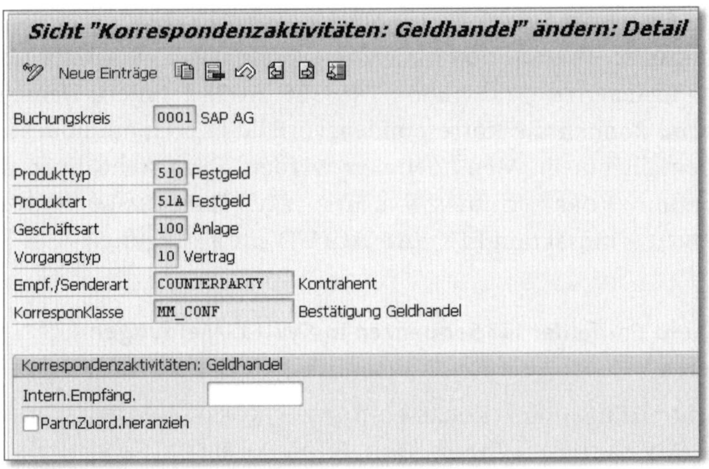

Abbildung 4.29 In Beispiel 1 verwendeter Korrespondenzvorfall für die Bestätigung

In Beispiel 1 soll außerdem ein Fax an das interne Controlling geschickt werden. Im Unterschied zu der Bestätigung an den externen Partner wird diese Korrespondenz an einen internen Empfänger geschickt. Die entsprechende Definition des Korrespondenzvorfalls sehen Sie in Abbildung 4.30.

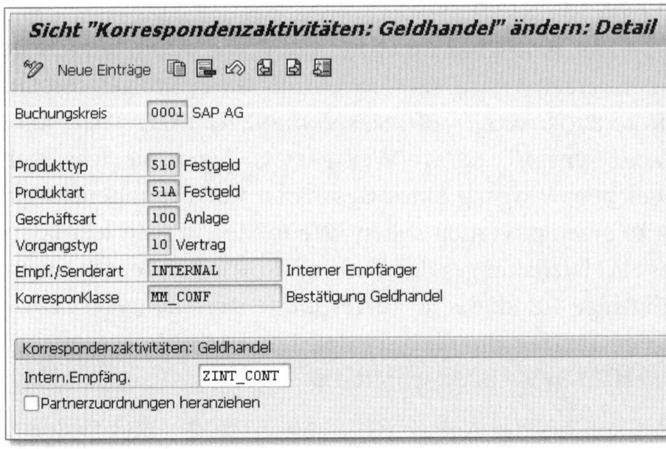

Abbildung 4.30 In Beispiel 1 verwendeter Korrespondenzvorfall für das interne Controlling

Depotumbuchung

Depots sind Stammdaten und werden im Menü unter RECHNUNGSWESEN • FINANCIAL SUPPLY CHAIN MANAGEMENT • TREASURY AND RISK MANAGEMENT • TRANSACTION MANAGER • WERTPAPIERE • STAMMDATEN • DEPOT • BEARBEITEN (Transaktion TRS_SEC_ACC) definiert. Dementsprechend können die Korrespondenzvorfälle für Depotumbuchungen ebenfalls nur im Menü definiert werden. Dazu steht Ihnen die Transaktion KORRESPONDENZVORFÄLLE FÜR DEPOTUMBUCHUNGEN DEFINIEREN (Transaktion FTR_SAT_ACTVT) zur Verfügung.

Start- und Endfelder für Sequenzen in SWIFT-Meldungen definieren

Im Customizing unter KORRESPONDENZ • KORRESPONDENZSCHNITTSTELLE (MESSAGING) • START- UND ENDFELDER FÜR SEQUENZEN IN SWIFT-MELDUNGEN DEFINIEREN legen Sie die Sequenzen eines SWIFT-Formats fest. Dies wird als grundlegende Information für das Mapping der externen Datenstruktur in die interne Datenstruktur benötigt – sowohl im Eingangs- als auch im Ausgangsprozess.

Beispiele 1 und 2

Für die Beispiele 1 und 2 wurden die neuen Formate ZMT320 und ZMT535 durch Kopieren vorhandener Formate definiert. Die Einträge für die Start- und Endfelder der Sequenzen müssen Sie ebenfalls durch Kopieren der Einstellungen für die Formate MT320 und MT535 erzeugen (siehe Abbildung 4.31).

Sicht "Treasury: Startfeld und Schlüssel für SWIFT-Meldungen" ändern:

Neue Einträge

Treasury: Startfeld und Schlüssel für SWIFT-Meldungen

Format	Pfad einer Sequenz	Startfeld der Sequenz	Endfeld einer Sequenz	Wert im Start-/Ende-Feld ...
ZMT320	A	15A		
ZMT320	B	15B		
ZMT320	C	15C		
ZMT320	D	15E		
ZMT320	E	15D		
ZMT320	F	15F		
ZMT320	G	15G		
ZMT320	H	15H		
ZMT535	A	16R	16S	GENL
ZMT535	A-A1	16R	16S	LINK
ZMT535	B	16R	16S	SUBSAFE
ZMT535	B-B1	16R	16S	FIN
ZMT535	B-B1-B1A	16R	16S	FIA
ZMT535	B-B1-B1B	16R	16S	SUBBAL
ZMT535	C	16R	16S	ADDINFO

Abbildung 4.31 In den Beispielen verwendete Start- und Endfelder für die neu definierten Formate ZMT320 und ZMT535

Formatabhängige Mapping-Regeln definieren

Im Customizing unter Korrespondenz • Korrespondenzschnittstelle (Messaging) • Formatabhängige Mapping-Regeln definieren legen Sie die Mapping-Regeln fest. Bei ausgehender Korrespondenz ist dies das Mapping von einer internen Datenstruktur, dem Korrespondenzobjekt, auf die externe Datenstruktur. Bei eingehender Korrespondenz ist es umgekehrt das Mapping von einer externen Datenstruktur auf die interne Datenstruktur. In Abschnitt 4.7.3 wird das Mapping-Tool näher erläutert.

Dynamische Zuordnung

Für einen Kommunikationskanal und für Formate eines Format-Metatyps, eine sogenannte *Formatgruppe*, werden Attribute benötigt. Da diese Werte selbst im Customizing definiert werden, ist es notwendig, dynamisch eine Tabelle zu hinterlegen, in der die entsprechenden Attribute gespeichert werden. Diese dynamische Zuordnung erfolgt im Customizing unter Korrespondenz • Korrespondenzschnittstelle (Messaging) • Dynamische Tabellenzuordnung für Konfiguration.

Beispiele 1 und 2

Die beiden Beispiele dieses Kapitels verwenden die in der Standardauslieferung enthaltenen Kommunikationskanäle FILE und PRINT. Die dazu mit ausgelieferte dynamische Zuordnung sehen Sie in Abbildung 4.32.

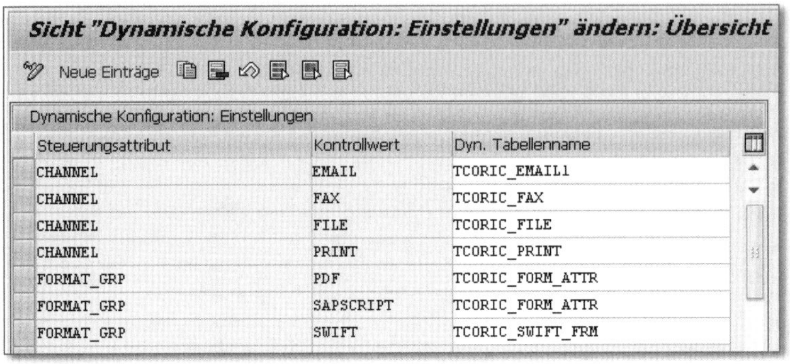

Steuerungsattribut	Kontrollwert	Dyn. Tabellenname
CHANNEL	EMAIL	TCORIC_EMAIL1
CHANNEL	FAX	TCORIC_FAX
CHANNEL	FILE	TCORIC_FILE
CHANNEL	PRINT	TCORIC_PRINT
FORMAT_GRP	PDF	TCORIC_FORM_ATTR
FORMAT_GRP	SAPSCRIPT	TCORIC_FORM_ATTR
FORMAT_GRP	SWIFT	TCORIC_SWIFT_FRM

Abbildung 4.32 In den Beispielen verwendete dynamische Tabellenzuordnung

Geschäftspartner und BIC

In den Stammdaten des Geschäftspartners können Sie auch seinen BIC-Code bzw. seinen SWIFT-Code angeben. Ist dieser dort nicht gepflegt oder wollen Sie zusätzliche oder abweichende BIC-Codes verwenden, können Sie in der Transaktion GESCHÄFTSPARTNER BIC UND EXTERNE DEPOTBEZEICHNUNG ZUORDNEN (Transaktion FTR_BP_BIC) die entsprechenden Zuordnungen vornehmen (siehe Abbildung 4.33).

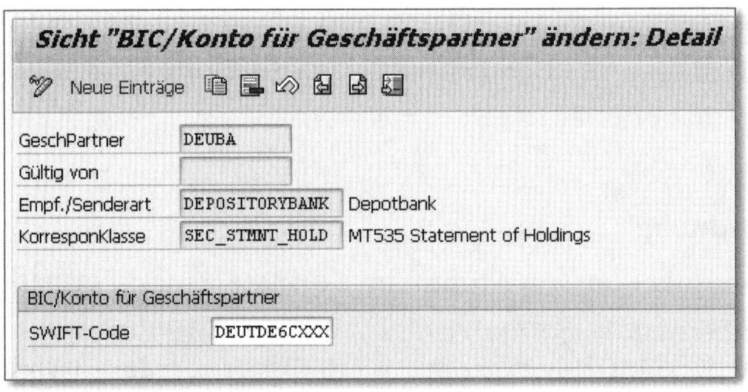

Abbildung 4.33 In Beispiel 2 verwendete BIC-Zuordnung

Durch Leerlassen eines Feldes können Sie mit Platzhaltern arbeiten. Sind mehrere Einträge möglich, wird der speziellste Eintrag genommen.

Nummernkreise

Sowohl für Korrespondenzobjekte als auch für die Verknüpfung wird eine fortlaufende Nummer benötigt. Die entsprechenden Nummernkreise definieren Sie im Customizing unter KORRESPONDENZ • ALLGEMEINE EINSTELLUNGEN • NUMMERNKREISE FÜR KORRESPONDENZOBJEKTE DEFINIEREN beziehungsweise unter KORRESPONDENZ • ALLGEMEINE EINSTELLUNGEN • NUMMERNKREISE FÜR ABGLEICH-ID DEFINIEREN.

4.4.6 Dokumentenverwaltung

Sowohl die beim Versenden erzeugten Dokumente als auch die beim Empfangen erhaltenen Dokumente werden im SAP-Dokumentenmanagementsystem abgelegt und können jederzeit angezeigt werden. Damit die Korrespondenz das Dokumentenmanagementsystem nutzen kann, sind im Customizing des Dokumentenmanagementsystems einige Einstellungen notwendig (siehe dazu SAP-Hinweis 1320374).

Zur Funktionsweise und Beschreibung des Dokumentenmanagementsystems verweisen wir Sie auf das Buch »Effective Document Management with SAP DMS« von Eric Stadja (SAP PRESS 2009).

4.4.7 SAPscript-Formulare

Standardtexte

Eine ausgehende Nachricht kann zur Darstellung des Inhalts ein SAPscript-Formular verwenden. SAPscript-Formulare bestehen im Wesentlichen aus Textbausteinen, die aufgerufen werden. Textbausteine sind mandantenabhängige Standardtexte, in diesem Fall mit der Text-ID TBCO, und werden in den Sprachen Deutsch und Englisch ausgeliefert. Standardtexte werden über die Transaktion SAPSCRIPT STANDARDTEXTE (Transaktion SO10) gepflegt. Mit dieser Transaktion können Sie auch Standardtexte zwischen den Mandanten kopieren. Die Transaktion finden Sie im Menü unter WERKZEUGE • FORMULARDRUCK • SAPSCRIPT.

Standardformulare

Von SAP werden im Muster-Customizing die beiden Standardformulare F_TR_CONFIRM_ALL (Bestätigung) und F_TR_DEALER_ALL (Händlerzettel) ausgeliefert. Abhängig von Vertragsart und Produkttyp werden innerhalb der Formularlogik verschiedene Textbausteine zusammengeführt und um Daten aus dem Geschäft ergänzt. Die

Pflege der Formulare nehmen Sie mit der Transaktion SAPSCRIPT FORMULAR (Transaktion SE71) vor, die Sie im Menü unter WERKZEUGE • FORMULARDRUCK • SAPSCRIPT finden. Dabei sollten Sie zuerst die Standardformulare kopieren und diese Kopien dann nach Ihren eigenen Wünschen anpassen.

[+]

Anpassung der Korrespondenzformulare

Um zusätzliche Felder in den Formularen in der Korrespondenz zu füllen, steht Ihnen das BAdI `SMOD_RFTBCOEX` zur Verfügung. In den Interface-Methoden werden die Korrespondenz-Ausgabestrukturen (TBCO-Strukturen) zum Ändern übergeben. Hier können Sie Änderungen vornehmen oder eigene Felder füllen, die vorzugsweise über Append-Strukturen an die Ausgabestruktur angehängt werden.

4.4.8 PDF-Formulare

Standardformulare

Zu SAP ERP 6.0 EHP 3 wurden PDF-Formulare basierend auf den beiden SAPscript-Formularen (siehe Abschnitt 4.4.7) erstellt und können nun für ausgehende Nachrichten verwendet werden. Dabei sind die Formulare in kleinere Einheiten aufgeteilt worden:

- TR_F_AFM_CONF_DE – Bestätigung Derivate
- TR_F_AFM_CONF_FX – Bestätigung Devisen
- TR_F_AFM_CONF_MM – Bestätigung Geldhandel
- TR_F_AFM_CONF_SE – Bestätigung Wertpapiere
- TR_F_AFM_CORR_DE – Händlerzettel Derivate
- TR_F_AFM_CORR_FX – Händlerzettel Devisen
- TR_F_AFM_CORR_MM – Händlerzettel Geldhandel
- TR_F_AFM_CORR_SE – Händlerzettel Wertpapiere

Entsprechend den SAPscript-Formularen werden abhängig von Vertragsart und Produktart innerhalb der Formularlogik Felder ausgeblendet. Die Datenübertragung zu den PDF-Formularen findet über das Interface `TR_I_AFM_CORR` statt. Die Pflege nehmen Sie mit der Transaktion INTERACTIVE FORM (Transaktion SFP) vor, die Sie im Menü unter WERKZEUGE • FORMULARDRUCK finden. Auch bei PDF-Formularen sollten Sie zuerst die Standardformulare kopieren und diese Kopien dann nach Ihren eigenen Wünschen anpassen.

4.5 Ausgangsprozess

Um die Einstellungen des Customizings zu verstehen und die Mächtigkeit und Vielfalt der Funktionalität zu verdeutlichen, betrachten wir in diesem Abschnitt den Ablauf vom Erzeugen eines Korrespondenzobjekts bis zum Erstellen und Senden dieser Nachricht.

4.5.1 Korrespondenzobjekt zu einem Geschäft

Ein Korrespondenzobjekt kann aus einem Geschäft heraus erzeugt werden. Dazu bedarf es eines Vorgangsübergangs innerhalb des Geschäfts. Die Anlage eines neuen Geschäfts zählt auch als Vorgangsübergang.

Geschäft per BAPI anlegen [+]

Legen Sie ein Geschäft per BAPI an, wird das automatische Senden nicht gestartet. Dazu steht im Business-Objekt `FinancialTransaction` die neue Methode `TriggerCorrespondence` zur Verfügung (bzw. der Funktionsbaustein `BAPI_FTR_TRIGGER_CORRES`). Nach dem Anlegen des Geschäfts per BAPI und dem Auslösen eines ABAP-Befehls `COMMIT WORK AND WAIT` können Sie mit dieser Methode das automatische Senden auslösen und mit einem erneuten ABAP-Befehl `COMMIT WORK AND WAIT` durchführen.

Anlage eines neuen Vorgangs

Customizing

Beim Anlegen eines neuen Vorgangs werden die Korrespondenzobjekte entsprechend den im Customizing definierten Korrespondenzvorfällen erzeugt (siehe Abschnitt 4.4.5). Die Felder bilden eine Reihenfolge; ist ein Feld leer, gilt es als Platzhalter. Das letzte gefüllte Feld gibt die Genauigkeitsstufe an. Wird ein neuer Vorgang im Geschäft angelegt, wird die Customizing-Tabelle gelesen, um festzustellen, welche Einträge zutreffen. Sind mehrere Einträge zutreffend, werden alle Einträge mit derselben Genauigkeit genommen. Es ist also möglich, mehrere Korrespondenzobjekte zu einem Vorgang zu erzeugen.

Empfängerermittlung

Ist für den Korrespondenzvorfall kein interner Empfänger definiert und keine Geschäftspartnerzuordnung eingestellt, werden über die Methode `FILL_RECIPIENT_AUTO_CREATION` des BAdIs `BADI_TCOR_FILL` alle Empfänger ermittelt, die in dem Geschäft die in der Korrespondenzempfängerart (siehe Abschnitt 4.4.1) definierte Rolle haben.

Ist für den Korrespondenzvorfall kein interner Empfänger definiert und die Geschäftspartnerzuordnung eingestellt, werden die Empfänger ermittelt, die im Geschäft auf der Registerkarte PARTNERZUORDNUNG dieselbe Rolle haben, wie in der Korrespondenzempfängerart definiert wurde. Ist für den Korrespondenzvorfall hingegen ein interner Empfänger definiert, wird dieser in die Liste der Empfänger aufgenommen.

Kommunikationsprofil und Geschäftspartnergruppe

Anschließend werden zu jedem Empfänger das zugeordnete Kommunikationsprofil und die zugeordnete Geschäftspartnergruppe gesucht (siehe Abschnitt 4.4.4). Auch hier kann die Zuordnung auf mehreren Genauigkeitsstufen erfolgen. Sind mehrere Zuordnungen relevant, werden alle Zuordnungen mit derselben Genauigkeit genommen. Ist hingegen keine Zuordnung vorhanden, wird der Empfänger aus der Liste gestrichen.

Korrespondenzobjekt

Nun wird zu jedem Empfänger und jeder seiner Zuordnungen ein Korrespondenzobjekt angelegt. In jedes Korrespondenzobjekt werden die Customizing-Daten repliziert, und die Adressdaten des Empfängers werden durch die Methode `FILL_ADDRESS_DATA` des BAdIs `BADI_TCOR_FILL` gefüllt.

Empfängerermittlung

Für interne Empfänger sollen in der Nachricht die Adressen der eigentlichen externen Empfänger verwendet werden. Dazu werden die Adressen der externen Empfänger ermittelt, die dieselbe Rolle wie der interne Empfänger haben. Gibt es mehrere externe Empfänger, wird das Korrespondenzobjekt entsprechend vervielfältigt und in jedem Korrespondenzobjekt ein externer Geschäftspartner eingesetzt.

Ergänzung Geschäftsdaten

Die Geschäftsdaten werden erst beim Speichern des Geschäfts in der Verbuchung ergänzt. Der Grund dafür ist, dass die Daten über die logische Datenbank FTI_TR_DEALS gelesen werden und damit erst dann zur Verfügung stehen. Dies ist auch der Grund, wieso die Anzeige der Korrespondenzobjekte beim Bearbeiten des Geschäfts noch nicht über die aktuellsten Daten verfügt.

Kundeneigene Felder und Geschäftsstatus

Sämtliche Datenbanktabellen des Korrespondenzobjekts können in einem Append um kundeneigene Felder ergänzt werden. Um diese Felder zu füllen, wird anschließend vom BAdI `BADI_TCOR_FILL` die Methode `FILL` aufgerufen. Änderungen an anderen Datenbankfeldern werden dabei nicht übernommen. Abschließend wird noch im Geschäft der Korrespondenzstatus aktualisiert.

Beispiel 1

In Beispiel 1 legen Sie ein Festgeld an. Es sind zwei Korrespondenzvorfälle derselben Genauigkeitsstufe definiert (siehe Abschnitt 4.4.5). Der erste Geschäftsvorfall soll an die Korrespondenzempfängerart

COUNTERPARTY versandt werden. Aus dem Geschäft wird der Geschäftspartner in der entsprechenden Rolle `TR0151` ermittelt, in diesem Fall DEUBA, und als Empfänger vermerkt. Diesem Empfänger sind das Kommunikationsprofil ZPR_DEUBA und die Geschäftspartnergruppe ZBPG_DEUBA zugeordnet. Nun wird ein Korrespondenzobjekt angelegt, und die entsprechenden Customizing-Daten werden ergänzt. Beim Sichern werden noch die Geschäftsdaten hinzugefügt.

Gleichzeitig gibt es den Geschäftsvorfall für die Korrespondenzempfängerart INTERN. Dort ist als Empfänger ZINT_CONT definiert. In der Korrespondenzempfängerart INTERN ist die Rolle `TR0151` angegeben, dementsprechend wird der Geschäftspartner DEUBA in der entsprechenden Rolle ermittelt. Nun wird ein Korrespondenzobjekt mit Empfänger ZINT_CONT angelegt, die Nachricht an den Empfänger ZINT_CONT verschickt, aber in der Nachricht werden die Adressdaten des Geschäftspartners DEUBA verwendet.

Ändern eines Vorgangs

Invalidierung

Wird der Vorgang eines Geschäfts geändert, zu dem Korrespondenzobjekte bestehen, werden diese invalidiert. Ausgenommen davon sind Stornonachrichten und manuell angelegte Korrespondenzobjekte.

Neuerzeugung

Anschließend werden Korrespondenzobjekte entsprechend den Customizing-Einstellungen neu erzeugt. Der Grund für das Invalidieren und Neuerzeugen ist, dass nicht klar ist, ob und wie das Korrespondenzobjekt manuell geändert wurde. Zudem erleichtert es das Aufsetzen des Freigabeprozesses.

Stornokorrespondenz

Wurde ein invalidiertes Korrespondenzobjekt schon gesendet, wird bei entsprechendem Customizing des Kommunikationskanals (siehe Abschnitt 4.4.1) eine Stornokorrespondenz erzeugt.

[+]

Korrespondenzrelevante Felder

Mit dem SAP-Hinweis 1689414 können Sie im Customizing unter Korrespondenz • Allgemeine Einstellungen • Korrespondenzrelevante Felder definieren die für die Korrespondenz relevanten Felder oder die für die Korrespondenz nicht relevanten Felder angeben. Werden nur nicht korrespondenzrelevante Felder geändert, wird keine neue Korrespondenz erzeugt. Sollten diese Einstellungen nicht ausreichen, können Sie auch über ein BAdI neue Korrespondenz unterdrücken.

Stornieren eines Vorgangs

Invalidierung und Stornokorrespondenz

Wird der Vorgang eines Geschäfts storniert, zu dem Korrespondenzobjekte bestehen, werden diese Objekte invalidiert. Ausgenommen davon sind Stornonachrichten. Wurde ein invalidiertes Korrespondenzobjekt schon gesendet, wird bei entsprechendem Customizing des Kommunikationskanals (siehe Abschnitt 4.4.1) eine Stornokorrespondenz erzeugt.

Detailprotokoll

Korrespondenzobjekte

Aus der Geschäftsbearbeitung können Sie in die Korrespondenz abspringen. Gibt es zu einem Vorgang kein Korrespondenzobjekt, wird ein Detailprotokoll angezeigt, das den beschriebenen Prozess bei Vorgangsanlage widerspiegelt. Daraus können Sie auf fehlende Customizing-Einstellungen schließen. Gibt es hingegen Korrespondenzobjekte, wird über den Button DETAILPROTOKOLL angezeigt, auf Grundlage welcher Customizing-Einstellungen das Korrespondenzobjekt erzeugt wurde.

4.5.2 Korrespondenzobjekt zu einer Depotumbuchung

Korrespondenzobjekte können auch zu einer Depotumbuchung erzeugt werden.

Depotumbuchung anlegen

Über die Transaktion KORRESPONDENZVORFÄLLE FÜR DEPOTUMBUCHUNGEN DEFINIEREN (Transaktion FTR_SAT_ACTVT, siehe Abschnitt 4.4.5) sind die Korrespondenzvorfälle definiert. Die Felder bilden eine Reihenfolge, ist ein Feld leer, gilt es als Platzhalter. Das letzte gefüllte Feld gibt die Genauigkeitsstufe an. Wird eine neue Depotumbuchung angelegt, werden die zutreffenden Korrespondenzvorfälle gelesen. Sind mehrere Korrespondenzvorfälle zutreffend, werden alle Einträge mit derselben Genauigkeit genommen. Zu jedem Korrespondenzvorfall werden ein Korrespondenzobjekt für das Quelldepot und ein Korrespondenzobjekt für das Zieldepot angelegt.

Die Depotdaten werden, wie bei der Korrespondenz zu einem Geschäft, erst beim Speichern der Depotumbuchung in der Verbuchung ergänzt. Sämtliche Datenbanktabellen des Korrespondenzobjekts können in einem Append um kundeneigene Felder ergänzt werden. Um diese zu füllen, wird dann vom BAdI `BADI_TCOR_FILL` die Methode `FILL` aufgerufen. Änderungen an anderen Datenbankfeldern werden dabei nicht übernommen.

Depotumbuchung stornieren

Wird eine Depotumbuchung storniert, zu der Korrespondenzobjekte bestehen, werden die Korrespondenzobjekte mit Ausnahme von Stornonachrichten invalidiert. Wurde ein invalidiertes Korrespondenzobjekt schon gesendet, wird bei entsprechendem Customizing des Kommunikationskanals (siehe Abschnitt 4.4.1) eine Stornokorrespondenz erzeugt.

4.5.3 Manuelles Anlegen von Korrespondenzobjekten

Noch eine Möglichkeit, Korrespondenzobjekte zu erzeugen, besteht darin, diese manuell anzulegen. Dazu steht Ihnen die Transaktion Korrespondenzobjekt anlegen (Transaktion FTR_COCREATE) oder im Korrespondenzmonitor (Transaktion FTR_COMONI) die Funktion Anlegen zur Verfügung.

Optionen

Sie können alle Daten manuell in das Korrespondenzobjekt eintragen. Alternativ können Sie andere Korrespondenzobjekte oder Geschäfte als Vorlagen verwenden und die Daten übernehmen. In Abbildung 4.34 sehen Sie, wie ein eingehendes Korrespondenzobjekt mit einem Geschäft als Vorlage erstellt werden kann.

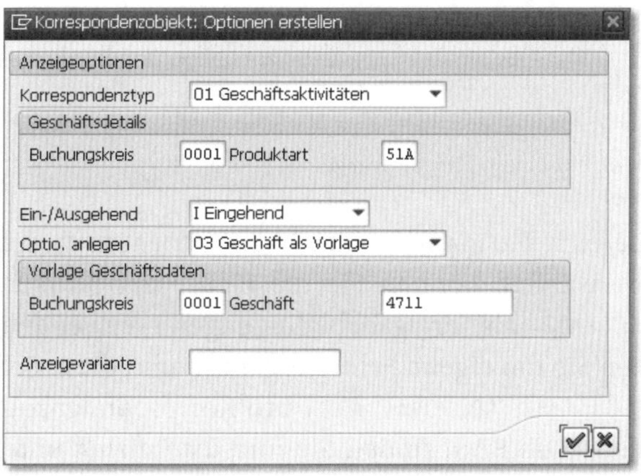

Abbildung 4.34 Manuelle Anlage eines Korrespondenzobjekts

Daten

Nach der Bestätigung über den Button Weiter (✔) gelangen Sie in das Detailbild des Korrespondenzobjekts. Hier müssen Sie einige Verwaltungsdaten ergänzen, die bei der automatischen Anlage aus dem Customizing abgeleitet werden: Geschäftspartnergruppe, Kommunikationsprofil, Korrespondenzempfängerart sowie Korrespondenzklasse. Außerdem können Sie alle weiteren Daten des Korrespondenzobjekts ändern.

4.5.4 Freigabeprozess des Korrespondenzobjekts

Workflow

Ausgehende Korrespondenzobjekte können über einen Freigabeprozess kontrolliert werden. Dazu müssen Sie im Customizing bei der Geschäftspartnergruppe das Attribut FREIGABE ERFORDERLICH gesetzt haben. Der Freigabeprozess findet über SAP Business Workflow statt.

Freigabeschritte

Im Customizing KORRESPONDENZ • FREIGABE • FREIGABEVERFAHREN ZU FREIGABEOBJEKT ZUORDNEN legen Sie für das Korrespondenzfreigabeobjekt TRM_COR fest, wie viele Freigabeschritte benötigt werden und wann der Workflow durchlaufen werden muss. In Beispiel 1 soll die Bestätigung immer durch einen einstufigen Workflow freigegeben werden. Dazu geben Sie die aus Abbildung 4.35 ersichtlichen Daten ein.

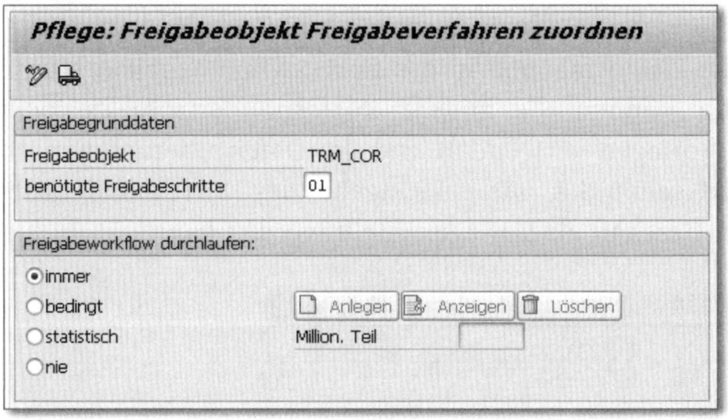

Abbildung 4.35 Freigabeobjekt einem Freigabeverfahren zuordnen

Freigabebedingungen

Wenn Sie im Bildbereich FREIGABEWORKFLOW DURCHLAUFEN: den Radiobutton BEDINGT wählen, können Sie die Felder der Struktur TCOR_STR_TRM_COR_RELEASE als Freigabebedingungen verwenden. Diese Struktur können Sie um eigene Felder ergänzen und diese Felder im BAdI BADI_TCOR_FILL_APPROVAL_ATTR pro Korrespondenzobjekt mit Werten füllen. (Das BAdI finden Sie im Customizing unter KORRESPONDENZ • FREIGABE • BADI: BENUTZERDEF. ATTRIBUTE ZUR BESTIMMUNG DES FREIGABEVERFAHRENS FÜLLEN.)

Anschließend müssen Sie unter KORRESPONDENZ • FREIGABE • REGELN ZU FREIGABESCHRITTEN ZUORDNEN jedem Freigabeschritt eine Regel des Workflows zuordnen. Den mit der Regel verknüpften Bearbeitern wird das Freigabeobjekt als Workitem überstellt.

Anschließend muss dem Freigabeverfahren noch unter KORRESPONDENZ • FREIGABE • WORKFLOW UND SUB-WORKFLOW DEN FREIGABEVER-

FAHREN ZUORDNEN der Freigabe-Workflow für die technische Abwicklung zugeordnet werden.

Start der Freigabe

Der Freigabeprozess wird gestartet, sobald das Korrespondenzobjekt gesendet werden soll. Wenn bei der Geschäftspartnergruppe das Attribut AUTOMATISCHE KORRESPONDENZ gesetzt ist, wird der Freigabeprozess gestartet, sobald das Korrespondenzobjekt angelegt wird. Ansonsten können Sie den Freigabeprozess im Korrespondenzmonitor über die Statusfunktion ZUR GENEHMIGUNG SENDEN oder mit der Transaktion IM BATCH-MODUS ZUR GENEHMIGUNG SENDEN (Transaktion FTR_SEND_APPRVL) starten.

Genehmigerliste und Massenfreigabe

Im Korrespondenzmonitor können Sie mit der Funktion PROTOKOLL • GENEHMIGERLISTE alle Personen anzeigen, die die Freigabe erteilen können. Der Workflow unterstützt nur die Freigabe einzelner Workitems. Da viele Geschäfte anfallen können, wurde die Transaktion MASSENGENEHMIGUNG (Transaktion FTR_MASSAPPROVAL) zur Massenfreigabe entwickelt.

4.5.5 Senden

Sendebereit

Ein Korrespondenzobjekt ist zum Senden bereit, wenn in der Geschäftspartnergruppe das Attribut FREIGABE ERFORDERLICH gesetzt ist und die Freigabe erfolgt oder wenn das Attribut nicht gesetzt ist und das Korrespondenzobjekt angelegt wird. Ist das Attribut NICHT SENDEN VOR FREIGABE gesetzt, muss in beiden Fällen auch das Geschäft freigegeben sein, damit die Korrespondenz gesendet werden kann.

Senden auslösen

Ist in der Geschäftspartnergruppe das Attribut AUTOMATISCHE KORRESPONDENZ gesetzt, wird direkt bei der Anlage bzw. der Freigabe des Korrespondenzobjekts ein zum Senden bereites Korrespondenzobjekt gesendet. Alternativ können Sie auch mit der Transaktion KORRESPONDENZ SENDEN (Transaktion FTR_COSEND) alle zum Senden bereiten Korrespondenzobjekte senden. Oder Sie können im Korrespondenzmonitor für einzelne Korrespondenzobjekte die Statusfunktion NACHRICHT ERSTELLEN UND SENDEN ausführen.

Nachricht erstellen

Das Korrespondenzobjekt enthält die Customizing-Einstellungen und erlaubt es damit, die zum Erstellen der Nachricht relevanten BAdI-Implementierungen aufzurufen.

Abhängig vom Format wird das Korrespondenzobjekt zuerst in eine unformatierte Nachricht überführt. Dies ist die Instanz einer Klasse, die das Interface IF_TCORF_MAP_OBJECT_TARGET implementiert. Diese unformatierte Nachricht wird anschließend Format-Metatyp-abhängig in die formatierte Nachricht überführt. Im Folgenden sind die einzelnen Schritte aufgeführt:

1. **Korrespondenzobjekt prüfen**
   Zuerst wird aus dem BAdI BADI_TCORF_FORMAT_MULTI_OPTION die Methode CHECK_PAYLOAD aufgerufen. Diese Methode ist ein optionaler Schritt, in dem die Daten des Korrespondenzobjekts auf Vollständigkeit und Korrektheit geprüft werden können.
2. **Mapping durchführen**
   Dann wird aus dem BAdI BADI_TCORF_FORMAT_SINGLE die Methode MAP_OUTBOUND gerufen. Hier muss das Korrespondenzobjekt in die unformatierte Nachricht übertragen werden. Für SAPscript-Formulare und PDF-Formulare wird eine Implementierung ausgeliefert, die die schon vorhandenen Funktionen für Formulare aufruft. Für die Erzeugung von Dateien wird auch eine Implementierung ausgeliefert. Für diese wurde ein eigenes Mapping gebaut (siehe Abschnitt 4.7).
3. **Unformatierte Nachricht ändern und prüfen**
   Danach gibt es im BAdI BADI_TCORF_FORMAT_MULTI_OPTION zwei optionale Schritte. Mit der Methode CHANGE_CONTENT kann die unformatierte Nachricht geändert werden. Mit der Methode CHECK_CONTENT kann diese dann anschließend auf Vollständigkeit und Korrektheit geprüft werden.
4. **Nachricht formatieren**
   Nun wird mithilfe des BAdIs BADI_TCORF_META und der Methode FORMAT_MESSAGE die unformatierte Nachricht in eine formatierte Nachricht überführt. In der Standardauslieferung gibt es die Format-Metatypen SWIFT und SWIFT SAP für den Kommunikationskanal FILE. Demnach gibt es auch zwei verschiedene Arten, die Nachricht zu formatieren. Durch den Zwischenschritt einer unformatierten Nachricht wird diese Formatierung einfacher.
5. **Nachricht ablegen**
   Abschließend wird die formatierte Nachricht im Dokumentenmanagementsystem gespeichert. Dabei werden die wichtigsten Customizing-Einstellungen mitgespeichert.

Nachricht senden

Nachricht holen

Zum Senden der Nachricht wird die formatierte Nachricht aus dem Dokumentenmanagementsystem geholt. Dabei werden die wichtigsten Customizing-Einstellungen mitgelesen.

Nachricht senden

Dann wird die formatierte Nachricht über die Methode `SEND` des BAdIs `BADI_TCORF_CHANNEL_MULTI` gesendet. Auch dieses BAdI ist jeweils für die in der Standardauslieferung enthaltenen Kommunikationskanäle implementiert. Für den Kommunikationskanal FILE wird die Datei in den im Kommunikationsprofil definierten Ordner des Applikationsservers gespeichert. Für den Kommunikationskanal PRINT wird das Formular auf dem im Kommunikationsprofil angegebenen Drucker ausgegeben. Und für die Kommunikationskanäle MAIL und FAX wird das Formular jeweils an die im Kommunikationsprofil angegebene Adresse gesendet.

Abschließend wird der Status im Dokumentenmanagementsystem aktualisiert. Die Nachricht selbst ist dort weiterhin verfügbar und kann jederzeit im Korrespondenzmonitor angezeigt werden.

[+]

Senden von Mails

Mit SAP-Hinweis 1637430 wurde eingeführt, dass das Senden per E-Mail nur im Produktivsystem sofort durchgeführt wird. Auf diese Weise ist es möglich, auch im Testsystem mit Daten aus dem Produktivsystem zu testen.

Wie Sie die Erstellung von E-Mails (z.B. Betreff oder Text) beeinflussen können, ist in SAP-Hinweis 1490699 beschrieben.

Korrespondenzobjekt aktualisieren

Status Korrespondenzobjekt

Nach dem Senden der Nachricht muss der Status des Korrespondenzobjekts aktualisiert werden. Wird ein Kommunikationskanal verwendet, der eine Antwort erwartet, wird der Status auf *Eingangsbestätigung erwartet* gesetzt (siehe Abschnitt 4.6.7). Ansonsten wird der Status auf *Gesendet* gesetzt. Ist in diesem Fall in der Geschäftspartnergruppe das Attribut AUTOMATISCHE ERLEDIGUNG gesetzt und das Attribut GEGENBESTÄTIGUNG ERFORDERLICH nicht gesetzt, wird der Status sofort auf *Fertig gestellt* gesetzt. Ist hingegen das Attribut GEGENBESTÄTIGUNG ERFORDERLICH gesetzt und das Attribut AUTOMATISCHER ABGLEICH BEI LIEFERUNG ebenfalls gesetzt, wird die Verknüpfung gestartet (siehe Abschnitt 4.8). Gehört das Korrespondenzobjekt zu einem Geschäft, wird zusätzlich noch der Korrespondenzstatus des Geschäfts angepasst.

4.6 Eingangsprozess

Genauso, wie Nachrichten auf verschiedene Art gesendet werden, können Nachrichten über unterschiedliche Kommunikationskanäle empfangen werden. Die meisten dieser Kommunikationskanäle können elektronisch nicht weiterverarbeitet werden, wie z.B. der Empfang eines Faxes oder einer E-Mail. In solchen Fällen muss manuell ein Korrespondenzobjekt angelegt und die empfangene Nachricht als Anhang angefügt werden.

FILE-Nachrichten können sofort verarbeitet werden

Im ausgelieferten Standard-Customizing können lediglich Nachrichten über den Kommunikationskanal FILE direkt elektronisch verarbeitet werden. Sie erhalten eine physische Datei, die mehrere logische Nachrichten enthalten kann. Darüber hinaus können Fragmente einer Nachricht auf mehrere logische Nachrichten verteilt werden. Die physische Datei speichern Sie auf dem Applikationsserver. Damit der Eingangsprozess funktioniert, müssen Sie die Datei, mit einem entsprechenden Präfix versehen, in dem Ordner ablegen, den Sie im Customizing des Kommunikationsprofils festgelegt haben.

Aufteilen und Zusammenfügen der Nachricht

Nun können Sie den Import starten. Die physische Datei wird in logische Nachrichten aufgeteilt, und diese logischen Nachrichten werden im Dokumentenmanagementsystem gespeichert. Fragmente werden gespeichert, zusammengefügt (wenn die gesamte Nachricht eingetroffen ist) und dann als eine logische Nachricht angesehen. Die logische Nachricht wird dann auf die Struktur des Korrespondenzobjekts gemappt. Dazu müssen einige BAdI-Methoden implementiert sein. Für den weiteren Prozess wird zwischen verschiedenen Arten von Nachrichten unterschieden: normale Nachrichten, Stornonachrichten (CANC-Nachrichten) und Änderungsnachrichten (AMND-Nachrichten), Anerkennungsnachrichten (ACK-Nachrichten) und negative Anerkennungsnachrichten (NACK-Nachrichten).

In den folgenden Abschnitten betrachten wir den Eingangsprozess im Detail.

4.6.1 Starten des Eingangsprozesses

Standardimport

Üblicherweise wird der Eingangsprozess mit der Transaktion EINGANGSNACHRICHTEN IMPORTIEREN (Transaktion FTR_IMPORT) gestartet. Dort geben Sie das Kommunikationsprofil, die Korrespondenzklasse und die Korrespondenzempfängerart/Senderart an (siehe Abbildung 4.36), und es werden alle Dateien entsprechend den Einstellungen des Kommunikationsprofils für Datei-Präfix und Ordner vom Applikationsserver geladen. Dabei wird jede Datei nur einmal verarbeitet, bei einem zweiten Starten der Transaktion wird sie nicht mehr selektiert. Da diese Transaktion batchfähig ist, können Sie den Import regelmäßig im Hintergrund laufen lassen.

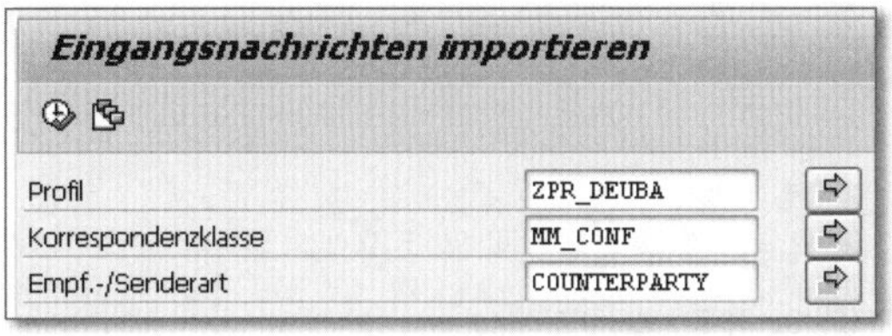

Abbildung 4.36 Eingangsprozess der Transaktion FTR_IMPORT

[+]

Kommunikationskanal im Eingangsprozess

Im Customizing können Sie eigene Kommunikationskanäle definieren. Jeder Kommunikationskanal hat unterschiedliche Anforderungen. So ist die Transaktion FTR_IMPORT nur für den Kommunikationskanal FILE geeignet, für den sie geschrieben wurde. Wenn Sie eigene Kommunikationskanäle verwenden, die eine Eingangsverarbeitung erlauben, müssen Sie eine eigene Transaktion implementieren.

Zusätzlicher Import

Der Standardimport ist beim Erstellen des Customizings und Durchführen von Tests recht umständlich. Daher gibt es die Transaktion IMPORT SWIFT-MELDUNGEN (Transaktion FTR_SWIFT_IMPORT, siehe Abbildung 4.37), mit der Sie eine oder mehrere Dateien vom Applikationsserver oder dem lokalen Rechner laden können. Ist ein Archivordner angegeben, wird die Datei im Erfolgsfall anschließend dorthin verschoben. Ist ein Fehlerordner angegeben, wird die Datei im Fehlerfall dorthin verschoben. Das Protokoll kann bei Bedarf direkt angezeigt werden und ist jederzeit über die Transaktion ANWENDUNGS-LOG: PROTOKOLLE ANZEIGEN (Transaktion SLG1) mit dem Objekt CFM und dem Unterobjekt TCOR abrufbar.

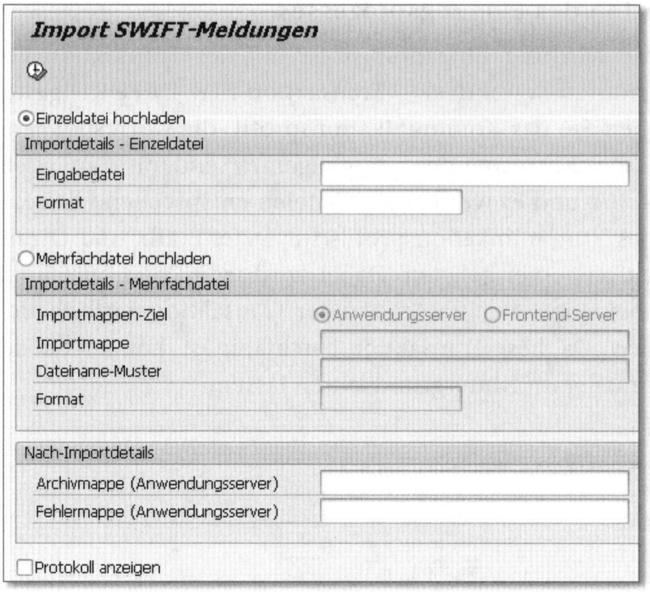

Abbildung 4.37 Transaktion FTR_SWIFT_IMPORT

Manuelle Anlage

Genauso wie beim Ausgangsprozess können Sie auch ein eingehendes Korrespondenzobjekt manuell anlegen (siehe Abschnitt 4.5.3). Da die Daten jedoch gleich das Format des Korrespondenzobjekts haben, entfallen große Teile des üblichen Eingangsprozesses.

4.6.2 Verwendete BAdIs

Während des Eingangsprozesses werden die folgenden BAdI-Methoden in dieser Reihenfolge aufgerufen:

- **BAdI BADI_TCORF_CHANNEL_MULTI – Methode LOAD**
  Diese Methode liest die Dateien entsprechend den Einstellungen des Kommunikationsprofils.
- **BAdI BADI_TCORF_META_OPTION – Methode SPLIT_CONTENT**
  Aus einer physischen Datei werden alle logischen Nachrichten erzeugt (siehe Abschnitt 4.6.3).
- **BAdI BADI_TCORF_META_OPTION – Methode DETERMINE_FORMAT**
  Wenn das Format noch nicht bekannt ist, wird es mit dieser Methode aus der Nachricht heraus bestimmt.

- **BAdI BADI_TCORF_META – Methode PARSE_CONTENT**
  Hier wird die formatierte Nachricht in eine unformatierte Nachricht überführt (Instanz einer Klasse, die das Interface IF_TCORF_MAP_OBJECT_SOURCE implementiert).
- **BAdI BADI_TCORF_FORMAT_SINGLE_OPT – Methode MERGE_MESSAGE**
  Ist eine Nachricht fragmentiert, werden beim Erhalt des letzten Fragments alle Fragmente zusammengeführt (siehe Abschnitt 4.6.3).
- **BAdI BADI_TCORF_FORMAT_SINGLE – Methode MAP_INCOMING**
  In dieser Methode wird die unformatierte Nachricht auf das Korrespondenzobjekt gemappt (siehe Abschnitt 4.6.4).
- **BAdI BADI_TCORF_FORMAT_MULTI_OPTION – Methode CHANGE_PAYLOAD**
  Mithilfe dieser Methode ist es nach dem Mapping noch einmal möglich, das Korrespondenzobjekt anzupassen.
- **BAdI BADI_TCOR_FILL – Methode FILL**
  In dieser Methode besteht die Möglichkeit, an Datenbanktabellen ergänzte kundeneigene Felder zu füllen.
- **BAdI BADI_TCOR_EVENT_FILTER – Methode RECONCILE**
  Diese Methode wird bei gesetztem Attribut ABGLEICHEN der Geschäftspartnergruppe aufgerufen, um einen Depotauszug anzulegen. Nur in SAP ERP 6.0 EHP 4 wird stattdessen das BAdI BADI_TCOR_EVENT mit der Methode RECONCILE gerufen.

4.6.3 Aufteilen und Zusammenführen (Split/Merge)

Logische Nachrichten

Sollen mehrere Nachrichten auf einmal übermittelt werden, werden diese häufig zusammen in eine Datei gepackt und übermittelt. Auf Empfängerseite wird diese physische Datei in die einzelnen logischen Nachrichten aufgeteilt. Dies findet in dem schon oben erwähnten BAdI BADI_TCORF_META_OPTION mit der Methode SPLIT_CONTENT statt. In SAP-Hinweis 1677764 finden Sie eine Beispielimplementierung dieser Methode.

Fragmente

Ist eine einzelne Nachricht stattdessen sehr lang, kann sie auf mehrere Fragmente aufgeteilt werden. Jedes Fragment wird als eine logische Nachricht übermittelt. Die Empfängerseite kann mit den einzelnen Fragmenten nichts anfangen. Erst wenn das letzte Fragment erhalten wurde, können alle Fragmente zusammengesetzt und verarbeitet werden.

Fragmentierung beim Format MT535

Solch eine Fragmentierung wird in der Standardauslieferung für das Format MT535 (Depotauszug) unterstützt, und es gibt eine entsprechende Implementierung der oben schon erwähnten Methode MERGE_MESSAGE des BAdIs BADI_TCORF_FORMAT_SINGLE_OPT. In dieser Implementierung werden in der Datenbanktabelle TCORIT_SWIFT_ST für den Depotauszug die Anzahl der erhaltenen Fragmente und die Gesamtzahl der Fragmente gespeichert. In der Datenbanktabelle TCORIT_SWIFT_PG wird für erhaltene Fragmente die Verbindung zu dem Dokument im Dokumentenmanagementsystem gespeichert. Doppelt erhaltene Fragmente werden nur einmal berücksichtigt. Einzelne Fragmente werden von der weiteren Verarbeitung ausgeschlossen. Erst wenn das letzte Fragment erhalten wurde, werden alle Fragmente zusammengefügt und als ein Korrespondenzobjekt angelegt, wobei jedes Fragment ein eigenes Dokument im Dokumentenmanagementsystem bleibt.

[+]

SAP-Hinweis 1711440

Die beiden erwähnten Datenbanktabellen sind buchungskreisunabhängig, die Depots sind hingegen buchungskreisabhängig. Falls Sie tatsächlich in unterschiedlichen Buchungskreisen dieselbe Depotnummer verwenden, kann es zu Problemen kommen. Daher wurden diese beiden Datenbanktabellen durch die Datenbanktabellen TCORIT_SWIFT_STN und TCORIT_SWIFT_PGN mit SAP-Hinweis 1711440 abgelöst.

4.6.4 Mapping

Beim Überführen der Daten von der Nachricht in das Korrespondenzobjekt ist es sinnvoll, so viele Daten wie möglich zu übernehmen, auch wenn diese im ersten Moment nicht benötigt werden. Außerdem ist es sinnvoll, Customizing-Einstellungen wie Format und Empfängertyp/Sendertyp sowie – falls möglich – im Korrespondenzobjekt gleich den Buchungskreis und die Geschäftsnummer oder das Depot zu füllen. Sind diese Felder nicht gefüllt, wird in der weiteren Eingangsverarbeitung versucht, die Informationen generisch abzuleiten. Dies ist einerseits performanceintensiv, andererseits ist es fehleranfällig.

Das Mapping selbst wird im BAdI BADI_TCORF_FORMAT_SINGLE in der Methode MAP_INCOMING vorgenommen und ist in Abschnitt 4.7 näher beschrieben.

4.6.5 Normale Nachricht

Bei einer normalen Nachricht enthält das Korrespondenzobjekt im Feld OPERATION den Wert NEWT. Nachdem im Eingangsprozess ein Korrespondenzobjekt mit den Daten aus der Nachricht erzeugt wurde, ist der weitere Prozess bei einer normalen Nachricht unspektakulär:

1. Das Korrespondenzobjekt wird auf die Datenbank geschrieben.
2. Dann wird die Verknüpfung gestartet (siehe Abschnitt 4.8).
3. Abschließend wird bei gesetztem Attribut ABGLEICHEN der Geschäftspartnergruppe das Ereignis ABGLEICHEN ausgelöst, in dem z.B. Depotauszüge angelegt werden können. Dazu wird das BAdI BADI_TCOR_EVENT_FILTER mit der Methode RECONCILE gerufen.

4.6.6 Stornonachricht und Änderungsnachricht (CANC/AMND)

Bei einer *Stornonachricht* enthält das Korrespondenzobjekt im Feld OPERATION den Wert CANC, bei einer *Änderungsnachricht* hingegen den Wert AMND.

Zugehörige Nachricht

Eine Stornonachricht oder eine Änderungsnachricht muss sich immer auf eine vorher eingegangene Nachricht beziehen. Zuerst wird das zugehörige, schon vorher eingegangene Korrespondenzobjekt identifiziert und dieses auf den Status *Invalidiert* gesetzt. Wurde dieses Korrespondenzobjekt abgeglichen, hat es die Gegenbestätigung ausgelöst oder den Korrespondenzstatus des Geschäfts gesetzt, muss dies rückgängig gemacht werden.

Anschließend kann die eingehende Stornonachricht auf ERLEDIGT gesetzt werden. Handelt es sich um eine Änderungsnachricht, wird der normale Eingangsprozess durchlaufen.

4.6.7 Anerkennungsnachricht (ACK/NACK)

Bei der Definition des Kommunikationskanals wird mit angegeben, ob der Kommunikationskanal eine Übermittlungsbestätigung zurückgibt: im Erfolgsfall eine sogenannte *Anerkennungsnachricht* (ACK-Nachricht) und im Fehlerfall eine *negative Anerkennungsnachricht* (NACK-Nachricht). Dies ist z.B. bei Faxgeräten das ausgegebene Sendeprotokoll. Auch das SWIFT-Netzwerk bietet diesen Service.

Customizing Für Anerkennungsnachrichten müssen Sie dieselben Einstellungen wie für normale Nachrichten vornehmen. In der Standardauslieferung sind die Formate ACK und NACK definiert.

Import Beim Empfang einer (negativen) Anerkennungsnachricht wird die Anerkennungsnachricht an das Korrespondenzobjekt der zugehörigen ausgehenden Nachricht angehängt, und es wird der Status des Korrespondenzobjekts entsprechend geändert.

Ausnahmefall Wird beim Empfang einer (negativen) Anerkennungsnachricht keine zugehörige ausgehende Nachricht gefunden, wird ein eigenes Korrespondenzobjekt angelegt. Dieser Ausnahmefall kann anschließend im Korrespondenzmonitor manuell weiterbearbeitet werden. Zum Beispiel können das ausgehende Korrespondenzobjekt und das eingehende Korrespondenzobjekt manuell abgeglichen werden. Anschließend können für das ausgehende Korrespondenzobjekt die Statusfunktionen EINGANGSBESTÄTIGUNG und NEGATIVE EINGANGSBESTÄTIGUNG durchgeführt werden.

4.6.8 Eingangsprozess der Beispiele

Beispiel 1 In Beispiel 1 wurde im Ausgangsprozess bereits die Bestätigung verschickt. Da für den Kommunikationskanal FILE eingestellt ist, eine Übermittlungsbestätigung in Form einer Anerkennungsnachricht zu erhalten, empfangen Sie eine entsprechende Datei. Hier müssen Sie dafür sorgen, dass diese auf dem Applikationsserver in dem im Kommunikationsprofil angegebenen Ordner mit dem entsprechenden Präfix gespeichert wird. Nun müssen Sie die Transaktion FTR_IMPORT regelmäßig im Batch mit einer Variante laufen lassen, die die Anerkennungsnachrichten importiert. Das Korrespondenzobjekt der ausgehenden Bestätigung wird in den neuen Status *Gesendet* überführt.

Beispiel 1 Gegenbestätigung Auch die Gegenbestätigung erhalten Sie als Datei und müssen diese auf dem Applikationsserver in dem im Kommunikationsprofil angegebenen Ordner und mit dem entsprechenden Präfix ablegen. Auch hier müssen Sie die Transaktion FTR_IMPORT regelmäßig im Batch laufen lassen. Für die Gegenbestätigung wird ein Korrespondenzobjekt angelegt. Über das Mapping werden die Daten in das Korrespondenzobjekt übernommen und um Customizing-Daten ergänzt. Über die Verknüpfung wird die ausgehende Bestätigung gefunden, beide Korrespondenzobjekte werden miteinander abgeglichen und in den Status *Abgeglichen* überführt. Da in der Geschäftspartnergruppe das

Attribut AUTOMATISCH ERLEDIGEN gesetzt ist, werden beide Korrespondenzobjekte anschließend auf den Status *Fertig gestellt* gesetzt. Da zudem das Attribut STATUSRELEVANT gesetzt ist und die Gegenbestätigung erfolgt ist, wird in dem Geschäft der Korrespondenzstatus aktualisiert.

Beispiel 2

In Beispiel 2 erhalten Sie einen Depotauszug. Auch hier muss die Datei zuerst auf dem Applikationsserver abgelegt und der Eingangsprozess über die Transaktion FTR_IMPORT gestartet werden. Da der Depotauszug nicht fragmentiert ist, wird direkt ein Korrespondenzobjekt angelegt. Über das Mapping wird das Depot gefunden.

Externe Depotnummer

Depots haben beim Depotverwalter in der Regel andere Kennnummern als im System. Es ist möglich, in der Definition der Depots in der Transaktion DEPOTSTAMMDATEN (Transaktion TRS_SEC_ACC) eine externe Depotnummer einzugeben, wenn dieses Feld im Customizing in der Feldauswahl auf OPTIONAL gesetzt wurde. Eine externe Depotnummer kann mehreren internen Depots zugeordnet werden.

Die Verknüpfung mit anderen Korrespondenzobjekten ist nicht notwendig. Abschließend wird noch das Ereignis ABGLEICHEN aufgerufen. In dem BAdI wird daraufhin ein Depotauszug angelegt (analog zu Transaktion RECON4). Der Abgleich des Depotauszugs mit dem Bestand muss weiterhin mit der Transaktion RECON5 manuell erfolgen.

4.7 Mapping

Die Standardauslieferung unterstützt die Erstellung von Nachrichten gemäß der SWIFT-Definition. Dazu wurden der Format-Metatyp SWIFT, Formate wie z.B. MT300 sowie der Kommunikationskanal FILE definiert. Zudem ist mit der Klasse `CL_TCORF_MAPPING` ein Mapping-Tool implementiert, das das Korrespondenzobjekt auf die Nachricht oder die Nachricht auf das Korrespondenzobjekt mappt. Das Mapping-Tool wird im Ausgangsprozess im BAdI `BADI_TCORF_FORMAT_SINGLE` in der Methode `MAP_OUTBOUND` gerufen, im Eingangsprozess im BAdI `BADI_TCORF_FORMAT_SINGLE` in der Methode `MAP_INCOMING`. Auch wenn Sie Nachrichten nach anderen Standards als SWIFT erstellen wollen, können Sie das Mapping-Tool eventuell verwenden.

Die Mapping-Regeln können Sie im Customizing über eine grafische Benutzeroberfläche definieren und pflegen. Alternativ können Sie die Mapping-Regeln auch direkt in einem View Cluster eingeben.

[+]

Eigene Formate verwenden

Da Mapping-Regeln der ausgelieferten Formate sich ändern können, sollten Sie immer eigene Formate verwenden und dementsprechend auch eigene Mapping-Regeln definieren. Dazu können Sie die Mapping-Regeln der Standardauslieferung kopieren.

4.7.1 Prinzipien von Mapping-Regeln

Der Sinn des Mappings ist es, die Daten von einem Quelltyp in einen Zieltyp zu überführen. Beide Typen können ein DDIC-Typ (insbesondere der Typ `TCORY_CODATA` für ein Korrespondenzobjekt) oder ein generisches Mapping-Objekt sein. Dabei ist jede Kombination möglich. Das Mapping wird pro Richtung (eingehend oder ausgehend) und Format definiert. Ein Mapping besteht aus vielen Mapping-Regeln. Eine Mapping-Regel sagt aus, wie ein Feld des Zieltyps gefüllt wird. Die Mapping-Regeln werden gemäß ihrer Position ausgeführt.

Operationen

Zielfeld mit Mapping-Regeln füllen

Es gibt fünf grundlegende Operationen, um das Zielfeld mit einer Mapping-Regel zu füllen:

- **MOVE**
  Das Quellfeld, ein Teil des Quellfeldes oder eine Konstante (wenn das Quellfeld mit CONST angegeben wird) wird in das Zielfeld verschoben.
- **CALL**
  Es wird eine Servicemethode der Serviceklasse aufgerufen, um ein Zielfeld zu füllen. Dabei kann eine Parametergruppe verwendet werden, die als Parameter Daten des Quelltyps oder Konstanten enthält. Da die Serviceklasse von Ihnen implementiert sein kann, kann beliebiges Coding zum Mappen ausgeführt werden. Lediglich die Schnittstelle der Servicemethoden ist fest vorgegeben.
- **LOOP**
  Um Tabellen im Zieltyp zu füllen, wird die Operation `LOOP` verwendet. Es werden genauso viele Einträge in der Tabelle erzeugt,

wie Einträge in der angegebenen Tabelle des Quelltyps vorhanden sind. Um einen Eintrag zu erzeugen, werden alle folgenden Regeln ausgeführt.

- **SELECT**
  Der Quelltyp kann Tabellen enthalten. Um Daten eines speziellen Eintrags zu verwenden, muss dieser Eintrag zuerst selektiert werden. Dies geschieht mit der Operation `SELECT`, die den Eintrag entsprechend der angegebenen Bedingung selektiert. Wird in den Folgeregeln auf die Quelltyp-Tabelle zugegriffen, wird der selektierte Eintrag verwendet.
- **DEFINE**
  Wird ein generisches Mapping-Objekt genutzt und ein Feld in keiner Mapping-Regel verwendet, wird dieses Feld über die Operation `DEFINE` definiert.

Präfix

Neben der Operation gibt es noch andere Möglichkeiten, den Wert für das Zielfeld zu beeinflussen. Bei der Operation `MOVE` können über ein PRÄFIX beliebige Zeichen am Anfang ergänzt werden. Dies ist z.B. hilfreich, um einen festen Qualifier anzugeben.

Offset und Länge

Die Operationen `MOVE` und `CALL` liefern ein Operationsergebnis. Von diesem können zur Bestimmung des Wertes für das Zielfeld über einen OFFSET der Startpunkt und über die LÄNGE die Anzahl der zu verwendenden Zeichen definiert werden.

Nicht initial

Bei Verwendung von NUR WENN DIE QUELLE NICHT INITIAL soll die Mapping-Regel nur ausgeführt werden, wenn das Quellfeld und das Operationsergebnis nicht initial sind. Dies verhindert z.B. bei der Verwendung eines Präfixes, dass nur das Präfix als Wert für das Zielfeld ausgegeben wird.

Bedingungen und Namen

Zu jeder Mapping-Regel können Sie eine Bedingung angeben, sodass die Mapping-Regel nur ausgeführt wird, wenn die Bedingung erfüllt ist. Eine Bedingung kann aus mehreren Teilbedingungen bestehen, die über einen logischen Operator (und/oder) verknüpft sind. Eine Teilbedingung vergleicht ein Feld des Quelltyps mit einem Feld des Zieltyps oder einer Konstanten. Jede Bedingung bekommt einen eindeutigen Namen und kann in verschiedenen Mapping-Regeln verschiedener Mappings verwendet werden. In der Standardauslieferung beginnt und endet der Name mit /.

Servicemethoden und Serviceklasse

Bei der Anlage eines Mappings wird die Serviceklasse festgelegt. Diese enthält alle Servicemethoden, die in dem Mapping verwendet werden können. Alle Servicemethoden haben eine fest definierte Schnittstelle. Als Importparameter wird eine Tabelle der Parameter übergeben (siehe nächste Überschrift), exportiert wird der Ergebniswert. In der Standardauslieferung wird in den Mappings als Serviceklasse die Klasse `CL_TCORI_SWIFT_SERVICE` verwendet. Wenn Sie eigene Mappings anlegen, können Sie eigene Klassen verwenden.

Parametergruppen Eine Servicemethode kann eine Parametergruppe benötigen. Eine Parametergruppe enthält einzelne Parameter, die mit einem Feld des Quelltyps oder mit einer Konstante gefüllt werden. Es ist möglich, als Parameter eine andere Parametergruppe anzugeben. Daraufhin werden alle dort definierten Parameter verwendet.

Name Die Parametergruppe wird geschlossen an die Servicemethode übergeben, um den Zielwert zu erhalten. In der Standardauslieferung beginnt der Name einer Parametergruppe mit < und endet mit >.

4.7.2 View Cluster

Sie können das Mapping über den View Cluster TCORFVC_MAPPING pflegen (siehe Abbildung 4.38). Dazu verwenden Sie die Transaktion Pflege View cluster (Transaktion SM34).

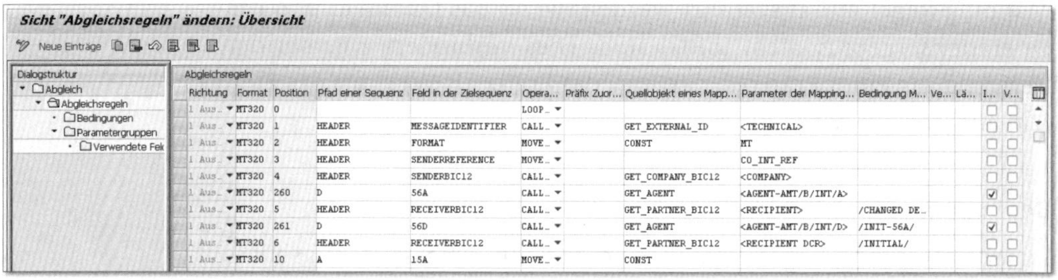

Abbildung 4.38 View Cluster TCORFVC_MAPPING

Navigation Sobald Sie eine oder mehrere Zeilen markiert haben, können Sie in dem Bereich Dialogstruktur per Doppelklick auf die nächste Stufe wechseln und alle abhängigen Einträge der markierten Zeilen pflegen. Die Stufe Verwendete Felder wird nicht benutzt.

Keine Eingabeprüfung

Um die Daten über den View Cluster zu pflegen, müssen Sie genau wissen, wie die Daten dort einzugeben sind: Es finden keine Eingabeprüfungen statt. Wenn Sie die Daten nicht korrekt eingeben, tritt der Fehler erst beim Aufruf des Mappings auf.

4.7.3 Grafisches Mapping-Tool

Um die Pflege der Mappings zu erleichtern, wurde das grafische Mapping-Tool entwickelt. Dieses finden Sie im Customizing unter Korrespondenz • Korrespondenzschnittstelle (Messaging) • Formatabhängige Mapping-Regeln definieren (siehe Abbildung 4.39).

Bildbereiche

Es hat folgende Bereiche:

- In der Anwendungsfunktionsleiste werden die zur Verfügung stehenden Funktionen angezeigt.
- An den Seiten werden der Zieltyp und der Quelltyp als Baumstruktur angezeigt.
- Im zentralen oberen Bereich wird mit der Richtung und dem Format angezeigt, um welches Mapping es sich handelt.
- Darunter werden die Mapping-Regeln zu einem Feld des Zieltyps dargestellt.
- Ganz unten werden je nach ausgewählter Registerkarte die Bedingungen, Servicemethoden oder Parametergruppen eingeblendet.

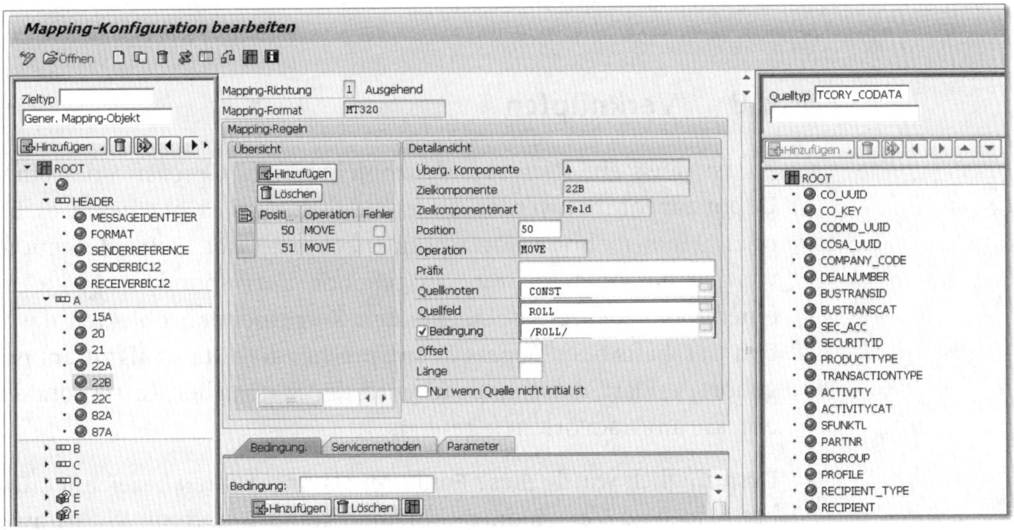

Abbildung 4.39 Grafisches Mapping-Tool

Quelltyp und Zieltyp

Der Quelltyp und der Zieltyp werden als Baumstrukturen angezeigt. Ein Baum besteht aus Komponenten, eine Komponente kann ein Knoten (eine Tabelle oder eine Struktur) oder ein Feld sein. Für das Korrespondenzobjekt wird der DDIC-Typ TCORY_CODATA verwendet, Sie können aber auch andere DDIC- oder generische Typen verwenden. Einen generischen Typ müssen Sie über die vorhandenen Buttons selbst erstellen. Standardmäßig ist der Zieltyp auf der linken Seite angegeben. Die Seiten können Sie über die Funktion QUELL/ZIEL-SEITE ÄNDERN ( ) vertauschen.

Mapping-Regeln anzeigen

Per Doppelklick auf ein Feld des Zieltyps werden alle zu diesem Feld gehörenden Mapping-Regeln in dem Bildbereich ÜBERSICHT angezeigt. Per Doppelklick auf eine Regel in der Übersicht werden die Details im Bildbereich DETAILANSICHT dargestellt. Alternativ können Sie sich über den Button ALLE MAPPING-REGELN ( ) alle Mapping-Regeln des geöffneten Mappings ansehen. Per Doppelklick können Sie dann eine auswählen, und es werden alle zu diesem Feld des Zieltyps gehörenden Mapping-Regeln angezeigt. Die Felder QUELLKNOTEN, QUELLFELD, BEDINGUNG, METHODE sowie PARAMETERGRUPPE können Sie per Drag & Drop füllen.

Bedingungen, Servicemethoden und Parameter

Auf den Registerkarten werden alle zur Verfügung stehenden Werte angezeigt. Sie können nach vorhandenen Einträgen mit * als Platzhalter suchen. Und Sie können weitere Einträge hinzufügen oder Einträge löschen. Beim Löschen müssen Sie sehr vorsichtig sein, da der Eintrag in anderen Mappings verwendet werden könnte.

4.8 Verknüpfen

Zuerst muss ein Korrespondenzobjekt einem Geschäft oder einem Depot zugeordnet werden. Es ist möglich, dass es zu einem Geschäft oder Depot mehrere Korrespondenzobjekte gibt. Beim Verknüpfen werden ein oder mehrere ausgehende Korrespondenzobjekte mit einem oder mehreren eingehenden Korrespondenzobjekten desselben Geschäfts oder Depots in entsprechendem Status als zusammengehörig erklärt. Anschließend wird der Status aller Korrespondenzobjekte auf ABGEGLICHEN gesetzt.

Ursprünglich wurde diese Funktion als ABGLEICHEN bezeichnet. Dies hat jedoch zu Verständnisproblemen geführt, und mit SAP-Hinweis 1378063 wurde die Funktion in VERKNÜPFEN umbenannt. Aber die

Umbenennung wurde im System nicht vollständig durchgeführt, da der Begriff ABGLEICHEN für eine zweite Statusfunktion verwendet wird und deshalb nicht überall ersetzt werden konnte. Dabei geht es um betriebswirtschaftliche Folgeprozesse und den Abgleich mit anderen Daten im System. Handelt es sich z.B. bei einem eingehenden Korrespondenzobjekt um einen Depotauszug, kann ein Abgleich mit dem Depotbestand aus der Bestandsführung erfolgen.

[zB]

Verknüpfen und Setzen des Status

Am einfachsten wird das Verhalten an einem Beispiel ersichtlich. Es wird eine Verkaufsorder gemäß SWIFT-Format MT502 ausgehend gesendet; eingehend kommt eine Statusmeldung gemäß SWIFT-Format MT509 herein. Beide Korrespondenzobjekte gehören zusammen und werden miteinander verknüpft. Da das ausgehende Korrespondenzobjekt aber eine Gegenbestätigung erfordert (Attribut GEGENBESTÄTIGUNG ERFORDERLICH der Geschäftspartnergruppe), das eingehende Korrespondenzobjekt aber nicht statusrelevant ist (Attribut STATUSRELEVANT der Geschäftspartnergruppe), bleiben beide Korrespondenzobjekte im Status *Abgeglichen*. Nun kommt eine eingehende Verkaufsbestätigung gemäß SWIFT-Format MT515. Diese wird in die Verknüpfung mit aufgenommen (damit befinden sich alle drei Korrespondenzobjekte in einer Verknüpfung). Da die Verkaufsbestätigung statusrelevant ist, werden der Geschäftsstatus auf GEGENBESTÄTIGT und die Korrespondenzobjekte in den Status *Erledigt* gesetzt.

4.8.1 Customizing

Wie in Abschnitt 4.4.5 schon erwähnt, muss für die Verknüpfung im Customizing unter KORRESPONDENZ • ALLGEMEINE EINSTELLUNGEN • NUMMERNKREISE FÜR ABGLEICH-ID DEFINIEREN ein eigener Nummernkreis definiert werden.

Vergleich der Felder

Für die Verknüpfung werden einzelne Felder der Korrespondenzobjekte miteinander verglichen. Dabei kann angegeben werden, ob diese Felder gleich oder unterschiedlich sein sollen. Die Einstellungen werden im Customizing unter KORRESPONDENZ • ABGLEICHEN DER KORRESPONDENZOBJEKTE • REGELN FÜR DEN ABGLEICH DER KORRESPONDENZOBJEKTE DEFINIEREN vorgenommen. In Beispiel 1 soll die ausgehende Bestätigung (Korrespondenzklasse MM_CONF) mit der eingehenden Gegenbestätigung (Korrespondenzklasse MM_CONF) abgeglichen werden. Dabei sollen Betrag, Währung, Laufzeitbeginn, Laufzeitende und Zinssatz übereinstimmen (siehe Abbildung 4.40).

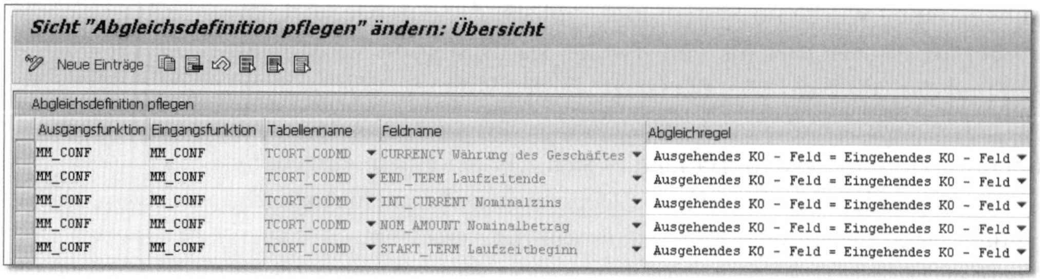
Sicht "Abgleichsdefinition pflegen" ändern: Übersicht

Neue Einträge

Abgleichsdefinition pflegen

Ausgangsfunktion	Eingangsfunktion	Tabellenname	Feldname	Abgleichregel
MM_CONF	MM_CONF	TCORT_CODMD	CURRENCY Währung des Geschäftes	Ausgehendes KO - Feld = Eingehendes KO - Feld
MM_CONF	MM_CONF	TCORT_CODMD	END_TERM Laufzeitende	Ausgehendes KO - Feld = Eingehendes KO - Feld
MM_CONF	MM_CONF	TCORT_CODMD	INT_CURRENT Nominalzins	Ausgehendes KO - Feld = Eingehendes KO - Feld
MM_CONF	MM_CONF	TCORT_CODMD	NOM_AMOUNT Nominalbetrag	Ausgehendes KO - Feld = Eingehendes KO - Feld
MM_CONF	MM_CONF	TCORT_CODMD	START_TERM Laufzeitbeginn	Ausgehendes KO - Feld = Eingehendes KO - Feld

Abbildung 4.40 Beispiel 1: Customizing für Verknüpfung

Komplexere Verknüpfung

Reicht diese einfache Verknüpfung über einen Feldvergleich nicht aus, steht Ihnen im BAdI `BADI_TCOR_MATCH` die Methode `MATCH` zur Verfügung. Dort erhalten Sie als Eingangsparameter alle eingehenden und alle ausgehenden Korrespondenzobjekte, die abgeglichen werden sollen, sowie alle noch nicht abgeglichenen eingehenden und ausgehenden Korrespondenzobjekte. Als Änderungsparameter erhalten Sie die Vorschläge für die Verknüpfung gemäß den Customizing-Einstellungen. Nun können Sie eine Verknüpfung für Ihre speziellen Anforderungen programmieren und die Ergebnisse der Verknüpfung ergänzen oder korrigieren.

[+]

Verknüpfen von Non-deliverable Forwards (NDF)

Die Verknüpfung von Non-deliverable Forwards wird für Geschäfte im Vorgang Fixing oder Fixingabrechnung über die BAdI-Fallback-Klasse durchgeführt. Verwenden Sie eine eigene BAdI-Implementierung, müssen Sie für NDF das Coding kopieren oder eigene Logik implementieren.

4.8.2 Automatisches Verknüpfen

Bei der automatischen Verknüpfung findet die Verknüpfung entsprechend den Customizing-Einstellungen bzw. entsprechend dem BAdI-Aufruf statt. Ist eine Benutzerinteraktion möglich, wird der Vorschlag für die Verknüpfung angezeigt und kann vom Benutzer bestätigt oder geändert werden. Ist keine Benutzeraktion möglich, findet die Verknüpfung direkt statt.

Starten der Verknüpfung

Es gibt verschiedene Möglichkeiten, wann die automatische Verknüpfung gestartet wird:

- Ein ausgehendes Korrespondenzobjekt wird gesendet, und in der Geschäftspartnergruppe ist das Attribut Automatischer Abgleich gesetzt.

- Ein eingehendes Korrespondenzobjekt wird empfangen.
- Im Korrespondenzmonitor kann die automatische Verknüpfung manuell für ein einzelnes Korrespondenzobjekt gestartet werden.
- Mit der Transaktion KORRESPONDENZ ABGLEICHEN (Transaktion FTR_COMATCH) wird für mehrere Korrespondenzobjekte entsprechend den Selektionsbedingungen die automatische Verknüpfung gestartet.

Beispiel 1

In Beispiel 1 hat beim Einspielen der eingehenden Nachricht aufgrund falschen Customizings die Verknüpfung nicht funktioniert. Das Customizing wurde korrigiert. Nun wird die automatische Verknüpfung aus dem Korrespondenzmonitor heraus über die Statusfunktion AUTOMATISCHER ABGLEICH gestartet. Sie erhalten das Vorschlagsbild aus Abbildung 4.41.

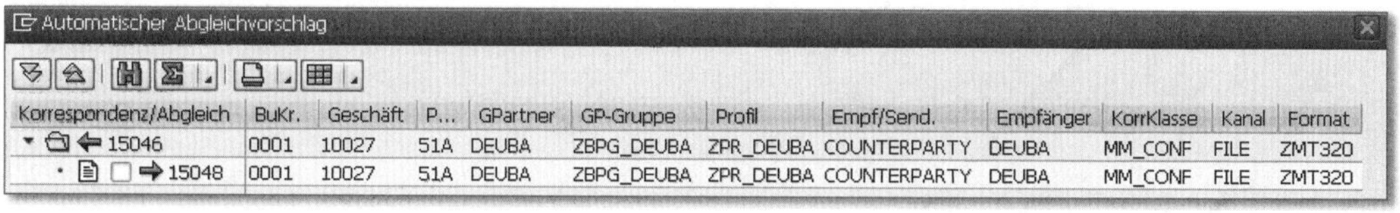

Abbildung 4.41 Beispiel 1: Automatische Verknüpfung

[+]

Automatische Verknüpfung im Hintergrund

Wird die automatische Verknüpfung im Hintergrund durchgeführt und gibt es mehrere passende Korrespondenzobjekte, wird das älteste Korrespondenzobjekt für die Verknüpfung verwendet.

Soll gleichzeitig auch das Geschäft automatisch abgerechnet werden, kann es zu Berechtigungsproblemen kommen. Daher wurde mit SAP-Hinweis 1534215 der View `TCORV_MATCH_BU` eingeführt. Ist dort ein Benutzer hinterlegt, wird dieser für die Durchführung der Verknüpfung verwendet.

4.8.3 Erzwungene Verknüpfungen

Korrespondenzobjekte können auch manuell abgeglichen werden. Dabei ist es unerheblich, ob die Korrespondenzobjekte entsprechend den Customizing-Einstellungen zueinander passen. Die menschliche Entscheidung überstimmt hier die Systemeinstellung.

Starten der Verknüpfung

Die manuelle Verknüpfung findet nur im Korrespondenzmonitor statt. Auf dem View ZUORDNEN werden im oberen Bereich alle ausgehenden Korrespondenzobjekte der Selektion angezeigt, für die eine Verknüpfung erfolgen kann. Im unteren Bereich werden die verknüpfungsfähigen eingehenden Korrespondenzobjekte der Selektion angezeigt (siehe Abbildung 4.42). Nun müssen Sie alle Korrespondenzobjekte markieren, die abgeglichen werden sollen, und den Button ERZWUNGENER ABGLEICH ( ) anklicken.

Abbildung 4.42 Beispiel 1: Erzwungene Verknüpfung

4.9 Alert

Das Korrespondenz-Framework unterstützt durchgehende automatische Prozesse. Dabei soll ein Korrespondenzobjekt nur eine definierte Zeitspanne in einem gewissen Status sein. Wird diese Zeit überschritten, kann dies über sogenannte *Alerts* entdeckt werden. Darüber hinaus ist es möglich, diese Alerts automatisch als Benachrichtigung per E-Mail, Fax oder SMS zu verschicken. Für die Alerts wird das Alert Management verwendet.

4.9.1 Customizing

Zuerst müssen Sie Alert-Kategorien definieren. Dabei legen Sie fest, welcher Empfänger welchen Text als Benachrichtigung erhalten soll. Anschließend müssen Sie diese Alert-Kategorien zuordnen und damit angeben, wann Sie welche Alert-Kategorie verwenden möchten.

Alert-Kategorie definieren

Im Customizing unter KORRESPONDENZ • ALERT • ALERT-KATEGORIEN DEFINIEREN können Sie die Alert-Kategorien definieren. Dazu müssen Sie als Klassifizierung TREASURY ALERTS verwenden sowie das Containerelement mit Datentyp `VTS_ALERT_MSG_DISP` definieren. Danach können Sie als Kurztext (für Nachrichten als SMS oder Pager) oder

Langtext (für Nachrichten als E-Mail oder Fax) einen beliebigen Text erfassen und dabei auf Systemfelder oder Daten des Containerelements zugreifen (siehe Abbildung 4.43). Schließlich müssen Sie noch die Empfänger der Nachricht festlegen. Über den Button FESTE EMPFÄNGER können Sie direkt Benutzer des Systems angeben, über den Button EMPFÄNGER ÜBER BENUTZERROLLEN werden alle Benutzer adressiert, denen die Rolle zugeordnet ist.

Generelle Einstellungen zum Alert Management können Sie auch über die im Menü EINSTELLUNGEN vorhandenen Unterpunkte vornehmen. In Beispiel 1 soll ein Alert ausgelöst werden, wenn die Gegenbestätigung nicht innerhalb von zwei Tagen erfolgt. Dazu wird die Alert-Kategorie Z_ALERT definiert (siehe Abbildung 4.43).

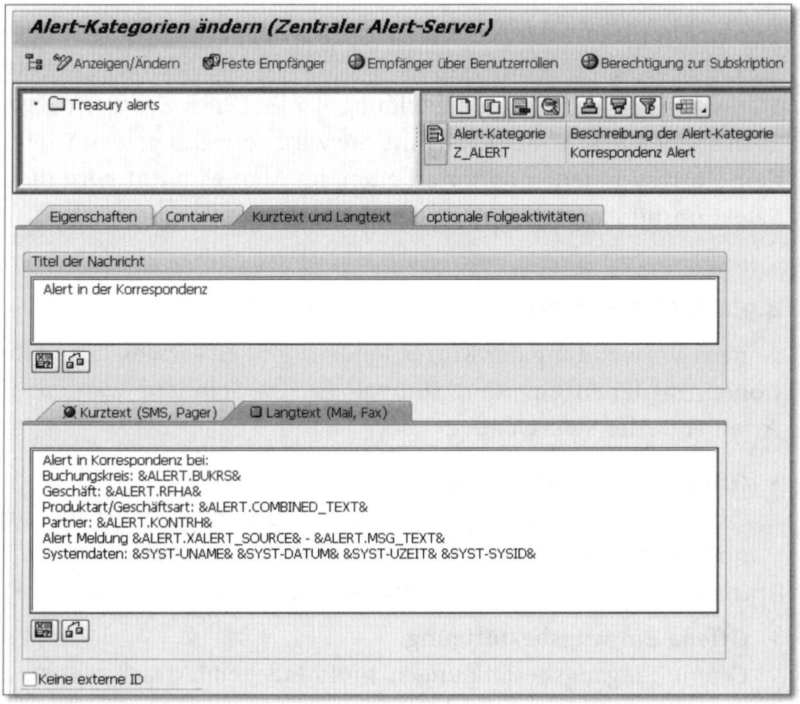

Abbildung 4.43 Definition der Alert-Kategorie

Alert-Kategorie zuordnen

Im Customizing unter KORRESPONDENZ • ALERT gibt es vier Unterpunkte, um die Alert-Kategorien für Geldhandel, Devisen, Derivate oder Wertpapiere zuzuordnen. Mit der Transaktion ALERT-KATEGORIEN FÜR DEPOTS PFLEGEN (Transaktion FTR_SAT_ALRT) können Sie dies für Depots vornehmen.

Die für Beispiel 1 notwendige Zuordnung der Alert-Kategorie Z_ALERT zu der verwendeten Produktart (Spalte PART), Geschäftsart (Spalte GART) und dem Vorgangstyp (Spalte VTYP) sehen Sie in Abbildung 4.44.

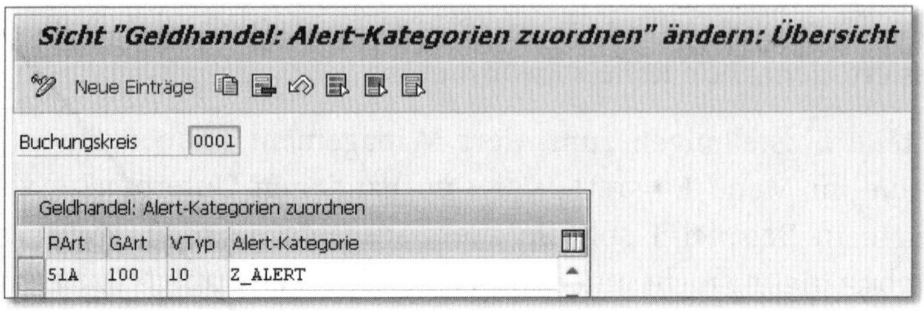

Abbildung 4.44 Zuordnung der Alert-Kategorie

Maximale Wartezeit definieren

Bei der Zuordnung der Attribute zur Geschäftspartnergruppe können Sie die Zeitspanne definieren, die ein Korrespondenzobjekt in einem Status bleiben darf (siehe Abbildung 4.21). Diese Zeitspanne wird auch *maximale Wartezeit* genannt. Sie wird verwendet, wenn Sie mit dem Korrespondenzmonitor arbeiten, im Alert Monitor wird die im Selektionsbild angegebene Zeitspanne verwendet.

4.9.2 Alert-Arten

Je nach Verwendung der Korrespondenz gibt es verschiedene Situationen, in denen ein Alert sinnvoll ist. Im Standard werden drei Arten von Alerts verwendet:

- **Offene Ausgangsbestätigung**
  Offene Ausgangsbestätigungen sind ausgehende Nachrichten, die noch nicht gesendet wurden und nicht im Status *Invalidiert*, *Abgelehnt*, *Zurückgegeben* oder *Fertig gestellt* sind.
- **Offene Eingangsbestätigung**
  Offene Eingangsbestätigungen sind eingehende Nachrichten, die im Status *Empfangen* sind.
- **Offene Gegenbestätigung**
  Offene Gegenbestätigungen sind gegenbestätigungsrelevante ausgehende Nachrichten, die nicht im Status *Invalidiert*, *Abgelehnt*, *Zurückgegeben* oder *Fertig gestellt* sind.

Zudem gibt es die Möglichkeit, eigene Alerts zu definieren. Dazu ist im BAdI `FTR_TR_ALERT_ATTR` die Methode `EXIT_TR_ST_ALERT_MESSAGE` vorhanden, in der die vom System erstellten Alerts geändert oder ergänzt werden können.

4.9.3 Alert überwachen und auslösen

Alerts gibt es für verschiedene Bereiche innerhalb der Geschäftsverwaltung (siehe Abschnitt 3.4.1). Dazu können Sie als zentrales Werkzeug den Alert Monitor verwenden, der auch die Alerts für die Korrespondenz überwacht und von dem aus die Alerts gesendet werden können. Gleichzeitig ist diese Funktionalität auch in dem zentralen Werkzeug der Korrespondenz, dem Korrespondenzmonitor, enthalten.

Alert Monitor

Die Transaktion ALERT MONITOR (Transaktion FTR_ALERT) enthält im Selektionsbild eine Registerkarte für die Korrespondenz. Hier können Sie eingeben, für welche der im Standard enthaltenen drei Alert-Arten selektiert werden soll. Ist ein Alert vorhanden, können Sie den Alert über den Button BENACHRICHTIGUNG SENDEN auf dem Folgebildschirm verschicken.

Alert Monitor im Hintergrund

Mit der Transaktion KORRESPONDENZ-ALERTS SENDEN (Transaktion FTR_ALRT_BTCH) ist es möglich, den Alert Monitor eingeschränkt auf die Korrespondenz im Batch (Hintergrund) aufzurufen. Dabei wird jeder erkannte Alert gesendet. Um in Beispiel 1 eine länger als zwei Tage ausstehende Gegenbestätigung zeitnahe zu erkennen, ist für die Transaktion FTR_ALRT_BTCH eine Variante definiert. Diese Variante wird in einem Job regelmäßig alle 30 Minuten ausgeführt.

Korrespondenzmonitor

Im KORRESPONDENZMONITOR (Transaktion FTR_COMONI) gibt es die Spalte ICON_ALERT. Da die maximale Wartezeit nicht im Selektionsbild eingegeben werden kann, wird diese aus dem Customizing genommen. Sobald die Wartezeit überschritten ist, wird in der Spalte ein entsprechendes Icon () angezeigt. Auch aus dem Korrespondenzmonitor heraus kann der Alert gesendet werden. Außerdem ist es möglich, für mehrere Korrespondenzobjekte gleichzeitig den Alert zu senden.

4.10 Anzeige

Bei der Anlage oder Bearbeitung eines Geschäfts oder einer Depotumbuchung ist es möglich, sich direkt die Korrespondenzobjekte anzeigen zu lassen.

4.10.1 Anzeige im Geschäft

Beim Anlegen oder Bearbeiten eines Geschäfts können Sie sich über den Button Korrespondenz oder das Menü Springen • Korrespondenz alle Korrespondenzobjekte des Geschäfts anzeigen lassen.

Anzeige nicht aktuell

Beachten Sie dabei, dass die aktuellen Daten erst beim Speichern in das Korrespondenzobjekt geschrieben werden. Daher können Sie noch nicht sehen, wie sich Ihre Eingaben auf die Korrespondenz auswirken. Darüber hinaus wird bei der Geschäftsänderung zuerst ein neues Korrespondenzobjekt und eventuell auch ein Storno-Korrespondenzobjekt erzeugt. Beim Speichern werden die für die Korrespondenz relevanten Felder verglichen und wird diese Neuerzeugung dort eventuell wieder rückgängig gemacht. Auch dies können Sie bei der Anzeige der Korrespondenz aus dem Geschäft heraus nicht sehen.

Detailprotokoll

Wieso zu dem Vorgang eines Geschäfts Korrespondenz angelegt oder auch keine Korrespondenz angelegt wird, ist aus dem Customizing nicht so einfach ersichtlich. Dazu wurde das Detailprotokoll eingeführt, das das verwendete Customizing Schritt für Schritt mitprotokolliert. Dieses Detailprotokoll ist für den aktuellen Vorgang in der Anzeige der Korrespondenzobjekte über den Button Detailprotokoll ( ) verfügbar. Gibt es kein Korrespondenzobjekt zum Geschäft, wird das Detailprotokoll direkt ausgegeben, wenn die Korrespondenz angezeigt werden soll.

4.10.2 Anzeige bei Depotumbuchung

Anzeige und Detailprotokoll

Analog zum Geschäft ist es auch bei der Transaktion Depotumbuchung (Transaktion FWDU) möglich, über den Button Korrespondenz ( ) die Korrespondenzobjekte anzuzeigen. Auch hier werden die Daten der Depotumbuchung erst beim Speichern in das Korrespondenzobjekt geschrieben. Es ist also nicht möglich, sich die Nachricht vorab anzusehen.

4.11 Korrespondenzmonitor

Das zentrale Werkzeug der Korrespondenz ist der Korrespondenzmonitor. Im Menü ist der Korrespondenzmonitor (Transaktion FTR_COMONI) die einzige Transaktion auf der obersten Ebene. Mit dem Korrespondenzmonitor können Sie im Prinzip alle bisher beschriebenen Funktionen ausführen. Die Ausnahme ist das Starten des Eingangsprozesses.

Berechtigung

Wie in der Geschäftsverwaltung üblich, wird bei jeder Transaktion die Berechtigungsprüfung für die Transaktion mit dem Berechtigungsobjekt `F_T_TRANSB` durchgeführt. Sämtliche Funktionen sind, auch wenn sie von außerhalb des Korrespondenzmonitors aufgerufen werden, mit einer Berechtigungsprüfung versehen. Folgendes wird für die Berechtigungsobjekte pro Produktart/Geschäftsart (Berechtigungsobjekt `T_DEAL_PD`), pro Depot (Berechtigungsobjekt `T_DEAL_DP`), pro Portfolio (Berechtigungsobjekt `T_DEAL_DP`) oder pro Berechtigungsgruppe (Berechtigungsobjekt `T_DEAL_AG`) abgefragt:

- die Berechtigungsfunktion `TRFCT` mit dem Wert 04 (Korrespondenz)
- die Aktivität `ACTVT` mit dem Wert PR (Prozess Korrespondenz) oder dem Wert PS (Prozess Korrespondenz Spezial)

Die Spezialberechtigung PS wird für die erzwungene Verknüpfung, das Senden eines Alert sowie für das Einspielen einer (negativen) Bestätigungsnachricht benötigt.

4.11.1 Selektionsbild

Oberer Bereich

Das Selektionsbild des Korrespondenzmonitors teilt sich in drei Teile. Im oberen Teil werden Selektionskriterien zum administrativen Teil des Korrespondenzobjekts angegeben (siehe Abbildung 4.45). Da noch nicht zugeordnete Korrespondenzobjekte noch nicht über administrative Daten verfügen, gibt es das Ankreuzfeld Alle nicht zugeordnete Korrespondenz. Ist dieses Feld angekreuzt, werden zusätzlich alle Korrespondenzobjekte selektiert, die noch nicht einem Geschäft oder einem Depot zugeordnet sind.

Mittlerer Bereich

Der mittlere Teil besteht aus drei Registerkarten (siehe Abbildung 4.46). Ein Korrespondenzobjekt gehört entweder zu einem Geschäft oder zu einem Depot. Darüber hinaus kann es Abwicklungsinformationen enthalten. Diese drei Registerkarten sind mit einem logischen ODER verknüpft. Das bedeutet, es werden alle Korrespondenzobjekte selektiert, die der ersten Registerkarte Geschäft und den administrativen Selektionskriterien, der zweiten Registerkarte Depot und den administrativen Selektionskriterien oder der dritten Registerkarte Abwicklungsinformationen und den administrativen Selektionskriterien entsprechen.

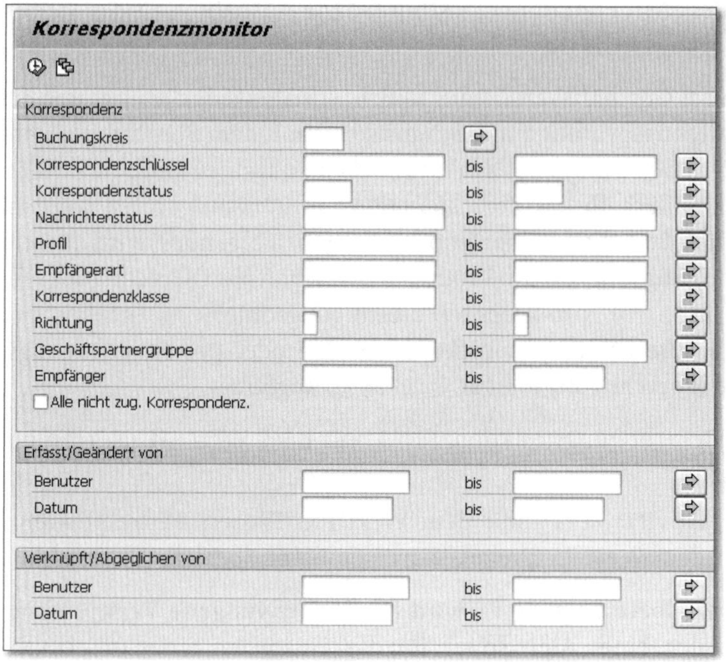

Abbildung 4.45 Selektionsbild Korrespondenzmonitor, oberer Bereich

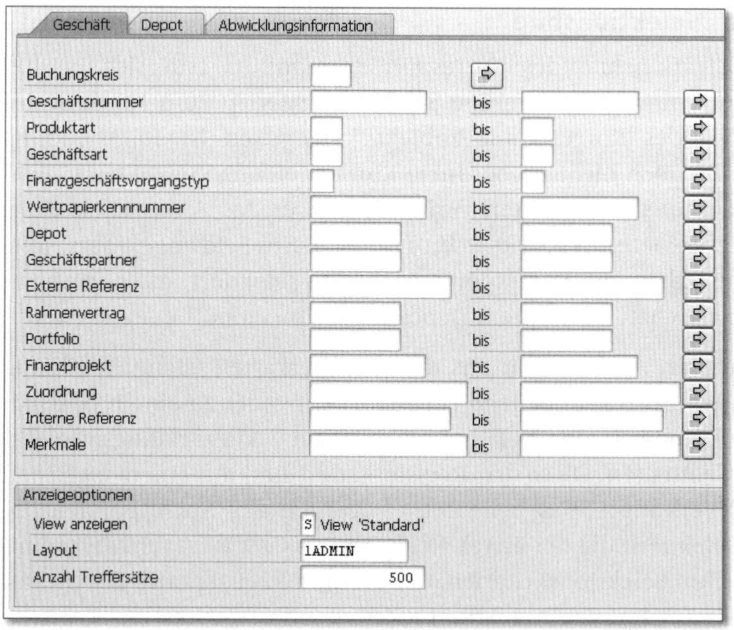

Abbildung 4.46 Selektionsbild Korrespondenzmonitor, mittlerer und unterer Bereich

Im unteren Teil werden die Anzeigeoptionen angegeben: welcher View im Datenbild zuerst angezeigt wird, welches Layout im Datenbild zuerst verwendet wird und wie viele Treffer maximal angezeigt werden.

Unterer Bereich

Nach der Selektion wird vom BAdI `BADI_TCOR_SELECTION` die Methode `SELECTION` aufgerufen, in der Sie aus der Selektion Korrespondenzobjekte entfernen können, sodass diese nicht im Datenbild angezeigt werden.

Überarbeitung Selektion

4.11.2 Datenbild

Es gibt drei verschiedene Views, um sich das Datenbild anzeigen zu lassen.

Der View 'Abgleich' wird verwendet, wenn Korrespondenzobjekte miteinander abgeglichen werden sollen. Dies wird in Abschnitt 4.8 beschrieben, und Abbildung 4.42 zeigt diesen View.

View 'Abgleich'

Der View 'Zuordnung' wird verwendet, wenn Korrespondenzobjekte einem Geschäft oder einem Depot direkt oder indirekt zugeordnet werden sollen. Bei der indirekten Zuordnung erhalten sie denselben Eintrag wie ein anderes bereits zugeordnetes Korrespondenzobjekt. Gegenüber dem View 'Abgleich' werden unterschiedliche Arten von Korrespondenzobjekten angezeigt und daraufhin auch leicht unterschiedliche Funktionen angeboten.

View 'Zuordnung'

Der View 'Standard' wird für alle übrigen Fälle verwendet, da hier keine zwei Arten von Korrespondenzobjekten einander gegenübergestellt werden, sondern einfach die Liste der Korrespondenzobjekte angezeigt wird (siehe Abbildung 4.47).

View 'Standard'

Richtung	Anlage	Not.	Alert KObj	Status	KObj.	Empfänger	Empf.-/Senderart	Kanal	Format	Geschäft
→				Empfangen	15048	DEUBA	COUNTERPARTY	FILE	ZMT320	10027
←				Fertig gestellt	15047	ZINT_CONT	INTERNAL	FAX	PDF_CNF_MM	10027
←				Gesendet	15046	DEUBA	COUNTERPARTY	FILE	ZMT320	10027
←				Gesendet	15045	ZINT_CONT	INTERNAL	FAX	PDF_CNF_MM	10026
←				Initiiert	15044	DEUBA	COUNTERPARTY	FILE	ZMT320	10026
←				Fertig gestellt	15043	ZINT_CONT	INTERNAL	FAX	PDF_CNF_MM	10025

Abbildung 4.47 Korrespondenzmonitor View 'Standard'

Übergreifende Funktionen

Die Funktionen, die nicht direkt die ausgewählten Korrespondenzobjekte einer Liste betreffen, sind direkt unter dem Titel aufgeführt.

- **Anlegen ( )**
  Die Funktion Anlegen startet die manuelle Anlage eines Korrespondenzobjekts, die in Abschnitt 4.5.3 beschrieben ist.
- **Auffrischen ( )**
  Mit der Funktion Auffrischen werden die Daten der Korrespondenzobjekte neu selektiert. Wird auf einem Korrespondenzobjekt eine Funktion ausgeführt, werden dessen Daten automatisch aktualisiert, und es ist nicht notwendig, die gesamte Liste aufzufrischen.
- **Auswahl View**
  Mit den beschriebenen Funktionen View 'Standard', View 'Zuordnung' und View 'Abgleichen' ist es möglich, zwischen den verschiedenen Views der Ergebnisliste zu navigieren.
- **Erzwungene Verknüpfung ( )**
  Mit dem Erzwungenen Abgleich können Sie eingehende und ausgehende Korrespondenzobjekte manuell miteinander verknüpfen. Dies ist in Abschnitt 4.8.3 beschrieben.
- **Neue Anzeigenvariante ( )**
  Ein Korrespondenzobjekt besteht aus einer Hierarchie von Datenbanktabellen. Bei der Anzeige eines Korrespondenzobjekts können Sie auf jeder einzelnen Datenbanktabelle ein eigenes Layout für die Anzeige der Daten definieren. Damit automatisch das gewünschte Layout pro Datenbanktabelle gewählt wird, können Sie eine Anzeigenvariante definieren. Mit der Funktion Neue Anzeigenvariante wird solch eine Anzeigenvariante angelegt.
- **Anzeigenvariante auswählen ( )**
  Mit der Funktion Anzeigenvariante auswählen können Sie zwischen den definierten Anzeigenvarianten wechseln.

Funktionen zu ausgewählten Korrespondenzobjekten

Die Funktionen zu einem ausgewählten Korrespondenzobjekt finden Sie in der Menüleiste der Listanzeige. Aus einigen Funktionen können Sie auch noch in Unterfunktionen verzweigen.

- **Detail ( )**
  Ein Korrespondenzobjekt ist ein hierarchisch aufgebautes Objekt. Mit der Funktion Detail können sämtliche Ebenen des Objekts im Detail betrachtet werden.
- **Underlying anzeigen ( )**
  Ein Korrespondenzobjekt gehört zu einem Geschäft oder einem Depot und wird diesem zugeordnet. Mit der Funktion Underlying anzeigen können Sie in das zugehörige Geschäft oder Depot verzweigen.
- **Korrespondenz anzeigen ( )**
  Ist die Nachricht noch nicht gesendet, können Sie mit der Funktion Korrespondenz anzeigen • Korrespondenzvorschau anzeigen die Nachricht so anzeigen, wie sie beim Senden aussehen würde. Mit Korrespondenz anzeigen • Korrespondenz anzeigen können Sie bereits gesendete Nachrichten betrachten.
- **Anlagen ( )**
  Mit der Funktion Anlagen • Dokumente anhängen können Sie einem Korrespondenzobjekt beliebig viele Anlagen zuordnen. Dass zu einem Korrespondenzobjekt eine Anlage vorhanden ist, sehen Sie im Datenbild in der Spalte ICON_ATTACH mit einem entsprechenden Icon ( ). Sind Anlagen vorhanden, können Sie diese über Anlagen • Anlagen pflegen anzeigen oder löschen.
- **Notizen pflegen ( )**
  Mit der Funktion Notizen pflegen können Sie beliebige neue Notizen erfassen oder die letzte Notiz ändern. Ist zu einem Korrespondenzobjekt eine Notiz vorhanden, wird in der Spalte ICON_NOTES ein entsprechendes Icon ( ) eingeblendet.
- **Gesamte verwandte Korrespondenz ( )**
  Über die Funktion Gesamte verwandte Korrespondenz können Sie sich alle zu einem Korrespondenzobjekt gehörenden Korrespondenzobjekte anzeigen lassen. Dazu gehören sowohl die Korrespondenzobjekte desselben Geschäfts oder desselben Depots als auch die innerhalb eines Korrespondenzobjekts referenzierten Korrespondenzobjekte.
- **Verknüpfungen/Abgleiche anzeigen ( )**
  Die Verknüpfung wird in Abschnitt 4.8 beschrieben. Ist ein Korrespondenzobjekt in einer Verknüpfung enthalten, werden über die

Funktion VERKNÜPFUNGEN/ABGLEICHE ANZEIGEN alle übrigen Korrespondenzobjekte der Verknüpfung angezeigt.

- **Zuordnen ()**
  Wenn ein Korrespondenzobjekt noch keinem Geschäft oder Depot zugeordnet ist, können Sie diese Zuordnung manuell mit der Funktion ZUORDNEN DURCHFÜHREN vornehmen.
- **Zuordnung aufheben ()**
  Ist hingegen ein Korrespondenzobjekt schon einem Geschäft oder Depot zugeordnet, können Sie diese Zuordnung mit der Funktion ZUORDNUNG AUFHEBEN rückgängig machen, falls das Korrespondenzobjekt nicht aus dem Geschäft oder der Depotumbuchung heraus erzeugt wurde.
- **Statusfunktionen ()**
  Mit den STATUSFUNKTIONEN können Sie ein Korrespondenzobjekt in den nächsten Status überführen. Es sind nur die zu dem aktuellen Status des Korrespondenzobjekts möglichen Statusfunktionen aktiv. Die Statusfunktionen werden in Abschnitt 4.3.4 beschrieben und grafisch dargestellt.
- **Protokoll ()**
  Zu einem Korrespondenzobjekt steht eine Reihe von Protokollen zur Verfügung.
  - Über PROTOKOLL • AKTIONSPROTOKOLL werden die durchgeführten Aktionen und deren Meldungen angezeigt.
  - Über PROTOKOLL • STATUSPROTOKOLL verzweigen Sie in die Statusverwaltung.
  - Über PROTOKOLL • FREIGABEPROTOKOLL können Sie den Freigabeprozess nachvollziehen.
  - Über PROTOKOLL • ÄNDERUNGSBELEGE zeigen Sie die Änderungen der Datenbanktabellen auf Feldebene an.
  - Ist ein Korrespondenzobjekt im Freigabeprozess, können Sie über PROTOKOLL • GENEHMIGERLISTE alle Personen anzeigen, die die Freigabe erteilen können.
- **Alert senden ()**
  Liegt zu einem Korrespondenzobjekt ein Alert vor, ist ein entsprechendes Icon in der Spalte ICON_ALERT () zu sehen. Mit der Funktion ALERT SENDEN wird dieser Alert manuell gesendet. Alerts werden in Abschnitt 4.9 beschrieben.

4.12 Erweiterungen (BAdI)

Das Korrespondenz-Framework ist ein offenes flexibles Framework. Um diese Offenheit und Flexibilität zu ermöglichen, werden die Werte zur Steuerung der Korrespondenz (z.B. welche Formate existieren) nicht fest vorgegeben, sondern können im Customizing eingestellt werden. Da die Programmlogik von diesen Customizing-Werten abhängig ist, ist die Programmlogik in BAdIs implementiert, sodass bei neuen Customizing-Werten entsprechende BAdI-Implementierungen aufgerufen werden. In der Standardauslieferung sind Werte im Customizing definiert. Entsprechende BAdI-Implementierungen werden mit ausgeliefert. Bei Bedarf können Sie eigene Werte im Customizing definieren, müssen dann aber gegebenenfalls eigene BAdI-Implementierungen erstellen.

Erweiterungsspots

Erweiterungsspot-Definitionen gruppieren die BAdI-Definitionen thematisch, und Erweiterungsspot-Implementierungen gruppieren die BAdI-Implementierungen ebenfalls nach ihrem Thema.

4.12.1 Erweiterungsspot ES_TCOR_MONITOR

Betriebswirtschaftliche Prozesse der Korrespondenzobjekte

Der Erweiterungsspot `ES_TCOR_MONITOR` gruppiert alle BAdIs für die betriebswirtschaftlichen Prozesse der Korrespondenzobjekte. Die Erweiterungsspot-Implementierung `EI_TCOR_MONITOR` gruppiert die BAdI-Implementierungen dieses Erweiterungsspots.

- **BAdI BADI_TCOR_FILL: Korrespondenzobjekt füllen**
  Ein Korrespondenzobjekt besteht aus einer Hierarchie von Datenbanktabellen. Wird ein neues Korrespondenzobjekt angelegt, sollen so viele Daten wie möglich übernommen werden. Da jede Datenbanktabelle per Append-Struktur um kundeneigene Felder erweitert werden kann, stehen in diesem BAdI Methoden zum Füllen der Felder zur Verfügung. Auch können der Empfänger/Sender und die Adressdaten gefüllt werden. Ist keine Implementierung vorhanden, wird die Fallback-Klasse `CL_TCOR_BADI_FILL` aufgerufen, die ebenfalls in der ausgelieferten BAdI-Implementierung `BADI_TCOR_FILL` verwendet wird.
- **BAdI BADI_TCOR_FILL_APPROVAL_ATTR: Freigabeprozess**
  Der Freigabeprozess der Korrespondenzobjekte kann abhängig von einigen Daten gesteuert werden. Dazu steht die Struktur `TCOR_STR_TRM_COR_RELEASE` zur Verfügung. Diese kann durch eine Append-Struktur um kundeneigene Felder ergänzt werden. Diese

Felder zu füllen ist die Aufgabe dieses BAdIs. Die Fallback-Klasse CL_TCOR_BADI_FILL_APPROVALATTR ergänzt Daten aus dem BAV-Meldewesen.

- **BAdI BADI_TCOR_MATCH: Verknüpfung**
  Die Verknüpfung wird in Abschnitt 4.8 beschrieben. Wenn die Verknüpfung über Feldvergleich nicht ausreicht, besteht in diesem BAdI die Möglichkeit, beliebig komplexe Verknüpfungen zu erstellen. Dazu werden die abzugleichenden Korrespondenzobjekte, sämtliche offenen Korrespondenzobjekte sowie die Vorschlagswerte für die Verknüpfung durch das System zur Verfügung gestellt. In der Fallback-Klasse CL_TCOR_BADI_MATCH ist die Verknüpfung für NDF implementiert.
- **BAdI BADI_TCOR_EVENT: Ereignisse**
  Nach dem Sichern eines Korrespondenzobjekts können Ereignisse ausgelöst werden. Dazu zählen das Setzen und Zurücknehmen von Bestätigung, Gegenbestätigung und Lieferung. Wenn Sie keine eigene Implementierung vorgenommen haben, wird als Fallback-Klasse CL_TCOR_BADI_EVENT aufgerufen.
- **BAdI BADI_TCOR_EVENT_FILTER: Ereignis abstimmen**
  Das Ereignis Abstimmen hat mit SAP ERP 6.0 EHP 5 ein eigenes BAdI bekommen. Dieses BAdI wird aufgerufen, wenn für die Geschäftspartnergruppe das Attribut Abstimmen gesetzt ist. Für dieses BAdI ist ein Filter definiert. Die Implementierung BADI_TCOR_EVENT_FILTER_SECACC wird gerufen, wenn das Attribut Abstimmen den Wert »X« (Abstimmen Depot) hat. Die Implementierung BADI_TCOR_EVENT_FILTER_DIVPAYM wird gerufen, wenn das Attribut Abstimmen den Wert »A« hat (Abstimmen Dividendenzahlung).
- **BAdI BADI_TCOR_SELECTION: Selektion Korrespondenzmonitor**
  Die Selektion der Korrespondenzobjekte wird im Korrespondenzmonitor entsprechend den Selektionskriterien durchgeführt (siehe Abschnitt 4.11.1). Anschließend können mit diesem BAdI Korrespondenzobjekte hinzugefügt oder aussortiert werden.
- **BAdI BADI_TCOR_CREATE:**
  Beeinflussung Korrespondenzerzeugung
  Mit SAP-Hinweis 1689414 besteht die Möglichkeit, die Erzeugung von Korrespondenzobjekten zu beeinflussen. In dem Hinweis ist auch dieses BAdI enthalten, damit ganze Korrespondenzobjekte

aus der Bearbeitung herausgenommen oder hinzugefügt werden können.

4.12.2 Erweiterungsspot ES_TCORF_CONFIG

Kommunikationsprofil

Der Erweiterungsspot `ES_TCORF_CONFIG` gruppiert die BAdIs für die Konfiguration des Kommunikationsprofils. Die Erweiterungsspot-Implementierung `EI_TCORF_CONFIG` gruppiert die BAdI-Implementierungen dieses Erweiterungsspots.

Formatabhängige Attribute

Bei der Definition des Kommunikationsprofils innerhalb des Customizings werden die formatabhängigen Attribute über eine dynamische Tabellenselektion ermittelt. Auf diese Filterwerte können Sie mit dem BAdI `BADI_TCORF_CONFIG` Einfluss nehmen. Dazu gibt es die Implementierung `BADII_TCORF_FORMAT`.

4.12.3 Erweiterungsspot ES_TCORF_MSG_INT

Senden und Empfangen von Nachrichten

Der Erweiterungsspot `ES_TCORF_MSG_INT` gruppiert die BAdIs für das Senden und Empfangen der Nachrichten. Die Erweiterungsspot-Implementierung `EI_TCORI_SWIFT_FILE` gruppiert die Implementierungen für SWIFT-konformes Senden und Empfangen von Dateien. Diese Implementierung wird auch als *Datei-Adapter* bezeichnet. Die Erweiterungsspot-Implementierung `EI_TCORI_FORM_PDF_SAPSCRIPT` gruppiert die Implementierungen für das Senden und Empfangen von PDF-Formularen oder SAPscript-Formularen. Diese Implementierung nennt man auch je nach verwendetem Kommunikationskanal Fax-Adapter, E-Mail-Adapter oder Druck-Adapter.

Ablauf Ausgangs- und Eingangsprozess

Beim Ausgangsprozess wird das Korrespondenzobjekt zuerst formatabhängig in eine unformatierte Nachricht überführt. Diese unformatierte Nachricht wird anschließend Format-Metatyp-abhängig in die formatierte Nachricht überführt. Abschließend wird die formatierte Nachricht kommunikationskanalabhängig gesendet (siehe Abschnitt 4.5.5). Beim Eingangsprozess werden die Schritte in umgekehrter Reihenfolge durchlaufen. Dies wird in Abschnitt 4.6 beschrieben.

[+]

Eigenes Customizing

In diesem Erweiterungsspot sind sämtliche BAdIs filterabhängig. Wenn Sie im Customizing eigene Formate, Kommunikationskanäle oder Format-Metatypen definieren, müssen Sie entweder die Filterwerte ergänzen oder eigene BAdI-Implementierungen anlegen.

- **BAdI BADI_TCORF_FORMAT_SINGLE: Formatunabhängige obligatorische Schritte**
  Dieses BAdI hat als Filter das Format und enthält Methoden für die obligatorischen Schritte des Mappings zwischen Korrespondenzobjekt und unformatierter Nachricht. Dieses Mapping wird in Abschnitt 4.6.4 beschrieben. Für den Datei-Adapter ist die Implementierung `BADII_TCORI_SWIFT_FORMAT_S` und für die anderen Adapter die Implementierung `BADII_TCORI_FORM_PDF_SAPSCRIPT` vorhanden. In beiden Beispielen wurden die neuen Formate ZMT320 und ZMT535 angelegt. Um die vorhandenen BAdI-Implementierungen zu verwenden, wurden deren Filterwerte entsprechend erweitert.
- **BAdI BADI_TCORF_FORMAT_MULTI_OPTION: Formatabhängige optionale Schritte**
  Dieses BAdI hat als Filter das Format und enthält die optionalen Schritte, für die mehrere BAdI-Implementierungen aufgerufen werden dürfen. Dies sind die Methoden zum Prüfen der Daten des Korrespondenzobjekts und zum Prüfen der Daten der unformatierten Nachricht sowie Prüfungen während des Mappings. Für den Datei-Adapter ist die Implementierung `BADII_TCORI_SWIFT_FORMAT_MULTI` vorhanden.
- **BAdI BADI_TCORF_FORMAT_SINGLE_OPT: Formatabhängige optionale Schritte**
  Dieses BAdI hat als Filter das Format und enthält die optionalen Schritte, für die nur eine BAdI-Implementierung aufgerufen werden darf. Dies sind Methoden, um temporär die aus dem Customizing gelesene Konfiguration zu ändern oder um fragmentierte Nachrichten zusammenzufügen (siehe hierzu Abschnitt 4.6.3). Für den Datei-Adapter ist die Implementierung `BADII_TCORI_SWIFT_MT535_OPTION` vorhanden.
- **BAdI BADI_TCORF_META: Format-Metatypabhängige obligatorische Schritte**
  Dieses BAdI hat als Filter den Format-Metatyp und enthält Methoden für die obligatorischen Schritte des Mappings zwischen unformatierter Nachricht und formatierter Nachricht. Für den Datei-Adapter gibt es für das Erstellen einer normalen SWIFT-Nachricht die Implementierung `BADII_TCORI_SWIFT_MT` sowie zum Erstellen einer SWIFT-Nachricht gemäß SAP Integration Package 4 die Implementierung `BADII_TCORI_SWIFT_SAP`. Für die anderen Adapter existiert die Implementierung `BADII_TCORI_FAX_FORM`.

- **BAdI BADI_TCORF_META_OPTION: Format-Metatypabhängige optionale Schritte**
  Dieses BAdI hat als Filter den Format-Metatyp und enthält die optionalen Schritte des Mappings zwischen unformatierter und formatierter Nachricht. Dies sind Methoden, um eine eingehende Datei in einzelne Nachrichten aufzuteilen und das Format zu ermitteln. Für den Datei-Adapter gibt es die Implementierung BADII_TCORI_SWIFT_MT_OPTION.
- **BAdI BADI_TCORF_CHANNEL_MULTI: Kanalabhängige obligatorische Schritte**
  Dieses BAdI hat als Filter den Kommunikationskanal und enthält die obligatorischen Schritte zum Senden und Empfangen einer formatierten Nachricht über den Kommunikationskanal. Es existieren folgende Implementierungen:
  - Für den Datei-Adapter gibt es die Implementierung BADII_TCORI_FILE_M.
  - Für den Fax-Adapter gibt es die Implementierung BADII_TCORI_FAX.
  - Für den E-Mail-Adapter gibt es die Implementierung BADII_TCORI_EMAIL.
  - Für den Druck-Adapter gibt es die Implementierung BADII_TCORI_PRINT.
- **BAdI BADI_TCORF_CHANNEL_SINGLE_OPT: Kanalabhängige optionale Schritte**
  Dieses BAdI hat als Filter den Kommunikationskanal und enthält die optionalen Schritte, die beim Senden und Empfangen einer formatierten Nachricht durchgeführt werden. Dies sind Methoden, um temporär die aus dem Customizing gelesene Konfiguration zu ändern.

4.12.4 Erweiterungsspot FTR_TR_ALERT

Der Erweiterungsspot FTR_TR_ALERT gruppiert die BAdIs für Alerts. Es gibt keine BAdI-Implementierungen und damit auch keine Erweiterungsspot-Implementierung.

Das BAdI FTR_TR_ALERT_ATTR enthält zwei Methoden. Mit der einen ist es möglich, die vom System ermittelten Alerts zu ändern oder eigene Alerts zu ergänzen. Mit der anderen können die aus dem Customizing ermittelten Alert-Attribute geändert werden. Alert

Mit dem Wort »Bestand« werden bei Finanzinstrumenten zwei Begriffe verbunden und häufig auch vermischt, nämlich Menge und Wert. Erst die saubere Trennung beider Begriffe ermöglicht ein hohes Maß an Flexibilität und auch die Unterstützung mehrerer Rechnungslegungen.

5 Bestandsverwaltung

Während für den Händler oft das einzelne Geschäft im Vordergrund steht, ist für das Backoffice wegen seiner natürlichen Nähe zur Buchhaltung das Denken in Beständen normal. Aus Sicht der Buchhaltung sind vor allem die auf Beständen saldierten Werte von Interesse. Aber auch in der externen Kommunikation sind Bestände von Bedeutung, wobei hier die saldierte Menge im Vordergrund steht. Es gibt durchaus unterschiedliche Anforderungen an die Abgrenzung der verschiedenen Bestände. Das Vermitteln zwischen verschiedenen Bestandsbegriffen und die Unterstützung der darauf basierenden Prozesse, vor allem im Backoffice, sind die Aufgaben der Bestandsverwaltung. Dabei soll das System Ihnen möglichst viel Ihrer regelmäßigen Arbeit abnehmen oder erleichtern. Dies ist natürlich nur möglich, wenn Sie alle dazu notwendigen Einstellungen und Parameter vorher im Customizing gepflegt haben. Deshalb nimmt das Customizing in diesem Kapitel einen breiten Raum ein.

Zunächst wollen wir in Abschnitt 5.1 grundlegende Begriffe der Bestandsverwaltung des Transaction Managers klären. Abschnitt 5.2 befasst sich dann mit der externen Bestandsverwaltung, behandelt also Prozesse mit externen Geschäftspartnern. Hier geht es ausschließlich um standardisierte Finanzinstrumente, also Wertpapiere, Futures und handelbare Optionen.

Der internen Bestandsverwaltung des Transaction Managers haben wir drei Abschnitte gewidmet. Sie erlaubt es, Ihre Buchhaltung relativ flexibel zu gestalten und insbesondere auch mehrere Rechnungslegungen parallel mit relativ geringem Aufwand zu unterstützen. Dies zieht ein entsprechendes Maß an Komplexität nach sich. Daher beschreibt

Abschnitt 5.3 zunächst die Grundlagen und schafft ein Verständnis für die Zusammenhänge zwischen externen und internen Beständen. Abschnitt 5.4 beschreibt die Prozesse, die auf den internen Beständen aufbauen, mit der buchhalterischen Bewertung als wichtigstem Beispiel. Abschnitt 5.5 schließlich beschreibt zwei Beispielszenarien, um den Customizing-Aufbau noch mal zu verdeutlichen.

5.1 Grundlegende Begriffe

Um die Bestandsverwaltung des Transaction Managers erklären zu können, müssen wir zunächst einige Begriffe erläutern. Dabei erhalten Sie auch einen ersten Eindruck von der Konzeption der Bestandsverwaltung. Zunächst klären wir den Unterschied zwischen externen und internen Beständen, mit dieser Unterscheidung wird in der Bestandsverwaltung gearbeitet. Gemeinsam ist den Beständen, dass sie durch Bewegungen auf- und abgebaut werden. Das wichtigste Attribut der Bewegung in der Bestandsverwaltung ist die Fortschreibungsart. Bewegungen wiederum sind Teil von Geschäftsvorfällen.

5.1.1 Externe und interne Bestände

Über Bestände zu sprechen ist im Bereich von Finanzinstrumenten sehr natürlich. Wie in der Einleitung angedeutet, gibt es verschiedene Arten von Beständen, die nebeneinander ihre Daseinsberechtigung haben, weil sie für einen bestimmten Zweck angemessen sind.

Wertpapiere

Am Beispiel der Wertpapiere wird schnell klar, warum wir neben den Geschäften zu Finanzinstrumenten noch eine weitere Größe betrachten müssen. Wenn Sie z.B. eine Anleihe wiederholt kaufen, schließen Sie offenbar mehrere Geschäfte zu dieser Anleihe ab. Zinsen oder Tilgungen erhalten Sie von Ihrer Depotbank jedoch nicht für jeden einzelnen Kauf, sondern für die Gesamtmenge der Anleihe in Ihrem Besitz. Ein Bestand dient also dazu, bestimmte Dinge zu saldieren.

Um diesem Zweck gerecht werden zu können, müssen wir für einen Bestand zwei Aspekte definieren:

- Was eint Bewegungen dieses Bestands und unterscheidet ihn somit von anderen Beständen?
- Welche Größen wollen wir auf dem Bestand saldieren? Was sind die Zu- und Abgänge?

In der Kommunikation mit externen Geschäftspartnern gibt es für diese beiden Kriterien Standards. *Externe Bestände* grenzen sich durch von außen vorgegebene Merkmale voneinander ab. Auf ihnen werden, zumindest in der Kommunikation nach außen, nur Mengen saldiert, nicht aber Werte.

Externer Bestand

Eine *Menge* kann bei Finanzprodukten, wie z.B. Aktien, in Stück gemessen werden oder auch, wie bei Anleihen oder Geldhandelsinstrumenten, in einer Währung. In letzterem Fall sprechen wir von *Nominalen*. Es ist wichtig, den formalen Unterschied zwischen einem Nominal und einem Betrag im Sinn eines Wertes vorzunehmen. Wenn Sie eine Anleihe über oder unter Par kaufen, unterscheidet sich der Nominalbetrag des Kaufs offensichtlich von seinem Wert, dem Zahlbetrag.

Mengen

Aber selbst wenn sich die Beträge nicht unterschieden, sollten wir die Bedeutungen auseinanderhalten. Einen *Wert* zuzumessen ist nämlich eine Aufgabe interner Prozesse, besonders der Buchhaltung. Bewegungen zu externen Beständen können durchaus Werte tragen, sie werden auf einem externen Bestand jedoch nicht saldiert; auf dem externen Bestand werden nur Mengen saldiert, weil sie unabhängig von einer Rechnungslegung sind und damit geeignet für die externe Kommunikation.

Werte

Bei standardisierten Finanzinstrumenten sind natürlich auch die Merkmale standardisiert, die verschiedene Bestände unterscheiden. Die Verwaltung dieser Bestände zu Wertpapieren, Futures und handelbaren Optionen ist die Aufgabe der externen Bestandsverwaltung des Transaction Managers. Wir gehen darauf ausführlich in Abschnitt 5.2 ein.

Bei OTC-Instrumenten verwendet man die Geschäftsnummer als identifizierendes Merkmal in der externen Kommunikation. Ein Geschäft entspricht einem externen Bestand. Als Folge verwaltet der Transaction Manager externe Bestände für die OTC-Instrumente nur, um eine Änderung der Haltekategorie zu ermöglichen. Wir beschreiben dies im Detail in Abschnitt 5.4.5.

Wenden wir uns nun dem Pendant des externen Bestands zu. *Interne Bestände* dienen vorwiegend buchhalterischen Zwecken. Sie können deshalb auch nach unternehmensinternen Kriterien voneinander unterschieden werden. Ihre Aufgabe ist es, neben Mengen auch

Interne Bestände

Werte zu saldieren. Sie sind der Ausgangspunkt der buchhalterischen Bewertung. Wir bezeichnen sie auch als *Buchbestände*.

Die interne Bestandsverwaltung des Transaction Managers ist im Bereich der Wertpapiere sehr flexibel, wie wir in Abschnitt 5.3 ausführlich behandeln werden. Dabei darf der Zusammenhang zwischen externen und internen Beständen nicht verloren gehen. Der Zusammenhang besteht über die Mengenveränderungen, die zusammen mit den externen auch die verbundenen Buchbestände betreffen. Das System verteilt nötigenfalls Bewegungen eines externen Bestands auf mehrere Buchbestände.

Mengenbuch

Das *Mengenbuch* stellt den Zusammenhang zwischen externen und internen Beständen her, indem es eigene Bestände auf der kleinsten Granularität führt. Sie werden diese Information normalerweise nicht brauchen. Bei Interesse können Sie sich diese Bestände mithilfe der Transaktion BESTANDSLISTE FÜR MENGENBUCH-POSITIONEN (Transaktion TPM26) ansehen. Sie finden sie im Menü unter TRANSACTION MANAGER • WERTPAPIERE/DERIVATE • INFOSYSTEM • BESTAND.

Natürlich kann es sinnvoll sein, interne Bestände entsprechend den externen zu führen. Dies ist für OTC-Geschäfte auch die normale Herangehensweise. Hier gilt also für interne und externe Bestände, dass sie einem Geschäft entsprechen. Die Unterscheidung der beiden Bestandsarten ist hier insofern wichtig, als nur die internen Bestände Werte tragen.

Die OTC-Geschäfte weisen auf einen Punkt hin, den wir bisher ausgeklammert haben. Bei diesen Finanzinstrumenten sind häufig mehrere Mengen von Bedeutung, z.B. bei Zinsswaps oder Basketoptionen. Die Bestandsverwaltung des Transaction Managers kann nur mit einer Menge je Bestand umgehen. Daher behilft sie sich bei vielen OTC-Geschäften mit der Aussage, dass zum Vertragsabschluss das Geschäft als ein Stück zugeht und bei Laufzeitende wieder abgeht.

5.1.2 Fortschreibungsart

Definition der Fortschreibungsart

Die *Fortschreibungsart* kennzeichnet die Bewegung in der Bestandsverwaltung. Sowohl die externe als auch die interne Bestandsverwaltung verknüpfen Attribute mit einer Fortschreibungsart und lassen einer Bewegung des Finanzstroms auf diese Weise Eigenschaften zukommen.

Bestandsänderungstyp

Wie der Name vermuten lässt, ist die Fortschreibungsart eine Größe, die Sie selbst definieren können. Sie erwarten nun zu Recht, dass es einen zugeordneten Typ gibt, der die wichtigsten Eigenschaften der Fortschreibungsart und damit der Bewegung wiedergibt. Dies ist der *Bestandsänderungstyp* in der internen Bestandsverwaltung. Darauf kommen wir in Abschnitt 5.3.1 zu sprechen. Es gibt aber noch zahlreiche weitere Eigenschaften, die der Fortschreibungsart an verschiedenen Stellen zugeordnet werden. Die Bewegungen stellen gewissermaßen die Atome dar, aus denen sich die Finanzströme aller Bestände zusammensetzen. Folglich weisen die verschiedenen Teile der Bestandsverwaltung ihnen über die Fortschreibungsarten die jeweils relevanten Eigenschaften zu.

Fortschreibungsart und Bewegungsart

Die Fortschreibungsart hat damit die gleiche Rolle in der Bestandsverwaltung wie die Bewegungsart in der Geschäftsverwaltung. Eine Fortschreibungsart entspricht aber nicht immer genau einer Bewegungsart. Ein Grund dafür ist die unterschiedliche Berücksichtigung der (Zahlungs-)Richtung. Während eine Bewegungsart grundsätzlich sowohl in ausgehender als auch in eingehender Richtung verwendet werden kann, ist einer Fortschreibungsart implizit immer genau eine Richtung zugeordnet. Es kommt deshalb vor, dass mehrere Bewegungsarten auf die gleiche Fortschreibungsart abgebildet werden. Zahlreiche Fortschreibungsarten haben jedoch keine entsprechende Bewegungsart. Diese Bewegungen gehören zu Geschäftsvorfällen, die ihren Ursprung in der Bestandsverwaltung haben. Aus der externen Bestandsverwaltung sind Zinsen oder Dividenden typische Beispiele, aus der internen Bestandsverwaltung sind es Bewertungen.

Customizing

Wenn Sie im Customizing Fortschreibungsarten verwenden müssen, haben Sie fast immer die Möglichkeit, sie auch gleichzeitig zu definieren. Die entsprechende Aktivität heißt immer FORTSCHREIBUNGSARTEN DEFINIEREN und FORTSCHREIBUNGSART DEN VERWENDUNGEN ZUORDNEN. Wie Sie in Abbildung 5.1 sehen, ist die Definition tatsächlich nichts anderes als die Festlegung eines Schlüssels und einer Bezeichnung.

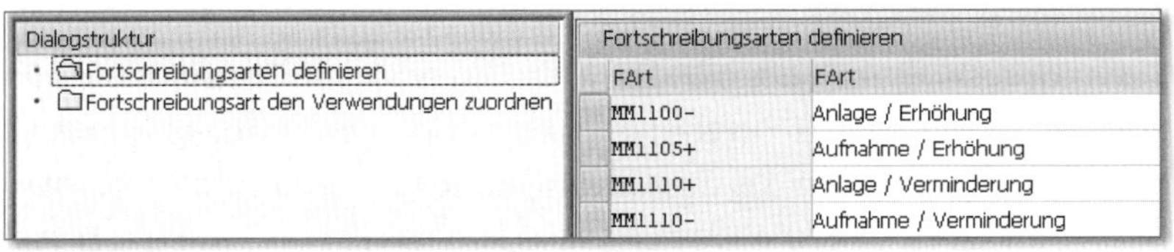

Abbildung 5.1 Fortschreibungsarten definieren

Verwendungen

Zusätzlich sollten Sie die Fortschreibungsart einer oder mehreren *Verwendungen* zuordnen. Die wesentliche Aufgabe dieser Zuordnung ist es, Ihnen bei der Pflege der Eigenschaften in anderen Customizing-Aktivitäten eine gute Wertehilfe anbieten zu können. Sie werden schnell mehrere hundert Fortschreibungsarten im System haben, für einen bestimmten Zweck kommt aber immer nur eine mehr oder weniger große Teilmenge infrage. Diese Teilmengen werden durch die Verwendungen beschrieben.

Namenskonventionen

Wegen der großen Anzahl von Fortschreibungsarten ist es sinnvoll, sich an Namenskonventionen zu halten, um den Überblick zur bewahren. Im Muster-Customizing gelten folgende Regeln für die ersten Stellen der Fortschreibungsarten:

- MM: Bereich Geldhandel
- FX: Bereich Devisenhandel
- DE: Bereich OTC-Derivate, Futures und handelbare Optionen
- SE: Bereich Wertpapiergeschäfte
- CML: Bereich Darlehen
- SAM: Depotverwaltung
- SAT: Depotumbuchung
- RHT: Wertpapierrecht
- CA: Kapitalmaßnahme
- V: Bewertung
- VR: Rücknahme der Bewertung
- AD: Abgrenzung
- DBT: Bewegung eines abgeleiteten Geschäftsvorfalls
- AAR: Kontierungsreferenzumbuchung
- VT: Bewertungsklassenumbuchung
- DT: Altdatenübernahme
- INI: Initialisierung

Praktisch alle Bewegungen der Geschäftsverwaltung sind auch in der Bestandsverwaltung sichtbar. Daher müssen Sie im Customizing hinterlegen, welche Fortschreibungsarten mit den Bewegungsarten verknüpft sind. Sie finden das Customizing unter TRANSACTION MANAGER • GELDHANDEL/DEVISEN/WERTPAPIERE/OTC-DERIVATE • GESCHÄFTSVER-

WALTUNG • FORTSCHREIBUNGSARTEN • BEWEGUNGSARTEN DEN FORTSCHREIBUNGSARTEN ZUORDNEN. Wie Sie in Abbildung 5.2 sehen, hängt die Verknüpfung auch von der RICHTUNG ab.

Zuordnung Geschäftsbewegungsart zu Fortschreibungsart

VertrArt	BArt	Bezeichnung	Richtung	FArt	Bezeichnung Fortschreibun...
Geldhandel	1100	Anlage / Erhöhung	Abfluss	MM1100-	Anlage / Erhöhung
Geldhandel	1105	Aufnahme / Erhöhung	Zufluss	MM1105+	Aufnahme / Erhöhung
Geldhandel	1106	Aufnahme / Erhöhung	Zufluss	MM1106+	Aufnahme / Erhöhung
Geldhandel	1110	Verminderung	Zufluss	MM1110+	Anlage / Verminderung
Geldhandel	1110	Verminderung	Abfluss	MM1110-	Aufnahme / Verminderung

Abbildung 5.2 Zuordnung von Bewegungsarten zu Fortschreibungsarten

5.1.3 Geschäftsvorfall

Definition des Geschäftsvorfalls

Ein *Geschäftsvorfall* ist das elementare Ereignis in der Bestandsverwaltung. Er setzt sich aus einigen zentralen Daten, wie Buchungskreis oder Bestandsdatum, und seinen Bewegungen zusammen. Jeder Geschäftsvorfall hat mindestens eine, kann aber auch mehrere Bewegungen haben. Der Geschäftsvorfall entspricht dem Elementarereignis in der Finanzbuchhaltung, dem Buchhaltungsbeleg. Darauf gehen wir in Abschnitt 6.2 näher ein.

Geschäftsvorfallstyp

Ein Geschäftsvorfall wird durch seinen *Geschäftsvorfallstyp* gekennzeichnet. Sie haben auf die Vergabe dieses Typs keinen Einfluss. Beispiele für Geschäftsvorfallstypen sind Zins, Wertpapierkauf oder Bewertung.

Die meisten Geschäftsvorfälle betreffen nur einen Bestand, viele haben sogar nur eine Bewegung. Sie können aber auch mehrere Bestände betreffen, wie z.B. die physische Ausübung einer Option oder eine Depotumbuchung.

Status eines Geschäftsvorfalls

Geschäftsvorfälle und damit implizit ihre Bewegungen können verschiedene Status einnehmen, die teilweise mit denen der Bewegungen der Geschäftsverwaltung korrespondieren:

- **Geplant**
  Viele Geschäftsvorfälle sind zunächst geplant, sei es, weil sie noch in der Zukunft liegen oder weil noch Genehmigungsprozesse auf ihnen ausgeführt werden müssen. Geplante Geschäftsvorfälle sind noch änderbar. Dieser Status entspricht den Status *nicht buchungsrelevant* und *zur Buchung vorgemerkt* der Geschäftsverwaltung.

- **Fixiert**
  Dieser Status ist weitgehend gleichbedeutend mit der Aussage, dass der Geschäftsvorfall in das Hauptbuch fortgeschrieben wurde, also gebucht ist. Folglich ist der Geschäftsvorfall nicht mehr änderbar.

[»]

Status »Fixiert« und »Gebucht«

Die Bestandsverwaltung möchte von der Tatsache absehen, ob Geschäftsvorfälle in das Hauptbuch fortgeschrieben werden oder nicht, und vermeidet in der Regel den Begriff *gebucht* zur Beschreibung dieses Status. In der Tat gibt es auch Geschäftsvorfälle, die Sie zwar fixieren müssen, die aber trotzdem nicht gebucht werden. Im Folgenden verwenden wir zumeist den Begriff *gebucht*, weil er mehr dem normalen Sprachgebrauch entspricht.

- **Operativ fixiert**
  Dieser Status bedeutet, dass der Geschäftsvorfall aus Sicht der externen Bestandsverwaltung schon fixiert, aber in der internen Bestandsverwaltung immer noch geplant ist. Der Status wird während der Verarbeitung des Zahlungsverkehrs verwendet.
- **Gezahlt**
  Dieser Status deutet an, dass eine Zahlungsanordnung für den Geschäftsvorfall erzeugt wurde. Er hängt mit dem Status *operativ fixiert* zusammen. Den Zahlungsprozess betrachten wir im Detail in Kapitel 6, »Integration mit anderen Modulen«.
- **Zahlung storniert**
  Wenn eine Zahlungsanordnung erzeugt wurde, kann diese nicht mehr geändert werden, sondern darf nur storniert werden.
- **Storniert**
  Wurde ein Geschäftsvorfall fixiert, kann er nicht mehr geändert, sondern nur für ungültig erklärt, also storniert, werden. Ein stornierter Geschäftsvorfall ist mit zwei Belegen des Hauptbuchs verknüpft, dem ursprünglichen Beleg, der beim Übergang in den Status *fixiert* erzeugt wurde, und dem Stornobeleg, der beim Übergang in den Status *storniert* erzeugt wurde.
- **Zu fixieren**
  Dieser Status ist eine Besonderheit in der internen Bestandsverwaltung. Er kann nur für Geschäftsvorfälle auftreten, die aus der

Geschäftsverwaltung kommen. Inhaltlich ist der Geschäftsvorfall nicht mehr änderbar. Allerdings wurde er noch nicht in das Hauptbuch fortgeschrieben. Wir gehen darauf in Kapitel 6, »Integration mit anderen Modulen«, ein.

- **Zu stornieren**
  Der Geschäftsvorfall war bereits fixiert, Sie haben ihn aber als nicht mehr gültig erklärt. Ein Storno im Hauptbuch ist jedoch noch nicht erfolgt. Im Lebenszyklus eines Geschäftsvorfalls liegt dieser Status also zwischen *fixiert* und *storniert*. Der Status entspricht dem Status *zum Storno vorgemerkt* der Geschäftsverwaltung.
- **Zahlung zu stornieren**
  Der Geschäftsvorfall war bereits gezahlt, Sie haben ihn aber in der Geschäftsverwaltung zum Storno vorgemerkt. Deshalb muss auch die entsprechende Zahlung storniert werden. Dieser Status liegt zwischen *gezahlt* und *storniert*.

5.1.4 Parallele Rechnungslegung

Verschiedene Sichten auf die gleichen Bestände

Die interne Bestandsverwaltung ist in der Lage, mehrere Rechnungslegungen parallel nebeneinander zu unterstützen. Damit erlaubt die interne Bestandsverwaltung verschiedene Sichten auf die gleichen Bestände. Diese Möglichkeit macht viele Vorgehensweisen der Bestandsverwaltung verständlich. Selbst wenn Sie nicht beabsichtigen oder gezwungen sind, in Ihrem Unternehmen Bilanzen nach mehreren Rechnungslegungen zu erstellen, ist es hilfreich, sich dieses Szenario zumindest für die Zeit der Lektüre dieses Buches immer vor Augen zu halten. Erst dann werden die Mächtigkeit und Komplexität der Bestandsverwaltung erkennbar.

5.2 Externe Bestandsverwaltung

Die *externe Bestandsverwaltung* befasst sich mit Prozessen, die Sie für Wertpapiere, Futures und handelbare Optionen mit externen Geschäftspartnern abwickeln. Die externe Sicht für OTC-Geschäfte wird durch die Geschäftsverwaltung bereits umfassend beschrieben. Denn als nicht standardisierte Finanzinstrumente werden die Finanzströme jedes Geschäfts individuell verhandelt.

Wertpapierbestände identifizieren

Wir haben in Abschnitt 5.1.1 bereits erläutert, dass man zu jedem Bestand angeben muss, durch welche Merkmale er sich von anderen Beständen abgrenzt. Für externe Bestände sind diese Merkmale von außen durch Standards vorgegeben. Für Wertpapiere sind diese Merkmale die folgenden:

- Buchungskreis
- Kennnummer
- Depot

Der Buchungskreis tritt als differenzierendes Merkmal in allen Beständen auf, denn er kennzeichnet den Besitzer.

Futures und handelbare Optionen identifizieren

Handelbare Optionen und Futures werden im Gegensatz zu Wertpapieren nicht in Depots, sondern in Positionskonten verwaltet. Analog kennzeichnet das Positionskonto einen solchen Bestand. Hinzu kommt hier noch ein Kennzeichen, ob es sich um einen Long- oder Short-Bestand handelt. Bestände zu handelbaren Optionen und Futures werden im Transaction Manager also mindestens durch folgende vier Begriffe identifiziert:

- Buchungskreis
- Kennnummer
- Positionskonto
- Long-Short-Kennzeichen

Für Futures kommt noch hinzu, dass Future-Börsen tatsächlich über jedes einzelne Geschäft Buch führen. Jedes Geschäft für einen Bestandszugang führt zu einem eigenen Bestand. Dies bezeichnet man als *Einzelbestand* oder auch als *Lot-Bestand*. Darauf gehen wir später noch detaillierter ein.

Zwar gehen auch Wertpapiergeschäfte, also Käufe und Verkäufe, in die externe Bestandsverwaltung ein, verantwortlich ist sie aber nur für solche Prozesse, die auf ihren Beständen beruhen. Dies sind insbesondere Geschäftsvorfälle, die auf die mit den Finanzinstrumenten verknüpften Konditionen zurückzuführen sind. Die externe Bestandsverwaltung beinhaltet im Bereich der Wertpapiere auch die Kapitalmaßnahmen und Rechte. Schließlich werden die täglichen Margin-Geschäftsvorfälle für Futures und handelbare Optionen von ihr erzeugt.

5.2.1 Depotverwaltung

Praktisch alle Wertpapiere sind mit Konditionen verknüpft, die beschreiben, zu welchen Zahlungen der Besitz des Wertpapiers berechtigt oder verpflichtet. Dazu zählen Zinsen oder Tilgungen im Bereich der Anleihen, Dividenden im Bereich der Aktien oder Ausschüttungen von Investmentfonds. In Kapitel 2, »Stammdaten«, haben Sie bereits gesehen, wie Sie diese Konditionen einrichten. Die wesentliche Aufgabe der Depotverwaltung ist es nun, Finanzströme für externe Bestände auf der Basis der Konditionen und weiterer Angaben aufzubauen und die daraus resultierenden Geschäftsvorfälle abzuwickeln. Daneben betrachten wir auch die Depotumbuchung als eine Funktion der Depotverwaltung.

Beispiel

Werfen wir zunächst einen Blick auf einen typischen Finanzstrom in der Depotverwaltung in Abbildung 5.3. Es handelt sich um den Finanzstrom eines Anleihebestands, der durch einen einzelnen Kauf zustande gekommen ist. Sie können sich die Depotfinanzströme mit Transaktion Depotfinanzstrom (Transaktion TPM40) anzeigen lassen, die Sie im Menü unter Transaction Manager • Wertpapiere • Abwicklung • Depotverwaltung • Bestandsinformationen • Depotfinanzstrom finden.

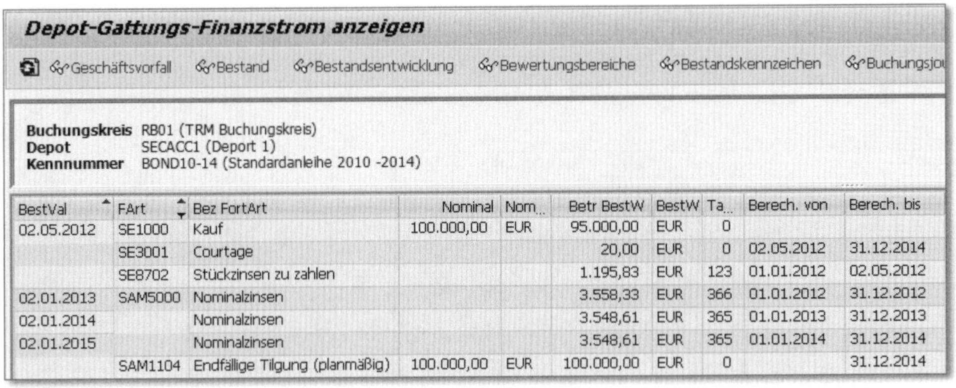
Depot-Gattungs-Finanzstrom anzeigen

Geschäftsvorfall | Bestand | Bestandsentwicklung | Bewertungsbereiche | Bestandskennzeichen | Buchungsjo

Buchungskreis RB01 (TRM Buchungskreis)
Depot SECACC1 (Deport 1)
Kennnummer BOND10-14 (Standardanleihe 2010 -2014)

BestVal	FArt	Bez FortArt	Nominal	Nom...	Betr BestW	BestW	Ta...	Berech. von	Berech. bis
02.05.2012	SE1000	Kauf	100.000,00	EUR	95.000,00	EUR	0		
	SE3001	Courtage			20,00	EUR	0	02.05.2012	31.12.2014
	SE8702	Stückzinsen zu zahlen			1.195,83	EUR	123	01.01.2012	02.05.2012
02.01.2013	SAM5000	Nominalzinsen			3.558,33	EUR	366	01.01.2012	31.12.2012
02.01.2014		Nominalzinsen			3.548,61	EUR	365	01.01.2013	31.12.2013
02.01.2015		Nominalzinsen			3.548,61	EUR	365	01.01.2014	31.12.2014
	SAM1104	Endfällige Tilgung (planmäßig)	100.000,00	EUR	100.000,00	EUR	0		31.12.2014

Abbildung 5.3 Depotfinanzstrom einer Anleihe

Sie erkennen zuerst einen Kauf. Die Stückzinsbewegung und Courtage finden Sie auch im Finanzstrom des Geschäfts. Zusätzlich sehen Sie die jährlichen Zinszahlungen und schließlich die endfällige Tilgung.

Finanzstrom

Sobald Sie den Kauf erfasst haben, erzeugt das System automatisch einen solchen Finanzstrom. Wir erklären Ihnen in den folgenden

Abschnitten, was Sie im Customizing einstellen müssen, um diesen oder auch komplexere Finanzströme zu erzeugen. Die Finanzströme zu Wertpapieren ändern sich normalerweise nicht, sodass Sie sie nur nach und nach in die Finanzbuchhaltung fortschreiben müssen. Die entsprechende Funktion der Sollstellung stellen wir Ihnen hier vor. Es folgen noch weitere kleinere Funktionen wie die manuelle Buchung und schließlich die bereits erwähnte Depotumbuchung.

Konditionsbasierte Geschäftsvorfälle

Konditions- und Fortschreibungsarten

Bei der Einrichtung der Stammdaten zu einem Wertpapier haben Sie gesehen, dass die Konditionen über Konditionsarten definiert werden. Nun sollen aus diesen Konditionen Geschäftsvorfälle mit Bewegungen erzeugt werden. Da die Bewegungen durch Fortschreibungsarten gekennzeichnet sind, ist es notwendig, eine Beziehung zwischen Konditionsarten und Fortschreibungsarten herzustellen. Dies können Sie im Customizing unter Transaction Manager • Wertpapiere • Bestandsverwaltung • Depotverwaltung einstellen.

Attribute der Fortschreibungsart

Zunächst müssen Sie natürlich Fortschreibungsarten definieren und wie beschrieben einer Verwendung zuordnen. In der nächsten Aktivität – Fortschreibungsarten für Depotverwaltung spezifizieren – weisen Sie den Fortschreibungsarten Eigenschaften zu. Dies tun Sie für alle Fortschreibungsarten, die Sie in der Depotverwaltung benötigen, nicht nur für diejenigen, die auf Konditionen zurückzuführen sind. Abbildung 5.4 zeigt, was zu tun ist.

Abbildung 5.4 Fortschreibungsarten für Depotverwaltung spezifizieren

Zunächst müssen Sie einen Berechnungstyp zuordnen. Dabei handelt es sich um die Typen, die Sie bereits bei den Konditionsarten kennengelernt haben. Zwar ist dies für Fortschreibungsarten, die Konditionsarten zugeordnet werden, eine redundante Information. Aber auch die Fortschreibungsarten zu Wertpapiergeschäften benötigen diese Berechnungstypen – also AA für Käufe oder SS für Verkäufe. Ansonsten erkennt das System nicht, ob es sich um Zu- oder Abgänge handelt.

Im Bildbereich EFFEKTIVZINSBERECHNUNG geben Sie an, ob Bewegungen mit dieser Fortschreibungsart überhaupt in die Effektivzinsberechnung eingehen. Falls ja, geben Sie an, mit welchem Vorzeichen sie berücksichtigt werden sollen. Zumeist entspricht dieses Vorzeichen auch dem Eintrag im Feld RICHTUNG im Bildbereich ZAHLUNG. Die Zahlungsrichtung wird für die Fortschreibung von SAP Cash and Liquidity Management und beim aktiven Zahlen benötigt.

Neben den Bewegungen, die aus Konditionen aufgebaut werden, kann die Depotverwaltung weitere Bewegungen erzeugen. Dazu gehören Steuern oder Bewegungen für die Sollstellung. Auf beides kommen wir unter der Überschrift »Steuern in der Depotverwaltung« noch zu sprechen. Die Bewegungsklassifikation (Bildbereich BEWEGUNGSKLASSIFIKATION) ist ohne Bedeutung.

Sollstellung

Schließlich müssen Sie noch zwei Einstellungen im Bildbereich SOLLSTELLUNG vornehmen. Im Umfeld der Depotverwaltung wird die Buchung von Bewegungen als *Sollstellung* bezeichnet. Der eine Schalter bestimmt, ob eine Bewegung mit der Massentransaktion zur Sollstellung gebucht werden kann (Ankreuzfeld MIT MASCHINELLER SOLLSTELLUNG BEARBEITBAR). Der zweite Schalter SOLLSTELLUNGSBEWEGUNG ERZEUGEN gibt an, ob für die Bewegung eine zweite Sollstellungsbewegung erzeugt werden soll. Was es damit genau auf sich hat, beschreiben wir unter der Überschrift »Sollstellung« in diesem Abschnitt. Wenn Sie das Kennzeichen BERECHNDATUM ALS BESTANDSDATUM VERWENDEN setzen, wird das Berechnungsdatum als Bestandsdatum verwendet. Standardmäßig entspricht das Bestandsdatum dem Zahldatum.

Fortschreibungsart und Konditionsart

Nun haben wir die Fortschreibungsart so weit qualifiziert, dass sie in der Depotverwaltung eingesetzt werden kann. Unser Ziel war zunächst, eine Beziehung zwischen Fortschreibungsart und Konditionsart herzustellen. Im Customizing unter TRANSACTION MANAGER •

Wertpapiere • Bestandsverwaltung • Depotverwaltung finden Sie die Aktivität Fortschreibungsarten zu Konditionsarten zuordnen, die in Abbildung 5.5 dargestellt ist. Damit ist das System in der Lage, aus den Konditionen der Gattungsdaten Geschäftsvorfälle der Bestandsverwaltung zu erzeugen.

Dialogstruktur
- Aktivpos.: Fortsch.arter
- Passivpos.: Fortsch.arte

Aktivpos.: Fortsch.arten zu Kond.arten zuordnen

Ko...	Bez.Konditionsart	Fi...	Zahlrichtung	eingehend	ausgehend
100	Zinsen (proz.not.)	TZ	eingehende Zahlung bei posi...	SAM5000	SAM5001
101	var. Zinsen	TZ	eingehende Zahlung bei posi...	SAM5000	
111	Dividende	TD	eingehende Zahlung bei posi...	SAM5013	
113	Bonus	TD	eingehende Zahlung bei posi...	SAM5015	
116	Ausschüttung	TD	eingehende Zahlung bei posi...	SAM5014	
133	Nachzahlung	TD	ausgehende Zahlung bei posi...		SAM1002
134	Zinsen (st.not.)	TZST	eingehende Zahlung bei posi...	SAM5009	
260	ABS/MBS Ratentilgung	TTRA	eingehende Zahlung bei posi...	SAM1111	
261	Annuitätentilgung	TTAN	eingehende Zahlung bei posi...	SAM1105	
262	Ratentilgung	TTRA	eingehende Zahlung bei posi...	SAM1106	
263	Endfällige Tilgung	TTEN	eingehende Zahlung bei posi...	SAM1104	

Abbildung 5.5 Für Aktivpositionen Fortschreibungsart einer Konditionsart zuordnen

Die Customizingaktivität bedarf der Erklärung, weil sich scheinbar alles um Zahlrichtungen dreht, die wir bereits in Abbildung 5.4 angegeben haben. Die Situation ist deshalb kompliziert, weil die gleiche Konditionsart für Aktiv- und Passivbestände wie für Long- und Short-Bestände vorkommen kann, jedoch jeweils anderen Fortschreibungsarten zugeordnet werden muss.

Aktiv- und Passivbestände

Machen wir uns die Unterschiede zwischen den vier Arten von Beständen klar. In Abschnitt 2.5.1 zu den Depotstammdaten haben wir erklärt, dass das System emittierte Anleihen in eigenen Depots, den Passivdepots, verwaltet, während normale Bestände in Aktivdepots liegen. Aktiv- und Passivbestände werden also anhand ihres Depots unterschieden. Beide Bestände haben eine positive Menge. Bestände auf Passivdepots haben jedoch negative Werte, was man freilich nur an den zugehörigen Buchbeständen der internen Bestandsverwaltung sieht. Wenn Sie es erlauben, kann das System auch Short-Bestände zu Wertpapieren verwalten. Short-Bestände zeichnen sich durch eine negative Menge aus. Sie haben außerdem auch negative Werte. Bei Emissionen sind negative Mengen nicht sinnvoll.

Pflege Aktiv- vs. Passivbestände

Die Unterscheidung zwischen Aktiv- und Passivbeständen wird bei der Zuordnung der Fortschreibungsarten durch getrennte Pflegeoberflächen vorgenommen. Abbildung 5.5 zeigt die Pflege für Aktivbestände; es gibt eine weitere völlig analoge Pflege für Passivbestände.

Pflege Long- vs. Short-Bestände

Die Unterscheidung zwischen Long- und Short-Beständen nehmen Sie implizit vor. Mit der Einstellung der Spalte ZAHLRICHTUNG in Abbildung 5.5 geben Sie an, ob die Konditionsart für Long-Bestände (daher bei aktivem Bestand) eine eingehende oder ausgehende Zahlung ist. Dementsprechend verwendet das System für Aktivbestände die Fortschreibungsart in der Spalte EINGEHEND oder AUSGEHEND. Bei Short-Beständen nimmt das System an, dass die Konditionsart mit der umgekehrten Zahlungsrichtung einhergeht, und verwendet folglich die Fortschreibungsart in der jeweils anderen Spalte. Solange Sie nur Aktivbestände haben, ist immer nur eine der beiden letzten Spalten gefüllt.

[«]

Konsistenzbedingungen für Customizing

Die Fortschreibungsarten, die Sie in den Spalten EINGEHEND oder AUSGEHEND eintragen, müssen zwei Konsistenzbedingungen genügen. Der Berechnungstyp, den Sie in Abbildung 5.4 eingetragen haben, muss mit demjenigen der Konditionsart (Spalte FIM in Abbildung 5.5) übereinstimmen, sonst erhalten Sie eine Fehlermeldung. Tragen Sie eine Fortschreibungsart in der Spalte EINGEHEND ein, muss diese auch den Wert EINGEHENDE ZAHLUNG im Feld RICHTUNG haben (siehe Abbildung 5.4).

Mit diesen Einstellungen ist das System bereits in der Lage, den in Abbildung 5.3 gezeigten einfachen Finanzstrom für eine Anleihe zu erzeugen.

Variable Zinsen und Zinsanpassung

Bezug zum Referenzzinssatz

Etwas anspruchsvoller wird der Finanzstrom für variabel verzinsliche Anleihen. Grundsätzlich ist die Vorgehensweise ähnlich der variabel verzinslichen OTC-Geschäfte. Zunächst ist klar, dass Sie sich in diesem Fall bereits in den Zinskonditionen der Gattung (siehe Kapitel 2, »Stammdaten«) auf einen Referenzzinssatz beziehen, anstatt unmittelbar einen Zinssatz einzugeben. Natürlich können Sie einfache Zu- oder Abschläge auf diesen Referenzzinssatz angeben.

Kondition zur Zinsfixierung

Der Zeitpunkt der Zinsfixierung selbst wird wieder durch eine Kondition abgebildet. Aufgrund dieser Kondition bestimmt das System bei der Berechnung des Finanzstroms den Zinssatz, der jeder Zinsbewegung zugrunde liegt. Üblicherweise werden Sie einstellen, dass die Zinsfixierung jeweils am Periodenanfang oder einige Tage davor stattfindet. Für Zinsbewegungen, deren Zinsfixierung noch in der Zukunft liegt und für die folglich kein Wert des Referenzzinssatzes verfügbar ist, wird der letzte verfügbare Wert verwendet. Im Gegensatz zur Geschäftsverwaltung gibt es hier keine Plansatzfortschreibungsstrategien. Das System hindert Sie selbstverständlich daran, versehentlich solche vorläufigen Bewegungen zu buchen.

Durchführung der Zinsfixierung

Die Zinsfixierung selbst ist keine spezielle Transaktion für nur diesen Zweck. Die Transaktion heißt PLANSÄTZE FORTSCHREIBEN (Transaktion FWUP) und befindet sich im Menü unter TRANSACTION MANAGER • WERTPAPIERE • ABWICKLUNG • DEPOTVERWALTUNG • PLANSÄTZE FORTSCHREIBEN. Sie können diese Transaktion immer verwenden, wenn Sie Finanzströme zu Wertpapieren neu berechnen lassen müssen. Variable Zinsen sind sicherlich das prominenteste Beispiel dafür. Sie brauchen die Transaktion natürlich nicht am Tag der Zinsfixierung laufen zu lassen. Im Fall variabler Zinsen aktualisiert das System bei jeder geplanten Zinsbewegung den Zinssatz sowie das Datum, zu dem dieser bestimmt wurde. Stimmt dieses Datum mit dem Zinsfeststellungsdatum überein, lässt sich die entsprechende Zinsbewegung buchen.

Steuern in der Depotverwaltung

Neben den konditionsbasierten Bewegungen enthält ein Finanzstrom eines Depotbestands in vielen Ländern noch Steuern. Ein Beispiel dafür ist die Zinsabschlagsteuer. Die Depotverwaltung bietet Ihnen die Möglichkeit, einfache Steuerszenarien abzubilden. Dies stellen wir Ihnen in diesem Abschnitt vor.

Steuerbewegungen erzeugt das System wie auch die konditionsbasierten Bewegungen automatisch. Nehmen wir z.B. an, dass wir für die Anleihe aus Abbildung 5.3 eine Zinsabschlagsteuer von 30% bezahlen müssen. Dann sollte der Finanzstrom wie in Abbildung 5.6 aussehen. Zu jeder Zinszahlung sehen wir am gleichen Tag eine weitere Bewegung mit der Fortschreibungsart SE3006. Ähnlich wird auch ein Solidaritätszuschlag mit der Fortschreibungsart SE3008 erzeugt.

Buchungskreis RB01 (TRM Buchungskreis)
Depot SECACC1 (Deport 1)
Kennnummer BOND10-14 (Standardanleihe 2010 -2014)

BestVal	FArt	Bezeichnung Fortschreibungsart	Nominal	NomW	Betr BestW	BestW	Tage	Berech. von	Berech. bis
02.05.2012	SE1000	Kauf	100.000,00	EUR	95.000,00	EUR	0		
	SE3001	Courtage			20,00	EUR	0	02.05.2012	31.12.2014
	SE8702	Stückzinsen zu zahlen			1.195,83	EUR	123	01.01.2012	02.05.2012
02.01.2013	SAM5000	Nominalzinsen			3.558,33	EUR	366	01.01.2012	31.12.2012
	SE3006	Zinsabschlag			1.067,50	EUR	366	01.01.2012	31.12.2012
	SE3008	Solidaritätszuschlag			58,71	EUR	366	01.01.2012	31.12.2012
02.01.2014	SAM5000	Nominalzinsen			3.548,61	EUR	365	01.01.2013	31.12.2013
	SE3006	Zinsabschlag			1.064,58	EUR	365	01.01.2013	31.12.2013
	SE3008	Solidaritätszuschlag			58,55	EUR	365	01.01.2013	31.12.2013
02.01.2015	SAM5000	Nominalzinsen			3.548,61	EUR	365	01.01.2014	31.12.2014
	SE3006	Zinsabschlag			1.064,58	EUR	365	01.01.2014	31.12.2014
	SE3008	Solidaritätszuschlag			58,55	EUR	365	01.01.2014	31.12.2014
	SAM1104	Endfällige Tilgung (planmäßig)	100.000,00	EUR	100.000,00	EUR	0		31.12.2014
	SAM6104	Endfällige Tilgung (planmäßig) (ZE)			100.000,00	EUR	0		

Abbildung 5.6 Depotfinanzstrom einer Anleihe mit Zinsabschlagsteuer

Steuersätze definieren

Wie erreichen wir nun dieses Verhalten? Es ist klar, dass Sie die entsprechende Fortschreibungsart zunächst definieren müssen. Darauf brauchen wir nicht weiter einzugehen. Wesentlich ist die eigentliche Einstellung der Steuer. Dazu finden Sie im Customizing die Aktivität Transaction Manager • Wertpapiere • Bestandsverwaltung • Depotverwaltung • Steuersätze definieren.

Ableitungsvorschriften für Steuerbewegungen

BuKr.	Prod....	Land	Depot	eing. FArt	ausg. FArt	gültig ab	Prozent	Rund.
RB01	40	DE		SAM5000	SE3006	01.01.1996	30,0000000	
RB01	40	DE		SE3006	SE3008	01.01.1996	5,5000000	
RB01	60	DE		SAM5000	SE3006	01.01.1996	30,0000000	
RB01	60	DE		SE3006	SE3008	01.01.1996	5,5000000	

Abbildung 5.7 Customizing zu Steuern in der Depotverwaltung

Die Einstellungen in dieser Aktivität sind relativ plausibel (siehe Abbildung 5.7). Da Steuern in staatlicher Verantwortung liegen, müssen Sie das Land angeben, für das der Steuersatz gelten soll. Das Land wird dann aus dem juristischen Sitz des Wertpapieremittenten bestimmt. Es lassen sich nur Steuern abbilden, die als Prozentsatz auf einen Basisbetrag berechnet werden. Die Bewegung, die den Basisbetrag liefert, geben Sie in der Spalte eingehende Fortschreibungsart an. Die Fortschreibungsart der Steuer erscheint in der Spalte ausgehende Fortschreibungsart. Neben dem Steuersatz können Sie noch eine Rundungsregel hinterlegen. Diese definieren Sie im Customizing unter Transaction Manager • Wertpapiere • Geschäftsverwaltung • Geschäftsarten • Rundungsregeln definieren.

Es ist möglich, eine Steuer zu einer Steuer zu berechnen. Sie können also als eingehende Fortschreibungsart wieder diejenige einer Steuer heranziehen. Allerdings erlaubt das System nur eine einmalige Iteration.

Steuerberechnung aktivieren

Danach müssen Sie die Steuerrechnung unter Transaction Manager • Wertpapiere • Stammdaten • Produktarten • Buchungskreisabhängige Einstellungen zur Produktart aktivieren. In Abbildung 5.8 sehen Sie die Einstellungen für die Produktart 04I. Als untersten Punkt finden Sie dort das Kennzeichen Steuern generieren. Erst nach der Aktivierung dieses Kennzeichens erhalten Sie tatsächlich den Finanzstrom aus Abbildung 5.6.

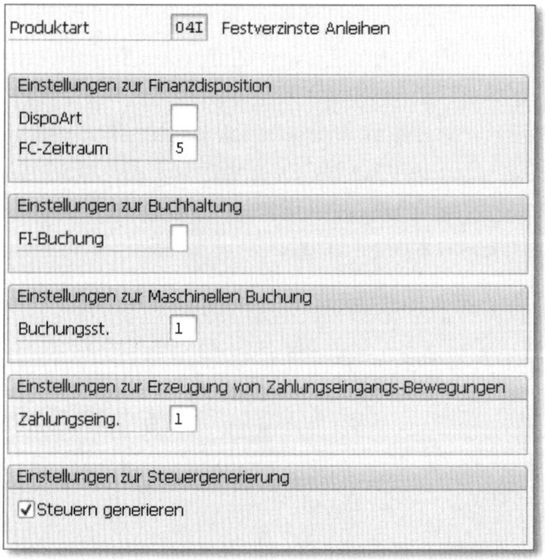

Abbildung 5.8 Buchungskreisabhängige Einstellungen zur Produktart

[»]

Finanzstrom aktualisieren

Sollten Sie die Einstellungen einmal im laufenden Betrieb ändern müssen, weil sich z. B. der Steuersatz eines Landes geändert hat, können Sie diesen auch aus der Transaktion Depotfinanzstrom (Transaktion TPM40) heraus neu berechnen lassen. Wählen Sie dazu im Menü unter Finanzstrom den Eintrag Neu berechnen und sichern aus. In der Regel werden Sie jedoch die Transaktion Plansätze fortschreiben (Transaktion FWUP) verwenden (siehe Überschrift »Variable Zinsen und Zinsanpassung«).

Als nächstes gehen wir kurz auf den Bildbereich EINSTELLUNGEN ZUR FINANZDISPOSITION in Abbildung 5.8 ein: Den Parameter DISPOSITIONSART (Feld DISPOART) können Sie ignorieren. Der Forecast-Zeitraum (Feld FC-ZEITRAUM) gibt an, für wie viele Halbjahre in die Zukunft der Finanzstrom generiert werden soll. Diese Einstellung verbessert auch die Performance, denn der Finanzstrom wird bei der Plansatzfortschreibung immer nur für die eingegebene Periode generiert. Dies hilft besonders bei langjährigen Wertpapieren mit vielen konditionsbasierten Bewegungen. Anwendungen, die den gesamten Finanzstrom benötigen, zum Beispiel die Bewertung oder Barwertberechnung, sind von dieser Einstellung nicht betroffen.

Buchungskreisabhängige Einstellungen zur Produktart [+]

Tragen Sie im Bildbereich EINSTELLUNGEN ZUR BUCHHALTUNG nichts ein oder allenfalls den Wert 2 mit der Beschreibung IST-SÄTZE IM NEBENBUCH, KEINE FI-BUCHUNG (NICHT DARLEHEN!). Falls Sie tatsächlich bestimmte Produktarten nicht in das SAP-Hauptbuch fortschreiben möchten, sondern nur in SAP Treasury and Risk Management führen, verwenden Sie dazu besser den View TRACC_POSTREL anstelle des Wertes 2. Sie können den View mit der Transaktion AUFRUF VIEW-PFLEGE (Transaktion SM30) bearbeiten. Bei den Einstellungen zur maschinellen Buchung ist 1 der einzig sinnvolle Wert. Wenn Sie 0 einstellen, können Sie die maschinelle Sollstellung nicht verwenden.

Auf die Einstellungen zur Erzeugung von Zahlungseingangsbewegungen kommen wir im folgenden Abschnitt zu sprechen. Um dies zu verstehen, müssen Sie zunächst nachvollziehen, wie Zahlungseingänge oder, allgemeiner, Geschäftsvorfälle aufgrund von Wertpapierkonditionen im Transaction Manager gebucht werden.

Sollstellung

Sollstellung

Als *Sollstellung* wird in der Depotverwaltung die Buchung von Geschäftsvorfällen bezeichnet. Die Bezeichnung wird verständlich, wenn Sie sich den Buchungsprozess des Eingangs von Zinsen oder Tilgungen vor Augen führen. Zwar brauchen Sie nicht aktiv zu werden, um diese Zahlungen zu erhalten, trotzdem müssen Sie aktiv zwei Prozessschritte im System durchführen. Zum Fälligkeitsdatum buchen Sie die Zinsen in die Gewinn- und Verlustrechnung (GuV) und erzeugen eine Forderung gegenüber der Bank. Einige Tage später erhalten Sie den Kontoauszug und gleichen die Forderung gegen das Bankkonto aus. Das Buchen der Zinsen stoßen Sie in jedem Fall aus der Bestandsverwaltung an, daher wird dieses Buchen als Sollstellung bezeichnet. Der Prozess eingehender Zahlungen ist immer zweistufig. Normalerweise erfolgt das Einspielen des Kontoauszugs in der Verantwortung des Hauptbuchs, und nur das Buchen der Forderung nehmen Sie aus dem Transaction Manager heraus vor. Der elektronische Kontoauszug kann selbstverständlich auch Eingänge aus dem Transaction Manager verarbeiten.

Zweistufiger Zahlungseingang

Gelegentlich ist es gewünscht, beide Stufen in der Depotverwaltung durchzuführen. Dazu brauchen Sie offenbar zwei buchbare Bewegungen im Finanzstrom – eine, die die Sollstellung repräsentiert, und eine zweite, die die Bestätigung des Kontoauszugs, also den Zahlungseingang, darstellt. Häufig wird dann die Sollstellung durch eine Massenbuchung vorgenommen, während der Buchhalter oder Treasurer den Zahlungseingang manuell bucht, wenn er den schriftlichen Kontoauszug vorliegen hat.

Bewegungen für den Zahlungseingang erzeugen

Wie stellen Sie Sie die Bewegungen für den Zahlungseingang im Customizing ein?

1. **Schritt:**
   Buchungskreisabhängige Einstellungen zur Produktart
   In den buchungskreisabhängigen Einstellungen zur Produktart (Abbildung 5.8) müssen Sie im Feld ZAHLUNGSEINGANG den Wert 1 (Zahlungseingang im Status Plan) oder 2 (Zahlungseingang im Status Ist) eintragen. Lassen Sie dieses Feld leer, erzeugt das System keine Bewegungen zum Zahlungseingang.
2. **Schritt:**
   Fortschreibungsarten für Depotverwaltung spezifizieren
   Sie müssen die Fortschreibungsarten für den Zahlungseingang wie gewohnt definieren. Bei den Fortschreibungsarten für die ursprünglichen Bewegungen müssen Sie das in Abbildung 5.4 gezeigte Kennzeichen für die Sollstellungsbewegungen (Feld SOLLSTELLUNGSBEWEGUNG ERZEUGEN) setzen. Für die Fortschreibungsarten zum Zahlungseingang selbst lassen Sie das Kennzeichen MIT MASCHINELLER SOLLSTELLUNG BEARBEITBAR üblicherweise leer.
3. **Schritt:**
   Fortschreibungsarten den Funktionen der Depotverwaltung zuordnen
   Schließlich stellen Sie noch eine Beziehung zwischen der Zahlungseingangs- und ihrer Ursprungsbewegung her. Dies ist in Abbildung 5.9 dargestellt und Teil einer Aktivität, die sich im Cus-

tomizing unter TRANSACTION MANAGER • WERTPAPIERE • BESTANDSVERWALTUNG • DEPOTVERWALTUNG • FORTSCHREIBUNGSARTEN • FORTSCHREIBUNGSARTEN DEN FUNKTIONEN DER DEPOTVERWALTUNG ZUORDNEN befindet.

Dialogstruktur
- Fortschreibungsarten für Sollstellung
- Fortschreibungsarten für manuelle Buchung
- Fortschreibungsart für Sollst.generierung zuordnen
- Fortschreibungsarten für Aktivierung Div./Aussch.
- Fortschreibungsarten für Nominalanpassung

Fortschreibungsart für Sollst.generierung zuordnen

Bu...	FArt	Text	Fortschr...
	SAM1104	Endfällige Tilgung (planmäßig)	SAM6104
	SAM5000	Nominalzinsen	SAM6000
	SAM5009	Zinsen (stücknotiert)	SAM6009

Abbildung 5.9 Fortschreibungsarten für verschiedene Funktionen der Depotverwaltung

Nachdem diese Schritte durchgeführt wurden, sieht der Finanzstrom unserer Anleihe schon recht umfangreich aus. Er ist in Abbildung 5.10 dargestellt. Die Zahlungseingangsbewegungen tragen in ihren Beschreibungen jeweils den Vermerk (ZE). Für die Steuern haben wir in diesem Beispiel keine Zahlungseingangsbewegungen generiert. Vielmehr haben wir angenommen, dass sie tatsächlich erst mit dem Zahlungseingang gebucht werden. Folglich ist im Customizing der Steuerberechnung die Zahlungseingangsbewegung als Basisbewegung eingetragen.

Buchungskreis RB01 (TRM Buchungskreis)
Depot SECACC1 (Deport 1)
Kennnummer BOND10-14 (Standardanleihe 2010 -2014)

BestVal	FArt	Bez FortArt	Nominal	Nom...	Betr BestW	BestW	Ta...	Berech. von	Berech. bis
02.05.2012	SE1000	Kauf	100.000,00	EUR	95.000,00	EUR	0		
	SE3001	Courtage			20,00	EUR	0	02.05.2012	31.12.2014
	SE8702	Stückzinsen zu zahlen			1.195,83	EUR	123	01.01.2012	02.05.2012
02.01.2013	SAM5000	Nominalzinsen			3.558,33	EUR	366	01.01.2012	31.12.2012
	SAM6000	Nominalzinsen (ZE)			3.558,33	EUR	0		
	SE3006	Zinsabschlag			1.067,50	EUR	0		
	SE3008	Solidaritätszuschlag			58,71	EUR	0		
02.01.2014	SAM5000	Nominalzinsen			3.548,61	EUR	365	01.01.2013	31.12.2013
	SAM6000	Nominalzinsen (ZE)			3.548,61	EUR	0		
	SE3006	Zinsabschlag			1.064,58	EUR	0		
	SE3008	Solidaritätszuschlag			58,55	EUR	0		
02.01.2015	SAM6000	Nominalzinsen (ZE)			3.548,61	EUR	0		
	SE3006	Zinsabschlag			1.064,58	EUR	0		
	SE3008	Solidaritätszuschlag			58,55	EUR	0		
	SAM6104	Endfällige Tilgung (planmäßig...			100.000,00	EUR	0		
	SAM5000	Nominalzinsen			3.548,61	EUR	365	01.01.2014	31.12.2014
	SAM1104	Endfällige Tilgung (planmäßig)	100.000,00	EUR	100.000,00	EUR	0		31.12.2014

Abbildung 5.10 Depotfinanzstrom einer Anleihe mit Zahlungseingangsbewegungen

Maschinelle Sollstellung

Als eigentliche Buchungstransaktionen der Depotverwaltung können Sie zwischen einer Massentransaktion und einer Transaktion zur Buchung einzelner Geschäftsvorfälle wählen. Zumeist werden Sie die Geschäftsvorfälle der Depotverwaltung über die Transaktion Maschinelle Sollstellung (Transaktion FWSO) buchen, die in Abbildung 5.4 dargestellt ist. Sie finden Sie im Menü unter Transaction Manager • Wertpapiere • Abwicklung • Depotverwaltung • Zahlung • Maschinelle Sollstellung.

Im Selektionsbild können Sie die gewünschten Bestände eingrenzen (siehe Abbildung 5.11). Als Ergebnis erhalten Sie eine Liste der gebuchten Bewegungen sowie ein Buchungsprotokoll.

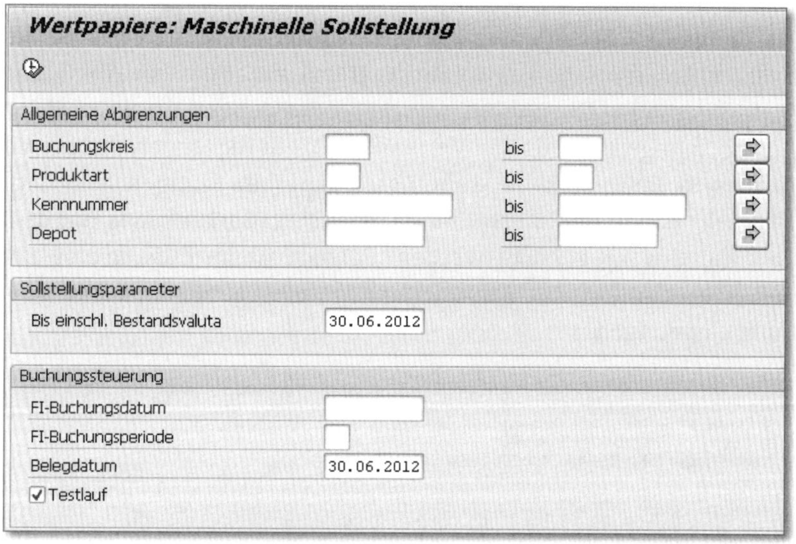

Abbildung 5.11 Selektionsbild der maschinellen Sollstellung

Manuelle Sollstellung

Bei der Transaktion Manuelle Sollstellung (Transaktion FWZE) steigen Sie ebenfalls über den Bestand ein. Sie finden diese Transaktion im Menü unter Transaction Manager • Wertpapiere • Abwicklung • Depotverwaltung • Zahlung • Manuelle Sollstellung. Das System zeigt Ihnen zum Bestand alle noch nicht gebuchten Bewegungen an. Durch Doppelklick wählen Sie eine aus und gelangen dadurch in ein Detailbild. Dieses Detailbild ist in Abbildung 5.12 dargestellt. Dort können Sie nochmals bestimmte Werte ändern, etwa die Zahlungsbedingungen.

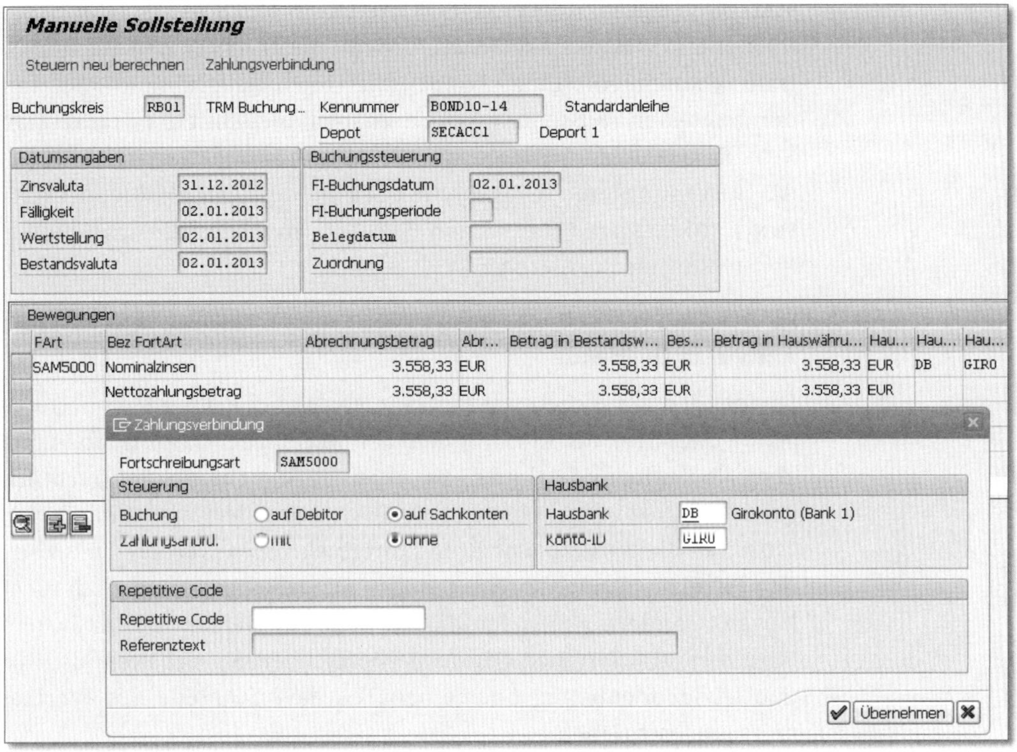

Abbildung 5.12 Manuelle Sollstellung mit Pop-up für Zahlungsbedingungen

Zahlungsbedingungen

Für die Zahlungsbedingungen der Depotverwaltungen stehen Ihnen grundsätzlich die gleichen Möglichkeiten zur Verfügung wie in der Geschäftsverwaltung. Der Vorschlagswert wird hier aus den Daten erzeugt, die Sie in den Depotstammdaten angegeben haben.

Abweichende Zahlwährung

Üblicherweise werden konditionsbasierte Geschäftsvorfälle wie Zinsen, Dividenden und Tilgungen in der Emissionswährung bezahlt. Wenn Sie eine andere Zahlwährung möchten, müssen Sie dies bereits im Einstiegsbild zur manuellen Sollstellung angeben. Das System errechnet dann den Zahlbetrag mithilfe des aktuellen Kurses. In den Details der Bewegung haben Sie die Möglichkeit, den Kurs oder den Betrag anzupassen. Dies ist im Übrigen immer für den Hauswährungsbetrag möglich, sofern die Hauswährung von der Emissionswährung abweicht.

Storno

Sowohl die maschinelle als auch die manuelle Sollstellung lassen sich stornieren. Sie finden die Transaktionen STORNO MASCHINELLE SOLL-

STELLUNG (Transaktion TPM_POSTAUTREV) und SOLLSTELLUNG STORNIEREN (Transaktion FWOEZ) im Menü gleich unter den Buchungstransaktionen. Allerdings können Sie Geschäftsvorfälle, die Sie mit der manuellen Sollstellung gebucht haben, nicht mit der Transaktion STORNO DER MASCHINELLEN SOLLSTELLUNG (Transaktion TPM_POSTAUTREV) stornieren. Umgekehrt ist es mit der Transaktion SOLLSTELLUNG STORNIEREN (Transaktion FWOEZ) möglich, die maschinelle Sollstellung zu stornieren.

Aktivierte Dividende

Dividenden auf Aktien oder Erträge von Fonds bilden Sie im Transaction Manager als Konditionen der jeweiligen Gattung ab, nicht aber als Kapitalmaßnahmen, wozu zumindest Dividenden rechtlich gehören. Dies ist naheliegend, weil sie normalerweise ähnlich wie Zinsen in die Finanzbuchhaltung fortgeschrieben werden. Diese beiden Finanzinstrumente schütten Ihre Erträge aber gelegentlich nicht bar aus, sondern geben stattdessen neue Anteile heraus. Im System wird dies als *aktivierte Dividende* bezeichnet. Sie erhalten also für den Dividendenbetrag oder einen Teil davon Anteile des Wertpapiers gutgeschrieben.

Das System handelt diesen Vorgang im Rahmen der manuellen Sollstellung ab. Abbildung 5.13 zeigt das Detailbild (vergleichen Sie dieses auch mit Abbildung 5.12). Neben den üblicherweise vorhandenen Buttons STEUERN NEU BERECHNEN und ZAHLUNGSVERBINDUNG finden Sie für Aktien (Produkttyp 010), Investmentzertifikate (020) und Beteiligungen (160) auch den Button AKTIVIEREN. Wenn Sie auf den Button klicken, können Sie angeben, welcher Betrag in Form von Anteilen ausgeschüttet wird und wie viele Anteile dies sind.

Der Geschäftsvorfall erhält daraufhin zwei zusätzliche Bewegungen. Eine stellt den Zugang der Anteile dar, die zweite Bewegung repräsentiert die Erlöse. In Abbildung 5.13 hat der Zugang die Fortschreibungsart (Spalte BEZ FORTART in Bildbereich BEWEGUNGEN) »Bestand aktivierte Dividende« und der Ertrag die Fortschreibungsart »Ertrag aktivierte Dividende«). Damit Ihnen das System den zusätzlichen Button AKTIVIEREN anbietet, müssen Sie Fortschreibungsarten für die beiden zusätzlichen Bewegungen angeben. Sie tun dies im Customizing in der bereits erwähnten Aktivität FORTSCHREIBUNGSARTEN DEN

FUNKTIONEN DER DEPOTVERWALTUNG ZUORDNEN (siehe Abbildung 5.9). Dort können Sie unter FORTSCHREIBUNGSARTEN FÜR AKTIVIERUNG DIVIDENDE/AUSSCHÜTTUNG je Produktart die beiden Fortschreibungsarten angeben.

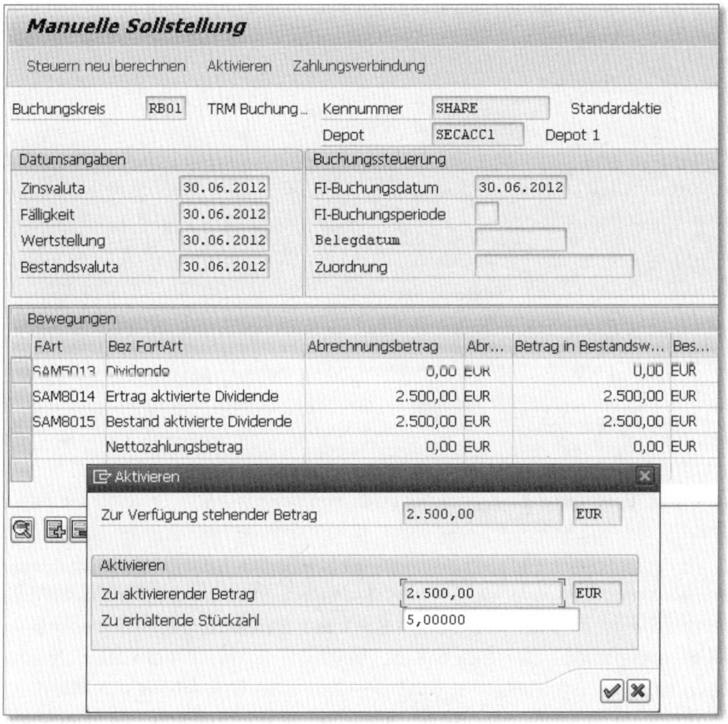

Abbildung 5.13 Eingabe einer manuellen Sollstellung für aktivierte Dividenden

Manuelle Buchung

Wir behandeln nun noch die übrigen Funktionen, deren Customizing in Abbildung 5.9 zu sehen ist. Die Transaktion MANUELLE BUCHUNG (Transaktion FWBS) erlaubt es Ihnen, für einen Depotbestand Buchungen relativ frei zu erfassen. Falls Ihnen z.B. für einen bestimmten Bestand Gebühren berechnet werden, ist die manuelle Buchung die geeignete Funktion. Es geht also um Geschäftsvorfälle, die das System nicht automatisch generieren kann und die nur so erfasst und gebucht werden können. Sie finden die Transaktion unter TRANSACTION MANAGER • WERTPAPIERE • ABWICKLUNG • DEPOTVERWALTUNG • ZAHLUNG. Sie ist in Abbildung 5.14 dargestellt.

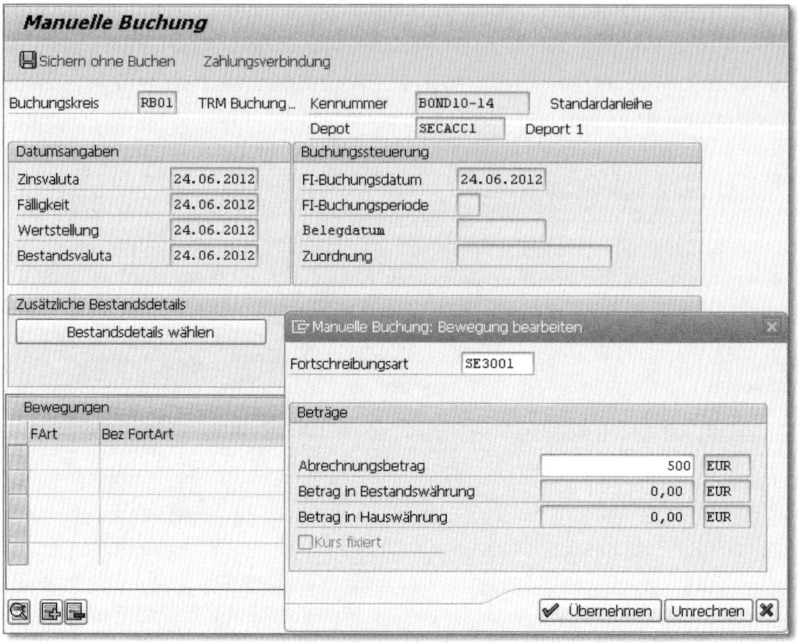

Abbildung 5.14 Bewegung einer manuellen Buchung erfassen

[!]

Manuelle Bewertungen

Vermeiden Sie es, mit der manuellen Buchung Bewertungen für Depotbestände vorzunehmen. Der externe Bestand ist ohnehin nicht der Träger von Bewertungen, sondern der Buchbestand. Die Bewertungsfunktionen der internen Bestandsverwaltung sind sehr umfangreich. Außerdem betreffen die Geschäftsvorfälle der manuellen Buchung alle Bewertungsbereiche, und die eigentliche Bewertung kann von solchen Geschäftsvorfällen negativ beeinflusst werden.

[+]

Erfassung von Depotgebühren

Leider ist die manuelle Buchung nicht gut geeignet, um damit Depotgebühren zu erfassen. Depotgebühren werden normalerweise für ein Depot erhoben und nicht für einen bestimmten Wertpapierbestand. Es gibt keine geeignete Transaktion im Transaction Manager für diesen Vorgang. Es bleibt Ihnen also lediglich die Erfassung eines einfachen Belegs im Hauptbuch.

Die Bedienung der manuellen Buchung ist ganz analog zur manuellen Sollstellung. Im Detailbild sind natürlich zunächst keine Bewegungen zu sehen. Diese erfassen Sie, indem Sie den Button BEWEGUNG HINZUFÜGEN (⊞) anklicken. Hier können Sie alle Fortschreibungsarten auswählen, die Sie im Customizing für die manuelle Buchung eingetragen haben.

Nominalanpassung

Die *Nominalanpassung* ist ein technisch bedingter Geschäftsvorfall, der im Fall von Emissionswährungsumstellungen notwendig werden kann. Die Änderung der Emissionswährung eines Wertpapiers ist von ihrer Natur her eine Kapitalmaßnahme. Durch Rundungsdifferenzen kann es vorkommen, dass das System Nominalbeträge anders umrechnet als Ihre Depotbank. Nach einer Emissionswährungsumstellung können Sie also bei dem Depotauszug feststellen, dass die Depotbank einen anderen Nominalbetrag ausweist als Ihr System. Mit der Nominalanpassung buchen Sie Nominalbeträge ein oder aus, sodass das System wieder mit dem Auszug Ihrer Depotbank übereinstimmt. Sie finden die Transaktion Nominalanpassung (Transaktion TPM22) im Menü unter TRANSACTION MANAGER • WERTPAPIERE • ABWICKLUNG • EWU-ZUSATZFUNKIONEN • NOMINALANPASSUNG ANZEIGEN.

Depotumbuchung

Die *Depotumbuchung* dient dazu, Bestände oder auch Teilbestände zwischen Depots zu verschieben. Sie sollten in der Regel nur Depots im Transaction Manager anlegen, die tatsächlich Depots bei Ihren Banken entsprechen. Da Sie vermutlich Ihre Depots oder Depotbanken nicht sehr häufig wechseln, dürfte die Depotumbuchung nur selten durchgeführt werden. In älteren Releases war man häufig gezwungen, hinter dem Begriff des Depots Sachzwänge zu verschlüsseln, die in der Bewertung der Bestände begründet waren. Mit der Trennung von interner und externer Bestandsverwaltung besteht diese Notwendigkeit in aller Regel nicht mehr.

Customizing

Die wesentlichen Einstellungen für die Depotumbuchung können Sie im Customizing unter TRANSACTION MANAGER • WERTPAPIERE • BESTANDSVERWALTUNG • DEPOTUMBUCHUNG • FORTSCHREIBUNGSARTEN FÜR DIE DEPOTUMBUCHUNG ZUWEISEN vornehmen. Sie geben dort je Produktart eine Fortschreibungsart für die Aus- und Einbuchung an.

Durchführung

Wenn dies geschehen ist, können Sie Ihre Bestände umbuchen. Sie können Bestände nur einzeln umbuchen. Die Transaktion Depotumbuchung durchführen (Transaktion FWDU) finden Sie im Menü unter Transaction Manager • Wertpapiere • Abwicklung • Depotverwaltung • Depotumbuchung • Depotumbuchung durchführen. Im Einstiegsbild geben Sie den gewünschten Ausgangsbestand an. Das Folgebild, das in Abbildung 5.15 dargestellt ist, erlaubt es dann, das Zieldepot (Bildbereich Zieldepot) und die umzubuchende Menge (Bildbereich Werte) anzugeben. Daneben können Sie hier noch weitere Angaben machen. Dazu gehört auch die allgemeine Bewertungsklasse (Feld Allg.Bew.klasse), die Ihnen mit dem Wert aus dem Einstiegsbild vorbelegt wird.

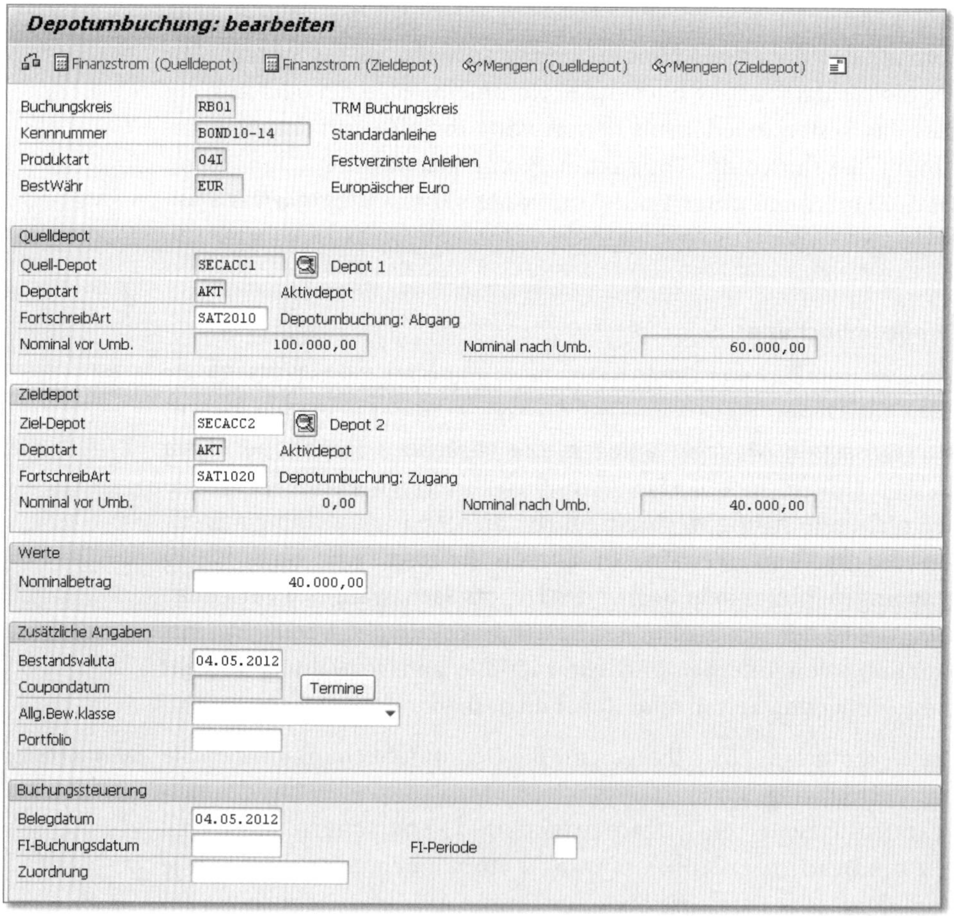

Abbildung 5.15 Details einer Depotumbuchung eingeben

Bewertungsklasse

Die Rolle der Bewertungsklasse werden wir in Abschnitt 5.3.3 noch detailliert besprechen. Hier sei nur erwähnt, dass Sie in einem Depot Buchbestände zu verschiedenen Bewertungsklassen halten können. Wenn Sie bei einer Teilumbuchung nun einen bestimmten Buchbestand umbuchen möchten, können Sie diesen durch Angabe der Bewertungsklasse auswählen. Geben Sie bei einer Teilumbuchung keine Bewertungsklasse an, werden die zugehörigen Buchbestände anteilig umgebucht.

Hilfsmittel

Das Bild bietet Ihnen zusätzlich Buttons in der Buttonleiste an, um die resultierenden Finanzströme im Quell- und Zieldepot und die Mengenbestände vor der Umbuchung zu betrachten. Diese Navigation zu den elementaren Beständen (siehe Abschnitt 5.1.1) kann bei der Auswahl der richtigen Bewertungsklasse hilfreich sein, weil Sie einen Eindruck von den Buchbeständen erhalten. Wenn Sie das neue Korrespondenzframework verwenden, können Sie auch Korrespondenz zu einer Depotumbuchung erzeugen (siehe Button KORRESPONDENZ ( )).

Zusammenspiel mit internem Bestand

Als Ergebnis der Umbuchung erhalten Sie eine Erfolgsmeldung. Bei der Umbuchung haben Sie nur eine Menge, also Nominale oder Stücke, eingegeben. Der Geschäftsvorfall zur Umbuchung enthält auch weiter kaum Informationen. Insbesondere enthält er keine Information zum umgebuchten Buchwert. Folglich gibt es für diesen Geschäftsvorfall selbst nichts zu buchen. Erst ein Folgeprozess in der internen Bestandsverwaltung, der abgeleitete Geschäftsvorfall, bestimmt, welche Buchwerte umzubuchen sind. Bei der Depotumbuchung wird deutlich, dass die Trennung von Mengen und Werten notwendig ist, wenn das System gleichzeitig mehrere Rechnungslegungen unterstützt. Da der Buchwert von der Rechnungslegung abhängt, die Umbuchung als solche aber nicht, enthält die Umbuchung nur Mengeninformationen.

5.2.2 Kapitalmaßnahmen

Kapitalmaßnahmen betreffen zumeist Eigenkapitalinstrumente, gelegentlich aber auch andere Wertpapiere. Da Kapitalmaßnahmen ein Wertpapier als solches betreffen und keinen Bezug zu bestimmten Käufen oder anderen Zugängen haben, werden sie konsequenterweise von der externen Bestandsverwaltung des Transaction Managers behandelt.

Kapitalmaßnahmen und deren Wirkung

Kapitalmaßnahmetypen

Der Transaction Manager kennt die folgenden Kapitalmaßnahmen, die als *Kapitalmaßnahmetypen* im Sinne der üblichen Unterscheidung zwischen Typen und Arten bezeichnet werden:

- **Aktiensplit**
  Unter Beibehaltung des Nominalwertes aller ausgegebenen Aktien wird der Nominalwert jeder einzelnen Aktie herabgesetzt, und es werden neue Aktien an die Aktionäre ausgegeben. Für die Aktionäre bleibt der Wert ihres Aktienbestands unverändert, die Zahl steigt im gleichen Verhältnis, wie der Wert der Einzelaktie sinkt.
- **Kapitalerhöhung aus Gesellschaftsmitteln**
  Diese Kapitalmaßnahme entspricht in ihrer Auswirkung für den Halter der Aktie einem Aktiensplit. Im Unterschied zum Aktiensplit muss das durch die Aktie repräsentierte Unternehmen jedoch einen Teil des Eigenkapitals zum Nominalwert der Aktien umwidmen.
- **Kapitalherabsetzung**
  Dies ist das Gegenteil einer Kapitalerhöhung aus Gesellschaftsmitteln.
- **Aktientausch**
  Nach einer Übernahme oder einem Zusammenschluss wird eine Aktie durch eine andere Aktie in einem vorgegebenen Verhältnis abgelöst.
- **Einbuchen von Bezugsrechten**
  Gibt ein Unternehmen neue Aktien aus, erhalten die Altaktionäre häufig Bezugsrechte, um die neuen Aktien zu einem Vorzugspreis kaufen zu können.
- **Einbuchen von jungen Aktien**
  Neu ausgegebene Aktien können für eine bestimmte Zeit mit eigener Kennnummer gehandelt werden, weil sie z. B. noch nicht stimmberechtigt sind. Diese Maßnahme beschreibt den Übergang von jungen Aktien zu regulären Aktien.
- **Emissionswährungsumstellung**
  Diese Kapitalmaßnahme beschreibt den Vorgang, dass sich die Emissionswährung eines Wertpapiers ändert. Diese Kapitalmaßnahme betrifft beliebige Wertpapiere, nicht nur Aktien.

- **Manuelle Kapitalmaßnahme**
  Mit diesen Typen dürften die gängigen Kapitalmaßnahmen in der Realität bereits abgebildet sein. Darüber hinaus können Sie auch noch *manuelle Kapitalmaßnahmen* definieren, z.B. eine Kapitalmaßnahme zur Abspaltung von Unternehmen.

Wirkung der Kapitalmaßnahme

Betrachten wir zunächst noch die Auswirkungen der Kapitalmaßnahmen. Aktiensplit, Kapitalerhöhung und Kapitalverminderung betreffen nur das Wertpapier selbst. Sie führen zu keinen Änderungen des Buchwertes, sondern ändern lediglich die Stückzahl der Aktien im Bestand. Dementsprechend enthalten die Geschäftsvorfälle zu diesen Kapitalmaßnahmen nur eine Bewegung, die den Zu- oder Abgang der Stücke beschreibt. Aktientausch und das Einbuchen von Bezugsrechten und jungen Aktien involvieren im Gegensatz dazu stets zwei Wertpapiere, und sie verändern auch die Buchwerte der betroffenen Bestände. Geschäftsvorfälle zu diesen Kapitalmaßnahmen enthalten immer zwei Bewegungen, die lediglich die zu- oder abgehenden Stücke beschreiben. Wie schon im Zusammenhang mit der Depotumbuchung erwähnt, werden Werte durch eigenständige, sogenannte *abgeleitete Geschäftsvorfälle* auf den jeweiligen Zielbestand übertragen. Jedoch geben die auslösenden Geschäftsvorfälle vor, zu welchem Anteil die Buchwerte auf die Zielbestände umgebucht werden. Es ist klar, dass beim Aktientausch und beim Einbuchen von jungen Aktien der Buchwert vollständig auf die neue Kennnummer übergeht. Im Fall von Bezugsrechten wollen wir beschreiben, wie das System den umzubuchenden Anteil bestimmt.

Umgebuchte Werte bei Einbuchung von Bezugsrechten

Durch die Ausgabe von Bezugsrechten und die damit verbundene Ausgabe neuer Aktien verringert sich einerseits der Einfluss der Altaktionäre. Normalerweise liegt der Bezugspreis der jungen Aktie unter dem Marktpreis der Altaktie. Folglich hat das Bezugsrecht einen rechnerischen Wert. Dieser Wert P ergibt sich aus der Formel:

$$P=(M-B)/(1+r)$$

Hier bezeichnet M den Marktpreis der Altaktie vor der Bezugsrechtsausgabe, B den Bezugspreis der jungen Aktie über das Bezugsrecht und r den Quotienten aus Bezugsrechtsverhältnis und Bezugsverhältnis. Das Bezugsrechtsverhältnis gibt an, wie viele alte Aktien zu wie vielen Bezugsrechten führen, während das Bezugsverhältnis beschreibt, wie viele Bezugsrechte für eine junge Aktie aufgebracht werden müssen. Bei der Anlage der Kapitalmaßnahme zum Einbuchen der Bezugsrechte bestimmt das System entsprechend obiger Formel den rechnerischen Wert des Bezugsrechts. Dazu wird der Marktpreis benötigt. Dieser wird aus den im System vorhandenen Marktdaten vorgeschlagen, Sie können ihn aber überschreiben. Ebenso können Sie den rechnerischen Bezugsrechtspreis überschreiben. Dieser rechnerische Bezugsrechtspreis ist die Grundlage für die Umbuchung von Werten von der Altaktie auf das Bezugsrecht. Falls der Buchpreis der Altaktie kleiner als der Marktpreis zum Stichtag ist, wird der rechnerische Bezugspreis noch mit dem Verhältnis aus Buch- und Marktpreis der Altaktie multipliziert und dieser Betrag vom Anschaffungswert umgebucht. Andere Teile des Buchwertes, also Ergebnisse vorangegangener Bewertungen, werden im gleichen Verhältnis wie der Anschaffungswert umgebucht. Falls der Buchkurs höher als der Marktkurs sein sollte, wird der rechnerische Bezugsrechtspreis umgebucht, denn dieser stellt eine vernünftige obere Grenze dar.

Wir halten fest, dass die Bewegungen der Kapitalmaßnahmen selbst nur die Änderungen der Stücke oder Nominale beschreiben und lediglich vorgeben, in welchem Verhältnis gegebenenfalls Werte umgebucht werden müssen.

Besonderheiten der Emissionswährungsumstellung

Die Emissionswährungsumstellung ist eine besondere Kapitalmaßnahme. Sie ändert die Emissionswährung. Falls das Wertpapier in Nominalbeträgen und nicht in Stücken geführt wird, bedeutet dies eine Änderung der Mengeneinheit. Darüber hinaus ändert sich die Bestandswährung, die natürliche Währung für Buchbestände dieses Wertpapiers. Die interne Bestandsverwaltung geht davon aus, dass ein Buchbestand genau eine – zeitlich unveränderliche – Bestandswährung besitzt. Dies ist aber mit einer Emissionswährungsumstellung nicht der Fall. Der Vorgang wird daher in der Bestandsverwaltung ganz anders abgebildet als die bisher betrachteten Kapitalmaßnahmen. Das System rechnet alle Bestands- und Nominalbeträge, falls vorhanden, in die neue Währung um und ersetzt sie in allen Geschäftsvorfällen, auch in denen vor der Emissionswährungsumstellung.

Nach der Umstellung erscheint der Bestand in der internen Bestandsverwaltung so, als sei er schon immer in der neuen Währung geführt worden. Dies trägt der Architektur der internen Bestandsverwaltung Rechnung, dass die Bestandswährung zeitlich unveränderlich ist. Der eigentliche Geschäftsvorfall der Emissionswährungsumstellung umfasst deshalb nur eine einzige Bewegung, die nicht einmal eine Mengeninformation, also ein Nominal oder Stück, enthält. Freilich ist damit nur die Umstellung im Nebenbuch gelungen. Um auch im Hauptbuch die Umstellung abzubilden, erzeugt das System einen abgeleiteten Geschäftsvorfall, der es Ihnen erlaubt, die Beträge in der alten Währung im Hauptbuch auszubuchen und in der neuen Währung einzubuchen. Während abgeleitete Geschäftsvorfälle üblicherweise Werte eines Buchbestands verändern, ist dies in diesem speziellen Fall nicht so, denn hier sind alle Werte ja bereits in der neuen Währung vorhanden.

Kapitalmaßnahmen für Emissionsbestände

Die Emissionswährungsumstellung ist auch noch in einer anderen Hinsicht ausgezeichnet. Sie ist die einzige Kapitalmaßnahme, die Sie auch für Emissionsbestände anwenden können. Da ohnehin nur Emissionen von Anleihen unterstützt werden, ist dies keine besondere Einschränkung.

Kapitalmaßnahmen durchführen

Kapitalmaßnahme anlegen

Um eine Kapitalmaßnahme durchzuführen, müssen Sie zunächst dem System die Existenz der Kapitalmaßnahme bekannt machen. Dies tun Sie mit der Transaktion Kapitalmassnahmen (Transaktion FWKO), die Sie im Menü unter Transaction Manager • Wertpapiere • Abwicklung • Depotverwaltung • Kapitalmassnahmen finden. Beim Anlegen müssen Sie zunächst eine Kapitalmaßnahmenart angeben. Wie üblich haben Sie diese durch Zuordnung eines Kapitalmaßnahmetyps definiert. Sie finden die entsprechende Aktivität im Customizing unter Transaction Manager • Wertpapiere • Bestandsverwaltung • Kapitalmassnahmen • Kapitalmassnahmenarten definieren.

Jede Kapitalmaßnahme erhält bei ihrer Anlage eine Nummer, die Sie je nach Einstellung bei der Kapitalmaßnahmenart selbst vergeben oder die aus einem Nummernkreis automatisch gezogen wird. Anschließend machen Sie die für die jeweiligen Kapitalmaßnahmen typischen Eingaben. Beim Aktiensplit geben Sie z. B. das Splitverhältnis an, beim Einbuchen von Bezugsrechten die Kennnummer des Bezugsrechts und das Bezugsverhältnis. In jedem Fall müssen Sie den Stichtag der Kapitalmaßnahme und die betroffene Kennnummer angeben.

Da die Eingaben in den meisten Fällen selbsterklärend sind, gehen wir hier nur auf die manuelle Kapitalmaßnahme ein.

Manuelle Kapitalmaßnahme

Wir haben bereits erläutert, dass die Kapitalmaßnahmen selbst nur angeben, welche Kennnummern betroffen sind und welche Nominale oder Stücke umgebucht werden. Die Werte selbst buchen Sie nicht um, denn die hängen vom Bewertungsbereich ab. Sie geben allerdings vor, in welchem Verhältnis Buchwerte umgebucht werden. Abbildung 5.16 zeigt die Eingabemaske für eine manuelle Kapitalmaßnahme. Hier legen Sie im Grunde die Bewegungen für die Ein- und Ausbuchungen fest. In der Spalte WKN (REFERENZ) geben Sie stets die Kennnummer an, für die die Kapitalmaßnahme durchgeführt wird. In der folgenden Spalte WKN (UMZUBUCHEN) wird die umzubuchende Kennnummer angegeben. Mit dem Vorzeichen (Spalte VZ) legen Sie fest, ob es sich um Ein- oder Ausbuchungen handelt. In der Spalte BESTANDSÄNDERUNG tragen Sie ein, in welchem Verhältnis die Mengen umgebucht werden, während die Spalte WERTÄNDERUNG das Verhältnis der Werte angibt. In Abbildung 5.16 ist mithilfe der manuellen Kapitalmaßnahme ein Aktientausch von Aktie A in Aktie B im Verhältnis zwei neue Aktien B für eine alte Aktie A angegeben. Über die beiden übrigen Spalten können Sie einstellen, dass möglicherweise nur ganzzahlige Vielfache einer Referenzeinheit umgebucht werden können.

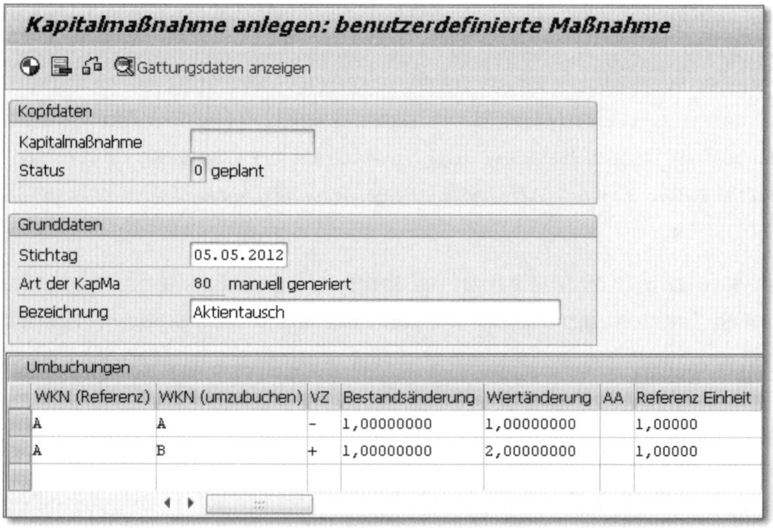

Abbildung 5.16 Manuelle Kapitalmaßnahme für einen Aktientausch im Verhältnis 2:1 anlegen

Kapitalmaßnahme aktivieren

Erst wenn die Kapitalmaßnahme aktiviert ist, indem Sie den entsprechenden Button in der Transaktion FWKO anklicken, können Sie sie auch buchen. Umgekehrt können Sie eine aktivierte Kapitalmaßnahme nicht mehr ändern oder gar löschen.

Kapitalmaßnahme buchen

Nachdem Sie eine Kapitalmaßnahme mit der Transaktion FWKO angelegt und aktiviert haben, können Sie sie mit der Transaktion Kapitalmassnahme Buchen (Transaktion FWKB) buchen. Sie finden die Transaktion im Menü unter Transaction Manager • Wertpapiere • Buchhaltung • Kapitalmassnahme • Buchen. Da Kapitalmaßnahmen sich auf Kennnummern beziehen, sind von einer solchen Aktion potenziell alle Bestände in allen Buchungskreisen betroffen, die Sie in Ihrem System führen. Die Buchungstransaktion erlaubt es Ihnen, die Buchung für jeden Buchungskreis getrennt oder auch für mehrere Buchungskreise gleichzeitig durchzuführen. Innerhalb eines Buchungskreises ist jedoch keine weitere Einschränkung möglich. Natürlich gibt es auch zu dieser Buchung eine entsprechende Stornotransaktion, die Transaktion Kapitalmassnahme Stornieren (Transaktion FWKS), die Sie an gleicher Stelle im Menü finden.

Customizing zu Kapitalmaßnahmen

Das Customizing zu Kapitalmaßnahmen befindet sich unter Transaction Manager • Wertpapiere • Bestandsverwaltung • Kapitalmassnahmen. Auf die Tatsache, dass Sie Kapitalmaßnahmenarten definieren müssen, sind wir schon zu sprechen gekommen. Für eine Kapitalmaßnahmenart müssen Sie dabei angeben, wie Lots erzeugt werden sollen (siehe Feld Loterzeugung in Abbildung 5.17). Darauf gehen wir bei der Behandlung von Lots in der internen Bestandsverwaltung (siehe Abschnitt 5.3.4, Überschrift »Differenzierung bei Wertpapieren«) ein. Darüber hinaus müssen Sie Fortschreibungsarten definieren und den Kapitalmaßnahmenarten zuweisen.

Sortierreihenfolge

Ein Punkt verdient noch der besonderen Erwähnung: Sie können die Sortierreihenfolge der Geschäftsvorfälle zu Kapitalmaßnahmen beeinflussen. Fallen mehrere Geschäftsvorfälle zu einem Bestand auf den gleichen Tag, gibt das System eine Reihenfolge vor. So werden Zinsen z.B. vor Käufe und Verkäufe sortiert, Bewertungen jedoch nach diesen. Kapitalmaßnahmen werden normalerweise hinter die meisten Geschäftsvorfälle, jedoch vor Bewertungen sortiert. Möchten Sie erreichen, dass die Buchwerte für eine Kapitalmaßnahme möglichst aktuell sind, sollten Sie die betroffenen Bestände zuvor bewerten und bei der Sortierreihenfolge in der Customizing-Aktivität Sortierung der Kapitalmassnahmen (die sich gleich hinter der

Definition der Kapitalmaßnahmenarten befindet) die Einstellung AN DAS ENDE DES TAGES wählen.

5.2.3 Rechte

Rechtetyp

Auch Rechte können an ein Wertpapier gebunden sein. Damit ist auch hier der externe Bestand wieder der natürliche Einstiegspunkt in die Ausübung solcher Rechte. Der Transaction Manager unterstützt die folgenden Rechte, die auch als *Rechtetypen* bezeichnet werden:

- Optionsscheine auf Aktien
- Optionsscheine auf Anleihen
- Optionsscheine auf Indizes
- Optionsscheine auf Währungen
- Bezugsrechte
- Wandelanleihen
- Optionsanleihen
- Putable Bonds
- Callable Bonds
- Drawable Bonds
- Aktientausch
- Option Aktien
- Option Anleihen
- Option Index

Rechte zu handelbaren Optionen können nur bei Optionen mit der Abrechnungsart NORMAL STYLE ausgeübt werden.

Rechte

Genau genommen, trifft der Begriff *Recht* auf einige dieser Rechtetypen nicht zu. Es handelt sich zumeist um Finanzinstrumente, die ein Recht beinhalten, und nicht um das Recht selbst. Einige Finanzinstrumente beinhalten gleich mehrere Rechte: So können kündbare Anleihen (Callable und Putable Bonds) mehrere Kündigungsperioden haben; Ausübung und Verfall eines Optionsscheins werden im System ebenfalls als zwei Rechte des gleichen Wertpapiers betrachtet. Da die Rechte bereits bei der Emission der Wertpapiere mit verbrieft wurden, sind sie Teil der Ausstattungsmerkmale des Wertpapiers.

Entsprechend geben Sie sie in der Pflege der Gattungsdaten ein. In vielen Fällen müssen spezielle Angaben gemacht werden, um das Recht zu beschreiben. Als Folge sind hierfür im System bereits verschiedene Produkttypen vorgesehen. Beispiele dafür sind die verschiedenen Optionsscheine oder Wandelanleihen. Im Gegensatz dazu werden Kündigungsrechte der Callable oder Putable Bonds lediglich dadurch gekennzeichnet, dass Sie in den Gattungsdaten einer Anleihe die Kündigungsrechte seitens des Emittenten oder Käufers eintragen.

Aktientausch als Recht und Kapitalmaßnahme

In der Liste finden Sie auch einen Begriff wieder, der Ihnen bei den Kapitalmaßnahmen bereits begegnet ist, nämlich den *Aktientausch*. Wenn ein Aktientausch als Kapitalmaßnahme durchgeführt wird, haben Sie als Käufer keine Wahlfreiheit. Besteht diese Wahlfreiheit, haben Sie ein Recht auf einen Aktientausch. Folglich wird dies auch unter den Rechten nochmals aufgeführt.

Mengen und Werte im Geschäftsvorfall der Rechte

In Analogie zur Behandlung der Kapitalmaßnahmen im System dürfen die Geschäftsvorfälle zu Rechten ebenfalls keine Werte direkt verändern, sondern lediglich die Berechnungsgrundlage für die Änderung von Werten liefern. Im Gegensatz zu Kapitalmaßnahmen ist die Ausübung eines Rechts jedoch meist mit Zahlungen verbunden. Dies impliziert eine Wertänderung, die aber abhängig von der Rechnungslegung sein kann. Um die Änderungen an Mengen von denen der Werte zu trennen, erzeugt das System eine ganze Reihe von Bewegungen.

Customizing

Einen Überblick über die möglichen Bewegungen erhalten Sie, wenn Sie sich das Customizing der Fortschreibungsarten zu Rechten anschauen, das in Abbildung 5.17 dargestellt ist. Sie finden es im Customizing unter Transaction Manager • Wertpapiere • Bestandsführung • Rechte • Fortschreibungsarten den Rechtetypen zuordnen.

Fortschreibungsarten für Mengenänderungen

Der erste Bildbereich enthält zunächst Fortschreibungsarten für den Zu- und Abgang der Stücke oder Nominale. Üben Sie z. B. ein Bezugsrecht aus, wird nach den Einstellungen in Abbildung 5.17 die Fortschreibungsart RHT0002 für den Abgang der Bezugsrechte verwendet (Feld Bestandsabgang Stk/Nom) und die Fortschreibungsart RHT0001 für den Zugang der neuen Aktien (Feld Bestandszugang Stk/Nom). Die Bewegungen mit diesen Fortschreibungsarten enthalten keine Werteinformation.

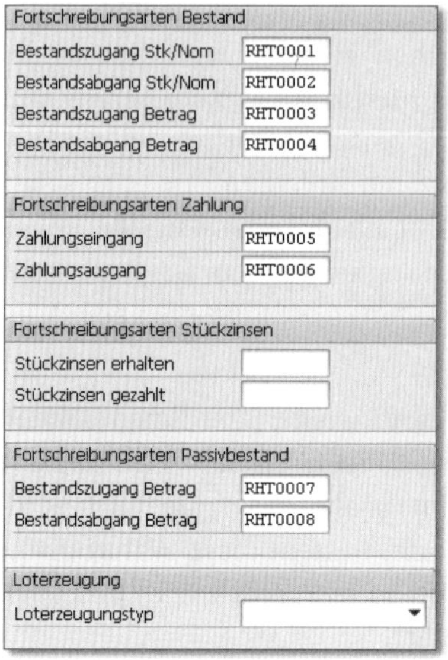

Abbildung 5.17 Fortschreibungsarten zur Ausübung von Rechten

Zuordnung der Fortschreibungsart zur Kennnummer

Wenn Sie Fortschreibungsarten pflegen, brauchen Sie nicht zu unterscheiden, ob sich die Fortschreibungsart auf das Bezugsrecht oder das Underlying bezieht – sofern das Recht überhaupt zwei Kennnummern betrifft. Dies entscheidet das System, und es ist ja für jedes Recht eindeutig bestimmt. Machen Sie sich klar, dass die Ausübung eines Rechts zumeist zu einem Abgang beim Recht selbst führt, aber auch zu einem Abgang des Underlyings führen kann, z.B. bei der Ausübung einer Long-Put-Option. In diesem Fall wird die Fortschreibungsart RTH0002 also sowohl für die Option als auch für das Underlying verwendet.

Fortschreibungsarten für Zahlungen

Die Bedeutung der Fortschreibungsarten für die Zahlung ist einfach. Sie enthält den Betrag für den Bezug des Basiswertes. Im Fall der Ausübung eines Bezugsrechts erzeugt das System eine Bewegung mit Fortschreibungsart RHT0006, die die Zahlung des Bezugspreises für die junge Aktie widerspiegelt. Sie repräsentiert ausschließlich die Zahlung. Dies bedeutet, dass sie sich nicht auf den Bestand an jungen Aktien auswirkt und als Folge auch nicht auf das Bestandskonto bucht, sondern lediglich auf ein Bank- oder Bankverrechnungskonto. Die Gegenbuchung erfolgt auf ein technisches Verrechnungskonto. Das Verrechnungskonto wird durch die Buchung einer Bestandsbewegung ausgeglichen.

Fortschreibungsarten für Bestandsänderungen

In der gleichen Höhe wie die Zahlungsbewegungen erzeugt das System Bewegungen für die Bestandsveränderungen. In Abbildung 5.17 sind dies die Fortschreibungsarten RHT0003 sowie RHT0004 (Bildbereich FORTSCHREIBUNGSARTEN BESTAND) sowie RHT0007 und RHT0008 (Bildbereich FORTSCHREIBUNGSARTEN PASSIVBESTAND). Wieder im Beispiel des Bezugsrechts gibt es einen Bestandszugang für die junge Aktie mit der Fortschreibungsart RHT0004. In den meisten Rechnungslegungen dürfte dieser Betrag dem Anschaffungswert und damit dem Buchwert der jungen Aktie zuzurechnen sein. Dies gibt der Geschäftsvorfall der Rechteausübung jedoch nicht selbst vor. Ähnlich, wie Sie für Käufe oder Verkäufe von Wertpapieren je nach Rechnungslegung einstellen können, ob Gebühren aktiviert werden oder nicht, müssen Sie im Customizing hinterlegen, wie sich diese Bewegung auswirken soll. Dies behandeln wir in Abschnitt 5.3.1.

Um den Betrag von Bestandszu- und -abgängen zu buchen, müssen Sie unterschiedliche Fortschreibungsarten für Aktiv- und Passivbestände, also Emissionsbestände zu Anleihen, haben. Während der Zugang bei einem Aktivbestand mit einer Erhöhung des Buchwertes einhergeht, muss der Zugang bei einem Passivbestand mit einer Verringerung des Buchwertes verknüpft sein, denn Passivbestände haben negative Buchwerte. Daher gibt es in Abbildung 5.17 Bestandszu- und -abgänge sowohl im Bildbereich FORTSCHREIBUNGSARTEN BESTAND als auch im Bildbereich FORTSCHREIBUNGSARTEN PASSIVBESTAND.

Transaktion FWER

Nachdem wir uns anhand des Customizings bereits einen Eindruck von den Geschäftsvorfällen zu Rechten verschafft haben, wenden wir uns nun der eigentlichen Transaktion für die Ausübung zu, der Transaktion WERTPAPIERRECHT AUSÜBEN (Transaktion FWER). Sie finden sie im Menü unter TRANSACTION MANAGER • WERTPAPIERE • HANDEL • WERTPAPIERRECHT • AUSÜBEN. Abbildung 5.18 zeigt das Einstiegsbild.

Auf der linken Seite befindet sich ein Menü, das es Ihnen erleichtert, das betroffene Wertpapier auszuwählen. Durch Doppelklick werden die Kennnummern in den rechten Teil des Bildes übernommen. Dabei überprüft das System auch, ob Sie für die gewählte Kennnummer im angegebenen Buchungskreis Bestände haben. Zur Ausübung eines Rechts geben Sie also zunächst den betroffenen Buchungskreis und die Kennnummer des Wertpapiers sowie einen Stichtag an. Das Bild gliedert sich dann in die drei Bildbereiche KOPFDATEN, RECHTE und BESTAND. Jeden dieser Bereiche können Sie durch Klicken auf den entsprechenden Button aus- oder einblenden.

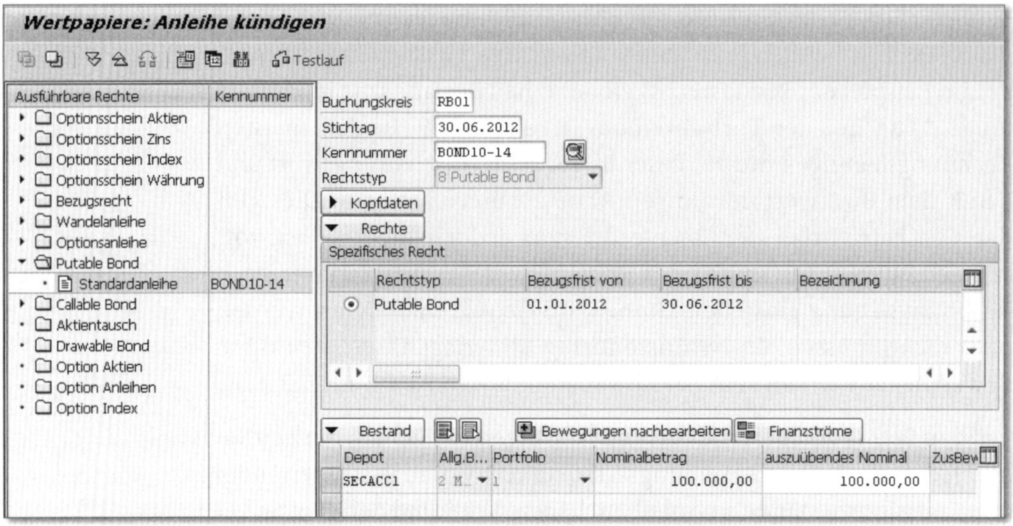

Abbildung 5.18 Transaktion FWER zur Ausübung von Rechten

Kopfdaten Im Bereich KOPFDATEN zeigt Ihnen das System Details zum jeweiligen Wertpapier an. Die relevanten Informationen unterscheiden sich natürlich stark je nach Art des Finanzinstruments.

Rechte Der Bereich RECHTE listet alle mit dem Wertpapier verbundenen Rechte auf. Mit der Transaktion FWER üben Sie stets genau ein Recht eines Wertpapiers aus. Sollten also tatsächlich mehrere Rechte mit dem Wertpapier verknüpft sein, müssen Sie hier das gewünschte auswählen. Das System stellt dabei sicher, dass der Stichtag zu den Ausübungsfristen passt.

Bestand Im Bereich BESTAND werden alle externen Bestände aufgeführt, die Sie zum Stichtag im angegebenen Buchungskreis besitzen. Hier müssen Sie nun für jeden Bestand angeben, wie viele Stücke bzw. Nominale des Rechts Sie ausüben möchten. Sie können also innerhalb eines Aufrufs der Transaktion ein Recht für mehrere Bestände im gleichen Buchungskreis ausüben.

Bewegungen nachbearbeiten Nun haben Sie im Übersichtsbild alle zentralen Angaben zur Ausübung gemacht. Möglicherweise müssen Sie noch einzelne Bewegungen editieren oder Gebühren erfassen, die im Zusammenhang mit der Ausübung anfallen. Dazu müssen Sie einen Bestand auswählen und auf den Button Bewegungen nachbearbeiten klicken. Abbildung 5.19 zeigt das Detailbild, in das Sie dann gelangen.

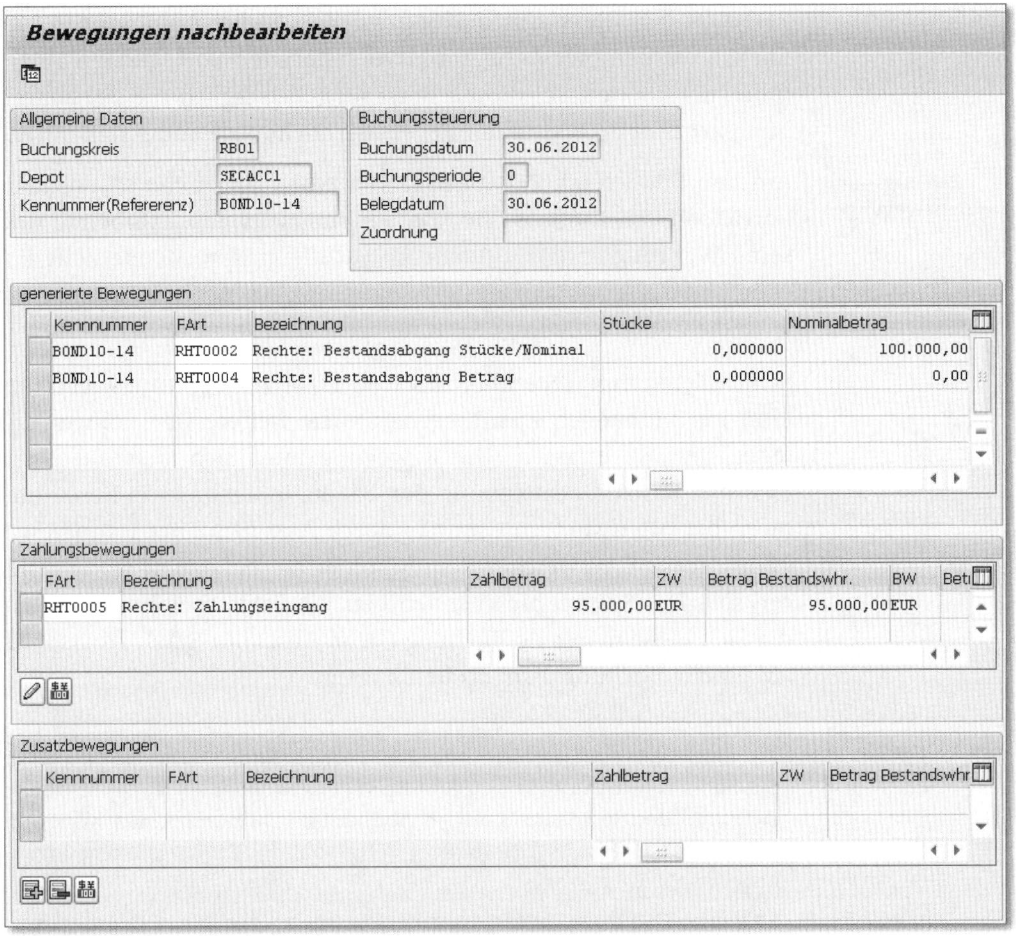

Abbildung 5.19 Detailbild zum Nacharbeiten der Bewegungen

Hauptbewegungen der Rechteausübung

Zunächst werden im Detailbild zum Nacharbeiten der Bewegungen einige wesentliche Informationen des Bestands wiederholt. Der Bildbereich Buchungssteuerung zeigt die Felder Buchungsdatum und Belegdatum für die Buchung in das Hauptbuch. Normalerweise stimmen die Angaben mit dem Stichtag, also dem Bestandsdatum des Nebenbuchs, überein. Falls Sie abweichende Angaben machen wollen, müssen Sie im Übersichtsbild aus der Abbildung 5.18 aus dem Menü Springen • Buchungssteuerung auswählen.

Im Bildbereich GENERIERTE BEWEGUNGEN sehen Sie einerseits die Bewegungen, die Stücke oder Nominale ein- oder ausbuchen. Erwartungsgemäß finden Sie hier die Fortschreibungsarten RHT0002 und RHT0004 aus dem Customizing wieder (siehe Abbildung 5.17). Ebenso werden hier die bestandsverändernden Bewegungen aufgeführt. Sie können bei diesen Bewegungen lediglich die Fortschreibungsart ändern, was in der Regel aber nicht notwendig sein dürfte.

Zahlungs- und Zusatzbewegungen

Auf den Bildbereich ZAHLUNGSBEWEGUNGEN haben Sie schon mehr korrigierenden Einfluss. Sie können einerseits den Zahlbetrag und seine Währung ändern (indem Sie auf die entsprechende Zeile klicken und das Icon ÄNDERN ( ) anklicken). Andererseits können Sie auch die Zahlungsbedingungen für diese Bewegung ändern.

Schließlich können Sie über das Icon ZUSATZBEWEGUNGEN ANLEGEN ( ) im Bildbereich ZUSATZBEWEGUNGEN weitere Bewegungen für jeden Bestand erfassen. Die Bewegung muss sich stets auf einen externen Bestand beziehen. In den Fällen, in denen zwei Kennnummern betroffen sind, müssen Sie durch Auswahl einer Hauptbewegung angeben, zu welcher Kennnummer die Zusatzbewegung gehören soll. Das System bietet Ihnen hier die Fortschreibungsarten an, die Sie für die manuelle Buchung (siehe Abschnitt 5.2.1, Überschrift »Manuelle Buchung«) angegeben haben.

[+]

Eingabe der Zahlungsbedingungen

Sie können nicht nur für einzelne Bewegungen, sondern auch im Übersichtsbild der Rechteausübung in Abbildung 5.18 durch einen Klick auf den Button ZAHLUNGSVERBINDUNG ( ) global die Zahlungsbedingungen angeben.

Falls Sie Gebühren oder Zusatzbewegungen über ein Zahlprogramm bezahlen möchten, dürfen Sie dies jedoch an dieser globalen Stelle nicht angeben. Denn dann erhalten alle Bewegungen diese Zusatzinformationen, insbesondere auch die bestandsverändernden Bewegungen, die aber gerade nicht gezahlt werden sollen. Sie erhalten zwar beim Versuch, die Ausübung in der Transaktion WERTPAPIERRECHT AUSÜBEN zu buchen, in aller Regel einen Fehler, die entsprechende Bewegung lässt sich aber nicht editieren. Sie müssen also für jede zu zahlende Bewegung explizit die Zahlungsbedingungen angeben.

Die eleganteste Lösung ist natürlich, an den betroffenen Depots die Zahlungsbedingungen bereits anzugeben. Dann brauchen Sie bei der Ausübung keine Angaben zur Zahlung mehr zu machen.

Indem Sie sichern, wird die Ausübung gebucht. Als Ergebnis erhalten Sie ein Buchungsprotokoll. Natürlich können Sie das Ergebnis mittels eines Testlaufs auch zuerst prüfen.

5.2.4 Positionskontoverwaltung

Futures und handelbare Optionen haben die gemeinsame Eigenschaft, dass sie nicht an Wertpapierbörsen, sondern an Future-Börsen gehandelt werden. In der Folge werden sie nicht auf Depots, sondern auf Positionskonten geführt. Auch wenn sich die Details der Verwaltung dieser Positionskonten zwischen den Börsen etwas unterscheiden, ist doch allen gemeinsam, dass alle Bestände täglich durch sogenannte *Variation-Margins* und *Overnight-Variation-Margins* glattgestellt werden. Dies bedeutet, dass die Änderung des Marktwertes gegenüber dem Vortag in Rechnung gestellt oder gutgeschrieben wird. Bei der Eröffnung eines Positionskontos oder auch beim Aufbau neuer Bestände sind Zahlungen einer *Initial-Margin* zu leisten, mit denen die Börse die täglichen Variation-Margins verrechnet. Unterschreitet der Saldo bestimmte Schwellenwerte, muss der Anleger tatsächlich Geld nachschießen. Der Transaction Manager bildet die täglichen Variation-Margins, Overnight-Margins und die Close-Margin beim Schließen eines Bestands ab. Die Initial-Margin verwaltet er jedoch nicht.

Handelbare Derivate

Der Kürze halber verwenden wir für Futures und handelbare Optionen im Folgenden auch den Begriff *handelbare Derivate*.

Handelbare Optionen »Future Style« und »Normal Style«

Handelbare Optionen können entweder wie Futures oder wie Wertpapiere abgerechnet werden. Deshalb unterscheidet das System zwei Arten der handelbaren Optionen. Diese Unterscheidung bestimmt die Prozesse sowohl in der externen als auch in der internen Bestandsverwaltung:

- **Future Style**
  Handelbare Optionen werden wie Futures abgerechnet und verwaltet, es werden u.a. Margin-Bewegungen erzeugt, und die Optionen erzeugen Einzelbestände.
- **Normal Style**
  Handelbare Optionen werden wie Wertpapiere abgerechnet und verwaltet, es werden keine Margin-Bewegungen erzeugt, und die Einzelbestandsführung ist wählbar.

Wir werden auf die Unterschiede bei den einzelnen Prozessen nochmal im Detail zurückkommen. Sie finden den entsprechenden Parameter ABR.METHODE im Customizing für Produktarten unter TRANSACTION MANAGER • BÖRSENNOTIERTE DERIVATE • STAMMDATEN • PRODUKTARTEN • PRODUKTARTEN DEFINIEREN und im Bildbereich MARGIN in Abbildung 5.20.

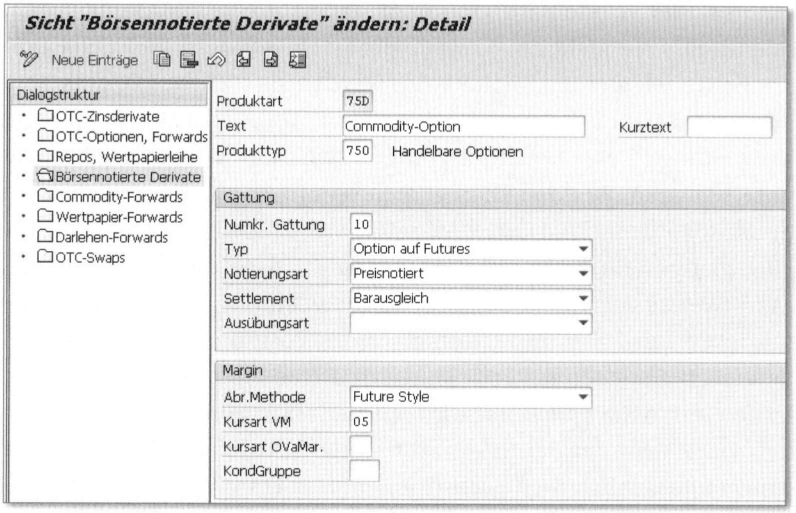

Abbildung 5.20 Produktart definieren: Börsennotierte Derivate

Externe Bestände

Bevor wir auf den einzigen Prozess eingehen, der auf den externen Beständen der handelbaren Derivate aufsetzt, den Margin-Lauf, möchten wir uns kurz den Beständen selbst zuwenden. Die Bestände werden durch die Merkmale BUCHUNGSKREIS, KENNNUMMER, POSITIONSKONTO und LONG-SHORT-KENNZEICHEN gekennzeichnet.

Zusammenhang zwischen Geschäft und Bestand

Es ist wichtig, sich den Zusammenhang zwischen Geschäften und Beständen klarzumachen, insbesondere im Hinblick auf Long- oder Short-Bestände. Der Auf- und Abbau des Bestands wird durch die Kennzeichen OPEN oder CLOSE des Geschäfts ausgedrückt. Sie bauen also einen Long-Bestand durch ein Open-Kauf-Geschäft auf. Um diesen Bestand wieder zu verkaufen, müssen Sie an der Börse als Verkäufer auftreten. Entsprechend geben Sie im Geschäft ein Close-Verkauf-Geschäft ein. Das System unterscheidet also, ob Sie durch einen Verkauf einen neuen Bestand eröffnen (Short-Bestand) oder einen vorhandenen schließen. Es gelten die in Tabelle 5.1 dargestellten Zusammenhänge.

Bestand	Aufbauendes Geschäft	Abbauendes Geschäft
Future Long	Open-Kauf	Close-Verkauf
Future Short	Open-Verkauf	Close-Kauf
Option Long Call	Open-Kauf-Call	Close-Verkauf-Call
Option Short Call	Open-Verkauf-Call	Close-Kauf-Call
Option Long Put	Open-Kauf-Put	Close-Verkauf-Put
Option Short Put	Open-Verkauf-Put	Close-Kauf-Put

Tabelle 5.1 Bestandsauf- und abbauende Geschäfte für handelbare Derivate

Alternativ zur Verwendung von Close-Geschäften können Sie das Matching von Long- und Short-Beständen nutzen. Beim Matching werden Long- und Short-Bestände gegeneinandergestellt und ausgeziffert. Dabei werden auch die entsprechenden Close-Margins erzeugt. Die Zuordnung der Bestände kann automatisch nach FIFO/LIFO-Prinzipien oder manuell durchgeführt werden. Das Matching beschreiben wir unter der Überschrift »Matching von Long- und Short-Beständen«.

Verwendung von Close-Geschäften und Matching [«]

Grundsätzlich stehen Ihnen zwei Alternativverfahren für den Abbau der Bestände zur Verfügung. Entweder verwenden Sie Open- und Close-Geschäfte, oder Sie legen nur Open-Geschäfte an und schließen den Bestand via Matching. Dann müssen Sie bei der Geschäftsanlage nicht entscheiden, ob es sich um ein Close- oder Open-Geschäft handelt. Das Matching ist dann ein Teil der täglichen Prozesse im Backoffice und wird vor der Variation-Margin durchgeführt. Sie können beide Verfahren auch kombinieren. Leider verlieren Sie dann an Übersicht, wenn die Bestände teilweise per Close-Geschäft und teilweise per Matching geschlossen werden.

Bei handelbaren Optionen sind die Long-Bestände die des aktiven Geschäftspartners, während die Short-Bestände diejenigen des Stillhalters sind. Entsprechend erhalten Sie für Short-Bestände stets die Optionsprämie.

Die Behandlung von handelbaren Derivaten ist im Transaction Manager stark geprägt durch die externen Bestände. Wenn Sie als Verkäufer eines Futures auftreten und nicht die Matching-Funktionalität verwenden, müssen Sie bereits bei der Erfassung des Geschäfts angeben, ob Sie bereits Bestände haben oder nicht. Insbesondere ist es nicht möglich, mit einem einzigen Geschäft einen vorhandenen

Bestand abzubauen und gleichzeitig einen entsprechend anderen Bestand aufzubauen.

Einzelbestände Futures haben die Eigenschaft, dass sie von der Börse in Einzelbeständen geführt werden. Dies bedeutet, dass die Börse für jeden Open einen eigenen Bestand führt, selbst wenn Sie den gleichen Future bereits in Ihrem Positionskonto haben. Der Grund ist offenbar, dass sich die Variation-Margins ja nur durch Vergleich des aktuellen Kurses mit demjenigen des Open-Geschäfts bestimmen lassen. Daher führt der Transaction Manager sowohl die externen Bestände als auch die Buchbestände als Einzelbestände mit Lot als zusätzlichem Merkmal des Bestands. Das Gleiche gilt für die handelbaren Optionen, die FUTURE STYLE geführt werden.

Bestandsliste Einen Überblick über Ihre Bestände zu handelbaren Derivaten gewinnen Sie mit der Transaktion POSITIONSKONTOBESTAND (Transaktion TPM9), die Sie im Menü unter TRANSACTION MANAGER • DERIVATE • ABWICKLUNG • BÖRSENGEHANDELTE DERIVATE • BESTANDSINFORMATIONEN • POSITIONSKONTOBESTAND finden. Hier erhalten Sie zu einem Stichtag eine Bestandsliste nach Kennnummer und Positionskonto; das System summiert die Einzelbestände für Futures auf (siehe Abbildung 5.21).

BuKr.	Name der Firma	Kennnummer	KurzBez	PosKonto	Bez.	Brkr	BrokerKto	Stücke long	TBW Long	BestW	St. short	TBW Short	BestW
RB01	TRM Buchungskreis	COMM_FUTURE	commodity fut.	FUTURES				20,000000	142.300,00	EUR	0,000000	129.500,00	EUR

Abbildung 5.21 Bestandsliste für börsengehandelte Derivate (Transaktion TPM9)

Wenn Sie auf den Button EINZELBESTÄNDE klicken, erhalten Sie eine Liste aller Einzelbestände zur ausgewählten Zeile. Von dort können Sie dann über den gleichnamigen Button zum Finanzstrom des Einzelbestands weiternavigieren. Wenn Sie im Selektionsbild den Parameter POSITIONEN ANZEIGEN setzen, werden in der Ausgabeliste direkt die Einzelbestände angezeigt.

In Abbildung 5.22 sehen Sie den Finanzstrom eines Einzelbestands. Dieser Finanzstrom ist nicht mehr auf das Stichtagsdatum beschränkt, mit dem Sie ursprünglich in die Bestandsliste eingestiegen sind. Interessieren Sie sich für den Finanzstrom des Gesamtbestands, oder handelt es sich um eine handelbare Option NORMAL STYLE, dann wählen Sie den Button FINANZSTROM.

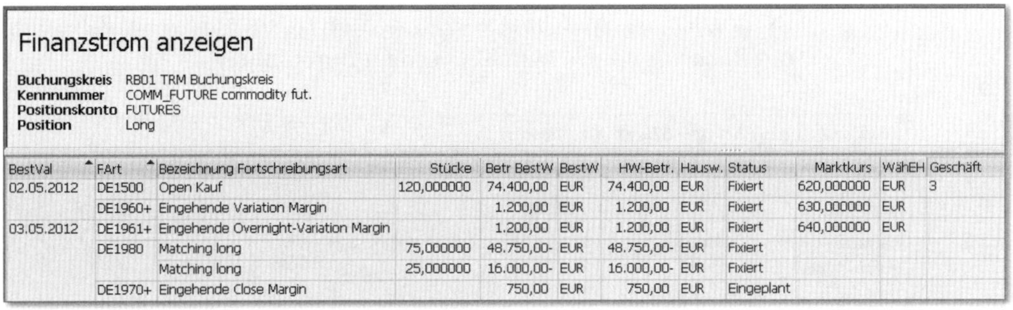

Finanzstrom anzeigen

Buchungskreis RB01 TRM Buchungskreis
Kennnummer COMM_FUTURE commodity fut.
Positionskonto FUTURES
Position Long

BestVal	FArt	Bezeichnung Fortschreibungsart	Stücke	Betr BestW	BestW	HW-Betr.	Hausw.	Status	Marktkurs	WähEH	Geschäft
02.05.2012	DE1500	Open Kauf	120,000000	74.400,00	EUR	74.400,00	EUR	Fixiert	620,000000	EUR	3
	DE1960+	Eingehende Variation Margin		1.200,00	EUR	1.200,00	EUR	Fixiert	630,000000	EUR	
03.05.2012	DE1961+	Eingehende Overnight-Variation Margin		1.200,00	EUR	1.200,00	EUR	Fixiert	640,000000	EUR	
	DE1980	Matching long	75,000000	48.750,00-	EUR	48.750,00-	EUR	Fixiert			
		Matching long	25,000000	16.000,00-	EUR	16.000,00-	EUR	Fixiert			
	DE1970+	Eingehende Close Margin		750,00	EUR	750,00	EUR	Eingeplant			

Abbildung 5.22 Finanzstrom eines Future-Bestands

Positionskontofinanzstrom

Ähnliche Informationen erhalten Sie über die Transaktion POSITIONSKONTOFINANZSTROM (Transaktion TPM8), die sich im Menü gleich unter der Transaktion TPM9 befindet. Hier geben Sie zu Beginn Kennnummer und Positionskonto an und sind damit auf der Ebene einer Zeile der BESTANDSLISTE (Transaktion TPM9). Entsprechend steht Ihnen wieder die Möglichkeit offen, sich entweder den aggregierten Finanzstrom oder zunächst die Einzelbestände anzeigen zu lassen, falls dies relevant ist.

Matching von Long- und Short-Beständen

Matching von Long- und Short-Beständen

Wenn Sie anstelle von Close-Geschäften die Long- und Short-Bestände ausgleichen möchten, stellt Ihnen das System zwei Transaktionen zur Verfügung:

- MATCHING VON LONG-/SHORT-POSITIONEN (Transaktion TPM91)
- MATCHINGÜBERSICHT MIT STORNOFUNKTION (Transaktion TPM92)

Beide Transaktionen finden Sie im Menü unter TRANSACTION MANAGER • DERIVATE • ABWICKLUNG • BÖRSENGEHANDELTE DERIVATE • MATCHING.

Matching durchführen

Schauen wir uns die beiden Transaktionen genauer an. In der Transaktion TPM91 geben Sie zuerst die Eingabeparameter für die Positionsselektion und den Stichtag ein. Danach erhalten Sie eine Liste von Long- und Short-Beständen (siehe Abbildung 5.23). Sie können einzelne Bestände entweder manuell zuordnen, indem Sie für den Long-Bestand das Kennzeichen in der Spalte L: MARK und für den Short-

Bestand das Kennzeichen in der Spalte S: MARK setzen und den Button MATCH in der Menüzeile auswählen. Oder Sie können die Bestände nach dem FIFO- oder LIFO-Prinzip über die entsprechenden Buttons VORSCHLAG (FIFO) bzw. VORSCHLAG (LIFO) zuordnen. Es ist möglich, das Matching wieder zu ändern, indem Sie auf RÜCKGÄNGIG klicken und das Matching erneut durchführen.

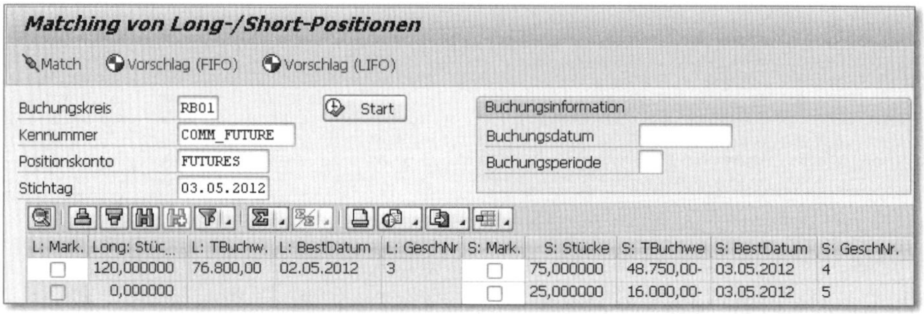

Abbildung 5.23 Matching durchführen (Transaktion TPM91)

Wenn Sie die Bestände zugeordnet haben, können Sie die erzeugten Matching-Bewegungen im Testlauf und Echtlauf buchen. Das Matching funktioniert wie ein Transfer; es werden Stücke von einem Bestand zu einem anderen umgebucht. Damit wird der Quellbestand geschlossen, und gleichzeitig wird der Zielbestand vermindert. Es wird auch die entsprechende Close-Margin erzeugt. Die Verminderung im Zielbestand entsteht, weil Sie Stücke mit einem umgekehrten Vorzeichen einbuchen. Zum Beispiel buchen Sie negative Stücke eines Short-Bestands auf einen Long-Bestand um.

Das können Sie in Abbildung 5.24 nachverfolgen. Sie sehen die Open-Geschäftsvorfälle sowohl für Long- als auch für Short-Bestände. Dazu sehen Sie pro Einzelbestand jeweils eine Matching-Bewegung. Am Ende sehen Sie die Close-Margins.

BestVal	FArt	Bezeichnung Fortschreibungsart	Stücke	Betr BestW	BestW	HW-Betr.	Hausw.
02.05.2012	DE1500	Open Kauf	120,000000	74.400,00	EUR	74.400,00	EUR
	DE1960+	Eingehende Variation Margin		1.200,00	EUR	1.200,00	EUR
03.05.2012	DE1501	Open Verkauf	75,000000	48.750,00	EUR	48.750,00	EUR
		Open Verkauf	25,000000	16.000,00	EUR	16.000,00	EUR
	DE1961+	Eingehende Overnight-Variation Margin		1.200,00	EUR	1.200,00	EUR
	DE1980	Matching long	100,000000	64.750,00-	EUR	64.750,00-	EUR
	DE1981	Matching short	100,000000	64.750,00-	EUR	64.750,00-	EUR
	DE1970-	Ausgehende Close Margin		129.500,00	EUR	129.500,00	EUR
	DE1970+	Eingehende Close Margin		750,00	EUR	750,00	EUR

Abbildung 5.24 Finanzstrom eines Future-Bestands mit Matching

Matching anschauen und stornieren

Transaktion MATCHINGÜBERSICHT MIT STORNOFUNKTION (Transaktion TPM92) bietet Ihnen die Möglichkeit, sich eine Übersicht über durchgeführtes Matching zu verschaffen, und gleichzeitig können Sie ein gebuchtes Matching direkt stornieren, wie Sie in der Abbildung 5.25 sehen können. Dafür wählen Sie das Matching aus und klicken auf den Button STORNIEREN. Danach müssen Sie einen Stornogrund eingeben und können auch das Stornodatum pflegen.

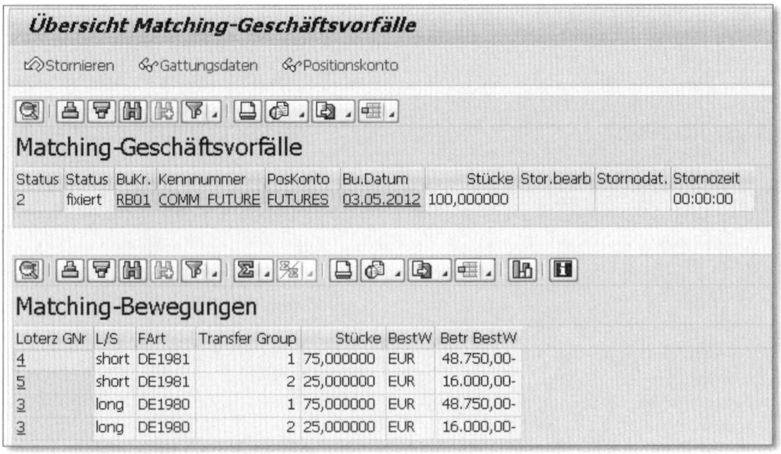

Abbildung 5.25 Matchingübersicht mit Stornofunktion

Variation-Margin und Overnight-Variation-Margin

Variation-Margin

Die *Variation-Margin* ist der tägliche Gewinn- oder Verlustausgleich der Börse über eine Bewertung der Bestände zu Marktpreisen. Sie verhindert, dass über längere Zeiträume größere Forderungen oder Verbindlichkeiten zwischen den Kontrahenten entstehen. Allerdings stellt sie formal keine buchhalterische Bewertung der Bestände dar. Gewinne oder Verluste aus Variation-Margins sind nicht erfolgswirksam. Wir kommen auf die buchhalterische Bewertung in Abschnitt 5.4.3 zurück.

Variation-Margin buchen

Die Variation-Margin wird über einen Massenlauf gebucht, die Transaktion VARIATION-MARGIN BUCHEN (Transaktion PMVM), die sich im Menü unter TRANSACTION MANAGER • DERIVATE • BUCHHALTUNG • MARGINVERWALTUNG befindet. Das System stellt sicher, dass alle Zu- und Abgänge vor dem Stichtag gebucht sind. In Abbildung 5.26 sehen Sie das Selektionsbild. Sie können mithilfe des Kennzeichens CLOSE MARGIN BUCHEN im Selektionsbild angeben, dass Close-

Margins mit dieser Transaktion ebenfalls gebucht werden sollen. Wollen Sie die Close-Margins getrennt buchen, müssen Sie dies vor den Variation-Margins tun. Als Bestätigung erhalten Sie sowohl ein Buchungsprotokoll als auch eine Liste der erzeugten Margin-Bewegungen.

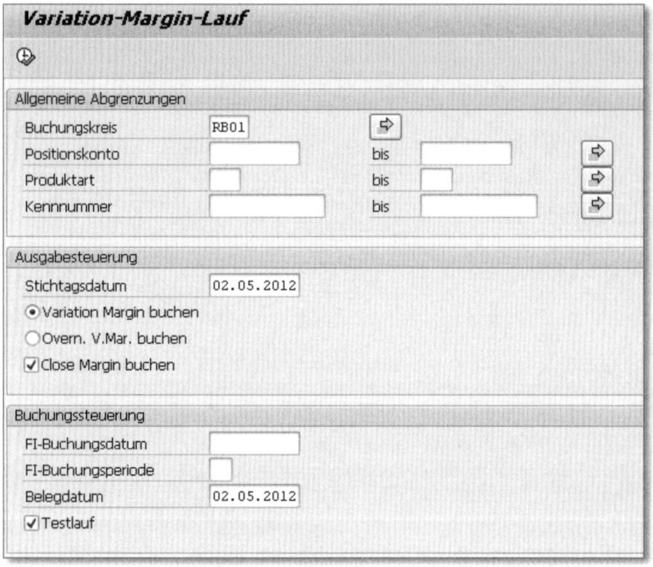

Abbildung 5.26 Variation-Margin-Lauf

Zum Storno dieser Buchungen verwenden Sie in beiden Fällen die Transaktion MARGINBEWEGUNGEN STORNIEREN (Transaktion PMSV), die sich ebenfalls dort im Menü befindet.

Overnight-Variation-Margin

Zusätzlich zur normalen Variation-Margin bietet Ihnen der Transaction Manager an, auch *Overnight-Variation-Margins* zu buchen. Eine Overnight-Variation-Margin wird als erster Geschäftsvorfall am Tag sortiert und dient der Berücksichtigung des Unterschieds zwischen dem Schlusspreis und dem Öffnungspreis am nächsten Tag. Dieser Unterschied ist üblich z.B. bei zinsbasierten Derivaten, bei denen eine Zinsanpassung durch den unterliegenden Marktzins über Nacht erfolgt. Die Zinsanpassung führt dann zur Anpassung des Öffnungspreises, die separat für die Close- und Variation-Margin betrachtet werden muss.

Overnight-Variation-Margin bearbeiten

Für die Bearbeitung von Overnight-Variation-Margins verwenden Sie, wie bei den Variation-Margins, die Transaktionen VARIATION-

Margin buchen (Transaktion PMVM) und Marginbewegungen stornieren (Transaktion PMSV). Zwischen Variation- und Overnight-Variation-Margin entscheiden Sie über einen Auswahlbutton in der Transaktion PMVM oder per Kennzeichen in der Transaktion PMSV.

Close-Margin

Die *Close-Margin* ist der Gewinn- oder Verlustausgleich aus dem Schließen eines Bestands. Sie entsteht durch den Vergleich des letzten Terminbörsenwertes des Bestands inklusive aller Variation- und Overnight-Variation-Margins mit dem Verkaufswert. Die Close-Margin ist also so etwas wie die Variation-Margin anlässlich des Abgangs. Auch hier gilt wieder, dass sie keinen buchhalterischen Gewinn- oder Verlust darstellt.

Berechnung und Buchung der Close-Margin [«]

Das System berechnet die Close-Margin bereits, wenn Sie das entsprechende Geschäft sichern. Die Close-Margin wird aber nicht zusammen mit dem Close-Geschäft gebucht.

Um eine Close-Margin getrennt zu buchen, steht Ihnen die Transaktion Close-Margin buchen (Transaktion TPM25) zur Verfügung, die Sie an gleicher Stelle wie die entsprechende Transaktion für die Variation-Margin finden. Alternativ können Sie die Close-Margin zusammen mit Variation-Margins mit der Transaktion PMVM buchen. **Close-Margin buchen**

Zum Storno dieser Buchungen verwenden Sie auch bei Close-Margin die Transaktion Marginbewegungen stornieren (Transaktion PMSV), die sich ebenfalls dort im Menü befindet. **Storno**

Manuelle Buchung

Ähnlich wie im Bereich der Wertpapiere (siehe Abschnitt 5.2.1, Überschrift »Manuelle Buchung«) bietet auch die Verwaltung der externen Bestände handelbarer Derivate die Möglichkeit, manuell Geschäftsvorfälle für einen Bestand zu erfassen, z.B. besondere Gebühren für einen Bestand. Die Transaktion Manuelle Buchung (Transaktion TPM35) finden Sie im Menü unter Transaction Manager • Derivate • Abwicklung • Börsengehandelte Derivate. Analog zu den Wertpapieren geben Sie zunächst Buchungskreis, Kennnummer und Positionskonto an. Sollte dieses handelbare Derivat einzelbestandsgeführt sein, erhalten Sie anschließend eine Liste der Einzelbestände, aus der Sie einen Bestand auswählen müssen. Danach verhält sich die Transaktion genauso wie die für Wertpapiere.

Customizing der Positionskontoverwaltung

Im Vergleich zur Depotverwaltung sind die funktionalen Anforderungen an die Positionskontoverwaltung viel geringer. Vor allem pflegen Sie Fortschreibungsarten im Customizing unter TRANSACTION MANAGER • BÖRSENGEHANDELTE DERIVATE • BESTANDSVERWALTUNG • POSITIONSKONTOVERWALTUNG • FORTSCHREIBUNGSARTEN.

Fortschreibungsarten für Open und Close

Zunächst müssen Sie mit der Aktivität FORTSCHREIBUNGSARTEN FÜR POSITIONSKONTOVERWALTUNG SPEZIFIZIEREN die Fortschreibungsarten spezifizieren, die den Bewegungsarten der Geschäfte dieser Finanzinstrumente entsprechen, also insbesondere die Open- und Close-Bewegungen als solche kennzeichnen. Wenn Sie diese Aktivität auswählen, öffnet sich die Ansicht in Abbildung 5.27. Dazu weisen Sie den Open-Fortschreibungsarten (z.B OPEN KAUF oder OPEN VERKAUF) den Wert ZUGANG POSITIONSWERT OPTIONEN/FUTURES zu und den Close-Fortschreibungsarten den Wert ABGANG POSITIONSWERT OPTIONEN/FUTURES. Ähnlich enthalten die Fortschreibungsarten für das Matching von Long- und Short-Beständen den Wert ABGANG POSITIONSWERT OPTIONEN/FUTURES.

Allen anderen Fortschreibungsarten können Sie der Klarheit wegen KEINE BESTANDSÄNDERUNG zuordnen, was aber ohnehin angenommen wird, wenn keine Zuordnung vorhanden ist.

Treasury: Customizingview für Fortschreibungsart im TRF

FArt	FArt	Werttyp
DE1500	Open Kauf	Zugang Positionswert Optionen/Futures
DE1501	Close Kauf	Abgang Positionswert Optionen/Futures
DE1510	Open Verkauf	Zugang Positionswert Optionen/Futures
DE1511	Close Verkauf	Abgang Positionswert Optionen/Futures
DE1980	Matching long	Abgang Positionswert Optionen/Futures
DE1981	Matching short	Abgang Positionswert Optionen/Futures

Abbildung 5.27 Fortschreibungsarten für Positionskontoverwaltung spezifizieren

Fortschreibungsarten für Margin-Bewegungen

Die Fortschreibungsarten für die Margin-Bewegungen geben Sie in der Aktivität FORTSCHREIBUNGARTEN FÜR MARGINVERWALTUNG JE PRODUKTART ZUORDNEN an. Wie die Bezeichnung bereits ausdrückt, können Sie verschiedene Fortschreibungsarten je Produktart wählen. Sie müssen für Variation-, Overnight-Variation- und Close-Margin sowie für Long- und Short-Bestände jeweils Angaben für zu- und abgehende Margins machen. Sie müssen auch die Fortschreibungsarten für das Matching zuordnen. Insgesamt tragen Sie also bis zu vierzehn Fortschreibungsarten ein.

Fortschreibungsarten für manuelle Buchung

Die Fortschreibungsarten, die Sie für die manuelle Buchung verwenden können, geben Sie im Customizing unter FORTSCHREIBUNGSARTEN FÜR MANUELLE BUCHUNG an. Neben den Fortschreibungsarten können Sie auch die Kurstypen für die Umrechnung von Margin-Bewegungen unter TRANSACTION MANAGER • BÖRSENGEHANDELTE DERIVATE • BESTANDSVERWALTUNG • POSITIONSKONTOVERWALTUNG • KURSTYPEN FÜR UMRECHNUNG VON MARGINBEWEGUNGEN ZUORDNEN spezifizieren. Sie können Kurstypen für Variation-, Overnight-Variation-, Close-Margin und das Matching zuordnen.

Damit ist die externe Bestandsverwaltung für Futures und handelbare Derivate eingerichtet.

5.3 Grundlagen der internen Bestandsverwaltung

Mengen und Werte saldieren

Die zentrale Aufgabe der internen Bestandsverwaltung ist es, Finanzinstrumente buchhalterisch zu bewerten. Neben Mengen saldieren wir auf den Beständen der internen Bestandsverwaltung, den Buchbeständen, also auch Werte. Wie diese Werte zu berechnen sind, regeln Rechnungslegungsvorschriften, die häufig länderspezifisch sind. Manchmal erfordert es die Rechnungslegung, die Buchbestände nach anderen Kriterien voneinander zu unterscheiden, als es die Kriterien der externen Bestände vorgeben. Ebenso können interne Anforderungen eines Unternehmens zu einer Abweichung von der Definition der Bestände führen.

Finanzinstrumente

Während sich die externe Bestandsverwaltung des Transaction Managers auf Wertpapiere, Futures und handelbare Optionen beschränkt, müssen grundsätzlich alle Finanzinstrumente einer buchhalterischen Bewertung unterzogen werden können. Die interne Bestandsverwaltung umfasst folglich alle Finanzinstrumente, die im Transaction Manager abgebildet werden, ja sogar einige darüber hinaus. Denn auch Darlehen aus dem SAP-Modul für die Darlehensverwaltung (SAP Loans Management) lassen sich hier bewerten.

In diesem Abschnitt möchten wir Ihnen die Grundlagen der internen Bestandsverwaltung vorstellen. Zunächst erhalten Sie einen Überblick über die Architekturprinzipien der internen Bestandsverwaltung. Im Anschluss erläutern wir dann zentrale Begriffe ausführlicher und beschreiben das mit ihnen verbundene Customizing.

5.3.1 Architektur der internen Bestandsverwaltung

Haltekategorieen

Ein gutes Beispiel für die Unterscheidung zwischen externen Beständen und internen Buchbeständen sind die Haltekategorien, die nach IFRS oder US-GAAP vorgeschrieben sind. Beide Rechnungslegungen verlangen, Finanzinstrumente nach dem Zweck des Erwerbs zu klassifizieren und in der Folge auch mit unterschiedlichen Wertansätzen zu führen. Dies wirkt sich besonders bei Wertpapieren aus. Die internen Buchbestände sollten deshalb nach der Haltekategorie unterschieden werden.

Für Ihre Depotbank haben Haltekategorien natürlich keinerlei Bedeutung; die Depotbank wird Sie nicht zwingen, mehrere Depots zu unterhalten, je nach beabsichtigter Haltedauer. Im Vergleich zu internen Buchbeständen ist die Haltekategorie für die externen Bestände nicht relevant. Aus diesem Grund ist also eine Trennung von internen Buchbeständen und externen Beständen sinnvoll.

Grundlagen

Accounting-Kreis

Der *Accounting-Kreis* ist innerhalb der internen Bestandsverwaltung der Begriff für den Buchungskreis. Zwischen beiden muss eine in beide Richtungen eindeutige Beziehung bestehen.

Sie fragen sich vermutlich, wozu der Begriff Accounting-Kreis dann notwendig ist. Er wurde wohl vor allem eingeführt, um die Eigenständigkeit der internen Bestandsverwaltung zu betonen. Prinzipiell hätte er die Möglichkeit geboten, die interne Bestandsverwaltung losgelöst von der Geschäftsverwaltung des Transaction Managers und dem SAP-Hauptbuch zu betreiben. Beide Szenarien sind aber nie ernsthaft in Erwägung gezogen worden. Folglich taucht der Begriff auch nicht so häufig auf der Oberfläche auf. Ohne die Beziehung zwischen Buchungs- und Accounting-Kreis funktioniert in der internen Bestandsverwaltung jedoch nichts.

Im Customizing definieren wir also unter TRANSACTION MANAGER • ALLGEMEINE EINSTELLUNGEN • BUCHHALTUNG • ALLGEMEINE EINSTELLUNGEN • ACCOUNTING-KREIS DEFINIEREN für jeden Buchungskreis einen vorzugsweise gleichnamigen Accounting-Kreis und weisen die beiden einander zu.

Eindeutige Beziehung zwischen Buchungskreis und Accounting-Kreis [!]

Wir empfehlen Ihnen, eine 1:1-Beziehung zwischen Buchungskreis und Accounting-Kreis zu pflegen. Außerdem sollten Buchungskreis und Accounting-Kreis gleichnamig sein. Das System überprüft dies zwar nicht, andere Varianten führen aber nur zu Verwirrung oder sogar zu falschen Angaben in der internen Bestandsverwaltung.

Parallele Rechnungslegung

Das Stichwort IFRS weist gleich auf eine weitere Herausforderung hin, die sich für immer mehr Unternehmen stellt: Sie müssen nach unterschiedlichen Rechnungslegungen gleichzeitig bilanzieren, z.B. nach IFRS und nach ihrer nationalen Rechnungslegung. Die Wertansätze sind oft sehr unterschiedlich, sodass es nicht einfach mit einer Umgruppierung der Ergebnisse einer Rechnungslegung getan ist. Die interne Bestandsverwaltung von SAP Treasury and Risk Management bietet hier eine komfortable Lösung, um den Aufwand bei der Erstellung paralleler Bilanzen möglichst gering zu halten. Sie führt für jede Rechnungslegung einen eigenen, vollständigen Satz von Buchbeständen.

Bewertungsbereich

Um diese parallelen Sätze von Buchbeständen zu unterscheiden, bezeichnet der *Bewertungsbereich* innerhalb der internen Bestandsverwaltung eine Rechnungslegung. Typische Beispiele einer Rechnungslegung sind das deutsche Handelsgesetzbuch (HGB), die US-amerikanischen Buchhaltungsvorschriften US-GAAP (United States Generally Accepted Accounting Principles) oder die internationale Rechnungslegung IFRS (International Financial Reporting Standards).

Jeder Geschäftsvorfall, den Sie im System erfassen, wird dazu in jeden Bewertungsbereich dupliziert. Die Auswirkungen auf die jeweiligen Buchbestände können aber in den verschiedenen Bewertungsbereichen unterschiedlich sein. Die Bewertungsbereiche sind also unabhängige, parallele Sichten auf die Werte Ihrer Finanzinstrumente.

Vollansatz vs. Deltaansatz

Sie finden damit alle Ihre Finanzinstrumente in allen Bewertungsbereichen wieder. Diese Vorgehensweise wird gelegentlich auch als

Vollansatz bezeichnet. Im Gegensatz dazu steht ein *Deltaansatz*, bei dem es eine ausgezeichnete Sicht auf die Finanzinstrumente gibt und alle anderen Rechnungslegungsvorschriften als Differenz zu dieser ausgezeichneten Sicht betrachtet werden. Der Vorteil des Vollansatzes ist zweifellos seine Übersichtlichkeit, denn Sie finden alle Daten zur Bilanz und GuV in einer Sicht. Ein Nachteil scheint auf den ersten Blick die mehrfache Datenhaltung zu sein. Tatsächlich aber bringen z.B. die IFRS-Vorschriften für viele Länder eine deutlich andere buchhalterische Sicht auf Finanzinstrumente mit sich, sodass die Menge der Geschäftsvorfälle, die tatsächlich unabhängig von der Rechnungslegung sind, nicht so groß ist.

Mit den unabhängigen, parallelen Bewertungsbereichen haben Sie ein wichtiges Architekturprinzip der internen Bestandsverwaltung kennengelernt und zugleich ein Kriterium, nach dem interne, nicht aber externe Bestände unterschieden werden. Weitere Einstellungsmöglichkeiten für den Schnitt von Buchbeständen stellen wir Ihnen in Abschnitt 5.3.4 vor.

Bewertungsklasse

Die *Bewertungsklasse* ist der Begriff des Transaction Managements für eine Haltekategorie. Alle Buchbestände besitzen die Bewertungsklasse als unterscheidendes Merkmal. Da die Bewertungsklasse letztlich eine Absicht ausdrückt, die schon beim Erwerb des Finanzinstruments bekannt war, geben Sie sie schon bei der Geschäftserfassung an oder lassen sie vom System bestimmen. Wir beschäftigen uns in Abschnitt 5.3.3 ausführlich mit Bewertungsklassen.

Komponenten

Wir haben bereits festgestellt, dass wir auf den Buchbeständen auch Werte saldieren möchten. Der Transaction Manager kennt eine ganze Reihe von Kennzahlen, die auch *Komponenten* genannt werden. Dabei unterscheiden wir zwischen *originären* und *abgeleiteten Komponenten*. Geschäftsvorfälle ändern originäre Komponenten direkt. Abgeleitete Komponenten sind immer als Summe originärer Komponenten darstellbar.

Originäre Komponenten

Wir haben Ihnen eine Liste der wesentlichen originären Komponenten der internen Bestandsverwaltung zusammengestellt. Viele originäre Komponenten sind das Ergebnis der buchhalterischen Bewertung. Für Details weisen wir deshalb immer auf den Abschnitt hin, in dem diese Bewertung beschrieben wird.

- **Kaufwert**
  Mit diesem Wert geht ein Finanzinstrument anlässlich seines Erwerbs in die Bilanz ein. Typischerweise bauen Geschäftsvorfälle der Geschäftsverwaltung den Kaufwert auf.
- **Bewertung Titel**
  Saldo aller Marktpreis- oder Fair-Value-Bewertungen (siehe Abschnitt 5.4.3, Überschrift »Titelbewertung«)
- **Bewertung Devise**
  Saldo aller Fremdwährungsbewertungen, sofern diese für den Buchbestand notwendig sind (siehe Abschnitt 5.4.3, Überschrift »Fremdwährungsbewertung«)
- **Bewertung Devise amortisierter Anschaffungswert**
  Saldo aller Fremdwährungsbewertungen des amortisierten Anschaffungswertes
- **Bewertung Index**
  Saldo aller Indexbewertungen für Anleihen, deren Preis an einen Index gebunden ist (siehe Abschnitt 5.4.3, Überschrift »Indexbewertung«)
- **Aktivierte Kosten**
  Hier können Sie aktivierte Kosten getrennt vom Kaufwert ausweisen. Auch diese Komponente wird durch Bewegungen der Geschäftsverwaltung aufgebaut.
- **Aktivierte Kosten Bewertung Titel**
  Ergebnis der Marktpreisbewertung der aktivierten Kosten. Dieser Effekt ist häufig nicht erwünscht. Vermeiden Sie also, aktivierte Kosten auf einer eigenen Komponente zu führen.
- **Aktivierte Kosten Bewertung Devise**
  Ergebnis der Fremdwährungsbewertung aktivierter Kosten
- **Amortisierung**
  Saldo der Amortisierungen, entweder lineare Verteilung des Agios/Disagios oder Bewertung gemäß Effektivzinsbewertung (siehe Abschnitt 5.4.3, Überschrift »Amortisierung«)
- **Agio/Disagio**
  Verbleibendes Agio/Disagio bei Amortisierung nach dem Bruttoverfahren
- **Amortisierung Negotiation Spread**
  Amortisierung eines bestimmten Teils des Agios oder Disagios (siehe Abschnitt 5.4.3, Überschrift »Amortisierung«)

- **Abgrenzungsposten Kaufwert**
  Verbleidender Teil des Negotiation Spreads (siehe Abschnitt 5.4.3, Überschrift »Amortisierung«).
- **Variation-Margin**
  Saldo aller Variation-Margins von Futures oder handelbaren Optionen
- **Impairment**
  Saldo aller dauerhaften Wertminderungen (siehe Abschnitt 5.4.2)
- **Impairment Devise**
  Fremdwährungsbewertung im Rahmen eines Impairments
- **Stückzinsen**
  Stückzinsen anlässlich von Wertpapierkäufen, die bei der Zinszahlung in die GuV gebucht werden sollen
- **Tilgungen**
  Summe aller Tilgungen, kann nur bei Wertpapieren oder Darlehen verwendet werden
- **Spotbewertung Kaufwährung**
  Ergebnis der Bewertung von Devisentermingeschäften (siehe Abschnitt 5.4.3, Überschrift »Kursbewertung für Devisentermingeschäfte«)
- **Spotbewertung Verkaufswährung**
  Ähnlich wie die letzte Komponente, jedoch nur nutzbar, wenn Kauf- und Verkaufswährung von der Hauswährung abweichen.
- **Swap-/Margin-Abgrenzung**
  Saldo der Swapabgrenzung von Devisentermingeschäften oder der Margin-Abgrenzung von Repos (siehe Abschnitt 5.4.3, Überschrift »Swap- und Margin-Abgrenzung«)
- **Swapbewertung**
  Saldo der Swapbewertung von Devisentermingeschäften (siehe Abschnitt 5.4.3, Überschrift »Swapbewertung«)
- **Erfolgsneutrale Bewertung Titel**
  Eigenkapitalrücklagen aus der Titelbewertung
- **Erfolgsneutrale Bewertung Devise**
  Eigenkapitalrücklagen aus der Devisenbewertung
- **Erfolgsneutrale Bewertung Index**
  Eigenkapitalrücklagen aus der Indexbewertung

Abgeleitete Komponenten

Dies sind die originären Komponenten. Aus ihnen setzen sich die folgenden abgeleiteten Komponenten zusammen.

- **Buchwert**
  Er ist die Summe aller Komponenten bis auf Abgrenzungsposten Kaufwert, Variation-Margin, Stückzinsen und die erfolgsneutralen Bewertungen.
- **Buchwert exklusive aktivierter Kosten**
  Diese Komponente entspricht dem Buchwert, aber ohne die drei Komponenten zu aktivierten Kosten.
- **Anschaffungswert**
  Der Anschaffungswert ist die Summe aus Kaufwert, aktivierten Kosten und Tilgungen.
- **Amortisierter Anschaffungswert**
  Der amortisierte Anschaffungswert ist die Summe aus Anschaffungswert, Amortisierung, Amortisierung Negotiation Spread, Bewertung Devise Amortisierter Anschaffungswert und Impairment.

Bestandsänderungstyp und abgeleitete Geschäftsvorfälle

Bestandsänderungstyp

Natürlich sollen Sie sich nicht bei der Erfassung jedes Geschäftsvorfalls Gedanken machen müssen, welche dieser Kennzahlen verändert werden soll. Genau das nimmt Ihnen die Bestandsverwaltung ab. Dazu sind den Bewegungen über ihre Fortschreibungsarten *Bestandsänderungstypen* zugeordnet. Die Bestandsänderungstypen geben an, welche Komponente eine Bewegung erhöht oder erniedrigt. Eine Bewegung kann gleichzeitig zwei Komponenten betreffen.

Customizing der Bestandsänderungstypen

Fortschreibungsarten von Bewegungen, die aus externen Beständen oder der Geschäftsverwaltung herrühren, müssen Sie explizit Bestandsänderungstypen zuordnen. Sie tun dies im Customizing unter Transaction Manager • Allgemeine Einstellungen • Buchhaltung • Einstellungen zur Bestandsführung • Auswirkungen der Fortschreibungsarten auf die Bestandskomponenten festlegen. Hier geben Sie je Fortschreibungsart, Accounting-Kreis und Bewertungsbereich einen Bestandsänderungstyp an. Es kommen nur sehr wenige Komponenten und damit Bestandsänderungstypen infrage, und folglich ist auch die [F4]-Hilfe sehr übersichtlich, und die Bezeichnungen sind meist selbsterklärend.

[+] **Besondere Bestandsänderungstypen**

Sie müssen Kauf- und Verkaufsbewegung von Devisentermingeschäften und Repos den Bestandsänderungstyp INDIREKT BESTANDSWIRKSAM (1006) zuordnen.

Bei Abgängen, wie Verkäufen oder auch endfälligen Tilgungen, tragen Sie normalerweise den Bestandsänderungstyp EINGEHENDE ZAHLUNG BEI BESTANDSABGANG (1002) oder den Bestandsänderungstyp AUSGEHENDE ZAHLUNG BEI BESTANDSABGANG (1020) ein. Das impliziert dann auch, dass das System Kursgewinne anlässlich dieses Abgangs ermittelt. Bei Ratentilgungen können Sie dies vermeiden, wenn Sie stattdessen bei Aktivbeständen den Bestandsänderungstyp TILGUNG EINBUCHEN (1023) oder bei Passivbeständen den Bestandsänderungstyp TILGUNG AUSBUCHEN (1024) verwenden. Diese Bestandsänderungstypen werden nur für den Bestandsführungstyp WERTPAPIERE/DARLEHEN MIT RATENTILGUNGEN berücksichtigt. Sonst wird der Bestandsänderungstyp TILGUNG EINBUCHEN (1023) intern wie der Bestandsänderungstyp EINGEHENDE ZAHLUNG BEI BESTANDSABGANG (1002) behandelt. Analog wird der Bestandsänderungstyp TILGUNG AUSBUCHEN (1024) wie der Bestandsänderungstyp AUSGEHENDE ZAHLUNG BEI BESTANDSABGANG (1020) behandelt.

Der Bestandsführungstyp ist ein Attribut des Bestandsführungsverfahrens, das wir in Abschnitt 5.3.6 beschreiben. So können Sie für die Ratentilgungen die Bestandsänderungstypen TILGUNG EINBUCHEN (1023) oder TILGUNG AUSBUCHEN (1024) einstellen, und die Behandlung wird vom Bestandsführungsverfahren abhängen.

Wollen Sie erreichen, dass eine Bewegung nicht in der internen Bestandsverwaltung erscheint, können Sie den Bestandsänderungstyp AUSGESCHLOSSEN VON DER BESTANDSFÜHRUNG (9999) eintragen.

Den Fortschreibungsarten von Bewegungen, die von der internen Bestandsverwaltung selbst erzeugt werden, wird der Bestandsänderungstyp systemintern zugewiesen. Sie brauchen dazu im Customizing nichts zu pflegen.

Beispiel Bestandsänderungstypen

Ein Beispiel kann Ihnen helfen, die Wirkung der Bestandsänderungstypen zu verstehen. In Abbildung 5.6 haben Sie den Finanzstrom einer Anleihe in der Depotverwaltung gesehen. Ein entsprechender interner Bestand ist in Abbildung 5.28 mit der Transaktion BESTANDSBEWEGUNGSLISTE (Transaktion TPM13) dargestellt. Die Transaktion BESTANDSBEWEGUNGSLISTE (Transaktion TPM13) finden Sie im Menü des Transaction Managers bei jeder Produktgruppe unter INFOSYSTEM • BESTANDSENTWICKLUNG. In der letzten Spalte BESTÄNDTYP ist der Bestandsänderungstyp angegeben.

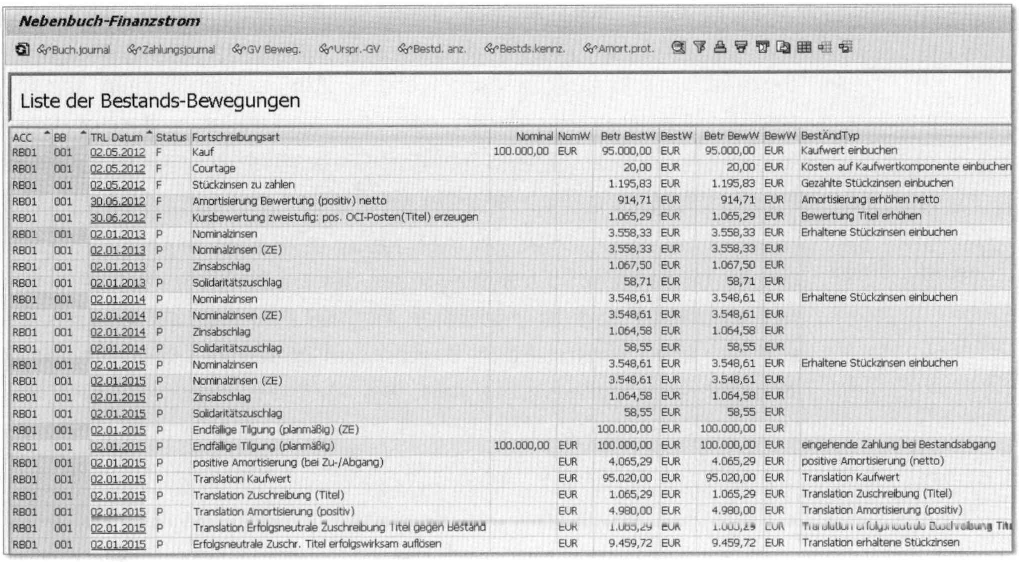

ACC	BB	TRL Datum	Status	Fortschreibungsart	Nominal	NomW	Betr BestW	BestW	Betr BewW	BewW	BestÄndTyp
RB01	001	02.05.2012	F	Kauf	100.000,00	EUR	95.000,00	EUR	95.000,00	EUR	Kaufwert einbuchen
RB01	001	02.05.2012	F	Courtage			20,00	EUR	20,00	EUR	Kosten auf Kaufwertkomponente einbuchen
RB01	001	02.05.2012	F	Stückzinsen zu zahlen			1.195,83	EUR	1.195,83	EUR	Gezahlte Stückzinsen einbuchen
RB01	001	30.06.2012	F	Amortisierung Bewertung (positiv) netto			914,71	EUR	914,71	EUR	Amortisierung erhöhen netto
RB01	001	30.06.2012	F	Kursbewertung zweistufig: pos. OCI-Posten(Titel) erzeugen			1.065,29	EUR	1.065,29	EUR	Bewertung Titel erhöhen
RB01	001	02.01.2013	P	Nominalzinsen			3.558,33	EUR	3.558,33	EUR	Erhaltene Stückzinsen einbuchen
RB01	001	02.01.2013	P	Nominalzinsen (ZE)			3.558,33	EUR	3.558,33	EUR	
RB01	001	02.01.2013	P	Zinsabschlag			1.067,50	EUR	1.067,50	EUR	
RB01	001	02.01.2013	P	Solidaritätszuschlag			58,71	EUR	58,71	EUR	
RB01	001	02.01.2014	P	Nominalzinsen			3.548,61	EUR	3.548,61	EUR	Erhaltene Stückzinsen einbuchen
RB01	001	02.01.2014	P	Nominalzinsen (ZE)			3.548,61	EUR	3.548,61	EUR	
RB01	001	02.01.2014	P	Zinsabschlag			1.064,58	EUR	1.064,58	EUR	
RB01	001	02.01.2014	P	Solidaritätszuschlag			58,55	EUR	58,55	EUR	
RB01	001	02.01.2015	P	Nominalzinsen			3.548,61	EUR	3.548,61	EUR	Erhaltene Stückzinsen einbuchen
RB01	001	02.01.2015	P	Nominalzinsen (ZE)			3.548,61	EUR	3.548,61	EUR	
RB01	001	02.01.2015	P	Zinsabschlag			1.064,58	EUR	1.064,58	EUR	
RB01	001	02.01.2015	P	Solidaritätszuschlag			58,55	EUR	58,55	EUR	
RB01	001	02.01.2015	P	Endfällige Tilgung (planmäßig) (ZE)			100.000,00	EUR	100.000,00	EUR	
RB01	001	02.01.2015	P	Endfällige Tilgung (planmäßig)	100.000,00	EUR	100.000,00	EUR	100.000,00	EUR	eingehende Zahlung bei Bestandsabgang
RB01	001	02.01.2015	P	positive Amortisierung (bei Zu-/Abgang)		EUR	4.065,29	EUR	4.065,29	EUR	positive Amortisierung (netto)
RB01	001	02.01.2015	P	Translation Kaufwert		EUR	95.020,00	EUR	95.020,00	EUR	Translation Kaufwert
RB01	001	02.01.2015	P	Translation Zuschreibung (Titel)		EUR	1.065,29	EUR	1.065,29	EUR	Translation Zuschreibung (Titel)
RB01	001	02.01.2015	P	Translation Amortisierung (positiv)		EUR	4.980,00	EUR	4.980,00	EUR	Translation Amortisierung (positiv)
RB01	001	02.01.2015	P	Translation Erfolgsneutrale Zuschreibung Titel gegen Bestand		EUR	1.065,29	EUR	1.065,29	EUR	Translation erfolgsneutrale Zuschreibung Tit
RB01	001	02.01.2015	P	Erfolgsneutrale Zuschr. Titel erfolgswirksam auflösen		EUR	9.459,72	EUR	9.459,72	EUR	Translation erhaltene Stückzinsen

Abbildung 5.28 Finanzstrom des Buchbestands zur Anleihe aus Abbildung 5.10

Zuerst stellen wir fest, dass alle Bewegungen des externen Bestands auch im internen Bestand vorhanden sind. Die Bestandsänderungstypen des Kaufs stammen aus dem oben dargestellten Customizing. Sie sehen, dass hier Courtage und Stückzinsen aktiviert wurden, denn sie erhöhen ebenfalls den Kaufwert. Das beschriebene Customizing erlaubt es, die gleichen Bewegungen in einem anderen Bewertungsbereich nicht zu aktivieren, sondern stattdessen gleich in die GuV zu buchen. Zinsen sind üblicherweise nicht bestandsrelevant. Die endfällige Tilgung wirkt mit ihrem Bestandsänderungstyp in der Kursgewinnermittlung mit.

Bewertungsbereichsabhängige Geschäftsvorfälle

Der Finanzstrom des Buchbestands enthält auch Bewegungen und damit Geschäftsvorfälle, die der externe Bestand nicht enthält. Diese sind abhängig vom Bewertungsbereich. Nach dem Kauf erkennen Sie eine Amortisierung als Teil einer Stichtagsbewertung, dem prominentesten Beispiel eines bewertungsbereichsabhängigen Geschäftsvorfalls. Ihren Bestandsänderungstyp müssen Sie nicht explizit angeben. Sie müssen allerdings erklären, welche Fortschreibungsarten für die Bewertung verwendet werden sollen (siehe Abschnitt 5.4.3).

Abgeleitete Geschäftsvorfälle

Darüber hinaus finden Sie zum Tilgungstag einen ganzen Satz zusätzlicher Bewegungen. Diese bilden einen *abgeleiteten Geschäftsvorfall*, der ebenfalls vom Bewertungsbereich abhängt. Im konkreten Fall sorgt er dafür, dass anlässlich der endfälligen Tilgung noch eine Amortisierung durchgeführt wird und damit die Erlöse für diesen Bestand korrekt ausgewiesen werden. Allgemeiner sorgen abgeleitete Geschäftsvorfälle dafür, dass die Werte eines Buchbestands anlässlich eines Originalgeschäftsvorfalls entsprechend der jeweiligen Rechnungslegung angepasst werden.

Open- und Close-Geschäftsvorfälle

Im Beispiel der Anleihe aus Abbildung 5.28 sind Beginn und Ende des Bestands klar durch Bewegungen des Finanzstroms gekennzeichnet, den Kauf und die endfällige Tilgung. Die interne Bestandsverwaltung erwartet stets, dass Beginn und Ende eines Bestands durch Bewegungen repräsentiert sind. Bei OTC-Geschäften ist dies teilweise schwierig. Daher behilft sich die Bestandsverwaltung mit zwei künstlichen Bewegungen und zugeordneten Geschäftsvorfällen:

- Der *Open* bezeichnet den Beginn eines Bestands. Er erhöht die Menge um ein Stück und hat das Vertragsabschlussdatum als Bestandsdatum.
- Der *Close* stellt das Ende des Geschäfts dar und vermindert die Menge wieder um ein Stück.

Die Fortschreibungsarten dazu geben Sie im Customizing unter TRANSACTION MANAGER • OTC-DERIVATE • GESCHÄFTSVERWALTUNG • FORTSCHREIBUNGSARTEN • FORTSCHREIBUNGSARTEN FÜR BESTANDSVERWALTUNG ZUORDNEN an.

5.3.2 Bewertungsbereiche definieren

Da Bewertungsbereiche Rechnungslegungen repräsentieren, existieren sie losgelöst von ihrer Verwendung in einem konkreten Buchungskreis. Mit der Definition des Bewertungsbereichs im Customizing unter TRANSACTION MANAGER • ALLGEMEINE EINSTELLUNGEN • BUCHHALTUNG • ORGANISATION • BEWERTUNGSBEREICHE DEFINIEREN legen Sie lediglich die Bezeichnung fest, jedoch noch keinerlei Funktionalität.

Accounting-Kreise und Bewertungsbereiche

In der folgenden Aktivität ACCOUNTING KREISE UND BEWERTUNGSBEREICHE ZUORDNEN ordnen Sie die Bewertungsbereiche den Accounting-Kreisen zu (siehe Abbildung 5.29). Damit erklären Sie, welcher Buchungskreis – ein Accounting-Kreis entspricht ja einem Buchungskreis – welche Rechnungslegung verwendet.

Abbildung 5.29 Zuordnung des Bewertungsbereichs zum Accounting-Kreis

In Abbildung 5.29 haben Sie aber noch nicht geklärt, wie die Bestände eines Bewertungsbereichs bewertet werden. Alle Einstellungen im Zusammenhang mit der Bewertung hängen von dieser Kombination aus Accounting-Kreis und Bewertungsbereich ab. Wir haben am Ende des Abschnitts 5.3.1 bereits gezeigt, dass die Zuordnung von Bestandsänderungstypen für Bewegungen externer Bestände von dieser Kombination abhängt. Die zentrale Größe zur Bewertung eines Bestands, das Bestandsführungsverfahren, wird auch anhand dieser Kombination bestimmt (siehe Abschnitt 5.3.6).

Viele Buchungskreise mit unterschiedlicher Rechnungslegung [+]

Wenn Sie über viele Buchungskreise mit unterschiedlichen Rechnungslegungen verfügen, die alle eine gemeinsame weitere Rechnungslegung führen, brauchen Sie nur zwei Bewertungsbereiche anzulegen:

- Bewertungsbereich 1: lokale Rechnungslegung
- Bewertungsbereich 2: gemeinsame Rechnungslegung

Erst die Zuordnung eines Bestandsführungsverfahrens macht den konkreten Unterschied der Rechnungslegungen aus. Für den Bewertungsbereich 1 können Sie also jedem Buchungskreis unterschiedliche Bestandsführungsverfahren zuordnen. Sie brauchen nicht jede lokale Rechnungslegung als einzelnen Bewertungsbereich abzubilden.

Kehren wir zu den Einstellungen zurück, die Sie in Abbildung 5.29 vornehmen. Die Abbildung zeigt nur die Einstellungen, die mit der internen Bestandsführung zusammenhängen. Weitere Einstellungen betreffen die Fortschreibung des Hauptbuchs und werden in Kapitel 6, »Integration mit anderen Modulen«, beschrieben.

Bewertungswährung

In das Feld BEWERTUNGSWÄHRUNG wird die Währung eingetragen, in der die Finanzberichterstattung des Bewertungsbereichs erstellt wird. Das ist damit fast immer die Hauswährung. Wenn Sie eine andere Währung einstellen, gibt es starke Einschränkungen bei der Fortschreibung des Hauptbuchs.

Kurstyp

Den Kurstyp (Feld KURSTYP) verwendet das System, um von der Bestands- in die Bewertungswährung umzurechnen. Falls die Hauswährung der Bewertungswährung entspricht, rechnet das System allerdings nicht um, sondern übernimmt den Betrag in Hauswährung. Die meisten Geschäftsvorfälle bringen bereits Beträge in Hauswährung mit sich, für sie benötigt das System diesen Kurstyp also nicht. Ausnahmen hiervon sind die Margin-Buchungen zu Futures und handelbaren Optionen. Bewertungsbereichsabhängige Geschäftsvorfälle haben zwar weder Beträge in Haus- noch in Zahlwährung, aber stets Beträge in Bewertungswährung. Für sie ist der Kurstyp nicht relevant.

Umrechnungstyp

Das System verwendet den Kurstyp also sehr selten, weil fast alle Geschäftsvorfälle externer Bestände eine Hauswährung mitbringen und eine Umrechnung in die Bewertungswährung nicht nötig ist. Das Feld UMRECHNUNG erlaubt es Ihnen, eine Umrechnung von Bestands- in Bewertungswährung zu erzwingen. Dazu stellen Sie anstelle von BEI ABWEICHENDER BEWERTUNGSWÄHRUNG die Option IMMER UMRECHNEN ein. Dies kann sinnvoll sein, wenn Sie mit zwei Rechnungslegungen arbeiten, die unterschiedliche Kurse für die Umrechnung operativer Geschäftsvorfälle von Bestands- in Bewertungswährung vorschreiben.

[!]

Umrechnung in Bewertungswährung

Beachten Sie, dass das System dann auch solche Beträge von Bestands- in Bewertungswährung umrechnet, deren Hauswährungsbetrag Sie in der Geschäftsverwaltung manuell fixiert haben.

5.3.3 Bewertungsklassen

Spezielle und allgemeine Haltekategorie

Verschiedene Rechnungslegungsvorschriften schreiben Haltekategorien vor. Die spezielle Bewertungsklasse bildet die Haltekategorien der einzelnen Rechnungslegungen ab, die allgemeine Bewertungsklasse bezeichnet die Haltekategorien allgemein, unabhängig von den Rechnungslegungen.

Spezielle Bewertungsklasse

Haltekategorie nach IFRS oder US-GAAP

Die *spezielle Bewertungsklasse* – kurz auch einfach Bewertungsklasse genannt – bezeichnet im Grunde die Haltekategorie, wie sie in IFRS oder US-GAAP vorgeschrieben ist. Beispiele für diese Haltekategorien sehen Sie in Abbildung 5.30, die die Pflege der Bewertungsklassen zeigt. In anderen Rechnungslegungsvorschriften gibt es gelegentlich ähnliche Unterscheidungen, z.B. Umlauf- und Anlagevermögen im HGB. Sie müssen in jedem Fall mindestens eine Bewertungsklasse pro Bewertungsbereich definieren, weil die Bewertungsklasse Pflichtbestandteil jedes Buchbestands ist. Das entsprechende Customizing finden Sie unter Transaction Manager • Allgemeine Einstellungen • Buchhaltung • Einstellungen zur Bestandsführung • Bewertungsklassen definieren und zuordnen. Die speziellen Bewertungsklassen hängen vom Bewertungsbereich ab, da sie nur im Hinblick auf eine Rechnungslegung sinnvoll sind.

Bewertungsklasse

BB	Bezeichnung Bewertungsbereich	Be...	Bezeichnung Bewertungsklasse
001	Operative Valuation Area - IAS	1	at Fair Value through Profit or Loss
001	Operative Valuation Area - IAS	2	Available for Sale
001	Operative Valuation Area - IAS	3	Held to Maturity / Loans and Receivab...
001	Operative Valuation Area - IAS	4	Verbindlichkeiten
002	Parallel Valuation Area - US Gaap	1	Trading
002	Parallel Valuation Area - US Gaap	2	Available for Sale
002	Parallel Valuation Area - US Gaap	3	Held to Maturity
002	Parallel Valuation Area - US Gaap	4	Verbindlichkeiten
003	Parallel Valuation Area - Local Gaap	1	Umlaufvermögen
003	Parallel Valuation Area - Local Gaap	2	Anlagevermögen
003	Parallel Valuation Area - Local Gaap	4	Verbindlichkeiten

Abbildung 5.30 Definition der speziellen Bewertungsklassen

Allgemeine Bewertungsklasse

Der Transaction Manager versucht, die Komplexität paralleler Rechnungslegungen bei der Erfassung von Geschäften und anderen operativen Prozessen weitgehend zu verbergen. Begriffe, die von einer Rechnungslegung abhängen, also auch die Haltekategorie, erscheinen deshalb nicht an der Eingabeoberfläche.

Andererseits drückt die Haltekategorie eine Absicht aus, die auch dem Händler bei der Erfassung eines Geschäfts bewusst ist. Die *allgemeine Bewertungsklasse* ist der Begriff im Transaction Manager, der diese Absicht widerspiegelt. Die allgemeine Bewertungsklasse ist unabhängig vom Bewertungsbereich. Sie verweist in jedem Bewertungsbereich auf eine spezielle Bewertungsklasse. Damit sie ihrem Zweck gerecht wird, muss die allgemeine Bewertungsklasse die feinste Granularität aller speziellen Bewertungsklassen aufweisen.

Abbildung 5.31 zeigt, wie Sie im Customizing den Zusammenhang zwischen allgemeiner und spezieller Bewertungsklasse herstellen. Sie sehen, dass der speziellen Bewertungsklasse UMLAUFVERMÖGEN (Spalte BEZEICHNUNG BEWERTUNGSKLASSE) des Bewertungsbereichs LOCAL GAAP (Spalte BEZEICHNUNG BEWERTUNGSBEREICH) die allgemeinen Bewertungsklassen KURZFRISTIGE ANLAGEN und MITTELFRISTIGE ANLAGEN (Spalte BEZ. ALLG. BEWKLASSE) zugeordnet sind. In den beiden anderen Bewertungsbereichen führen die beiden allgemeinen Bewertungsklassen zu unterschiedlichen speziellen Bewertungsklassen. Das bedeutet, dass Sie einer speziellen Bewertungsklasse eine oder mehrere Bewertungsklasse zuordnen können. Diese Pflege ist Teil des gleichen Customizings wie die Definition der speziellen Bewertungsklassen in Abbildung 5.30.

Zuordnung Allg. BewKlasse zu BewKlasse

BB	Bezeichnung Bewertungsbereich	ABK	Bez. Allg. BewKlasse	Be...	Bezeichnung Bewertungsklas
001	Operative Valuation Area - IAS	1	Kurzfristige Anlagen	1	at Fair Value through Profit o
002	Parallel Valuation Area - US Gaap	1	Kurzfristige Anlagen	1	Trading
003	Parallel Valuation Area - Local Gaap	1	Kurzfristige Anlagen	1	Umlaufvermögen
001	Operative Valuation Area - IAS	2	Mittelfristige Anlagen	2	Available for Sale
002	Parallel Valuation Area - US Gaap	2	Mittelfristige Anlagen	2	Available for Sale
003	Parallel Valuation Area - Local Gaap	2	Mittelfristige Anlagen	1	Umlaufvermögen
001	Operative Valuation Area - IAS	3	Langfristige Anlagen	3	Held to Maturity / Loans and
002	Parallel Valuation Area - US Gaap	3	Langfristige Anlagen	3	Held to Maturity
003	Parallel Valuation Area - Local Gaap	3	Langfristige Anlagen	2	Anlagevermögen
001	Operative Valuation Area - IAS	4	Verbindlichkeiten	4	Verbindlichkeiten
002	Parallel Valuation Area - US Gaap	4	Verbindlichkeiten	4	Verbindlichkeiten
003	Parallel Valuation Area - Local Gaap	4	Verbindlichkeiten	4	Verbindlichkeiten

Abbildung 5.31 Beziehungen zwischen allgemeiner und spezieller Bewertungsklasse

[+]

Definition allgemeiner Bewertungsklassen

Wählen Sie die notwendige Anzahl der allgemeinen Bewertungsklassen sorgfältig, und geben Sie ihnen verständliche Namen. In der Regel sollten für den Bereich der Geschäftsverwaltung wenige allgemeine Bewertungsklassen ausreichend sein, selbst wenn Sie viele Buchungskreise mit unterschiedlichen Rechnungslegungsvorschriften haben.

Bewertungsklassen gruppieren

Für andere Zwecke (siehe Abschnitt 5.4.5) ist häufig eine ganze Reihe weiterer allgemeiner Bewertungsklassen notwendig. Diese sollen in einer [F4]-Hilfe der Geschäftsverwaltung nicht erscheinen. Daher können Sie im Customizing unter TRANSACTION MANAGER • ALLGEMEINE EINSTELLUNGEN • BUCHHALTUNG • EINSTELLUNGEN ZUR BESTANDSFÜHRUNG • ALLGEMEINE BEWERTUNGSKLASSEN ZU GRUPPEN ZUORDNEN die relevanten allgemeinen Bewertungsklassen in Gruppen zusammenfassen und die Gruppen Produktarten und Buchungskreisen zuordnen.

Vorschlagswert für Bewertungsklasse

Für viele Finanzinstrumente kommt nur eine Haltekategorie infrage. Daher können Sie im Customizing in den Einstellungen der jeweiligen Produktgruppe unter GESCHÄFTSVERWALTUNG • ALLGEMEINE BEWERTUNGSKLASSE ZUORDNEN für jeden Buchungskreis einer Geschäftsart und Produktart eine allgemeine Bewertungsklasse zuordnen. Diese wird Ihnen bei der Geschäftserfassung dann automatisch vorgeschlagen.

5.3.4 Differenzierung

Wir haben bereits mehrmals darauf hingewiesen, dass die Bestandsführung streng zwischen externen Beständen und Buchbeständen unterscheidet und diese unterschiedliche Merkmale haben, die sie kennzeichnen und voneinander unterscheiden. In diesem Abschnitt finden Sie gebündelt die Regeln, was einen Buchbestand ausmacht. Die Regeln werden in der Bestandsverwaltung als *Differenzierung* bezeichnet.

Differenzierung bei Wertpapieren

Im Bereich der Wertpapiere sind Sie flexibel bei der Gruppierung Ihrer externen Bestände zu Buchbeständen. Denn hier gibt es neben einigen vom System vorgegebenen Differenzierungsbegriffen auch optionale Einstellungen. Vom System vorgegeben sind für Wertpapiere folgende Begriffe:

- Buchungskreis
- Bewertungsbereich
- spezielle Bewertungsklasse
- Kennnummer

Darüber hinaus können Sie aus folgenden Kriterien beliebige auswählen:

- Depot
- Depotgruppe
- Portfolio
- Lot

Wenn wir die Liste der vorgegebenen Differenzierungskriterien mit denen der externen Bestände in Abschnitt 5.2 vergleichen, sehen wir, dass neben dem Bewertungsbereich die spezielle Bewertungsklasse auftaucht. Das bedeutet, dass zwei Käufe des gleichen Wertpapiers in das gleiche Depot mit unterschiedlichen Bewertungsklassen zwar zum gleichen Depotbestand führen, jedoch zu unterschiedlichen Buchbeständen. Externe und interne Bestände fallen in diesem Fall auseinander.

Differenzieungskriterien

Um den Einfluss der optionalen Differenzierungskriterien zu verstehen, betrachten wir die in Tabelle 5.2 dargestellte Reihe von Käufen einer Aktie. Die Depotgruppe geben Sie im Geschäft nicht explizit an, sondern sie wird automatisch vom Depot abgeleitet.

Depot	Depotgruppe	Portfolio	Stücke	Zahlbetrag
D1	A	P1	10	120
D1	A	P2	15	150
D2	A	P1	20	220

Tabelle 5.2 Beispielkäufe eines Wertpapiers in verschiedene Depots und Portfolios

Depot

Nehmen wir zunächst an, Sie versuchen, die Buchbestände so eng wie möglich an die externen Bestände anzulehnen. Dann wählen Sie DEPOT als einzigen zusätzlichen Differenzierungsbegriff. Als Ergebnis der Käufe erhalten Sie die beiden Bestände aus Tabelle 5.3.

Depot	Stücke	Buchwert	Buchkurs
D1	25	270	10,8
D2	20	220	11

Tabelle 5.3 Resultierende Bestände bei Differenzierung nach Depot für Käufe aus Tabelle 5.2

Depotgruppe

Wählen Sie DEPOTGRUPPE als einziges optionales Differenzierungskriterium, bilden Sie größere Bestände. In unserem Beispiel erhalten wir nur einen einzigen (siehe Tabelle 5.4).

Depotgruppe	Stücke	Buchwert	Buchkurs
A	45	490	10,89

Tabelle 5.4 Resultierende Bestände bei Differenzierung nach Depotgruppe für Käufe aus Tabelle 5.2

Portfolio

Die Bestände nach Depotgruppen haben aber immer noch eine Beziehung zu den Depots, da die Depotgruppen aus den Depots abgeleitet werden. Gänzlich unabhängig von Depots werden Bestände, wenn Sie PORTFOLIO als einziges Differenzierungskriterium wählen (siehe Tabelle 5.5).

Portfolio	Stücke	Buchwert	Buchkurs
P1	30	340	11,33
P2	15	150	10

Tabelle 5.5 Resultierende Bestände bei Differenzierung nach Portfolio für Käufe aus Tabelle 5.2

Natürlich können Sie auch Kombinationen der optionalen Differenzierungskriterien oder gar keine wählen. Die Beispiele sollen Ihnen auch vor Augen führen, dass die Wahl der Differenzierungsbegriffe nicht nur eine reine Frage der Granularität oder Gruppierung in Berichten ist, sondern auch Auswirkungen auf buchhalterische Prozesse hat. Bewertungen und Kursgewinne bei Verkäufen fallen wegen der unterschiedlichen Buchkurse der Bestände nämlich unterschiedlich aus.

[!]

Differenzierung nach Portfolio

Das Portfolio ist als Differenzierungskriterium mit Vorsicht zu verwenden. Sie können zwar bei jedem Kauf oder Verkauf angeben, um welches Portfolio es sich handelt. Bei anderen Geschäftsvorfällen, z.B. bei Rechten, haben Sie diese Möglichkeit jedoch nicht. Die Geschäftsvorfälle werden dann unter allen relevanten Portfolios aufgeteilt.

Customizing

Die Differenzierungen stellen Sie im Customizing unter TRANSACTION MANAGER • ALLGEMEINE EINSTELLUNGEN • BUCHHALTUNG • EINSTELLUNGEN ZUR BESTANDSFÜHRUNG • DIFFERENZIERUNG DEFINIEREN UND ZUORDNEN ein. Im ersten Punkt der in Abbildung 5.32 gezeigten Aktivität DIFFERENZIERUNG DEFINIEREN vergeben Sie einfach einen Namen, im Bild also PORTFOLIO im Feld DIFFERENZIERUNG. Dem ordnen Sie dann die gewünschte Kombination aus Differenzierungsbegriffen (Diff.Begr.) zu, wie in der rechten Hälfte von Abbildung 5.32 gezeigt. In diesem Fall hat also die Differenzierung Portfolio den Differenzierungsbegriff Portfolio.

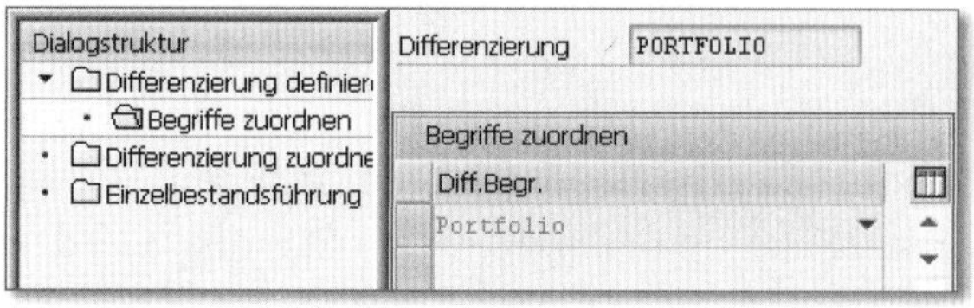

Abbildung 5.32 Differenzierung für Wertpapierbestände definieren und zuordnen

Abbildung 5.33 zeigt die dritte Aktivität Differenzierung zuordnen aus Abbildung 5.32, in der Sie die Differenzierung dann je einem Bewertungsbereich und Accounting-Kreis zuordnen. Sie sehen auch einen Eintrag ohne Angaben zum Accounting-Kreis und Bewertungsbereich. Diesen Eintrag wählt das System aus, wenn es keinen anderen passenden Eintrag findet.

Differenzierung zuordnen

BB	Bezeichnung Bewertungsbereich	ACC	Bezeichnung des Accounting Kreis	Differenzierung
				SEC. ACCOUNT
001	Operative Valuation Area - IAS	RB01	Treasury Accountingkreis	SEC. ACCOUNT
002	Parallel Valuation Area - US Gaap	RB01	Treasury Accountingkreis	PORTFOLIO
002	Parallel Valuation Area - US Gaap	TRM1	CFM	PORTFOLIO
003	Parallel Valuation Area - Local Gaap	RB01	Treasury Accountingkreis	ACC.GROUP

Abbildung 5.33 Differenzierung einem Bewertungsbereich und Accounting-Kreis zuordnen

Einzelbestandsführung

Das Lot haben wir bisher noch gar nicht erwähnt. Es spielt auch eine gewisse Sonderrolle, wie Sie in Abbildung 5.32 anhand der Aktivität Einzelbestandsführung sehen. Das Führen von Beständen auf Lot-Ebene wird als *Einzelbestandsführung* bezeichnet, die Bestände heißen entsprechend Einzelbestände. Dies bedeutet, dass Bestandszugänge, also insbesondere alle Käufe, zu eigenen Nebenbuchbeständen führen. Selbst wenn alle bisher behandelten Differenzierungskriterien bei zwei Käufen übereinstimmen, werden trotzdem zwei Bestände im Nebenbuch geführt.

Einzelbestandsführung können Sie in der entsprechenden Aktivität aus Abbildung 5.32 nicht nur für jeden Accounting-Kreis und Bewertungsbereich, sondern zusätzlich für jede Produktart und jedes Portfolio einstellen.

Sammelbestände

Die zuvor beschriebenen Bestände auf der Basis der übrigen Differenzierungskriterien werden als *Sammelbestände* bezeichnet. Die Bezeichnung leuchtet ein, da in der Regel mehrere Käufe zu diesen Beständen führen. Sammelbestände sind kein Gegensatz zu Einzelbeständen. Das System führt auch für Einzelbestände zusätzlich Sammelbestände. Das Mengenbuch zeigt diese in der Transaktion BESTANDSLISTE FÜR MENGENBUCH-POSITIONEN (Transaktion TPM26) an. Auf den Sammelbeständen werden dann nur Mengen, aber keine Werte geführt.

[«]

Buchführung für Anleihen nach IFRS

Die Vorschriften von IFRS legen nahe, dass praktisch alle anleiheartigen Wertpapiere in Einzelbestandsführung geführt werden sollen. Denn sie verlangen, im Fall einer Bewertung durch Amortisierung den Effektivzins konstant zu halten. Dies ergibt aber nur Sinn, wenn jeder Kauf zu einem eigenen Bestand führt, also bei Einzelbestandsführung. Klären Sie dies mit Ihrem Wirtschaftsprüfer.

[+]

Performanceaspekte der Einzelbestandsführung

Die Einzelbestandsführung erlaubt eine besondere Kontrolle. Insbesondere können Sie die Kursgewinne oder -verluste bei Abgängen detailliert steuern. Bedenken Sie aber auch, dass dies mit zusätzlichem Aufwand für das System verbunden ist und bei vielen Einzelbeständen zu erheblichen Performanceproblemen führen kann.

Verbrauchsfolgeverfahren

Für die Einzelbestände können Sie auch das *Verbrauchsfolgeverfahren* pflegen. Dieses Verfahren gibt an, wie Einzelbestände bei Abgängen, also typischerweise Verkäufen, wieder abgebaut werden. Sie finden die Einstellungen im Customizing unter TRANSACTION MANAGER • ALLGEMEINE EINSTELLUNGEN • BUCHHALTUNG • EINSTELLUNGEN ZUR BESTANDSFÜHRUNG • VERBRAUCHSFOLGEVERFAHREN ZUORDNEN. Abbildung 5.34 zeigt Ihnen, welche Möglichkeiten der Transaction Manager bietet. Zunächst sehen Sie auf der linken Seite, dass Sie das Verbrauchsfolgeverfahren je Buchungskreis, Produktart und allgemeiner Bewertungsklasse einstellen können.

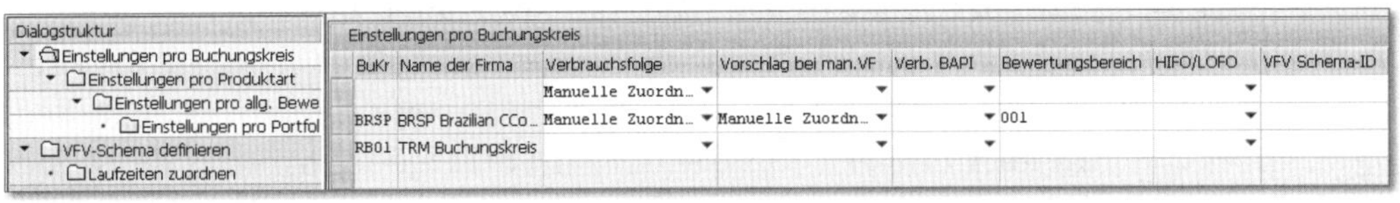

Abbildung 5.34 Festlegung der Verbrauchsfolgeverfahren

Grundsätzlich können Sie zwischen folgenden fünf Verbrauchsfolgeverfahren wählen:

- *FIFO* steht für *First-in, First-out* und bedeutet, dass beim Abgang die jeweils ältesten Einzelbestände aufgelöst werden.
- *LIFO* steht für *Last-in, First-out* und bedeutet, dass bei Abgängen die jeweils jüngsten Einzelbestände aufzulösen sind.
- Bei *manueller* Zuordnung bietet Ihnen das System bei Abgängen alle vorhandenen Einzelbestände an, und Sie legen selbst fest, welche Bestände zu welchen Anteilen abgebaut werden.
- *HIFO* steht für *Highest-in, First-out*. Die Einzelbestände mit den höchsten Kursen werden verkauft. Dies stellt einen möglichst geringen Kursgewinn sicher.
- *LOFO* steht für *Lowest-in, First-out*. Die Einzelbestände mit den niedrigsten Kursen werden verkauft. Dadurch wird der Kursgewinn beim Verkauf maximiert.

Diese Einstellungen nehmen Sie in der Spalte VERBRAUCHSFOLGE vor. Falls Sie sich für die manuelle Zuordnung entscheiden, ist die folgende Spalte VORSCHLAG BEI MAN. VF. für Sie von Bedeutung. Das System zeigt Ihnen hier mit einem Klick auf die Listbox Vorschläge an.

Da sich HIFO und LOFO auf Werte beziehen, müssen Sie in der Spalte BEWERTUNGSBEREICH den Bewertungsbereich angeben, aus dem die Werte für die Bestände bestimmt werden sollen. Die Einstellung für den Vorschlagswert können Sie im laufenden Betrieb ohne Probleme ändern. Zusätzlich können Sie in dem Feld HIFO/LOFO. eingeben, welche Kennzahl für die HIFO-/LOFO-Methoden verwendet werden soll. Siehe hierzu auch SAP-Hinweis 1725180.

Falls Sie Ihre Verkäufe über BAPIs in das System übertragen, steht Ihnen die Möglichkeit der manuellen Zuordnung von Einzelbeständen nicht offen. Sie müssen sich dann in der Spalte VERB. BAPI für LIFO, FIFO, HIFO oder LOFO entscheiden.

Einzelbestände bei Umbuchungen

Einzelbestände können nicht nur aus Käufen hervorgehen, sondern auch aus Kapitalmaßnahmen, Rechten oder Umbuchungen. Bei Kapitalmaßnahmen und Rechten können Sie im Customizing einstellen, wie dies erfolgen soll (siehe Feld LOTERZEUGUNGSTYP in der Abbildung 5.17). Hier haben Sie folgende Möglichkeiten:

- Wählen Sie Zugang erzeugt 1 Lot, erzeugt das System für alle abgehenden Einzelbestände einen gemeinsamen neuen Einzelbestand. Für dieses Verbrauchsfolgeverfahren gilt das Datum der Kapitalmaßnahme bzw. der Rechteausübung als Zugangstag.
- Wenn Sie Zugang erzeugt Lots analog Abgang mit Datumserhaltung einstellen, geht jeder abgehende Einzelbestand in einen neuen über, dessen Zugangstag der des abgehenden Bestands ist.
- Die dritte Einstellung Zugang erzeugt Lots analog zum Abgang ohne Datumserhaltung ist nicht sinnvoll. Bei Umbuchungen erhält das System stets die Einzelbestände mit ihren Zugangsdaten.

Differenzierung in zusätzlichen Bewertungsbereichen

Die Differenzierung legen Sie einerseits fest, wenn Sie das System erstmalig einrichten. Sie kommt aber auch dann wieder ins Spiel, wenn Sie eine zusätzliche Rechnungslegung unterstützen und daher einen weiteren Bewertungsbereich einführen müssen. Sie können für den neuen Bewertungsbereich nicht mehr unter allen Differenzierungsbegriffen wählen. Nachträglich lässt sich das Portfolio oder die Einzelbestandsführung nicht mehr als Differenzierung einführen.

[+]

Einzelbestandsführung vorsehen

Wenn Sie die Einzelbestandsführung in einem oder mehreren Bewertungsbereichen einstellen, verwaltet das System die Einzelbestände im Mengenbuch. Umgekehrt gilt: Wenn das Mengenbuch keine Einzelbestände führt, können Sie später in keinem neuen Bewertungsbereich Einzelbestände einstellen. Wenn Sie erwägen, später für bestimmte Produktarten eine Einzelbestandsführung einzurichten, sollten Sie schon bei der Einführung über die Transaktion Aufruf View-Pflege (Transaktion SM30) im View TRQCV_LOT_ACC Einträge vornehmen.

Nur Wertpapiere bieten optionale Differenzierungsbegriffe an. Bei den anderen Produktgruppen gibt das System die Werte vor.

Differenzierung bei Futures und handelbaren Optionen

Buchbestände zu Futures und handelbaren Optionen werden anhand der folgenden Begriffe identifiziert:

- Buchungskreis
- Bewertungsbereich
- spezielle Bewertungsklasse

- Kennnummer
- Positionskonto
- Lot

Dabei muss man einschränken, dass das Lot nur für solche handelbaren Optionen vorgegeben ist, die FUTURE STYLE geführt werden. Ansonsten werden handelbare Optionen in Sammelbeständen geführt.

Differenzierung bei OTC-Geschäften

Geschäfte aus den Bereichen Geldhandel, Devisenhandel und OTC-Derivate werden mit dem folgenden Satz von Begriffen charakterisiert:

- Buchungskreis
- Bewertungsbereich
- spezielle Bewertungsklasse
- Geschäftsnummer

Differenzierung bei Darlehen

Darlehen werden ähnlich wie OTC-Geschäfte behandelt. Daraus resultieren die folgenden Differenzierungsbegriffe:

- Buchungskreis
- Bewertungsbereich
- spezielle Bewertungsklasse
- Darlehensnummer

Mit einer Bewertungsklassenumbuchung (siehe Abschnitt 5.4.5) lässt sich die Bewertungsklasse von Darlehen und OTC-Geschäften ändern. Zu einem Darlehen oder einem OTC Geschäft kann es also durchaus zwei Buchbestände in einem Bewertungsbereich geben, von denen aber zu einem Zeitpunkt jeweils nur einer Mengen und Werte trägt.

5.3.5 Bestandskennzeichen

Mit jedem Bestand, internen wie externen, sind auch Attribute verknüpft. Die Sicht auf die Attribute eines Bestands ist das *Bestandskennzeichen*. Die Anzeige des Bestandskennzeichens bietet einen

Überblick über die Bestände in allen Bewertungsbereichen. Eine gemeinsame Sicht auf externe und interne Bestände ist nur bei Wertpapieren und handelbaren Derivaten möglich.

Sie können von verschiedenen Stellen im Transaction Manager zum Bestandskennzeichen navigieren. Der Nebenbuchfinanzstrom in Abbildung 5.28 bietet Ihnen z.B. einen entsprechenden Button BESTDS.KENNZ. an. In der Geschäftsverwaltung finden Sie den Absprung jeweils im Menü SPRINGEN • BESTANDSKENNZEICHEN. Schließlich können Sie auch die Transaktion TPM57A aufrufen, die Sie im Menü unter TRANSACTION MANAGER • WERTPAPIERE • STAMMDATEN • BESTANDSKENNZEICHEN finden. In Abbildung 5.35 sehen Sie das Bestandskennzeichen der Anleihe aus Abbildung 5.28.

Depotbestandskennzeichen

Der obere Teil von Abbildung 5.35 zeigt das *Depotbestandskennzeichen*. Dies sind die Eigenschaften, die dem Depotbestand, also dem externen Bestand, zugeordnet sind. Die Bestandstypen Aktiv-, Passiv- und Leihebestand werden aus den Eigenschaften des Depots abgeleitet. Für Futures und handelbare Optionen gibt es einen analogen Teil. Für OTC-Geschäfte und Darlehen entfällt dieser Teil, da der externe Bestand und seine Attribute durch das Geschäft selbst verwaltet werden. Wir wollen auf die Felder nicht im Einzelnen eingehen, sondern verweisen Sie auf die jeweilige [F1]-Hilfe.

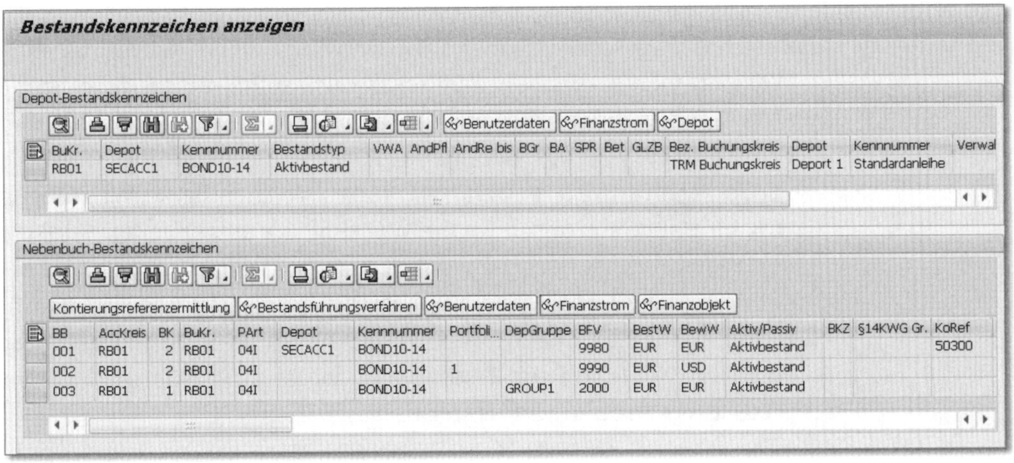

Abbildung 5.35 Bestandskennzeichen eines Wertpapierbestands

Nebenbuchbestandskennzeichen

Der untere Teil von Abbildung 5.35 zeigt die Buchbestände. Für jeden Bewertungsbereich finden Sie hier eine Zeile. Im Beispiel haben wir in jedem Bewertungsbereich andere Differenzierungen eingestellt. Einige Attribute der Buchbestände möchten wir uns näher anschauen.

[+]

Bilanzkennzeichen

Das *Bilanzkennzeichen* dient der Gruppierung von Beständen für Reporting-Zwecke. Es ist für alle Finanzinstrumente verfügbar und kann daher sehr nützlich sein. In den logischen Datenbanken ist es ebenfalls vorhanden.

Kontierungsreferenz

Die *Kontierungsreferenz* ist die Verbindung des Transaction Managers zum SAP-Hauptbuch (Spalte KoRef). Sie ist die entscheidende Einflussgröße in der Kontenfindung und stellt damit die Granularität dar, mit der die Bestände zu Finanzinstrumenten im Hauptbuch erscheinen. Detailliert werden wir darauf in Kapitel 6, »Integration mit anderen Modulen«, zu sprechen kommen.

Bestandswährung

Jeder Buchbestand hat im Transaction Manager genau eine *Bestandswährung* (Spalte BestW). Es ist die Währung, in der das jeweilige Finanzinstrument normalerweise betrachtet wird und die sich nicht ändert. Für Wertpapierbestände, handelbare Optionen und Futures hat die Emissionswährung diese Rolle. Analog gibt es auch im Bereich der Geldhandelsgeschäfte und Darlehen eine ausgezeichnete Währung, denn die Vertragswährung ist typischerweise für den gesamten Zahlungsstrom gleich.

Bei Devisengeschäften oder OTC-Derivaten ist es schwierig, eine Währung herauszuheben. Typischerweise sollte die Risikowährung als Bestandswährung ausgewählt werden. Bei Devisengeschäften und Cross-Currency-Swaps, deren eine Seite die Hauswährung ist, ist die andere Währung die Bestandswährung. Weichen beide Währungen von der Hauswährung ab, ist die Währung der eingehenden Seite die Bestandswährung. Bei OTC-Optionen ist die Währung der Prämie bei der Anlage des Geschäfts die Bestandswährung. Mit den Softmodifikationen aus den SAP-Hinweisen 1290891 und 911316 haben Sie eine weitere Option zur Bestimmung der Bestandswährung bei den OTC-Zinsswaps und Devisentermingeschäften.

Kundenspezifische Bestandsattribute

Die im Bestandskennzeichen enthaltenen Merkmale dienen dazu, den Bestand zu identifizieren (z.B. Buchungskreis, WKN) oder zu verwalten (Bestandsführungsverfahren, Kontierungsreferenz). Neben den Standardmerkmalen bietet Ihnen der Transaction Manager auch kundenspezifische Attribute an. Mithilfe dieser kundenspezifischen Attribute haben Sie folgende Möglichkeiten:

1. *Bestand beschreiben*: Die kundenspezifischen Bestandsattribute können zusätzliche Informationen zur Beschreibung und Identifizierung des Bestands tragen.
2. *Bestände zusammen bearbeiten*: Die kundenspezifischen Attribute sind in Selektionsbildern enthalten.
3. *Bestände gruppieren bzw. zusammen auswerten*: Die kundenspezifischen Attribute sind in Ausgabelisten enthalten, und so können Sie z.B. Zwischensummen nach diesen Attributen in Bestandslisten definieren.

Die kundenspezifischen Attribute sind sowohl in den wichtigsten Transaktionen der externen und internen Bestandsverwaltung als auch in den Reporting-Werkzeugen enthalten.

Differenzierung und die kundenspezifischen Attribute [«]

Die kundenspezifischen Attribute können nicht als Differenzierungsmerkmale dienen. Das heißt, ein Bestand kann nur einen eindeutigen Wert eines bestimmten Attributs enthalten. Umgekehrt können aber mehrere Bestände denselben Attributwert ausweisen.

Beispiel Bestandsattribute

Die Verwendung, Definition und Pflege der kundespezifischen Bestandsattribute beschreiben wir anhand des folgenden Beispielszenarios: Wir verwalten mehrere Investmentfonds, die verschiedene Instrumente wie Wertpapiere, handelbare Derivate und OTC-Geschäfte enthalten. Diese Instrumente sind in verschiedene Buchbestände aufgeteilt, wir wollen diese Instrumente aber zusammen auswerten, d.h. den Gesamtwert eines Investmentfonds ausweisen. Unser kundenspezifisches Attribut wird INVESTMENTFOND heißen. Zusätzlich haben wir mehrere Abteilungen im Treasury-Bereich einer Firma und möchten die Bestände den einzelnen Abteilungen zuordnen. Dafür werden wir ein weiteres Kundenattribut ABTEILUNG definieren.

Verwendung der Attribute

Wie schon erwähnt, können die Bestandsattribute sowohl bei der Bestandsauswahl als auch bei der Bestandsauswertung genutzt werden. Dies möchten wir am Beispiel der Transaktion BESTANDSLISTE (Transaktion TPM12) schildern. In Abbildung 5.36 sehen Sie das Selektionsbild der Transaktion BESTANDSLISTE mit den definierten

Attributen. Geben Sie einen Wert beim Attribut Abteilung ein, werden nur die Bestände dieser Abteilung in der Ausgabeliste angezeigt.

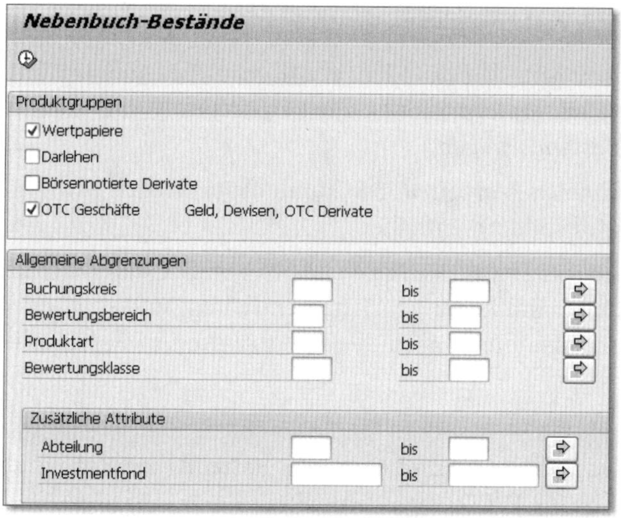

Abbildung 5.36 Selektionsbild mit kundenspezifischen Bestandsattributen

Umgekehrt möchten Sie zum Beispiel Bestandswerte der Investmentfonds sehen. In diesem Fall starten Sie die Transaktion TPM12 für alle Instrumente in einem Bewertungsbereich, und in der Ausgabeliste bilden Sie die Summen über den Buchwert und die Zwischensummen bezüglich des Attributs Investmentfond. Damit sehen Sie, wie in Abbildung 5.37, den Gesamtbuchwert einzelner Investmentfonds.

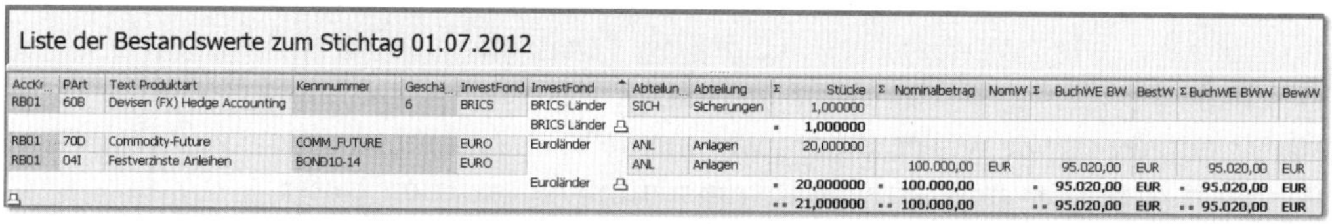
Liste der Bestandswerte zum Stichtag 01.07.2012

AccKr...	PArt	Text Produktart	Kennnummer	Geschä...	InvestFond	InvestFond	Abteilun...	Abteilung	Σ Stücke	Σ Nominalbetrag	NomW	Σ BuchWE BW	BestW	Σ BuchWE BWW	BewW
RB01	60B	Devisen (FX) Hedge Accounting		6	BRICS	BRICS Länder	SICH	Sicherungen	1,000000						
						BRICS Länder			• 1,000000						
RB01	70D	Commodity-Future	COMM_FUTURE		EURO	Euroländer	ANL	Anlagen	20,000000						
RB01	04I	Festverzinste Anleihen	BOND10-14		EURO		ANL	Anlagen		100.000,00	EUR	95.020,00	EUR	95.020,00	EUR
						Euroländer			• 20,000000	• 100.000,00		• 95.020,00	EUR	• 95.020,00	EUR
									•• 21,000000	•• 100.000,00		•• 95.020,00	EUR	•• 95.020,00	EUR

Abbildung 5.37 Bestandsliste, summiert nach kundenspezifischen Bestandsattributen

Attribute definieren

Schauen wir uns nun an, wie Sie die kundenspezifischen Attribute definieren können: Sie können Folgendes definieren:

- drei kurze Attribute mit vier Zeichen Länge
- drei mittlere Attribute mit zehn Zeichen Länge
- drei lange Attribute mit 30 Zeichen Länge

Die kurzen und mittleren Attribute können an einer Wertetabelle (F4-Hilfe) angebunden werden. Diese dient gleichzeitig als Prüftabelle. Die langen Attribute sind Freitextelemente.

Die Attribute definieren Sie im View-Cluster TRLCX_POSATT_DEF. Sie starten die Transaktion SM34, geben den Namen des View-Clusters ein und wählen PFLEGEN aus. In Abbildung 5.38 sehen Sie den Pflege-View. Das Attribut INVESTMENTFOND legen Sie als mittleres Attribut an, das Attribut ABTEILUNG als kurzes Attribut. Für mittlere und kurze Attribute können Sie dazu noch erlaubte Werte in der entsprechenden Aktivität der Dialogstruktur zuordnen.

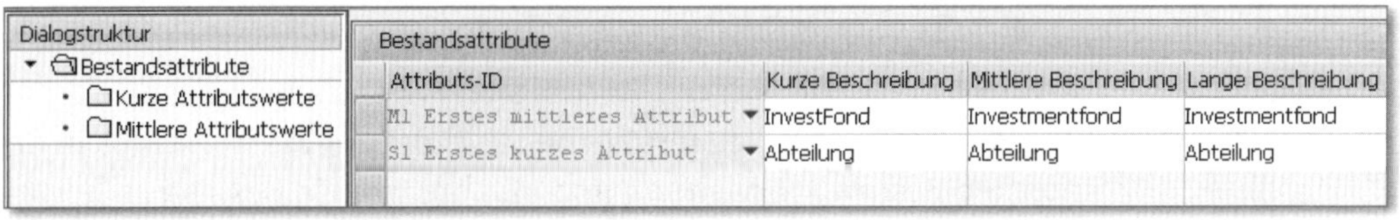

Abbildung 5.38 Bestandsattribute pflegen

Attribute pflegen

Der nächste Schritt ist die Attributpflege. Generell werden die Attribute bei der Anlage der Bestandskennzeichen gepflegt. Hier bieten sich zwei Möglichkeiten an. Sie können die Attribute manuell pflegen oder automatisch ableiten und füllen.

Sie können ein Attribut direkt bei der Anlage des Bestandskennzeichens eingeben. Dafür verwenden Sie entweder eine der Transaktionen des Bestandskennzeichens (Transaktionen TPM55A bis TPM55D), oder Sie pflegen die Attribute direkt bei der Geschäftsanlage mit der Transaktion FINANZGESCHÄFT ANLEGEN (Transaktion FTR_CREATE) ein. Hier wählen Sie einfach aus dem Menü UMFELD • BESTANDSKENNZEICHEN.

Oft möchten Sie die Attribute automatisch füllen. Dieses Vorgehen ist sogar notwendig, wenn Sie BAPIs oder andere externe Schnittstellen verwenden oder wenn Sie den Attributwert automatisch ableiten möchten. Für die automatische Pflege verwenden Sie das BAdI `TPM_POS_IND_TRL` und die Methode `CHANGE`.

Attributwerte ändern

Sie können auch die Attributwerte bei der Anzeige des Bestandskennzeichens ändern. Beachten Sie dabei, dass diese Änderung zuerst keine buchhalterische Umbuchung bedeutet. Das hängt damit zusammen, dass die Bestandsattribute zur Beschreibung und Gruppierung der Bestände, aber nicht zur Differenzierung dienen. Der

Bestand selbst ändert sich also bei der Attributwertänderung nicht. Die Vorgehensweise ist eher umgekehrt – der Attributwert wird bei einer Umbuchung (z.B. Depot-, Bewertungsklassen-, Portfolioumbuchung) neu ermittelt. Mit Umbuchungen werden wir uns näher in Abschnitt 5.4.5 beschäftigen. Sie können die Änderung der Attributwerte auch an die Kontierungsreferenzumbuchung anbinden. Dafür können Sie das BAdI TPM_POS_IND_TRAC mit den drei Methoden DERIVE_AA_REF_SE, DERIVE_AA_REF_OTC, DERIVE_AA_REF_LOAN und CHANGE verwenden. Die Kontierungsreferenzumbuchung betrachten wir in Abschnitt 5.4.5.

5.3.6 Bestandsführungsverfahren

Bestandsführungsverfahren

Das wichtigste Attribut des Buchbestands ist das Feld BESTANDSFÜHRUNGSVERFAHREN. Es steuert die Behandlung des Buchbestands in der internen Bestandsverwaltung und gibt an, wie ein Bestand zu bewerten ist. Daraus ergibt sich auch die Berechnung von Kursgewinnen oder -verlusten bei Abgängen. Schließlich folgt daraus auch, welche Komponenten das System für einen Bestand führt.

Um die Funktionsweise zu verstehen, schauen wir uns in Abbildung 5.39 und Abbildung 5.40 an, wie Sie ein Bestandsführungsverfahren anlegen. Sie finden die entsprechende Aktivität im Customizing unter TRANSACTION MANAGER • ALLGEMEINE EINSTELLUNGEN • BUCHHALTUNG • EINSTELLUNGEN ZUR BESTANDSFÜHRUNG • BESTANDSFÜHRUNGSVERFAHREN DEFINIEREN.

Bestandsführungstyp

Das Bestandsführungsverfahren können Sie frei definieren. Wie üblich ordnen Sie solchen Größen neben einer Beschreibung einen Typ zu, der die wichtigen Eigenschaften regelt (Feld BESTANDSFÜHRUNGSTYP). Der Bestandsführungstyp bestimmt vor allem, welche Kennzahlen Sie für den Bestand abfragen können. Die meisten Komponenten, die wir in Abschnitt 5.3.1 aufgeführt haben, sind nur für bestimmte Finanzinstrumente sinnvoll. Daher sind die Bestandsführungstypen nach Finanzinstrumenten bezeichnet. Folgende Typen stehen Ihnen zur Verfügung:

- **Wertpapiere/Darlehen/Geldhandel (ohne Indexanleihen)**
  Dieser Bestandsführungstyp eignet sich für Finanzinstrumente der genannten Bereiche sowie für handelbare Optionen NORMAL STYLE. Sie sollten ihn jedoch nicht einsetzen, wenn das Finanzinstrument auch Ratentilgungen beinhaltet.

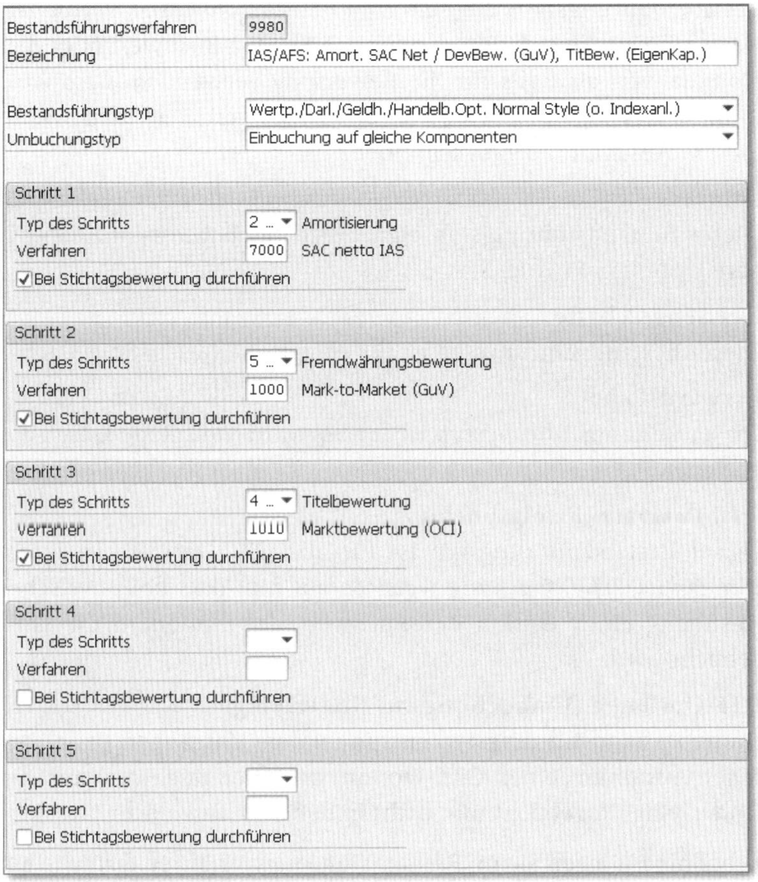

Abbildung 5.39 Definition des Bestandsführungsverfahrens, oberer Bereich

- **Wertpapiere/Darlehen mit Ratentilgungen**
  Dieser Typ entspricht im Wesentlichen seinem Vorgänger. Speziell für Finanzinstrumente mit Ratentilgungen gibt er Ihnen die Komponente TILGUNGEN an die Hand. Nur mit diesem Bestandsführungstyp lassen sich die Anforderungen an eine Amortisierung nach US-GAAP und IFRS erfüllen. Sie können ihn natürlich auch für Finanzinstrumente verwenden, die lediglich eine endfällige Tilgung haben. Dieser Typ ist verfügbar für Darlehen aus dem Modul SAP Loans Management (FS-CML) und für Anleihen vom Produkttyp ANLEIHE MIT RATENTILGUNG.
- **Indexanleihen**
  Dieser Bestandsführungstyp ist speziell für Indexanleihen gedacht. Damit wird zusätzlich zu den Kennzahlen des erstgenannten

Bestandsführungstyps die Kennzahl BEWERTUNG INDEX verfügbar. Dazu können Sie sich entscheiden, ob Sie den Buchwert oder den Nominalwert als Basis für die Bewertung verwenden. Dies wird mithilfe des Parameters BEWERTUNGSBASIS gesteuert, den wir in diesem Abschnitt auch beschreiben.

- **Futures**
  Dieser Bestandsführungstyp eignet sich für Futures und handelbare Optionen FUTURE STYLE.
- **Devisengeschäfte**
  Dieser Bestandsführungstyp ist für eben diese Geschäfte gedacht.
- **Forward/Repo**
  Dieser Bestandsführungstyp ist für Forward- und Repo-Geschäfte geeignet.
- **OTC-Derivate (Erfolgsbuchung)**
  Dieser Bestandsführungstyp ist für alle OTC-Derivate geeignet. Der Zusatz *Erfolgsbuchung* weist darauf hin, dass bei physischer Ausübung einer Option der Buchwert der Option in die GuV gebucht wird.
- **OTC-Optionen (Umbuchung auf Underlying)**
  Dieser Bestandsführungstyp entspricht dem Vorgänger. Bei physischer Ausübung einer OTC-Option wird der Buchwert auf das Underlying umgebucht und nicht in der GuV aufgelöst.

Bewertungsschritte

Darüber hinaus legen Sie im Bestandsführungsverfahren fest, wie ein zugeordneter Buchbestand bewertet wird. Die Bewertung wird dabei durch bis zu fünf Bewertungsschritte bestimmt. Welche Schritte im Detail zur Verfügung stehen, beschreiben wir in Abschnitt 5.4.1. Nachdem Sie in Abbildung 5.39 den Typ des Schritts angegeben haben, liefert die [F4]-Hilfe nur noch zulässige Bewertungsverfahren für den eigentlichen Bewertungsschritt. Diese Schritte spielen jedoch nicht nur bei der Bewertung eine Rolle. Sie haben auch Einfluss auf die Bestimmung von Kursgewinnen bzw. -verlusten bei Abgängen.

Beispiel Bewertungsschritte

Ein Beispiel dafür, wie die Bewertungsschritte auch die Kursgewinne und Kursverluste beeinflussen, ist hilfreich, auch wenn wir die Details erst später erläutern werden. Nehmen wir an, dass Sie einen Anleihebestand zu fortgeführten Anschaffungskosten führen möchten. In diesem Fall werden Sie als einen der Bewertungsschritte eine Amortisierung eintragen. Als Konsequenz wird bei einem Teilverkauf zunächst der amortisierte Anschaffungswert des ursprünglichen

Bestands zum Tag des Abgangs bestimmt und gebucht. Ausgehend davon, werden Gewinne oder Verluste berechnet, die aus dem Verkauf entstehen. Das Wissen um die buchhalterische Bewertung spielt also auch bei Abgängen eine Rolle.

Kennzeichen »Bei Stichtagsbewertung durchführen« [+]

Setzen Sie das Kennzeichen BEI STICHTAGSBEWERTUNG DURCHFÜHREN nicht, verwendet das System den Schritt nur zur Ermittlung von Kurserfolgen, nicht aber bei der Bewertung. Dies ist praktisch nie sinnvoll.

Die vorhandenen Bewertungsschritte haben schließlich auch noch Einfluss auf die Menge der verwendeten Komponenten. Zum Beispiel ist die Amortisierungskomponente nur aktiv, wenn Sie auch eine Amortisierung als Bewertungsschritt eingetragen haben.

Bestandsführungstyp und Bewertungsschritte sind die wichtigsten Einstellungen des Bestandsführungsverfahrens. Auf das Attribut UMBUCHUNGSTYP, den Sie in Abbildung 5.39 sehen, gehen wir im Zusammenhang mit der Umbuchung in Abschnitt 5.4.5 ein.

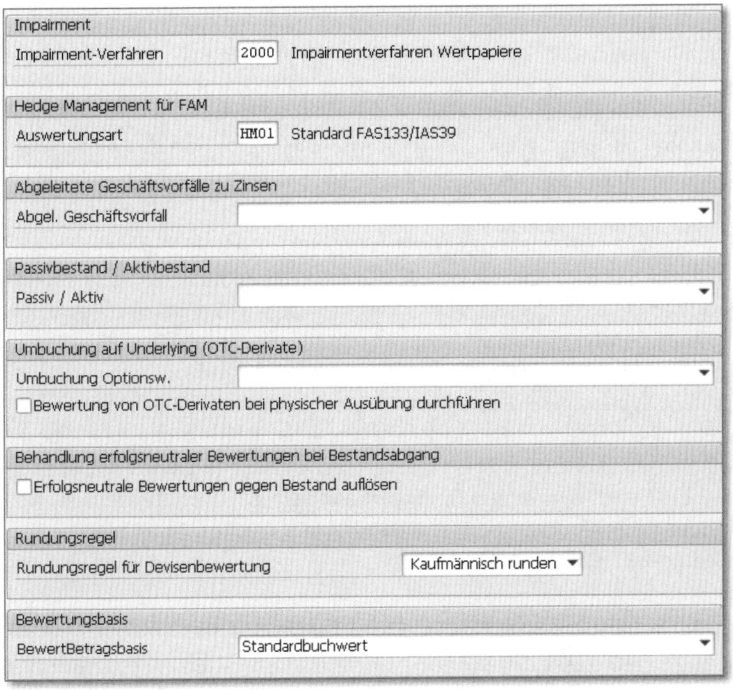

Abbildung 5.40 Definition des Bestandsführungsverfahrens, unterer Bereich

Aktiv-/Passivbestand bei Wertpapieren, Darlehen und Geldhandel

Unter dem PASSIVBESTAND/AKTIVBESTAND in Abbildung 5.40 sind verschiedene Einstellungen zusammengefasst. Für die Bereiche Wertpapiere, Darlehen und Geldhandel müssen Sie hier für Passivbestände, also Verbindlichkeiten, den Wert PASSIVBESTAND setzen. Für Aktivbestände lassen Sie dieses Kennzeichen leer.

[»]

Prüfung auf Aktiv- und Passivbestand

Achten Sie darauf, dass dieses Kennzeichen zu den tatsächlichen Beständen passt. Ansonsten erhalten Sie eine Fehlermeldung, sobald das System die erste Bewegung zu diesem Bestand erzeugt.

Aktiv-/Passivbestand bei Derivaten und Devisengeschäften

Die zweite Einstellungsmöglichkeit des Kennzeichens PASSIV/AKTIV, nämlich VERWALTUNG VON AKTIVEM UND PASSIVEM BESTANDSKONTO, betrifft Futures, Devisengeschäfte, Swaps, FRAs, Forwards, OTC-Optionen und Repos. Alle diese Finanzinstrumente haben die Eigenschaft, dass ihr Buchwert das Vorzeichen wechseln kann, sie also zeitweise Vermögensgegenstände und zu anderen Zeiten Verbindlichkeiten darstellen. Mit dieser Einstellung bringen Sie das System dazu, bei einem solchen Wechsel zwei Bewegungen zu erzeugen: eine, die den alten Buchwert ausbucht, und eine zweite, die den neuen Buchwert einbucht.

[zB]

Devisengeschäft

Nehmen wir als Beispiel ein Devisentermingeschäft. Zum Zeitpunkt des Abschlusses ist der Buchwert null. Die erste Bewertung führe zu einer Zuschreibung von 100 EUR.

Dies entspricht einer Sollbuchung von 100 EUR auf dem aktiven Bestandskonto und einer entsprechenden Habenbuchung auf einem Erfolgskonto. Für die zweite Bewertung gehen wir davon aus, der Kurs habe sich verschlechtert und eine Abschreibung von 130 EUR sei die Folge. Mit der genannten Einstellung im Bestandsführungsverfahren erzeugt das System zwei Bewegungen, eine über 100 EUR, die mit einer Sollbuchung auf einem Aufwandskonto und einer Habenbuchung auf dem aktiven Bestandskonto Letzteres wieder ausgleicht. Die zweite Bewegung über 30 EUR stellt den neuen Buchwert auf dem passiven Bestandskonto ein, indem sie im Soll auf dem Aufwandskonto bucht und im Haben auf dem Bestandskonto.

Abgeleitete Geschäftsvorfälle zu Zinsen bei FRAs

Auch der Schalter ABGELEITETE GESCHÄFTSVORFÄLLE ZU ZINSEN in Abbildung 5.40 fasst Einstellungsmöglichkeiten zu verschiedenen Produkttypen zusammen. Normalerweise haben Zinsen keinen Einfluss auf den Buchwert und sind deshalb kein Anlass, einen abgeleiteten Geschäftsvorfall zu erzeugen. Mit der Einstellung FRA: BERECHNUNG VON KURSERFOLGEN ZUR AUSGLEICHZAHLUNG erreichen Sie, dass bei FRAs die Bewertungserfolge nicht erst zum Vertragsende realisiert werden, sondern bereits zur Ausgleichszahlung.

Abgeleitete Geschäftsvorfälle zur Kompensation von Stückzinsen

Die zweite Einstellungsmöglichkeit dieses Schalters, KOMPENSATION STÜCKZINSEN, betrifft Anleihen und geht ursprünglich auf eine Anforderung des spanischen Marktes zurück. Dort müssen Stückzinsen, die beim Kauf einer Anleihe anfallen, auf einem eigenen Bestandskonto geführt werden. Sie werden also wie ein Abgrenzungsposten betrachtet. Dieser Posten muss mit der nächsten folgenden Zinszahlung aufgelöst werden. Dies geschieht über einen abgeleiteten Geschäftsvorfall.

Abgeleitete Geschäftsvorfälle zur Abgrenzung bei Umbuchung

Wenn Sie Differenzenverfahren zur Erfolgsabgrenzung verwenden, können Sie sich entscheiden, ob bei einer Umbuchung der entsprechende Anteil von der bisherigen Abgrenzung auch vom Quell- zum Zielbestand übertragen wird. Das wird mit der Einstellung DIFFERENZENVERFAHREN MIT ERFOLGSUMBUCHUNG sichergestellt. Voraussetzung für diese Einstellung ist, dass Sie die Stückzinskomponente verwenden. Mit der Einstellung wird bei der Umbuchung eine Abgrenzung durchgeführt, und zwar exklusive der Umbuchung, also ohne Berücksichtigung der eigentlichen Umbuchung wie bei der Amortisierung. Eine detaillierte Beschreibung dazu finden Sie in SAP-Hinweis 1389359.

Umbuchung auf Underlying

Bei der Beschreibung der Bestandsführungstypen haben wir erwähnt, dass Sie die Möglichkeit haben, bei der physischen Ausübung einer OTC-Option den Buchwert auf das Underlying umbuchen zu lassen. Durch den Schalter UMBUCHUNG OPTIONSW. in Abbildung 5.40 können Sie spezifizieren, ob der gesamte Buchwert umgebucht wird oder nur die Prämie. In letzterem Fall werden die Ergebnisse von Bewertungen der Option bei der Ausübung in die GuV ausgebucht. Dieses Kennzeichen können Sie im Bestandsführungsverfahren der OTC-Option setzen.

Behandlung erfolgsneutraler Bewertungen bei Bestandsabgang

In dem Bereich BEHANDLUNG ERFOLGSNEUTRALER BEWERTUNGEN BEI BESTANDSABGANG in Abbildung 5.40 legen Sie fest, auf welche Bestandskomponente die erfolgsneutrale Bewertung bei Bestandsabgang umgebucht wird. Entsprechend muss auch die Kontenfindung definiert werden. Als Standard werden die erfolgsneutralen Bewertungen direkt auf die GuV-Konten umgebucht. Das kann dazu führen, dass Sie eine Abschreibung in einen realisierten Gewinn umwandeln, gleichzeitig kann der Verkaufspreis zu einem Verlust führen.

Wenn Sie das Kennzeichen ERFOLGSNEUTRALE BEWERTUNGEN GEGEN BESTAND AUFLÖSEN setzen, können Sie solche Effekte vermeiden. Hier wird die erfolgsneutrale Bewertung vor der Kursgewinnermittlung zurückgenommen, und damit wird nur ein Gesamterfolg verbucht.

[zB]

Behandlung erfolgsneutraler Bewertungen bei Bestandsabgang

Folgendes Beispiel erläutert den Unterschied zwischen beiden Varianten, der Umbuchung von erfolgsneutralen Bewertungen oder der Auflösung dieser Bewertungen gegen Bestände.

Wir haben einen Bestand mit Kaufwert 100 EUR und einer erfolgsneutralen Abschreibung von 5 EUR. Der Buchwert ist damit 95 EUR. Jetzt verkaufen wir den ganzen Bestand für 110 EUR. Neben dem Verkauf werden in beiden Fällen zwei Bewegungen erzeugt und gebucht:

- Ohne das Kennzeichen ERFOLGSNEUTRALE BEWERTUNGEN GEGEN BESTAND AUFLÖSEN:
  Auflösung der erfolgsneutralen Abschreibung als Aufwand 5 EUR (Aufwand an Gewinnrücklagen)
  Kursgewinn 15 EUR (Bestand an Ertrag)
- Mit dem Kennzeichen ERFOLGSNEUTRALE BEWERTUNGEN GEGEN BESTAND AUFLÖSEN:
  Rücknahme der erfolgsneutralen Abschreibung 5 EUR (Bestand an Gewinnrücklagen)
  Kursgewinn 10 EUR (Bestand an Ertrag)

Bewertungsbasis

Der Parameter BEWERTUNGSBASIS in Abbildung 5.40 wird verwendet, wenn Sie Instrumente mit Preisindex verwalten. Generell geht es um das Zusammenspiel der einzelnen Bewertungsschritte. Nach der ursprünglichen Standardlogik nimmt die Indexbewertung den BUCHWERT als Bewertungsbasis. Davon werden auch die anderen Bewertungsschritte beeinflusst, weil die Bewertungsergebnisse mit dem Buchindex angepasst werden. Wenn Sie NOMINALBETRAG als Bewertungsbasis auswählen, ändert sich die Logik. Die Indexbewertung basiert dann auf dem Nominalwert. Die anderen Bewertungsschritte wie die Amortisierung verwenden entweder den Kaufindex (Kaufwert durch Kaufwert indexclean) oder den aktuellen Indexwert. Eine detaillierte Beschreibung dazu finden Sie in Abschnitt 5.4.3, Überschrift »Indexbewertung«.

Bestandsführungsverfahren finden

Sie haben in Abbildung 5.35 erfahren, dass jeder Buchbestand ein Bestandsführungsverfahren besitzt. Das System findet das Bestandsführungsverfahren automatisch beim Anlegen eines Bestands. Diese automatische Zuordnung können Sie im Customizing unter TRANSACTION MANAGER • ALLGEMEINE EINSTELLUNGEN • BUCHHALTUNG • EINSTELLUNGEN ZUR BESTANDSFÜHRUNG • BESTANDSFÜHRUNGSVERFAHREN ZUORDNEN abhängig von vielen Einflussgrößen vornehmen. Häufig verwendete Einflussgrößen sind Accounting-Kreis, Bewertungsbereich, Bewertungsklasse, Produktart und Geschäftsart. Sie können das Bestandsführungsverfahren auch manuell über die Pflege des Bestandskennzeichens ändern, solange noch keine Bewegung des Bestands gebucht ist.

5.3.7 Abgeleitete Geschäftsvorfälle

Abgeleitete und originäre Geschäftsvorfälle

Abgeleitete Geschäftsvorfälle verändern die Werte eines Buchbestands anlässlich eines vorausgehenden Geschäftsvorfalls. Der auslösende Geschäftsvorfall wird auch *originärer Geschäftsvorfall* genannt und ist unabhängig vom Bewertungsbereich. Beispiele für originäre Geschäftsvorfälle sind Verkäufe, Tilgungen, Nominalbestandserhöhungen, Ausübungen von Optionen oder auch Kapitalmaßnahmen. Da abgeleitete Geschäftsvorfälle Werte verändern, müssen sie immer abhängig vom Bewertungsbereich sein. Wenn Sie mehrere Bewertungsbereiche verwenden, erzeugt ein originärer Geschäftsvorfall also in jedem Bewertungsbereich einen eigenen, in der Regel auch inhaltlich verschiedenen, abgeleiteten Geschäftsvorfall. Der Zusammenhang zwischen abgeleitetem und originärem Geschäftsvorfall ist im System nicht offensichtlich. Er ist nämlich nur an zwei technischen Feldern erkennbar, die Sie sich normalerweise nicht anzeigen lassen: In der Bewegungsliste (Transaktion TPM13) enthält das Feld REFERENZGESCHÄFTSVORFALLS-ID (technisch `REF_BUSTRANSID`) des abgeleiteten Geschäftsvorfalls den Wert des Feldes GESCHÄFTSVORFALLS-ID (technisch `BUSTRANSID`) des originären Geschäftsvorfalls. Die Felder stehen Ihnen auch in den logischen Datenbanken zur Verfügung (siehe Kapitel 11, »Reporting mit dem Informationssystem«).

Ablauf der Berechnung

Die Berechnung der abgeleiteten Geschäftsvorfälle kann man als mehrstufigen Prozess verstehen, der sich in folgende Schritte unterteilen lässt:

1. **Bewertung des Altbestands**
   Die Bewertung des Altbestands ist normalerweise keine vollständige Bewertung im Sinne einer Stichtagsbewertung. Vielmehr führt das System eine Amortisierung oder Margin-Abgrenzung durch, sofern dies im Bestandsführungsverfahren vorgesehen ist. Auch wenn die Bewertung nicht vollständig einer Stichtagsbewertung entspricht, ist es wichtig, sich klarzumachen, dass die Berechnung des abgeleiteten Geschäftsvorfalls quasi eine erzwungene Bewertung anlässlich des originären Geschäftsvorfalls darstellt. Daher hängen abgeleitete Geschäftsvorfälle und Stichtagsbewertungen gleichermaßen vom Bestandsführungsverfahren ab.
2. **Anteilige Ausbuchung des Bestands (Translation)**
   Anschließend werden sogenannte *Translationen* erzeugt, die die verschiedenen Komponenten des betroffenen Bestands anteilig ausbuchen. Anteilig bedeutet in der Regel im gleichen Verhältnis wie die Mengenveränderung. Im Umfeld der Kapitalmaßnahmen hatten wir in Abschnitt 5.2.2 bereits erwähnt, dass auch andere Verhältnisse vorkommen können. Für jede originäre Komponente des Bestands wird eine Translationsbewegung erzeugt. Diese Bewegungen sehen Sie auch in Abbildung 5.28.
3. **Kurserfolge ausweisen oder Einbuchung auf neue Bestände**
   Es leuchtet ein, dass bei Abgängen die Translationen mit der Berechnung der Kursgewinne oder -verluste zusammenhängen müssen. Technisch gesehen, werden die Werte bei Abgängen auf eine Verrechnungskomponente umgebucht. Die Bestandsänderungstypen für Abgänge (EINGEHENDE/AUSGEHENDE ZAHLUNG BEI ABGANG, siehe Abschnitt 5.3.1, Überschrift »Bestandsänderungstyp und abgeleitete Geschäftsvorfälle«) wirken ebenfalls auf diese Komponente. Die Differenz zwischen dem Betrag des Abgangs und dem anteiligen Buchwert ist der Kursgewinn oder -verlust.

Translationen und Hauptbuchtranslationen und Hauptbuch

Die Translationen sind wichtig, um die verschiedenen Kennzahlen anzupassen und die Kursgewinne zu berechnen. Für die Hauptbuchhaltung spielen sie aber keine Rolle und werden folglich normalerweise nicht gebucht. Das System erzeugt auch Translationen für die

Eigenkapitalrücklagen, also die Komponente für erfolgsneutrale Bewertungen (siehe Abbildung 5.41). Sie gehen nicht in die Kursgewinnermittlung ein. Diese Translationen müssen Sie buchen, denn sie stellen die Auflösung der Eigenkapitalrücklagen in die Gewinn- und Verlustrechnung dar.

Translationen bei Umbuchungen

Verminderungen von Nominalen oder Stücken eines Bestands treten nicht nur bei Verkäufen oder Tilgungen auf, sondern auch bei Umbuchungen. In diesen Fällen sollen natürlich keine Kurserfolge entstehen. Entsprechend erzeugt das System zwar für die Ausgangsbestände Translationen, aber keine Kurserfolge. Stattdessen legt das System spiegelbildliche Translationen für die neuen Bestände an, um so die Werte auf die neuen Bestände zu übertragen. Auch diese Art von Translationen müssen Sie buchen.

Umrechnung in Bewertungswährung

Das System berechnet Translationen wie die meisten anderen Bewegungen auch zunächst in Bestandswährung. Für die Geschäftsvorfälle der internen Bestandsverwaltung wird der Betrag dann häufig mit dem Buchkurs in die Bewertungswährung umgerechnet. So ist es auch für die meisten Translationen, es sei denn, sie beziehen sich ausdrücklich auf Beträge in Bewertungswährung, wie die Translationen der aufgelaufenen Devisenbewertungen.

Customizing für abgeleitete Geschäftsvorfälle

Wie Sie nun gesehen haben, gibt es eine ganze Reihe von Geschäftsvorfällen, anlässlich derer abgeleitete Geschäftsvorfälle berechnet werden müssen. Die Art der erzeugten Bewegungen unterscheidet sich ebenfalls. Folglich ist das Customizing zu diesen Geschäftsvorfällen recht umfangreich. Sie finden es unter TRANSACTION MANAGER • ALLGEMEINE EINSTELLUNGEN • BUCHHALTUNG • ABGELEITETE GESCHÄFTSVORFÄLLE • FORTSCHREIBUNGSARTEN • FORTSCHREIBUNGSARTEN FÜR ABGELEITETE GESCHÄFTSVORFÄLLE ZUORDNEN. Sie hinterlegen je Bestandsführungsverfahren zahlreiche Fortschreibungsarten. Damit Sie den Überblick bewahren, ist das Customizing in mehrere Registerkarten unterteilt, die die auslösenden Geschäftsvorfälle kennzeichnen. Beispielhaft zeigt Abbildung 5.41 die Registerkarte BESTANDSABGÄNGE. Auf das Zusammenspiel von abgeleiteten Geschäftsvorfällen mit der Stichtagsbewertung weisen wir jeweils hin.

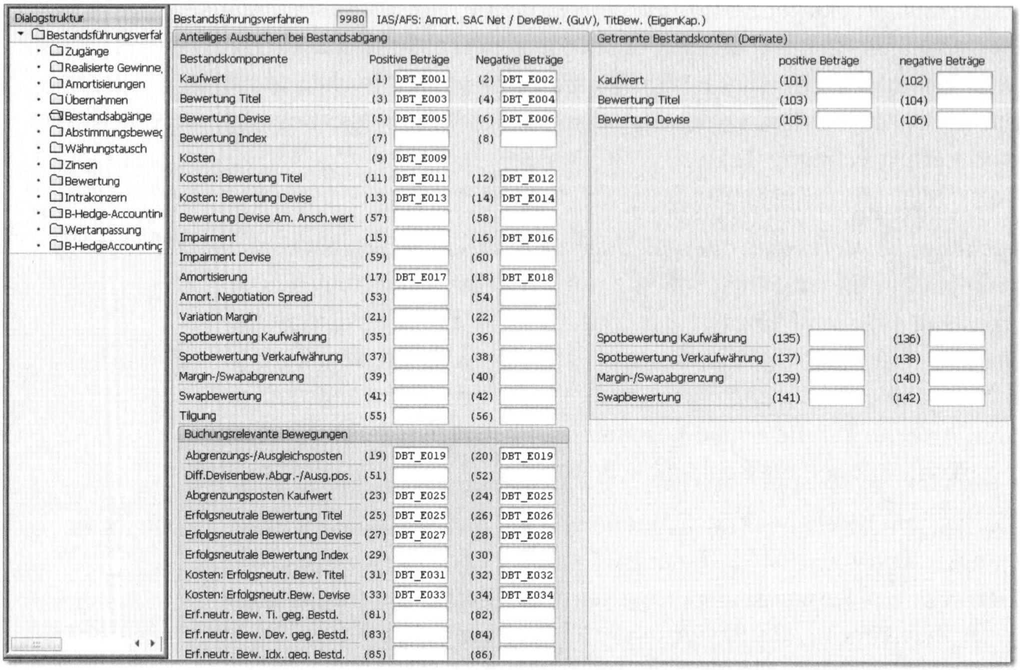

Abbildung 5.41 Zuweisung von Fortschreibungsarten für abgeleitete Geschäftsvorfälle am Beispiel der Bestandsabgänge

Schauen wir uns nun die einzelnen Registerkarten an:

- **Zugänge**
  Auch zu Zugängen müssen gelegentlich abgeleitete Geschäftsvorfälle berechnet werden. Dabei geht es zumeist um das Agio oder Disagio von Beständen, die amortisiert werden. Die Art der Bewertung macht hier einen abgeleiteten Geschäftsvorfall anlässlich eines Zugangs notwendig. Darauf gehen wir in Abschnitt 5.4.3, Überschrift »Amortisierung«, detaillierter ein.
- **Kursgewinne/-verluste**
  Die Kurserfolge werden nach verschiedenen Effekten getrennt ausgewiesen: Der *Titelerfolg* ist der Kursgewinn in Bestandswährung, der *Devisenerfolg* der Kursgewinn in Bewertungswährung. Wir werden bei der Stichtagsbewertung noch sehen, dass es bei der Berechnung von Devisenerfolgen auf die Reihenfolge der Bewertungsschritte eines Bestandsführungsverfahrens ankommt (siehe Abschnitt 5.4.3, Überschrift »Titelbewertung«). In der gleichen Reihenfolge werden die beiden Effekte auch für einen abgeleiteten Geschäftsvorfall berechnet.

- **Amortisierung**
  Wie Sie in Abschnitt 5.4.3, Überschrift »Amortisierung«, noch sehen werden, aktualisiert das System bei Zu- und Abgängen die fortgeführten Anschaffungskosten. Die notwendigen Fortschreibungsarten hinterlegen Sie auf der gleichnamigen Registerkarte. Ebenso tragen Sie hier Fortschreibungsarten für die Swapabgrenzung von Devisentermingeschäften und die Margin-Abgrenzung von Repos ein (siehe Überschrift »Swap- und Margin-Abgrenzung« in Abschnitt 5.4.3).
- **Umbuchungen**
  Wie bereits erwähnt, muss bei Umbuchungen für jede Komponente eine Translation erzeugt werden. Entsprechend umfangreich ist die Registerkarte. Sie finden hier auch Korrekturbewegungen für erfolgsneutrale Bewertungen, also Eigenkapitalrücklagen. Die Eigenkapitalrücklagen für Fremdwährungsbestände haben fast immer Verhältnisse zwischen Bestands- und Bewertungswährung, die vom Buchkurs abweichen. Es kann sogar vorkommen, dass die Beträge unterschiedliche Vorzeichen haben. In diesen Fällen sorgen die Korrekturbewegungen dafür, dass keine Kontenverlängerungen entstehen. Eine weitere Besonderheit kann die Ausübung eines Rechts darstellen. Bei der Ausübung einer Put-Option wird zwar ein Buchwert auf den zugrunde liegenden Bestand umgebucht, geht dort aber gleich in die Berechnung des Kurserfolgs ein.
- **Bestandsabgänge**
  Abbildung 5.41 zeigt diesen Teil des Customizings. Die Translationen bei Abgängen können andere Fortschreibungsarten tragen als die zu Umbuchungen. Auf dieser Registerkarte finden Sie übrigens alle originären Komponenten wieder. Die Korrekturbewegungen für die Eigenkapitalrücklagen sorgen dafür, dass Eigenkapitalrücklagen mit unterschiedlichen Vorzeichen in Bestands- und Bewertungswährung korrekt ausgebucht werden.
- **Abstimmbewegungen**
  Durch eine Emissions- oder Vertragswährungsumstellung können Bestands- und Bewertungswährung identisch werden. Das System rechnet dabei die Bestandswährungsbeträge aller Bewegungen mit dem Stichtagskurs um. Daher könnte nach der Umstellung der Betrag in Bestands- und Bewertungswährung unterschiedlich sein.

Damit dies nicht geschieht, erzeugt das System Abstimmbewegungen. Diese Bewegungen sind nicht buchungsrelevant für das Hauptbuch.

- **Währungstausch**
  Auch diese Registerkarte ist nur für die Emissionswährungsumstellung wichtig. Hier tragen Sie Fortschreibungsarten für Bewegungen ein, die im Hauptbuch den Saldo in der alten Währung aus- und in der neuen Währung einbuchen.
- **Stückzinsen**
  Haben Sie Stückzinsen auf einer eigenen Komponente aktiviert und das Bestandsführungsverfahren entsprechend eingerichtet, erhalten die Bewegungen zur Auflösung dieses Abgrenzungspostens anlässlich einer Zinszahlung die hier angegebenen Fortschreibungsarten.
- **Intrakonzern**
  Wenn Sie Intrakonzerngeschäfte, also zwei Geschäfte in einem Konzern, verknüpft haben, werden für die Übernahme der Bestandswerte zwischen den beiden Beständen abgeleitete Geschäftsvorfälle erzeugt. Wir werden auf die Registerkarte INTRAKONZERN in Abschnitt 5.4.6 im Detail zurückkommen.
- **Wertanpassung**
  Die Fortschreibungsarten für die WERTANPASSUNG kommen zum Einsatz, wenn Sie Vorschriften zum Purchase GAAP einsetzen. Dabei werden bei verschiedenen Prozessen in der Bestandsverwaltung abgeleitete Geschäftsvorfälle für die Komponenten des Purchase GAAPs erzeugt.

Berechnung abgeleiteter Geschäftsvorfälle

Der Charme der internen Bestandsverwaltung des Transaction Managers besteht auch darin, dass das System alle Wertveränderungen durch abgeleitete Geschäftsvorfälle ständig aktuell halten kann, insbesondere in die Zukunft hinein. Der Nachteil eines solchen Vorgehens ist natürlich, dass jede Veränderung des Finanzstroms eines Buchbestands eine Aktualisierung der abgeleiteten Geschäftsvorfälle nach sich zieht und damit Rechenzeit kostet. Je nach Ihren Wünschen und vor allem der Anzahl von Beständen und Geschäftsvorfällen in Ihrem System können Sie daher die Berechnung abgeleiteter Geschäftsvorfälle einstellen (siehe Abbildung 5.42). Sie finden die entsprechende Aktivität im Customizing unter TRANSACTION MANAGER • ALLGEMEINE EINSTELLUNGEN • BUCHHALTUNG • ABGELEITETE

GESCHÄFTSVORFÄLLE • BERECHNUNG ABGELEITETER GESCHÄFTSVORFÄLLE STEUERN.

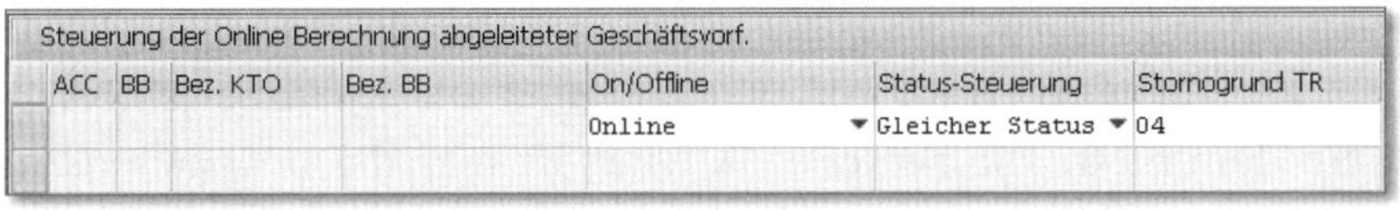

Steuerung der Online Berechnung abgeleiteter Geschäftsvorf.

ACC	BB	Bez. KTO	Bez. BB	On/Offline	Status-Steuerung	Stornogrund TR
				Online	Gleicher Status	04

Abbildung 5.42 Berechnung abgeleiteter Geschäftsvorfälle einstellen

Status des originären und abgeleiteten Geschäftsvorfalls

Für die beiden Schalter ON/OFFLINE und STATUS-STEUERUNG gibt es drei sinnvolle Möglichkeiten:

- **Einstellungen »Online« mit »Gleicher Status«**
  Das System aktualisiert die abgeleiteten Geschäftsvorfälle mit jedem neuen oder geänderten Geschäftsvorfall, und beide durchlaufen auch gemeinsam Statusübergänge. Zum Beispiel wird bei der Buchung eines Verkaufs der Kursgewinn oder -verlust neu berechnet und gleich gebucht. Genauso wird auch automatisch storniert, wenn Sie einen originären Geschäftsvorfall stornieren oder nachträglich ein Wertpapiergeschäft vor einem bereits gebuchten Verkauf eingeben. Damit das System einen solchen Storno automatisch durchführen kann, müssen Sie, wie in Abbildung 5.42 gezeigt, einen Stornogrund (Spalte STORNOGRUND TR) angeben.
- **Einstellungen »Online« mit »Status Plan«**
  Das System aktualisiert zwar die abgeleiteten Geschäftsvorfälle sofort, belässt sie aber im Status *geplant*. Sie müssen dann die abgeleiteten Geschäftsvorfälle mit der Transaktion ABGELEITETE GESCHÄFTSVORFÄLLE BUCHEN (Transaktion TPM18) buchen. Die Transaktion finden Sie im Menü des Transaction Managers unter der jeweiligen Produktgruppe im Verzeichnis BUCHHALTUNG • ABGELEITETE GESCHÄFTSVORFÄLLE.
- **Einstellungen »Offline« mit »Gleicher Status«**
  Aus Performancegründen soll das System die abgeleiteten Geschäftsvorfälle nicht bei jeder Änderung der originären Geschäftsvorfälle aktualisieren. Mit der Transaktion ABGELEITETE GESCHÄFTSVORFÄLLE AKTUALISIEREN (Transaktion TPM27) veranlassen Sie das System, die Geschäftsvorfälle zu berechnen und gegebenenfalls zu buchen.

5.4 Prozesse der internen Bestandsverwaltung

Die interne Bestandsführung ist von ihrer Natur her sehr nah an der Buchhaltung. Die Prozesse der internen Bestandsführung sind folglich vor allem durch die Abschlussarbeiten zur Finanzberichterstattung dominiert. Die zentrale Aktivität ist hier die buchhalterische Bewertung. Üblicherweise stellt die Abgrenzung, vor allem von Zinserträgen oder -aufwänden, einen zweiten Teil der Abschlussarbeiten dar. Zur Vorbereitung der Abschlussarbeiten sind gelegentlich auch Umgruppierungen von Finanzinstrumenten notwendig. Dazu zählen die Umbuchungen und die Kontierungsreferenzumbuchung. Als letzten Prozess der internen Bestandsverwaltung stellen wir Ihnen die Funktionen der Intrakonzerngeschäfte vor.

5.4.1 Stichtagsbewertung durchführen

Buchhalterische Bewertung

Die buchhalterische Bewertung von Finanzinstrumenten ist recht komplex und nimmt in den Rechnungslegungsvorschriften dementsprechend viel Raum ein. Wenn Sie diese im Rahmen des Quartals- oder Jahresabschlusses im Transaction Manager vornehmen, haben Sie jedoch fast keinen Aufwand. Der Grund für diesen scheinbaren Widerspruch ist, dass Sie die Komplexität der Bewertung dem System einmalig beim Einrichten des Customizings in Form von Bestandsführungsverfahren bekannt machen. Da jeder Bestand sein Bestandsführungsverfahren kennt, kann das System dann im laufenden Betrieb alle Entscheidungen automatisch treffen.

Abbildung 5.43 zeigt die Transaktion BEWERTUNG DURCHFÜHREN (Transaktion TPM1), die Sie im Menü unter TRANSACTION MANAGER • GELDHANDEL/DEVISEN/DERIVATE/WERTPAPIERE • BUCHHALTUNG • BEWERTUNG • BEWERTUNG DURCHFÜHREN finden. Wie bei vielen Transaktionen der internen Bestandsführung erlauben die Angaben im Bildbereich ALLGEMEINE ABGRENZUNGEN, die zu bearbeitenden Bestände auszuwählen. Sie können die Bewertung für einen ganzen Buchungskreis oder gar ein ganzes System über alle Bewertungsbereiche hinweg durchführen.

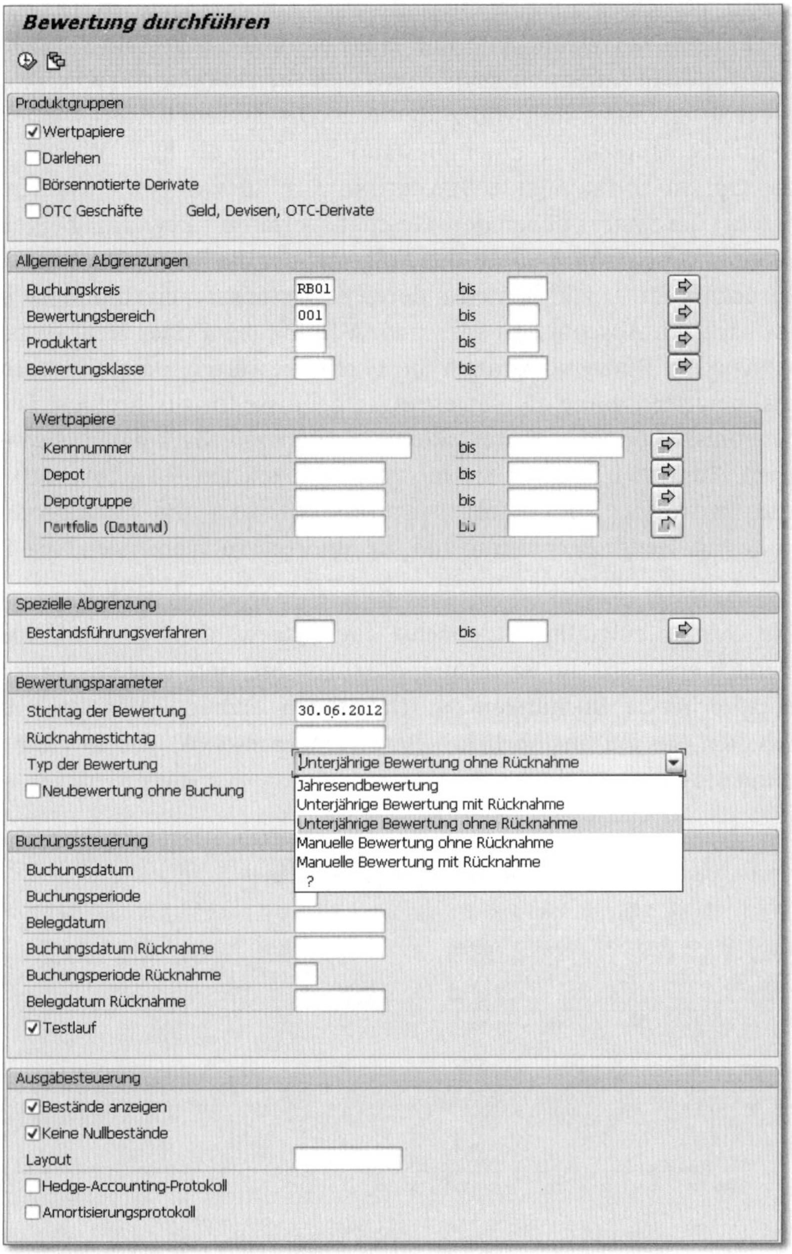

Abbildung 5.43 Selektionsbild der buchhalterischen Stichtagsbewertung in der Transaktion TPM1

Bewertungstyp

Im Selektionsbild sind der STICHTAG DER BEWERTUNG und der BEWERTUNGSTYP Pflichtfelder. Mithilfe des Feldes TYP DER BEWERTUNG geben

Sie an, ob es sich um eine Quartals- oder Jahresendbewertung oder gar um eine Bewertung aufgrund eines besonderen Vorfalls handelt. Die Optionen JAHRESENDBEWERTUNG und UNTERJÄHRIGE BEWERTUNG OHNE RÜCKNAHME sind völlig identisch. Das System bewertet jeden Bestand entsprechend seinem Bestandsführungsverfahren. Wenn Sie die Option UNTERJÄHRIGE BEWERTUNG MIT RÜCKNAHME einstellen, erzeugt das System neben dem Geschäftsvorfall zur Bewertung einen zweiten Geschäftsvorfall für den Folgetag, der die Bewertung wieder zurücknimmt. Auf die beiden anderen Bewertungstypen kommen wir im nächsten Abschnitt zu sprechen. Mithilfe des Feldes NEUBEWERTUNG OHNE BUCHUNG können Sie bereits bewertete Bestände noch mal bewerten, ohne die Bewertungsergebnisse fortzuschreiben. Die Ergebnisse können von den aktuell verfügbaren Marktdaten abweichen. Zusätzlich können Sie mit den Kennzeichen HEDGE-ACCOUNTING-PROTOKOLL und AMORTISIERUNGSPROTOKOLL die Detailprotokolle zum Hedge Accounting und zur Amortisierung erzeugen lassen. Die weiteren optionalen Angaben bedürfen keiner Erklärung.

Ablauf der Bewertung

Das System zeigt Ihnen zunächst alle ausgewählten Bestände an. Danach erst wird die Bewertung durchgeführt, und es werden auch entsprechende Buchungen im Hauptbuch erzeugt. Als Ergebnis erhalten Sie ein ausführliches Bewertungsprotokoll, das in Abbildung 5.44 dargestellt ist.

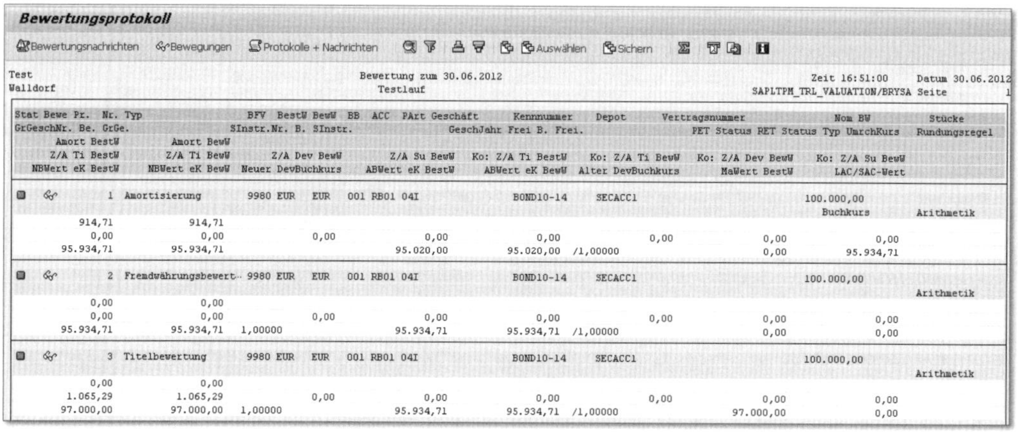

Abbildung 5.44 Bewertungsprotokoll der Transaktion TPM1

Für jeden Bestand listet das System die Bewertungsschritte und ihre Ergebnisse auf. Im Beispiel wurde für den Bestand zunächst eine Amortisierung, dann eine Fremdwährungsbewertung und schließlich eine Titelbewertung durchgeführt. Wenn Ihnen die standardmäßig angezeigten Kennzahlen nicht ausreichen oder zu unübersichtlich sind, können Sie eigene Anzeigevarianten erstellen. Zusätzlich haben Sie über den Button PROTOKOLLE + NACHRICHTEN Zugriff auf das Buchungsprotokoll, das Amortisierungsprotokoll und das Protokoll über die Verteilung der Erfolge inklusive des Detailprotokolls.

Barwerte berechnen

Der Bewertung von OTC-Geschäften liegen häufig Barwerte zugrunde. Deren Berechnung müssen Sie vor dem Aufruf der Transaktion BEWERTUNG DURCHFÜHREN (Transaktion TPM1) explizit anstoßen. Dazu verwenden Sie die Transaktion BARWERTE ERMITTELN (Transaktion TPM60), die Sie im Menü gleich unter der Transaktion TPM1 finden. Die Transaktion TPM60 wird in Kapitel 7, »Marktdaten«, beschrieben.

5.4.2 Impairments und außerplanmäßige Bewertungen

Gelegentlich kommt es vor, dass Sie von der normalen Bewertung abweichen müssen, weil sich das ursprünglich erwartete Ergebnis voraussichtlich nicht mehr einstellt. Zumeist ist es notwendig, erhebliche Abschreibungen vorzunehmen, weil es z.B. unwahrscheinlich ist, dass eine Aktie ihren Anschaffungskurs noch einmal erreicht. Das System bietet zwei Möglichkeiten, solche Sachverhalte abzubilden: die manuelle Bewertung und das Impairment. Damit verknüpft sind auch unterschiedliche buchhalterische Notwendigkeiten.

Manuelle Bewertung

Buchhalterische Grundlagen

Die *manuelle Bewertung* stellt den einfachsten Weg dar, mit einer dauerhaften Wertminderung eines Bestands oder – allgemeiner – einer dauerhaften Abweichung zwischen ausgewiesenem und erfordertem Buchwert umzugehen. Sie greift nur in die Bewertung zu Marktpreisen oder Barwerten ein, nicht in die Amortisierung. Sie eignet sich also nicht für Finanzinstrumente, die Sie zu fortgeführten Anschaffungskosten bewerten.

Durchführung im System

Um eine solche manuelle Bewertung im Transaction Manager vorzunehmen, müssen Sie zunächst einen angemessenen Buchwert bestimmen. Den gewünschten Buchwert machen Sie mit der Transaktion WERTE FÜR MANUELLE BEWERTUNG EINGEBEN (Transaktion TPM74) im System bekannt. Sie finden die Transaktion im Menü unter TRANSACTION MANAGER • WERTPAPIERE • BUCHHALTUNG •

Bewertung • Besondere Bewertung. Sie müssen den Buchwert sowohl in Bewertungs- als auch in Bestandswährung angeben, für Indexanleihen zusätzlich einen Buchwert Index Clean. Anschließend führen Sie mittels der Transaktion TPM1 eine Stichtagsbewertung für den betroffenen Bestand durch und geben dabei als Typ der Bewertung entweder manuelle Bewertung ohne Rücknahme oder manuelle Bewertung mit Rücknahme an. In den Bewertungsschritten Titelbewertung, Fremdwährungsbewertung, einstufige Kursbewertung und Indexbewertung (siehe Abschnitt 5.4.3) werden die angegebenen Werte dann herangezogen. In den Komponenten des Bestands ist diese besondere Bewertung in keiner Weise ausgezeichnet, weil sie die normalen Komponenten für Titelbewertung und Devisenbewertung verändert. Voraussetzung für die manuelle Bewertung ist, dass Sie im Bewertungsschritt für die Titelbewertung das Kennzeichen Besondere Zu-/Abschreibungen für Wertpapiere ermöglichen gesetzt haben (siehe Abbildung 5.47).

Impairment

Buchhalterische Grundlagen

Mit der manuellen Bewertung lassen sich aber die Anforderungen der IFRS und des US-GAAP nicht erfüllen. Nach IFRS ist vorgeschrieben, dass für Finanzinstrumente in den Haltekategorien *Available for Sale*, *Loans and Receivables* und *Held to Maturity* regelmäßig Prüfungen dahingehend vorgenommen werden sollen, ob die Wertansätze noch gerechtfertigt sind. Ist dies nicht der Fall, soll ein *Impairment* gebildet werden. Dies bedeutet, dass eventuell vorhandene Rückstellungen im Eigenkapital erfolgswirksam aufgelöst werden müssen und – sofern auch dies dem Fair Value nicht entspricht – weiter abgeschrieben werden. Ausgehend von dem dadurch erreichten neuen Buchwert, können die folgenden Bewertungen wieder ganz normal durchgeführt werden. Sollte der Grund für die Bildung eines Impairments entfallen, kann das Impairment auch wieder aufgelöst werden.

Sowohl beim Impairment als auch bei der manuellen Bewertung müssen Sie einen realistischen Wert für das betroffene Finanzinstrument selbst ermitteln. Die buchhalterische Behandlung ist jedoch unterschiedlich. Ein wesentlicher Unterschied ist, dass beim Impairment Eigenkapitalrückstellungen, wie sie für die Haltekategorie *Available for Sale* üblich sind, aufgelöst werden müssen. Außerdem wird sie als Teil des fortgeführten Anschaffungswertes aufgefasst. Nachfolgende Amortisierungen berücksichtigen das Impairment. Die Möglichkeit der automatischen Rücknahme am Folgetag entfällt also.

Der Transaction Manager unterstützt Impairments für Wertpapiere und Darlehen, nicht jedoch für OTC-Geschäfte.

Durchführung im System

Um ein Impairment zu bilden, gehen Sie folgendermaßen vor: Geben Sie zuerst den gewünschten Wert oder Kurs in der Transaktion BESONDERE TITELBEWERTUNG (Transaktion TPM73) an, die sich an gleicher Stelle wie die entsprechende Transaktion der manuellen Bewertung im Menü befindet. Sie geben hier lediglich Beträge in Bestandswährung und Bewertungswährung an. Außerdem bietet Ihnen das System auch die Transaktion HINWEISBERICHT ZUR WERTMINDERUNG (Transaktion TPM75) an. Mithilfe dieser Transaktion können Sie Kandidaten für ein Impairment identifizieren und einen Kurs für das Impairment speichern. Anschließend rufen Sie die Transaktion IMPAIRMENT BILDEN ODER AUFLÖSEN (Transaktion TPM70) auf.

Es steht Ihnen auch das Devisenimpairment zur Verfügung. Das Devisenimpairment stellt eine Fremdwährungsbewertung dar und ist erfolgswirksam. Allgemein stehen Titelimpairment und Devisenimpairment in einem ähnlichen Verhältnis wie Titel- und Devisenbewertung. Wie bei der Bewertung können Sie das Impairment als zweistufiges Verfahren mit zwei separaten Schritten oder als einstufiges Verfahren ausführen. Die Reihenfolge der Impairmentschritte entspricht der Reihenfolge der Bewertungsschritte im Bestandsführungsverfahren.

Interne Logik

Wenn das Impairment durchgeführt wird, nimmt das System zunächst eine Amortisierung vor, sofern dies im Bestandsführungsverfahren vorgesehen ist. Anschließend löst es Eigenkapitalrückstellungen aus vorangegangenen Titelbewertungen erfolgswirksam auf. Schließlich werden eine Art Titelbewertung und Devisenbewertung auf den gewünschten Betrag hin durchgeführt. Der Betrag in Bewertungswährung dazu wird abhängig von der Einstellung im Impairmentverfahren berechnet. Das Ergebnis dieser besonderen Bewertung weist das System in den Komponenten Impairment und Devisenimpairment aus.

Weitere Aktivitäten im Umfeld eines Impairments

Neben dieser besonderen Bewertung müssen Sie noch weitere Aktivitäten durchführen. Besonders bei Anleihen und Darlehen bringen Sie mit dem Impairment ja zum Ausdruck, dass Sie nicht mehr mit der Zahlung der Zinsen und Tilgungen in voller Höhe rechnen. Sie müssen also die Konditionen entsprechend anpassen. Bedenken Sie dabei aber, dass sich diese Änderungen auf alle Bewertungsbereiche und auf alle externen und internen Bestände auswirken. Nachfolgende Amortisierungen verlaufen also anders, als bisher geplant; dies ist für die Bestände mit Impairment ja auch durchaus erwünscht.

5.4.3 Customizing der Bewertung

Mit der Definition des Bestandsführungsverfahrens in Abbildung 5.39 und Abbildung 5.40 haben Sie bereits begonnen, das Customizing für die Bewertung vorzunehmen. Denn hier legen Sie fest, welche Bewertungsschritte in welcher Reihenfolge durchgeführt werden sollen. Auf betriebswirtschaftlicher Ebene ist dies die wesentliche Einstellung zur Bewertung. Wir wollen nun auf die einzelnen Bewertungsschritte eingehen und deren Einstellungen im Detail besprechen. Folgende Typen von Schritten stehen zur Auswahl:

- Fremdwährungsbewertung
- Titelbewertung
- einstufige Kursbewertung
- Indexbewertung
- Amortisierung
- Kursbewertung für Devisentermingeschäfte
- Swap-/Margin-Abgrenzung
- Swapbewertung
- Impairment

Customizing in zwei Schritten

Das Customizing der Bewertungsschritte finden Sie unter Transaction Manager • Allgemeine Einstellungen • Buchhaltung • Einstellungen zur Bestandsführung • Stichtagsbewertung. Zusätzlich müssen Sie für die Bewertungsgeschäftsvorfälle Fortschreibungsarten pflegen. Das Customizing dazu finden Sie unter Transaction Manager • Allgemeine Einstellungen • Buchhaltung • Stichtagsbewertung • Fortschreibungsarten zuordnen. Ähnlich wie die Fortschreibungsarten zu abgeleiteten Geschäftsvorfällen hinterlegen Sie für jedes Bestandsführungsverfahren einen Satz Fortschreibungsarten. Die Fortschreibungsarten sind für jeden Bewertungsschritt auf einer Registerkarte gruppiert.

[«]

Hinweis zur folgenden Darstellung

Wir stellen Ihnen nun die Einstellungen jedes Bewertungsschritts zusammen mit seinen Fortschreibungsarten vor. Die Registerkarten enthalten jeweils Felder für Fortschreibungsarten zur Bewertung und zur Rücknahme der Bewertung. Da die Fortschreibungsarten zur Rücknahme völlig analog zu denen der Bewertung sind, werden sie im Text nicht mehr weiter erwähnt.

Hinter den Eingabefeldern für die Fortschreibungsarten (sowohl für die Bewertung als auch für die Rücknahme) befindet sich jeweils ein Kürzel in Klammern. Dieses Kürzel entspricht genau dem Schlüssel der Fortschreibungsart des Muster-Customizings, die Sie an dieser Stelle eintragen können. Wenn wir uns im Text auf ein Eingabefeld beziehen, verwenden wir dieses Kürzel.

Fremdwährungsbewertung

Die Fremdwährungsbewertung ist wohl die am einfachsten zu verstehende Bewertung eines Buchbestands. Sie spielt immer dann eine Rolle, wenn die Bestandswährung von der Bewertungswährung abweicht. Die Fremdwährungsbewertung passt den Wert des Bestands in Bewertungswährung entsprechend der Rechnungslegung dem aktuellen Devisenkurs zwischen Bestands- und Bewertungswährung an. Abbildung 5.45 zeigt die möglichen Einstellungen im Bewertungsschritt, Abbildung 5.46 die zugehörigen Fortschreibungsarten.

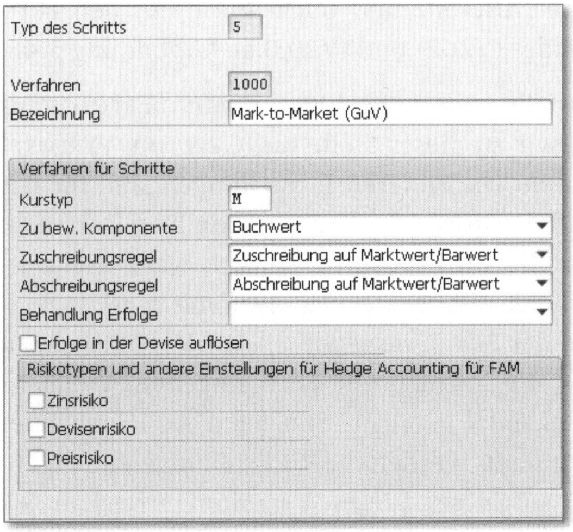

Abbildung 5.45 Bewertungsschritt »Fremdwährungsbewertung« definieren

Kurstyp

Mit dem Feld Kurstyp in Abbildung 5.45 legen Sie fest, welcher Kurs für die Bewertung relevant ist, also z.B. Mittelkurs, Geldkurs oder Ähnliches.

Zu bewertende Komponente

Als zu bewertende Komponente wählen Sie meistens die Option Buchwert. Die Option Amortisierter Anschaffungswert können Sie einstellen, wenn Sie den Bestand amortisieren. Sie können auch auswählen, ob diese Bewertung bei Stichtagsbewertung und bei Berechnung der abgeleiteten Geschäftsvorfälle durchgeführt werden soll oder nur bei Stichtagsbewertung (Option Amortisierter Anschaffungswert; nur bei Bewertung). Die Komponente Hedge-Anpassung wird näher in Kapitel 10, »Hedge Accounting für Bestände«, diskutiert. Bei Futures und handelbaren Optionen können Sie hier Variation-Margin einstellen (siehe Abschnitt 5.4.3, Überschrift »Einstufige Kursbewertung«).

Zu- und Abschreibungsregeln

Für Zu- und Abschreibungen legen Sie getrennt fest, wie diese erfolgen sollen: Hier stehen die Optionen Zu-/Abschreibung bis auf Marktwert, Zu-/Abschreibung bis auf Kaufwert oder Keine Zu-/Abschreibung zur Verfügung. Anhand dieser Parameter lässt sich bereits verstehen, was das System bei einer Fremdwährungsbewertung berechnet. Die eingestellte Grundlage, also in den meisten Fällen der Buchwert, wird mit dem Stichtagskurs der Bestandswährung in die Bewertungswährung umgerechnet. Dieser Wert wird mit dem derzeitigen Buchwert in Bewertungswährung verglichen. Entsprechend den Regeln für die Zu- oder Abschreibung erzeugt das System eine Bewegung über die Differenz und bucht diese mit den Fortschreibungsarten der Felder (V202) und (V203) aus Abbildung 5.46.

Behandlung der Erfolge

Von den möglichen Einstellungen im Feld Behandlung Erfolge aus Abbildung 5.45 wollen wir an dieser Stelle nur Gewinne/Verluste nicht realisieren erklären. Die anderen Einstellungen sind für das Hedge Accounting für Exposures relevant; wir kommen darauf in Kapitel 9, »Hedge Accounting für Exposures«, zurück. Nach IFRS werden Finanzinstrumente in der Haltekategorie *Available for Sale* zwar mit ihrem Marktpreis in der Bilanz ausgewiesen, die Veränderungen des Marktpreises sollen aber nicht in die GuV eingehen. Vielmehr werden sie in das Eigenkapital gebucht. Erst beim Auslaufen oder Verkauf des Finanzinstruments werden die Rückstellungen im Eigenkapital erfolgswirksam aufgelöst. Dieses Verhalten erreichen Sie durch die genannte Einstellung Gewinne/Verluste nicht realisie-

REN. Neben der Komponente Bewertung Devise führt das System zusätzlich eine zweite Komponente: Erfolgsneutrale Bewertung Devise. Das System verwendet ebenfalls Fortschreibungsarten der Felder (V202) und (V203) aus Abbildung 5.46, Sie müssen natürlich eine andere Kontenfindung zuordnen.

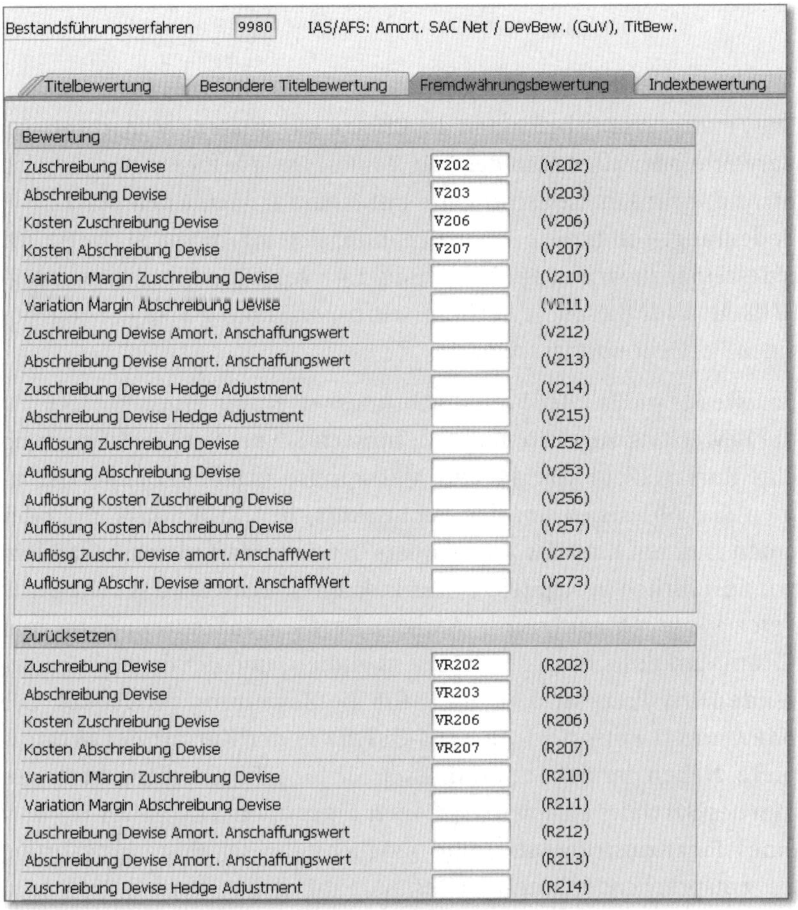

Abbildung 5.46 Fortschreibungsarten für Fremdwährungsbewertung

Erfolge auflösen

Aufgrund der schwankenden Devisenkurse kann die Fremdwährungsbewertung für einen Buchbestand mal zu Zuschreibungen und später zu Abschreibungen führen, die die bisherigen Zuschreibungen übersteigen. Wenn Sie das Kennzeichen ERFOLGE IN DER DEVISE AUFLÖSEN in Abbildung 5.45 setzen, erzeugt das System bei diesem Übergang zwei Bewegungen, eine für die Auflösung der bisherigen

Zuschreibung und eine für den übersteigenden Betrag der Abschreibung. Dies ist besonders wichtig, wenn Sie die Bewertungsergebnisse für Availabe-for-Sale-Bestände auf getrennten Eigenkapitalkonten für Gewinne und Verluste führen. Die entsprechenden Fortschreibungsarten tragen Sie in Abbildung 5.46 in die Felder (V252) und (V253) ein.

Titelbewertung

Die *Titelbewertung* behandelt die Effekte schwankender Marktpreise, Barwerte oder allgemein des Fair Values. Die Titelbewertung ist also nicht nur für Finanzinstrumente mit einem tatsächlichen Markt von Bedeutung, sondern je nach Rechnungslegung möglicherweise für jedes Finanzinstrument. Abbildung 5.47 zeigt die Einstellungsmöglichkeiten für diesen Bewertungsschritt, Abbildung 5.48 die zugehörigen Fortschreibungsarten.

Kursart und Barwertart

So, wie Sie im Fall der Fremdwährungsbewertung einen Kurstyp für die Bewertung angeben mussten, müssen Sie bei der Titelbewertung eine Kursart (Feld KURSART) für Marktpreise angeben. Damit bestimmen Sie, ob es sich um den Schlusskurs, den Eröffnungskurs oder einen anderen Kurs des Wertpapiers handelt. Marktdaten behandeln wir ausführlich in Kapitel 7, »Marktdaten«. Wenn Sie das Feld DIRTY PRICE VERW. (MARKTZINS + ABGRENZBETRAG) ankreuzen, wird zum Clean-Marktkurs noch der Stückzins addiert, und der daraus resultierende Dirty-Preis wird als Basis für die Bewertung verwendet. Die BARWERTART entspricht für OTC-Geschäfte der Kursart der Wertpapiere. Neben der Barwertart müssen Sie für OTC-Geschäfte noch den Typ des Barwerts angeben (Optionen DIRTY oder CLEAN). Der Barwert eines Finanzinstruments sollte möglichst in der Bestandswährung des entsprechenden internen Bestands angegeben werden. Falls er in einer anderen Währung angegeben wurde, rechnet das System ihn in die Bestandswährung um. Es verwendet dazu den KURSTYP aus der Abbildung 5.47, wenn dieser nicht gepflegt ist, dann verwendet das System den KURSTYP aus der Abbildung 5.29.

Bestands- und Bewertungswährung

Die Einstellungsmöglichkeiten für die Felder ZUSCHREIBUNGSREGEL und ABSCHREIBUNGSREGEL haben Sie bereits bei der Fremdwährungsbewertung kennengelernt. Auch die Einstellungen bei den Ankreuzfeldern BEHANDLUNG ERFOLGE und ERFOLGE AUFLÖSEN entsprechen denen der Fremdwährungsbewertung (vergleichen Sie Abbildung 5.45 mit Abbildung 5.47). Für die Zu- oder Abschreibung verwendet das System hier die Fortschreibungsart der Felder (V200) und (V201) aus Abbildung 5.48. Diesmal sind nicht die gleichnamigen Fortschreibungsarten des Muster-Customizings eingetragen, um anzudeuten, dass die Ergebnisse dieser Titelbewertung in das Eigenkapital gebucht werden. Um Erfolge aufzulösen, sind neben den Auflösungsbewegungen (V250) und (V251), die Sie schon von der Fremdwährungsbewertung kennen, die Korrekturbewegungen (V260) und (V261) notwendig. Die Titelbewertung hat nämlich Beträge in Bestands- und Bewertungswährung. Berechnungsgrundlage für die Titelbewertung ist stets der Buchwert in Bestandswährung. Zur Umrechnung von Bestands- in Bewertungswährung verwendet das System den Buchkurs, also das Verhältnis aus Buchwert in Bewertungs- und Bestandswährung. Auch die Auflösungsbewegungen rechnet das System mit dem Buchkurs in die Bewertungswährung um. Die Korrekturbewegungen lösen die verbleibenden Restbeträge in Bewertungswährung auf und buchen sie auf das andere Eigenkapitalkonto um.

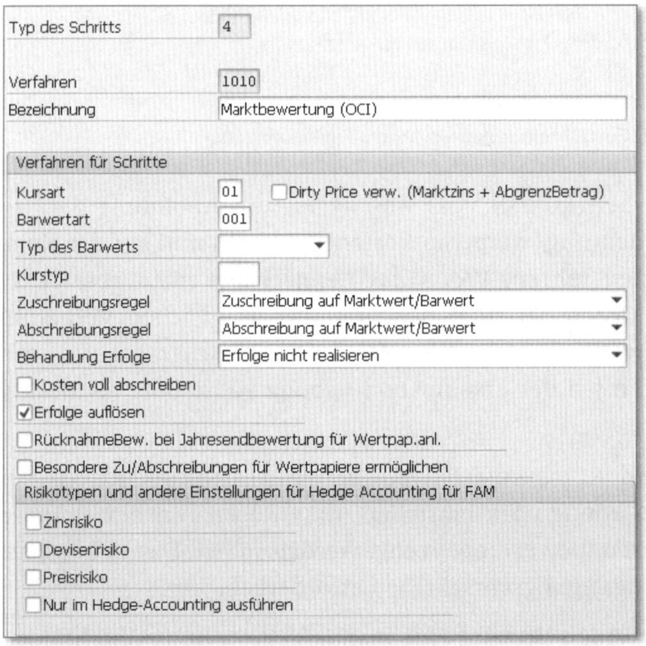

Abbildung 5.47 Bewertungsschritt »Titelbewertung« definieren

Abbildung 5.48 Fortschreibungsarten für die Titelbewertung

Kosten abschreiben

Das Kennzeichen Kosten voll abschreiben in Abbildung 5.47 ist dann von Bedeutung, wenn Sie Kosten aktivieren und auf der Komponente Kosten führen. Wenn das Kennzeichen nicht gesetzt ist, werden die Kosten bei einer Abschreibung im gleichen Verhältnis wie der Buchwert abgeschrieben. Ist das Kennzeichen gesetzt, werden die Kosten bei der ersten Abschreibung vollständig als Verlust ausgebucht.

Rücknahmebewegungen bei Jahresendbewertung

Mit dem Feld RücknahmeBeweg. bei Jahresendbewertung für Wertpap.Anl können Sie einstellen, dass Rücknahmebewegungen bei der Jahresendbewertung erzeugt werden sollen. Das ist bei manchen Rechnungslegungsvorschriften erforderlich.

Manuelle Bewertung

Wenn Sie für einen Bestand eine manuelle Bewertung durchführen wollen, muss das Kennzeichen Besondere Zu-/Abschreibungen bei Wertpapieren ermöglichen gesetzt sein (siehe Abschnitt 5.4.2).

Reihenfolge der Bewertungsschritte

Sehr häufig werden Sie eine Titelbewertung in Kombination mit einer Devisenbewertung durchführen, also die beiden bisher beschriebenen Bewertungsschritte in einem Bestandsführungsverfahren einsetzen (siehe Abbildung 5.39 und Abbildung 5.40). Je nach der Reihenfolge, in der Sie die Schritte durchführen lassen, erhalten Sie eine unterschiedliche Aufteilung des Gesamteffekts der Bewertung. Die Änderung des Buchwertes in Bewertungswährung wird ja sowohl durch eine Änderung des Marktwertes als auch durch eine Änderung des Devisenkurses verursacht. Der gemischte Effekt aus beiden Änderungen wird je nach Reihenfolge in der Titel- oder Devisenbewertung ausgewiesen.

[zB]

Reihenfolge der Bewertungsschritte

Nehmen wir an, dass wir einen Aktienbestand von zehn Aktien im Wert von 1 000 CHF besitzen. Diese haben bisher einen Wert von 800 EUR in Bewertungswährung. Nun führen wir eine Bewertung durch. Der Marktpreis der Aktie sei nun 90 CHF und der Kurs 0,85 CHF/EUR. Es werde stets auf den Marktpreis zu- oder abgeschrieben.

Betrachten wir zunächst den Fall, dass das System zuerst die Titelbewertung und dann die Devisenbewertung durchführt. Die Titelbewertung führt zu einer Abschreibung von 100 CHF, die zum Buchkurs, also 0,8, in 80 EUR umgerechnet werden. Der dadurch erhaltene Buchwert in Bewertungswährung von 720 EUR wird durch eine Zuschreibung von 45 EUR auf den gewünschten Wert von 765 EUR zugeschrieben. Die Bewertung enthält also folgende Bewegungen:

- A1. Abschreibung Titelbewertung – 100 CHF – 80 EUR
- A2. Zuschreibung Devisenbewertung + 0 CHF + 45 EUR

Werden die beiden Schritte in umgekehrter Reihenfolge durchgeführt, erhalten wir folgendes Ergebnis:

- B1. Zuschreibung Devisenbewertung + 0 CHF + 50 EUR
- B2. Abschreibung Titelbewertung – 100 CHF – 85 EUR

Bei der Berechnung des Buchkurses für den zweiten Bewertungsschritt berücksichtigt das System die zuvor durchgeführte Fremdwährungsbewertung.

Die Reihenfolge der Bewertungsschritte hat auf das Gesamtergebnis des Buchwertes keine Auswirkungen. Nur die Aufteilung des Buchwertes in Devisenbewertung und Titelbewertung ändert sich. In der Gewinn- und Verlustrechnung ist dies normalerweise sichtbar, wenn Sie ein Konto für Preisschwankungen und eines für Devisenkursschwankungen haben. Die Preisschwankungen werden einmal mit dem historischen Buchkurs, das andere Mal mit dem Stichtagskurs ausgewiesen. Letztlich müssen Sie zusammen mit Ihrem Wirtschaftsprüfer festlegen, welche Reihenfolge die richtige ist.

Einstufige Kursbewertung

Die einstufige Kursbewertung ist eine Kombination aus den Schritten Titelbewertung und Devisenbewertung, in dieser Sequenz, in einem Bewertungsschritt. Es gibt aber einen wichtigen Unterschied zwischen diesem Bewertungsverfahren und der Kombination der beiden Einzelschritte. Die Entscheidung über eine Zu- oder Abschreibung wird bei der einstufigen Kursbewertung durch den Vergleich des Buchwertes in Bewertungswährung getroffen. Dies macht sich dann bemerkbar, wenn Sie nicht immer auf den Marktwert zu- oder abschreiben.

[zB]

Unterschied zur Kombination aus Titel- und Devisenbewertung

Nehmen wir an, eine Rechnungslegung verbietet Zuschreibungen grundsätzlich, und betrachten erneut den Fall A aus dem letzten Beispiel. In diesem Fall lieferte die Devisenbewertung eine Zuschreibung. Da dies unzulässig wäre, wäre das Ergebnis der Bewertung eine Abschreibung um 100 CHF in Bestandswährung und 80 EUR in Bewertungswährung. Der Buchkurs bliebe also unverändert.

- C1. Abschreibung Titelbewertung – 100 CHF – 80 EUR
- C2. Devisenbewertung 0 CHF 0 EUR

Verwendet man stattdessen die einstufige Kursbewertung, stellt das System fest, dass insgesamt eine Abschreibung in Bewertungswährung vorliegt. Folglich wird sowohl die Abschreibung in der Titelbewertung als auch die Zuschreibung in der Devisenbewertung durchgeführt. Das System erzeugt die beiden Bewegungen A1 und A2 aus dem letzten Beispiel. Mit diesem Bewertungsverfahren sind also Zuschreibungen sowohl bei der Titel- als auch bei der Devisenbewertung möglich, solange insgesamt eine Abschreibung erfolgt.

Customizing

Wie Sie in Abbildung 5.49 sehen, sind die Einstellungsmöglichkeiten bei der einstufigen Kursbewertung eine Kombination der Einstellungsmöglichkeiten der Fremdwährungs- und Titelbewertung (siehe Abbildung 5.45 und Abbildung 5.47). Sie haben bei der einstufigen Kursbewertung nicht die Möglichkeit, Erfolge auflösen zu lassen. Die Fortschreibungsarten für die einstufige Kursbewertung sind auf drei Registerkarten verteilt.

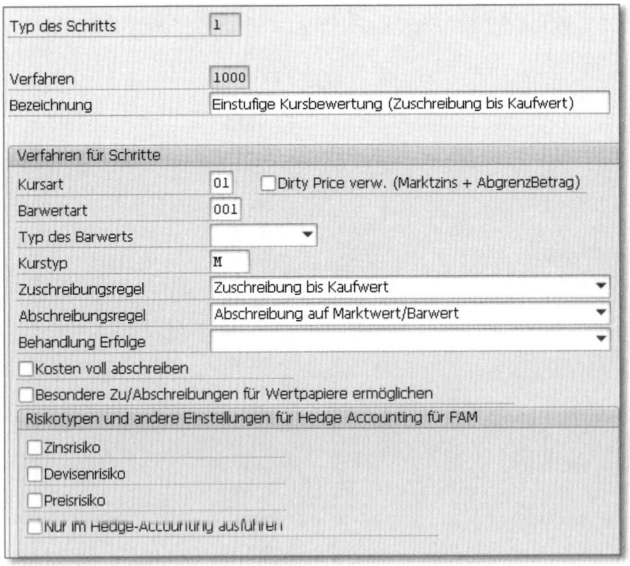

Abbildung 5.49 Bewertungsschritt »Einstufige Kursbewertung« definieren

Die Fortschreibungsarten für die einstufige Bewertung pflegen Sie auf zwei Registerkarten: Einstufig: Insges. Abschreibung und Einstufig: Insges. Zuschreibung. Exemplarisch zeigt Abbildung 5.50 die Registerkarte Einstufig: Insges. Abschreibung. Auf dieser Registerkarte pflegen Sie die Fortschreibungsarten, die herangezogen werden, wenn sich bei einer Bewertung insgesamt eine Abschreibung ergibt. Erwartungsgemäß finden Sie die beiden Fortschreibungsarten Abschreibung Titel (V101) und Abschreibung Devise (V103). Die Korrekturbewegungen (V100) und (V102) sind für den beschriebenen Fall gedacht, dass einer der beiden Teile der Bewertung doch eine Zuschreibung ergibt.

Bewertung von Futures

Die einstufige Kursbewertung und Titelbewertung spielen auch eine besondere Rolle bei der buchhalterischen Bewertung von Futures. Streng genommen, stellen die von der Börse erstellten Margins und die entsprechenden Buchungen keine buchhalterische Bewertung dar, selbst dann, wenn die Rechnungslegung einen Ausweis der Bestände zum Marktwert verlangt. Um diese Auffassung in Ihrer Buchhaltung widerspiegeln zu können, erfolgen die Gegenbuchungen zum Variation-Margin-Konto auf ein Verrechnungskonto und nicht in die GuV.

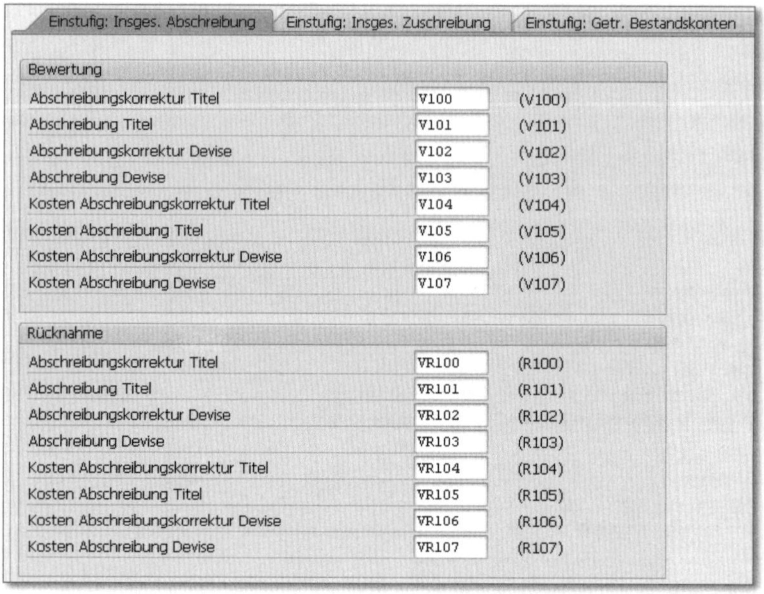

Abbildung 5.50 Fortschreibungsarten für einstufige Kursbewertung

Bei einer Stichtagsbewertung von Futures sind dann zwei Positionen der Bilanz zu bewerten, die Variation-Margins und der Saldo des Verrechnungskontos. Für beide müssen Sie gegebenenfalls eine Fremdwährungsbewertung durchführen. In jedem Fall führt die Bewertung des Verrechnungskontos zu einem Ausweis der unrealisierten Gewinne oder Verluste, die sich darauf angesammelt haben. Um die beiden Bilanzpositionen zu bewerten, benötigen Sie zwei Bewertungsschritte.

1. Mit einer Fremdwährungsbewertung, für die Sie VARIATION-MARGIN als ZU BEWERTENDE KOMPONENTE eingestellt haben (siehe Abbildung 5.45), bewerten Sie das Variation-Margin-Konto.
2. Die einstufige Kursbewertung oder Titelbewertung ist das Verfahren für das Verrechnungskonto. Sie baut bei positiven Variation-Margins einen aktiven (positiven) Buchwert für den Future-Bestand auf und entsprechend einen passiven für negative Variation-Margins. Wenn Sie den Future zum Marktwert bewerten, heben sich Buchwert und Saldo des Verrechnungskontos auf, und Sie erhalten das gleiche Ergebnis, als würden Sie die Variation-Margins gleich in die GuV buchen. Wenden Sie ein Niederstwertprinzip an, kann der Buchwert vom Saldo der Variation-Margins

abweichen. Das Ergebnis dieser Devisenbewertung des Buchwertes kann immer von dem der Bewertung der Variation-Margin abweichen. Wegen der täglichen Berechnung der Variation-Margin wird der Buchkurs hier ein Mischkurs sein, während der Buchkurs des Buchwertes der Stichtagskurs der letzten Bewertung ist, denn erst die einstufige Kursbewertung/Titelbewertung baut ja einen Buchwert für den Future-Bestand auf.

Indexbewertung

Indexanleihen

Die Indexbewertung ist ein spezieller Bewertungsschritt, der nur für Indexanleihen relevant ist. Dort muss er aber auch durchgeführt werden, um zu einem Stichtag die Änderung des Buchwertes vollständig wiederzugeben. Beim Kauf einer Indexanleihe ergibt sich der Betrag in Bestandswährung durch Multiplikation des Nominals N mit dem Preis P und einem Indexfaktor I:

$$B = N \cdot P \cdot I = C \cdot I \text{ mit } C = N \cdot P$$

Der Betrag C ohne Berücksichtigung des Indexfaktors wird im System als *Betrag Index Clean* geführt.

Der Transaction Manager bietet Ihnen zwei Varianten der Indexbewertung an, die sich in der Bewertungsbasis unterscheiden: Entweder wird der Buchwert oder der Nominalbetrag als Grundlage für die Indexbewertung genommen. Beide Varianten beeinflussen auch die anderen Bewertungsschritte, und deshalb finden Sie die entsprechende Customizing-Einstellung BEWERTUNGSBASIS direkt in der Definition des Bestandsführungsverfahrens (siehe Abschnitt 5.3.6 und Abbildung 5.39 bzw. Abbildung 5.40).

Buchwert als Bewertungsbasis

Wenn der BUCHWERT als BEWERTUNGSBASIS dient, beschreibt die Indexbewertung den Einfluss des sich ändernden Indexes auf den Buchwert. Bei der Berechnung des Effekts ist der Betrag Index Clean für den historischen und den aktuellen Bestand also gleich. Umgekehrt arbeiten die Titelbewertung, die Amortisierung und das Impairment mit einem errechneten Indexfaktor, dem *Buchindex*:

Buchindex = Buchwert / Buchwert Index Clean

Der Buchindex wird durch die Zugänge, Abgänge und die Indexbewertung bestimmt. Eine unterschiedliche Reihenfolge der Bewertungsschritte bringt unterschiedliche Ergebnisse. Entscheidend ist, wann die Indexbewertung durchgeführt wird. Ob das Bewertungsergebnis der Indexbewertung als realisiert oder nicht realisiert gebucht werden soll, hängt von anderen Bewertungsschritten ab.

Nominalbetrag als Bewertungsbasis

Wenn Sie NOMINALBETRAG als BEWERTUNGSBASIS einstellen, wird Nominalbetrag als Bewertungsbasis verwendet. Das heißt, die Indexbewertung beschreibt den Einfluss des sich ändernden Indexes auf den Rückzahlungsbetrag, der normalerweise gleich dem Nominalbetrag ist. Das Bewertungsergebnis ist dann immer erfolgswirksam. Für die Amortisierung wird der Kaufindex verwendet:

$$\mathit{Kaufindex} = \frac{\mathit{Kaufwert}}{\mathit{Kaufwert\ Index\ Clean}}$$

Deshalb ist dieses Verfahren nur für Bestände mit Einzelbestandsführung geeignet. Für die Titelbewertung wird der aktuelle Indexwert verwendet.

Das Ergebnis der Indexbewertung wird immer zu- oder abgeschrieben. Es gibt hier keine Flexibilität. Als Folge brauchen Sie den Bewertungsschritt selbst auch nicht im Customizing zu pflegen. Sie müssen im Bestandsführungsverfahren lediglich den Typ des Bewertungsschritts angeben, um die Reihenfolge der Bewertungsschritte festzulegen.

Fortschreibungsarten für Indexbewertung

Für die Indexbewertung benötigt das System nur zwei Fortschreibungsarten, nämlich je eine für die Zu- und Abschreibung. Eine Auflösung der Erfolge wird nicht unterstützt.

Amortisierung

Verständnis der fortgeführten Anschaffungskosten

Im Bereich der Finanzinstrumente bedeutet eine *Amortisierung* historisch die Verteilung eines Agios oder Disagios über die Laufzeit des Finanzinstruments. Mit der Verbreitung einer barwertigen Sicht auf Finanzinstrumente ging auch die Einstellung einher, dass eine exponentielle Entwicklung der fortgeführten Anschaffungskosten auf Basis des Effektivzinses angemessener sei. Bei der Berechnung des Effektivzinses stellt sich die Frage, ob nicht konsequenterweise der gesamte Finanzstrom herangezogen werden soll, also insbesondere auch Zinsen. Damit kommen wir bereits in den Bereich, der traditionell unter *Zinsabgrenzung* verstanden wird. Die Grenzen zwischen Amortisierung und Abgrenzung beginnen also zu verschwimmen. Im Transaction Manager können wir die Amortisierung als die zeitliche Verteilung der Erfolge aus zukünftigen Zahlungsströmen bezeichnen. Der Amortisierung liegt einfach der Gedanke zugrunde, dass sich der aus einem zukünftigen Finanzstrom zufließende Gewinn oder Verlust im Verhältnis zum eingesetzten oder erhaltenen Kapital in der Vergangenheit über die Laufzeit sinnvoll verteilen lässt. Das heutzutage zumeist herangezogene Verfahren ist die Berechnung des fortgeführten Anschaffungswertes durch Abzinsung des künftigen Finanzstroms mit einem Effektivzins. Bei konstantem Finanzstrom läuft der Buchwert dann auf einer deterministischen Kurve, wie sie Abbildung 5.51 für eine Kuponanleihe exemplarisch darstellt.

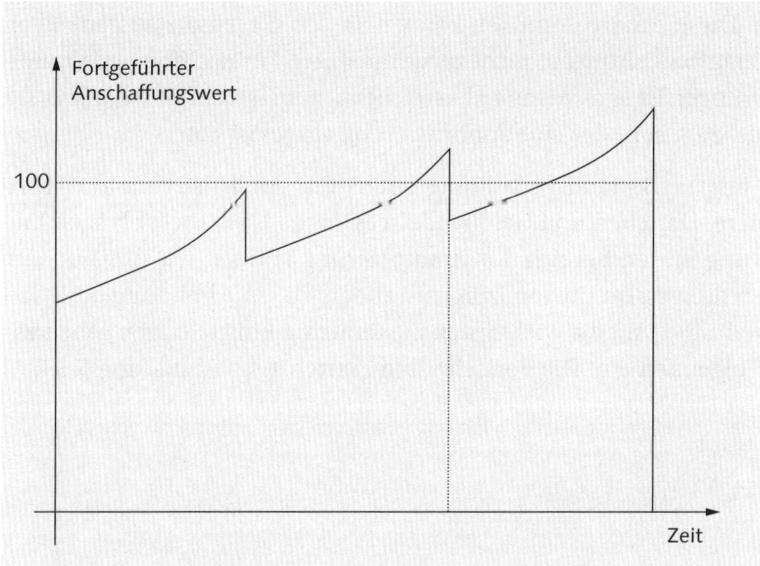

Abbildung 5.51 Amortisierung eines Anleihebestands mit Disagio

Wie Sie in Abbildung 5.51 sehen, zeigt der Anschaffungswert bei Zinszahlungen Sprünge in Höhe der Zinszahlung, da nach der Zinszahlung die Zinsen ja nicht mehr Teil des zukünftigen Finanzstroms sind. Das Gleiche gilt für Ratentilgungen. Allerdings werden Zinsen in der Regel mit Erträgen oder Aufwänden assoziiert, Ratentilgungen jedoch nicht. Daher gelten die Sprünge bei Zinsen als unerwünscht, bei Ratentilgungen als normal.

Inkrementelle Methode

Auch im Beispiel in Abbildung 5.51 haben wir angenommen, dass wir aus einem einzelnen Zugang und dem daraus resultierenden Finanzstrom einen Effektivzins bestimmen und dann zu jedem beliebigen Zeitpunkt den fortgeführten Anschaffungswert durch Abzinsen des zukünftigen Finanzstroms mit diesem Effektivzins erhalten. Für Wertpapiere stellt sich die Frage, was bei einem Zukauf zu einem bestehenden Bestand geschehen soll. Um nicht immer eine Einzelbestandsführung zu erzwingen, verwendet der Transaction Manager eine *inkrementelle Methode* zur Berechnung der Amortisierung. Dies bedeutet, dass bei jedem Zu- oder Abgang auf einen Bestand der zuvor vorhandene Bestand auf den Tag der Veränderung hin amortisiert wird. Das System aktualisiert also den amortisierten Anschaffungswert. Bei Zugängen rechnet das System anschließend den Kaufwert des Zugangs hinzu und erzeugt damit implizit einen neuen Effektivzins. Bei Abgängen rechnet es Kurserfolge aus. Der Effektivzins bleibt unverändert. Diese Amortisierungen können Sie, im Gegensatz zu denen von Stichtagsbewertungen, nicht zurücknehmen. Für nachfolgende Amortisierungen ist es also immer ausreichend, zum letzten Geschäftsvorfall zurückzugehen, der eine Amortisierung ausgelöst hat.

Unterstützte Finanzinstrumente

Die interne Bestandsverwaltung unterstützt Amortisierung für Wertpapiere, Darlehen und Geldhandelsgeschäfte. Nach dieser langen Einführung in den Bereich der Amortisierung können wir uns nun den Einstellungen im Customizing zuwenden, die in Abbildung 5.52 dargestellt sind. Auf die wichtigsten Customizing-Einstellungen gehen wir im Folgenden ein. Die Fortschreibungsarten zeigt Abbildung 5.53.

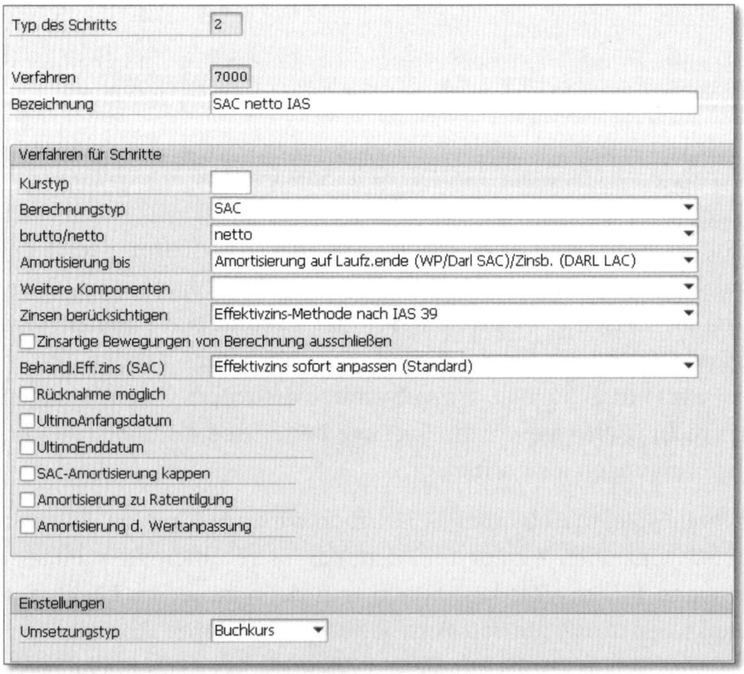

Abbildung 5.52 Bewertungsschritt »Amortisierung« definieren

Berechnungstyp

Mit dem Eintrag im Feld BERECHNUNGSTYP in Abbildung 5.52 entscheiden Sie sich für die lineare oder exponentielle Amortisierung:

- LAC bezeichnet die lineare Amortisierung (Linear Amortized Cost). Das System verteilt die Differenz zwischen Kaufwert und der Summe aller Tilgungen linear über die Laufzeit. Zinsen müssen Sie in diesem Fall abgrenzen.
- Nach SAC (Scientifically Amortized Cost) wird der Finanzstrom mit einem Effektivzins abgezinst.

Berücksichtigung von Zinsen

Ob und wie Zinsen hier eingehen, entscheiden Sie mit dem Schalter ZINSEN BERÜCKSICHTIGEN. Hier haben Sie drei Möglichkeiten:

- **Zinsen nicht einbeziehen**
  Der berechnete Effektivzins ist üblicherweise recht klein und im Fall eines Agios natürlich negativ. Die zeitliche Verteilung der Zinsen erfolgt dann über eine Zinsabgrenzung.
- **Cashflow-Methode nach IAS**
  Gehen Zinsen in die Berechnung des Effektivzinses ein, müssen sie natürlich auch Teil des damit abzuzinsenden Finanzstroms sein. Die Unterscheidung zwischen Zinsen und Tilgungen ist für die Amortisierung unerheblich. Dieser Annahme entspricht die Amortisierungskurve aus Abbildung 5.51.
- **Zinsen einbeziehen Stückzinskorrektur**
  Vielfach ist es gewünscht, Zinserträge doch über eine Zinsabgrenzung explizit auszuweisen. Das System berechnet dann letztlich zunächst die gleichen Werte wie zuvor beschrieben und subtrahiert anschließend den Betrag, den die Abgrenzung zum gleichen Stichtag liefern würde. Ein Effekt dieses Vorgehens ist, dass die Amortisierungskurve an den Tagen der Zinszahlung keine Sprünge aufweist, sondern stetig bleibt. Diese Möglichkeit wird nur bei Wertpapieren unterstützt.

Auflösung des Agios/Disagios und Berücksichtigung der Zinsen

Wie schon erwähnt, wurde die Amortisierung historisch oft als Auflösung eines Agios oder Disagios über die Laufzeit definiert. Auch heute wird in einigen Buchhaltungsvorschriften eine Agio/Disagio-Auflösung per Effektivzins gefordert. Diese Sichtweise stellt uns vor mathematische und betriebswirtschaftliche Herausforderungen. Dazu ein einfaches Beispiel: Angenommen, es ist ein Agio zu zahlen, das genau der Summe der erwarteten Zinsen entspricht. Damit ist der Effektivzins dieses Bestands null. Das Agio kann aber nicht, basierend auf einem Effektivzins gleich null, über die Laufzeit verteilt werden.

Viele in der Literatur beschriebene Verfahren arbeiten nur unter Nebenbedingungen korrekt (zum Beispiel jährliche Zinszahlung und Bestandsbewertung nur zum Jahresende) oder führen zu Ungenauigkeiten (Bestandsbewertung kann zum Beispiel zu einer Erhöhung des Agios führen). Die Einstellung ZINSEN EINBEZIEHEN • STÜCKZINSKORREKTUR im Feld ZINSEN BERÜCKSICHTIGEN kann als ein näherungsweises Verfahren aufgefasst werden. Da die Stückzinskorrektur unabhängig vom Effektivzins ist, kann es auch bei Verwendung der Stückzinskorrektur zu einer Erhöhung des Agios/Disagios (durch eine Stichtagsbewertung) kommen. Ziel der Stückzinskorrektur ist es, neben dem Amortisierungsbetrag auch einen Zinsabgrenzungsbetrag ausweisen zu können. Deshalb kann mit dieser Methode der Amortisierungsbetrag um den Abgrenzungsbetrag verringert werden.

Lösungsansätze und Definition der Amortisierung

Zwei verschiedene Ansätze können die Herausforderung der Agio/Disagio-Auflösung und Verwendung des Effektivzinses lösen. Dazu muss aber die Definition der Amortisierung jeweils angepasst werden:

- **Wert »Zinsen nicht einbeziehen« im Feld »Zinsen berücksichtigen«**
  Zinsen spielen keine Rolle für die Ermittlung der Amortisierung. Die Amortisierungsrechnung basiert nur auf den Zahlungen, die direkt das Agio/Disagio beeinflussen (z. B. Käufe, Verkäufe, Tilgungen). Im obigen Beispiel wäre damit der Effektivzins negativ, und dadurch würde das Agio aufgelöst werden können. Eine Effektivzinsberechnung ohne die Zinsen selbst zu berücksichtigen ist jedoch betriebswirtschaftlich fragwürdig.
- **Wert »Cashflow-Methode nach IAS« im Feld »Zinsen berücksichtigen«**
  Amortisierung wird nicht über die Auflösung des Agios/Disagios definiert, sondern als Bewertung des zukünftigen Finanzstroms auf der Grundlage des Effektivzinses erklärt (gemäß IAS 39). Die Amortisierungsrechnung ist die Basis für den gesamten Finanzstrom. Es wird nicht zwischen verschiedenen Ertragsarten (wie Agio/Disagio und Zins) unterschieden. Zur Berechnung des Stichtagswertes werden alle zukünftigen Zahlungen mit dem Effektivzins abgezinst und zusammenaddiert. Zukünftige Zinszahlungen sind damit im Buchwert enthalten. Das erklärt auch, warum sich der Amortisierungswert durch eine Zinszahlung verringert: Mit der Zinszahlung verringert sich der Buchwert des Bestands. Da sich gleichzeitig der Saldo des Bankkontos erhöht, bleibt der Gesamtsaldo der Bestandskonten erhalten.

Zinsabgrenzung und Amortisierung [!]

Eine Zinsabgrenzung ist für eine Amortisierung mit Cashflow-Methode nach IAS nicht notwendig, ja sogar falsch. Die Zinsabgrenzung überprüft dies jedoch nicht. Sie müssen die betroffenen Bestände beim Aufruf der Zinsabgrenzung explizit ausnehmen.

Verhalten des Effektivzinses bei Änderungen im Finanzstrom

Bei der Motivierung der inkrementellen Methode haben wir bereits erwähnt, dass sich der Effektivzins eines Bestands im Laufe der Zeit ändern kann. Gründe dafür können unerwartete Zu- oder Abgänge oder auch Änderungen der Konditionen sein. Auch bei Wertpapieren ändern sich Konditionen, z.B. Zinsen bei variabel verzinslichen Anleihen oder Ratentilgungen bei Asset Backed Securities (ABS). Mit dem Schalter BEHANDL.EFF.ZINS (SAC) bestimmen Sie das Verhalten des Systems in diesen Fällen.

- **Effektivzins sofort anpassen**
  Dies ist das normale Verhalten und bedeutet, dass das System zu jedem Bewertungsstichtag aus dem dann vorliegenden aktuellen Finanzstrom den Effektivzins bestimmt. Hat sich der Finanzstrom gegenüber der letzten Bewertung geändert, ergibt sich folglich eine andere Amortisierungskurve, entlang der der nun der amortisierte Anschaffungswert verläuft.
- **Effektivzins konstant halten**
  IFRS schreibt z.B. vor, dass der Effektivzins zum Zeitpunkt des Kaufs oder Vertragsabschlusses bestimmt wird und dann konstant gehalten werden soll, selbst wenn sich der Finanzstrom im Laufe der Zeit ändert. Ändert sich der Finanzstrom, ändert sich auch bei konstantem Effektivzins die Amortisierungskurve ab diesem Zeitpunkt. Die Differenz kann als gesonderter Effekt in der Gewinn- und Verlustrechnung ausgewiesen werden. Für die Differenzen, die auf die Änderungen des Finanzstroms zurückzuführen sind, erzeugt das System Bewegungen mit den Fortschreibungsarten der Felder (V382) und (V383) aus Abbildung 5.53. Es erscheint unvernünftig, bei Zukäufen von Anleihen den Effektivzins konstant halten zu wollen. Konsequenterweise müssen Sie dann alle Anleihen in Einzelbeständen führen. Dies ist eine Frage, die Sie gegebenenfalls mit Ihrem Wirtschaftsprüfer klären müssen.

Horizont der Amortisierung

Bei einfachen Darlehen und Standardanleihen ist der Horizont der Amortisierung klar durch das Laufzeitende vorgegeben. Mit dem Schalter AMORTISIERUNG BIS legen Sie den Zeitpunkt auch für die komplexeren Fälle fest, ob es also z.B. bei Kündigungsanleihen der erste Kündigungstermin oder bei Darlehen das Ende der Zinsbindungsfrist ist. Der Schalter gilt für das SAC- wie für das LAC-Verfahren. Die verschiedenen Einstellungen werden in der [F1]-Hilfe gut beschrieben.

Brutto- und Nettoverfahren

Mit dem Parameter BRUTTO/NETTO in Abbildung 5.52 geben Sie an, ob Sie ein Agio oder Disagio im Hauptbuch auf einem eigenen Konto führen oder auf dem gleichen Konto wie den Rest des Buchwertes. Der Eintrag NETTO bedeutet, dass Sie ein Konto haben, das den amortisierten Anschaffungswert enthält. Das Agio oder Disagio ist dann Teil des Kaufwertes. Der Eintrag BRUTTO bedeutet, dass das Agio oder Disagio auf einem eigenen Konto geführt wird, dessen Saldo die Amortisierung nach und nach auflöst (Fortschreibungsarten der Felder (V302) und (V303) in Abbildung 5.53). Bei einem Zugang erzeugt das System einen abgeleiteten Geschäftsvorfall, mit dem Sie den Betrag auf das Sonderkonto umbuchen können. Das System weist den Betrag in der Komponente Agio aus.

Weitere Komponenten im Umfeld der Amortisierung

Neben der Anforderung, Agio oder Disagio im Hauptbuch getrennt auszuweisen, sind einige weitere länderspezifische Regelungen im Umfeld der Amortisierung über den Schalter WEITERE KOMPONENTEN in Abbildung 5.52 einstellbar. Sie betreffen ausschließlich Anleihen, letztlich sogar nur Zerobonds.

Negotiation Spread

Der *Negotiation Spread* ist die Differenz zwischen dem Wert der Anleihe zum Zeitpunkt des Kaufs entsprechend der Emissionsrenditekurve und ihrem tatsächlichen Kaufwert. Die *Emissionsrenditekurve* ist diejenige Amortisierungskurve, die sich aus dem Emissionskurs und dem Finanzstrom, bei Zerobonds also der endfälligen Tilgung, ergibt.

Je nach Einstellung des Schalters WEITERE KOMPONENTEN wird der Negotiation Spread selbst linear (Wert NEGOTIATION SPREAD LINEAR), exponentiell (Wert NEGOTIATION SPREAD EXPONENTIELL) oder gar nicht amortisiert (Wert NEGOTIATION SPREAD OHNE AMORTISIERUNG). Dazu verwendet das System die Fortschreibungsarten der Felder (V306) und (V307) aus Abbildung 5.53. Der verbleibende Negotiation Spread wird in der Komponente Abgrenzungsposten Kaufwert geführt, der amortisierte Negotiation Spread in der Komponente Amortisierung Negotiation Spread. Letzterer ist Teil des Buchwertes (siehe Abschnitt 5.3.1, Überschrift »Komponenten«). Die Amortisierung des restlichen Buchwertes erfolgt entlang einer Kurve parallel zur Emissionsrenditekurve.

Abgrenzungsposten Kaufwert

Wenn Sie bei WEITERE KOMPONENTEN den Wert ABGRENZUNGSPOSTEN KAUFWERT einstellen, geschieht Folgendes: Es wird, wie im Fall des Negotiation Spreads, anlässlich eines Kaufs ein Geschäftsvorfall erzeugt. Dieser Geschäftsvorfall entspricht der Differenz des theoretischen Wertes nach der Emissionsrenditekurve und des tatsächlichen Kaufwertes. Dieser Betrag ist Teil des Anschaffungswertes. Den Geschäftsvorfall müssen Sie entsprechend buchen, wobei die Gegenbuchung auf ein Abgrenzungskonto erfolgt. Der Abgrenzungsposten Kaufwert, letztlich also der Saldo des Abgrenzungskontos, wird immer linear amortisiert (Felder (V304) und (V305) in Abbildung 5.53).

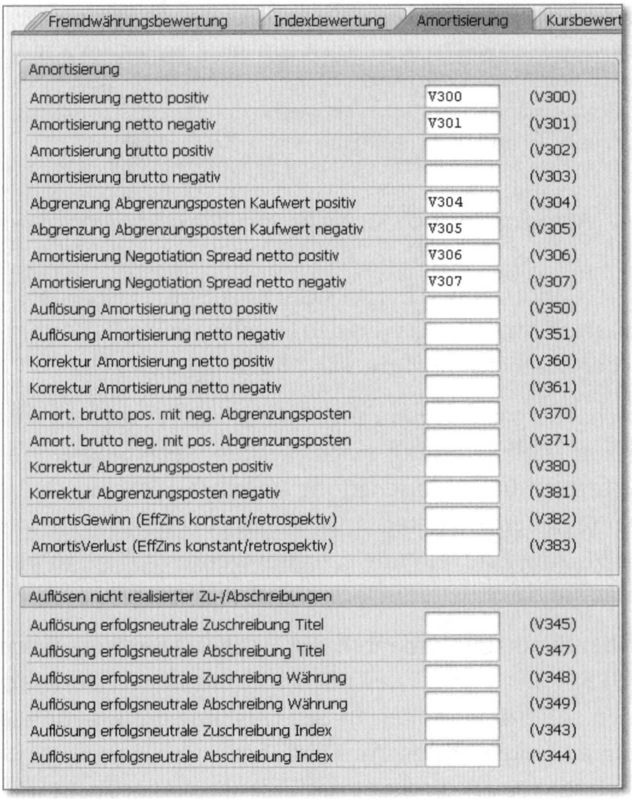

Abbildung 5.53 Fortschreibungsarten für die Amortisierung

Ratentilgungen und Amortisierung

Wie im Abschnitt zur inkrementellen Methode erwähnt, wird anlässlich von Abgängen stets amortisiert, zumal bei Verkäufen ja in der Regel Kursgewinne oder -verluste auftreten. Ratentilgungen stellen zwar Abgänge dar, denn sie verringern ja das Nominal für die Zinsberechnung. Allerdings fallen bei Ratentilgungen keine Kursgewinne oder -verluste an; dafür sorgt ja gerade die Amortisierung. Daher können Sie mit dem Kennzeichen AMORTISIERUNG ZU RATENTILGUNGEN einstellen, ob zu diesen Geschäftsvorfällen Amortisierungen und damit abgeleitete Geschäftsvorfälle berechnet werden sollen.

[+]

Performance bei vielen Ratentilgungen

Wenn Sie einen Bestand mit vielen Ratentilgungen haben, können Sie viel Rechenzeit sparen, wenn Sie nicht zu jeder Tilgung, sondern nur zu Bewertungsstichtagen amortisieren lassen.

[»]

Bestandsführungstyp für Finanzinstrumente mit Ratentilgungen

Wenn Sie Anleihen oder Darlehen mit Ratentilgungen im Transaction Manager abbilden möchten, sollten Sie den Beständen immer ein Bestandsführungsverfahren vom Typ WERTPAPIERE/DARLEHEN MIT RATENTILGUNGEN zuordnen. Der Bestandsänderungstyp WERTPAPIERE/DARLEHEN/GELDHANDEL (OHNE INDEXANLEIHEN) behandelt Ratentilgungen wie Teilverkäufe.

Den Schalter SAC-AMORTISIERUNG KAPPEN können Sie ignorieren, da er zu wenig sinnvollen Ergebnissen führt. Er sorgt bei einer Amortisierung nach dem SAC-Verfahren unter Berücksichtigung von Zinsen dafür, dass der amortisierte Anschaffungswert den Nominalbetrag nicht übersteigt. Dies ist aber durchaus möglich, wie Abbildung 5.51 zeigt.

Amortisierung und Titelbewertung

Wir wollen noch ein paar Bemerkungen über das Verhältnis der Amortisierung zur Titelbewertung machen. Viele Rechnungslegungen setzen die fortgeführten Anschaffungskosten als Buchwert für Finanzinstrumente mit einem deterministischen Finanzstrom an, vor allem, wenn sie bis zum Laufzeitende gehalten werden sollen. In diesen Fällen ersetzt die Amortisierung eine Titelbewertung.

Amortisierung und Titelbewertung in IFRS

Anders ist dies bei Finanzinstrumenten der Haltekategorie *Available for Sale* nach IFRS. Für sie muss der Buchwert mit dem Marktwert angesetzt werden. Allerdings sollen in der GuV nur die Ergebnisse einer Bewertung zu fortgeführten Anschaffungskosten ausgewiesen werden. Die Differenz muss direkt in das Eigenkapital gebucht und bei Verkauf oder endfälliger Tilgung wieder in die GuV aufgelöst werden. Sie erreichen dieses Verhalten, indem Sie im Bestandsführungsverfahren als ersten Schritt eine Amortisierung und anschließend eine Titelbewertung eintragen. Das Titelbewertungsverfahren müssen Sie so aussteuern, dass Sie Gewinne oder Verluste nicht realisieren (setzen Sie den Parameter Behandlung Erfolge in Abbildung 5.47 auf Gewinne/Verluste nicht realisieren). In diesem Fall ist das Zusammenspiel mit einer eventuell notwendigen Fremdwährungsbewertung schwierig. Neben der Frage der Reihenfolge müssen Sie mit Ihrem Wirtschaftsprüfer klären, ob Sie das Ergebnis der Fremdwährungsbewertung realisieren oder nicht. Jedenfalls basiert die Fremdwährungsbewertung immer auf dem Buchwert, der hier dem Marktwert entspricht.

Kursbewertung für Devisentermingeschäfte

Wenden wir uns nun der Bewertung von Devisentermingeschäften zu. Das Customizing bietet einige Einstellungsmöglichkeiten, wie Sie in Abbildung 5.54 sehen. Die zugehörigen Fortschreibungsarten zeigt Abbildung 5.55. Das *Kursbewertungsverfahren Devisentermingeschäfte* ist der wesentliche Bewertungsschritt für diese Art von Finanzinstrumenten. Wie in der Beschreibung des Titelbewertungsverfahrens erwähnt, können Sie natürlich auch einen Barwert für das Geschäft berechnen lassen und diesen als Bewertungsgrundlage heranziehen. Das gleiche Ergebnis erhalten Sie mit dem Kursbewertungsverfahren, wenn Sie den Parameter Typ Forward in Abbildung 5.54 auf Bewertung mit Barwert aus dem Riskmodul setzen und eine Barwertart (Feld Barwertart) hinterlegen.

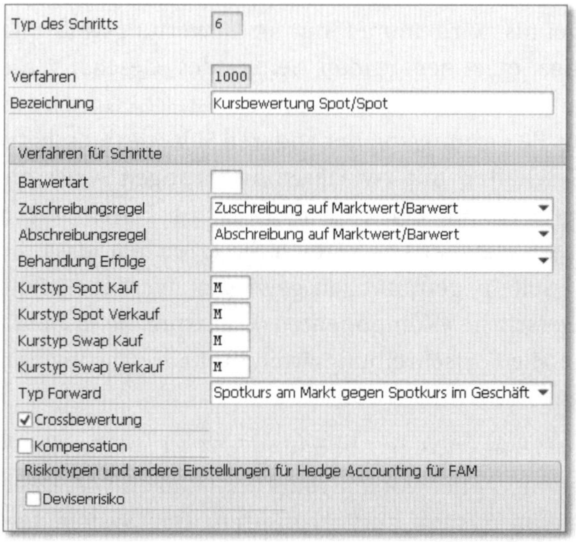

Abbildung 5.54 Definition des Kursbewertungsverfahrens für Devisentermingeschäfte

Spot- oder Terminkurse

Oft werden Devisentermingeschäfte jedoch über den Vergleich von Devisenmarktkursen mit denen des konkreten Geschäfts bewertet. Grundsätzlich kommen sowohl Spot- als auch Terminkurse für die Bewertung infrage. Der Transaction Manager bestimmt in der Bewertung Terminkurse immer aus Spotkursen und zugehörigen Swapsätzen, nicht auf der Basis von Zinsstrukturkurven.

Der Parameter TYP FORWARD gibt Ihnen vier Möglichkeiten an die Hand, welche Kurse oder Barwerte für die Bewertung herangezogen werden sollen:

- Spotkurs am Markt gegen Terminkurs im Geschäft
- Terminkurs am Markt gegen Terminkurs im Geschäft
- Spotkurs am Markt gegen Spotkurs im Geschäft
- Bewertung mit Barwert aus dem Riskmodul

Im Geschäft sind der Spotkurs und der Swapsatz für das Währungspaar aus Kauf- und Verkaufswährung abgespeichert. Zusätzlich speichert das System Spotkurs und Swapsatz für das Paar Kaufwährung und Hauswährung ab. Da in der Praxis die Bewertungswährung stets die Hauswährung ist, lassen sich mit diesen Kursen alle notwendigen Beträge errechnen. Die für die Bestimmung der Marktkurse relevanten Kurstypen geben Sie im Bewertungsverfahren an (siehe Abbildung 5.54).

Geschäfte ohne Beteiligung der Hauswährung

Das Bewertungsergebnis wird immer nur in Bewertungswährung ausgewiesen. Solange eine der beiden Seiten des Geschäfts die Bewertungs-, also in der Regel die Hauswährung, ist, ist klar, dass es nur einen Beitrag zur Bewertung von der anderen Seite des Geschäfts geben kann. Bei Geschäften mit zwei Fremdwährungen weist die Bewertung normalerweise nur den Gesamteffekt aus. Durch Setzen des Kennzeichens CROSSBEWERTUNG können Sie erreichen, dass die Ergebnisse beider Seiten getrennt ausgewiesen werden (siehe Abschnitt 5.3.1, Überschrift »Komponenten«). Entsprechend benötigt das System dann alle Fortschreibungsarten für Kaufwährung und Verkaufswährung aus Abbildung 5.55.

Kompensationsgeschäfte

Das Kennzeichen KOMPENSATION in Abbildung 5.54 ist auf die Abbildung von Prolongationen oder vorzeitigen Kündigungen von Devisentermingeschäften im System zurückzuführen. Das System legt dann ein neues Geschäft mit den gewünschten Fälligkeiten und ein Kompensationsgeschäft an, das die ursprünglichen Zahlungsströme ausgleicht. Normalerweise betrachtet die Bewertung alle drei Geschäfte unabhängig voneinander. Da aber die Spot- und Terminkurse zum Tag des Vertragsabschlusses in die Bewertung eingehen, heben sich die Bewertungen des ursprünglichen Geschäfts und des Kompensationsgeschäfts nicht auf. Durch das Setzen des Kennzeichens erreichen Sie für das Kompensationsgeschäft, dass die Kurse des ursprünglichen Geschäfts herangezogen werden.

Verhalten bei gegenläufigen Bewertungen

Die übrigen Einstellungsmöglichkeiten kennen Sie inzwischen schon von den vorherigen Bewertungsverfahren. Dieses Bewertungsverfahren geht grundsätzlich davon aus, dass Sie den Bestand auf getrennten Konten ausweisen, je nachdem, ob der Buchwert positiv oder negativ ist. Das System löst eine Abschreibung also zunächst mit Auflösungsbewegungen auf (Felder (V503) und (V507) in Abbildung 5.55), bevor es eine Bewegung für eine Zuschreibung erzeugt (Felder (V500) und (V504)).

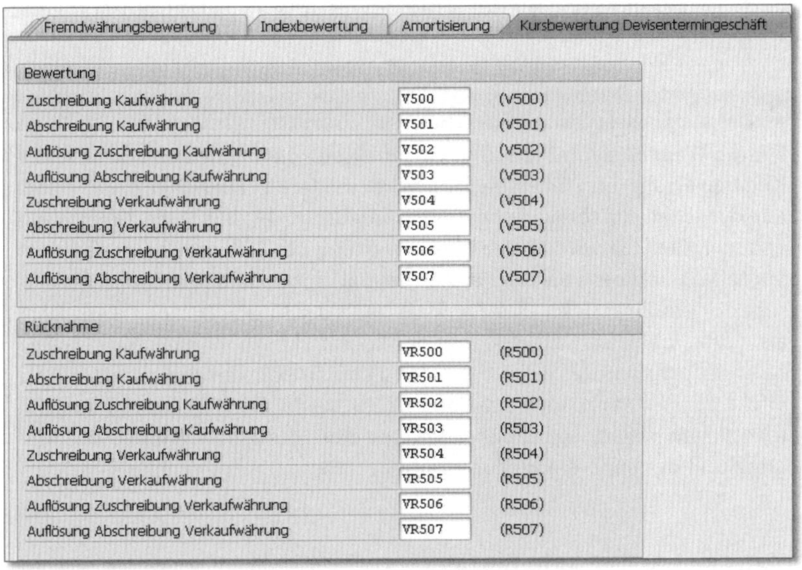

Abbildung 5.55 Fortschreibungsarten für Kursbewertung Devisentermingeschäfte

Verbindung von Bewertungen nach Spot- und Terminkursen

Häufig werden Devisentermingeschäfte zu Spotkursen bewertet. Einer Entscheidung für den Vergleich der Terminkurse liegt der Gedanke zugrunde, dass die Terminkurse die vorhersehbare Entwicklung aufgrund des Zinsunterschieds der beteiligten Währungen wiedergeben. Sie kommt also dem Charakter des Geschäfts, dass die Zahlungsströme in der Zukunft liegen, entgegen.

Zusammenhang mit Swapabgrenzung und Swapbewertung

Beim Devisentermingeschäft überlagern sich zwei Effekte, nämlich der nackte Einfluss von Wechselkursen (Spoteffekt) und der Einfluss von Zinsen aufgrund der Zahlung in der Zukunft (Zinseffekt). Möchten Sie diese Aspekte auch buchhalterisch trennen, können Sie näherungsweise folgendermaßen vorgehen. Zunächst führen Sie eine Kursbewertung durch Vergleich der Spotkurse durch. Um die Veränderung aufgrund der Zinsdifferenz der beiden Währungen zu berücksichtigen, machen Sie sich zunutze, dass dieser Effekt bei kleinen Zinsdifferenzen näherungsweise linear in der Zeit ist. Eine lineare Abgrenzung des durch das Geschäft beschriebenen Swapwertes zwischen Kauf- und Verkaufswährung beschreibt den Effekt der Zinsentwicklung also recht gut. Dies ist die Aufgabe der *Swapabgrenzung*, die im folgenden Abschnitt beschrieben wird. Der Swapwert selbst unterliegt wieder den schwankenden Wechselkursen, weshalb für ihn eine *Swapbewertung* zu den Spotkursen vorgenommen werden muss. Der Buchwert des Devisentermingeschäfts ist auf diese Weise genau der gleiche, den eine Bewertung zu Terminkursen geliefert hätte.

[+]

Kursbewertung und Titelbewertung

Für die Trennung von Spot- und Zinseffekten können Sie auch die Schritte Kursbewertung und Titelbewertung kombinieren. Zuerst wird der Spoteffekt in der Kursbewertung (mit Spotkursen als Basis) bestimmt und gebucht. Danach wird in der Titelbewertung die Differenz zwischen dem Spoteffekt und dem Barwert errechnet und gebucht. Diese Differenz entspricht dem Zinseffekt. Das Ergebnis nach der Titelbewertung entspricht also dem vollen Barwert. Da aber der Spoteffekt schon in der Kursbewertung gebucht wurde, weist die eigentliche Titelbewertung nur den Zinseffekt aus. Es kann auch passieren, dass beide Effekte unterschiedliche Richtungen haben, und so führt der eine Bewertungsschritt eine Abschreibung und der andere eine Zuschreibung aus.

Swap- und Margin-Abgrenzung

Swapabgrenzung bei Devisentermingeschäften

Die *Swapabgrenzung* ist die lineare zeitliche Abgrenzung des Swapwertes eines Devisentermingeschäfts und gibt damit näherungsweise den Einfluss der unterschiedlichen Zinsstrukturkurven der beteiligten Währungen wieder. Für diesen Bewertungsschritt gibt es keine Einstellungsmöglichkeiten. Das Ergebnis der Swapabgrenzung wird stets mit dem Spotkurs des Bewertungsstichtags zum Kurstyp M umgerechnet.

Margin-Abgrenzung bei Repos

Eine ähnliche zeitliche Abgrenzung ist für die Bewertung von Repos von Bedeutung. Die Differenz zwischen den Beträgen des Spot- und Forwardlegs dieser Geschäfte zuzüglich der Differenz der Stückzinsen wird als *Margin* bezeichnet. Da es sich bei Repos in der Regel um eher kurzfristige Leihen von Anleihen handelt und Zinsen in kurzen Zeiträumen linear gerechnet werden, erscheint eine lineare Abgrenzung der Margin sinnvoll. Auch hier geht es also wieder um die lineare zeitliche Verteilung eines Betrags.

Das Ergebnis der Swap- und Margin-Abgrenzung wird in der Komponente Swap/Margin-Abgrenzung ausgewiesen. Sie ist Teil des Buchwertes, im Fall der Repos sogar die einzige Kennzahl, die in Bestandswährung zum Buchwert beiträgt.

Margin-Abgrenzung und Devisenbewertung bei Repos

Die Berechnung der Margin-Abgrenzung von Repos erfolgt zunächst in Bestandswährung, also in der Emissionswährung der zugrunde liegenden Anleihe. Falls diese Währung von der Bewertungswährung abweicht, wird das Ergebnis mit dem Stichtagskurs umgerechnet. Dabei verwendet das System den Kurstyp aus Abbildung 5.29. Sollte dieser nicht gefüllt sein, wird der Standardkurstyp M verwendet. Im Gegensatz zur Amortisierung oder Titelbewertung wird also nicht der Buchkurs verwendet. Wenn Sie die zusätzlich notwendige Devisenbewertung der bereits aufgelaufenen Abgrenzungen mit dem gleichen Kurstyp durchführen, kommt es auf die Reihenfolge der beiden Bewertungsschritte nicht an. Andernfalls ist die einzig sinnvolle Einstellung, zunächst die Margin-Abgrenzung und danach die Devisenbewertung durchzuführen, weil nur auf diese Weise der Buchwert auf den Stichtagskurs der Devisenbewertung gebracht wird.

Swapbewertung

Die *Swapbewertung* berücksichtigt die Kursschwankungen des Swapwertes von Devisentermingeschäften. Sie ist die Differenz zwischen dem Swapwert am Markt in Folgewährung, der mit dem Spotkurs zum Bewertungsstichtag umgerechnet wird, und dem *Buchswapwert*. Der Buchswapwert ist der Swapwert, der sich aus dem Devisentermingeschäft nach Abzug bereits durchgeführter Swapabgrenzungen und Swapbewertungen ergibt. Die Ergebnisse der Swapbewertung werden auf der gleichnamigen Komponente geführt.

[»] **Reihenfolge der Bewertungsschritte bei Devisengeschäften**

Eine Swapbewertung ist nur sinnvoll, wenn Sie das Devisentermingeschäft entsprechend den Überlegungen zum Bewertungsschritt KURSBEWERTUNG FÜR DEVISENTERMINGESCHÄFTE bewerten wollen. Die Reihenfolge der Bewertungsschritte muss dann die folgende sein:

1. Kursbewertung Spotkurs am Markt gegen Spotkurs im Geschäft
2. Swapabgrenzung
3. Swapbewertung

Insbesondere baut die Swapbewertung auf der Swapabgrenzung auf und darf nicht mit ihr vertauscht sein oder gar allein durchgeführt werden.

Impairment

Das Customizing des Impairments ist ganz analog zu dem einer normalen Bewertung. Sie legen ein Impairmentverfahren an und tragen es in das Bestandsführungsverfahren wie in Abbildung 5.39 bzw. Abbildung 5.40 ein. Im Impairmentverfahren (siehe Abbildung 5.56) müssen Sie vor allem angeben, mit welchem KURSTYP die Umrechnung des Devisenkurses zwischen Bestands- und Bewertungswährung erfolgen soll. Ähnlich wie im Titelbewertungsverfahren spezifizieren Sie außerdem die Kursart (Feld KURSART) für Wertpapierkurse bzw. die Barwertart (Feld KURS-BARWERTART) für Darlehen.

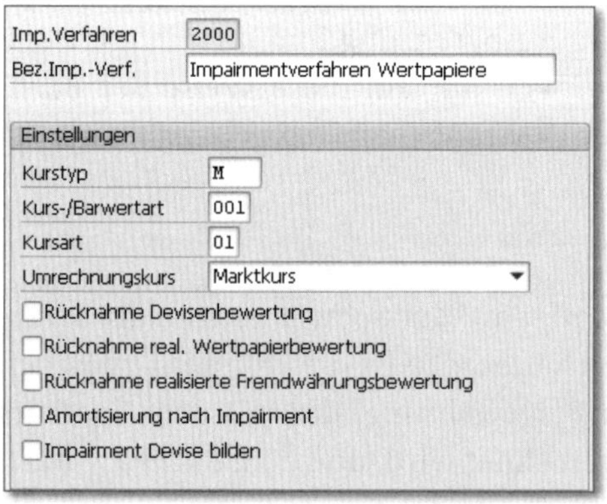

Abbildung 5.56 Bewertungsschritt »Impairment« definieren

Umrechnung in Bewertungswährung

Im Feld UMRECHNUNGSKURS wählen Sie den Umrechnungskurs in die Bewertungswährung. Beim Titelimpairment können Sie entscheiden, ob die Umrechnung in Bewertungswährung mit BUCHKURS oder MARKTKURS erfolgt.

Die Umrechnung mit dem Marktkurs kann in Sonderfällen dazu führen, dass sich das Vorzeichen des Buchwertes nach dem Impairment ändert. Wenn das passiert, erfolgt die Umrechnung mit dem Buchkurs anstatt mit dem Marktkurs, und das Bewertungsprotokoll enthält eine entsprechende Infomeldung. Bei der Umrechnung mit dem Buchkurs kann sich das Vorzeichen des Anschaffungswertes ändern. In diesem Fall wird der Anschaffungskurs verwendet, und wie im ersten Fall wird eine entsprechende Infomeldung im Bewertungsprotokoll gespeichert.

Zusammenhang mit Stichtagsbewertung

Das Impairment und die normale Bewertung beeinflussen sich gegenseitig. Deshalb ist es wichtig, das Zusammenspiel der beiden Bewertungsarten festzulegen. Es gibt deshalb einige Kennzeichen, mit deren Hilfe Sie bestimmen können, was genau vor und nach einem Impairment mit der normalen Bewertung passiert. Das Kennzeichen RÜCKNAHME DEVISENBEWERTUNG erlaubt es Ihnen, eine erfolgsneutrale Devisenbewertung anlässlich eines Impairments zurückzunehmen. Eine erfolgsneutrale Titelbewertung wird im Rahmen eines Impairments immer zurückgenommen.

Impairment und realisierte Bewertung

Mit den Kennzeichen RÜCKNAHME REALISIERTE WERTPAPIERBEWERTUNG und RÜCKNAHME REALISIERTE FREMDWÄHRUNGSBEWERTUNG sollten Sie auch realisierte Bewertungen zurücknehmen. Nach einem Impairment wird der Buchbestand nicht mehr amortisiert werden. Wenn Sie nach einem Impairment weiter amortisieren möchten, können Sie das Kennzeichen AMORTISIERUNG NACH IMPAIRMENT setzen.

Devisenimpairment und einstufiges Impairment

Mit dem Setzen des Kennzeichens DEVISENIMPAIRMENT BILDEN wird Devisenimpairment durchgeführt, das einer realisierten Bewertung des Buchwertes entspricht. Das Setzen des Kennzeichens erlaubt es Ihnen auch, das Kennzeichen EINSTUFIGES IMPAIRMENT zu verwenden. Das einstufige Impairment funktioniert wie eine einstufige Bewertung, d.h., der Titel- und Fremdwährungseffekt werden zusammengefasst. Das einstufige Impairment weist eine Besonderheit auf: Aufgrund unterschiedlicher Schwankungen des Preises und des Wechselkurses kann es vorkommen, dass das gesamte Impairment negativ ausfällt. Das Titelimpairment ist aber positiv, wenn der

Preis steigt, aber der Wechselkurs so stark sinkt, dass der negative Deviseneffekt in Bewertungswährung größer ist als der positive Preiseffekt in Bewertungswährung. Deshalb lassen wir beim einstufigen Impairment ein positives Impairment für den Titel zu.

5.4.4 Abgrenzung

Antizipative und transitorische Abgrenzung

Die *Abgrenzung* behandelt im Transaction Manager die buchhalterisch korrekte zeitliche Verteilung der Erlöse oder Aufwände aus Zinsen. Natürlich können Sie auch andere Finanzströme abgrenzen, sofern sie sich auf Zeiträume beziehen. Die zeitliche Verteilung eines Agios oder Disagios ist davon allerdings ausgeschlossen. Dies ist Aufgabe der Amortisierung. Auch Dividenden lassen sich für den Zeitraum zwischen Zuteilung und Auszahlung abgrenzen, natürlich nur ganz oder gar nicht. Man spricht von *antizipativer Abgrenzung*, wenn die Zahlung am Ende des Abgrenzungszeitraums erfolgt, und von *transitorischer Abgrenzung* bei Zahlung zu Beginn des Zeitraums.

Rücknahme- und Differenzenverfahren

Wie bei einer Stichtagsbewertung können Sie eine Abgrenzung am Folgetag zurücknehmen lassen. Diese Vorgehensweise wird im Zusammenhang mit Abgrenzung als *Rücknahmeverfahren* bezeichnet. Die andere Vorgehensweise ist das *Differenzenverfahren*. Dabei wird zu jedem Stichtag nur der Unterschied zur Summe aller vorangegangenen Abgrenzungen gebucht. Auf dem aktiven oder passiven Abgrenzungskonto sammeln sich folglich immer größere Beträge an. Diese Beträge gleicht die Zahlung der Zinsen schließlich aus. Beim Differenzenverfahren hat die Zinszahlung also keine Auswirkungen auf die GuV und muss auch entsprechend gebucht werden.

Buchhaltung bei Rücknahmeverfahren

Bei Fremdwährungsbeständen zeigt sich ein methodischer Vorteil des Rücknahmeverfahrens. Das System berechnet Abgrenzungen zuerst in der Bestandswährung. Dann rechnet es antizipative Abgrenzungen mit dem Devisenmarktkurs in die Bewertungswährung um. Beim Rücknahmeverfahren ist damit unmittelbar sichergestellt, dass das Abgrenzungskonto den richtigen Saldo in Hauswährung ausweist. Für transitorische Abgrenzungen wird nicht der Marktkurs, sondern der Kurs der bereits gebuchten Bewegung verwendet. Ein weiterer Unterschied zwischen transitorischer und antizipativer Abgrenzung ist beim Rücknahmeverfahren zu beachten. Bei der antizipativen Abgrenzung ist der abzugrenzende Zeitraum derjenige vom

Periodenbeginn bis zum Stichtag. Die Abgrenzung sorgt für einen Ausweis in der GuV, weil die Zinsen selbst noch nicht gebucht sind. Im Fall der transitorischen Abgrenzung wurden diese bereits in die GuV gebucht. Die Abgrenzung muss dann den zu hohen Ertrag oder Aufwand korrigieren und folglich den Zeitraum vom Stichtag bis zum Ende der Zinsperiode berücksichtigen.

Buchhaltung bei Differenzenverfahren

Eine solche Unterscheidung ist im Differenzenverfahren nicht notwendig. Hier ist immer nur der Zeitraum vom Periodenbeginn bis zum Stichtag relevant. Allerdings gibt es bei Fremdwährungsbeständen mehr zu beachten. Da die Beträge in Hauswährung für eine antizipative Abgrenzung jeweils mit dem Stichtagskurs berechnet werden, weist der Saldo der aufgelaufenen Abgrenzungen einen Devisenmischkurs aus. Zusätzlich zur Abgrenzung ist noch eine Fremdwährungsbewertung dieses Saldos notwendig. Bei der transitorischen Abgrenzung wird im Transaction Manager normalerweise der Kurs der abzugrenzenden Bewegung herangezogen, sodass die Umrechnungsproblematik hier entschärft ist.

Abgrenzung durchführen

Um die Abgrenzung vorzunehmen, verwenden Sie die Transaktion ERFOLGS-ABGRENZUNG DURCHFÜHREN (Transaktion TPM44), die Sie im Menü unter TRANSACTION MANAGER • GELDHANDEL/DEVISEN/DERIVATE/COMMODITIES/WERTPAPIERE • BUCHHALTUNG • ABGRENZUNG finden. Das Einstiegsbild in Abbildung 5.57 bietet die Selektionskriterien an, die Sie bereits gewohnt sind. Die Abgrenzung beruht auf den Buchbeständen und kann insbesondere für verschiedene Bewertungsbereiche auch unterschiedlich ausgesteuert werden. Wie bei der Bewertung müssen Sie einen Stichtag angeben (Bildbereich SELEKTIONSPARAMETER). Diesen können Sie zusätzlich als inklusiv sowie als Ultimotag kennzeichnen. Ebenso wie bei der Transaktion TPM1 können Sie die Felder FI-BUCHUNGSDATUM und FI-BUCHUNGSPERIODE für die Abgrenzung und gegebenenfalls für ihre Rücknahme einstellen.

Zusätzliche Parameter für OTC-Geschäfte

Wenn Sie OTC-Geschäfte abgrenzen, bietet Ihnen das System neben den Standardparametern für diese Instrumente zusätzliche Selektionsparameter wie LETZTER ÄNDERER, ÄNDERUNGSDATUM, GESCHÄFTSWÄHRUNG, EXTERNE REFERENZ und FREIGABE PRÜFEN an. Indem Sie das Kennzeichen FREIGABE PRÜFEN setzen, können Sie eine Abgrenzung nur für die freigegebenen Geschäfte durchführen (mehr zur Freigabe finden Sie in Kapitel 6, »Integration mit anderen Modulen«).

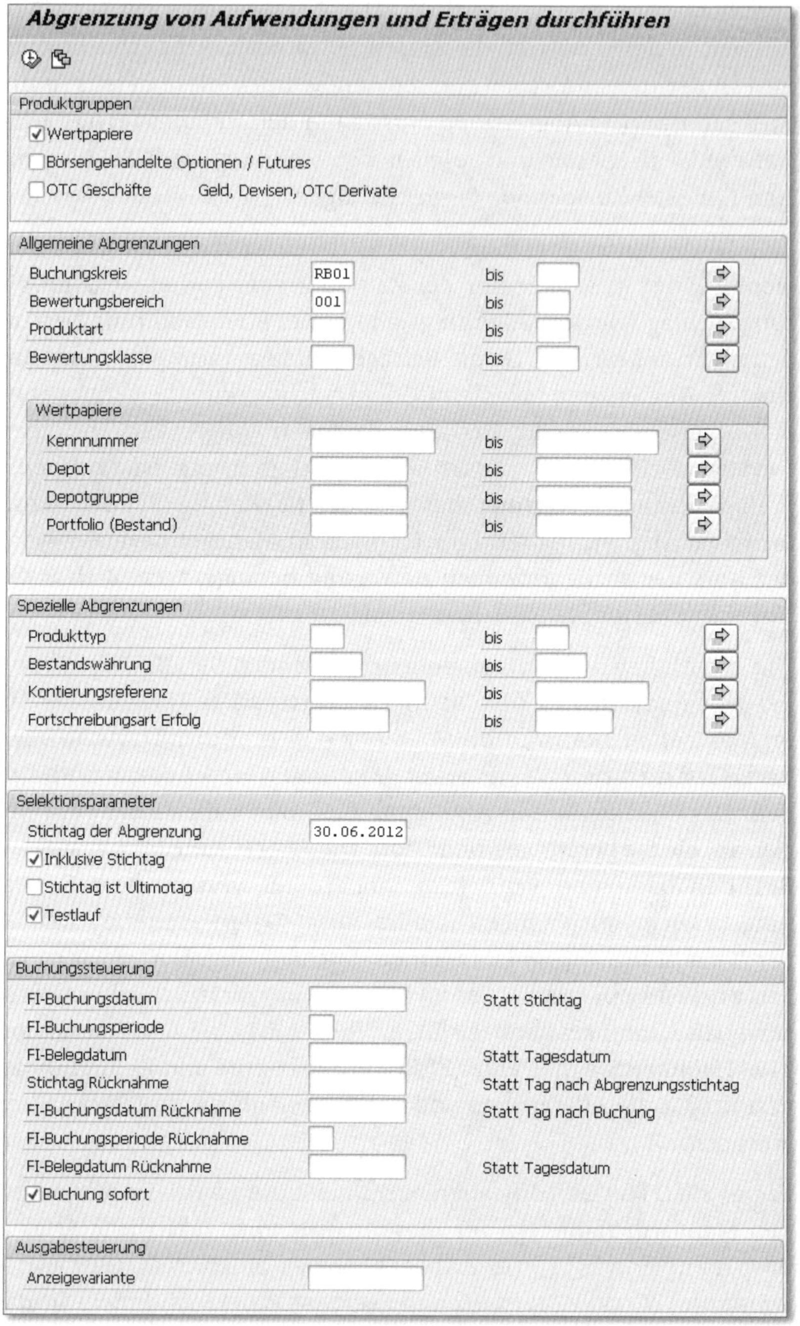

Abbildung 5.57 Selektionsbild der Abgrenzung (Transaktion TPM44)

Abgrenzung der OTC-Geschäfte für ältere Releases [«]

Wenn Sie die Business Function FIN_TRM_LR_FI_AN (verfügbar ab Erweiterungspaket 3) nicht aktiviert haben, müssen Sie die Abgrenzung für OTC-Geschäfte mithilfe der Transaktion ABGRENZUNG VON AUFWÄNDEN UND ERTRÄGEN (Transaktion TBB4) durchführen. Das Customizing für diese Transaktion finden Sie unter TRANSACTION MANAGER • ALLGEMEINE EINSTELLUNGEN • BUCHHALTUNG • ABGRENZUNG • GELDHANDEL/DEVISEN/OTC-DERIVATE: ABGRENZUNG DEFINIEREN.

Im Gegensatz zur Bewertung listet Transaktion TPM44 die ausgewählten Bestände nicht zuerst auf, sondern zeigt als Ergebnis gleich ein Protokoll. Diesem Protokoll können Sie entnehmen, welche Bewegungen abzugrenzen waren und welche Beträge über welche Zeiträume abgegrenzt wurden (siehe Abbildung 5.58). Im Fall des Differenzenverfahrens zeigt das Protokoll auch die bereits abgegrenzten Beträge. Aus diesem Protokoll heraus können Sie auch über den Button PROTOKOLLE UND NACHRICHTEN in das Buchungsprotokoll navigieren.

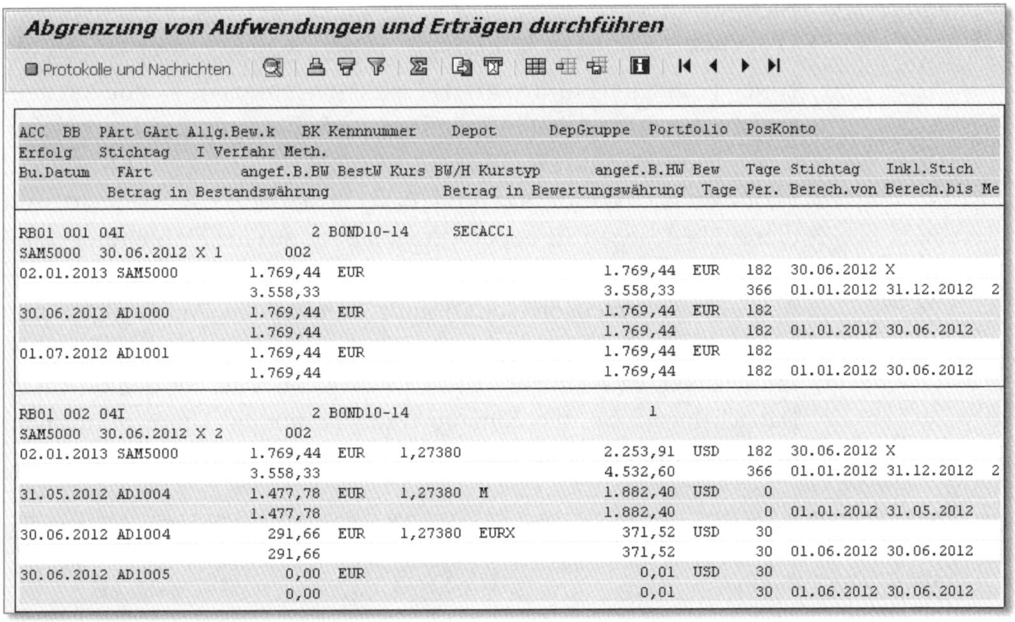

Abbildung 5.58 Protokoll der Abgrenzung

Natürlich steht Ihnen für die Abgrenzung auch ein Storno zur Verfügung. Die Transaktion ERFOLGS-ABGRENZUNG STORNIEREN (Transaktion TPM45) finden Sie an der gleichen Stelle wie die Transaktion TPM44 im Menü.

[+] **Zusammenspiel mit der Bewertung**

Die Abgrenzung beruht zwar auf den Buchbeständen, berücksichtigt aber nicht das Bestandsführungsverfahren, sondern hat ihr eigenes Customizing. Dies kann zu Schwierigkeiten im Zusammenspiel mit der Bewertung führen. Wird ein Bestand amortisiert, können Sie dabei die Zinsen bereits einfließen lassen (siehe Abschnitt 5.4.3, Überschrift »Amortisierung«). Für einen solchen Bestand ist eine Zinsabgrenzung nicht mehr notwendig, ja sogar falsch. Wenn Sie die gleiche Anleihe in einem anderen Bestand halten, der zum Marktpreis bewertet wird, müssen Sie für diesen eine Zinsabgrenzung durchführen. Sie müssen also beim Aufruf der Transaktion TPM44 dafür sorgen, dass der amortisierte Bestand ausgeschlossen ist. Normalerweise haben die beiden beschriebenen Bestände unterschiedliche Bewertungsklassen, sodass eine Unterscheidung tatsächlich möglich ist. Da Bewertungsklassen abhängig vom Bewertungsbereich sind, kann es erforderlich sein, die Abgrenzung je Bewertungsbereich vorzunehmen. Sie können die Abgrenzung auch abhängig vom Bestandsführungsverfahren einstellen.

Customizing Das Customizing der Abgrenzung finden Sie unter TRANSACTION MANAGER • ALLGEMEINE EINSTELLUNGEN • BUCHHALTUNG • ABGRENZUNG • FORTSCHREIBUNGSARTEN • FORTSCHREIBUNGSARTEN FÜR ABGRENZUNG ZUORDNEN. Alle Einstellungen sind abhängig von den Parametern PRODUKTGRUPPE, ACCOUNTING-KREIS, BEWERTUNGSBEREICH, PRODUKTTYP, PRODUKTART und BESTANDSFÜHRUNGSVERFAHREN. Auf dieser Ebene legen Sie in der Aktivität BEREICH (siehe Abbildung 5.59) zunächst fest, ob und welche Art von Sperren das System für die Abgrenzung erzeugen soll. Damit können Sie Änderungen von Abgrenzungsgrundlagen durch verschiedene Aktionen verhindern. Ein Beispiel wäre ein zusätzlicher Wertpapierkauf vor dem Stichtag. Danach legen Sie den Kurstyp fest, der für die Umrechnung von Bestands- in Bewertungswährung verwendet wird.

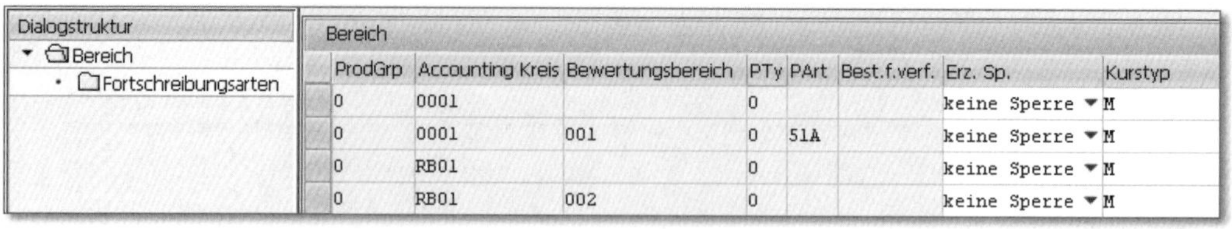

ProdGrp	Accounting Kreis	Bewertungsbereich	PTy	PArt	Best.f.verf.	Erz. Sp.	Kurstyp
0	0001		0			keine Sperre	M
0	0001	001	0	51A		keine Sperre	M
0	RB01		0			keine Sperre	M
0	RB01	002	0			keine Sperre	M

Abbildung 5.59 Allgemeine Einstellungen zur Abgrenzung

Die weiteren Einstellungen unterhalb dieser Ebene sehen Sie in Abbildung 5.60. Letztlich ist immer eine Bewegung eines Finanzstroms der Ausgangspunkt für die Abgrenzung. Entsprechend nehmen Sie Ihre Einstellungen je Fortschreibungsart vor. Alle Fortschreibungsarten, die Sie als ERFOLGSBEWEGUNG eingetragen haben, sind implizit relevant für die Abgrenzung.

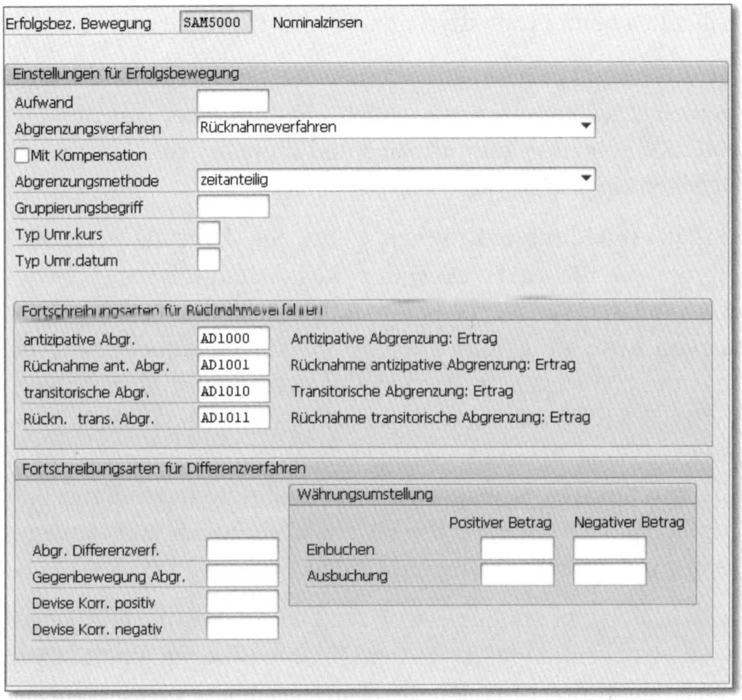

Abbildung 5.60 Einstellungen für Erfolgsbewegung

Umrechnung in die Bewertungswährung

Mit den Feldern TYP UMR.KURS (Typ des Umrechnungskurses) und TYP UMR.DATUM (Typ des Umrechnungsdatums) können Sie die Umrechnung der Abgrenzungsergebnisse in die Bewertungswährung bestimmen. Das erste Feld steuert, welcher Devisenkurs verwendet werden soll, das zweite Feld bestimmt das Datum des Devisenkurses.

Abgrenzungsverfahren und -methode

Mit dem Feld ABGRENZUNGSVERFAHREN legen Sie sich auf das Rücknahme- oder Differenzenverfahren fest. Im Feld ABGRENZUNGSMETHODE stellen Sie normalerweise ZEITANTEILIG ein. Zinsen werden in der Regel zeitlich linear innerhalb ihrer Periode berechnet. Sie können sie aber auch exponentiell berechnen lassen. Dies stellen Sie in den Konditionen der Gattung oder in einem OTC-Geschäft ein. Der

Eintrag ZEITANTEILIG bedeutet, dass die Abgrenzung je nach Einstellung in der Kondition erfolgt. Wenn es Ihnen wichtig ist, dass die Abgrenzung auf jeden Fall linear erfolgt, wählen Sie die Abgrenzungsmethode LINEAR. Mit der Methode VOLLSTÄNDIG können Sie erreichen, dass bei jedem Stichtag der Gesamtbetrag abgegrenzt wird. Dies ist ausschließlich für die Abgrenzung von Dividenden gedacht. Die Methode ZEITANTEILIG MIT LINEARER ABZINSUNG wird ausschließlich beim Produkttyp Commercial Paper verwendet.

Mit dem GRUPPIERUNGSBEGRIFF können Sie verschiedene Bewegungen gemeinsam abgrenzen. Das spielt eine Rolle bei Instrumenten mit einer Kombination aus normalen und kapitalisierten Zinsen oder bei täglicher Zinsanpassung.

Fortschreibungsarten für Abgrenzungen

Wie Sie in Abbildung 5.60 sehen, geben Sie dann die Fortschreibungsarten für die zu erzeugenden Abgrenzungsbewegungen an. Natürlich müssen Sie nur die Felder füllen, die beim jeweiligen Verfahren von Bedeutung sind. Die Angabe zur Gegenbewegung der Abgrenzung (Kennzeichen GEGENBEWEGUNG ABR.) ist für bestimmte Fälle des Differenzenverfahrens gedacht. Ändert sich nämlich der Finanzstrom eines Bestands, nachdem bereits Abgrenzungen durchgeführt wurden, sei es aufgrund von Konditionsänderungen oder von Umbuchungen, müssen die nunmehr zu hohen aufgelaufenen Abgrenzungen zurückgenommen werden.

Kursdifferenzen bei Differenzenverfahren

Die beiden Fortschreibungsarten DEVISE KORR. POSITIV und DEVISE KORR. NEGATIV verwendet das System für Bewegungen, um im Differenzenverfahren den Kurs der aufgelaufenen Abgrenzungen auf den Stichtagskurs zu bringen.

Bewegungen der Abgrenzung bekannt machen

Obwohl es keine eigene Komponente für abgegrenzte Beträge eines Bestands gibt, erkennt das System beim Differenzenverfahren die schon vorhandenen Abgrenzungen. Dies geschieht einfach aus der Tatsache heraus, dass die Fortschreibungsarten der Abgrenzungsbewegungen im Customizing als solche eingetragen sind. Sollte es nötig sein, andere Bewegungen als Abgrenzungen kenntlich zu machen, können Sie dies tun, indem Sie sie im Customizing unter TRANSACTION MANAGER • ALLGEMEINE EINSTELLUNGEN • BUCHHALTUNG • ABGRENZUNG • FORTSCHREIBUNGSARTEN • WEITERE FORTSCHREIBUNGSARTEN FÜR DIFFERENZENVERFAHREN ZUORDNEN eintragen. Dies kann bei einer Altdatenübernahme nützlich sein.

Berücksichtigung gezahlter Stückzinsen

Bei den Einstellungen zum Bestandsführungsverfahren haben wir in Abschnitt 5.3.1, Überschrift »Komponenten«, erwähnt, dass gezahlte Stückzinsen bei Käufen von Anleihen als Abgrenzungsposten, also als bereits abgegrenzte Beträge, aufgefasst werden können. Wenn Sie dies erreichen wollen und das Rücknahmeverfahren verwenden, müssen Sie in Abbildung 5.60 für die abzugrenzende Zinsbewegung das Kennzeichen KOMPENSATION setzen. Damit fällt der noch abzugrenzende Betrag entsprechend niedriger aus. Anlässlich der nächsten Zinszahlung erzeugt das System dann einen abgeleiteten Geschäftsvorfall, der die Stückzinsen vom Abgrenzungskonto ausbucht. Im Differenzenverfahren kann dies nicht so elegant abgebildet werden. Die entsprechende Vorgehensweise ist in SAP-Hinweis 912679 beschrieben. Die Vorgehensweise für die Variante DIFFERENZENVERFAHREN MIT ERFOLGSUMBUCHUNG finden Sie in SAP-Hinweis 1389359.

5.4.5 Umbuchung

Gelegentlich kommt es vor, dass die Bestände umgebucht werden müssen. Das bedeutet, dass sich eines von den Bestandsmerkmalen Bewertungsklasse, Portfolio oder Kontierungsreferenz ändert. Betriebswirtschaftlich betrachtet, bedeutet eine Umbuchung eine Reklassifizierung der betroffenen internen Bestände. Die Bewertungsklassen- und Portfolioumbuchung funktionieren ähnlich wie die Depotumbuchung der Depotverwaltung. Im Vergleich zur Depotumbuchung handelt es sich aber um eine interne Umbuchung. Bei der Kontierungsreferenzumbuchung wird der Buchbestand nicht geändert, es wird lediglich die Kontierungsreferenz angepasst, und entsprechende Hauptbuchkontensalden werden umgebucht.

Umbuchungstyp

Das Ziel der Bewertungsklassen- oder Portfolioumbuchung ist immer, einen neuen Buchbestand zu bilden. Der abgeleitete Geschäftsvorfall der Umbuchung hat die Aufgabe, die Werte auf diesen neuen Bestand zu übertragen. Wie er dies im Detail tut, regelt der *Umbuchungstyp*, der uns schon in Abbildung 5.39 begegnet ist. Der Umbuchungstyp spielt für Wertpapiere auch bei Depotumbuchungen, Kapitalmaßnahmen und Rechten eine Rolle, weil auch hier neue Bestände entstehen.

[!] **Umbuchungstyp des Zielbestands**

Beachten Sie, dass der Umbuchungstyp aus dem Bestandsführungsverfahren des Zielbestands stets den Ausschlag gibt. Der Umbuchungstyp des Quellbestands ist bei einer Umbuchung nicht relevant.

Sie haben die Auswahl zwischen folgenden Umbuchungstypen:

- **Umbuchung auf gleiche Komponenten**
  Hierbei werden die Komponenten des Ausgangsbestands einfach auf den Zielbestand übernommen, selbst wenn der Zielbestand diese Komponenten normalerweise nicht verwendet. Dies ist auch das Systemverhalten, wenn Sie keinen Umbuchungstyp angegeben haben.
- **Umbuchung nur auf benutzte Komponenten**
  Hat der Ausgangsbestand Werte auf Komponenten, die der Zielbestand nicht führt, werden die betroffenen Komponenten des Quellbestands auf vorhandene des Zielbestands umgebucht. Die Regel für eine Umbuchung zwischen den unterschiedlichen Komponenten des Quell- und des Zielbestands beschreiben wir im Anschluss an die Auflistung der Umbuchungstypen.
- **Bewertungen in Titel und Devise zurücknehmen**
  Die Bewertungen in Titel und Devisen werden nicht auf den Zielbestand umgebucht, sondern zurückgenommen.
- **Bewertungen Titel zurücknehmen, Bewertungen Devise umbuchen**
  Die Fremdwährungsbewertung wird auf Zielbestand umgebucht, die Titelbewertung wird zurückgenommen.
- **Bewertungen Titel umbuchen, Bewertungen Devise zurücknehmen**
  Die Titelbewertung wird umgebucht, die Fremdwährungsbewertung wird zurückgenommen.
- **Nicht realisierte Bewertungen umbuchen (ansonsten wie 02)**
  Dieser Umbuchungstyp verhält sich wie der Umbuchungstyp Umbuchung nur auf benutzte Komponenten, allerdings mit einer Ausnahme: Die erfolgsneutrale Titel- und Devisenbewertung wird immer umgebucht und über die Restlaufzeit aufgelöst.
- **Buchwert auf Kaufwertkomponente buchen**
  Hier werden nicht die einzelnen Komponenten umgebucht, sondern der gesamte Buchwert des Quellbestands wird im Zielbestand als Kaufwert eingebucht.

Regeln für Umbuchung auf benutzte Komponenten

Das System entscheidet nach bestimmten Regeln, welche Komponenten gegebenenfalls auf welche anderen Komponenten umgebucht werden. Die wichtigsten dieser Umbuchungsregeln sind folgende:

- Die Titelbewertung wird auf Amortisierung umgebucht und umgekehrt, wenn die jeweilige Ausgangskomponente im Zielbestand nicht vorhanden ist, die Zielkomponente jedoch geführt wird.
- Fremdwährungsbewertungen werden, falls möglich, auf die Titelbewertung umgebucht. Wenn auch diese Komponente im Zielbestand fehlt, dann auf die Amortisierung.
- Erfolgsneutrale Bewertungen, also Rückstellungen im Eigenkapital, wie sie nach IFRS oder US-GAAP für bestimmte Haltekategorien vorgesehen sind, werden in die GuV-Rechnung ausgebucht, wenn der Zielbestand solche Komponenten nicht vorsieht.

Findet das System keine passende Regel, bleibt die Komponente erhalten, selbst wenn der Zielbestand sie normalerweise nicht vorsieht. Dies dürfte in der Praxis allerdings kaum eine Rolle spielen.

Bewertungsklassenumbuchung

Bei der *Bewertungsklassenumbuchung* wollen Sie die Bewertungsklasse, nach IFRS oder US-GAAP also die Haltekategorie, ändern. Damit verbunden ist auch die Notwendigkeit, in Zukunft anders buchhalterisch zu bewerten, also ein neues Bestandsführungsverfahren für diesen Bestand zu verwenden. Dazu nutzen Sie die BEWERTUNGSKLASSENUMBUCHUNG (Transaktion TPM15M). Sie finden diese Transaktion im Menü unter TRANSACTION MANAGER • GELDHANDEL/DEVISEN/DERIVATE/COMMMODITIES/WERTPAPIERE • BUCHHALTUNG • BEWERTUNGSKLASSENUMBUCHUNG • BEWERTUNGSKLASSENUMBUCHUNG DURCHFÜHREN. Im gleichen Verzeichnis finden Sie auch die zugehörige Stornotransaktion TPM16M.

Relevante Produktgruppen

Die Umbuchung erlaubt es, für Wertpapiere und OTC-Geschäfte die Bewertungsklassen zu ändern. Darlehen lassen sich in der Transaktion TPM15 umbuchen. Handelbare Derivate lassen sich nicht umbuchen.

Umbuchung der allgemeinen Bewertungsklasse

Vermutlich werden Sie die spezielle Bewertungsklasse nur in einem einzelnen Bewertungsbereich ändern wollen, tatsächlich buchen Sie aber die allgemeinen Bewertungsklassen um. Dies muss so sein, weil die speziellen Bewertungsklassen pro Bewertungsbereich fest mit den allgemeinen Bewertungsklassen verknüpft sind und die Beziehung von allgemeiner zu spezieller Bewertungsklasse eindeutig bleiben muss (siehe Abschnitt 5.3.3, Überschrift »Allgemeine Bewertungsklasse«). Um nun doch nur in einem Bewertungsbereich eine Umbuchung durchzuführen, müssen Sie allgemeine Bewertungsklassen definieren, denen spezielle Bewertungsklassen derart zugeordnet sind, dass Letztere sich nur in einem Bewertungsbereich unterscheiden. Ein Beispiel macht dies deutlich.

Beispiel

Nehmen wir an, dass Sie zwei Bewertungsbereiche haben, in denen drei allgemeine Bewertungsklassen entsprechend Tabelle 5.6 speziellen Bewertungsklassen zugeordnet sind.

Allgemeine Bewertungsklasse	Bewertungsklasse Bewertungsbereich 001	Bewertungsklasse Bewertungsbereich 002
kurzfristig	Trading	Handel
mittelfristig	Available for Sale	Investition
langfristig	Held to Maturity	Investition

Tabelle 5.6 Zuordnung von allgemeinen zu speziellen Bewertungsklassen in zwei Bewertungsbereichen

Nun sei das Ziel, im Bewertungsbereich 001 von TRADING auf AVAILABLE FOR SALE umzubuchen, im Bewertungsbereich 002 aber den Bestand auf HANDEL zu belassen. Dann benötigen Sie die folgende neue allgemeine Bewertungsklasse in Tabelle 5.7.

Allgemeine Bewertungsklasse	Bewertungsklasse Bewertungsbereich 001	Bewertungsklasse Bewertungsbereich 002
mittelfristig aus Umbuchung	Available for Sale	Handel

Tabelle 5.7 Allgemeine Bewertungsklasse zur Umbuchung

Bewertungsklassenumbuchung durchführen

Auch bei der Umbuchung selbst unterstützt Sie das System dabei, die korrekte allgemeine Bewertungsklasse zu finden. Abbildung 5.61 zeigt das Selektionsbild der Transaktion TPM15M. Zunächst müssen Sie den umzubuchenden Buchbestand in einem Bewertungsbereich auswählen und die spezielle oder allgemeine Bewertungsklasse angeben, auf die umgebucht werden soll.

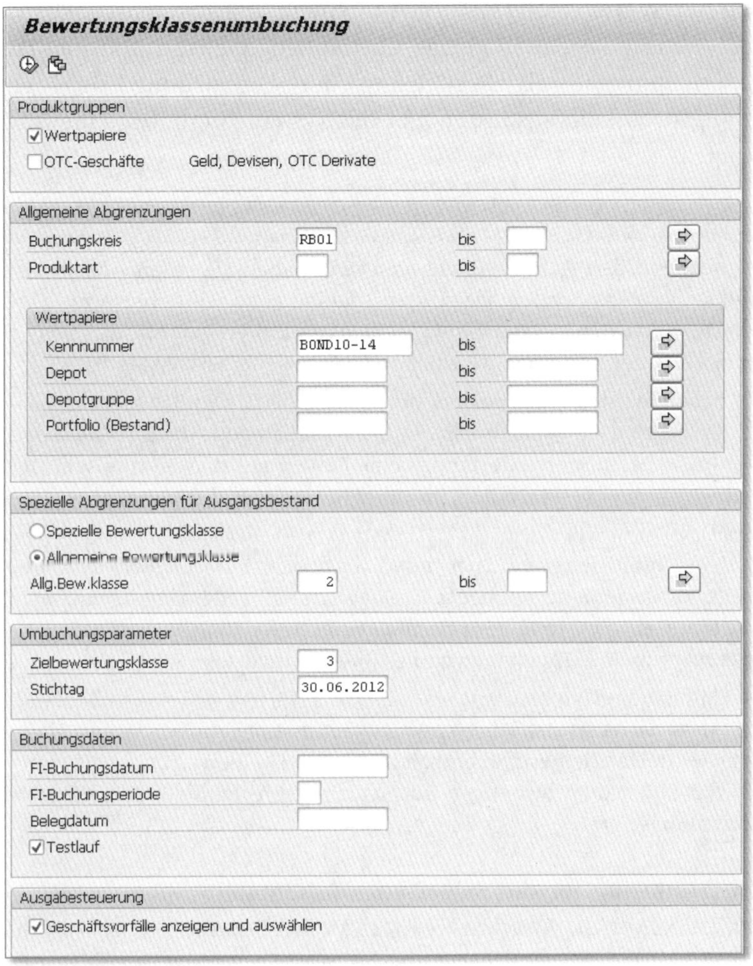

Abbildung 5.61 Selektionsbild der Bewertungsklassenumbuchung (Transaktion TPM15M)

Sofern Ihre Selektionsbedingungen nicht genau einen Bestand bezeichnet haben, bietet Ihnen das System als Nächstes eine Liste der Bestände an, von denen Sie genau einen auswählen müssen. Danach gelangen Sie in ein Bild, in dem Sie die neue allgemeine Bewertungsklasse angeben müssen. Sollte nur eine infrage kommen, schlägt Ihnen das System diese vor. In diesem Bild können Sie für Wertpapiere auch die umzubuchende Menge angeben. Das System schlägt Ihnen immer vor, vollständig umzubuchen.

Geschäftsvorfall der Umbuchung

Der Geschäftsvorfall der Umbuchung selbst enthält, wie auch die Depotumbuchung, nur Mengen, jedoch keine Beträge. Die Umbuchung der Werte erfolgt natürlich in einem abgeleiteten Geschäftsvorfall. Sofern Sie diesen gemäß Customizing gleich mitbuchen lassen, erhalten Sie als Bestätigung der Umbuchung auch ein Buchungsprotokoll, ansonsten gibt das System zumindest eine Meldung aus.

[zB]

Änderung von Haltekategorien

Entsprechend den Anforderungen von IFRS haben Sie einen Anleihebestand als *Available for Sale* klassifiziert und ihn auch schon bewertet. Die Bewertung hat zu einer Anpassung an den Marktpreis geführt, was sich in einem Wert der Komponente Titelbewertung niedergeschlagen hat.

Nun haben Sie sich entschlossen, die Anleihe bis zur Endfälligkeit zu halten. Sie müssen die Anleihe also in die Haltekategorie *Held to Maturity* umgruppieren, für deren Bestände keine Bewertung zu Marktpreisen vorgesehen ist. Vielmehr werden sie mithilfe der Amortisierung zu fortgeführten Anschaffungskosten bewertet.

Mit dem Umbuchungstyp UMBUCHUNG AUF GLEICHE KOMPONENTEN wird die bereits vorhandene Komponente Titelbewertung bei der Umbuchung beibehalten. Natürlich verändern nachfolgende Bewertungen diese Komponente nicht mehr. Trotzdem mag dies unerwünscht sein.

Der Umbuchungstyp UMBUCHUNG NUR AUF BENUTZTE KOMPONENTEN führt dazu, dass der Wert der Titelbewertung auf den der Amortisierung übertragen wird. Der Zielbestand enthält also keine Titelbewertung mehr, sondern hat einen dem bisherigen Buchwert entsprechenden fortgeführten Anschaffungswert.

Customizing

Das Customizing für die Bewertungsklassenumbuchung finden Sie unter TRANSACTION MANAGER • ALLGEMEINE EINSTELLUNGEN • BUCHHALTUNG • BEWERTUNGSKLASSENUMBUCHUNG • FORTSCHREIBUNGSARTEN. Dort hinterlegen Sie lediglich je eine Fortschreibungsart für die Aus- und Einbuchungsbewegung.

[+]

Klassifizierung des langfristigen und kurzfristigen Anteils

Die Bewertungsklassenumbuchung bietet Ihnen auch die Möglichkeit, für OTC-Geschäfte den langfristigen und kurzfristigen (laufenden) Anteil zu klassifizieren. Nehmen wir als Beispiel ein Geldhandelsgeschäft mit einer Laufzeit von zwei Jahren und einer monatlichen annuitätischen Tilgung. Die Tilgungen, die bis zu einem Jahr fällig sind, wollen wir als kurzfristig klassifizieren. Die Transaktion BEWERTUNGSKLASSENUMBUCHUNG DURCHFÜHREN (Transaktion TPM15M) bietet dafür die Möglichkeit, diese kurzfristigen Tilgungen in eine andere Bewertungsklasse umzubuchen. Dazu müssen Sie die ALLGEMEINE BEWERTUNGSKLASSE des Geschäfts und die ZIELBEWERTUNGSKLASSE eingeben. Danach können Sie den HORIZONT FÜR LAUFENDEN

ANTEIL eingeben. Dieser gilt als Entscheidungstag zwischen dem langfristigen und kurzfristigen Zeitraum, d.h., alle vor dem Horizontdatum fälligen Tilgungen werden umgebucht.

Für die Zinsen stehen Ihnen zwei Vorgehensweisen zur Verfügung:

- **Datumsbasierte Zuordnung**
  Alle vor dem Horizontdatum fälligen Zinsen werden dem laufenden Anteil zugeordnet.
- **Nominalbasierte Zuordnung**
  Die Zinsen werden gemäß dem laufenden und langfristigen Nominal aufgeteilt.

Die Einstellungen zur Behandlung des laufenden und langfristigen Anteils nehmen Sie im Customizing über den Pfad TRANSACTION MANAGER • ALLGEMEINE EINSTELLUNGEN • BUCHHALTUNG • EINSTELLUNGEN ZUR BESTANDSFÜHRUNG • BEWERTUNGSKLASSEN DEFINIEREN UND ZUORDNEN vor. Im Feld HANDHABUNG LFD. ANTEIL können Sie die allgemeine Bewertungsklasse für den laufenden Anteil kennzeichnen und gleichzeitig den Ansatz für die Behandlung von Zinsen auswählen. Weitere Informationen dazu finden Sie in SAP-Hinweis 1515125 und in den dort erwähnten verwandten Hinweisen.

Portfolioumbuchung

Analog zur Bewertungsklassenumbuchung steht Ihnen auch die Portfolioumbuchung zur Verfügung. Mittels der Portfolioumbuchung können Sie Bestände zwischen Portfolios umbuchen. Die Portfolioumbuchung können Sie nutzen, wenn Sie PORTFOLIO als Differenzierungskriterium verwenden, siehe Feld DIFF.BEGR. in Abbildung 5.32. Deshalb ist diese Umbuchung nur für Wertpapiere verfügbar.

Die Auswirkung der Portfolioumbuchung für verschiedene Bewertungsbereiche hängt damit von der Differenzierung ab. Die Umbuchungsgeschäftsvorfälle werden in allen Bewertungsbereichen erzeugt, die tatsächliche Umbuchung von Mengen und Werten findet aber nur in den Bewertungsbereichen statt, in denen PORTFOLIO als Differenzierungskriterium verwendet wird.

Portfolioumbuchung durchführen

Die Portfolioumbuchung wird mit der Transaktion PORTFOLIOUMBUCHUNG DURCHFÜHREN (Transaktion TPM82) durchgeführt. Diese finden Sie im Menü unter TRANSACTION MANAGER • WERTPAPIERE • BUCHHALTUNG • PORTFOLIOUMBUCHUNG. Im Selektionsbild befinden sich allgemeine Selektionsparameter für die Auswahl der umzubuchenden Bestände, dazu die Umbuchungsinformationen wie das Zielportfolio, der Stichtag und auch die Buchungsdaten.

Als nächstes öffnet sich ein weiteres Bild, in dem die umzubuchenden Bestände angezeigt werden. Sie können manuell sowohl das Zielportfolio als auch die Mengeninformation (den Nominalbetrag bzw. die Anzahl der Stücke) anpassen. Nach der Durchführung wird das Protokoll angezeigt.

Portfolioumbuchung stornieren

Sie können die Portfolioumbuchung auch stornieren. Dazu dient die Transaktion PORTFOLIOUMBUCHUNG STORNIEREN (Transaktion TPM83), die sich in demselben Bereich des Menüs befindet. Hier geben Sie außer den allgemeinen Selektionsparametern die ursprünglichen Ziel- und Quellportfolios plus Stichtag der Umbuchung ein. Zusätzlich können Sie die Buchungsdaten pflegen.

Customizing

Das Customizing ist ähnlich wie das der anderen Umbuchungen. Sie müssen die Fortschreibungsarten für die Mengenumbuchung unter TRANSACTION MANAGER • ALLGEMEINE EINSTELLUNGEN • BUCHHALTUNG • PORTFOLIOUMBUCHUNG • FORTSCHREIBUNGSARTEN zuordnen. Zusätzlich müssen Sie auch die Fortschreibungsarten für die abgeleiteten Geschäftsvorfälle in den Bestandsführungsverfahren pflegen (siehe Abschnitt 5.3.7).

Kontierungsreferenzumbuchung

Neben der Bewertungsklassen- und Portfolioumbuchung gibt es eine weitere Umbuchung in der internen Bestandsverwaltung, die *Kontierungsreferenzumbuchung*. Diese ändert die Kontierungsreferenz eines Buchbestands. Die Kontierungsreferenz ist die wesentliche Einflussgröße in der Kontenfindung und repräsentiert damit die Granularität der Hauptbuchbestände. Sie ist ein Attribut des Buchbestands. Aus Sicht des Nebenbuchs ändert sich bei der Umbuchung also lediglich ein Attribut, es entsteht aber kein neuer Bestand, im Gegensatz zur Bewertungsklassen- oder Portfolioumbuchung. Die Kontierungsreferenzumbuchung ist damit technisch gesehen eine Umbuchung im Hauptbuch, die aus dem Nebenbuch angestoßen wird.

Zugrunde liegende Daten

Es ist nützlich, zu wissen, dass die Kontierungsreferenzumbuchung auf anderen Daten aufbaut als die Bewertungsklassenumbuchung. Obwohl das Ziel der Umbuchung die Übertragung des Buchwertes eines Bestands von einem Hauptbuchkonto auf ein anderes ist, ist die Berechnungsgrundlage technisch doch eine andere als die des Buchwertes entsprechend der Transaktion BESTANDSLISTE (Transaktion

TPM12). Die Kontierungsreferenzumbuchung basiert nämlich auf den Datenbanktabellen, aus denen auch die Transaktion BUCHUNGSJOURNAL (Transaktion TPM20) aufgebaut wird.

Buchungsjournal und Bestandsliste [!]

Durch Fehler in der Einstellung der Kontenfindung kann es zu Inkonsistenzen zwischen der internen Bestandsverwaltung (Transaktionen TPM12 und TPM13) und dem Buchungsjournal (Transaktion TPM20) kommen. Diese Fehler fallen möglicherweise erst bei einer Kontierungsreferenzumbuchung auf, da es keine Konsistenzprüfung gibt.

Kontierungsreferenzumbuchung durchführen

Sie finden die Transaktion KONTIERUNGSREFERENZUMBUCHUNG DURCHFÜHREN (Transaktion TPM28) im Menü unter TRANSACTION MANAGER • GELDHANDEL/DEVISEN/DERIVATE/COMMODITIES/WERTPAPIERE • BUCHHALTUNG • KONTIERUNGSREFERENZUMBUCHUNG • DURCHFÜHREN. Der Ablauf der Umbuchung ist analog zur Stichtagsbewertung. Auch das Selektionsbild entspricht weitgehend dem der Transaktion STICHTAGSBEWERTUNG DURCHFÜHREN (Transaktion TPM1) aus Abbildung 5.43. Zunächst geben Sie im Selektionsbild die gewünschten Bestände und einen Stichtag, nämlich das Buchungsdatum, an. Bei dieser Umbuchung können Bestandsdatum und Buchungsdatum nicht unterschiedlich sein. Im Folgebild, das Sie in Abbildung 5.62 sehen, listet das System alle ausgewählten Bestände auf und zeigt Ausgangs- und Zielkontierungsreferenz sowie den umzubuchenden Buchwert an.

Abbildung 5.62 Anzeige der umzubuchenden Bestände in der Kontierungsreferenzumbuchung

Sie können hier noch einzelne Bestände von der Umbuchung ausnehmen. Danach wird die Umbuchung durchgeführt (Button UMBUCHUNG DURCHFÜHREN). Zur Bestätigung erhalten Sie ein Buchungsprotokoll. Dieses bekommen Sie immer, weil der Geschäftsvorfall der Umbuchung bereits die Werte enthält, er enthält aber keine Mengenangaben.

[+]

Kontierungsreferenzumbuchung mit automatischer Kontierungsreferenz-Ermittlung

Sie können im Einstiegsbild bereits die gewünschte neue Kontierungsreferenz eingeben. In diesem Fall erhalten alle ausgewählten Bestände diese Kontierungsreferenz. Wenn Sie im Einstiegsbild keine Angabe machen, durchläuft das System für jeden ausgewählten Bestand erneut die automatische Kontierungsreferenzermittlung. Sollte sich dabei ein anderer Wert als die derzeitige Kontierungsreferenz ergeben, bucht das System entsprechend um. Ist die Kontierungsreferenz unverändert, geschieht nichts. Dieses Verhalten kann nützlich sein, wenn die Kontierungsreferenz von Größen abhängt, die sich im Laufe der Zeit ändern können. Häufig hängen die Hauptbuchbestände z. B. von Eigenschaften des Kontrahenten oder Emittenten ab. Durch eine Umbuchung ohne Angabe der Kontierungsreferenz können Sie das System prüfen lassen, ob relevante Änderungen eingetreten sind, und dann gegebenenfalls sofort umbuchen.

Reihenfolge von Buchungen

Da eine Kontierungsreferenzumbuchung die Kontierungsreferenz des Buchbestands und damit die Buchungslogik ändert, führt das System eine Reihe von Konsistenzprüfungen durch. Bei einer solchen Umbuchung dürfen vor dem Stichtag keine geplanten Geschäftsvorfälle mehr vorliegen und nach dem Stichtag keine bereits gebuchten. Das System unterbindet auch, nachträglich Geschäftsvorfälle vor der Umbuchung zu erfassen.

Customizing

Sie finden das Customizing zur Kontierungsreferenzumbuchung unter Transaction Manager • Allgemeine Einstellungen • Buchhaltung • Kontierungsreferenzumbuchung • Fortschreibungsarten für Kontierungsreferenzumbuchung zuordnen. Wie Sie in Abbildung 5.63 sehen, ordnen Sie Fortschreibungsarten Kontosymbolen zu. Das Kontosymbol ist ein Begriff aus der Kontenfindung, die wir in Kapitel 6, »Integration mit anderen Modulen«, ausführlich behandeln. Zunächst können Sie sich darunter vorstellen, dass es ein abstraktes Hauptbuchkonto repräsentiert. Zumeist gibt es ein Kontosymbol Bestand (Buchwert), das also den Buchwert wiedergibt. Für jedes Kontosymbol legen Sie im Customizing eine Fortschreibungsart für die Aus- und Einbuchung des Wertes fest, abhängig davon, ob dieser Wert ein positives (Spalten Soll aus und Soll ein) oder negatives (Spalten Haben aus und Haben ein) Vorzeichen hat.

Fortschreibungsarten für Kontierungsreferenz-Umbuchung					
Kontosymb.	Kontosymb.	Soll aus	Soll ein	Haben aus	Haben ein
1	Bestand (Buchwert)	AAREFTR1	AAREFTR2	AAREFTR2	AAREFTR1
1.1	Aktiver Bestand (Derivate)	AAREFTOD	AAREFTOD	AAREFDE1	AAREFDE2
1.2	Passiver Bestand (Derivate)	AAREFDE3	AAREFDE4	AAREFTOD	AAREFTOD
6.1.2.1	Neubewertungsrücklagen Tite...	AAREFTOD	AAREFTOD	AAREFT01	AAREFT02
6.1.2.2	Neubewertungsrücklagen Tite...	AAREFT03	AAREFT04	AAREFTOD	AAREFTOD
6.1.3.1	Neubewertungsrücklagen Dev...	AAREFTOD	AAREFTOD	AAREFT05	AAREFT06
6.1.3.2	Neubewertungsrücklagen Dev...	AAREFT07	AAREFT08	AAREFTOD	AAREFTOD

Abbildung 5.63 Customizing der Kontierungsreferenzumbuchung

Abhängigkeiten vom Vorzeichen

Bei Aktivbeständen hat der Buchwert immer ein positives Vorzeichen, sodass Sie keine Angaben zu den Fortschreibungsarten für die Umbuchung eines Habensaldos zu machen brauchen. Umgekehrtes gilt natürlich für Passivbestände. Es gibt aber auch Kontosymbole, die gleichzeitig beide Vorzeichen haben können. Eigenkapitalrückstellungen, wie sie nach IFRS für Bestände bestimmter Haltekategorien vorkommen, können grundsätzlich beide Vorzeichen haben und in Bestands- und Hauswährung sogar unterschiedliche Vorzeichen. Für die zugehörigen Kontosymbole müssen Sie also alle vier Fortschreibungsarten angeben.

Erzeugte Bewegungen

Für jedes Kontosymbol erzeugt das System eine Aus- und eine Einbuchungsbewegung. Für den Fall, dass die Beträge in Bestands- und Bewertungswährung unterschiedliche Vorzeichen haben, erhalten Sie jeweils zwei Bewegungen. Sie können allerdings nur Beträge von Konten der Bilanz umbuchen. Umbuchungen in der GuV sind nicht möglich.

[!]

Kontosymbol und Komponente

Im Muster-Customizing ist nur ein Kontosymbol eingerichtet, das den gesamten Buchwert repräsentiert. Damit bucht das System den gesamten Buchwert auch mit einer Bewegung um. Halten Sie sich bei der Einrichtung Ihres Systems an diese Vorgehensweise. Versuche, Umbuchungsbewegungen für andere Komponenten zu erzeugen, indem Sie Kontosymbole für jede Komponente einrichten, führen zu massiven Umstellungen an anderer Stelle des Customizings, besonders bei der Kontenfindung abgeleiteter Geschäftsvorfälle.

5.4.6 Intrakonzerngeschäfte

Verschiedene Rechnungslegungsvorschriften schreiben vor, Erfolge aus Geschäften innerhalb eines Konzerns anders als die normalen Erfolge zu betrachten.

Normalerweise schließt eine Firma Geschäfte mit externen Geschäftspartnern ab. Es kann aber auch vorkommen, dass zum Beispiel Wertpapiergeschäfte zwischen Firmen innerhalb eines Konzerns vereinbart werden. Solche Geschäfte werden als *Intrakonzerngeschäfte* bezeichnet. Verschiedene Rechnungslegungsvorschriften fordern in diesem Fall eine unterschiedliche Behandlung von Gewinnen und Verlusten im Vergleich zu Geschäften mit externen Geschäftspartnern. Als Beispiel können wir US GAAP oder IFRS nehmen: Für diese Rechnungslegungsvorschriften sollte der Käufer einen Wertpapierkauf so einbuchen, als ob die Wertpapiere nicht den Konzern verlassen hätten. Das heißt, in dem kaufenden Buchungskreis werden Gewinn und Verlust des Verkäufers auf ein Konsolidierungserfolgskonto gebucht und dazu entsprechend zwischen nicht realisiertem Erfolg und Bestandskonto verteilt. Damit entstehen aus Konzernsicht keine Gewinne oder Verluste.

Erzeugung und Bearbeitung von Intrakonzerngeschäften

Die Intrakonzerngeschäfte legen Sie zuerst als normale Verkäufe und Käufe von Wertpapieren mit entsprechenden Geschäftspartnern im System an. Die Einstellung zum Geschäftspartner beschreiben wir später in diesem Abschnitt. Danach erfolgen die Abrechnung und Buchung.

Den Kauf und den Verkauf verknüpfen Sie mit der Transaktion INTRAKONZERNGESCHÄFTE BEARBEITEN (Transaktion TRIG_IGT). Sie finden diese Transaktion im Menü unter TRANSACTION MANAGER • WERTPAPIERE • BUCHHALTUNG • INTRAKONZERNHANDEL. Im Selektionsbild geben Sie die Selektionsparameter für die Verkauf- und Kaufseite ein. Abbildung 5.64 zeigt die Liste mit dem Arbeitsvorrat, in der Sie die entsprechenden Geschäfte verknüpfen können.

Abbildung 5.64 Arbeitsvorrat der Intrakonzerngeschäfte

Wenn Sie den Button BEARBEITEN anklicken, gelangen Sie in das folgende Bild, in dem Sie die Intrakonzerngeschäftsvorfälle noch einmal manuell anpassen können (siehe Abbildung 5.65).

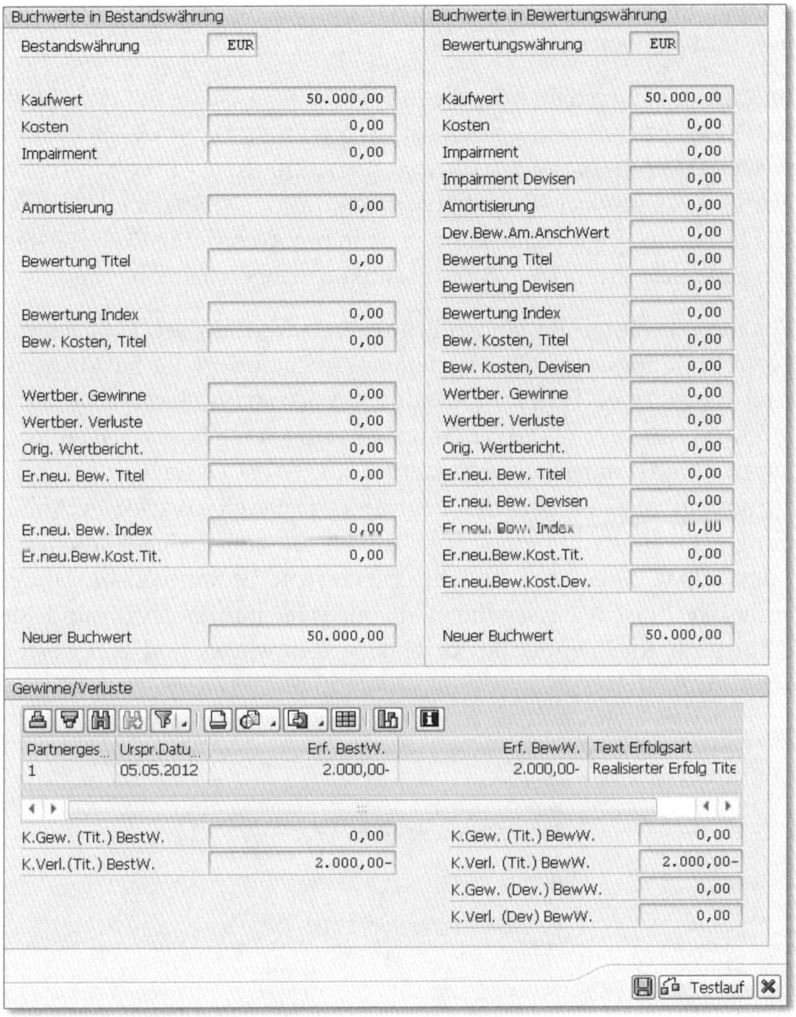

Abbildung 5.65 Buchwerte der Intrakonzerngeschäfte bearbeiten

Geschäftspartner einstellen

Beim Einstellen der Intrakonzerngeschäfte ist es zuerst nötig, die Stammdaten der entsprechenden Geschäftspartner zu pflegen. Dazu geben Sie in der Transaktion GESCHÄFTSPARTNER BEARBEITEN (Transaktion BP) den Geschäftspartner ein und wählen die Rolle KONTRAHENT aus. Zuerst müssen Sie den Geschäftspartner als relevant für Intrakonzerngeschäfte markieren. Sie wählen den Buchungskreis aus, und auf der Registerkarte MELDEDATEN BUKRS geben Sie den Wert VERBUNDENES UNTERNEHMEN im Feld UBEZIEHUNG ein. Danach ordnen Sie die Partnergesellschaft dem Geschäftspartner zu. Diese Einstellung gehört zu den allgemeinen Daten. Auf der Registerkarte

Steuerung geben Sie die entsprechende Partner-Gesellschaftsnummer im Feld Partnergesellschaft ein.

Im Customizing schalten Sie die Intrakonzerngeschäfte mit der Aktivität Transaction Manager • Allgemeine Einstellungen • Buchhaltung • Einstellungen zum Intrakonzernhandel • Bewertungsbereiche als relevant für Intrakonzernhandel kennzeichnen aktiv. Die Intrakonzerngeschäfte können dann pro Accounting-Kreis, Bewertungsbereich, Produkttyp bzw. Produktart eingeschaltet werden.

Für die relevanten Bestandsführungsverfahren müssen Sie auch die Fortschreibungsarten für abgeleitete Geschäftsvorfälle im Customizing unter Transaction Manager • Allgemeine Einstellungen • Buchhaltung • Abgeleitete Geschäftsvorfälle • Fortschreibungsarten • Fortschreibungsarten für abgeleitete Geschäftsvorfälle zuordnen pflegen. Auf der Registerkarte Intrakonzern in Abbildung 5.66 und Abbildung 5.67 finden Sie zuerst den Bildbereich Rücknahme Kaufwert vor Klassifikation Intrakonzern. Dieser enthält technische Bewegungen, die nicht buchungsrelevant sind. Sie dienen zur Rücknahme des originalen Kaufwertes und von Kosten aus dem Kauf.

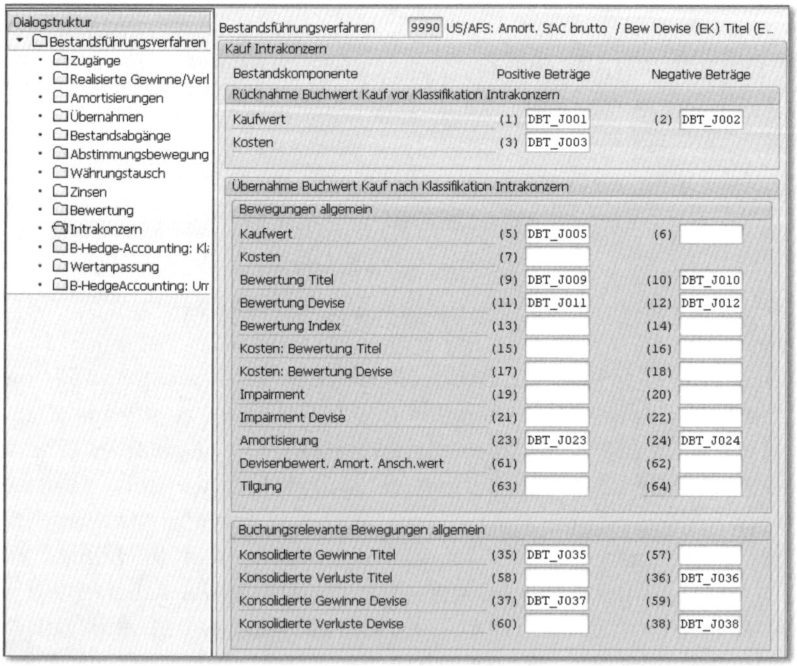

Abbildung 5.66 Abgeleitete Geschäftsvorfälle der Intrakonzerngeschäfte pflegen, oberer Bereich

In dem Bildbereich ÜBERNAHME KAUFWERT NACH DER KLASSIFIKATION INTRAKONZERN pflegen Sie zuerst BEWEGUNGEN ALLGEMEIN. Diese dienen zur Übernahme der Bestandswerte des Verkaufsbestands auf den Kaufbestand. Diese Bewegungen sind nicht buchungsrelevant.

Außerdem finden Sie in diesem Bildbereich BUCHUNGSRELEVANTE BEWEGUNGEN ALLGEMEIN. Diese Fortschreibungsarten sind buchungsrelevant und werden je nach Richtung auf nicht konsolidierte GuV gegen Bestandskonto oder umgekehrt gebucht.

Unter BUCHUNGSRELEVANTE BEWEGUNGEN BEI BUCHUNG GEGEN KONSOLIDIERTE ERFOLGE pflegen Sie Fortschreibungsarten, um die erfolgsneutralen Bewertungen, die durch den Verkauf realisiert wurden, auf die konsolidierte GuV zu buchen (siehe Abbildung 5.67). Das Buchungsschema ist KONSOLIDIERTE GEWINNE GEGEN ERFOLGSNEUTRALE BEWERTUNG oder umgekehrt.

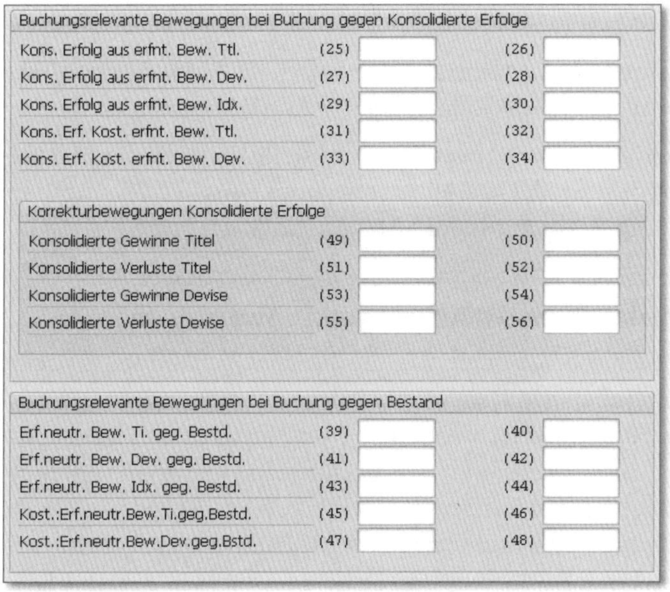

Abbildung 5.67 Abgeleitete Geschäftsvorfälle der Intrakonzerngeschäfte pflegen, unterer Bereich

Es kann auch vorkommen, dass erfolgsneutrale Bewertungen und realisierte Erfolge eine andere Richtung haben, z.B. realisierter Gewinn und erfolgsneutrale Abschreibung. Dann kommen die KORREKTURBEWEGUNGEN KONSOLIDIERTE ERFOLGE zum Einsatz, die den kleineren Saldo aus einem Konsolidierungserfolgskonto auf andere umbuchen. Diese Fortschreibungsarten sind nur dann relevant, wenn der Verkäufer die erfolgsneutralen Bewertungen nicht beim Verkauf auflöst – siehe Parameter BEHANDLUNG ERFOLGSNEUTRALER BEWERTUNGEN BEI BESTANDSABGANG im Bestandsführungsverfahren (siehe Abschnitt 5.3.6). Wenn dieser Parameter gesetzt ist, werden die Fortschreibungsarten für BUCHUNGSRELEVANTE BEWEGUNGEN BEI BUCHUNG GEGEN BESTAND verwendet.

5.5 Beispielszenarien

In den vorangegangenen Abschnitten haben wir die Grundlagen und Prozesse inklusive des entsprechenden Customizings der Bestandsverwaltung beschrieben. In diesem Abschnitt möchten wir anhand zweier Beispielszenarien die Einstellungen der internen Bestandsführung noch einmal betrachten, um die Darstellung der Zusammenhänge zwischen der einzelnen Customizingaktivitäten zu vertiefen:

1. Wir beschreiben Customizing der internen Bestandsverwaltung für eine Anleihe in der Haltekategorie *Available for Sale*.
2. Wir beschreiben die notwendigen Einstellungen für die parallele Rechnungslegung der Darlehen mit annuitätischer Tilgung oder Ratentilgung aus dem Modul SAP Loans Management.

5.5.1 Anleihe in der Haltekategorie »Available for Sale«

Beschreibung

In diesem Szenario möchten wir die Bestandsverwaltung für eine Anleihe mit endfälliger Tilgung einstellen. Bei diesem Bestand werden die Wertänderungen sowohl in der GuV als auch im Eigenkapital ausgewiesen. Sie amortisieren den Buchbestand gemäß der Effektivzinsmethode. Die Effekte aus den Marktkursschwankungen sollen in das Eigenkapital gebucht werden. Die Bestandswährung kann sich von der Bewertungswährung unterscheiden; für den Bestand kann ein Impairment gebildet werden.

Amortisierung

Fangen wir mit dem Customizing des Amortisierungsverfahrens an. Sie wollen ein Amortisierungsverfahren für die Effektivzinsmethode einstellen (siehe Abbildung 5.68). Dazu wählen Sie im Feld BERECHNUNGSTYP den Wert SAC, stellen im Feld AMORTISIERUNG BIS die AMORTISIERUNG BIS ZUM LAUFZEITENDE ein und beziehen die Zinsen mit ein, indem Sie im Feld ZINSEN BERÜCKSICHTIGEN den Wert EFFEKtivzins-Methode nach IAS 39 auswählen. Da Sie diese Methode ausgewählt haben, sollten Sie auch die Zinsabgrenzung einstellen (siehe Abschnitt 5.4.3, Überschrift »Amortisierung«).

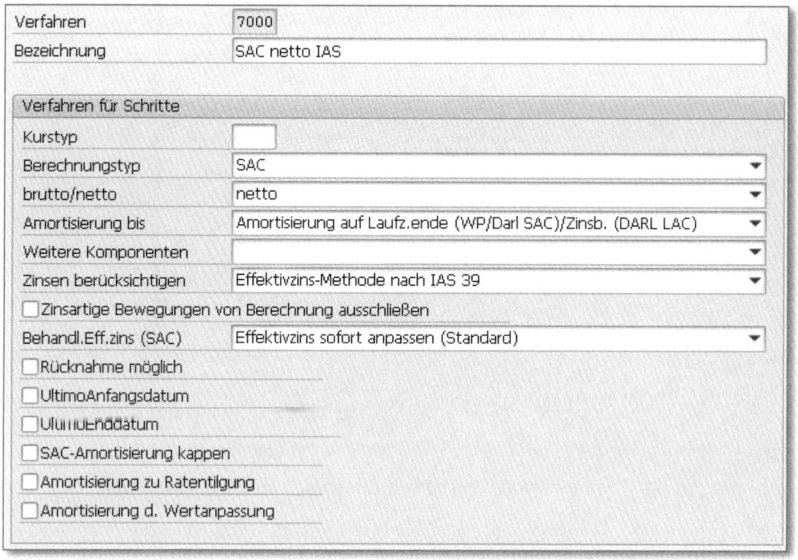

Abbildung 5.68 Amortisierungsverfahren SAC netto nach IAS 39

Titelbewertung

Bei der Titelbewertung werden im Gegensatz zur Amortisierung die Preiseffekte in das Eigenkapital gebucht (siehe Abbildung 5.69). Sie geben eine Kursart ein und stellen für die Felder Zuschreibungsregel und Abschreibungsregel eine Zu- bzw. Abschreibung auf Marktwert ein. Mit dem Wert Erfolge nicht realisieren im Feld Behandlung Erfolge erreichen Sie, dass Sie die Bewertungsergebnisse in das Eigenkapital buchen können. Zusätzlich können Sie auch das Kennzeichen Erfolge auflösen setzen.

Fremdwährungsbewertung

Sie müssen auch die Fremdwährungsbewertung einstellen, weil sich die Bestandswährung von der Bewertungswährung unterscheiden kann. Dazu brauchen Sie zwei Fremdwährungsbewertungsverfahren: Im ersten Verfahren geben Sie den Wert Amortisierter Anschaffungswert in das Feld zu bewertende Komponente (siehe Abbildung 5.45) ein, im zweiten Bewertungsverfahren ist es dann der Buchwert. Im zweiten Verfahren dürfen Sie die Erfolge nicht realisieren, und deshalb stellen Sie für das Feld Behandlung Erfolge den Wert Erfolge nicht realisieren ein.

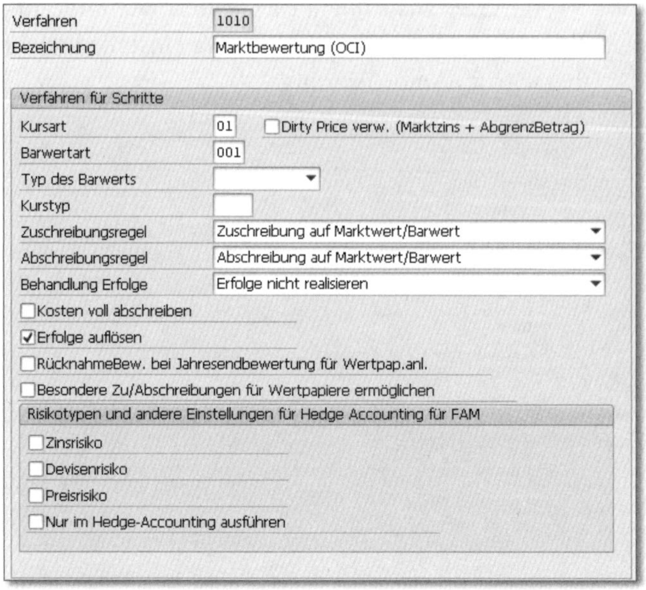

Abbildung 5.69 Titelbewertungsverfahren für erfolgsneutrale Bewertung

Impairmentverfahren

Als letztes Bewertungsverfahren pflegen Sie das Impairmentverfahren. Hier schalten Sie die die Parameter RÜCKNAHME DER DEVISENBEWERTUNG und IMPAIRMENT DEVISE BILDEN in Abbildung 5.56 ein.

Bestandsführungsverfahren

Abbildung 5.70 zeigt einen Ausschnitt aus dem Bestandsführungsverfahren. Der BESTANDSFÜHRUNGSTYP ist WERTPAPIERE/DARLEHEN/GELDHANDEL/HANDELBARE OPTIONEN NORMAL STYLE (OHNE INDEXANLEIHEN). Sie sehen vier Bewertungsschritte. Zuerst wird die Amortisierung durchgeführt, dann erfolgt die Fremdwährungsbewertung des amortisierten Anschaffungswertes. Die Ergebnisse dieser ersten beiden Schritte werden erfolgswirksam gebucht. Im dritten Schritt buchen Sie die kurzfristigen Preiseffekte ins Eigenkapital, und im letzten Schritt buchen Sie die Fremdwährungseffekte ebenfalls ins Eigenkapital.

Bei einem Verkauf kann es vorkommen, dass die bisherigen erfolgsneutralen Bewertungen eine andere Richtung haben als der realisierte Gewinn oder Verlust. Normalerweise würden Sie dann zwei Erfolgsbuchungen durchführen, aber durch das Kennzeichen ERFOLGSNEUTRALE BEWERTUNGEN GEGEN BESTAND AUFLÖSEN (siehe Abbildung 5.40) vermeiden Sie dies und buchen nur den Gesamteffekt auf ein Gewinn- oder Verlustkonto. Sie sollten auch die Customizing-Aktivität BESTANDSFÜHRUNGSVERFAHREN ZUORDNEN pflegen, sodass das Bestandsführungsverfahren den relevanten Beständen bei der Bestandsanlage zugeordnet wird.

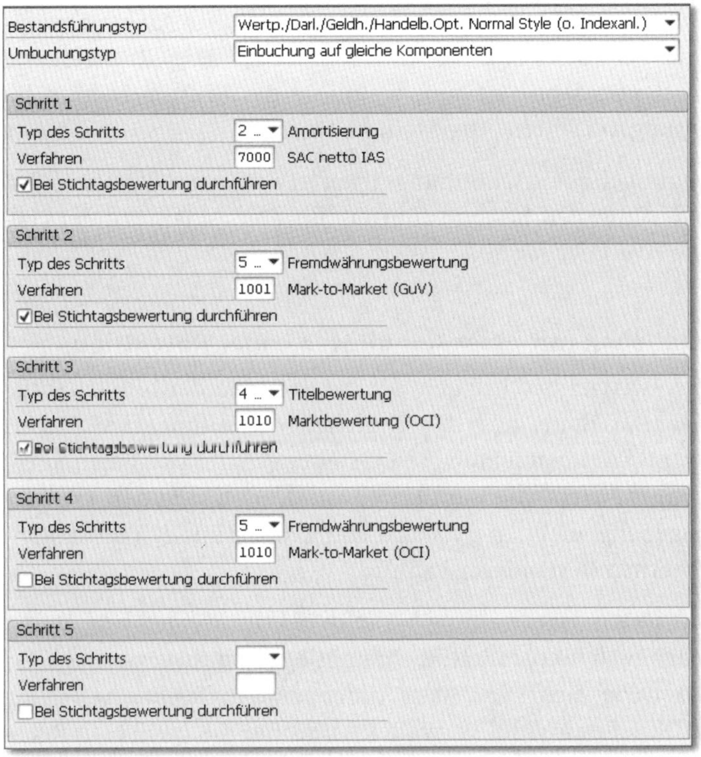

Abbildung 5.70 Bestandsführungsverfahren für die Haltekategorie »Available for Sale« (Ausschnitt)

Fortschreibungsarten pflegen

Im letzten Schritt pflegen Sie die Forstschreibungsarten. Zuerst pflegen Sie den Bestandsänderungstyp für die operativen Fortschreibungsarten in der Customizing-Aktivität AUSWIRKUNGEN DER FORTSCHREIBUNGSARTEN AUF DIE BESTANDSKOMPONENTEN FESTLEGEN.

Neben den operativen Fortschreibungsarten müssen Sie auch die Fortschreibungsarten für die Bewertung und die abgeleiteten Geschäftsvorfälle zuordnen. Die Zuordnung für die Bewertung nehmen Sie unter BUCHHALTUNG • STICHTAGSBEWERTUNG • FORTSCHREIBUNGSARTEN • FORTSCHREIBUNGSARTEN FÜR BEWERTUNG ZUORDNEN vor. Hier pflegen Sie die entsprechenden Fortschreibungsarten auf den Registerkarten TITELBEWERTUNG, FREMDWÄHRUNGSBEWERTUNG, AMORTISIERUNG und IMPAIRMENT. Zusätzlich zu der Bewertung müssen Sie die Fortschreibungsarten für die abgeleiteten Geschäftsvorfälle unter BUCHHALTUNG • ABGELEITETE GESCHÄFTSVORFÄLLE • FORTSCHREIBUNGSARTEN • FORTSCHREIBUNGSARTEN FÜR ABGELEITETE GESCHÄFTSVORFÄLLE ZUORDNEN pflegen. Hier sind für uns fünf Registerkarten relevant: ZUGÄNGE, REALISIERTE GEWINNE, AMORTISIERUNGEN, UMBUCHUNGEN und BESTANDSABGÄNGE. Die Registerkarte ZUGÄNGE ist nur dann relevant, wenn Sie das Bruttoverfahren im Amortisierungsverfahren eingestellt haben.

Die Zuordnung der Fortschreibungsarten ist der letzte Schritt im Customizing der internen Bestandsführung für eine Anleihe in der Haltekategorie *Available for Sale.*

5.5.2 Darlehen mit einer Annuitäten- oder Ratentilgung

Beschreibung

Im zweiten Beispiel beschreiben wir das Szenario der Implementierung eines Darlehens aus der Darlehensverwaltung (SAP Loans Management). Wir betrachten die Einstellungen der parallelen Rechnungslegungen, zuerst die Einführung von Darlehen in den Transaction Manager allgemein, und danach widmen wir uns den Einstellungen der internen Bestandsverwaltung.

Darlehensverwaltung und Transaction Manager

Die interne Bestandsverwaltung bietet Ihnen die Möglichkeit, Darlehensverträge auch für parallele Rechnungslegungen zu verwalten. Das Standardszenario sieht vor, dass die operative Rechnungslegung direkt im Darlehensmodul verwaltet wird, und die parallelen Rechnungslegungen dann im Transaction Manager geführt werden. Es gibt auch andere Szenarien, allerdings gilt immer, dass die Darlehensverwaltung wenigstens die offenen Posten der Finanzbuchhaltung verwalten muss. Mehr Informationen dazu finden Sie in Kapitel 6, »Integration mit anderen Modulen«. Die Darlehensverwaltung binden Sie in zwei Schritten an die interne Bestandsführung an. Im ersten Schritt müssen Sie das notwendige Customizing pflegen. Im zweiten Schritt werden die Buchbestände der einzelnen Bewertungsbereiche initialisiert. Detaillierte Informationen zur Initialisierung finden Sie in Kapitel 15, »Integrations- und Systemwerkzeuge«.

Customizing in der Darlehensverwaltung

Fangen wir mit dem Customizing an. Zuerst pflegen Sie die allgemeinen Einstellungen der Darlehensverwaltung in Bezug auf parallele Bewertungsbereiche unter SAP BANKING • DARLEHENSVERWALTUNG • GRUNDEINSTELLUNGEN • PARALLELE BEWERTUNGSBEREICHE. Sie können unter anderem Ihre Einstellungen überprüfen, Testinitialisierungen durchführen oder sich das Initialisierungsdatum pro Buchungskreis anzeigen lassen (siehe Abbildung 5.71).

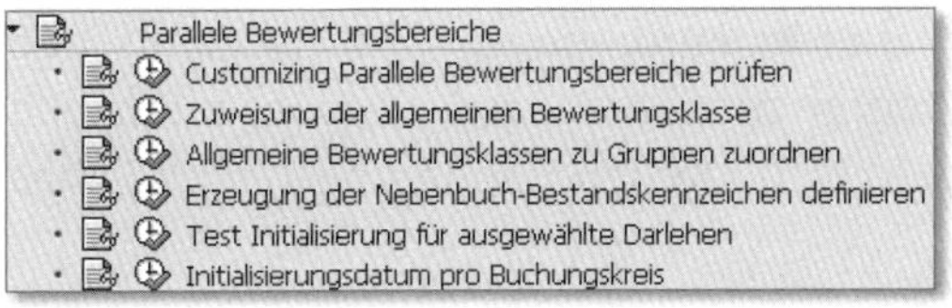

Abbildung 5.71 Customizing der Darlehensverwaltung für parallele Bewertungsbereiche

Allgemeine Bewertungsklasse

Ein wichtiges Merkmal im Hinblick auf die parallele Rechnungslegung ist die allgemeine Bewertungsklasse. Jedem Darlehensvertrag muss eine allgemeine Bewertungsklasse zugeordnet sein. Dazu können Sie die allgemeine Bewertungsklasse pro Produktart mit der Customizing Aktivität SAP BANKING • DARLEHENSVERWALTUNG • GESCHÄFTSVERWALTUNG • BUCHUNGSKREISABHÄNGIGE EINSTELLUNGEN ZUR PRODUKTART zuordnen. Dieser Wert gilt dann als Vorschlagswert beim Anlegen eines neuen Vertrags. Mit der Customizing-Aktivität SAP CUSTOMIZING • SAP BANKING • DARLEHENSVERWALTUNG • GRUNDEINSTELLUNGEN • PARALLELE BEWERTUNGSBEREICHE • ZUWEISUNG DER ALLGEMEINEN BEWERTUNGSKLASSE können Sie die allgemeine Bewertungsklasse in die existierenden Verträge eintragen.

Abschließend müssen Sie die Fortschreibungsarten definieren und den Bewegungsarten zuordnen. Das können Sie im Customizing unter SAP BANKING • DARLEHENSVERWALTUNG • GESCHÄFTSVERWALTUNG • FORTSCHREIBUNGSARTEN erledigen.

Customizing in der internen Bestandsverwaltung

Allgemeine Einstellungen

Nachdem Sie das Customizings der Darlehensverwaltung eingestellt haben, können Sie nun mit der Konfiguration des Customizings in der Bestandsverwaltung beginnen. Zuerst müssen Sie einstellen, in welchen (parallelen) Bewertungsbereichen Darlehensverträge verwaltet werden sollen. Darlehensbestände können in allen Bewertungsbereichen verwaltet werden, ausgenommen ist der zahlende Bewertungsbereich. Dafür schließen Sie die Produktgruppe DARLEHEN aus dem zahlenden Bewertungsbereich mit der Customizing-Aktivität BUCHHALTUNG • ORGANISATION • AUSZUSCHLIESSENDE PRODUKTGRUPPEN, -TYPEN UND -ARTEN aus.

Darüber hinaus müssen Sie die Bestandsänderungstypen den Fortschreibungsarten im Customizing unter BUCHHALTUNG • EINSTELLUNGEN ZUR BESTANDSFÜHRUNG • AUSWIRKUNGEN DER FORTSCHREIBUNGSARTEN AUF DIE BESTANDSKOMPONENTEN FESTLEGEN zuordnen. Wie bereits erwähnt, sollten die Ratentilgungen dem Bestandsänderungstyp 1023 TILGUNG EINBUCHEN (NEGATIV) zugeordnet haben, siehe Abschnitt 5.3.1, Überschrift »Bestandsänderungstyp und abgeleitete Geschäftsvorfälle«.

Bestandsführungsverfahren

In Abbildung 5.72 sehen Sie das Bestandsführungsverfahren für unser Szenario. Der BESTANDSFÜHRUNGSTYP ist WERTPAPIERE/DARLEHEN MIT RATENTILGUNG (OHNE INDEXANLEIHEN), damit die Ratentilgungen entsprechend verarbeitet werden. Sie sehen auch zwei Bewertungsschritte, nämlich eine Amortisierung und eine Fremdwährungsbewertung.

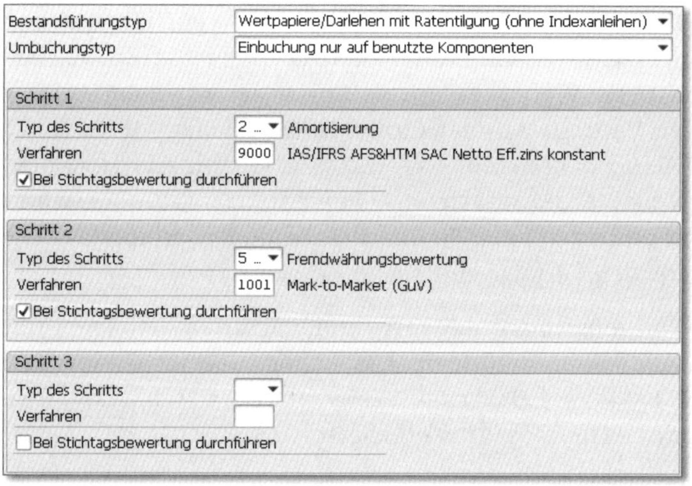

Abbildung 5.72 Bestandsführungsverfahren für Darlehen mit Ratentilgung

Als Nächstes müssen Sie das Bestandsführungsverfahren den relevanten Buchbeständen zuordnen. Das machen Sie im Customizing unter BUCHHALTUNG • EINSTELLUNGEN ZUR BESTANDSFÜHRUNG • BESTANDSFÜHRUNGSVERFAHREN ZUORDNEN. Hier können Sie zum Beispiel das Bestandsführungsverfahren auf Basis des Bewertungsbereichs, des Produkttyps oder der Produktart zuordnen.

Bewertungsverfahren

Das Bestandsführungsverfahren enthält die beiden Bewertungsschritte AMORTISIERUNG und FREMDWÄHRUNGSBEWERTUNG. Für die Amortisierung von Darlehensbeständen sind zwei Einstellungen wichtig (siehe Abbildung 5.73): Zum einen ist es die Einstellung Amortisierung bis zum Festschreibungsende im Feld Amortisierung bis. Zum anderen können Sie keine Stückzinskorrektur für Darlehen auswählen, also müssen Sie entweder Zinsen nicht einbeziehen oder Effektivzins-Methode nach IAS 39 im Feld Zinsen berücksichtigen auswählen.

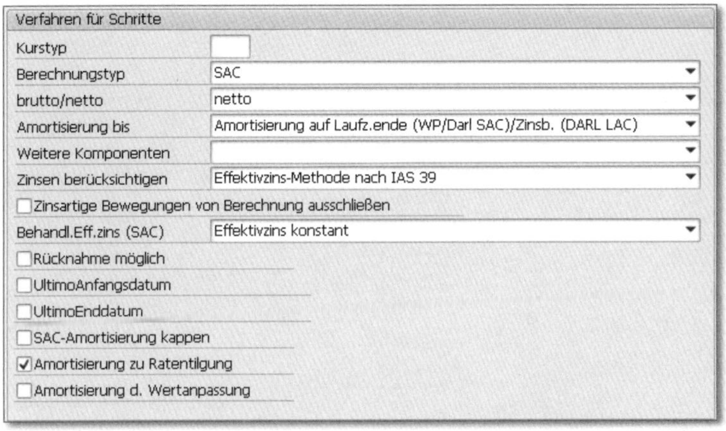

Abbildung 5.73 Amortisierungsverfahren für Darlehensbestände

Die Fremdwährungsbewertung basiert auf dem Amortisierten Anschaffungswert, also tragen Sie den Wert Amortisierter Anschaffungswert in das Feld zu bewertende Komponente (siehe Abbildung 5.45) ein. Die Bewertungsergebnisse buchen Sie in GuV. Als letzten Schritt stellen Sie wieder ein Impairmentverfahren ein. Sie geben die Parameter Kurstyp und Kurs-/Barwertart ein und legen den Wert Buchkurs als Umrechnungskurs fest. Dazu schalten Sie das Devisenimpairment ein.

Fortschreibungsarten zuordnen

Schließlich müssen Sie auch die relevanten Fortschreibungsarten für die Bewertung im Customizing unter Stichtagsbewertung • Fortschreibungsarten • Fortschreibungsarten für Bewertung zuordnen und die abgeleiteten Geschäftsvorfälle im Customizing unter Abgeleitete Geschäftsvorfälle • Fortschreibungsarten • Fortschreibungsarten für abgeleitete Geschäftsvorfälle zuordnen pflegen.

Mit dem Customizing in SAP Loans Management und im Transaction Manager haben Sie die parallele Rechnungslegung für die Darlehensverträge erfolgreich eingestellt.

Integration ist ein sehr gewichtiges Argument für SAP-Software, auch für SAP Treasury and Risk Management. Bei einer Entscheidung zwischen Software von Spezialanbietern und SAP geht es häufig darum, die Vorteile spezieller Funktionen gegen die einer wartungsarmen und stabilen Integration abzuwägen.

6 Integration mit anderen Modulen

Eine der Stärken von SAP Treasury and Risk Management gegenüber vergleichbarer Software von Spezialanbietern ist die Integration mit anderen SAP-Modulen. Von besonderer Bedeutung ist dabei sicherlich die Integration in das SAP-Hauptbuch. Die Finanzbuchhaltung ist im SAP-System nicht nur für das Hauptbuch im engeren Sinne verantwortlich, sondern auch für die Abwicklung von Zahlungen, die aus anderen Modulen stammen.

Diese enge Verbindung von Buchen und Zahlen hat auch Auswirkungen auf den Transaction Manager. Es muss einen Bewertungsbereich geben, der als zahlender Bewertungsbereich gekennzeichnet ist. Diesen Bewertungsbereich werden wir in Abschnitt 6.1 beschreiben. Abschnitt 6.2 wendet sich dann der Integration mit dem Hauptbuch zu und beschreibt ausführlich die Kontenfindung in verschiedenen Szenarien. Das Zahlen behandeln wir in Abschnitt 6.3. Dabei gehen wir auch auf die Möglichkeit ein, Zahlungen über das Modul SAP In-House Cash abzuwickeln.

Bevor es zum Zahlen kommt, muss sich jede Treasury-Abteilung erst einmal einen Überblick über die Liquidität des Unternehmens verschaffen. Hierzu dient das Modul SAP Cash and Liquidity Management, das auch mit Informationen aus dem Transaction Manager versorgt wird. Dies beschreiben wir in Abschnitt 6.4.

Institutionen im öffentlichen Dienst stellen besondere Anforderungen an die Verwaltung ihrer kurz- und langfristigen Anlagen. Um diesen Anforderungen nachzukommen, bietet Ihnen die Business Function `FIN_TRM_PSM_INTEGRATION` eine Integration des Transaction

Managers mit dem Haushaltsmanagement (PSM-FM) und Fördermittelmanagement (PSM-GM) des Public Sector Managements (PSM) an. Mit dieser Integration werden das Haushaltsmanagement (Funds Management) und das Fördermittelmanagement (Grants Management) mit dem Transaction Manager über die Kontierungsobjekte Fonds und Förderung verknüpft. Darüber hinaus unterstützt der Transaction Manager eine Verwaltung von Investitionspools und Poolteilnehmern. Wir beschreiben die Integration mit dem Public Sector Management in Abschnitt 6.5.

Integration ist schließlich auch bei vielen gesetzlich geforderten Berichten wichtig. Im Umfeld von Finanzinstrumenten müssen besonders Versicherungen detaillierte Auskünfte über ihre Bestände geben. Die Anforderungen des deutschsprachigen Raums werden durch das versicherungsaufsichtsrechtliche Meldewesen abgedeckt. Abschnitt 6.6 beschreibt kurz die Integration mit dem Transaction Manager.

6.1 Zahlender Bewertungsbereich

Im Transaction Manager sind in der Regel, wie im SAP-System ganz allgemein, Buchen und Zahlen miteinander verknüpft. Doch der Transaction Manager bietet Ihnen zusätzlich die Möglichkeit, das Zahlen und Buchen voneinander zu trennen. Schon das Anstoßen des Zahlungsprozesses fixiert den Geschäftsvorfall operativ. Während des Buchens geht der Geschäftsvorfall im Transaction Manager mit seinen Bewegungen in den Status *gebucht* über und ist nicht mehr änderbar. Auch die Beträge in Hauswährung stehen dann fest. Die Vorgehensweise für beide Verfahren beschreiben wir in Abschnitt 6.2.1.

Parallele Bewertungsbereiche

Die Verknüpfung von Buchen und Zahlen wirkt sich aus Sicht des Hauptbuchs nicht nur auf den Zeitpunkt der Umrechnung von Bestands- in Hauswährung aus. Es ist auch wichtig, auf die Konsequenzen dieser Verknüpfung für die parallele Rechnungslegung einzugehen. In Kapitel 5, »Bestandsverwaltung«, haben wir erläutert, dass die Bestandsverwaltung des Transaction Managers parallele Rechnungslegungen durch die Bewertungsbereiche unterstützt. Dabei verwendet die Bestandsverwaltung einen Vollansatz, d.h., dass für jeden Geschäftsvorfall in jedem Bewertungsbereich ein eigener Beleg erzeugt wird.

Der zahlende Bewertungsbereich

Nun muss das System sicherstellen, dass ein Geschäftsvorfall zu höchstens einer Zahlung führt, selbst wenn er sich in mehreren Belegen je Rechnungslegung niederschlägt. Aus diesem Grund zeichnet der Transaction Manager einen Bewertungsbereich als den *zahlenden Bewertungsbereich* aus. Ausschließlich aus diesem Bewertungsbereich können Sie Zahlungen anstoßen.

Den zahlenden Bewertungsbereich müssen Sie einmalig bei der Einführung des Transaction Managers festlegen. Zuerst definieren Sie die Bewertungsbereiche im Customizing unter TRANSACTION MANAGER • ALLGEMEINE EINSTELLUNGEN • BUCHHALTUNG • ORGANISATION • BEWERTUNGSBEREICHE DEFINIEREN. Anschließend führen Sie den Report `RTPM_TRG_SET_PAY_VAL_AREA` aus, mit dem Sie den zahlenden Bewertungsbereich festlegen. Ansonsten sind alle Bewertungsbereiche des Transaction Managers in ihrem Funktionsumfang völlig identisch.

[!]

Änderung des zahlenden Bewertungsbereichs

Der zahlende Bewertungsbereich wird einmalig festgelegt. Später können Sie ihn nicht mehr ändern.

Darlehen

Der zahlende Bewertungsbereich spielt auch eine Sonderrolle bei der Integration mit der Darlehensverwaltung, dem Modul *SAP Loans Management*. Wie in Kapitel 5, »Bestandsverwaltung«, erwähnt wurde, können Sie die Bestandsverwaltung des Transaction Managers verwenden, um parallele Rechnungslegungen für Darlehen abzubilden. Die Darlehensverwaltung SAP Loans Management erzeugt in jedem Fall eigene Buchhaltungsbelege. In der Bestandsverwaltung des Transaction Managers nehmen Sie deshalb Darlehen vom zahlenden Bewertungsbereich aus, damit hier nur weitere parallele Sichten fortgeschrieben werden. Die Darlehensverwaltung deckt mit ihrer Bewertungsfunktionalität jedoch nicht alle Rechnungslegungsvorschriften ab, insbesondere nicht IFRS (International Financial Reporting Standards). Das bedeutet, dass Sie im Falle von IFRS als führender Rechnungslegung spezielle Einstellungen in der Darlehensverwaltung und dem Transaction Manager vornehmen müssen. Die Darlehensverwaltung verwaltet in diesem Fall nur die offenen Posten, der Transaction Manager übernimmt die Bewertung auch in dem operativen Bewertungsbereich. Das bedeutet, bis auf die Verwaltung der offenen Posten ist das Customizing für die Darlehensverträge in dem zahlenden Bewertungsbereich ähnlich wie in den anderen Finanzinstrumenten.

6.2 Finanzbuchhaltung

Von der Integration eines Treasury-Systems in das Hauptbuch erwarten Sie einerseits, dass die Daten beider Anwendungen ohne großen Aufwand synchron gehalten werden. Andererseits muss auch eine Trennung von Front- und Backoffice gewährleistet sein. Eingaben des Händlers dürfen also nicht unmittelbar zu Buchungen im Hauptbuch führen. Beides gewährleistet SAP Treasury and Risk Management. Wir beschreiben die Buchungsprozesse, das Customizing der Kontenfindung sowie das Zusammenspiel und Customizing zwischen Transaction Manager und der Finanzbuchhaltung im Hinblick auf parallele Rechnungslegungen.

6.2.1 Buchungsprozesse

Die Trennung von Front- und Backoffice verlangt nach expliziten Transaktionen, die eine Buchung anstoßen. Diese Transaktionen werden wir Ihnen nun systematisch vorstellen.

Buchungsfreigabe

Beginnen wir in der Geschäftsverwaltung. Die in Kapitel 3, »Geschäftsverwaltung«, geschilderten Funktionen und Statusübergänge eines Geschäfts führen nie zu einer Buchung in das Hauptbuch, obwohl sie möglicherweise die Buchbestände verändern. Bestimmte Status erlauben sogar grundsätzlich keine Buchung im Hauptbuch Zum Beispiel kann ein Geschäft im Vorgang VERTRAG nicht gebucht werden, wenn auch eine Vertragsabrechnung vorgesehen ist.

Zusätzlich können Sie eine explizite *Buchungsfreigabe* erforderlich machen. Dies bedeutet, dass ein zweiter Bearbeiter die Bewegungen eines Geschäfts kontrollieren muss, bevor sie in die Finanzbuchhaltung fortgeschrieben werden können. Auf diese Weise können Sie die Trennung zwischen Front- und Backoffice verstärken oder zusätzliche Kontrollen in Ihrer Treasury-Abteilung einführen.

Customizing Buchungsfreigabe

Wenn Sie die Buchungsfreigabe als zusätzlichen Schritt in der Bearbeitung eines Geschäfts einführen möchten, müssen Sie dies im Customizing der Geschäftsart angeben. Sie finden das Customizing unter TRANSACTION MANAGER • GELDHANDEL/DEVISEN/WERTPAPIERE/BÖRSENGEHANDELTE DERIVATE/OTC-DERIVATE • GESCHÄFTSVERWALTUNG • GESCHÄFTSARTEN.

Die eigentliche Freigabe erfolgt mithilfe der Transaktion MANUELLE BUCHUNGSFREIGABE (Transaktion TI90). Sie finden sie im Menü unter TRANSACTION MANAGER • GELDHANDEL/DEVISEN/DERIVATE/COMMODITIES/WERTPAPIERE • BUCHHALTUNG • BUCHUNG. Abbildung 6.1 zeigt die Transaktion, nachdem Sie Buchungskreis und Geschäftsnummer im Einstiegsbild eingegeben haben. Als Freigebender können Sie jede Bewegung einzeln oder auch gleich alle relevanten Bewegungen eines Geschäfts auswählen und zur Buchung freigeben. Selbstverständlich können Sie bereits freigegebene Bewegungen auch wieder sperren. Die entsprechende Transaktion MANUELLE BUCHUNGSSPERRE (Transaktion TI93) befindet sich im Menü gleich unter der Freigabe.

Freigabe durchführen

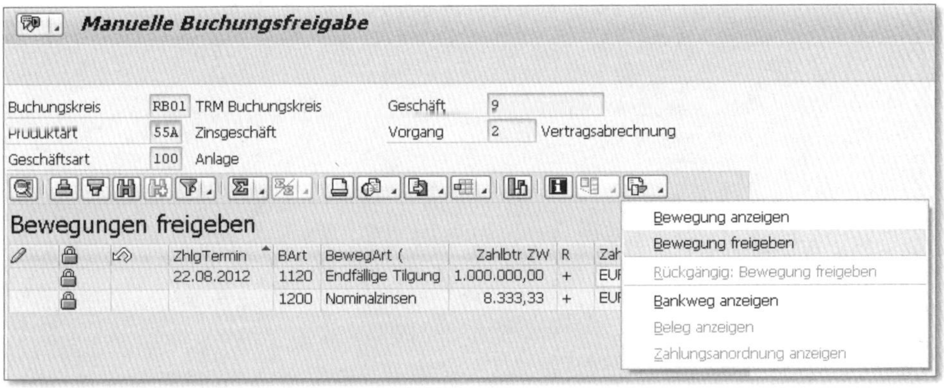

Abbildung 6.1 Manuelle Buchungsfreigabe nach Vier-Augen-Prinzip

Bewegungen der Geschäftsverwaltung buchen

Die Bewegungen der Geschäftsverwaltung buchen Sie mithilfe der Transaktion BEWEGUNGEN BUCHEN (Transaktion TBB1). Sie finden sie im Menü neben der gerade beschriebenen Buchungsfreigabe. Wie Sie in Abbildung 6.2 sehen, erlauben es die Selektionskriterien, einzelne Geschäfte und sogar in gewissem Umfang einzelne Bewegungen eines Geschäfts herauszugreifen. Zwei der Eingabekriterien verdienen es, besonders erwähnt zu werden. Sie müssen immer den Fälligkeitstermin (Feld BIS EINSCHLIESSLICH FÄLLIGKEIT in Abbildung 6.2) eingeben, bis zu dem Bewegungen gebucht werden. Grundlage für die Buchung ist also die Fälligkeit der Zahlung und nicht etwa das möglicherweise abweichende Bestandsdatum. Der Grund für diese Vorgehensweise ist, dass mit der Buchung auch die eventuell notwendige Zahlung angestoßen wird, aus operativer Sicht die wichtigere Aufgabe der Transaktion TBB1.

Bewegungen buchen

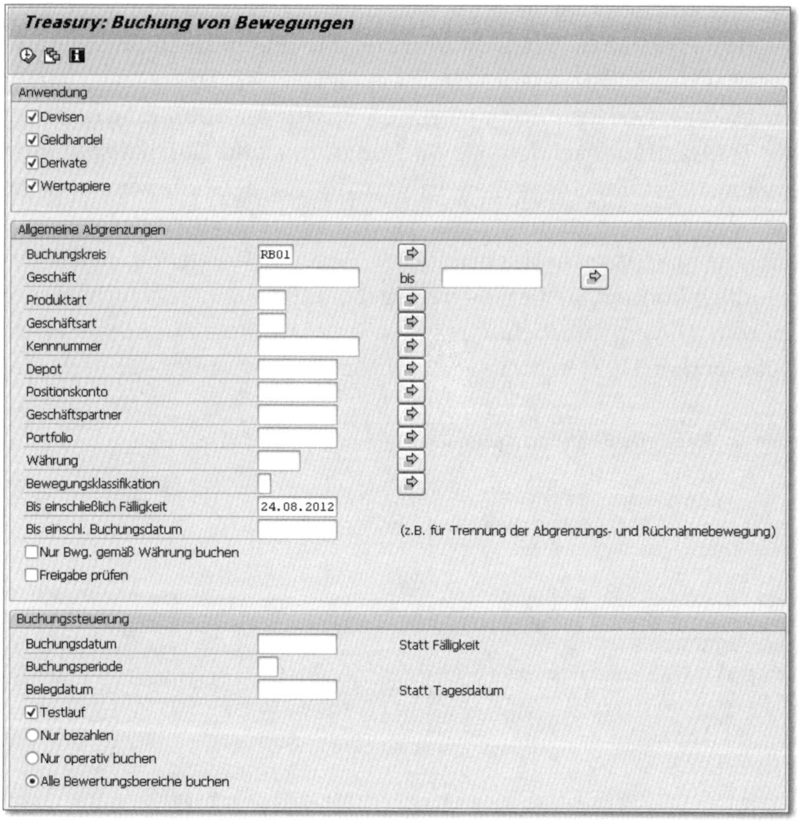

Abbildung 6.2 Selektionsbild der Transaktion »Bewegungen buchen« (Transaktion TBB1)

Das zweite Selektionskriterium, das in Abbildung 6.2 der Erklärung bedarf, ist die Auswahl zwischen den Radiobuttons NUR BEZAHLEN, NUR OPERATIV BUCHEN und ALLE BEWERTUNGSBEREICHE BUCHEN im Bildbereich BUCHUNGSSTEUERUNG. Die Auswahl ist vom gesamten Prozess für das Zahlen und das Buchen abhängig, deshalb werden wir die verschiedenen Prozessmöglichkeiten nacheinander diskutieren.

Option »Nur bezahlen«

Wenn Sie NUR BEZAHLEN auswählen, starten Sie den Zahlungsprozess, es erfolgt aber kein Buchen der entsprechenden Bewegungen. Die Option NUR BEZAHLEN hat den Vorteil, dass Sie den Zahlungsprozess rechtzeitig vor der eigentlichen Fälligkeit starten können. Gleichzeitig gibt es aber Beschränkungen in der Verwaltung der offenen Posten in der Finanzbuchhaltung. Den Zahlungsprozess betrachten wir im Detail in Abschnitt 6.3. Die Option NUR BEZAHLEN hat auch Auswirkungen in SAP Cash and Liquidity Management. Diese erläutern wir in Abschnitt 6.4.

Option »Nur operativ buchen«

Wenn Sie NUR OPERATIV BUCHEN wählen, erzeugt das System nur Buchhaltungsbelege für den zahlenden Bewertungsbereich und stößt gegebenenfalls den Zahlungsvorgang an. In den anderen Bewertungsbereichen gehen die entsprechenden Geschäftsvorfälle in den Status *zu fixieren* über. Die Bezeichnung dieses Status deutet darauf hin, dass die Fortschreibung in das Hauptbuch noch aussteht und erledigt werden muss. Die Geschäftsvorfälle im Status *zu fixieren* sind nicht mehr änderbar, Sie können nur ihren Status ändern. Die Transaktion zu diesem Status – *Geschäftsvorfälle fixieren, buchen stornieren* (Transaktion TPM10) – beschreiben wir im Detail im Abschnitt »Geschäftsvorfälle paralleler Bewertungsbereiche buchen und stornieren« in diesem Kapitel.

Option »Alle Bewertungsbereiche buchen«

Wenn Sie die Option ALLE BEWERTUNGSBEREICHE BUCHEN auswählen, werden die Bewegungen in allen Bewertungsbereichen fixiert, und damit ist das Buchen in allen Bewertungsbereichen abgeschlossen.

Zahlen und Buchen zusammen

Wenn Sie gleichzeitig zahlen und buchen möchten, führen Sie die Transaktion BEWEGUNGEN BUCHEN (Transaktion TBB1) mit den Optionen NUR OPERATIV BUCHEN oder ALLE BEWERTUNGSBEREICHE BUCHEN aus. Dann werden die Bewegungen gleichzeitig fixiert und gezahlt. Den Parameter BIS EINSCHLIESSLICH FÄLLIGKEIT sollten Sie auf das aktuelle Datum setzen.

Getrenntes Zahlen und Buchen

Wenn Sie das Zahlen und das Buchen trennen möchten, besteht der gesamte Prozess aus folgenden Schritten:

1. Zuerst führen Sie die Transaktion BEWEGUNGEN BUCHEN (Transaktion TBB1) mit der Option NUR BEZAHLEN aus. Den Parameter BIS EINSCHLIESSLICH FÄLLIGKEIT setzen Sie auf das aktuelle Datum plus z.B. zwei Geschäftstage in der Zukunft. Damit werden nur die zahlungsrelevanten Bewegungen selektiert und gezahlt.
2. Danach führen Sie die Transaktion BEWEGUNGEN BUCHEN (Transaktion TBB1) mit dem Parameter NUR OPERATIV BUCHEN oder ALLE BEWERTUNGSBEREICHE BUCHEN und mit dem aktuellem Datum im Parameter BIS EINSCHLIESSLICH FÄLLIGKEIT aus. Dadurch werden die nicht zahlungsrelevanten Bewegungen selektiert und fixiert.

Zum Zeitpunkt, an dem Sie die gezahlten Bewegungen fixieren wollen, führen Sie die Transaktion GESCHÄFTSVORFÄLLE FIXIEREN, BUCHEN

STORNIEREN (Transaktion TPM10) aus. Schließlich werden die vorher nur gezahlten Bewegungen fixiert.

Buchungsprotokoll

Die Transaktion BEWEGUNGEN BUCHEN (Transaktion TBB1) zeigt, wie alle buchenden Transaktionen, als Ergebnis ein *Buchungsprotokoll* an, das in Abbildung 6.3 zu sehen ist. Das Buchungsprotokoll bildet die wichtigsten Informationen zu den erzeugten Belegen ab, das Layout des Protokolls können Sie anpassen. Die Informationen zu einem Beleg sind auf zwei Ebenen verteilt. Die obere Ebene repräsentiert Informationen des Geschäftsvorfalls, etwa das BUCHUNGSDATUM oder die REFERENZNUMMER. Die untere Ebene bilden die Belegzeilen mit zusätzlichen Informationen zu den Bewegungen. Hier sind KONTEN, BELEGNUMMERN, FORTSCHREIBUNGSARTEN und auch Informationen zum Bestand wie die GESCHÄFTSNUMMER oder die KENNNUMMER angegeben. In Abbildung 6.3 wurden ein Zinsgeschäft und ein Wertpapierkauf gebucht. Sie erkennen, dass bei OTC-Geschäften eine Bewegung immer einem Geschäftsvorfall entspricht und bei Wertpapieren Geschäftsvorfälle zumeist mehrere Bewegungen haben.

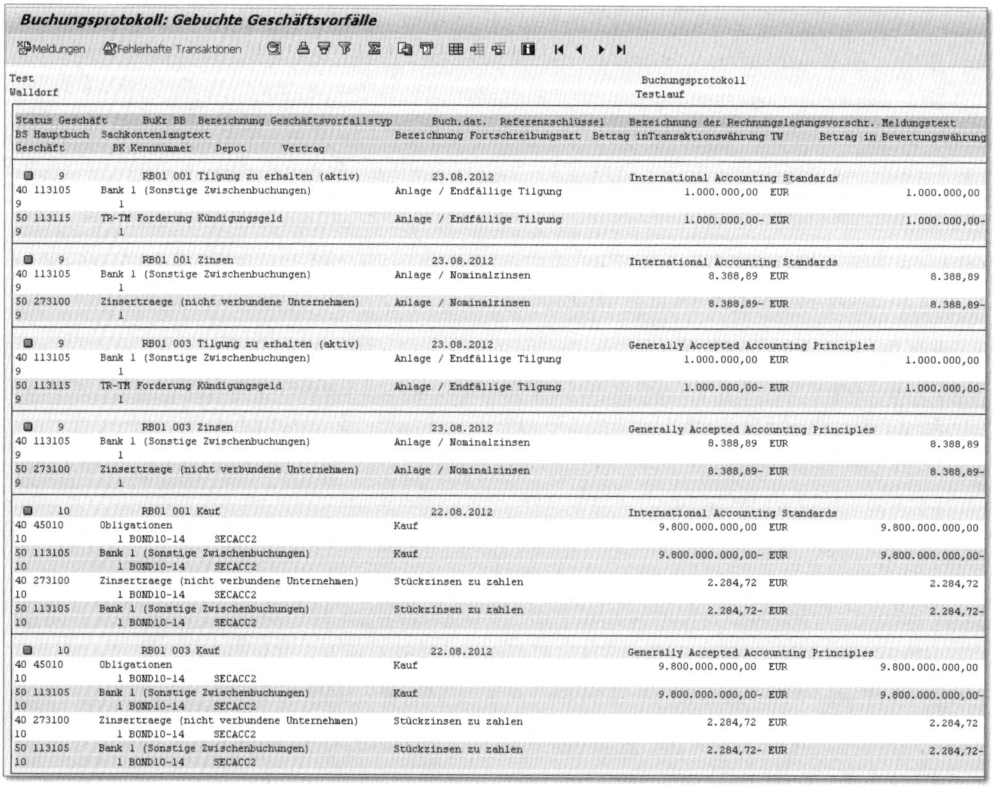

Abbildung 6.3 Buchungsprotokoll

Buchungsjournal

Das Buchungsprotokoll ist flüchtig, das System speichert es nicht ab. Sie können sich aber die gesamte Information des Buchungsprotokolls und weitere Informationen jederzeit mithilfe des BUCHUNGSJOURNALS (Transaktion TPM20) ansehen. Diese Transaktion finden Sie im Menü unter TRANSACTION MANAGER • GELDHANDEL/DEVISEN/DERIVATE/COMMODITIES/WERTPAPIERE/ FREMDFINANZIERUNG • INFOSYSTEM • BUCHHALTUNG. Das Buchungsjournal erlaubt Ihnen auch, eigene Anzeigevarianten zu hinterlegen. Wie Sie in Abbildung 6.4 sehen, ist das Buchungsjournal aus Belegzeilen aufgebaut. Die Abbildung zeigt die Belege einer Festgeldanlage in zwei Bewertungsbereichen (Spalte BB). Über die Belegnummer (Spalte BELEGNR) können Sie zum Hauptbuchbeleg navigieren. Über die Referenznummer (Spalte REFERENZSCHLÜSSEL) können Sie ebenfalls zum Hauptbuchbeleg springen, aber auch zu anderen Belegen im Umfeld des Hauptbuchs verzweigen, etwa zur Kostenrechnung oder zu Speziellen Ledgern. Der Button URSPRUNGS-GESCHÄFTSVORFALL bringt Sie in die jeweils passende Anzeigetransaktion für den Geschäftsvorfall, im Beispiel von Abbildung 6.4 zur Geschäftsverwaltung.

Buchungsjournal

Ursprungs-Geschäftsvorfall

Buchungsjournal

Buch.dat.	BuKr.	BB	PArt	Gesch...	KoRef	FArt	Sachkont...	Sachkontenlangtext	Betr BestW	BestW	Hausw.-Betrag	Haus...	Referenzschlüssel	Belegnr
22.03.2012	RB01	001	55A	9	10300	MM1100-	113115	TR-TM Forderung Kündigungsgeld	1.000.000,00	EUR	1.000.000,00	EUR	0000000421R12012	100000014
	RB01	001	55A	9	10300	MM1100-	113105	Bank 1 (Sonstige Zwischenbuchungen)	1.000.000,00-	EUR	1.000.000,00-	EUR	0000000421R12012	100000014
	RB01	003	55A	9	10300	MM1100-	113115	TR-TM Forderung Kündigungsgeld	1.000.000,00	EUR	1.000.000,00	EUR	0000000422R12012	100000015
	RB01	003	55A	9	10300	MM1100-	113105	Bank 1 (Sonstige Zwischenbuchungen)	1.000.000,00-	EUR	1.000.000,00-	EUR	0000000422R12012	100000015

Abbildung 6.4 Buchungsjournal (Transaktion TPM20)

Geschäftsvorfälle paralleler Bewertungsbereiche buchen und stornieren

Stornos

Genau wie bei der Buchung ist auch im Fall eines Stornos die Geschäftsverwaltung streng getrennt von der Finanzbuchhaltung. Sie können Vorgänge eines Geschäfts oder einzelne Bewegungen stornieren:

- **Vorgang stornieren**
  Einen Vorgang stornieren Sie mithilfe der Transaktion BEARBEITEN EINES GESCHÄFTES (Transaktion FTR_EDIT), indem Sie den Button STORNIEREN anklicken. Mit dem Vorgang storniert das System alle damit verbundenen Bewegungen.

- **Bewegung stornieren**
  Einzelne Bewegungen können Sie stornieren, indem Sie auf der Registerkarte FINANZSTROM eines Geschäfts eine Bewegung auswählen, auf den Button BEARBEITUNGSMODUS klicken und STORNIEREN auswählen (siehe Abbildung 6.5). Dies ist grundsätzlich nur für Bewegungen aus den Geldhandelsgeschäften und OTC-Zinsderivaten möglich.

Sowohl beim Storno des Vorgangs als auch bei dem der Bewegung gehen die Geschäftsvorfälle der zugehörigen Bewegungen in der Bestandsverwaltung in den Status *zu stornieren* über. Das Hauptbuch wird noch nicht fortgeschrieben.

Abbildung 6.5 Storno einer einzelnen Bewegung der Geschäftsverwaltung

Geschäftsvorfälle stornieren

Die Stornobuchung führen Sie mit der Transaktion GESCHÄFTSVORFÄLLE FIXIEREN, BUCHEN, STORNIEREN (Transaktion TPM10) durch. Sie finden sie im Menü des Transaction Managers unter der jeweiligen Produktgruppe in BUCHHALTUNG • BUCHUNG, also an derselben Stelle wie die Transaktion TBB1. Wie Sie dem Namen der Transaktion TPM10 entnehmen, dient sie mehreren Zwecken. Bevor wir sie im Detail beschreiben, führen wir den Prozess des Stornierens noch zu Ende, indem wir uns das Ergebnis der Transaktion TPM10 anschauen.

Stornoprotokoll

Als Bestätigung eines Stornos erhalten Sie ein Stornoprotokoll, das ähnlich wie das Buchungsprotokoll aus Abbildung 6.3 aufgebaut ist. Es enthält nicht den Stornobeleg im Sinne der Finanzbuchhaltung, der also im Vergleich zum Ursprungsbeleg Beträge mit anderen Vorzeichen oder Soll- und Haben-Seite vertauscht hätte. Vielmehr zeigt das System die ursprünglichen Belegzeilen nochmals an. Das ist darauf zurückzuführen, dass der Transaction Manager den Storno als neuen Status des ursprünglichen Geschäftsvorfalls ansieht.

In Abbildung 6.6 ist das Buchungsjournal für einen stornierten Geschäftsvorfall dargestellt. Dort finden Sie die Belegnummer des Stornobelegs (Spalte ST.-BELEGNR) und eine Referenznummer des Stornobelegs (Spalte STORNO SCHLÜSSEL). Letztere finden Sie nur, wenn auch alle dem Hauptbuch nachgelagerten Komponenten anhand der ursprünglichen Referenznummer ihre Belege stornieren. Wenn Sie z.B. Spezielle Ledger ohne Einzelposten einsetzen, bleibt die Referenznummer des Stornobelegs leer.

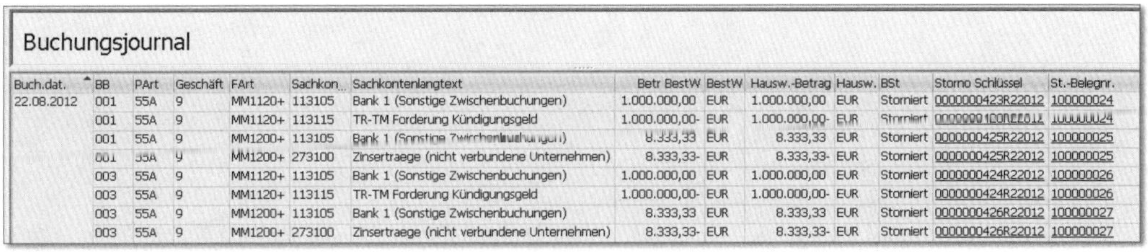
Buchungsjournal

Buch.dat.	BB	PArt	Geschäft	FArt	Sachkon...	Sachkontenlangtext	Betr BestW	BestW	Hausw.-Betrag	Hausw.	BSt	Storno Schlüssel	St.-Belegnr.
22.08.2012	001	55A	9	MM1120+	113105	Bank 1 (Sonstige Zwischenbuchungen)	1.000.000,00	EUR	1.000.000,00	EUR	Storniert	0000000423R22012	100000024
	001	55A	9	MM1120+	113115	TR-TM Forderung Kündigungsgeld	1.000.000,00-	EUR	1.000.000,00-	EUR	Storniert	[illegible]	100000024
	001	55A	9	MM1200+	113105	Bank 1 (Sonstige Zwischenbuchungen)	8.333,33	EUR	8.333,33	EUR	Storniert	0000000425R22012	100000025
	001	55A	9	MM1200+	273100	Zinsertraege (nicht verbundene Unternehmen)	8.333,33-	EUR	8.333,33-	EUR	Storniert	0000000425R22012	100000025
	003	55A	9	MM1120+	113105	Bank 1 (Sonstige Zwischenbuchungen)	1.000.000,00	EUR	1.000.000,00	EUR	Storniert	0000000424R22012	100000026
	003	55A	9	MM1120+	113115	TR-TM Forderung Kündigungsgeld	1.000.000,00-	EUR	1.000.000,00-	EUR	Storniert	0000000424R22012	100000026
	003	55A	9	MM1200+	113105	Bank 1 (Sonstige Zwischenbuchungen)	8.333,33	EUR	8.333,33	EUR	Storniert	0000000426R22012	100000027
	003	55A	9	MM1200+	273100	Zinsertraege (nicht verbundene Unternehmen)	8.333,33-	EUR	8.333,33-	EUR	Storniert	0000000426R22012	100000027

Abbildung 6.6 Buchungsjournal für stornierte Geschäftsvorfälle

Selektionsbild der Transaktion TPM10

Neben dem Storno dient die Transaktion TPM10 dazu, Geschäftsvorfälle im Status *zu fixieren* zu buchen. Dazu gehören die Geschäftsvorfälle, die Sie mit der Transaktion TBB1 in den parallelen Bewertungsbereichen in den Status *zu fixieren* überführt haben, wenn Sie nur den zahlenden Bewertungsbereich gebucht haben. Außerdem gehören dazu die Bewegungen aus dem zahlenden Bewertungsbereich, die Sie mit der Transaktion TBB1 nur gezahlt aber nicht gebucht haben.

Das Einstiegsbild der Transaktion, das Sie in Abbildung 6.7 sehen, ist ein wenig unübersichtlich. Daher wollen wir es kurz erläutern. Es ist wichtig, den Unterschied zwischen den Kennzeichen ABGRENZUNG ÜBER GESCHÄFTSNUMMER und ABGRENZUNG ÜBER NEBENBUCHBESTÄNDE zu verstehen. Die Selektion nach Geschäftsnummer erlaubt es Ihnen, auch Wertpapiergeschäfte einzeln zu buchen oder zu stornieren. Bei dem Kennzeichen ABGRENZUNG ÜBER DEN NEBENBUCHBESTAND spielt die Nummer eines einzelnen Geschäfts für Wertpapiere keine Rolle. Für OTC-Geschäfte ist es unerheblich, wo Sie das Geschäft angeben.

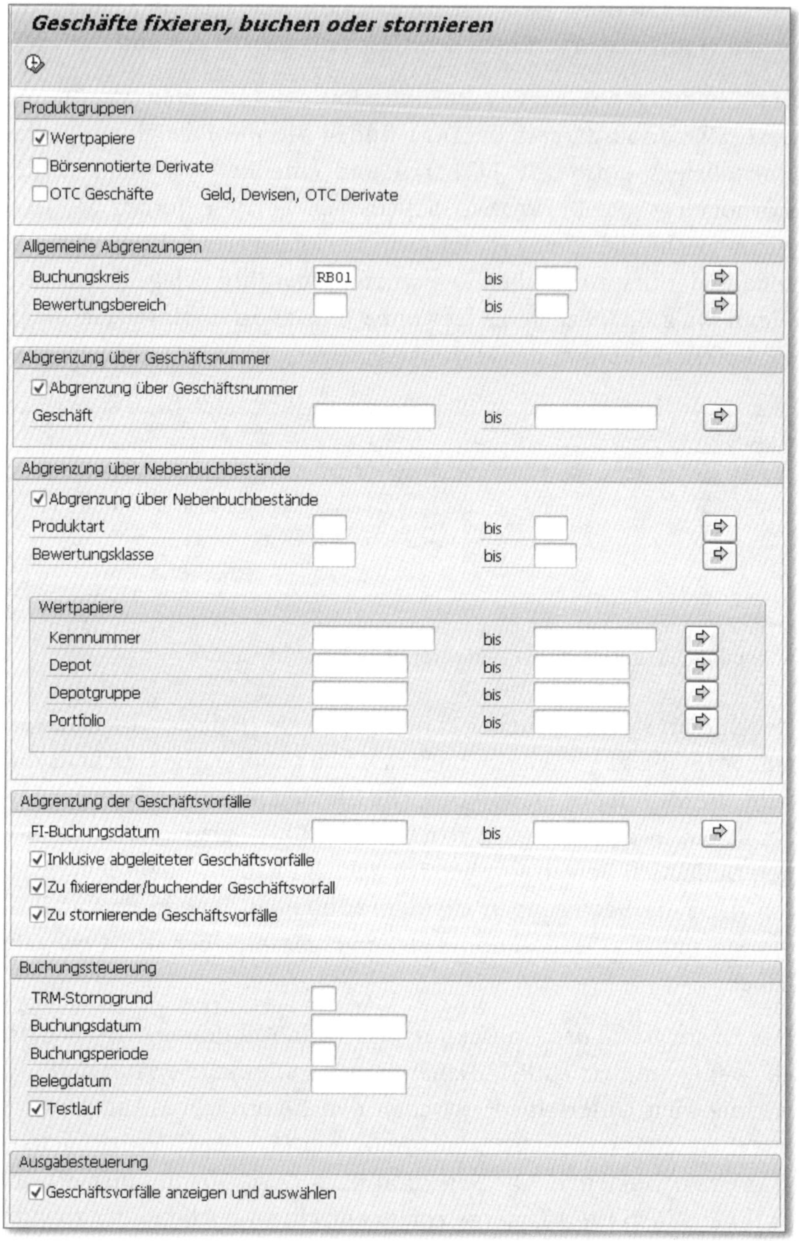

Abbildung 6.7 Selektionsbild der Transaktion TPM10

Wenn Sie das Kennzeichen INKLUSIVE ABGELEITETER GESCHÄFTSVORFÄLLE im Bildbereich ABGRENZUNG DER GESCHÄFTSVORFÄLLE setzen, bucht oder storniert das System auch die abgeleiteten Geschäftsvorfälle, die unmittelbar mit den zu buchenden oder stornierenden Bewegungen aus der Geschäftsverwaltung verknüpft sind, sofern sie im Status *zu fixieren* sind. Dies betrifft z.B. Kursgewinne von Wertpapierverkäufen oder Tilgungen von Geldhandelsgeschäften. Setzen Sie das Kennzeichen nicht, müssen Sie die Transaktion TPM10 erneut aufrufen, um die abgeleiteten Geschäftsvorfälle zu buchen. Haben Sie die Geschäftsvorfälle über die Nebenbuchbestände ausgewählt, ist das Kennzeichen INKLUSIVE ABGELEITETER GESCHÄFTSVORFÄLLE bedeutungslos, und das System bucht die abgeleiteten Geschäftsvorfälle.

Abgeleitete Geschäftsvorfälle mit Transaktion TPM10 buchen [«]

Falls Sie die abgeleiteten Geschäftsvorfälle beim ersten Aufruf der Transaktion TPM10 nicht gebucht haben, müssen Sie beim zweiten Aufruf immer die Selektion über den Nebenbuchbestand wählen. Die Selektion nach der Geschäftsnummer führt dann zu keinem Ergebnis.

Mit den Schaltern ZU FIXIERENDE GESCHÄFTSVORFÄLLE und ZU STORNIERENDE GESCHÄFTSVORFÄLLE können Sie einen Aufruf der Transaktion TPM10 zu einem reinen Buchungs- oder Stornolauf machen.

Abgeleitete Geschäftsvorfälle buchen

In Abschnitt 5.3.7 haben wir Ihnen drei Möglichkeiten vorgestellt, abgeleitete Geschäftsvorfälle berechnen zu lassen. Diese Möglichkeiten ergeben sich aus der sinnvollen Kombinationen der Werte der Parameter ON/OFFLINE und STATUS-STEUERUNG im Customizing unter TRANSACTION MANAGER • ALLGEMEINE EINSTELLUNGEN • BUCHHALTUNG • ABGELEITETE GESCHÄFTSVORFÄLLE • BERECHNUNG ABGELEITETER GESCHÄFTSVORFÄLLE STEUERN. Jede dieser Möglichkeiten geht mit einer anderen Buchungstransaktion einher:

- **»Online« und »Gleicher Status«**
  Die abgeleiteten Geschäftsvorfälle durchlaufen wie die originären Geschäftsvorfälle den Status *zu fixieren* und werden mit der Transaktion TPM10 gebucht.
- **»Online« und »Status Plan«**
  Abgeleitete Geschäftsvorfälle bleiben im Status *geplant*. Sie müssen die Transaktion ABGELEITETE GESCHÄFTSVORFÄLLE BUCHEN UND FIXIEREN (Transaktion TPM18) zum Buchen verwenden. Die Transaktion befindet sich im Menü unter TRANSACTION MANAGER • WERTPAPIERE/GELDHANDEL/DEVISEN/DERIVATE/COMMODITIES • BUCHHALTUNG • ABGELEITETE GESCHÄFTSVORFÄLLE • BUCHEN UND FIXIEREN.

- **»Offline« und »Gleicher Status«**
  Mit der Transaktion ABGELEITETE GESCHÄFTSVORFÄLLE AKTUALISIEREN (Transaktion TPM27) erzeugen Sie diese Geschäftsvorfälle überhaupt erst oder aktualisieren sie. Entsprechend dem Status des originären Geschäftsvorfalls bucht oder storniert die Transaktion TPM27 auch. Sie befindet sich im Menü an der gleichen Stelle wie die Transaktion TPM18.

[»]

Abgeleitete Geschäftsvorfälle bei OTC-Geschäften

Abgeleitete Geschäftsvorfälle zu Devisengeschäften und OTC-Derivaten müssen Sie immer mit der Transaktion TPM18 buchen, selbst wenn Sie ONLINE und GLEICHER STATUS eingestellt haben.

Buchungen aus der Bestandsverwaltung

Die abgeleiteten Geschäftsvorfälle führen uns nun von der Geschäftsverwaltung zur Bestandsverwaltung. Diese Geschäftsvorfälle sind Produkte der internen Bestandsverwaltung, die gänzlich zum Backoffice gehört. Auch viele Funktionen der externen Bestandsverwaltung gehören eher zum Backoffice-Bereich. In Abschnitt 5.2 haben wir die Transaktionen vorgestellt, wie z. B.:

- MANUELLE SOLLSTELLUNG und MASCHINELLE SOLLSTELLUNG (Transaktionen FWZE und FWSO) konditionsbasierter Bewegungen zu Depotgattungsbeständen
- MARGINBUCHUNGEN (Transaktion PMVM) für handelbare Derivate
- MANUELLE BUCHUNGEN für Wertpapiere (Transaktion FWBS) und handelbare Derivate (Transaktion TPM35)

Gemeinsam ist allen diesen Transaktionen, dass sie auch buchen, also die Finanzbuchhaltung fortschreiben. Es handelt sich um Backoffice-Aufgaben, sodass eine Trennung von der Finanzbuchhaltung nicht unbedingt erforderlich ist. Eine gewisse Ausnahme stellt die manuelle Buchung dar, denn sie kann für Wertpapiere auch ohne Buchung ausgeführt werden. Dann wird der Geschäftsvorfall nur im Status *geplant* angelegt und muss mit der Sollstellung gebucht werden.

Rechte und Kapitalmaßnahmen

Im Bereich der Kapitalmaßnahmen und Rechte geht die Ausübung eines Rechts bzw. die Durchführung einer Kapitalmaßnahme immer mit einer Buchung einher. Zumindest bei Rechten ist diese Vorgehensweise eine Einschränkung, denn die Ausübung ist nicht ausschließlich eine Entscheidung des Backoffice.

Stichtagsbewertung und Umbuchung

Schließlich gibt es in der internen Bestandsführung noch die wichtigen Funktionen der Stichtagsbewertung und der Umbuchungen. Alle damit zusammenhängenden Transaktionen schreiben unmittelbar die Finanzbuchhaltung fort, legen also Geschäftsvorfälle im Status *gebucht* oder *fixiert* an. Die Fortschreibung der Finanzbuchhaltung ist aber auch betriebswirtschaftlich deren Kernaufgabe.

6.2.2 Kontenfindung

Kontenfindung

In allen Buchungstransaktionen des Transaction Managers geben Sie letztlich nur den zu buchenden Geschäftsvorfall an, brauchen aber keine Angaben zu machen, wie genau die Finanzbuchhaltung fortgeschrieben werden soll, also z.B. welche Konten betroffen sind. Dies legen Sie im Customizing der *Kontenfindung* fest. Für die Integration mit dem Hauptbuch ist ausschließlich die Bestandsverwaltung des Transaction Managers zuständig.

Statistisches Nebenbuch

Obwohl es technisch möglich ist, dürfte es für Sie in der Regel nicht interessant sein, das Modul SAP Treasury and Risk Management als reines Nebenbuch ohne Anschluss an ein Hauptbuch zu betreiben. Möglicherweise möchten Sie aber eine Sicht auf Ihre internen Bestände haben, die nicht den für Sie relevanten Rechnungslegungen entspricht, wohl aber Ihren Reporting- oder Controlling-Anforderungen. In diesem Fall ist es sinnvoll, einen Bewertungsbereich einzurichten, der nicht an das Hauptbuch angeschlossen ist. Diese Entscheidung treffen Sie im Customizing unter TRANSACTION MANAGER • ALLGEMEINE EINSTELLUNGEN • BUCHHALTUNG • ORGANISATION ACCOUNTING KREISE UND BEWERTUNGSBEREICHE EINANDER ZUORDNEN (siehe Abbildung 6.8). Mit dem Feld BUCHUNG im Bildbereich VERSORGUNG DES RECHNUNGSWESENS stellen Sie für jede Kombination aus Accounting-Kreis und Bewertungsbereich ein, ob die Geschäftsvorfälle in das Rechnungswesen fortgeschrieben werden sollen. Die Einstellungen im oberen Bereich haben wir bereits in Abschnitt 5.3.2 behandelt. Auf die übrigen Einstellungen gehen wir in den Abschnitten 6.2.4 bis 6.2.6 ein.

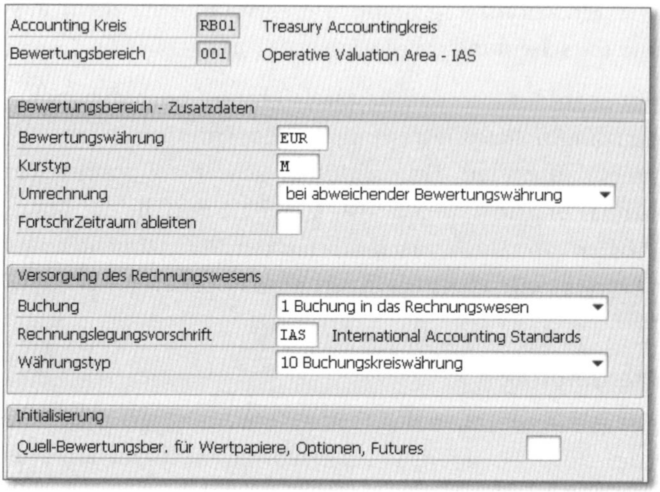

Abbildung 6.8 Zuordnung des Bewertungsbereichs zum Accounting-Kreis

Kontierungsreferenz

Die wichtigste Einflussgröße in der Kontenfindung ist die sogenannte *Kontierungsreferenz*. Sie ist im Grunde der Platzhalter für die Einflussgrößen, nach denen Sie tatsächlich Ihre Konten, insbesondere Ihre Bestandskonten, unterscheiden wollen. Sie stellt also die Granularität dar, mit der Sie die Finanzinstrumente im Hauptbuch ausweisen möchten. Sie sollten die Kontierungsreferenzen so einrichten, dass sie Ihre Anforderungen nach unterschiedlichen Bestandskonten im Hauptbuch erfüllen. Typischerweise müssen Sie mehr Bestandskonten als solche der Gewinn- und Verlustrechnung (GuV) unterscheiden. Sie sollten vermeiden, weitere Informationen in den Kontierungsreferenzen zu verschlüsseln. Sonst kann Ihre Kontenfindung sehr schnell unübersichtlich werden. Im Gegensatz zu älteren Releases dürfte auch praktisch keine Notwendigkeit mehr bestehen, dies zu tun, da für fast alle Kontierungen, die Sie sonst beim Buchen mitgeben wollen, zumindest das BAdI `TPM_ACCIF_TRAC` zur Verfügung steht (siehe Kapitel 13, »Schnittstellen und Erweiterungen«). Sie definieren Kontierungsreferenzen im Customizing unter Transaction Manager • Allgemeine Einstellungen • Buchhaltung • Anbindung an weitere Rechnungswesenkomponenten • Kontierungsreferenzen definieren.

Kontierungsreferenz finden

Die Kontierungsreferenz ist also der Platzhalter für die wirklichen Einflussgrößen der Kontenfindung. Folglich kommt der Findung der Kontierungsreferenz eine zentrale Bedeutung zu. Hierzu bedient sich das Customizing des Transaction Managers des Ableitungstools. Sie finden es im Customizing unter ALLGEMEINE EINSTELLUNGEN • BUCHHALTUNG • ANSCHLUSS AN WEITERE RECHNUNGSWESENKOMPONENTEN • KONTIERUNGSREFERENZERMITTLUNG DEFINIEREN, jeweils für Wertpapiere und Futures, OTC-Geschäfte und Darlehen. Die Unterteilung in diese drei Bereiche hängt damit zusammen, welche Einflussgrößen Ihnen zur Verfügung stehen. Die Auswahl der Einflussgrößen für Wertpapiere ist besonders groß. Details zur Bedienung des Ableitungstools finden Sie in Kapitel 15, »Integrations- und Systemwerkzeuge«.

Kontierungsreferenz manuell pflegen [+]

Die Kontierungsreferenz können Sie auch manuell im Bestandskennzeichen pflegen. Zusätzlich können Sie die Transaktion KONTIERUNGSREFERENZ ZUORDNEN (Transaktion TPM3) verwenden. Mit dieser Transaktion können Sie die Kontierungsreferenz für mehrere Bestände in der Sammelbearbeitung zuordnen.

Kontenfindung

Nachdem Sie die Kontierungsreferenzen definiert und ihre Ermittlung festgelegt haben, können Sie sich im Customizing der eigentlichen Kontenfindung zuwenden. Sie finden die Einstellungen unter TRANSACTION MANAGER • ALLGEMEINE EINSTELLUNGEN • BUCHHALTUNG • ANBINDUNG AN WEITERE RECHNUNGSWESENKOMPONENTEN • KONTENFINDUNG DEFINIEREN. Wie Sie im linken Teil von Abbildung 6.9 sehen, müssen Sie mehrere Einstellungen pflegen, die aufeinander aufbauen.

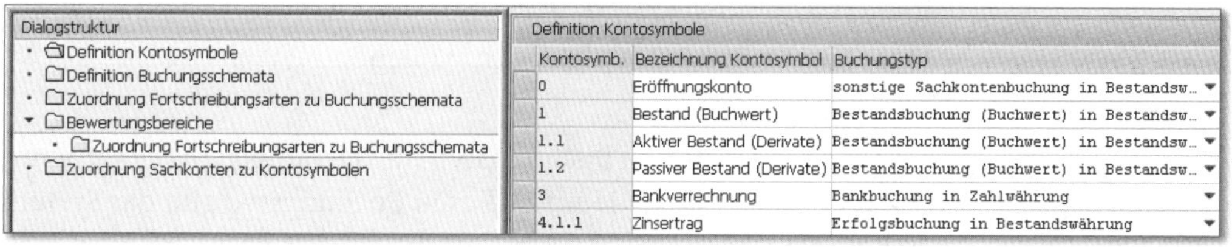

Abbildung 6.9 View-Cluster der Kontenfindung mit ausgewählter Definition der Kontosymbole

Kontosymbol

Sie beginnen die Pflege der Kontenfindung damit, von den eigentlichen Konten zu abstrahieren und *Kontosymbole* zu definieren (Punkt DEFINITION KONTOSYMBOLE). Das Kontosymbol beschreibt eine Klasse von Konten. Einige Beispiele aus Abbildung 6.9 können dies verdeutlichen:

- Kontosymbol 1: BESTAND (BUCHWERT)
- Kontosymbol 3: BANKVERRECHNUNG
- Kontosymbol 4.1.1: ZINSERTRAG

Buchungstyp

Den Kontosymbolen sind Buchungstypen zugeordnet. Einige der Buchungstypen sind ebenfalls in Abbildung 6.9 zu sehen. Mit den vom System vorgegebenen Buchungstypen machen Sie elementare Aussagen über das noch zuzuordnende Konto. Setzen Sie daher den Buchungstyp für jedes Konto sehr sorgfältig, denn das System reagiert auf jeden Buchungstyp anders. Folgende Buchungstypen stehen zur Auswahl:

- **Bestandsbuchung (Buchwert) in Bestandswährung**
  Verwenden Sie diesen Buchungstyp für alle Buchungen, die den Buchwert eines Bestands betreffen. Das System stellt sicher, dass bei Kontierungsreferenzumbuchungen kein Teil des Buchwertes vergessen wird. Das System verwendet immer die Bestandswährung als Transaktionswährung.
- **Personenbuchung**
  Mit diesem Buchungstyp geben Sie an, dass Sie eine debitorische Buchung durchführen wollen, dass Sie also Ihre Zahlungen über das Debitorennebenbuch abwickeln wollen. Die Buchung erfolgt immer in der Zahlwährung.
- **Bankbuchung in Zahlwährung**
  Diesen Buchungstyp sollten Sie in der Regel für alle zahlungsrelevanten Anteile Ihrer Buchungen einsetzen, sei es, dass Sie Zahlungsanordnungen oder auch nur das Bankverrechnungskonto Ihres Hausbankkontos einsetzen wollen.
- **Erfolgsbuchung**
  Verwenden Sie diesen Buchungstyp für Buchungen in die Gewinn- und Verlustrechnung. Nur für diesen Buchungstyp gibt das System standardmäßig eine Kostenstelle mit. Für Erfolgsbuchungen gibt es je einen Buchungstyp mit dem Zusatz IN BESTANDSWÄHRUNG und IN ZAHLWÄHRUNG.
- **Sonstige Sachkontenbuchung**
  Dieser Buchungstyp ist für alle Buchungen in die Bilanz gedacht, die nicht den Buchwert betreffen. Neben dem Buchungstyp BESTANDSBUCHUNG lassen sich auch diese Salden mit der Kontierungsreferenzumbuchung auf ein neues Hauptbuchkonto schie-

ben. Auch hier gibt es zwei Buchungstypen für Bestands- und Zahlwährung.

- **Währungstausch**
  Sie benötigen genau ein Kontosymbol dieses Buchungstyps, um bei Buchungen mit unterschiedlichen Bestands- und Zahlwährungen ein Währungstauschkonto finden zu können.

Buchungsschema

Mithilfe der Kontosymbole sind wir nun in der Lage, eine abstrakte Buchungslogik zu definieren, also den zweiten Schritt in Abbildung 6.9, Definition Buchungsschemata, vorzunehmen. Das *Buchungsschema* beschreibt die Soll- und Haben-Seite einer Buchung. Zusätzlich sind hier Informationen hinterlegt, die das Hauptbuch zur Erzeugung eines Belegs benötigt. Abbildung 6.10 zeigt ein solches Buchungsschema. Für die Kontosymbole der Soll- und Haben-Seite zeigt Ihnen das System deren Text und Buchungstyp an.

Währungstausch

Bei den Buchungstypen haben wir im Hinblick auf die Erfolgsbuchung auf den Zusatz in Bestandswährung oder in Zahlwährung hingewiesen. Im Buchungsschema in Abbildung 6.10 treten Buchungstypen mit diesen zwei Zusätzen auf. Ein Beispiel soll verdeutlichen, was geschieht, wenn sich die beiden Währungen tatsächlich unterscheiden.

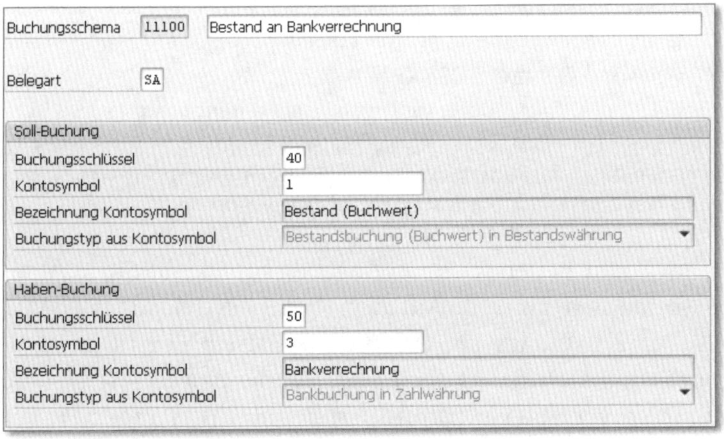

Abbildung 6.10 Definition eines Buchungsschemas

Beispiel zum Währungstausch

Nehmen wir an, Sie kaufen eine Anleihe, die in Schweizer Franken emittiert wird, die Bestandswährung ist dann CHF. Mit der Hausbank, über die der Kauf abgewickelt wird, haben Sie aber vereinbart, dass dieser Kauf in Hauswährung, also Euro, bezahlt wird, Zahlwährung ist also EUR. Die Buchung für den Kauf sollte die Konten für Anleihebestände und Bankverrechnung betreffen. Beide Seiten der Buchung wären allerdings in unterschiedlichen Währungen durchzuführen. Dies lässt das SAP-Hauptbuch nicht zu. Die Lösung des Problems ist ein sogenannter *Währungstausch*. Dazu wird ein Verrechnungskonto zwischengeschaltet und die Buchung in zwei Belege aufgeteilt. Ein Beleg bucht BESTAND an VERRECHNUNGSKONTO in Bestandswährung, der zweite Beleg bucht VERRECHNUNGSKONTO an BANKVERRECHNUNG in Zahlwährung. Das Verrechnungskonto wird also mit verschiedenen Währungen bebucht, und dabei verschwindet der Saldo des Verrechnungskontos nur in der Hauswährung.

Das Beispiel zeigt die Notwendigkeit, die Buchungssätze einzelner Bewegungen zu zerlegen, und damit auch die Notwendigkeit eines Buchungstyps WÄHRUNGSTAUSCH. Das Kontosymbol mit diesem Buchungstyp tragen Sie in kein Buchungsschema ein. Das System stellt selbst fest, ob ein Buchungssatz zerlegt werden muss. Ein Währungstausch wird immer dann durchgeführt, wenn sich Bestands- und Zahlwährung unterscheiden und beide Währungen im Buchungsschema der Bewegung vorkommen.

[+] **Zahl- und Bestandswährung bei Buchungstypen**

Achten Sie also bei der Zuordnung von Buchungstypen zu Kontensymbolen sehr genau auf den jeweiligen Zusatz.

Insbesondere bei Erfolgs- oder sonstigen Sachkontenbuchungen sollten Sie sich genau überlegen, in welcher Währung Sie diese buchen wollen. Bedenken Sie dabei besonders, wie die Bestandswährung bei OTC-Derivaten und Devisengeschäften festgelegt ist (siehe Abschnitt 5.3.5).

Belegart

Kommen wir nun zu den weiteren Angaben zurück, die Sie in Abbildung 6.10 machen müssen. Auf der Ebene des Buchungsschemas geben Sie eine BELEGART an. Die *Belegart* ist ein Begriff des SAP-Hauptbuchs und klassifiziert den Beleg. Mit der Belegart ist auch die Belegnummernvergabe verknüpft. Darüber hinaus erlaubt oder verbietet eine Belegart Buchungen in das Debitorennebenbuch. Im Muster-Customizing ist für Belege aus dem Transaction Manager eine Standardbelegart eingetragen. Sie werden möglicherweise eine eigene Belegart für Treasury-Belege anlegen, um auch im Hauptbuch schnell erkennen zu können, woher der Beleg kommt.

Belegarten und Geschäftsvorfälle [+]

Ein Geschäftsvorfall im Transaction Manager sollte einem Beleg im Hauptbuch entsprechen. Im Fall des Währungstauschs sollte je Währung ein Beleg entstehen. Haben zwei Bewegungen eines Geschäftsvorfalls jedoch Buchungsschemata mit unterschiedlichen Belegarten, erzeugt das System für diesen Geschäftsvorfall einen Beleg je Belegart.

Verwenden Sie also nicht zu viele Belegarten in der Kontenfindung des Transaction Managers, und achten Sie darauf, dass Fortschreibungsarten, die in einem Geschäftsvorfall auftreten können, Buchungsschemata mit gleichen Belegarten haben.

Buchungsschlüssel

Schließlich müssen Sie wie in Abbildung 6.10 je einen Buchungsschlüssel für die Soll- und Haben-Seite angeben. Der *Buchungsschlüssel* ist, wie die Belegart, ein Begriff des SAP-Hauptbuchs und klassifiziert eine Belegzeile. Sie geben an, ob es sich um eine Soll- oder Haben-Buchung handelt, um eine Sachkontenbuchung im Hauptbuch oder eine Buchung in ein Nebenbuch. Der Buchungsschlüssel erlaubt es dem Hauptbuch, Konsistenzprüfungen für die Informationen einer Belegzeile durchzuführen. Es findet keine Konsistenzprüfung zwischen Buchungsschlüssel und Buchungstyp des Kontosymbols statt.

Buchungsschemata und Fortschreibungsarten

Anschließend ordnen Sie die Buchungsschemata Fortschreibungsarten zu. Wie Sie in Abbildung 6.9 sehen, können Sie dies auf zwei Ebenen tun: unabhängig vom Bewertungsbereich (ZUORDNUNG FORTSCHREIBUNGSARTEN ZU BUCHUNGSSCHEMATA) oder abhängig vom Bewertungsbereich (BEWERTUNGSBEREICH • ZUORDNUNG FORTSCHREIBUNGSARTEN ZU BUCHUNGSSCHEMATA). Bei einer Buchung prüft das System zunächst immer, ob eine Zuordnung für einen Bewertungsbereich besteht. Nur wenn auf dieser Ebene kein Buchungsschema verfügbar ist, wird das vom Bewertungsbereich unabhängige Buchungsschema verwendet. Abbildung 6.11 zeigt die Zuordnung unabhängig vom Bewertungsbereich. Sie sehen, dass neben der Fortschreibungsart (Spalte FART) der Zahlungsvorgang (Spalte Z) ein Schlüsselfeld ist. Dies ist eine Angabe, die Sie in den Zahlungsverbindungen machen, um eine Zahlung über das Debitorennebenbuch anzustoßen (siehe Abschnitt 6.3.1). Da Sie Bewegungen mit dieser Fortschreibungsart einmal über das Debitorennebenbuch zahlen können und ein anderes Mal nicht, muss sich die Kontenfindung entsprechend aussteuern lassen.

Zuordnung Fortschreibungsarten zu Buchungsschemata

FArt	Z	Buchungsschema	Bezeichnung Buchungsschema
FX0010+	☐	14200	Bankverrechnung an Provision/Gebühr
FX0010-	☐	14300	Provision/Gebühr an Bankverrechnung
FX1000+	☐	11200	Bankverrechnung an Bestand
FX1000+	☑	11200	Bankverrechnung an Bestand
FX1031+	☐	11200	Bankverrechnung an Bestand
FX1031-	☐	11100	Bestand an Bankverrechnung
FX2000-	☐	11100	Bestand an Bankverrechnung
FX2000-	☑	11100	Bestand an Bankverrechnung

Abbildung 6.11 Zuweisung der Buchungsschemata zu Fortschreibungsarten

[»]

Zuordnung von Fortschreibungsarten zu Buchungsschemata

Ob Sie die Zuordnung von Fortschreibungsarten zu Buchungsschemata abhängig oder unabhängig vom Bewertungsbereich vornehmen sollten, lässt sich allgemein schwer sagen. Bei der Diskussion um die verschiedenen Möglichkeiten, parallele Rechnungslegungen im Hauptbuch abzubilden (siehe Abschnitte 6.2.4 bis 6.2.6), gehen wir auf diese Steuerungsmöglichkeit jeweils kurz ein.

Kontosymbole und Konten

Bisher haben wir eine abstrakte Buchungslogik definiert und sie den Fortschreibungsarten und damit den Bewegungen zugeordnet. Nun fehlt noch die Angabe konkreter Hauptbuchkonten. Dazu ordnen Sie im letzten Schritt von Abbildung 6.9, ZUORDNUNG SACHKONTEN ZU KONTOSYMBOLEN, den Kontosymbolen Hauptbuchkonten zu. Dies zeigt Abbildung 6.12.

Zuordnung Sachkonten zu Kontosymbolen

Kontosymbol	Bezeichnung Kontosymbol	BB	Bewertungsberei...	KontRef	Kontierungsreferenz	Wä...	Sachkto	Kurztext
1.1	Aktiver Bestand (Derivate)			60000	Börsengehandelte Deriva...		159100	Sonstige Forderungen
1.2	Passiver Bestand (Derivate)			60000	Börsengehandelte Deriva...		179100	Sonst. Verbindlichk.
3	Bankverrechnung						++++++++5	
3	Bankverrechnung			40100	Darlehensgeschäfte		113105	Bank1 (Zwischenbuch)
4.1.1	Zinsertrag						273100	Zinsertraege n.verb.
4.1.1.1	Zinsertrag						272100	Ertr.Wertpap.n.verb.

Abbildung 6.12 Zuordnung von Konten zu Kontosymbolen

Damit die Abstraktion sinnvoll ist, hängt diese Zuordnung von einigen Parametern ab. Das sind im Einzelnen:

- **Kontenplan**
  Ein Konto ist natürlich nur innerhalb eines Kontenplans definiert.
- **Bewertungsbereich**
  Wenn Sie die parallelen Rechnungslegungen im Hauptbuch durch verschiedene Kontonummernbereiche abbilden oder Spezielle

Ledger einsetzen, machen Sie von dieser Abhängigkeit Gebrauch. Ansonsten sollten Sie diese Spalte leer lassen.

- **Währung**
  Sie können erreichen, dass, abhängig von der für das Kontosymbol relevanten Währung – also Bestands- oder Zahlwährung –, andere Hauptbuchkonten bebucht werden.
- **Kontierungsreferenz**
  Hier wirkt sich die Kontierungsreferenz als Granularität der Bestände im Hauptbuch tatsächlich aus. Insbesondere für Bestandsbuchungen werden Sie Kontosymbole immer abhängig von der Kontierungsreferenz einem Hauptbuchkonto zuordnen.

In den Spalten für BEWERTUNGSBEREICH, KONTIERUNGSREFERENZ und WÄHRUNG brauchen Sie keine Einträge vorzunehmen. Das System versucht dann, passende Einträge zu bestimmen, indem es zunächst die Währung, dann die Kontierungsreferenz und schließlich den Bewertungsbereich aus der zu buchenden Bewegung ignoriert.

Maskierung von Bankverrechnungskonten

Für die meisten Kontosymbole müssen Sie an dieser Stelle die Ersetzung durch Sachkonten pflegen. Davon ausgenommen sind Kontosymbole für Bankbuchungen, da Sie beim Anlegen eines Hausbankkontos das damit verbundene Sachkonto bereits angeben. Wenn Sie auf dieses Konto buchen möchten, brauchen Sie für die entsprechenden Kontosymbole keine Einträge zu machen. Zumeist soll aber nicht das Bankkonto, sondern ein zugeordnetes Bankverrechnungskonto bebucht werden. Erst der Kontoauszug oder die Buchung des Zahlungseingangs bei Wertpapieren bebucht das Bankkonto. Die Nummern der Bankverrechnungskonten sind aber in der Regel denen der Bankkonten nach einem bestimmten Schema zugeordnet. Typischerweise unterscheiden sie sich nur in einer Stelle. In diesem Fall können Sie in der Kontenfindung mit einer Maskierung des Bankverrechnungskontos arbeiten, wie Sie es auch in Abbildung 6.12 sehen können. Für alle Stellen, die Sie vom Bankkonto übernehmen wollen, tragen Sie ein »+« ein, nur die abweichenden Stellen geben Sie explizit an. Die Maskierung in Abbildung 6.12 bedeutet also, dass die letzte Stelle durch eine 5 ersetzt werden muss.

Maskierung für Bankverrechnungskonten [!]

Achten Sie darauf, dass Sie alle zehn möglichen Stellen der Kontonummer eingeben, also gegebenenfalls maskieren. Ansonsten funktioniert die Maskierung nicht.

Debitorische Buchungen

Für Kontosymbole vom Buchungstyp PERSONENBUCHUNG brauchen Sie ebenfalls kein Hauptbuchkonto anzugeben. Dies ist auf die enge Integration der Debitorenbuchhaltung mit dem Hauptbuch im SAP-Finanzwesen zurückzuführen. An den Stammdaten des Debitors ist das Hauptbuchkonto hinterlegt, auf dem die Forderungen geführt werden. Dieses Konto wird auch als Abstimmkonto bezeichnet. Bei Buchungen und damit verbundenen Zahlungen geben Sie im Finanzwesen nur die Debitorennummer an, das System leitet dann das *Abstimmkonto* selbst ab. In der Kontenfindung des Transaction Managers müssen Sie nur dann ein Konto zu einem Kontosymbol für Personenbuchungen angeben, wenn Sie ein anderes Abstimmkonto bebuchen wollen.

Überblick über Kontenfindung

Insgesamt haben wir nun die Kontenfindung für die Fortschreibungsarten über Buchungsschemata mit Kontosymbolen zu Sachkonten des Hauptbuchs nachvollzogen. Im Customizing finden Sie unter TRANSACTION MANAGER • ALLGEMEINE EINSTELLUNGEN • BUCHHALTUNG • ANBINDUNG AN WEITERE RECHNUNGSWESENKOMPONENTEN • ÜBERSICHTSLISTE FORTSCHREIBUNGSARTEN UND ZUGEORDNETE SACHKONTEN den Report `RTPM_TRAC_DFTACCREP`, der Ihnen für jede Fortschreibungsart die beiden bebuchten Konten anzeigt. Aus der Tatsache, dass jeder Fortschreibungsart zwei Konten zugeordnet sind, erkennen Sie auch, dass Belege aus dem Transaction Manager stets eine gerade Anzahl von Belegzeilen enthalten. Es gibt innerhalb des Transaction Managers keine Möglichkeit, Belege zu komprimieren, indem das System Belegzeilen zusammenfast, die die gleichen Konten bebuchen. Für die Geschäftsverwaltung gibt es hiervon eine Ausnahme: Sie können die Bewegungen der Geschäftsverwaltung in eine abgeleitete Bewegung komprimieren und nur diese abgeleitete Bewegung in die Finanzbuchhaltung fortschreiben. Die originalen Bewegungen werden fixiert, aber nicht in die Finanzbuchhaltung fortgeschrieben. SAP-Hinweis 1703542 erläutert diesen Sachverhalt.

Buchungsrelevante Fortschreibungsarten

Die Tatsache, dass einer Fortschreibungsart ein Buchungsschema zugeordnet ist, reicht noch nicht aus, um auch tatsächlich einen Beleg zu erzeugen. Zusätzlich müssen Sie die Fortschreibungsart unter TRANSACTION MANAGER • ALLGEMEINE EINSTELLUNGEN • BUCHHALTUNG • ANBINDUNG AN WEITERE RECHNUNGSWESENKOMPONENTEN • FORTSCHREIBUNGSARTEN ALS BUCHUNGSRELEVANT KENNZEICHNEN pflegen. Dies können Sie für jeden Bewertungsbereich tun. Wie üblich gilt ein Eintrag ohne Bewertungsbereich für alle Bewertungsbereiche, für die Sie keinen expliziten Eintrag vorgenommen haben. Falls Sie vergessen, einer als buchungsrelevant gekennzeichneten Bewegung ein Buchungsschema zuzuordnen, erhalten Sie beim Versuch zu buchen eine Fehlermeldung.

Buchungsrelevante Produktarten

Neben einzelnen Fortschreibungsarten können Sie auch ganze Produktarten von der Fortschreibung in die Finanzbuchhaltung ausschließen. Sie tun dies im View TRACV_POST_REL, den Sie nur über die Transaktion Aufruf View-Pflege (Transaktion SM30) pflegen können.

Zusatzkontierungen einstellen

Einige Kontierungen des Hauptbuchs können Sie den Buchungen des Transaction Managers mithilfe des Customizings mitgeben. Dazu können Sie im Customizing unter Transaction Manager • Allgemeine Einstellungen • Buchhaltung • Anbindung an weitere Rechnungswesenkomponenten • Zusatzkontierungen den Kontierungsreferenzen zuordnen pro Buchungskreis und Kontierungsreferenz einen Geschäftsbereich, einen Funktionsbereich und eine Kostenstelle hinterlegen. Das System schreibt die Kostenstelle nur auf Belegzeilen mit dem Buchungstyp Erfolgsbuchung.

Mit dem Ableitungswerkzeug können Sie darüber hinaus weitere Zusatzkontierungen ableiten. Dazu definieren Sie Ihre Ableitungsregel im Customizing unter Anbindung an weitere Rechnungswesenkomponenten • Zusatzkontierungen • Ableitung von Zusatzkontierungen definieren. Wenn Ihnen die Funktionen des Ableitungswerkzeugs nicht ausreichen, können Sie zusätzlich noch BAdIs für die Ableitung verwenden. Diese finden Sie unter Anbindung an weitere Rechnungswesenkomponenten • Zusatzkontierungen • Business Add-Ins (BAdIs) • Ableitung von Zusatzkontierungen. Beachten Sie dabei die Hinweise zur Implementierung, die Sie auch in diesem Customizing-Pfad finden.

6.2.3 Parallele Rechnungslegung in der Finanzbuchhaltung

Nachdem wir Ihnen die Kontenfindung des Transaction Managers vorgestellt haben, wollen wir uns nun mit den Besonderheiten beim Zusammenspiel des Transaction Managers mit dem SAP-Finanzwesen beschäftigen.

Neues Hauptbuch

Neben dem inzwischen als klassisch bezeichneten Hauptbuch bietet SAP auch ein neues Hauptbuch an. Für einen detaillierten Einblick empfehlen wir Ihnen das Buch »Das neue Hauptbuch in SAP ERP Financials« von Eric Bauer und Jörg Siebert (SAP PRESS 2010). Drei Eigenschaften verdienen jedoch auch hier besondere Erwähnung:

- **Erweiterbarkeit**
  Das neue Hauptbuch erlaubt es, eigene Felder in die normalen Berichte des Hauptbuchs, insbesondere in die Bilanz, aufzunehmen. Diese Flexibilität boten bisher nur die Speziellen Ledger. Die Notwendigkeit für eigene Felder ist mit dem neuen Hauptbuch vermutlich gesunken, weil einige bisher auf Saldenebene nicht vorhandene Größen wie Segment oder Profit-Center in den Standard aufgenommen wurden.
- **Belegaufteilung**
  Mit dem neuen Hauptbuch können Sie Bilanzen auch unterhalb des Buchungskreises erstellen lassen. Wenn Sie es möchten, werden bereits bei der Buchung alle Belege so aufgeteilt, dass sie innerhalb der relevanten Größe, also z.B. innerhalb eines Segments, zu null saldieren.
- **Parallele Rechnungslegungen**
  Das neue Hauptbuch unterstützt parallele Rechnungslegungen durch parallele Sichten auf die gleichen Konten, sogenannte *parallele Ledger*.

Im Zusammenspiel mit dem Transaction Manager spielen die ersten beiden Punkte nur eine untergeordnete Rolle. Die dritte Neuerung, nämlich die Unterstützung paralleler Rechnungslegungen durch verschiedene Ledger, ist für die Integration mit dem Transaction Manager dagegen enorm wichtig, wenn Sie tatsächlich mehrere Rechnungslegungen unterstützen müssen. Da die gesamte interne Bestandsführung von ihrer Architektur her für parallele Rechnungslegungen konzipiert wurde, wirkt sich dies an der Schnittstelle zum Hauptbuch stark aus. Solange Sie nur eine Rechnungslegung berücksichtigen müssen, sind die folgenden Ausführungen bis Abschnitt 6.3 nur informativ, haben aber keine praktischen Auswirkungen für Sie.

Parallele Rechnungslegung im Hauptbuch

Grundsätzlich bietet das SAP-Finanzwesen drei Möglichkeiten, mit parallelen Rechnungslegungen umzugehen:

- **Kontenlösung**
  In der Kontenlösung erweitern Sie Ihren Kontenplan um Konten, die nur für eine bestimmte Rechnungslegung gelten.

- **Ledgerlösung**
  Die Ledgerlösung bietet verschiedene Sichten auf die gleichen Konten je nach Rechnungslegung.
- **Buchungskreislösung**
  Die Buchungskreislösung bildet unterschiedliche Rechnungslegungen durch verschiedene Buchungskreise ab. Dies bietet zwar die größte Flexibilität, mit unterschiedlichen Anforderungen der Rechnungslegungen umzugehen, bedeutet aber auch sehr großen Aufwand beim Aufbau des Customizings und sehr viel manuell durchzuführende Duplizierung von Daten im täglichen Betrieb. Da dieses Szenario vom Transaction Manager nicht unterstützt wird, betrachten wir es nicht weiter.

Kontenlösung

Betrachten wir die beiden verbleibenden Möglichkeiten etwas ausführlicher. Der *Kontenlösung* liegt die Annahme zugrunde, dass sich die Unterschiede zwischen den Rechnungslegungen nur auf einer kleinen Zahl von Konten bemerkbar machen. Möglicherweise lassen sich Wahlrechte in den Rechnungslegungen so wahrnehmen, dass nur wenige Unterschiede entstehen. Dann ist es ausreichend, für die wenigen betroffenen Sachverhalte im Kontenplan jeweils Konten anzulegen, die nur für eine Rechnungslegung gelten. Dies soll die linke Hälfte von Abbildung 6.13 darstellen. Die Kontenlösung lässt sich sowohl im neuen als auch im klassischen Hauptbuch realisieren.

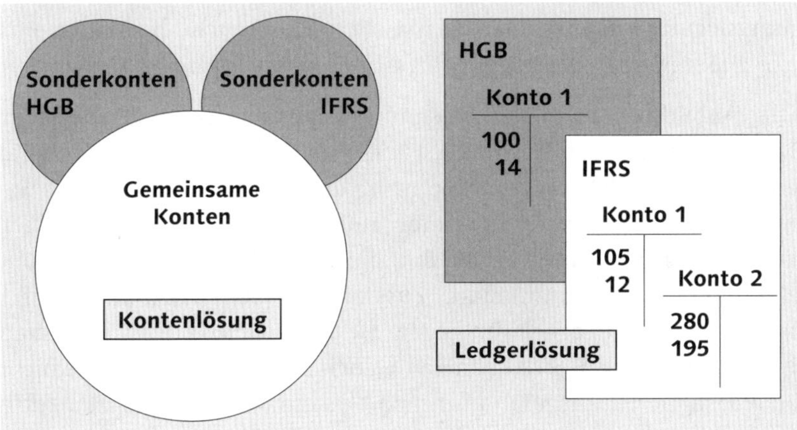

Abbildung 6.13 Kontenlösung vs. Ledgerlösung

Praktikabel ist diese Vorgehensweise nur dann, wenn sich die Unterschiede fast ausschließlich im Rahmen von Abschlussarbeiten zur

Bilanzerstellung auswirken und nicht im täglichen Betrieb des Unternehmens. Bei Abschlussarbeiten lassen sich unterschiedliche Konten einfach berücksichtigen, da sie häufig ohnehin je Rechnungslegung durchgeführt werden. Für die Prozesse von SAP Treasury and Risk Management gilt diese Unterscheidung immer. Die interne Bestandsführung automatisiert die Behandlung verschiedener Rechnungslegungen, also Bewertungsbereiche. Für Buchungen aus anderen Bereichen Ihres Unternehmens kann dies freilich ganz anders sein. Sind die genannten Voraussetzungen nicht erfüllt, kommt die Kontenlösung nicht infrage.

Ledgerlösung

Die *Ledgerlösung* ist die Analogie zu den Bewertungsbereichen des Transaction Managers, also eine vollständige Duplizierung der Buchungen aller Prozesse. Jedes Ledger stellt eine vollständige Sicht auf die Buchhaltung des Unternehmens dar. Dies ist in der rechten Hälfte von Abbildung 6.13 dargestellt. Eine solche Vorgehensweise ist immer dann sinnvoll, wenn die Unterschiede zwischen den Rechnungslegungen erheblich sind und damit die Zahl der Konten, deren Saldo unabhängig von der Rechnungslegung ist, relativ klein ist.

Realisierung mit Speziellen Ledgern umsetzen

Die Ledgerlösung lässt sich schon eine Weile mithilfe der Speziellen Ledger umsetzen. Üblicherweise gibt es eine »führende« Rechnungslegung. »Führend« meint hier inhaltlich die bevorzugte Sicht des Unternehmens und technisch gesprochen die Rechnungslegung, die mit dem Controlling integriert sein muss. Diese »führende« Rechnungslegung wird dann im klassischen Hauptbuch abgebildet. Für alle anderen Rechnungslegungen gibt es je ein Spezielles Ledger.

Vor- und Nachteile Spezieller Ledger

Die Abbildung paralleler Rechnungslegungen mithilfe Spezieller Ledger hat mehrere Nachteile. Für Spezielle Ledger verwenden Sie andere Transaktionen zum Reporting als im Hauptbuch. Sofern Sie manuelle Buchungen vornehmen müssen, müssen Sie auch hier andere Transaktionen verwenden, die zumindest im Vergleich zum Hauptbuch ungewohnt sind. Zusätzlich haben Wirtschaftsprüfer möglicherweise Vorbehalte gegen die Speziellen Ledger, weil man im Customizing z. B. erlauben kann, auch Belege zu buchen, die nicht zu null saldieren. Insgesamt führt das System weniger Konsistenzprüfungen bei Buchungen durch. Die Speziellen Ledger bieten umgekehrt auch Vorteile. Sie sind nämlich sehr flexibel. So können Sie ohne größere Probleme eigene Felder in die Einzelposten- und Saldentabellen aufnehmen. Bei Bedarf können Sie auch unterschiedliche Kontenpläne in den verschiedenen Ledgern verwenden.

Realisierung mit dem neuen Hauptbuch

Mit dem neuen Hauptbuch lässt sich die Ledgerlösung auch im Hauptbuch realisieren. Die wichtigsten Vorteile der Speziellen Ledger sind auch im Hauptbuch verfügbar. Die Buchungs- und Reporting-Transaktionen sind durchgängig die, die Sie aus dem Hauptbuch kennen. Natürlich wurden kleinere Anpassungen vorgenommen, z.B. um das Ledger für einen Beleg angeben zu können.

Da es in der Praxis vorkommt, dass Belege in allen Rechnungslegungen, sprich Ledgern, gleich aussehen, können Sie auch Belege erfassen, die gleichzeitig in allen Ledgern gelten. Es ist sogar so, dass Belege, die offene Posten erzeugen, also insbesondere alle Belege zu Zahlungen, für alle Ledger gelten müssen. Die Forderung, ledgerübergreifende Belege erfassen zu können, hat auch eine Einschränkung für das neue Hauptbuch nach sich gezogen: Alle Ledger müssen den gleichen Kontenplan verwenden.

Wesentliche Punkte im Customizing

Unabhängig davon, für welchen Lösungsweg Sie sich entscheiden, werden Sie in der Bedienung von SAP Treasury and Risk Managements selbst nichts davon merken, weil Sie für jede Rechnungslegung immer einen Bewertungsbereich führen. Lediglich in drei Customizing-Aktivitäten müssen Sie jeweils andere Einstellungen vornehmen:

- Teilweise ist es notwendig, Rechnungslegungsvorschriften im Hauptbuch zu definieren und ihnen Ledger oder Ledgergruppen zuzuordnen.
- Bei der Verknüpfung eines Bewertungsbereichs mit einem Accounting-Kreis (siehe Abbildung 6.8) müssen Sie zusätzliche Angaben machen.
- Die Kontenfindung selbst unterscheidet sich, vor allem in den letzten beiden Schritten von Abbildung 6.9.

Rechnungslegungs vorschriften definieren

Rechnungslegungsvorschriften definieren Sie im Customizing des Hauptbuchs unter Finanzwesen • Grundeinstellungen Finanzwesen • Buchungskreis • Parallele Rechnungslegung • Rechnungslegungsvorschriften und zusätzliches Ledger • Rechnungslegungsvorschriften definieren für das klassische Hauptbuch oder Finanzwesen (neu) • Grundeinstellungen Finanzwesen (neu) • Bücher • Parallele • Rechnungslegungsvorschriften definieren für das neue Hauptbuch. Unmittelbar darunter finden Sie die Zuordnung von Ledgern bzw. Ledgergruppen zu Rechnungslegungsvorschriften. Abbildung 6.14 zeigt die Definition der Rechnungslegungsvorschriften.

Rechnungslegungsvorschriften	
Re...	Bezeichnung der Rechnungslegungsvorschr.
GAAP	Generally Accepted Accounting Principles
IAS	International Accounting Standards

Abbildung 6.14 Definition der Rechnungslegungsvorschriften

Neben diesen unmittelbar mit der Integration zwischen Transaction Manager und Finanzbuchhaltung verbundenen Einstellungen gibt es natürlich weitere Unterschiede innerhalb des Hauptbuchs. Dies zu beschreiben ist aber nicht Gegenstand dieses Buches. Wir gehen nun kurz auf die Unterschiede der Szenarien für den Transaction Manager ein.

[+]

Customizing-Prüfung

Im Customizing finden Sie unter Transaction Manager • Allgemeine Einstellungen • Buchhaltung • Customizing-Einstellungen prüfen den Report RTPM_TRL_CUSTOMIZING_CHECK, der die Kontenfindung und einige andere Einstellungen der Bestandsführung überprüft. Er hilft Ihnen auch dabei, grobe Fehler in den verschiedenen Szenarien der Integration mit dem Hauptbuch zu vermeiden.

6.2.4 Customizing der Kontenlösung

Rechnungslegungs vorschriften definieren

Wenn Sie das klassische Hauptbuch einsetzen, können Sie davon absehen, Rechnungslegungsvorschriften im Hauptbuch zu definieren. Wollen Sie dies der Klarheit halber doch tun, dürfen Sie ihnen keine Ledger zuordnen, dann erfolgen alle Buchungen aus dem Transaction Manager normal in das Hauptbuch. Wenn Sie die Kontenlösung im neuen Hauptbuch umsetzen, müssen Sie Rechnungslegungsvorschriften wie in Abbildung 6.14 definieren, denen Sie dann stets die gleiche Ledgergruppe, nämlich die einzige, die Sie haben, zuordnen.

Einstellung zum Bewertungsbereich

Sofern Sie Rechnungslegungsvorschriften definiert haben, ordnen Sie diese dem Bewertungsbereich in Abbildung 6.15 im Customizing unter Transaction Manager • Allgemeine Einstellungen • Buchhaltung • Organisation Accounting Kreise und Bewertungsbereiche einander zuordnen zu. Den Währungstyp lassen Sie entweder frei, oder Sie geben Buchungskreiswährung ein.

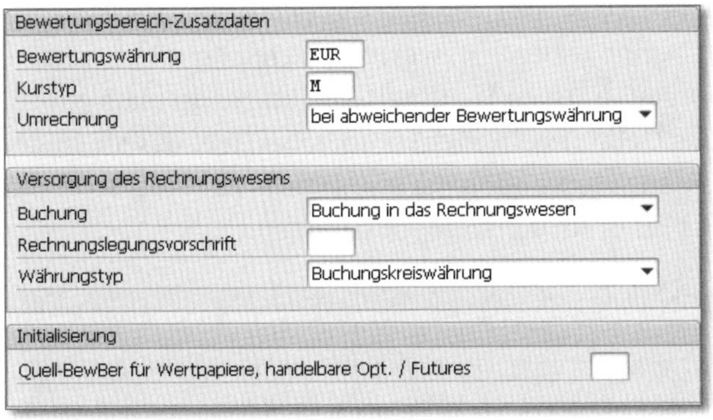

Abbildung 6.15 Bewertungsbereich-Zusatzdaten unter Kontenlösung

Kontenfindung

In der Kontenfindung müssen Sie nun die Unterschiede zwischen den verschiedenen Rechnungslegungen ausprägen. Dies betrifft fast ausschließlich die Zuordnung von Konten zu Kontosymbolen. Für jedes Kontosymbol müssen Sie abhängig vom Bewertungsbereich, der ja der Rechnungslegung entspricht, unterschiedliche Konten zuordnen. Dies gilt vor allem für die Bestandskonten und die Konten der GuV, die in aller Regel unterschiedlich in den verschiedenen Bewertungsbereichen sein dürften.

Nicht-debitorische Zahlung

Aber auch die Kontosymbole für Bankbuchungen müssen Sie unterschiedlich aussteuern. Diese Konten gehören zwar im Grunde zu denjenigen, die für alle Rechnungslegungen gelten. Aus dem Transaction Manager wird aber für jede Rechnungslegung ein eigener Beleg erzeugt. Letztlich benötigen Sie für Ihre Bilanz von den Belegen der parallelen Bewertungsbereiche aber nur die Anteile, die nicht die Bank- oder Bankverrechnungskonten betreffen. Folglich müssen Sie für alle Bewertungsbereiche bis auf den operativen die Bankbuchungen auf Konten steuern, die Sie in Ihrer Bilanz nicht berücksichtigen.

Zuweisung des Buchungsschemas zur Fortschreibungsart

Von der Möglichkeit, den Fortschreibungsarten abhängig vom Bewertungsbereich andere Buchungsschemata zuzuordnen, müssen Sie zumeist keinen Gebrauch machen. Dies ist nur nötig, wenn einer Fortschreibungsart unterschiedliche Buchungsschemata zuzuordnen sind, weil diese gänzlich anders zu buchen ist. Ein Beispiel dafür sind Gebühren, die möglicherweise einmal aktiviert und ein anderes Mal gleich als Aufwand gebucht werden müssen.

Debitorische Zahlung

Auch wenn Sie Ihre Zahlungen über das Debitorennebenbuch abwickeln, müssen Sie die betroffenen Fortschreibungsarten für jeden Bewertungsbereich unterschiedlich aussteuern. Ähnlich wie bei

Bankbuchungen wollen Sie das Debitorennebenbuch natürlich nur einmal bebuchen. Damit weitere Bewertungsbereiche nicht weitere offene Posten erzeugen, müssen Sie ihnen Buchungsschemata zuordnen, die anstelle des Debitors ein Sachkonto bebuchen, das Sie in der Bilanz vernachlässigen. Verwenden Sie also für die Zahlungsseite des Belegs kein Kontosymbol für Personenbuchungen.

[!]

Geschäftsvorfälle nicht buchen

Einige Geschäftsvorfälle, wie z.B. Zinszahlungen, werden häufig in verschiedenen Rechnungslegungen gleich gebucht. Daher liegt die Idee nahe, solche Geschäftsvorfälle überhaupt nur in einem Bewertungsbereich zu buchen und die zugehörigen Fortschreibungsarten in anderen Bewertungsbereichen als nicht buchungsrelevant auszusteuern. Davon raten wir ab. Die Bestandsführung ist von ihrer Anlage her dazu gedacht, dass jeder Bewertungsbereich die volle Information enthält, einschließlich Buchungsinformationen. Wenn Sie davon abweichen, kann dies im Reporting zu Problemen führen. Definitiv erschwert es Ihnen erheblich, Ihrer Pflicht nachzukommen, den Finanzbehörden Informationen in digitaler Form zur Verfügung zu stellen (siehe Kapitel 14, »Gesetzliche Vorschriften«).

6.2.5 Customizing der Ledgerlösung im neuen Hauptbuch

Rechnungslegungsvorschriften definieren

Um eine Ledgerlösung mit dem Transaction Manager zu realisieren, müssen Sie in jedem Fall die benötigten Rechnungslegungsvorschriften definieren (siehe Abbildung 6.14). Diesen Rechnungslegungsvorschriften ordnen Sie dann Ledgergruppen zu. Die Rechnungslegungsvorschriften tragen Sie im Customizing unter Transaction Manager • Allgemeine Einstellungen • Buchhaltung • Organisation Accounting Kreise und Bewertungsbereiche einander zuordnen ein (siehe Abbildung 6.16).

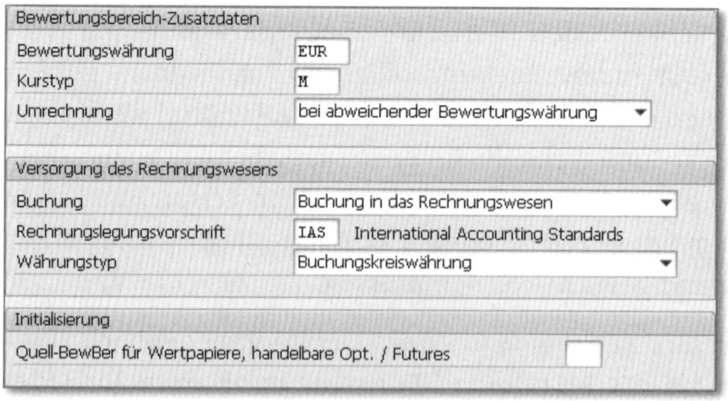

Abbildung 6.16 Bewertungsbereich-Zusatzdaten unter Ledgerlösung

Der zahlende Bewertungsbereich und das führende Ledger [!]

Beachten Sie, dass Sie den zahlenden Bewertungsbereich der Rechnungslegung dem führenden Ledger des Hauptbuchs zuordnen. Nur dann können Sie die Zahlungen aus dem SAP-System abwickeln. Zahlungen gehen immer mit offenen Posten einher, die im neuen Hauptbuch nur durch Belege erzeugt werden dürfen, die für alle Ledger gelten. Da der Transaction Manager Belege für jedes Ledger erzeugt, gilt hier die Ausnahme, dass der offene Posten zusammen mit dem Beleg für das führende Ledger erzeugt werden darf. Zahlungen sind im Transaction Manager wiederum mit dem zahlenden Bewertungsbereich verknüpft (siehe Abschnitt 6.1).

Währungstyp

Der Währungstyp ist in den meisten Fällen die BUCHUNGSKREISWÄHRUNG. In manchen Szenarien unterscheidet sich aber die Bewertungswährung von der Buchungskreiswährung. Meistens handelt sich um eine KONZERNWÄHRUNG oder eine HARTWÄHRUNG. In diesen Fällen gibt es aber Beschränkungen, was die Fortschreibung in die Finanzbuchhaltung angeht. Deshalb verhindert das System diese Einstellung mit der Fehlermeldung WÄHRUNGSTYP WIRD NICHT UNTERSTÜTZT (TPM_TRG 219).

Währungstyp unterscheidet sich von der Buchungskreiswährung [+]

Sie können die Fehlermeldung WÄHRUNGSTYP WIRD NICHT UNTERSTÜTZT (TPM_TRG 219) in eine Warnung umwandeln. Dabei sollten Sie die Beschränkungen in der Fortschreibung in die Finanzbuchhaltung beachten. Vor allem kann der Transaction Manager nur eine Währung fortschreiben. Also auch wenn das entsprechende Ledger mehrere Währungen führt und die Finanzbuchhaltung die Beträge in die anderen Währungen umrechnet, sind die Belege aus dem Transaction Manager nur in einer Währung relevant. Dies ist betriebswirtschaftlich bedingt, zum Beispiel können die Fremdwährungseffekte nicht direkt umgerechnet werden. Mehr Informationen zu diesem Szenario finden Sie im Langtext der Fehlermeldung TPM_TRG 219.

Kontenfindung

Der Charme der Ledgerlösung ist es, dass das gleich Konto je nach Rechnungslegung, also Bewertungsbereich, unterschiedliche Salden ausweisen kann. Folglich unterscheidet sich die Kontenfindung zwischen den Bewertungsbereichen nicht so stark. Es dürfte praktisch nie notwendig sein, Kontosymbolen je Bewertungsbereich unterschiedliche Konten zuzuordnen. Allenfalls müssen Sie einigen Fortschreibungsarten unterschiedliche Buchungsschemata für einzelne Bewertungsbereiche zuweisen.

Nicht-debitorische Zahlung

Buchungen auf Bank- oder Bankverrechnungskonten benötigen im Gegensatz zur Kontenlösung keine Einstellungen abhängig vom Bewertungsbereich. Sie müssen ja in jedem Ledger durchgeführt werden, damit das Hauptbuch in jedem Ledger einen Saldo ausweist. Da solche Buchungen unabhängig vom Bewertungsbereich sind, erhalten Sie immer den gleichen Saldo.

Debitorische Zahlung

Besondere Beachtung verdient wieder der Fall der Zahlungsabwicklung über das Debitorennebenbuch. Hier erzeugt der Beleg aus dem operativen Bewertungsbereich einen offenen Posten im Nebenbuch und verändert den Saldo des Abstimmkontos im Hauptbuch – allerdings nur für das führende Ledger. In den Parallelen Ledgern benötigen Sie nun Belege, die zwar den Saldo des Abstimmkontos verändern, aber natürlich keine weiteren offenen Posten im Nebenbuch erzeugen. Sie erreichen dies, indem Sie den betroffenen Fortschreibungsarten in den parallelen Bewertungsbereichen Buchungsschemata mit folgenden Eigenschaften zuordnen:

- Die Belegart muss für Sachkontenbuchungen geeignet sein, nicht für debitorische Buchungen.
- Das Kontosymbol für die Zahlungsseite muss eines für Personenbuchungen sein, also das gleiche, das Sie im Buchungsschema des operativen Bewertungsbereichs verwenden.

Abgesehen von den Fällen, in denen Fortschreibungsarten in verschiedenen Bewertungsbereichen gänzlich unterschiedlich gebucht werden, wie die schon erwähnten aktivierten oder nicht aktivierten Gebühren, ist die Kontenfindung für die Ledgerlösung im neuen Hauptbuch also sehr übersichtlich, weil sie weitgehend unabhängig vom Bewertungsbereich ist.

6.2.6 Customizing der Ledgerlösung mit Speziellen Ledgern

Rechnungslegungsvorschrift definieren

Das Customizing der Ledgerlösung mit Speziellen Ledgern ist in vielen Aspekten ähnlich dem der Ledgerlösung im neuen Hauptbuch. Zunächst müssen Sie auch für diese Lösung Rechnungslegungsvorschriften definieren. Diesen ordnen Sie dann jeweils ein Spezielles Ledger zu.

Einstellung zum Bewertungsbereich

Die Rechnungslegungsvorschriften ihrerseits ordnen Sie wiederum wie in Abbildung 6.8 den Bewertungsbereichen des Transaction

Managers zu. Eine Ausnahme stellt hier der zahlende Bewertungsbereich dar. Dieser muss mit dem klassischen Hauptbuch verknüpft sein, damit Sie Zahlungen anstoßen können. Sie können dazu das Feld RECHNUNGSLEGUNGSVORSCHRIFT wie in Abbildung 6.15 leer lassen oder eine Rechnungslegungsvorschrift eintragen, der kein Spezielles Ledger zugeordnet ist.

Währungstyp

Die Speziellen Ledger erlauben zusätzliche Flexibilität bezüglich der fortgeschriebenen Währungen. Während im Hauptbuch fast immer die Hauswährung fortgeschrieben wird, können Sie in den Speziellen Ledgern darauf verzichten und sich z.B. auf Transaktions- und Konzernwährung beschränken. In einem solchen Szenario können Sie dann auch die BEWERTUNGSWÄHRUNG für diesen Bewertungsbereich abweichend von der Hauswährung wählen, im genannten Beispiel also gleich der Konzernwährung. Wenn Sie dies tun wollen, müssen Sie den WÄHRUNGSTYP wie in Abbildung 6.8 angeben und z.B. KONZERNWÄHRUNG oder eine HARTWÄHRUNG auswählen.

Kontenfindung

Für die Kontenfindung gilt zumeist das, was wir auch zur Ledgerlösung im neuen Hauptbuch gesagt haben. Allerdings müssen Sie in den parallelen Bewertungsbereichen, also denjenigen, die in Spezielle Ledger buchen, mit zahlungsrelevanten Teilen von Buchungen anders umgehen. Die Vorgehensweise hängt auch davon ab, ob und wie Sie die Folgeprozesse des Zahlens, z.B. den Kontoauszug, in die Speziellen Ledger übernehmen.

Neben diesem Ansatz kommt es häufig vor, dass die Speziellen Ledger nur das Wesentliche wiedergeben sollen, und die verschiedenen Buchungen im Zahlungsprozess als nicht notwendig betrachtet werden. Dann müssen Sie die Kontenfindung so aussteuern, dass auf der Zahlungsseite direkt Bankkonten bebucht werden und keine Bankverrechnungskonten oder Debitorenabstimmkonten. Sie können für die Speziellen Ledger auch eigene Kontenpläne verwenden. Es ist klar, dass sich in einem solchen Fall die Kontenfindung zwischen den Bewertungsbereichen deutlich unterscheidet.

Allerdings sollten Sie versuchen, die Unterschiede möglichst auf die Zuordnung von Konten zu Kontosymbolen zu beschränken. Beachten Sie auch, dass sich der Kontenplan, den Sie beim Einstieg in die Pflege der Kontenfindung angeben, ausschließlich auf diese Zuordnung der Konten zu Kontosymbolen bezieht und nicht etwa auf die Definition der Buchungsschemata oder Kontosymbole.

6.3 Abwicklung von Zahlungen

In diesem Kapitel sind wir bislang immer wieder auf das Zahlen zu sprechen gekommen, weil dies eng mit dem Buchen verknüpft ist. Wir wollen uns nun ausführlicher mit diesem Thema beschäftigen, vor allem mit Aspekten, die losgelöst von der Fortschreibung der Finanzbuchhaltung sind.

Eingehende und ausgehende Zahlungen

In einigen Ländern ist für viele Geschäfte einer Treasury-Abteilung eine aktive Zahlungsabwicklung mit einer Hausbank des Unternehmens gar nicht nötig: Die Hausbank be- oder entlastet vereinbarte Bankkonten, und so braucht die Treasury-Abteilung nur die Richtigkeit anhand der Kontoauszüge nachzuvollziehen. Dies gilt insbesondere für eingehende Zahlungen, hier möglicherweise sogar für Geschäfte mit anderen Geschäftspartnern als einer Hausbank.

Zahlprogramme

Trotzdem kann es sinnvoll sein, auch eingehende Zahlungen explizit über eines der Zahlprogramme von SAP abwickeln zu lassen. Denn eine der Hauptaufgaben der Zahlprogramme ist es, Zahlungen zu netten, also Zahlungen zwischen gleichen Bankkonten, seien sie ein- oder ausgehend, zusammenzufassen. Auf diese Weise können Sie möglicherweise Bankgebühren sparen und andererseits Ihren Aufwand bei der Abstimmung des Kontoauszugs reduzieren.

Ablauf des Zahlens

Der Ablauf des aktiven Zahlens ist aus Sicht der Treasury-Abteilung relativ einheitlich, unabhängig davon, welchen der drei im Folgenden noch vorzustellenden Wege Sie wählen:

1. Zunächst müssen Sie die entsprechenden Bewegungen aus dem Transaction Manager heraus buchen oder den Zahlungsprozess mithilfe des Parameters NUR BEZAHLEN in der Transaktion BEWEGUNGEN BUCHEN (Transaktion TBB1) starten.
2. Anschließend rufen Sie ein Zahlprogramm auf. Das Zahlprogramm fasst Zahlungen geeignet zusammen und beginnt die Kommunikation aus dem Unternehmen heraus. Dies kann bedeuten, direkt Nachrichten an Banken zu versenden oder auch einfach Zahlungsträger zu drucken, die Sie dann an eine Bank oder einen anderen Geschäftspartner schicken. Typischerweise ist dieser Schritt mit einer Buchung verknüpft, die das zuvor belastete Konto entlastet und ein Bankverrechnungskonto belastet.
3. Der Kontoauszug stellt die Rückmeldung zur Zahlung dar und ist dementsprechend die Kommunikation in das Unternehmen hin-

ein. Es gibt jedoch keine automatische Rückkopplung des Kontoauszugs in den Transaction Manager. Sollten Zahlungen tatsächlich von dem abweichen, was Sie zum Zeitpunkt der Buchung erwartet haben, müssen Sie den Geschäftsvorfall manuell korrigieren. Der Kontoauszug entlastet mit seiner Buchung das Bankverrechnungskonto und belastet das Bankkonto.

In den nächsten Abschnitten beschreiben wir die drei Möglichkeiten, um die Zahlungen aus SAP Treasury and Risk Management abzuwickeln.

6.3.1 Debitorennebenbuch

Zahlung über Debitorennebenbuch

Die meisten übrigen Komponenten des SAP-Systems verwenden das Debitoren- oder Kreditorennebenbuch, um Zahlungen anzustoßen. Wie schon mehrfach erwähnt, ist es sehr eng mit dem Hauptbuch verknüpft. Anstelle von Hauptbuchkonten geben Sie für die Zahlungsseite der Buchung einfach das Nebenbuchkonto an, also die Debitoren- oder Kreditorennummer. Dies ist z. B. bei der manuellen Erfassung von Belegen sehr komfortabel. Eine große Stärke dieser beiden Nebenbücher ist auch die Möglichkeit, Mahnungen erstellen zu lassen, wenn Zahlungen verspätet eingehen. Diese Stärke spielt für eine typische Treasury-Abteilung, wenn überhaupt, nur eine sehr untergeordnete Rolle, da sie fast ausschließlich Geschäfte mit Banken tätigt. Weil eine Treasury-Abteilung quasi mit Geld handelt, sind bei einem Geschäft fast immer Zahlungsströme in beide Richtungen die Folge. Folglich tritt der gleiche Geschäftspartner als Kreditor und Debitor auf. Die Trennung der beiden Nebenbücher ist für die Prozesse der Treasury-Abteilung also eher ungünstig.

[«]

Ein- und ausgehende Zahlungen über Debitorennebenbuch

Der Transaction Manager unterstützt nur Zahlungen über das Debitorennebenbuch, nicht aber über das Kreditorennebenbuch. Sowohl für ein- als auch für ausgehende Zahlungen muss der Geschäftspartner mit einem Debitorenkonto verknüpft sein. Das System macht sich zunutze, dass beide Nebenbücher natürlich auch Gutschriften behandeln können.

Aussteuerung der Zahlung

Der Transaction Manager unterstützt Sie bei der Entscheidung, ob Sie die Zahlung über das Nebenbuch abwickeln oder einfach auf den Kontoauszug warten. Sie wählen auf der Registerkarte ZAHLUNGSVERBINDUNGEN im Bildbereich STEUERUNG den Radiobutton BUCHUNG

AUF DEBITOR aus, wie in Abbildung 6.17 dargestellt. Damit erscheinen auch die Bildbereiche REPETITIVE CODE und ZAHLUNG mit ihren Eingabefeldern. Dort können Sie einen vom Kontrahenten bzw. Emittenten abweichenden ZAHLUNGSREGULIERER angeben. Sie müssen außerdem Angaben zur Bankverbindung dieses Partners (Feld PARTNERBANK) sowie zum ZAHLWEG machen. Wenn Sie das Kennzeichen BUCHUNG AUF DEBITOR gesetzt haben, wählt das System in der Kontenfindung das Buchungsschema aus, das für die zugehörige Fortschreibungsart in Kombination mit dem Kennzeichen ZAHLUNGSVORGANG hinterlegt ist (siehe Abbildung 6.11).

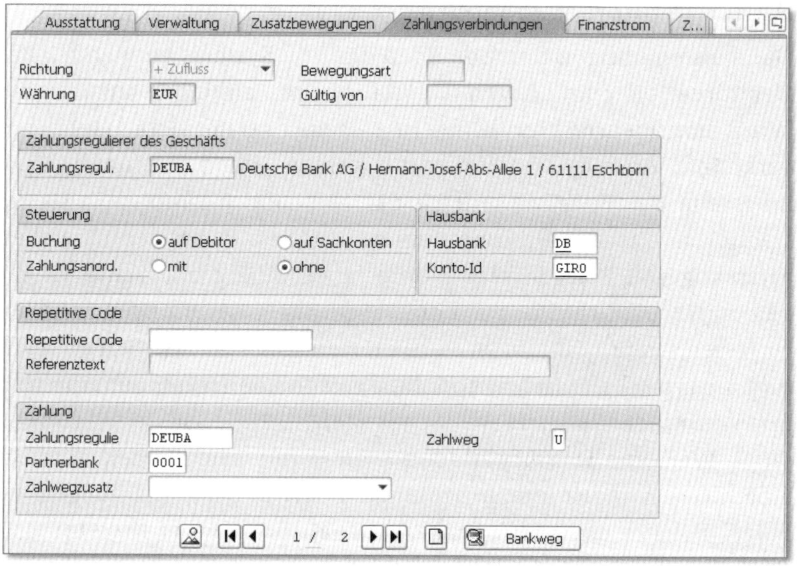

Abbildung 6.17 Zahlungsverbindung für debitorische Zahlung

Damit also tatsächlich eine Zahlung über das Debitorennebenbuch erfolgt, müssen Sie in das Buchungsschema ein Kontosymbol vom Buchungstyp PERSONENBUCHUNG eingeben (siehe Abbildung 6.9). Das System verprobt jedoch nicht, dass dies der Fall ist. Sie können auch ein Buchungsschema für eine Sachkontenbuchung hinterlegen, was z.B. für die nicht führenden Rechnungslegungen unter Kontenlösung gewünscht ist (siehe Abschnitt 6.2.4, »Customizing der Kontenlösung«). Normalerweise haben Sie bei den Geschäftspartnern, wie in Abschnitt 2.4 beschrieben, Standing Instructions zu Zahlungsverbindungen hinterlegt. Bei der Anlage eines Geschäfts übernimmt das System diese in die Zahlungsverbindungen, und Sie brauchen keine manuellen Angaben vorzunehmen.

Einer der Hauptgründe für den Einsatz eines Zahlprogramms ist das Zusammenfassen von Zahlungen. Gerade hier sind die Möglichkeiten des zum Debitoren- und Kreditorennebenbuch gehörenden ZAHLPROGRAMMS FÜR OFFENE POSTEN (Transaktion F110) für eine Treasury-Abteilung häufig unzureichend. Daher werden Sie sich meist für die Alternative der Abwicklung über Zahlungsanordnungen entscheiden, die wir Ihnen im nächsten Abschnitt vorstellen.

6.3.2 Zahlungsanordnungen

Neben dem Zahlprogramm (Transaktion F110) für die Debitoren- und Kreditorennebenbücher bietet SAP ein weiteres Zahlprogramm an, das den Anforderungen einer Treasury-Abteilung sehr entgegenkommt. Einerseits erlaubt es, Zahlungen anzustoßen, ohne den Geschäftspartner als Debitor anlegen zu müssen. Andererseits lässt sich mit seiner Hilfe das Zusammenfassen von Zahlungen viel genauer steuern. Es handelt sich um das ZAHLPROGRAMM FÜR ZAHLUNGSANORDNUNGEN (Transaktion F111), das Sie im Menü unter TRANSACTION MANAGER • GELDHANDEL/DEVISEN/DERIVATE/COMMODITIES/WERTPAPIERE • BUCHHALTUNG • ZAHLUNG • ZAHLUNGSANORDNUNG finden.

Zahlungsanordnungen erstellen

Zahlungsanordnung

Das Zahlprogramm hat seinen Namen von dem Informationsträger, über den die Erzeugung der Zahlungsträger läuft, die *Zahlungsanordnung*. Im Fall der Nebenbücher sind die offenen Posten die Ausgangspunkte für das maschinelle Zahlen. Will man sich davon lösen, braucht man ein anderes Hilfsmittel; dies sind die Zahlungsanordnungen.

Zahlungsverbindung einstellen

Zur Erzeugung einer Zahlungsanordnung aus dem Transaction Manager heraus wählen Sie auf der Registerkarte ZAHLUNGSVERBINDUNGEN im Bildbereich STEUERUNG den Radiobutton MIT ZAHLUNGSANORD. aus (siehe Abbildung 6.18). Ähnlich wie im Fall des Debitorennebenbuchs erscheinen daraufhin Felder für zusätzliche Angaben zum Regulierer. Im Vergleich zu Abbildung 6.17 erkennen Sie einige Erweiterungen.

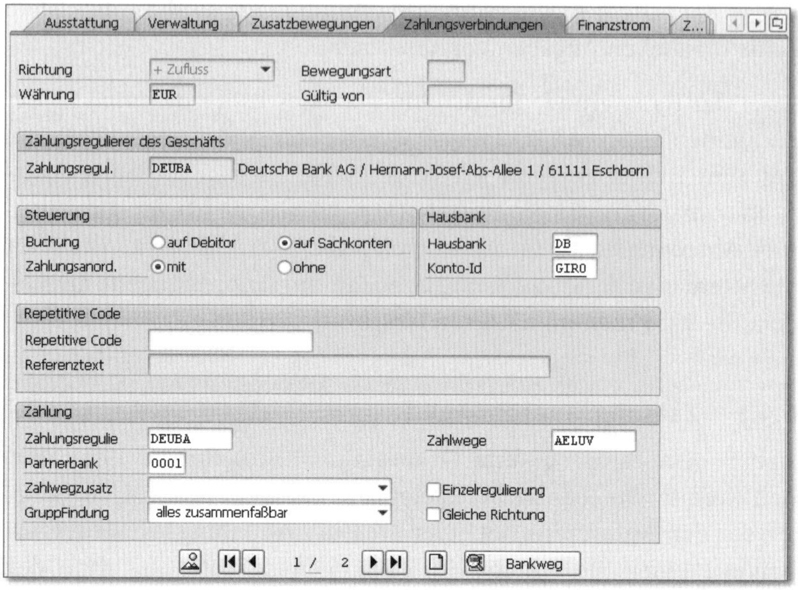

Abbildung 6.18 Zahlungsverbindungen für Zahlung über Zahlungsanordnung

Sie können nicht nur einen Zahlweg angeben, sondern eine Reihe von Zahlwegen (Feld ZAHLWEGE). Das Zahlprogramm wählt dann einen geeigneten aus. Dabei spielt auch eine Rolle, mit welchen anderen Zahlungsanordnungen die jeweils betrachtete Zahlungsanordnung zusammengefasst werden kann. Drei weitere Felder hängen unmittelbar mit dem *Netting* zusammen. Wenn Sie das Kennzeichen EINZELREGULIERUNG ankreuzen, erzwingen Sie, dass die betroffenen Bewegungen mit keiner anderen zusammengefasst werden können. Das Kennzeichen GLEICHE RICHTUNG erlaubt nur noch das Netten mit anderen ein- bzw. ausgehenden Bewegungen. Im Feld GRUPPFINDUNG bietet das System weitere Möglichkeiten an, das Zusammenfassen von Zahlungen zu steuern:

- **Alles zusammenfassbar**
  Sie überlassen es dem Zahlprogramm, möglichst viele Zahlungen, auch aus anderen Modulen, zusammenzufassen.
- **Alles innerhalb Treasury zusammenfassbar**
  Dies bedeutet, dass Zahlungsanordnungen aus dem Transaction Manager nicht mit denen anderer Komponenten verrechnet werden können, jedoch beliebig innerhalb des Transaction Managers.

- **Alles einer TR-Anwendung zusammenfassbar**
  Die TR-Anwendung bezieht sich auf die vier Bereiche Geldhandel, Devisen, Derivate und Wertpapiere.
- **Alles eines Produkttyps zusammenfassbar**
  Analog zur letzten Einstellung können nur Zahlungen zu einem Produkttyp zusammengefasst werden.
- **Nur Bewegungen einer Kennnummer**
  Dies ist nur bei Wertpapieren sinnvoll, hier allerdings für Geschäfte ebenso wie für Bewegungen der Depotbestände.
- **Nur Bewegungen eines Geschäftes**
  Dies ist nützlich für alle Arten von Geschäften, nicht aber für Zahlungen zu Wertpapierbeständen.

Diese Angaben sind alle mit dem Kennzeichen GLEICHE RICHTUNG kombinierbar.

Kompensation

Die detaillierteste Angabe, welche Bewegungen das Zahlprogramm zusammenfassen und nicht mit anderen Zahlungsanordnungen vermischen soll, stellt die *Kompensation* dar. Damit können Sie explizit Bewegungen unterschiedlicher Geschäfte markieren, damit sie gemeinsam bezahlt werden. Diese Möglichkeit haben Sie nur bei Zahlungsanordnungen und nicht bei offenen Posten eines Nebenbuchs.

Sie finden die Transaktionen zum Anlegen und Bearbeiten von Kompensationen im Menü unter TRANSACTION MANAGER • GELDHANDEL/DEVISEN/DERIVATE/COMMODITIES/WERTPAPIERE • ABWICKLUNG • KOMPENSATION. Den komfortabelsten Weg, eine Kompensation anzulegen, stellt die VORSCHLAGSLISTE (Transaktion TBR5) dar. Sie müssen nur wenige Angaben machen und erhalten eine Liste von Bewegungen, die bereits nach Fälligkeitsdaten vorsortiert und gruppiert ist. Durch Ankreuzen wählen Sie dann die Bewegungen aus, die Sie zusammenfassen möchten. Wenn Sie die Geschäftsnummern und das Fälligkeitsdatum bereits kennen, können Sie auch die Transaktion KOMPENSATION ANLEGEN (Transaktion TBR1) verwenden.

Voraussetzungen zur Kompensation

Voraussetzung für die Vereinigung von Bewegungen in einer Kompensation ist einerseits, dass die betroffenen Geschäfte bereits abgerechnet sind. Neben dem gleichen Fälligkeitsdatum müssen die Bewegungen auch gleiche Zahlungsverbindungen haben. Wollen Sie ein- und ausgehende Zahlungen in einer Kompensation zusammenfassen, müssen Sie daher in den Zahlungsverbindungen jeweils Zahlwege für beide Richtungen angeben. Das Zahlprogramm F111 sorgt dann dafür, dass der geeignete Zahlweg für den Nettobetrag gewählt wird.

Auswirkungen der Kompensation

Das Ziel der Kompensation ist es, dass die ausgewählten Bewegungen gemeinsam bezahlt und nicht mit anderen Zahlungen verrechnet werden. Diesem Ziel wird das System sogar dann gerecht, wenn Sie nur einzelne Bewegungen buchen, die zu einer Kompensation gehören. Mit der Buchung erzeugt das System die Zahlungsanordnungen, diese sind jedoch zur Weiterverarbeitung durch das Zahlprogramm gesperrt, bis auch die letzte Bewegung der Kompensation gebucht ist und damit die letzte Zahlungsanordnung vorliegt. Das System verhindert auch, dass ein Vorgang eines Geschäfts storniert wird, solange eine Bewegung dieses Vorgangs an einer Kompensation beteiligt ist. Sie müssen dann zunächst die Kompensation auflösen (Transaktion TBR4) oder zumindest das Geschäft aus der Kompensation entfernen, um den Vorgang stornieren zu können.

Kompensation mit unterschiedlichen Währungen

Sie können in einer Kompensation auch Zahlungen verschiedener Währungen eingeben. Selbstverständlich fasst das Zahlprogramm diese nicht zusammen; vielmehr geht es darum, die gleichzeitige Verarbeitung durch das Zahlprogramm zu sichern.

Customizing zu Zahlungsanordnungen

Damit die Angaben, die wir in Abbildung 6.18 zu den Zahlungsverbindungen gemacht haben, sich auch tatsächlich auf die Bewegungen auswirken, muss für die betroffenen Bewegungen das Erstellen von Zahlungsanordnungen erlaubt sein. Bei der Definition der Bewegungsarten, im Customizing des Transaction Managers unter der jeweiligen Produktgruppe in Geschäftsverwaltung • Bewegungsarten • Bewegungsarten definieren (siehe Abbildung 6.19), können Sie Zahlungsanordnungen grundsätzlich verbieten oder für ein- oder ausgehende Zahlungen bzw. für beide Richtungen erlauben. Auch für die Einzelregulierung haben Sie hier die gleichen Einstellungsmöglichkeiten.

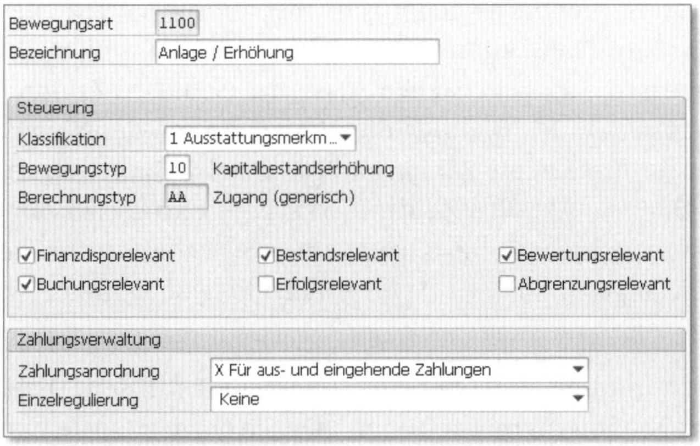

Abbildung 6.19 Definition der Bewegungsarten der Geschäftsverwaltung

Konto zur Zahlungsverrechnung

Das weitere Customizing zu Zahlungsanordnungen, sofern der Transaction Manager unmittelbar betroffen ist, finden Sie im Customizing unter TRANSACTION MANAGER • ALLGEMEINE EINSTELLUNGEN • ZAHLUNGSVERWALTUNG • ZAHLUNGSANORDNUNG. Mit der Buchung, die die Zahlungsanordnung erzeugt, soll das Bankverrechnungskonto noch nicht belastet werden. Dies geschieht, wie zu Beginn von Abschnitt 6.3 erläutert, erst durch das Zahlprogramm für Zahlungsanordnungen (Transaktion F111). Vielmehr ist zunächst ein weiteres Verrechnungskonto zwischengeschaltet. Unter VERRECHNUNGSKONTO FÜR ZAHLUNGSANORDNUNGEN geben Sie für jeden Buchungskreis ein Sachkonto für diesen Zweck an (siehe Abbildung 6.20). Die Kontenfindung des Transaction Managers richten Sie so ein, als würden Sie gleich auf das Bankverrechnungskonto buchen. Auf diese Weise ist sichergestellt, dass die Buchung des Transaction Managers auf das Verrechnungskonto erfolgt und zugleich auf der Zahlungsanordnung das richtige Bankverrechnungskonto für die Folgebuchung vermerkt ist.

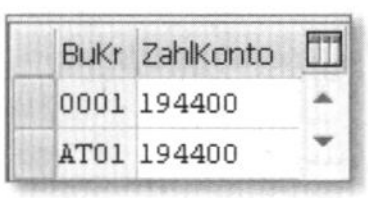

Abbildung 6.20 Einrichtung des Zahlungsverrechnungskontos

Zahlungsanordnung für debitorische Zahlung

Sie können das Zahlprogramm F111 auch für Zahlungen über das Debitorennebenbuch einsetzen. In diesem Fall wählen Sie in Abbildung 6.18 sowohl den Radiobutton AUF DEBITOR als auch MIT ZAHLUNGSANORD. Dies kann sinnvoll sein, wenn Sie bestimmte Funktionen des Debitorennebenbuchs benötigen, aber auf die Vorteile des Zahlprogramms aus Transaktion F111 nicht verzichten wollen. In diesem Fall müssen Sie sicherstellen, dass das Standard-Zahlprogramm aus Transaktion F110, das ja die offenen Posten des Nebenbuchs ausliest, für diese keine Zahlungsträger erstellt. Dann müssen Sie in der Customizing-Aktivität Zahlungssperre für korrespondierende Buchhaltungsbelege definieren einen Sperrgrund für die offenen Posten angeben. Dieser Sperrgrund gilt global für einen Mandanten.

Nummernkreis für Zahlungsanordnungen

Jede Zahlungsanordnung wird über eine Nummer identifiziert. Diese wird aus einem Nummernkreis bestimmt, den Sie bei den Einstellungen zur Zahlungsanordnung einrichten. Die Nummer zeigt Ihnen auch das Buchungsjournal (Transaktion TPM20) an und erlaubt Ihnen, darüber zur Anzeige der Zahlungsanordnung zu navigieren (siehe Spalte ZA-Schl. in Abbildung 6.21).

6.3.3 SAP In-House Cash

Die beiden bisher behandelten Zahlprogramme bieten Konzernen in begrenztem Maße auch Möglichkeiten, Zahlungen einer Tochterfirma über eine andere Tochterfirma oder die Zentrale abzuwickeln. Wenn Sie hier umfassendere Anforderungen haben, bietet sich das SAP-Modul SAP In-House Cash an. SAP In-House Cash dient der Abwicklung konzerninterner und -externer Zahlungen. Es hilft Ihnen dabei, die Anzahl Ihrer externen Bankkonten und das Volumen Ihrer externen Zahlungen zu reduzieren – vor allem der ins Ausland. Folgende Prozesse unterstützt das Modul:

- **Internes Zahlen**
  Zahlungen zwischen verschiedenen Tochtergesellschaften
- **Zentrales Zahlen**
  Zahlungen an externe Partner, die SAP In-House Cash zentral für die angeschlossenen Tochtergesellschaften übernimmt
- **Lokales Zahlen**
  Zahlungen an externe Partner, die eine Tochtergesellschaft innerhalb ihres Landes zentral für den Konzern übernimmt
- **Zentraler Geldeingang**
  SAP In-House Cash nimmt zentral für den Konzern Zahlungen externer Partner entgegen.

Etwas ausführlichere Informationen zu SAP In-House Cash finden Sie auch in dem Buch »Financial Supply Chain Management« von Jürgen Weiss (SAP PRESS 2009).

IHC als interne Hausbank

Für die Unternehmen innerhalb des Konzerns erscheint SAP In-House Cash systemseitig wie eine normale Hausbank. Die Tochterfirma erhält dort ein Konto und entsprechend auch Kontoauszüge. Aufgrund des Überblicks über die verschiedenen Tochtergesellschaften ist SAP In-House Cash dann in der Lage, die Zahlungsströme mit externen Partnern zu optimieren. Da der Konzern auf diese Weise eine zentrale Aufgabe im Bereich des Zahlungsverkehrs übernimmt, ist der Gedanke naheliegend, Zahlungen aus einer zentralen Treasury-Abteilung auch direkt über das ebenfalls zentrale SAP In-House Cash abzuwickeln.

Anschluss des Transaction Managers

Dieses Szenario unterstützt der Transaction Manager über ein Business Add-in (BAdI). Das BAdI `TPM_EXT_PAYMENT_TRPR` erlaubt es, beliebige Systeme zur Zahlungsabwicklung anzuschließen. Sie finden es im Customizing unter Transaction Manager • Allgemeine Einstellungen • Zahlungsanordnung • Kundeneigene Zahlprogramme. SAP liefert eine Beispielimplementierung aus, mit der die gesamte Zahlungsabwicklung über SAP In-House Cash erfolgt.

Nutzung des BAdIs für SAP In-House Cash [+]

Selbst wenn Sie tatsächlich alle Zahlungen aus dem Transaction Manager über SAP In-House Cash abwickeln, sollten Sie nicht einfach die Beispielimplementierung aktivieren. Legen Sie eine eigene Implementierung an, in der Sie die Beispielimplementierung unverändert aufrufen. Sonst kann es passieren, dass nach Einspielen eines Hinweises oder Support-Packages die Beispielimplementierung wieder deaktiviert ist und damit Ihre Zahlungen nicht über SAP In-House Cash abgewickelt werden.

Zahlungsauftrag

Bei der Erfassung von Zahlungsbedingungen gehen Sie so vor, als würden Sie Zahlungsanordnungen erstellen (siehe Abbildung 6.18). Beim Buchen der Geschäftsvorfälle erzeugt das System dann jedoch keine Zahlungsanordnung, sondern einen sogenannten *Zahlungsauftrag* in SAP In-House Cash. Ein Zahlungsauftrag in SAP In-House Cash ist die Entsprechung einer Zahlungsanordnung, also die Grundlage für die Erstellung von Zahlungsträgern an externe Partner oder auch Verrechnungen zwischen Töchtern des eigenen Konzerns. Wie im Fall der Zahlungsanordnung gibt es keine Rückkopplung der Zahlungsabwicklung in den Transaction Manager.

Vom Zahlungsauftrag zur Zahlungsanordnung

Im Fall von externen Zahlungen führt die Verarbeitung des Zahlungsauftrags in SAP In-House Cash schließlich zur Erstellung einer Zahlungsanordnung in dem Buchungskreis, der die Zahlung tatsächlich durchführen soll. SAP In-House Cash liefert später einen Kontoauszug an den Buchungskreis zurück, der den Zahlungsauftrag aufgegeben hat. Im Ablauf innerhalb des Transaction Managers unterscheidet sich eine Zahlung über SAP In-House Cash also nicht von derjenigen über Zahlungsanordnungen. Auch die Kontenfindung bleibt völlig analog.

Zahlungsreferenz im Transaction Manager

Anstelle der Nummer der Zahlungsanordnung vergibt das System für Zahlungsaufträge eine *Zahlungsreferenz*. Diese finden Sie im Buchungsjournal (Transaktion TPM20) in Abbildung 6.21 in der letzten Spalte. Auch im Finanzstrom des Geschäfts finden Sie diese Information. Mit dieser Zahlungsreferenz können Sie auch in die Anzeige des Zahlungsauftrags in SAP In-House Cash navigieren. Sie erhalten also die gleiche Qualität der Integration wie für Zahlungsanordnungen.

Buchungsjournal

BB	PArt	KoRef	Kennummer	FArt	Sachkont...	Sachkontenlangtext	Betr BestW	BestW	HW-Betr.	Haus...	BSt	Belegnr	ZA-Schl.	Zahlungsref.
001	01A	50100	100000	SE1000	113105	Bank 1 (Sonstige Zwischenbuchungen)	130,00-	EUR	130,00-	EUR	gebucht	100006722		0000000002PT00000000
	01A	50100	100000	SE1000	45020	Aktien	130,00	EUR	130,00	EUR	gebucht	100006722		
	01A	50100	100000	SE1000	113105	Bank 1 (Sonstige Zwischenbuchungen)	130,00-	EUR	130,00-	EUR	gebucht	100008155		0000000052PT00000000
	01A	50100	100000	SE1000	45020	Aktien	130,00	EUR	130,00	EUR	gebucht	100008155		
	01A	50100	100000	SE1000	113105	Bank 1 (Sonstige Zwischenbuchungen)	210,00-	EUR	210,00-	EUR	gebucht	100008157		0000000053PT00000000
	01A	50100	100000	SE1000	45020	Aktien	210,00	EUR	210,00	EUR	gebucht	100008157		
002	01A	50100	100000	SE1000	194200	TR-TM Technische Verrechnung	130,00-	EUR	130,00-	EUR	gebucht	100008156		
	01A	50100	100000	SE1000	45020	Aktien	130,00	EUR	130,00	EUR	gebucht	100008156		
	01A	50100	100000	SE1000	194200	TR-TM Technische Verrechnung	210,00-	EUR	210,00-	EUR	gebucht	100008158		
	01A	50100	100000	SE1000	45020	Aktien	210,00	EUR	210,00	EUR	gebucht	100008158		

Abbildung 6.21 Buchungsjournal mit Zahlungen über Zahlungsanordnungen und Zahlungsaufträge in SAP In-House Cash

Kompensation und Netting

Bei der Beispielimplementierung gibt es allerdings Einschränkungen bezüglich des Nettings von Zahlungen. Wie in Abschnitt 6.3.2 beschrieben, bieten die Zahlungsanordnungen viele Möglichkeiten, sie gezielt vom Zahlprogramm (Transaktion F111) zusammenfassen zu lassen. Dies berücksichtigt die Beispielimplementierung nicht, weil SAP In-House Cash möglicherweise noch weitere Zahlungen zusammenfassen würde. Allerdings stellt auch die Beispielimplementierung bereits sicher, dass Zahlungsaufträge einer Kompensation erst freigegeben werden, wenn alle Zahlungsaufträge erstellt sind.

SAP In-House Cash und normale Zahlungsabwicklung

Selbst wenn Sie SAP In-House Cash zusammen mit SAP Treasury and Risk Management einsetzen möchten, müssen Sie nicht alle Zahlungen über SAP In-House Cash abwickeln. Das BAdI TPM_EXT_PAYMENT_TRPR stellt eine Methode zur Verfügung, mit der Sie steuern können, ob Sie Zahlungsaufträge oder -anordnungen erzeugen wollen. Dabei stehen Ihnen alle Informationen zur Zahlung zur Verfügung. Einfache Kriterien, anhand derer Sie die jeweilige Art der Zahlungsabwicklung steuern können, sind z.B. die Hausbank oder ein besonderer Zahlweg. Da SAP In-House Cash wie eine Hausbank agiert, sind dies auch für den Händler bei der Geschäftserfassung durchschaubare Kriterien, die Zahlungsabwicklung zu steuern.

6.4 SAP Cash and Liquidity Management

Aufgabe von SAP Cash and Liquidity Managements ist es, einen Überblick über die kurz- bis mittelfristige Liquiditätssituation eines Unternehmens zu geben. In der Praxis sind die Daten von SAP Cash and Liquidity Management häufig der Ausgangspunkt für den Abschluss von Geschäften im Transaction Manager. Umgekehrt haben praktisch alle Aktionen im Transaction Manager Auswirkungen auf die Liquiditätssituation des Unternehmens. In diesem Abschnitt werden wir uns ausschließlich mit dem Aspekt des Informationsflusses vom Transaction Manager zu SAP Cash and Liquidity Management beschäftigen. Wir werden Begriffe von SAP Cash and Liquidity Managements nur insoweit klären, wie sie für das Verständnis wichtig sind.

Tagesfinanzstatus und Liquiditätsvorschau

Zentrale Reports in SAP Cash and Liquidity Management sind der *Tagesfinanzstatus* (Transaktion FF7A) und die *Liquiditätsvorschau* (Transaktion FF7B). Der Tagesfinanzstatus zeigt die Situation der Bank- und Bankverrechnungskonten, die Liquiditätsvorschau liefert analoge Informationen für Debitoren und Kreditoren. Tagesfinanzstatus und Liquiditätsvorschau können Sie gemeinsam über die Transaktion FF70 aufrufen. Sie finden die entsprechenden Einzeltransaktionen im Menü unter FINANZWESEN • FINANCIAL SUPPLY CHAIN MANAGEMENT • CASH AND LIQUIDITY MANAGEMENT • CASHMANAGEMENT • INFOSYSTEM • BERICHTE ZUM CASHMANAGEMENT • LIQUIDITÄTSANALYSEN.

Dispositionsebene

Das System zeigt die Daten in verschiedenen Aggregationsstufen an, die Sie im Customizing vorgeben können. Eine dieser Aggregationsstufen ist die Hausbank, eine andere ist die Dispositionsebene. Die

Dispositionsebene gibt Auskunft über die Herkunft einer Kontoveränderung oder eines erwarteten Zahlungsein- oder -ausgangs. Damit macht sie auch eine Aussage über die Zuverlässigkeit der Daten. Zum Beispiel ist der Tag eines Zahlungseingangs einer Kundenrechnung nicht so zuverlässig vorhersehbar wie Zinsen und Tilgungen eines Festgelds.

Dispositionsebenen festlegen

Die Anbindung des Transaction Managers an SAP Cash and Liquidity Management erfolgt im Customizing im Wesentlichen dadurch, dass Sie Elementen des Transaction Managers eben diese Dispositionsebenen zuordnen. Dies erlaubt es dem System, beim Anlegen oder Ändern von Geschäften und Beständen im Transaction Manager SAP Cash and Liquidity Management zu aktualisieren. Sie finden die Aktivität im Customizing unter TRANSACTION MANAGER • ALLGEMEINE EINSTELLUNGEN • CASHMANAGEMENT-ANBINDUNG • FINANZDISPOEBENEN FESTLEGEN. Wie Sie in Abbildung 6.22 sehen, können Sie die Dispositionsebene (Spalte EBENE (BANK BEKANNT)) je Produktart (Spalte PART) und Vorgangstyp (Spalte VT…) aussteuern. Die zweite Spalte STS (Status) ist im Transaction Manager nicht relevant. Abbildung 6.22 zeigt nicht, dass Sie diese Einstellungen für jeden Buchungskreis vornehmen müssen.

Treasury: Dispositionsebenen zuordnen

PArt	Sts	VT...	Ebene (Bank bekannt)	Ebene (Bank unbekannt)
53A	0	11	CB	CP
53A	0	12	CB	CP
53A	0	20	CB	CP
53A	0	21	CB	CP

Abbildung 6.22 Zuweisung der Dispositionsebenen im Transaction Manager

[!]

Dispositionsebenen für Wertpapiere

Beachten Sie, dass Sie für Produktarten zu Wertpapieren auch Einträge ohne Vorgangstyp vornehmen müssen, um die konditionsbasierten Geschäftsvorfälle wie Zinsen, Dividenden oder Tilgungen in SAP Cash and Liquidity Management fortzuschreiben.

Plandaten im Tagesfinanzstatus

Geplante Finanzströme des Transaction Managers werden in SAP Cash and Liquidity Management im Tagesfinanzstatus angezeigt, weil relativ früh bekannt ist, über welche Hausbank und welches Konto sie abgewickelt werden. Solange Sie Zahlungsverbindungen des Geschäfts oder Bestands für das Hausbankkonto noch nicht spezifizieren, werden sie zwar weiterhin im Tagesfinanzstatus ausgewiesen, jedoch üblicherweise mit einer anderen Dispositionsebene (Spalte EBENE (BANK UNBEKANNT) in Abbildung 6.22).

Relevante Bewegungen

Neben der Festlegung der Dispositionsebene müssen Sie im Customizing noch festlegen, welche Bewegungen Sie in SAP Cash and Liquidity Management fortschreiben möchten. Bewegungen z.B. zu Bewertungen sollen ja nicht in SAP Cash and Liquidity Management erscheinen. Hierbei müssen Sie unterscheiden, ob die Bewegung ursprünglich aus der Geschäftsverwaltung kommt oder ihren Ursprung in der Bestandsverwaltung hat. Für Bewegungen der Geschäftsverwaltung legen Sie bei der Definition der Bewegungsart fest, ob sie relevant für die Finanzdisposition sind (siehe Abbildung 6.19, Kennzeichen FINANZDISPORELEVANT). Für Bewegungen mit Ursprung in der Bestandsverwaltung gibt es im Customizing die Aktivität FORTSCHREIBUNGSARTEN FÜR CASHMANAGEMENT SPEZIFIZIEREN, in der Sie Fortschreibungsarten als relevant kennzeichnen (Spalte CM-RELEVANT in Abbildung 6.23). Sie befindet sich gleich neben der Festlegung der Dispositionsebenen.

Details Fortschreibungsart

FArt	CM-relevant	Bezeichnung Fortschreibungsart
SAM1104	☑	Endfällige Tilgung (planmäßig)
SAM1106	☑	Ratentilgung
SAM5000	☑	Nominalzinsen

Abbildung 6.23 Fortschreibungsarten als relevant für das SAP Cash and Liquidity Management kennzeichnen

Unterschiede beim Zahlen

Die für SAP Cash and Liquidity Management relevanten Bewegungen gehen stets mit Zahlungen einher. Sobald die Zahlung mit dem Buchen angestoßen wurde, wird SAP Cash and Liquidity Management aus dem Hauptbuch fortgeschrieben, denn die weitere Verarbeitung der Zahlung erfolgt ohne Beteiligung des Transaction Managers. In SAP Cash and Liquidity Management zeigen sich nun Unterschiede, wenn Sie die Zahlung über das Debitorennebenbuch oder über Zahlungsanordnungen abwickeln. Im Fall des Debitorennebenbuchs erscheint die Zahlung unter dem entsprechenden Geschäftspartner, nicht mehr unter dem Hausbankkonto. Anders ist dies im Fall der Zahlungsanordnung. Hier bleibt der Ausweis unter dem Hausbankkonto bis zum Eingang des Kontoauszugs erhalten.

Option »Nur bezahlen« – SAP Cash and Liquidity Management

In Abschnitt 6.2.1 haben wir die Option NUR BEZAHLEN in der Transaktion BEWEGUNGEN BUCHEN (Transaktion TBB1) beschrieben. Wenn Sie diese Option verwenden, müssen Sie zusätzliche Customizing-Einstellungen pflegen, nämlich das Kennzeichen FORTSCHREIBUNG ÜBER BESTANDSFÜHRUNG in der Aktivität CASH MGMT FORTSCHREIBUNG ÜBER BESTANDSFÜHRUNG AKTIVIEREN setzen. Wenn Sie SAP Cash and Liquidity Management bereits im Einsatz haben und die Daten aus dem Transaction Manager schon in SAP Cash and Liquidity Management fortgeschrieben haben, müssen Sie zusätzlich den Report `RTPM_CM_CLEAR_FDT1_ENTRIES` und anschließend den Report `RTPM_CM_UPDATE` ausführen.

6.5 Public Sector Management

Organisationen des öffentlichen Dienstes unterliegen oft speziellen buchhalterischen Regelungen. Mit der Integration des Haushaltsmanagements (PSM-FM) und des Fördermittelmanagements (PSM-GM) von Public Sector Management (PSM) können Sie zur Einhaltung dieser Regelungen verschiedene Funktionen verwenden, die wir Ihnen in diesem Abschnitt vorstellen. Zuerst beschreiben wir, wie Sie die zusätzlichen Kontierungsobjekte Fonds und Förderung in der Geschäftsverwaltung erfassen und wie Sie eine Fondsumbuchung durchführen. Danach beschreiben wir die Verwaltung der Investitionspools. Im letzten Abschnitt erläutern wir Ihnen die Aktivierung der Integration und das Customizing.

6.5.1 Kontierungsobjekte erfassen

Der wichtigste Baustein der Integration mit PSM ist die Pflege der Kontierungsobjekte Fonds und Förderung in der Geschäftsverwaltung, dazu kommen die entsprechende Bestandsverwaltung und die Fortschreibung in die Finanzbuchhaltung. In Kapitel 5, »Bestandsverwaltung«, haben wir das Konzept der Differenzierung vorgestellt. Für PSM stehen Ihnen nun zwei weitere Differenzierungsmerkmale zur Verfügung: der Fonds und die Förderung. So können Sie Ihre Geldanlagen verschiedenen Fonds oder Kombinationen aus Fonds und Förderungen zuordnen. Darüber hinaus können Sie Geldhandels- und Wertpapiergeschäfte auf verschiedene Fonds oder Kombinationen aus Fonds und Förderungen aufteilen. Die einzelnen Bewegungen der Geschäfte werden anschließend automatisch den Buchbeständen zugeordnet, und diese Zuordnung setzt sich über alle Prozesse der internen Bestandsverwaltung fort. Während der Buchung wird entsprechend die Information über den Fonds oder die Kombination aus einem Fonds und einer Förderung in die Finanzbuchhaltung fortgeschrieben.

Bei der Geschäftserfassung können Sie ein Geschäft einem Fonds oder einer Kombination aus einem Fonds und einer Förderung zuordnen. Wie Sie in Abbildung 6.24 sehen, pflegen Sie die Zuordnung auf der Registerkarte VERWALTUNG. Diese Zuordnung wird dann ins Bestandskennzeichen übertragen, und damit wird der Bestand auch durch Fonds und Förderung eindeutig identifiziert.

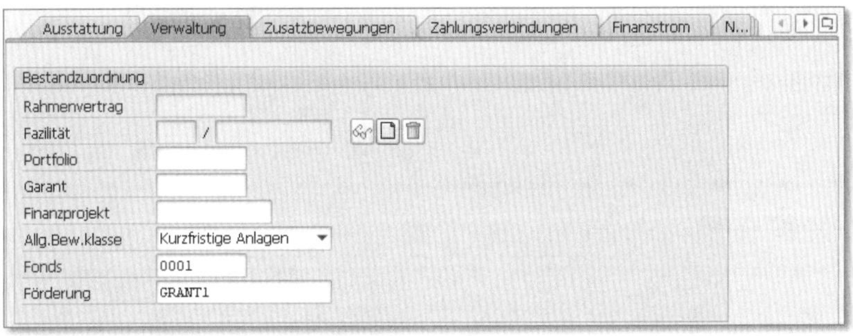

Abbildung 6.24 Pflege des Fonds und der Förderung auf der Registerkarte »Verwaltung« in der Geschäftserfassung

Zusätzlich können Sie Geldhandels- und Wertpapiergeschäfte mehreren Fonds oder Kombinationen aus Fonds und Förderungen zuordnen. Dafür wählen Sie die Registerkarte FINANZSTROM. Abbildung 6.25 zeigt die Aufteilung für ein Geldhandelsgeschäft. Sie ordnen immer einen entsprechenden Anteil des Nominals einem Fonds oder einem Fonds und einer Förderung zu. Damit teilen Sie das Geschäft auf einzelne Buchbestände in der Bestandsverwaltung auf. Das können Sie in Abbildung 6.26 sehen, die die Bestandsfinanzströme in der Transaktion BESTANDSBEWEGUNGSLISTE (Transaktion TPM13) zeigt. Sie sehen, dass das Geschäft in zwei Buchbestände mit verschiedenen Förderungen aufgeteilt ist. Das bedeutet, dass alle Bewegungen aus der Geschäftsverwaltung (siehe Abbildung 6.25) in diese zwei Buchbestände gesplittet werden.

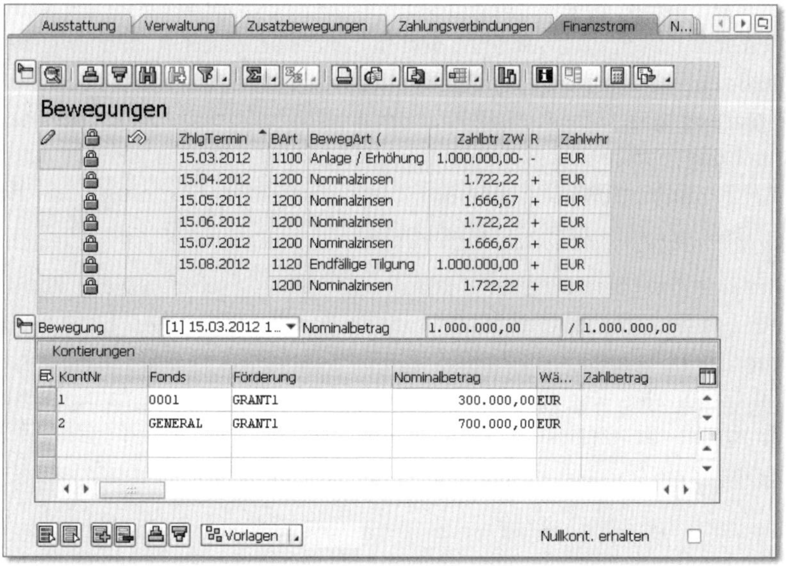

Abbildung 6.25 Zuordnung eines Geldhandelsgeschäfts zu mehreren Fonds und Förderungen

Liste der Bestands-Bewegungen

ACC	BB	Geschäft	Fonds	Förderung	Status	TRL Datum	Fortschreibungsart	Nominal	NomW	Betr BestW	BestW	Betr BewW	BewW
0001	001	129	0001	GRANT1	P	15.03.2012	Anlage / Erhöhung	300.000,00	EUR	300.000,00	EUR	300.000,00	EUR
0001	001	129	0001	GRANT1	P	15.08.2012	Anlage / Nominalzinsen	2.550,00	EUR	2.550,00	EUR	2.550,00	EUR
0001	001	129	0001	GRANT1	P	15.08.2012	Anlage / Endfällige Tilgung	300.000,00	EUR		EUR		EUR
0001	001	129	0001	GRANT1	P	15.08.2012	Translation Kaufwert		EUR	300.000,00	EUR	300.000,00	EUR
0001	001	129	0001	GRANT1	P	15.08.2012	Kursverlust Titel (planm. Abgang)		EUR	300.000,00	EUR	300.000,00	EUR
0001	001	129	GENERAL	GRANT1	P	15.03.2012	Anlage / Erhöhung	700.000,00	EUR	700.000,00	EUR	700.000,00	EUR
0001	001	129	GENERAL	GRANT1	P	15.08.2012	Anlage / Nominalzinsen	5.950,00	EUR	5.950,00	EUR	5.950,00	EUR
0001	001	129	GENERAL	GRANT1	P	15.08.2012	Anlage / Endfällige Tilgung	700.000,00	EUR	1.000.000,00	EUR	1.000.000,00	EUR
0001	001	129	GENERAL	GRANT1	P	15.08.2012	Translation Kaufwert		EUR	700.000,00	EUR	700.000,00	EUR
0001	001	129	GENERAL	GRANT1	P	15.08.2012	Kursgewinn Titel (planm. Abgang)		EUR	300.000,00	EUR	300.000,00	EUR

Abbildung 6.26 Bestandsfinanzströme des aufgeteilten Geschäfts

6.5.2 Fondsumbuchung

Der Transaction Manager bietet Ihnen die Möglichkeit, eine Umbuchung zwischen Fonds durchzuführen. Für die Umbuchung verwenden Sie die Transaktion FONDSUMBUCHUNG DURCHFÜHREN (Transaktion TPM80), die Sie im SAP-Menü unter TRANSACTION MANAGER • SONDERFUNKTIONEN PUBLIC SECTOR • FONDSUMBUCHUNG finden. Hier befindet sich auch die entsprechende Stornotransaktion FONDSUMBUCHUNG STORNIEREN (Transaktion TPM81).

Besonderheit der Fondsumbuchung

Einerseits ähnelt die Fondsumbuchung den anderen Umbuchungen, etwa der Bewertungsklassen- oder der Portfolioumbuchung. Es handelt sich um eine interne Umbuchung in dem Sinne, dass externe Daten wie Geschäfts- und Geschäftspartnerdaten unverändert bleiben. Andererseits weist die Fondsumbuchung einen wesentlichen Unterschied auf. Bei den anderen Umbuchungen werden die Buchwerte zwischen den Quell- und den Zielbeständen übertragen, ohne realisierte Gewinne und Verluste zu erzeugen. Die Fondsumbuchung funktioniert dagegen eher wie ein Kauf und ein Verkauf. Das heißt, für den Quellbestand sieht die Umbuchung wie ein Verkauf aus, und es werden unter anderem realisierte Gewinne und Verluste erzeugt. Beim Zielbestand agiert die Umbuchung ähnlich wie ein Kauf, und es wird nur der Kaufwert eingebucht.

Um die Fondsumbuchung durchzuführen, müssen Sie neben den allgemeinen Einstellungen in der Bestandsverwaltung noch die Fortschreibungsarten für die Fondsumbuchung im Customizing unter TRANSACTION MANAGER • ALLGEMEINE EINSTELLUNGEN • BUCHHALTUNG • FONDSUMBUCHUNG • FORTSCHREIBUNGSARTEN FÜR FONDSUMBUCHUNG ZUORDNEN pflegen.

6.5.3 Investitionspools

Investitionspool-Stammdaten

An öffentlichen Einrichtungen werden oft *Investitionspools* eingerichtet, die die Anlagen mehrerer Poolteilnehmer bündeln und verwalten. Mit dieser Bündelung können die Verwaltungskosten reduziert und gleichzeitig höhere Renditen erreicht werden. Ein Poolteilnehmer kauft Poolzertifikate, die der Investitionspool anbietet. Im Transaction Manager können Sie Poolzertifikate als Wertpapiere abbilden und verwalten. Außerdem können Sie die Stammdaten sowie die Geschäfte für Poolteilnehmer verwalten. Alle dazugehörenden Transaktionen finden Sie im SAP-Menü unter TRANSACTION MANAGER • SONDERFUNKTIONEN PUBLIC SECTOR • INVESTITIONSPOOL, wie Sie in Abbildung 6.27 sehen.

Abbildung 6.27 Transaktionen für die Verwaltung der Investititionspools

Der Transaction Manager definiert einen Investitionspool durch den Buchungskreis und die Wertpapierkennnummer des Poolzertifikats. Die Investitionspool-Stammdaten pflegen Sie mit der Transaktion Investitionspool-Stammdaten bearbeiten (Transaktion TPM89), die Sie im SAP-Menü im Abschnitt Stammdaten finden (siehe Abbildung 6.28). Wenn Sie das Kennzeichen Emissionen anlegen im Bildbereich Steuerung setzen, können Sie die Angaben zu den Kontierungen und Geschäften pflegen. Diese Angaben dienen als Grundlage für Käufe und Verkäufe der Poolzertifikate durch die Investitionspoolteilnehmer.

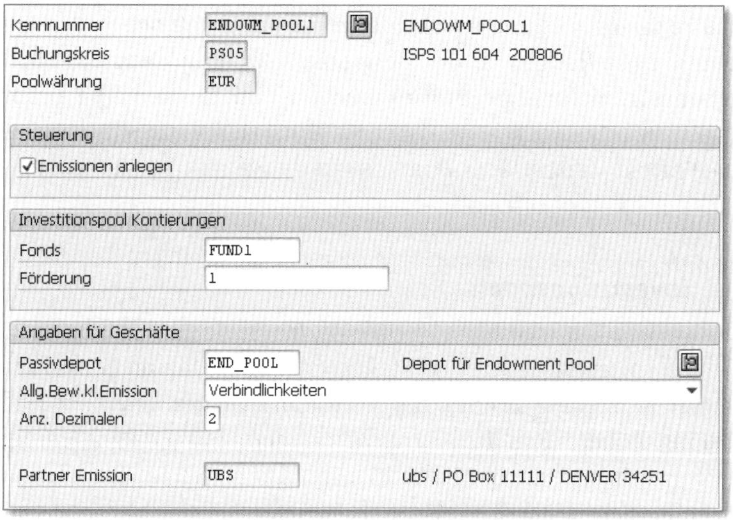

Abbildung 6.28 Pflege der Investitionspool-Stammdaten

Poolteilnehmer: Fondszusatzdaten

In der zweiten Stammdatentransaktion Poolteilnehmer: Fondszusatzdaten bearbeiten (Transaktion TPM85) pflegen Sie die Zusatzdaten für die einzelnen Poolteilnehmer. Ein Poolteilnehmer wird durch den Buchungskreis, den Fonds und gegebenenfalls die Förderung eindeutig identifiziert. Im Abschnitt Fondszusatzdaten für Poolteilnehmer pflegen Sie das Wertpapierdepot für die Geschäfte der Poolteilnehmer. Im zweiten Abschnitt Zulässige Pools für Poolteilnehmer pflegen Sie die Investitionspools, in die ein Poolteilnehmer investieren darf.

Geschäfte abwickeln

Im nächsten Abschnitt des SAP-Menüs, Abwicklung, finden Sie die Transaktionen zur Abwicklung der Käufe und Verkäufe der Poolzertifikate durch die Poolteilnehmer. Zuerst legen Sie mit der Transaktion INVESTITIONEN BEARBEITEN (Transaktion TPM90) fest, wie sich die Beteiligung eines Poolteilnehmers am Investitionspool geändert hat. Hier geben Sie pro Poolteilnehmer und Pool einen Zahlbetrag ein und legen fest, ob es sich um einen Kauf oder Verkauf handelt. Damit bestimmen Sie, wie sich die Beteiligung eines Poolteilnehmers am Investitionspool ändert.

Die Geschäfte legen Sie danach mit der Transaktion GESCHÄFTE FÜR POOLTEILNEHMER ERZEUGEN (Transaktion TPM86) an. Einen Storno der Geschäfte können Sie mit der Transaktion GESCHÄFTE VON POOLTEILNEHMERN STORNIEREN (Transaktion TPM87) durchführen. Im SAP-Menü finden Sie im Abschnitt INFORMATIONSSYSTEM die Transaktion ÜBERSICHT ÜBER GESCHÄFTE VON POOLTEILNEHMERN (Transaktion TPM88), die Ihnen eine Übersicht über die Geschäfte der Poolteilnehmer liefert.

6.5.4 Integration mit Public Sector Management aktivieren und einstellen

Die Integration von SAP Treasury and Risk Management mit dem Public Sector Management wird mit der Aktivierung der Business Function `FIN_TRM_PSM_INTEGRATION` eingeschaltet. Wenn Sie den Transaction Manager bereits im Einsatz haben, sollten Sie auch die obligatorischen und optionalen Migrationsschritte im Customizing unter TRANSACTION MANAGER • ALLGEMEINE EINSTELLUNGEN • WERKZEUGE • UMSETZUNGSPROGRAMME AUSFÜHREN (Transaktion TPM_MIGRATION). Stellen Sie dafür den Migrationstyp UMSETZUNG FÜR PSM ein. Weitere Informationen zur Migration finden Sie in Kapitel 15, »Integrations- und Systemwerkzeuge«.

Differenzierung einstellen

Das wichtigste Merkmal der Integration mit PSM ist die Verwendung der Kontierungselemente Fonds und Förderung als Differenzierungsmerkmale. Sie müssen diese beiden Elemente daher als Differenzierungsmerkmale im Customizing unter TRANSACTION MANAGER • ALLGEMEINE EINSTELLUNGEN • BUCHHALTUNG • ORGANISATION • EINSTELLUNGEN ZUR BESTANDSFÜHRUNG • DIFFERENZIERUNGEN DEFINIEREN UND ZUORDNEN definieren und zuordnen.

6.6 Meldewesen

Zum Abschluss dieses Kapitels möchten wir noch kurz auf die Integration des Transaction Managers mit einem sehr speziellen Modul hinweisen, dem Meldewesen der Versicherungsaufsicht (FS-SR). Versicherungen unterliegen in vielen Ländern besonderer behördlicher Aufsicht. Sie müssen regelmäßig Angaben zu ihrem Vermögen und ihren Verbindlichkeiten machen. Finanzinstrumente machen einen Großteil des Vermögens einer Versicherung aus, sodass Daten aus SAP Treasury and Risk Management sehr wichtig sind. Daneben sind auf der Aktivseite aber auch Darlehen und Immobilien von Bedeutung.

SAP bietet eine Lösung an, die die Anforderungen aus Deutschland, Österreich und der Schweiz weitgehend abdeckt, sofern Finanzprodukte aus den Bereichen Wertpapiere, Geldhandel und Darlehen oder Immobilien betroffen sind. Das Meldewesen für Versicherungen umfasst folgende Funktionen:

- eigene historische Datenführung
- Abbildung mehrerer Bewertungsbereiche
- mögliche Anbindung fremder Vorsysteme
- flexible Fortschreibung der Daten durch eigene Bestandsführung im Speziellen Ledger
- Umbuchung des Sicherungsvermögens
- umfangreiche Funktionen bei der Listenausgabe, insbesondere die Erzeugung von Listen und Auswertungen im PDF-Format, die den gesetzlichen Anforderungen genügen, sowie ihre Sicherung auf der Datenbank

Um Daten aus den verschiedenen Modulen erfassen zu können, ist das Meldewesen quasi dem Hauptbuch nachgelagert und baut auf einem von SAP ausgelieferten Speziellen Ledger auf. Auf diese Weise ist eine unmittelbare Fortschreibung der relevanten Daten innerhalb eines SAP-Systems möglich. Ein umfangreiches Customizing bildet vor allem Elemente der sendenden Anwendung, besonders die verschiedenen Bewegungs- und Produktarten, auf diejenigen des Meldewesens ab.

Meldewesen-Stammdaten erfassen

Neben dem Erfassen von Bewegungen sind für das Meldewesen auch weitere Angaben zu den Stammdaten notwendig. Dazu bietet das Meldewesen eigene Transaktionen an. Zusätzlich können Sie diese

Angaben auch direkt im Transaction Manager vornehmen. Dabei sind sie stets mit den operativen Beständen verbunden. Die Meldewesen-Stammdaten sind für Wertpapiere mit dem Depotbestand verknüpft; folglich können Sie sie am Bestandskennzeichen eingeben, z.B. mit der Transaktion BESTANDSKENNZEICHEN ÄNDERN (Transaktion TPM56A). Hier können Sie im Menü unter SPRINGEN zum MELDEWESEN navigieren. Bestimmte Angaben betreffen das Depot selbst, weshalb in der Stammdatenpflege des Depots eine zusätzliche Registerkarte erscheint. Für OTC-Geschäfte erreichen Sie die entsprechende Pflegeoberfläche im Menü der Geschäftserfassung unter UMFELD • MELDEWESEN.

Mit diesen Angaben zu den Stammdaten und auf Basis des Customizings ist das System in der Lage, die Bewegungsdaten des Meldewesens sofort fortzuschreiben. Mit sehr geringem Aufwand können Sie die Meldungen an die Aufsichtsbehörde erstellen und zusätzliche Auswertungen vornehmen, auch historische Vergleiche. Dieser grobe Überblick über Funktionalität und Integration mit dem Transaction Manager muss im Rahmen dieses Buchs ausreichen, um Ihnen einen Eindruck vom versicherungsaufsichtsrechtlichen Meldewesen zu geben.

Die Integration mit dem Hauptbuch, insbesondere die verschiedenen Szenarien, parallele Rechnungslegungen abzubilden, haben wir in diesem Kapitel dagegen sehr ausführlich dargestellt. Auch in die Zahlungsabwicklung, die Fortschreibung von SAP Cash and Liquidity Management und die Integration mit dem Haushaltsmanagement (PSM-FM) und dem Fördermittelmanagement (PSM-GM) von Public Sector Management (PSM) haben Sie einen fundierten Einblick erhalten.

Marktdaten sind die Grundlage für die Ermittlung marktgerechter Werte und für die Auswertungen der Risikoanalyse. Wir stellen Ihnen das Customizing und die Übernahme der Marktdaten für Ihr System vor.

7 Marktdaten

Marktdaten gehören zu den grundlegenden Daten von SAP Treasury and Risk Management. In der Geschäftsverwaltung liefern sie Vergleichswerte für den Geschäftspreis, in der Bestandsverwaltung werden mit ihnen marktgerechte Werte für die Bestandspositionen ermittelt, und in der Risikoanalyse sind sie notwendig zur Auswertung der Marktrisikokennzahlen. Die Marktdaten setzen sich aus den primären Marktdaten wie Devisenkursen, Wertpapierkursen, Referenzzinssätzen und Commodity-Preisen sowie den sekundären Marktdaten wie Volatilitäten, Korrelationen und Barwerten zusammen. Die sekundären Marktdaten können aus den primären Marktdaten abgeleitet werden.

Wir stellen Ihnen in diesem Kapitel die Einrichtung, Pflege und Übernahme der Marktdaten vor. Wir beginnen mit den primären Marktdaten und richten ein besonderes Augenmerk auf die Referenzzinsen und Zinskurven. Danach gehen wir auf die sekundären Marktdaten ein, besprechen Szenarien und Marktdatenshifts und schließen das Kapitel mit der Vorstellung der Marktdatenschnittstelle ab.

7.1 Devisenkurse und Devisenswapsätze

Devisenkurse und Devisenswapsätze werden nicht nur in SAP Treasury and Risk Management genutzt, sondern sind auch für alle anderen Anwendungen von SAP ERP relevant, die Währungsumrechnungen vornehmen. Daher liegt ihre Pflege im allgemeinen Teil des Customizings unter SAP NetWeaver • Allgemeine Einstellungen • Währungen. Darüber hinaus haben Sie im Customizing von SAP Treasury and Risk Management unter Grundfunktionen • Markt-

DATENVERWALTUNG • STAMMDATEN • WÄHRUNGEN UND GRUNDFUNKTIONEN • MARKTDATENVERWALTUNG • MANUELLE MARKTDATENVERWALTUNG • WÄHRUNGEN die Möglichkeit, Einstellungen für die Devisen vorzunehmen sowie Kurse und Swapsätze einzugeben. Beachten Sie, dass Sie dabei auf die gleichen Einstellungen und Tabellen wie unter dem allgemeinen Customizing zugreifen und die Eingaben und Änderungen somit übergreifend für alle ERP-Module gelten.

Im Customizing für die Devisen und Devisenswapsätze müssen Sie zuerst die Währungscodes definieren und die Dezimalstellen für jede Währung einstellen. Danach können Sie für jedes Währungspaar die Mengen- oder Preisnotation als *Standardnotierung* festlegen und Umrechnungsfaktoren für die Währungsumrechnung definieren. Durch das Einrichten verschiedener *Kurstypen* haben Sie die Möglichkeit, zum gleichen Datum mehrere Kurse oder Swapsätze für ein Währungspaar zu speichern. Diese Kurse oder Swaptypen können Sie abhängig vom Kurstyp einsetzen.

Devisenkurse

Die Devisenkurse können Sie manuell im Customizing unter TREASURY AND RISK MANAGEMENT • GRUNDFUNKTIONEN • MARKTDATENVERWALTUNG • MANUELLE MARKTDATENEINGABE • WÄHRUNGEN • WÄHRUNGSKURSE EINGEBEN pflegen oder automatisch mit der Marktdatenschnittstelle übernehmen (siehe Abschnitt 7.11). In der manuellen Pflege der Devisenkurse können Sie abhängig vom Kurstyp und dem Gültigkeitsdatum für jedes Währungspaar den Kurs entweder mengennotiert oder preisnotiert hinterlegen (siehe Abbildung 7.1). Weicht die Notation von der Standardnotation für das Währungspaar ab, wird der Kurs farblich hervorgehoben.

Ktyp	Gültig ab	Mengennot.	X	Faktor(v...	Von	=	Preisnot.	X	Faktor(nach)	Nach
EURX	20.01.2012	1,29480	X	1	USD	=		X	1	EUR
EURX	19.01.2012	1,29370	X	1	USD	=		X	1	EUR
EURX	18.01.2012	1,28250	X	1	USD	=		X	1	EUR
EURX	17.01.2012	1,27400	X	1	USD	=		X	1	EUR
EURX	13.01.2012	1,26820	X	1	USD	=		X	1	EUR

Abbildung 7.1 Manuelle Marktdateneingabe für Währungskurse

Devisenswapsätze

Devisenswapsätze liefern Vorschlagswerte bei der Geschäftserfassung von Devisengeschäften und sind bei der Stichtagsbewertung mit der Transaktion BEWERTUNG DURCHFÜHREN (Transaktion TPM1) notwendig, wenn das Bestandsführungsverfahren eine Kursbewertung enthält, die den Terminkurs einer oder beider Seiten des Finanzgeschäfts verwendet.

Swapsätze können Sie wie Devisenkurse im Customizing unter Treasury and Risk Management • Grundfunktionen • Marktdatenverwaltung • Manuelle Marktdateneingabe • Währungen • Swapsätze eingeben pflegen oder mit der Marktdatenschnittstelle übernehmen.

Weitere Informationen zu Einstellungen und Pflege von Devisenkursen finden Sie in den ausführlichen Dokumentationen zu den einzelnen IMG-Aktivitäten im Customizing.

7.2 Wertpapierkurse

Für Wertpapiere, Futures und handelbare Optionen sind zur Ermittlung eines marktgerechten Wertes Wertpapierkurse notwendig. Wesentlich für die Differenzierung dieser Kurse sind die Kursart, die Notierungsart, die Notierungswährung und der Handelsplatz. Diese Differenzierungsmerkmale besprechen wir als Erstes, gehen danach auf die Möglichkeit ein, Kurse für Anleihen zu ermitteln. Abschließend betrachten wir die Logik, mit der Kurse gelesen werden.

7.2.1 Pflege der Wertpapierkurse

Wertpapierkurse werden nach ihrer Kursart, ihrer Notierungsart, Notierungswährung und ihrem Handelsplatz unterschieden.

Kursart

Mit der *Kursart* können Sie einen Wertpapierkurs charakterisieren. Typische Kursarten sind der Kassakurs, der Eröffnungskurs oder der Schlusskurs. Im Customizing können Sie Ihre Standardkursarten unter Treasury and Risk Management • Grundfunktionen • Marktdatenverwaltung • Stammdaten • Wertpapiere • Wertpapierkursarten definieren definieren und darüber hinaus zusätzliche Kursarten für spezielle Zwecke wie einen Bilanzkurs anlegen.

Notierungsart

Die *Notierungsart* gibt für Wertpapiere an, ob ein Kurs stücknotiert oder prozentnotiert ist. Bei stücknotierten Kursen wird der Preis pro Stück und bei prozentnotierten Kursen in Prozent einer nominellen Handelseinheit angegeben. Für Futures und handelbare Optionen ist die Notierungsart durch die Definition der Produktart im Customizing unter Treasury and Risk Management • Transaction Manager • Börsennotierte Derivate • Stammdaten • Produktarten • Produktarten definieren vorgegeben. Mögliche Notierungsarten sind prozentnotiert, invers prozentnotiert, preisnotiert, punktnotiert und bruchnotiert.

Notierungswährung

Die *Notierungswährung* legt für stücknotierte Wertpapiere und preisnotierte Optionen fest, in welcher Währung der Preis angegeben ist. Die Notierungswährung kann von der Emissionswährung unabhängig gewählt werden, um so auch Kurse zu erfassen, die sich von der Emissionswährung unterscheiden.

Handelsplatz

Der *Handelsplatz* gibt an, an welcher Börse das Wertpapier, der Future oder die handelbare Option gehandelt wird und somit der Kurs seinen Ursprung hat. Ihre Handelsplätze können Sie im Customizing unter TREASURY AND RISK MANAGEMENT • GRUNDFUNKTIONEN • MARKTDATENVERWALTUNG • STAMMDATEN • WERTPAPIERE • HANDELSPLATZ DEFINIEREN pflegen.

Pflege

Wertpapierkurse können Sie über die Marktdatenschnittstelle (siehe Abschnitt 7.11) einspielen oder manuell über die Wertpapierkurspflege (Transaktion WERTPAPIERKURSE EINGEBEN (Transaktion FW18, siehe Abbildung 7.2)) eingeben, die Sie im Menü unter TREASURY AND RISK MANAGEMENT • GRUNDFUNKTIONEN • MARKTDATENVERWALTUNG • MANUELLE MARKTDATENEINGABE • WERTPAPIER UND INDEX finden. Die Genauigkeit der Kurse beträgt sechs Nachkommastellen. Kurse von Futures und börsennotierten Optionen werden immer als prozentnotiert angezeigt, auch wenn ihre Notierungsart invers prozentnotiert, preisnotiert, punktnotiert oder bruchnotiert ist.

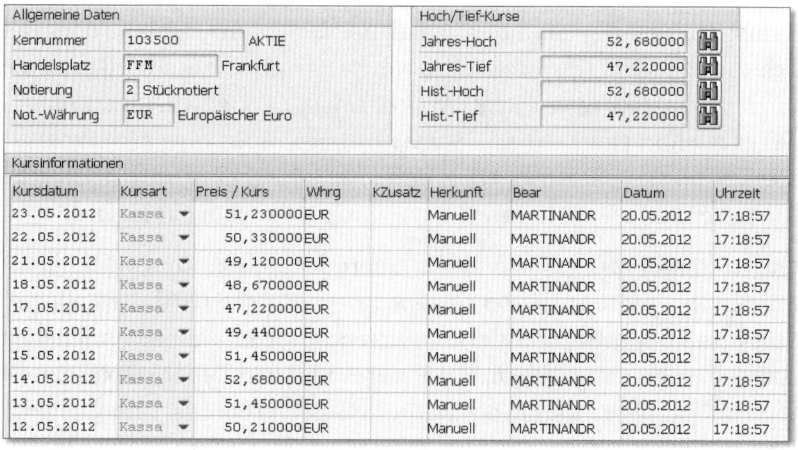
Allgemeine Daten
Kennummer 103500 AKTIE
Handelsplatz FFM Frankfurt
Notierung 2 Stücknotiert
Not.-Währung EUR Europäischer Euro

Hoch/Tief-Kurse
Jahres-Hoch 52,680000
Jahres-Tief 47,220000
Hist.-Hoch 52,680000
Hist.-Tief 47,220000

Kursinformationen

Kursdatum	Kursart	Preis / Kurs	Whrg	KZusatz	Herkunft	Bear	Datum	Uhrzeit
23.05.2012	Kassa	51,230000	EUR		Manuell	MARTINANDR	20.05.2012	17:18:57
22.05.2012	Kassa	50,330000	EUR		Manuell	MARTINANDR	20.05.2012	17:18:57
21.05.2012	Kassa	49,120000	EUR		Manuell	MARTINANDR	20.05.2012	17:18:57
18.05.2012	Kassa	48,670000	EUR		Manuell	MARTINANDR	20.05.2012	17:18:57
17.05.2012	Kassa	47,220000	EUR		Manuell	MARTINANDR	20.05.2012	17:18:57
16.05.2012	Kassa	49,440000	EUR		Manuell	MARTINANDR	20.05.2012	17:18:57
15.05.2012	Kassa	51,450000	EUR		Manuell	MARTINANDR	20.05.2012	17:18:57
14.05.2012	Kassa	52,680000	EUR		Manuell	MARTINANDR	20.05.2012	17:18:57
13.05.2012	Kassa	51,450000	EUR		Manuell	MARTINANDR	20.05.2012	17:18:57
12.05.2012	Kassa	50,210000	EUR		Manuell	MARTINANDR	20.05.2012	17:18:57

Abbildung 7.2 Manuelle Marktdateneingabe für Wertpapierkurse mit der Transaktion FW18

Voraussetzung für die Pflege der Wertpapierkurse ist, dass Sie in den Gattungsdaten für das jeweilige Finanzinstrument die Notierungsart und die Handelsplätze mit ihren Notierungswährungen, die Sie für die Kursermittlung einsetzen wollen, festgelegt haben. Die Gattungsdaten erreichen Sie über die Transaktion FWZZ oder im Menü unter TREASURY AND RISK MANAGEMENT • TRANSACTION MANAGER • WERTPAPIERE • STAMMDATEN • GATTUNG.

[+]

Absprung in die Pflege der Wertpapierkurse aus FWZZ

Aus der Transaktion GATTUNG (Transaktion FWZZ) können Sie zur Pflege der Wertpapierkurse für die jeweilige Gattung springen. Gehen Sie dazu auf die Registerkarte HANDELSPLÄTZE, markieren Sie den gewünschten Handelsplatz, und klicken Sie auf den Button BÖRSENKURSE. Damit befinden Sie sich direkt in der Transaktion WERTPAPIERKURSE EINGEBEN (Transaktion FW18).

7.2.2 Kursberechnung für Anleihen

Für Anleihen haben Sie neben der Übernahme der Kurse mit der Marktdatenschnittstelle und der manuellen Kurseingabe die Möglichkeit der Kursberechnung durch den Market Risk Analyzer. Diese Kursberechnung ist insbesondere dann nützlich, wenn an Handelsplätzen der Anleihe nur selten Kurse angegeben werden oder die Anleihe gar nicht börsennotiert ist, wie z. B. ein als Anleihe abgebildetes Schuldscheindarlehen.

Transaktion JBRBPC

Die Berechnung der Kurse wird mit der Transaktion KURSE FÜR WERTPAPIERE BERECHNEN (Transaktion JBRBPC) durchgeführt, die Sie im Menü unter TREASURY AND RISK MANAGEMENT • MARKET RISK ANALYZER • WERKZEUGE • ABSPEICHERUNG finden. Die Transaktion ermittelt für Anleihen über eine angegebene Zinskurve die jeweiligen Barwerte und daraus die Kurse.

Im Selektionsbild der Transaktion können Sie für die Abgrenzung der Anleihen die Produktart und die Kennnummer angeben (siehe Abbildung 7.3). Darüber hinaus müssen Sie als Auswertungsparameter die Auswertungsart und den Stichtag der Auswertung festlegen. Die Auswertungsart steuert die Auswahl der Referenzzinsen und Zinskurven für die Barwertermittlung (siehe Kapitel 12, »Portfolio-Controlling mit den Analyzern«). Mit der Angabe der Kursart und des Handelsplatzes legen Sie den Schlüssel fest, unter dem in Ergänzung des Auswertungsstichtags die ermittelten Kurse gespeichert werden.

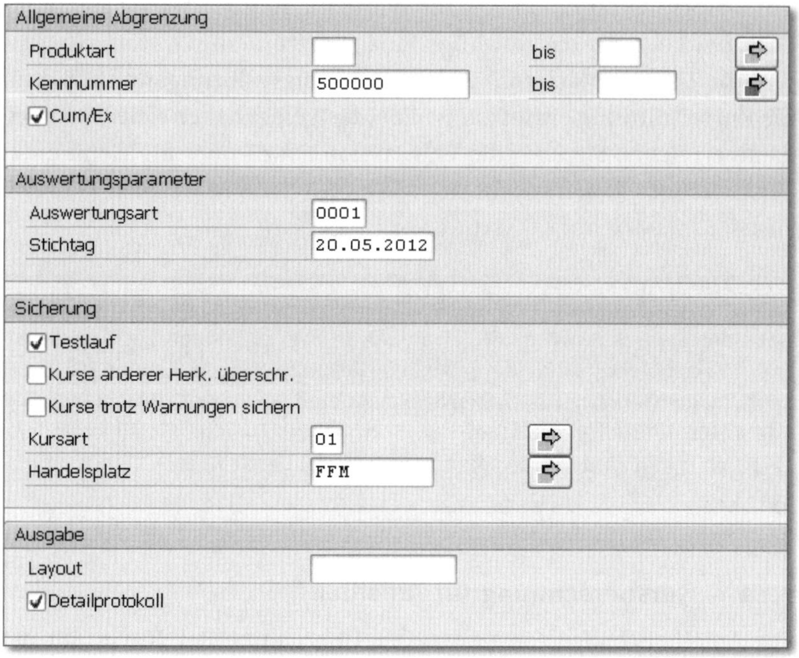

Abbildung 7.3 Selektionsbild der Transaktion JBRBPC für die Kursberechnung von Anleihen

Sie erkennen die mit der Transaktion KURSE FÜR WERTPAPIERE BERECHNEN (Transaktion JBRBPC) ermittelten Kurse in der Transaktion WERTPAPIERKURSE EINGEBEN (Transaktion FW18) daran, dass im Feld HERKUNFT der Wert »JBRBPC« eingetragen ist.

Handelsplatz

Für eine Anleihe wird nur dann ein Kurs ermittelt, wenn der angegebene Handelsplatz in den Gattungsdaten der Anleihe gepflegt ist. Ist der angegebene Handelsplatz nicht in den Gattungsdaten gepflegt, wird kein Kurs ermittelt und eine entsprechende Meldung ausgegeben. Dies geschieht auch, wenn die Anleihe innerhalb der in der allgemeinen Abgrenzung definierten Menge von Beständen liegt.

In der Ergebnisliste der Transaktion KURSE FÜR WERTPAPIERE BERECHNEN (Transaktion JBRBPC, siehe Abbildung 7.4) können Sie nach dem Markieren einer Ergebniszeile mit dem Button DETAILPROTOKOLL in ein Protokoll abspringen, das zeigt, wie der Barwert und der Kurs ermittelt wurden. Über den Button BERECHNUNGSGRL. können Sie zu einer Übersicht über die Marktdaten springen, die als Berechnungsgrundlage verwendet wurden.

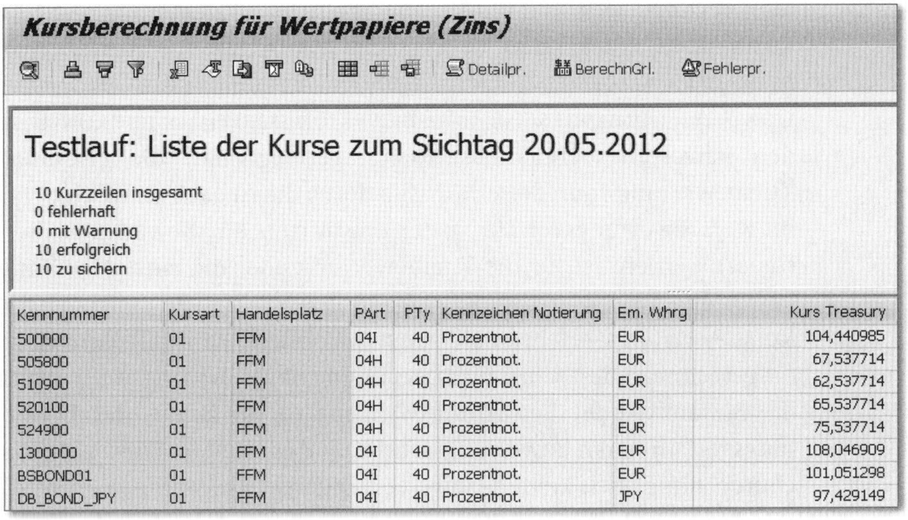

Kennnummer	Kursart	Handelsplatz	PArt	PTy	Kennzeichen Notierung	Em. Whrg	Kurs Treasury
500000	01	FFM	04I	40	Prozentnot.	EUR	104,440985
505800	01	FFM	04H	40	Prozentnot.	EUR	67,537714
510900	01	FFM	04H	40	Prozentnot.	EUR	62,537714
520100	01	FFM	04H	40	Prozentnot.	EUR	65,537714
524900	01	FFM	04H	40	Prozentnot.	EUR	75,537714
1300000	01	FFM	04I	40	Prozentnot.	EUR	108,046909
BSBOND01	01	FFM	04I	40	Prozentnot.	EUR	101,051298
DB_BOND_JPY	01	FFM	04I	40	Prozentnot.	JPY	97,429149

Abbildung 7.4 Ergebnisliste der Transaktion JBRBPC

7.2.3 Wertpapierkurse lesen

Das Titelbewertungsverfahren der Stichtagsbewertung und die logischen Datenbanken der Geschäfts- und Bestandsverwaltung gehen für das Lesen der Kurse wie folgt vor:

Lesen des Kurses

Falls mittels der Transaktion Handelsplätze je Buchungskreis und Gattung (Transaktion TPM59) für einen Buchungskreis und eine Kennnummer ein Handelsplatz gepflegt ist, wird der zum Stichtag der Kursermittlung aktuellste Kurs ausschließlich zu diesem Handelsplatz ermittelt. Ist dagegen kein Eintrag gepflegt oder ist der Handelsplatz leer, werden die zum Stichtag aktuellsten Kurse gelesen. Kommen diese von verschiedenen Handelsplätzen, erhält der Kurs der Heimatbörse den Vorzug, wenn dieser unter den gelesenen vorhanden ist. Die Heimatbörse kann in der Transaktion Gattung (Transaktion FWZZ) festgelegt werden. Ist die Heimatbörse nicht unter den Lieferanten der Kurse, wird der Kurs der alphabetisch ersten Börse gewählt. Diese Logik gewährleistet auch bei wiederholten Aufrufen Konsistenz. Die Pflege des Handelsplatzes mit der Transaktion TPM59 kann für die Kennnummern auch unabhängig vom Buchungskreis erfolgen.

Währungsumrechnung

Stimmen für die Titelbewertung oder die einstufige Kursbewertung die Notierungswährung des gelesenen Kurses und die Bestands- oder die Bewertungswährung nicht überein, wird der Kurs zum Bewertungsstichtag in die Bestands- beziehungsweise Bewertungswährung umgerechnet. Der Kurstyp für die Währungsumrechnung wird im Customizing unter TREASURY AND RISK MANAGEMENT • TRANSACTION MANAGER • ALLGEMEINE EINSTELLUNGEN • BUCHHALTUNG • ORGANISATION • ACCOUNTINGKREISE UND BEWERTUNGSBEREICHE ZUORDNEN in den Bewertungsbereich-Zusatzdaten gepflegt. Für die einstufige Kursbewertung kann dieser Kurstyp durch die Angabe eines Kurstyps im Kursbewertungsverfahren der einstufigen Kursbewertung übersteuert werden. Ist für die Titelbewertung oder die einstufige Kursbewertung weder in den Bewertungsbereich-Zusatzdaten noch im Kursbewertungsverfahren ein Kurstyp gepflegt, wird mit Kurstyp M umgerechnet. Die Währungsumrechnung der Notierungswährung in die Bestands- oder Bewertungswährung ist für keines der Bewertungsverfahren ein Bewertungsschritt, und es werden daher nach der Umrechnung auch keine Erfolge beziehungsweise Verluste ermittelt und Bewertungsbewegungen erzeugt.

7.3 Referenzzinsen und Zinskurven

Die Referenzzinsen und die daraus abgeleiteten Zinskurven zählen mit den Devisen- und Wertpapierkursen zu den wichtigsten Marktdaten von SAP Treasury and Risk Management. Die Zinskurven werden über die Angabe von Referenzzinsen mit aufsteigender Laufzeit definiert, die als Stützstellen der Zinskurve dienen. Werte der Kurve zwischen den Stützstellen werden interpoliert, Werte vor der ersten beziehungsweise nach der letzten Stützstelle werden extrapoliert. Aus der Zinskurve werden Zerobondabzinsungsfaktoren (ZBAF) ermittelt, die in der Barwertermittlung für die Abzinsung von Finanzströmen oder für die Berechnung zukünftiger Zinszahlungen mit einem Forward-Zinssatz verwendet werden können.

Wir besprechen in diesem Abschnitt zuerst die Referenzzinsen und gehen dann auf die Definition und Ausstattung von Zinskurven ein.

[»] **Negative Zinsen**

Wenn Sie Finanzinstrumente und Bestände mit negativen Zinsen in SAP Treasury and Risk Management verwalten möchten, möchten wir Sie auf die Sonderentwicklung für negative Zinsen hinweisen. Diese Sonderentwicklung macht es möglich, auch negative Zinssätze für Referenzzinsen zu verwenden. Details zur Implementierung finden Sie in SAP-Hinweis 1657221.

7.3.1 Referenzzinsen

Referenzzinsen sind die grundlegenden Bausteine der Zinskurven. Ihre Definition und Pflege finden Sie im Customizing unter Treasury and Risk Management • Grundfunktionen • Marktdatenverwaltung • Stammdaten • Einstellungen zu Referenzzinsen und Zinskurven • Referenzzins einrichten.

Referenzzinsen einrichten

Wie Abbildung 7.5 zeigt, ist ein Referenzzins durch die Parameter Renditetyp, Währung, ZinsMethode (Zinsberechnungsmethode), Quotierung, Laufzeit, Zeiteinheit, Forward-Kurvenart, Kalender, Fixingperiode und ArbTagverschbng (Arbeitstagverschiebung) definiert und ausgestattet. Die Felder Datum und Finanzplatz haben einen rein informativen Charakter.

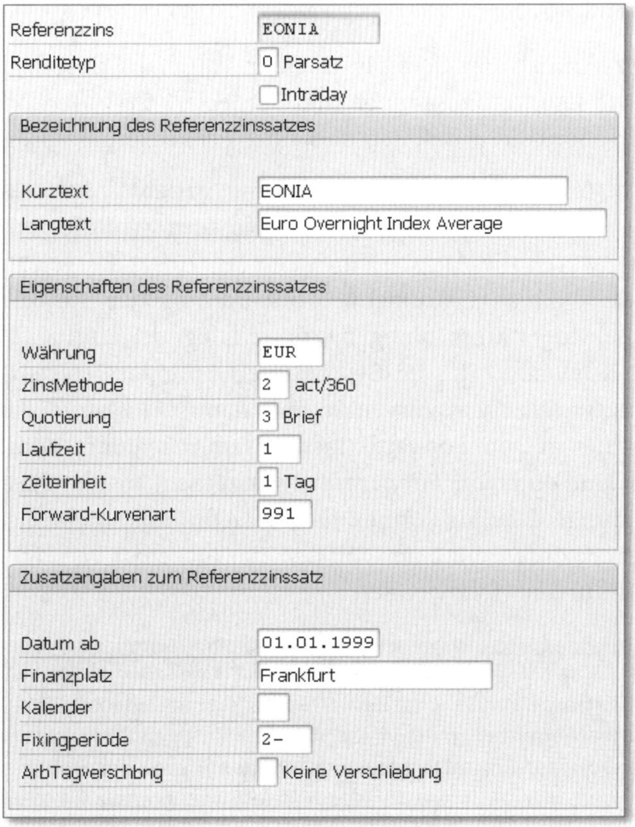

Abbildung 7.5 Einrichten von Referenzzinsen

[»]

Kennzeichen »Intraday«

Wenn Sie das Kennzeichen INTRADAY setzen, ist der Referenzzins zeitabhängig, und es ist dadurch möglich, untertägig Referenzzinsen zu verwalten. Wir empfehlen Ihnen, das Kennzeichen INTRADAY nicht zu verwenden, da Ihre Referenzzinsen in SAP Treasury and Risk Management ausschließlich vom Datum und nicht zusätzlich von der Uhrzeit abhängen sollten.

Renditetyp

Für das Feld RENDITETYP können Sie Parsatz oder Zerobondrendite wählen, wobei Parsätze auf einer Anleihe mit jährlicher Zinsausschüttung und Zerobondrenditen auf einer Anleihe mit Zinsausschüttung am Laufzeitende basieren. Die Zerobondabzinsungsfaktoren werden immer aus Zerobondrenditen berechnet. Daher werden Parsätze zuerst mittels *Bootstrapping* in Zerobondrenditen umgerechnet, bevor aus diesen die entsprechenden Zerobondabzinsungsfaktoren bestimmt werden.

Die Quotierung kann als der Geld-, Brief- oder Mittelkurs festgelegt werden. Das Feld LAUFZEIT zusammen mit dem Feld ZEITEINHEIT (in Tagen, Monaten oder Jahren) definiert die Laufzeit des Referenzzinses.

Forward-Kurvenart

Für OTC-Geschäfte und Bestandspositionen mit variabler Zinszahlung wie Caps, Floors, FRAs, Zinsswaps oder Floatern wird die variable Verzinsung durch die Angabe eines Referenzzinses festgelegt. Werden für diese Finanzinstrumente Forward-Zinssätze für die Berechnung zukünftiger Zinszahlungen ermittelt, legt der Eintrag im Feld FORWARD-KURVENART des im Geschäft verwendeten Referenzzinses fest, mit welcher Zinskurvenart und damit Zinskurve die Ermittlung des jeweiligen Forward-Zinssatzes durchgeführt wird. Referenzzinsen sind durch die Forward-Kurvenart nicht an eine Zinskurvenart gebunden, d.h., Sie können für die Definition einer Zinskurvenart Referenzzinsen mit einer von der Zinskurvenart verschiedenen Forward-Kurvenart verwenden.

[+]

Barwert für eine Position mit variabler Zinszahlung

Wird für ein OTC-Geschäft oder eine Bestandsposition mit variabler Zinszahlung der Barwert ermittelt, müssen zuerst die zukünftigen Zinszahlungen mittels der Forward-Zinssätze berechnet werden, bevor der Finanzstrom zum Barwert abgezinst werden kann. Die Zinskurvenart für die Berechnung der Forward-Zinssätze wird dabei durch die Forward-Kurvenart des Referenzzinses bestimmt, der im OTC-Geschäft oder in der Gattung der Bestandsposition verwendet wird. Ist für diesen Referenzzins die Forward-Kurvenart nicht gepflegt, wird die Kurvenart der Auswertungsart verwendet, die für die Ermittlung des Barwerts benutzt wird. Die Zinskurvenart für die Abzinsung wird dagegen durch die Auswertungsart festgelegt. Damit können für die Berechnung der Forward-Zinssätze und für die Abzinsung unterschiedliche Zinskurven verwendet werden.

Barwert für eine Position mit variabler Zinszahlung

[zB]

Wird z.B. im Referenzzins eines Floaters die Forward-Kurvenart 991 verwendet, aber in der Auswertungsart für die Barwertermittlung die Zinskurvenart 333, werden die Forward-Zinssätze noch nicht fixierter Zinszahlungen mittels der Zinskurvenart 991 ermittelt, bevor die Abzinsung durch ZBAFs erfolgt, die mit der Zinskurvenart 333 berechnet wurden.

Die Plansatzfortschreibung für variable Zinsen, die im Customizing unter TREASURY AND RISK MANAGEMENT • TRANSACTION MANAGER • ALLGEMEINE EINSTELLUNGEN • ORGANISATION • BUCHUNGSKREISZUSATZDATEN DEFINIEREN festgelegt wird, spielt in diesem Prozess keine Rolle.

Verprobung im Geschäft

Wenn Sie bei der Anlage eines OTC-Geschäfts mit variabler Zinszahlung den Referenzzins angeben, werden automatisch die Währung, die Zinsberechnungsmethode, der Kalender und die Fixingperiode des Referenzzinses gegen die entsprechenden Parameter des Geschäfts verprobt. Stimmen diese Parameter nicht überein, schlägt Ihnen das System die Parameterwerte des Referenzzinses vor, die Sie für das Geschäft übernehmen oder ablehnen können.

7.3.2 Zinskurven

Die *Zinskurve* stellt für eine Anlage oder Aufnahme die Abhängigkeit des Zinssatzes von der Bindungsdauer dar. Zinskurven werden auch als Zinsstruktur oder Zinsstrukturkurven bezeichnet.

Zinskurvenart

In SAP Treasury and Risk Management sind Zinskurven nicht direkt abgelegt, sondern über *Zinskurvenarten* dargestellt, die für verschiedene Währungen jeweils eine eigene Zinskurve enthalten können. Durch diese Architektur können Zinskurven, die die gleiche Struktur haben, unabhängig von ihrer Währung zusammengefasst und dadurch auch die Bewertungsregeln von Finanzobjekten währungsunabhängig definiert werden (siehe Kapitel 12, »Portfolio-Controlling mit den Analyzern«).

Die Pflege der Zinskurvenarten finden Sie im Customizing unter TREASURY AND RISK MANAGEMENT • GRUNDFUNKTIONEN • MARKTDATENVERWALTUNG • STAMMDATEN • EINSTELLUNGEN ZU REFERENZZINSEN UND ZINSKURVEN • ZINSKURVENART EINRICHTEN.

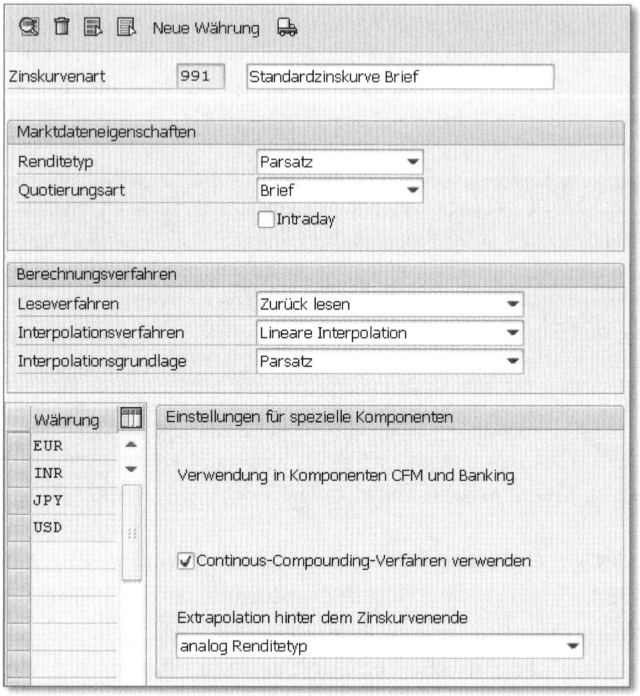

Abbildung 7.6 Einrichten der Zinskurvenart

Wie Abbildung 7.6 zeigt, müssen für jede Zinskurvenart der Renditetyp und die Quotierungsart festgelegt werden (Bildbereich MARKTDATENEIGENSCHAFTEN). Das Kennzeichen INTRADAY sollte nicht gesetzt werden, da Ihre Zinskurvenarten in SAP Treasury and Risk Management wie die Referenzzinsen ausschließlich vom Datum und nicht zusätzlich von der Uhrzeit abhängen sollten.

Zinskurve In der Auflistung WÄHRUNG können Sie über den Button NEUE WÄHRUNG die Währungen eintragen, für die Sie Zinskurven definieren möchten. Mit einem Doppelklick auf eine Währung springen Sie in das Detailbild, in dem Sie die eigentliche Zinskurve für die gewählte Währung definieren können (siehe Abbildung 7.7).

Für die Zinskurve müssen Sie zunächst die Zinsberechnungsmethode (Feld ZINSBER.METHODE) und den Kalender (Feld KALENDER) spezifizieren. Diese beiden Parameter legen die Zeitachse der Zinskurve fest. Die Struktur der Zinskurve wird über die Angabe von Referenzzinsen definiert (Auflistung ZINSKURVENSTRUKTUR), die als Stützstellen für die Kurve dienen. Für Laufzeiten von über einem Jahr können

Sie nur Referenzzinsen mit dem Renditetyp der Zinskurvenart verwenden. Für Laufzeiten von einem Jahr und kürzer gilt diese Einschränkung nicht, da die Berechnung der Zeroabzinsungsfaktoren für diese Laufzeiten linear erfolgt und damit der Parsatz und die Zerobondrendite gleich sind.

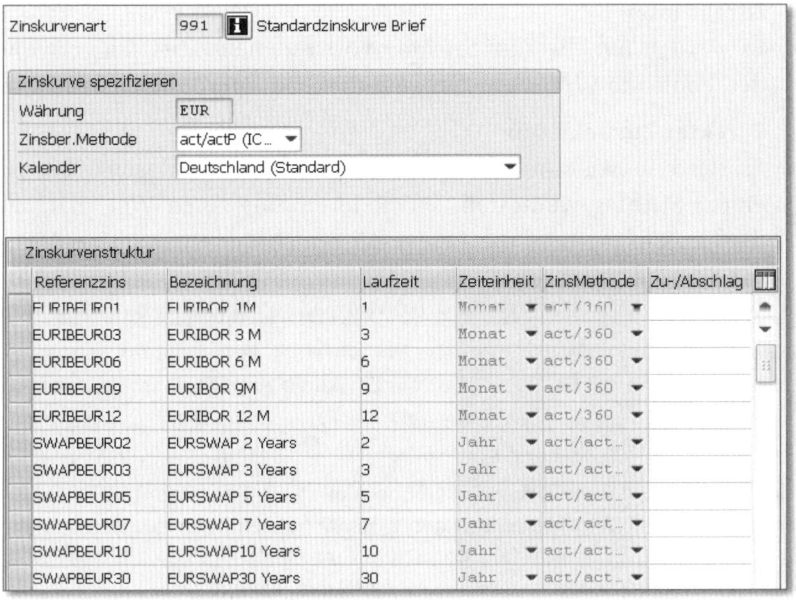

Abbildung 7.7 Einrichten der Zinskurve

Die Laufzeiten der Referenzzinsen sind streng monoton wachsend angeordnet, und typischerweise sollten ihre jeweilige Währung, Zinsberechnungsmethode und ihr Kalender gleich den entsprechenden Parametern der Zinskurve sein. Weichen diese Parameter eines Referenzzinses von den Einstellungen der Zinskurve ab, wird bei der Speicherung der Zinssätze der Wert des Zinssatzes bezüglich der Einstellungen der Zinskurve umgerechnet.

Im Feld Zu-/Abschlag kann ein Zu- oder Abschlag für den Referenzzins angegeben werden, der erst nach einer gegebenenfalls notwendigen Umrechnung bei abweichenden Parametern addiert wird.

Leseverfahren

Werden die Referenzzinsen, die Sie für die Definition der Zinskurven verwendet haben, nicht täglich angepasst, kann beim Einrichten der Zinskurvenart mit dem Feld Leseverfahren festgelegt werden, wie fehlende Werte von Referenzzinsen ermittelt werden sollen (siehe

Abbildung 7.6). Dafür können Sie eines der drei folgenden Verfahren verwenden:

- **Zurück lesen**
  Für jeden fehlenden Wert wird der für den jeweiligen Referenzzins zuletzt gepflegte Zinssatz verwendet.
- **Direkt lesen**
  Es werden nur die zum Stichtag vorhandenen Zinssätze verwendet. Fehlende Werte werden anschließend interpoliert.
- **Direktes Zurücklesen**
  Es wird so weit in die Vergangenheit »zurückgelesen«, bis zu einem Stichtag wenigstens ein Referenzzins einen Wert hat. Zu diesem Stichtag wird das Leseverfahren DIREKT LESEN ausgeführt.

[zB]

Leseverfahren

Ein Beispiel soll die Wirkungsweise der einzelnen Leseverfahren erläutern (siehe Abbildung 7.8). Gesucht ist die Zinskurve zum 20. März des Jahres:

- Das Leseverfahren ZURÜCK LESEN liefert die Zinssätze 3,35 % (<1J), 3,88 % (1J), 4,21 % (2J) und 4,39 % (3J).
- Das Leseverfahren DIREKT LESEN übernimmt die Zinssätze 3,35 % (<1J) und 4,21 % (2J), interpoliert den Zinssatz für den Referenzzins ein Jahr und liefert für den Referenzzins drei Jahre auch 4,21 %, da oberhalb der letzten Stützstelle eine flache Zinskurve erzeugt wird.
- Das Leseverfahren DIREKTES ZURÜCKLESEN sucht den jüngsten Datensatz, für den wenigstens ein Wert eines Referenzzinses vorhanden ist. Zum Stichtag dieses Datensatzes wird nun wie beim Leseverfahren DIREKT LESEN gelesen. Für unser Beispiel erhalten wir die gleichen Zinssätze wie für das Leseverfahren DIREKT LESEN.

Interpolation

Eine Interpolation von Zinssätzen ist notwendig, wenn ein Zinssatz für eine Laufzeit benötigt wird, die zwischen zwei durch die Referenzzinsen definierten Stützstellen liegt. Darüber hinaus ist eine Interpolation notwendig, wenn für eine Zinskurve vom Parsatz-Renditetyp Referenzzinsen der Zeiteinheit »Jahr« fehlen. Der zweite Fall hat seine Ursache in dem Umstand, dass für die Berechnung der Zerobondabzinsungsfaktoren aus Parsätzen alle Referenzzinsen der Zeiteinheit »Jahr« bis zum angegebenen Referenzzins der längsten Laufzeit benötigt werden. Für die Interpolation müssen Sie das Interpolationsverfahren und die Interpolationsgrundlage festlegen (siehe Bildbereich BERECHNUNGSVERFAHREN in Abbildung 7.6).

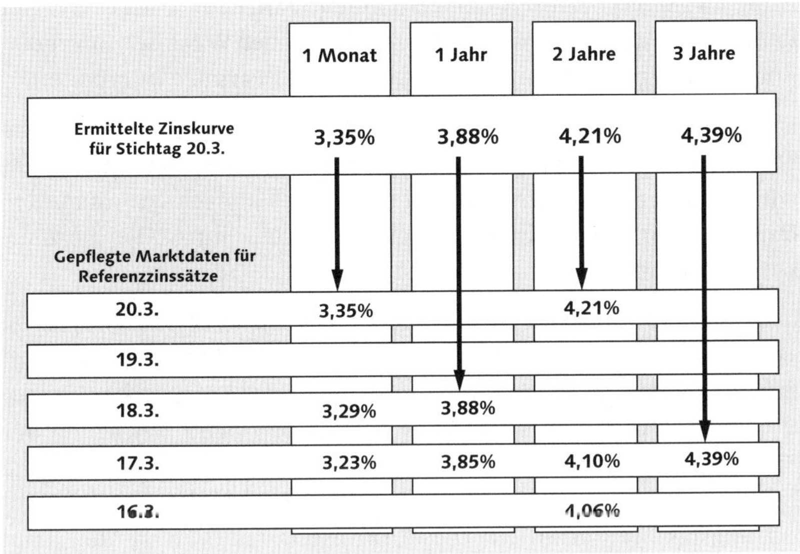

Abbildung 7.8 Leseverfahren für Zinskurven

Als Interpolationsverfahren können Sie zwischen linearer Interpolation oder kubischer Spline-Interpolation wählen.

Interpolationsverfahren

- **Lineare Interpolation**
  Die *lineare Interpolation* verbindet die Stützstellen der Zinskurve linear durch einen Streckenzug und liefert nur eine stetige Kurve.
- **Kubische Spline-Interpolation**
  Die *kubische Spline-Interpolation* verwendet kubische Splines für die Interpolation. Damit ist die resultierende Kurve differenzierbar und erhält auch die Monotonie der Ausgangsdaten, da alle Stützstellen in die Berechnung mit eingehen. Die höhere Glätte der kubischen Spline-Interpolation gegenüber der linearen Interpolation spiegelt sich natürlich in einer höheren Laufzeit für die Berechnung wider.

Im Feld Interpolationsgrundlage können Sie zwischen den Einstellungen Parsatz und Zerokupon wählen, wobei die Einstellung Parsatz nur für eine Zinskurvenart vom Renditetyp Parsatz gewählt werden kann. Entsprechend der Wahl der Interpolationsgrundlage werden die Parsätze oder die Zerobondsätze für die Interpolation verwendet.

Interpolationsgrundlage

Interpolation Jahresstützstellen

Fehlende Referenzzinsen der Zeiteinheit »Jahr« für Zinskurven mit Renditetyp Parsatz werden unabhängig von der Wahl der Interpolationsgrundlage immer auf der Grundlage der Parsätze interpoliert.

Extrapolation

Ist die Laufzeit eines gesuchten Zinssatzes kürzer als die kürzeste beziehungsweise länger als die längste Laufzeit der Referenzzinsen, wird der Wert des jeweiligen Referenzzinses einfach übernommen. Damit ist vor der ersten und nach der letzten Stützstelle die Zinskurve konstant.

Continuous-Compounding

In Abbildung 7.6 sehen Sie auch den Bildbereich EINSTELLUNGEN FÜR SPEZIELLE KOMPONENTEN, in dem Sie die Einstellungen für das Continuous-Compounding vornehmen. Wenn Sie das Kennzeichen CONTINUOUS-COMPOUNDING-VERFAHREN VERWENDEN beim Einrichten der Zinskurvenart setzen, werden aus Ihrer Zinskurve an den durch die Laufzeiten der Referenzzinsen festgelegten Stützstellen Zerobondabzinsungsfaktoren ermittelt. Diese Abzinsungsfaktoren werden dann verwendet, um Zerobondzinssätze bezüglich einer stetigen Verzinsung und der Zinsberechnungsmethode ACT/365 zu berechnen, die dann linear interpoliert eine »Continuously-Compounded«-Zerobondzinskurve festlegen. Zerobondabzinsungsfaktoren können zu verschiedenen Laufzeiten aus dieser Zinskurve leicht durch Potenzieren zur Basis *e* bestimmt werden.

Interpolation und Extrapolation bei Continuous-Compounding

Die Interpolation für die »Continuously-Compounded«-Zerobondzinskurve ist immer linear, unabhängig von dem durch die Zinskurvenart festgelegten Interpolationsverfahren. Die Extrapolation nach dem Referenzzins mit der längsten Laufzeit können Sie unter EXTRAPOLATION AM ZINSKURVENENDE (siehe Abbildung 7.6) wie folgt festlegen:

- analog zum Renditetyp
- Zerosatz konstant
- Parsatz konstant
- stetiger Forward-Satz konstant

Dabei wird die Zinskurve entsprechend der Einstellung konstant fortgesetzt.

[+]

Laufzeiten für die Berechnung von Zerobondabzinsungsfaktoren

Die mit Abstand schnellsten Zeiten für die Berechnung der Zerobondabzinsungsfaktoren erhalten Sie, wenn Sie das Continuously-Compounding-Verfahren verwenden. Darüber hinaus hat für die Berechnung der Zerobondabzinsungsfaktoren die lineare Interpolation gegenüber der Interpolation mit kubischen Splines schnellere Laufzeiten, und der Renditetyp Zerobondrendite ist weniger aufwendig als der Renditetyp Parsatz.

7.3.3 Marktdatenpflege für Zinsen

Marktdaten für Zinsen können Sie entweder mit der Marktdatenschnittstelle übernehmen (siehe Abschnitt 7.11) oder manuell eingeben und bearbeiten. Dabei können Zinskurven mit der Transaktion Zinskurven eingeben und auswerten (Transaktion JBYC) und Referenzzinsen mit der Transaktion Referenzzinssätze eingeben (Transaktion JBIRM) gepflegt werden. Beide Transaktionen finden Sie im Menü unter Treasury and Risk Management • Grundfunktionen • Marktdatenverwaltung • Manuelle Marktdateneingabe • Zins.

Marktdatenpflege von Zinskurven

Im Einstiegsbild der Transaktion JBYC können Sie die Zinskurvenart, die Währung und einen Zeitraum festlegen, der nicht zu groß gewählt werden sollte (siehe Abbildung 7.9).

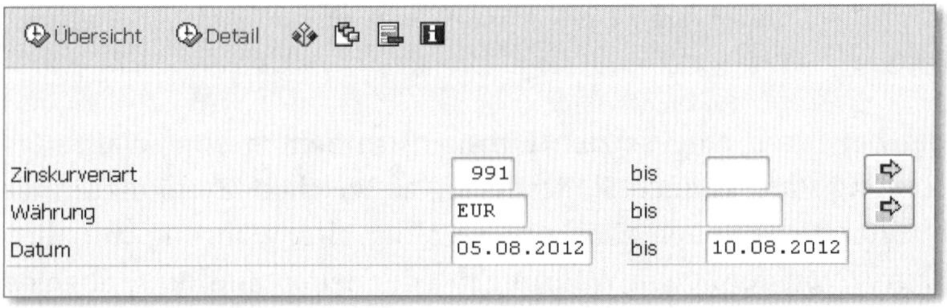

Abbildung 7.9 Selektionsbild der Transaktion JBYC für die Marktdatenpflege von Zinsen

Selektionsbild

Der Button Detail bringt Sie direkt zur Pflege der Marktdaten für die Zinskurve. Mit dem Button Übersicht erhalten Sie eine Übersicht über die durch die Selektion bestimmten Zinskurven (siehe Abbildung 7.10).

ZK...	Zinskurvenart	Währ...	Datum	Ber.	%AK	%AD	Ablösungswährung
991	Standardzinskurve Brief	EUR	05.08.2012	✔	100	0	
			06.08.2012	✔	100	0	
			07.08.2012	✔	100	0	
			08.08.2012	✔	100	0	
			09.08.2012	✔	100	0	
			10.08.2012	✔	100	0	

Abbildung 7.10 Übersicht der Marktdatenpflege von Zinsen mit der Transaktion JBYC

Übersichtsbild

In der Übersicht werden für jede Zinskurve zu den Gültigkeitsdaten, die in der Selektionsperiode liegen, die folgenden Informationen über den Zustand der Zinskurve am ausgewiesenen Datum angezeigt:

- Das Kennzeichen in der Spalte BER. ist gesetzt, wenn für die Zinskurve gemäß ihrem Leseverfahren wenigstens ein Referenzzinssatz gepflegt ist. Die Zinskurve ist dann berechenbar.
- Das Feld %AK zeigt für die Zinskurve den prozentualen Anteil gepflegter Referenzzinssätze gemäß ihrem Leseverfahren an.
- Das Feld %AD zeigt für die Zinskurve den prozentualen Anteil gepflegter Referenzzinssätze ohne Berücksichtigung ihres Leseverfahrens an.
- Das Feld ABLÖSUNGSWÄHRUNG zeigt die Währung an, die im Falle einer Währungsumstellung die alte Währung ablöst.

[zB]

Übersichtsbild in der Transaktion JBYC

Für unser Beispiel aus Abbildung 7.8 wäre am 20. März beim Leseverfahren ZURÜCK LESEN das Kennzeichen BER. gesetzt und die Werte von %AK 100 und %AD 50; die anderen Leseverfahren würden zum gleichen Ergebnis führen.

Ablösungswährung

Findet bei Ihren eingesetzten Finanzinstrumenten eine Währungsumstellung statt, können Sie festlegen, zu welchem Zeitpunkt innerhalb einer betroffenen Zinskurvenart die alte Währung mit ihrer Zinskurve von der neuen Währung mit der neuen Zinskurve abgelöst wird. Das Feld ABLÖSUNGSWÄHRUNG in der Übersicht zeigt dann die neue Währung an. Das Customizing für die Währungsablösung finden Sie unter TREASURY AND RISK MANAGEMENT • GRUNDFUNKTIONEN • MARKTDATENVERWALTUNG • STAMMDATEN • EINSTELLUNGEN ZU REFERENZZINSEN UND ZINSKURVEN • WÄHRUNGSABLÖSUNG FÜR ZINSKURVENARTEN PFLEGEN.

Detailbild

Mit einem Doppelklick auf eine Zeile des Übersichtsbilds springen Sie wie mit dem Button DETAIL im Einstiegsbild in die Pflege der Marktdaten für die Zinskurve (siehe Abbildung 7.11). Im Detailbild sind die ZINSKURVENWERTE und deren BERECHNUNGSGRUNDLAGEN auf getrennten Registerkarten angegeben. Darüber hinaus können Sie mit dem Button KURVENZINSSÄTZE PFLEGEN (ODER Taste [F5]) Marktdaten erfassen, mit dem Button ZINSKURVE ALS LISTE (oder Taste [F7]) die Zinskurvenwerte zusammen mit ihren Berechnungsgrundlagen darstellen und mit dem Button ZINSKURVENÜBERSICHT (![icon] oder Taste [F9]) zurück zur Übersicht springen.

Berechnungsgrundlagen

Auf der Registerkarte BERECHNUNGSGRUNDLAGEN (siehe Abbildung 7.11) werden die Marktwerte für die Referenzzinsen mit ihrem jeweiligen Gültigkeitsdatum und ihren Zu- und Abschlägen angezeigt. Liegen schon Marktwerte vor, werden diese gemäß dem Leseverfahren der Zinskurve dargestellt, wobei das Gültigkeitsdatum eines Marktwertes dann vom Datum der Zinskurve abweichen kann. Für eine Zinskurve vom Renditetyp Parsatz werden auch die Stützstellen der Zinskurve angezeigt, die interpoliert werden müssen.

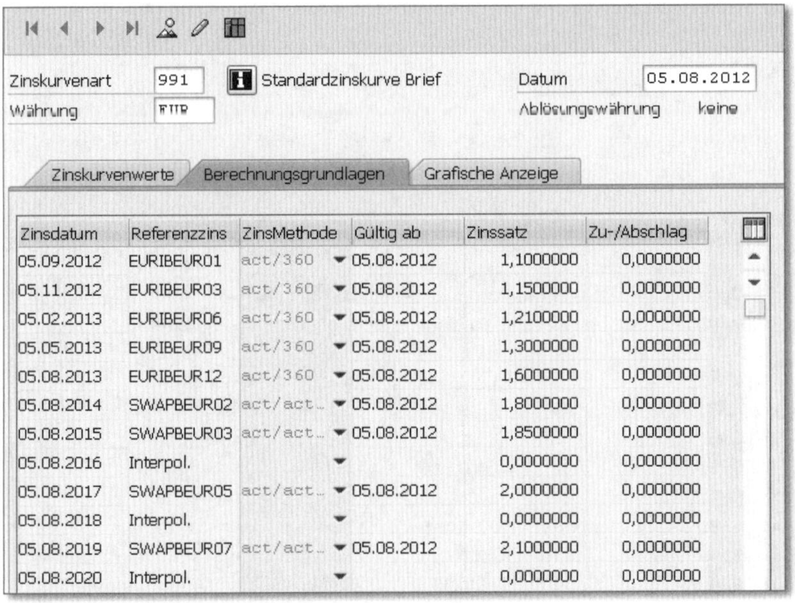

Zinsdatum	Referenzzins	ZinsMethode	Gültig ab	Zinssatz	Zu-/Abschlag
05.09.2012	EURIBEUR01	act/360	05.08.2012	1,1000000	0,0000000
05.11.2012	EURIBEUR03	act/360	05.08.2012	1,1500000	0,0000000
05.02.2013	EURIBEUR06	act/360	05.08.2012	1,2100000	0,0000000
05.05.2013	EURIBEUR09	act/360	05.08.2012	1,3000000	0,0000000
05.08.2013	EURIBEUR12	act/360	05.08.2012	1,6000000	0,0000000
05.08.2014	SWAPBEUR02	act/act...	05.08.2012	1,8000000	0,0000000
05.08.2015	SWAPBEUR03	act/act...	05.08.2012	1,8500000	0,0000000
05.08.2016	Interpol.			0,0000000	0,0000000
05.08.2017	SWAPBEUR05	act/act...	05.08.2012	2,0000000	0,0000000
05.08.2018	Interpol.			0,0000000	0,0000000
05.08.2019	SWAPBEUR07	act/act...	05.08.2012	2,1000000	0,0000000
05.08.2020	Interpol.			0,0000000	0,0000000

Abbildung 7.11 Berechnungsgrundlagen der Marktdatenpflege von Zinsen mit der Transaktion JBYC

Zinskurvenwerte

Die Registerkarte ZINSKURVENWERTE zeigt die aus den Berechnungsgrundlagen abgeleiteten Zinskurvenwerte an, aufsteigend angeordnet nach dem ZINSDATUM und der Anzahl der Tage zwischen Gültigkeitsdatum und Zinsdatum (siehe Abbildung 7.12). Die Anzahl der Tage wird entsprechend dem Kalender und der Zinsberechnungsmethode berechnet, die die Zinskurve vorgibt. Die Zinskurvenwerte bestehen aus den Zerobondabzinsungsfaktoren (Spalte ZBAF), den Nullkupons (Zerobondsätze, Spalte NULLKUPON) und den Parsätzen (Spalte PARSATZ), wenn die Zinskurve vom Renditetyp Parsatz ist.

Zusatzfunktionen

Auf der Registerkarte ZINSKURVENWERTE stehen Ihnen drei Zusatzfunktionen zur Verfügung, die Sie über Buttons unterhalb der Anzeige der Zinskurvenwerte oder über die Menüleiste erreichen können (siehe Abbildung 7.12). Mit dem Button ZINSKURVENGRAFIK ( ) erhalten Sie eine grafische Darstellung der Zinskurve bezüglich des Parsatzes. Diese Darstellung verwendet unabhängig von den Einstellungen der Zinskurvenart immer eine lineare Interpolation, und mithilfe dieser Grafik können Sie leicht die Form der Zinskurve kontrollieren und Fehleingaben der Marktwerte erkennen. Mit dem Button ZINSSATZ INTERPOLIEREN ( ) können Sie zu einem Zinsdatum den Zinssatz interpolieren, und mit dem Button FORWARD können Sie für einen Zeitraum den Forward-Zinssatz bestimmen.

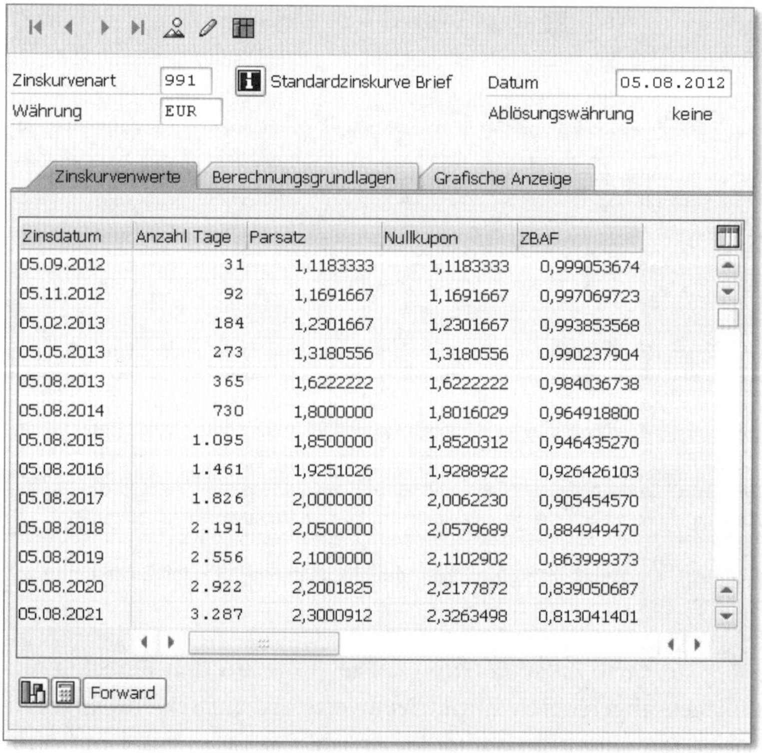

Abbildung 7.12 Zinskurvenwerte der Marktdatenpflege von Zinsen mit der Transaktion JBYC

Grafische Anzeige

Über die Registerkarte GRAFISCHE ANZEIGE können Sie sich Ihre Zinskurve grafisch anzeigen lassen, ähnlich wie mit dem Button ZINSKURVENGRAFIK ( ), den Sie auf der Registerkarte Zinskurvenwerte finden. Die Interpolation erfolgt wieder linear, aber es werden nun die Zinskurve bezüglich des Nullkupons und die Kurve der entsprechenden Zerobondabzinsungsfaktoren dargestellt. Die Registerkarte GRAFISCHE ANZEIGE bietet mit dem Button CHART ↔ GRAPH die Möglichkeit, von der grafischen Darstellung in eine numerische Darstellung zu wechseln. Diese Darstellung zeigt pro Tag die aus der Interpolation errechneten Parsätze, Nullkupons und Zerobondabzinsungsfaktoren an und macht es dadurch möglich, diese Kennzahlen direkt miteinander zu vergleichen.

7.4 Commodity-Preise und Commodity-Forward-Kurven

Commodity-Marktdaten bestehen zum einen aus Commodity-Preisen und zum anderen aus Commodity-Forward-Kurven. Letztere benötigt der Market Risk Analyzer für die Berechnung des Barwerts von Finanzgeschäften wie Commodity-Forwards und Commodity-Swaps, falls diese Commodity-basierten Finanzgeschäfte zukünftige Bewegungen mit noch nicht fixierten Commodity-Preisen besitzen. Commodity-Preise können direkt mit der Logistik geteilt werden. Commodity-Forward-Kurven sind dagegen ähnlich wie Zinskurven, die wir in Abschnitt 7.3.2 vorgestellt haben, und bauen auf Commodity-Preisen zu zukünftigen Terminen auf, die dann als Stützstellen der Kurve dienen. Da Commodity-Futures börsennotierte Derivate und Commodity-Forwards OTC-Derivate sind, benötigen wir zwei unterschiedliche Arten von Commodity-Forward-Kurven:

- Future-Style-Kurven, die auf Notierungen von börsennotierten Futures aufbauen
- Forward-Style-Kurven, die auf Terminkurse für Commodity-Preise zurückgreifen

Wir zeigen Ihnen zuerst, wie SAP Treasury and Risk Management Commodity-Preise mit der Logistik teilt, und gehen danach auf die Future-Style-Kurven und Forward-Style-Kurven ein.

7.4.1 Commodity-Preise aus der Logistik

BAdI zum Lesen der Commodity-Preise

Commodity-Preise werden für Anwendungen von SAP Treasury and Risk Management über die Methode `GET_CTY_PRICE` des BAdIs

BADI_TAN_CTY_PRICE_READ_TRCOC gelesen. Im Standard wird für dieses BAdI eine Beispielimplementierung mithilfe der Klasse CL_CTY_PRC_READ_TRCOC ausgeliefert, die die Preise direkt aus der Preistabelle der Commodity Price Engine (CPE) der Logistik liest.

Commodity-Preis-Notierung

Die für die Commodity-Preis-Notierung notwendigen Einstellungen in der Logistik können Sie im Customizing unter Treasury and Risk Management • Grundfunktionen • Marktdatenverwaltung • Stammdaten • Commodities mit den beiden Customizing-Aktivitäten Commodities (logistisch, nicht CPE) und Commodities (logistisch, CPE) pflegen.

Mit der Customizing-Aktivität Commodities (Treasury) werden die entsprechenden Notierungsinformationen für SAP Treasury and Risk Management gepflegt und den Notierungsinformationen im Logistikbereich zugeordnet. Dabei können Sie einen Notierungsnamen sowohl einem Notierungsnamen CPE als auch einer Notierungsnummer Öl zuordnen. Mit anderen Worten, Sie können die Commodity-Preise der Commodity-Preis-Engine und auch die der Öl-Lösung parallel nutzen.

Für die Beispielimplementierung des BAPIs zum Lesen der Commodity-Preise wird vorausgesetzt, dass diese Customizing-Aktivitäten vorgenommen worden sind.

[»]

Notierungsnamen

Für eine Commodity-ID pflegen Sie den Notierungsnamen von SAP Treasury and Risk Management mit der Transaktion Commodity (Transaktion FCZZ) auf der Registerkarte Spot-NotierDaten.

Commodity-Preise pflegen

Commodity-Preise können Sie manuell mit den Transaktionen Commodity-Preise pflegen (Transaktion FC17) und Preise für Commodities (CPE) eingeben (Transaktion SCPE_PQ1) eingeben und mit der Transaktion Preise für Commodities (CPE) anzeigen (Transaktion SCPE_PQ3) anzeigen lassen. Sie finden diese Transaktionen im Menü unter Treasury and Risk Management • Grundfunktionen • Marktdatenverwaltung • Manuelle Marktdateneingabe • Commodities. Für eine automatisierte Marktdatenversorgung können Commodity-Preise auch mit dem Datafeed übernommen werden, den wir Ihnen in Abschnitt 7.11.2 vorstellen. Technisch werden die

Commodity-Preise der CPE in der Tabelle CPED_PRICEQUOT gespeichert.

7.4.2 Future-Style-Commodity-Forward-Kurven

Future-Style-Kurven werden mit der Transaktion COMMODITY-KURVEN PFLEGEN (Transaktion TANCCMASTER) angelegt, die Sie im Menü unter TREASURY AND RISK MANAGEMENT • MARKET RISK ANALYZER • STAMMDATEN finden. Bei der Anlage werden Sie aufgefordert, die COMMODITY-ID anzugeben, für die die Commodity-Forward-Kurve berechnet werden soll. Außerdem werden Sie aufgefordert, die COMMODITY-KURVENART festzulegen, und Sie können auswählen, ob die Kurve FUTURES-BASIERT oder FORWARD-BASIERT ist. Für eine Future-Style-Kurve müssen Sie natürlich FUTURES-BASIERT wählen.

Die möglichen Commodity-Kurvenarten können Sie im Customizing unter TREASURY AND RISK MANAGEMENT • GRUNDFUNKTIONEN • MARKTDATENVERWALTUNG • STAMMDATEN • COMMODITIES • EINSTELLUNGEN FÜR COMMODITY-KURVEN • COMMODITY-KURVENART DEFINIEREN pflegen.

Grunddaten

Nachdem Sie die Anlage der Future-Style-Kurven bestätigt haben, gelangen Sie in das Einstiegsbild der Transaktion COMMODITY-KURVEN PFLEGEN (Transaktion TANCCMASTER) und können, wie in Abbildung 7.13 zu sehen ist, auf der Registerkarte GRUNDDATEN die grundlegenden Daten der Forward-Kurve eingeben.

Zu diesen Grunddaten zählen neben den Feldern WÄHRUNGSEINHEIT und MENGENEINHEIT auch die Felder INTERPOLATIONSLOGIK, EXTRAPOLATIONSLOGIK und das LESEVERFAHREN. Diese Grunddaten werden auch bei den Zinskurven in Abschnitt 7.3.2 verwendet. Da die futurebasierte Kurve auf den Notierungen börsennotierter Futures aufbaut, müssen Sie deren Emittenten, deren Handelsplatz und den Preistyp der Notierung festlegen (siehe die entsprechenden Felder im Bildbereich FUTURES-GRUNDDATEN). Im Feld VERFALLSTAGSLOGIK geben Sie an, welches Datum des Futures als sein Enddatum und somit als Stützstelle der Commodity-Kurve verwendet wird. Wenn Sie den Commodity-Spot-Preis aus Abschnitt 7.4.1 als Anfangswert der Kurve aufnehmen wollen, müssen Sie im Bildbereich SPOT-DATEN das Kennzeichen SPOT AUFNEHMEN setzen und eine Notierungsart in das gleichnamige Feld eintragen.

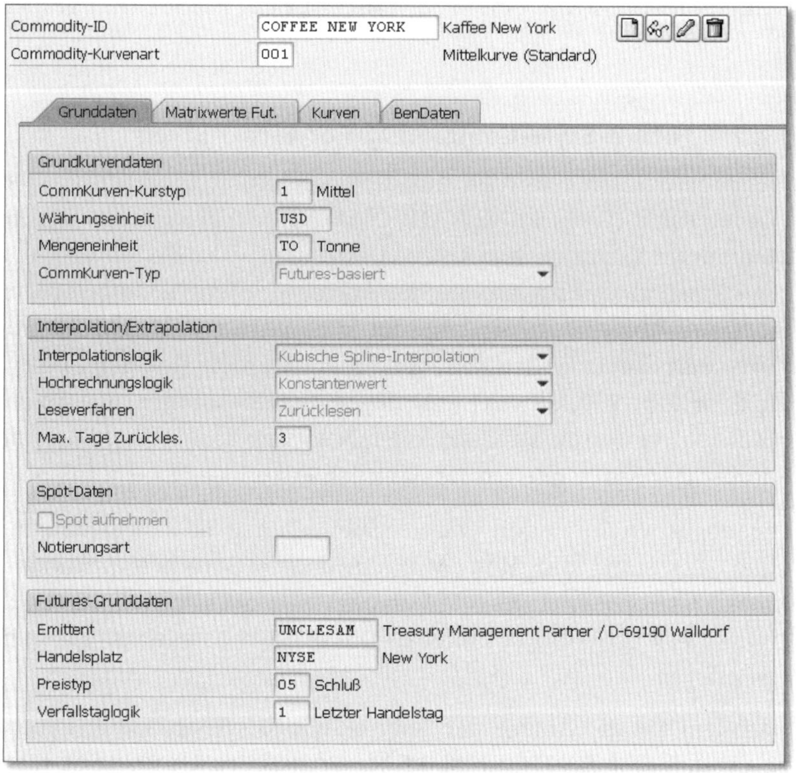

Abbildung 7.13 Grunddaten einer Future-Style-Kurve pflegen mit der Transaktion TANCCMASTER

Stützstellen

Auf der Registerkarte MATRIXWERTE FUT. können Sie nun die Commodity-Futures aufnehmen, mit denen, ähnlich zu den Referenzzinssätzen für deren Zinskurve, die Commodity-Forward-Kurve berechnet wird. Dabei tritt nun an die Stelle der Referenzzinssatz-Laufzeit das durch die Verfallstagslogik gegebene GÜLTIG-BIS-Datum des Commodity-Futures, um die entsprechende Stützstelle festzulegen. Das GÜLTIG-AB-Datum ist das Datum der ersten Notierung des Futures. Es werden alle Futures angezeigt, in deren Lauf- oder Gültigkeitszeit das Datum im Feld FUTURE-DAT. GÜLTIG FÜR fällt. Wenn Sie das Kennzeichen ALLE FUTURES ZEIGEN setzen, werden alle zugeordneten Futures angezeigt (siehe Abbildung 7.14).

[zB]

Datum und Wert einer Stützstelle

In den Gattungsdaten des Commodity-Futures FUTCOFQ03 haben Sie als erste Notierung den 01.05.2012 und als letzten Handelstag den 30.09.2012 festgelegt. Am 19.05.2012 wurde am Handelsplatz NYSE ein Schlusskurs von 120,00 USD verzeichnet. Damit trägt dieser Future eine Stützstelle am 30.09.2012 mit dem Wert von 120,00 USD bei.

Abbildung 7.14 Stützstellen der Future-Style-Kurve

Qualität der Kursdaten

Die Registerkarte KURVEN zeigt letztlich nach der Zuordnung der Commodity-Futures an, wie gut die Qualität der vorhandenen Terminkursdaten ist. Dafür wird für jedes Angebotsdatum eines ausgewählten Zeitraums der Prozentsatz der zugeordneten Commodity-Futures angezeigt, für die Terminkursdaten vorhanden sind. Die Kennzahl % TERMINKURSE STICHTAG zeigt den Prozentsatz der zum Angebotsdatum gültigen Commodity-Futures an, für die an diesem Stichtag ein Terminkurs gepflegt ist. Die Kennzahl % TERMINKURSE PERIODE entspricht der vorherigen Kennzahl, jedoch wird zusätzlich das Leserverfahren der Forward-Kurve berücksichtigt, um einen Terminkurs zu ermitteln.

Kurve anzeigen

Mit der Transaktion FUTURES-STYLE-COMMODITY-KURVE ANZEIGEN (Transaktion TPM_TRCO_FUTMD), die Sie im Menü unter TREASURY AND RISK MANAGEMENT • GRUNDFUNKTIONEN • MARKTDATENVERWALTUNG • MANUELLE MARKTDATENEINGABE • COMMODITIES finden, können Sie sich für eine Future-Style-Kurve die zu einem Kurvendatum (Feld KURVENDAT.) ermittelten Stützstellen und deren Werte anzeigen lassen. Die damit berechnete Commodity-Forward-Kurve können Sie grafisch darstellen. Ein Beispiel dieser grafischen Darstellung sehen Sie in Abbildung 7.15.

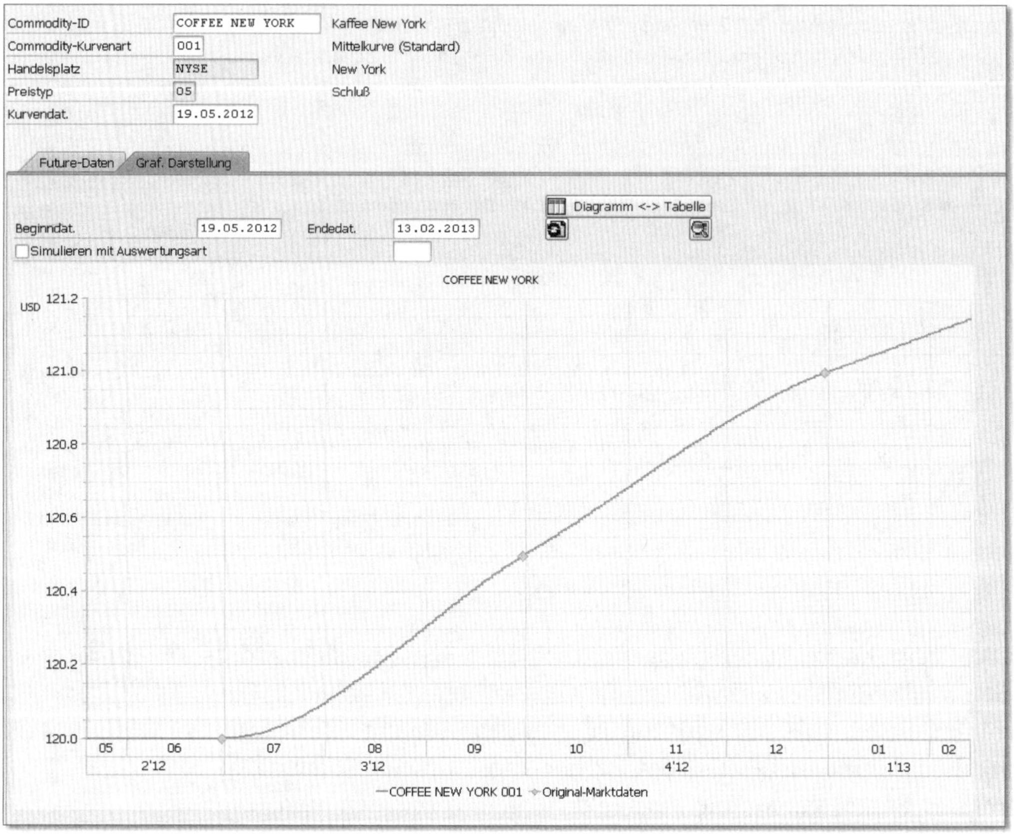

Abbildung 7.15 Grafische Darstellung einer Commodity-Forward-Kurve

7.4.3 Forward-Style-Commodity-Forward-Kurven

Forward-Style-Kurven legen Sie analog den Futures-Style-Kurven an. Anstelle der Future-Grunddaten müssen Sie nun jedoch als Forward-Grunddaten den Marktdatenlieferanten und die Notierungsart angeben. Die Marktdatenlieferanten definieren Sie im Customizing unter Treasury and Risk Management • Grundfunktionen • Marktdatenverwaltung • Stammdaten • Commodities • Marktdatenlieferanten definieren, und die Notierungsarten werden im Customizing unter Treasury and Risk Management • Grundfunktionen • Marktdatenverwaltung • Stammdaten • Commodities • Commodities (Treasury) • Notierungsarten definieren und logistischen Notierungsarten zuordnen festgelegt.

Stützstellen

Die Stützstellen der Forward-basierten Kurve werden durch die Struktur der OTC-Terminkursdaten festgelegt, die Sie mit der Transaktion COMMODITY (Transaktion TPM_CTY_MASTER oder Transaktion FCZZ) bei der Pflege der Commodity-Stammdaten eingegeben haben. Die Pflege der Commodity-Stammdaten wird in Kapitel 2, »Stammdaten«, erläutert.

[zB]

Marktdaten für eine Forward-Style-Kurve

Für die Commodity-ID COAL API2 haben wir die Struktur der OTC-Terminkursdaten aus Abbildung 7.16 eingegeben. Mit dem Angebotsdatum vom 19.05.2012 ergeben sich für die Commodity-Forward-Kurve die Stützstellen, die in Abbildung 7.17 dargestellt sind.

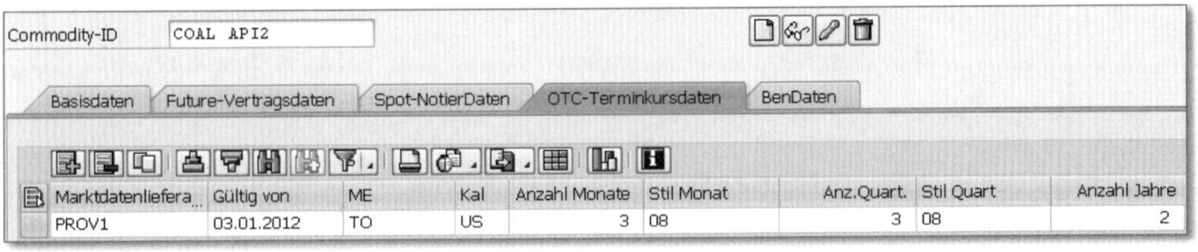

Abbildung 7.16 OTC-Terminkursdaten

Kurve anzeigen

Mit der Transaktion GEBEN SIE MARKTDATEN ZU COMMODITY FORWARDS EIN (Transaktion TPM_TRCO_FWDMD), die Sie im Menü unter TREASURY AND RISK MANAGEMENT • GRUNDFUNKTIONEN • MARKTDATENVERWALTUNG • MANUELLE MARKTDATENEINGABE • COMMODITIES finden, können Sie sich für eine Forward-Style-Kurve zu einem Angebotsdatum (Feld ANGEBOTSDATUM) die Stützstellen der Kurve und deren Werte anzeigen lassen (siehe Abbildung 7.17), und Sie können in eine grafische Darstellung der daraus berechneten Kurve wechseln. Darüber hinaus erlaubt es diese Transaktion, die Marktdaten zum Angebotsdatum manuell einzugeben.

[+]

Übersicht und Vergleich der Commodity-Forward-Kurven

Die Transaktion ÜBERSICHT COMMODITY-KURVEN (Transaktion TANCC11) gibt Ihnen eine Übersicht über Ihre Commodity-Forward-Kurven. Mit der Transaktion COMMODITY-KURVEN VERGLEICHEN (Transaktion TANCC_COMPARE) können Sie zwei Commodity-Forward-Kurven miteinander vergleichen.

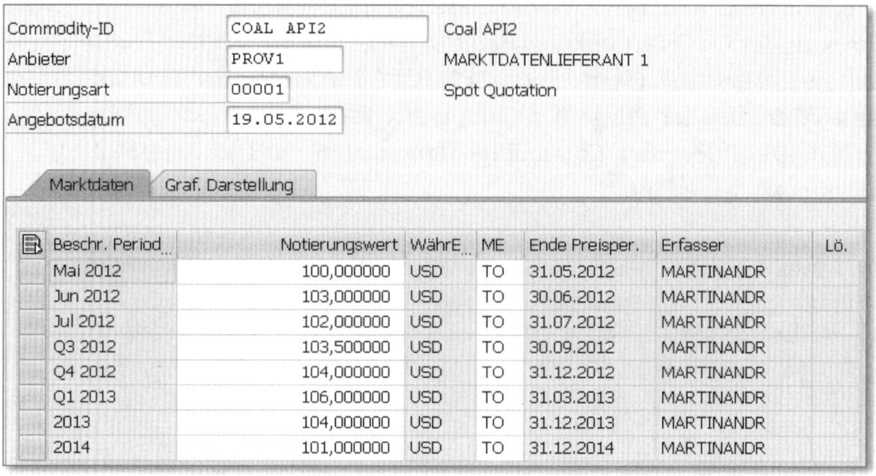

Commodity-ID COAL API2 Coal API2
Anbieter PROV1 MARKTDATENLIEFERANT 1
Notierungsart 00001 Spot Quotation
Angebotsdatum 19.05.2012

Marktdaten | Graf. Darstellung

Beschr. Period...	Notierungswert	WährE...	ME	Ende Preisper.	Erfasser	Lö.
Mai 2012	100,000000	USD	TO	31.05.2012	MARTINANDR	
Jun 2012	103,000000	USD	TO	30.06.2012	MARTINANDR	
Jul 2012	102,000000	USD	TO	31.07.2012	MARTINANDR	
Q3 2012	103,500000	USD	TO	30.09.2012	MARTINANDR	
Q4 2012	104,000000	USD	TO	31.12.2012	MARTINANDR	
Q1 2013	106,000000	USD	TO	31.03.2013	MARTINANDR	
2013	104,000000	USD	TO	31.12.2013	MARTINANDR	
2014	101,000000	USD	TO	31.12.2014	MARTINANDR	

Abbildung 7.17 Manuelle Marktdateneingabe für Forward-Style-Kurve

7.5 Indizes

Der Begriff *Index* hat in SAP Treasury and Risk Management zwei unterschiedliche Bedeutungen. Zum einem verstehen wir darunter den klassischen *Aktienindex* wie EUROSTOXX 50 oder S&P 500. Zum anderen wird damit der *Preisindex*, also die Abbildung von Preissteigerungsindizes für die korrekte Abbildung und Bewertung von Index-Linked Bonds, bezeichnet.

Wenn die Verwendung des Begriffs klar ist, verwenden wir im Folgenden den Begriff *Index*, ansonsten die genaue Bezeichnung.

7.5.1 Aktienindizes

Aktienindizes werden in den analytischen Komponenten von SAP Treasury and Risk Management verwendet, z.B. im Benchmarking des Portfolio Analyzers und in der Value-at-Risk-Analyse (siehe Kapitel 12, »Portfolio-Controlling mit den Analyzern«). Sie erlauben Ihnen, schlanke Risikohierarchien aufzubauen, was die Übersichtlichkeit der Risikohierarchie erhöht und die Laufzeit für die Auswertung verringert. Darüber hinaus werden für die Value-at-Risk-Analyse wesentlich weniger Marktdaten benötigt, wenn anstelle der Marktwerte der einzelnen Aktien entsprechende Indexwerte und *Betafaktoren* von Aktienindizes verwendet werden.

[zB]

Aktienindizes

Als Beispiel betrachten wir eine Value-at-Risk-Analyse mit historischer Simulation für ein Portfolio mit 23 Aktien. Wollen wir für die historische Simulation einen Zeitraum von fünf Tagen wählen, benötigen wir für die Auswertung $23 \cdot 5 = 115$ Aktienkurse. Verwenden wir dagegen einen Index für das Portfolio, brauchen wir lediglich für jede der 23 Aktien den entsprechenden Betafaktor und die Indexkurse der fünf auszuwertenden Tage – also nur 28 Werte.

Indexart und Betafaktor

Ihre Aktienindizes und die für die Klassifikation der Indizes benötigten *Indexarten* können Sie im Customizing unter TREASURY AND RISK MANAGEMENT • GRUNDFUNKTIONEN • MARKTDATENVERWALTUNG • STAMMDATEN • INDIZES anlegen. Die *Betafaktorart* zur Klassifizierung der Betafaktoren wird im Customizing unter GRUNDFUNKTIONEN • MARKTDATENVERWALTUNG • STAMMDATEN • STATISTIKDATEN • BETAFAKTORART EINRICHTEN eingerichtet. Die Zuordnung zwischen den Wertpapiergattungen und den Aktienindizes sowie die Erfassung der Betafaktoren und Indexwerte können Sie im Menü unter TREASURY AND RISK MANAGEMENT • GRUNDFUNKTIONEN • MARKTDATENVERWALTUNG • MANUELLE MARKTDATENEINGABE • WERTPAPIER UND INDEX vornehmen. Natürlich können Sie die Indexwerte und die Betafaktoren auch über die Marktdatenschnittstelle (siehe Abschnitt 7.11) einspielen.

7.5.2 Preisindizes

Preisindizes werden verwendet, um inflationsgesicherte Anleihen abbilden und bewerten zu können. Sie können Preisindizes im Customizing unter TREASURY AND RISK MANAGEMENT • GRUNDFUNKTIONEN • MARKTDATENVERWALTUNG • STAMMDATEN • INDIZES • PREISINDEX DEFINIEREN anlegen. Die Indexstände der Preisindizes können Sie im Menü unter TREASURY AND RISK MANAGEMENT • GRUNDFUNKTIONEN • MARKTDATENVERWALTUNG • MANUELLE MARKTDATENEINGABE • WERTPAPIER UND INDEX • PREISINDEXWERTE EINGEBEN pflegen.

7.6 Credit-Spreads

Mit einem Credit-Spread wird das Kreditrisiko eines Wertpapieremittenten, eines Kontrahenten eines OTC-Geschäfts oder eines Hauptdarlehensnehmers gegenüber einem Anleger ausgedrückt. Ein

Credit-Spread führt daher im Preisrechner des Market Risk Analyzers zu einer Parallelverschiebung der Zinskurve und wird zur Anwendung in der entsprechenden Auswertungsart oder Bewertungsregel hinterlegt (siehe Kapitel 12, »Portfolio-Controlling mit den Analyzern«).

Credit-Spread-Art

Im Customizing unter Treasury and Risk Management • Grundfunktionen • Marktdatenverwaltung • Stammdaten • Bonitätsspreadarten definieren müssen Sie zuerst Ihre benötigten Credit-Spread-Arten mit ihrer Kurzbezeichnung und ihrem Langnamen anlegen. Anschließend können Sie im Menü unter Treasury and Risk Management • Grundfunktionen • Marktdatenverwaltung • Manuelle Marktdateneingabe • Bonitätsspreads mit folgenden Transaktionen Credit-Spreads für die einzelnen Finanzinstrumente erfassen (siehe Abbildung 7.18):

- Transaktion Bonitätsspreads für Sicherheiten erfassen (Transaktion FW_CSPRD)
- Transaktion Bonitätsspreads für OTC-Geschäfte erfassen (Transaktion FTR_CSPRD)
- Transaktion Bonitätsspreads für Darlehen erfassen (Transaktion FNV_CSPRD)

Credit Spreads für OTC-Geschäfte

BuKr	Geschäft	CrSprArt	Gültig ab	Bonitätsspread
0001	2042	VI	01.01.2011	0,1360000
0001	2367	VI	01.01.2010	0,1350000
0001	2736	VI	01.01.2011	1,3000000-
0001	2804	PE	08.03.2012	0,3000000-

Abbildung 7.18 Credit-Spreads für OTC-Geschäfte erfassen

7.7 Volatilitäten

Volatilitäten beschreiben die Schwankungsbreite eines Marktparameters während eines bestimmten Zeitraums. Sie sind somit ein Maß für die Bewertung der positiven und negativen Abweichung des Marktparameters von seinem Mittelwert. In SAP Treasury and Risk Management werden Volatilitäten in den analytischen Komponenten verwendet und gehen z.B. in den Optionspreisrechner und die Value-at-Risk-Analyse ein. Sie können deshalb Volatilitäten für Devisenkurse, Wertpapierkurse, Referenzzinsen, Aktienindizes, Commodity-Preise und Risikofaktoren pflegen.

Historische und implizite Volatilitäten

Volatilitäten werden nicht direkt am Markt quotiert, sondern durch verschiedene Verfahren ermittelt, nach denen sie sich auch in historische und implizite Volatilitäten unterscheiden lassen.

- Die *historischen Volatilitäten* werden durch die statistische Analyse der Standardabweichung historischer Marktdaten bestimmt.
- Dagegen leiten sich die *impliziten Volatilitäten* aus am Markt notierten Optionspreisen ab und spiegeln damit die Markterwartungen über die zukünftige Entwicklung wider.

  Darüber hinaus sind die impliziten Volatilitäten nicht konstant und hängen von der Restlaufzeit des Underlyings, der Restlaufzeit der Option und der Moneyness ab.

Moneyness und Volatilitätsstruktur

Die *Moneyness* beschreibt in der Regel die Abweichung des Strikebetrags der Option vom aktuellen Kurs in Relation zum aktuellen Kurs. Die funktionale Abhängigkeit der Volatilität von der Moneyness wird mit dem Begriff *Smile* bezeichnet. Damit ist für die Beschreibung einer impliziten Volatilität eine *Volatilitätsstruktur* oder *Volatilitätskurve* notwendig, die die Abhängigkeit der Volatilität von diesen drei Parametern – Restlaufzeit des Underlyings, Restlaufzeit der Option und Moneyness – beschreibt.

Volatilitätsdatenbanken

Um diesem Umstand Rechnung zu tragen, stehen Ihnen in SAP Treasury and Risk Management zwei verschiedene Datenbanken zur Speicherung der Volatilitäten zur Verfügung. Für die Ablage von (historischen) Volatilitäten, die nur von einem Stichtag und eventuell der Restlaufzeit der Option abhängen, eignet sich die erste Volatilitätsdatenbank. Möchten Sie dagegen Volatilitätskurven für implizite Volatilitäten ablegen, können Sie das in der zweiten Volatilitätsdatenbank tun, die auch zentrale Volatilitätsdatenbank genannt wird. Die Volatilitäten werden immer als annualisierte Volatilitäten gespeichert.

[«]

Verwendung von historischen und impliziten Volatilitäten

Historische Volatilitäten können Sie im Optionspreisrechner und für die Value-at-Risk-Analyse verwenden. Implizite Volatilitäten sollten Sie dagegen nur für den Optionspreisrechner verwenden.

7.7.1 Erste Volatilitätsdatenbank

Die erste Volatilitätsdatenbank eignet sich für die Ablage von Volatilitäten, die nur von einem Stichtag und eventuell der Restlaufzeit der Option abhängen.

Volatilitätsart

Bevor Sie die Volatilitäten ablegen können, müssen Sie die Volatilitätsarten im Customizing unter Treasury and Risk Management • Grundfunktionen • Marktdatenverwaltung • Stammdaten • Statistikdaten • Volatilitätsart definieren definieren. Die definierten Volatilitätsarten werden natürlich auch in der zweiten Volatilitätsdatenbank benötigt, die wir im nächsten Abschnitt beschreiben. Die *Volatilitätsart* besitzt folgende Attribute:

- Volatilitätskurstyp (Geld, Mittel, Brief)
- Einzel- oder Durchschnittsvolakennzeichen für Caps und Floors
- Statistikart
- Moneyness

Die Statistikart, die wir in Kapitel 12, »Portfolio-Controlling mit den Analyzern«, besprechen, legt Statistikdaten wie den Stichprobenumfang sowie Marktdatenzugriffsparameter wie den Kurstyp und die Kursart fest. Das Attribut Moneyness ist erst für die zentrale Volatilitätsdatenbank relevant (siehe nächster Abschnitt).

Volatilitätsdaten

Volatilitätsdaten für Devisenkurse, Wertpapierkurse, Referenzzinsen, Aktienindizes, Commodity-Preise und Risikofaktoren können Sie entweder mit dem Statistikrechner bestimmen (siehe ebenfalls Kapitel 12), über die Marktdatenschnittstelle einspielen (siehe Abschnitt 7.11) oder manuell pflegen. Die Transaktionen zur manuellen Pflege finden Sie im Menü unter Treasury and Risk Management • Grundfunktionen • Marktdatenverwaltung • Manuelle Marktdateneingabe • Statistikdaten • Volatilitäten.

Zinsvolatilitäten und Zinsvolatilitätenkurve

Für die Pflege der Volatilitätsdaten von Referenzzinsen stehen Ihnen die beiden Transaktionen Zinsvolatilitäten eingeben (Transaktion JBVIR) und Zinsvolatilitätenkurve eingeben (Transaktion JBVIRC) zur Verfügung, die sich dadurch unterscheiden, dass in der Transaktion Zinsvolatilitätenkurve eingeben auch die Zinskurvenart im Schlüssel mit angegeben werden muss (siehe Abbildung 7.20). Diesen Umstand und seine Hintergründe betrachten wir nun näher.

Zerobondab-zinsungsfaktoren

Zerobondabzinsungsfaktoren werden immer aus Zinskurven vom Renditetyp Zerobondrendite berechnet (siehe Abschnitt 7.3). Daher muss eine Zinskurve vom Renditetyp Parsatz erst mittels Bootstrapping in die entsprechende Zinskurve vom Renditetyp Zerobondrendite umgerechnet werden. Anschließend können die Zerobondabzinsungsfaktoren ermittelt werden. Damit ist für jede Zinskurve vom Renditetyp Parsatz auch die entsprechende Zinskurve vom Renditetyp Zerobondrendite im System vorhanden, und es genügt, Volatilitätsdaten für Referenzzinsen vom Renditetyp Zerobondrendite zu erfassen. Beachten Sie, dass in das Bootstrapping alle Stützstellen der Parzinskurve eingehen und die ermittelten Referenzzinssätze vom Renditetyp Zerobondrendite dadurch von der kompletten Parzinskurve beziehungsweise von deren Zinskurvenart abhängen.

Um dieser Abhängigkeit gerecht zu werden, sind für die Ablage von Volatilitäten für Referenzzinsen zwei verschiedene Aktivitäten notwendig. Mit der Transaktion ZINSVOLATILITÄTEN EINGEBEN (Transaktion JBVIR) können Volatilitätsdaten bezüglich der Volatilitätsart, des Referenzzinses, eines Stichtags und der Laufzeit abgelegt werden (siehe Abbildung 7.19). Bei der Transaktion ZINSVOLATILITÄTENKURVE EINGEBEN (Transaktion JBVIRC) ist dieser Schlüssel zur Ablage der Volatilitätsdaten um die Zinskurvenart und die Währung ergänzt (siehe Abbildung 7.20).

V.-Art	Referenz	Datum	Laufzeit	Datum	Volatilität
011	EONIA	08.08.2012	2		1,1000000
011	EONIA	09.08.2012	2		1,3000000
011	EONIA	10.08.2012	2		1,3200000

Abbildung 7.19 Eingabe von Zinsvolatilitäten

V.-Art	Referenz	ZKArt	Datum	Laufzeit	Währg	Volatilität
011	EONIA	991	08.08.2012	4	EUR	0,9200000
011	EONIA	991	09.08.2012	4	EUR	1,2000000
011	EONIA	991	10.08.2012	4	EUR	1,2300000

Abbildung 7.20 Eingabe von Zinsvolatilitäten mit Zinskurvenart

Bei einer Auswertung, die eine Zinskurve vom Renditetyp Zerobondrendite verwendet, wird auf die erste Ablage zugegriffen. Dagegen muss für eine Auswertung, die eine Zinskurve vom Renditetyp Parsatz verwendet, die zweite Ablage gewählt werden, da zur eindeutigen Zuordnung der Volatilität neben dem Referenzzins auch die Zinskurve beziehungsweise die Zinskurvenart notwendig ist, die bei der Transaktion JBVIRC ein Teil des Schlüssels zur Ablage der Volatilitätsdaten ist.

[!]

Bewertung von Zinsoptionen

Für die Bewertung von Zinsoptionen werden direkt Volatilitäten für Parsätze und nicht für Zerobondrenditen benötigt. In diesem Fall müssen die Volatilitäten für Parsätze ohne Transformation in der Tabelle der Zinsvolatilitäten abgelegt werden.

7.7.2 Zentrale Volatilitätsdatenbank

Daten impliziter Volatilitäten, die von der Restlaufzeit des Underlyings, der Restlaufzeit der Option und der Moneyness abhängen, werden in der zentralen Volatilitätsdatenbank mittels Volatilitätskurven abgelegt. Der Aufbau der zentralen Volatilitätsdatenbank ist im Gegensatz zum Aufbau der ersten Volatilitätsdatenbank unabhängig von der Art des Underlyings. Stattdessen werden die Volatilitätskurven unspezifisch über einen Volatilitätsnamen und ein Volatilitätsprofil definiert. Sie finden das Customizing der zentralen Volatilitätsdatenbank unter TREASURY AND RISK MANAGEMENT • GRUNDFUNKTIONEN • MARKTDATENVERWALTUNG • STAMMDATEN • STATISTIKDATEN • VOLATILITÄTEN MIT MONEYNESS. Mit der Aktivität VOLA-STAMMDATEN legen Sie in einem zweistufigen Organisationsprozess die Struktur der Volatilitätskurven fest und können danach auch Werte erfassen.

Volatilitätsnamen

Im ersten Schritt des Organisationsprozesses geben Sie unter dem Knoten VOLATILITÄTSNAMEN einen Namen für die Volatilitätskurve an (siehe Abbildung 7.21).

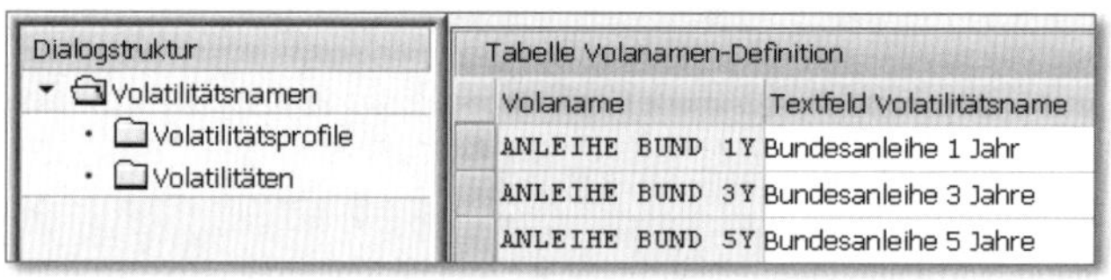

Abbildung 7.21 Schritt 1: Eingabe des Volatilitätsnamens

Volatilitätsprofil

Im zweiten Schritt – im Knoten VOLATILITÄTSPROFILE – wird der Parameterraum der Volatilitätskurve aufgebaut, indem Volatilitätsprofile definiert werden (siehe Abbildung 7.22). Ein *Volatilitätsprofil* ist eine Kennung, die eindeutig ein Ensemble aus Werten bezeichnet.

(Dieses Ensemble besteht aus der Restlaufzeit der Option, der Restlaufzeit des Underlyings und der Moneyness.) Besitzt das Underlying keine Laufzeit, müssen Sie als Restlaufzeit des Underlyings den Wert 0 angeben.

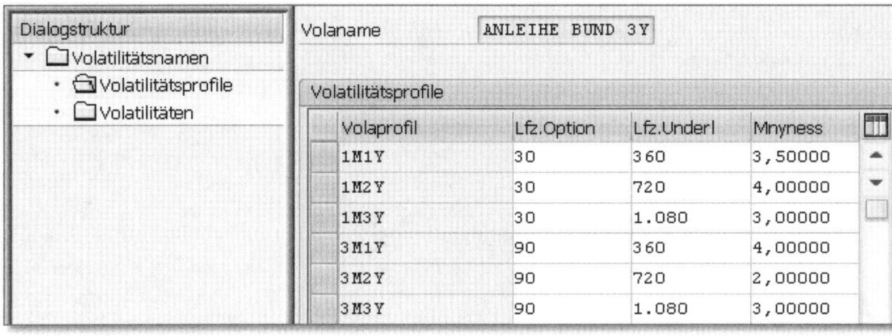

Abbildung 7.22 Schritt 2: Definition der Volatilitätsprofile

[«]

Moneyness-Berechnungsmethode

Bei der Definition der Volatilitätsart im Customizing unter TREASURY AND RISK MANAGEMENT • GRUNDFUNKTIONEN • MARKTDATENVERWALTUNG • STAMMDATEN • STATISTIKDATEN • VOLATILITÄTSART DEFINIEREN können Sie mit dem Attribut MONEYNESS der Volatilitätsart eine Moneyness-Berechnungsmethode zuordnen. Beispiele für Berechnungsmethoden sind folgende:

- Moneyness als relative Abweichung
- Moneyness als absolute Abweichung
- Moneyness als Strike

Wenn Sie dieses Attribut leer lassen, wird für Volatilitäten, die für Hull/White-Preisfindungsfunktionen verwendet werden, die Moneyness als Strike berechnet, ansonsten als relative Abweichung. Beachten Sie, dass dieselbe Volatilitätsart nicht für zwei Volatilitäten verwendet werden kann, die auf unterschiedlichen Moneyness-Definitionen basieren.

Volatilitäten und Reversionsrate

Nachdem Sie in den beiden Organisationsschritten die Struktur der Volatilitätskurve festgelegt haben, können Sie unter dem Knoten VOLATILITÄTEN die Abhängigkeit der Volatilitäten von den Parametern der Volatilitätskurve beschreiben, die im Volatilitätsprofil hinterlegt sind – kurz: Sie können die Volatilitäten erfassen (siehe Abbildung 7.23). Neben dem Volatilitätsprofil hängen die Volatilitäten vom Datum und der Volatilitätsart ab, die unter anderem festlegt, welche Moneyness-Berechnungsmethode verwendet wird. Zusätzlich können Sie die *Reversionsraten* eingeben, die im Rahmen des

Zinsstrukturmodells von Hull/White bei der Bewertung von Optionen auf Zinsgeschäften verwendet werden. Die Volatilitäten können Sie natürlich auch über die Marktdatenschnittstelle einspielen (siehe Abschnitt 7.11).

Abbildung 7.23 Manuelle Eingabe der Volatilitäten und Reversionsraten

7.7.3 Zugriffsregel auf Volatilitäten

Auswertungsart und Bewertungsregeln

Die Zugriffsregeln auf die Volatilitäten der ersten und zentralen Volatilitätsdatenbanken werden durch die Parameter der Auswertungsart und deren Bewertungsregeln gesteuert. Für die Beschreibung der Auswertungsart möchten wir Sie auf Kapitel 12, »Portfolio-Controlling mit den Analyzern«, verweisen. Der Zugriff auf die Volatilitäten wird durch die folgende Regel bestimmt, die aus vier Schritten besteht:

1. Ist in der Auswertungsart eine Bewertungsregel für das auszuwertende Finanzobjekt vorhanden, wird geprüft, ob in dieser Bewertungsregel ein Volatilitätsname angegeben ist. Wenn das der Fall ist, wird mit diesem Volatilitätsnamen auf die zentrale Volatilitätsdatenbank zugegriffen.
2. Ist das nicht der Fall, wird geprüft, ob für den Typ des Underlyings der auszuwertenden Finanzposition ein Volatilitätsname bestimmt werden kann. Sie können für die Underlyingtypen Devisenkurse, Wertpapierkurse, Referenzzinsen, Aktienindizes und Commodity-IDs Volatilitätsnamen im Customizing unter Treasury and Risk Management • Grundfunktionen • Marktdatenverwaltung • Stammdaten • Statistikdaten • Volatilitäten mit Moneyness • Vola-Underlying zuordnen pflegen. Kann ein Volatilitätsname bestimmt werden, wird mit diesem auf die zentrale Volatilitätsdatenbank zugegriffen.

3. Führt auch Schritt 2 nicht zum Erfolg, wird nochmals geprüft, ob bewertungsregelabhängige Daten in der Auswertungsart für das auszuwertende Finanzobjekt vorhanden sind und diese eine Volatilitätsart vorgeben. Wenn das der Fall ist, wird mit dieser Volatilitätsart auf die erste Volatilitätsdatenbank zugegriffen.
4. Ist das nicht der Fall, wird die Volatilitätsart gelesen, die in den zentralen Daten der Auswertungsart hinterlegt ist. Mit der Volatilitätsart wird auf die erste Volatilitätsdatenbank zugegriffen.

Spezifische Zuordnung von Volatilitäten [+]

Der erste Schritt der Zugriffsregel für Volatilitäten greift nur auf die bewertungsregelspezifischen Parameter der Auswertungsart zurück. Durch die Zuordnung einer Bewertungsregel zu einem Finanzobjekt haben Sie damit die Möglichkeit – bis auf die Einzelobjektebene genau – einem Finanzobjekt eine Volatilitätskurve zuzuordnen. Dies ist z. B. bei der Auswertung von Optionen auf Optionen sehr hilfreich.

Nächste Nachbarschaftssuche

Wird aus der zentralen Volatilitätsdatenbank eine Volatilität zu einer Restlaufzeit der Option, einer Restlaufzeit des Underlyings und zur Moneyness angefragt, die keinem Volatilitätsprofil entspricht, wird das Verfahren der *nächsten Nachbarschaftssuche* angewandt. Das Ziel ist, nach einem festgelegten Verfahren das »nächstgelegene« Volatilitätsprofil zu suchen und dessen Volatilität zu verwenden.

Das Verfahren der nächsten Nachbarschaftssuche vollzieht sich in drei Schritten:

1. Es werden zwischen den Parametern, für die wir die nächste Nachbarschaftssuche durchführen, und allen Volatilitätsprofilen für die Restlaufzeit der Option, die Restlaufzeit des Underlyings und die Moneyness jeweils die absoluten Differenzen gebildet.
2. Diese absoluten Differenzen werden zu relativen Differenzen umgerechnet. Dies geschieht, indem jede Differenz durch die Summe der entsprechenden absoluten Differenzen geteilt wird. Summiert wird jeweils über alle Volatilitätsprofile.
3. Für jedes Volatilitätsprofil werden schließlich die relativen Differenzen der drei Parameter aufsummiert. Das Volatilitätsprofil mit der kleinsten Summe ist der gesuchte nächste Nachbar zu unserem Ensemble.

Abbildung 7.24 verdeutlicht diese Vorschrift an einem Beispiel.

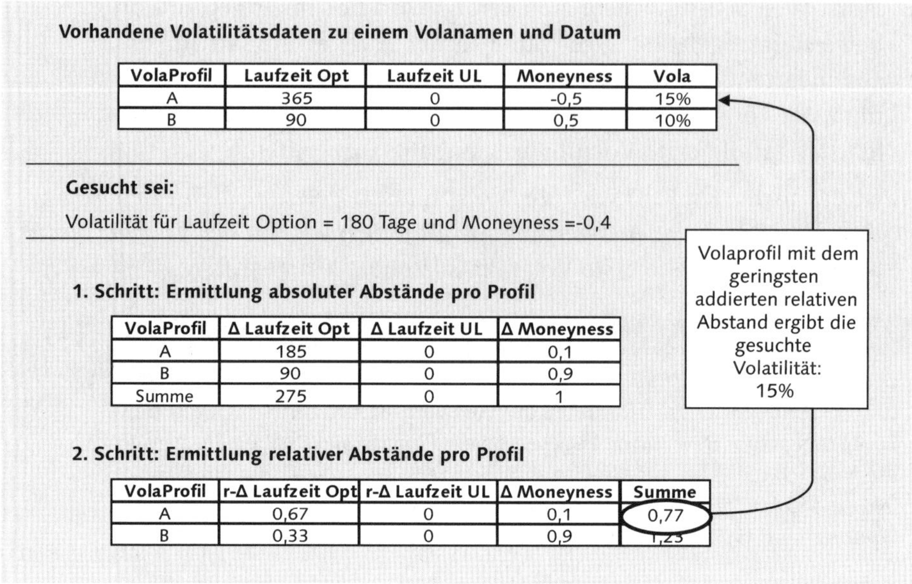

Abbildung 7.24 Beispiel der nächsten Nachbarschaftssuche für die zentrale Volatilitätsdatenbank

[+] **BAdI FTBB_MD_VOLA_COMPUTE**

Interpretiert man die Vorschrift der nächsten Nachbarschaftssuche als Interpolation, liefert diese eine unstetige Kurve bezüglich der Parameter. Für eine Value-at-Risk-Analyse der Bestände benötigen Sie aber eine stetige Volatilitätskurve. Dazu steht Ihnen das BAdI `FTBB_MD_VOLA_COMPUTE` zur Verfügung, um eine eigene Vorschrift zur Interpolation der Volatilitätskurve zu implementieren. Beachten Sie bei Ihrer Implementierung, dass im Standard bereits angefragte Volatilitäten gepuffert werden und die Laufzeit Ihrer Auswertung sich verlängern kann, wenn Sie keine Pufferung vornehmen.

7.8 Korrelationen

Korrelationsart

Korrelationen beschreiben im Rahmen von SAP Treasury and Risk Management die statistischen Abhängigkeiten von Risikofaktoren und Marktparametern. Der Market Risk Analyzer benötigt z.B. Korrelationen für die Durchführung des Value-at-Risk-Verfahrens mit dem Varianz-Kovarianz-Ansatz oder dem Monte-Carlo-Verfahren.

Um für Ihre Finanzinstrumente Korrelationen ablegen und klassifizieren zu können, müssen Sie zuerst im Customizing unter TREASURY

AND RISK MANAGEMENT • GRUNDFUNKTIONEN • MARKTDATENVERWALTUNG • STAMMDATEN • STATISTIKDATEN • KORRELATIONSART DEFINIEREN Korrelationsarten einrichten. Jeder Korrelationsart muss eine Statistikart zugeordnet werden, mit der die Statistikparameter und Marktdatenzugriffsparameter festgelegt werden (siehe Kapitel 12, »Portfolio-Controlling mit den Analyzern«).

Korrelationswerte können Sie mit dem Statistikrechner berechnen oder von der Marktdatenschnittstelle übernehmen (siehe Abschnitt 7.11). Außerdem können Sie Korrelationswerte im Menü unter TREASURY AND RISK MANAGEMENT • GRUNDFUNKTIONEN • MARKTDATENVERWALTUNG • MANUELLE MARKTDATENEINGABE • STATISTIKDATEN • KORRELATIONEN EINGEBEN pflegen. Die Korrelationswerte hängen von der Korrelationsart, den beiden Finanzinstrumenten (zwischen denen die Korrelation bestimmt werden soll), dem Datum und der Laufzeit ab und liegen zwischen -1 (negativ korreliert) und 1 (positiv korreliert, siehe Abbildung 7.25).

Korrelationsart	I...	Instrument	I...	Instrument	Datum ab	Laufzeit	Korrelation
001	3	BONDYEU02N	3	DEPOEUR01N	07.09.2012	1	0,738527784
001	3	BONDYEU02N	3	DEPOEUR03N	07.09.2012	1	0,850854738
001	3	BONDYEU02N	3	DEPOEUR06N	07.09.2012	1	0,938527784
001	3	BONDYEU02N	3	DEPOEUR12N	07.09.2012	1	0,988527784

Abbildung 7.25 Pflege von Korrelationen

7.9 Ablage von Barwerten

Barwert

Der Barwert eines Finanzinstruments gibt einen Wert des zukünftigen Finanzstroms unter den gegenwärtigen Bedingungen wieder. Er ist eine wichtige Kennzahl, da nach Rechnungslegungsvorschriften wie IFRS/IAS oder US-GAAP viele Finanzinstrumente mit ihrem »fairen« Wert angerechnet werden müssen. Barwerte sind keine Preise oder Kurse, die am Markt notiert sind, jedoch besitzen sie – analog zu den Marktwerten – die folgenden beiden Eigenschaften:

- Der Barwert einer Finanzinstrumentposition folgt auch ohne Positionsänderung dem Marktgeschehen.
- Barwerte können wie Marktdaten von Finanzdienstleistern für Marktdaten übernommen werden, was insbesondere bei komplexen Finanzinstrumenten notwendig ist.

Darüber hinaus sind Barwerte eine wichtige Grundlage der Effektivitätsprüfung von Sicherungsbeziehungen für das Hedge Management. Deshalb ist es notwendig, Barwerte zu dokumentieren, also abzuspeichern.

Diese Eigenschaften geben den Barwerten ihren Platz in diesem Kapitel über Marktwerte. Wir stellen Ihnen zuerst die Barwertablage vor und kommen dann zur Pflege und Berechnung von Barwerten.

7.9.1 Barwertablage

Barwerte können in der *Barwertablage für OTC-Geschäfte und Darlehen* und in der *Ergebnisdatenbank* der analytischen Komponenten von SAP Treasury and Risk Management abgelegt werden. Die Ergebnisdatenbank wird in Kapitel 12, »Portfolio-Controlling mit den Analyzern«, vorgestellt. Wir möchten uns an dieser Stelle auf die erstgenannte Art der Barwertablage konzentrieren.

Barwertablage für OTC-Geschäfte und Darlehen

Die Barwertablage für OTC-Geschäfte und Darlehen (Datenbanktabelle VTVBAR) ist so konzipiert, dass sie Barwerte für die buchhalterisch relevanten Funktionen speichert, aber von den Marktdatenmethoden abgekoppelt ist (siehe Abbildung 7.26). Darüber hinaus greift die Bestandsverwaltung auch nur lesend auf die Barwertablage zu, und so können die Mechanismen zur Erzeugung und zum Lesen von bewertungsrelevanten Barwerten voneinander entkoppelt werden. Sie können Barwerte daher manuell mit der Transaktion BARWERTE EINGEBEN (Transaktion JBNPV) eingeben oder mit der Transaktion SPEICHERN VON BARWERTEN (Transaktion TPM60) erzeugen lassen. Die Transaktion JBNPV stellen wir in Abschnitt 7.9.2 vor, die Transaktion TPM60 wird in Abschnitt 7.9.3 besprochen. Zusätzlich schreibt das Hedge Accounting neben dem Lesen der Barwerte auch die Barwerte fort, die es durch einen direkten Aufruf der Barwertmethoden berechnet hat.

Barwertart

Die *Barwertart* charakterisiert den Barwert für seine verschiedenen Verwendungen. Sie können durch die Barwertart die Herkunft, die Art der Berechnung oder die Parameter für den Marktdatensatz, der für die Berechnung herangezogen wurde, bestimmen. Die Barwertart können Sie im Customizing unter TREASURY AND RISK MANAGEMENT • GRUNDFUNKTIONEN • MARKTDATENVERWALTUNG • STAMMDATEN • STATISTIKDATEN • KURS-/BARWERTART DEFINIEREN pflegen.

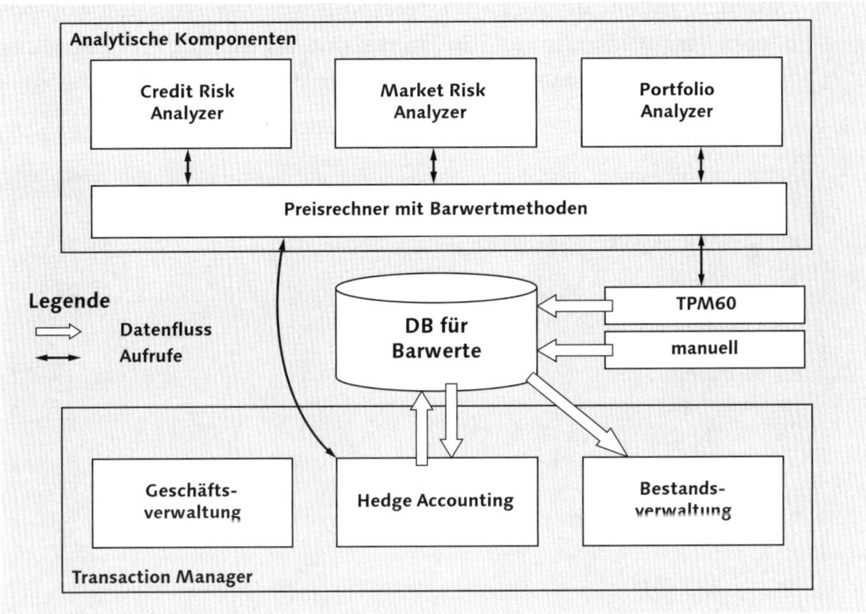

Abbildung 7.26 Barwertablage für OTC-Geschäfte und Darlehen

7.9.2 Pflege von Barwerten

Die manuelle Pflege von Barwerten können Sie mit der Transaktion Barwerte eingeben (Transaktion JBNPV) vornehmen, die Sie im Menü unter Treasury and Risk Management • Grundfunktionen • Marktdatenverwaltung • Manuelle Marktdateneingabe finden (siehe Abbildung 7.27).

Barwerte von OTC-Geschäften

VertrArt	BuKr	Gesch...	Vertragsnummer	Kurs-/Ba...	Datum gülti...	Barwert	Wä...	Clean Price in Anzeig...
Devisen	0001	3004		001	20.05.2012	100,02	USD	100,02
Devisen	0001	3149		HAC	01.01.2012	13.010,32	EUR	13.010,32
Devisen	0001	3150		HAC	31.03.2012	31.897,76	EUR	31.897,76
Devisen	0001	3151		HAC	28.06.2012	375.056,32	EUR	375.056,32
Devisen	0001	3176		HAC	01.01.2012	31.921,57	EUR	31.921,57
Devisen	0001	3177		HAC	31.03.2012	87.202,01	EUR	87.202,01
Devisen	0001	3178		HAC	30.06.2012	25.080,31-	EUR	25.080,31-

Abbildung 7.27 Manuelle Pflege von Barwerten mit der Transaktion JBNPV

7.9.3 Berechnung von Barwerten

Barwert und weitere Kennzahlen

Die Transaktion Speichern von Barwerten (Transaktion TPM60) berechnet und speichert den Barwert für ein OTC-Geschäft oder ein

Darlehen, indem sie die Barwertmethoden der analytischen Komponenten aufruft. Sie finden die Transaktion im Menü unter TREASURY AND RISK MANAGEMENT • MARKET RISK ANALYZER • WERKZEUGE • ABSPEICHERUNG.

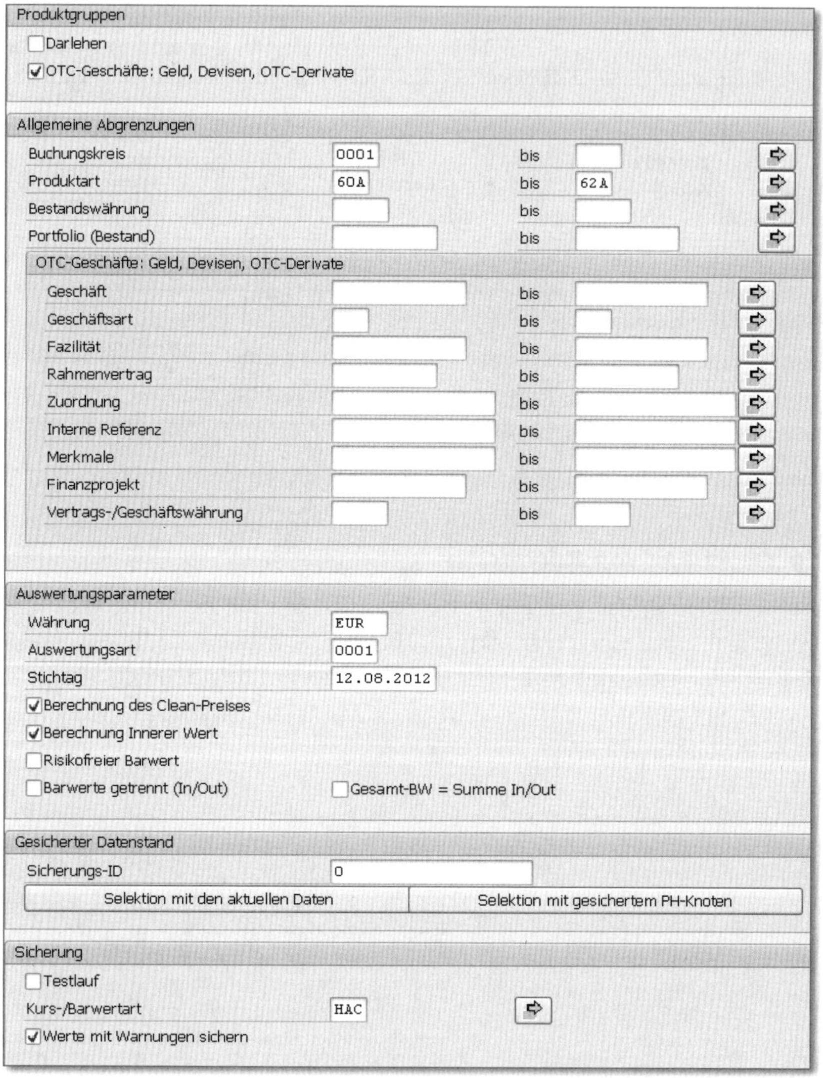

Abbildung 7.28 Speichern von Barwerten aus dem Market Risk Analyzer mit der Transaktion TPM60

Neben dem Barwert können Sie auch die folgenden Kennzahlen für OTC-Geschäfte und Darlehen berechnen und abspeichern (je nach

Finanzinstrument sind jedoch nicht alle dieser weiteren Kennzahlen relevant):

- Barwert
- Clean Price
- innerer Wert
- Zeitwert
- Barwert eingehende Seite
- Barwert ausgehende Seite

Im Selektionsbild der Transaktion legen Sie über den Bildbereich Allgemeine Abgrenzungen die Menge der zu berücksichtigenden OTC-Geschäfte und Darlehen fest (siehe Abbildung 7.28). Im Bildbereich Auswertungsparameter geben Sie in den gleichnamigen Feldern die Währung an, in der die Kennzahlen berechnet werden sollen, den Stichtag und die Auswertungsart. Im Bildbereich Sicherung müssen Sie im Feld Kurs-/Barwertart festlegen, unter welcher Kurs-/Barwertart die errechneten Kennzahlen gespeichert werden sollen.

7.10 Szenarien und Marktdatenshifts

In der Risikoanalyse sind What-if-Simulationen mit verschobenen und gestressten Marktdatenkonstellationen klassische Instrumente zur Untersuchung von Finanzinstrumenten und -portfolios (siehe Kapitel 12, »Portfolio-Controlling mit den Analyzern«). Da die dazu benötigten Szenarien und Marktdatenshifts Funktionen der Marktdatenverwaltung sind, möchten wir Ihnen diese hier vorstellen.

7.10.1 Szenarien

Ein *Szenario* bietet die Möglichkeit, die aktuell zugrunde liegenden Marktdaten durch einen neuen, manipulierten Marktdatensatz zu ersetzen und so das Verhalten von Finanzinstrumenten in einem anderen Marktumfeld zu testen. Sie finden die Transaktion Szenarienverwaltung (Transaktion TV21) im Menü unter Treasury and Risk Management • Market Risk Analyzer • Simulation • Szenarien. Im Pflegedialog können Sie für die verschiedenen Marktdatenparameter neue Marktwerte eintragen. Dabei ist anzumerken, dass ein Szenario seine Marktdaten ohne Datum abspeichert. Erst in der Auswertung wird festgelegt, für welches Datum die im Szenario hinterlegten Marktdaten gelten sollen.

Neben der direkten Eingabe von Szenariomarktwerten können Sie über den Button MARKTDATEN EINLESEN auch selektiv bestehende, reale Marktdaten einlesen und diese dann manipulieren.

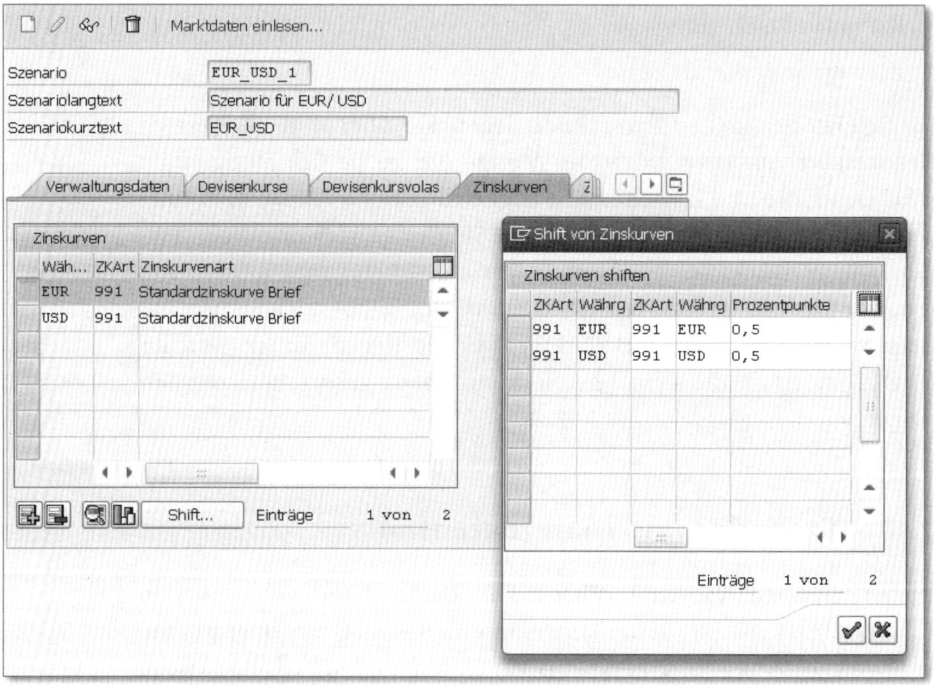

Abbildung 7.29 Szenariodaten anlegen für Zinskurven: Erzeugung eines Parallelshifts

Beispiel Abbildung 7.29 zeigt ein Szenario, in dem wir aus den Marktdaten einige Zinskurven geladen haben. Diese möchten wir manipulieren. Möchten Sie z.B. einen Parallelshift durchführen, gelangen Sie auf der Registerkarte ZINSKURVEN über den Button SHIFT... in das eingeblendete Pop-up und können für eine Zinskurve den gewünschten Shift eingeben. Über den Button KURVENZINSSÄTZE ( ) können Sie die parallel verschobene Zinskurve kontrollieren und einzelne Stützstellen auch manuell bearbeiten. Außerdem haben Sie für Zinskurven die Möglichkeit, die Daten über den Button GRAFIK ( ) mittels einer grafischen Darstellung zu verändern. Dabei können der Kurve über Veränderungen der Interpolation, über Drehung oder Spiegelung sowie über Einzel- oder Gesamtshifts neue Werte zugeordnet werden. Beim Verlassen der grafischen Bearbeitung werden die Veränderungen als numerische Werte gespeichert und können wieder tabellarisch kontrolliert werden (siehe Abbildung 7.30). Dabei ist zu beachten, dass die Shifts und die weiteren Änderungen direkt mit den Zinssatzwerten in der Spalte ZINSSATZ verrechnet und nicht in der Spalte ZU-/ABSCHLAG dargestellt werden.

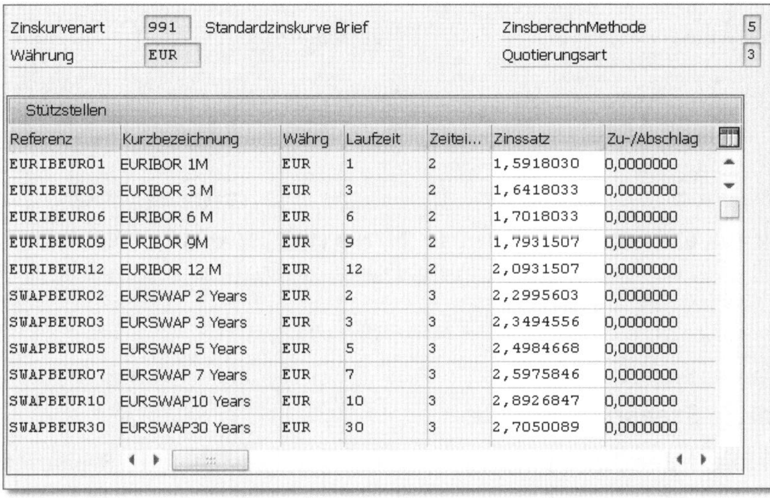

Zinskurvenart 991 Standardzinskurve Brief — ZinsberechnMethode 5
Währung EUR — Quotierungsart 3

Stützstellen

Referenz	Kurzbezeichnung	Währg	Laufzeit	Zeitei...	Zinssatz	Zu-/Abschlag
EURIBEUR01	EURIBOR 1M	EUR	1	2	1,5918030	0,0000000
EURIBEUR03	EURIBOR 3 M	EUR	3	2	1,6418033	0,0000000
EURIBEUR06	EURIBOR 6 M	EUR	6	2	1,7018033	0,0000000
EURIBEUR09	EURIBOR 9M	EUR	9	2	1,7931507	0,0000000
EURIBEUR12	EURIBOR 12 M	EUR	12	2	2,0931507	0,0000000
SWAPBEUR02	EURSWAP 2 Years	EUR	2	3	2,2995603	0,0000000
SWAPBEUR03	EURSWAP 3 Years	EUR	3	3	2,3494556	0,0000000
SWAPBEUR05	EURSWAP 5 Years	EUR	5	3	2,4984668	0,0000000
SWAPBEUR07	EURSWAP 7 Years	EUR	7	3	2,5975846	0,0000000
SWAPBEUR10	EURSWAP10 Years	EUR	10	3	2,8926847	0,0000000
SWAPBEUR30	EURSWAP30 Years	EUR	30	3	2,7050089	0,0000000

Abbildung 7.30 Detailbild einer um 50 Basispunkte geshifteten Zinskurve

Ersetzungsregel

Wird in einer Auswertung mit einem Szenario kein Marktdatenwert gefunden, wird der fehlende Wert durch die zu diesem Datum aktuellen Marktparameter ersetzt, sofern diese im System gespeichert sind.

7.10.2 Marktdatenshifts

Im Gegensatz zu den Szenarien, in denen absolute Marktwerte gespeichert werden, können Sie in einem Marktdatenshift sowohl relative als auch absolute Änderungswerte, bezogen auf beliebige Marktdatenparameter wie Zinskurven, Wechselkurse, Aktienkurse und Volatilitäten, definieren und zusammenfassen (siehe Abbildung 7.31). Die Transaktion MARKTDATENSHIFTS (Transaktion JBRO) wird analog zur Transaktion SZENARIENVERWALTUNG (Transaktion TV21) bedient. Sie finden diese im Menü unter TREASURY AND RISK MANAGEMENT • MARKET RISK ANALYZER • SIMULATION • SZENARIEN.

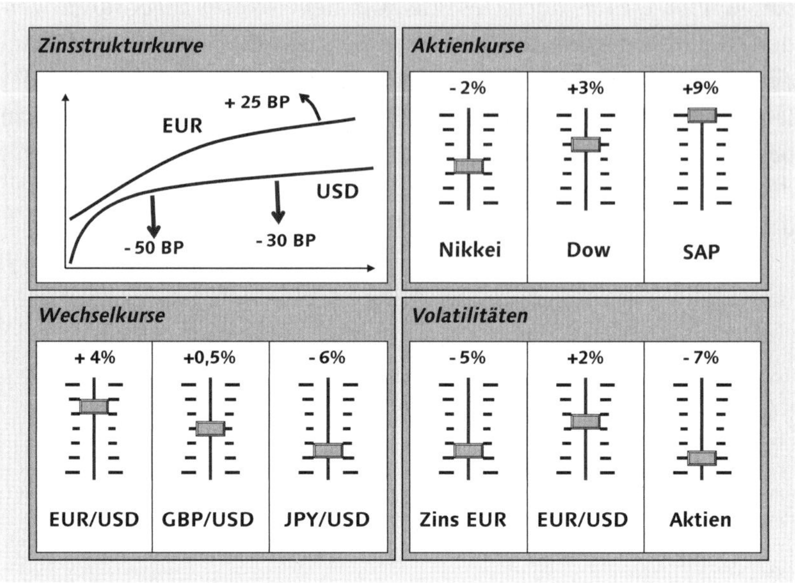

Abbildung 7.31 Wirkungsweise des Marktdatenshifts

7.10.3 Szenarienverläufe

In einigen Bereichen können – aufbauend auf bestehenden Szenarien und Marktdatenshifts – *Szenarienverläufe* (Transaktion TV28) gebildet werden. Dies geschieht, indem – ausgehend von den aktuellen Marktdaten – für zukünftige Zeitpunkte definierte Marktdatenszenarien festgelegt werden. Sie müssen dafür eine Sequenz von Szenarien definieren und dabei für jedes Datum der Sequenz explizit festlegen, welches Szenario gelten soll. Durch diese Sequenz von Szenarien können Sie z.B. simulieren, wie eine aktuelle, normale Zinsstrukturkurve im Laufe der Zeit über eine flache Zinsstrukturkurve in eine inverse Zinsstrukturkurve übergeht.

Interpolation in Szenarienverläufen

Wird für einen Szenarienverlauf ein Wert für ein Datum benötigt, das zwischen zwei Marktdatenszenarien liegt, erfolgt eine Interpolation zwischen dem vorangegangenen und dem nachfolgenden Marktdatenszenario. Werden Marktdaten zu einem Auswertungszeitpunkt nach dem Ende des letzten Szenarios gesucht, erfolgt eine Forward-Berechnung, ausgehend von den Szenariodaten des letzten Szenarios. Liegt das Auswertungsdatum noch vor Beginn des ersten Szenarios, aber nach dem aktuellen Datum, erfolgt zunächst eine Forward-Berechnung der aktuellen Marktdaten auf das Beginndatum des ersten Szenarios. Anschließend erfolgt eine Interpolation zwischen den aktuellen Marktdaten und den Forward-Daten.

7.11 Marktdatenschnittstelle

In den vorangegangenen Abschnitten haben wir uns bei der Eingabe der Marktdaten immer auf die manuelle Marktdateneingabe beschränkt, da diese für die Besprechung der verschiedenen Marktdaten den einfachsten und direktesten Zugang bietet. Natürlich müssen für den produktiven Betrieb von SAP Treasury and Risk Management die Marktdaten auch automatisch übernommen werden können. Diese Funktionalität wird mit der Marktdatenschnittstelle realisiert.

Komponenten der Marktdatenschnittstelle

Die Marktdatenschnittstelle setzt sich aus den folgenden drei Komponenten zusammen: Marktdatenübernahme über die Dateischnittstelle, über den Datafeed und über eine Tabellenkalkulation.

Wir besprechen zuerst die Marktdatenübernahme über die Dateischnittstelle, danach gehen wir auf den Datafeed ein und schließen den Abschnitt mit der Marktdatenübernahme über eine Tabellenkalkulation ab. Für weitere Informationen möchten wir Sie auch auf die ausführliche Dokumentation der Marktdatenübernahme im SAP Help Portal unter *help.sap.com* aufmerksam machen.

7.11.1 Marktdatenübernahme über die Dateischnittstelle

Die Marktdatenübernahme über die Dateischnittstelle bietet die Möglichkeit, primäre und sekundäre Marktdaten über eine Textdatei in Ihr ERP-System zu übernehmen. Die Marktdaten müssen dazu in der Textdatei in einem festgelegten Format abgelegt sein. Marktdatenparameter-Identifikationen, die von den Marktdatenlieferanten anders geliefert werden, als in Ihrem ERP-System definiert, können Sie gegebenenfalls mithilfe der Umschlüsselungstabellen anpassen.

Customizing

Das Customizing für die Marktdatenübernahme über die Dateischnittstelle finden Sie unter Treasury and Risk Management • Grundfunktionen • Marktdatenverwaltung • Dateischnittstelle. Mit der Customizing-Aktivität Herkunft der Marktdaten und Umschlüsselung definieren können Sie Ihre Marktdatenlieferanten erfassen und angeben, ob für diese eine Umschlüsselung vorgenommen werden muss. Die Umschlüsselung selbst können Sie anschließend für die jeweiligen Marktdatenarten einzeln festlegen. Abbildung 7.32 zeigt ein Beispiel einer Umschlüsselung für Identifikationen von Referenzzinssätzen. Mit der Customizing-Aktivität Umschlüsselungstabellen aufbauen können Sie für Ihre im ERP-System gepflegten Identifikationen von Marktdatenparametern Vorlagen für die Umschlüsselungstabellen erzeugen.

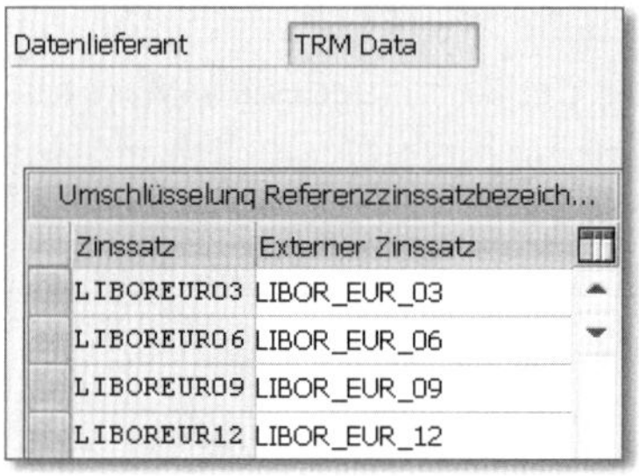

Abbildung 7.32 Umschlüsselung für Identifikationen von Referenzzinsen

Kurse und Preise

Devisenkurse, Wertpapierkurse, Referenzzinssätze, Indizes und Preise für Commodity-Forwards werden mit der Transaktion Marktdaten einlesen (Transaktion TBDM) übernommen (siehe Abbildung 7.33).

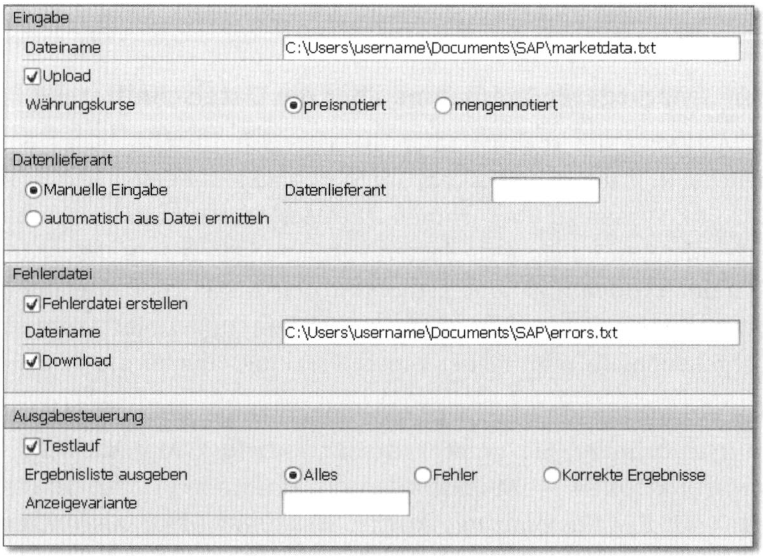

Abbildung 7.33 Marktdaten für Kurse und Preise mit der Transaktion TBDM einlesen

Die Transaktion finden Sie im Menü unter TREASURY AND RISK MANAGEMENT • GRUNDFUNKTIONEN • MARKTDATENVERWALTUNG • DATEISCHNITTSTELLE • KURSE UND PREISE.

Dateiname

In das Feld DATEINAME tragen Sie den Pfad zur Marktdatendatei ein. Wenn sich die Datei auf Ihrem lokalen PC befindet, müssen Sie das Kennzeichen UPLOAD setzen. Liegt die Datei hingegen auf dem Applikationsserver, wird das Kennzeichen nicht gesetzt. Mit den beiden Radiobuttons neben WÄHRUNGSKURSE legen Sie fest, ob die zu ladenden Devisenkurse mengen- oder preisnotiert sind.

Datenlieferant

In einer Datei sollten die Marktdaten nur von jeweils einem Datenlieferanten stammen. Dieser kann im Selektionsbild im Bildbereich DATENLIEFERANT manuell eingegeben oder automatisch aus dem Kopf der Marktdatendatei ermittelt werden. Hier muss er in einem festgelegten Format angegeben sein (siehe Abbildung 7.34). Nur wenn der Datenlieferant bekannt ist, kann eine Umschlüsselung der Identifikationen von Marktdatenparametern vorgenommen werden.

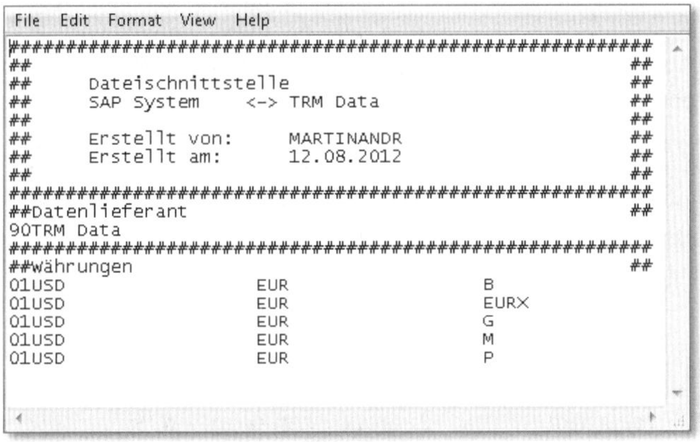

```
File  Edit  Format  View  Help
######################################################
##                                                  ##
##     Dateischnittstelle                           ##
##     SAP System     <-> TRM Data                  ##
##                                                  ##
##     Erstellt von:      MARTINANDR                ##
##     Erstellt am:       12.08.2012                ##
##                                                  ##
######################################################
##Datenlieferant                                    ##
90TRM Data
######################################################
##Währungen                                         ##
01USD                EUR                B
01USD                EUR                EURX
01USD                EUR                G
01USD                EUR                M
01USD                EUR                P
```

Abbildung 7.34 Beispiel für eine Marktdatendatei zur Übernahme von Währungen

Fehlerdatei

Mit einer Fehlerdatei können Sie Marktdatensätze, die nicht übernommen werden können, nachbearbeiten. Wenn das Kennzeichen FEHLERDATEI ERSTELLEN gesetzt ist, werden die fehlerhaften Datensätze in der im Feld DATEINAME angegebenen Datei abgelegt. Analog zum Kennzeichen UPLOAD gibt das Kennzeichen DOWNLOAD an, ob diese Datei auf Ihrem lokalen PC oder auf dem Applikationsserver liegt. Die fehlerhaften Datensätze müssen manuell korrigiert werden und können anschließend nochmals übernommen werden.

Ausgabesteuerung Der Bildbereich AUSGABESTEUERUNG bietet Ihnen die Möglichkeit, anzugeben, ob die Übernahme ein Testlauf ist und ob alle, nur die fehlerhaften oder nur die korrekt übernommenen Marktdatensätze im Protokoll angezeigt werden sollen.

Dateiformat Das Dateiformat, das die Transaktion MARKTDATEN EINLESEN (Transaktion TBDM) erwartet, ist in der Dokumentation der Transaktion genau beschrieben. Tabulatoren in der Datei sind nicht zulässig. Mit der Transaktion ANFORDERUNGSLISTE ERZEUGEN (Transaktion TBDN) können Sie eine Vorlage einer Marktdatendatei für Ihre Marktdateninstrumente erzeugen, die Sie anschließend ergänzen können. Halten Sie das Dateiformat unbedingt ein, und prüfen Sie im Zweifelsfall die Übernahme der Marktdatendatei in einem Testlauf. Ein Beispiel für eine Marktdatendatei zeigt Abbildung 7.34.

[+] **Marktdatenüberwachung**

Mit der Aktivität MARKTDATENÜBERWACHUNG DEFINIEREN, die Sie im Customizing unter TREASURY AND RISK MANAGEMENT • GRUNDFUNKTIONEN • MARKTDATENVERWALTUNG finden, können Sie Toleranzgrenzen für Kursabweichungen vorgeben, auf deren Einhaltung bei der Übernahme der Marktdaten geprüft wird. Die Marktdatenüberwachung wird sowohl von der Dateischnittstelle als auch vom Datafeed verwendet. Beim Überschreiten einer Toleranzgrenze wird im Fehlerprotokoll eine Warnmeldung ausgegeben, der abweichende Kurs wird aber dennoch wie ein korrekter Kurs in der entsprechenden Marktdatentabelle gespeichert. Mit dem Fehlerprotokoll der Marktdatenüberwachung können Sie anschließend die fehlerhaften Kurse manuell nachbearbeiten.

Statistikdaten

Volatilitäten, Korrelationen und Betafaktoren können Sie mit der Transaktion STATISTIKDATEN EINLESEN (Transaktion TVMD) einlesen, die im Menü unter TREASURY AND RISK MANAGEMENT • GRUNDFUNKTIONEN • MARKTDATENVERWALTUNG • DATEISCHNITTSTELLE zu finden ist. Das Format ist ebenfalls in der Dokumentation der Transaktion genau beschrieben. Die Transaktion TVMD erlaubt Ihnen nur, den Dateipfad der Statistikdatendatei anzugeben und zu steuern, ob die Übernahme ein Testlauf ist oder aktiv durchgeführt wird (siehe Abbildung 7.33).

Über die Dateischnittstelle können Sie mit der Transaktion DATEI-UPLOAD IN DATAFEED-NOTATION (Transaktion TBD5) auch Marktdaten in Datafeed-Notation übernehmen. Darauf gehen wir im folgenden Abschnitt ein.

7.11.2 Datafeed

Der Datafeed bietet die Übernahme von primären und sekundären Marktdaten direkt von einem Datenlieferanten. Abhängig von den Produkten und Dienstleistungen des Marktdatenlieferanten kann der Datafeed auf eine HTML-Datei zugreifen oder remote eine Funktion aufrufen, die die Daten liefert. Der Remote Function Call (RFC) kann synchron oder asynchron durchgeführt werden, wobei im asynchronen Aufruf auch eine Versorgung mit Marktdaten in Echtzeit möglich ist.

Customizing

Customizing-Schritte

Das Customizing für den Datafeed finden Sie unter TREASURY AND RISK MANAGEMENT • GRUNDFUNKTIONEN • MARKTDATENVERWALTUNG • DATAFEED. Es unterteilt sich in die Untermenüs TECHNISCHE EINSTELLUNGEN, ÜBERSETZUNGSTABELLE und MARKTDATENBESCHAFFUNG. Die erstgenannten beiden Untermenüs setzen spezifische Informationen von Ihren Marktdatenlieferanten voraus. Diese müssen bekannt sein, bevor das Customizing komplett durchgeführt werden kann. In der Customizing-Aktivität VORGEHENSWEISE BEI DER INBETRIEBNAHME DES DATAFEEDS finden Sie eine kleine Anleitung, die Ihnen beim Weg durch das Customizing hilft.

Technische Einstellungen

Im Untermenü TECHNISCHE EINSTELLUNGEN hinterlegen Sie die technischen Zugriffsmöglichkeiten auf die Datenquellen und Schnittstellen Ihrer Marktdatenlieferanten:

- **Marktdatenlieferanten angeben**
  Zuerst geben Sie in der Customizing-Aktivität DATAFEED-NAME PFLEGEN Ihre Marktdatenlieferanten an.
- **RFC-Einstellungen für das externe Partnerprogramm**
  Danach müssen Sie in das Untermenü RFC-EINSTELLUNGEN FÜR DAS EXTERNE PARTNERPROGRAMM wechseln. Dort werden mit der Customizing-Aktivität RFC-DESTINATION die logischen Verbindungen zwischen dem Marktdatenlieferanten und Ihrem ERP-System definiert.
- **Datafeed RFC-Destination zuordnen**
  Mit der Customizing-Aktivität DATAFEED RFC-DESTINATION ZUORDNEN werden die Aufrufmodi, RFC-Funktionen und RFC-Destinationen für den jeweiligen Marktdatenlieferanten angegeben (siehe Abbildung 7.35). In der Spalte MODUS stehen Ihnen 1 (synchron)

und 2 (asynchron) zur Verfügung. In der Spalte FUNKTION geben Sie die Funktion an, die beim Marktdatenlieferanten aufgerufen werden soll, und in der Spalte RFC-DESTINATION das logische Zielsystem für den Funktionsaufruf, wenn dies notwendig ist. Möchten Sie z. B. Marktdaten mit einer HTML-Datei übernehmen, müssen Sie als Modus 1 (synchron) und als Funktion TB_DATAFEED_INTERNET_ACCESS angeben.

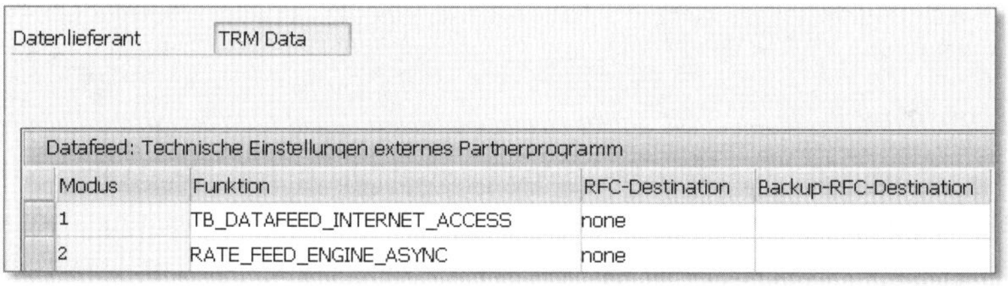
Datenlieferant: TRM Data

Datafeed: Technische Einstellungen externes Partnerprogramm

Modus	Funktion	RFC-Destination	Backup-RFC-Destination
1	TB_DATAFEED_INTERNET_ACCESS	none	
2	RATE_FEED_ENGINE_ASYNC	none	

Abbildung 7.35 RFC-Destinationen für den Datafeed zuordnen

- **Asynchroner Modus**
  Werden Marktdaten im asynchronen Modus angefordert, benötigt der Marktdatenlieferant für die Rückgabe der Daten einen Benutzer. Diesen Benutzer können Sie in der Customizing-Aktivität BENUTZER FÜR TRANSAKTIONALEN RFC DEFINIEREN angeben.
- **Internet-Einstellungen**
  Als letzte technische Einstellung für das externe Partnerprogramm werden im Untermenü INTERNET-EINSTELLUNGEN FÜR DAS EXTERNE PARTNERPROGRAMM mit der Customizing-Aktivität INTERNET-EINSTELLUNGEN FÜR WEB-SERVER-ZUGRIFF DEFINIEREN für jeden Datenlieferanten der Universal Resource Indicator (URI), der Benutzer und das Passwort für den Webserver angegeben, auf den der Datafeed zugreift.

Übersetzungstabelle

Im Untermenü ÜBERSETZUNGSTABELLE definieren Sie die Anforderungsprofile, die angeben, wie die Marktdaten an der Schnittstelle des Lieferanten angefordert werden. Wir besprechen als Beispiel die Definition eines Anforderungsprofils für Devisenkurse, die Anforderungsprofile für die weiteren Marktdaten werden analog erstellt.

Mit der Customizing-Aktivität WÄHRUNGEN DEFINIEREN können Sie das Anforderungsprofil für Devisenkurse definieren. Als Erstes geben Sie, wie in Abbildung 7.36 zu sehen ist, ein Währungspaar über die Von- und Nach-Währung (Spalte VON und NACH) an, legen die Kursart (Spalte KART) fest und tragen dann das Instrument des

Marktdatenlieferanten (Spalte Instrument) ein, das den entsprechenden Währungskurs liefert.

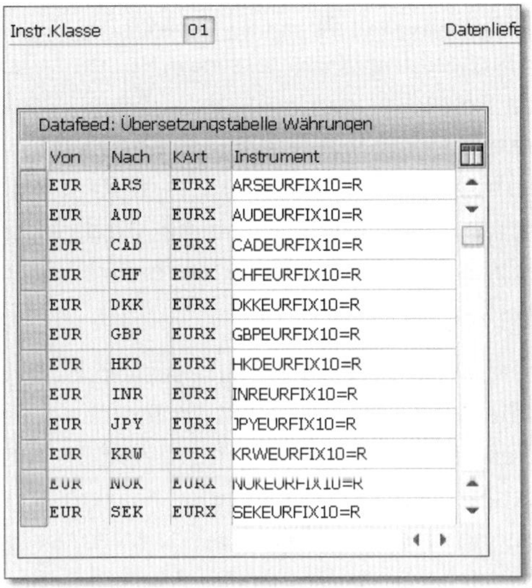

Abbildung 7.36 Definition eines Anforderungsprofils für eine Währung

Nachdem Sie den Eintrag angelegt haben, müssen Sie mit einem Doppelklick auf die entsprechende Zeile in das Detailbild springen, um das Anforderungsprofil mit weiteren Verwaltungsdaten und Datafeed-Parametern zu vervollständigen (siehe Abbildung 7.37).

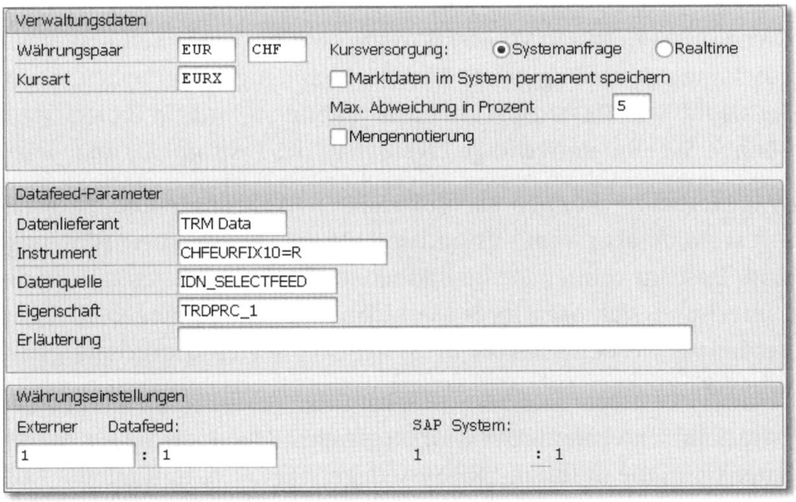

Abbildung 7.37 Detailbild für die Definition eines Anforderungsprofils für eine Währung

Verwaltungsdaten

Im Bildbereich VERWALTUNGSDATEN legen Sie die internen Details des Anforderungsprofils fest. Diese bestehen aus marktdatenspezifischen Einstellungen (wie der Auswahl der Mengen- oder Preisnotation für Devisenkurse) und Einstellungen, die sich bei allen Marktdaten wiederfinden (wie die Einstellung KURSVERSORGUNG und das Kennzeichen MARKTDATEN IM SYSTEM PERMANENT SPEICHERN). Wenn Sie die Kursversorgung SYSTEMANFRAGE wählen, behält Ihr ERP-System die Initiative zur Kursanfrage. Wenn Sie stattdessen REALTIME wählen, überlassen Sie Ihrem Marktdatenlieferanten die Möglichkeiten der Kursversorgung, was z.B. für eine Marktdatenversorgung in Echtzeit eine Voraussetzung ist.

Das Kennzeichen MARKTDATEN IM SYSTEM PERMANENT SPEICHERN legt fest, ob die Marktdaten in die Marktdatentabellen fortgeschrieben oder nur im Marktdatenpuffer des Datafeeds abgelegt werden. Nur wenn dieses Kennzeichen gesetzt ist, können bei der Marktdatenübernahme mit der Transaktion AKTUELLE MARKTDATEN ANFORDERN (Transaktion TBD4, siehe den nächsten Abschnitt) die Marktdaten in die Marktdatentabellen fortgeschrieben und damit von SAP Treasury and Risk Management genutzt werden.

Datafeed-Parameter

Im Bildbereich DATAFEED-PARAMETER geben Sie die externen Details des Anforderungsprofils an, die Ihr Marktdatenlieferant für Sie bereitstellt. Diese bestehen neben dem Datenlieferanten aus dem Instrument und der Datenquelle, die die Marktdatenquelle explizit festlegen. Die Datenquelle müssen Sie mit der Customizing-Aktivität DATENQUELLEN FÜR DATENFEED DEFINIEREN im Untermenü ÜBERSETZUNGSTABELLE abhängig vom Datenlieferanten gepflegt haben, bevor Sie sie im Feld DATENQUELLE angeben können. Im Feld EIGENSCHAFT können Sie eine notwendige Eigenschaft des Instruments angeben.

Währungskurse können auch in anderen Währungseinheiten geliefert werden, als sie im Customizing für die Devisenkurse hinterlegt sind. Deshalb können Sie im Bildbereich WÄHRUNGSEINSTELLUNG die Umrechnungsfaktoren Ihres Marktdatenlieferanten eingeben. Darüber hinaus werden auch die im System gepflegten Umrechnungsfaktoren angezeigt.

Vorlage Anforderungsprofil

Zurück im Untermenü ÜBERSETZUNGSTABELLE, können Sie für Marktdatenarten, die in Ihrem ERP-System gepflegt sind, nun mit der Customizing-Aktivität R/3-STAMMDATEN EINLESEN Vorlagen für die Übersetzungstabellen erzeugen. Umschlüsselungen der Identifikation von

Marktdatenparametern, die für die Marktdatenübernahme mit dem Datafeed notwendig sind, können Sie im Untermenü unter Datafeed-Umschlüsselungen definieren angeben.

Marktdatenbeschaffung

Im Untermenü Marktdatenbeschaffung können Sie den Zeitplan und den Umfang für die Marktdatenübernahme mit dem Datafeed hinterlegen. Diese Aktivitäten erfolgen in kanonischer Weise mit der Jobverwaltung.

Marktdatenversorgung

Die Übernahme der Marktdaten mit dem Datafeed erfolgt mit der Transaktion Aktuelle Marktdaten anfordern (Transaktion TBD4), die Sie im Menü unter Treasury and Risk Management • Grundfunktionen • Marktdatenverwaltung • Datafeed • Marktdatenversorgung finden (siehe Abbildung 7.38).

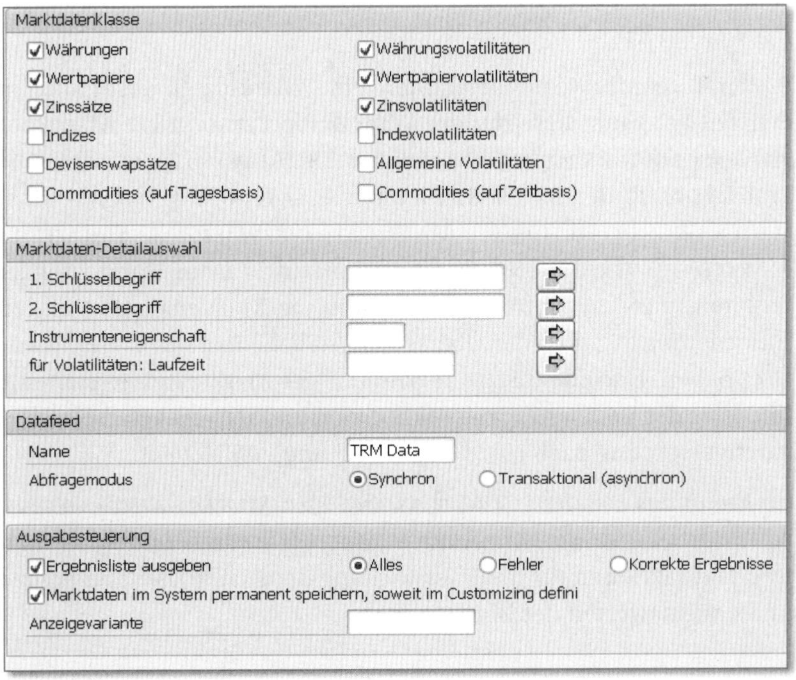

Abbildung 7.38 Marktdaten anfordern für den Datafeed mit der Transaktion TBD4

Ansteuerung

Im Bildbereich Marktdatenklasse wählen Sie die Marktdatenarten aus, die Sie übernehmen möchten, und im Bildbereich Marktdaten-Detailauswahl können Sie weitere Parameter angeben, um die zu übernehmenden Marktdaten abzugrenzen. Im Bildbereich DATAFEED geben Sie Ihren Marktdatenlieferanten im Feld NAME an und wählen, ob Sie die Marktdaten in einem synchronen oder asynchronen ABFRAGEMODUS anfordern. Der ausgewählte Modus muss im Customizing für den Marktdatenlieferanten definiert sein. Der Zugriff auf eine HTML-Datei ist nur im synchronen Modus möglich.

Im Bildbereich AUSGABESTEUERUNG können Sie die Ausgabe der Ergebnisliste steuern. Mit dem Kennzeichen MARKTDATEN IM R/3 PERMANENT SPEICHERN, SOWEIT IM CUSTOMIZING DEFINIERT wählen Sie, ob die Marktdaten in die Tabellen der Marktdatenverwaltung fortgeschrieben oder nur im Datenpuffer des Datafeeds abgelegt werden. Für SAP Treasury and Risk Management ist es notwendig, dass dieses Kennzeichen gesetzt ist. Auf den Datenpuffer des Datafeeds können Sie mit der Transaktion MARKTDATEN ANZEIGEN (Transaktion TBD3) zugreifen, die im Menü unter TREASURY AND RISK MANAGEMENT • GRUNDFUNKTIONEN • MARKTDATENVERWALTUNG • DATAFEED aufgerufen werden kann.

Marktdatenversorgung in Echtzeit

Bieten Ihre Marktdatenlieferanten eine Marktdatenversorgung in Echtzeit an, kann diese mit der Transaktion PERMANENTE MARKTDATENVERSORGUNG STARTEN (Transaktion TBDA) gestartet werden. Die Transaktion finden Sie im Menü unter TREASURY AND RISK MANAGEMENT • GRUNDFUNKTIONEN • MARKTDATENVERWALTUNG • DATAFEED • MARKTDATENVERSORGUNG. Der Funktionsaufruf beim Marktdatenlieferanten muss asynchron erfolgen, und die Kursversorgung in den Anforderungsprofilen der Übersetzungstabelle muss den Wert REALTIME haben. Nach dem Start übernimmt der Marktdatenlieferant die Initiative der Versorgung mit Marktdaten und startet auch die Marktdatenversorgung nach einer Unterbrechung von Neuem.

Monitore und Logs

Im Menü des Datafeeds TREASURY AND RISK MANAGEMENT • GRUNDFUNKTIONEN • MARKTDATENVERWALTUNG • DATAFEED finden Sie weitere Transaktionen für die Überwachung der Marktdatenübernahme und das Auswerten der Benutzerlogs.

Dateischnittstelle in Datafeed-Notation

Die Transaktion DATEI-UPLOAD IN DATAFEED-NOTATION (Transaktion TBD5) finden Sie im Menü unter TREASURY AND RISK MANAGEMENT • GRUNDFUNKTIONEN • MARKTDATENVERWALTUNG • DATAFEED • MARKTDATENVERSORGUNG. Hier können Sie – ähnlich wie in der Transaktion

MARKTDATEN EINLESEN (Transaktion TBDM) – Marktdaten über die Dateischnittstelle übernehmen. Das einzuhaltende Format der dazu notwendigen Textdatei ist in der Dokumentation der Transaktion angegeben und entspricht der Datafeed-Notation. Daher müssen Sie auch für die Transaktion TBD5 das Customizing der Übersetzungstabellen pflegen.

7.11.3 Marktdatenübernahme über eine Tabellenkalkulation

Mit der Transaktion MARKTDATENÜBERNAHME AUS TABELLENKALKULATION (Transaktion TBEX) können Sie Marktdaten aus einer Tabellenkalkulation übernehmen (siehe Abbildung 7.39). Sie finden diese Transaktion im Menü unter TREASURY AND RISK MANAGEMENT • GRUNDFUNKTIONEN • MARKTDATENVERWALTUNG.

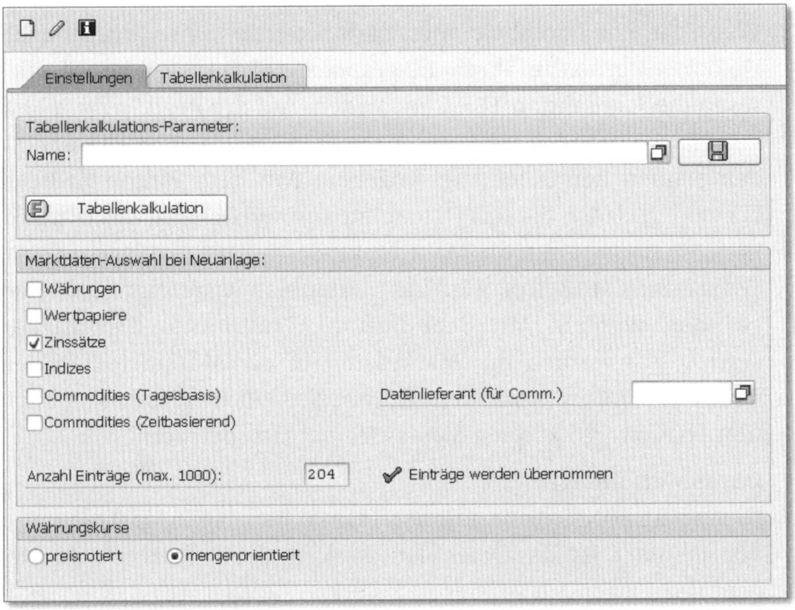

Abbildung 7.39 Marktdatenübernahme aus einer Tabellenkalkulation mit der Transaktion TBEX

Format

Das Datenblatt der Tabellenkalkulation, von dem Sie Marktdaten übernehmen möchten, muss einem vorgegebenen Dokumentformat entsprechen. Dieses Dokumentformat ist ähnlich dem Format, das in der Marktdatenübernahme durch die Dateischnittstelle verwendet wird (siehe Abschnitt 7.11.1). Zusätzlich werden zwei Makros benötigt, die den Austausch zwischen der Tabellenkalkulation und dem ERP-System steuern. Vorlagen für das Dokumentformat mit den beiden Makros werden im SAP-Standard ausgeliefert und liegen im Menü unter WERKZEUGE • WEB-ENTWICKLUNG • WEB-REPOSITORY (in den binären Daten des Pakets FTDF). Dort können sie bearbeitet und auf Ihren lokalen PC exportiert werden.

[zB]

Dokumentformat und Makros

Zum Beispiel kann für Microsoft Excel die Dokumentvorlage TR_DATAFEED_EXCEL.XLS mit den beiden Makros `TableBackToR3` und `FillTableFromR3` verwendet werden.

Transaktion TBEX

Für die Übernahme von Marktdaten mit der Transaktion TBEX haben Sie zwei Möglichkeiten.

- **Datenblatt laden**
  Wenn Sie ein Datenblatt mit Marktdaten in dem vorgegebenen Dokumentformat auf Ihrem PC gespeichert haben, können Sie dieses in die Transaktion TBEX hochladen. Auf der Registerkarte EINSTELLUNGEN müssen Sie unter TABELLENKALKULATIONS-PARAMETER den Namen der Datendatei angeben. Mit dem Button ÄNDERN (Taste [F8]) laden Sie das Datenblatt aus der Datei in die Transaktion. Sie müssen nun die Makros aktivieren. Auf der Registerkarte TABELLENKALKULATION wird das Datenblatt angezeigt und kann geändert werden. Mit dem Button MARKTDATEN IMPORTIEREN (Taste [F5]) werden die Marktdaten in die Marktdatentabellen übernommen, und mit dem Button SPEICHERN (Tastenkombination [Strg] + [S]) können Sie das Datenblatt speichern.
- **Datenblatt anlegen**
  Die zweite Möglichkeit, mit der Transaktion TBEX Marktdaten zu übernehmen, ist, das Datenblatt direkt in der Transaktion anzulegen. Dazu legen Sie auf der Registerkarte EINSTELLUNGEN im Bildbereich MARKTDATEN-AUSWAHL BEI NEUANLAGE die Marktdaten fest, die über das Datenblatt übernommen werden sollen, und geben für Devisenkurse an, ob diese mengen- oder preisnotiert sind. Die Dokumentvorlage für das Datenblatt wird mit dem Button TABELLENKALKULATION festgelegt. Mit dem Button ANLEGEN (Taste [F2]) wird das Datenblatt auf der Registerkarte TABELLENKALKULATION angelegt. Sie müssen nun wieder die Makros aktivie-

ren. Das Datenblatt kann bearbeitet und gespeichert werden, und die Übernahme der Marktdaten in die Marktdatentabelle erfolgt wieder mit dem Button MARKTDATEN IMPORTIEREN (Taste F5).

Vorlage für Datenblatt

Die Möglichkeit, ein Datenblatt mit der Transaktion TBRX anzulegen, eignet sich nur bedingt zur Marktdatenübernahme, kann aber gut für die Erstellung von Vorlagen verwendet werden, die Sie nach dem Speichern mit Ihrer Tabellenkalkulation bearbeiten können.

[+]

Transaktion TBEXN

Mit der Transaktion TBEXN wurde das Selektionsbild der Transaktion MARKTDATENÜBERNAHME AUS TABELLENKALKULATION (Transaktion TBEX) überarbeitet und ergänzt. Die Parameter, die zum Hoch- oder Herunterladen der Marktdaten benötigt werden, sind nun auf getrennten Registerkarten untergebracht. Zudem finden Sie auf der Registerkarte DOWNLOAD-PARAMETER Einstellungen zu Commodity-Preisen und Marktdaten für Commodity-Forward-Kurven (siehe Abschnitt 7.4).

[«]

Status und Fehlermeldungen nach dem Import

Nachdem Sie die Marktdaten in der Transaktion TBEX mit dem Button MARKTDATEN IMPORTIEREN übernommen haben, wird auf dem Datenblatt der Tabellenkalkulation in der Spalte STATUS der Übernahmestatus jedes Marktdatensatzes angezeigt. Trat ein Fehler bei der Übernahme auf, wird in der Spalte FEHLERMELDUNG zusätzlich eine Nachricht mit Informationen zu dem Fehler ausgegeben. Abhängig von Ihrer Tabellenkalkulation kann nach der Marktdatenübernahme der Betrag in der Spalte WERT geändert sein. Die Ursache dafür liegt in der Tabellenkalkulation (siehe hierzu SAP-Hinweis 887747), die Marktdaten wurden aber korrekt übernommen.

Fazit

Mit diesem Hinweis schließen wir das Kapitel über Marktdaten ab. Sie kennen nun die Einstellungen und Werkzeuge, mit denen Sie für die Anwendungen von SAP Treasury and Risk Management die aktuellen Marktdaten bereitstellen können.

Mit dem Exposure Management erfassen und verwalten Sie Fremdwährungsrisiken und Commodity-Preisrisiken aus Ihrem operativen Geschäft als finanzielle Exposures.

8 Exposure Management

Um Risiken aus Ihrem operativen Geschäft abzusichern, schließen Sie oft derivative Finanzgeschäfte ab. In den vorangegangenen Kapiteln haben wir gezeigt, wie Sie diese Finanzgeschäfte in SAP Treasury and Risk Management abbilden können.

Operatives Grundgeschäft

In der Regel befinden sich die Daten, die dieses operative Grundgeschäft beschreiben, allerdings nicht in SAP Treasury and Risk Management, sondern z.B. im Vertrieb (SD) oder der Materialwirtschaft (MM), eventuell aber auch in anderen SAP- oder Nicht-SAP-Systemen. Gerade geplante Umsatzzahlen werden häufig in einer Tabellenkalkulation gespeichert.

Diese Daten des operativen Grundgeschäfts sind die Basis für Ihre Hedge-Absicherung und werden in SAP Treasury and Risk Management mithilfe des Exposure Managements abgebildet und verwaltet. Das Exposure Management verbindet also Ihr operatives Geschäft mit Ihren Treasury-Aktivitäten und ist damit ein Eingangskanal in SAP Treasury and Risk Management.

Im ersten Abschnitt dieses Kapitels geht es um die Grundlagen des Exposure Managements. Anschließend wird die Verwaltung von Rohexposures beschrieben, in Abschnitt 8.3 wird das Customizing vorgestellt. Danach sehen wir uns die Rohexposure-Freigabe an und schließlich die daraus resultierenden Exposure-Positionen. Abschließend wird in Abschnitt 8.6 die Integration von Logistik und Treasury Exposure Management beschrieben.

Version des Exposure Managements [«]

Dieses Kapitel bezieht sich auf das Release Exposure Management 2.0, da der Einsatz dieser neuen Version empfehlenswert ist. Auf das Exposure Management 1.0 gehen wir deshalb im Folgenden nicht mehr ein.

[+]

Bemerkung zu Pfadangaben

Zur Vereinfachung sind in diesem Kapitel viele Pfadangaben gekürzt:

- Um zum Ausgangspunkt der im Folgenden genannten Customizing-Pfade zu gelangen, müssen Sie zunächst folgenden Pfad aufrufen: Treasury and Risk Management • Transaction Manager • Allgemeine Einstellungen • Exposure Management 2.0.
- Für das Customizing der Commodity-Lösung wählen Sie zunächst Treasury and Risk Management • Financial Risk Management für Commodities • Exposure Management.

Im Folgend geben wir alle Customizing-Pfade relativ zu diesen Wurzelknoten an. Auch für Transaktionen verwenden wir nur abgekürzte Pfadangaben und folgenden Wurzelknoten: Treasury and Risk Management • Transaction Manager • Exposure Management 2.0 und Treasury and Risk Management • Financial Risk Management für Commodities • Exposure Management.

8.1 Grundlagen

Um Ihnen einen ersten Überblick über das Exposure Management zu verschaffen, geben wir Ihnen zuerst eine kurze Beschreibung, wozu das Exposure Management verwendet wird. Daran schließt sich eine Erklärung der wichtigsten Begriffe an.

8.1.1 Verwendung

Das Exposure Management unterstützt zwei unterschiedliche Arten von Risiken: *Fremdwährungsrisiken* und *Commodity-Preisrisiken*. Natürlich gibt es neben diesen beiden Arten von Risiken noch andere Risiken, wie z.B. das Zinsrisiko und das Liquiditätsrisiko. Diese Risiken werden Sie allerdings oft mit anderen SAP-Modulen verwalten, wie z.B. dem SAP Liquidity Planner oder dem Money Market in der Geschäftsverwaltung (siehe Kapitel 3, »Geschäftsverwaltung«). Deshalb werden diese Risiken aktuell nicht vom Exposure Management unterstützt.

Wenn Sie das Grundgeschäft Ihres Unternehmens analysieren, müssen Sie zunächst entscheiden, worin für Sie die Risiken bestehen, die Sie durch Hedging absichern wollen. Sie prüfen dabei, ob ein operativer Geschäftsvorfall für Sie ein Fremdwährungsrisiko oder ein Commodity-Preisrisiko ist. Mit dem Exposure Management können Sie diesen Prozess im System abbilden.

Als Nächstes stellt sich die Frage der Absicherung. Wenn Sie nicht jedes Risiko separat hedgen (Mikro-Hedge), wollen Sie sicher zunächst Ihre Gesamt-Risikoposition ermitteln und diese dann in der Summe absichern (Makro-Hedge). Je nach Risikostrategie Ihres Unternehmens können Sie das System unterschiedlich einstellen und damit unterschiedliche Risikopositionen bilden.

8.1.2 Begriffe

In diesem Kapitel werden einige grundlegende Begriffe verwendet, die im Folgenden kurz erläutert werden sollen.

- **Exposure**
  In der Regel werden Sie in SAP Treasury and Risk Management viele verschiedene finanzielle Risiken aus Ihrem operativen Geschäft mit Hedging-Aktivitäten absichern. So individuell Ihr operatives Grundgeschäft ist, so individuell sind auch die finanziellen Risiken und Ihre Risikoabsicherungsstrategie. Um für all diese Risiken einen einheitlichen Begriff zu verwenden, bezeichnen wir ein solches finanzielles Risiko einfach als *Exposure*.
- **Rohexposure**
  Im Exposure Management werden zunächst nur die Grunddaten zu Ihren operativen Geschäftsvorfällen in einem Rohformat gespeichert. Dieses Rohformat wird im System *Rohexposure* genannt. Es ist also ein einfaches Abbild des operativen Geschäftsvorfalls.
- **Unterrohexposure**
  Die Informationen zu den finanziellen Risiken sind in den *Unterrohexposures* gespeichert. Dabei wird zwischen Fremdwährungsrisiko und Commodity-Preisrisiko unterschieden. Die Unterrohexposures sind Teil des Rohexposures. In einem Rohexposure kann es viele Unterrohexposures geben.
- **Exposure-Position**
  In der Summe stellen die Rohexposures das finanzielle Risiko aus Ihrem operativen Geschäft dar. Diese gesamte Risikoposition nennen wir *Exposure-Position*. Die Exposure-Position besteht aus mehreren Unterrohexposures.
- **Differenzierung und Exposure-Transaktion**
  Über die *Differenzierung* legen Sie fest, wie die Risiken aufgeteilt

werden. Dazu werden die Unterrohexposures zunächst in ein temporäres Zwischenformat umgewandelt. Dies sind die *Exposure-Transaktionen*. Über diese Exposure-Transaktionen werden die Exposure-Positionen gebildet.

- **Exposure-Positionsbewegung**
  Aus den Exposure-Transaktionen entstehen die *Exposure-Positionsbewegungen*. Die Exposure-Positionsbewegungen bauen die Exposure-Position auf. Eine Exposure-Position enthält in der Regel viele Exposure-Positionsbewegungen.
- **Exposure-Bestandswert**
  Die Summe der Exposure-Positionsbewegungen zu einer Exposure-Position an einem bestimmten Stichtag ergibt den *Exposure-Bestandswert*.

Ein Beispiel für die Verwendung der wichtigsten Entitäten im Exposure Management sehen Sie in Abbildung 8.1. Hier wird schematisch dargestellt, wie ein Rohexposure, das die Unterrohexposures Commodity-Preis- und Fremdwährungs-Exposure enthält, im System abgebildet wird und wie das System über die Freigabe Exposure-Positionen erzeugt.

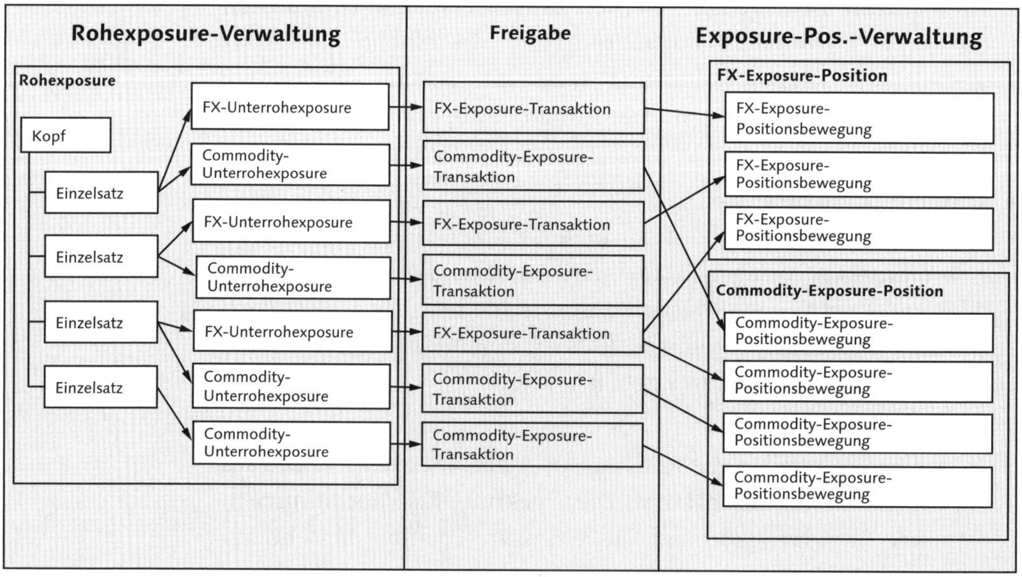

Abbildung 8.1 Übersicht Exposure Management

8.2 Rohexposure

Die Daten im Exposure Management werden zunächst in der Form von Rohexposures abgelegt. Alle Transaktionen für Rohexposures finden Sie jeweils unter ROHEXPOSURE.

8.2.1 Rohexposure-Pflege

Starten Sie die Transaktion ROHEXPOSUREPFLEGE (Transaktion FTREX1), stellen Sie fest, dass es sich um eine Sammeltransaktion handelt, mit der Rohexposures angelegt, angezeigt, geändert und freigegeben werden können. Legen Sie zunächst ein Rohexposure an.

Exposure-Aktivitätsart

Wählen Sie dazu den Button ANLEGEN. Sie werden anschließend vom System nach der Exposure-Aktivitätsart gefragt. Diese legt fest, um was für ein Exposure es sich handelt. Weitere Details zu den möglichen Einstellungen finden Sie in Abschnitt 8.3.2. Wenn Sie eine passende Exposure-Aktivitätsart gewählt haben, erhalten Sie die Ansicht aus Abbildung 8.2.

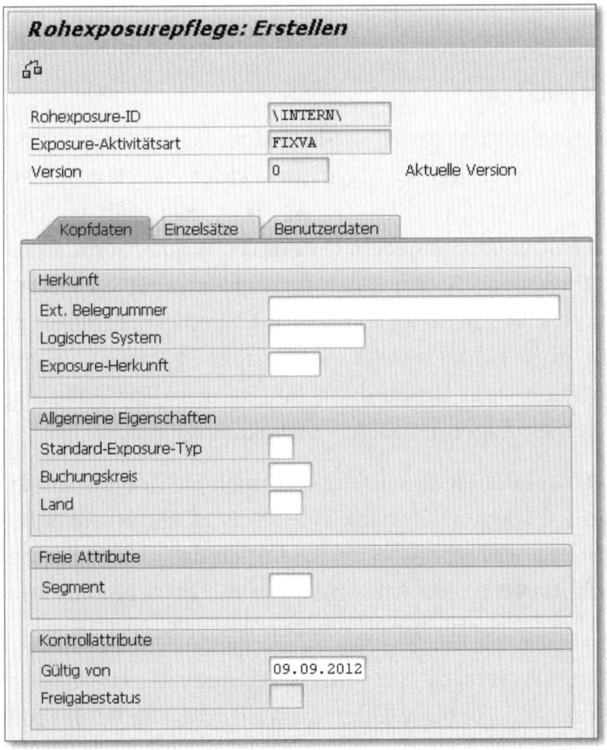

Abbildung 8.2 Rohexposure pflegen (Transaktion FTREX1)

Diese Ansicht kann je nach verwendeter Business Function des Exposure Managements und abhängig vom Customizing der Feldauswahl und der freien Attribute jedoch variieren.

Generell enthält diese Ansicht jedoch immer einen Kopf und die drei Registerkarten KOPFDATEN, EINZELSÄTZE und BENUTZERDATEN.

Kopf

Der Kopf enthält die ROHEXPOSURE-ID. Da die Rohexposure-ID erst beim ersten Sichern vergeben wird, wird an dieser Stelle beim erstmaligen Aufruf zunächst noch der Text \INTERN\ angezeigt. Ebenso sehen Sie die ausgewählte EXPOSURE-AKTIVITÄTSART und die VERSION des Rohexposures.

[+]

Exposure-Versionen

Beachten Sie, dass die Version 0 immer die aktuelle Version ist. Erst wenn Sie das Rohexposure freigeben, wird eine neue Version erzeugt, die dann wieder die Nummer 0 hat. Die freigegebene Version bekommt dann eine fortlaufende Nummer.

Registerkarte »Kopfdaten«

Herkunft

Auf der Registerkarte KOPFDATEN legen Sie als Erstes die Herkunft des Rohexposures fest. Verwenden Sie dazu die Felder EXTERNE BELEGNUMMER, LOGISCHES SYSTEM und EXPOSURE-HERKUNFT. Mit welcher Semantik Sie diese Felder belegen, steht Ihnen frei. Werte für die EXPOSURE-HERKUNFT pflegen Sie in der Customizing-Aktivität EXPOSURE-HERKUNFT DEFINIEREN. Wenn Sie die Treasury-Logistik-Integration im Einsatz haben, sind diese Felder bereits vom System entsprechend vorbelegt. An dieser Stelle steht Ihnen dann ein Button zur Verfügung, über den Sie auf den erzeugenden Beleg zurücknavigieren.

Allgemeine Eigenschaften

Im Bildbereich ALLGEMEINE EIGENSCHAFTEN können Sie den Buchungskreis und ein Land festlegen. Der Eintrag im Feld BUCHUNGSKREIS wird für die weitere Verarbeitung z.B. im Hedge Management gebraucht, das Feld LAND ist ein Merkmal, das Sie im weiteren Verlauf zu Reporting- und Gruppierungszwecken verwenden können.

Freie Attribute

Der Bildbereich FREIE ATTRIBUTE wird mit Merkmalen zu einem Rohexposure gefüllt, die Sie beliebig wählen können. Welche Felder hier angezeigt werden, hängt von Ihren Customizing-Einstellungen ab. Legen Sie hier also vorwiegend Attribute ab, die im SAP-Standard nicht vorgesehen sind. Wie das Customizing für diese freien Attribute aussieht, zeigen wir in Abschnitt 8.3.3.

Kontrollattribute

Im Bildbereich KONTROLLATTRIBUTE legen Sie fest, ab wann das Rohexposure überhaupt gültig ist. An dieser Stelle wird Ihnen der FREIGABESTATUS des Rohexposures angezeigt. Wie die Freigabe eines Rohexposures im Detail funktioniert und welche Schritte vom System dabei unterstützt werden, erfahren Sie in Abschnitt 8.4.

Registerkarte »Einzelsätze«

Informationen zu jedem Einzelsatz

Die Registerkarte EINZELSÄTZE ist in zwei Bereiche unterteilt (siehe Abbildung 8.3). Im oberen Bereich geben Sie die eigentliche Rohexposure-Information zu jedem Einzelsatz in tabellarischer Form ein, im unteren Bereich sind es die Unterrohexposures. Diese Einzelsätze heißen im System ROHEXPOSUREPOSITIONEN. Legen Sie mit dem Button NEUEN EINZELSATZ ERSTELLEN einen neuen Einzelsatz an, erscheint eine neue Zeile mit der ROHEXPOSURE-POSITIONS-ID 1. Welche Felder pro Einzelsatz angezeigt und bearbeitet werden können, legen Sie wieder in den Customizing-Einstellungen fest. Durch die Verwendung freier Attribute können Sie ganz individuelle Werte mit jedem Einzelsatz speichern. Details dazu erfahren Sie in Abschnitt 8.3.3.

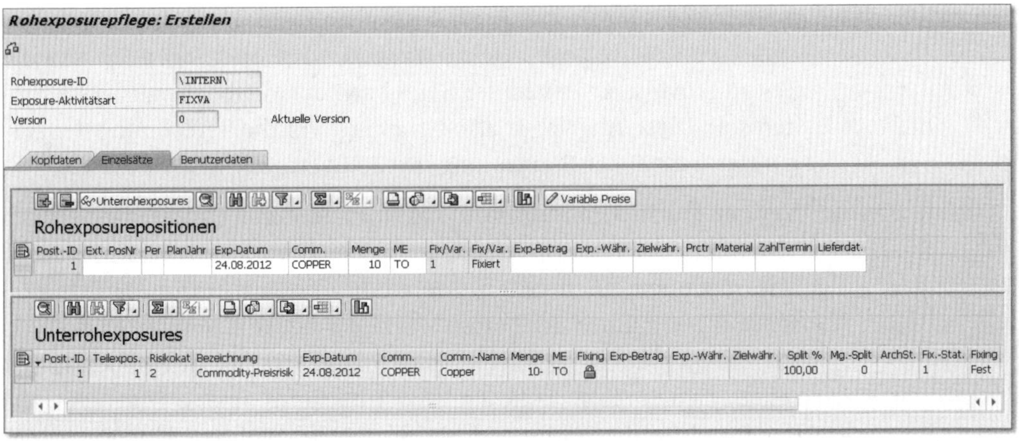

Abbildung 8.3 Rohexposure-Einzelsätze und Unterrohexposures

Tragen Sie in das Feld EXT. POSNR die Positionsnummer des originalen Geschäftsvorfalls ein. Verwenden Sie hier die originale Semantik aus dem Ursprungsbeleg. Das System überprüft lediglich, ob die externe Positionsnummer pro Rohexposure eindeutig ist. Legen Sie mit den Feldern PER (Periode), PLANJAHR (Planungsjahr) und EXP-DATUM (Rohexposure-Datum) fest, in welchem Zeitraum Ihr Rohexposure fällig wird. Die unterschiedlichen Angaben verwenden Sie, um Risikopositionen etwa pro Periode zu bilden.

Für Commodity-Preisrisiken tragen Sie in den Feldern MENGE, ME (Mengeneinheit) und COMM (Commodity-ID) die mengenmäßige Größe Ihres Rohexposures ein. Details zur Commodity-ID finden Sie in Kapitel 2, »Stammdaten«.

In den Feldern EXP-BETRAG (Exposure-Betrag), EXP-WÄHR. (Exposure-Währung) und ZIELWÄHR. (Zielwährung) machen Sie Angaben zum wertmäßigen Betrag des Rohexposures. Die Exposure-Währung entspricht der Transaktionswährung. Die Zielwährung entspricht Ihrer risikofreien Währung, dies wird in der Regel die Hauswährung Ihres Unternehmens sein. Machen Sie hier keine Angaben, greift das System deshalb auf die Währung des Buchungskreises zurück.

Die Felder PROFITCENTER und MATERIAL verwenden Sie, um Ihre Rohexposures weiter zu gruppieren. Dies sind allerdings in der Regel keine Pflichtfelder.

Geben Sie als Letztes den ZAHLTERMIN. und das LIEFERDAT. ein. Allgemein haben wir es in der Regel mit zweiseitigen Geschäften zu tun, bei denen eine Ware gegen Geld getauscht wird. Hier legen Sie also die Zeitpunkte fest, zu denen der Geld- bzw. der Warenaustausch stattfinden soll. Diese Angabe ist also Grundlage für die Berechnung der Diskontierung bei der Berechnung des Zeitwerts der Risikoposition.

Variable Preise

Verwenden Sie eine Exposure-Aktivitätsart, deren Exposure-Ansatztyp VARIABEL oder FIX UND VARIABEL ist, um zu den Einzelsätzen weitere Informationen zu variablen Commodity-Preisen einzugeben. In diesem Fall wird Ihnen der Button VARIABLE PREISE angezeigt. Klicken Sie auf diesen Button, erscheint das Pop-up, das Sie in Abbildung 8.4 sehen. Geben Sie hier die Preisfixierungstermine ein. Durch Angabe der Gewichtung bestimmen Sie prozentual, auf welchen Anteil des Rohexposure-Einzelsatzes Sie sich beziehen. Stehen an dieser Stelle mehrere Einträge mit jeweils unterschiedlichen Preisdaten, erkennt das System, dass an den unterschiedlichen Daten unterschiedliche Commodity-Preisrisiken entstehen. Daher wird der originale Rohexposure-Einzelsatz entsprechend der Gewichtung aufgespalten. Es entstehen also Unterrohexposures entsprechend der unterschiedlichen Preisfixierungstermine. Um einzelne Einträge manuell zu fixieren, verwenden Sie den Button FIX (🔒). Klicken Sie auf den Button FIXIERUNG AUFHEBEN (🔓), sind die Einträge wieder editierbar.

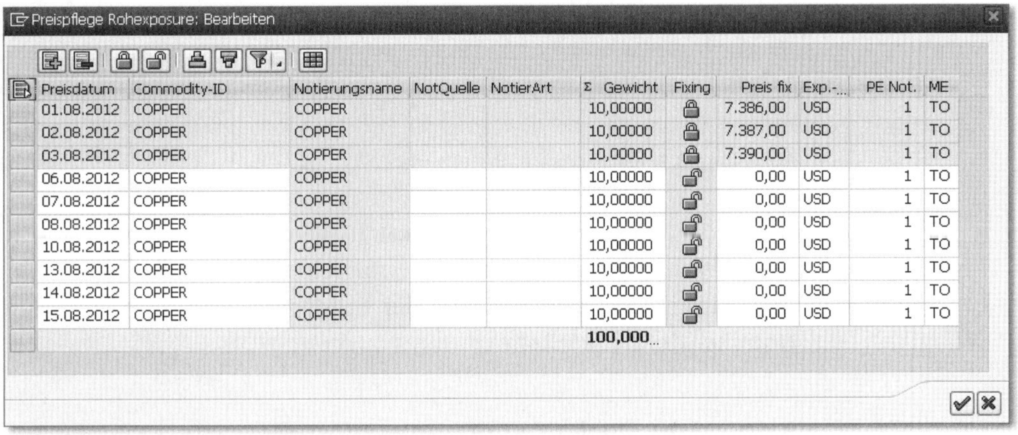

Preisdatum	Commodity-ID	Notierungsname	NotQuelle	NotierArt	Σ Gewicht	Fixing	Preis fix	Exp.-...	PE Not.	ME
01.08.2012	COPPER	COPPER			10,00000	🔒	7.386,00	USD	1	TO
02.08.2012	COPPER	COPPER			10,00000	🔒	7.387,00	USD	1	TO
03.08.2012	COPPER	COPPER			10,00000	🔒	7.390,00	USD	1	TO
06.08.2012	COPPER	COPPER			10,00000	🔓	0,00	USD	1	TO
07.08.2012	COPPER	COPPER			10,00000	🔓	0,00	USD	1	TO
08.08.2012	COPPER	COPPER			10,00000	🔓	0,00	USD	1	TO
10.08.2012	COPPER	COPPER			10,00000	🔓	0,00	USD	1	TO
13.08.2012	COPPER	COPPER			10,00000	🔓	0,00	USD	1	TO
14.08.2012	COPPER	COPPER			10,00000	🔓	0,00	USD	1	TO
15.08.2012	COPPER	COPPER			10,00000	🔓	0,00	USD	1	TO
					100,000...					

Abbildung 8.4 Rohexposure-Preispflege

Unterrohexposures

Nach der Eingabe des Einzelsatzes erzeugt das System, basierend auf den Einstellungen im Customizing, entsprechende Unterrohexposures (siehe Abbildung 8.3 unten). Wählen Sie einen Rohexposure-Einzelsatz aus, und klicken Sie auf den Button UNTERROHEXPOSURES ANZEIGEN, oder doppelklicken Sie auf einen Einzelsatz, um die Anzeige der Unterrohexposures für den gewählten Einzelsatz zu aktualisieren. Jeder Einzelsatz kann mehrere Unterrohexposures haben. Haben Sie z.B. im Customizing der Exposure-Aktivitätsart hinterlegt, dass Fremdwährungsrisiko und Commodity-Preis-Risiko relevant sind, erzeugt das System für beide Risiken ein Unterrohexposure.

Registerkarte »Benutzerdaten«

Benutzerdaten

Auf der Registerkarte BENUTZERDATEN sehen Sie, wann und durch welchen Benutzer das Rohexposure angelegt und zum letzten Mal geändert wurde (siehe Abbildung 8.5).

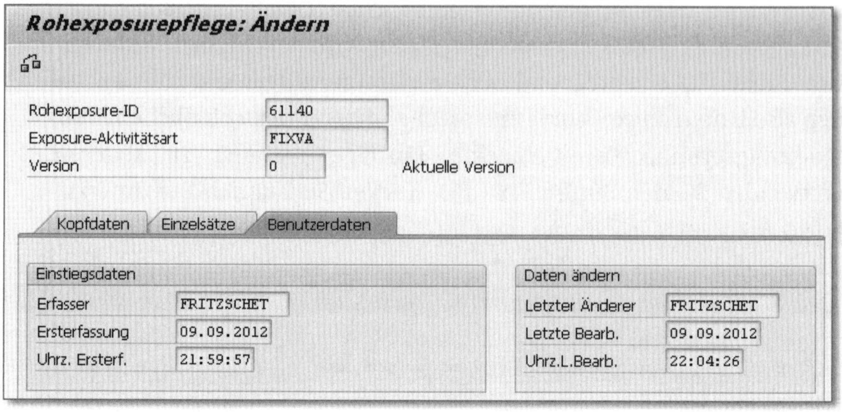

Abbildung 8.5 Rohexposure: Benutzerdaten

Indem Sie auf den Button SICHERN klicken, speichern Sie Ihre Eingabe. Wenn das Rohexposure erfolgreich gesichert wurde, wird Ihnen in der Statuszeile neben der Erfolgsmeldung auch gleich die Nummer des neuen Rohexposures angezeigt.

8.2.2 Überblick über die Rohexposures

Nachdem Sie die ersten Rohexposures eingegeben haben, können Sie sich mit der Transaktion ÜBERBLICK ÜBER ROHEXPOSURES (Transaktion FTREX2) die im System vorhandenen Rohexposures anzeigen lassen. Wie Sie in Abbildung 8.6 sehen, stehen im Selektionsbildschirm sehr viele verschiedene Merkmale zur Selektion zur Verfügung.

[+] **Selektion einschränken**

Sie sind in Ihrer Auswahl sehr flexibel. Beachten Sie aber Folgendes: So flexibel die Auswahl ist, so vorsichtig sollten Sie bei der Auswahl Ihrer Selektion sein. Haben Sie sehr viele Rohexposures im System gespeichert und starten Sie eine Selektion, für die kein Datenbank-Index definiert ist, kann es zu Performanceproblemen kommen. Beschränken Sie sich nach Möglichkeit auf wenige selektive Merkmale.

Nehmen Sie die Selektion für das von Ihnen im letzten Abschnitt angelegte Rohexposure vor. Wie Sie in Abbildung 8.7 sehen, erhalten Sie einen Überblick über alle Rohexposures, die Ihrer Selektion entsprechen.

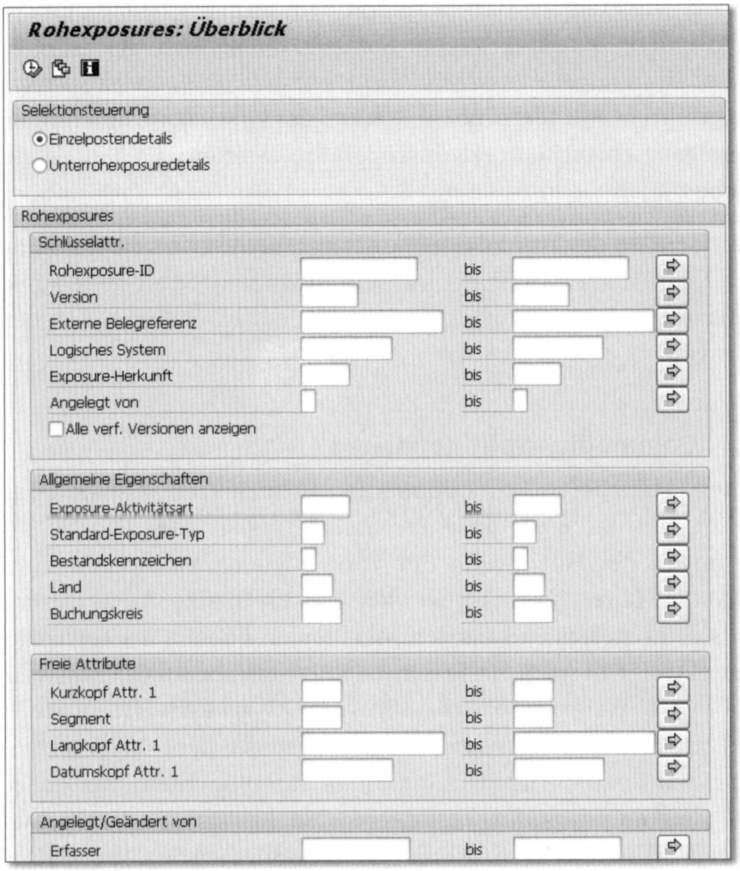

Abbildung 8.6 Selektion der Rohexposures (Transaktion FTREX2)

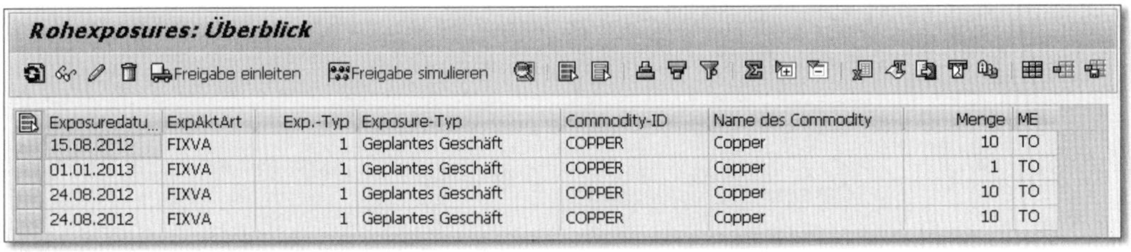

Abbildung 8.7 Rohexposures – Überblick

Wählen Sie ein Rohexposure aus, und klicken Sie auf den Button ROHEXPOSURE BEARBEITEN ( ), um in die Transaktion FTREX1 abzuspringen, die Sie in Abschnitt 8.2.1 kennengelernt haben. Über den Button ROHEXPOSURE-DETAILS ( ) navigieren Sie in die Rohexposure-Anzeige, und mit dem Button LÖSCHEN ( ) löschen Sie das Rohexposure. Die Freigabe starten Sie mit dem Button FREIGABE EINLEITEN. Mit dem Button FREIGABE SIMULIEREN können Sie sich ein Protokoll der Freigabe anzeigen lassen, ohne die Freigabe tatsächlich durchzuführen. Auf diese Weise können Sie vorab kontrollieren, ob alle Freigabeschritte korrekt durchgeführt werden. Die Details zur Freigabe finden Sie in Abschnitt 8.4.

Verwenden Sie die Transaktion ROHEXPOSURE-ANZEIGE (Transaktion FTREX2) also auch als Sammelbearbeitung, indem Sie all diese Funktionen zur Bearbeitung nutzen und jeweils in die Detailtransaktionen abspringen.

8.2.3 Commodity-Split definieren

Stamm-Commodity und Komponenten-Commodity

In vielen Fällen besteht ein Commodity aus mehreren anderen Commodities, die das eigentliche Preisrisiko tragen. Dies ist z.B. bei Legierungen der Fall, die in der vorhandenen Zusammensetzung nicht an der Börse gehandelt werden. Das Preisrisiko der Legierung ergibt sich in diesem Fall aus den Metallen, aus denen die Legierung hergestellt ist. Um solch ein Szenario im System abzubilden, verwenden Sie die Transaktion COMMODITY-SPLIT PFLEGEN (Transaktion FTREX7). Das Commodity, das als Ausgangsbasis dient, heißt im System STAMM-COMMODITY. Die einzelnen Komponenten, aus denen dieses Stamm-Commodity besteht, heißen KOMPONENTEN-COMMODITY. Im Startbild der Transaktion sehen Sie, für welche Commodities ein Commodity-Split definiert wurde. Über den Button NEUER EINTRAG definieren Sie neue Commodity-Splits.

Wie in Abbildung 8.8 zu sehen ist, legen Sie zu jedem Stamm-Commodity die Komponenten-Commodities und den jeweiligen Prozentsatz fest.

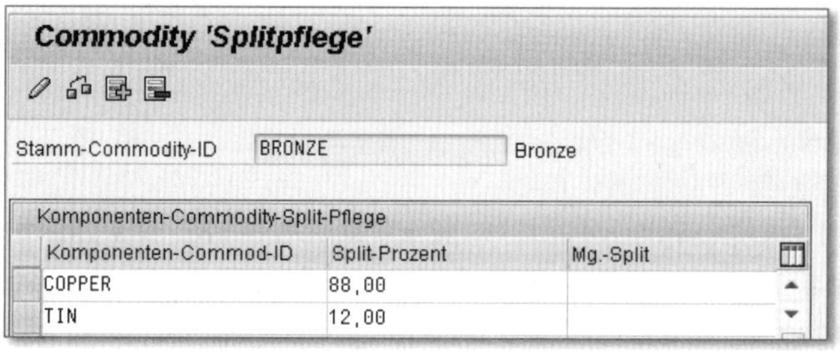

Abbildung 8.8 Commodity-Split-Pflege

[+]

Commodity-Split und Treasury-Logistik-Integration

Der Commodity-Split ist vor allem dann interessant, wenn Sie die Rohexposures direkt im Modul SAP Treasury and Risk Management eingeben. In diesem Fall ist die Zusammensetzung des Commoditys nur im SAP Treasury and Risk Management bekannt.

Verwenden Sie allerdings die Treasury-Logistik-Integration, ist anzunehmen, dass die einzelnen Komponenten eines Commoditys bereits in der Logistik hinterlegt sind. Das Exposure Management geht in diesem Fall davon aus, dass die Rohexposures im bereits gesplitteten Zustand an das SAP Treasury and Risk Management übertragen werden. Das System führt den Commodity-Split bei diesen Rohexposures nicht mehr durch. Dies gilt für alle Rohexposures, die nicht den Exposure-Ansatztyp OHNE PREISE haben (siehe Abschnitt 8.3.1).

Commodity-Split und Anlage eines Rohexposures

Definieren Sie einen Commodity-Split, und legen Sie anschließend unter Verwendung des Stamm Commoditys mit der Transaktion ROHEXPOSUREPFLEGE (Transaktion FTREX1) ein Rohexposure an. Achten Sie darauf, dass Sie eine Exposure-Aktivitätsart verwenden, die den Exposure-Ansatztyp OHNE PREISE hat und für die ein Commodity-Preisrisiko eingestellt ist.

Geben Sie nun die Rohexposure-Einzelsätze ein, werden Sie bemerken, dass das System den Commodity-Split bei der Ableitung der Unterrohexposures berücksichtigt. Das Stamm-Commodity im Einzelsatz wird in den Unterrohexposures durch die Komponenten-Commodities ersetzt. Sie können dies in Abbildung 8.9 sehen.

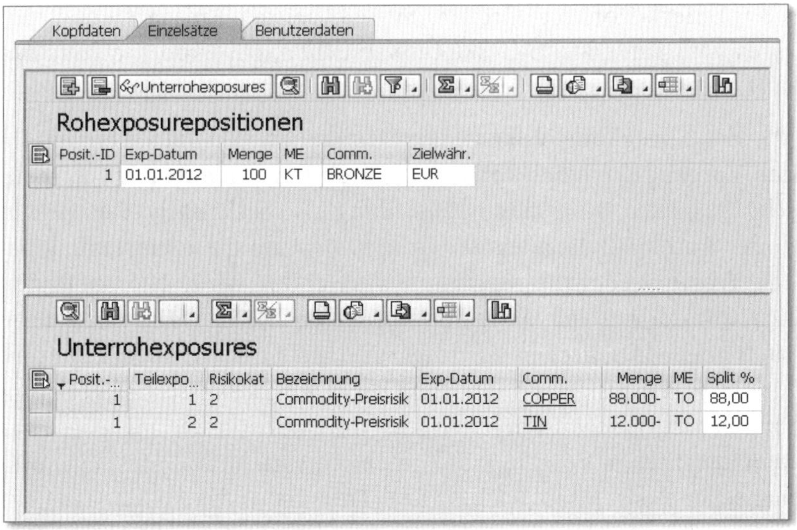

Abbildung 8.9 Commodity-Split beim Anlegen eines Rohexposures

8.3 Rohexposure-Customizing

Im Folgenden werden wir uns die wichtigsten Customizing-Einstellungen zum Exposure Management ansehen. Allerdings erhebt diese Erläuterung keinen Anspruch auf Vollständigkeit, das bei speziellen Funktionen benötigte Customizing ist in den jeweiligen Abschnitten direkt mit aufgeführt.

8.3.1 Globale Einstellungen

In der Praxis finden Sie in Ihrem Grundgeschäft oft eine Kette von Geschäftsvorfällen, die einen unterschiedlichen Grad an Verbindlichkeit haben. Das Exposure Management unterscheidet diesen unterschiedlichen Grad der Verbindlichkeit mit den Vorgangtypen GEPLANTES GESCHÄFT, OBLIGO-GESCHÄFT und AKTIV-PASSIV-GESCHÄFT. Dies ist auch deshalb sinnvoll, da Sie in der Regel für solch unterschiedliche Exposures auch unterschiedliche Sicherungsstrategien anwenden werden. Wie die Vorgangstypen ineinander übergehen, legen Sie im Customizing unter GLOBALE EINSTELLUNGEN DEFINIEREN fest.

Automatischen Positionsabgleich erlauben

Dabei stellt sich die Frage, wie aus einem geplanten Geschäft ein Obligo-Geschäft wird, wenn z.B. aus einem geplanten Umsatz ein realer Umsatz wird. Stellen Sie die Option AUTOMATISCHER POSITIONSABGLEICH ERLAUBEN ein, wird das System diesen Abgleich automatisch für Sie erledigen. Legen Sie etwa ein OBLIGO-GESCHÄFT an, wird dies vom System als Realisierung eines geplanten Geschäfts interpretiert. Konkret wird das System bei der Anlage eines Exposures vom Typ OBLIGO-GESCHÄFT versuchen, ein Exposure vom Typ GEPLANTER UMSATZ zu reduzieren.

Vorgangstypänderung erlauben

Mit der Einstellung VORGANGSTYPÄNDERUNG ERLAUBEN können Sie den Vorgangstyp eines Rohexposures einfach ändern. Der automatische Ausgleich ist in dieser Einstellung also nicht aktiv. Das Fehlen dieser Automatik ist auch der Grund, weshalb diese Einstellung bei der Treasury-Logistik-Integration verwendet wird. Hier befinden sich Ihre logistischen Vorgänge direkt im ERP-System. Bei Anlage eines neuen logistischen Vorgangs wird nicht nur ein neues Exposure für diesen Vorgang gesendet, sondern es wird auf Basis der Verknüpfung der logistischen Vorgänge auch das Rohexposure angepasst, das dem logistischen Vorgängerdokument entspricht. Damit ist ein automatischer Positionsabgleich in SAP Treasury and Risk Management nicht mehr erforderlich.

8.3.2 Exposure-Aktivitätsart

Die Exposure-Aktivitätsart legt eine Reihe zentraler Einstellungen fest, die das Verhalten und die Datenablage der Rohexposures bestimmen. Die Exposure-Aktivitätsart hat für Rohexposures also eine ähnliche Funktion wie die Produktart in der Geschäftsverwaltung.

Sie können die Exposure-Aktivitätsart im Customizing-Schritt EXPOSURE-AKTIVITÄTSTYPEN DEFINIEREN pflegen. Die möglichen Systemeinstellungen wurden zwischen EHP 4 und EHP 6, speziell für die Aktivitätsart, deutlich erweitert. Deshalb könnten sich die Einstellungen in Ihrem System leicht von der Darstellung in diesem Buch unterscheiden, die einem EHP-6-System entsprechen. Öffnen Sie den Customizing-Schritt EXPOSURE-AKTIVITÄTSTYPEN DEFINIEREN, und klicken Sie doppelt auf eine Exposure-Aktivitätsart, bzw. verwenden Sie den Button NEUE EINTRÄGE, um eine neue Exposure-Aktivitätsart anzulegen. Wie Abbildung 8.10 zeigt, hängen viele Einstellungen mit der Exposure-Aktivitätsart zusammen.

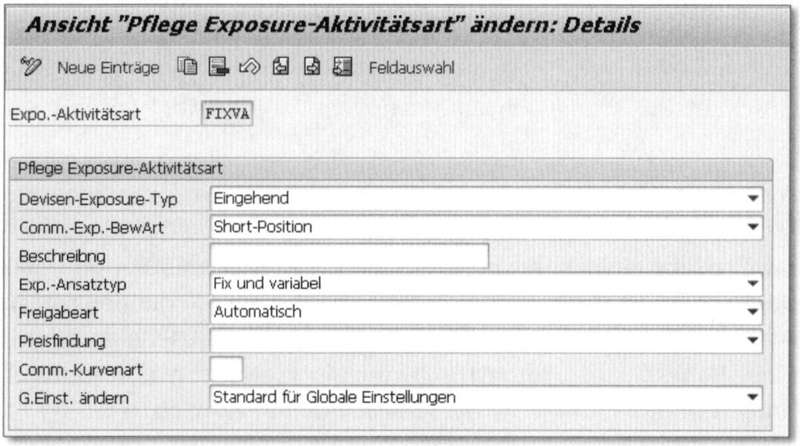

Abbildung 8.10 Einstellungen zur Exposure-Aktivitätsart

Feldauswahl

Über den Button FELDAUSWAHL können Sie in der Feldauswahl festlegen, ob für Rohexposures dieser Aktivitätsart bestimmte Felder angezeigt werden, ob sie eingabebereit oder sogar Pflichtfelder sind. Für die Exposure-Aktivitätsart legen Sie zunächst fest, welche Risiken Sie mit dem System verwalten wollen. Durch den DEVISEN-EXPOSURE-TYP bzw. die COMMODITY-EXPOSURE-BEWEGUNGSART können Sie dies aussteuern.

Exposure-Ansatztyp Als Nächstes müssen Sie den Exposure-Ansatztyp festlegen. Ihre Auswahl im Feld EXP.-ANSATZTYP ist OHNE PREISE, FIX, VARIABEL sowie FIX UND VARIABEL. Beachten Sie, dass mit dieser Einstellung mehr im System gesteuert wird, als es zunächst den Anschein hat. Insbesondere unterscheidet sich die Einstellung OHNE PREISE sehr von den anderen Einstellungen.

Wenn Sie ein Release älter als SAP ERP EHP 6 verwenden, ist die Einstellung OHNE PREISE vorbelegt. Dies ist also die klassische Einstellung, die auch aktiv ist, wenn Sie das System upgraden. Verwenden Sie das Exposure Management mit der Business Function `FIN_TRM_COMM_RM_2`, stehen Ihnen die Einstellungen FIX, VARIABEL und FIX UND VARIABEL zur Verfügung. Diese Einstellungen wurden exklusiv für die Verwendung im Rahmen der Treasury-Logistik-Integration entwickelt und bieten die Möglichkeit zur Verwaltung variabler Preise. Wollen Sie von diesen neuen Funktionen Gebrauch machen, sollten Sie die neuen Exposure-Ansatztypen verwenden. Beachten Sie allerdings, dass die neuen Exposure-Ansatztypen auf Funktionen verzichten, die in einem Szenario mit Treasury-Logistik-Integration nicht sinnvoll sind. Dies sind vor allem die Einstellungen AUTOMATISCHER POSITIONSABGLEICH und COMMODITY-SPLIT. Den Commodity-Split kennen Sie bereits aus Abschnitt 8.2.3 und den automatischen Positionsabgleich aus Abschnitt 8.3.1 über die globalen Einstellungen.

Freigabeart Als Nächstes legen Sie für die Exposure-Aktivitätsart die FREIGABEART fest. Zur Auswahl stehen AUTOMATISCH und MANUELL. Der Prozess der Freigabe eines Rohexposures, den wir in Abschnitt 8.4 im Detail besprechen, ist dabei immer der gleiche. Haben Sie die Freigabeart AUTOMATISCH ausgewählt, führt das Anlegen und jede Änderung eines Rohexposures automatisch zu einer Freigabe. Mit der Einstellung MANUELL müssen Sie die Freigabe immer aktiv starten.

Preisfindung und Commodity-Kurvenart Die nächste Einstellung ist die PREISFINDUNG. Hier stellen Sie ein, wie das System nicht fixierte Commodity-Preise fortschreiben soll. Wählen Sie NULLFORTSCHREIBUNG, damit nicht fixierte Commodity-Preise den Wert 0 bekommen. Wenn Sie die Preise manuell in der Transaktion ROHEXPOSUREPFLEGE (Transaktion FTREX1) aktualisieren möchten, wählen Sie die Einstellung MANUELLE AKTUALISIERUNG.

Mit der Einstellung AKTUALISIERUNG MIT AKTUELLEN COMMODITY-PREISEN wird das System den aktuell im System gespeicherten Marktkurs fortschreiben. Als letzte Option können Sie AKTUALISIERUNG MIT COMMODITY-PREISEN GEMÄSS COMMODITY-KURVE wählen. Mit dieser

Einstellung wird das System für zukünftige Preise auf eine Commodity-Kurve zurückgreifen. Haben Sie diese Option gewählt, müssen Sie auch eine Commodity-Kurvenart definieren.

Übersteuerung globale Einstellungen

Die letzte Einstellung in der Exposure-Aktivität bezieht sich auf das Customizing GLOBALE EINSTELLUNGEN DEFINIEREN aus Abschnitt 8.3.1. Wie der Name vermuten lässt, ist die globale Einstellung in der Regel global für das gesamte Exposure Management gültig. Mit dieser Einstellung übersteuern Sie allerdings auch die globale Einstellung für die entsprechende Exposure-Aktivitätsart.

8.3.3 Freie Attribute

Sie können mit dem Exposure Management Rohexposures unterschiedlichster Art und Weise erfassen. SAP hat bereits zahlreiche Merkmale definiert, die Sie zu Reporting- und Gruppierungszwecken einsetzen können. Aber kommt es vor, dass ein in Ihrem Unternehmen wichtiges Merkmal nicht vorhanden ist, können Sie dieses Merkmal mit freien Attributen abbilden. Verwenden Sie dazu die Customizing-Aktivitäten unter EINSTELLUNGEN FÜR FREIE ATTRIBUTE. Ihnen stehen Attribute unterschiedlicher Länge zur Verfügung. Wählen Sie zwischen Feldern in den Kopfdaten des Rohexposures und Feldern, die auf Rohexposure-Positionsebene gepflegt werden.

Wie Sie in Abbildung 8.11 sehen, steuern Sie mit der Attribut-ID, welches der freien Attribute Sie ausprägen. Die Angaben KURZTEXT, BEZEICHNUNG und LANGTEXT werden für die Anzeige verwendet und sind sprachabhängig. Betreiben Sie also Ihr Treasury-System mehrsprachig, pflegen Sie an dieser Stelle die freien Attribute auch mehrsprachig. Ist kein Text in der passenden Sprache vorhanden, greift das System zunächst auf die englische Übersetzung zurück.

Abbildung 8.11 Einstellungen für freie Attribute

8.4 Rohexposure-Freigabe

Jetzt geht es darum, die als Rohexposure gespeicherten Informationen zu Fremdwährungsrisiken und Commodity-Preisrisiken weiterzuverarbeiten. Das eigentliche Ziel des Exposure Managements ist es ja, die gesamten Risikopositionen eines Unternehmens in Form einer oder mehrerer Exposure-Positionen zu ermitteln, um diese mithilfe von derivativen Finanzinstrumenten abzusichern.

Versionierung

Bevor diese in den Unterrohexposures enthaltenen Informationen zu Exposure-Positionen aggregiert werden, müssen die Rohexposures zunächst freigegeben werden. Die Freigabe hat die Funktion der Inhaltskontrolle, dient aber auch dazu, die Information zu versionieren. Durch die Versionierung können Sie auch im Nachhinein kontrollieren, wie ein bestimmtes Rohexposure zum Zeitpunkt der Freigabe ausgesehen hat.

8.4.1 Manuelles und automatisches Freigeben

Manuelle Freigabe

Wie Sie aus Abschnitt 8.3.2 wissen, steuern Sie über die Freigabeart, ob das System auf eine manuelle Freigabe warten soll oder ob eine automatische Freigabe durchgeführt wird. Die manuelle Freigabe ist bislang an drei Stellen im System aufgetreten:

- im Einstiegsbild der Transaktion ROHEXPOSUREPFLEGE (Transaktion FTREX1)
- während der Bearbeitung von Rohexposures innerhalb der Transaktion ROHEXPOSUREPFLEGE (Transaktion FTREX1)
- in der Transaktion ROHEXPOSURE-ANZEIGE (Transaktion FTREX2)

Automatische Freigabe

Durch die AUTOMATISCHE FREIGABE wird der Prozess der Freigabe lediglich nach dem Anlegen oder Ändern eines Rohexposures automatisch angestoßen. Haben Sie sehr viele Rohexposures, die z.B. automatisiert durch die Treasury-Logistik-Integration angelegt werden, kann es von Vorteil sein, wenn die Freigabe nicht manuell gestartet werden muss.

Die Freigabe ist also ein einfacher manueller oder automatischer Schritt. Während der Freigabe werden vom System viele wichtige Verarbeitungsschritte durchgeführt, auf die wir im Folgenden etwas genauer eingehen werden. Ist Ihr Exposure Management bereits komplett eingerichtet, laufen all diese Schritte im Hintergrund ab.

Anhand der im Folgenden erläuterten Customizing-Einstellungen wird aber schnell klar, welche Schritte vom System durchgeführt werden.

8.4.2 Anschluss an SAP Business Workflow

Für die Freigabe ist es möglich, den SAP Business Workflow anzubinden, über den die Genehmigung eines oder mehrerer weiterer Mitarbeiter erfolgen muss. Da es sich um dieselben Einstellungen handelt, wie sie auch in anderen SAP-Applikationen für den SAP Business Workflow verwendet werden, werden wir uns an dieser Stelle nur kurz mit den wichtigsten Punkten befassen. Für weitere Details verweisen wir Sie auf die vorhandene Literatur zum Thema SAP Business Workflow.

Im Customizing unter FREIGEBEN • FREIGABESCHRITTEN BENUTZER/ROLLEN ZUWEISEN ordnen Sie Benutzern und Rollen Freigabeschritte zu. Hier definieren Sie z. B. für einzelne Freigaberegeln Zuständigkeiten, d. h., Sie legen fest, welcher Mitarbeiter welche Freigaben genehmigen darf.

Im Customizing FREIGEBEN • FREIGABEVERFAHREN FREIGABEOBJEKT ZUWEISEN definieren Sie, wann das System den Business Workflow starten soll. Sie haben z. B. die Wahl, ob das System immer nach der Freigabe eines Rohexposures oder niemals einen Workflow startet. Sie können den Workflow aber auch abhängig von statistischen Regeln starten. Das bedeutet, wenn Sie z. B. nur für Stichproben einen Business Workflow starten wollen, stellen Sie dies hier ein.

Mit dem letzten Schritt im Customizing der Freigabe stellen Sie ein, welches Freigabeverfahren verwendet werden soll. Sie finden diesen Schritt im Customizing FREIGEBEN • FREIGABEVERFAHREN FREIGABEOBJEKT ZUWEISEN. Hier legen Sie fest, welchen Workflow das System verwenden soll. Dieser Schritt ist optional, da SAP einen Standard-Workflow ausliefert. Sie haben hier aber die Möglichkeit, das System mit Ihrem eigenen individuellen Workflow ganz Ihren Bedürfnissen anzupassen.

Ist SAP Business Workflow aktiv, bekommen Sie bei Freigabe eines Rohexposures die Statusmeldung FREIGABEWORKFLOW FÜR ROHEXPOSURE ... ERFOLGREICH INITIIERT. Darüber hinaus können Sie auch im Rohexposure auf der Registerkarte KOPFDATEN sehen, dass der Freigabestatus jetzt FREIGABE INITIALISIERT ist.

8.4.3 Ableitungsstrategie für Exposure-Felder

Ist SAP Business Workflow freigegeben, folgt der nächste Verarbeitungsschritt in der Freigabe. Hier haben Sie viele Möglichkeiten, die Verarbeitung Ihrer Rohexposures im System zu beeinflussen. Ist ein Rohexposure zunächst nur ein Abbild Ihres operativen Geschäftsvorfalls, ist es ganz natürlich, dass weitere Informationen abzuleiten sind. Deshalb gibt es im Customizing den Schritt ABLEITUNGSSTRATEGIE FÜR EXPOSURE-FELDER DEFINIEREN in der Freigabe, in dem Ableitungsregeln hinterlegt werden können.

Ableitungstool

Öffnen Sie diesen Customizing-Schritt, und Sie sehen das bekannte Ableitungstool, das Sie bereits von vielen anderen Stellen in SAP Treasury and Risk Management kennen und das in Kapitel 15, »Integrations- und Systemwerkzeuge«, erklärt wird.

Da Ihnen hier auch die freien Attribute zur Verfügung stehen, können Sie sehr flexibel Ableitungsregeln, Zuweisungen, Initialisierungen oder Erweiterungen festlegen, um Merkmale Ihrer Rohexposures zu bestimmen und zu verarbeiten. In den allermeisten Fällen wird Ihnen die Flexibilität ausreichen, die Ihnen hier dank des Tools zur Verfügung steht.

Haben Sie Anforderungen, die noch darüber hinausgehen, implementieren Sie zusätzlich das BAdI `BADI_TEX_DERIVE_EXP_FIELDS` aus dem Erweiterungsspot `ES_TEX_DERIVE_EXP_FIELDS`, das Ihnen im Customizing unter BUSINESS ADD-INS (BADIS) FÜR DAS EXPOSURE MANAGEMENT • BADI: ERWEITERUNG FÜR ABLEITUNG DER EXPOSURE-FELDER zur Verfügung gestellt wird.

Damit dieses BAdI aufgerufen wird, müssen Sie im Customizing unter ABLEITUNGSSTRATEGIE FÜR EXPOSURE-FELDER DEFINIEREN einen Schritt ERWEITERUNG angelegt haben. Eines der wichtigsten Merkmale, die Sie an dieser Stelle mit dem Ableitungstool festlegen können, ist der Exposure-Positionstyp, den wir in Abschnitt 8.4.5 besprechen.

8.4.4 Produktart

Produktart für Exposures

Zunächst aber zu einem Begriff, der Ihnen aus der Treasury-Geschäftsverwaltung sehr bekannt sein dürfte. Im Customizing PRODUKTARTEN FÜR EXPOSURES DEFINIEREN definieren Sie *Exposure-Produktarten*. In der Geschäftsverwaltung und auch im Rest des Treasury and Risk Managements ist die Produktart die zentrale Customizing-Größe, und dies ist auch der Grund, warum wir an dieser Stelle eine Produktart definieren müssen. Die Risikoposition soll ja schließlich bewertet und auch abgesichert werden. Dazu greift das System auf die Funktionen des Market Risk Analyzers und des Hedge Managements zurück, die als Eingangsgröße für die Verarbeitung eine Produktart verwenden.

Diese Anbindung an weitere Komponenten ist der Grund für die Produktarten im Exposure Management. Für die weitere Verarbeitung im Exposure Management selbst ist die Produktart nicht von Bedeutung. Sie hat auch keinen direkten Einfluss auf die Freigabe, sie ist allerdings Eingangsgröße für das Customizing des Exposure-Positionstyps.

8.4.5 Exposure-Positionstyp

Für die Rohexposures haben Sie als zentrales Merkmal die Rohexposure-Aktivitätsart kennengelernt. Für die Risikopositionen, in Form von Exposure-Positionen, spielt der Exposure-Positionstyp eine ähnlich zentrale Rolle und legt viele zentrale Einstellungen fest, die die Freigabe, das Verhalten und die Datenablage der Exposure-Position bestimmen. Die Customizing-Einstellungen finden Sie unter EXPOSURE-POSITIONSTYPEN DEFINIEREN. Öffnen Sie diesen Schritt im Customizing, und pflegen Sie zunächst den Namen und die Beschreibung (siehe Abbildung 8.12).

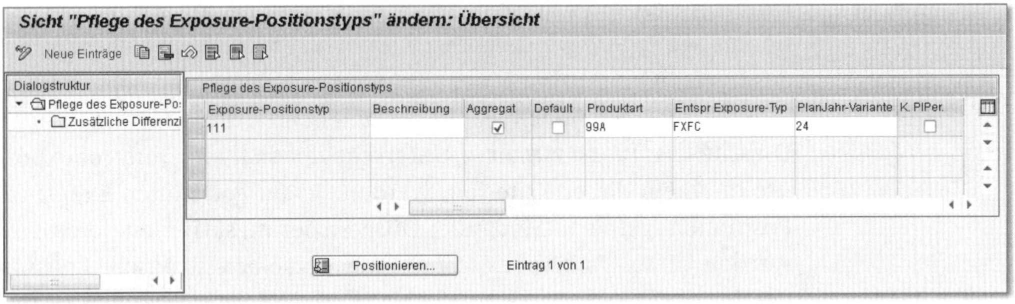

Abbildung 8.12 Einstellungen zu Exposure-Positionstypen

Mit der Checkbox DEFAULT legen Sie fest, welcher der Exposure-Positionstypen verwendet werden soll, wenn er nicht bereits z.B. mit einer Ableitungsstrategie (siehe Abschnitt 8.4.3) abgeleitet wurde.

Nur ein Exposure-Positionstyp kann als DEFAULT gekennzeichnet werden.

Die Einstellung der PRODUKTART weist unserem Exposure-Positionstyp für die Anbindung an das Hedge Management und den Market Risk Analyzer eine Produktart zu. Wie in Abschnitt 8.4.4 erwähnt, hat die Produktart sonst keinen Einfluss auf die Exposure-Position.

Die Eingabe ENTSPR EXPOSURE-TYP ist nur relevant, wenn der automatische Positionsabgleich aktiv ist. Wie in Abschnitt 8.3.1 bezüglich der globalen Einstellungen beschrieben, wird das System bei einem automatischen Positionsabgleich die Exposure-Position des vorangegangenen Vorgangs abbauen. Mit der Einstellung ENTSPR EXPOSURE-TYPS steuern Sie, welchen Exposure-Positionstyp Sie abbauen.

Differenzierung

Als Nächstes kommen wir zu einer der wichtigsten Einstellungen im Exposure Management. An dieser Stelle steuern Sie nämlich die Differenzierung der Exposure-Position. Hier können Sie zentral einstellen, auf welcher Granularität während der Rohexposure-Freigabe Exposure-Positionen gebildet werden. Vielleicht kennen Sie den Begriff *Differenzierung* bereits aus der Bestandsführung. Tatsächlich ist die Softwarearchitektur der Exposure-Position ähnlich der Architektur der Bestandsführung. Details dazu finden Sie in Kapitel 5, »Bestandsverwaltung«.

Beim Anlegen des Rohexposures werden Commodity-Preisrisiken und Fremdwährungskursrisiken identifiziert und in Form von Unterrohexposures abgelegt. Die Differenzierung legt nun fest, wie diese Unterrohexposures verschiedener Rohexposures auf Exposure-Positionen aggregiert werden. Dazu untersucht das System bestimmte ausgezeichnete Attribute der Unterrohexposures, die sogenannten *differenzierenden Merkmale*. Im System heißen diese Merkmale auch DIFFERENZIERUNGSKRITERIEN. Unterscheidet sich ein Unterrohexposure in einem dieser Kriterien, werden sie auf getrennten Exposure-Positionen geführt. Sind alle Differenzierungskriterien identisch, werden diese Unterrohexposures auf derselben Exposure-Position geführt.

Es gibt Merkmale, die bereits vom System als differenzierend vorgegeben sind. Ein Beispiel ist die Exposure-Risikokategorie, die festlegt, ob ein Unterrohexposure ein Fremdwährungsrisiko oder ein Commodity-Preisrisiko ist. Sinnvollerweise werden Fremdwährungsrisiko und Commodity-Preisrisiko also immer auf getrennten Exposure-Positionen geführt. Neben den Differenzierungskriterien, die bereits vom System vorgegeben sind, gibt es weitere Merkmale, die Sie individuell nach den Bedürfnissen Ihres Unternehmens im Customizing einstellen. Zum Beispiel finden Sie im Customizing des Exposure-Positionstyps das Kennzeichen AGGREGAT. Hier stellen Sie ein, dass das System überhaupt Exposure-Positionen aggregieren soll oder ob jedes Unterrohexposure jeweils eine eigene Exposure-Position bilden soll. Durch dieses Kennzeichen wird die Differenzierung gesteuert. Ist die Checkbox AGGREGAT nicht ausgewählt, wird der Primärschlüssel der Unterrohexposures als differenzierend festgelegt. Damit bildet jedes neue Unterrohexposure eine neue Exposure-Position. Ist die Checkbox AGGREGAT ausgewählt, ist der Schlüssel nicht differenzierend.

Einen ähnlichen Effekt steuern Sie mit dem Kennzeichen K.PLPER. Mit diesem Kennzeichen legen Sie fest, ob die Merkmale PLANUNGSPERIODE und PLANUNGSJAHR Differenzierungskriterium sind oder nicht. Weitere Details können Sie in der zugehörigen [F1]-Hilfe nachlesen.

Planungsperiode und Planungsjahr [+]

Sind Planungsperiode und Planungsjahr relevant für die Differenzierung, aber noch nicht im Rohexposure-Einzelsatz (siehe Abschnitt 8.2.1) gepflegt, leitet das System diese aus dem Rohexposure-Datum ab. Das Exposure Management wird zur Berechnung der Periode die Planungsjahr-Variante verwenden, die an dieser Stelle im Customizing des Exposure-Positionstyps hinterlegt ist.

Zusätzliche Differenzierungskriterien

Die weiteren Einstellungsmöglichkeiten zu den Differenzierungskriterien sind leichter nachzuvollziehen als die Kennzeichen K.PLPER. und AGGREGAT. Markieren Sie einen Exposure-Positionstyp im Customizing, und wählen Sie ZUSÄTZLICHE DIFFERENZIERUNGSKRITERIEN, gelangen Sie zu den Einstellungen, die Sie in Abbildung 8.13 sehen.

Hier können Sie beliebige weitere Merkmale als Differenzierungskriterium festlegen. Das funktioniert sogar mit den freien Attributen, die Sie in Abschnitt 8.3.3 kennengelernt haben. Wenn Sie z.B. diese freien Attribute über eine Ableitungsstrategie füllen (siehe Abschnitt 8.4.3), können Sie die Differenzierung und damit die Aggregation der Risikoposition beliebig beeinflussen.

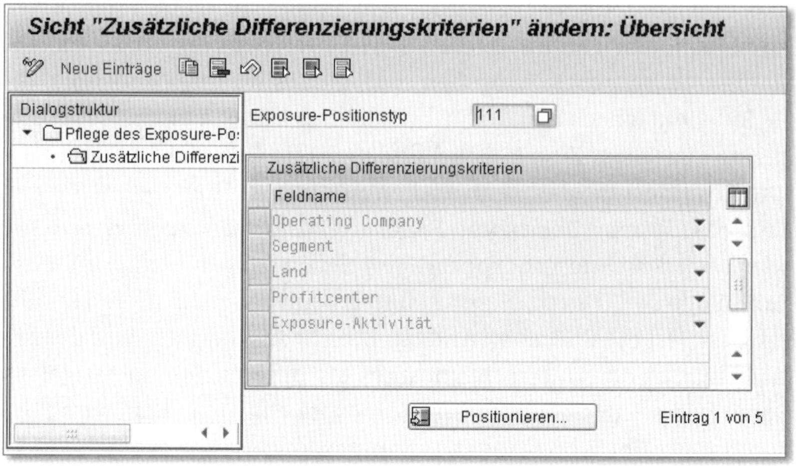

Abbildung 8.13 Zusätzliche Differenzierungskriterien einer Exposure-Position

8.4.6 Nicht abgeleitete Exposure-Transaktionen

Bislang haben Sie (Unter-)Rohexposures und Exposure-Positionen kennengelernt, und wir haben im vorangegangenen Abschnitt besprochen, wie durch die Differenzierung aus den Rohexposures Exposure-Positionen gebildet werden.

Exposure-Transaktion

In diesem Verarbeitungsschritt der Rohexposure-Freigabe verwendet das System als interne Datenstruktur Exposure-Transaktionen. Tatsächlich sind diese Exposure-Transaktionen für den Anwender des Exposure Managements in der Regel nicht ersichtlich und werden auch im Allgemeinen nicht in der Datenbank gespeichert. Es gibt allerdings eine Ausnahme, bei der die Exposure-Transaktionen für den Benutzer persistiert werden.

Dies sind nicht abgeleitete Exposure-Transaktionen. Diese können nur entstehen, wenn der automatische Abgleich im System aktiv ist. Wie in Abschnitt 8.4.5 beschrieben, wird mit dieser Einstellung jeweils eine Exposure-Position mit dem ENTSPRECHENDEN EXPOSURE-POSITIONTYP abgebaut. Das System erzeugt dafür eine gegenläufige Exposure-Transaktion mit dem ENTSPRECHENDEN EXPOSURE-POSITIONTYP. In der Regel führt dies nicht zu Problemen. Werden die Rohexposures aber z.B. nicht in der richtigen Reihenfolge freigegeben, kann es passieren, dass für diese freigegebene Exposure-Transaktion noch keine passende Exposure-Position existiert, die abgebaut werden könnte. Ist dies der Fall, werden diese Exposure-Transaktionen zur manuellen Nachbearbeitung in der Datenbank gespeichert.

Mit der Transaktion NICHT ABGEGLICH. TRANSAKT. VERARBEITEN (Transaktion FTREX21) können Sie diese gespeicherten Transaktionen nachbearbeiten. Dieses Programm finden Sie im Menü unter WERKZEUGE • NICHT ABGEGLICHENE TRANSAKTIONEN BEARBEITEN. Sie haben zwei Möglichkeiten, nicht abgeglichene Exposure-Transaktionen weiterzuverarbeiten. Entweder ordnen Sie manuell eine Exposure-Position zu, oder Sie schließen diese Exposure-Transaktionen komplett von der weiteren Verarbeitung aus. Starten Sie dann das Programm NICHT ABGEGLICH. TRANSAKT. VERARBEITEN (Transaktion FTREX21), und selektieren Sie zunächst die betroffenen Exposure-Transaktionen. Wie in Abbildung 8.14 dargestellt, werden Ihnen daraufhin die entsprechenden nicht abgeglichenen Exposure-Transaktionen angezeigt.

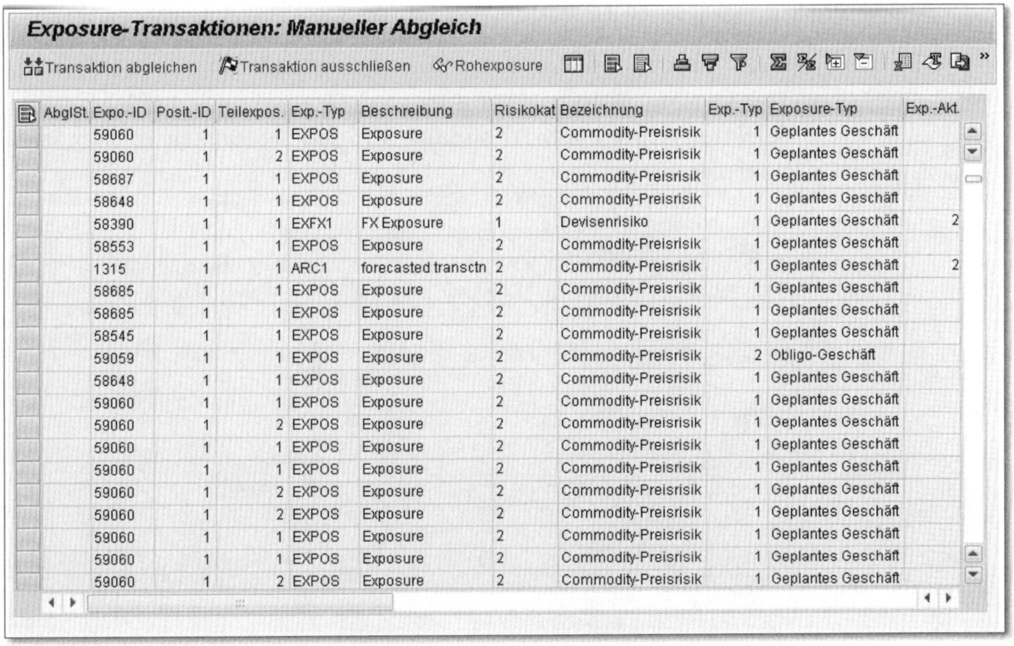

AbglSt.	Expo.-ID	Posit.-ID	Teilexpos.	Exp.-Typ	Beschreibung	Risikokat	Bezeichnung	Exp.-Typ	Exposure-Typ	Exp.-Akt.
	59060	1	1	EXPOS	Exposure	2	Commodity-Preisrisik	1	Geplantes Geschäft	
	59060	1	2	EXPOS	Exposure	2	Commodity-Preisrisik	1	Geplantes Geschäft	
	58687	1	1	EXPOS	Exposure	2	Commodity-Preisrisik	1	Geplantes Geschäft	
	58648	1	1	EXPOS	Exposure	2	Commodity-Preisrisik	1	Geplantes Geschäft	
	58390	1	1	EXFX1	FX Exposure	1	Devisenrisiko	1	Geplantes Geschäft	2
	58553	1	1	EXPOS	Exposure	2	Commodity-Preisrisik	1	Geplantes Geschäft	
	1315	1	1	ARC1	forecasted transctn	2	Commodity-Preisrisik	1	Geplantes Geschäft	2
	58685	1	1	EXPOS	Exposure	2	Commodity-Preisrisik	1	Geplantes Geschäft	
	58685	1	1	EXPOS	Exposure	2	Commodity-Preisrisik	1	Geplantes Geschäft	
	58545	1	1	EXPOS	Exposure	2	Commodity-Preisrisik	1	Geplantes Geschäft	
	59059	1	1	EXPOS	Exposure	2	Commodity-Preisrisik	2	Obligo-Geschäft	
	58648	1	1	EXPOS	Exposure	2	Commodity-Preisrisik	1	Geplantes Geschäft	
	59060	1	1	EXPOS	Exposure	2	Commodity-Preisrisik	1	Geplantes Geschäft	
	59060	1	2	EXPOS	Exposure	2	Commodity-Preisrisik	1	Geplantes Geschäft	
	59060	1	1	EXPOS	Exposure	2	Commodity-Preisrisik	1	Geplantes Geschäft	
	59060	1	1	EXPOS	Exposure	2	Commodity-Preisrisik	1	Geplantes Geschäft	
	59060	1	2	EXPOS	Exposure	2	Commodity-Preisrisik	1	Geplantes Geschäft	
	59060	1	2	EXPOS	Exposure	2	Commodity-Preisrisik	1	Geplantes Geschäft	
	59060	1	1	EXPOS	Exposure	2	Commodity-Preisrisik	1	Geplantes Geschäft	
	59060	1	1	EXPOS	Exposure	2	Commodity-Preisrisik	1	Geplantes Geschäft	
	59060	1	2	EXPOS	Exposure	2	Commodity-Preisrisik	1	Geplantes Geschäft	

Abbildung 8.14 Manueller Abgleich von Exposure-Transaktionen

Mit dem Button ROHEXPOSURE navigieren Sie von hier in die Rohexposure-Anzeige. Über den Button TRANSAKTION ABGLEICHEN ordnen Sie diese Exposure-Transaktion einer passenden Exposure-Position zu, oder Sie verwenden den Button TRANSAKTION AUSSCHLIESSEN, um diese Exposure-Transaktion von der weiteren Verarbeitung auszuschließen.

8.5 Exposure-Position

Nachdem Sie die Rohexposure-Verwaltung und -Freigabe kennengelernt haben, geht es in diesem Abschnitt um die Exposure-Positionen. Nachdem alle Freigabeschritte durchlaufen sind, bildet das System aus den Exposure-Transaktionen, die Sie aus Abschnitt 8.4.6 kennen, Exposure-Positionsbewegungen. Die Exposure-Positionsbewegungen sind jeweils einer Exposure-Position zugeordnet. Aus der Summe der Bewegungen zu einer Exposure-Position zu einem bestimmten Stichtag ergibt sich der Exposure-Bestandswert.

8.5.1 Bestandswerte von Exposure-Positionen

Positionen

Um die Exposure-Positionen mit Ihren Bestandswerten anzuzeigen, rufen Sie die Transaktion Überblick über Exposure-Positionen (Transaktion FTREX12) auf. Diese Transaktion finden Sie im Menü unter Exposure-Positionen. Die Transaktion hat, wie schon die Transaktion Rohexposure-Anzeige (Transaktion FTREX2), viele Selektionskriterien. In Abbildung 8.15 sehen Sie einen Teil der Selektionsparameter.

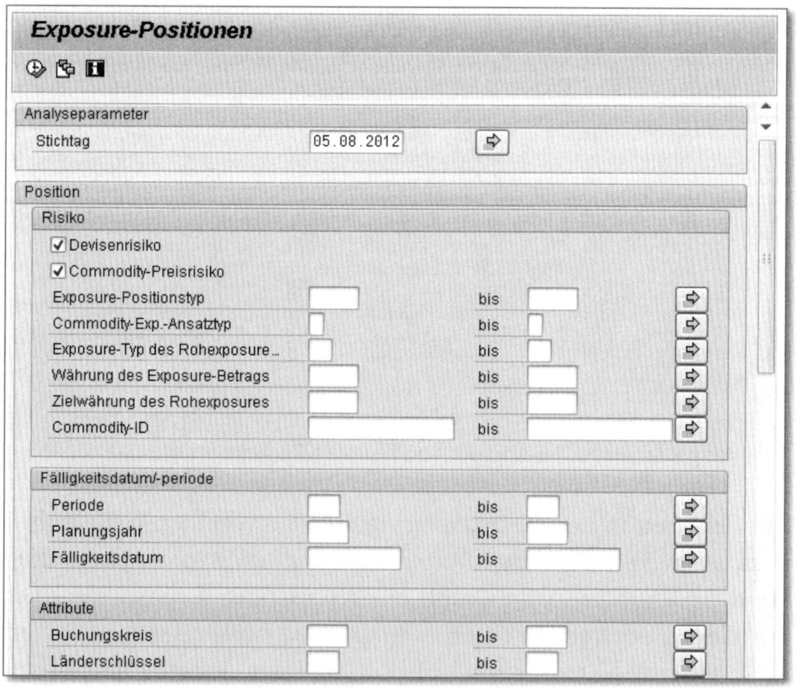

Abbildung 8.15 Selektionsbild Exposure-Positionen

Im Bildbereich RISIKO können Sie spezifizieren, welches Risiko Sie selektieren möchten, ob es sich z.B. um ein Fremdwährungsrisiko oder um ein Commodity-Preisrisiko handelt.

Im Bildbereich FÄLLIGKEITSDATUM/-PERIODE schränken Sie die Auswahl zeitlich ein. Beachten Sie, dass das System die Perioden mithilfe der Customizing-Einstellung PERIODEN DEFINIEREN auf Basis des Exposure-Fälligkeitsdatums bestimmt. Falls Sie freie Attribute verwenden, stehen diese ebenfalls zur Selektion bereit.

Die Auswahl im Bildbereich NICHT AGGREGIERTE POSITIONEN steht nur für Exposure-Positionen zur Verfügung, die einen Exposure-Positionstyp haben, der nicht aggregierend ist. Konkret spezifizieren Sie hier die (Unter-)Rohexposure-IDs. Wenn diese allerdings eine aggregierende Exposure-Position haben, sind diese Felder nicht differenzierend für die Exposure-Position und stehen damit an dieser Stelle auch nicht zur Selektion bereit. Mehr Details dazu finden Sie in Abschnitt 8.4.5 zum Thema »Exposure-Positionstyp«.

Zu guter Letzt können Sie auch nach der Exposure-Positions-ID direkt selektieren oder die üblichen Kriterien, z.B. LETZTER ÄNDERER, verwenden. Zu diesen Feldern gehört auch die Auswahl NULLSÄTZE AUSBLENDEN. Sie schließen so Exposure-Positionen, die keine Bestandswerte mehr haben, von der Selektion aus.

Wenn Sie die Selektion starten, werden Ihnen alle selektierten Exposure-Positionen in einer ALV-Liste angezeigt. Wenn Sie eine passende Variante für diese Liste anlegen, können Sie sich so z.B. Zwischensummen anzeigen lassen und damit weitere Kennzahlen ermitteln.

Neben der Anzeige der Exposure-Positionen haben Sie auf diesem Bildschirm auch die Möglichkeit, Exposure-Positionen direkt weiterzuverarbeiten oder in andere Bereiche von SAP Treasury and Risk Management abzuspringen. Dazu finden Sie in dieser Transaktion verschiedene Buttons, die in Abbildung 8.16 markiert sind. Sie leiten eine Exposure-Position z.B. an das Hedge Management weiter, indem Sie den entsprechenden Eintrag in der ALV-Liste markieren und den Button INS HEDGE MANAGEMENT ÜBERTRAGEN anklicken (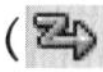).

Klicken Sie auf den Button INS HEDGE MANAGEMENT ÜBERTRAGEN, fragt Sie das System nach dem Buchungskreis und dem Sicherungsplan, damit wird die Überleitung angestoßen. Mit dem Button EXPOSURE-POSITION IM HEDGE MANAGEMENT LÖSCHEN () können Sie die

Überleitung in das Hedge Management wieder zurücknehmen und damit die Exposure-Position im Hedge Management löschen. Sie finden weitere Details zum Thema Hedge Management in Kapitel 9.

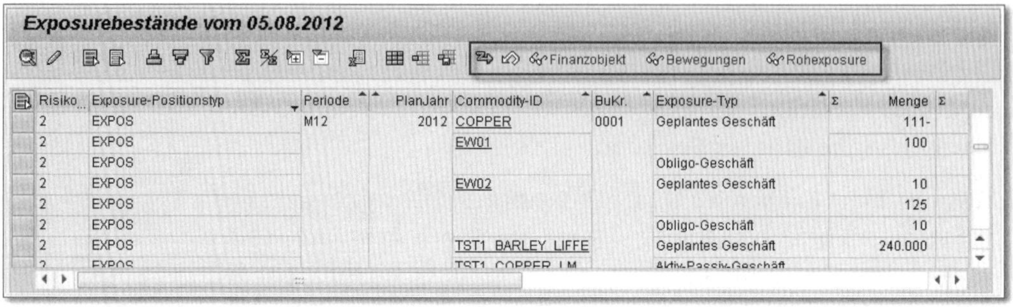

Abbildung 8.16 Exposure-Positionen – Navigation

Die weiteren Buttons in Abbildung 8.16 dienen der Navigation zu Details der Exposure-Position. Mit dem Button FINANZOBJEKT navigieren Sie zum Exposure-Finanzobjekt des Risk Analyzers. In Kapitel 12 erfahren Sie weitere Details über Finanzobjekte, deren Verarbeitung und die Risikokennzahlen, die Sie zu Finanzobjekten berechnen können.

Mit dem Button ROHEXPOSE navigieren Sie zurück zum originären Rohexposure, das die ausgewählte Exposure-Position erzeugt hat. Aus dem vorangegangenen Abschnitt wissen Sie, dass dieses originäre Rohexposure bei aggregierenden Exposure-Positionen nicht unbedingt eindeutig ist. Deshalb wird das System das erste Rohexposure anzeigen, das es zu dieser Exposure-Position gefunden hat.

Der Button BEWEGUNGEN zeigt alle Bewegungen einer Exposure-Position an. Sie navigieren damit bequem in die Transaktion EXPOSURE-BEWEGUNGSANZEIGE (Transaktion FTREX13).

8.5.2 Exposure-Positionsbewegungen

Die Exposure-Positionsbewegungen bilden die Basis für Exposure-Positionen. Um die Exposure-Positionsbewegungen anzuzeigen, verwenden Sie die Transaktion EXPOSURE-BEWEGUNGSANZEIGE (Transaktion FTREX13). Diese Transaktion finden Sie im Menü EXPOSURE-POSITIONEN • BEWEGUNGEN DER EXPOSURE-POSITIONEN ANZEIGEN.

Rufen Sie die Transaktion auf, und selektieren Sie die Bewegungen, die durch die Freigabe Ihrer Rohexposures entstanden sind. Auch in dieser Transaktion gibt es wieder viele Selektionsparameter (siehe Abbildung 8.17).

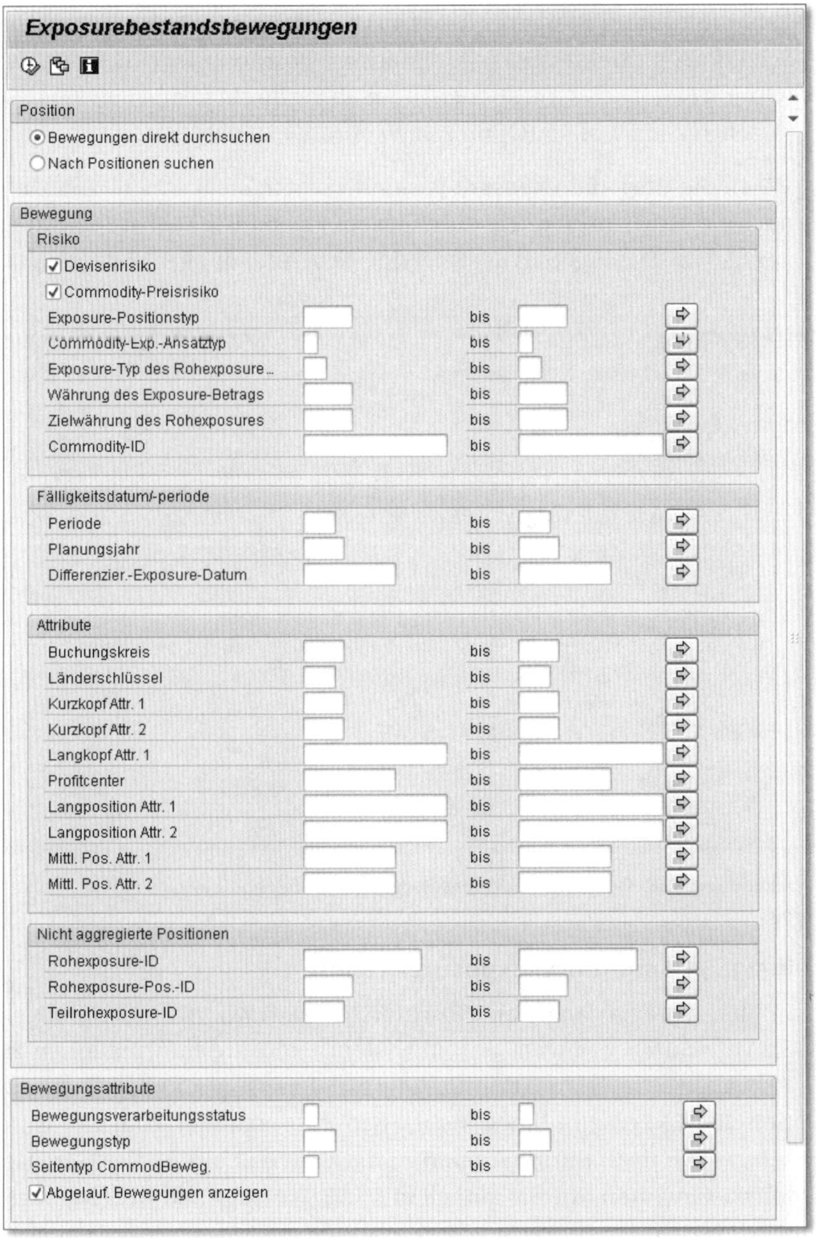

Abbildung 8.17 Selektion der Exposure-Bestandsbewegungen

Die meisten Selektionsparameter stimmen mit den Selektionsparametern der Transaktion ÜBERBLICK ÜBER EXPOSURE-POSITIONEN (Transaktion FTREX12) überein, die Sie im letzten Abschnitt kennengelernt haben. Nur im Bildbereich BEWEGUNGSATTRIBUTE stehen Ihnen einige zusätzliche Attribute zur Verfügung. Außerdem können Sie mit den Radiobuttons im Bildbereich POSITION aussteuern, ob das System die Selektion indirekt über die Exposure-Position durchführen soll (Option NACH POSITION SUCHEN) oder ob Sie direkt in den Bewegungssätzen suchen wollen (Option BEWEGUNGEN DIREKT DURCHSUCHEN).

Wenn Sie über die Exposure-Position suchen, steht Ihnen zusätzlich noch die Möglichkeit offen, die Exposure-Positions-ID bei der Selektion anzugeben. Das Ergebnis der Selektion ist in Abbildung 8.18 dargestellt.

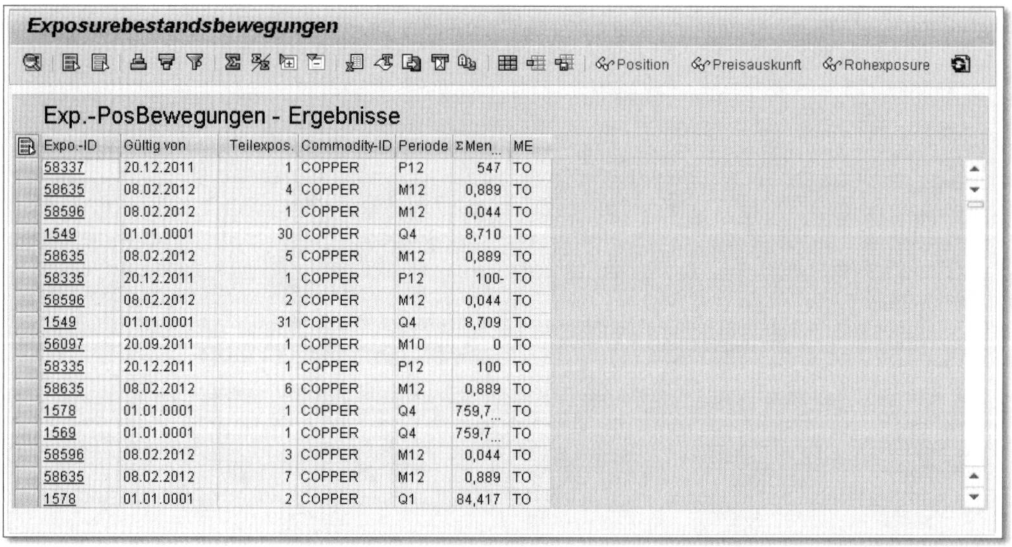

Expo.-ID	Gültig von	Teilexpos.	Commodity-ID	Periode	ΣMen...	ME
58337	20.12.2011	1	COPPER	P12	547	TO
58635	08.02.2012	4	COPPER	M12	0,889	TO
58596	08.02.2012	1	COPPER	M12	0,044	TO
1549	01.01.0001	30	COPPER	Q4	8,710	TO
58635	08.02.2012	5	COPPER	M12	0,889	TO
58335	20.12.2011	1	COPPER	P12	100-	TO
58596	08.02.2012	2	COPPER	M12	0,044	TO
1549	01.01.0001	31	COPPER	Q4	8,709	TO
56097	20.09.2011	1	COPPER	M10	0	TO
58335	20.12.2011	1	COPPER	P12	100	TO
58635	08.02.2012	6	COPPER	M12	0,889	TO
1578	01.01.0001	1	COPPER	Q4	759,7...	TO
1569	01.01.0001	1	COPPER	Q4	759,7...	TO
58596	08.02.2012	3	COPPER	M12	0,044	TO
58635	08.02.2012	7	COPPER	M12	0,889	TO
1578	01.01.0001	2	COPPER	Q1	84,417	TO

Abbildung 8.18 Exposure-Positionsbewegungen anzeigen

8.5.3 Commodity-Exposure-Report

Exposure und derivative Finanzgeschäfte

In den vorangegangenen Abschnitten sind wir die notwendigen Schritte durchgegangen, um im System Exposure-Informationen zu verwalten. Die Transaktion COMMODITY-EXPOSURE-REPORT (Transaktion TISCER) erlaubt Ihnen, neben den Informationen zum Exposure selbst auch noch Informationen zu derivativen Commodity-Geschäften auszuwerten, die Sie aktuell mit SAP Treasury and Risk Management verwalten.

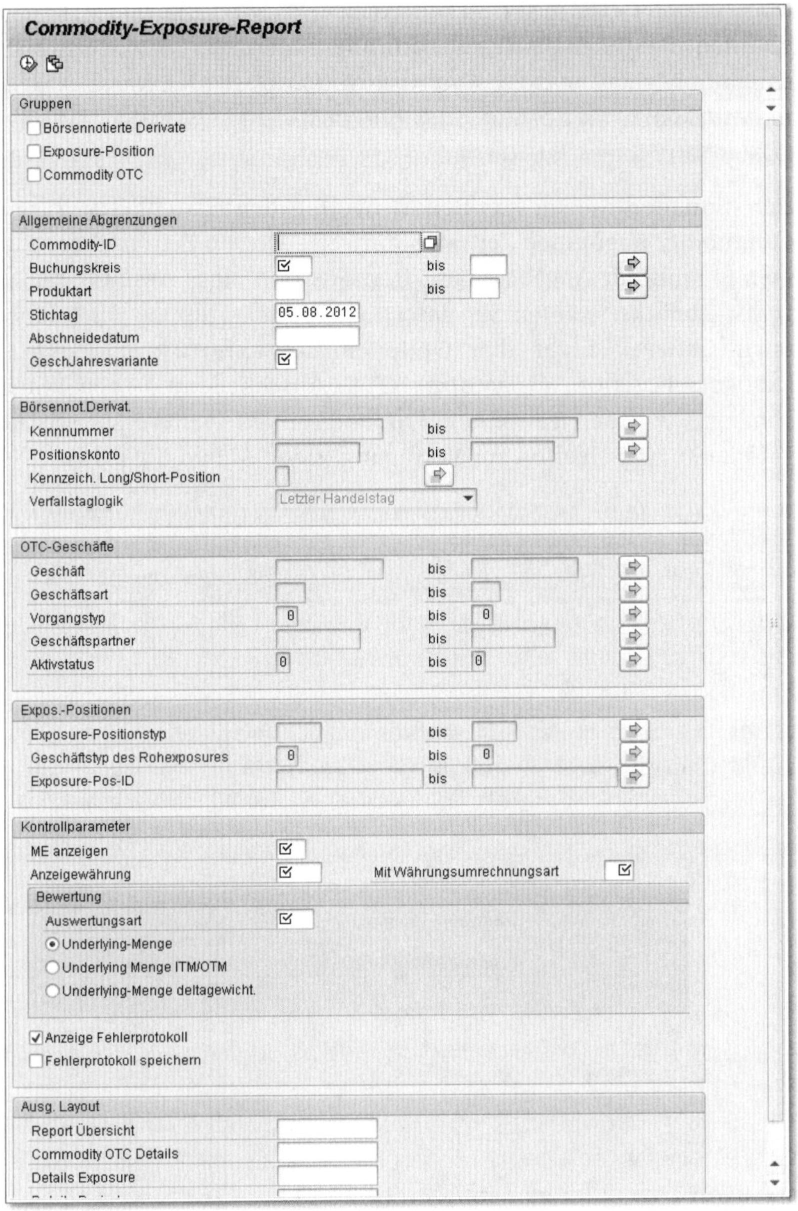

Abbildung 8.19 Commodity-Exposure-Report

Die Transaktion steht nur für Commodity-Preisrisiken und für Commodity-Geschäfte zur Verfügung. Fremdwährungs-Exposures können damit nicht berichtet werden. Deshalb können Sie die Transaktion auch nicht im allgemeinen SAP-Menü unter TREASURY AND RISK

Management • Transaction Manager • Exposure Management 2.0 aufrufen. Sie finden die Transaktion aber unter dem Commodity-spezifischen Menü Treasury and Risk Management • Financial Risk Management für Commodities • Informationssysteme • TISCER – Commodity-Exposure-Report.

Der Commodity-Exposure-Report wertet den Datenbestand pro Commodity über einen Zeitraum hinweg aus. Den Zeitraum bestimmen Sie mit der Angabe eines Stichtags und eines Abschneidedatums. Zunächst wählen Sie unter den Produktgruppen im Bildbereich Gruppen unter den Optionen Börsennotierte Derivate, Exposure-Position, Commodity OTC. Anschließend stehen Ihnen abhängig von den gewählten Produktgruppen weitere spezifische Parameter zur Selektion zur Verfügung (siehe Abbildung 8.19).

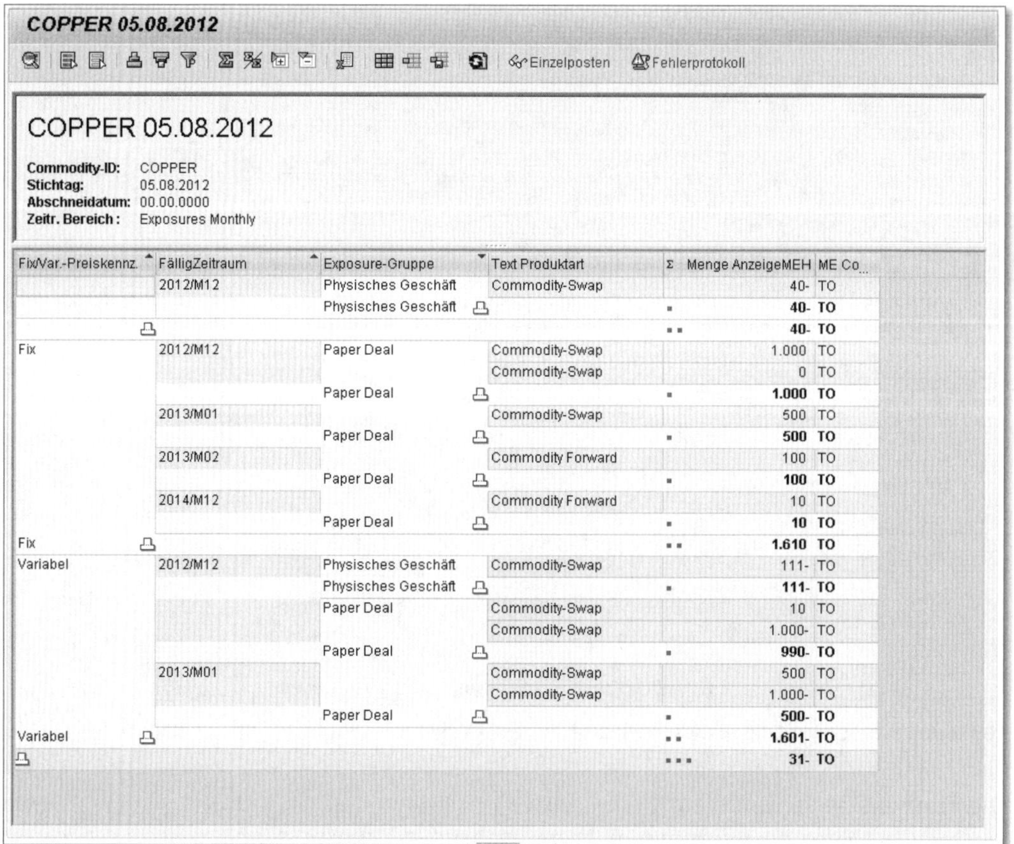

Fix/Var.-Preiskennz.	FälligZeitraum	Exposure-Gruppe	Text Produktart	Σ	Menge AnzeigeMEH	ME Co...
	2012/M12	Physisches Geschäft	Commodity-Swap		40-	TO
		Physisches Geschäft		•	**40-**	**TO**
				••	**40-**	**TO**
Fix	2012/M12	Paper Deal	Commodity-Swap		1.000	TO
			Commodity-Swap		0	TO
		Paper Deal		•	**1.000**	**TO**
	2013/M01		Commodity-Swap		500	TO
		Paper Deal		•	**500**	**TO**
	2013/M02		Commodity Forward		100	TO
		Paper Deal		•	**100**	**TO**
	2014/M12		Commodity Forward		10	TO
		Paper Deal		•	**10**	**TO**
Fix				••	**1.610**	**TO**
Variabel	2012/M12	Physisches Geschäft	Commodity-Swap		111-	TO
		Physisches Geschäft		•	**111-**	**TO**
		Paper Deal	Commodity-Swap		10	TO
			Commodity-Swap		1.000-	TO
		Paper Deal		•	**990-**	**TO**
	2013/M01		Commodity-Swap		500	TO
			Commodity-Swap		1.000-	TO
		Paper Deal		•	**500-**	**TO**
Variabel				••	**1.601-**	**TO**
				•••	**31-**	**TO**

Abbildung 8.20 Ausgabe des Commodity-Exposure-Reports

Haben Sie Ihre Auswahl bestätigt, werden Ihnen die Finanzgeschäfte bzw. Rohexposures nach ausgewählter Geschäftsjahresvariante angezeigt (siehe Abbildung 8.20). Die Ausgabe können Sie durch die Angaben in den Bildbereichen KONTROLLPARAMETER und AUSGABE-LAYOUT flexibel nach Ihren Bedürfnissen gestalten. Das Ergebnis der Selektion zeigt die Informationen in Anzeigemengeneinheit an, und Sie können sich auch die Vertragswerte und die aktuellen Marktwerte anzeigen lassen.

8.6 Treasury-Logistik-Integration

Treasury Exposure Notification

Verwenden Sie die SAP-Module Vertrieb (SD) oder Materialwirtschaft (MM), besteht seit SAP ERP 6.0 EHP 6 die Möglichkeit, bei vielen logistischen Vorgängen, wie z.B. beim Anlegen eines Auftrags oder einer Bestellung, automatisch das Treasury Exposure Management zu aktualisieren. Zur Aktualisierung des Exposure Managements schickt die jeweilige logistische Anwendung beim Anlegen oder Ändern eine Information an das Exposure Management. Diese Information hat den technischen Namen *Treasury Exposure Notification*.

Das Treasury Exposure Management wandelt die Treasury Exposure Notification in ein Rohexposure um, und das Rohexposure wird anschließend wie ein manuell angelegtes Rohexposure weiterverarbeitet. Durch das ständige Update des Treasury Exposure Managements durch die Logistik-Integration kann zeitnah auf Commodity-Preis-Risiken reagiert werden. Um die Integration einzurichten, sind nur wenige einfache Schritte notwendig, die wir uns im Folgenden genauer ansehen. Prinzipiell unterscheiden wir in diesem Zusammenhang zwischen der Ausgangsverarbeitung in der Logistik und der Eingangsverarbeitung im Treasury Exposure Management. Dass Ausgangs- und Eingangsverarbeitung so strikt im System getrennt sind, liegt nicht nur an den unterschiedlichen Komponenten, sondern vor allem an den verschiedenen Software-Auslieferungsschichten. Die Ausgangsverarbeitung wird mit der Auslieferungsschicht SAP_APPL ausgeliefert, und die Eingangsverarbeitung wird, wie der große Rest von SAP Treasury and Risk Management, über die Softwarekomponente EA-FINSERV ausgeliefert.

8.6.1 Logistik-Ausgangsverarbeitung

Ausgangsverarbeitung

Wir schauen uns zunächst die Einstellungen in der Logistik an und beschränken uns dabei auf die Einstellungen, die direkt die Integration beeinflussen. Alle wichtigen Einstellungen dazu finden Sie im Customizing unter dem Pfad LOGISTIK ALLGEMEIN • INTEGRATION VON TREASURY UND RISIKOMANAGEMENT.

Wenn die Logistik-Integration aktiv ist, wird das System bei allen wichtigen Einkaufs- und Verkaufsbelegen das Treasury Exposure Management aufrufen, um die relevanten Rohexposures anzulegen bzw. zu aktualisieren. Dabei kann es sein, dass in Ihrem Unternehmen viele Geschäftsvorfälle kein Treasury-relevantes Exposure enthalten. Würden Sie dennoch jedes Mal das Treasury Exposure Management aufrufen, wäre dies meist unnötig und würde Performance und Speicherplatz verschwenden.

Relevanz

Steuern Sie deshalb bereits in der Logistik, ob ein Geschäft relevant für das Treasury Exposure Management ist. Für diesen Zweck verwenden Sie das BAdI `ITEM_RELVANCE_DETERMINATION`. Im Customizing finden Sie dies unter LOGISTIK ALLGEMEIN • INTEGRATION VON TREASURY UND RISIKOMANAGEMENT • KUNDENSPEZIFISCHE BUSINESS ADD-INS • BADI: RELEVANZERMITTLUNG AUF DER EBENE QUELLBELEGPOSITION. SAP liefert bereits die Beispielimplementierungen `LOG_SO_COMMODITY_RELEVANCE` und `LOG_PO_COMMODITY_RELEVANCE` aus, die in vielen Fällen ausreichend sein werden.

Haben Sie darüber hinausgehenden Bedarf für individuelle Anpassungen, können Sie diese Implementierungen mit Ihrem eigenen ABAP-Coding überschreiben. Das BAdI liefert als Rückgabewert, ob die jeweiligen Verkaufs- bzw. Einkaufsbelegpositionen relevant für das Treasury Exposure Management sind. Die Relevanz der jeweiligen Verkaufs- bzw. Einkaufsbelegpositionen wird auch in den originalen Tabellen EKPO bzw. VBAP jeweils in dem Feld TRMRISK_RELEVANT gespeichert.

Ist eine Verkaufs- bzw. Einkaufsposition Exposure-relevant, wird das System bei jeder Aktualisierung des originalen Belegs auch die Informationen im Treasury Exposure Management aktualisieren. Dieses Update ist an die MM/SD-Preisfindung gekoppelt. Wie Sie in Abschnitt 8.2 erfahren haben, muss für ein Rohexposure immer eine Commodity-ID angegeben werden. Die Commodity-ID leitet das System aus der Konditionsart ab. Dazu ordnen Sie im Customizing unter

LOGISTIK ALLGEMEIN • INTEGRATION VON TREASURY UND RISIKOMANAGEMENT • COMMODITY-IDS ZU KONDITIONSARTEN ZUORDNEN jeder Konditionsart eine Commodity-ID zu. Legen Sie jetzt einen Exposure-relevanten Verkaufs- oder Einkaufsbeleg an, der eine Belegposition mit Konditionsart enthält, der wiederum eine Commodity-ID zugeordnet ist, wird vom System das Exposure Management aktualisiert.

BAdI

Bevor die Daten endgültig an SAP Treasury and Risk Management übergeben werden, haben Sie die Möglichkeit, die Daten anzupassen. Dazu nutzen Sie das BAdI `LOG_TRM_UPDATE_EXPOSURE_CUST` aus dem Erweiterungsspot `ES_BADI_LOG_TRM_INTEGRATION`. Auch dieses BAdI finden Sie im SAP-Customizing unter LOGISTIK ALLGEMEIN • INTEGRATION VON TREASURY UND RISIKOMANAGEMENT • KUNDENSPEZIFISCHE BUSINESS ADD-INS • BADI: ROHEXPOSURES ÄNDERN.

Initialer Aufbau

Haben Sie Ihr System erfolgreich eingerichtet und auch die Schritte aus dem nächsten Abschnitt 8.6.2 über die Treasury-Eingangsverarbeitung beachtet, müssen Sie als Nächstes den initialen Aufbau der Rohexposures starten. Verwenden Sie dazu die Transaktion EXPOSURE AN TRM SENDEN (Transaktion LITRMS).

In einigen Fällen kann diese Transaktion auch dazu verwendet werden, falsch angelegte Rohexposures zu korrigieren. Hintergrund dafür ist, dass die Treasury-Logistik-Integration die Treasury Exposure Notifications immer neu an SAP Treasury and Risk Management übergibt und das Exposure Management damit überprüft, ob ein bestehendes Rohexposure aktualisiert oder neu angelegt werden muss. Schicken Sie also alle Exposures noch einmal neu an das Treasury, findet dieser Abgleich wieder statt, und auf diese Weise können in vielen Fällen Fehler beseitigt werden. Viele weitere nützliche Informationen über die Logistik-Ausgangsverarbeitung der Treasury-Logistik-Integration finden Sie in SAP-Hinweis 1641533.

8.6.2 Treasury-Eingangsverarbeitung

Nachdem Sie im letzten Abschnitt die Ausgangsverarbeitung der Logistik kennengelernt haben, richten wir im Folgenden die Eingangsverarbeitung des Treasury Exposure Managements ein. Im Customizing finden Sie die wenigen dazu notwendigen Einstellungen unter EXPOSURE MANAGEMENT 2.0 • INTEGRATION MIT DER LOGISTIK. In den meisten Fällen ist es bereits ausreichend, Exposure-Aktivitätsarten und Exposure-Typen zuzuordnen.

Mapping

Im Customizing finden Sie dazu eine einfache Mapping-Tabelle unter EXPOSURE MANAGEMENT 2.0 • INTEGRATION MIT DER LOGISTIK • EXPOSURE-AKTIVITÄTSART UND EXPOSURE-TYP ZU EINGEHENDEN EXPOSURES ZUORDNEN. Sie müssen hier oft nur wenige Einträge vornehmen, da das System den Eintrag wählt, der am spezifischsten ist. Sollte diese einfache Mapping-Tabelle nicht ausreichen, können Sie auch auf das BAdI `BADI_TEX_MAPPING` im Enhancementspot `ES_TEX_MAPPING` zurückgreifen. Dieses BAdI finden Sie auch direkt im Customizing-Schritt EXPOSURE MANAGEMENT 2.0 • INTEGRATION MIT DER LOGISTIK • BADI: ZUORDNUNG VON EXPOSURE-AKTIVITÄTSART UND EXPOSURE-GESCHÄFTSTYP ÄNDERN.

Mit diesen einfachen Schritten haben Sie die Treasury-Logistik-Integration bereits konfiguriert. Wenn Sie jetzt einen logistischen Geschäftsprozess, wie z.B. das Anlegen einer Bestellung, ausführen, wird diese Information im Exposure Management in Form eines Rohexposures sichtbar.

Anwendungslog

Treten in der Eingangs- oder Ausgangsverarbeitung der Treasury-Logistik-Integration Fehler auf, werden die Fehlermeldungen über das Anwendungslog gemeldet. Verwenden Sie die Transaktion ANWENDUNGS-LOG: PROTOKOLLE ANZEIGEN (Transaktion SLG1), um die Fehler zu analysieren. Die Fehler werden unter dem Objekt TRM und dem Unterobjekt TRCIN_TEX gespeichert.

[+]

Anzeige von Statusmeldungen

In der Einführungsphase der Treasury-Logistik-Integration ist es hilfreich, wenn nicht nur Fehler im Anwendungslog protokolliert werden, sondern auch Statusmeldungen, da Sie so viel mehr Informationen angezeigt bekommen. Dies hilft Ihnen z.B. dabei, fehlerhafte Customizing-Einstellungen zu identifizieren. Erstellen Sie dazu temporäre Einträge mit der Transaktion TABELLENSICHT-PFLEGE (Transaktion SM30) für die Tabelle TEXC_INT_MES. Hier können Sie global oder pro User ein Kennzeichen setzen, um Statusmeldungen zu erzeugen. Wenn Sie das Kennzeichen IM DIALOG setzen, wird das System diese Statusmeldungen zusätzlich in einem Pop-up-Fenster anzeigen. Dafür ist es allerdings Voraussetzung, dass der Prozess im Dialogmodus prozessiert wird.

Verwenden Sie die protokollierten Statusmeldungen aber nur während des Systemaufbaus zur Analyse von Fehlern. Für den produktiven Betrieb werden mit diesen Einstellungen zu viele Meldungen im Anwendungslog erzeugt.

Das Hedge Accounting ist in Zeiten der Internationalisierung der Rechnungslegungen eine zentrale Aufgabe eines Treasury-Systems. In diesem Kapitel erläutern wir das Hedge Accounting für Exposures.

9 Hedge Accounting für Exposures

Hedging

Eine wesentliche Aufgabe einer Finanz- oder Treasury-Abteilung ist ein effizientes Risikomanagement. Bei vielen Unternehmen ist das Hedge Management ein zentraler Bestandteil des Risikomanagements. Als *Hedge Management* bezeichnet man die Prozesse, bei denen die Risiken mittels entgegengesetzt wirkender Sicherungsgeschäfte kompensiert werden. Nach den Rechnungslegungsvorschriften IAS 39 (IAS = International Accounting Standard) und FAS 133 (FAS = Financial Accounting Standards) ergeben sich spezielle Anforderungen an die Abbildung und Handhabung der Finanzinstrumente und der Sicherungsbeziehungen inklusive der Bewertung und Buchhaltung. Man spricht hier von *Hedge Accounting*.

Zwei Lösungen für das Hedge Accounting

SAP Treasury and Risk Management bietet Ihnen zwei Lösungen für das Hedge Accounting: *Hedge Accounting für Exposures*, das wir in diesem Kapitel beschreiben, und *Hedge Accounting für Bestände*, das wir uns in Kapitel 10 näher anschauen. Der grundlegende Unterschied zwischen diesen beiden Lösungen besteht in der Art der Exposure-Integration. Aus Sicht des Hedge Accountings für Exposures kommen die Exposures von außen, d.h., Sie müssen die Exposures entweder manuell pflegen oder von externen Quellen außerhalb des Hedge Accountings für Exposures übernehmen. So können Sie Exposures aus verschiedenen Quellen innerhalb und außerhalb von SAP Treasury and Risk Management hochladen, z.B. aus dem Exposure Management.

Das Hedge Accounting für Bestände unterstützt dagegen nur bestimmte Arten von internen Buchbeständen, die dann als Sicherungsobjekte fungieren. Dies ist vorteilhaft bei Fair-Value-Hedges, bei denen sich das Hedge Accounting buchhalterisch auf das Sicherungsobjekt auswirkt.

Kapitelübersicht

In diesem Kapitel werden wir die Prozesse im Hedge Accounting für Exposures anhand des Lebenszyklus einer Sicherungsbeziehung beschreiben. Anschließend erläutern wir das Customizing im Hedge Accounting für Exposures allgemein und gehen dann auf die wichtigsten Arten der Exposure-Erfassung sowie auf die wichtigsten Implementierungsszenarien ein. Hierbei werden wir die Funktions-, Prozess- und Customizing-Möglichkeiten darstellen.

[»]

Bemerkung zu Pfadangaben

Dem übergreifenden Charakter des Hedge Accountings für Exposures innerhalb des operationalen Transaction Managers wird auch bei der Einordnung des Hedge Accountings für Exposures im Menü Rechnung getragen. Sie finden alle Transaktionen des Hedge Accountings für Exposures unter TREASURY AND RISK MANAGEMENT • TRANSACTION MANAGER • HEDGE ACCOUNTING FÜR EXPOSURES. Im Customizing finden Sie alle Einstellungen unter TREASURY AND RISK MANAGEMENT • TRANSACTION MANAGER • ALLGEMEINE EINSTELLUNGEN • HEDGE ACCOUNTING FÜR EXPOSURES (E-HA). Deshalb verwenden wir in diesem Kapitel HEDGE ACCOUNTING FÜR EXPOSURES anstelle des TREASURY AND RISK MANAGEMENTS als Anker.

[!]

Umbenennung von »Hedgemanagement« in »Hedge Accounting für Exposures«

Die Lösung *Hedge Accounting für Exposures* wurde im Erweiterungspaket 5, Support Package 10 und im entsprechenden Support Package 7 von Erweiterungspaket 6 umbenannt, vorher hieß diese Lösung *Hedgemanagement*. Sowohl im Menü als auch im Customizing wurde vor der Umbenennung HEDGEMANAGEMENT anstelle von HEDGE ACCOUNTING FÜR EXPOSURES verwendet.

9.1 Prozesse im Hedge Accounting für Exposures

Exposures, Sicherungsobjekte und Sicherungsbeziehung

In diesem Abschnitt beschreiben wir die Prozesse im Hedge Accounting für Exposures. Wir stellen den Ihnen den *Sicherungsplan* vor. Er ist ein grundlegendes organisatorisches Element, das zusammengehörige *Exposures*, *Sicherungsobjekte* und *Sicherungsbeziehungen* umfasst. Die Exposures bilden die Basis für Sicherungsobjekte. Durch eine Sicherungsbeziehung werden die Sicherungsobjekte und die Sicherungsinstrumente miteinander verknüpft. Die Verknüpfung wird auch *Designation* genannt und bildet den Anfang des Lebenszyklus einer Sicherungsbeziehung.

Während ihres Lebenszyklus wird eine Sicherungsbeziehung vom Effektivitätstest und von der Verteilung der Erfolge im Hedge Accounting begleitet. Am Ende ihres Lebenszyklus wird die Sicherungsbeziehung aufgelöst, und damit erfolgt auch der letzte buchhalterische Schritt im Hedge Accounting.

9.1.1 Sicherungsplan

Sicherungsplan

Der Sicherungsplan ist eine rein organisatorische Entität, die anders als die anderen Entitäten des Hedge Accountings, wie z.B. die Sicherungsbeziehung, keine Entsprechung im IAS 39 oder FAS 133 hat. Mit einem Sicherungsplan können Sie Exposures nach bestimmten Kriterien zusammenfassen. Für jedes Exposure können Sie dann in den einzelnen Bewertungsbereichen ein Sicherungsobjekt anlegen, das wiederum in eine Sicherungsbeziehung eingebunden werden kann.

Pflege des Sicherungsplans

Sicherungspläne mit allen ihnen zugeordneten Entitäten können Sie mit der Transaktion SICHERUNGSPLAN (Transaktion THMEX) pflegen, die Sie unter HEDGE ACCOUNTING FÜR EXPOSURES • SICHERUNGSBEZIEHUNGEN finden. Sie gelangen hierüber in die Liste aller Sicherungspläne, die es in einem BUCHUNGSKREIS gibt (siehe Abbildung 9.1). Dieses Bild ist zugleich Einstieg in die Pflege der Sicherungsbeziehungen.

Abbildung 9.1 Liste der Sicherungspläne (Transaktion THMEX)

Merkmale eines Sicherungsplans

Wenn Sie einen Sicherungsplan markieren, finden Sie im Bildbereich SICHERUNGSPLAN die Attribute dieses Plans. Neben dem Schlüssel des SICHERUNGSPLANS und einer BESCHREIBUNG geben Sie das Start- und Endedatum sowie den Risikotyp an. Der Eintrag im Feld STARTDATUM des Sicherungsplans entspricht normalerweise dem Gültigkeitsbeginn des zuzuordnenden Exposures, das als Erstes beginnt. Das Datum im Feld ENDEDATUM muss dem Fälligkeitstag des letzten Exposures mindestens entsprechen oder auf diesen folgen. Als RISIKOTYPEN werden vom System *Wechselkursrisiko*, *Zinsrisiko* und *Commodity-Risiko* unterstützt. Damit charakterisieren Sie vor allem die Herkunft bzw. den Charakter der Exposures. Den Risikotyp können Sie nach dem Anlegen des Sicherungsplans nicht mehr ändern.

Rolle des Risikotyps

In den Vorschriften von IAS 39 sowie FAS 133 hat der Begriff *Risiko* eine andere Bedeutung als der Risikotyp des Sicherungsplans. Viele Exposures vereinen verschiedene Risiken in sich. Zum Beispiel ist der Fair-Value eines Devisentermingeschäfts sowohl gegenüber einer Änderung des Devisenspotkurses (Devisenspoteffekt) als auch gegenüber einer Änderung der Zinsstruktur der beiden zu tauschenden Währungen (Zinseffekt) sensitiv. Analog können Sie bei Optionen die Wertänderung einer Option in die Änderungen des Zeitwerts und des inneren Werts einteilen. Bei einer Sicherung aller Effekte sprechen wir von einer *Full-Fair-Value-Sicherung*.

Die Rechnungslegungsvorschriften erlauben es nun in vielen Fällen, die Fair-Value-Änderung entlang der Risiken aufzuspalten und selektiv in den Sicherungsbeziehungen zu verknüpfen. Der Risikotyp des Sicherungsplans beschreibt wie erwähnt aber nur die Herkunft des Exposures. Zum Beispiel erlaubt Ihnen der Risikotyp WECHSELKURSRISIKO die Full-Fair-Value-Änderung oder nur den Devisenspoteffekt zu sichern. Die Trennung der verschiedenen Effekte ist die Aufgabe der *Berechnungsart*, die die Effektivitätsberechnung steuert. Wir beschreiben die Berechnungsart in Abschnitt 9.2.2.

Besonderheiten Risikotyp »Zinsrisiko«

Wenn Sie beim Anlegen den Risikotyp ZINSRISIKO ausgewählt haben, erscheinen im Bildbereich SICHERUNGSPLAN zusätzliche Felder Abbildung 9.2 zeigt diesen Bildbereich SICHERUNGSPLAN mit den Kopfdaten eines Sicherungsplans für den Fall eines Zinsrisikos, geladen aus einem Geldhandelsgeschäft.

Sie müssen nun den NENNBETRAG des Zinsinstruments pflegen und haben darüber hinaus die Möglichkeit, das Kennzeichen EINZIGES

SICHOBJEKT zu setzen. Mehr zur Wirkung dieses Kennzeichens erfahren Sie in Abschnitt 9.1.3. Außerdem können Sie im Fall des Risikotyps ZINSRISIKO aus Darlehensverträgen von SAP Loans Management (ehemals CML) oder aus Geldhandelsgeschäften Finanzströme laden. Wie das geht, erklären wir in Abschnitt 9.3.4. In diesem Fall finden Sie als zusätzliche Information die Nummer des Geschäfts im Feld GESCHÄFT und erhalten über das Icon DETAILS () die Möglichkeit, direkt aus dieser Darstellung zum Geschäft zu navigieren.

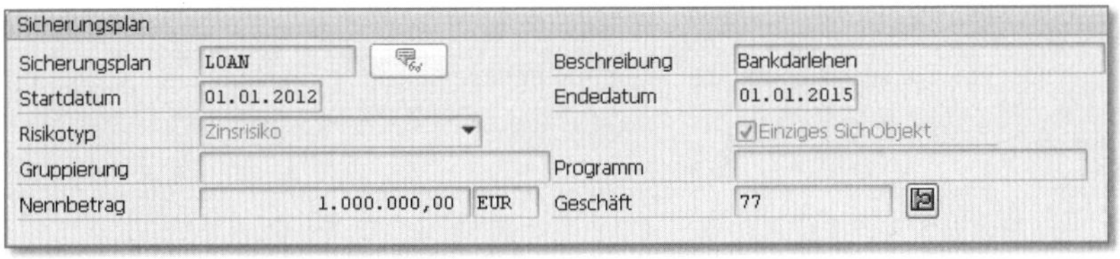

Abbildung 9.2 Ausschnitt der Liste der Sicherungspläne (Transaktion THMEX)

Mit GRUPPIERUNG und PROGRAMM stehen Ihnen auch zwei Freitextfelder zur Verfügung, mit denen Sie Ihre Sicherungspläne organisieren können. Der Button SICHERUNGSPLAN in Abbildung 9.1 bzw. ein Doppelklick auf die entsprechende Zeile in der Liste der Sicherungspläne führt Sie zu den Detaildaten dieses Sicherungsplans. Das sich öffnende Bild ist das zentrale Pflegebild für die Daten und Entitäten eines Sicherungsplans (siehe Abbildung 9.3). Neben den Kopfdaten des Sicherungsplans finden Sie die Registerkarten EXPOSURE, SICHERUNGSOBJEKT und SICHERUNGSBEZIEHUNG für die drei Entitäten, die ein Sicherungsplan zusammenfasst. Jeder der Registerkarten widmen wir einen Abschnitt.

Buchungskreis und Bewertungsbereich

Das Erste, worauf wir Ihren Blick beim Sicherungsplan lenken möchten, ist die Überschrift. Sie finden hier Angaben zum Buchungskreis und zum Bewertungsbereich. Ein Sicherungsplan ist in einem Buchungskreis gültig, und in Abschnitt 9.2.1 zeigen wir Ihnen, wie Sie das Hedge Accounting für Exposures getrennt für jeden Bewertungsbereich einzeln aktivieren können. Dabei werden Sie einen Bewertungsbereich als FÜHRENDEN BEWERTUNGSBEREICH auszeichnen. Dieser Bewertungsbereich ist die Voreinstellung und erscheint in der Überschrift des Sicherungsplans. Über den Button BEWERTUNGSBEREICHE () in der Buttonleiste können Sie zu den Daten anderer Bewertungsbereiche wechseln, in denen Sie das Hedge Accounting auch aktiviert haben.

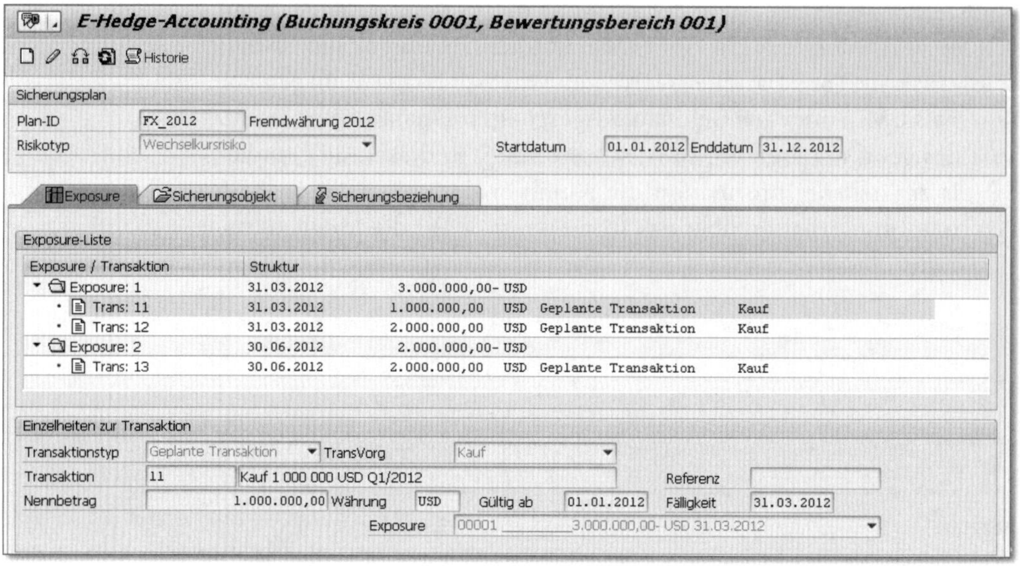

Abbildung 9.3 Detailbild eines Sicherungsplans: Pflege der Exposures

Exposure und Bewertungsbereich

Auf eine zweite Eigenschaft dieser Darstellung möchten wir Sie auch hinweisen. Einerseits ist klar, dass die Regeln des bilanziellen Wertansatzes der Sicherungsinstrumente von der Rechnungslegung, also vom Bewertungsbereich, abhängen. Die Sicherungsobjekte und die Sicherungsbeziehungen werden deshalb abhängig vom Bewertungsbereich erfasst und verwaltet. Anderseits werden die Exposures bewertungsbereichsunabhängig erfasst und verwaltet, obwohl es in der Darstellung so erscheinen kann, als seien sie abhängig vom Bewertungsbereich. Bei einem Wechsel des Bewertungsbereichs innerhalb eines Sicherungsplans werden Sie dann genau dies feststellen: Die Exposures sind auch im anderen Bewertungsbereich vorhanden, während die Sicherungsobjekte und Sicherungsbeziehungen nicht vorhanden sind.

9.1.2 Exposures

Exposure und Transaktionen

Sie möchten nun die Exposures eingeben. Auf der Registerkarte Exposure finden Sie den Bildbereich Exposure-Liste mit den enthaltenen Exposures und Transaktionen. Ein Exposure hat immer mindestens eine Transaktion. Wenn Sie den Button Anlegen ( ) anklicken, werden alle Felder im Bildbereich Einzelheiten zur Transaktion initialisiert und eingabebereit. Sie können nun die relevanten Daten eingeben. Dabei erfassen Sie in der Semantik des Systems streng genommen keine Exposures, sondern *Transaktionen*. Im letzten Feld dieses Bildbereichs, dem Feld EXPOSURE, wählen Sie dann, ob diese Transaktion ein neues Exposure eröffnen, was der Standardfall ist, oder als zusätzliche Transaktion an ein bestehendes Exposure angehängt werden soll. Soll Letzteres der Fall sein, muss die neue Transaktion in wesentlichen Attributen, wie dem Transaktionstyp (Feld TRANSAKTIONSTYP), dem Transaktionsvorgang (Feld TRANSVORG), dem Gültig Ab Datum (Feld GÜLTIG AB), der Währung (Feld WÄHRUNG) oder der Fälligkeit (Feld FÄLLIGKEIT), mit den anderen Transaktionen dieses Exposures übereinstimmen. Im weiteren Verlauf des Hedge-Accounting-Prozesses ist nur die Entität Exposure relevant.

Allgemeine Exposure-Attribute

Die Attribute der Transaktion und damit des Exposures hängen wesentlich vom Risikotyp ab. Wichtige gemeinsame Attribute aller Exposure-Arten sind der Transaktionstyp, der die Klassifizierung der Exposures gemäß FAS 133 und IAS 39 widerspiegelt, und der Transaktionsvorgang, der im Wesentlichen eine Richtung zum Transaktionstyp angibt. Der Transaktionstyp gibt in den meisten Fällen vor, welchen Sicherungstyp Sie später für das entsprechende Sicherungsobjekt eingeben. Tabelle 9.1 zeigt alle möglichen Kombinationen aus Transaktionstyp und -vorgang. Wir werden auf den Transaktionstyp und den Transaktionsvorgang später bei den einzelnen Szenarien zurückkommen. Weitere gemeinsame Attribute sind der Nennbetrag, die Währung und die Fälligkeit.

Transaktionstyp	Mögliche Transaktionsvorgänge
Geplante Transaktion	Kauf/Verkauf
Feste Verpflichtung	Kauf/Verkauf
Vermögenswerte/Verbindlichkeiten	Forderung/Verbindlichkeit
Finanzanlage/Finanzielle Verbindlichkeit	Position/Cashflow/Nettoinvestition

Tabelle 9.1 Mögliche Kombinationen aus Transaktionstyp und Transaktionsvorgang

Arten der Exposure-Erfassung

Neben der manuellen Erfassung von Exposures, die wir gerade vorgestellt haben, gibt es eine Reihe anderer Möglichkeiten, Exposures zu einem Sicherungsplan zu erfassen. Diese stellen wir Ihnen in Abschnitt 9.3 genauer vor.

9.1.3 Sicherungsobjekt

Nachdem Sie die Exposures erfasst haben, gehen Sie zur nächsten Registerkarte Sicherungsobjekt (siehe Abbildung 9.4). Bevor Sie für ein Exposure eine Sicherungsbeziehung anlegen können, müssen Sie zunächst ein Sicherungsobjekt erfassen. Interpretiert man die Rechnungslegungsvorschriften nach IAS 39 oder FAS 133 genau, entsteht ein *Sicherungsobjekt* (Hedged Item) jedoch erst durch die *Designation*, d.h. durch die Verknüpfung des Exposures und eines Sicherungsinstruments zu einer Sicherungsbeziehung. Im System wird dieser Sachverhalt aber durch zwei explizite Schritte abgebildet: Zuerst legen Sie ein Sicherungsobjekt an, und danach geben Sie die Sicherungsbeziehung ein.

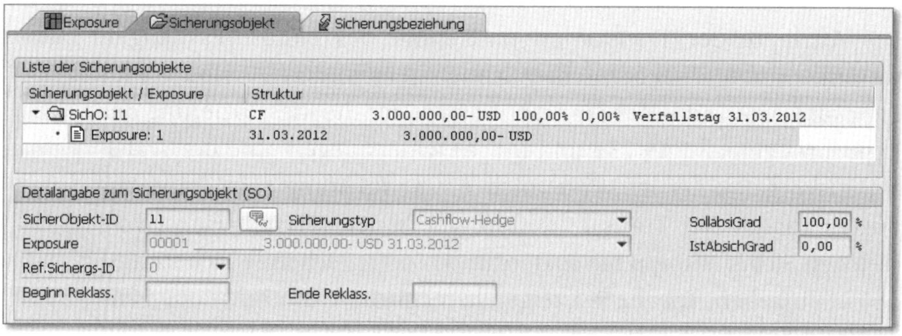

Abbildung 9.4 Detailbild eines Sicherungsplans: Pflege der Sicherungsobjekte

Pflege des Sicherungsobjekts

Zur Erzeugung eines Sicherungsobjekts wählen Sie unter Sicherungsobjekt / Exposure das Exposure aus, zu dem Sie ein Sicherungsobjekt erzeugen wollen. Als weitere wesentliche Information müssen Sie – im Vorgriff auf die Sicherungsbeziehung – dem Sicherungsobjekt im Bildbereich Detailangabe zum Sicherungsobjekt (SO) den Sicherungstyp mitgeben. Das System unterstützt die Sicherungstypen *Cashflow-Hedge*, *Fair-Value-Hedge* und *Net-Investment-Hedge*.

[»]

Transaktionstyp, Transaktionsvorgang und Sicherungstyp

Wie erwähnt besteht in den meisten Fällen eine klare Abhängigkeit zwischen dem Transaktionstyp und/oder dem Transaktionsvorgang im Exposure (siehe Tabelle 9.1) und dem Sicherungstyp im Sicherungsobjekt. So führen eine geplante Transaktion oder ein Cashflow immer zum Cashflow-Hedge, Vermögenswerte/Verbindlichkeiten oder eine Position zum Fair-Value-Hedge und eine Nettoinvestition zum Net-Investment-Hedge. Spielraum gibt es nur bei einer festen Verpflichtung, die Cashflow- und Fair-Value-Hedge erlaubt. Hier liegt die Entscheidung über den Sicherungstyp bei Ihnen.

Darüber hinaus können Sie im Feld SOLLABSIGRAD den Soll-Absicherungsgrad gemäß einer internen Richtlinie eingeben. Er dient im Reporting zum Abgleich mit dem Ist-Absicherungsgrad (Feld ISTABSICHGRAD), der nach Anlage der Sicherungsbeziehung für dieses Sicherungsobjekt aus den Daten der Sicherungsbeziehung berechnet wird. Bei einem Cashflow-Hedge können Sie auch die Felder BEGINN REKLASSIFIKATION und ENDE REKLASSIFIKATION eingeben. Diese zwei Daten werden bei der automatischen Auflösung des Eigenkapitalsaldos verwendet, wie wir in Abschnitt 9.1.9 beschreiben.

9.1.4 Sicherungsbeziehung

Erfassung

Nach der Erfassung des Sicherungsobjekts wenden wir uns der letzten Registerkarte SICHERUNGSBEZIEHUNG zu (siehe Abbildung 9.5). Wie bei den anderen Registerkarten ist das Bild wieder unterteilt in eine Übersichtsliste und ein Detailbild, hier in die LISTE MIT SICHERUNGSBEZIEHUNGEN und die DETAILANGABEN ZUR SICHERUNGSBEZIEHUNG. Wenn Sie ein Sicherungsobjekt markieren, können Sie für dieses Sicherungsobjekt eine Sicherungsbeziehung anlegen.

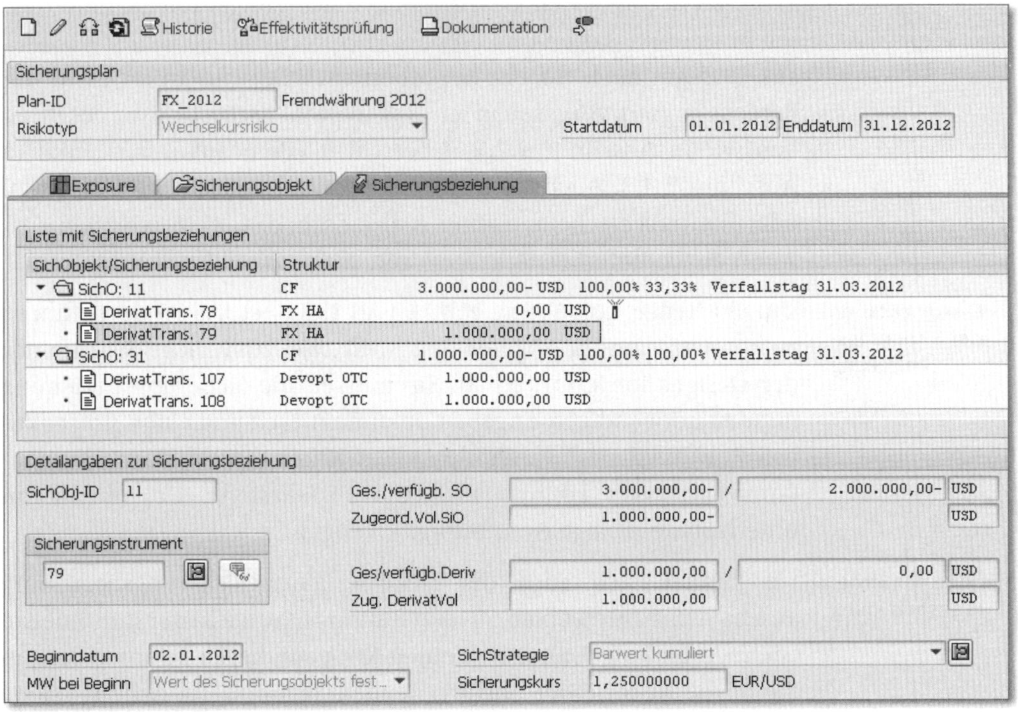

Abbildung 9.5 Detailbild eines Sicherungsplans: Daten einer Sicherungsbeziehung während der Laufzeit der Sicherungsbeziehung

In das Feld Sicherungsinstrument tragen Sie das Finanzinstrument ein, das Sie zum Sichern verwenden wollen. Aus diesem Sicherungsinstrument werden dann das gesamte und das verfügbare Derivatvolumen ermittelt (Ges/verfügb.Deriv.). Die Ermittlung des verfügbaren Derivatvolumens ist hilfreich und notwendig zugleich, da Sie ein und dasselbe Sicherungsinstrument in mehreren Sicherungsbeziehungen mit unterschiedlichen Anteilen zuordnen können. Sollte das Derivat schon in anderen Sicherungsbeziehungen anteilig gebunden sein, mindert sich das verfügbare Derivatvolumen um genau diese Anteile. Als Beginndatum der Sicherungsbeziehung wird vom System das Vertragsabschlussdatum des Sicherungsinstruments vorgeschlagen. Eine sehr wichtige Einstellung nehmen Sie mit der Sicherungsstrategie (Feld SichStrategie) vor. Diese Customizing-Entität steuert den Effektivitätsnachweis und die Effektivitätsbewertung. Wir werden die Sicherungsstrategie in Abschnitt 9.2.2 im Detail betrachten.

Nach Eingabe der Sicherungsstrategie werden die Felder im unteren Teil des Bildbereichs Detailangaben zur Sicherungsbeziehung aktualisiert. Das System liest die an der Sicherungsstrategie hinterlegten Berechnungsarten und blendet entsprechend die Felder ein oder aus. Das gilt auch für ein hypothetisches Derivat, wenn es in der Berechnungsart vorgesehen ist. Das hypothetische Derivat beschreiben wir in Abschnitt 9.2.2, Überschrift »Berechnungsart«, und in Abschnitt 9.4.3. Auch die Buttons in der Buttonleiste wie Auflösen oder Historie erscheinen kontextspezifisch, d.h., sie erscheinen erst, wenn die dahinterliegende Funktion auch ausgeführt werden kann.

Dokumentation der Sicherungsbeziehung

Um ein Hedge Accounting gemäß FAS 133 oder IAS 39 durchführen zu können, sind im Allgemeinen noch zwei zusätzliche Schritte mit der Designation erforderlich, Sie müssen die Sicherungsbeziehung mit den notwendigen Angaben dokumentieren und einen prospektiven Effektivitätstest durchführen. Zur Unterstützung des Dokumentationsprozesses können Sie eine PDF-basierte Dokumentation innerhalb des Hedge Accountings erzeugen.

Historie der Sicherungsbeziehung

Sie können sich auch die Historie einer Sicherungsbeziehung anschauen. Dafür wählen Sie den Button Historie in der Buttonleiste (siehe Abbildung 9.5). Durch einen Klick auf diesen Button gelangen Sie in die Historie der entsprechenden Sicherungsbeziehung (siehe Abbildung 9.6).

Kardinalität der Sicherungsinstrumente in einer Sicherungsbeziehung [«]

Wenn eine Sicherungsbeziehung wie in Abbildung 9.5 vorliegt, können Sie dieser scheinbar weitere Sicherungsinstrumente hinzufügen. Beachten Sie aber, dass das System in Wirklichkeit eine Sicherungsbeziehung immer auf dem Paar Sicherungsobjekt und Sicherungsinstrument führt. Es ist also nicht möglich, einer Sicherungsbeziehung weitere Sicherungsinstrumente zu ergänzen. Sie können aber mehrere Sicherungsbeziehungen für ein Sicherungsobjekt mit verschiedenen Sicherungsinstrumenten oder ein Sicherungsinstrument mit verschiedenen Sicherungsobjekten anlegen.

Insbesondere gilt das auch für Collars, d.h., beide Optionen aus einem Collar werden separat zu zwei Sicherungsbeziehungen zugeordnet. Die Verwendung der Collars beschreiben wir in den Abschnitten 9.4.2 für die Devisencollars und 9.4.3 für die Zinscollars.

Abbildung 9.6 Historie in der Transaktion THMEX (links)

Im oberen Teil finden Sie eine Übersicht über die Historie der Sicherungsbeziehung selbst (in Abbildung 9.6 handelt es sich um die Sicherungsbeziehungen des Sicherungsobjekts 11). Hier sehen Sie anhand von Einträgen, wenn sich der Status der Sicherungsbeziehung, z.B. durch eine Entkopplung, geändert hat. Im unteren Teil finden Sie zwei Registerkarten, NACHWEISE und BEWERTUNGEN, auf denen die Ergebnisse des Effektivitätsnachweises (Assessment) und der Effektivitätsbewertung (Measurement), die nacheinander in der buchhalterischen Bewertung ablaufen, aufgelistet sind. Sie erkennen die gleichen Kennzahlen, die Sie in der Transaktion EFFEKTIVITÄTSPRÜFUNG (Transaktion THM80) finden (siehe Abschnitt 9.1.6). Wenn Sie das Bild nach rechts scrollen, sehen Sie zusätzliche Informationen (siehe Abbildung 9.7), wobei wir Sie hier noch auf die Spalten DETAILPROTOKOLL-UUID, DETAIL und BERECHNGRL. aufmerksam machen. Über die Buttons in den Spalten Detail und BerechnGrl. können Sie sich die zum Zeitpunkt der buchhalterischen Bewertung gespeicherten Detailprotokolle sowie die verwendeten Marktdaten anzeigen lassen. Die beiden Buttons stellen die gleichen Inhalte dar wie die namensgleichen Buttons in der Transaktion Effektivitätsprüfung (Transaktion THM80), die wir uns in Abschnitt 9.1.6 anschauen werden.

Abbildung 9.7 Historie in der Transaktion THMEX (rechts)

9.1.5 Barwerte ermitteln

Bei verschiedenen Prozessen im Hedge Accounting, zum Beispiel bei einem Effektivitätstest, benötigen Sie den Barwert des Sicherungsinstruments oder des hypothetischen Derivats. Bevor wir uns diesen Prozessen widmen, betrachten wir die verschieden Möglichkeiten, wie Sie die notwendigen Barwerte pflegen können.

Abhängig vom Customizing (siehe Abschnitt 9.2.2) speichern Sie die Barwerte entweder vor einem Effektivitätstest in die Tabelle VTVBAR, oder Sie lassen die Barwerte während des Effektivitätstests berechnen. Neben der manuellen Pflege der Tabelle VTVBAR können Sie auch die Barwerte mit der Transaktion Barwerte am Beginndatum definieren (Transaktion THM30) auf null setzen oder mit der Transaktion Speichern von Barwerten (Transaktion TPM60) unter Verwendung des Barwertrechners errechnen und speichern. Die Barwertablage selbst, die manuelle Pflege sowie die genannte Transaktion Speichern von Barwerten (Transaktion TPM60) beschreiben wir ausführlich in Kapitel 7, »Marktdaten«. Aufgrund der Relevanz der Barwerte finden Sie im Menü unter Hedge Accounting für Exposures • Abschlussarbeiten • Abschluss mit der Transaktion Barwerte von OTC-Geschäften definieren (Transaktion JBNPV) auch einen Zugang zur Pflege und Kontrolle dieser Barwerte.

9.1.6 Prospektiver und retrospektiver Effektivitätstest

Prospektiver Effektivitätstest

Die Rechnungslegungsvorschriften IAS 39 und FAS 133 schreiben zu bestimmten Zeitpunkten Tests der Effektivität einer Sicherungsbeziehung vor. Das beginnt damit, dass zum Zeitpunkt der Designation untersucht wird, wie effektiv die Sicherungsbeziehung in Zukunft wahrscheinlich sein wird. Man spricht hier von einem *prospektiven Effektivitätstest*. Es dürfen nur solche Sicherungsbeziehungen angelegt werden, die hochwahrscheinlich effektiv sein werden. Dabei ist die Bandbreite der möglichen Methoden expliziter prospektiver Effektivitätstests sehr groß. Sie lassen sich in verschiedene Gruppen einteilen. Die wichtigste Gruppe beinhaltet Szenarioanalysen mit einer Effektivitätstestmessmethodik, die analog zu der in der Sicherungsbeziehung hinterlegten Effektivitätstestmessmethodik ist. Andere Methoden sehen z.B. eine Sensitivitätsanalyse des Sicherungsobjekts und des Sicherungsinstruments vor. Diese Methoden werden vom System derzeit jedoch nicht unterstützt. Sowohl FAS 133 mit der Shortcut-Methode als auch IAS 39 mit der Critical-Terms-Match-Methode erlauben Ihnen unter bestimmten Umständen, auf den Effektivitätstest zu verzichten und die Sicherungsbeziehung automatisch als effektiv zu betrachten.

Im System wird der prospektive Effektivitätstest in zwei Schritte unterteilt. Sie können eine Szenarioanalyse der Sicherungsbeziehung entweder systemintern oder systemextern selbst durchführen. Sollte der systemintern oder systemextern durchgeführte Effektivitätstest im zweiten Schritt eine Ineffizienz aufweisen, können Sie das Ergebnis übernehmen und verbuchen. Dieses Vorgehen beschreiben wir genauer in Abschnitt 9.1.8 unter der Überschrift »Ende aufgrund prospektiver Ineffektivität«.

Retrospektiver Effektivitätstest

In regelmäßigen Abständen, spätestens jedoch zu den Zeitpunkten einer buchhalterischen Stichtagsbewertung, muss ein *retrospektiver Effektivitätstest* durchgeführt werden. Dabei wird geprüft, ob die Sicherungsbeziehung in der Vergangenheit unter den realen, eingetretenen Marktdaten effektiv war.

Für die Durchführung des prospektiven und retrospektiven Effektivitätstests können Sie die Transaktion EFFEKTIVITÄTSPRÜFUNG (Transaktion THM80) verwenden, die Sie im Menü unter HEDGE ACCOUNTING FÜR EXPOSURES • INFORMATIONSSYSTEME finden. Diese Transaktion dient sowohl der prospektiven als auch der retrospektiven Effektivitätsüberprüfung. Wir besprechen nun diese Transaktion und betrachten dabei zuerst die allgemeine Handhabung.

Ansteuerung

Schauen wir uns das Selektionsbild der Transaktion Effektivitätsprüfung (Transaktion THM80) in Abbildung 9.8 an. Neben den Angaben zur Abgrenzung der zu untersuchenden Sicherungsbeziehungen im Bildbereich Sicherungsbeziehung (SichBez.) möchten wir Ihren Blick auf den Bildbereich Umfang der Effektivitätsberechnung lenken. Über Radiobuttons können Sie einstellen, ob Sie eine Effektivitätsbewertung oder einen Effektivitätsnachweis durchführen wollen.

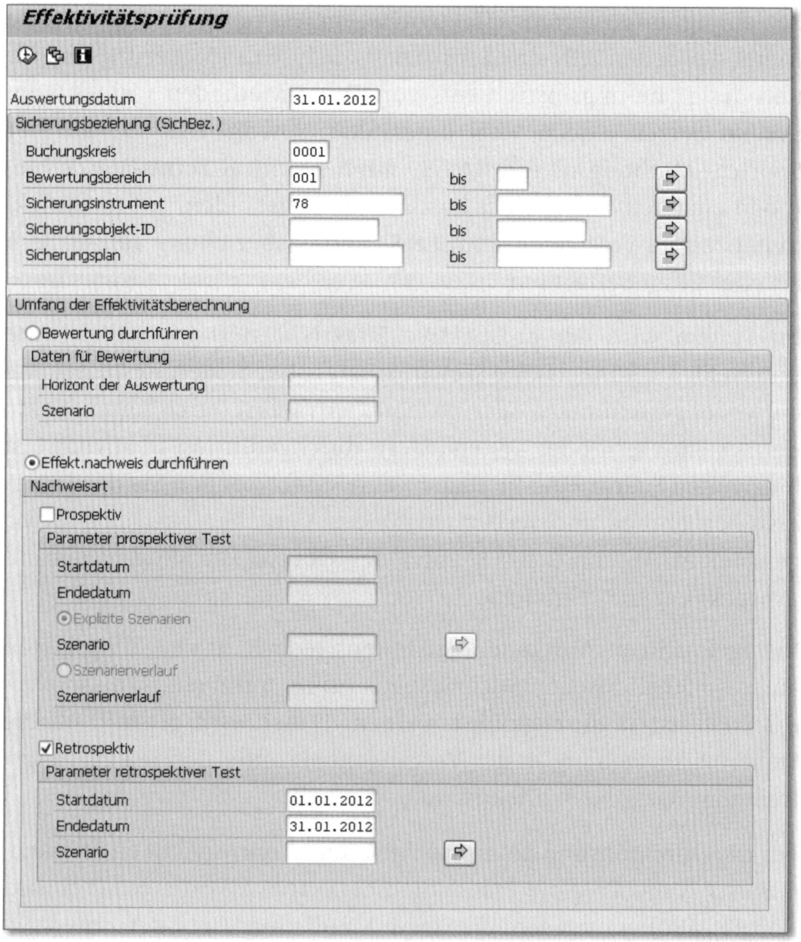

Abbildung 9.8 Selektionsbild der Effektivitätsprüfung (Transaktion THM80)

Effektivitätsbewertung und Effektivitätsnachweis [«]

Sie fragen sich vielleicht, was der Unterschied zwischen der *Effektivitätsbewertung* (Measurement) und dem *Effektivitätsnachweis* (Assessment) ist. Sprachlich wie auch inhaltlich liegen diese beiden Begriffe sehr nahe beieinander, sodass wir genau zwischen beiden unterscheiden wollen. Sowohl die Effektivitätsbewertung als auch der -nachweis berechnen intern die Effektivität, gesteuert durch die Berechnungsarten. Die Effektivitätsprüfung gibt Aussage darüber, ob eine Sicherungsbeziehung effektiv ist, während die Effektivitätsbewertung bestimmt, welche buchungstechnischen Konsequenzen die Effektivität nach sich zieht.

Effektivitätsbewertung und Effektivitätsnachweis [zB]

Betrachten wir den Effektivitätsnachweis und die Effektivitätsbewertung in der Stichtagsbewertung. Gegeben sei eine Sicherungsbeziehung mit einem Sicherungsinstrument, für das ein Wertansatz für den Jahresabschluss (Bilanz sowie GuV) ermittelt werden soll. Die Stichtagsbewertung überprüft in einem ersten Effektivitätstest mit der Berechnungsart des Effektivitätsnachweises, ob die Sicherungsbeziehung effektiv ist. Dieser Effektivitätsnachweis liefert nur eine Ja-/Nein-Aussage. Liefert der Effektivitätstest ein positives Ergebnis, ist also die Sicherungsbeziehung effektiv, wird ein zweiter Effektivitätstest mit der Berechnungsart der Effektivitätsbewertung durchgeführt. Insbesondere bei einem Cashflow-Hedge ist nun das Ergebnis des Effektivitätstests relevant, da anhand dieser Daten die Aufteilung der Erfolge zwischen effektiven und ineffektiven Teilen vorgenommen wird.

Effektivitätsnachweis

Betrachten wir nun den Effektivitätsnachweis. Dazu wählen wir den Radiobutton EFFEKT.NACHWEIS DURCHFÜHREN aus. Nach Setzen dieses Radiobuttons können Sie den prospektiven und den retrospektiven Effektivitätstest ausführen. Bei beiden Tests können Sie das Startdatum, das Endedatum sowie das Szenario pflegen. Beim prospektiven Test können Sie zusätzlich einen SZENARIOVERLAUF eingeben, in dem Sie eine Liste von aufsteigenden Daten bzw. Szenarien hinterlegen. Detaillierte Informationen zu Szenarien und ihrer Pflege finden Sie in Kapitel 7, »Marktdaten«.

Effektivitätsbewertung

Die Effektivitätsbewertung können Sie ausführen, wenn Sie den Radiobutton BEWERTUNG DURCHFÜHREN auswählen. Hier können Sie neben dem SZENARIO auch den HORIZONT DER AUSWERTUNG pflegen. Der Horizont der Auswertung ist das Datum, zu dem Marktdaten gelesen werden.

Ergebnis des Effektivitätstests

Das Ergebnis des Effektivitätstests (also das Ergebnis des Nachweises oder der Bewertung, siehe Abbildung 9.9) weist die Deltas, also die Wertänderungen, und die Deltasummen sowohl des Sicherungsobjekts (Spalten DIFF.SICHO und SUMDIFFSIO) als auch des Sicherungsinstruments, hier einfach nur *Derivat* genannt (Spalten CFDIFF.DER und SUMME DIFF), aus. Darüber hinaus werden die gemäß der hinterlegten Berechnungsart ermittelte EFFEKTIVITÄTSRATE sowie die daraus resultierende Ja-/Nein-Entscheidung über die EFFEKTIVITÄT der Sicherungsbeziehung in Form eines Ampel-Icons dargestellt. Die Ergebnisse des Effektivitätstests können Sie speichern und in der Transaktion DATEN DES EFFEKTIVITÄTSNACHWEISES ANZEIGEN (Transaktion THM87) anzeigen.

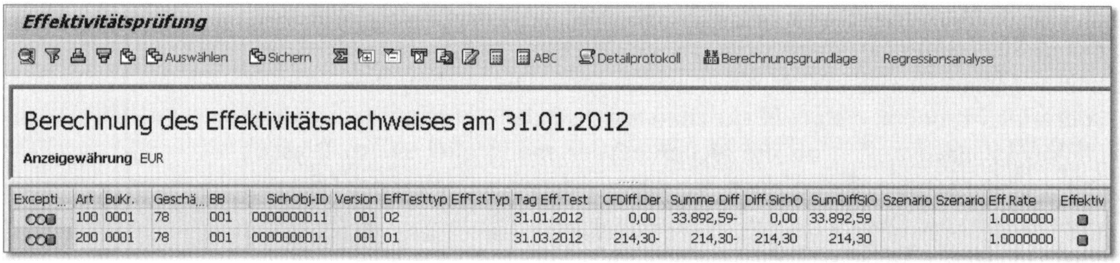

Abbildung 9.9 Ergebnis eines Effektivitätsnachweises

Wenn Sie den Effektivitätsnachweis mittels Regressionsanalyse vornehmen, sehen Sie anstelle der Deltasummen die wichtigsten Statistiken der Regressionsanalyse. Das Ergebnis des Effektivitätsnachweises müssen Sie vor der Durchführung der Stichtagsbewertung speichern. Mit einem Doppelklick auf die jeweilige Zeile oder einem Klick auf den Button REGRESSIONSANALYSE erreichen Sie die in Abbildung 9.10 dargestellten Detailangaben der Analyse, die die Angaben zu einzelnen Datenpunkten, Statistiken und eine grafische Darstellung umfassen.

Detailprotokoll und Marktdaten

Für beide Arten des Effektivitätstests ist ein detailliertes Protokoll verfügbar, das Sie über den Button DETAILPROTOKOLL in Abbildung 9.9 erreichen. Hier finden Sie in ähnlicher Weise wie beim Protokoll der Barwertanalyse Einzelheiten zur Berechnung der Effektivität sowie der zugrunde liegenden Daten. Über den Button BERECHNUNGSGRUNDLAGE können Sie einsehen, welche Marktdaten für die Effektivitätsprüfung verwendet wurden.

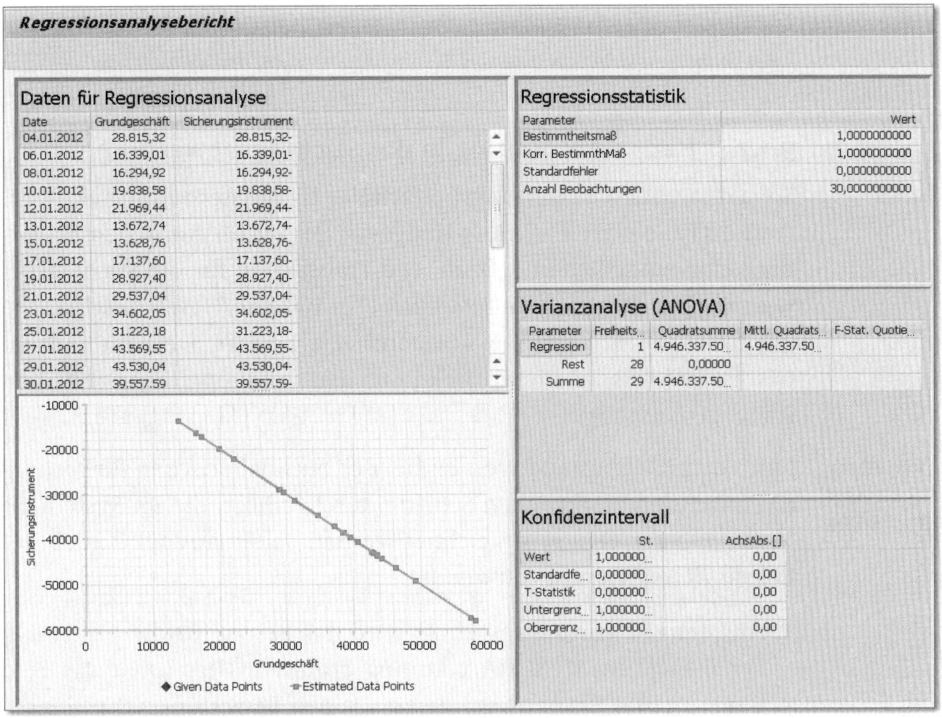

Abbildung 9.10 Bericht zur Regressionsanalyse

Analyse des Effektivitätstests mittels Detailprotokoll

[+]

Das Detailprotokoll des Effektivitätstests sieht auf den ersten Blick kompliziert aus. Mit seiner Hilfe können Sie aber die Effektivitätsberechnung analysieren und die Ursache einer Ineffektivität identifizieren. Das Protokoll ist in die folgenden Abschnitte aufgeteilt:

- Angaben zur Sicherungsbeziehung
- Effektivitätsberechnung am Anfang der Periode
- Effektivitätsberechnung am Ende der Periode
- Deltaberechnung von Sicherungsobjekt und Sicherungsinstrument
- Effektivitätsfaktor

Die Effektivitätsberechnung am Anfang und Ende der Periode enthält die Bewertung des Derivats und die Bewertung des Sicherungsobjekts. Zu jeder Bewertung können Sie den Cashflow und die Marktdaten analysieren. Oft können Sie die Ursache einer Ineffektivität dadurch finden, dass Sie zuerst feststellen, wie die Deltas berechnet wurden. Da ein Delta durch den Fair-Value am Anfang und Ende der Periode bestimmt wird, liegt die Ursache der Ineffektivität in der Fair-Value-Berechnung am Anfang oder Ende der Periode. Danach können Sie die jeweilige Berechnung analysieren, indem Sie die Barwerte, Cashflows und die Marktdaten des Sicherungsobjekts und des Sicherungsinstruments vergleichen.

9.1.7 Hedge Accounting in der Stichtagsbewertung

Sobald in einem Bewertungsbereich das Hedge Accounting aktiv ist, läuft im Falle eines Cashflow-Hedges in der buchhalterischen Bewertung eine zusätzliche Logik ab. Die Transaktion für die Stichtagsbewertung BEWERTUNG DURCHFÜHREN (Transaktion TPM1) beschreiben wir im Detail in Kapitel 5, »Bestandsverwaltung«. Deshalb konzentrieren wir uns an dieser Stelle auf den Zusammenhang mit dem Hedge Accounting.

Verteilung der Erfolge/ Klassifizierung

Für jeden Buchbestand werden bei der buchhalterischen Bewertung die folgenden zusätzlichen Schritte durchgeführt, die im System als *Verteilung der Erfolge* bezeichnet werden. Alternativ wird auch der Begriff *Klassifizierung* verwendet:

1. Aus dem Bewertungsergebnis wird der Betrag für die *Verteilung der Erfolge* im Hedge Accounting ermittelt. Hier spielt das Feld BEHANDLUNG ERFOLGE aus den einzelnen Bewertungsschritten die entscheidende Rolle. Wenn Sie in diesem Feld Hedge Accounting eingestellt haben, wird das Bewertungsergebnis der einzelnen Bewertungsschritte im Rahmen des Hedge Accountings verteilt.
2. Es folgt der Effektivitätsnachweis, d.h., es wird überprüft, ob die Sicherungsbeziehung zum Zeitpunkt der Bewertung retrospektiv effektiv ist. Dazu wird die in der Sicherungsstrategie hinterlegte Berechnungsart für den Effektivitätsnachweis verwendet (Feld EFFNACHWBERART in Abbildung 9.23).
3. Ist dies der Fall, wird im letzten Schritt die Effektivitätsbewertung vorgenommen. Es erfolgen die Aufteilung und Buchung des Gesamtbewertungsergebnisses gemäß dem eingestellten Hedge Accounting. Für diesen Schritt können Sie in der Sicherungsstrategie eine vom Effektivitätsnachweis unabhängige Berechnungsart hinterlegen, die Berechnungsart für die Effektivitätsbewertung (Feld BEWERTBERECHART in Abbildung 9.23). Ist hingegen die Sicherungsbeziehung retrospektiv nicht effektiv, wird kein Hedge Accounting durchgeführt.

[+]

Klassifizierung ohne Sicherungsbeziehung

Sie fragen sich vielleicht, was passiert, wenn bei einem Buchbestand das Bewertungsergebnis klassifiziert werden soll, aber das Sicherungsinstrument gar keiner Sicherungsbeziehung zugeordnet ist. In diesem Fall wird das Bewertungsergebnis der einzelnen Bewertungsschritte im Hedge Accounting als freistehend klassifiziert. Wenn Sie z.B. für Devisenoptionen den Zeitwert und den inneren Wert getrennt verbuchen möchten, ohne das Hedge Accounting zu nutzen, können Sie dies unter Verwendung der Einstellungen im Bewertungsschritt und unter Verwendung der Einstellungen für die Fortschreibungsarten im Hedge Accounting für Exposures (siehe Abschnitt 9.4.2) erreichen.

Bewertungsschritte

In Abbildung 9.11 sehen Sie, was bei einer Bewertung mit Klassifizierung im Hedge Accounting im Falle eines Cashflow-Hedges buchhalterisch geschieht:

1. Der neue Fair-Value (Barwert) wird ermittelt. Die gesamte Fair-Value-Änderung wird gebucht – Bestandskonto (in diesem Beispiel ein FX Devisenbestand) an Verrechnungskonto (siehe Abbildung 9.11, ❶).
2. In nächsten Schritt ermittelt das System den freistehenden Anteil (Free-Standing Portion), also den Anteil des Sicherungsinstruments, der nicht in der Sicherungsbeziehung designiert wurde. Dieser freistehende Anteil wird in die Gewinn- und Verlustrechnung (GuV) gebucht ❷.

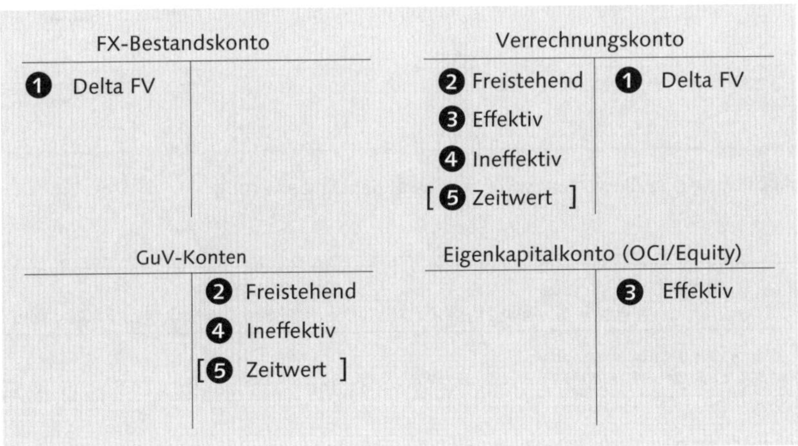

Abbildung 9.11 Verteilung der Erfolge für das Sicherungsinstrument im Falle eines Cashflow-Hedges

Für den gesicherten Anteil wird der effektive Anteil (Effective Portion) nach den Regeln des FAS 133 bzw. IAS 39 ermittelt und ins Eigenkapital gebucht ❸, der Residualwert wird als ineffektiver Anteil (Ineffective Portion) auf ein GuV-Konto gebucht ❹. Im Falle von optionalen Instrumenten haben Sie die Möglichkeit, den Zeitwert (Time Value) vom inneren Wert der Option zu trennen und diesen ebenfalls auf ein (anderes) GuV-Konto zu buchen ❺.

Ergebnisse der Stichtagsbewertung

Abbildung 9.12 zeigt das Bewertungsprotokoll der Stichtagsbewertung mit der Transaktion STICHTAGSBEWERTUNG DURCHFÜHREN (Transaktion TPM1) über das Gesamtbewertungsergebnis. Hier wird noch nicht die Aufteilung der Erfolge gemäß Hedge Accounting dargestellt. Wenn das Hedge Accounting eine Verteilung der Erfolge durchgeführt hat, finden Sie ein zusätzliches Protokoll (siehe Abbildung 9.13), das die Informationen über die Verteilung der Erfolge darstellt. Das Buchungsprotokoll (siehe Abbildung 9.14) zeigt schließlich die endgültigen Belegzeilen inklusive der durch das Hedge Accounting ermittelten Verteilung der Erfolge. Beide Protokolle erreichen Sie über den Button PROTOKOLLE + NACHRICHTEN.

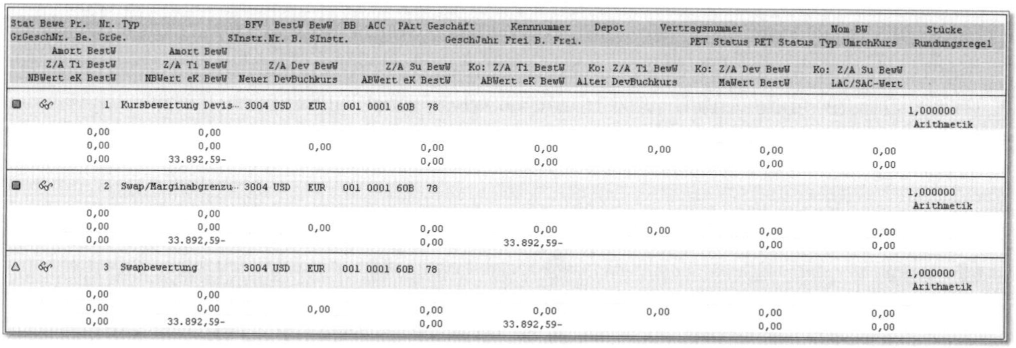

```
Stat Bewe Pr.  Nr. Typ                  BFV  BestW BewW  BB  ACC  PArt Geschäft     Kennnummer   Depot    Vertragsnummer            Nom BW          Stücke
GrGeschNr. Be. GrGe.               SInstr.Nr. B. SInstr.              GeschJahr Frei B. Frei.              PET Status RET Status Typ UmrchKurs   Rundungsregel
     Amort BestW         Amort BewW
    Z/A Ti BestW        Z/A Ti BewW      Z/A Dev BewW      Z/A Su BewW   Ko: Z/A Ti BestW   Ko: Z/A Ti BewW  Ko: Z/A Dev BewW   Ko: Z/A Su BewW
  NBWert eK BestW   NBWert eK BewW  Neuer DevBuchkurs   ABWert eK BestW   ABWert eK BewW  Alter DevBuchkurs        MaWert BestW      LAC/SAC-Wert

        1 Kursbewertung Devis… 3004 USD  EUR  001 0001 60B  78                                                                           1,000000
                                                                                                                                          Arithmetik
          0,00            0,00
          0,00            0,00             0,00              0,00             0,00              0,00              0,00              0,00
          0,00       33.892,59-                              0,00             0,00                                0,00              0,00

        2 Swap/Marginabgrenzu… 3004 USD  EUR  001 0001 60B  78                                                                           1,000000
                                                                                                                                          Arithmetik
          0,00            0,00
          0,00            0,00             0,00              0,00             0,00              0,00              0,00              0,00
          0,00       33.892,59-                              0,00        33.892,59-                               0,00              0,00

△       3 Swapbewertung        3004 USD  EUR  001 0001 60B  78                                                                           1,000000
                                                                                                                                          Arithmetik
          0,00            0,00
          0,00            0,00             0,00              0,00             0,00              0,00              0,00              0,00
          0,00       33.892,59-                              0,00        33.892,59-                               0,00              0,00
```

Abbildung 9.12 Bewertungsprotokoll der Stichtagsbewertung

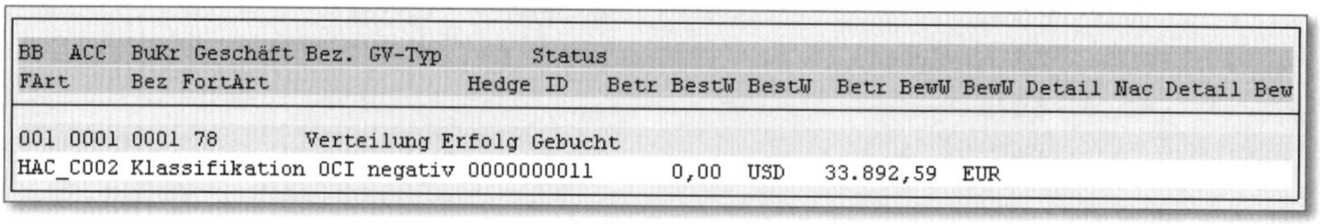

```
BB  ACC  BuKr Geschäft Bez. GV-Typ           Status
FArt      Bez FortArt              Hedge ID   Betr BestW BestW  Betr BewW BewW Detail Nac Detail Bew

001 0001 0001 78            Verteilung Erfolg Gebucht
HAC_C002 Klassifikation OCI negativ 0000000011      0,00  USD    33.892,59  EUR
```

Abbildung 9.13 Protokoll »Verteilung der Erfolge«

Abbildung 9.14 Buchungsprotokoll

Historie in der Transaktion THMEX

Alle Bewertungen können Protokolleinträge erzeugen, die Sie im Hedge Accounting in der Verwaltung der Sicherungsbeziehungen wiederfinden können (siehe Abbildung 9.7 in Abschnitt 9.1.4). Im Customizing können Sie festlegen, ob auch das Detailprotokoll gespeichert werden soll.

9.1.8 Ende der Sicherungsbeziehung

Das Ende einer Sicherungsbeziehung kann durch verschiedene Ereignisse ausgelöst werden:

- Das Sicherungsgeschäft besteht nicht mehr, weil es z.B. verfallen ist oder ausgeübt wurde.
- Das Exposure ist weggefallen und besteht nicht mehr.
- Die Sicherungsbeziehung ist nicht mehr effektiv.
- Die Sicherungsbeziehung wurde manuell aufgelöst.

Ende der Sicherungsbeziehung nach Ablauf des Sicherungsinstruments

Fälligkeit

In diesem Fall gibt es für jeden Typ von Sicherungsinstrument eine eigene Transaktion, mit der sich die Fälligkeit oder die Ausübung im System erfassen lässt. Üblicherweise wird die Fälligkeit oder die Ausübung mit der Transaktion Bewegungen buchen (Transaktion TBB1) gebucht, die wir in Kapitel 6, »Integration mit anderen Modulen«, beschreiben. Nach dem Buchen sieht der Bestandsfinanzstrom eines Sicherungsinstruments so aus, wie in Abbildung 9.15 dargestellt. Sie sehen hier den Finanzstrom eines Devisentermingeschäfts, das als Sicherungsinstrument in einem Cashflow-Hedge designiert ist, nach der Fälligkeit, aber vor der abschließenden Klassifikation. Die einzelnen buchhalterischen Quartalsbewertungen haben Bewegungen erzeugt, die als Geschäftsvorfalltyp (Bez. GV-Typ) Verteilung Erfolg tragen. Sie finden in diesen Geschäftsvorfällen die entsprechenden Fortschreibungsarten aus dem Customizing des Hedge Accountings für Exposures wieder (siehe Abbildung 9.28 in Abschnitt 9.2.4). Nach der Buchung der Fälligkeit müssen Sie noch den abgeleiteten Geschäftsvorfall mit den gesammelten Kursgewinnen mit der Transaktion Abgeleitete Geschäftsvorfälle buchen und fixieren (Transaktion TPM18) buchen. Dabei wird letztmalig die Verteilung der Erfolge vorgenommen, nämlich für den Zeitpunkt der Realisierung (siehe Abschnitt 9.2.2, Überschrift »Berechnungsart«).

ACC	BB	Geschäft	Status	TRL Datum	FArt	Fortschreibungsart	Bez. GV-Typ	Nominalbetrag	NomW	Betr BestW	BestW	Betr BewW	BewW
0001	001	78	P	02.01.2012	OTC001	Open OTC-Geschäft	Open OTC-Geschäft				USD		EUR
0001	001	78	F	31.01.2012	HAC_V501	Abschreibung Kaufwährung	Bewertung				USD	33.892,59	EUR
0001	001	78	F	31.01.2012	HAC_C002	Klassifikation OCI negativ	Verteilung Erfolg				USD	33.892,59	EUR
0001	001	78	F	28.02.2012	HAC_V501	Abschreibung Kaufwährung	Bewertung				USD	22.723,53	EUR
0001	001	78	F	28.02.2012	HAC_C002	Klassifikation OCI negativ	Verteilung Erfolg				USD	22.723,53	EUR
0001	001	78	F	31.03.2012	FX1000+	Kauf Devisen	Kauf OTC-Geschäft	1.000.000,00	USD	1.000.000,0...	USD	749.962,50	EUR
0001	001	78	F	31.03.2012	FX2000-	Verkauf Devisen	Verkauf OTC-Geschäft	800.000,00	EUR	800.000,00	EUR	800.000,00	EUR
0001	001	78	P	31.03.2012	OTC002	Close OTC-Geschäft	Close OTC-Geschäft				USD		EUR
0001	001	78	P	31.03.2012	HAC_E036	Translation Spotbewertung Kaufwähru	Abgeleiteter Geschäftsvorfall				USD	56.616,12	EUR
0001	001	78	P	31.03.2012	HAC_B014	Kursverlust (Standard) Devisenterming	Abgeleiteter Geschäftsvorfall				USD	50.037,50	EUR

Abbildung 9.15 Finanzstrom eines Devisentermingeschäfts

Hedge Accounting im abgeleiteten Geschäftsvorfall

Nach der Buchung erhalten Sie, wie bei der buchhalterischen Bewertung, neben dem Buchungsprotokoll auch das zusätzliche Protokoll Verteilung der Erfolge analog zu Abbildung 9.13. Der Finanzstrom des Sicherungsinstruments weist nach dem Buchen des abgeleiteten Geschäftsvorfalls zusätzliche Bewegungen auf (siehe Abbildung 9.16). Wenn Sie für das Bestandsführungsverfahren für den Parameter Erzeugungsart der Bewegungen bei Realisierung den Wert mit Rücknahme eingestellt haben (siehe Abbildung 9.28), werden die Salden der bisherigen nicht realisierten Anteile ausgebucht und gemeinsam mit dem neuen, in der Fälligkeit anfallenden, restlichen Anteil als realisiert klassifiziert (siehe Abschnitt 9.2.4).

ACC	BB	Geschäft	Status	TRL Datum	FArt	Fortschreibungsart	Bez. GV-Typ	Nominalbetra...	NomW	Betr BestW	BestW	Betr BewW	BewW
0001	001	78	P	02.01.2012	OTC001	Open OTC-Geschäft	Open OTC-Geschäft				USD		EUR
0001	001	78	F	31.01.2012	HAC_V501	Abschreibung Kaufwährung	Bewertung				USD	33.892,59	EUR
0001	001	78	F	31.01.2012	HAC_C002	Klassifikation OCI negativ	Verteilung Erfolg				USD	33.892,59	EUR
0001	001	78	F	28.02.2012	HAC_V501	Abschreibung Kaufwährung	Bewertung				USD	22.723,53	EUR
0001	001	78	F	28.02.2012	HAC_C002	Klassifikation OCI negativ	Verteilung Erfolg				USD	22.723,53	EUR
0001	001	78	F	31.03.2012	FX1000+	Kauf Devisen	Kauf OTC-Geschäft	1.000.000,00	USD	1.000.000,00	USD	749.962,50	EUR
0001	001	78	F	31.03.2012	FX2000-	Verkauf Devisen	Verkauf OTC-Geschäft	800.000,00	EUR	800.000,00	EUR	800.000,00	EUR
0001	001	78	P	31.03.2012	OTC002	Close OTC-Geschäft	Close OTC-Geschäft				USD		EUR
0001	001	78	F	31.03.2012	HAC_E036	Translation Spotbewertung Kaufwähru	Abgeleiteter Geschäftsvorfall				USD	56.616,12	EUR
0001	001	78	F	31.03.2012	HAC_B014	Kursverlust (Standard) Devisenterming	Abgeleiteter Geschäftsvorfall				USD	50.037,50	EUR
0001	001	78	F	31.03.2012	HAC_CA02	Klassifikation OCI negativ, realisiert	Verteilung Erfolg				USD	50.037,50	EUR
0001	001	78	F	31.03.2012	HAC_D002	Rücknahme Klassifikation OCI negativ	Verteilung Erfolg				USD	56.616,12	EUR

Abbildung 9.16 Finanzstrom des Sicherungsgeschäfts nach der Fälligkeit und nach der Buchung des abgeleiteten Geschäftsvorfalls

Plansätze des Hedge Accountings

Eine Besonderheit wird Ihnen sicherlich aufgefallen sein. Wie es in der Bestandsverwaltung die Regel ist, erzeugt die Fixierung, hier mittels Transaktion TBB1, zwar Plansätze des abgeleiteten Geschäftsvorfalls, Sie finden aber keine Plansätze für die Verteilung der Erfolge des Hedge Accountings (siehe Abbildung 9.15). Die Transaktion ABGELEITETE GESCHÄFTSVORFÄLLE BUCHEN UND FIXIEREN (Transaktion TPM18) bucht deshalb in Abhängigkeit von der Steuerung der abgeleiteten Geschäftsvorfälle in diesem Fall nicht nur schon vorhandene Plansätze, sondern stößt auch die Verteilung der Erfolge an und erzeugt dafür Bewegungen, die direkt fixiert und gebucht werden.

Ende aufgrund prospektiver Ineffektivität

Effektivitätsprognose

In regelmäßigen Abständen, im Allgemeinen zu den Stichtagen der buchhalterischen Bewertung, müssen sowohl retrospektive als auch prospektive Effektivitätstests durchgeführt werden. Während der retrospektive Effektivitätstest intern in der buchhalterischen Bewertung durchgeführt wird (mit Ausnahme von linearer Regression), werden für den prospektiven Effektivitätstest Werkzeuge wie die Transaktion EFFEKTIVITÄTSPRÜFUNG (Transaktion THM80, siehe Abschnitt 9.1.6) verwendet. Liefert ein solcher prospektiver Effektivitätstest eine Ineffizienz, können Sie das mittels der Transaktion EFFEKTIVITÄTSPROGNOSE (Transaktion THM50) übernehmen. Sie finden diese Transaktion im Menü unter HEDGE ACCOUNTING FÜR EXPOSURES • ABSCHLUSSARBEITEN • BUCHHALTUNG. Nach Eingabe der Selektion erhalten Sie eine tabellarische Übersicht über die selektierten Sicherungsbeziehungen.

Das grüne Symbol in der Spalte EFFEKTIV in Abbildung 9.17 zeigt an, dass die Sicherungsbeziehung in der Verwaltung des Hedge Accountings aktiv und effektiv ist. Ein Doppelklick auf das Symbol verwandelt es in ein rotes, Sie haben damit diese Sicherungsbeziehung als ineffektiv markiert. Beim Speichern wird die Sicherungsbeziehung, die Sie so als prospektiv ineffektiv markiert haben, entweder entkoppelt oder aufgelöst, je nach Einstellung im Customizing. Die dazu notwendige Einstellung nehmen Sie im Customizing unter HEDGE ACCOUNTING FÜR EXPOSURES • BEWERTUNGSBEREICHSABHÄNGIGE EINSTELLUNGEN FÜR E-HA durch den Parameter EFFEKT.PROGNOSE vor (siehe Abbildung 9.22). Sollten Sie die Übernahme des prospektiven Effektivitätstests stornieren wollen, finden Sie im Menü direkt daneben die Transaktion EFFEKTIVITÄTSPROGNOSE STORNIEREN (Transaktion THM51).

Abbildung 9.17 Prospektiven Effektivitätsnachweis übernehmen

Ende aufgrund retrospektiver Ineffektivität

Ineffizienz in der Transaktion TPM1

Bei jeder buchhalterischen Bewertung (Transaktion TPM1) und bei der Fälligkeit wird die Effektivität der Sicherungsbeziehung im Schritt des Effektivitätsnachweises (Assessment) ermittelt. Wenn eine Beziehung ineffektiv ist, wird in der buchhalterischen Bewertung das Gesamtbewertungsergebnis vollständig in die GuV gebucht. Die buchhalterische Bewertung führt an der Sicherungsbeziehung selbst keine Änderung durch. Intern speichert das System aber, dass diese Sicherungsbeziehung als ineffektiv getestet wurde.

Verarbeitung der retrospektiven Ineffizienz

Zur Bearbeitung dieser ineffektiven Sicherungsbeziehungen können Sie die Transaktion Effektivitätsnachweis – Ineffektive Sicherungsbeziehungen auflösen (Transaktion THM52) verwenden, die Sie im Menü unter Hedge Accounting für Exposures • Abschlussarbeiten • Buchhaltung finden. Mit dieser Transaktion können Sie, nach der Angabe weiterer Selektionskriterien zur Eingrenzung der Sicherungsbeziehungen, alle Sicherungsbeziehungen selektieren, die sich innerhalb der Selektionsperiode bei einem Effektivitätsnachweis (Assessment) der buchhalterischen Bewertung als ineffektiv erwiesen haben. Sie erhalten eine Ergebnisliste wie in Abbildung 9.18.

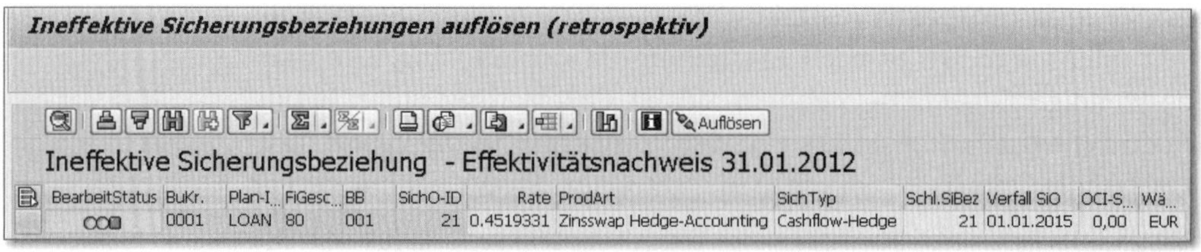

Abbildung 9.18 Auflösung retrospektiv ineffektiver Sicherungsbeziehungen (Transaktion THM52)

Markierte Sicherungsbeziehungen lösen Sie einfach über den Button AUFLÖSEN auf, wobei vorhandene Eigenkapitalsalden (Spalte OCI-SAL.) direkt in die GuV klassifiziert werden.

Storno

Mit der Transaktion EFFEKTIVITÄTSNACHWEIS STORNIEREN (Transaktion THM53), die Sie im Menü direkt unter der Transaktion THM52 finden, können Sie die Auflösung der Sicherungsbeziehungen, die Sie über die Transaktion THM52 ausgelöst haben, wieder stornieren.

Weitere Arten der Beendigung einer Sicherungsbeziehung

Manuell in der Transaktion THMEX

Natürlich können Sie eine Sicherungsbeziehung auch manuell beenden – etwa direkt in der Verwaltung der Sicherungsbeziehung in der Transaktion SICHERUNGSPLAN (Transaktion THMEX, siehe Abbildung 9.5). Hier können Sie über den Button ENTKOPPELN die Sicherungsbeziehung deaktivieren. Etwaige effektive Anteile bleiben dann im Eigenkapital stehen. Mit dem Button AUFLÖSEN beenden Sie die Sicherungsbeziehung unter direkter Reklassifikation der effektiven Eigenkapitalkomponenten. Wir sprechen von *Reklassifikation*, wenn ein durch das Hedge Accounting aufgebauter Eigenkapitalsaldo erfolgswirksam aufgelöst wird. Ein weiteres Beispiel der Reklassifikation ist, wenn Sie ein Exposure vermindern, was zur Anpassung des zugeordneten Volumens des Sicherungsobjekts in der Sicherungsbeziehung führt. Hier muss ein Teil der Sicherungsbeziehung aufgelöst werden, was zur Reklassifikation führen kann.

Sonstige Arten

Neben den bisher dargestellten Funktionen gibt es noch eine ganze Reihe weiterer Transaktionen, mit denen Sie Sicherungsbeziehungen in verschiedenen Konstellationen auflösen oder entkoppeln bzw. diese Entkopplungen oder Auflösungen wieder stornieren können. Da diese in der Dokumentation gut beschrieben sind, wollen wir diese Transaktionen an dieser Stelle nur aufzählen. Im Menü unter HEDGE ACCOUNTING FÜR EXPOSURES • VERFALL VON RISIKEN finden Sie folgende Transaktionen:

- Verfall der Exposures (Transaktion THM10)
- Verfall der Exposures stornieren (Transaktion THM11)
- Verfall des Sicherungsplans (Transaktion THM12)
- Entkopplung der Sicherungsbeziehung (Transaktion THM14)
- Entkopplung der Sicherungsbeziehung stornieren (Transaktion THM15)

9.1.9 Nach dem Ende der Sicherungsbeziehung

Eigenkapital nach Ende der Sicherungsbeziehung

Je nach Art der Sicherungsbeziehung werden die effektiven Anteile direkt mit dem Ende der Sicherungsbeziehung oder später in die GuV reklassifiziert. Möchten Sie, dass die Eigenkapitalsalden nach dem Ende der Sicherungsbeziehung für eine spätere Reklassifikation bestehen bleiben, darf im Sprachgebrauch des Systems die Sicherungsbeziehung nur *entkoppelt*, nicht *aufgelöst* werden. Diese Begriffe finden sich in Transaktionsnamen genauso wieder wie z.B. auch in Beschriftungen und Bezeichnungen (siehe die Buttons ENTKOPPLUNG und AUFLÖSEN in der Transaktion SICHERUNGSPLAN (Transaktion THMEX)). Eine Entkopplung können Sie also mit verschiedenen Transaktionen durchführen, wie z.B. ENTKOPPLUNG DER SICHERUNGSBEZIEHUNG (Transaktion THM14). Den richtigen Zeitpunkt für die Reklassifikation zu finden, ist in vielen Fällen keine einfache Aufgabe. Für eine Devisenabsicherung eines geplanten Kaufs eines Rohstoffs in Form eines Cashflow-Hedges räumt IAS 39 z.B. dem Unternehmen die Wahlmöglichkeit ein, die durch die Absicherung aufgelaufenen Eigenkapitalsalden erst dann in die GuV zu reklassifizieren, wenn das Endprodukt verkauft ist. Die Entscheidung, wann dies der Fall ist, ist dabei oft sehr schwer. Wir möchten Ihnen hier nur zwei Grenzfälle vorstellen und zeigen, wie diese im System abgebildet werden können. Zuvor soll noch angemerkt werden, dass die SALDENLISTE (Transaktion THM81) diese Eigenkapitalsalden auch dann noch ausweist, wenn das Sicherungsinstrument selbst längst aufgehört hat zu existieren.

Micro-Hedge

Betrachten wir den Fall, dass der eingekaufte und gesicherte Rohstoff in genau einen Kundenauftrag eingeht. Diesen Fall bezeichnen wir als *Micro-Hedge*. Hier kann der Zeitpunkt des Verkaufs genau bestimmt werden, und es ist nur ein einziger Zeitpunkt. Zu diesem Zeitpunkt, der in SAP Treasury and Risk Management nicht bekannt ist, können Sie mit der Transaktion MANUELLE EK-REKLASSIFIKATION (Transaktion THM54) den gesamten Eigenkapitalsaldo des Sicherungsinstruments in die GuV reklassifizieren. Sie finden diese Transaktion im Menü unter HEDGE ACCOUNTING FÜR EXPOSURES • ABSCHLUSSARBEITEN • BUCHHALTUNG.

Macro-Hedge

Der andere Extremfall – *Macro-Hedge* – ist die Verarbeitung des eingekauften und gesicherten Rohstoffs in vielen Kundenaufträgen. Vor allem bei Massenprodukten oder nicht-diskreten Produkten ist dies ein häufig auftretender Fall. Hier ist es meist nicht praktikabel, die

Zeitpunkte mit den entsprechenden Mengen zu ermitteln und nach und nach die entsprechenden Eigenkapitalanteile in die GuV zu klassifizieren. Stattdessen wird oft eine zeitlich lineare Auflösung des Eigenkapitalsaldos als adäquate Näherung angesehen und verwendet. Zur Unterstützung dieser Methode können Sie bei einem Cashflow-Hedge eines geplanten Kaufs oder bei Zinsrisiken bei der Erfassung des Sicherungsobjekts im Bildbereich DETAILANGABEN ZUM SICHERUNGSOBJEKT (SO) über die Felder BEGINN REKLASS. und ENDE REKLASS. eine geplante Reklassifikationsperiode eingeben. Abbildung 9.19 zeigt die Detailangaben für einen Cashflow-Hedge eines geplanten Kaufs mit den zusätzlichen, optionalen Angaben der Reklassifikationsperiode.

Abbildung 9.19 Detailangaben für einen Cashflow-Hedge eines geplanten Kaufs

Automatische Reklassifikation

Wenn Sie so eine geplante Reklassifikationsperiode angegeben haben, können Sie nach dem Ende der Sicherungsbeziehung den aufgelaufenen Eigenkapitalsaldo der Sicherungsbeziehung über die Reklassifikationsperiode zeitanteilig reklassifizieren. Zu diesem Zweck steht Ihnen die Transaktion AUTOMATISCHE EK-REKLASSIFIKATION (Transaktion THM58) zur Verfügung. Sie finden diese Transaktion im Menü unter HEDGE ACCOUNTING FÜR EXPOSURES • ABSCHLUSSARBEITEN • BUCHHALTUNG. Wenn Sie diese Transaktion zu einem Datum D_{RK} innerhalb der Reklassifikationsperiode, beschrieben durch $[D_{Beginn}, D_{Ende}]$, ausführen und zu diesem Zeitpunkt ein Eigenkapitalsaldo von E besteht, wird ein Betrag *RK* nach folgender Formel reklassifiziert:

$$RK = E \cdot \frac{D_{RK} - D_{letzte\ RK}}{D_{Ende} - D_{letzte\ RK}}$$

Aufsetzpunkt *für* die Ermittlung des zeitanteilig zu reklassifizierenden Betrags ist also immer der letzte Reklassifikationszeitpunkt. Ist zum Zeitpunkt der automatischen Reklassifikation noch keine Reklassifikation durchgeführt worden, wird $D_{letzte\ RK} = D_{Beginn}$ gesetzt. Sie können den Wert D_{Beginn} (Feld BEGINN REKLASS. in Abbildung 9.19) so lange ändern, bis die erste Reklassifikation durchgeführt wurde. Den Wert von D_{Ende} (Feld ENDE REKLASS.) können Sie hingegen so lange ändern, wie ein zu reklassifizierender Eigenkapitalbetrag vorhanden ist. Dadurch können Sie den zeitlichen Verlauf auch noch nach dem Ende der aktiven Sicherungsbeziehung steuern. Mit der Transaktion AUTOMATISCHE EK-REKLASSIFIKATION STORNIEREN (Transaktion THM59) können Sie eine solche Reklassifikation stornieren.

9.1.10 Reporting im Hedge Accounting

Das Informationssystem des Hedge Accountings beinhaltet einige Berichte, die wir Ihnen vorstellen wollen.

Reporting der Eigenkapitalkomponenten

Eine Übersicht über die Wirkung des Hedge Accountings erhalten Sie mit der Transaktion SALDENLISTE (Transaktion THM81), die Sie unter HEDGE ACCOUNTING FÜR EXPOSURES • INFORMATIONSSYSTEM finden (siehe Abbildung 9.20).

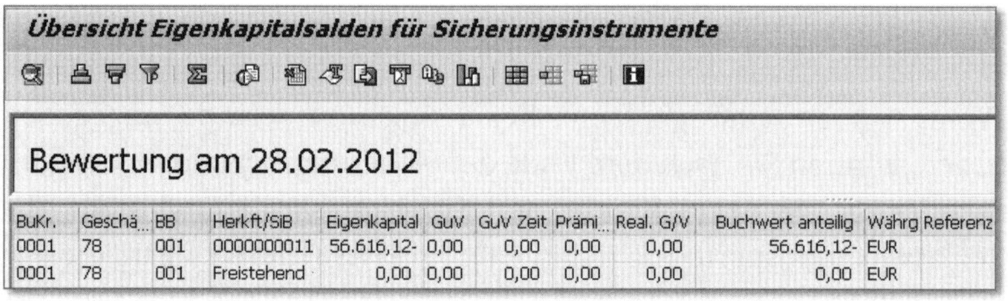

BuKr.	Geschä...	BB	Herkft/SiB	Eigenkapital	GuV	GuV Zeit	Prämi...	Real. G/V	Buchwert anteilig	Währg	Referenz
0001	78	001	0000000011	56.616,12-	0,00	0,00	0,00	0,00	56.616,12-	EUR	
0001	78	001	Freistehend	0,00	0,00	0,00	0,00	0,00	0,00	EUR	

Abbildung 9.20 Übersicht über die Eigenkapitalsalden der Sicherungsinstrumente mittels der Transaktion »Saldenliste« (THM81)

Hier sehen Sie pro Geschäft eine oder mehrere Zeilen. Ist ein Geschäft kein Sicherungsinstrument in einer Sicherungsbeziehung, ist das Geschäft zu 100 % freistehend, und Sie finden nur eine Zeile FREISTEHEND im Bericht (zweite Zeile in Abbildung 9.20). Ist das Geschäft aber ein Sicherungsinstrument, erscheint pro Sicherungsbeziehung, in der es als Sicherungsinstrument auftritt, eine zusätzliche Zeile mit der Nummer des Sicherungsobjekts unter HERKUNFT/SIB (Herkunft/Sicherungsbeziehung). In dieser Zeile finden Sie dann die Aufteilung des Bewertungsergebnisses in die Komponenten EIGENKAPITAL für den effektiven Anteil und GUV für den ineffektiven Anteil. Die Spalte GUV ZEIT enthält den abgespaltenen, bewerteten Zeitwert der Optionen.

Die anderen beiden Spalten PRÄMIE und REAL.G/V sind von geringerer Bedeutung und sind vor allem eingefügt worden, um den BUCHWERT ANTEILIG zu erklären: Die Spalte PRÄMIE enthält eine aktivierte Optionsprämie (Prämie minus Eigenkapitalsaldo minus GuV), die Spalte REAL.G/V enthält für abgelaufene Sicherungsgeschäfte die negative Summe aus effektivem Anteil, ineffektivem Anteil, Optionsprämie und Zeitwert. Es ist also eine Residualgröße. Die Komponente EIGENKAPITAL ist auch eine Komponente der Bestandsverwaltung. Da jedoch die Daten des Hedge Accountings nicht in der Bestandsverwaltung liegen, werden die Eigenkapitalkomponenten in den Kernberichten der Bestandsverwaltung wie der BESTANDSLISTE (Transaktion TPM12) oder der BESTANDSBEWEGUNGSLISTE (Transaktion TPM13) nicht ausgewiesen. Damit kann die Saldenliste im Hedge Accounting als eine Art Ergänzung zu Transaktion TPM12 gesehen werden. In den logischen Datenbanken (z.B. FTI_TR_POSITIONS) werden die Daten jedoch abgemischt, und die Eigenkapitalkennzahl weist dort auch die Werte aus, die aus dem Hedge Accounting stammen.

Neben der Saldenliste stehen weitere Berichte zur Verfügung:

- **Statusübersicht Sicherungsbeziehung**
  Mit der STATUSÜBERSICHT SICHERUNGSBEZIEHUNG (Transaktion THMST) erhalten Sie einen Überblick über alle vorhandenen Versionen einer ausgewählten Sicherungsbeziehung. Die aktuelle Version ist mit einer grünen Ampel markiert. Darüber hinaus unterstützt die Transaktion die Stornierung der Entkopplungen und der Auflösungen, die mit der Transaktion THMEX durchgeführt wurden.
- **Übersicht Sicherungsplan**
  Der Bericht ÜBERSICHT SICHERUNGSPLAN (Transaktion THM82) bietet eine Übersicht aller Sicherungspläne eines Risikotyps in einer Baumstruktur. Zu jedem Sicherungsplan werden alle zugehörigen Objekte des Hedge Accountings aufgelistet: Sicherungsobjekte, Exposures, Transaktionen sowie die zugeordneten Derivatkontrakte für alle Bewertungsbereiche. Auf den einzelnen Ebenen werden jeweils Detailinformationen zum entsprechenden Objekt angezeigt.
- **Sicherungsbeziehungen pro Derivat**
  Mit dem Bericht SICHERUNGSBEZIEHUNGEN PRO DERIVAT (Transaktion THM83) können Sie Derivate und die zugehörigen Exposures,

die durch die Derivate gesichert werden, anzeigen. Mit der Option, sich Derivate auch ohne Sicherungsobjekte anzeigen zu lassen, können Sie feststellen, welche Derivate bereits zur Sicherung eines Exposures eingesetzt sind und welche Derivate freistehen.

- **Vorzeitige EK-Reklassifikation**
  Der Bericht VORZEITIGE EK-REKLASSIFIKATION (Transaktion THM84) zeigt alle Eigenkapitalsalden, die vor Fälligkeit des Exposures vorzeitig erfolgswirksam aufgelöst, also reklassifiziert, wurden.
- **Änderungsbelege für E-Hedge-Accounting**
  Mit dem Bericht ÄNDERUNGSBELEGE FÜR E-HEDGE-ACCOUNTING (Transaktion THM85) können Sie sich die Änderungen in den Exposures, Sicherungsobjekten und Sicherungsbeziehungen anzeigen lassen.
- **Dokumentation Sicherungsbeziehungen**
  Mit der Transaktion DOKUMENTATION SICHERUNGSBEZIEHUNGEN (E-HA) (Transaktion THM86) können Sie eine Dokumentation zu mehreren Sicherungsbeziehungen erstellen.
- **Daten des Effektivitätsnachweises**
  Die gespeicherten Ergebnisse der Effektivitätsnachweise können Sie sich in der Transaktion DATEN DES EFFEKTIVITÄTSNACHWEISES ANZEIGEN (Transaktion THM87) anschauen. Sie können die Ergebnisse des retrospektiven Effektivitätstests, des prospektiven Tests oder die Ergebnisse beider Tests selektieren. Die Ausgabeliste entspricht der Ausgabeliste der Transaktion EFFEKTIVITÄTSPRÜFUNG (Transaktion THM80). Sie können einen Effektivitätsnachweis auch stornieren. Dafür markieren Sie den zu stornierenden Effektivitätsnachweis und klicken auf den Button STORNIEREN. Wenn Sie bereits eine Bewertung vorgenommen haben, müssen Sie zuerst die Bewertung stornieren.

Logische Datenbanken

Falls Sie darüber hinaus eigene Berichte bauen wollen, in denen Sie Informationen des Hedge Accountings gemeinsam mit den Informationen der Bestandsverwaltung darstellen, finden Sie in den logischen Datenbanken der Bestandsverwaltung wie FTI_TR_POSITIONS und FTI_TR_PERIODS die notwendigen Grundlagen. Neben der Hedge-ID werden hier auch die Eigenkapitalinformationen, die Sie im Hedge Accounting mittels der Transaktion SALDENLISTE (Transaktion THM81) darstellen können, mit den zentralen Bestandsverwaltungsinformationen sowie weiteren Informationen, wie z.B. Kennzahlen des Market Risk Analyzers, abgemischt. Daneben steht Ihnen die eigenständige logische Datenbank FTI_TR_HEDGE für das Hedge Accounting zur Verfügung.

RAPIs

Sollten Sie in einem Bericht, der auf der logischen Datenbank FTI_TR_POSITIONS basiert, zusätzliche Informationen benötigen oder ohne Nutzung der logischen Datenbank eigene Berichte bauen müssen, werden Ihnen die RAPIs (Reporting Application Programming Interface) des Hedge Accountings auch sehr nützlich sein. RAPIs sind freigegebene Funktionsbausteine, die als Schnittstellen zu den logischen Datenbanken dienen. An dieser Stelle verweisen wir Sie auf Kapitel 11, »Reporting mit dem Informationssystem«, in dem wir die RAPIs sowie deren Handhabung vorstellen.

9.2 Customizing

Sie haben nun die Prozesse des Hedge Accountings kennengelernt. In diesem Abschnitt werden wir Ihnen die grundlegenden Einstellungen des Hedge Accountings vorstellen.

9.2.1 Zentrales Customizing: Hedge Accounting für Exposures als internes Add-on

Das Hedge Accounting für Exposures befindet sich als unabhängige Komponente neben oder, besser gesagt, zwischen der Geschäfts- und der Bestandsverwaltung. Sie können also den gesamten Transaction Manager nutzen, ohne das Hedge Accounting für Exposures zu verwenden. Das Hedge Accounting ist zwar eine unabhängige Komponente, aber nach der Aktivierung sind die Prozesse des Hedge Accountings weitgehend integriert in die Geschäfts- und vor allem die Bestandsverwaltung. In diesem Abschnitt zeigen wir Ihnen, wie Sie das Hedge Accounting aktivieren und die notwendigen Einstellungen im Customizing vornehmen.

Aktivieren des Hedge Accountings

Die notwendigen Einstellungen zur Aktivierung des Hedge Accountings nehmen Sie im Customizing unter Hedge Accounting für Exposures • Bewertungsbereichsabhängige Einstellungen für E-HA vor. Sie gelangen auf das erste Bild. Abbildung 9.21 zeigt diese implizite Aktivierung des Hedge Accountings durch einen neuen Eintrag für Buchungskreis und Bewertungsbereich. Durch Einträge in diese Tabelle aktivieren Sie das Hedge Accounting in der Form, dass Sie für diesen Bewertungsbereich und Buchungskreis Sicherungspläne mittels der Transaktion Sicherungsplan (Transaktion THMEX) anlegen können. Außerdem erfolgt eine Verteilung der Erfolge bei der Stichtagsbewertung, soweit es in den Bewertungsschritten eingestellt ist (siehe Abschnitt 9.1.7).

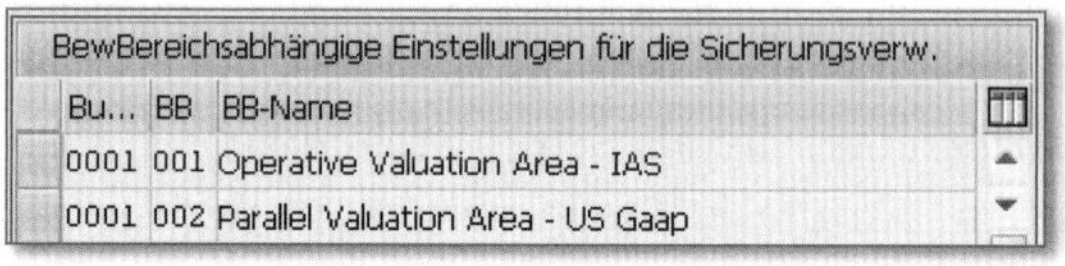

Abbildung 9.21 Erster Schritt der Aktivierung: Implizite Aktivierung des Hedge Accountings

Durch einen Doppelklick auf eine Zeile gelangen Sie zur Pflege einiger Einstellungen, die generell pro Bewertungsbereich und Buchungskreis gelten (siehe Abbildung 9.22).

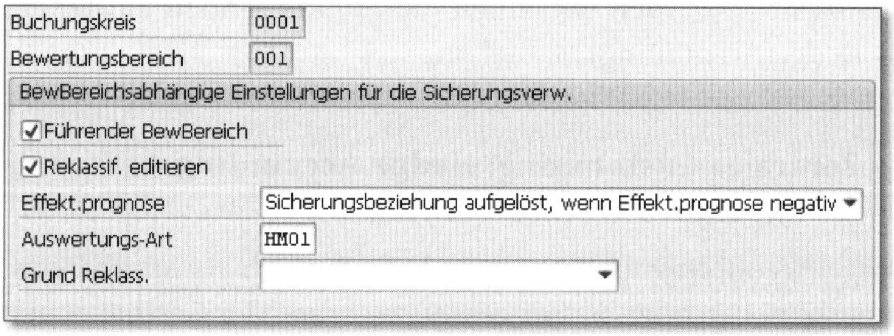

Abbildung 9.22 Zweiter Schritt der Aktivierung: Belegung einiger zentraler Attribute

Mit dem Kennzeichen Führender BewBereich zeichnen Sie pro Buchungskreis einen Bewertungsbereich aus; dies ist der Bewertungsbereich, der in der Transaktion THMEX als Default gesetzt ist. Zu allen anderen Bewertungsbereichen müssen Sie dann in der Transaktion THMEX manuell navigieren.

Wie erwähnt, führt das System dann eine *Reklassifikation* durch, wenn nach einer Verminderung des Exposure-Betrags das designierte Volumen des Sicherungsinstruments das zugeordnete Exposure-Volumen übersteigt und damit das Exposure übersichert ist. Durch Setzen des Kennzeichens Reklassif. editieren ermöglicht

Ihnen das System, den Vorschlagswert für den Reklassifikationsbetrag manuell abzuändern.

Auswertungsart zur Finanzobjektselektion

Die AUSWERTUNGS-ART im gleichnamigen Feld legt fest, wie das System Geschäfte selektiert. Die Auswertungsart für die eigentliche Berechnung finden Sie in der Berechnungsart, siehe Abschnitt 9.2.2, Überschrift »Berechnungsart«. Die Auswertungsart beschreiben wir im Detail in Kapitel 12, »Portfoliocontrolling mit den Analyzern«.

Dokumentation

Wenn Sie die Dokumentation zu Sicherungsbeziehungen erzeugen, können Sie im Customizing unter HEDGE ACCOUNTING FÜR EXPOSURES (E-HA) • DOKUMENTATION • FORMULARE DEN SICHERUNGSBEZIEHUNGEN ZUORDNEN die entsprechenden Formulare pflegen. Sie können natürlich das Standardformular TR_F_THX_NOTE_HREL verwenden, und zusätzlich können Sie Textbausteine zuordnen, um die Eigenschaften der Sicherungsbeziehungen zu beschreiben. Es stehen Ihnen die folgenden Textbausteine als Vorlage zur Verfügung:

- TR_SF_THA_EFFECTIVENESS
- TR_SF_THA_RISK_CATEGORY
- TR_SF_THA_RISK_MANAGEMENT
- TR_SF_THA_STRATEGY

9.2.2 Einstellungen für die Effektivitätsprüfung

Nach den allgemeinen Einstellungen zum Hedge Accounting beschreiben wir nun das Customizing für die Effektivitätsprüfung. Dieses umfasst die Einstellungen zu Sicherungsstrategie, Effektivitätsnachweisart (Nachweisart) und Berechnungsart, mit denen Sie die Effektivitätsberechnung der einzelnen Sicherungsbeziehungen steuern.

Sicherungsstrategie

Die *Sicherungsstrategie* enthält die zentralen Steuerungsparameter im Hedge Accounting. Sie weisen die Sicherungsstrategie zum Designationszeitpunkt einer Sicherungsbeziehung zu (siehe Abbildung 9.5). Das Customizing der Sicherungsstrategie finden Sie unter HEDGE ACCOUNTING FÜR EXPOSURES (E-HA) • EFFEKTIVITÄTSPRÜFUNG • SICHERUNGSSTRATEGIEN DEFINIEREN (siehe Abbildung 9.23).

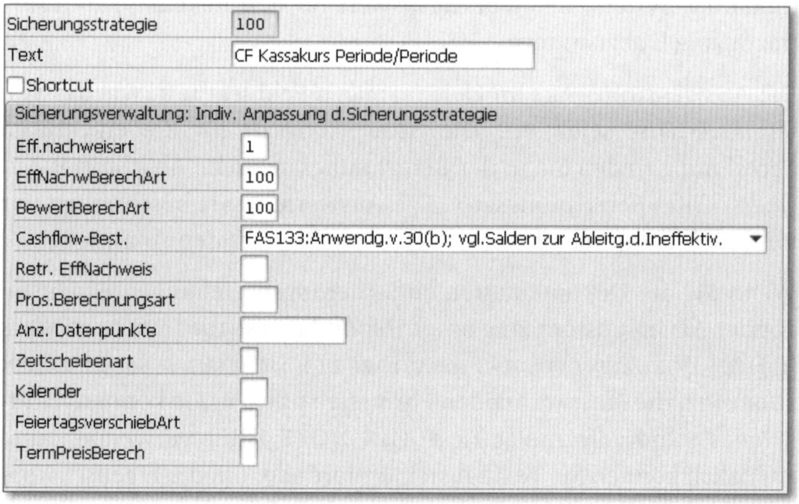

Abbildung 9.23 Customizing der Sicherungsstrategie

Shortcut

Neben einem Text können Sie mit dem Kennzeichen SHORTCUT definieren, ob es sich um eine Shortcut-Strategie handelt. FAS 133 erlaubt es bei Vorliegen bestimmter Randbedingungen, eine Sicherungsbeziehung aufgrund der weitgehenden Übereinstimmung von Sicherungsobjekt und Sicherungsinstrument per se als 100 % effektiv zu betrachten. Eine rechnerische Bestimmung der Effektivität ist daher nicht erforderlich.

Effektivitätsnachweisart und Berechnungsarten

Mit der Angabe der Effektivitätsnachweisart (Feld EFF.NACHWEISART) bestimmen Sie die Breite des effektiven Fensters der Sicherungsbeziehung. Die Effektivitätsnachweisart beschreiben wir im folgenden Abschnitt »Effektivitätsnachweisart«. Als weitere Parameter müssen Sie je eine Berechnungsart für den Effektivitätsnachweis (Feld EFFNACHWBERART), die Effektivitätsbewertung (Feld BEWERTBERECHART) und den prospektiven Effektivitätstest (Feld PROS.BERECHNUNGSART) angeben. Auf die Bedeutung der Berechnungsart kommen wir im Unterabschnitt »Berechnungsart« zurück.

Effektivitätsbewertungsmethode

Wenn Sie für das Zinsrisiko einen Zinsswap als Sicherungsinstrument verwenden, kann die Sicherungsbeziehung oft als ineffektiv ausgewertet werden. Diese Ineffektivität hat einen einfachen Grund. Während das Sicherungsobjekt aus Zinsexposures mit derselben Richtung besteht, hat der Zinsswap zwei Sätze von Zinsbewegungen, einen mit eingehenden Zinsen und einen mit ausgehenden Zinsen.

Deshalb kommt es beim Swap zu Wertänderungen, die das Sicherungsobjekt nicht ausweist. Dieser Effekt kann mit der Auswahl der Effektivitätsbewertungsmethode (Feld CASHFLOW-BEST.) umgegangen werden. Die Standardeinstellung für das Feld CASHFLOW-BEST. lautet FAS133ABSCHNITT 30 (B). In dieser Standardeinstellung bestimmt jeweils die kleinere Wertänderung des Sicherungsobjekts und des Sicherungsinstruments den effektiven Anteil, der ins Eigenkapital gebucht wird. Bei der möglichen Einstellung und dem gleichnamigen Verfahren DIG G7 METHODE 1 wird nur die variable Seite des Zinsswaps mit den variablen Zinsexposures verglichen. In Abschnitt 9.4.3 werden wir diese Option näher betrachten.

Einstellungen für Regressionsanalyse

Die nächsten Parameter beziehen sich auf die Regressionsanalyse. Sie können die Anzahl der Datenpunkte (Feld ANZ. DATENPUNKTE) pflegen. Damit legen Sie fest, wie viele Datenpunkte für die Regressionsanalyse verwendet werden. Dazu können Sie noch einstellen, wie sich der Zeitraum in Intervalle unterteilt (Feld ZEITSCHEIBENART), und gegebenenfalls den KALENDER und die Werktagsverschiebung (Feld FEIERTAGSVERSCHIEBART) eintragen.

Terminpreis für Commodity-Exposures

Mit dem letzten Parameter TERMPREISBERECH bestimmen Sie, wie der erwartete Terminpreis eines Commodity-Exposures berechnet wird.

Effektivitätsnachweisart

Im Customizing HEDGE ACCOUNTING FÜR EXPOSURES (E-HA) • EFFEKTIVITÄTSPRÜFUNG • NACHWEISARTEN DEFINIEREN definieren Sie, wie die Ergebnisse des prospektiven und des retrospektiven Effektivitätstests ausfallen müssen, um die Sicherungsbeziehung als effektiv zu betrachten. Die Effektivitätsmessung können Sie gemäß IAS 39 oder FAS 133 mit unterschiedlichen Methoden durchführen. Das System bietet Ihnen dafür die Shortcut-Methode, die Dollar-Offset-Methode und die lineare Regression. Die Shortcut-Methode können Sie in der Sicherungsstrategie zuordnen (siehe Abbildung 9.23) und erfordert keine weiteren Einstellungen. Die in Abbildung 9.24 gezeigte Customizing-Aktivität dient der Pflege der Parameter für die Dollar-Offset-Methode und die lineare Regression. In der Berechnungsart, die wir im nächsten Unterabschnitt genauer vorstellen, können Sie sich entweder für die Dollar-Offset-Methode oder für die lineare Regression entscheiden.

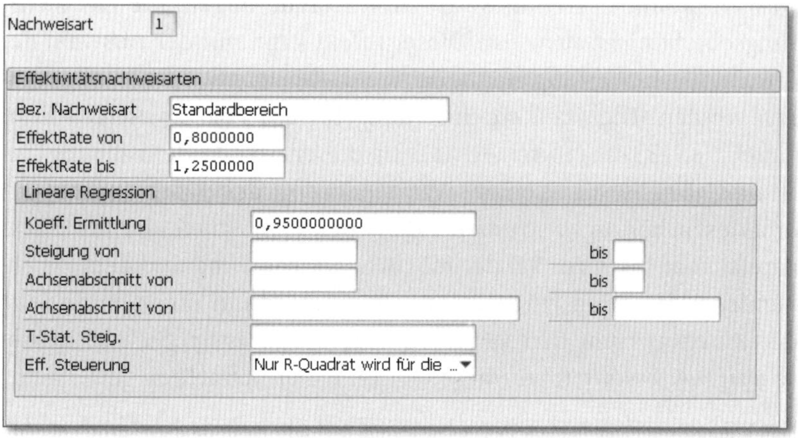

Abbildung 9.24 Customizing der Effektivitätsnachweisart

Dollar-Offset-Methode

Die Dollar-Offset-Methode testet die Effektivität einer Sicherungsbeziehung, indem sie die Wertänderungen der Grundgeschäfte (UT; mit UT = Underlying Transaction) und der Sicherungsgeschäfte (HT; mit HT = Hedging Transaction) einer Sicherungsbeziehung gegenüberstellt:

$$HR(t) = -\frac{\Delta HT(t)}{\Delta UT(t)}$$

Je nach Sicherungsbeziehung wird dabei unter *Geschäft* der jeweils designierte Anteil eines Grund- bzw. Sicherungsgeschäfts verstanden. Die Effektivität wird dann mittels des Quotienten der beiden Größen gemessen, der im System als *Effektivitätsrate*, in der Literatur zumeist als *Hedge Ratio* (HR) bezeichnet wird. IAS 39 und FAS 133 gehen von einer effektiven Sicherungsbeziehung aus, wenn die Effektivitätsrate zwischen 80 % und 125 % liegt. Die untere Grenze geben Sie im Feld EFFEKTRATE VON ein, die obere Grenze im Feld EFFEKTRATE BIS.

Lineare Regression

Wenn Sie die lineare Regression verwenden, müssen Sie die Parameter der Effektivitätsmessung im Bildbereich LINEARE REGRESSION in Abbildung 9.24 pflegen. Dazu gehören der Regressionskoeffizient R^2 (Feld KOEFF. ERMITTLUNG), die Unter- und Obergrenzen der erlaubten STEIGUNG und des ACHSENABSCHNITTS, sowie die T-Statistik der Steigung (Feld T-STAT. STEIG). Der Parameter EFF.STEUERUNG gibt an, welche Parameter für die Effektivitätsermittlung berücksichtigt werden. Die darunterliegende Berechnungsformel der einzelnen Parameter finden Sie im SAP Help Portal (unter *http://help.sap.com*).

Berechnungsart

Mit der *Berechnungsart* bestimmen Sie, wie die Wertänderungen des Sicherungsobjekts und Sicherungsinstruments im Effektivitätstest berechnet werden. Sie finden das Customizing der Berechnungsarten unter Hedge Accounting für Exposures (E-HA) • Effektivitätsprüfung • Berechnungsarten definieren. Abbildung 9.25 zeigt diese Customizing-Aktivität.

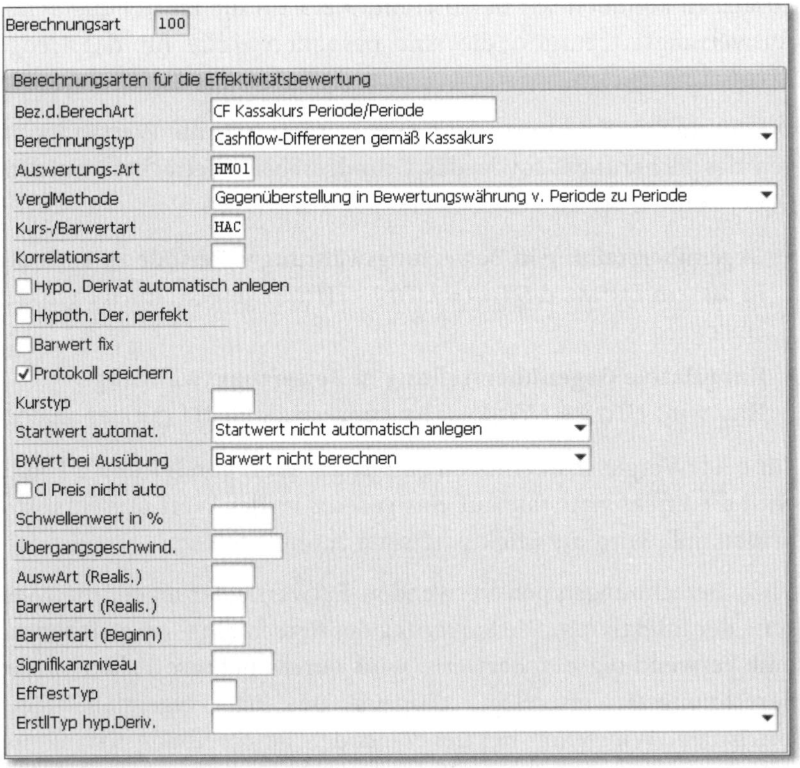

Abbildung 9.25 Customizing der Berechnungsart

Berechnungstyp

Der wichtigste Parameter einer Berechnungsart ist der Berechnungstyp, der die Methodik für die Berechnung der Wertänderungen beschreibt. Die Berechnungstypen bieten Ihnen u.a. die Möglichkeit, die Auswirkungen bestimmter Effekte in der Wertänderung des Sicherungsobjekts bzw. des Sicherungsinstruments explizit aufzuweisen (z.B. der Devisenspoteffekt bei den Devisentermingeschäften). SAP liefert eine ganze Reihe von Berechnungstypen aus, und viele davon sind spezifisch für eine bestimmte Konstellation in einer Sicherungsbeziehung. Eine Übersicht über die ausgelieferten Berechnungstypen finden Sie im SAP Help Portal (unter *http://help.sap.com*) oder über die [F1]-Hilfe. Auf einige Berechnungstypen werden wir noch in Abschnitt 9.4 konkret zurückkommen.

Auswertungsart

Die Auswertungsart (Feld AUSWERTUNGS-ART) wird benötigt, wenn innerhalb eines Effektivitätstests die Preisrechner des Market Risk Analyzers aufgerufen werden sollen. Die Auswertungsart betrachten wir im Detail in Kapitel 12, »Portfoliocontrolling mit den Analyzern«. Zusätzlich kommen wir in Abschnitt 9.2.3 auf die Einstellungen der Auswertungsart zurück, die eine besondere Rolle für das Hedge Accounting spielen.

Vergleichsmethode

Der Eintrag im Feld VERGL.METHODE legt fest, wie die Wertänderungen des Sicherungs- sowie des Grundgeschäfts betrachtet werden. Dabei können Sie zwischen zwei Optionen wählen:

- **Gegenüberstellung in Bewertungswährung v. Periode zu Periode**
  In diesem Fall wird $UT(t_i) = UT(t_i) - UT(t_{i-1})$ gesetzt, für HT gilt das analog.
- **Kumulative Gegenüberstellung in Bewertungswährung**
  Hier wird $UT(T_I) = UT(T_I) - UT(T_0)$ angesetzt, für HT gilt das analog.

Für beide Vergleichsmethoden gilt: Ist der Wert von HT und UT null, wird die Effektivitätsrate auf eins gesetzt, ist der Wert nur einer der beiden null, wird die Effektivitätsrate auf null gesetzt.

Kontrolle der Barwertberechnung und -speicherung

Viele Berechnungstypen verwenden Barwertänderungen zur Messung der Effektivität. Die Steuerung der Berechnung, Abspeicherung und Verwendung der Barwerte wird durch mehrere Felder in der Berechnungsart festgelegt, die wir uns im Folgenden näher anschauen. Wir gehen bei der folgenden Beschreibung davon aus, dass Barwerte für die Behandlung der Sicherungsinstrumente benötigt werden. Im Leben einer Sicherungsbeziehung sind aus Sicht der Effektivitätsmessung folgende drei Phasen zu unterscheiden:

1. **Designation**
   Zu Beginn einer Sicherungsbeziehung muss ein Barwert als Aufsetzpunkt für die Effektivitätsmessung gespeichert werden.

2. **Phase der buchhalterischen Bewertungen**
Während der Lebensdauer einer Sicherungsbeziehung müssen Barwerte zu den Zeitpunkten der buchhalterischen Bewertungen für die Ermittlung des Gesamtbewertungsergebnisses, für den Effektivitätsnachweis (Assessment) und für die Effektivitätsbewertung (Measurement) ermittelt und teilweise auch gespeichert werden.

3. **Fälligkeit des Sicherungsinstruments**
Diese Art des Endes einer Sicherungsbeziehung erfordert besondere Beachtung. Im Gegensatz zur expliziten Entkopplung mit den Werkzeugen des Hedge Accountings, die im Allgemeinen eine backoffice-nahe Tätigkeit ist, soll bei der Fälligkeit oder der Ausübung der Sicherungsinstrumente das Hedge Accounting keine zusätzlichen Tätigkeiten mit sich bringen. Daher wurde hier besonderer Wert darauf gelegt, all notwendigen Daten, insbesondere die Barwerte, automatisch zu ermitteln.

Designationszeitpunkt

Betrachten wir nun die jeweiligen Einstellungen für die einzelnen Phasen. Mit dem Parameter STARTWERT AUTOM. können Sie die Erzeugung der Barwerte bei der Designation kontrollieren. Es stehen Ihnen folgende Werte zur Verfügung:

- Wert STARTWERT NICHT AUTOMATISCH ANLEGEN: Bei diesem Wert müssen Sie den Barwert zum Designationsdatum in die Barwertdatenbank eintragen.
- Wert STARTWERT AUF NULL BZW. AUF DEN WERT DER PRÄMIE SETZEN: Das System setzt automatisch den Barwert auf null oder auf den Wert der Optionsprämie.
- Wert STARTWERT BERECHNEN: Bei diesem Wert wird automatisch der Barwertrechner angestoßen, um den Barwert zum Designationszeitpunkt zu errechnen.
- Wert STARTWERT IN ABHÄNGIGKEIT VOM DATUM SETZEN ODER BERECHNEN: Hier wird der Barwert vom System nur dann berechnet, wenn das Designationsdatum nach dem Vertragsabschlussdatum des Sicherungsinstruments liegt. Ansonsten wird der Barwert auf null gesetzt.

Für die interne Berechnung im Barwertrechner verwendet das System das Feld AUSWERTUNGS-ART. In allen Fällen, in denen der Barwert vom System automatisch zum Designationszeitpunkt gespeichert wird, wird dieser Barwert in der Barwertablage mit der Barwertart des Parameters BARWERTART (BEGINN) – und falls dieser nicht gesetzt ist mit der Barwertart des Parameters KURS-/BARWERTART – gespeichert.

[+]

Barwertänderungen am Vertragsabschlussdatum

Ein Sicherungsinstrument sollte ein faires Geschäft sein. Das bedeutet, es sollte bei der Anlage den Barwert gleich null oder einen der Optionsprämie entsprechenden Barwert haben. Am Ende des ersten Tages kann der Barwert schon von null oder von der Optionsprämie aufgrund der sich ständig ändernden Marktdaten abweichen. Um diese Schwankungen innerhalb des ersten Tages zu berücksichtigen, können Sie den Parameter BARWERTART (BEGINN) für den initialen Barwert und den Parameter KURS-/BARWERTART für den Barwert am Ende des ersten Tages verwenden.

Zeitpunkt der buchhalterischen Bewertung

Für die Berechnung der Effektivitätsrate werden bei der Dollar-Offset-Methode zwei Barwerte für das Sicherungsinstrument gebraucht. Ist der Aufsetzzeitpunkt der Zeitpunkt der Designation, wird der Barwert abhängig vom Parameter STARTWERT AUTOM. aus der Barwertdatenbank gelesen. Für alle anderen Zeitpunkte können Sie für die notwendigen Barwerte des Sicherungsgeschäfts wählen, ob und wie diese berechnet werden.

- Wenn Sie das Kennzeichen BARWERT FIX setzen, verlangt das System zu beiden Stichtagen je einen Barwert in der Barwertablage, der mit der Barwertart des Parameters KURS-/BARWERTART gelesen wird. Hat der so gefundene Barwert eine Währung, die ungleich der Bestandswährung des Sicherungsinstruments ist, wird der Barwert mit dem KURSTYP des gleichnamigen Parameters in die Bestandswährung umgerechnet.
- Ist das Kennzeichen BARWERT FIX nicht gesetzt, wird der Barwert unter Verwendung des Parameters AUSWERTUNGS-ART errechnet.

Darüber hinaus können Sie mit dem Kennzeichen PROTOKOLL SPEICHERN erreichen, dass für den Effektivitätsnachweis und die Effektivitätsbewertung immer ein umfangreiches Detailprotokoll gespeichert wird. Dieses können Sie aus der Anzeige der Historie der Sicherungsbeziehung mit der Transaktion SICHERUNGSPLAN (Transaktion THMEX) anzeigen lassen (siehe Abbildung 9.7).

Fälligkeit des Sicherungsinstruments

Die Fälligkeit oder die Ausübung eines Sicherungsinstruments beendet die Sicherungsbeziehungen, in die es eingebunden ist. Das bedeutet, dass zum einen zu diesem Zeitpunkt der realisierte Gesamterfolg des Sicherungsinstruments ermittelt und zum anderen letztmalig die Effektivität überprüft und die Verteilung des Erfolgs durchgeführt wird. Die zur Effektivitätsmessung notwendigen Barwerte müssen schon vorliegen. Sie aktivieren deren intrinsische Berechnung während der Fälligkeit oder Ausübung, indem Sie den Parameter BWERT BEI AUSÜBUNG auf den Wert RECHNEN anstelle von NICHT RECHNEN setzen. Die notwendige Auswertungsart tragen Sie in den Parameter AUSWART (REALIS.) ein. Falls Sie den Wert NICHT RECHNEN auswählen, speichern Sie den Barwert in der Barwertablage unter der Barwertart aus dem Parameter BARWERTART (REALIS.). Falls Sie den Barwert bei Fälligkeit oder bei Ausübung zwar setzen wollen, die Logik des Barwertrechners Ihnen aber nicht ausreicht, steht Ihnen das BAdI `FTR_HEDGE_MGMT_USER` mit der Methode `FILL_VTVBAR` zur Verfügung. Ein Beispiel für die Verwendung dieser Methode ist die explizite Nutzung des Barausgleichs als Barwert. Das System berechnet den Barwert automatisch. Wenn sich der Barausgleich aber vom Barwert unterscheidet, kann dieser Unterschied zu Ineffektivität führen. Um diese Ineffektivität zu vermeiden, können Sie den Barausgleich zum Laufzeitsende mit der Methode `FILL_VTVBAR` als Barwert speichern.

Die Effektivitätsmessung verläuft in den meisten Berechnungstypen nach der Dollar-Offset-Methode, in der die Wertänderungen des Sicherungsobjekts und des Sicherungsinstruments in der Effektivitätsrate zueinander in Relation gestellt werden. In dieser Form weist die Dollar-Offset-Methode eine bekannte Schwäche auf. Gerade bei kleinen Wertänderungen des Sicherungsobjekts oder des Sicherungsinstruments, wie sie vor allem zu Beginn einer Sicherungsbeziehung oder bei kleinen Marktwertänderungen vorkommen können, kann sich die Effektivitätsrate sehr unterschiedlich ergeben und die Sicherungsbeziehung als ineffektiv klassifiziert werden.

Schwellenwert

Im Gegensatz zur Standard-Dollar-Offset-Methode geben Sie bei der erweiterten Methode einen *Schwellenwert* (Noise-Schwellenwert) mit. Mit diesem Parameter legen Sie fest, bis zu welcher Höhe Wertschwankungen für die Bewertung von Sicherungsbeziehungen als irrelevant gelten. In der Berechnungsart im Parameter SCHWELLENWERT IN % (siehe Abbildung 9.25) geben Sie den Noise-Schwellenwert als Prozentsatz in Bezug auf das designierte Nominal des Sicherungsinstruments an.

Übergangsgeschwindigkeit

Unabhängig vom Schwellenwert können Sie mit dem Parameter ÜBERGANGSGESCHW. die Trennschärfe bei der Effektivitätsmessung beeinflussen. Mit der Übergangsgeschwindigkeit beeinflussen Sie den Übergangsbereich zwischen dem Bereich, in dem der Noise-Schwellenwert dominiert, und dem Bereich, in dem der Noise-Schwellenwert keine Rolle mehr spielt. Je größer die Übergangsgeschwindigkeit, desto kleiner der Übergangsbereich. Eine detaillierte Beschreibung der beiden Parameter SCHWELLENWERT IN % und ÜBERGANGSGESCHW. inklusive der Berechnungsformeln finden Sie im SAP Help Portal und in der [F1]-Dokumentation.

Hypothetisches Derivat

Wenn Sie einen der Berechnungstypen HYPOTHETISCHES DERIVAT, CLEAN-PRICE HYPOTHETISCHES DERIVAT oder INNERER WERT HYPOTHETISCHES DERIVAT verwenden, müssen Sie ein dem Sicherungsobjekt, d.h. dem Exposure, entsprechendes Derivat erstellen – das sogenannte *hypothetische Derivat*. Dieses muss der Sicherungsbeziehung zusammen mit dem Sicherungsinstrument zugewiesen werden. Das hypothetische Derivat kann in zwei Varianten auftreten. Zum einem kann es als Ersatz für das Sicherungsobjekt fungieren, zum anderen als das optimale Modell für das tatsächliche Derivat dienen. Im zweiten Fall spricht das System von einem *perfekten hypothetischen Derivat.* Wenn Sie diese Variante verwenden, dann müssen Sie das Kennzeichen HYPOTH. DER. PERFEKT setzen.

In anderen Worten: Ein hypothetisches Derivat bildet das Sicherungsobjekt ab, und ein perfektes hypothetisches Derivat bildet das Sicherungsinstrument (Derivat) ab. Weitere Informationen können Sie der [F1]-Dokumentation des Berechnungstyps, der Online-Dokumentation im SAP Help Portal (unter *http://help.sap.com*) oder dem SAP-Hinweis 1019625 entnehmen.

[zB]

Hypothetisches und perfektes hypothetisches Derivat

Den Unterschied zwischen dem hypothetischen Derivat und dem perfekten hypothetischen Derivat können wir am Beispiel des Zinsrisikos illustrieren. Nehmen wir an, dass wir ein aufgenommenes Darlehen mit variabler Verzinsung absichern. Wir sichern also ein Sicherungsobjekt mit ausgehenden variablen Zinsen. Als Sicherungsinstrument nutzen wir einen Zinsswap mit ausgehenden fixen und eingehenden variablen Zinsen. Ein hypothetisches Derivat ist dann ein Zinsswap mit ausgehenden variablen Zinsen, genau wie beim Sicherungsobjekt, und mit eingehenden fixen Zinsen. Im Gegensatz dazu wäre ein perfektes hypothetisches Derivat ein Zinsswap mit ausgehenden fixen und eingehenden variablen Zinsen, genau wie beim Sicherungsinstrument. Das hypothetische Derivat und das perfekte hypothetische Derivat haben in diesem Fall spiegelverkehrte Konditionen und Bewegungen.

Wenn Sie einen Commodity-Swap als Sicherungsinstrument verwenden, können Sie sich das hypothetische Derivat automatisch erzeugen lassen. Dafür müssen Sie den Parameter ERSTLLTYP HYP. DERIV. in Abbildung 9.25 entsprechend pflegen.

Regressionsanalyse

Mit dem Parameter EFFTESTTYP steuern Sie, ob Sie die Dollar-Offset-Methode oder die Regressionsanalyse für den Effektivitätstest verwenden. Wenn Sie die Regressionsanalyse auswählen, müssen Sie auch den Parameter SIGNIFIKANZNIVEAU pflegen. Der Wert kann zwischen 0 und 1 liegen. Der Wert 1 – SIGNIFIKANZNIVEAU bestimmt das statistische Konfidenzintervall.

Korrelationsart

Den Parameter KORRELATIONSART in Abbildung 9.25 müssen Sie nur dann setzen, wenn Sie den Berechnungstyp KORRELATION verwenden. Die Korrelationsmethode ruft historische, gespeicherte Korrelationsdaten ab, um die Effektivität einer Sicherungsbeziehung festzustellen.

9.2.3 Einstellungen im Market Risk Analyzer

Wie Sie schon erfahren haben, verwendet das Hedge Accounting für den Effektivitätstest die Werkzeuge des Market Risk Analyzers. Dabei sind einige Customizing-Einstellungen im Market Risk Analyzer besonders wichtig für das Hedge Accounting. Es handelt sich um die AUSWERTUNGSART, die BEWERTUNGSREGEL und das Kennzeichen CASHFLOW-KENNZEICHEN. Die entsprechenden Customizing-Aktivitäten finden Sie unter TREASURY AND RISK MANAGEMENT • ANALYZER BASISEINSTELLUNGEN • BEWERTUNG. Eine ausführliche Beschreibung der Auswertungsart und der Bewertungsregel finden Sie in Kapitel 12, »Portfoliocontrolling mit den Analyzern«.

Auswertungsart

Die Abbildung 9.26 zeigt die Registerkarte AUSWERTUNGSSTEUERUNG der Auswertungsart. Von den Parametern sollten Sie die Kennzeichen AM TAGE DER KÜNDIGUNG/ABRECHNUNG SELEKTIEREN und FX-KOMPENSATIONSGESCHÄFTE SELEKTIEREN im Bildbereich BEWERTUNGSSTEUERUNG beachten. Für das Hedge Accounting sollten Sie die beiden Kennzeichen immer gesetzt haben.

CF am Horizont

Eine Sonderrolle hat das Kennzeichen CF AM HORIZONT BERÜCKSICHTIGEN. Dieses Kennzeichen steuert, ob die Barwertberechnung die am Stichtag fälligen Bewegungen berücksichtigt. Das Kennzeichen CF AM HORIZONT BERÜCKSICHTIGEN sollten Sie abhängig vom Risikotyp setzen: Für die Wechselkursrisiken sollten Sie das Kennzeichen setzen, für Zinsrisiken sollten Sie es dagegen nicht setzen. Wenn Sie nur eine Auswertungsart für das Hedge Accounting verwenden und sowohl Wechselkursrisiken als auch Zinsrisiken absichern, stehen Sie vor dem Problem, die Auswertungsart richtig einzustellen. Dieses Problem können Sie über verschiedene BEWERTUNGSREGELN lösen, die das Kennzeichen CF AM HORIZONT BERÜCKSICHTIGEN auch enthalten und gleichzeitig die Einstellungen in der Auswertungsart übersteuern. Die jeweilige BEWERTUNGSREGEL können Sie dann bestimmten Produktarten zuordnen und in die AUSWERTUNGSART einfügen. Eine detaillierte Beschreibung dazu finden Sie in Abschnitt 12.3.2.

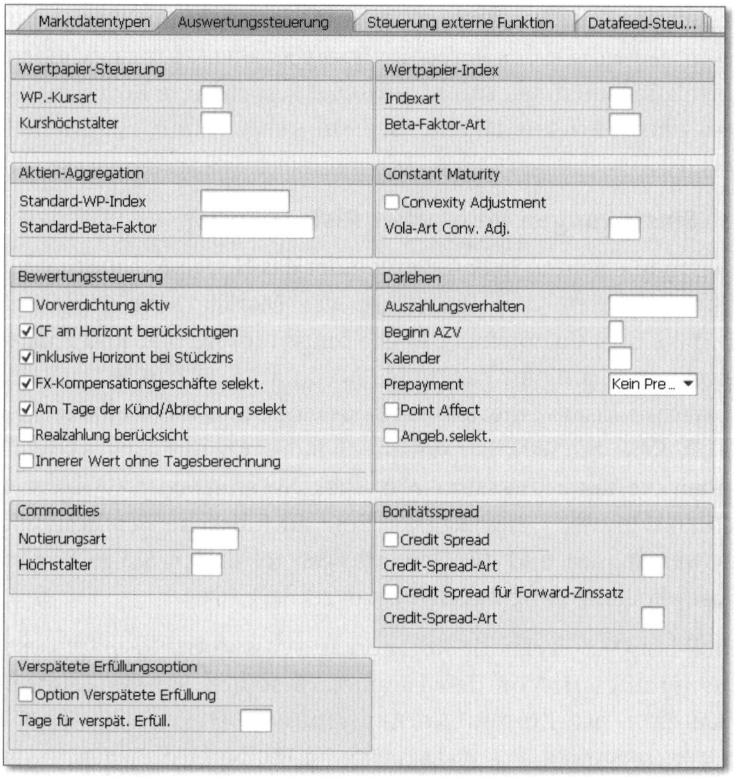

Abbildung 9.26 Steuerungsparameter der Auswertungsart

[+]

Auswirkung des CF am Horizont berücksichtigen bei der Fälligkeit

Ein falscher Eigenkapitalsaldo nach der Fälligkeit des Sicherungsinstruments ist oft ein Symptom dafür, dass das Kennzeichen CF AM HORIZONT BERÜCKSICHTIGEN falsch eingestellt ist. Hilfreich ist in diesem Fall, einen Effektivitätstest mit der Transaktion THM80 oder eine Barwertberechnung mit der Transaktion TPM60 durchzuführen. Sicherungsinstrumente für Wechselkursrisiken sollten am Fälligkeitstag in den meisten Fällen einen Barwert ungleich null haben, eine Ausnahme sind z.B. Optionen, die aus dem Geld sind. Die Zinsswaps sollten dagegen einen Barwert gleich null haben. Wenn dies nicht der Fall ist, sollten Sie sich das Protokoll anschauen, um zu prüfen, ob die Bewegungen am Fälligkeitstag in die Berechnung eingehen. Dabei gilt eine Faustregel: Wenn keine Bewegungen selektiert werden, wird Barwert gleich null ermittelt.

Cashflow-Kennzeichen

Für den Upload der Exposures aus den Geldhandelsgeschäften oder aus den Darlehensverträgen der Darlehensverwaltung (FS-CML) pflegen Sie zusätzlich noch das CASHFLOW-KENNZEICHEN für die Bewegungsarten der Geschäftsverwaltung bzw. der Darlehensverwaltung. Dazu dient das gleichnamige Customizing. Den Upload betrachten wir in Abschnitt 9.3.4.

9.2.4 Einstellungen in der Bestandsverwaltung

Relevante Bewertungsschritttypen

Wir haben schon angesprochen, dass das aktive Hedge Accounting für Exposures die buchhalterische Bewertung beeinflusst. Wie Sie in Kapitel 5, »Bestandsverwaltung«, erfahren haben, wird die Bewertung durch die einzelnen Bewertungsschritte des Bestandsführungsverfahrens gesteuert. Folgende Bewertungsschritte können relevant für das Hedge Accounting für Exposures sein:

- Fremdwährungsbewertung
- Titelbewertung
- Einstufige Kursbewertung
- Kursbewertung für Devisentermingeschäfte

Behandlung der Erfolge

Der Parameter BEHANDLUNG ERFOLGE in dem jeweiligen Bewertungsschritt bestimmt die eigentliche Relevanz des Bewertungsschritts für das Hedge Accounting für Exposures. Betrachten wir nun den Parameter BEHANDLUNG ERFOLGE genauer. Neben einem initialen Parameterwert und dem Wert ERFOLGE NICHT REALISIEREN stehen Ihnen noch die beiden Werte HEDGE ACCOUNTING (SICHERUNGSGESCHÄFT) [E-HA] und HEDGE ACCOUNTING (GRUNDGESCHÄFT) [E-HA] zur Verfügung. In Abbildung 9.27 sehen Sie die Einstellung für den Bewertungsschritt Titelbewertung inklusive der möglichen Werte des Parameters BEHANDLUNG ERFOLGE.

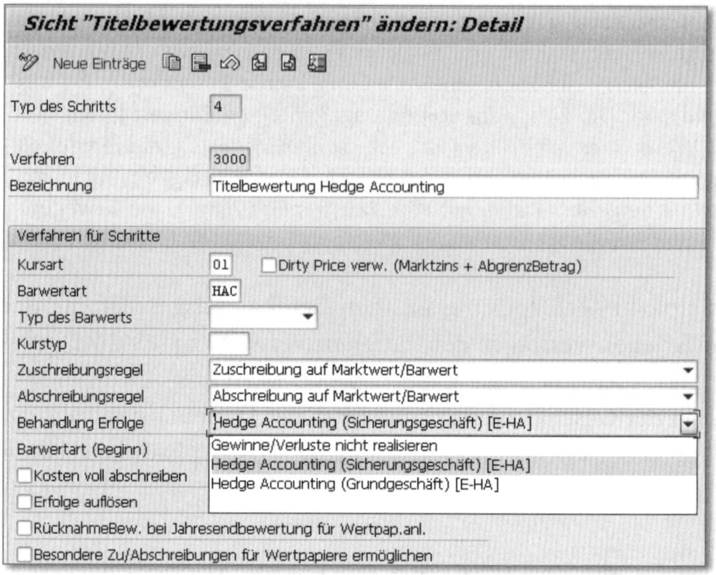

Abbildung 9.27 Bewertungsverfahren Titelbewertung

Hedge Accounting (Sicherungsgeschäft) [E-HA]

Ist im Bewertungsschritt für den Parameter Behandlung Erfolge der Wert Hedge Accounting (Sicherungsgeschäft) [E-HA] eingetragen, übergibt das System das Bewertungsergebnis für die Verteilung der Erfolge an das Hedge Accounting. Hier wird zuerst ein Effektivitätsnachweis (Assessment) durchgeführt. Bei einem positiven Ergebnis für diesen retrospektiven Effektivitätstest wird danach in der Effektivitätsbewertung (Measurement) der für die Verteilung der Erfolge relevante Betrag auf den freistehenden, effektiven und nicht effektiven Anteil aufgeteilt und gebucht.

Hedge Accounting (Grundgeschäft) [E-HA]

Wenn der Parameter Behandlung Erfolge den Wert Hedge Accounting (Grundgeschäft) [E-HA] hat, muss es sich bei dem Bestand um ein Sicherungsobjekt handeln. Dieser Wert wird nur bei Geldhandel in einem Fair-Value-Hedge unterstützt. Das System führt einen Effektivitätsnachweis durch, und bei einem positiven Ergebnis wird der neue Fair-Value in die Bewertung übernommen. Bei einem negativen Ergebnis wird keine Zu- oder Abschreibung ermittelt.

Fortschreibungsarten für Hedge Accounting für Exposures

Zur Darstellung des Hedge Accountings in den Geschäftsvorfällen und zur Buchung der ermittelten Anteile sind zusätzliche Fortschreibungsarten notwendig. Zuerst legen Sie die Fortschreibungsarten unter Treasury and Risk Management • Transaction Manager • Allgemeine Einstellungen • Buchhaltung • Hedge Accounting für Exposures

- Fortschreibungsarten definieren und den Verwendungen zuordnen an. Als Verwendung der Fortschreibungsart setzen Sie den Wert Hedge Accounting. Die Zuordnung der Fortschreibungsarten nehmen Sie auf der Ebene des Bestandsführungsverfahrens unter Treasury and Risk Management • Transaction Manager • Allgemeine Einstellungen • Buchhaltung • Hedge Accounting für Exposures • Fortschreibungsarten • Fortschreibungsarten für E-HA zuordnen vor (siehe Abbildung 9.28 und 9.29).

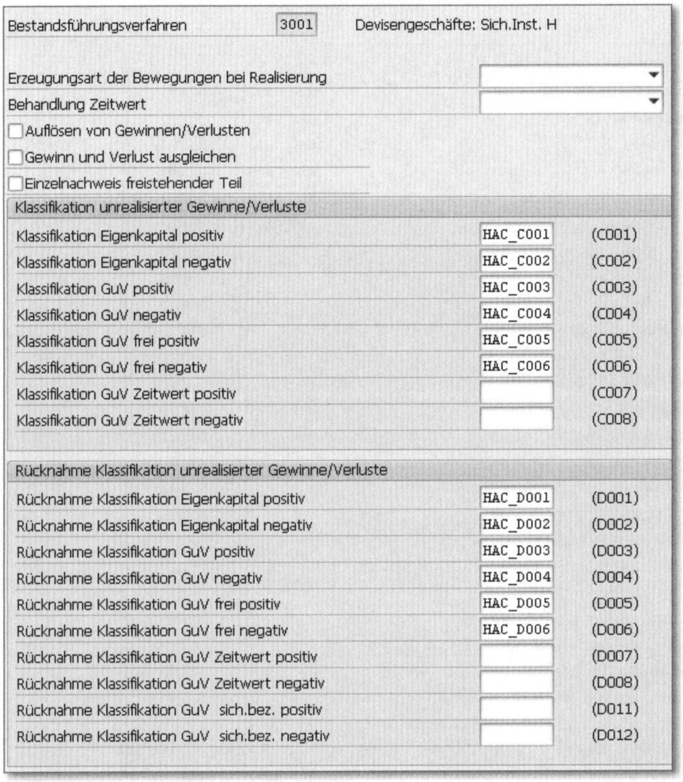

Abbildung 9.28 Zuweisung von Fortschreibungsarten für das Hedge Accounting für Exposures, oberer Bereich

Klassifikation

Im Bildbereich Klassifikation unrealisierter Gewinne/Verluste geben Sie die Fortschreibungsarten ein, die im Hedge Accounting für die Verteilung der Erfolge aus der buchhalterischen Bewertung verwendet werden sollen. Im Bildbereich Klassifikation realisierter Gewinne/Verluste geben Sie die Fortschreibungsarten ein, die bei der Fälligkeit oder der Ausübung des Sicherungsinstruments, also bei der Realisierung, verwendet werden sollen.

[!] **Fair-Value-Hedge und Klassifikation**

Im Gegensatz zu einem Cashflow-Hedge bilden Sie bei einem Fair-Value-Hedge keinen Eigenkapitalsaldo. Darüber hinaus sehen die Rechnungslegungsvorschriften IAS 39 und FAS 133 vor, dass die Gesamtwertänderung des Sicherungsinstruments in die GuV klassifiziert werden soll. Deshalb verwendet das Hedge Accounting immer die Fortschreibungsarten KLASSIFIKATION GUV POSITIV (C003) oder KLASSIFIKATION GUV NEGATIV (C004) für die Verteilung der Wertänderung des Sicherungsinstruments, es gibt keine Unterscheidung zwischen dem effektiven und dem nicht effektiven Anteil.

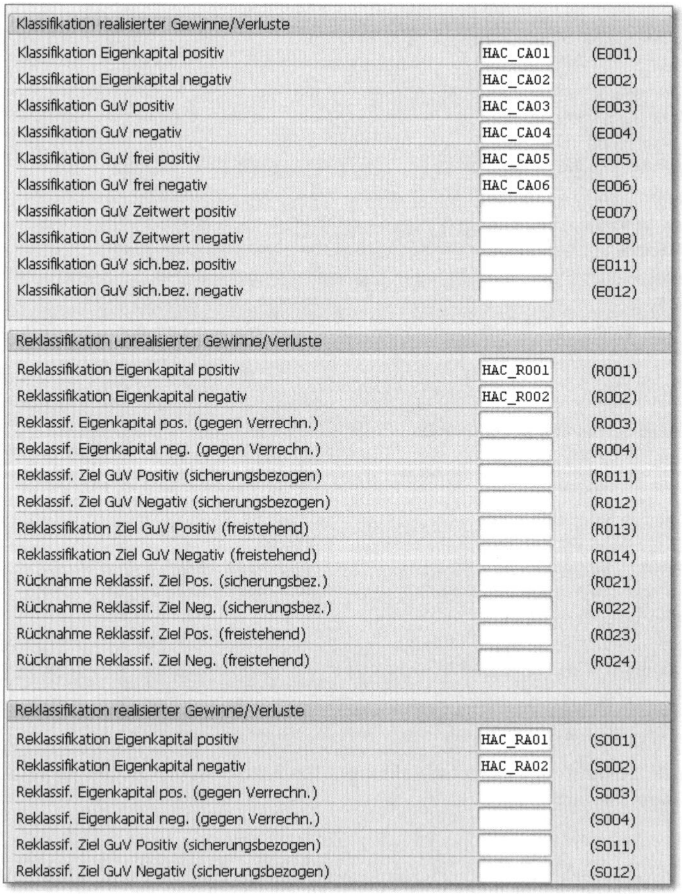

Abbildung 9.29 Übersicht über die verschiedenen Möglichkeiten der Exposure-Erfassung, unterer Bereich

Rücknahme Klassifikation

Neben den Fortschreibungsarten für die Verteilung der Erfolge können Sie noch zusätzliche Parameter für das Hedge Accounting für Exposures und die dazugehörenden Fortschreibungsarten pflegen.

Wenn Sie für den Parameter ERZEUGUNGSART DER BEWEGUNGEN BEI REALISIERUNG (in den Kopfdaten von Abbildung 9.28) den Wert MIT RÜCKNAHME setzen, werden während der Realisierung die Salden aller nicht realisierten klassifizierten Anteile ausgebucht und gemeinsam mit den neu errechneten Beträgen der einzelnen Anteile in der Realisierung klassifiziert. Die Fortschreibungsarten dafür geben Sie im Bildbereich RÜCKNAHME KLASSIFIKATION UNREALISIERTER GEWINNE/VERLUSTE ein. Diese Fortschreibungsarten werden auch verwendet, wenn Sie eine Stichtagsbewertung mit Rücknahme ausführen.

Behandlung Zeitwert

Die Rechnungslegungsvorschriften FAS 133 und IAS 39 erlauben es, bei der Verwendung einer Option als Sicherungsinstrument den Zeitwert vom inneren Wert der Option zu trennen und nur den inneren Wert in die Sicherungsbeziehung einzubeziehen. Im System steuern Sie das durch die Verwendung eines entsprechenden Berechnungstyps wie z. B. OPTION: INNERER WERT KASSAKURS (in der Berechnungsart) sowie das Belegen des Parameters BEHANDLUNG ZEITWERT (in den Kopfdaten von Abbildung 9.28) mit dem Wert KLASSIFIKATION DES ZEITWERTES. In diesem Fall geht nur der innere Wert in die Effektivitätsprüfung ein. Der Zeitwert wird dann mit den Fortschreibungsarten (C007) und (C008) gebucht (siehe auch Abbildung 9.11).

Kontosalden ausgleichen

Generell ist es nicht gewünscht, Salden parallel auf aktiven und passiven Eigenkapitalkonten oder Gewinn- und Verlust-Konten zu führen. Mit den Kennzeichen AUFLÖSEN VON GEWINNEN/VERLUSTEN und GEWINN UND VERLUST AUSGLEICHEN (in den Kopfdaten von Abbildung 9.28) wird bei einer Änderung des Saldovorzeichens immer zuerst eine Rücknahmebewegung zum Ausbuchen des ursprünglichen Saldos erzeugt. Danach folgt die eigentliche Klassifikationsbewegung, die auf das neue Konto gebucht werden kann.

Reklassifikation

Wenn der Eigenkapitalsaldo in die GuV aufgelöst werden sollte, zum Beispiel bei einer Änderung oder nach dem Ablauf des Exposures, findet eine *Reklassifikation* statt. Die Fortschreibungsarten dafür finden Sie im Bildbereich REKLASSIFIKATION UNREALISIERTER GEWINNE/VERLUSTE und REKLASSIFIKATION REALISIERTER GEWINNE/VERLUSTE. Das Kennzeichen EINZELNACHWEIS FREISTEHENDER TEIL (in den Kopfdaten von Abbildung 9.28) steuert, wie die Reklassifikation erzeugt wird.

- Wenn Sie das Kennzeichen nicht setzen, wird die Reklassifikation des Eigenkapitals direkt gegen die GuV gebucht (Felder R001, R002 und S001, S002).
- Wenn Sie das Kennzeichen setzen, wird zuerst die Reklassifikation des Eigenkapitals gegen ein Verrechnungskonto gebucht (Felder

R003, R004 und S003, S004). Danach erfolgt die Verteilung der Reklassifikation in die GuV (Felder R011, R012, R013, R014 und S011, S012, S013, S014).

9.3 Arten der Exposure-Erfassung

Für die Erfassung der Exposures im Sicherungsplan bietet das Hedge Accounting für Exposures eine ganze Reihe von Möglichkeiten an (siehe Abbildung 9.30). In diesem Abschnitt stellen wir Ihnen die einzelnen Arten vor. Bezüglich der BAPIs des Hedge Accountings für Exposures möchten wir Sie auf Kapitel 13, »Schnittstellen und Erweiterungen«, verweisen.

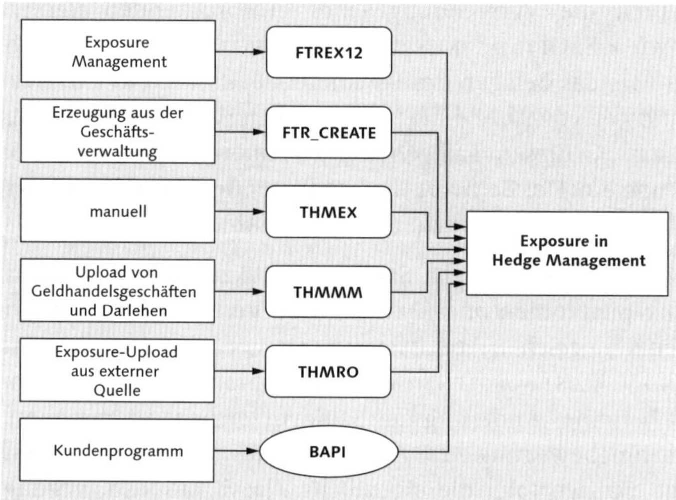

Abbildung 9.30 Übersicht über die verschiedenen Möglichkeiten der Exposure-Erfassung

9.3.1 Direkte Eingabe

In Abschnitt 9.1.2 haben Sie den einfachsten Fall kennengelernt, die direkte Eingabe des Exposures mit der Transaktion SICHERUNGSPLAN (Transaktion THMEX). Sie können alle Eigenschaften der Exposures auf der Eingabemaske pflegen. Diese Art der Erfassung ist relevant, wenn Sie keine externe Art der Exposure-Erfassung verwenden oder wenn Sie ein von außen angelegtes Exposure anpassen müssen. Da wir die direkte Angabe schon detailliert beschrieben haben, schauen wir uns nun die anderen Arten der Exposure-Erfassung an.

9.3.2 Exposure in der Geschäftserfassung des Sicherungsgeschäfts

Idee

Der normale Absicherungsprozess benötigt eine Erfassung und Analyse der Exposures, bevor man zur Absicherung schreitet. Der Prozess der Exposure-Erfassung ist von Kunde zu Kunde sehr unterschiedlich, und oft liegen die Informationen über die Art und Größe des Exposures primär außerhalb des Hedge Accountings oder sogar außerhalb des Systems in Form von E-Mails, Tabellenkalkulationssheets, internen Workflows oder anderen Quellen vor. Bei diesen Anwendungsfällen werden die Exposures entweder automatisch von außen in das Hedge Accounting fortgeschrieben oder aus dem Sicherungsgeschäft abgeleitet. Diese Anwendungsfälle unterstützt das System für Devisenrisiken und bietet die Möglichkeit einer direkten Anlage der Sicherungsbeziehung bei der Geschäftserfassung des Sicherungsgeschäfts.

Handhabung im Geschäft

Wenn Sie ein Devisentermingeschäft oder eine Devisenoption mit der Transaktion Finanzgeschäft anlegen (Transaktion FTR_CREATE) erfassen, erscheint die Registerkarte Hedgemanagement (siehe Abbildung 9.31). Bei der Geschäftsanlage geben Sie auf dieser Registerkarte zuerst unter E-HA-Update ein, wie Sie das Hedge Accounting für Exposures fortschreiben wollen. Dabei haben Sie folgende Möglichkeiten:

- Wert Neuen Sicherungsplan anlegen: Sie erzeugen einen neuen Sicherungsplan mit einem neuen Exposure.
- Wert In vorhandenen Sicherungsplan einfügen: Sie erzeugen ein neues Exposure in einen vorhandenen Sicherungsplan.
- Wert Vorhandenes Exposure auswählen: Sie wählen ein bestehendes Exposure aus einem bestehenden Sicherungsplan aus.

In allen drei Fällen legen Sie auch eine Sicherungsbeziehung an. Darüber hinaus finden Sie jeweils Angaben zu den wichtigsten Entitäten, die für die Sicherungsbeziehung benötigt werden, in Bildbereichen gruppiert. Der Bildbereich Sicherungsplan enthält die wichtigsten Informationen für den Sicherungsplan, wie Sicherungsplan-ID, Risikotyp und Gültigkeit. Wenn Sie ein neues Exposure anlegen, können Sie im Bildbereich Exposure den Transaktionstyp (Feld Transaktionstyp), den Transaktionsvorgang (Feld TransVorg) sowie die Beschreibung des Exposures eingeben. Die Einträge für die Felder Nennbetrag mit Währung sowie Gültig-ab-Datum und Fällig-

KEITSDATUM des zu erzeugenden Exposures werden aus dem Sicherungsgeschäft übernommen. Darüber hinaus sind der Sicherungstyp (Feld SICHERUNGSTYP im Bildbereich SICHERUNGSOBJEKT) und die Sicherungsstrategie (Feld SICHSTRATEGIE im Bildbereich SICHERUNGSBEZIEHUNG) obligatorische Angaben. Beim Sichern des Sicherungsgeschäfts werden alle notwendigen Objekte der Sicherungsbeziehung angelegt und können dann mit den Transaktionen des Hedge Accountings weiterverwaltet werden.

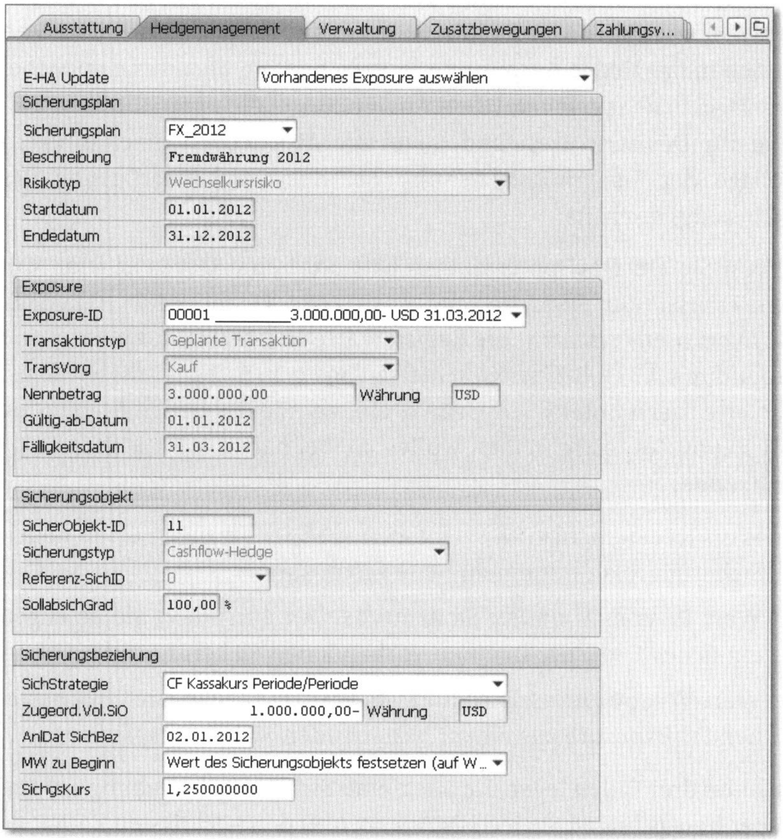

Abbildung 9.31 Anlegen einer Sicherungsbeziehung innerhalb der Geschäftserfassung

Im Anzeigemodus hat die Registerkarte HEDGEMANAGEMENT dann ein ganz anderes Layout (siehe Abbildung 9.32), nämlich eine tabellarische Sicht. Diese Darstellung wird gewählt, weil Sie nach der Erfassung der Sicherungsbeziehung diese nur noch mit den Mitteln des Hedge Accountings verändern können und Sie bei diesen Aktionen auch Versionen der Sicherungsbeziehungen erzeugen. Durch die tabellarische Sicht erhalten Sie auch in der Geschäftsanzeige alle notwendigen Informationen über die Sicherungsbeziehung und ihre Historie in Form der Versionen.

Abbildung 9.32 Registerkarte »Hedgemanagement« im Anzeigemodus des Geschäfts

Customizing

Um die Sicherungsbeziehung bei der Geschäftserfassung anlegen zu können, sind folgende Einstellungen im Customizing unter HEDGE ACCOUNTING FÜR EXPOSURES (E-HA) • EINSTELLUNGEN FÜR AUTOMATISCHES ANLEGEN DER HEDGE-ACCOUNTING-DATEN notwendig (siehe Abbildung 9.33). Auf der Granularität Buchungskreis (Spalte BU...), der Produktart (Spalte PART) und der Geschäftsart (Spalte GART) aktivieren Sie mit dem Kennzeichen DATEN ANLEGEN die Registerkarte HEDGEMANAGEMENT in der Transaktion FINANZGESCHÄFT ANLEGEN (Transaktion FTR_CREATE). Diese Funktion ist nur für Devisentermingeschäfte und Devisenoptionen verfügbar.

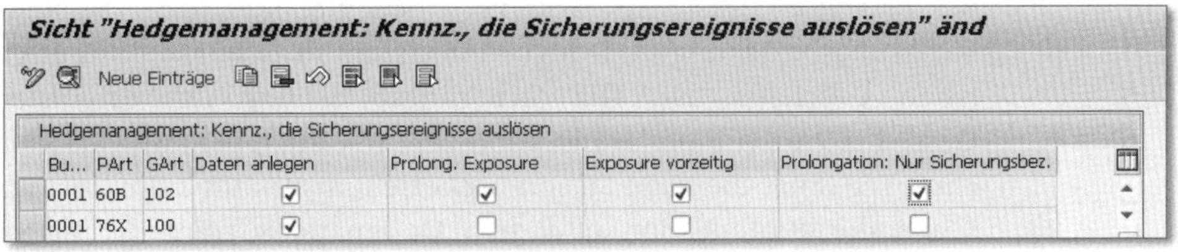

Abbildung 9.33 Einstellungen zur automatischen Fortschreibung des Hedge Accountings aus der Geschäftserfassung heraus

Prolongation

Für Devisentermingeschäfte schalten Sie in derselben Customizing-Aktivität mit dem Kennzeichen PROLONG. EXPOSURE eine automatische Prolongation des Exposures im Hedge Accounting ein, sofern das Devisentermingeschäft Bestandteil einer Sicherungsbeziehung ist und Sie das Geschäft über die Transaktion KASSA/TERMINGESCHÄFTE (Transaktion TX06) prolongieren. Diese Transaktion finden Sie im Menü unter TREASURY AND RISK MANAGEMENT • TRANSACTION MANAGER • DEVISEN • ABWICKLUNG • SAMMELBEARBEITUNG. In diesem Fall erzeugt das System zwei neue Geschäfte: ein Prolongationsgeschäft und ein Kompensationsgeschäft. Wenn Sie das Kennzeichen PRO-

LONG. EXPOSURE setzen, erzeugt das System zusätzlich ein neues Exposure in Höhe des Prolongationsgeschäfts sowie direkt eine Sicherungsbeziehung zwischen diesem neuen Exposure und dem Prolongationsgeschäft. Beide Exposures sowie die beide Sicherungsbeziehungen finden Sie in demselben Sicherungsplan.

Prolongation: nur Sicherungsbeziehung

Wenn Sie die Exposures außerhalb des Hedge Accountings verwalten und die Änderungen der Exposures ins Hedge Accounting fortschreiben, ist das Anlegen eines neuen Exposures bei der Prolongation nicht gewünscht. In diesem Fall wird das Exposure von außen prolongiert, z.B. durch eine Anpassung der Exposure-Position im Exposure Management. Deshalb bietet Ihnen das System mit dem Kennzeichen PROLONGATION: NUR SICHERUNGSBEZ. die Möglichkeit, bei der Prolongation nur eine neue Sicherungsbeziehung anzulegen. Dabei muss das Exposure bereits prolongiert sein, und der Nominalbetrag des prolongierten Geschäfts muss dem Nominalbetrag des prolongierten Exposures entsprechen bzw. unter dem Exposure-Nominal liegen.

Normalerweise wird das originale Geschäft ein paar Tage vor der Fälligkeit prolongiert, deshalb kommt es zur Überschneidung zwischen dem originalen und dem Prolongationsgeschäft. Beide Geschäfte können aber nicht gleichzeitig dem Exposure zugeordnet werden. Deshalb beginnt die neue Sicherungsbeziehung erst mit der Fälligkeit des originalen Geschäfts. Technisch bedeutet dies, dass die neue Sicherungsbeziehung als Designationsdatum die Fälligkeit des originalen Geschäfts hat. Die Sicherungsbeziehung des originalen Geschäfts wird mit der Transaktion TPM18 entkoppelt, und am gleichen Tag fängt die neue Sicherungsbeziehung an. Im Zeitraum zwischen der Prolongation und dem Designationsdatum der neuen Sicherungsbeziehung werden die Wertänderungen des Prolongationsgeschäfts in die GuV verteilt, weil es noch keine Sicherungsbeziehung gibt. Diese Effekte werden aber durch das Kompensationsgeschäft ausgeglichen.

Vorzeitige Abwicklung

Darüber hinaus können Sie für Devisentermingeschäfte bei einer vorzeitigen Abwicklung des Geschäfts, die Sie ebenfalls mit der Transaktion KASSA/TERMINGESCHÄFTE (Transaktion TX06) durchführen können, einen Automatismus zur entsprechenden Abbildung im Hedge Accounting aktivieren. Im System wird die vorzeitige Abwicklung eines Devisentermingeschäfts durch ein Kompensationsgeschäft abgebildet, das das ursprüngliche Geschäft bis zu seiner Fälligkeit im Saldo mindert, sowie einem Kassageschäft. Beide Geschäfte haben den Nominal in der Höhe des abzuwickelnden Betrags. Für das Kompensationsgeschäft wird automatisch ein Exposure in Höhe des abzuwickelnden Betrags und mit umgekehrtem Transaktionsvorgang angelegt und direkt in einer Sicherungsbeziehung mit dem Kompensationsgeschäft verbunden. Damit diese Funktion korrekt arbeiten kann, ist es notwendig, dass in der Auswertungsart der bewertungsbereichsabhängigen Einstellungen zum Hedge Accounting für Exposures (siehe Abschnitte 9.2.1 und 9.2.3) das Kennzeichen FX-KOMPENSATIONSGESCHÄFTE SELEKTIEREN gesetzt ist.

9.3.3 Übergabe aus dem Exposure Management

Der Prozess der Exposure-Erfassung ist meist sehr individuell und hängt stark von der Quelle des Risikos ab. Insbesondere *geplante Transaktionen* und *feste Verpflichtungen* stammen meist aus Planungsprozessen, die außerhalb des Transaction Managers ablaufen. Um diesen Prozess besser zu unterstützen, bietet SAP Treasury and Risk Management das Exposure Management an. Die hier erfassten und verwalteten Exposures können Sie aus der Transaktion ÜBERBLICK ÜBER EXPOSURE-POSITIONEN (Transaktion FTREX12) heraus an das Hedge Accounting für Exposures übergeben. Wir haben das Exposure Management im Detail in Kapitel 8, »Exposure Management«, vorgestellt. An dieser Stelle werden wir zunächst nur die Nacharbeiten der übergegeben Exposures im Hedge Accounting beschreiben.

Exposure nachbearbeiten

Bei der Übergabe eines Exposures aus dem Exposure Management kann die Änderung des Exposures im Hedge Accounting zu einer Reklassifikation führen. Das passiert zum Beispiel, wenn das Volumen des Exposures unter das designierte Volumen des Sicherungsobjekts vermindert wird. Die dann notwendige Reklassifikation wird aber nicht direkt während der Übergabe aus dem Exposure Management durchgeführt. Stattdessen werden der Sicherungsplan und das jeweilige Exposure gesperrt und zum Nachbearbeiten vorgemerkt. Das erkennen Sie an dem Stoppschild beim Sicherungsplan in der Transaktion SICHERUNGSPLAN (Transaktion THMEX). Das Stoppschild markiert auch einzelne gesperrte Exposures auf der Registerkarte EXPOSURE. Um die Exposures nachzubearbeiten, wechseln Sie in den Änderungsmodus und klicken auf den Button NACHBEARBEITEN (, siehe Abbildung 9.34).

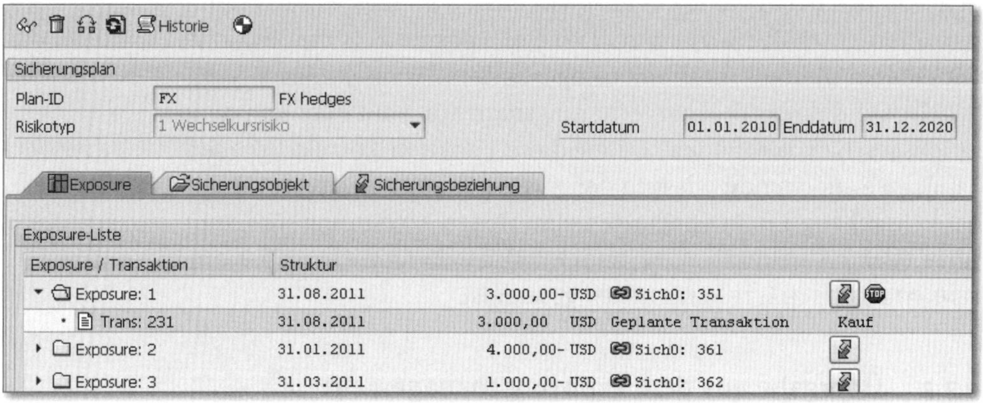

Abbildung 9.34 Exposure aus Exposure Management nachbearbeiten

Damit stoßen Sie die Anpassung der Sicherungsbeziehung und die Reklassifikation an. Nach der Anpassung wird das Exposure wieder entsperrt.

9.3.4 Upload

Upload der Geldhandel und Darlehen

Für Sicherungspläne vom Risikotyp ZINSRISIKO können Sie die Exposures von Darlehen aus der Darlehensverwaltung oder von Geldhandelsgeschäften in das Hedge Accounting hochladen. Dazu steht Ihnen die Transaktion EXPOSURE-UPLOAD AUS GELDHANDEL ODER DARLEHEN (Transaktion THMMM) zur Verfügung, die Sie im Menü unter HEDGE ACCOUNTING FÜR EXPOSURES • SICHERUNGSBEZIEHUNGEN finden. Zudem können Sie aus der Pflege des Sicherungsplans (siehe Abbildung 9.1) in diese Transaktion abspringen. Im Falle eines Zinsrisikos erscheint dazu der zusätzliche Button UPLOAD, der Sie zur Transaktion THMMM führt. Die Abbildung 9.35 zeigt das Selektionsbild dieser Transaktion.

Selektion der Geschäftsbestandteile

Beim Upload wird zwischen Geschäften mit variablen Zinsen und fixen Zinsen unterschieden. Liegt ein Geschäft mit fixen Zinsen vor, wird davon ausgegangen, dass das Geschäft als Exposure in einen Fair-Value-Hedge eingehen wird. Es wird dann der komplette Finanzstrom mit Zinsen und Tilgungen geladen. Liegt ein Geschäft mit variablen Zinsen vor, wird davon ausgegangen, dass das zu ladende Geschäft in einen Cashflow-Hedge eingehen wird. Es werden daher nur die Zinszahlungen geladen. Diese Logik können Sie mit den zusätzlichen Selektionsparametern anpassen, sodass Sie wahlweise die Tilgungen (Kennzeichen TILGUNGEN IMMER HOCHLADEN) beziehungsweise die Exposures ohne Zinszuschlag oder Zinsabschlag (Kennzeichen OHNE ZINSZUSCHLAG/ZINSABSCHLAG) hochladen können. Sie wählen den zweiten Parameter, wenn Sie nur das Marktrisiko absichern wollen.

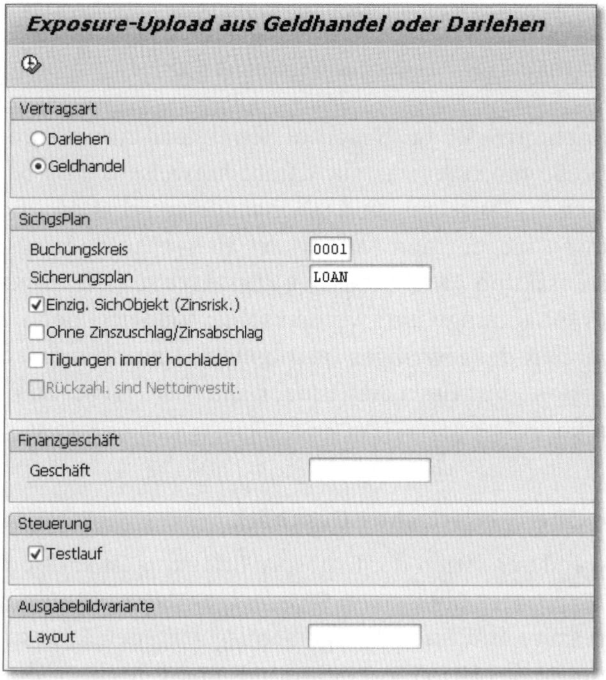

Abbildung 9.35 Exposure-Upload aus Geldhandel oder Darlehen (Transaktion THMMM)

Mapping auf Exposure-Attribute

Wie wir schon bei der manuellen Anlage des Exposures gesehen haben, bestimmen Transaktionstyp und Transaktionsvorgang den Charakter des Exposures und auch den Sicherungstyp. Im Ladeprozess in der Transaktion THMMM wird für die Zuflüsse der Transaktionstyp FINANZANLAGE gewählt, für die Abflüsse der Transaktionstyp FINANZIELLE VERBINDLICHKEIT. Die Bestimmung des Transaktionsvorgangs (siehe Tabelle 9.1) erfolgt aufgrund folgender Regel:

- Variable Zinszahlungen werden zu Exposures mit dem Transaktionsvorgang CASHFLOW.
- Fixe Zinszahlungen und Tilgungen werden zu Exposures mit dem Transaktionsvorgang POSITION.

[+]

Festsetzung des ersten Zinssatzes bei Geldhandelsgeschäften mit variabler Verzinsung

Bei Geldhandelsgeschäften mit einer variablen Verzinsung besteht die Möglichkeit, den ersten Zinssatz manuell auf der Registerkarte AUSSTATTUNG einzugeben. Diese Option bedeutet aber, dass sich die erste Zinsbewegung wie eine Bewegung mit festem Zinssatz verhält und entsprechend in den Sicherungsplan hochgeladen wird. Das führt dann zu Problemen im Effektivitätstest. Deshalb sollten Sie keinen ersten Zinssatz eingeben und stattdessen die Zinsanpassung auch für die erste Zinsbewegung vornehmen.

Handhabung

Wir werden in Abschnitt 9.4.3 noch mal auf den Upload zurückkommen. An dieser Stelle möchten wir nur darauf hinweisen, dass bei variabel verzinslichen Darlehen und Geldhandelsgeschäften die Fixierung der Zinsen nie mit den Mitteln des Hedge Accountings, z.B. mittels der Transaktion ANPASSUNG DER ZINSSÄTZE FÜR EXPOSURE (Transaktion THM35), durchgeführt werden sollte, sondern operativ mit den Transaktionen des jeweiliges Instruments. Danach müssen Sie die neue Version des Geschäfts erneut mit der Transaktion THMMM hochladen.

9.3.5 Eingabe über generisches Geschäft

Generisches Geschäft

Wie auch bei den anderen Arten der Exposure-Erfassung ist auch bei der Eingabe des Exposures über einen Risikoträger das Ziel, die oft außerhalb des Treasury and Risk Managements gehaltenen Exposures zu erfassen und in das Hedge Accounting zu überführen. In diesem Fall wird das generische Geschäft, eine Entität des Market Risk Analyzers, zur Ablage der Exposure-Informationen in SAP Treasury and Risk Management verwendet. In Kapitel 12, »Portfoliocontrolling mit den Analyzern«, gehen wir detaillierter auf die Struktur und Handhabung des generischen Geschäfts ein.

Upload

Auch in diesem Fall liegt das Original der Exposure-Daten außerhalb des Hedge Accountings, und die Daten müssen mittels eines Uploads in die Exposures des Hedge Accountings geladen werden. Dazu verwenden Sie die Transaktion EXPOSURE-UPLOAD AUS EXTERNEM SYSTEM (Transaktion THMRO), die Sie im Menü unter HEDGE ACCOUNTING FÜR EXPOSURES • SICHERUNGSBEZIEHUNGEN finden. Da die Transaktion und die Handhabung in der Dokumentation des SAP Help Portals (unter *http://help.sap.com*) gut beschrieben sind, verzichten wir auf eine detaillierte Darstellung. Wir weisen nur darauf hin, dass die externe Nummer des generischen Geschäfts mit »&HM« beginnen muss. Das Hedge Accounting betrachtet die interne Hierarchie des generischen Geschäfts einfach als eine Gruppierung der Finanzströme ohne Struktur, optionale Bestandteile werden ignoriert. Bevor Sie einen Upload eines generischen Geschäfts durchführen können, müssen Sie im Customizing unter HEDGE ACCOUNTING FÜR EXPOSURES (E-HA) • EINSTELLUNGEN FÜR ÜBERNAHME VON RISIKOTRÄGERN eine Zuordnung der Cashflow-Arten des Risikoträgers zu Transaktionstypen des Hedge Accountings vornehmen.

9.4 Implementation Guide

Wir haben Ihnen in den vorangegangenen Abschnitten vorgestellt, wie Sie das System handhaben müssen und welche Einstellungen Sie im Customizing vornehmen müssen, um Ihr Ziel, Hedge Accounting zu betreiben, zu erreichen. Doch Hedge Accounting ist weder homogen noch einfach. Deshalb möchten wir Ihnen die wichtigsten Implementierungsszenarien vorstellen. Bedenken Sie aber, dass die Entwicklung in diesem Bereich sehr dynamisch ist, sodass wir Ihnen nur eine Momentaufnahme einer sich ständig erweiternden Lösungslandschaft geben können. Immer wieder wird die Funktion durch SAP-Hinweise erweitert.

Für die wichtigsten Szenarien stehen umfangreiche Hinweise zur Verfügung, die die notwendigen Einstellungen und deren Wirkung beschreiben. Dies sind im Einzelnen:

- SAP-Hinweis 967104 für Net-Investment-Hedge
- SAP-Hinweis 1004493 für Cashflow-Hedge
- SAP-Hinweis 1016432 für Fair-Value-Hedge

Alternativ finden Sie die Information im SAP Help Portal (unter *http://help.sap.com*). Deshalb werden wir uns an dieser Stelle eher auf das Zusammenspiel der einzelnen Einstellungen und die wichtigsten Prozessmerkmale konzentrieren.

Eine korrekte Darstellung des Hedge Accountings einer Sicherungsbeziehung muss Folgendes enthalten:

- die Eigenheiten des Sicherungsinstruments
- die Eigenheiten des Grundgeschäfts und des Risikotyps

- die für jedes Paar von Sicherungsinstrument und Grundgeschäft möglichen Berechnungstypen inklusive der Darstellung hinsichtlich der Sicherungswirkung (Spot-Sicherung vs. Full-Fair-Value-Sicherung vs. andere Wirkungen) innerhalb der verschiedenen Sicherungstypen (Cashflow-Hedge vs. Fair-Value-Hedge vs. Net-Investment-Hedge)

Die dazu notwendigen Einstellungen sind die folgenden:

- Einstellungen zur Berechnungsart
  (Customizing-Aktivität HEDGE ACCOUNTING FÜR EXPOSURES (E-HA) • EFFEKTIVITÄTSPRÜFUNG • BERECHNUNGSARTEN DEFINIEREN)
- Einstellungen zum Bestandsführungsverfahren
  (TRANSACTION MANAGER • ALLGEMEINE EINSTELLUNGEN • BUCHHALTUNG • EINSTELLUNGEN ZUR BESTANDSFÜHRUNG • STICHTAGSBEWERTUNG und BESTANDSFÜHRUNGSVERFAHREN DEFINIEREN)
- Einstellungen zur Verteilung der Erfolge (TREASURY AND RISK MANAGEMENT • TRANSACTION MANAGER • ALLGEMEINE EINSTELLUNGEN • BUCHHALTUNG • HEDGE ACCOUNTING FÜR EXPOSURES • FORTSCHREIBUNGSARTEN • FORTSCHREIBUNGSARTEN FÜR E-HA ZUORDNEN)

Wir werden in diesem Abschnitt die Szenarien beschreiben, die am meisten verwendet werden. Zusätzlich werden wir auch einige Szenarien erwähnen, die Besonderheiten bezüglich Customizing oder Prozessen aufweisen. Wir betrachten folgende Szenarien:

1. **Full-Fair-Value-Sicherung**
   Hier handelt es sich um ein universales Szenario, das für viele Risikotypen und Sicherungsinstrumente geeignet ist.
2. **Sicherung der Wechselkursrisiken**
   Wir werden eine Spot-Sicherung mit Devisentermingeschäften und Optionen als Sicherungsinstrumenten beschreiben.
3. **Sicherung der Zinsrisiken**
   Wir werden einen Fair-Value- und einen Cashflow-Hedge mit einem Zinsswap beschreiben. Darüber hinaus betrachten wir auch andere Sicherungsinstrumente wie Zinsoptionen oder FRAs.

9.4.1 Full-Fair-Value-Sicherung

Die Full-Fair-Value-Sicherung ist ein universaler Ansatz zur Sicherung verschiedener Risiken. Mit diesem Ansatz betrachten Sie die gesamte Wertänderung des Sicherungsobjekts und des Sicherungsinstruments. Die Customizing-Einstellungen müssen Sie in drei Bereichen vornehmen: im Customizing zur Effektivitätsmessung, zur Bestandsverwaltung und zur Verteilung der Erfolge für das Hedge Accounting.

Customizing zur Effektivitätsmessung

Berechnungsart

Schauen wir uns die Einstellungen zur Effektivitätsmessung an und beginnen mit der Berechnungsart im Customizing, die Sie in Abbildung 9.36 sehen. Wie Sie schon wissen, ist der Berechnungstyp die entscheidende Einstellung im Hinblick auf die Sicherungswirkung. Für die Full-Fair-Value-Sicherung ist der Berechnungstyp BARWERT geeignet. Dazu müssen Sie mindestens das Feld KURS-/BARWERTART pflegen. Die weiteren Einstellungen wie die Felder BARWERT FIX, STARTWERT AUTOMAT. und BARWERT BEI DER AUSÜBUNG hängen davon ab, wie Sie die Barwerte ermitteln wollen. Sie können auch die Felder BARWERTART (REALIS.) und BARWERTART (BEGINN) pflegen. Die erste Einstellung wird bei der Fälligkeit des Sicherungsinstruments verwendet, die zweite dient dazu, die Wertänderungen am Designationstag zu berücksichtigen. Alle Einstellungen diskutierten wir in Abschnitt 9.2.2 unter der Überschrift »Berechnungsart«.

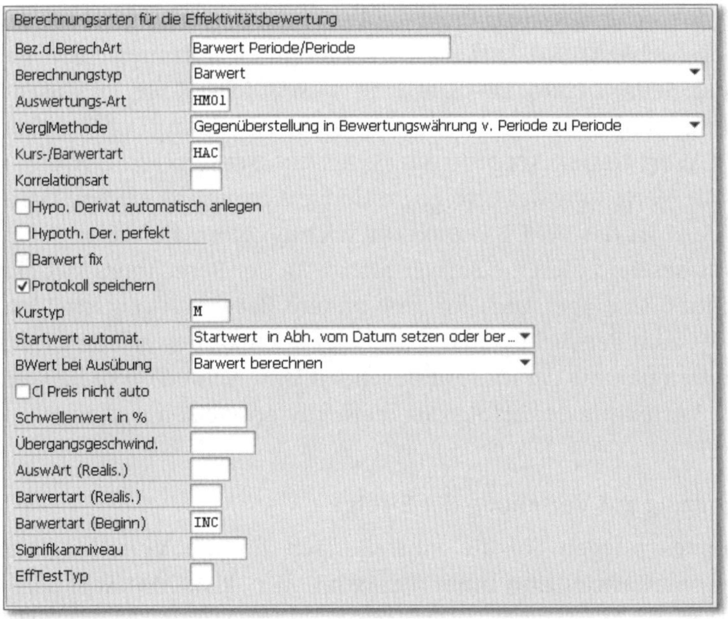

Abbildung 9.36 Berechnungsart für Full-Fair-Value-Sicherung

Effektivitätsnachweisart und Sicherungsstrategie

Als Nächstes pflegen Sie die Effektivitätsnachweisart im Customizing unter HEDGE ACCOUNTING FÜR EXPOSURES (E-HA) • EFFEKTIVITÄTSPRÜFUNG • NACHWEISARTEN DEFINIEREN (siehe Abbildung 9.24). Hier können Sie die Effektivitätsnachweisart STANDARDBEREICH aus dem Muster-Customizing übernehmen. Zuletzt tragen Sie die Berechnungsart und die Effektivitätsnachweisart in die Sicherungsstrategie mit der Aktivität HEDGE ACCOUNTING FÜR EXPOSURES (E-HA) • EFFEKTIVITÄTSPRÜFUNG • SICHERUNGSSTRATEGIEN DEFINIEREN ein, die Sie in Abbildung 9.23 sehen können. Die definierte Berechnungsart können Sie sowohl für die Effektivitätsbewertung als auch für den Effektivitätsnachweis in der Sicherungsstrategie verwenden.

Customizing zur Bestandsverwaltung

Bestandsführungsverfahren

In der Bestandsverwaltung müssen Sie zuerst das Bestandsführungsverfahren für das Sicherungsinstrument im Customizing unter TRANSACTION MANAGER • ALLGEMEINE EINSTELLUNGEN • BUCHHALTUNG • EINSTELLUNGEN ZUR BESTANDSFÜHRUNG • BESTANDSFÜHRUNGSVERFAHREN DEFINIEREN einstellen. Die einzelnen Bewertungsschritte im Bestandsführungsverfahren bestimmen die Bewertungsergebnisse selbst und legen fest, ob die Bewertungsergebnisse gemäß Hedge Accounting verteilt werden sollen. Das Bestandsführungsverfahren des Sicherungsinstruments sollte einen Bewertungsschritt des Typs TITELBEWERTUNG enthalten. In diesem Bewertungsschritt hat das Feld BEHANDLUNG ERFOLGE eine wesentliche Rolle im Zusammenhang mit dem Hedge Accounting (siehe Abbildung 9.27). Geben Sie den Wert HEDGE ACCOUNTING (SICHERUNGSGESCHÄFT) [E-HA] ein, damit die Verteilung der Erfolge im Hedge Accounting erfolgt. Darüber hinaus ist das Feld BARWERTART wichtig. Normalerweise geben Sie in dieses Feld dieselbe Barwertart wie in der Berechnungsart ein. Sie können sich aber auch für eine andere Barwertart entscheiden, wenn Sie zum Beispiel den Barwert in der Stichtagsbewertung anders bestimmen und die daraus resultierenden Unterschiede zum Barwert bei der Verteilung der Erfolge als ineffektiv ausweisen wollen.

Customizing zur Verteilung der Erfolge

Verteilung der Erfolge

Als Letztes pflegen Sie die Einstellungen für die Verteilung der Erfolge im Customizing unter TREASURY AND RISK MANAGEMENT • TRANSACTION MANAGER • ALLGEMEINE EINSTELLUNGEN • BUCHHALTUNG • HEDGE ACCOUNTING FÜR EXPOSURES • FORTSCHREIBUNGSARTEN •

Fortschreibungsarten für E-HA zuordnen (siehe Abbildung 9.28). Die Einstellungen in dieser Aktivität sind überwiegend vom Risikotyp unabhängig. Dafür hängen Sie aber stark von Ihren internen Vorschriften der Kontenfindung ab. Das betrifft die Kennzeichen Auflösen von Gewinnen/Verlusten, Gewinn und Verlust ausgleichen und Einzelnachweis freistehender Teil. In unserem Beispiel setzen Sie die ersten beiden Kennzeichen Auflösen von Gewinnen/Verlusten und Gewinn und Verlust ausgleichen. Damit weisen immer höchstens ein Eigenkapitalkonto, ein Gewinn- oder Verlustkonto für den ineffektiven Anteil und ein Gewinn- oder Verlustkonto für den freistehenden Anteil einen Saldo auf. Sie pflegen auch die Fortschreibungsarten, die Sie zur Klassifikation Eigenkapital, Klassifikation GuV und Klassifikation GuV freistehend benötigen. Dasselbe gilt für die Rücknahme Klassifikation unrealisierter Gewinne/Verluste und Klassifikation realisierter Gewinne/Verluste. Für die Reklassifikation pflegen Sie nur immer die ersten beiden Fortschreibungsarten für Reklassifikation Eigenkapital positiv und Reklassifikation Eigenkapital negativ, weil Sie das Kennzeichen Einzelnachweis freistehender Anteil nicht gesetzt haben.

Eine Ausnahme hinsichtlich der Unabhängigkeit vom Risikotyp ist das Feld Erzeugungsart der Bewegungen bei Realisierung, bei dem sich der initiale Wert bei verschiedenen Sicherungsinstrumenten unterschiedlich auswirkt. Wir haben dieses Customizing in Abschnitt 9.2.4 im Detail betrachtet.

9.4.2 Sicherung der Wechselkursrisiken

Wir beschreiben nun die Sicherung von Wechselkursrisiken am Beispiel der Sicherung von geplanten Käufen in einer Fremdwährung. Die Exposures werden aus dem Exposure Management hochgeladen. Zuerst betrachten wir die Sicherung mittels eines Devisentermingeschäfts und beschreiben auch die Prolongation des Exposures. Danach beschreiben wir die Sicherung mittels einer Devisenoption als Sicherungsinstrument.

Devisentermingeschäfte

Mit den Devisentermingeschäften können Sie entweder den Devisenspoteffekt oder die gesamte Fair-Value-Änderung des Exposures inklusive des Zinseffekts sichern. Die Full-Fair-Value-Sicherung haben wir gerade im letzten Abschnitt beschrieben, wir konzentrieren uns nun auf die Sicherung des Devisenspoteffekts.

Als Erstes pflegen Sie das Customizing unter HEDGE ACCOUNTING FÜR EXPOSURES (E-HA) • EINSTELLUNGEN FÜR AUTOMATISCHES ANLEGEN DER HEDGE-ACCOUNTING-DATEN. Hier können Sie, wie in Abbildung 9.33 zu sehen ist, für das Sicherungsinstrument alle Kennzeichen setzen, weil die Funktionen DATEN ANLEGEN, PROLONGATION und VORZEITIGE ABWICKLUNG bei Fremdwährungsgeschäften alle unterstützt werden. Die Auswirkung des Kennzeichens PROLONGATION: NUR SICHERUNGSBEZ. haben wir in Abschnitt 9.3.2 diskutiert und werden sie auch in diesem Beispiel noch einmal erläutern.

Berechnungsart

Als Nächstes pflegen Sie die Berechnungsart. Da Sie den Devisenspoteffekt sichern wollen, wählen Sie den Berechnungstyp CASHFLOW-DIFFERENZEN GEMÄSS KASSAKURS aus. Dazu müssen Sie noch die beiden Felder AUSWERTUNGSART und VERGLMETHODE PFLEGEN. Die damit eingerichtete Berechnungsart entspricht der Berechnungsart 100 CF KASSAKURS PERIODE/PERIODE aus dem Muster-Customizing.

Bestandsführungsverfahren

Nun pflegen Sie die Einstellungen im Bestandsführungsverfahren. Wie Sie bereits in der Berechnungsart eingestellt haben, sichern Sie nur den Devisenspoteffekt ab. Die eigentliche buchhalterische Bewertung sollte aber den Fair-Value des Finanzinstruments widerspiegeln. Das bedeutet, dass der Zinseffekt (oder alternativ der Zeiteffekt) ein Teil der buchhalterischen Bewertung, aber kein Teil der Effektivitätsbewertung ist. Das System bietet Ihnen dafür zwei Möglichkeiten, wie Sie diesen Effekt einordnen können:

1. **Als ineffektiven Anteil im Hedge Accounting**
   Das gesamte Bewertungsergebnis wird im Hedge Accounting verteilt. Der Zinseffekt wird als ineffektiv erkannt. Das Bestandsführungsverfahren enthält in diesem Fall einen Bewertungsschritt des Typs TITELBEWERTUNG, in dem Sie unter anderem HEDGE ACCOUNTING (SICHERUNGSGESCHÄFT) [E-HA] im Feld BEHANDLUNG ERFOLGE pflegen, damit die Verteilung der Erfolge im Hedge Accounting erfolgt.
2. **Als freistehenden Anteil in der Bestandsverwaltung**
   Mit dieser Einstellung wird nur der Devisenspoteffekt im Hedge Accounting klassifiziert. Der Zinseffekt aus der Bewertung wird nicht klassifiziert, sondern direkt bei der Bewertung realisiert, d.h. in die GuV gebucht. Dafür müssen Sie im Bestandsführungsverfah-

ren als ersten Schritt den Typ Kursbewertung Devisentermingeschäft auswählen. In dem entsprechenden Bewertungsverfahren in Abbildung 9.37 wählen Sie dann den Wert Spotkurs am Markt gegen Spotkurs im Geschäft im Feld Typ Forward aus. Dazu sollen die Erfolge dieses Schrittes im Hedge Accounting klassifiziert werden. Dazu wählen Sie den Wert Hedge Accounting (Sicherungsgeschäft) [E-HA] im Feld Behandlung Erfolge. Als weitere Bewertungsschritte tragen Sie entweder Swapabgrenzung und Swapbewertung oder Titelbewertung ein. Die Ergebnisse dieser Schritte werden nicht im Hedge Accounting verteilt. Dies erfolgt bei der Swapabgrenzung und der Swapbewertung automatisch, bei der Titelbewertung lassen Sie das Feld Behandlung Erfolge leer.

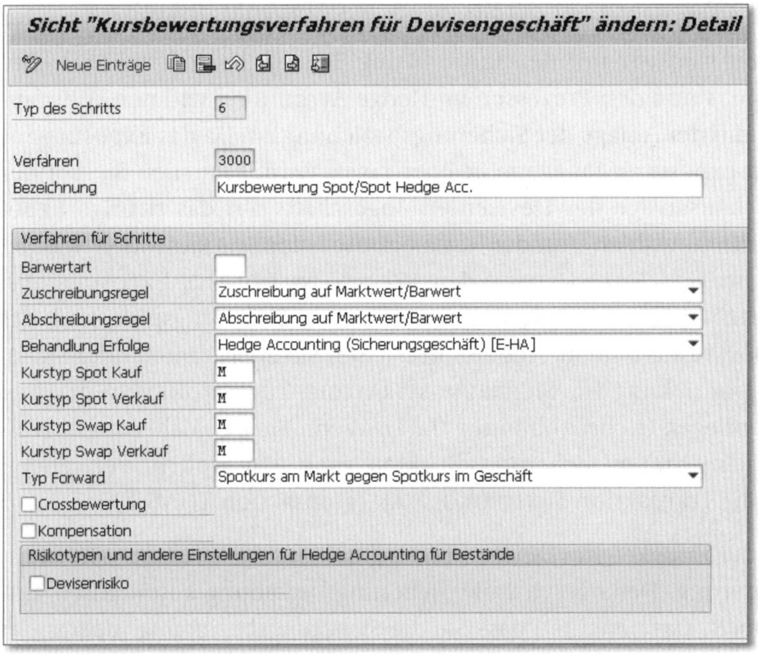

Abbildung 9.37 Kursbewertungsverfahren für Devisentermingeschäft

Fortschreibungsarten für abgeleitete Geschäftsvorfälle

Neben dem Bestandsführungsverfahren und den Bewertungsverfahren müssen Sie auch weiteres Customizing pflegen, wie die Zuordnung von Fortschreibungsarten etc. Dieses Customizing ist aber bis auf eine Ausnahme nicht Hedge-spezifisch, und wir möchten Sie hierzu auf Kapitel 5, »Bestandsverwaltung«, verweisen. Die Ausnahme sind die Fortschreibungsarten für abgeleitete Geschäftsvorfälle bei Bestandsabgängen, da sie buchungsrelevant sein können oder nicht. Bei den Devisentermingeschäften gilt folgende Regel: Wenn Sie einen Bewertungsschritt als relevant für Hedge Accounting einstellen, sollten Sie die entsprechende Fortschreibungsart für den Bestandsabgang als buchungsrelevant kennzeichnen.

Verteilung der Erfolge

Nun kommen wir zum letzten Customizing-Bereich, und zwar der Verteilung der Erfolge. In der Customizing-Aktivität • FORTSCHREIBUNGSARTEN FÜR E-HA ZUORDNEN pflegen Sie die Fortschreibungsarten und die weiteren Parameter für die Verteilung der Erfolge. Bei den Devisentermingeschäften wird die Rücknahme automatisch bei der Realisierung erzeugt. Also können Sie das Feld ERZEUGUNG DER BEWEGUNG BEI DER REALISIERUNG leer lassen. Dasselbe gilt auch für das Feld BEHANDLUNG ZEITWERT, das nur für Optionen relevant ist. Die weiteren Felder haben wir bereits im letzten Abschnitt diskutiert.

Prozesse im Hedge Accounting

Damit sind wir mit den Customizing-Einstellungen fertig und können uns nun den Prozessen im Hedge Accounting widmen. Wir fangen mit der Anlage der Sicherungsbeziehung an. Da das Exposure aus dem Exposure Management übertragen wird, brauchen Sie bei der Geschäftsanlage des Devisentermingeschäfts nur das richtige Exposure auszuwählen. Auf der Registerkarte HEDGEMANAGEMENT wählen Sie im Feld E-HA-UPDATE den Wert VORHANDENES EXPOSURE aus. Danach müssen Sie den entsprechenden Sicherungsplan und das Exposure auswählen. Außerdem müssen Sie die Parameter der Sicherungsbeziehung wie SICHERUNGSSTRATEGIE, ZUGEORDNETES VOLUMEN etc. pflegen (siehe Abbildung 9.31). Wenn Sie das Sicherungsinstrument mehreren Sicherungsobjekten zuordnen wollen, verwenden Sie die Transaktion SICHERUNGSPLAN (Transaktion THMEX).

Bei der Fälligkeit des Devisentermingeschäfts erfolgt erneut eine Klassifizierung. Danach wird die Sicherungsbeziehung automatisch entkoppelt. Das bedeutet, dass Sie die Sicherungsbeziehung nicht mehr ändern können. Der Eigenkapitalsaldo wird aber zuerst nicht aufgelöst. Die Auflösung des Saldos erfolgt entweder durch die Auflösung der Sicherungsbeziehung oder anteilig mit den Transaktionen MANUELLE EK-REKLASSIFIKATION (Transaktion THM54) und AUTOMATISCHE EK-REKLASSIFIKATION (Transaktion THM58, siehe Abschnitt 9.1.9).

Prolongation

Als Letztes wollen wir die Prolongation des Devisentermingeschäfts mit der Transaktion PROLONGATION ANLEGEN (Transaktion TX11) beschreiben. Wie Sie in Abschnitt 9.3.2 erfahren haben, unterstützt das Hedge Accounting für Exposures zwei Arten der Prolongation. Entweder werden während der Prolongation ein neues Exposure und eine neue Sicherungsbeziehung angelegt, oder es wird nur eine neue Sicherungsbeziehung angelegt. In unserem Beispiel prolongieren Sie das Exposure von außen, betrachten wir also die zweite Option. Mit der Transaktion TX11 legen Sie die Prolongation an. Es wird eine neue Sicherungsbeziehung für das neue Prolongationsgeschäft angelegt. Dabei kann es zu einer zeitlichen Überlappung zwischen dem originalen und dem neuen Geschäft kommen. Deshalb erhält die neue Sicherungsbeziehung als Designationsdatum die Fälligkeit des originalen Geschäfts. Diese Situation diskutieren wir auch in Abschnitt 9.3.2.

Devisenoptionen

Als nächstes Szenario beschreiben wir die Nutzung einer Devisenoption als Sicherungsinstrument für Wechselkursrisiken. Wir konzentrieren uns auf die Unterschiede zu den Devisentermingeschäften. Sie können gekaufte Optionen (Call oder Put) und Collars als Sicherungsinstrumente verwenden. Wir betrachten zuerst den Fall einer einfachen Option.

Berechnungsart

Sie beginnen wieder mit dem Customizing der Berechnungsart. Zuerst müssen Sie den BERECHNUNGSTYP pflegen. Wenn Sie nur den inneren Wert einer Devisenoption im Hedge Accounting sichern, können Sie aus mehreren Berechnungstypen wählen – und zwar abhängig von der gewünschten Berechnungsgrundlage. Es stehen folgende Berechnungstypen zur Wahl:

- Kassakurs (Berechnungstyp OPTION: INNERER WERT KASSAKURS)
- Forwardkurs (Berechnungstyp OPTION: INNERER WERT FORWARDKURS)
- diskontierter Forwardkurs (Berechnungstyp OPTION: INNERER WERT FORWARDKURS DISKONTIERT)
- hypothetisches Derivat (Berechnungstyp INNERER WERT HYPOTHETISCHES DERIVAT)

Wenn Sie den gesamten Wert der Option inklusive Zeitwert sichern möchten, wählen Sie den Berechnungstyp BARWERT. Als Nächstes pflegen Sie die entsprechenden Barwertarten. Sie müssen die Standardbarwertart (das Feld KURS-/BARWERTART) pflegen, und zusätzlich können Sie noch die Startbarwertart (Feld BARWERTART BEGINN) und die Barwertart für die Realisierung (Feld BARWERTART REALIS.) eingeben. Wie in Abschnitt 9.2.2 erwähnt, können Sie mit dem Startbarwert auch die Innertagesschwankungen am Tag der Anlage der Sicherungsbeziehung berücksichtigen.

Bestandsführungsverfahren

Im Bestandsführungsverfahren pflegen Sie die Titelbewertung als einen einzigen Bewertungsschritt. In Abbildung 9.27 sehen Sie die Customizingaktivität für diesen Bewertungsschritt. Die Titelbewertung sollte dieselbe Barwertart wie die Berechnungsart enthalten, und die Bewertungsergebnisse sollten im Hedge Accounting verteilt werden (der Wert HEDGE ACCOUNTING (SICHERUNGSGESCHÄFT) [E-HA] im Feld BEHANDLUNG ERFOLGE). Die Auswirkungen von unterschiedlichen Bartwertarten haben wir bereits in Abschnitt 9.4.1 diskutiert.

Verteilung der Erfolge

Im Customizing für die Verteilung der Erfolge ist das Feld BEHANDLUNG ZEITWERT auf der Abbildung 9.11 im Falle einer Devisenoption wichtig. Normalerweise ist es gewünscht, dass sich die eigentliche Klassifizierung nur auf den inneren Wert beschränkt. Dafür lassen Sie das Feld BEHANDLUNG ZEITWERT leer oder wählen den Wert KLASSIFIKATION DES ZEITWERTS (DEFAULT) aus. Damit wird im idealen Fall kein ineffektiver, sondern nur ein effektiver Anteil ausgewiesen, der sich auf den inneren Wert bezieht. Gleichzeitig wird der Zeitwert separat ausgewiesen und gebucht. Wenn Sie aber den BARWERT als Berechnungstyp eingestellt haben, sollten Sie die Klassifizierung des Zeitwertes unterdrücken (Wert KEINE KLASSIFIKATION DES ZEITWERTES). Die weiteren Einstellungen sind ähnlich wie bei den Devisentermingeschäften.

Der Ablauf der Sicherungsbeziehung ist bei den Devisenoptionen ähnlich wie bei den Devisentermingeschäften. Der einzige Unterschied besteht darin, dass die Optionen entweder verfallen oder ausgeübt werden. Im Fall einer Ausübung wird üblicherweise ein Barausgleich festgesetzt, der dem inneren Wert der Option entspricht. Dementsprechend werden dann die realisierten Gewinne und Verluste klassifiziert.

FX Collar

Wie bereits erwähnt, können Sie auch Collars als Sicherungsinstrumente einsetzen. Die technische Grundvoraussetzung besteht in der Verknüpfung der beiden unterliegenden Optionen vom Typ OPT. Diese Verknüpfung legen Sie entweder automatisch mit der Transaktion DEVISENOPTIONSERFASSUNG – ZYLINDER (Transaktion TI4B) oder manuell mit der Transaktion REFERENZ ANLEGEN (Transaktion TBR6) an.

Die beiden verknüpften Optionen können Sie demselben Sicherungsobjekt als Sicherungsinstrumente zuordnen. Es entstehen zwei Sicherungsbeziehungen, das verfügbare Nominal des Sicherungsobjekts wird aber nur einmal vermindert. Das sehen Sie auch in Abbildung 9.38, die die Registerkarte SICHERUNGSBEZIEHUNG in der Transaktion SICHERUNGSPLAN (Transaktion THMEX) zeigt. Beide verknüpften Devisenoptionen haben dasselbe Volumen wie das Sicherungsobjekt und erzeugen zwei Sicherungsbeziehungen. Im Bildbereich DETAILANAGABEN ZUR SICHERUNGSBEZIEHUNG sehen Sie auch den Referenztyp (Feld REF. TYP) und die Referenznummer (Feld REFERENZ). Die zwei angelegten Sicherungsbeziehungen deuten an, dass das Hedge Accounting die beiden Optionen des Collars ab der Designation separat betrachtet. Das betrifft dann alle Prozesse. Weil grundsätzlich eine der beiden Optionen immer den inneren Wert null hat, bringt dieses Systemverhalten keine Nachteile mit sich.

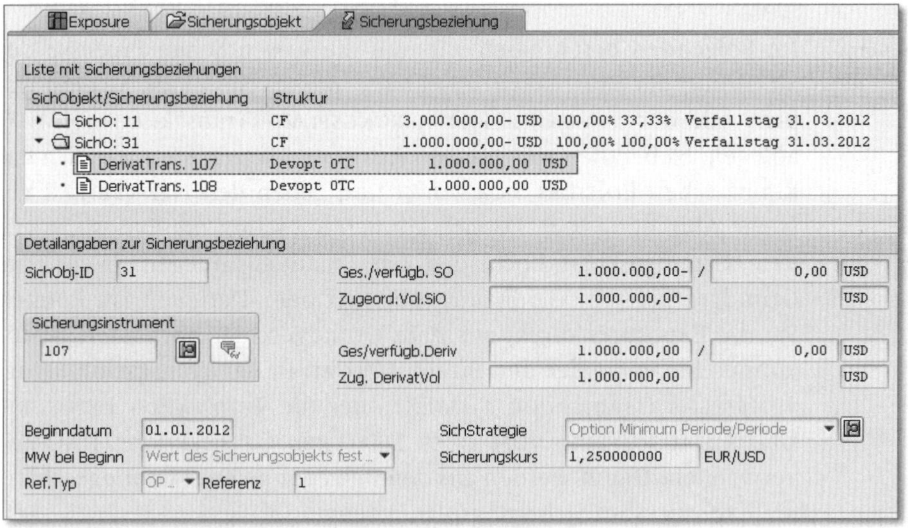

Abbildung 9.38 Sicherungsbeziehungen eines Devisencollars

9.4.3 Sicherung der Zinsrisiken

Im Gegensatz zu den Wechselkursrisiken müssen wir bei den Zinsrisiken zwischen dem Cashflow-Hedge und dem Fair-Value-Hedge unterscheiden. Das betrifft das Hochladen der Exposures, die Sicherungsstrategie und auch die Sicherungsinstrumente. Dagegen sind die Einstellungen im Bestandsführungsverfahren und für die Verteilung der Erfolge gleich. Schauen wir uns also zuerst diese beiden Einstellungen an.

Bestandsführungsverfahren

Bei den Zinsderivaten sollte das Bestandsführungsverfahren einen Schritt des Typs TITELBEWERTUNG enthalten. Die einzelnen Einstellungen für das Bewertungsverfahren entsprechen denen einer Full-Fair-Value-Sicherung (siehe Abschnitt 9.4.1 und Abbildung 9.27).

Verteilung der Erfolge

Anders als bei Devisentermingeschäften müssen Sie im Customizing für die Verteilung der Erfolge die Rücknahme bei der Realisierung für die Zinsderivate explizit auswählen. Dafür geben Sie den Wert MIT RÜCKNAHME im Feld ERZEUGUNGSART DER BEWEGUNGEN BEI REALISIERUNG ein. Wie bereits in Abschnitt 9.2.4 erwähnt, erfolgt bei einem Fair-Value-Hedge keine Aufspaltung in einen effektiven und einen nicht effektiven Anteil, weil die gesamte Wertänderung in die GuV gebucht werden. Deshalb brauchen Sie im Fall des Fair-Value-Hedges nur die Fortschreibungsarten für GuV zu pflegen. Die Felder für das Eigenkapital sind also nur im Fall eines Cashflow-Hedges relevant.

Sicherungsbeziehung anlegen

Im Folgenden beschreiben wir nun die wesentlichen Prozesse der Sicherung der Zinsrisiken. Als Erstes müssen Sie einen Sicherungsplan mit der Transaktion SICHERUNGSPLAN (Transaktion THMEX) anlegen. Neben den allgemeinen Attributen setzen Sie zusätzlich das Kennzeichen EINZIGES SICHOBJEKT und geben den NENNBETRAG ein (siehe Abbildung 9.2). Danach können Sie schon die Exposures aus dem Grundgeschäft hochladen oder manuell anlegen. Wenn das Grundgeschäft ein Geldhandelsgeschäft oder Darlehen ist, können Sie die Exposures direkt aus dem Grundgeschäft hochladen. Dafür können Sie entweder den Button UPLOAD in der Transaktion SICHERUNGSPLAN (Transaktion THMEX) oder die Transaktion EXPOSURE-UPLOAD AUS GELDHANDEL ODER DARLEHEN (Transaktion THMMM) verwenden. Damit werden aus den Bewegungen des Grundgeschäfts die Exposures im Sicherungsplan erzeugt.

Ein wesentlicher Unterschied zwischen den Wechselkursrisiken und den Zinsrisiken besteht im Verhältnis zwischen den Exposures und ihren Sicherungsobjekten. Während bei den Wechselkursrisiken ein Exposure einem Sicherungsobjekt entspricht, werden bei den Zinsrisiken alle Exposures eines Sicherungsplans normalerweise einem Sicherungsobjekt zugeordnet. Das entspricht dem Charakter des Hedge Accountings von Zinsrisiken, bei dem Sie nicht die einzelnen Zinsexposures, sondern den ganzen Finanzstrom z.B. eines Kredits absichern. Auf der Registerkarte SICHERUNGSOBJEKT wählen Sie deshalb die Option ALLE EXPOSURES EINEM SO ZUORDNEN im Feld EXPOSURE aus. So werden alle Exposures einem Sicherungsobjekt zugeordnet, wie Sie in Abbildung 9.39 sehen.

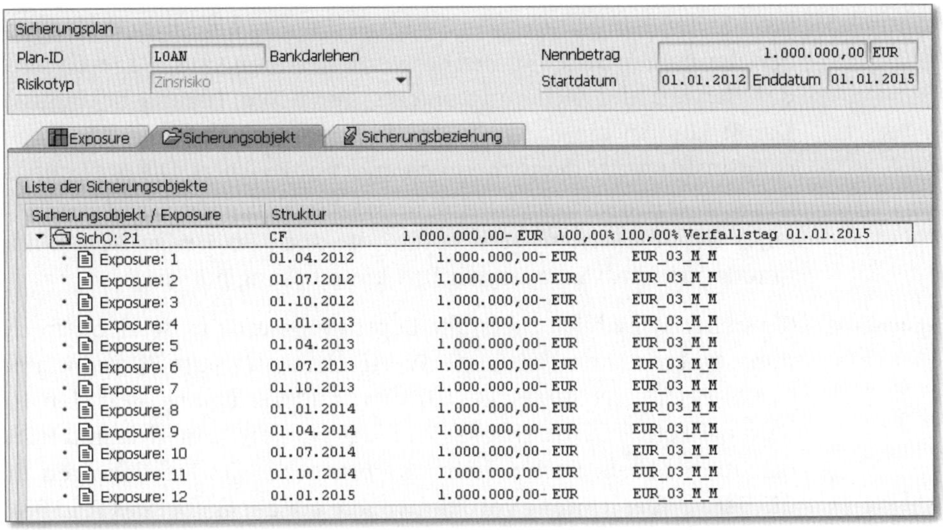

Abbildung 9.39 Sicherungsobjekt für Zinsrisiken

Zu dem angelegten Sicherungsobjekt können Sie auf der Registerkarte SICHERUNGSBEZIEHUNG eine Sicherungsbeziehung anlegen. Im Gegensatz zu den Wechselkursrisiken gibt es keine Möglichkeit, die Sicherungsbeziehung aus dem Geschäft heraus anzulegen. In diesem Szenario verwenden Sie ein hypothetisches Derivat, also müssen Sie es bei der Anlage der Sicherungsbeziehung auch mit eingeben.

Laufzeitende des Sicherungsinstruments

Die Prozesse während der Laufzeit einer Sicherungsbeziehung sind dieselben wie bei anderen Risiken. Am Laufzeitende des Sicherungsinstruments wird die Sicherungsbeziehung für die Zinsrisiken entkoppelt. Dies geschieht während der Verteilung der Erfolge der abgeleiteten Geschäftsvorfälle mit der Transaktion BUCHEN UND FIXIEREN (Transaktion TPM18).

Fair-Value-Hedge mit einem Zinsswap

Wir nehmen in diesem Abschnitt an, dass unser Risiko aus einem Darlehen mit einer festen Verzinsung kommt und wir als Sicherungsinstrument einen Zinsswap verwenden. Bei einem Fair-Value-Hedge mit einem Zinsswap sind Sie mit dem Problem konfrontiert, wann ein Sicherungsinstrument intuitiv betrachtet das Risiko voll sichert, aber es trotzdem finanzmathematisch ineffektiv ist. Dieses Resultat hat zwei nachvollziehbare Ursachen. Die erste Ursache liegt in periodischen Zinsfixierungen. Die zweite Ursache liegt darin, dass das Exposure nur eine Richtung (Seite) kennt, der Zinsswap dagegen zwei Seiten hat. Für den Zinsswap gleichen sich deshalb die Tilgungen der beiden Seiten in der Barwertberechnung aus. Dagegen wird der Barwert des Sicherungsobjekts durch die Tilgung beeinflusst. Damit können die Barwerte des Sicherungsobjekts und des Sicherungsinstruments deutlich voneinander abweichen. Die Rechnungslegungsvorschriften bieten für dieses Problem eine Lösung mittels eines hypothetischen Derivats an, die auch im Hedge Accounting unterstützt wird. Schauen wir uns diese Lösung nun an.

Berechnungsart

Sie stellen wie üblich zuerst die Berechnungsart ein. Bei den Berechnungstypen stehen Ihnen die Werte HYPOTHETISCHES DERIVAT und CLEAN-PRICE HYPOTHETISCHES DERIVAT zur Verfügung. Beachten Sie auch das Feld HYPOTH. DER.PERFECT, das wir bereits in Abschnitt 9.2.2 diskutiert haben. Darüber hinaus müssen Sie die Einstellungen für die Barwertberechnung vornehmen, die vor allem über das Feld BARWERTART und gegebenenfalls über die Felder BARWERTART (BEGINN) und STARTWERT AUTOMAT. erfolgen. Die Einstellungen für die Effektivitätsnachweisart in der Customizing-Aktivität NACHWEISARTEN DEFINIEREN, für die Sicherungsstrategie in der Customizing-Aktivität SICHERUNGSSTRATEGIEN DEFINIEREN und für die Verteilung der Erfolge in der Customizing-Aktivität FORTSCHREIBUNGSARTEN FÜR E-HA ZUORDNEN beinhalten keine Spezifika für dieses Szenario.

Cashflow-Hedge

Schauen wir uns nun den Cashflow-Hedge an. Unser Exposure im Cashflow-Hedge entspricht einem aufgenommen Darlehen mit einer variablen Verzinsung. Für das Hochladen der Exposures bietet die Transaktion EXPOSURE-UPLOAD AUS GELDHANDEL ODER DARLEHEN (Transaktion THMMM) die Möglichkeit an, nur den Marktzinsanteil der Exposures hochzuladen. Das Bonitätsrisiko in Form eines Zinszuschlags oder Zinsabschlags wird dabei nicht hochgeladen. Dies können Sie mit dem Kennzeichen OHNE ZINSZUSCHLAG/ZINSABSCHLAG in Abbildung 9.35 erreichen.

Berechnungsart

Das System unterstützt verschiedene Arten der Sicherungsinstrumente für den Cashflow-Hedge. Den Zinsswap haben wir schon diskutiert, also beschreiben wir nur die Unterschiede zum Fair-Value-

Hedge. Als Berechnungstyp kommen alle Berechnungstypen in Frage, die auf dem Finanzstromausgleich basieren und »Cashflow-Differenz« im Namen tragen. Dies ist zum Beispiel der Berechtigungstyp CASFLOW-DIFFERENZEN FORWARD-KURS DISKONTIERT (siehe Abbildung 9.40).

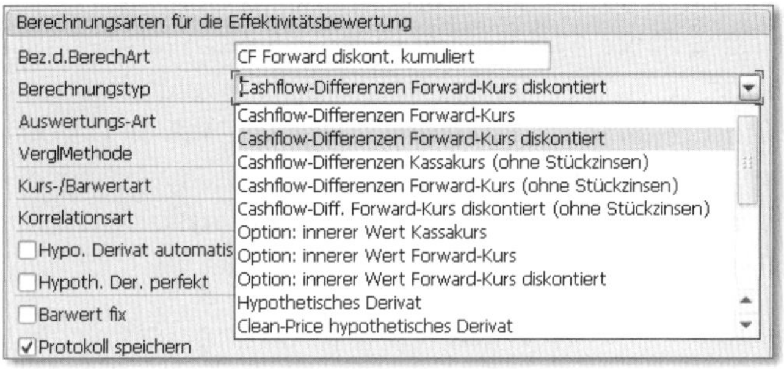

Abbildung 9.40 Berechnungsart für Cashflow-Hedge von Zinsrisiken

Sicherungsstrategie

Bei der Sicherungsstrategie können Sie den Wert FAS133 DIG G 7 METHODE 1 im Feld CASHFLOW-BEST. eingeben und auch die gleichnamige Methode verwenden. Diese Methode berücksichtigt beim Effektivitätstest nur die variable Seite des Zinsswaps.

Zinsanpassung

Bei den Prozessen während der Laufzeit einer Sicherungsbeziehung gibt es einen Unterschied gegenüber dem Fair-Value-Hedge. Diesen Unterschied verursachen die variablen Zinsen in den Exposures. Hier müssen Sie nach jeder Zinsanpassung des originalen Geschäfts auch die Exposures fortschreiben. Dafür können Sie wieder die Transaktion EXPOSURE-UPLOAD AUS GELDHANDEL ODER DARLEHEN (Transaktion THMMM) verwenden. Nach dem Update hat das Zinsexposure den Status *fixiert* und enthält den fixierten Zinssatz. Dabei können Sie sich fragen, wie die Zinsanpassung allgemein während des Effektivitätstests berücksichtigt wird. Bei einem Effektivitätstest wird ein Fair-Value des Sicherungsobjekts und des Sicherungsinstruments zu verschiedenen Stichtagen ermittelt. Alle Zinsanpassungen vor dem jeweiligen Stichtag werden berücksichtigt. Alle Zinsanpassungen nach dem jeweiligen Stichtag werden dagegen zurückgenommen und anhand der Zinsstrukturkurve neu simuliert. Dies können Sie im Detailprotokoll des Effektivitätstests nachverfolgen. Während Sie die Bewegungen mit fixiertem Zinssatz im Bereich FIXE CASHFLOWS finden, stehen die nicht fixierten Bewegungen im Bereich VARIABLE CASHFLOWS. Dabei sollte der Status der Zinsanpassung des Sicherungsinstruments und des Sicherungsobjekts gleich sein. Eine fehlende Zinsanpassung des Sicherungsobjekts ist eine häufige Ursache für Ineffektivität im Effektivitätstest. Diese Ursache können Sie schnell mit dem Vergleich der VARIABLEN CASHFLOWS zwischen dem Sicherungsobjekt und dem Sicherungsinstrument identifizieren.

Zinsoptionen

Das System unterstützt auch die Zinsoptionen Cap, Floor und Collar als Sicherungsinstrumente. Wie bei den anderen Szenarien spielt hier der BERECHNUNGSTYP in der BERECHNUNGSART die entscheidende Rolle. Für die Zinsoptionen ist der Berechnungstyp OPTION: INNERER WERT FORWARDKURS DISKONTIERT geeignet. Für das hypothetische Derivat kommt der Berechnungstyp INNERER WERT HYPOTHETISCHES DERIVAT zum Einsatz.

Wenn Sie ein *Collar* als Sicherungsinstrument verwenden möchten, müssen Sie zuerst die beiden Einzeloptionen verknüpfen. Die Verknüpfung können Sie mit der Transaktion REFERENZ ANLEGEN (Transaktion TBR6) pflegen. Der Referenztyp ist HMT – REFERENZ IN HEDGE ACCOUNTING FÜR EXPOSURES. Danach können Sie die beiden Optionen zu einem Sicherungsobjekt zuordnen und zwei Sicherungsbeziehungen anlegen. Die beiden Sicherungsbeziehungen werden weiter separat im Hedge Accounting behandelt.

Forward Rate Agreement (FRA)

Als letztes Sicherungsinstrument beschreiben wir das *Forward Rate Agreement* (FRA). Der geeignete BERECHNUNGSTYP in der BERECHNUNGSART ist CASHFLOW-DIFFERENZEN FORWARDKURS DISKONTIERT. Im Gegensatz zu den anderen Zinsderivaten bezieht sich ein FRA auf eine einzige Zinsperiode. Deshalb sollten Sie die Exposures separat den einzelnen Sicherungsobjekten zuordnen und nicht wie für die anderen Sicherungsinstrumente in ein Sicherungsobjekt gruppieren. Das steuern Sie mit dem Kennzeichen EINZIGES SICHOBJEKT des Sicherungsplans in der Transaktion SICHERUNGSPLAN (Transaktion THMEX). Darüber hinaus ordnen Sie die Exposures den einzelnen Sicherungsobjekten auf der Registerkarte SICHERUNGSOBJEKT zu. Danach können Sie für ein Sicherungsobjekt jeweils eine Sicherungsbeziehung mit einem FRA als Sicherungsinstrument anlegen.

Mit dem Forward Rate Agreement haben wir das letzte Implementierungsszenario beschrieben, und damit schließen wir auch das gesamte Kapitel ab. Sie kennen nun die Prozesse, das Customizing und die wichtigsten Implementierungsszenarien im Hedge Accounting für Exposures.

Das Hedge Accounting für Bestände erlaubt eine Verwaltung von Sicherungsbeziehungen für Grundgeschäfte, die originär in SAP Treasury and Risk Management liegen.

10 Hedge Accounting für Bestände

Eine zweite Hedge-Accounting-Lösung innerhalb von SAP Treasury and Risk Management? Das werden Sie sich sicherlich fragen. Betrachten wir noch einmal die Prozessschritte im Hedge Accounting für Exposures in der Transaktion THMEX: Erfassung und Persistenz des Exposures, Erfassung des Sicherungsobjekts, Designation der Sicherungsbeziehung durch Hinzufügen eines Sicherungsgeschäfts. Für Risiken externer Herkunft – wobei unter *extern* eine Quelle außerhalb von SAP Treasury and Risk Management zu verstehen ist – ist diese Herangehensweise naheliegend und notwendig. Für Risiken jedoch, die sich aufgrund von Finanzinstrumentpositionen manifestieren, ist das ein überflüssiger Schritt. Im Gegenteil bieten die bestehenden Möglichkeiten des Hedge Accounting für Exposures hier nur unzureichende Abbildungsmöglichkeiten.

Im Gegensatz zum bestehenden Hedge Accounting für Exposures müssen im Hedge Accounting für Bestände keine Exposures verwaltet werden, da sich das Risiko, das Sie absichern und für das Sie Hedge-Accounting-Regeln anwenden möchten, in den bestehenden Beständen der Bestandsverwaltung darstellt. Aus diesem Grund ist weder eine die Exposures klammernde und verwaltende Entität wie der Sicherungsplan noch eine Erfassung und separate Persistenz des Exposures notwendig.

Das wesentliche Unterscheidungsmerkmal zwischen den beiden Hedge-Accounting-Lösungen ist also demnach folgender: Das *Hedge Accounting für Exposures* (abgekürzt *E-Hedge-Accounting*) steht für die Lösung, in der für Treasury-externe Risiken, die in Form von Exposures abgebildet werden, Hedge Accounting betrieben werden kann. Das *Hedge Accounting für Bestände* (abgekürzt *B-Hedge-Accounting*) steht für die Lösung, in der Treasury-Bestände nach bestimmten Hedge-

Accounting-Regeln gesichert werden können. Handhabung und Wirkung einer Sicherungsbeziehung lassen sich im Hedge Accounting für Bestände in drei Phasen unterteilen (siehe Abbildung 10.1).

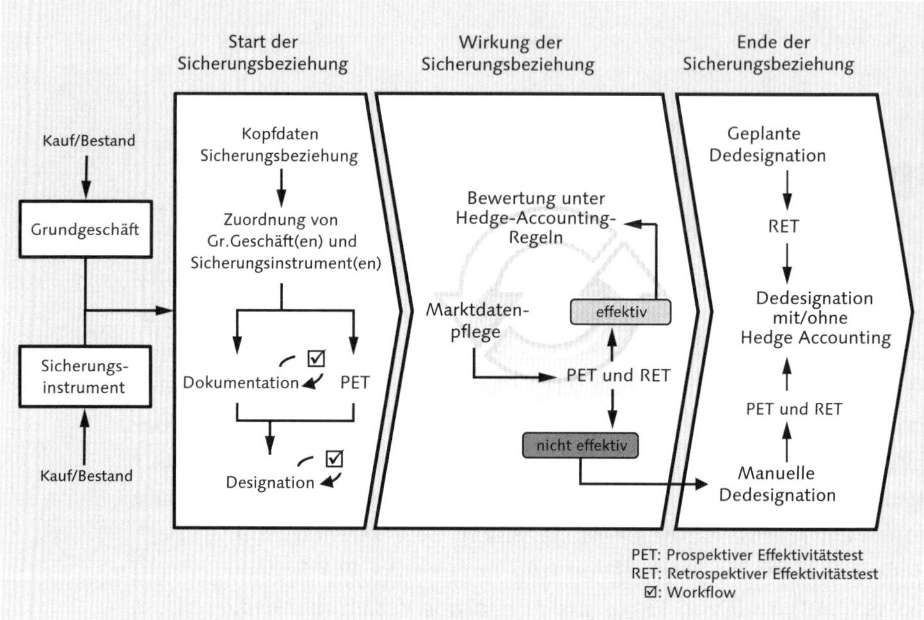

Abbildung 10.1 Lebenszyklus einer Sicherungsbeziehung

Start der Sicherungsbeziehung Die erste Phase, die Designationsphase, ist geprägt von der Entscheidung, welche Hedge-Accounting-Regeln angewandt werden sollen, von der Identifikation der Grundgeschäfte und der Sicherungsinstrumente über den Nachweis der notwendigen prospektiven Effektivität bis zur notwendigen Dokumentation der Sicherungsbeziehung. Die einzelnen Schritte im System besprechen wir in Abschnitt 10.1.2.

Wirkung der Sicherungsbeziehung Die Kernintention einer Sicherungsbeziehung ist die risikogetreue, kongruente Buchung von Bewertungseffekten in der Buchhaltung bei Ungleichgewichten in den Rechnungslegungsvorschriften von Grundgeschäften gegenüber den Sicherungsinstrumenten. Hedge-Accounting-Regeln werden demnach vor allem in den Bewertungsläufen der Abschlussprozesse von SAP Treasury and Risk Management angewandt. Die Wirkung einer Sicherungsbeziehung in der Bestandsführung ist Gegenstand von Abschnitt 10.2, auf die Wirkung in der buchhalterischen Stichtagsbewertung gehen wir insbesondere in Abschnitt 10.2.3 ein.

Das Ende einer Sicherungsbeziehung in Form einer geplanten oder manuellen Dedesignation behandeln wir nur kurz in Abschnitt 10.2.4, da die meisten Teilaspekte schon vorher dargestellt werden.

Ende der Sicherungsbeziehung

Der Effektivitätstest zum Nachweis von wahrscheinlicher, zukünftiger (prospektiver) Effektivität und zum Ex-post-Nachweis über vergangene zeitliche Perioden (retrospektive Effektivität) ist in allen Lebensphasen einer Sicherungsbeziehung relevant. Da es zudem eine breite Vielfalt von Methodiken zum Nachweis der Effektivität gibt, haben wir die Informationen in Abschnitt 10.3 zusammengetragen.

Effektivitätstest

10.1 Prozesse im Hedge Accounting für Bestände

Wir möchten nun die Grundkonzepte, die Bedienung und das Verhalten des Hedge Accountings für Bestände anhand eines Beispiels erläutern, das mit dem Hedge Accounting für Exposures nicht bzw. nur unzureichend abgebildet werden kann, in der Realität aber ein wichtiger Anwendungsfall ist: ein Fair-Value-Hedge des Zinsrisikos einer Verbindlichkeit. Die Verbindlichkeit sei eine emittierte festverzinsliche Anleihe, die mit einem Receiverswap abgesichert wird.

10.1.1 Hedge Accounting als integraler Bestandteil der Bestandsverwaltung

Hedge-Accounting-originäre Geschäftsvorfälle

Das neue Hedge Accounting für Bestände ist von seiner Konzeption her vollständig in die interne Bestandsverwaltung integriert. Das Hedge Accounting für Bestände »kommuniziert« mit den anderen Komponenten der Bestandsverwaltung über Geschäftsvorfälle: Wesentliche Aktionen des Hedge Accountings für Bestände erzeugen originäre Geschäftsvorfälle, auf die die anderen Komponenten reagieren. So sind die Designation und auch die Dedesignation originäre Geschäftsvorfälle mit abgeleiteten Bewegungen wie zum Beispiel originäre Geschäftsvorfälle der Geschäfts- oder Bestandsverwaltung. Umgekehrt reagiert das Hedge Accounting in gleichem Maße auf Geschäftsvorfälle der Geschäfts- oder Bestandsverwaltung. Dadurch werden die Bestände, die in Sicherungsbeziehungen verbunden sind, automatisch aktuell und konsistent gehalten. Fehler aufgrund manueller Datenreplikationen, wie sie im Hedge Accounting für Exposures durch den Upload von Treasury-Beständen als Grundgeschäfte in die Exposure-Datenbank möglich sind und manuell bei Änderungen der Bestände angepasst werden müssen, entfallen. Auch ein Fair-Value-Hedge von Treasury-Beständen, der im Hedge Accounting für Exposures nur stark eingeschränkt möglich ist, kann mit dem neuen Hedge Accounting für Bestände problemlos vorgenommen werden.

10.1.2 Sicherungsbeziehung

Wir erläutern in diesem Abschnitt den Start der Sicherungsbeziehung und gehen im Folgenden davon aus, dass die in die Sicherungsbeziehung eingehenden Bestände von Anleihe und Receiverswap schon als Bestände in der Bestandsverwaltung vorliegen.

Kopfdaten und Sicherungsbeziehungsdetails

Transaktion TPM100

Sie beginnen das Hedge Accounting, indem Sie mit der Transaktion SICHERUNGSBEZIEHUNGEN VERWALTen (Transaktion TPM100, unter TRANSACTION MANAGER • HEDGE ACCOUNTING FÜR BESTÄNDE • STAMMDATEN) einen Sicherungsplan anlegen.

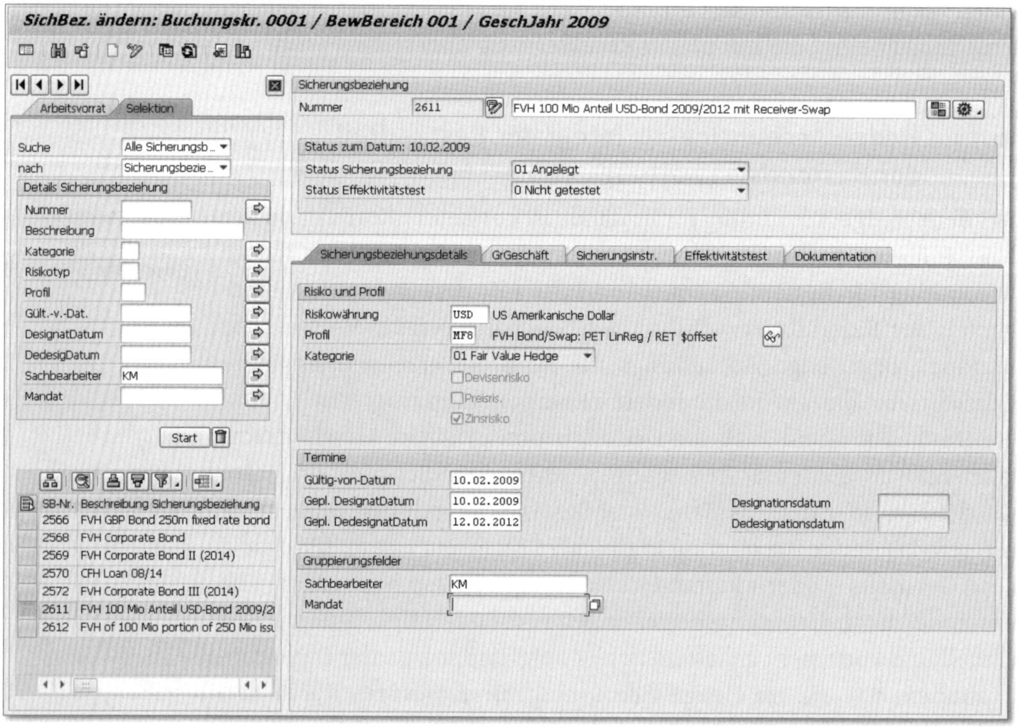

Abbildung 10.2 Hauptpflegetransaktion für Sicherungsbeziehungen (Transaktion TPM100)

Arbeitsbereich

Zu Beginn müssen Sie über den Button Arbeitsbereich ( ) den Arbeitsbereich festlegen. Der Arbeitsbereich wird über die drei Parameter Buchungskreis, Bewertungsbereich und Geschäftsjahr definiert. Diese drei Parameter schränken den Arbeitsbereich der Selektion, links in dem Pflegedialog der Transaktion TPM100, ein. Das heißt, die Selektionskriterien, mit denen Sie hier nach bestehenden Sicherungsbeziehungen suchen können, suchen nur im eingestellten Arbeitsbereich.

Arbeitsbereichsübergreifende Suche

Sollten Sie eine Sicherungsbeziehung suchen, die außerhalb des eingestellten Arbeitsbereichs liegt, können Sie über den Button Sicherungsbeziehung suchen ( ) arbeitsbereichsübergreifend suchen.

Als wichtigste Kopfinformation der Sicherungsbeziehung müssen Sie neben einer Beschreibung auf der Registerkarte Sicherungsbeziehungsdetails die Felder Profil und Risikowährung füllen.

Profil

Profil/Sicherungsprofil

Das *Profil*, auch *Sicherungsprofil* genannt, ist die wichtigste und zentrale Steuerungsentität im Hedge Accounting für Bestände. Um die weiteren Funktionen im Verlauf der Handhabung zu verstehen, machen wir einen Abstecher ins Customizing.

Das Profil enthält alle Parameter, die den gesamten Hedge-Accounting-Prozess kontrollieren: die Erfassung und Verwaltung der Kopfdaten der Sicherungsbeziehung, das Sicherungsszenario, die Art und Weise der Dokumentation sowie die Regeln des Effektivitätstests. Das *Sicherungsszenario* wiederum (oft auch einfach *Szenario* genannt – nicht zu verwechseln mit dem Marktdaten-Szenario) fasst die unterstützten Produkttypen zusammen und trägt die buchhalterischen Hedge-Accounting-Regeln in sich. Im Vergleich zum Hedge Accounting für Exposures greift das Profil beim Hedge Accounting für Bestände auf der einen Seite wesentlich stärker kontrollierend in alle Hedge-Accounting-relevanten Funktionen und Schritte ein, erlaubt auf der anderen Seite aber eine größere Freiheit, diese kundenindividuell zusammenzustellen. Um die Auswirkungen des Profils im Folgenden besser zu verstehen, sehen wir uns das Profil und seine Einstellungen im Customizing genauer an. Sie finden die IMG-Aktivität unter Transaction Manager • Allgemeine Einstellungen • Hedge Accounting für Bestände (B-HA) • Sicherungsprofile definieren.

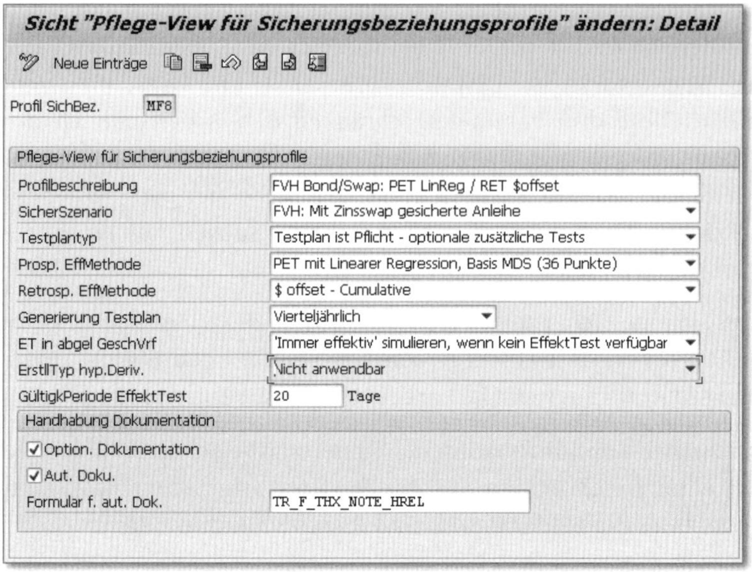

Abbildung 10.3 Pflege-View des Sicherungsprofils

Das Profil umfasst neben dem Feld PROFILBESCHREIBUNG folgende Parameter (siehe Abbildung 10.3):

- **Feld »SicherSzenario«**
  Das Sicherungsszenario beinhaltet die komplette Hedge-Accounting-Logik: die Art des Hedges (z.B. Fair-Value-Hedge (FVH)), die unterstützten Produkttypen in diesem Sicherungsszenario, die erlaubten Kardinalitäten von Grundgeschäften zu Sicherungsgeschäften, die Möglichkeit eines Rollovers sowie die Wirkung des Hedge Accountings in der buchhalterischen Bewertung (Transaktion TPM1).

- **Feld »Testplantyp«**
  Ein Testplan (auch Effektivitätstestplan genannt) beinhaltet eine Liste von Daten, die zu einer Sicherungsbeziehung angelegt wird. Diese Datumsliste regelt, zu welchen Zeitpunkten während einer Sicherungsbeziehung Effektivitätstests durchgeführt werden. Hier sind folgende Einstellungen, folgende Testplantypen, möglich:

  - *Testplan ist Pflicht optionale zusätzliche Tests*
    An jedem Datum der generierten Datumsliste müssen Effektivitätstests durchgeführt werden. Zudem können in der Effektivitätstesthistorie keine Effektivitätstests herausgelöscht oder neu

berechnet werden, wenn jüngere Effektivitätstests vorliegen, selbst wenn die betreffenden Effektivitätstests nicht durch Buchungen fixiert werden. Ähnlich wie bei Bewegungen kann man nur den jüngsten vorhandenen und noch nicht durch eine Buchung fixierten Effektivitätstest ändern, neu berechnen oder löschen. Zusätzliche Effektivitätstests zu weiteren Daten können aber manuell – über die Transaktion TPM100 – hinzugefügt werden.

- *Testplan dient als Vorschlag*
  In diesem Fall können an den genannten Daten der Testplanliste optional Effektivitätstests durchgeführt werden, müssen aber nicht. Dadurch kann die Effektivitätstesthistorie Datumslücken aufweisen, an denen Effektivitätstests geplant waren, aber nicht durchgeführt wurden.
- *Effektivitätstests sind deaktiviert (z. B. Shortcut-Methode)*
  In diesem Fall wird weder ein Testplan angelegt noch können Effektivitätstest durchgeführt werden. Die Sicherungsbeziehung wird immer als »effektiv« angesehen.

- **Felder »Prosp. EffMethode« und »Retrosp. EffMethode«**
  Unter einer Effektivitätstestmethode werden alle Einstellungen für den Effektivitätstest zusammengefasst. Diese Einstellungen können für den prospektiven und retrospektiven Effektivitätstest unabhängig voneinander vorgenommen werden (siehe Abschnitt 10.3).

PET und RET [«]

Da die Begriffe prospektiver Effektivitätstest und retrospektiver Effektivitätstest sperrig beim Schreiben und Lesen sind, verwenden wir – genauso wie das System an vielen Stellen – folgende Abkürzungen:

- ET für Effektivitätstest
- PET für prospektiver Effektivitätstest
- RET für retrospektiver Effektivitätstest

- **Feld »Generierung Testplan«**
  Diese Einstellung kontrolliert die Datumsliste, die die Grundlage für den Testplan ist. Standardeinstellungen dürften monatliche oder quartalsweise Effektivitätstests sein.
- **Feld »ET in Abgel. GeschVrf«**
  Im weiteren Verlauf dieses Kapitels werden Sie sehen, dass bei jeder buchhalterischen Bewertung automatisch vom System

geprüft wird, ob die Sicherungsbeziehung effektiv ist, in der der zu bewertende Bestand zum Zeitpunkt der Bewertung enthalten ist. Das ist zum Zeitpunkt eines Quartals- oder Jahresabschlusses auf jeden Fall erforderlich, nicht jedoch bei einer besonderen Form der Bewertung. In abgeleiteten Geschäftsvorfällen wird z.B. bei Abgängen jeglicher Art auch eine Bewertung innerhalb des abgeleiteten Geschäftsvorfalls gerechnet. Diese Bewertung wird z.B. auch für die geplante Dedesignation für den Zeitpunkt der konditionsgemäß geplanten Tilgung vorgenommen. Da die geplante Dedesignation schon direkt als geplanter Geschäftsvorfall mit der Designation angelegt wird und daher im Allgemeinen in der Zukunft liegt, kann naturgemäß für dieses Datum kein Effektivitätstest vorliegen. Das System wird dann, wie bei allen Bewertungen, die Sicherungsbeziehung auch im abgeleiteten Geschäftsvorfall zur geplanten Dedesignation auf Effektivität hin prüfen und – da der Effektivitätstest noch definitiv fehlt – die Sicherungsbeziehung als »nicht effektiv« ansehen und entsprechende Bewegungen ohne Hedge-Accounting-Regeln erzeugen.

Dieses Verhalten kann aber insbesondere im Reporting von geplanten Bewegungen störend sein. In diesem Fall will man im Reporting die gesicherten Bestände in Sicherungsbeziehungen als Hedge-Accounting-technisch »effektiv« sehen. Dies können Sie durch Setzen des Wertes ,Immer effektiv simulieren, wenn kein EffektTest verfügbar in diesem Parameter erreichen. Diese Einstellung müssen Sie in der Regel vornehmen.

Aus Bestandsführungs- und Buchhaltungssicht ist dieses Verhalten unkritisch, da das System diesen Parameter zum Zeitpunkt der Fixierung des jeweiligen abgeleiteten Geschäftsvorfalls außer Acht lässt: Innerhalb der Fixierung wird auf jeden Fall ein Effektivitätstest gefordert, und abhängig von dessen Ergebnis wird dann fixiert und gebucht. Unter Umständen, bei einem ineffektiven retrospektiven Effektivitätstest, werden dementsprechend innerhalb der Fixierung die Bewegungen des zu fixierenden, abgeleiteten Geschäftsvorfalls noch einmal neu ermittelt und direkt fixiert.

- **Feld »ErstellTyp hyp. Derivat«**
  Für Cashflow-Hegdes können Sie mit dem Parameter kontrollieren, ob das hypothetische Derivat mit Barwert null oder mit dem Barwert des Sicherungsinstruments zum Zeitpunkt der Designation angelegt werden soll.

- **Feld »GültigkPeriode EffektTest«**
  Die Gültigkeitsperiode für den Effektivitätstest gibt das Höchstalter in Tagen an, das ein Effektivitätstest aufweisen darf, wenn die buchhalterische Bewertung vor Anwendung der Hedge-Accounting-Regeln nach Effektivitätstests einer Sicherungsbeziehung sucht. Findet das System keine zeitlich passenden Effektivitätstests, wird die buchhalterische Bewertung mit einem Fehler abgebrochen.

  Eine Periode von null bedeutet z.B., dass für den Tag, für den eine buchhalterische Bewertung durchgeführt werden soll, ein taggleicher Effektivitätstest vorliegen muss.
- **Bildbereich »Handhabung Dokumentation«**
  Im Bildbereich HANDHABUNG DOKUMENTATION können Sie die Dokumentation optional (Haken im Auswahlkästchen OPTION. DOKUMENTATION gesetzt) schalten. In diesem Fall wird für die Freigabe der Designation keine Dokumentation vorausgesetzt. Weitere Informationen dazu finden Sie unter der Überschrift »Dokumentation« in diesem Abschnitt.

Nach diesem Ausflug in die Wirkung des Profils und seiner Parameter wenden wir uns nun wieder der Pflege der Sicherungsbeziehung zu.

Sicherungsbeziehungsnummer

Nachdem Sie noch den geplanten Beginn und das geplante Ende der Sicherungsbeziehung eingegeben haben, können Sie die Sicherungsbeziehung sichern, und das System erzeugt eine neue *Sicherungsbeziehungsnummer* (siehe Abbildung 10.2). Noch ist die Sicherungsbeziehung lediglich eine Hülle, die die zu sichernden Grundgeschäfte mit ihren Sicherungsgeschäften aufnimmt. Zwei Informationen jedoch werden schon zu Beginn angelegt bzw. angezeigt.

Statusfelder

Zum einen finden Sie unterhalb der Sicherungsbeziehungs-ID einen Bildbereich mit den beiden Feldern STATUS SICHERUNGSBEZIEHUNG und STATUS EFFEKTIVITÄTSTEST.

[«]

Statusfelder für Sicherungsbeziehung und Effektivitätstest

Die beiden Statusfelder STATUS SICHERUNGSBEZIEHUNG und STATUS EFFEKTIVITÄTSTEST werden nur zur Laufzeit ermittelt und nicht auf der Datenbank persistiert. Dies findet zum *Statusdatum* statt, das im Titel des Bildbereichs angezeigt wird. Da beide Felder bei den hedging-relevanten Funktionen wie Designation oder Dedesignation oder beim manuellen Effektivitätstest innerhalb der Transaktion TPM100 eine das Systemverhalten kontrollierende Wirkung haben, ist ein falsch gesetztes Anzeigedatum eine leicht zu übersehende Fehlerquelle. Über den Kalender-Button ANZEIGEDATUM

Ändern (icon) können Sie das Statusdatum, das zu Beginn der Transaktion immer auf das Systemdatum gesetzt wird, auf das benötigte Datum setzen. Die Status werden entsprechend neu ermittelt und so die notwendigen Funktionen freigegeben.

Gruppierungsfelder

Zum anderen finden Sie ganz unten auf der Registerkarte Sicherungsbeziehungsdetails Felder zur freien Gruppierung von Sicherungsbeziehungen. Es stehen Ihnen maximal drei Felder zu Verfügung, denen Sie im Customizing unter Transaction Manager • Allgemeine Einstellungen • Hedge Accounting für Bestände (B-HA) • Gruppierungen definieren und aktivieren Beschreibungen zuweisen und diese aktivieren können.

Grundgeschäfte und Sicherungsinstrumente

Nachdem Sie die Kopfdaten komplett eingegeben haben, wenden Sie sich als Nächstes der Eingabe der Grundgeschäfte (Hedged Items) und der Sicherungsinstrumente (Hedging Instruments) zu.

[»]

Terminus »Grundgeschäft« und »Sicherungsinstrument«

Mehrfach in diesem Buch wird strikt zwischen Geschäften und Beständen unterschieden. Dabei wird unter *Geschäft* eine Instanz der Geschäftsverwaltung verstanden, die durch die Schlüssel Buchungskreis und Geschäftsnummer angegeben wird, und mit *Bestand* wird eine Instanz der Bestandsverwaltung verstanden, die immer bewertungsbereichsabhängig ist. Wie schon zu Beginn dieses Kapitels erwähnt, können Sie im Hedge Accounting für Bestände Bestände der Bestandsverwaltung sowohl als zu sicherndes Objekt als auch als Sicherungsobjekt verwenden.

Da das Hedge Accounting den Regeln des FASB beziehungsweise des IAS/IFRS folgt, wurde innerhalb des Hedge Accountings für Bestände auf den Benutzeroberflächen die Standardnomenklatur des IAS für beide Seiten einer Sicherungsbeziehung angewandt. Das System spricht demnach von:

- *Grundgeschäft* – das Objekt bzw. der Bestand, der gesichert werden soll
- *Sicherungsinstrument* – das Objekt bzw. der Bestand, der absichert

Da sowohl Grundgeschäfte als auch Sicherungsinstrumente die verschiedensten Konstellationen von Schlüsselfeldern haben können und zudem jeder Bestand gleichzeitig in mehrere Sicherungsbeziehungen eingehen kann, erzeugt das System für jedes Grundgeschäft und für jedes Sicherungsinstrument innerhalb einer Sicherungsbeziehung einen eigenen Schlüssel. Zur besseren begrifflichen Unterscheidung wird im Weiteren oft Folgendes verwendet:

- Grundgeschäft = HITEM
- Sicherungsinstrument = HINST

Auf der Registerkarte GrGeschäft geben Sie die Hedged Items ein (siehe Abbildung 10.4).

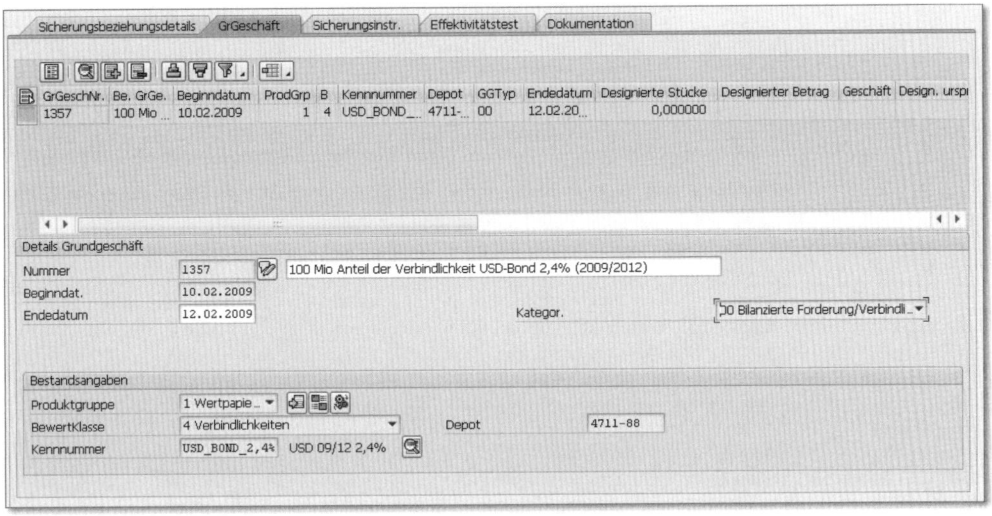

Abbildung 10.4 Eingabebild für die Grundgeschäfte: Es wird ein Bond gesichert.

Notizen und Dokumentation

Neben einer Beschreibung des Grundgeschäfts können Sie – wie auch auf Kopfebene und für die Sicherungsinstrumente – über den Button Notiz anlegen () neben der Nummer des Grundgeschäfts Notizinformationen hinterlegen, die später automatisch in die Dokumentation der Sicherungsbeziehung mit einbezogen werden.

Navigationen

Über die Buttons im Bildbereich Bestandsangaben stehen Ihnen Navigationsmöglichkeiten zu Details des zugrunde liegenden Bestands (Button Bestand anzeigen), seiner Bewegungen (Button Bewegungen anzeigen) sowie seines Bestandsführungsverfahrens (Button BestandsführVerf. anzeigen) zur Verfügung. In gleicher Weise geben Sie auf der Registerkarte Sicherungsinstr. die analogen Informationen für die Sicherungsinstrumente an.

Daten des Beispiels

Um Ihnen einen besseren Einblick in das Beispiel zu geben, möchten wir noch kurz ein paar Informationen zum gesicherten Bond und zum Swap anführen. Abbildung 10.5 zeigt den Nominalfinanzstrom des Grundgeschäfts, einen emittierten dreijährigen USD-Bond mit 2,4 % Nominalzins und jährlicher Zinszahlung. Gesichert wird die

Emission mit einem 3-Jahres-Receiverswap, der von den 2,4% Nominalzins des Bonds 1,943% in einen variablen Cashflow mit sechsmonatiger Zinsfrequenz transformiert (siehe Abbildung 10.6).

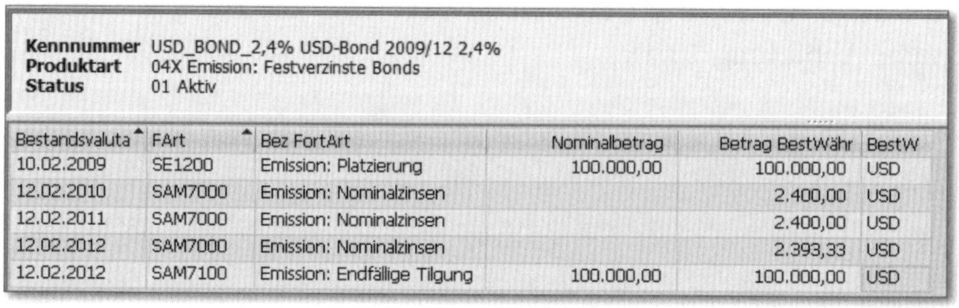

Kennnummer USD_BOND_2,4% USD-Bond 2009/12 2,4%
Produktart 04X Emission: Festverzinste Bonds
Status 01 Aktiv

Bestandsvaluta	FArt	Bez FortArt	Nominalbetrag	Betrag BestWähr	BestW
10.02.2009	SE1200	Emission: Platzierung	100.000,00	100.000,00	USD
12.02.2010	SAM7000	Emission: Nominalzinsen		2.400,00	USD
12.02.2011	SAM7000	Emission: Nominalzinsen		2.400,00	USD
12.02.2012	SAM7000	Emission: Nominalzinsen		2.393,33	USD
12.02.2012	SAM7100	Emission: Endfällige Tilgung	100.000,00	100.000,00	USD

Abbildung 10.5 Nominalfinanzstrom des Grundgeschäfts (in Transaktion FWZZ)

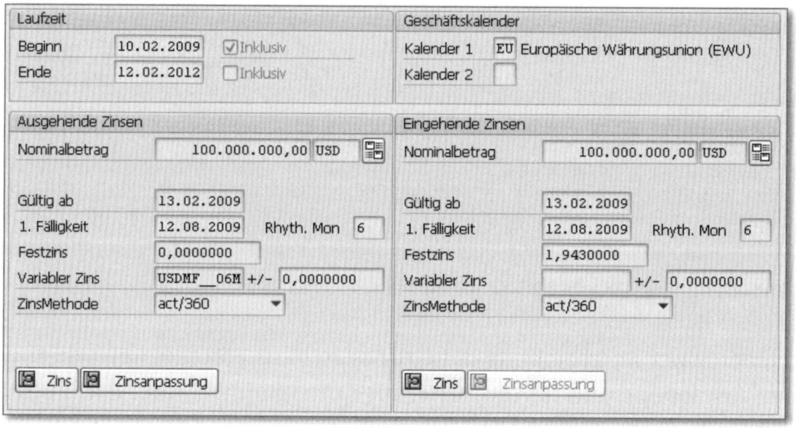

Abbildung 10.6 Konditionen des Sicherungsgeschäfts

Unterdrückung von Produktarten

Sie werden feststellen, dass Sie auf der jeweiligen Registerkarte nur Bestände der Produkttypen auswählen können, die im Szenario des gewählten Profils als unterstützt gekennzeichnet wurden. Möchten Sie jetzt aus organisatorischen, berechtigungstechnischen oder buchhalterischen Gründen noch eine Feinaussteuerung vornehmen, können Sie diese szenariospezifisch ausblenden. Diese Feinsteuerung könnte derart sein, dass Sie innerhalb eines Produkttyps spezielle, nur für das Hedge Accounting zu verwendende Produktarten definieren und dass nur diese Produktarten für eine Designation herangezogen werden können, während andere Produktarten desselben Produkttyps nicht im Hedge Accounting verwendet werden sollen. Die notwendigen Einstellungen dazu nehmen Sie in den beiden IMG-Aktivitäten vor, die Sie • Hedge Accounting für Bestände (B-HA) • Effektivitäts-

TESTS • ABWEICHENDE EINSTELLUNGEN ZU AUSLIEFERUNGSSZENARIEN: GRUNDGESCHÄFT/SICHERUNGSGESCHÄFT finden. Durch Eintragen einer zu unterdrückenden Produktart und Setzen des Kennzeichens UNZULÄSSIG können Sie diese Wirkung erzielen.

Designationsdaten

Designation

Zur Eingabe der zu designierenden Mengen der Grundgeschäfte und Sicherungsinstrumente navigieren Sie über den Button GESCHÄFTSVORFÄLLE (⚙) im Kopfdatenbildbereich SICHERUNGSBEZIEHUNG oben rechts (siehe Abbildung 10.2). Bei einem Klick auf diesen Button erscheint eine kontextabhängige Dropdown-Liste. Wählen Sie hier den Eintrag DESIGNIEREN, und Sie gelangen in das Pop-up zur Eingabe der Designationsdaten (siehe Abbildung 10.7).

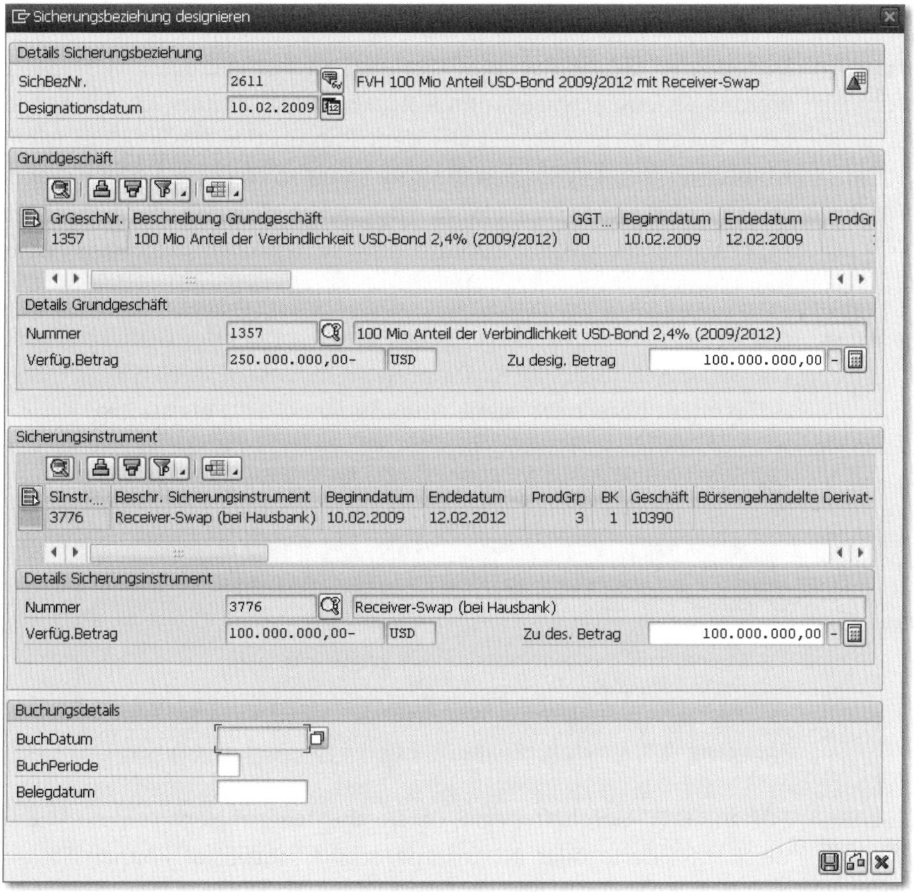

Abbildung 10.7 Pop-up zur Eingabe der Designationsdaten

Marktdaten für Designation

Hier können Sie für die einzelnen Bestände, die Sie zur Designation als Grundgeschäft oder Sicherungsinstrument ausgewählt haben, die zu designierenden Mengen eingeben und sichern. Durch einen Klick auf den PRÜFEN-Button () können Sie die Konsistenz der Daten, die zur Designation innerhalb der Bestandsführung benötigt werden, überprüfen. Dabei gibt das System Fehlermeldungen aus, die von unvollständigen Marktdaten herrühren können. Dies kann sogar dann der Fall sein, wenn in den Marktdatentabellen für den Tag der Designation aktuelle Marktdaten vorliegen. Der Grund für dieses auf den ersten Blick merkwürdige Verhalten liegt in der Eigenschaft begründet, dass dem Geschäftsvorfall Designation genau zugewiesene und nur für ihn gültige Marktdaten bereitgestellt werden müssen. Dies werden wir im nächsten Schritt erläutern.

Marktdatencontainer für Designation

Marktdatencontainer

Die für den Geschäftsvorfall Designation notwendigen Marktdaten werden in einem sogenannten *Marktdatencontainer* zusammengefasst. Sie erreichen diesen aus dem Pop-up der Designation (siehe Abbildung 10.7) über den Button MARKTDATEN () oben rechts. Damit gelangen Sie zu einem Pop-up, in dem Sie die benötigten Marktdaten für Grundgeschäfte und Sicherungsinstrumente eingeben können.

Wertpapierkurse

Auf der ersten Registerkarte geben Sie den Kurs des Grundgeschäfts ein (siehe Abbildung 10.8). Damit wird in diesem Szenario das Hedge Adjustment berechnet (siehe Abbildungen 10.20 bis 10.22).

Abbildung 10.8 Marktdatencontainer: Eingabe von Wertpapierkursen

OTC-Geschäfte: Barwerte eingeben oder rechnen

Für alle OTC-Geschäfte, egal, ob sie als Sicherungsinstrument wie in diesem Szenario oder als Grundgeschäft fungieren, können Sie auf der Registerkarte BARWERTE eben diese eingeben beziehungsweise von dieser Registerkarte aus die Barwerte auch direkt berechnen lassen (siehe Abbildung 10.9). Die Berechnung erfolgt dann analog zur Transaktion BARWERTE ERMITTELN (Transaktion TPM60), wobei die benötigte Auswertungsart des Bestandsführungsverfahrens des jeweiligen Bestands verwendet wird. Diese wird auch direkt in der jeweiligen Zeile des OTC-Geschäfts angezeigt. Das Vorgehen hier entspricht in etwa der Transaktion BARWERTE AM BEGINNDATUM DEFINIEREN (Transaktion THM30) im Hedge Accounting für Exposures, nur dass Sie im Hedge Accounting für Bestände nicht die Transaktion wechseln müssen und das System Sie führt. Sie werden nämlich keinen konsistenten Designationsgeschäftsvorfall erzeugen und speichern können, solange nicht alle für das jeweilige Szenario notwendigen Marktdaten vorhanden sind.

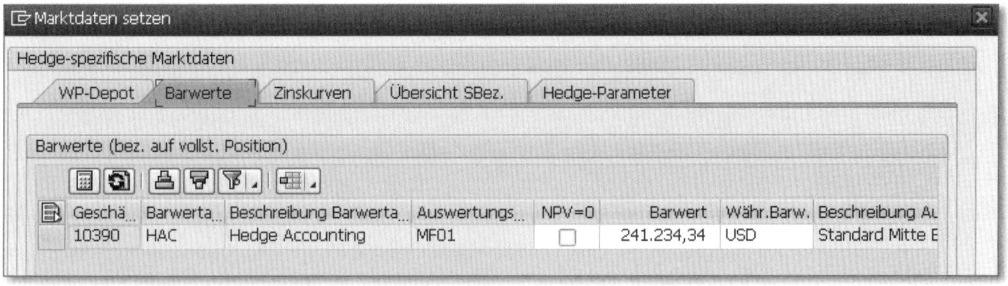

Abbildung 10.9 Marktdatencontainer: Eingabe oder Berechnung von Barwerten

Barwert: Geschäft bei Teildesignation [«]

Wir möchten Sie darauf hinweisen, dass immer der Barwert des gesamten OTC-Geschäfts berechnet wird. Ist das OTC-Geschäft nur mit einer Teilmenge in dieser Sicherungsbeziehung designiert, wird in der Bewertung und im Effektivitätstest der hier gespeicherte Barwert entsprechend auf die designierte Menge skaliert.

Designationsgeschäftsvorfall

Nachdem Sie nun alle notwendigen Marktdaten eingegeben und den Marktdatencontainer wieder verlassen haben, können Sie die Designation prüfen und sichern. In diesem Schritt wird für die designierten Mengen der Grundgeschäfte und Sicherungsgeschäfte jeweils ein Unterbestand erzeugt. An dieser Stelle wollen wir mit der Eingabe der weiteren Daten fortfahren und Sie zum Verständnis des Unterbestands auf Abschnitt 10.2.2 verweisen.

Effektivitätstest

Testplan

Schon direkt nach der Eingabe der Kopfdaten von Profil und geplantem Designations- und Dedesignationsdatum wird ein Testplan erzeugt und gespeichert (siehe Abbildung 10.10). Der Testplan beinhaltet eine Übersicht über alle gemäß dem verwendeten Profil notwendigen Effektivitätstests (PET und RET) mit allen zusätzlichen Angaben. Insbesondere für den PET müssen hier auch die für die prospektive Marktdatenbereitstellung notwendigen Informationen wie Anzahl der Basispunkte oder, wie in unserem Fall, das Marktdatenset angegeben werden. Eine genaue Beschreibung dazu finden Sie in Abschnitt 10.3.3.

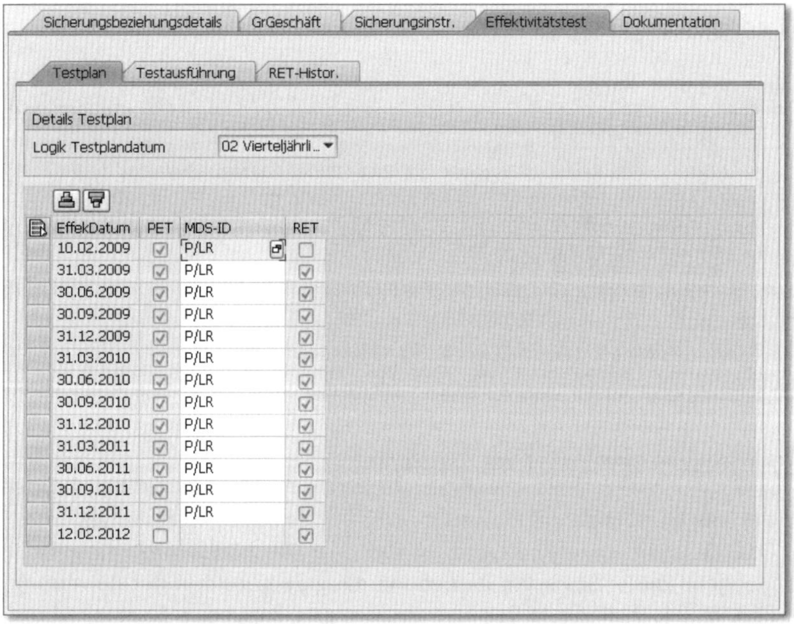

Abbildung 10.10 Testplanübersicht mit quartalsweisen Tests und prospektivem Effektivitätstest mit linearer Regression mit Marktdatenset, das hier eingegeben wird

PET zur Designation

Nach der Eingabe der Designationsdaten können Sie jetzt den PET zur Designation durchführen. Dieser kann – im Gegensatz zu allen anderen periodisch durchzuführenden Effektivitätstests – nur manuell innerhalb der Transaktion TPM100 durchgeführt werden.

Gehen Sie dazu auf die Registerkarte TESTAUSFÜHRUNG der Registerkarte EFFEKTIVITÄTSTEST. Markieren Sie die erste Zeile in der Liste mit dem GV-Typ DESIGNATION, und starten Sie die Berechnung des PET über den Button EFFEKTIVITÄTSTEST AUSFÜHREN. Sie erhalten das Ergebnis mit allen Berechnungsdetails in einem Pop-up, in dem Sie das Ergebnis auch abspeichern können. Das Ergebnis wird dabei mit allen Marktdaten, Detailprotokollen und Logs gespeichert. Sie können im Nachhinein jederzeit von der Testausführungshistorie (siehe Abbildung 10.11) durch Klick auf das Status-Icon (in unserem Fall ein grünes Kästchen in der Spalte PET) in diese Detailansicht navigieren.

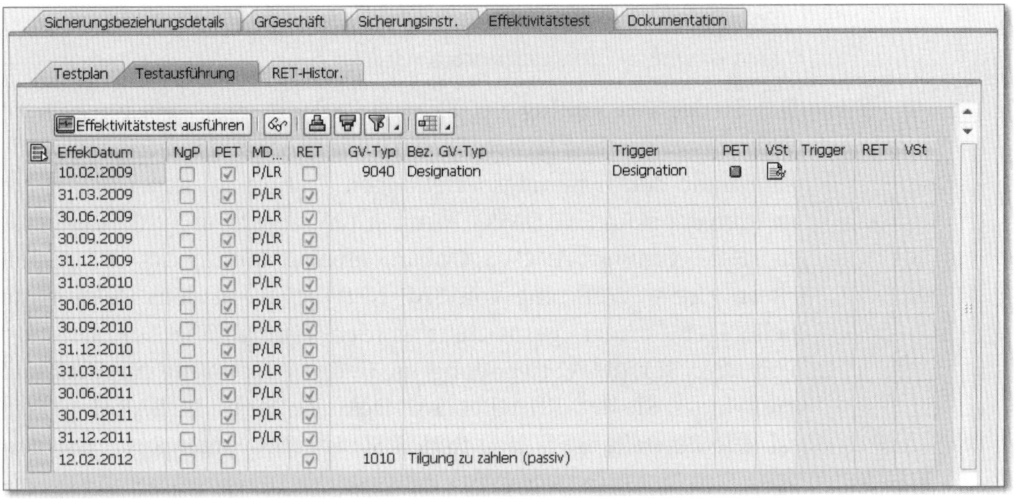

EffekDatum	NgP	PET	MD...	RET	GV-Typ	Bez. GV-Typ	Trigger	PET	VSt	Trigger	RET	VSt
10.02.2009	☐	☑	P/LR	☐	9040	Designation	Designation					
31.03.2009	☐	☑	P/LR	☑								
30.06.2009	☐	☑	P/LR	☑								
30.09.2009	☐	☑	P/LR	☑								
31.12.2009	☐	☑	P/LR	☑								
31.03.2010	☐	☑	P/LR	☑								
30.06.2010	☐	☑	P/LR	☑								
30.09.2010	☐	☑	P/LR	☑								
31.12.2010	☐	☑	P/LR	☑								
31.03.2011	☐	☑	P/LR	☑								
30.06.2011	☐	☑	P/LR	☑								
30.09.2011	☐	☑	P/LR	☑								
31.12.2011	☐	☑	P/LR	☑								
12.02.2012	☐	☐		☑	1010	Tilgung zu zahlen (passiv)						

Abbildung 10.11 Testausführungshistorie nach dem PET der Designation

In Abschnitt 10.3 werden noch ausführlich die Möglichkeiten des Effektivitätstests inklusive des Detailprotokolls beschrieben. An dieser Stelle wollen wir nach erfolgreichem Test der prospektiven Effektivität mit den weiteren Schritten bis zur erfolgreichen Designation fortfahren.

Dokumentation

Alle relevanten Rechnungslegungsvorschriften wie IAS 39 oder FASB 133 erwarten eine umfangreiche sowie revisionssichere Dokumentation der Sicherungsbeziehung von Beginn an. So schreibt IAS 39.88 vor:

> *Eine Sicherungsbeziehung erfüllt nur dann die Voraussetzungen für die Bilanzierung von Sicherungsgeschäften gemäß den Paragraphen 89–102, wenn alle folgenden Bedingungen erfüllt sind:*

Zu Beginn der Absicherung sind sowohl die Sicherungsbeziehung als auch die Risikomanagementzielsetzungen und -strategien, die das Unternehmen im Hinblick auf die Absicherung verfolgt, formal festzulegen und zu dokumentieren. Diese Dokumentation hat die Festlegung des Sicherungsinstruments, des Grundgeschäfts oder der abgesicherten Transaktion und die Art des abzusichernden Risikos zu beinhalten sowie eine Beschreibung, wie das Unternehmen die Wirksamkeit des Sicherungsinstruments bei der Kompensation der Risiken aus Änderungen des beizulegenden Zeitwertes oder der Cashflows des gesicherten Grundgeschäfts bestimmen wird. […]

DMS

Das Hedge Accounting für Bestände erlaubt eine revisionssichere Dokumentation von Sicherungsbeziehungen von der Designation bis zum Ende der Sicherungsbeziehungen. Alle relevanten Dokumente werden dabei im SAP DMS (Document Management System, alternative Bezeichnung: SAP DVS, Dokumentenverwaltungssystem) gespeichert, einem Werkzeug von SAP NetWeaver, in dem Dokumente beliebigen Formats gespeichert werden können. Die Konfiguration von DMS für die Verwendung im Hedge Accounting für Bestände entnehmen Sie der offiziellen SAP-Dokumentation im SAP Help Portal. Die Einstellungen dazu finden Sie im IMG unter SAP CUSTOMIZING EINFÜHRUNGSLEITFADEN • ANWENDUNGSÜBERGREIFENDE KOMPONENTEN • DOKUMENTENVERWALTUNG • ALLGEMEINE DATEN.

Die gesamte Dokumentation einer Sicherungsbeziehung wird über die Registerkarte DOKUMENTATION in Transaktion TPM100 gesteuert (siehe Abbildung 10.12).

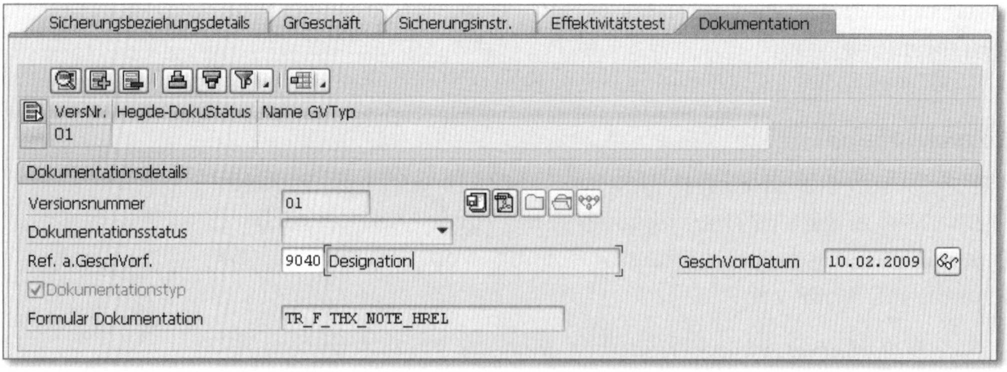

Abbildung 10.12 Dokumentationsregisterkarte, vor dem Anlegen der Dokumentation zur Designation

Geschäftsvorfallspezifische Dokumentation

Das System unterscheidet zwischen geschäftsvorfallspezifischer Dokumentation und solcher, die unabhängig von Geschäftsvorfällen ist. Das wichtigste Beispiel für eine geschäftsvorfallspezifische Dokumentation ist die Dokumentation der Sicherungsstrategie, wie es z. B. IAS 39.88 zum Zeitpunkt der Designation verlangt.

Dokumentation zur Designation als Muss

Wenn Sie sicherstellen möchten, dass eine Dokumentation zur Designation angelegt wird, haken Sie im Profil der Sicherungsbeziehung den Parameter OPTION. DOKUMENTATION (siehe Abbildung 10.3) nicht an. In diesem Fall können Sie einen Designationsgeschäftsvorfall nur dann fixieren und buchen, wenn eine Dokumentation zu diesem Geschäftsvorfall vorliegt.

Dokumentation erzeugen

Nachdem Sie die Designationsdaten auf die Registerkarte DOKUMENTATION angelegt haben, wechseln Sie zur Erzeugung einer geschäftsvorfallspezifischen Dokumentation. Mit dem Button NEUE HEDGE-DOKUMENTATIONSVERSION ANLEGEN ( ) starten Sie die Erzeugung einer Dokumentationsversion. Wenn Sie im Profil den Parameter AUTO. DOKU gesetzt haben (siehe Abbildung 10.3), wird hier der Parameter DOKUMENTATIONSTYP auf SEMI-AUTOMATISCH gesetzt, und das im Profil hinterlegte PDF-Formular (Feld FORMULAR DOKUMENTATION in Abbildung 10.12) wird genutzt. Im weiteren Vorgehen unterscheiden sich die manuelle und die semi-automatische Dokumentationserzeugung nur unwesentlich. In beiden Fällen wählen Sie bei einer geschäftsvorfallspezifischen Dokumentation zunächst mittels der F4-Hilfe die Referenz auf einen Geschäftsvorfallstyp (Feld REF. A. GESCHVORF.), in diesem Fall die 9040 für DESIGNATION.

Dokumentationstyp »Semi-Automatisch«

Wenn Sie den Dokumentationstyp SEMI-AUTOMATISCH wählen, erzeugen Sie nun über den Button PDF-DATEI ALS ANHANG ANLEGEN (, siehe Abbildung 10.12, Bildbereich DOKUMENTATIONSDETAILS) eine PDF-Datei, die automatisch im DMS abgespeichert wird.

Dokumentationstyp »Manuell«

Wenn Sie im Profil jedoch den manuellen Dokumentationstyp eingestellt haben, erscheint anstelle des Buttons zur PDF-Dateierzeugung ein Button ANHANG ANLEGEN ( ). Wenn Sie diesen anklicken, gelangen Sie, wie in der Alternative über den PDF-Dateierzeugungsbutton, in die Pflegeoberfläche des DMS.

DMS-Dokument

Durch einen Klick auf den Button PDF-DATEI ALS ANHANG ANLEGEN oder auf den Button ANHANG ANLEGEN springt das System in die Pflegeoberfläche des DMS ab. Im ersten Fall hat das System dabei ein PDF-Formular erzeugt und schon im DMS-Dokument abgelegt, im zweiten Fall ist das DMS-Dokument noch leer. Abbildung 10.13 zeigt ein DMS-Dokument mit einer automatisch angelegten PDF-Datei und einer zweiten, manuell hinzugefügten Datei.

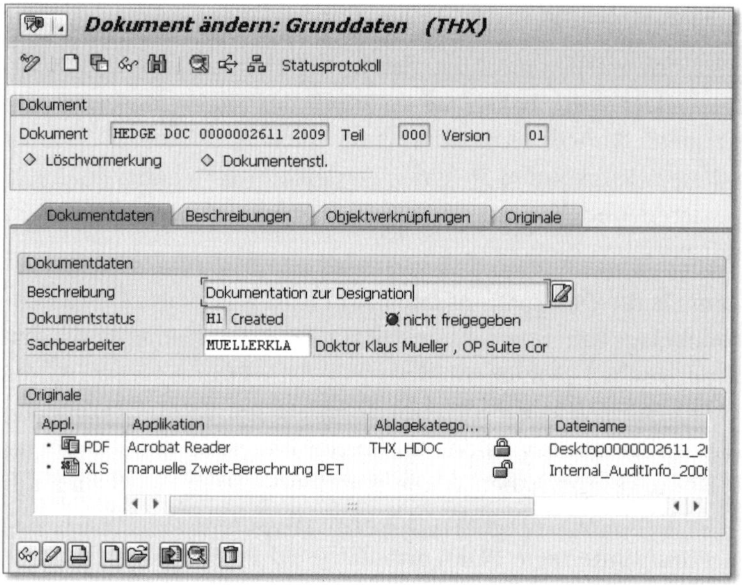

Abbildung 10.13 DMS-Dokument mit zwei Originaldokumenten

[»]

DMS-Dokument

Der Begriff *Dokument* ist im DMS weiter gefasst ist als im umgangssprachlichen Gebrauch. Ein Dokument im Sinne des DMS ist ein »Informationsträger mit darauf festgelegter Information [...]. Es kann jegliche Form von speicherbaren Informationen darstellen, die in ihrer Gesamtheit ein Objekt beschreiben.« (aus: *help.sap.com*). Ein Dokumentationsobjekt des DMS (DMS-Dokument) kann also eine ganze Reihe von Dokumenten im umgangssprachlichen Sinne unterschiedlichen Typs beinhalten. Das kann man auch hier erkennen. Neben dem automatisch erzeugten PDF-Dokument ist hier noch ein zweites Dokument hochgeladen worden.

Notizen in PDF-Datei

Das erzeugte PDF-Dokument beinhaltet neben den Kopfdaten der Sicherungsbeziehung und den Informationen der Grundgeschäfte, Sicherungsinstrumente und der Designation auch alle abgelegten Notizen. Die Notizfunktion finden Sie an folgenden Stellen:

- für die Sicherungsbeziehung insgesamt neben dem Feld der Sicherungsbeziehungsnummer auf Kopfebene (Button im Bildbereich SICHERUNGSBEZIEHUNG in Abbildung 10.2)

- für jedes Grundgeschäft und jedes Sicherungsinstrument auf der jeweiligen Registerkarte neben der identifizierenden Nummer (ebenfalls Button, z.B. in Abbildung 10.4)

Abbildung 10.14 zeigt beispielhaft die Notizfunktion für die Sicherungsbeziehung insgesamt, und Abbildung 10.15 zeigt die vom System automatisch generierte PDF-Dokumentation unter Einbeziehung der Notiz.

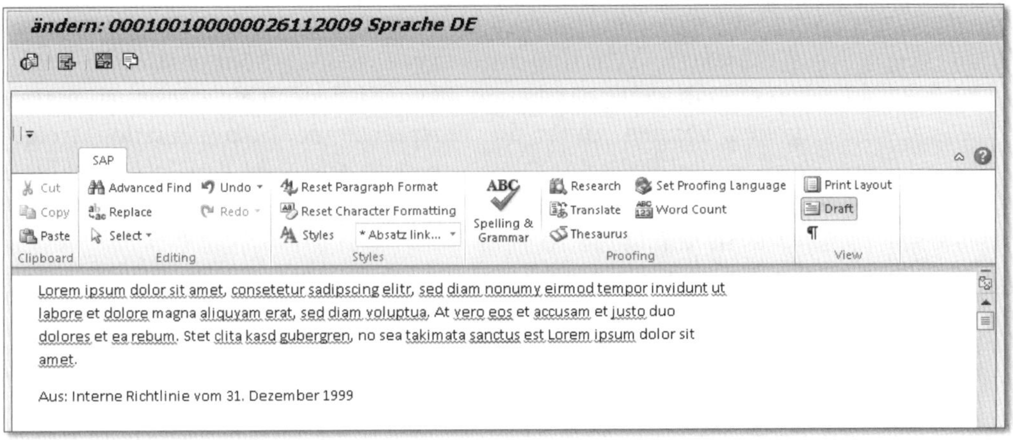

Abbildung 10.14 Notizfunktion

Sicherungsbeziehungsnotizen

Ben.:	MUELLERKLA
Dat.:	26.08.2012
Zeit:	23:32:48

Sicherungsbez.

SichBezNr.:	2611		
Beschr. SBez.:	FVH 100 Mio Anteil USD-Bond 2009/2012 mit Receiver-Swap		
SicherProfil	MF8		
Gepl. DesigDatum	10.02.2009	Gepl. Dedesign. Dat.	12.02.2012
DesDatum	10.02.2009	Dedes. Dat.	12.02.2012

Sicherungsbeziehungsnotizen:
Lorem ipsum dolor sit amet, consetetur sadipscing elitr, sed diam nonumy eirmod tempor invidunt ut labore et dolore magna aliquyam erat, sed diam voluptua. At vero eos et accusam et justo duo dolores et ea rebum. Stet clita kasd gubergren, no sea takimata sanctus est Lorem ipsum dolor sit amet.Aus: Interne Richtlinie vom 31. Dezember 1999

GrGeschäfte

GrGeschäft:	1357 - 100 Mio Anteil der Verbindlichkeit USD-Bond 2,4% (2009/2012)		
BegDatum GrG.	10.02.2009	Endedat. GrG.	12.02.2009
Kennnr.	USD_BOND_2,4%	Gesch.	
BewertKlasse	0004		

Abbildung 10.15 Ausschnitt aus dem generierten PDF-Dokument unter Einbeziehung der Notiz

[»]

Kundenspezifische PDF-Datei

SAP liefert ein PDF-Formular für das Hedge Accounting für Bestände aus: das Formular TR_F_THX_NOTE_REL. Möchten Sie das Formular ändern oder durch ein oder mehrere eigene Formulare ersetzen, müssen Sie diese mithilfe der Transaktion FORM BUILDER (Transaktion SFP) definieren. Verwenden Sie für Formulare in diesem Bereich die Schnittstelle `TR_I_THX_NOTE_HREL`.

Freigabe der Dokumentation

Nachdem Sie ein DMS-Dokument gespeichert haben und wieder zur Pflege der Transaktion SICHERUNGSBEZIEHUNGEN VERWALTEN (Transaktion TPM100) zurückgekehrt sind, können Sie die Dokumentation weiterbearbeiten. Bevor Sie jedoch eine Designation freigeben können, muss die entsprechende Dokumentation freigegeben worden sein. Dies erreichen Sie über den letzten Button DOKUMENTATION FREIGEBEN (, Bildbereich DOKUMENTATIONSDETAILS in Abbildung 10.12).

Freigabeworkflow zur Dokumentation

Sie können außerdem wählen, ob Sie die Freigabe nur durch den Anwender direkt vornehmen oder einen Freigabeworkflow zur Qualitätssicherung nutzen möchten. Die entsprechenden Einstellungen nehmen Sie unter TRANSACTION MANAGER • ALLGEMEINE EINSTELLUNGEN • HEDGE ACCOUNTING FÜR BESTÄNDE (B-HA) • FREIGABE • DOKUMENTATION vor. Beachten Sie, dass eine einmal final freigegebene Dokumentation revisionssicher abgespeichert wird. Sie kann danach weder geändert noch gelöscht werden.

Freigabe der Designation

Nach der Durchführung des PETs zum Geschäftsvorfall Designation und der Anlage und Freigabe der Dokumentation kann nun die Designation selbst freigegeben werden. Ist dies der Fall und das Statusdatum ist korrekt gesetzt, erscheint in der Dropdown-Liste des Buttons GESCHÄFTSVORFÄLLE (, im Bildbereich SICHERUNGSBEZIEHUNG oben rechts) der aktive Eintrag DESIGNATION FREIGEBEN. Damit starten Sie die Freigabe.

Freigabeworkflow zur Designation

Analog zur Freigabe der Dokumentation steht Ihnen auch hier ein Freigabeworkflow zur Verfügung. Die entsprechenden Einstellungen finden Sie im IMG direkt neben den Freigabeeinstellungen zur Dokumentation unter TRANSACTION MANAGER • ALLGEMEINE EINSTELLUNGEN • HEDGE ACCOUNTING FÜR BESTÄNDE (B-HA) • FREIGABE • DESIGNA-

TION/DEDESIGNATION. Ist der Freigabeworkflow aktiviert, muss je nach Einstellung durch einen oder mehrere andere Anwender die Designation final freigegeben werden.

Fixieren der Bewegungen und Effektivitätstestsperre

Mit der finalen Freigabe werden die Bewegungen des Geschäftsvorfalls Designation fixiert und gebucht. Darüber hinaus wird der PET zur Designation auf *nicht änderbar* gesetzt. Sie erkennen das am Verwendungsstatus FIXIERTE HEDGE-ACCOUNTING-BEWEGUNGEN, gekennzeichnet durch das Icon . Dieses wird in einer eigenen Spalte VST (Verwendungsstatus) in der Liste der Effektivitätstests (siehe Abbildung 10.11) sowie im Detailbild des Effektivitätstests (siehe Abbildung 10.37) angezeigt. In diesem Verwendungsstatus können Sie die so gesperrten Effektivitätstests weder neu rechnen noch ändern oder löschen. Nun liegt eine designierte Sicherungsbeziehung vor, und die Hegde-Accounting-Regeln können in der Stichtagsbewertung greifen.

10.2 Bestandsverwaltung in Sicherungsbeziehungen

Nachdem wir Ihnen die Handhabung der Transaktion zur Verwaltung der Sicherungsbeziehungen vorgestellt haben, wollen wir uns nun der Wirkung der Sicherungsbeziehung in der Bestandsverwaltung zuwenden.

10.2.1 Designation in der Bestandsverwaltung – Phänomenologie

Wie zu Beginn dieses Kapitel erläutert, ist die Designation ein eigenständiger originärer Geschäftsvorfall. Betrachten wir die Wirkung der Designation anhand der Bewegungen der Grundgeschäfte und Sicherungsinstrumente vor und nach der Anlage der Designation gemäß dem vorangegangenen Abschnitt. Sie können dazu entweder die Bewegungen mittels der Transaktion BESTANDSBEWEGUNGSLISTE (Transaktion TPM13) selektieren oder auch direkt mithilfe des Hauptbenutzerdialogs der Transaktion SICHERUNGSBEZIEHUNGEN VERWALTEN (Transaktion TPM100) über den Button (siehe Abbildung 10.2). Vor der Anlage der Designation sehen wir das Bild in Abbildung 10.16.

BK	Geschäft	Kennnummer	Depot	Frei	TRL Datum	Status	FArt	Fortschreibungsart	Betrag BestWähr	Bezeichnung Geschäftsvorfallstyp
1	10390			☑	10.02.2009	P	OTC001	Open OTC-Geschäft		Open OTC-Geschäft
1	10390			☑	10.02.2009	P	DE1105-	Nominalbetragsverminderung (n.brl)	100.000.000,00	Nominalbetragsveränderung OTC-Geschäft
1	10390			☑	10.02.2009	P	DE1105+	Nominalbetragserhöhung (n.brl)	100.000.000,00	Nominalbetragsveränderung OTC-Geschäft
4		USD BOND 2,4%	4711-88	☑	10.02.2009	F	SE1200	Emission: Platzierung	248.875.000,00	Emission: Platzierung
4		USD BOND 2,4%	4711-88	☑	10.02.2009	F	DBT_AIS4	Emission: Disagio einbuchen	1.125.000,00	Abgeleiteter Geschäftsvorfall
1	10390			☑	12.08.2009	P	DE1200+	Zinsen	971.500,00	Zinsen
1	10390			☑	12.08.2009	P	DE1200-	Zinsen	646.000,00	Zinsen
1	10390			☑	12.02.2010	P	DE1200+	Zinsen	993.088,89	Zinsen
1	10390			☑	12.02.2010	P	DE1200-	Zinsen	936.611,11	Zinsen
4		USD BOND 2,4%	4711-88	☑	12.02.2010	P	SAM7000	Emission: Nominalzinsen	6.000.000,00	Zinsen
1	10390			☑	12.08.2010	P	DE1200+	Zinsen	976.897,22	Zinsen
1	10390			☑	12.08.2010	P	DE1200-	Zinsen	195.143,14	Zinsen
1	10390			☑	12.02.2011	P	DE1200+	Zinsen	993.088,89	Zinsen
1	10390			☑	12.02.2011	P	DE1200-	Zinsen	387.069,56	Zinsen
4		USD BOND 2,4%	4711-88	☑	12.02.2011	P	SAM7000	Emission: Nominalzinsen	6.000.000,00	Zinsen
1	10390			☑	12.08.2011	P	DE1200+	Zinsen	976.897,22	Zinsen
1	10390			☑	12.08.2011	P	DE1200-	Zinsen	380.758,64	Zinsen
1	10390			☑	12.02.2012	P	DE1125+	Abschluß (n. buchungsrelevant)	100.000.000,00	Nominalbetragsveränderung OTC-Geschäft
1	10390			☑	12.02.2012	P	DE1125-	Abschluß (n. buchungsrelevant)	100.000.000,00	Nominalbetragsveränderung OTC-Geschäft
1	10390			☑	12.02.2012	P	DE1200+	Zinsen	993.088,89	Zinsen
1	10390			☑	12.02.2012	P	DE1200-	Zinsen	387.069,56	Zinsen
1	10390			☑	12.02.2012	P	OTC002	Close OTC-Geschäft		Close OTC-Geschäft
4		USD BOND 2,4%	4711-88	☑	12.02.2012	P	SAM7000	Emission: Nominalzinsen	5.983.333,33	Zinsen
4		USD BOND 2,4%	4711-88	☑	12.02.2012	P	SAM7100	Emission: Endfällige Tilgung	250.000.000,00	Tilgung zu zahlen (passiv)
4		USD BOND 2,4%	4711-88	☑	12.02.2012	P	DBT_C008	Negative Amortisierung (brutto) (bei Zu-,	1.125.000,00	Abgeleiteter Geschäftsvorfall
4		USD BOND 2,4%	4711-88	☑	12.02.2012	P	DBT_E002	Translation negativer Kaufwert	248.875.000,00	Abgeleiteter Geschäftsvorfall
4		USD BOND 2,4%	4711-88	☑	12.02.2012	P	DBT_E018	Translation Amortisierung (negativ)	1.125.000,00	Abgeleiteter Geschäftsvorfall
4		USD BOND 2,4%	4711-88	☑	12.02.2012	P	DBT_B008	Kursverlust Devise (planm. Abgang)		Abgeleiteter Geschäftsvorfall

Abbildung 10.16 Bewegungen von Grundgeschäft und Sicherungsinstrument vor der Designation

Durch die Designation wurden neue Bewegungen sowohl beim Grund- als auch beim Sicherungsgeschäft eingefügt (siehe Abbildung 10.17).

BK	Geschä...	Kennnummer	Depot	Frei	SB-Nr.	SInstr.Nr.	GrGeschNr.	TRL Datum	Status	FArt	Fortschreibungsart	Nominalbetrag	Betrag BestWähr	Bezeichnung Geschäftsvorfallstyp
1	10390			☑				10.02.2009	P	OTC001	Open OTC-Geschäft			Open OTC-Geschäft
1	10390			☑				10.02.2009	P	DE1105-	Nominalbetragsverminderung (n.brl)	100.000.000,00	100.000.000,00	Nominalbetragsveränderung OTC-Geschäft
1	10390			☑				10.02.2009	P	DE1105+	Nominalbetragserhöhung (n.brl)	100.000.000,00	100.000.000,00	Nominalbetragsveränderung OTC-Geschäft
1	10390			☐	2611	3776		10.02.2009	P	THX002	Designierte Stücke / Nominale einbuchen	100.000.000,00		Designation
1	10390			☑				10.02.2009	P	DBT_D163	Zugeordnete Stücke/Nominale ausbucher	100.000.000,00		Abgeleiteter Geschäftsvorfall
1	10390			☑				10.02.2009	P	HAC_V200	Kursbewertung zweistufig: Zuschreibung		241.234,34	Abgeleiteter Geschäftsvorfall
1	10390			☑				10.02.2009	P	DBT_D003	Zuschreibung (Titel) ausbuchen		241.234,34	Abgeleiteter Geschäftsvorfall
1	10390			☐	2611	3776		10.02.2009	P	DBT_D004	Zuschreibung (Titel) einbuchen		241.234,34	Abgeleiteter Geschäftsvorfall
4		USD BOND 2,4%	4711-88	☑				10.02.2009	F	SE1200	Emission: Platzierung	250.000.000,00	248.875.000,00	Emission: Platzierung
4		USD BOND 2,4%	4711-88	☑				10.02.2009	F	DBT_AIS4	Emission: Disagio einbuchen		1.125.000,00	Abgeleiteter Geschäftsvorfall
4		USD BOND 2,4%	4711-88	☐	2611		1357	10.02.2009	P	THX002	Designierte Stücke / Nominale einbuchen	100.000.000,00		Designation
4		USD BOND 2,4%	4711-88	☑				10.02.2009	P	V302	Amortisierung Bewertung (positiv) brutto			Abgeleiteter Geschäftsvorfall
4		USD BOND 2,4%	4711-88	☑				10.02.2009	P	DBT_D163	Zugeordnete Stücke/Nominale ausbucher	100.000.000,00		Abgeleiteter Geschäftsvorfall
4		USD BOND 2,4%	4711-88	☑				10.02.2009	P	HAC_M075	Unterbestand negativen Kaufwert ausbuc		99.550.000,00	Abgeleiteter Geschäftsvorfall
4		USD BOND 2,4%	4711-88	☐	2611		1357	10.02.2009	P	HAC_M076	Unterbestand negativen Kaufwert einbuc		99.550.000,00	Abgeleiteter Geschäftsvorfall
4		USD BOND 2,4%	4711-88	☑				10.02.2009	P	HAC_M035	Clear Premium from Subposition		450.000,00	Abgeleiteter Geschäftsvorfall
4		USD BOND 2,4%	4711-88	☐	2611		1357	10.02.2009	P	HAC_M036	Post Premium to Subpsosition		450.000,00	Abgeleiteter Geschäftsvorfall

Abbildung 10.17 Bewegungen von Grundgeschäft und Sicherungsinstrument nach der Designation, eingeschränkt auf den Tag der Designation

Freistehender Anteil

Sie finden für jede Mengen- und Bestandskomponente eine Umbuchungsbewegung, die die jeweiligen Mengen und Werte vom freistehenden Anteil (der Anteil, der in keiner Sicherungsbeziehung genutzt wird, Spalte Frei in den Abbildungen 10.16 und 10.17) auf die gehedgten Anteile umbucht. Sie erkennen die Bewegungen der gehedgten Bestandsanteile an den zusätzlichen Bestandsschlüsseln:

- **Bestand, der als Grundgeschäft gesichert wird**
  Geschäftsjahr (nicht eingeblendet im ALV), Sicherungsbeziehung (Spalte SB-Nr.) und HINST-ID (Spalte SInstr.Nr.)

- **Bestand, der als Sicherungsinstrument dient**
  Geschäftsjahr, Sicherungsbeziehung und HITEM-ID (Spalte GrGeschNr.).

Unterschied Designation P-HA zu E-HA

Das ist einer der Unterschiede zur Wirkung der Designation im Hedge Accounting für Bestände gegenüber der Designation im Hedge Accounting für Exposures. Eine Designation im Hedge Accounting für Exposures hinterlässt keinerlei »Spuren« in Form eines Geschäftsvorfalls oder von Bestandsbewegungen.

Unterbestände in der Transaktion TPM12

Selektiert man die Bestände von Grundgeschäften und Sicherungsinstrumenten nach der Designation in der Bestandsliste (Transaktion TPM12), werden diese nicht direkt nach freistehendem und gehedgtem Anteil aufgesplittet dargestellt. Stattdessen wird eine neue Spalte Unterbestände (siehe Abbildung 10.18) angezeigt, über deren Icon ( ) pro Bestand auf den Aufriss nach den Unterbeständen navigiert werden kann (siehe Abbildung 10.19).

Liste der Bestandswerte zum Stichtag 10.02.2009

Geschäft	Depot	Kennnummer	Unterbestände	Nominalbetrag	Buchwert BW	BestW	AnschWert BW	BestW
10390					241.234,34			
	4711-88	USD_BOND_2,4%		250.000.000,00	250.000.000,00-	USD	248.875.000,00-	USD

Abbildung 10.18 Bestandsliste (Transaktion TPM12) für die beiden in einer Sicherungsbeziehung designierten Bestände

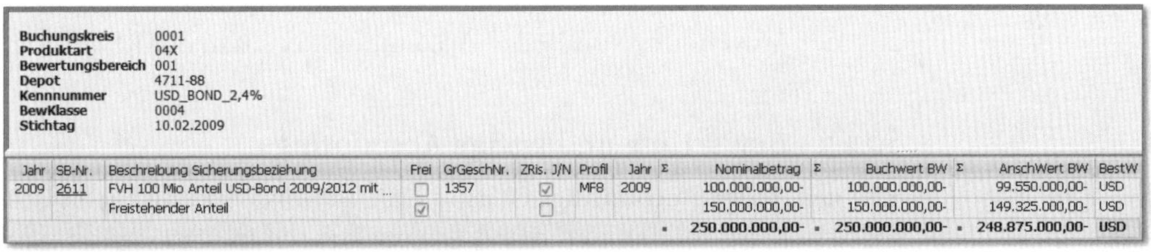

Buchungskreis	0001
Produktart	04X
Bewertungsbereich	001
Depot	4711-88
Kennnummer	USD_BOND_2,4%
BewKlasse	0004
Stichtag	10.02.2009

Jahr	SB-Nr.	Beschreibung Sicherungsbeziehung	Frei	GrGeschNr.	ZRis. J/N	Profil	Jahr	Σ Nominalbetrag	Σ Buchwert BW	Σ AnschWert BW	BestW
2009	2611	FVH 100 Mio Anteil USD-Bond 2009/2012 mit ...	☐	1357	☑	MF8	2009	100.000.000,00-	100.000.000,00-	99.550.000,00-	USD
		Freistehender Anteil	☑		☐			150.000.000,00-	150.000.000,00-	149.325.000,00-	USD
								250.000.000,00-	**250.000.000,00-**	**248.875.000,00-**	**USD**

Abbildung 10.19 Drill Down aus Abbildung 10.18 über das Unterbestände-Icon in die Unterbestandssicht

10.2.2 Konzept des Unterbestands

Der erste Eindruck, den die Wirkung der Designation in der Bestandsverwaltung hinterlässt, ist der, dass die Designation eine Umbuchung auf einen neuen Bestand im Sinne der Bestandsverwaltung durchgeführt hat. Dabei erhält der neue Bestand die oben erwähnten zusätzlichen Schlüsselfelder. Auch wenn wir von Umbuchung sprechen, ist es dennoch *keine* Umbuchung im Sinne der Bestandsverwaltung. Es wird *kein* neuer Bestand erzeugt. Doch was passiert genau?

Unterbestand – Subposition

Das System separiert innerhalb eines Bestands, der durch eine Designation in eine Sicherungsbeziehung eingeht, den designierten Anteil in einen *Unterbestand*, der auch *Subposition* genannt wird. In vielen Charakteristika verhält sich die Subposition wie ein eigener Bestand: So wird eine Subposition im gesamten System, in Bestands- und Bewegungslisten, im gesamten Reporting von logischen Datenbanken bis hin zum BW-Content durch eigene Schlüssel identifiziert. Jedoch in Kerntransaktionen wie der Transaktion BEWERTUNG DURCHFÜHREN (Transaktion TPM1) oder der Transaktion ABGRENZUNG DURCHFÜHREN (Transaktion TPM44) können Subpositionen nicht einzeln angesprochen werden. Hier ist die kleinste, eigenständig bewertbare Einheit weiterhin ein Bestand, mit all seinen Unterbeständen. Das System unterstützt eine mehrfache Designation jeweils eines Teils eines Bestands in verschiedene Sicherungsbeziehungen, was dann zu mehreren unterschiedlichen Unterbeständen führt.

[!]

Unterbestand und Bestandsführung

Ein Bestand mit all seinen Unterbeständen wird in der gesamten Bestandsverwaltung nur als Ganzes angesprochen. Ein Bestand mit all seinen Unterbeständen hat also nur *ein* Bestandskennzeichen, nur *eine* Kontierungsreferenz und nur *ein* Bestandsführungsverfahren

Wenden wir uns nun dem eigentlichen Zweck der ganzen Vorbereitung zu – der Anwendung von Hedge-Accounting-Regeln in der Bewertung.

10.2.3 Bewertung und Hedge Accounting

Ziel des Hedge Accountings ist es, die Sicherungswirkung auch buchhalterisch abzubilden und damit Schwankungen in der Gewinn- und Verlustrechnung (GuV) zu mildern, die zustande kommen, wenn man die Richtlinien für Grundgeschäfte und Sicherungsinstrumente separat anwendet.

Hedge Adjustment

Unser Beispiel eines Fair-Value-Hedges einer bilanziellen Verbindlichkeit dient der Absicherung des beizulegenden Zeitwertes (Fair Value). Veränderungen des beizulegenden Zeitwerts eines derivativen Sicherungsgeschäfts in einer solchen Sicherungsbeziehung müssen erfolgswirksam in der GuV erfasst werden. Der Buchwertansatz des Grundgeschäfts, das freistehend zu amortisierten Anschaffungswerten (at amortized cost) geführt wird, muss in einem FVH um den auf das besicherte Risiko entfallenden Gewinn oder Verlust erfolgswirksam angepasst werden (Hedge Adjustment oder Basis Adjustment).

In die Sprache der buchhalterischen Bewertung der Bestandsverwaltung übersetzt, bedeutet das Folgendes:

- Das Sicherungsgeschäft wird freistehend und in einer Sicherungsbeziehung gleich behandelt.
- Das Grundgeschäft trägt in seinem Bestandsführungsverfahren bislang einen Bewertungsschritt vom Typ AMORTISIERUNG und eventuell noch einen Bewertungsschritt vom Typ FREMDWÄHRUNGSBEWERTUNG. Für den gehedgten Unterbestand muss nun noch ein Titelbewertungsschritt eingefügt werden, der das Hedge Adjustment nach obiger Logik berechnet.

Hedge-Accounting-Regel (HACC-Rule)

Zur genaueren Steuerung der Regeln des Hedge Accountings in den unterschiedlichen Szenarien dient die gleichnamige Hedge-Accounting-Regel. Als Attribut des Szenarios regelt sie die Logik zur Erzeugung und Berechnung der Bewegungen im Falle einer effektiven Sicherungsbeziehung. Unser Beispiel eines Fair-Value-Hedges einer bilanziellen Verbindlichkeit wird durch die Hedge-Accounting-Regel 300 AMORTIZATION/HEDGE ADJUSTMENT P&L beschrieben.

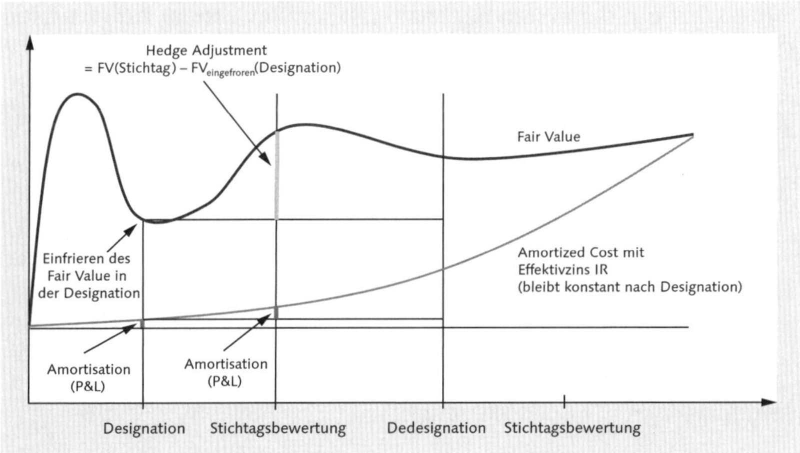

Abbildung 10.20 Wirkung der Hedge-Accounting-Regel 300 für einen Fair-Value-Hedge einer Verbindlichkeit

Betrachten wir die Logik unseres Beispiels bezüglich Hedge-Accounting-Regel 300 etwas genauer (siehe Abbildung 10.20).

- Für Verbindlichkeitsbestände, die so geführt werden sollen, muss im Bestandsführungsverfahren neben dem Amortisierungsschritt ein zusätzlicher Titelbewertungsschritt eingeführt werden. Dieser darf jedoch nur für den gehedgten Teil eines Bestands und nicht für den freistehenden Anteil ausgeführt werden. Um dies zu erreichen, müssen Sie im Titelbewertungsschritt des Bestandsführungsverfahrens des Grundgeschäfts das Kennzeichen NUR IM HEDGE ACCOUNTING AUSFÜHREN setzen (IMG-Pfad TRANSACTION MANAGER • ALLGEMEINE EINSTELLUNGEN • BUCHHALTUNG • EINSTELLUNGEN ZUR BESTANDSFÜHRUNG • STICHTAGSBEWERTUNG • TITELBEWERTUNGSVERFAHREN DEFINIEREN).
- Darüber hinaus müssen Sie in der Designation den einzufrierenden Fair Value des Grundgeschäfts über den Kurs (bei einem Bond, siehe Abbildung 10.8 unseres Beispiels) oder den Full Fair Value (bei einem Geldhandelsgeschäft) im Marktdatencontainer eingeben. Bei folgenden Bewertungen werden dann die Zu- oder Abschreibungen im Titel als Differenz zwischen diesem eingefrorenen Fair Value der Designation und dem Marktwert/Fair Value zum Bewertungsstichtag ermittelt und als Hedge Adjustment geführt.

Diese Hedge-Accounting-Regel wird innerhalb der buchhalterischen Bewertung durchgeführt. Da wir einen Fair Value Hegde vorliegen haben, wirkt die Hedge-Accounting-Regel nur auf das Grundgeschäft. Daher betrachten wir nur die Bewertung des Grundgeschäfts und fahren fort mit der ersten buchhalterischen Bewertung zum nächsten Quartalsende unseres Beispiels.

[»]

Keine Bewertung ohne Effektivitätstest

Zur korrekten Anwendung von Hedge-Accounting-Regeln darf es nur kommen, wenn vorher die Effektivität der Sicherungsbeziehung überprüft und dokumentiert wurde. Daher erwartet die buchhalterische Bewertung, dass diese vorher durchgeführt wurde. Zu diesem Zweck können Sie die gemäß Testplan notwendigen Effektivitätstests (PET und/oder RET) entweder innerhalb der Transaktion TPM100 durchführen, oder Sie nutzen die Transaktion EFFEKTIVITÄTSTEST AUSFÜHREN (Transaktion TPM110). Weitere Informationen dazu finden Sie in Abschnitt 10.3.4, Unterabschnitt »Automatisierte Testdurchführung«.

Hedge-Accounting-Voraussetzung

Die buchhalterische Bewertung prüft zu Beginn, ob innerhalb der Gültigkeitsperiode (Abbildung 10.3, Feld GÜLTIGKPERIODE EFFEKTTEST) die notwendigen Effektivitätstests vorliegen und diese effektiv sind. Nur wenn diese effektiv sind, führt das System die buchhalterische Bewertung für den ganzen Bestand durch. Ein Bestand, der über eine

Sicherungsbeziehung mit einem oder mehreren anderen Beständen verbunden ist, die wiederum mit anderen Beständen in anderen Sicherungsbeziehungen verknüpft sind, kann dadurch ein ganzes Netz von durch Sicherungsbeziehungen verknüpften Beständen bilden. In diesem Fall müssen alle Effektivitätstests aller Sicherungsbeziehungen vorhanden sein, damit der eine Bestand bewertet werden kann.

Bewertung und Protokoll

Liegen die Voraussetzungen für Hedge Accounting vor, erzeugt die buchhalterische Bewertung gemäß der anzuwendenden Hedge-Accounting-Regel Bewegungen. Abbildung 10.21 zeigt die Ergebnisse für unser Beispiel. Da wir nur einen Teil des Bonds designiert hatten, wird ein Teil gemäß den Einstellungen für den freistehenden Anteil (die ersten drei Bewertungsprotokollschritte), ein anderer Teil unter Anwendung der Hedge-Accounting-Regeln bewertet (die letzten drei Bewertungsprotokollschritte). Sie sehen die zusätzlichen Angaben zum Hedged Item und die Angaben zu den gefundenen und referenzierten Effektivitätstests. Zudem wird ein Berechnungsprotokoll angeboten, das über das Icon angesprochen werden kann (siehe Abbildung 10.22). Es ist zu erkennen, wie das Hedge Adjustment in dieser Hedge-Accounting-Regel 300 durch Differenz des aktuellen Fair Values und des eingefrorenen Fair Values errechnet wird.

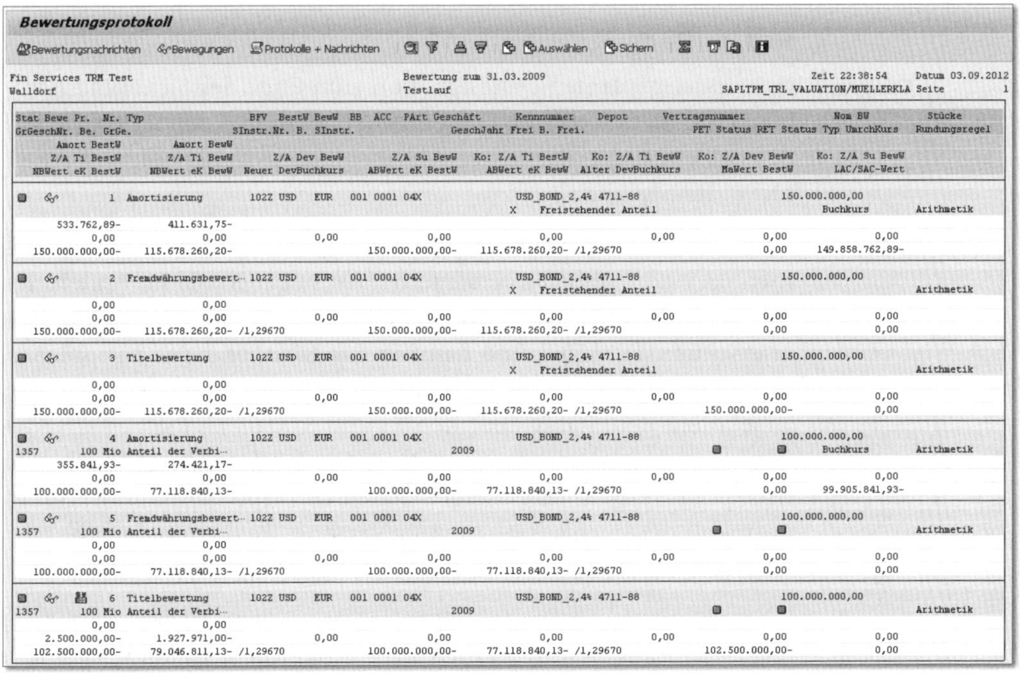

Abbildung 10.21 Bewertungsprotokoll für einen teil-gehedgten Bestand

Berechnung des Hedge-Marktwerts zum Zeitpunkt der Designation

Vorze	Kennzahl	Betrag
	Nominalbetrag	100.000.000,00
*	Preis zum Zeitpunkt der Designation	USD 99,950000
	Hedge-Marktwert zum Zeitpunkt der Designation	USD 99.950.000,00-

Berechnung des alten Hedge-Marktwerts

Vorze	Kennzahl	Betrag
	Hedge-Marktwert zum Zeitpunkt der Designation	USD 99.950.000,00-
+	Vorherige Hedge Adjustments	USD 0,00
	Alter Hedge-Marktwert	USD 99.950.000,00-

Berechnung des Hedge Adjustments

Vorze	Kennzahl	Betrag
	Neuer Hedge-Marktwert	USD 102.450.000,00-
-	Alt. Hedge-Marktwert	USD 99.950.000,00-
	Hedge Adjustment	USD 2.500.000,00-

Abbildung 10.22 Detailprotokoll der Hedge-Adjustment-Berechnung

Hinweis

Im Gegensatz zum Hedge Accounting für Exposures wird der Effektivitätstest im Hedge Accounting für Bestände nur einmal durchgeführt, und zwar zeitlich vorgelagert vor der buchhalterischen Bewertung (Transaktion TPM1). Die gespeicherten Ergebnisse werden dann innerhalb der buchhalterischen Bewertung nur noch ausgelesen und basierend auf den Ergebnissen die Hedge-Accounting-Regeln angewandt.

10.2.4 Dedesignation

Geplante Dedesignation

Neben der geplanten Dedesignation zum Ende der Sicherungsbeziehung, auf die wir nicht näher eingehen werden, kann natürlich auch der Fall eintreten, dass einer oder beide Effektivitätstests (PET/RET) nicht effektiv sind.

Manuell effektiv

Sind die Abweichungen nicht groß, können Sie unter Umständen die Ineffektivität manuell übersteuern. Hierzu gehen Sie im Änderungsmodus in die Pflege der betroffenen Sicherungsbeziehung (über die Transaktion TPM100) und dann in das Detailbild des entsprechenden Effektivitätstests. Im Änderungsmodus wird hier die Möglichkeit angeboten, den Status über den Button STATUS MANUELL FESTLEGEN () als MANUELL EFFEKTIV zu setzen. Die Wirkung in der buchhalterischen Bewertung ist dieselbe, jedoch wird sowohl im Bewertungsprotokoll der buchhalterischen Bewertung als auch in der Effektivitätstesthistorie dieser Status explizit ausgewiesen.

Manuelle Dedesignation

Liegt jedoch eine echte Ineffektivität vor, sodass Hedge Accounting nicht mehr angewandt werden darf, muss die Sicherungsbeziehung dedesigniert werden. Das geschieht nicht automatisch in der buchhalterischen Bewertung. Um die Entscheidung, dass zu dedesignieren ist, explizit zu dokumentieren und zu manifestieren, muss die Sicherungsbeziehung manuell dedesigniert werden. Das erfolgt in der Transaktion TPM100 über den denselben Button (), mit dem auch andere Geschäftsvorfälle erzeugt werden. Bei einer ineffektiven Sicherungsbeziehung erscheint in der Dropdown-Liste die Option DEDESIGNIEREN. Diese erzeugt – ähnlich wie bei der Designation – einen neuen Geschäftsvorfall. Dazu müssen Sie noch einmal die Effektivitätstests durchführen, da die Dedesignation geschäftsvorfallspezifische Effektivitätstests benötigt. Damit können Sie die Dedesignation dann erzeugen. Die Dedesignation führt in ihrem abgeleiteten Geschäftsvorfall zu Bewertungsbewegungen, die je nach Effektivitätsteststatus des dazugehörigen Paares von PET und RET entweder mit oder ohne letztmalige Anwendung der Hedge-Accounting-Regeln erzeugt werden (siehe Tabelle 10.1).

<table>
<tr><th colspan="2" rowspan="2"></th><th colspan="2">Prospektiver Effektivitätstest</th></tr>
<tr><th>effektiv</th><th>nicht effektiv</th></tr>
<tr><th rowspan="2">Retrospektiver Effektivitätstest</th><th>effektiv</th><td>Hedge-Accounting-Regeln werden in der Bewertung angewendet und die Sicherungsbeziehung wird weiter geführt.</td><td>1. Bewertung bricht mit Fehler wegen Ineffektivität ab.
2. Dedesignation manuell einleiten:
Hedge-Accounting-Regeln werden im Dedesignationsgeschäftsvorfall letztmalig angewendet.</td></tr>
<tr><th>nicht effektiv</th><td colspan="2">1. Bewertung bricht mit Fehler wegen Ineffektivität ab.
2. Dedesignation manuell einleiten:
Hedge-Accounting-Regeln werden im Dedesignationsgeschäftsvorfall nicht mehr angewendet.
Damit ist die letzte reguläre buchhalterische Bewertung unter Anwendung der Hedge-Accounting-Regeln durchgeführt worden.</td></tr>
</table>

Tabelle 10.1 Wirkung der Status von PET und RET in der buchhalterischen Bewertung und in der Dedesignation

Nachdem anhand dieser Regeln die Dedesignation erzeugt wurde, kann der Geschäftsvorfall mit seinen abgeleiteten Bewegungen freigegeben undDs gebucht werden. Die Sicherungsbeziehung ist damit aufgelöst.

10.2.5 Customizing

Alle Einstellungen zur Bestandsführung basieren auf dem gleichen Vorgehensmuster:

1. Zuerst werden Fortschreibungsarten definiert (z. B. im IMG unter TRANSACTION MANAGER • ALLGEMEINE EINSTELLUNGEN • HEDGE ACCOUNTING FÜR BESTÄNDE (B-HA) • FORTSCHREIBUNGSARTEN • FORTSCHREIBUNGSARTEN DEFINIEREN UND DEN VERWENDUNGEN ZUORDNEN) und im gleichen Pflege-View der entsprechenden Verwendung zugeordnet.
2. Dann wird die Wirkung in der Bestandsführung je nach Verwendung festgelegt.

Fortschreibungsarten für originäre Geschäftsvorfälle

Fortschreibungsarten

Wie bei allen anderen Sendern von originären Geschäftsvorfällen muss auch hier zuerst die Definition der Fortschreibungsarten wie oben beschrieben vorgenommen werden. Weisen Sie die Fortschreibungsarten für die originären Geschäftsvorfälle der Verwendung HEDGE ACCOUNTING zu.

Originäre Geschäftsvorfälle

Danach weisen Sie in der IMG-Aktivität TRANSACTION MANAGER • ALLGEMEINE EINSTELLUNGEN • HEDGE ACCOUNTING FÜR BESTÄNDE (B-HA) • FORTSCHREIBUNGSARTEN • FORTSCHREIBUNGSARTEN FÜR GESCHÄFTSVORFÄLLE (B-HA) DEN PRODUKTARTEN ZUWEISEN für die Geschäftsvorfälle Designation, Dedesignation, Prolongation und Klassifikation die zu nutzenden Fortschreibungsarten pro Produktart zu (eine initiale Produktart wirkt wie eine Wildcard, siehe Abbildung 10.23).

Bewegungsarten auf der Grundlage von Produktarten

Produktart	Design.(+)	Design.(-)	Dedesign.(+)	Dedesign.(-)	Prolong.(+)	Prolong.(-)	Klassifik.
	THX001	THX002	THX003	THX004	THX007	THX008	THX005
01A	THX001	THX002	THX003	THX004	THX007	THX010	THX015

Abbildung 10.23 Fortschreibungsarten für originäre Geschäftsvorfälle

Fortschreibungsarten für die Umbuchung der Bestandskomponenten und Klassifikation

Abgeleiteter Geschäftsvorfall

Mit der Erzeugung der Unterposition innerhalb der Designation werden die zu diesem Zeitpunkt vorhandenen Bestandskomponenten entsprechend der Nominal- bzw. Stückeverhältnisse umgebucht. Dazu wird ein abgeleiteter Geschäftsvorfall zum jeweiligen originären Geschäftsvorfall erzeugt, der wie alle anderen abgeleiteten Geschäftsvorfälle im Customizing eingestellt wird. Nachdem Sie die benötigten Fortschreibungsarten, wie zu Beginn des Abschnitts beschrieben, definiert haben, weisen Sie diese der Verwendung Abgeleitete Geschäftsvorfälle zu. Die weiteren Einstellungen nehmen Sie im IMG unter Transaction Manager • Allgemeine Einstellungen • Buchhaltung • Abgeleitete Geschäftsvorfälle • Fortschreibungsarten • Fortschreibungsarten für abgeleitete Geschäftsvorfälle zuordnen vor. Auf der Ebene des Bestandsführungsverfahrens machen Sie die notwendigen Eintragungen der Fortschreibungsarten:

Umbuchungen

Im Pflegedialog des Dialogstruktureintrags Hedge Accounting für Bestände: Umbuchungen zw. Unterbeständen geben Sie für jede umzubuchende Komponente, für Ein- und Ausbuchungen getrennt, die Fortschreibungsarten für die Umbuchungen zwischen dem freistehenden und dem gesicherten Unterbestand an (siehe Abbildung 10.24).

Abbildung 10.24 Einstellungen in den abgeleiteten Geschäftsvorfällen für die Umbuchungen auf und von Unterbeständen, oberer Bereich

[«]

Bewertung in der Umbuchung

Die Umbuchung, die mit der Designation und mit der Dedesignation verbunden ist, bucht nicht nur einfach die bestehenden Bestandskomponenten um. Sie führt in der »logischen Sekunde« vor der Umbuchung eine volle buchhalterische Bewertung durch, ähnlich der Transaktion TPM1. Damit werden alle umzubuchenden Komponenten auf den aktuellen Stand gebracht. Diese Bewertung wird innerhalb des abgeleiteten Geschäftsvorfalls vorgenommen, der mit der Designation bzw. Dedesignation verbunden ist. Für die Bewertung innerhalb des abgeleiteten Geschäftsvorfalls werden jedoch nicht die Fortschreibungsarten verwendet, die hier (siehe Abbildung 10.24) definiert werden, sondern die Fortschreibungsarten, die für die Stichtagsbewertung unter TRANSACTION MANAGER • ALLGEMEINE EINSTELLUNGEN • BUCHHALTUNG • STICHTAGSBEWERTUNG • FORTSCHREIBUNGSARTEN • FORTSCHREIBUNGSARTEN FÜR BEWERTUNG ZUORDNEN eingestellt sind. So finden Sie in dem abgeleiteten Geschäftsvorfall in unserem Beispiel in Abbildung 10.17 neben den Fortschreibungsarten, die dem abgeleiteten Geschäftsvorfall zugeordnet werden, auch die Fortschreibungsart V302, die im Customizing für den Amortisierungsschritt in der Stichtagsbewertung eingestellt ist.

Klassifikation

In derselben IMG-Aktivität nehmen Sie die für die Klassifikation notwendigen Eingaben über den Dialogstruktureintrag HEDGE ACCOUNTING FÜR BESTÄNDE: KLASSIFIKATION vor.

Zinssplit zwischen Unterbeständen

Zinsen

Mit der Erzeugung des Unterbestands in der Designation werden alle Bestandskomponenten umgebucht. Oft wird auch gewünscht, dass die Zinsen oder Dividenden anteilmäßig auf die gesicherte Unterposition umgebucht werden. Da die Zinsen oder Dividenden jedoch keine Bestandskomponenten bilden, ist hier ein zusätzlicher Customizing-Schritt notwendig.

Umbuchungsbewegungen für Zinsen

Erstellen Sie hierzu zunächst wie für alle anderen Umbuchungen Fortschreibungsarten für Ein- und Ausbuchungen nach der obigen Beschreibung, und weisen Sie diesen im Feld VERWENDUNG DEN WERT ABGELEITETE GESCHÄFTSVORFÄLLE *zu*. Gehen Sie in die IMG-Aktivität TRANSACTION MANAGER • ALLGEMEINE EINSTELLUNGEN • BUCHHALTUNG • ABGELEITETE GESCHÄFTSVORFÄLLE • FORTSCHREIBUNGSARTEN • FORTSCHREIBUNGSARTEN FÜR ABGELEITETE GESCHÄFTSVORFÄLLE ZUORDNEN, und wählen Sie den Pflege-View des Dialogstruktureintrags HEDGE ACCOUNTING FÜR BESTÄNDE: UMBUCHUNGEN ZW. UNTERBESTÄNDEN. Hier finden Sie im mittleren Teil des langen Pflegedialogs Einträge für ZINSBEWEGUNG (NICHT BESTANDSRELEVANT) und für DIVIDENDENBEWEGUNG (NICHT BESTANDSRELEVANT) – die Einstellungen liegen im unteren, nicht abgebildeten Teil von Abbildung 10.24 – und tragen die Fortschreibungsarten ein.

Zinssplit und -umbuchung

Im letzten Schritt gehen Sie in die IMG-Aktivität TRANSACTION MANAGER • ALLGEMEINE EINSTELLUNGEN • BUCHHALTUNG • EINSTELLUNGEN

ZUR BESTANDSFÜHRUNG • AUSWIRKUNGEN DER FORTSCHREIBUNGSARTEN AUF DIE BESTANDSKOMPONENTEN FESTLEGEN. In dieser Aktivität können Sie für Fortschreibungsarten, die nicht direkt von der Bestandsverwaltung als Komponente geführt und daher direkt erzeugt werden, eine Bestandsführungswirkung erzeugen. Tragen Sie hier für die originär von der Depotverwaltung erzeugte Fortschreibungsart für Zinsen den Bestandsänderungstyp 1006 (Indirekte Bestandsänderung) ein (siehe Abbildung 10.25).

Zuordnung Fortschreibungsarten zu Bestandsänderungstypen

FArt	Text Fortschreibungsart	BB	ACC	BÄT	Bestandsänderungstyp
SAM7000	Emission: Nominalzinsen			1006	Indirekte Bestandsänderung
SAM7100	Emission: Endfällige Tilgung			1020	ausgehende Zahlung bei Bestandsabgang

Abbildung 10.25 Bestandsänderungstyp 1006 für Zinsen für den Zinssplit

Diese Einstellung aktiviert den Zinssplit und die Erzeugung von Umbuchungsbewegungen mit den im abgeleiteten Geschäftsvorfall eingetragenen Fortschreibungsarten. Im Ergebnis bewirkt das eine anteilsmäßige Umbuchung aller Zinsen (siehe Abbildung 10.26).

Kennnummer	Depot	Frei	SB-Nr.	GrGeschNr.	TRL Datum	FArt	Fortschreibungsart	Betrag BestWähr	Bezeichnung Geschäftsvorfallstyp
USD BOND 2,4%	4711-88	☑			12.02.2010	SAM7000	Emission: Nominalzinsen	6.000.000,00	Zinsen
USD BOND 2,4%	4711-88	☑			12.02.2010	HAC_M133	Transfer Interest Related Flow (positive) from Subp...	2.400.000,00	Abgeleiteter Geschäftsvorfall
USD BOND 2,4%	4711-88	☐	2611	1357	12.02.2010	HAC_M134	Transfer Interest Related Flow (positive) to Subposi...	2.400.000,00	Abgeleiteter Geschäftsvorfall

Abbildung 10.26 Anteilsmäßiger Split und Umbuchung der Zinsen am Beispiel eines Kupons

Fortschreibungsarten für die Bewertung

Die Fortschreibungsarten für die Regeln des Hedge Accountings werden innerhalb der buchhalterischen Stichtagsbewertung über den Pfad unter TRANSACTION MANAGER • ALLGEMEINE EINSTELLUNGEN • BUCHHALTUNG • STICHTAGSBEWERTUNG • FORTSCHREIBUNGSARTEN • FORTSCHREIBUNGSARTEN FÜR BEWERTUNG ZUORDNEN festgelegt. Für die Hedge-Accounting-Regel 300 unseres Beispiels wird, wie zu Beginn von Abschnitt 10.2.3 beschrieben, innerhalb der buchhalterischen Stichtagsbewertung ein Titelbewertungsschritt eingeschaltet. Die dafür verwendeten Fortschreibungsarten haben Sie in der eben genannten IMG-Aktivität auf der Registerkarte TITELBEWERTUNG für dieses Bestandsführungsverfahren gepflegt (siehe Abbildung 10.27).

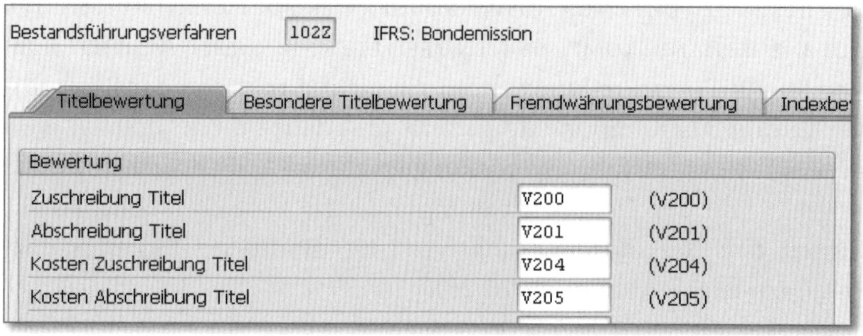

Abbildung 10.27 Fortschreibungsarten für den Titelbewertungsschritt im Bestandsführungsverfahren

Ersetzung von Fortschreibungsarten

Die meisten Hedge-Accounting-Regeln wirken aber nicht durch das Einschalten eines zusätzlichen Bewertungsschrittes, sondern dadurch, dass ein bestehender Bewertungsschritt innerhalb des Hedge Accountings abweichend berechnet und/oder abweichend gebucht werden soll. Um jetzt nicht für jede Hedge-Accounting-Regel ein ganzes Set von Fortschreibungsarten pro Bestandsführungsverfahren definieren zu müssen, bedient man sich im Customizing eines Tricks: der Ersetzung von Fortschreibungsarten. Diese Ersetzung lässt sich unter Transaction Manager • Allgemeine Einstellungen • Buchhaltung • Abgeleitete Geschäftsvorfälle • Fortschreibungsarten • Abweichende Fortschreibungsarten bei Bestandsabgängen einstellen. Wie der Titel der IMG-Aktivität nahelegt, ist diese Funktion für einen anderen Zweck gebaut worden, findet hier aber eine ideale Anwendung. Mit dieser Funktion können Sie, nachdem Bewegungen mit Fortschreibungsarten von den Kernbausteinen der buchhalterischen Bewertung im System erzeugt wurden, die Fortschreibungsarten nach bestimmten Regeln durch andere Fortschreibungsarten ersetzen (siehe Abbildung 10.28). Für die korrekte Abbildung von Hedge-Accounting-Regeln wurden hier die beiden neuen Bedingungen 5 – B-Hedge-Accounting und 7 – B-Hedge-Accounting: Hedge Adjustment eingeführt.

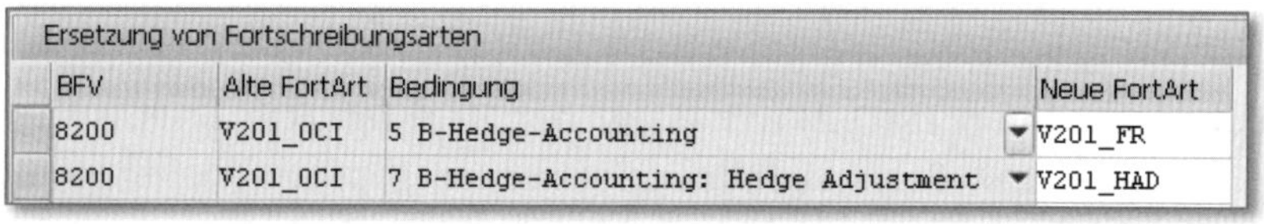

Abbildung 10.28 Ersetzung von Fortschreibungsarten in der Buchung von Hedge-Accounting-Ergebnissen

Splittet ein Bewertungsschritt aufgrund einer Hedge-Accounting-Regel ein Bewertungsergebnis in zwei Teile, tragen beide Bewegungen zuerst einmal die normalen Fortschreibungsarten der Bewertung, sie haben also beide die gleichen Fortschreibungsarten, als gäbe es kein Hedge Accounting. Das ist natürlich nicht gewünscht. Um dem Abhilfe zu schaffen, sind folgende Schritte notwendig.

HACC-Regel splittet Bewegungen

1. **Ersetzung für erste Bewegung**
   Im ersten Schritt müssen Sie nun der Bewegung, die den gesplitteten Anteil repräsentiert, der in seiner Wirkung im Hauptbuch anders gebucht werden muss (also z.B. anstatt auf ein Eigenkapital-/OCI-Konto auf ein Erfolgskonto gebucht werden soll), über die Bedingung 7 – B-HEDGE-ACCOUNTING: HEDGE ADJUSTMENT eine geeignete neue Fortschreibungsart zuweisen.
2. **Ersetzung für zweite Bewegung**
   Im zweiten Schritt können Sie auch den Anteil, der buchhalterisch weiter auf seiner Kontenart bleiben soll (also z.B. weiter auf ein Eigenkapital-/OCI-Konto gebucht werden soll), über die Bedingung 5 – B-HEDGE-ACCOUNTING einer neuen Fortschreibungsart zuweisen. Das ist buchhalterisch nicht zwingend erforderlich, aber oft gewünscht.

Beispiel

Da die Beschreibung der Abfolge auf den ersten Blick etwas verwirrend erscheint, wollen wir Ihnen die Logik anhand eines Beispiels erläutern. Dazu verlassen wir unser bisheriges Beispiel eines FVH eines emittierten Bonds und wechseln zum FVH einer Aktie als Anlage, gesichert mit einer Aktienoption. Die Hedge-Accounting-Regel, die hier anzuwenden ist, ist 150 HEDGE ADJUSTMENT P&L/OCI. Wird unter dieser HACC-Regel eine Aktie –die AfS (Available for Sale) geführt wird – mit einer Aktienoption (Long Put) in einer Sicherungsbeziehung gesichert, erzeugt die Bewertung für den Anteil – der durch den inneren Wert der Option gesichert wird – eine Bewegung, die der Bestandskomponente 1301, Hedge Adjustment, zugeschrieben wird. Diese Bewegung muss statt auf ein OCI-Konto auf ein Erfolgskonto gebucht werden. Abbildung 10.29 zeigt das Zusammenspiel der Hedge-Accounting-Regel mit der Ersetzung der Fortschreibungsarten für dieses Beispiel.

Zum Zeitpunkt der Designation und der ersten Stichtagsbewertung hat die Option einen inneren Wert von null, danach gewinnt sie einen von null verschiedenen inneren Wert, und die HACC-Regel splittet die Titelbewertung der Aktie entsprechend auf.

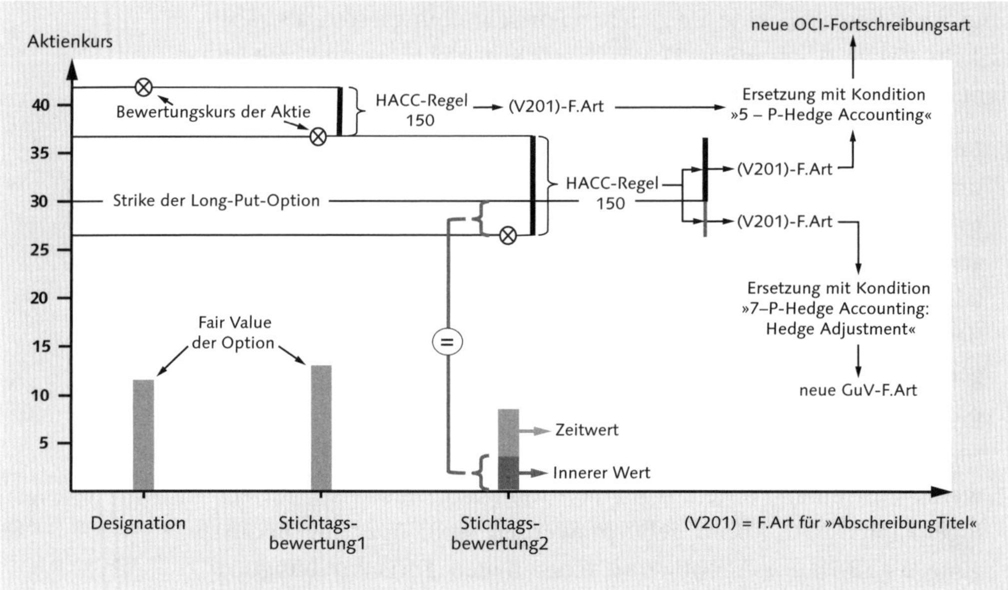

Abbildung 10.29 Zusammenspiel der HACC-Regel mit der Ersetzung der Fortschreibungsarten.

10.3 Effektivitätstest

Nach den Einstellungen in der Bestandsführung wenden wir uns nun dem Bereich der Effektivitätstests zu.

10.3.1 Effektivitätstest mit und ohne Wertermittlung

Zwei Arten von Methoden

Die Literatur über die verschiedenen Arten der Effektivititätstests ist sehr umfangreich und ausführlich. Der Grundgedanke der Effektivitätstests im Hedge Accounting besteht darin, die Sicherungswirkung des Sicherungsgeschäfts gegenüber dem Grundgeschäft nachzuweisen. Im Idealfall wirken die Wertänderungen in entgegengesetzter Richtung in gleicher Höhe wie die Wertänderungen des Grundgeschäfts. Zum Nachweis der Effektivität sind je nach Rechnungslegungsverfahren, Risiko und Sicherungsstrategie verschiedene Methoden zugelassen. Diese lassen sich grob in zwei Kategorien einteilen:

- Zum einen gibt es Methoden, in denen man allein durch Vergleich der Eigenschaften von Grund- und Sicherungsgeschäften zur Erkenntnis der Effektivität gelangt. Zu diesen Methoden zählen die *Critical-Terms-Match-Methode* oder die *Shortcut-Methode* (die streng genommen gar keine Methode darstellt).
- Die andere, größere und wichtigere Gruppe von Methoden ermittelt 1 bis n Wertänderungen von Grund- und Sicherungsgeschäften nach bestimmten Wertermittlungsverfahren über verschiedene Parameterkonstellationen und stellt sie gegenüber.
  - Wird nur eine Wertänderung ermittelt, sprechen wir von der Gruppe der *Dollar-Offset-Verfahren*.
  - Wird eine ganze Reihe von Wertänderungen ermittelt, können die Sätze von Wertänderungspaaren einer *linearen Regression* unterworfen werden.

Tageswertermittlungstyp

Zur Wertermittlung können unterschiedliche Verfahren angewandt und kombiniert werden. Ein bestimmtes Wertermittlungsverfahren wird als *Tageswertermittlungstyp* bezeichnet. Ausgelieferte Tageswertermittlungstypen sind z.B. Full Fair Value, Clean Price oder Spot Value. Aber es können auch kundenindividuelle Verfahren definiert und eingesetzt werden. Details zur Definition eigener Tageswertermittlungstypen und dazu, wie Sie die zu nutzenden Tageswertermittlungstypen in Ihren Sicherungsbeziehungsprofilen beeinflussen können, finden Sie in Abschnitt 10.3.6.

Current Value

Um dem generischen Charakter der Wertermittlung Rechnung zu tragen, wird in allen folgenden Formeln das Kürzel CV (für *Current Value*) verwendet.

10.3.2 Effektivitätstestmethode

Bei der Definition des Sicherungsprofils (siehe Abbildung 10.3) mussten Sie, für den PET und RET getrennt, jeweils eine Effektivitätstestmethode eintragen. Die Effektivitätsmethode beinhaltet alle zur Durchführung eines Effektivitätstests notwendigen Einstellungen. Die Pflege der Effektivitätstestmethode finden Sie im IMG unter Transaction Manager • Allgemeine Einstellungen • Hedge Accounting für Bestände (B-HA) • Effektivitätstest • Effektivitätstestmethode (siehe Abbildung 10.30).

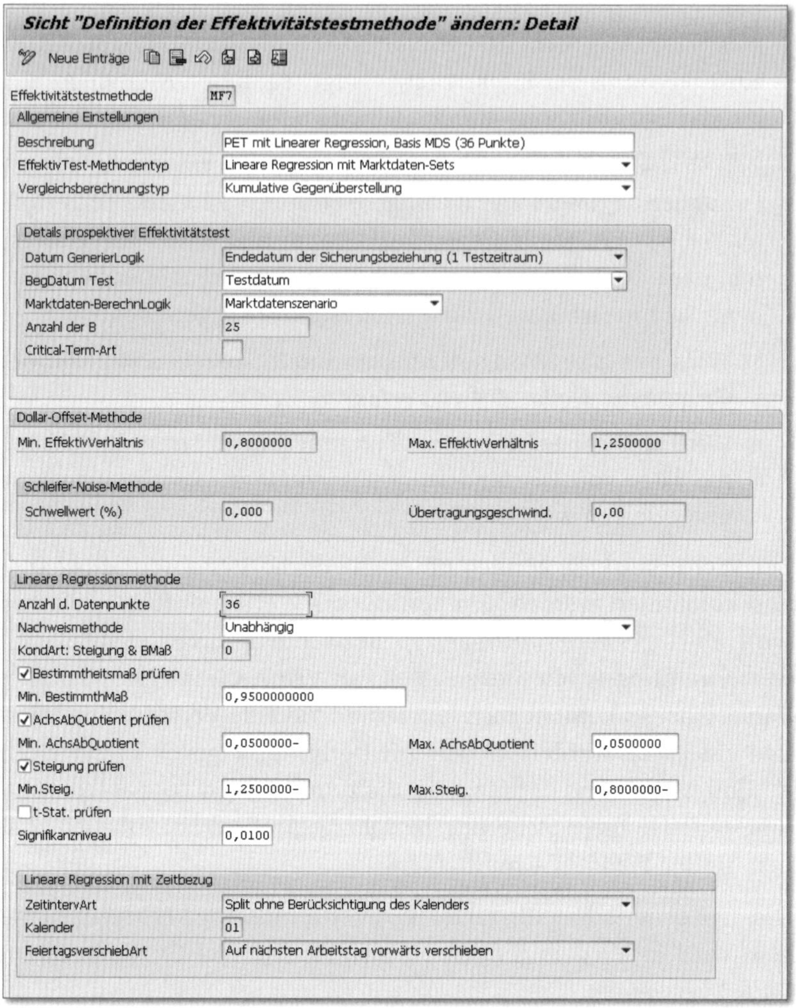

Abbildung 10.30 Definition der ET-Methode im IMG

Effektivitätstest-methodentyp

Der wichtigste Parameter ist der Typ der Effektivitätstestmethode (Feld EFFEKTIVTEST-METHODENTYP). Er steuert im Wesentlichen die Durchführung des Effektivitätstests und welche weiteren Parameter zur weiteren Einstellung notwendig sind.

Wie Sie schon bei der Definition des Sicherungsprofils feststellen konnten, können Sie jede Effektivitätstestmethode sowohl für den PET als auch für den RET verwenden. Von seiner Struktur her macht das System hier keinen Unterschied. Jedoch gibt es einige Einstellungen, die eine bestimmte Effektivitätstestmethode zu einer Methode machen, die ausschließlich für einen PET zu nutzen ist, und umgekehrt. Bei der Profilpflege müssen Sie deshalb darauf achten, jeweils passende Effektivitätstestmethoden für den PET und den RET zu verwenden. Das System gibt an dieser Stelle allerdings keine Hilfestellungen bei der Profilpflege.

Im Folgenden wollen wir Ihnen nur einen kurzen Abriss über die zur Verfügung stehenden Methoden geben.

Critical Terms Match

Critical Terms Match

Wenn Sie den Effektivitätstestmethodentyp Critical Terms Match wählen, müssen Sie zusätzlich noch den Parameter Critical-Term-Art festlegen. Diesen definieren Sie in der im IMG benachbart liegenden Aktivität Critical-Term-Art definieren (siehe Abbildung 10.31). Hier geben Sie für eine Critical-Term-Art die zu prüfenden Parameter von Grundgeschäft und Sicherungsinstrument ein. Anhand der angebotenen Ausstattungsmerkmale erkennen Sie auch die klassische Nutzung als Testmethode in einem Zinsrisiko-CFH.

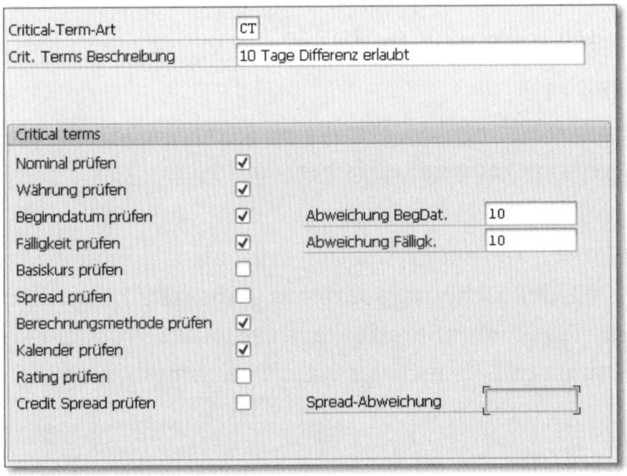

Abbildung 10.31 Definition der Critical-Terms-Art

Dollar-Offset-Methode

Der Effektivitätstestmethodentyp Dollar-Offset-Methode testet die Effektivität einer Sicherungsbeziehung zum Zeitpunkt t_{test}, indem er die Summe der zeitlichen Wertänderungen der *i* Grundgeschäfte $\Delta HITEM_i$ und der *k* Sicherungsgeschäfte $\Delta HINST_k$ ins Verhältnis zueinander stellt.

Hinweis Ohne Beschränkung der Allgemeinheit wird im Folgenden bei allen Formeldarstellungen $i = k = 1$ angenommen.

Das Ergebnis der Dollar-Offset-Methode wird im Hedge Accounting für Bestände genauso wie im Hedge Accounting für Exposures als *Effektivitätsrate*, in der Literatur *zumeist* als *Hedge Ratio* (HR) bezeichnet:

$$HR_{\$Offset}(t_{test}) = -\frac{CV_{HINST}(t_{test}) - CV_{HINST}(t_{start})}{CV_{HITEM}(t_{test}) - CV_{HITEM}(t_{start})}$$

Falls Sie die Dollar-Offset-Methode nutzen möchten, müssen Sie die Grenzen für die Effektivitätsrate im Bildbereich EINSTELLUNGEN ZUR DOLLAR-OFFSET-METHODE eintragen (siehe Abbildung 10.30). Normalerweise wird eine Sicherungsbeziehung in US-GAAP oder IAS als effektiv angesehen, wenn die Hedge Ratio zwischen 0,8 und 1,25 (entspricht 80%–125%) liegt.

Während t_{test} immer dem Datum des Testplans entspricht, können Sie auf t_{start} Einfluss nehmen. Sowohl IAS als auch US-GAAP erlauben je nach Hedge Policy des Unternehmens eine kumulative oder eine Perioden-Perioden-Basis. Die entsprechende Einstellung nehmen Sie im Parameter VERGLEICHSBERECHNUNGSTYP in Abbildung 10.30 vor:

- **Periode-Perioden ET**
  Bei einer *Gegenüberstellung von Periode zu Periode* wird als t_{start} das Datum des vorangegangenen ETs herangezogen.
- **Kumulativer ET**
  Bei einer *kumulativen Gegenüberstellung* wird als t_{start} immer das Designationsdatum der Sicherungsbeziehung angesetzt. Im Allgemeinen erhält man bei dieser Berechnungsmethodik zuverlässigere Ergebnisse im Laufe der Lebensdauer einer Sicherungsbeziehung.

Schleifer-Noise-Methode

Die *Schleifer-Noise-Methode* ist eine Variante der Dollar-Offset-Methode. Zum Verständnis des Effektivitätstestmethodentyps SCHLEIFER-NOISE-METHODE sei an dieser Stelle auf die ausführliche Beschreibung im SAP Help Portal (*help.sap.com*) verwiesen. Falls Sie diese Methode nutzen möchten, müssen Sie im Bildbereich EINSTELLUNGEN ZUR DOLLAR-OFFSET-METHODE noch die weiteren Einstellungen für die Parameter SCHWELLWERT (%) und die ÜBERTRAGUNGSGESCHWINDIGKEIT eingeben.

Basispunkt Dollar-Offset

Für den prospektiven Effektivitätstest von reinen Zinsrisiken bietet sich der einfach anzuwendende Effektivitätstestmethodentyp BASISPUNKT DOLLAR-OFFSET (BP$OFFSET) an. In Anlehnung an die Dollar-Offset-Methode wird nur jeweils eine Wertänderung von Grundgeschäft und Sicherungsgeschäft berechnet. Es wird jedoch keine zeitliche Wertänderung, sondern eine Wertänderung einer geshifteten gegenüber einer ungeshifteten Zinskurve jeweils zum Testdatum t_{test} berechnet:

$$HR_{BP\$Offset}(t_{test}) = -\frac{CV_{HINST}^{shifted}(t_{test}) - CV_{HINST}(t_{start})}{CV_{HITEM}^{shifted}(t_{test}) - CV_{HITEM}(t_{start})}$$

Dieser Effektivitätstestmethodentyp entspricht der Sensitivitätsmethode von IAS 39.AG105 für Zinsrisiken.

Sensitivitätsmethode

In diesem Fall sollten Sie den Parameter MARKTDATEN-BERECHLOGIK auf BASISPUNKTSHIFT setzen und in den Parameter BASISPUNKTE die Anzahl der Basispunkte eintragen, um die die Zinskurve im Bildbereich des Effektivitätstests geshiftet werden soll. Diese Basispunktanzahl dient dann im Testplan jeder Sicherungsbeziehung, die diese Effektivitätstestmethode nutzt, als Vorschlagswert für den Parallelshift. Diese kann aber jederzeit in der Transaktion TPM100 für weitere ETs pro Sicherungsbeziehung geändert werden.

Lineare Regression mit Zeitbezug

Die Dollar-Offset-Methode stellt einen einfachen und strikten Test der retrospektiven Effektivität in vorangegangenen Perioden dar. Jedoch gibt es Konstellationen, in denen eine eigentlich effektive Sicherungsbeziehung in einer Testperiode aufgrund von Schwankungen eine Ineffektivität in der Dollar-Offset-Methode erzeugt und daher die Sicherungsbeziehung dedesigniert werden müsste. Um solche stochastisch immer wieder auftretenden Schwankungen eliminieren zu können, erlauben sowohl IAS als auch US-GAAP (DIG Issue E7) die Verwendung einer linearen Regression. In diesem Fall wird in einem RET die zu vermessende Zeitperiode in gleich große Zeitabschnitte unterteilt. Dieser Effektivitätstestmethodentyp wird daher LINEARE REGRESSION MIT ZEITBEZUG genannt. Die Unterteilung der Testperiode wird durch die Parameter ANZAHL DER DATENPUNKTE und ZEITINTERVALLART gesteuert (siehe Abbildung 10.30). Haben Sie die Zeitintervallart SPLIT UND ANPASSUNG AUF DER GRUNDLAGE DES KALENDERS gewählt, müssen Sie die Parameter KALENDER und FEIERTAGSVERSCHIEBEART noch angeben.

Dadurch gewinnen Sie eine Serie von Daten $\{t_i\}$, die die Testperiode in gleich lange Unterperioden aufteilen.

Vergleichsberechnungstyp

Das System errechnet gemäß der Anzahl der Datenpunkte n Differenzen Δ_i, wobei je nach Einstellung im Vergleichsberechnungstyp (Parameter VERGLEICHSBERTYP in Abbildung 10.30) der zeitliche Bezug unterschiedlich ist:

- Für den Typ GEGENÜBERSTELLUNG VON PERIODE ZU PERIODE werden die Deltas Δ^i zwischen zeitlich aufeinanderfolgenden Zeitpunkten berechnet:

$$\Delta^{i}_{\mathrm{HINST}}(t_i) = CV_{\mathrm{HINST}}(t_i) - CV_{\mathrm{HINST}}(t_{i-1})$$

$$\Delta^{i}_{\mathrm{HITEM}}(t_i) = CV_{\mathrm{HITEM}}(t_i) - CV_{\mathrm{HITEM}}(t_{i-1})$$

- Für den Typ KUMULATIVE GEGENÜBERSTELLUNG werden die Deltas Δ^i immer zwischen dem Zeitpunkt t_i und dem ersten Tag t_0 der Testperiode berechnet:

$$\Delta^{i}_{\mathrm{HINST}}(t_i) = CV_{\mathrm{HINST}}(t_i) - CV_{\mathrm{HINST}}(t_0)$$

$$\Delta^{i}_{\mathrm{HITEM}}(t_i) = CV_{\mathrm{HITEM}}(t_i) - CV_{\mathrm{HITEM}}(t_0)$$

Damit erhält man einen Satz von n Pärchen von Werten:

$$\left\{ \Delta^{i}_{\mathrm{HINST}} \middle| \Delta^{i}_{\mathrm{HITEM}} \right\}_{i = 1 \ldots n}$$

Lineare Regression

Das System berechnet dann eine Regressionsgerade mittels linearer Regression zu:

$$\Delta_{\mathrm{HINST}} = a\Delta_{\mathrm{HITEM}} + b$$

Hierbei bezeichnet b den y-Achsenabschnitt und a die Steigung der Geraden. Außerdem ermittelt das System den Regressionskoeffizienten R^2 zur Beurteilung der Güte der Regressionsgeraden sowie die

T-Statistik. Diese vier Ergebniswerte der linearen Regression können Sie zur Feststellung der Effektivität verwenden. Abbildung 10.32 zeigt die verschiedenen Aussteuerungsmöglichkeiten der linearen Regression mit Zeitbezug.

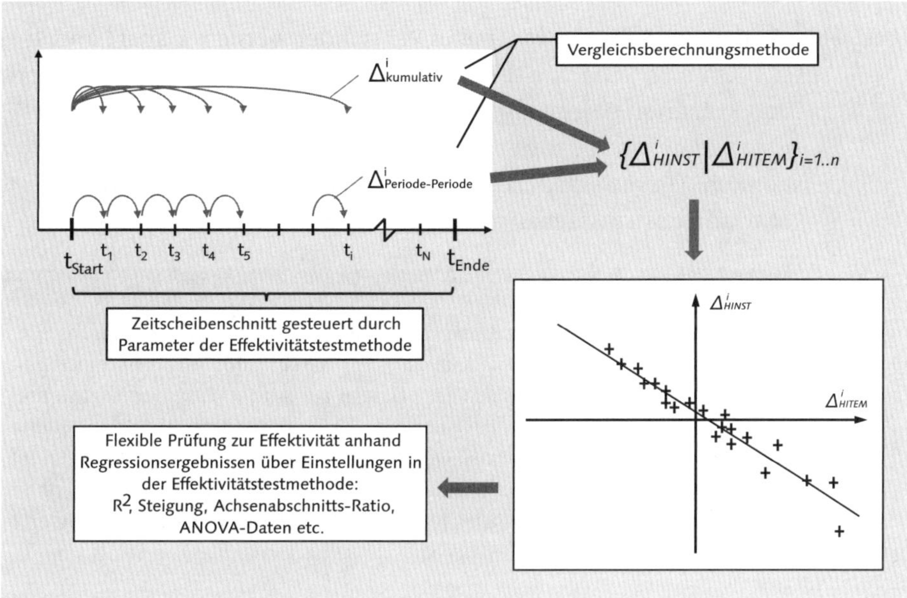

Abbildung 10.32 Lineare Regression mit Zeitbezug

Der Parameter NACHWEISMETHODE in Abbildung 10.30 steuert die verschiedenen Arten der Verprobung. Bei der wichtigsten Nachweismethode UNABHÄNGIG können Sie durch Ankreuzen einer der Checkboxen bestimmen, ob der jeweilige Ergebniswert der linearen Regression zur Bestimmung der Effektivität herangezogen werden soll. Darüber hinaus müssen Sie dann pro ausgewähltem Ergebniswert den effektiven Bereich angeben. Auf die anderen, weniger wichtigen Nachweismethoden werden wir hier nicht weiter eingehen und verweisen auf die offizielle Dokumentation.

Nachweismethode

Lineare Regression ohne Zeitbezug

Im Falle eines PETs mit linearer Regression führt eine Aufteilung der zu vermessenden Periode bis zum geplanten Dedesignationsdatum in vielen Konstellationen methodisch betrachtet nicht zu einem stabilen Ergebnis. Stattdessen erweitert man die methodisch verwandte

Basispunkt-Dollar-Offset-Methode zu einer linearen Regression. Hierzu verwendet man anstelle einer einzigen geshifteten beziehungsweise gestressten Wertänderung eine ganze Reihe von theoretisch zu erwartenden Wertänderungen. In diesem Fall spricht das System von linearer Regression ohne Zeitbezug.

Marktdatenset

Hierzu muss ein *Marktdatenset* verwendet werden. Dabei handelt es sich um eine Serie von theoretischen Marktdaten, wie z. B. eine Serie von Szenarien (Pflege mittels Transaktion TV21, siehe auch Kapitel 7, »Marktdaten«), die als gestresste Marktdaten angenommen werden können. Diese Serie bezeichnen wir mit {sMD_i}, wobei sMD_i das i-te Marktdatenstressszenario darstellt.

[+]

Lineare Regression mit historischen Monatsultimowerten

Eine häufige Anforderung besteht in einem PET mit linearer Regression, wobei als Szenariowerte die letzten n Monatsultimowerte herangezogen werden müssen. Die Anzahl n liegt bei 36 zur Abdeckung der letzten drei Jahre. Dies lässt sich sehr gut mit Marktdatensets abbilden (siehe Abschnitt 10.3.3, Überschrift »Marktdatenset«). Abbildung 10.33 zeigt ein solches Zusammenspiel von MDS und der linearen Regression ohne Zeitbezug, in dem 36 historische Monatsultimowerte als Szenarienwerte gespeichert werden

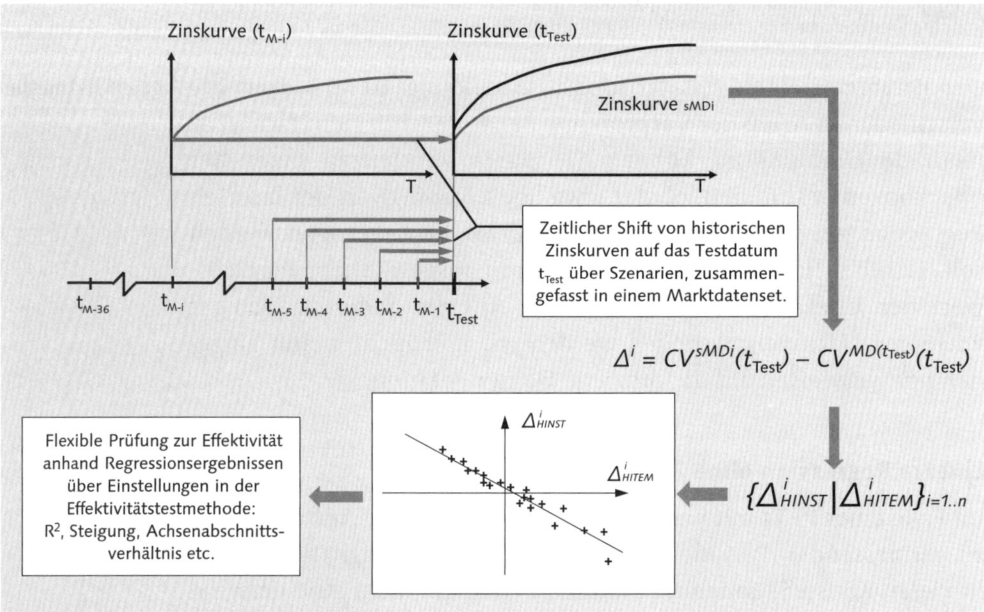

Abbildung 10.33 Lineare Regression ohne Zeitbezug mit einem MDS

Lineare Regression ohne Zeitbezug

Damit berechnet das System eine Reihe von simulierten Wertabweichungen zwischen den realen Marktdaten $MD(t_0)$ und einem simulierten Marktdatensatz sMD_i:

$$\Delta^{i}_{HINST} = CV^{sMDi}_{HINST}(t_0) - CV^{MD(t_0)}_{HINST}(t_0)$$

$$\Delta^{i}_{HITEM} = CV^{sMDi}_{HITEM}(t_0) - CV^{MD(t_0)}_{HITEM}(t_0)$$

Damit ergibt sich wiederum – wie im Fall der linearen Regression mit Zeitbezug – wieder ein Satz von n Pärchen:

$$\left\{ \Delta^{i}_{HINST} \middle| \Delta^{i}_{HITEM} \right\}_{i=1...n}$$

Diese n Pärchen werden wieder einer linearen Regression unterzogen. In diesem Fall wird jedoch keine Veränderung über die Zeit betrachtet, sondern die Bestände der Sicherungsbeziehung werden immer zum Testzeitpunkt t_0 selektiert, es werden nur Wertänderungspaare von gestressten Marktdaten zu realen Marktdaten betrachtet.

10.3.3 Einstellungen zu Marktdatenbereitstellungen im PET

In einem Effektivitätstest werden in der Praxis vorzugsweise Effektivitätstestmethoden mit Wertermittlungsmethodiken verwendet. Innerhalb eines RET ist die Datenlage einfach. Ex post kennt man sowohl den mengenmäßigen Verlauf der Bestände als auch die notwendigen, hier beobachteten realen Marktdaten. In einem PET ist die Lage anders. Um die wahrscheinliche hohe Effektivität nachzuweisen, lässt sich ex ante zwar die voraussichtliche Entwicklung der Bestände gut voraussagen, jedoch müssen bei der Bereitstellung von Marktdaten mögliche zukünftige Marktdaten immer nach einer festzulegenden Logik erzeugt werden. Dabei müssen Sie eine Marktdatenerzeugung wählen, die zum Sicherungsszenario passt. Die einzelnen Mechanismen werden durch Einstellungen an der *Effektivitätstestmethode* aktiviert, und zwar durch den Parameter MARKTDATEN-BERECHLOGIK (Marktdatenberechnungslogik) in Kombination mit dem Parameter EFFEKTIVITÄTSTEST-METHODENTYP im Bildbereich DETAILS PROSPEKTIVER EFFEKTIVITÄTSTEST (siehe Abbildung 10.30). Im Folgenden möchten wir kurz die möglichen Mechanismen darstellen.

Basispunktshift

Diese einfache Methode kann nur im Effektivitätstestmethodentyp BASISPUNKT DOLLAR-OFFSET verwendet werden. Sie ist nur für Zinsrisiken geeignet, liefert aber einfache und verständliche Ergebnisse.

Zuordnung zur Sicherungsbeziehung

Der Wert des Basispunktshift wird in der Effektivitätstestmethode als Vorschlagswert definiert (siehe Abbildung 10.30). Dieser Wert kann in einer Sicherungsbeziehung, die diese Effektivitätstestmethode als PET-Methode im Profil trägt, jederzeit in der Pflege der Sicherungsbeziehung für alle noch ausstehenden PETs manuell geändert werden (Transaktion TPM100, Bereich TESTPLAN der Registerkarte EFFEKTIVITÄTSTEST).

Szenario und Marktdatenshift

Szenario & Marktdatenshift

Diese beiden aus dem Bereich der What-if-Simulation zur Abbildung von geshifteten und gestressten Marktdaten bekannten Entitäten können auch im PET verwendet werden. Eine Beschreibung zur Pflege und Handhabung von Szenario und Marktdatenshift finden Sie in Kapitel 7, »Marktdaten«. Sie können bei den Effektivitätstestmethodentypen DOLLAR-OFFSET- und SCHLEIFER-NOISE-METHODE verwendet werden. In der Pflege der Effektivitätstestmethode (siehe Abbildung 10.30) geben Sie im Bildbereich DETAILS PROSPEKTIVER EFFEKTIVITÄTSTEST beim Parameter MARKTDATENBERECHNUNGSLOGIK ein, ob Sie ein MARKTDATENSZENARIO oder einen MARKTDATENSHIFT nutzen möchten.

Zuordnung zur Sicherungsbeziehung

Das zu verwendende Szenario oder der Marktdatenshift wird bei der Anlage der Sicherungsbeziehung einmal im Testplan gepflegt (Transaktion TPM100, Bereich TESTPLAN auf der Registerkarte EFFEKTIVITÄTSTEST). Verwendung finden diese bei einfachen PETs bei Szenarien mit Aktienpreisrisiko, während sie bei Zinsrisikoszenarien aufgrund des Cashflow-Aging-Effekts ungeeignet sind.

Marktdatenset

Lineare Regression ohne Zeitbezug

Zur Erzielung robusterer Ergebnisse werden gerne statistische Verfahren auf Basis der linearen Regression verwendet, auch für den PET. Dazu haben wir Ihnen in Abschnitt 10.3.2 in einem Unterabschnitt die lineare Regression ohne Zeitbezug vorgestellt. Diese Effektivitätstestmethode setzt eine Sammlung anzuwendender Marktdaten in einem Marktdatenset voraus.

Die Transaktion MARKTDATENSET VERWALTEN (Transaktion TAN_MDS) zur Pflege von Marktdatensets (MDS) finden Sie unter TREASURY AND RISK MANAGEMENT • MARKET RISK ANALYZER • SIMULATION • SZENARIEN. Abbildung 10.34 zeigt die Pflegeoberfläche dieser Transaktion.

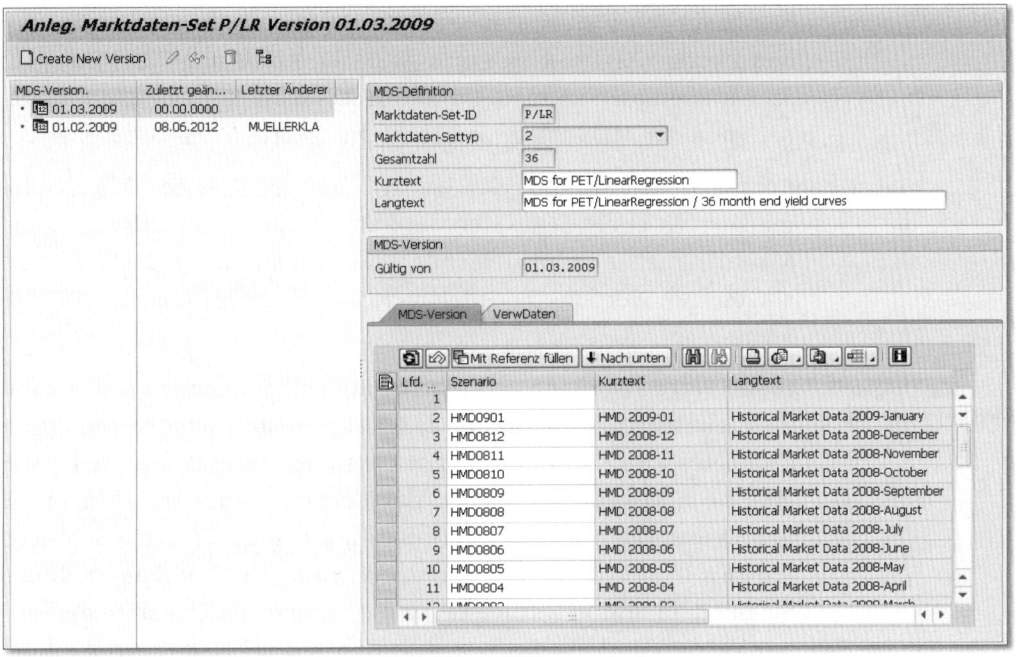

Abbildung 10.34 Pflegedialog einer Version eines Marktdatensets mit der Transaktion TAN_MDS

Kopfdaten MDS

Die Kopfdaten eines MDS beinhalten neben dem Identifier den Parameter MARKTDATEN-SSETTYP, der steuert, welche Art von gestressten Marktdaten verwaltet werden (in diesem Beispiel sind es Szenarien des Market Risk Analyzers), sowie die Gesamtzahl der im MDS enthaltenen Szenarien. Diese Gesamtzahl muss bei der Zuordnung eines MDS in einer Sicherungsbeziehung, die einen PET vom Effektivitätstestmethodentyp LINEARE REGRESSION OHNE ZEITBEZUG hat, gleich der Anzahl der Datenpunkte der PET-Methode sein (siehe Bildbereich LINEARE REGRESSIONSMETHODE in Abbildung 10.30).

Versionsdatum

Die eigentliche Zuordnung der Szenarien zum MDS wird im Bildbereich MDS-VERSION mittels des Parameters GÜLTIG VON versioniert. Der Effektivitätsrechner nutzt dann die zum Testdatum gültige Version. Als Beispiel dient im Folgenden der Anwendungsfall, dass man mit den Monatsultimodaten der vergangenen 36 Monate eine lineare Regression in einem PET durchführen will.

Erste Version eines MDS

Hierzu legen Sie 36 Szenarien mittels der Transaktion zur SZENARIENVERWALTUNG (TV21, siehe auch Abschnitt 7.10) an. Jedes Szenario beinhaltet genau einen Datensatz für ein Monatsultimo, den Sie über den Button MARKTDATEN EINLESEN (siehe Abbildung 7.29) für jedes Szenario einlesen können. Dann tragen Sie die Sequenz aller 36 Szenarien in der MDS-Pflege auf der Registerkarte MDS-VERSION ein.

Sequenz

Achten Sie darauf, dass das Szenario mit den jüngsten Monatsultimodaten an erster Stelle steht und die Szenarien mit aufsteigendem Marktdatenalter in aufsteigender Reihenfolge in die MDS-Version eingetragen werden. Das erleichtert die Pflege der folgenden Versionen.

Nachfolgende Version eines MDS

In der Folge erstellen Sie für die neu hinzukommenden Monatsultimos jeweils ein Szenario und laden die entsprechenden Monatsultimodaten ein. Danach erzeugen Sie in der Transaktion TAN_MDS eine neue Version und geben das Versionsdatum an, ab dem die neue Version gültig sein soll (mindestens einen Tag nach dem letzten PET, in dem die Vorgängerversion gültig ist). Dann übernehmen Sie mit dem Button MIT REFERENZ die Sequenz an Szenarien der letzten Version und erzeugen mittels des Buttons NACH UNTEN an der ersten Stelle einen leeren Eintrag (dabei wird, bei Berücksichtigung des Hinweises zur Reihenfolge, das älteste Szenario aus der neuen MDS-Version entfernt). Nun können Sie das neue Monatsultimoszenario einbinden.

Zuordnung zur Sicherungsbeziehung

Das zu verwendende MDS wird bei der Anlage der Sicherungsbeziehung einmal im Testplan gepflegt und kann jederzeit für folgende Effektivitätstests geändert werden (Transaktion TPM100, Bereich TESTPLAN auf der Registerkarte EFFEKTIVITÄTSTEST).

Marktdatenänderungsratenset

Marktdatenänderungsratenset

Insbesondere für den Bereich der Aktienpreisrisiken wird eine andere Art der simulierten Marktdaten für einen PET zur Verfügung gestellt, das sogenannte *Marktdatenänderungsratenset* (Abkürzung MDCR, nach dem englischen Market Data Change Rate Set). Aufgrund der eher speziellen Ausrichtung dieser Art von fiktiver Marktdatenbereitstellung für einen PET wollen wir nur kurz auf diese Methodik eingehen. Die Transaktion zur Pflege der MDCR finden Sie im Menü unter TREASURY AND RISK MANAGEMENT • GRUNDFUNKTIONEN • MARKTDATENVERWALTUNG • MANUELLE MARKTDATENEINGABE • WERKZEUGE • STRUKTURKURVE FÜR MARKTDATENÄNDERUNGSRATEN DEFINIEREN (Transaktion TANMDCR).

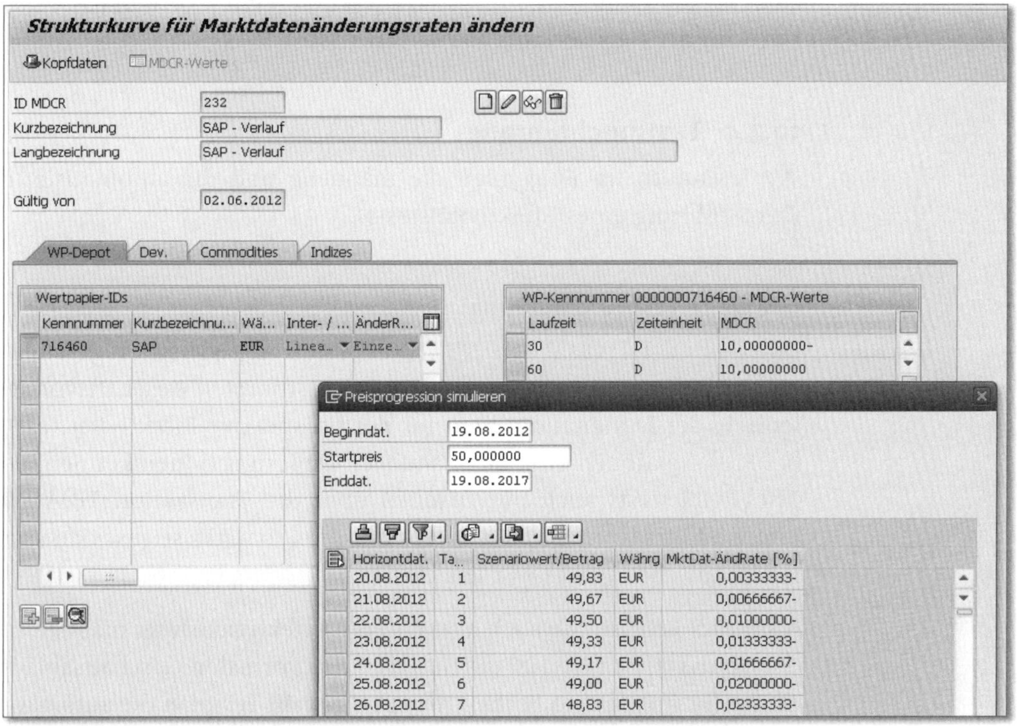

Abbildung 10.35 Pflege eines Marktdatenänderungsratensets mit erzeugten Testdaten

Die Pflege teilt sich auch hier in zeitunabhängige Kopfdaten (in Abbildung 10.35 der obere Abschnitt und pro Registerkarte der linke Abschnitt) sowie in versionierte Wertangaben (pro Registerkarte der rechte Abschnitt). Das System erlaubt es, pro zu modellierendem Marktpreisfaktor (in diesem Beispiel die SAP-Aktie) für beliebige Zeitabschnitte prozentuale Marktdatenänderungsraten zu hinterlegen. Die Interpretation der eingegebenen Änderungsraten

(Spalte MDCR in der Tabelle im rechten Abschnitt) sowie die Art der Verknüpfung zwischen den einzelnen Perioden werden über die beiden Parameter Inter-/Extrapolierende Werte und Änderungsratenansatz gesteuert. Details zur genauen Logik entnehmen Sie bitte der SAP-Dokumentation. Die Wirkung des MDCR können Sie direkt in der Pflegetransaktion überprüfen, indem Sie den Kursverlauf unter Anwendung des MDCR simulieren (Pop-up im Vordergrund von Abbildung 10.35).

Zuordnung zur Sicherungsbeziehung

Das zu verwendende MDCR wird bei der Anlage der Sicherungsbeziehung im Testplan gepflegt (Transaktion TPM100, Bereich TESTPLAN auf der Registerkarte EFFEKTIVITÄTSTEST).

10.3.4 Testdurchführung

Wir erläutern im Folgenden die manuelle und die automatisierte Durchführung eines Effektivitätstests.

Manuelle Testdurchführung

Geschäftsvorfallspezifische manuelle ETs

Innerhalb der Transaktion TPM100 können Sie, wie schon gesehen, manuell Effektivitätstests anstoßen. Bei bestimmten Geschäftsvorfällen wie der Designation (hier nur der prospektive Effektivitätstest), bei Prolongationen oder bei manuellen Dedesignationen können die Effektivitätstests auch nur manuell über die Transaktion TPM100 durchgeführt werden, da nur hier ein Effektivitätstest geschäftsvorfallspezifisch angelegt werden kann.

Natürlich können Sie auch alle anderen Effektivitätstests manuell in der Transaktion TPM100 durchführen. Im normalen Geschäftsablauf dürfte für diese periodischen Arbeiten gemäß Testplan die automatisierte Testdurchführung zweckdienlicher sein.

Automatisierte Testdurchführung

Neben der manuellen Testdurchführung können Sie die Berechnung von Effektivitätstests auch mittels eines Massenlaufs vornehmen. Sie finden die Transaktion unter TRANSACTION MANAGER • HEDGE ACCOUNTING FÜR BESTÄNDE • EFFEKTIVITÄTSTESTS • EFFEKTIVITÄTSTEST AUSFÜHREN (Transaktion TPM110).

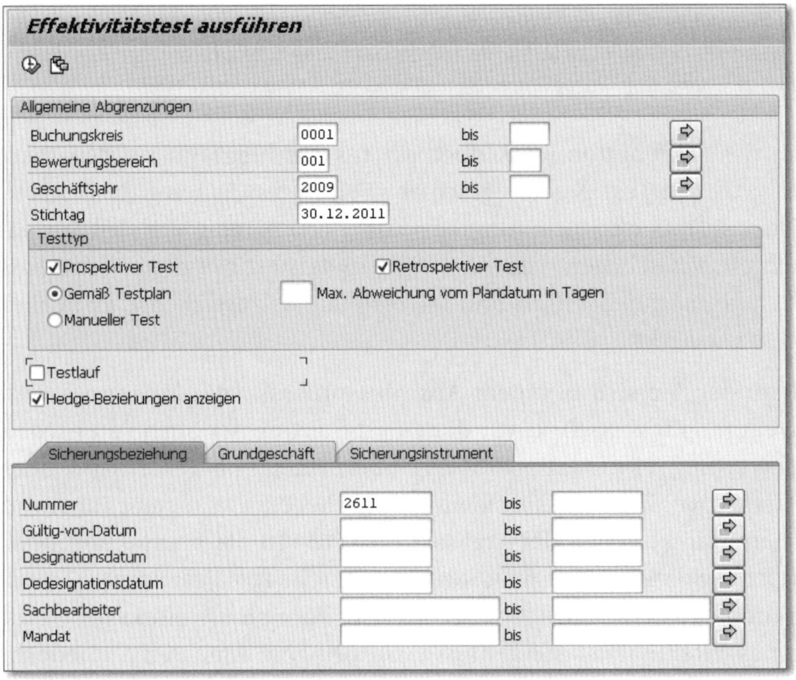

Abbildung 10.36 Selektionsbild des Reports zur automatisierten Effektivitätstestdurchführung

Im Selektionsbild können Sie die Sicherungsbeziehungen selektieren, für die ein Effektivitätstest durchgeführt werden soll (siehe Abbildung 10.36).

Test gemäß Testplan

Im Bildbereich TESTTYP geben Sie für die Verarbeitung wichtige Parameter mit. Ist der Radiobutton auf GEMÄSS TESTPLAN gesetzt, werden zuerst alle Sicherungsbeziehungen nach den Selektionskriterien selektiert. Dann wird im Testplan jeder selektierten Sicherungsbeziehung geprüft, ob für den im Feld STICHTAG eingegebenen Stichtag innerhalb eines Pufferzeitraums (Feld MAX. ABWEICHUNG VOM PLANDATUM IN TAGEN) ein Test gemäß Testplan durchgeführt werden muss. Wird ein Eintrag gefunden, werden die Effektivitätstests für das im Testplan eingetragene Testdatum durchgeführt und gespeichert.

[«]

Aktualität der Effektivitätstests in der Transaktion TPM1

Möchten Sie sicherstellen, dass innerhalb der buchhalterischen Bewertung (Transaktion TPM1) nur tagesaktuelle Effektivitätstests verwendet werden sollen, bietet es sich an, im Parameter MAX. ABWEICHUNG VOM PLANDATUM IN TAGEN 0 (null) Tage einzutragen. Dadurch können Sie die Berechnung der

Effektivitätstests gut in die Batch-Verarbeitungsabläufe einplanen, da nur dann ein Effektivitätstest innerhalb einer Sicherungsbeziehung berechnet wird, wenn der Testplan der Sicherungsbeziehung dies vorsieht.

Ist der Radiobutton im Bildbereich TESTTYP hingegen auf den Wert MANUELLER TEST gesetzt, geschieht Folgendes: Es wird im Testplan jeder selektierten Sicherungsbeziehung unabhängig von den Testdaten ein zusätzlicher, manueller Effektivitätstest mit dem Stichtag als Testdatum durchgeführt und im Testplan als zusätzlicher manueller Test vermerkt.

Fehlerhafte oder ineffektive Effektivitätstests

Befinden Sie sich in einem Abschlussprozess, sollten Sie in einem weiteren Prozessschritt vor der Durchführung der buchhalterischen Bewertung (Transaktion TPM1) überprüfen, ob fehlerhafte oder ineffektive Sicherungsbeziehungen vorliegen. Dazu steht Ihnen im Menü direkt neben der Transaktion TPM110 die Transaktion INEFFEKTIVE SICHERUNGSBEZIEHUNGEN: ÜBERSICHT ZUR VERFÜGUNG (Transaktion TPM112). Aus der Ergebnisliste können Sie direkt ins Detail eines Effektivitätstestergebnisses abspringen. Möchten Sie jedoch, z.B. nach der Korrektur fehlerhafter Marktdaten oder der Eliminierung anderer Fehler, den fehlerhaften oder ineffektiven Effektivitätstest erneut durchführen, geht das nur in der Transaktion TPM100.

Manuell effektiv

Die Transaktion TPM112 bietet zudem die Möglichkeit an, manuell effektiv gesetzte Effektivitätstests anzuzeigen.

10.3.5 Effektivitätstestergebnisse

Nachdem wir in unserem Beispiel sowohl innerhalb der Designation als auch zum Quartalsende Effektivitätstests durchgeführt haben, möchten wir noch einen Blick auf die Darstellung der Ergebnisse eines Effektivitätstests werfen. Jeder Effektivitätstest wird zusammen mit einer ganzen Reihe von Informationen gespeichert. Diese werden im Detailprotokoll des Effektivitätstests angezeigt. Dies erreichen Sie z.B., indem Sie in der Testausführungshistorie (siehe Abbildung 10.11) die Icons in den Spalten PET oder RET anklicken, oder auch aus den Ergebnissen der Transaktion TPM110 heraus. Abbildung 10.37 zeigt den Test zur Designation unseres Beispiels, wobei eine lineare Regression mit Marktdatenset angewandt wurde.

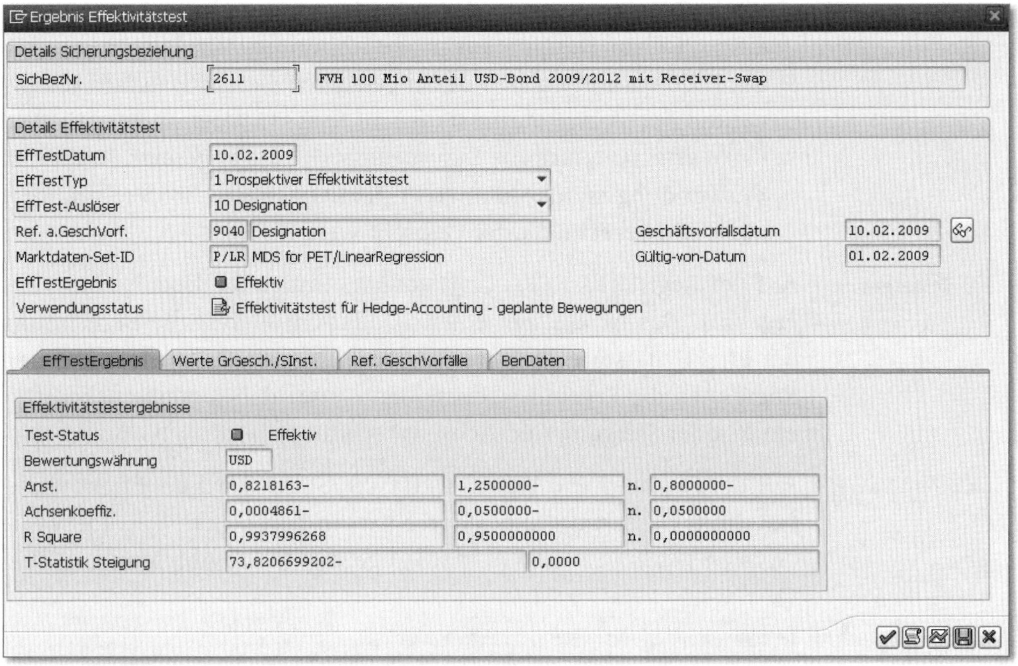

Abbildung 10.37 Detailprotokoll eines geschäftsvorfallbezogenen Effektivitätstests zur Designation mit linearer Regression ohne Zeitbezug

Effektivitätstest Kopfdaten

Zu den Kopfdaten des Effektivitätstest gehören folgende:

- Sicherungsbeziehung (Feld SichBezNr.)
- Testdatum (Feld EffTestDatum)
- Effektivitätstesttyp (Feld EffTestTyp)
- ET am Tagesende oder geschäftsvorfallbezogener ET mit Link zum Geschäftsvorfall (Feld Ref. a. GeschVorf., Navigation über das Icon Geschäftsvorfall anzeigen () in derselben Zeile ganz rechts)
- bei PET: Art der Marktdatenbereitstellung (hier: Feld Marktdaten-Set-ID)
- Testergebnis (Feld EffTestErgebnis), inklusive der Information, wenn das Ergebnis zwar effektiv ist, aber ursprünglich nicht effektiv war und im Nachhinein manuell auf »effektiv« gesetzt wurde (siehe Icon Effektiv, manuell gesetzt,).
- Verwendungsstatus; der Verwendungsstatus macht eine Aussage darüber, ob es Bewegungen gibt, die basierend auf diesem

Effektivitätstest fixiert oder gebucht wurden. In diesem Beispiel eines PET zur Designation (siehe Abbildung 10.37) würde durch das Fixieren und Buchen des abgeleiteten Geschäftsvorfalls (Designation) der Verwendungsstatus auf EFFTEST F HEDGE-ACCOUNTING • FIXIERTE/ZU FIXIERENDE BEWEGUNGN (Icon 🔒) gesetzt. In diesem Verwendungsstatus können Effektivitätstests weder geändert noch neu berechnet oder gelöscht werden.

Testergebnis Auf der Registerkarte EFFTESTERGEBNIS finden Sie Details zum Testergebnis. Das ist z.B. bei einem Dollar-Offset-Test die Berechnung der Effektivitätsrate oder, wie in Abbildung 10.37, bei einer linearen Regression die Ergebnisse derselben – etwa der Regressionskoeffizient R^2 oder Steigung und Achsenabschnitt.

Current Values Auf der Registerkarte WERTE GRGESCH./SINST. wird bei Effektivitätstests mit Wertermittlung jeder einzelne berechnete Current Value (Spalten TAGESWERT und BETRAG) angezeigt (siehe Abbildung 10.38).

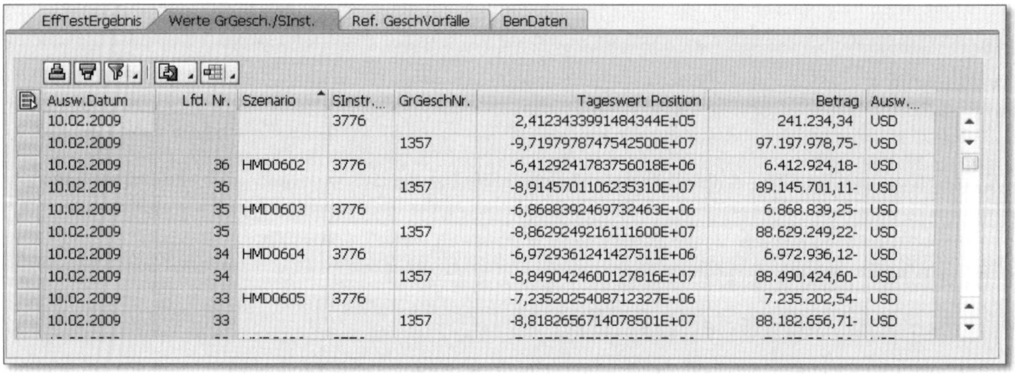

Ausw.Datum	Lfd. Nr.	Szenario	SInstr....	GrGeschNr.	Tageswert Position	Betrag	Ausw....
10.02.2009			3776		2,4123433991484344E+05	241.234,34	USD
10.02.2009				1357	-9,7197978747542500E+07	97.197.978,75-	USD
10.02.2009	36	HMD0602	3776		-6,4129241783756018E+06	6.412.924,18-	USD
10.02.2009	36			1357	-8,9145701106235310E+07	89.145.701,11-	USD
10.02.2009	35	HMD0603	3776		-6,8688392469732463E+06	6.868.839,25-	USD
10.02.2009	35			1357	-8,8629249216111600E+07	88.629.249,22-	USD
10.02.2009	34	HMD0604	3776		-6,9729361241427511E+06	6.972.936,12-	USD
10.02.2009	34			1357	-8,8490424600127816E+07	88.490.424,60-	USD
10.02.2009	33	HMD0605	3776		-7,2352025408712327E+06	7.235.202,54-	USD
10.02.2009	33			1357	-8,8182656714078501E+07	88.182.656,71-	USD

Abbildung 10.38 Anzeige aller Current Values in einem Effektivitätstest

Über den Button 📋 in Abbildung 10.37 gelangen Sie in das Detailprotokoll der Current-Value-Berechnung aller Werte.

Referenzierende Geschäftsvorfälle Auf der Registerkarte REF. GESCHVORFÄLLE werden alle Geschäftsvorfälle angezeigt, die sich auf diesen Effektivitätstest als Berechtigung zur Anwendung der Hedge-Accounting-Regeln registriert haben. Neben dem mehrfach genannten und in Abbildung 10.39 gezeigten Fall der Designation ist vor allem die buchhalterische Bewertung zu nennen. In diesem Fall kann es auch sein, dass sich mehr als ein Bestand auf einen Effektivitätstest registriert. Dies ist immer der Fall, wenn mehr als ein Bestand in der Bewertung Hedge-Accounting-Regeln anwendet – etwa wenn man mehrere Grundgeschäfte in einer Sicherungsbeziehung hat. Sobald mindestens einer der registrierten Geschäftsvorfälle gebuchte Bewegungen hat, wird der Effektivitätstest insgesamt vor Änderungen gesperrt.

Abbildung 10.39 Referenzierende Geschäftsvorfälle

Wird einer der beiden Effektivitätstestmethodentypen mit linearer Regression dargestellt, können Sie über den Button DETAILANZEIGE LINEARE REGRESSION (, unten rechts in Abbildung 10.37) in die Detailergebnisse der linearen Regression abspringen (Abbildung 10.40).

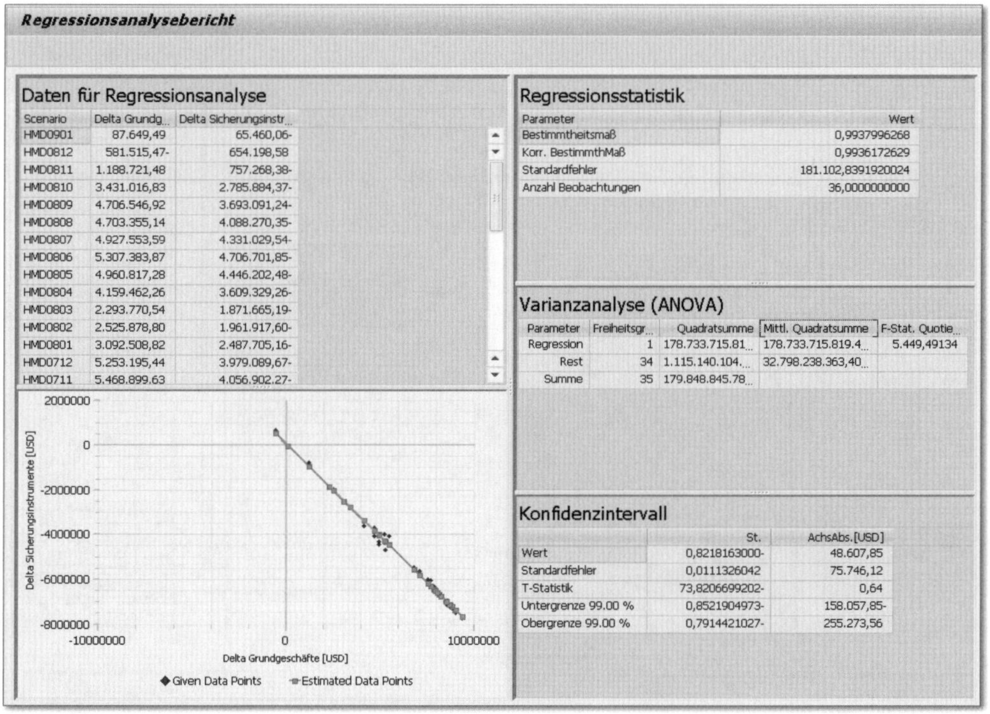

Abbildung 10.40 Detailergebnis der linearen Regression

Manuell effektiv Zum Abschluss dieses Abschnitts möchten wir noch auf die Möglichkeit hinweisen, dass Sie bei einem fehlerhaften oder nicht effektiven Effektivitätstest immer die Möglichkeit haben, diesen manuell effektiv zu setzen. Dazu dient das im Änderungsmodus erscheinende Icon STATUS MANUELL FESTLEGEN ( ), mit dem Sie die Effektivität erzwingen. Dies wird in allen Auswertungen, in denen die Effektivitätstests ausgewertet oder angezeigt werden, mit demselben Icon angezeigt. Außerdem können mit der Transaktion TPM112 speziell alle manuell effektiv gesetzten Effektivitätstests aufgelistet werden.

10.3.6 Effektivitätstestframework

Während Sie mit der Auswahl des Szenarios die Hedge-Accounting-Regeln, also die Wirkung einer bestehenden, effektiven Sicherungsbeziehung zum Zeitpunkt der buchhalterischen Bewertung, auswählen, stehen Ihnen zur Feststellung und Berechnung der Effektivität selbst ein ganzes Instrumentarium an Effektivitätstestmethoden sowie ein Framework zur genauen Aussteuerung des Tests zur Verfügung (siehe Abbildung 10.41).

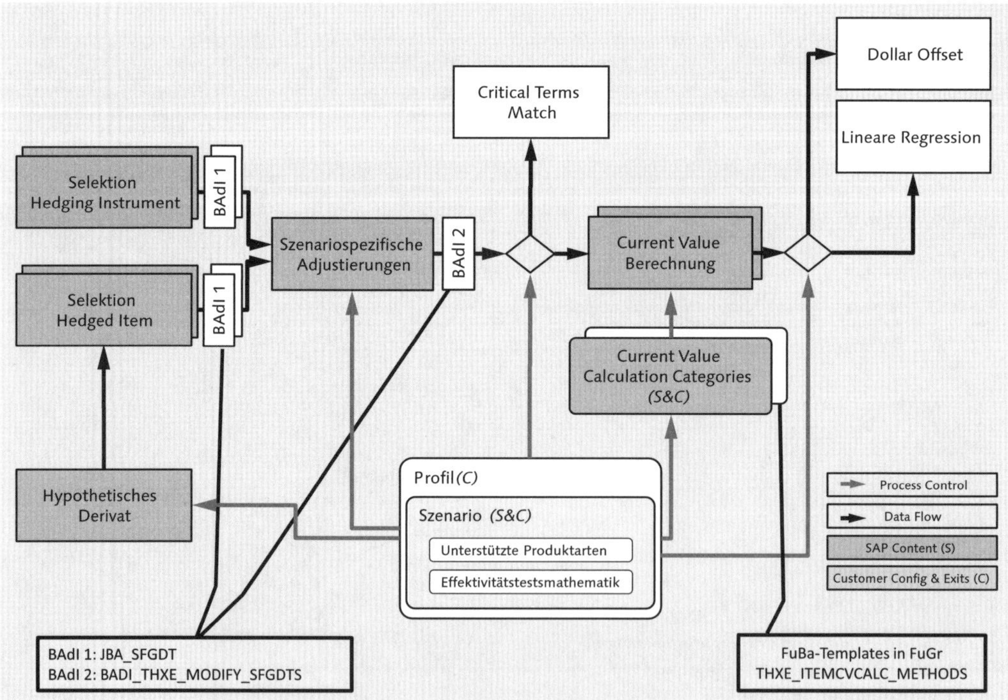

Abbildung 10.41 Framework der Effektivitätstestberechnung

Wir möchten Ihnen die wesentlichen Elemente kurz darstellen, wobei wir davon ausgehen, dass eine Effektivitätstestmethode mit Wertermittlung Anwendung finden soll:

- Das Effektivitätstestframework nutzt intern die Risikoträgerdarstellung der eingehenden Grundgeschäfte und Sicherungsinstrumente, sodass Sie, wie überall im Bereich der Analyzer, über das BAdI JBA_SFGDT den Aufbau derselben beeinflussen können.
- Danach werden in einem zweiten Schritt alle selektierten Risikoträger gemeinsam dem Schritt der szenariospezifischen Adjustierungen zugeführt. Hier werden in einigen Szenarien Anpassungen an den Risikoträgern vorgenommen, etwa Laufzeitanpassungen des Grundgeschäfts an die Laufzeit des Sicherungsgeschäfts. Hier steht Ihnen ein eigenes BAdI BADI_THXE_MODIFY_SFGDTS zur Verfügung, sodass Sie spezifische Anpassungen vornehmen können. Falls Sie dieses BAdI nutzen wollen, benötigen Sie ein eigenes Szenario.
- Falls Sie also eigene Szenarien erstellen wollen, steht Ihnen auch dieser Weg offen. Die Definition der Szenarien sowie die Zuordnung der unterstützten Produkttypen zu einem Szenario sind E-Tabellen mit einem eigenem Kundennamensraum. Es handelt sich dabei um die Tabelle THXTS_HDG_SCEN mit ihren Texttabellen THXTS_HDG_SCEN_T, THXTS_HINST_PCAT sowie THXTS_HITEM_PCAT. Unveränderlich hingegen sind die zur Verfügung stehenden Hedge-Accounting-Regeln.
- Möchten Sie die Logik, wie ein Instrument in der Effektivitätstestberechnung verarbeitet werden soll, ändern, können Sie eigene Rechenbausteine erstellen. Sie finden dazu Vorlagen in der Funktionsgruppe THXE_ITEMCVCALC_METHODS, die die von SAP gelieferten Funktionsbausteine für die ausgelieferten Tageswertberechnungstypen (Current Value Calculation Categories) enthält. Indem Sie den erstellten Funktionsbaustein mit einem eigenen Tageswertberechnungstyp im Kundennamensraum der Tabelle THXETS_HDG_CCT eintragen, steht Ihnen direkt Ihre eigene Rechenlogik zur Verfügung. Diese können Sie nun auf zwei verschiedene Arten nutzen:
- Wenn Sie kundeneigene Szenarien erstellen, können Sie diese direkt als Standard-Tageswertberechnungstyp in die beiden Tabellen der unterstützten Produkttypen THXTS_HINST_PCAT sowie THXTS_HITEM_PCAT eintragen.

- Sie können im Customizing unter Transaction Manager • Allgemeine Einstellungen • Hedge Accounting für Bestände (B-HA) • Effektivitätstests • Abweichende Einstellungen zu Auslieferungsszenarien: Grundgeschäft beziehungsweise unter dem gleichen Pfad mit der Aktivität für Sicherungsgeschäft auf der Ebene der Szenarien pro Produktart einen von der Standardeinstellung abweichenden Tageswertberechnungstyp eintragen. Sie können hier sowohl eigene Tageswertberechnungstypen als auch von SAP ausgelieferte Tageswertberechnungstypen verwenden. Wie schon zu Beginn des Kapitels beschrieben, können Sie in dieser IMG-Aktivität auch die Unterdrückung von Produktarten einstellen.

Aufgrund der Flexibilität dieses Frameworks können Sie modifikationsfrei Erweiterungen im Effektivitätstest vornehmen.

Das Informationssystem bietet die Werkzeuge, mit denen Sie Berichte im Transaction Manager und in SAP NetWeaver BW bereitstellen können. In diesem Kapitel erfahren Sie, wie Sie diese Werkzeuge nutzen können.

11 Reporting mit dem Informationssystem

Eine der wichtigsten Aufgaben Ihres Vermögens- oder Risikoverwaltungssystems ist die Bereitstellung von Berichten über die ausgeführten Geschäfte und verwalteten Bestände. Diese Berichte müssen aktuell, präzise und auf Ihre spezifischen Anforderungen zugeschnitten sein. Darüber hinaus sollen sie eine globale, verdichtete, aber auch eine detaillierte Sicht auf Ihre Daten liefern können. Natürlich sind diese Anforderungen nicht alle zu gleichen Teilen miteinander vereinbar: Berichte mit aktuellen Daten sind unmittelbar an die jeweiligen Datenbanktabellen gebunden. Daher sind sie schwer an spezielle Anforderungen anzupassen und auf die Daten der Datenbanktabelle beschränkt. Dagegen setzen flexible und globale Berichte eine Zusammenführung und Verarbeitung der Daten voraus, die immer zeitaufwendig ist. Trotzdem bleiben die Forderungen bestehen, und es ist die Aufgabe eines Informationssystems, leistungsfähige Berichte und Werkzeuge bereitzustellen, die diese Forderungen weitestgehend erfüllen. Dabei ist es wichtig, dass die Werkzeuge Ihnen die Lösung inhaltlicher und auch technischer Aufgaben abnehmen.

Aufbau des Informationssystems

Das Informationssystem des SAP Transaction Managers liefert diese Werkzeuge und Berichte. Sein Aufbau lässt sich in drei Stufen gliedern:

- **Stufe 1**
  Die erste Stufe bilden die ausgelieferten Standardberichte. Dazu zählen die Transaktionen BESTANDSLISTE (Transaktion TPM12), BESTANDSBEWEGUNGSLISTE (Transaktion TPM13), BUCHUNGSJOURNAL (Transaktion TPM20), DEPOT-GATTUNGSFINANZSTROM (Transaktion TPM40) und COMMODITY-BESTANDSREPORT (Transaktion TISCERN). Sie finden diese und viele weitere Standardberichte im

Menü unter Treasury and Risk Management • Transaction Manager • Informationssystem • Berichte.

- **Stufe 2**
  Die zweite Stufe besteht aus den logischen Datenbanken des Transaction Managers wie FTI_TR_DEALS, FTI_TR_POSITIONS und FTI_TR_PERIODS und den logischen Datenbanken des Hedge Accountings und Exposure Managements FTI_TR_HEDGE und FTI_TR_THX_HEDGE bzw. FTI_TR_COMM_DEAL_EXP. Sie sind zusammen mit den SAP Queries einfache und zugleich sehr leistungsfähige Werkzeuge zum Erstellen von Berichten, die insbesondere Ihren spezifischen Anforderungen genügen können. Ergänzt werden die logischen Datenbanken durch *Reporting Application Programming Interfaces* (RAPIs).
- **Stufe 3**
  Die dritte Stufe bildet SAP NetWeaver BW mit den Extraktoren des Transaction Managers. SAP NetWeaver BW ist ein speziell für das Zusammenführen und Verarbeiten von Daten entworfenes System.

Auf die Berichte der ersten Stufe sind wir in Kapitel 3, »Geschäftsverwaltung«, und Kapitel 5, »Bestandsverwaltung«, näher eingegangen. Wir möchten Ihnen in diesem Kapitel die Möglichkeiten vorstellen, die Ihnen die Werkzeuge der zweiten und dritten Stufe bieten. Wir beginnen mit einer ausführlichen Darstellung der logischen Datenbanken des Transaction Managers und gehen auf ihre Performance und Berechtigungsprüfung ein. Danach besprechen wir SAP Query als typisches Berichtswerkzeug, zeigen aber auch, wie sich die logischen Datenbanken mittels des Funktionsbausteins `LDB_PROCESS` oder Reporting-APIs in eigenen ABAP-Reports nutzen lassen. Zum Abschluss des Kapitels stellen wir Ihnen dann den Business Content vor, der das Informationssystem des Transaction Managers für SAP NetWeaver BW bereitstellt.

11.1 Logische Datenbanken

Die Funktionen der Geschäfts- und Bestandsverwaltung machen es erforderlich, die Daten der Finanzgeschäfte und Bestandspositionen verteilt in verschiedenen Datenbanktabellen zu halten. Zum Beispiel speichert die Geschäftsverwaltung die Basisdaten eines Geschäfts, seine Konditionen und seine Bewegungen in separaten Tabellen ab.

Zusätzlich muss aber auch die Historie der Vorgänge protokolliert werden, um eine Stornierung des Geschäfts möglich zu machen. Für die Auswertung eines Geschäfts ist es daher zwingend notwendig, die Daten dieser Tabellen zusammenzuführen und gemeinsam zu verarbeiten. Ein weiteres Beispiel ist die Bestandsverwaltung. Hier sind die verschiedenen Datenbanktabellen nicht nur durch generische Schlüssel miteinander verknüpft, sondern die Daten liegen auch in einer komprimierten Form vor, die erst interpretiert werden muss, um daraus die Bestandsdaten zu erhalten. Das Informationssystem des Transaction Managers hat also die Aufgabe, leistungsfähige Werkzeuge bereitzustellen, die die verteilten Daten zusammenführen, verarbeiten und eine inhaltsorientierte Schnittstelle zur Verfügung stellen. Diese Werkzeuge sind die logischen Datenbanken des Transaction Managers.

Der Transaction Manager teilt sich in die Geschäftsverwaltung, die Bestandsverwaltung, das Hedge Accounting und das Exposure Management auf, und die logischen Datenbanken folgen dieser Aufteilung (siehe Abbildung 11.1).

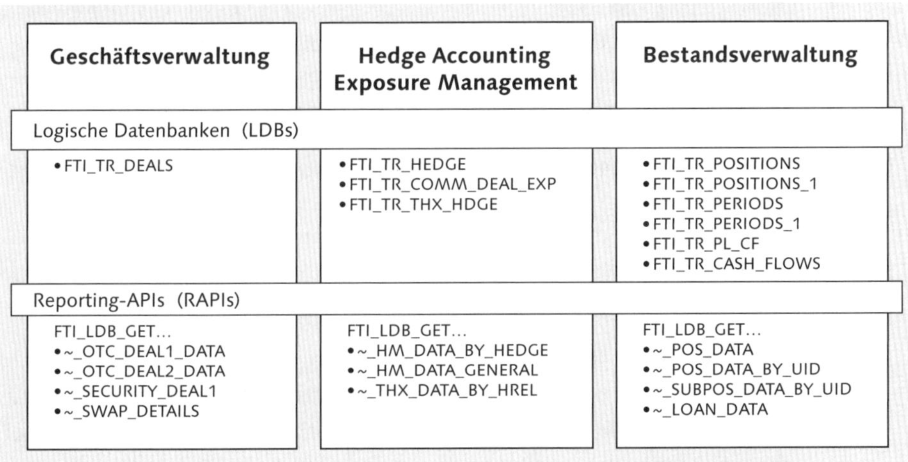

Abbildung 11.1 Gliederung der logischen Datenbanken des TRM und der Reporting-APIs

Geschäfts- und Bestandsverwaltung

So ist die logische Datenbank FTI_TR_DEALS auf die Eigenschaften der Geschäftsverwaltung zugeschnitten. Die Bestandsverwaltung muss Bestandsdaten zu Stichtagen und Zeiträumen, aber auch Informationen zu Erträgen und Zahlungen liefern. Für diese unterschiedlichen Aufgaben stehen deshalb die folgenden logischen Datenbanken zur Verfügung: FTI_TR_POSITIONS, FTI_TR_PERIODS, FTI_TR_PL_CF sowie FTI_TR_CASH_FLOWS.

Hedge Accounting

Hedge Accounting können Sie einerseits für Exposures und andererseits für Bestände durchführen, daher werden auch verschiedene logische Datenbanken angeboten.

- **Hedge Accounting für Exposures und Exposure Management**
  Mit den beiden logischen Datenbanken FTI_TR_HEDGE und FTI_TR_COMM_DEAL_EXP können Sie sich Informationen über das Hedge Accounting für Exposures und das damit verbundene Exposure Management beschaffen.
- **Hedge Accounting für Bestände**
  Die logische Datenbank FTI_TR_THX_HEDGE steht für das Hedge Accounting für Bestände zur Verfügung und wird ergänzt durch die beiden logischen Datenbanken FTI_TR_POSITIONS_1 und FTI_TR_PERIODS_1. Diese wiederum sind Projektionen der entsprechenden logischen Datenbanken zur Stichtags- und Zeitraumauswertung, die um Kennzahlen des Hedge Accountings ergänzt sind.

[+]

Logische Datenbank für den Credit Risk Analyzer

Mit dem Credit Risk Analyzer, den wir in Kapitel 12, »Portfolio-Controlling mit den Analyzern«, besprechen, können Sie Anrechnungsbeträge von Finanzinstrumenten ermitteln, um damit Ausfallrisiken zu messen und zu limitieren. Für den Credit Risk Analyzer ist auch eine logische Datenbank vorhanden, nämlich FTLM_DB01. Diese stellen wir Ihnen in Abschnitt 11.1.9 vor.

SAP Query

Das typische Berichtswerkzeug, das zum Aufruf einer logischen Datenbank verwendet wird, ist SAP Query. Sie lernen dieses Werkzeug in Abschnitt 11.2 kennen.

In einem ABAP-Report können Sie die logischen Datenbanken über den Funktionsbaustein `LDB_PROCESS` einsetzen oder mittels eines *Reporting Application Programming Interfaces* (RAPI) auf die gleichen Selektionsalgorithmen zugreifen. Diese beiden Möglichkeiten stellen wir in Abschnitt 11.3 vor.

Wir besprechen nun die logischen Datenbanken im Einzelnen und gehen auf ihre wichtigsten Funktionen und Einstellungen ein. Für Abbildungen wählen wir SAP Query-Berichte aus, da für diese von den logischen Datenbanken automatisch ein Selektionsbild bereitgestellt wird. Für den Funktionsbaustein `LDB_PROCESS` und die RAPIs gilt die Beschreibung natürlich gleichermaßen.

[+]

Logical Database Builder

Mit dem LOGICAL DATABASE BUILDER (Transaktion SE36) erhalten Sie eine Übersicht über den Aufbau der logischen Datenbanken. Insbesondere können Sie sich die Struktur anzeigen lassen, die die Schnittstelle der logischen Datenbank definiert. Rufen Sie dazu den Logical Database Builder über seinen Transaktionscode SE36 oder über das Menü unter SAP MENÜ • WERKZEUGE • ABAP WORKBENCH • ENTWICKLUNG • PROGRAMMIERUMFELD • LOGISCHE DATENBANKEN auf. Geben Sie in das Eingabefeld den Namen der logischen Datenbank ein, wählen Sie unter TEILOBJEKTE den Radiobutton STRUKTUR aus, und klicken Sie auf ANZEIGEN (Taste [F7]). Im folgenden Bild wählen Sie durch einen Klick den Knoten aus, den Sie betrachten wollen, und klicken danach auf den Button TABELLENFELDER ANZEIGEN. Dadurch springen Sie in das Dictionary und können die explizite Definition der Schnittstelle einsehen. Fast alle Datenelemente besitzen eine Dokumentation, die die Verwendung der zugehörigen Komponente erklärt. Um zur jeweiligen Dokumentation zu gelangen, springen Sie durch einen Doppelklick auf das Datenelement zu dessen Definition. Dort können Sie mit einem Klick auf DOKUMENTATION die Dokumentation aufrufen.

Der Logical Database Builder erlaubt in der Regel keinen korrekten Aufruf einer logischen Datenbank und sollte daher nicht zum Überprüfen Ihrer Daten verwendet werden. Wir empfehlen, für diese Aufgabe SAP Queries zu verwenden.

11.1.1 Logische Datenbank FTI_TR_DEALS

Die logische Datenbank FTI_TR_DEALS ist die universelle Datenquelle für Berichte der Geschäftsverwaltung. Mit ihr können Sie Finanzgeschäfte zeitpunktbezogen auswerten und erhalten Informationen zu:

- Ausstattungsmerkmalen
- Ausstattungskennzahlen
- Konditionen
- Bewegungen
- Zinsanpassungsdaten
- Zahldaten
- Barwert und Sensitivitäten

Für Optionen können Sie zusätzlich Ausstattung, Konditionen und Bewegungen des Underlyings ermitteln.

Dieser Abschnitt ist wie folgt aufgebaut: Zunächst gehen wir auf zwei wesentliche Eigenschaften der logischen Datenbank FTI_TR_DEALS ein, nämlich den Berichtsstichtag und den hierarchischen Aufbau der Ergebnisstruktur. Danach beschreiben wir die Ergebnisstruktur noch mal im Detail und gehen auf die Abgrenzungen und Einstellungen zur Datenselektion ein. Ein Beispiel für die Anwendung der logischen Datenbank stellen wir Ihnen in Abschnitt 11.2 vor, nämlich die Erstellung einer Fälligkeitsliste.

Berichtsstichtag und Vorgang

Die logische Datenbank FTI_TR_DEALS wertet die Merkmale und Kennzahlen jeweils zu dem Vorgang aus, der für das Geschäft zum *Berichtsstichtag* aktiv war. Ist dieser Vorgang zum Zeitpunkt der Berichtsausführung schon durch nachfolgende Vorgänge abgelöst, wird er von der logischen Datenbank für die Auswertung rekonstruiert. Eine notwendige Bedingung für die Auswertung eines Geschäfts ist, dass der Berichtsstichtag in der durch Laufzeitbeginn und Laufzeitende bestimmten Laufzeit des Geschäfts liegt, wobei Laufzeitbeginn und Laufzeitende zu dem zum Stichtag gültigen Vorgang gehören. Hat das Geschäft keinen expliziten Laufzeitbeginn, wird das Vertragsabschlussdatum aus dem Vorgang VERTRAG herangezogen.

[»] **Rekonstruktion des Vorgangs zum Berichtsstichtag**

Die historische Rekonstruktion des Vorgangs, der zum Berichtsstichtag aktiv war, ist in wenigen Ausnahmefällen nicht möglich. Wird z.B. für ein OTC-Zinsderivat nach der Kündigung die Zinskondition verändert, wird auch bei der Rekonstruktion eines Vorgangs vor der Kündigung die veränderte Zinskondition angezeigt.

Hierarchischer Aufbau

Die Hauptdaten (Knoten MAIN_DATA) bilden die Wurzel der Hierarchie. Sie enthalten die Ausstattungsdaten des Geschäfts und weitere Merkmale und Kennzahlen, die sich aus den Underlying-Daten, Zahldaten, Zinsanpassungsdaten, Konditionen und Bewegungen ergeben und eindeutig für das Geschäft gelten. Dies sind z.B. der Kurs von Devisengeschäften, der Effektivzins oder die Prämie von Optionen.

Die Struktur der logischen Datenbank FTI_TR_DEALS hat einen hierarchischen Aufbau (siehe Abbildung 11.2).

Name des Knotens	Tabelle / Typ	Knotenart	Kurztext
MAIN_DATA	FTI_LDB_TR_DEAL_MAIN	DDIC-Typ	Hauptdaten
UNDERLYING	FTI_LDB_TR_DEAL_UNDERLYING	DDIC-Typ	Underyling-Daten
UNDERLYING_2ND	FTI_LDB_TR_DEAL_UNDERLYING_2ND	DDIC-Typ	Übergeordnetes Underlying
FLOWS_UL_2ND	FTI_LDB_TR_DEAL_FLOWS_UL_2ND	DDIC-Typ	Bewegungen des übergeordneten Underlyings
CONDITIONS_UL	FTI_LDB_TR_DEAL_CONDITIONS_UL	DDIC-Typ	Bedingungen des Underlying
FORMULA_UL	FTI_LDB_TR_DEAL_FORMULA_UL	DDIC-Typ	Formeln des Underlying
FLOWS_UL	FTI_LDB_TR_DEAL_FLOWS_UL	DDIC-Typ	Bewegungen des Underlying
PAY_INFO	FTI_LDB_TR_DEAL_PAY_INFO	DDIC-Typ	Zahlungsdaten
INTEREST_ADJ	FTI_LDB_TR_DEAL_INTEREST_ADJ	DDIC-Typ	Zinsanpassungsdaten
COMM_ADJ	FTI_LDB_TR_DEAL_CTY_ADJ	DDIC-Typ	Commodity-Anpassung
SEC_ADJ	FTI_LDB_TR_DEAL_SEC_ADJ	DDIC-Typ	Wertpapierkursanpassung
CONDITIONS	FTI_LDB_TR_DEAL_CONDITIONS	DDIC-Typ	Bedingungen
FORMULA	FTI_LDB_TR_DEAL_FORMULA	DDIC-Typ	Formeln
FLOWS	FTI_LDB_TR_DEAL_FLOWS	DDIC-Typ	Bewegungen
AVG	FTI_LDB_TR_DEAL_FLOWS_AVG	DDIC-Typ	Durchschnittsdaten zu Bewegungen
ROLLOVER_PLAN	FTI_LDB_TR_DEAL_ROLLOVER_PLAN	DDIC-Typ	
DIV_PLAN	FTI_LDB_TR_DEAL_DIV_PLAN	DDIC-Typ	Dividendenplan
COLLATERALS	FTI_LDB_TR_DEAL_COLLATERAL	DDIC-Typ	Daten zu Sicherheiten
PATNR_ASGMNT	FTI_LDB_TR_DEAL_PATNR_ASGMNT	DDIC-Typ	Finanzgeschäft: Zuordnung eines weiteren GPs

Abbildung 11.2 Struktur der logischen Datenbank FTI_TR_DEALS

An den Hauptdaten hängen die Knoten der Underlying-Daten, Zahldaten, Zinsanpassungsdaten, Konditionen und Bewegungen, wobei die beiden Knoten der Underlying-Daten und Konditionen noch weiter verzweigen.

Werten Sie Ihre Geschäfte in einem hierarchischen Bericht aus, der der Hierarchie der logischen Datenbank folgt, unterliegt die Auswahl der Merkmale und Kennzahlen für den Bericht keiner Restriktion. Für Berichte, die ihre Ergebnisdaten in einer flachen Liste darstellen, gilt das nicht. In einer flachen Ergebnisliste sind alle ausgewählten Felder gleichzeitig sichtbar. Unterläge die Auswahl der Felder keiner Einschränkung, könnten z. B. Konditionsdaten und Bewegungsdaten ausgewählt werden und müssten für die Ergebnisliste verknüpft werden. Das ist aber ohne weitere Informationen nicht eindeutig möglich. Aus diesem Grund können Sie für Berichte mit einer flachen Ergebnisliste nur Merkmale und Kennzahlen entlang eines absteigenden Astes in der Hierarchie auswählen.

Die Hauptdaten bieten Ihnen, wie oben schon erwähnt, auch Merkmale und Kennzahlen an, die streng genommen zu den Bewegungsdaten, Konditionen, Zahlungen, Zinsanpassungsdaten oder zum Underlying gehören. Diese Felder zeichnen sich dadurch aus, dass sie für einen vorgegebenen Berichtsstichtag immer eindeutig ermittelt und dadurch direkt mit allen weiteren Feldern kombiniert werden können. Auf diese Weise werden die Einschränkungen, die eine flache Liste vorschreibt, abgemildert.

Struktur

Die Struktur der logischen Datenbank FTI_TR_DEALS ist nach der Hierarchie gegliedert, die in Abbildung 11.2 gezeigt ist. Der Wurzelknoten wird von den Hauptdaten gebildet, von ihm verzweigen alle weiteren Knoten. Wir gehen zuerst auf die Hauptdaten ein, folgen dann den Verzweigungen zu den Bewegungsdaten, Konditionen, Zahldaten und Zinsanpassungsdaten und steigen zum Schluss in die Underlying-Daten ab. Wegen der großen Anzahl von Feldern müssen wir uns auf die wichtigen Felder beschränken. Für eine detaillierte Beschreibung können Sie mit der Transaktion SE36 auf den Logical Database Builder zurückgreifen (siehe Abschnitt 11.1).

Knoten MAIN_DATA

Der Knoten MAIN_DATA beginnt mit dem Buchungskreis, der Nummer des bestandsbildenden Finanzgeschäfts und der Nummer des Wertpapier- und Future-Geschäfts. Ein Bestand der Finanzinstrumente Geldhandel, Devisen und Derivate, die nicht börsengehandelt sind, lässt sich eindeutig mit seinem erzeugenden OTC-Geschäft identifizieren. Für Wertpapiere, börsennotierte Derivate und Futures gilt das nicht. Für diese Finanzinstrumente sind Geschäfte Veränderungen des Bestands, und nur im Falle eines Kaufs einzelbestandsgeführter Bestände besteht noch die eindeutige Beziehung zwischen Bestand und erzeugendem Geschäft. Deshalb werden die Nummern der Geschäfte für OTC-Geschäfte und Wertpapier- und Future-Geschäfte in unterschiedlichen Feldern ausgewiesen.

Zeitmerkmale

Zu den Zeitmerkmalen der Geschäfte gehören der Laufzeitbeginn, das Laufzeitende und die Restlaufzeiten in Tagen, Monaten und Jahren. Die Restlaufzeiten zeigen die Differenz zwischen dem Laufzeitende und einer Datumsreferenz an, die Sie bei der Berichtsausführung festlegen können. Als Datumsreferenz stehen Ihnen die folgenden drei Möglichkeiten zur Verfügung:

- ein Bezugsdatum, das bei Berichtsausführung eingegeben wird
- das aktuelle Systemdatum
- der Berichtsstichtag

Darüber hinaus können Sie den Kündigungstermin des Geschäfts und das Vertragsabschlussdatum mit Vertragsabschlussuhrzeit auswerten.

Geschäftspartner und Branche

Für den Kontrahenten Ihres Geschäfts können Sie neben der Partnernummer die Branche mit ihrem Branchensystem, die Unternehmensbeziehung und die Bonität des Geschäftspartners ermitteln. Als Branche wird immer die Standardbranche in dem im Selektionsbild angegebenen Branchensystem ermittelt. Die Standardbranche für einen Geschäftspartner können Sie auf der Registerkarte IDENTIFIKATION der Transaktion GESCHÄFTSPARTNERPFLEGE (Transaktion BP) festlegen.

Zustand des Geschäfts

Am Aktivstatus können Sie den Zustand des Geschäfts ablesen, d.h., ob das Geschäft aktiv, abgeschlossen, abgelöst oder storniert ist. Außerdem können Sie den Freigabestatus, den Stornogrund und den Bestätigungsstatus auswerten und auch die Status der Bestätigung und Gegenbestätigung mit ihrem jeweiligen Datum ermitteln.

Gehandelter Nominalbetrag, Kurse und Marktwerte

Den Nominalbetrag eines Geschäfts können Sie mit der Kennzahl GEHANDELTER NOMINALBETRAG ausweisen. Wertpapiere können preis- oder stücknotiert sein. Entsprechend werden für diese der gehandelte Nominalbetrag oder die gehandelten Stücke gefüllt, und es wird auch der gehandelte Kurs in der jeweiligen Notation angezeigt. Zusätzlich können Sie sich für Wertpapiere, börsennotierte Derivate und Futures den Marktkurs und den Marktwert des Geschäfts anzeigen lassen.

Bestandskennzahlen

Für Bestandspositionen, die von OTC-Geschäften erzeugt sind, können Sie zum Berichtsstichtag Bestandskennzahlen bezüglich der Bestandsvaluta bestimmen. Diese setzen sich aus dem Nominalbetrag, dem Nominalbetrag der ein- und ausgehenden Seite sowie dem Kaufwert, dem Anschaffungswert und dem Buchwert in Bestands- und in Hauswährung zusammen. Für deren Stichtagsbewertungen können Sie die Kennzahlen der einzelnen Bewertungsschritte kumuliert ausweisen und sich die Swap- und Margin-Abgrenzung sowie die Spotbewertung anzeigen lassen. Aus dieser Gruppe von Bestandskennzahlen werden nur die Nominalbeträge aus den Daten der Geschäftsverwaltung ermittelt. Die übrigen Kennzahlen stammen aus der Bestandsverwaltung und werden intern über das RAPI `FTI_LDB_GET_DATA_POS` geliefert. Daher ist für die übrigen Bestandskennzahlen die Angabe des Bewertungsbereichs im Selektionsbild notwendig. Auf Reporting-APIs gehen wir in Abschnitt 11.3 ein.

Ist das Kennzeichen NUR GESCHÄFTE IN REFERENZEN gesetzt, werden auch für Depotgattungsbestände, die in den Referenzen enthalten sind, die Kennzahlen STÜCKE und NOMINALBETRAG mit den Bestandswerten zum Berichtsstichtag bezüglich der Bestandsvaluta gefüllt.

[»]

Gehandelter Nominalbetrag und Nominalbetrag

Der gehandelte Nominalbetrag (Feld NOM_AMT_TRADED) sowie die weiteren »gehandelten« Kennzahlen dürfen nicht mit den Bestandskennzahlen wie dem Nominalbetrag (Feld NOM_AMOUNT) verwechselt werden. Die »gehandelten« Kennzahlen beziehen sich direkt auf das Geschäft, während die Bestandskennzahlen Werte der jeweiligen Bestandsposition ausweisen.

Devisenkurse

Für die Auswertung von Devisengeschäften stehen der Kurs, der Spotkurs, der Swapsatz und die Leit- sowie die Folgewährung zur Verfügung. Der Kurs zeigt bei Kassageschäften den Devisenkurs und bei Termingeschäften den Devisenterminkurs an, wobei die Kurse mit Bezug auf den Berichtsstichtag ermittelt werden. Der Devisenterminkurs setzt sich aus dem Spotkurs und dem Swapsatz zusammen. Alle Kursangaben sind preisnotiert bezüglich des Währungspaars aus Leit- und Folgewährung. Damit schließen wir den Knoten MAIN_DATA ab.

Knoten FLOWS

Der Knoten FLOWS enthält die Merkmale und Kennzahlen, die Sie für die Bewegungen der jeweiligen Geschäfte auswerten können. Die logische Datenbank FTI_TR_DEALS verwendet für die Bewegungsauswertung eine analoge Struktur wie für die Darstellung des Finanzstroms in der Geschäftsverwaltung. Daher können Sie im Geschäftsfinanzstrom im Wesentlichen die gleichen Daten wie in der logischen Datenbank auswerten. Zusätzlich können Sie für Bewegungen eines Commodity-Derivats in den Knoten AVG verzweigen, der für die jeweilige Bewegung das Fixingdatum des Commodity-Preises, die Commodity-ID sowie deren Notierungsquelle und Notierungsart enthält.

Knoten CONDITIONS und FORMULA

Auch die Konditionen im Knoten CONDITIONS entsprechen den Informationen, die Sie in der Geschäftsverwaltung eingeben und darstellen können. Für die Formeln, die in den Konditionen verwendet werden, können Sie in den Knoten FORMULA verzweigen.

Knoten PAY_INFO

Um die Zahldaten der Bewegungen unabhängig von den Bewegungsdaten zu ermitteln, können Sie auf den Knoten PAY_INFO zurückgreifen. Mit ihm können Sie die Richtung der Bewegung, die Währung und die Bewegungsart darstellen, für die die Zahlungsverbindungen gelten, sowie deren Gültigkeitsdatum bestimmen. Weitere Felder sind die Kurzschlüssel für die Hausbank und das Konto, der Zahlungsregulierer, die Partnerbankverbindung und der Zahlweg.

Knoten INTEREST_ADJ

Auch die Zinsanpassungsdaten können unabhängig von den Bewegungen ausgewertet werden. Dazu sind im Knoten INTEREST_ADJ der Zinsanpassungstyp, das Zinsfeststellungsdatum, die Zinsreferenz, der Zinssatz und der Status der Zinsanpassung vorhanden. Ergänzt werden die Felder durch den Beginn der Zinsanpassungsperiode, das Systemdatum und die Systemuhrzeit der Zinsanpassung.

Knoten COMM_ADJ

Preisanpassungen eines Commoditys können mit dem Knoten COMM_ADJ ermittelt werden. In der Struktur des Knotens sind dafür der Commodity-Preisanpassungstyp, das Fixingdatum des Commodity-Preises, die Commodity-ID, deren Notierungsquelle und -art und der Commodity-Preis vorhanden. Darüber hinaus können Sie den Status der Commodity-Kursanpassung auswerten.

Knoten SEC_ADJ

Wertpapierkursanpassungen können mit dem Knoten SEC_ADJ berichtet werden. Dieser hat als Attribute den Wertpapierpreisanpassungstyp, das Fixingdatum des Wertpapierpreises, die Kennnummer des Wertpapiers, den Handelsplatz und die Kursart. Als Kennzahl steht der Wertpapierkurs zur Verfügung. Wie zuvor kann auch der Status der Wertpapierpreisanpassung ausgewertet werden.

Wertpapiertermingeschäft und weitere Partner

Für ein Wertpapiertermingeschäft können Sie mit dem Knoten ROLLOVER_PLAN die Prolongationsperioden und mit dem Knoten DIV_PLAN den Dividendenplan auswerten. Der Knoten PATNR_ASGMNT erlaubt die Ermittlung weiterer Partner, die dem Finanzgeschäft zugeordnet sind.

Underlying

Zuletzt folgen wir dem Zweig der Underlying-Daten. Diese gliedern sich in einer hierarchischen Struktur ähnlich den Geschäftsdaten in die Hauptdaten des Underlyings, seine Bewegungen und seine Konditionen. Ist das Underlying selbst eine Option, können für diese ihr Underlying und dessen Bewegungen ausgewertet werden.

Knoten UNDERLYING

Die Hauptdaten des Underlyings im Knoten UNDERLYING bestehen aus dem Buchungskreis, der Nummer des Finanzgeschäfts, zu dem das Underlying gehört, und der Nummer des Underlying-Geschäfts. Mit dem Produkttyp und der Produktart kann das Underlying klassifiziert werden. Der Laufzeitbeginn und das Laufzeitende geben die Laufzeit an, und es werden die Währungsreferenz bzw. die Währungsreferenzen der eingehenden und ausgehenden Seite für Tauschgeschäfte angezeigt. Darüber hinaus werden der Kurs, der Spotkurs, der Swapsatz und die Leit- und Folgewährung für das Underlying ausgewiesen.

Knoten FLOWS_UL

Für die Bewegungen des Underlyings können Sie mit dem Knoten FLOWS_UL die Bewegungsart, die Bewegungsklasse, den Bewegungstyp, die Richtung und auch die Seite des Geschäfts auswerten. Neben den kanonischen Zahldaten sind der Zahlbetrag in Zahl- und Hauswährung, der Zahlungstermin, der Fälligkeitstermin und der Berechnungstag vorhanden.

Knoten CONDITIONS_UL

Für die Auswertung der Konditionen des Underlyings werden im Knoten CONDITONS_UL die gleichen Felder wie für die Auswertung der Konditionen des Geschäfts angeboten.

Underlying höherer Ordnung

Ist das Underlying selbst eine Option, können Sie für Ihr Underlying die Hauptdaten und dessen Bewegungsdaten ermitteln. Diese sind gleich den Hauptdaten und Bewegungsdaten des Underlyings, die wir eben beschrieben haben.

Damit ist die Besprechung der Struktur der logischen Datenbank FTI_TR_DEALS abgeschlossen. Im nächsten Abschnitt gehen wir auf die Abgrenzungen und Einstellungen zur Datenselektion ein.

Abgrenzungen und Einstellungen zur Datenselektion

Jede Berichtsausführung setzt voraus, dass der Umfang der auszuwertenden Daten abgegrenzt ist und die Einstellungen für deren Auswertung festgelegt sind. Einen direkten Zugang zu den möglichen Abgrenzungen und Einstellungen für Berichte auf der logischen Datenbank FTI_TR_DEALS erhalten Sie, wenn die logische Datenbank über eine SAP Query aufgerufen wird. In diesem Fall wird Ihnen nämlich automatisch das Standardselektionsbild der logischen Datenbank angezeigt. Von diesem können Sie leicht die Abgrenzungen und Einstellungen ableiten, wenn Sie für den Aufruf der logischen Datenbank den generischen Funktionsbaustein `LDB_PROCESS` verwenden. Weitere Informationen über den Funktionsbaustein `LDB_PROCESS` finden Sie in Abschnitt 11.3.

Allgemeine Abgrenzungen

Im Bildbereich Abgrenzungen legen Sie die grundlegenden Abgrenzungen wie den Buchungskreis, das Geschäft, den Produkttyp und die Produktart fest. Sie können die Währung der Geschäfte eingrenzen und Schranken für den Laufzeitbeginn und das Laufzeitende angeben.

Generierung seitenduplizierter Geschäfte

Für Geschäfte mit zwei Seiten sind zum Ausweis des Nominalbetrags und des Barwerts von Zins- und Zahlungsdaten jeweils Felder für die eingehende und die ausgehende Seite vorhanden, sodass für die Darstellung des Geschäfts eine Ergebniszeile genügt. Wird das Kennzeichen GENERIERUNG SEITENDUPLIZIERTER GESCHÄFTE gesetzt, wird eine Ergebniszeile in zwei Zeilen aufgelöst, und die Werte der Felder mit explizitem Seitenbezug werden auf die entsprechenden Felder ohne Seitenbezug verschoben. Dabei wird das Feld SEITE mit dem Wert für die entsprechende Seite gefüllt, und für die Kennzahlen der ausgehenden Seite werden die Vorzeichen umgekehrt. Kommt es bei der Auflösung zu dem Fall, dass eine Kennzahl sich keiner Seite zuordnen lässt, wird für diese eine dritte Zeile erzeugt, die in dem Feld SEITE den Wert KEINE SEITE trägt.

Interpretation Leitwährung

Wenn Sie das Kennzeichen INTERPRETATION LEITWÄHRUNG setzen, werden die Kennzahlen für den Nominalwert und Barwert der eingehenden und ausgehenden Seite für die Leit- und Folgewährung ausgewiesen. Die Kennzahlen der eingehenden Seite tragen die Leitwährung und die Kennzahlen der ausgehenden Seite die Folgewährung. Entspricht für ein Geschäft die eingehende Seite der Leitwährungsseite und die ausgehende Seite der Folgewährungsseite, bleiben die Vorzeichen der Kennzahlen unverändert. Im entgegengesetzten Fall werden die Vorzeichen umgekehrt. Ist das Kennzeichen GENERIERUNG SEITENDUPLIZIERTER GESCHÄFTE gesetzt, darf das Kennzeichen INTERPRETATION LEITWÄHRUNG nicht gesetzt werden.

Stichtag und Abschlussdatum

Mit dem Stichtag legen Sie fest, zu welchem Zeitpunkt die Auswertung der Merkmale und Kennzahlen erfolgen soll. War zum Stichtag der aktuelle Vorgang eines Geschäfts gültig, kann dieser direkt ausgewertet werden. War aber zum Berichtsstichtag ein Vorgang gültig, der mittlerweile abgelöst ist, wird dieser historische Vorgang rekonstruiert, und die dafür gültigen Bewegungen, Konditionen, Zins- und Zahlungsdaten werden selektiert. In beiden Fällen muss der Stichtag in der durch Laufzeitbeginn und Laufzeitende begrenzten Periode liegen. Dabei gehören Laufzeitbeginn und -ende zum Vorgang, der am Stichtag gültig ist oder war. Besitzt das Geschäft keinen expliziten Laufzeitbeginn, wird das Vertragsabschlussdatum aus dem Vorgang VERTRAG herangezogen.

[+]

Abschlussdatum für Wertpapiere, Derivate und Futures

Das Abschlussdatum erlaubt Ihnen, eine Periode für die Eingrenzung des Vertragsabschlussdatums anzugeben. Insbesondere für Wertpapiere, börsennotierte Derivate und Futures ist diese zeitliche Abgrenzung notwendig, da sie im Gegensatz zu OTC-Geschäften kein Laufzeitende haben und die Geschäfte nur über das Abschlussdatum eingegrenzt werden können.

Bestandszuordnungen, Zusatzfelder und Commodity-ID Mit den Abgrenzungen zu den Bestandszuordnungen und den weiteren Zusatzfeldern können Sie die Bestände festlegen, für die Sie Geschäfte selektieren wollen. Auch können mit der Abgrenzung über die Commodity-ID Commodity-Derivate selektiert werden, die das entsprechende Commodity als Underlying verwenden.

Erfassung und letzte Änderung Die Geschäftsverwaltung protokolliert für die Erfassung und Änderung von Geschäften den Benutzer und das Datum mit. Im Bildbereich ERFASSUNG UND LETZTE ÄNDERUNG können Sie diese beiden Merkmale einschränken, wobei auf die Daten der Erfassung nur dann zugegriffen wird, wenn das Geschäft noch nicht geändert wurde.

Indirekte Selektion Wollen Sie Geschäfte selektieren, die Ziehungen einer Fazilität sind, können Sie unter den indirekten Selektionen den Buchungskreis und die Geschäftsnummer der Fazilität festlegen. Ist das Kennzeichen SYNDIKAT SPLITTEN gesetzt, werden die syndizierten Fazilitäten gemäß ihrem Syndikat aufgeteilt.

Referenz Durch das Kennzeichen NUR GESCHÄFTE MIT REFERENZ können Sie die Selektion auf die Geschäfte einschränken, die in einer Referenz enthalten sind. Ist in der Referenz auch ein Wertpapierbestand enthalten, werden für diesen Depotgattungsbestand zusätzlich die Stücke bzw. das Nominal ausgewiesen und die Marktrisikodaten ausgewertet. Die Referenz können Sie über den Referenztyp und die Nummer der Referenz festlegen (siehe Kapitel 5, »Bestandsverwaltung«).

Selektion auf Bewegungen Die Bewegungen der Geschäfte können Sie über die Bewegungsart, die Bewegungsklassifikation, den Bewegungstyp und den Zahlungstermin eingrenzen.

Steuerungsparameter Im Bildbereich SONSTIGE STEUERUNGSPARAMETER können Sie für die Auswertung des Barwerts und der Sensitivitäten die Auswertungsart und die Auswertungswährung festlegen. Mit dem Bewertungsbereich bestimmen Sie, aus welchem Bewertungsbereich die bewertungsbereichsabhängigen Kennzahlen ermittelt werden. Diese sind der Kaufwert, der Anschaffungswert, der Buchwert und die Kennzahlen der Stichtagsbewertung. Zuletzt können Sie mit dem Branchensystem das System für die Bestimmung der Branche festlegen.

Die Angabe der Steuerungsparameter ist obligatorisch, wenn ein davon abhängiges Feld ausgewertet wird. Für das Branchensystem wird automatisch das Standardbranchensystem verwendet, wenn das Feld leer bleibt. Die Festlegung des Standardbranchensystems können Sie im Customizing unter ANWENDUNGSÜBERGREIFENDE KOMPONENTEN • SAP-GESCHÄFTSPARTNER • GESCHÄFTSPARTNER • ORGANISATIONEN • BRANCHENSYSTEM UND BRANCHE PFLEGEN vornehmen.

Als Nächstes kommen wir zu den logischen Datenbanken der Bestandsverwaltung.

11.1.2 Logische Datenbank FTI_TR_POSITIONS

Bestandsverwaltung

Die logischen Datenbanken der Bestandsverwaltung dienen der Auswertung der Buchbestände und bauen im Wesentlichen auf den Daten der Bestandsverwaltung auf. Folgerichtig besitzen sie identische Abschnitte bezüglich ihrer Strukturen (siehe Abbildung 11.3) und analoge Einstellungen für die Abgrenzung der auszuwertenden Bestände. Die Strukturen dieser logischen Datenbanken sind alle flach, im Gegensatz zur logischen Datenbank FTI_TR_DEALS, die eine hierarchische Struktur besitzt.

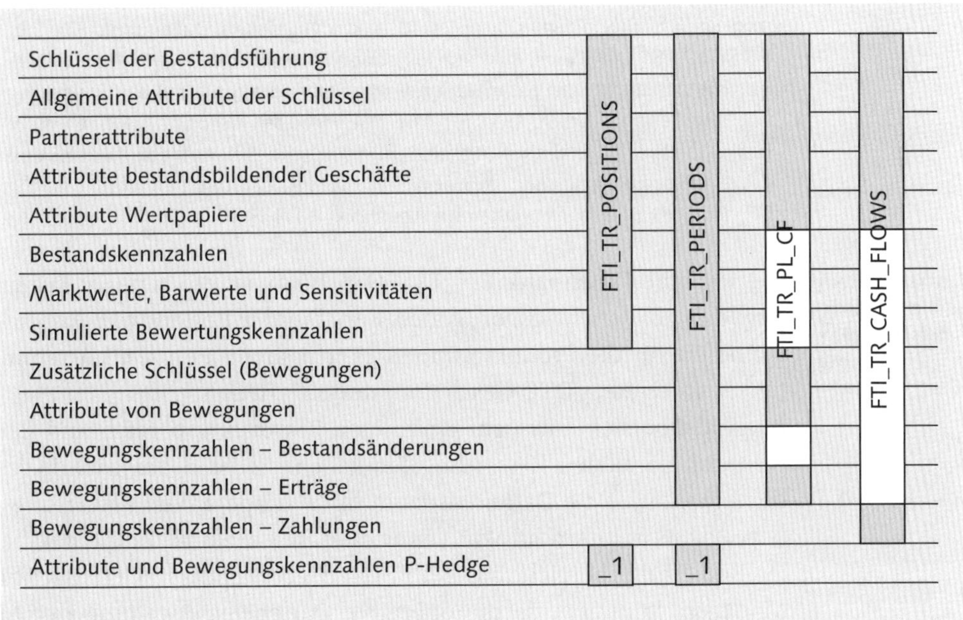

Abbildung 11.3 Struktur der logischen Datenbanken der Bestandsverwaltung; P-Hedge steht für Hedge Accounting für Bestände.

In der Praxis kommt die logische Datenbank FTI_TR_POSITIONS am häufigsten zum Einsatz. Deshalb stellen wir sie zuerst vor und verweisen in der Regel auf sie, wenn wir die entsprechenden Eigenschaften der weiteren logischen Datenbanken erläutern.

[+]

Hedge Accounting für Bestände – die logische Datenbank FTI_TR_POSITIONS_1

Wenn Sie die Auswirkungen einer Sicherungsbeziehung auf die darin enthaltenen Bestände auswerten möchten, steht Ihnen die logische Datenbank FTI_TR_POSITIONS_1 zur Verfügung. Sie ist analog zur logischen Datenbank FTI_TR_POSITIONS aufgebaut, liefert aber zusätzliche Attribute und Kennzahlen zur Auswertung der Bestände, die Sie mit dem Hedge Accounting für Bestände absichern (siehe Abbildung 11.3). Unter diesen Attributen und Kennzahlen sind die Nummern der Sicherungsbeziehung, des Grundgeschäfts und des Sicherungsinstruments, das Hedge Adjustment und der effektive und ineffektive Betrag. Diese Kennzahlen können auch zum Stichtag simuliert ermittelt werden.

Darüber hinaus bieten die Parameter des Selektionsbildes die Möglichkeit, die Datenselektion über die Nummer der Sicherungsbeziehung, des Sicherungsinstruments und des Grundgeschäfts abzugrenzen und auszuwählen, ob alle Bestände, alle Unterbestände oder nur die designierten Unterbestände selektiert und ausgewertet werden sollen. Um Laufzeit und Speicherbedarf zu sparen, sind in der logischen Datenbank FTI_TR_POSITIONS_1 im Gegensatz zur logischen Datenbank FTI_TR_POSITIONS nur die Attribute und Kennzahlen vorhanden, die Sie für die Auswertung von Beständen brauchen, für die Sie Hedge Accounting betreiben. Berichte über Ihre Sicherungsbeziehungen, die Sie mit der Transaktion TPM100 angelegt haben, können Sie mit der logischen Datenbank FTI_TR_THX_HEDGE erstellen (siehe Abschnitt 11.1.6).

Zentrale Datenquelle für stichtagsbezogene Berichte

Die logische Datenbank FTI_TR_POSITIONS ist die zentrale Datenquelle für die stichtagsbezogenen Berichte der Bestandsverwaltung. Sie liefert für die Produktgruppen Wertpapiere, Futures, börsennotierte Derivate, OTC-Geschäfte und Darlehen eine komplette Bestandsübersicht aus dem operativen Bewertungsbereich und den weiteren parallelen Bewertungsbereichen. Es ist dabei wichtig, zu bemerken, dass die Darlehensdaten für den operativen Bewertungsbereich aus dem Modul *SAP Loans Management* und für die parallelen Bewertungsbereiche aus der Bestandsverwaltung des Transaction Managers kommen, da die operative Darlehensverwaltung in SAP Loans Management liegt (siehe Abbildung 11.4).

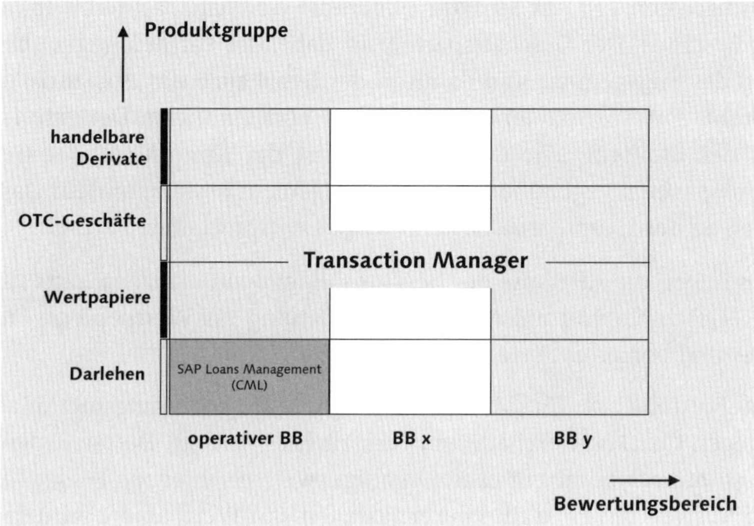

Abbildung 11.4 Datenquellen der logischen Datenbanken der Bestandsverwaltung, aufgeteilt nach Bewertungsbereich und Produktgruppe

Struktur

Die Schnittstelle der logischen Datenbank FTI_TR_POSITIONS wird durch die Struktur `FTI_LDB_TR_POSITIONS` bestimmt, die wie in Abbildung 11.3 aufgebaut ist. Wir möchten Ihnen in diesem Abschnitt einen Überblick über den Aufbau der Struktur geben. Da wir wegen der großen Anzahl der Felder nicht jedes im Einzelnen besprechen können, empfehlen wir Ihnen, für Detailfragen auf den Logical Database Builder (Transaktion SE36) zurückzugreifen (siehe Abschnitt 11.1).

Schlüssel und Attribute der Bestandspositionen

Die Struktur beginnt mit den Feldern zur Differenzierung der Bestandspositionen (siehe Abbildung 11.3). Danach folgen die gemeinsamen Attribute. Darunter befinden sich Zeitattribute wie der Stichtag der Auswertung, die Restlaufzeit und die Überfälligkeit. Aber auch die Kontierungsreferenz und das Sachkonto der Hauptbuchhaltung liegen hier.

[+]

Kontierungsreferenz

Die beiden Merkmale Kontierungsreferenz der Bestandsführung (Feld `ACC_ASS_REF`) und Kontierungsreferenz Darlehen operativ (Feld `RREFKONT_R`) sind immer gefüllt. Deshalb können Sie diese Felder in den Fällen, in denen die Bestimmung des Hauptbuchkontos mit der Standardlogik nicht möglich ist, für eine eigene Ableitung des Hauptbuchkontos verwenden.

Partnerattribute

Den nächsten Teil der Struktur bilden die Geschäftspartnerattribute des Bestands. Der Geschäftspartner ist dabei der Partner, gegenüber dem das Engagement und damit in der Regel auch das Ausfallrisiko besteht. Für Wertpapiere, Futures und börsennotierte Derivate ist das der Emittent. Für OTC-Geschäfte ist der Kontrahent der Geschäftspartner, gegenüber dem das Engagement besteht, und für Darlehen ist der Hauptdarlehensnehmer der entsprechende Partner.

Nun folgen die Attribute des bestandsbildenden Finanzgeschäfts für OTC-Geschäfte und die Attribute der Gattung für Wertpapiere, Futures und börsennotierte Derivate.

Portfolio

Das Portfolio ist für Wertpapiere ein Differenzierungsmerkmal, dagegen für OTC-Geschäfte ein zusätzliches Attribut. Dieser Bedeutungsunterschied macht es notwendig, zwei verschiedene Felder für den Ausweis des Portfolios bereitzustellen. Für Wertpapiere wird das Portfolio im Feld PORTFOLIO ALS DIFFERENZIERUNGSMERKMAL (Feld `PORTFOLIO`) ausgewiesen, dagegen wird für das Portfolio von OTC-Geschäften das Feld PORTFOLIO (Feld `PORTFOLIO_TM`) verwendet.

Die Attribute zu den jeweiligen Produktgruppen schließen den Abschnitt der Differenzierungsdaten und Bestandsattribute ab und leiten zu den Kennzahlen des Bestands über.

Kennzahlen

Die eben besprochenen Strukturabschnitte sind mit wenigen Ausnahmen für alle logischen Datenbanken der Bestandsverwaltung identisch (siehe Abbildung 11.3). Die Kennzahlen machen nun den spezifischen Teil der jeweiligen logischen Datenbank aus und damit auch den Teil, in dem sie sich wesentlich voneinander unterscheiden.

Die Kennzahlen der logischen Datenbank FTI_TR_POSITIONS lassen sich in die Abschnitte der bestandsrelevanten Kennzahlen und Bewertungen, der Marktwerte und Marktrisikokennzahlen und der simulierten Bewertungen unterteilen. Diese Kennzahlen sind in den folgenden Währungen vorhanden:

- Bestandswährung
- Hauswährung
- Bewertungswährung
- Auswertungswährung
- Anzeigewährung

Die Auswertungswährung ist eigens den Marktrisikokennzahlen vorbehalten, da sie es möglich macht, die Marktrisikokennzahlen direkt vom Market Risk Analyzer zu übernehmen. Dagegen müssen die Kennzahlen in Anzeigewährung durch eine Währungsumrechnung über die Kennzahlen in Bestandswährung ermittelt werden. Wir gehen auf die Auswertungs- und Anzeigewährung im nächsten Abschnitt bei der Besprechung der Abgrenzungen und Einstellungen zur Datenselektion genau ein.

Bestandskennzahlen

Die bestandsrelevanten Kennzahlen beinhalten die typischen Werte wie die Stückzahl, den Nominalbetrag, den Anschaffungswert und den Buchwert. Darüber hinaus werden für die bisher vorgenommenen Bewertungen die kumulierten Bewertungsresultate, aufgeteilt auf ihre jeweiligen Bewertungskomponenten, ausgewiesen. Die Bewertungskomponenten sind dabei jeweils als Komponenten einer erfolgswirksamen und erfolgsneutralen Bewertung vorhanden. Weitere Informationen zu diesem Thema finden Sie in Kapitel 5, »Bestandsverwaltung«.

Zusätzliche Bestandskennzahlen [+]

Mit dem RAPI FTI_LDB_GET_POS_DATA können Sie Ihren Bericht um zusätzliche Bestandskennzahlen erweitern. Das RAPI liefert über die Struktur E_TAB_POSITION_VALUE unter anderem eine Aufteilung der Bewertungskomponenten in Zu- und Abschreibungen, den Abgrenzungsposten Kaufwert und die Index-Clean-Komponenten.

Informationen zur technischen Umsetzung einer Erweiterung finden Sie in Abschnitt 11.2. Auf RAPIs gehen wir in Abschnitt 11.3 ein.

Simulierte Bewertungskennzahlen

Die Kennzahlen der simulierten Bewertung geben, anders als die Kennzahlen der durchgeführten Bewertungen, das Ergebnis der Transaktion Stichtagsbewertung (Transaktion TPM1) wieder, unter der Annahme, dass diese zum Berichtsstichtag mit den vorhandenen Marktdaten durchgeführt wird. Ist am Berichtsstichtag schon eine Bewertung durchgeführt worden, bleiben die Kennzahlen der simulierten Bewertung leer. Darüber hinaus können diese Kennzahlen nur für die Stichtagsreferenz Bestandsvaluta berechnet werden. Für die Stichtagsreferenz Buchungsdatum kann sich die Datengrundlage zwischen einer simulierten Stichtagsbewertung und einer tatsächlichen Bewertung in der Regel noch zu sehr ändern.

Stückzinsen

Für die aufgelaufenen Stückzinsen werden zwei Gruppen von Kennzahlen angeboten. Zum einen können Sie die Stückzinsen direkt aus den Zinskonditionen wie beim Kauf oder Verkauf einer Anleihe ermitteln. Zum anderen stehen Ihnen auch die gleichen Abgrenzungsergebnisse zur Verfügung, die durch die Transaktion ABGRENZUNG DURCHFÜHREN (Transaktion TPM44) zum Berichtsstichtag ermittelt worden wären.

Commodities

Für Bestände, die auf einem Commodity aufbauen, werden die Commodity-ID, die zu liefernde Menge und deren Maßeinheit ermittelt.

Barwert und Sensitivitäten

Die Marktrisikokennzahlen werden direkt durch den Market Risk Analyzer berechnet, wobei die Auswertungswährung identisch mit der dort verwendeten Auswertungswährung ist. Da die Berechnung von Barwert, Clean Price, Duration, Konvexität und der weiteren Sensitivitäten sehr laufzeitintensiv ist, werden die berechneten Werte für die nachfolgende Verwendung in Berichten automatisch gepuffert. Im nächsten Abschnitt »Abgrenzungen und Einstellungen zur Datenselektion«, zeigen wir Ihnen, wie Sie diesen Puffer verwalten und steuern können.

Marktkurse

Bevor wir zu den Abgrenzungen und Einstellungen zur Datenselektion kommen, machen wir zunächst noch eine Bemerkung zur Ermittlung der Marktkurse, die für die logischen Datenbanken der Bestandsverwaltung sowie für die Titelbewertungsverfahren der Stichtagsbewertung gilt. Für die Produktgruppen Wertpapiere, Futures und börsennotierte Derivate werden die Marktkurse und deren Kursdaten aus der Marktkurstabelle gelesen, die Sie im Customizing unter TREASURY AND RISK MANAGEMENT • GRUNDFUNKTIONEN • MARKTDATENVERWALTUNG • MANUELLE MARKTDATENEINGABE • WERTPAPIER UND INDEX • WERTPAPIERKURSE EINGEBEN finden (siehe Kapitel 7, »Marktdaten«). Ist für einen Buchungskreis und eine Kennnummer mittels Transaktion TPM59 ein Handelsplatz gepflegt, wird der zum Berichtsstichtag aktuellste Kurs nur bezüglich dieses Handelsplatzes ermittelt und verwendet. Ist dagegen kein Eintrag gepflegt oder der Handelsplatz leer, werden die zum Stichtag aktuellsten Kurse von der Marktkurstabelle gelesen. Kommen diese von verschiedenen Handelsplätzen, erhält der Kurs der Heimatbörse den Vorzug, wenn dieser unter den gelesenen ist. Die Heimatbörse kann in den Gattungsdaten mit der Transaktion FWZZ festgelegt werden. Ist die Heimatbörse nicht unter den Lieferanten der Kurse, wird der Kurs der alphabetisch ersten Börse gewählt. Durch diese Logik bleiben die Marktkurse auch bei wiederholtem Aufruf konsistent. Die Pflege des

Handelsplatzes mit der Transaktion TPM59 kann für die Kennnummern auch unabhängig vom Buchungskreis erfolgen.

Abgrenzungen und Einstellungen zur Datenselektion

Die Ausführung eines Berichts setzt die Abgrenzung der Daten und Einstellungen für deren Verarbeitung voraus. Diese beiden Themen besprechen wir jetzt für die logische Datenbank FTI_TR_POSITIONS und weisen nochmals darauf hin, dass die entsprechenden Abgrenzungen und Einstellungen auch für die weiteren logischen Datenbanken der Bestandsverwaltung die identische Bedeutung haben.

Allgemeine Abgrenzungen

Als erste Abgrenzungen legen Sie für Ihren Bericht die Produktgruppen fest, aus denen Sie Daten selektieren wollen (Bildbereich PRODUKTGRUPPEN), und treffen die Einschränkungen im Bildbereich ABGRENZUNGEN (siehe Abbildung 11.5). Wir empfehlen Ihnen, die Abgrenzungen immer so genau wie möglich zu treffen, um die Selektion und Verarbeitung der Daten auf die gewünschten Bestände zu beschränken. Dadurch vermeiden Sie längere Laufzeiten.

[+]

Zusätzliche Bestandsattribute

Für die Transaktionen BESTANDSLISTE (Transaktion TPM12) und BESTANDSBEWEGUNGSLISTE (Transaktion TPM13) können Sie die Selektion mit zusätzlichen Bestandsattributen abgrenzen, die auch in der Ergebnisliste der Transaktionen für die Gruppierung zur Verfügung stehen. Diese zusätzlichen Bestandsattribute aktivieren Sie über das View-Cluster TRLCX_POSATT_DEF mithilfe der Transaktion SM34. Die zusätzlichen Bestandsattribute können Sie auch für Berichte nutzen, die auf den logischen Datenbanken der Bestandsverwaltung aufbauen. Da deren Strukturen schon viele Felder enthalten, wurden die logischen Datenbanken FTI_TR_POSITIONS_2, FTI_TR_PERIODS_2, FTI_TR_PL_CF_2 und FTI_TR_CASH_FLOWS_2 eingeführt, die für die Selektion und in der Ergebnisstruktur die zusätzlichen Bestandsattribute enthalten.

Weitere Informationen über die zusätzlichen Bestandsattribute erhalten Sie in Kapitel 5, »Bestandsverwaltung«.

Bewertungsbereich

Mit dem Selektionsparameter BEWERTUNGSBEREICH legen Sie die Bewertungsbereiche für die Datenselektion fest. Beachten Sie dabei, dass für Ihren operativen Bewertungsbereich die Darlehensdaten aus dem SAP Loans Management und nicht aus der Bestandsverwaltung des Transaction Managers kommen (siehe Abbildung 11.4). Der Grund dafür ist, dass SAP Loans Management und nicht der Transaction Manager die operative Darlehensverwaltung realisiert.

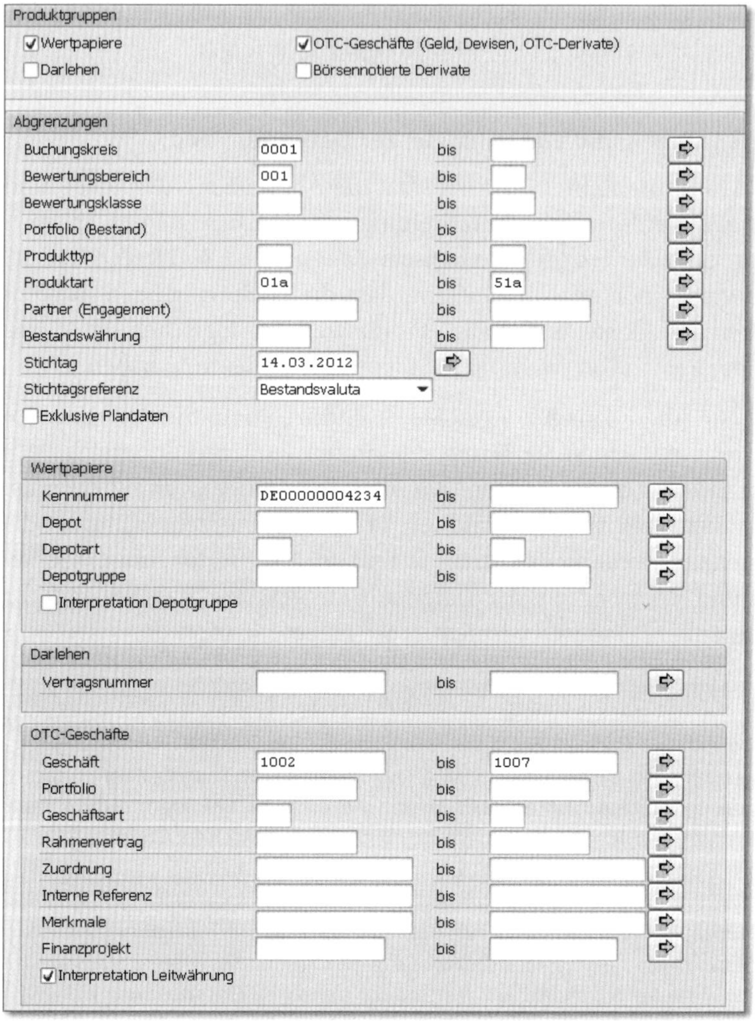

Abbildung 11.5 Selektionsbild einer SAP Query, die auf einem InfoSet mit der logischen Datenbank FTI_TR_POSITIONS als Basis aufgebaut ist, Teil 1

Partner (Engagement)

Die Abgrenzung für den Partner, gegenüber dem das Engagement besteht (Feld Partner (Engagement)), bezieht sich für Wertpapiere, Futures und börsennotierte Derivate auf den Emittenten, für OTC-Geschäfte auf den Kontrahenten und für Darlehen auf den Hauptdarlehensnehmer.

Stichtag

Im Feld Stichtag muss das Datum eingetragen werden, zu dem die Bestandskennzahlen und die weiteren zeitabhängigen Attribute wie der Zinssatz ausgewertet werden. Es können auch *mehrere* Stichtage angegeben werden. Dazu wird jedoch das Feld STICHTAG im Bericht vorausgesetzt.

Stichtagsreferenz Bestandsvaluta

Die STICHTAGSREFERENZ legt fest, ob die Bestandswerte aus der Sicht des Bestandsdatums (Valutadatum) oder des Buchungsdatums ausgewertet werden. Erfolgt die Auswertung nach BESTANDSVALUTA wie in Abbildung 11.5, werden für einen Bestand alle Bewegungen selektiert und ausgewertet, deren Bestandsvaluta vor oder am Stichtag liegt. Bewegungen, die zum Zeitpunkt der Berichtsausführung storniert sind, werden vernachlässigt. Dies gilt auch für Bewegungen, die historisch gesehen zum Zeitpunkt des Berichtsstichtags noch nicht storniert waren.

Stichtagsreferenz Buchungsdatum und stornierte Bewegungen verarbeiten

Bei der Stichtagsreferenz BUCHUNGSDATUM werden alle Bewegungen selektiert und ausgewertet, die vor oder zum Stichtag gebucht sind. Dabei müssen die Bewegungen weiterhin gebucht sein. Insbesondere werden stornierte Bewegungen analog zur Stichtagsreferenz BESTANDSVALUTA behandelt und vernachlässigt, auch wenn sie zum Zeitpunkt des Stichtags noch gebucht waren. Wollen Sie dagegen bei der Stichtagsreferenz BUCHUNGSDATUM auch die stornierten Bewegungen auswerten und damit diese erst ab ihrem Stornodatum als storniert betrachten, müssen Sie das Kennzeichen STORN. BEWEGUNGEN VERARBEITEN setzen, das Sie im Bildbereich STEUERUNGSPARAMETER finden (siehe Abbildung 11.7, hier ist der untere Teil des Selektionsbildschirms zu sehen). Ein ausführliches Beispiel und die Auswirkungen der Stichtagsreferenz für die Erstellung periodischer Berichte mit der logischen Datenbank FTI_TR_PERIODS besprechen wir in Abschnitt 11.1.3 unter der Überschrift »Abgrenzungen und Einstellungen zur Datenselektion«.

Exklusive Plandaten

Bei einer Selektion nach der Stichtagsreferenz BESTANDSVALUTA werden alle geplanten und gebuchten Bewegungen zur Berechnung der Bestandswerte selektiert. Indem Sie das Kennzeichen EXKLUSIVE PLANDATEN setzen, werden die geplanten Bewegungen von der Selektion ausgeschlossen. Diese Einstellung hat natürlich für die Stichtagsreferenz BUCHUNGSDATUM keine Auswirkung. Sie greift auch nicht für die Produktgruppe DARLEHEN im operativen Bewertungsbereich.

Nach den allgemeinen Abgrenzungen können Sie eine für jede Produktgruppe spezifische Abgrenzung vornehmen (Bildbereiche WERTPAPIERE, OTC-GESCHÄFTE, DARLEHEN und BÖRSENNOTIERTE DERIVATE). Die Einschränkungen werden dabei über die jeweiligen produktspezifischen Differenzierungsmerkmale festgelegt: Wertpapierkennnummer, Depot, Depotart, Depotgruppe, Portfolio, Vertragsnummer für Darlehen und Nummer des bestandsbildenden Finanzgeschäfts für OTC-Geschäfte. Zusätzlich stehen für OTC-Geschäfte noch weitere Abgrenzungen über Attribute des Finanzgeschäfts zur Verfügung, und über die Commodity-ID können die Bestände selektiert werden, die das Commodity als Underlying besitzen.

Interpretation Depotgruppe

Für einen Bewertungsbereich, in dem die Wertpapierbestände nach dem Differenzierungskriterium des Depots und nicht nach Depotgruppe geführt werden, hat die Selektionsoption DEPOTGRUPPE keine Wirkung. Wird aber das Kennzeichen INTERPRETATION DEPOTGRUPPE gesetzt, wird die Selektion über die Depotgruppe in eine Selektion über die zugehörigen Depots aufgebrochen. Es sind dann in der Ausgabe die Merkmale DEPOT und DEPOTGRUPPE gefüllt.

Interpretation Leitwährung

Für Tauschgeschäfte wie Devisengeschäfte oder Swaps werden der Nominalwert und der Barwert für die eingehende und ausgehende Seite getrennt ausgewiesen. Dabei ist die eingehende Seite nicht unbedingt identisch mit der Seite, die die Leitwährung des Geschäfts enthält, bzw. die ausgehende Seite entspricht nicht in jedem Fall der Seite der Folgewährung des Geschäfts. Durch das Setzen des Kennzeichens INTERPRETATION LEITWÄHRUNG werden die Kennzahlen der Nominalbeträge und Barwerte der jeweiligen Seiten so befüllt, dass die Kennzahlen der eingehenden Seite die Werte der Leitwährungsseite und die Kennzahlen der ausgehenden Seite die Werte der Folgewährungsseite tragen. Ist es dafür notwendig, die Werte der beiden Seiten zu vertauschen, wird dies durch eine Umkehrung des Vorzeichens der Beträge deutlich gemacht.

[+]

Variante für Selektionsoptionen und Steuerungsparameter

Um das Selektionsbild Ihres Berichts übersichtlicher zu gestalten, können Sie Selektionsoptionen und Steuerungsparameter, die Sie für dessen Ausführung nicht benötigen, über die Variante des Berichts ausblenden (siehe Abbildung 11.6). Wenn Sie einen Steuerungsparameter fest vorgeben möchten, können Sie diesen im Selektionsbild angeben und das betreffende Feld in der Variante als geschützt kennzeichnen. In diesem Fall sollten Sie den Parameter aber nicht ausblenden, um die Selektionswerte des Berichts transparent zu halten. Die Selektionsvariante bietet Ihnen noch weitere interessante Möglichkeiten für die Gestaltung des Selektionsbildes wie die dynamische Belegung von Datumsfeldern und die zusätzliche Festlegung von Muss-Feldern.

Selektionsbilder	Feldname	T...	Feld schütz...	Feld ausblend...	'BIS' Feld ausblenden	Feld ohne Werte abspeichern	GPA ausschalt...	Mußeingabefeld	Selektionsvariable	Option	Name der Variab
1.000	Produkttyp	S	☐	☑	☐	☐	☐	☐			
1.000	Produktart	S	☐	☐	☐	☐	☐	☐			
1.000	Geschäftstyp	S	☐	☑	☐	☐	☐	☐			
1.000	Vorgangstyp	S	☐	☐	☐	☐	☐	☐			
1.000	Abwicklungstyp	S	☐	☐	☐	☐	☐	☐			
1.000	Aktivstatus	S	☐	☐	☐	☐	☐	☐			
1.000	Währung des Gesch	S	☐	☑	☐	☐	☐	☐			
1.000	Laufzeitbeginn	S	☐	☑	☐	☐	☐	☐			
1.000	Laufzeitende	S	☐	☑	☐	☐	☐	☐			
1.000	Kontrahent	S	☐	☐	☐	☐	☐	☐			
1.000	Händler	S	☐	☑	☐	☐	☐	☐			
1.000	Gesprächspartner	S	☐	☑	☐	☐	☐	☐			
1.000	Genrg. seitendupliz.	P	☐	☑	☐	☐	☐	☐			
1.000	Interpretation Leitw	P	☐	☑	☐	☐	☐	☐			
1.000	Stichtag	P	☐	☐	☐	☑	☐	☑	D	=	Aktuelles Tagesd

Abbildung 11.6 Variante für Selektionsoptionen und Steuerungsparameter

Steuerungsparameter

Der Bildbereich STEUERUNGSPARAMETER wird zur Auswertung der Marktrisikokennzahlen, zur Berechnung der Marktwerte für Wertpapiere, börsennotierte Derivate und Futures, zur Umrechnung der Kennzahlen in Anzeigewährung und weitere Aussteuerungen benötigt. Es werden einige Parameter dynamisch zu Muss-Feldern, wenn der Bar-, der Marktwert oder Kennzahlen zur Restlaufzeit ausgewählt sind. Eine Übersicht der Steuerungsparameter gibt Abbildung 11.7.

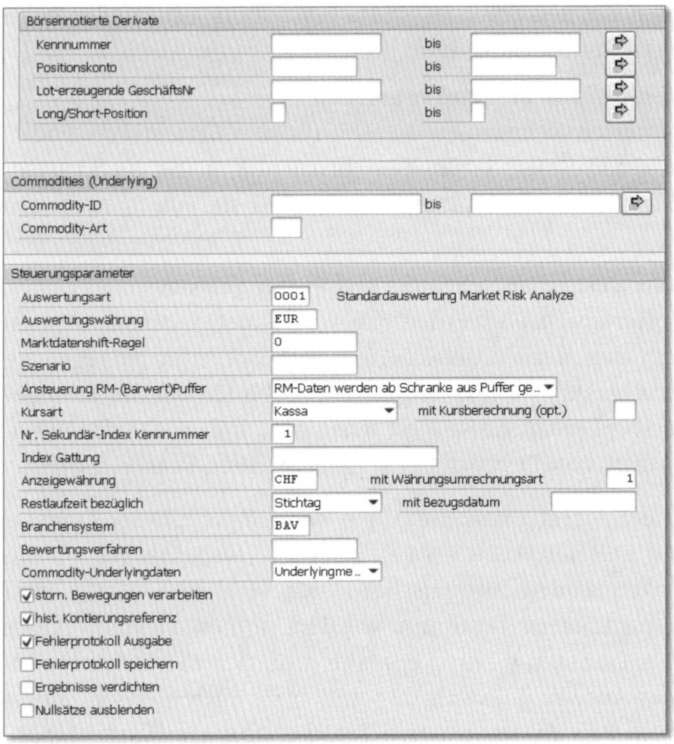

Abbildung 11.7 Selektionsbildes einer SAP Query mit den Steuerungsparametern der logischen Datenbank FTI_TR_POSITIONS, Teil 2

Auswertungsart

Das Feld AUSWERTUNGSART legt für die Auswertung der Marktrisikokennzahlen die Markt- und Bewertungsparameter fest. Sie muss dann angegeben werden, wenn Sie eine Marktrisikokennzahl wie den Barwert in Ihren Bericht aufgenommen haben. Die Definitionen und Einstellungen zu den Auswertungsarten finden Sie im Menü unter TREASURY AND RISK MANAGEMENT • MARKET RISK ANALYZER • AUSWERTUNGSSTEUERUNG • BEWERTUNGSEINSTELLUNGEN • AUSWERTUNGSART DEFINIEREN UND EINSTELLEN. Weitere Informationen finden Sie in Kapitel 12, »Portfolio-Controlling mit den Analyzern«.

Aussteuerung RM-(Barwert)Puffer

Die Ermittlung der Marktrisikokennzahlen (RM) kann sehr aufwendig sein. Deshalb werden die Kennzahlen bei jeder Berichtsausführung gepuffert, um sie bei den nachfolgenden Berichten wiederzuverwenden. Mit dem Parameter ANSTEUERUNG RM-(BARWERT)PUFFER können Sie die Verwendung dieses Puffers aktiv steuern. Dabei haben Sie die folgenden drei Möglichkeiten:

- **RM-Daten werden neu ermittelt**
  Die gepufferten Daten bleiben unbeachtet, und die RM-Kennzahlen werden alle neu ermittelt. Diese Einstellung führt in der Regel zu längeren Berichtslaufzeiten.
- **RM-Daten werden aus Puffer gelesen**
  Die gepufferten Kennzahlen werden für den Bericht verwendet. Sind für einen Bestand zum Berichtsstichtag keine Marktrisikokennzahlen im Puffer vorhanden, werden sie automatisch neu ermittelt.
- **RM-Daten werden ab Schranke aus Puffer gelesen**
  Die gepufferten Daten werden erst verwendet, wenn die Anzahl der durch den Bericht selektierten Bestände eine vorgegebene Schranke übersteigt. Diese Schranke können Sie mit der Transaktion TRMP_PERFORMANCE_ST festlegen, indem Sie für MAXIMALE ANZAHL VON BESTÄNDEN den gewünschten Wert eintragen.

Den Puffer der Marktrisikokennzahlen können Sie mit der Transaktion TRMP_PERFORMANCE_MV pflegen. Insbesondere wenn Marktrisikokennzahlen mit falschen oder veralteten Markt- und Bewertungsparametern bestimmt wurden, sollten Sie den Puffer löschen. Die Transaktion zur Reorganisation der Marktrisikokennzahlen in der Auswertungswährung finden Sie auch im Menü unter TREASURY AND RISK MANAGEMENT • TRANSACTION MANAGER • INFORMATIONSSYSTEM • WERKZEUGE • PERFORMANCE BERICHTSWESEN • RISIKOKENNZAHLEN REORGANISIEREN.

Die Währung für die Marktrisikokennzahlen in Auswertungswährung wird mit dem Parameter AUSWERTUNGSWÄHRUNG festgelegt. Haben Sie für Ihren Bericht eine Marktrisikokennzahl in Auswertungswährung ausgewählt, ist die Angabe des Parameters obligatorisch.

Auswertungswährung

Für die Bestimmung des Marktkurses und die Ermittlung des Marktwertes von Wertpapieren, Futures und börsennotierten Derivaten muss der Parameter KURSART für den zu ziehenden Kurs festgelegt werden. Liegt der Marktkurs in der Marktkurstabelle nicht in Bestandswährung vor, wird dieser in Bestandswährung umgerechnet, wobei das in den Buchungskreiszusatzdaten hinterlegte Kursberechnungskennzeichen für die Umrechnung verwendet wird. Möchten Sie davon abweichen, können Sie mit dem Parameter MIT KURSBERECHNUNG (OPT.) ein Kursberechnungskennzeichen für die Berichtsausführung festlegen. Die Buchungskreiszusatzdaten finden Sie im Customizing unter TREASURY AND RISK MANAGEMENT • TRANSACTION MANAGER • ALLGEMEINE EINSTELLUNGEN • ORGANISATION • BUCHUNGSKREISZUSATZDATEN DEFINIEREN.

Kursart und Kursberechnung

Anzeigewährung mit Währungsumrechnungsart

Die Kennzahlen in Anzeigewährung werden aus den Kennzahlen in Bestands- oder Zahlwährung durch Umrechnung ermittelt. Der Umrechnungskurs wird dabei in Abhängigkeit vom Währungspaar und der *Währungsumrechnungsart* bestimmt. Die Felder ANZEIGEWÄHRUNG und MIT WÄHRUNGSUMRECHNUNGSART werden bei der Auswahl von Kennzahlen in Anzeigewährung zu obligatorischen Berichtsparametern. Eine ausführliche Beschreibung der Währungsumrechnungsart gibt deren [F1]-Hilfe. Mit der Transaktion WÄHRUNGSUMRECHNUNG (Transaktion TRMW) können Sie die Währungsumrechnungsarten anzeigen, ändern und neue Währungsumrechnungsarten anlegen.

Auswertungswährung vs. Anzeigewährung [«]

Es ist bei der Auswertung der Marktrisikokennzahlen wichtig, sich den Unterschied zwischen der Auswertungswährung und der Anzeigewährung bewusst zu machen. Die Marktrisikokennzahlen in Auswertungswährung werden durch den Market Risk Analyzer berechnet und direkt übernommen. Die Marktrisikokennzahlen in Anzeigewährung werden dagegen durch Umrechnung aus den entsprechenden Marktrisikokennzahlen in Bestandswährung ermittelt, wobei die Währungsumrechnung durch die Währungsumrechnungsart festgelegt wird. Dadurch können sich die Beträge der jeweiligen Marktrisikokennzahlen in Auswertungswährung und Anzeigewährung unterscheiden.

Die Bestandsverwaltung speichert die Beträge von Bewegungen in Bestands- und Bewertungswährung ab, wobei eine notwendige Währungsumrechnung schon bei der Anlage, Änderung oder Buchung der Bewegung durchgeführt wird. Der verwendete Umrechnungskurs wird in Abhängigkeit vom Währungspaar, den in der Zuordnung der Bewertungsbereiche zu Accounting-Kreisen hinterlegten Einstellungen und dem Bestandsdatum bestimmt. Als Folge davon können die Kennzahlen in Bewertungswährung sowie die Kennzahlen in Bestandswährung ohne eine Währungsumrechnung ermittelt werden.

Restlaufzeit

Die Kennzahlen der Restlaufzeit und Überfälligkeit in Tagen, Monaten und Jahren geben eine Übersicht über die Laufzeit der selektierten Bestände wieder. Sie berechnen sich aus der Differenz zwischen dem Laufzeitende des Bestands und dem Bezugsdatum, das Sie im Selektionsbild angegeben haben. Als Bezugsdatum im FELD RESTLAUFZEIT BEZÜGLICH stehen Ihnen die folgenden drei Zeitpunkte zur Verfügung:

- **Stichtag**
  Es wird die Differenz zwischen dem Laufzeitende und dem Berichtsstichtag gebildet.
- **Heute**
  Es wird die Differenz zwischen dem Laufzeitende und dem aktuellen Systemdatum gebildet.
- **Bezugsdatum**
  Sie können in dem Feld BEZUGSDATUM ein Datum hinterlegen. Restlaufzeit und Überfälligkeit werden zwischen dem Laufzeitende und dem hinterlegten Datum gebildet.

Liegt das Laufzeitende nach dem Bezugsdatum, sind die Kennzahlen der Restlaufzeit gefüllt. Liegt dagegen das Laufzeitende vor dem Bezugsdatum, sind die Kennzahlen der Überfälligkeit gefüllt. Wenn Laufzeitende und Bezugsdatum auf den gleichen Tag fallen, sind Restlaufzeit und Überfälligkeit beide leer. Darüber hinaus bleiben die beiden Kennzahlgruppen auch leer, wenn der Bestand kein Laufzeitende hat.

Branchensystem

Der Ausweis der Branche im Feld BRANCHENSYSTEM ist nur eindeutig durch die Festlegung des Branchensystems, zu dem die Branche gehört. Wird bei der Berichtsausführung das Branchensystem nicht angegeben, wird im Bericht das Branchensystem verwendet, das unter ANWENDUNGSÜBERGREIFENDE KOMPONENTEN • SAP-GESCHÄFTSPARTNER •

Geschäftspartner • Organisationen • Branchensystem und Branche pflegen als Standardbranchensystem gekennzeichnet ist.

Historische Kontierungsreferenz

Wenn Sie sich in Ihrem Bericht anstelle der aktuellen Kontierungsreferenzen und Hauptbuchkonten die zum Berichtsstichtag gültigen Werte anzeigen lassen wollen, können Sie das Kennzeichen Hist. Kontierungsreferenz setzen. Dieses Kennzeichen hat keine Wirkung für den operativen Bewertungsbereich der Produktgruppe Darlehen.

[+]

Fehlerprotokoll

Informations-, Warn- und Fehlermeldungen werden in einem Anwendungsprotokoll zusammengefasst.

- Mit dem Kennzeichen Fehlerprotokoll Ausgabe können Sie sich das Anwendungsprotokoll bei der Ausführung des Berichts im Dialog ausgeben lassen.
- Mit dem Kennzeichen Fehlerprotokoll speichern können Sie das Anwendungsprotokoll abspeichern und mit der Transaktion SLG1 nachträglich auswerten. Dies ist insbesondere für Berichte, die im Batch-Lauf ausgeführt werden, sinnvoll. Im Selektionsbild der Transaktion SLG1 müssen Sie z.B. für die logische Datenbank FTI_TR_POSITIONS in Programm den Wert »SAPDBFTI_TR_POSITIONS« eintragen. Für die weiteren logischen Datenbanken sind die Angaben analog.

Ergebnisse verdichten

Ist das Kennzeichen Ergebnisse verdichten gesetzt, werden die Ergebnisdaten Ihres Berichts von der logischen Datenbank selbst verdichtet. Diese Verdichtung ähnelt der Verdichtung in den Queries von SAP NetWeaver BW, sodass die Ergebniszeilen mit den gleichen Merkmalswerten zu einer Zeile zusammengefasst und deren Kennzahlen addiert werden. Wir gehen in Abschnitt 11.1.3 unter der Überschrift »Abgrenzungen und Einstellungen zur Datenselektion« genauer auf die Verdichtungsfunktion ein und stellen Ihnen eine Möglichkeit für ihre Anwendung mit einem Beispiel vor.

Nullsätze ausblenden

Mit dem Kennzeichen Nullsätze ausblenden können Sie die Ergebnisdaten Ihres Berichts auf die Sätze reduzieren, die wenigstens eine Kennzahl ungleich null haben. Kennzahlen, die bei der Überprüfung auf einen Nullsatz nicht beachtet werden sollen, können im Customizing unter Treasury and Risk Management • Transaction Manager • Allgemeine Einstellungen • Informationssystem • Allgemeine Einstellungen TM-Reporting • Felddeaktivierung für Funktion 'Nullsätze ausblenden' angegeben werden.

[zB]

Nullsatz

Für ein zurückgezahltes Darlehen haben typischerweise alle Kapitalien den Wert null. Doch der Zinssatz (Feld PKOND) wird weiterhin mit seinem letzten gültigen Wert ausgewiesen und verhindert so, dass der Ergebnissatz des Darlehens im Bericht als Nullsatz erkannt wird. Wird aber der Zinssatz (Feld PKOND) im Customizing von der Überprüfung auf einen Nullsatz ausgeschlossen, wird der Ergebnissatz des Darlehens als Nullsatz erkannt und bei gesetztem Kennzeichen NULLSÄTZE AUSBLENDEN ausgeblendet.

11.1.3 Logische Datenbank FTI_TR_PERIODS

Zeitraumbezogene Berichte der Bestandsverwaltung

Zeitraumbezogene Berichte der Bestandsverwaltung können Sie mit der logischen Datenbank FTI_TR_PERIODS erstellen. Sie liefert für jede Bestandsposition den Stichtagsbestand am Tag vor dem Periodenbeginn, die Bestandsveränderungen in der Selektionsperiode und den Stichtagsbestand am Periodenende. Auf diese Weise können Sie die Bestandsposition mit ihren Bewegungen über einen Zeitraum verfolgen. Wie bei der logischen Datenbank FTI_TR_POSITIONS werden die Darlehensdaten des operativen Bewertungsbereichs durch SAP Loans Management ermittelt, da die operative Darlehensverwaltung dort liegt (siehe Abbildung 11.4).

[+]

Hedge Accounting für Bestände – logische Datenbank FTI_TR_PERIODS_1

Wenn Sie die Auswirkungen einer Sicherungsbeziehung auf die Bewegungen der darin enthaltenen Bestände auswerten möchten, steht Ihnen die logische Datenbank FTI_TR_PERIODS_1 zur Verfügung. Sie ist analog zur logischen Datenbank FTI_TR_PERIODS aufgebaut, liefert aber zusätzliche Attribute und Kennzahlen zur Auswertung der Bestände, die Sie mit dem Hedge Accounting für Bestände absichern. Darunter sind die Nummern der Sicherungsbeziehung, des Grundgeschäfts und des Sicherungsinstruments, das Hedge Adjustment und der effektive und ineffektive Betrag. Diese Kennzahlen werden zum Anfang und zum Ende der Periode ermittelt und können auch zum jeweiligen Stichtag simuliert werden. Darüber hinaus werden auf der Ebene der Bewegungen sowohl die Änderungen des Hedge Adjustments und des effektiven und ineffektiven Betrags geliefert als auch die Änderungen der Stücke und Nominale, die entweder in einem Hedge gesichert oder freistehend sind.

Im Selektionsbild haben Sie die Möglichkeit, die Datenselektion über die Nummer der Sicherungsbeziehung, des Sicherungsinstruments und des Grundgeschäfts abzugrenzen und auszuwählen, ob alle Bestände, alle Unterbestände oder nur die designierten Unterbestände selektiert und ausgewertet werden sollen. Um Laufzeit und Speicherbedarf zu sparen, sind in der logischen Datenbank FTI_TR_PERIODS_1 im Gegensatz zur logischen Datenbank FTI_TR_PERIODS nur die Attribute und Kennzahlen vorhanden, die Sie auch für die Auswertung von Beständen brauchen, für die Sie Hedge Accounting betreiben. Berichte über Ihre Sicherungsbeziehungen, die Sie mit der Transaktion TPM100 angelegt haben, können Sie mit der logischen Datenbank FTI_TR_THX_HEDGE erstellen. Diese besprechen wir in Abschnitt 11.1.6.

Struktur

Die Schnittstelle der logischen Datenbank FTI_TR_PERIODS wird durch die Struktur `FTI_LDB_TR_PERIODS` festgelegt. Sie besitzt, wie in Abbildung 11.3 gezeigt, die gleichen Strukturelemente wie die logische Datenbank FTI_TR_POSITIONS:

- Felder zur Differenzierung der Bestandspositionen
- Felder für die gemeinsamen Attribute der Bestände
- Felder für die Geschäftspartnerattribute
- Felder für die Attribute des bestandsbildenden Finanzgeschäfts für OTC-Geschäfte und für die Gattungsdaten von Wertpapieren, Futures und börsennotierten Derivaten

Diese vier Feldgruppen werden schon in Abschnitt 11.1.2 beschrieben. Für Detailfragen möchten wir Sie wieder auf den Logical Database Builder verweisen (siehe Abschnitt 11.1).

Kennzahlen Periodenanfang und Periodenende

Als Nächstes folgen die Kennzahlen zum Zeitpunkt des Periodenanfangs und des Periodenendes. Es gilt immer der Grundsatz, dass der Stichtagsbestand zum Periodenanfang plus die bestandsverändernden Bewegungen der Selektionsperiode den Stichtagsbestand zum Periodenende ergeben. Deshalb wird der Stichtag für den Periodenanfang einen Tag vor den Beginn der Selektionsperiode gesetzt. Die Kennzahlen zum Periodenanfang und Periodenende sind gleich den Kennzahlen der logischen Datenbank FTI_TR_POSITIONS aufgebaut und unterteilen sich in die Abschnitte bestandsrelevante Kennzahlen und Bewertungen, Marktwerte und -risikokennzahlen sowie simulierte Bewertungen. Diese Kennzahlen, wie später auch die Kennzahlen der Bewegungen, sind in Bestands-, Haus-, Bewertungs- und Anzeigewährung vorhanden. Zusätzlich liegen die Marktrisikokennzahlen in Auswertungswährung vor.

Bewegungsauswertung Nun kommen die Felder für die Bewegungsauswertung. Diese beginnen mit Zeitmerkmalen wie der Bestandsvaluta, dem Zahlungstermin und Fälligkeitstermin. Das Bewegungsdatum enthält die Bestandsvaluta (bei der Stichtagsreferenz Bestandsvaluta) und das Buchungsdatum (bei der Stichtagsreferenz Buchungsdatum). Darüber hinaus wird für Wertpapiere, Futures und börsennotierte Derivate das Ursprungsgeschäft der Bewegung ausgewiesen. Nach dem Börsenhandelsplatz und den Zahlungsattributen folgen die buchungsrelevanten Felder der Bewegung, die auch die Belegnummer des Buchhaltungsbelegs und drei Felder für den Ausweis des Buchungsstatus beinhalten:

- **Buchungsstatus der Bewegung für CFM (nur operativ)**
  Die Charakteristik BUCHUNGSSTATUS DER BEWEGUNG FÜR CFM (NUR OPERATIV) wird nur noch für Darlehen im operativen Bewertungsbereich ausgewiesen und kann dann den Wert 2 für GEBUCHT oder 5 für GEPLANT haben.
- **Buchungsstatus TRL**
  Die Charakteristik BESTANDSSTATUS DER BEWEGUNG FÜR CFM (NUR PARALLEL) wird für Wertpapiere, Futures, börsennotierte Derivate und OTC-Geschäfte in allen Bewertungsbereichen und für Darlehen für die parallelen Bewertungsbereiche ausgewiesen. Sie gibt an, ob der Geschäftsvorfall, zu dem die Bewegung gehört, zum Stichtag der Berichtsausführung geplant, zu fixieren, fixiert, operativ fixiert, zu stornieren, storniert, gezahlt, im Status *Zahlung zu stornieren* oder im Status *Zahlung storniert* ist. Der Ausweis ist unabhängig von der Stichtagsreferenz.
- **Ledger-Buchungsstatus**
  Die Charakteristik LEDGER-BUCHUNGSSTATUS wird wie der Buchungsstatus TRL für Wertpapiere, Futures, börsennotierte Derivate und OTC-Geschäfte in allen Bewertungsbereichen und für Darlehen für die parallelen Bewertungsbereiche gefüllt. Der Ledger-Buchungsstatus wird relevant, wenn bei der Stichtagsreferenz BUCHUNGSDATUM das Kennzeichen STORNIERTE BEWEGUNGEN VERARBEITEN gesetzt ist. Wir gehen im folgenden Abschnitt »Abgrenzungen und Einstellungen zur Datenselektion«, ausführlich auf den Ledger-Buchungsstatus ein und geben Ihnen dort ein Beispiel.

Bewegungsattribute Die Attribute für die Charakterisierung und Bedeutung der Bewegungen schließen die inhaltlichen Felder für die Bewegungen ab. Die Fortschreibungsart bzw. die Bewegungsart für Darlehen im operativen Bewertungsbereich genügen Ihrem kundeneigenen Customizing, während die Werte des Geschäftsvorfallstyps, des Kennzeichens für Quelle oder Ziel der Bewegung und des Bestandsänderungstyps standardisiert sind.

Erfolgsart

Die Erfolgsart ist eine weitere Kennzahl, die Sie im Customizing abhängig vom Bewertungsbereich und der Fortschreibungsart oder der Bewegungsart einer Bewegung zuordnen können. Dadurch können Sie erfolgsrelevante Bewegungen für Ihre Auswertungen differenzieren oder zu Gruppen mit gleicher Erfolgsart zusammenfassen. Das dazugehörige Customizing finden Sie unter TREASURY AND RISK MANAGEMENT • TRANSACTION MANAGER • ALLGEMEINE EINSTELLUNGEN • INFORMATIONSSYSTEM • ERTRAGSKLASSIFIKATION. Dort müssen Sie neben der Erfolgsart auch festlegen, ob eine Bewegung erfolgsrelevant ist. Für Darlehen im operativen Bewertungsbereich ist kein zusätzliches Customizing notwendig.

Bewegungskennzahlen

Die Kennzahlen der Bewegungen sind in ihrem Aufbau gleich den Kennzahlen für die zeitpunktbezogene Auswertung. Für eine Besprechung im Detail verweisen wir deshalb auf Abschnitt 11.1.2 und gehen nur noch auf die Gruppe der Kennzahlen ein, die ausschließlich für die zeitraumbezogenen Berichte zur Verfügung stehen.

Bewegungen abgeleiteter Geschäftsvorfälle

Geschäftsvorfälle wie eine Stichtagsbewertung oder ein Verkauf bestehen aus einem ganzen Paket von Bewegungen mit einer Hauptbewegung und mehreren abgeleiteten Bewegungen, die den Geschäftsvorfallstyp 9000 haben. Die Hauptbewegung trägt dabei nur die Veränderung der Stücke oder des Nominalbetrags. Die Veränderung der bestandsrelevanten Kennzahlen tragen dagegen die abgeleiteten Bewegungen.

Erträge

Ist einer Bewegung eine Erfolgsart zugeordnet und ist sie als erfolgsrelevant gekennzeichnet, wird der Erfolgsbetrag in Erfolgs-, Haus- und Anzeigewährung ausgewiesen. Darüber hinaus wird für abgrenzungsrelevante Bewegungen der periodengerecht abgegrenzte Betrag für die Selektionsperiode des Berichts angegeben, wobei die Abgrenzung natürlich nur simuliert wird.

Der Zahlbetrag wird nicht ausgewiesen. Für Berichte mit Zahlungsinformationen möchten wir Sie auf die logische Datenbank FTI_TR_CASH_FLOWS verweisen, die wir in Abschnitt 11.1.5 beschreiben.

[+]

Betrag der Bewegung in Bestands- und Bewertungswährung

Die letzten beiden Felder der Struktur `FTI_LDB_TR_PERIODS` befassen sich mit dem Betrag der Bewegung in Bestands- und Bewertungswährung D_AMOUNT_PC und D_AMOUNT_VC. Im Gegensatz zu allen anderen Kennzahlen, die eine inhaltliche Auswertung der Bewegung voraussetzen, geben sie einfach den absoluten Wert der Bewegung wieder. Dadurch lassen sich diese Kennzahlen zusammen mit der Fortschreibungsart und der Richtung der Bewegung für die Ableitung eigener Kennzahlen verwenden. Insbesondere können Sie damit auch Bewegungen auswerten, die nicht bestandsrelevant sind und deren bestandsrelevante Kennzahlen daher nicht gefüllt sind.

Abgrenzungen und Einstellungen zur Datenselektion

Die Abgrenzungen und Einstellungen für die logische Datenbank FTI_TR_PERIODS entsprechen den Abgrenzungen für die logische Datenbank FTI_TR_POSITIONS (siehe Abschnitt 11.1.2). Die Einstellungen beziehen sich nun aber auf die zeitraumbezogene Auswertung mit Stichtagsauswertungen am Periodenanfang und Periodenende und einer Bewegungsauswertung in der Selektionsperiode. Daher wurde die Angabe des Stichtags durch die Festlegung der Selektionsperiode ersetzt, und es ergeben sich einige wichtige Ergänzungen bei weiteren Einstellungen.

Stichtagsreferenz

Der Parameter STICHTAGSREFERENZ legt wie für die zeitpunktbezogenen Berichte in Abschnitt 11.1.2 fest, ob die Bestandswerte im Bericht mit Bezug auf die Bestandsvaluta oder das Buchungsdatum ausgewertet werden. Bewegungen, die zum Zeitpunkt der Berichtsausführung storniert sind, werden bei beiden Stichtagsreferenzen vernachlässigt. Bei der Stichtagsreferenz BUCHUNGSDATUM werden natürlich nur Bewegungen, die aktuell gebucht sind, berücksichtigt.

Stornierte Bewegungen verarbeiten

Diese Logik ändert sich grundlegend, wenn für die Stichtagsreferenz BUCHUNGSDATUM das Kennzeichen STORNIERTE BEWEGUNGEN VERARBEITEN gesetzt ist. Für die beiden Stichtagsauswertungen am Periodenanfang und Periodenende ist dann nicht mehr der derzeitige Buchungsstatus einer Bewegung relevant, sondern der historische Buchungsstatus, bei dem eine Bewegung erst nach ihrem Stornodatum als storniert gilt. Damit ändert sich auch die Bewegungsauswertung für stornierte Bewegungen, deren Stornodatum nicht mit ihrem Buchungsdatum zusammenfällt.

Ist nämlich eine Bewegung, genauer gesagt, der zur Bewegung gehörige Geschäftsvorfall, storniert, wird anstelle der stornierten Bewegung nun ein Bewegungspaar mit einer gebuchten und einer stornierten Bewegung ausgewiesen. Die gebuchte Bewegung entspricht der ursprünglich gebuchten Bewegung, wobei der Buchungsstatus TRL gleich STORNIERT und der Ledger-Buchungsstatus gleich 3, also GENERIERT-GEBUCHT, ist. Die stornierte Bewegung hat dagegen den Ledger-Buchungsstatus 2 (STORNIERT), als Belegnummer die Nummer des Stornobelegs und zur gebuchten Bewegung vertauschte Sachkonten Soll und Haben. Zusätzlich werden die Vorzeichen der Kennzahlen umgekehrt, sodass sich die gebuchte und die stornierte Bewegung gegenseitig zu null saldieren. Bewegungen, die zu einem stornierten Geschäftsvorfall gehören, aber selbst nicht gebucht waren, tragen den Ledger-Buchungsstatus 4 (GENERIERT, NICHT LEDGER-GEBUCHT). Die Bestandsvaluta der beiden Bewegungen ist die gemeinsame Bestandsvaluta. Dagegen enthält die Kennzahl BUCHUNGSDATUM für die gebuchte Bewegung das ursprüngliche Buchungsdatum und für die stornierte Bewegung das Stornodatum. So enthalten die Ergebnisdaten des Berichts auch nur die Bewegungen des Bewegungspaares, deren Buchungsdatum in die Selektionsperiode fällt. Wie es der Ledger-Buchungsstatus auch ausdrückt, sind die Bewegungen mit Ledger-Buchungsstatus 3 und 4 nicht persistent auf der Datenbank abgelegt und werden nur für den Bericht generiert.

Die Logik, die Sie mit dem Kennzeichen STORNIERTE BEWEGUNGEN VERARBEITEN steuern, ermöglicht einen einfachen Abgleich der Bestände in SAP Treasury and Risk Management als Bestandsführungsnebenbuch mit dem Hauptbuch, was wir mit dem folgenden Beispiel erläutern.

Beispiel

Sie legen zum 1. März 2012 einen Wertpapierkauf an und buchen diesen Kauf mit demselben Datum. Wenn Sie anschließend eine Bestandsauswertung für den Monat März 2012 vornehmen, erhalten Sie das Ergebnis aus Abbildung 11.8.

BuKr	Bew...	Kennnummer	Depot	BestVal	BS	L...	Buchwert BW Anfang	Delta Buchwert B...	Buchwert BW Ende	BestWhrg
0001	001	DE0000004234	DEPOT BANK	29.02.2012			0,00	0,00	0,00	EUR
0001	001	DE0000004234	DEPOT BANK	01.03.2012	F	1	0,00	4.200,00	0,00	EUR
0001	001	DE0000004234	DEPOT BANK	31.03.2012			0,00	0,00	4.200,00	EUR

Abbildung 11.8 Bestandsauswertung des gebuchten Wertpapierkaufs mit der Stichtagsreferenz Bestandsvaluta (oder Buchungsdatum)

Der Buchungsstatus der Kaufbewegung ist fixiert, und der Ledger-Buchungsstatus (Spalte L...) steht auf 1, also GEBUCHT. Die Auswertung ändert sich nicht bei der Wahl einer anderen Stichtagsreferenz, und auch das Hauptbuch zeigt das gleiche Ergebnis.

Zum 14. März 2012 stornieren Sie den Kauf. Im Hauptbuch wird für dieses Datum eine Stornobuchung erzeugt. In der Bestandsverwaltung des Transaction Managers erhält die Kaufbewegung bzw. ihr Geschäftsvorfall wieder den Status *geplant*. Wenn Sie nun die Bestandsauswertung für den Monat März 2012 mit der Stichtagsreferenz BUCHUNGSDATUM durchführen und das Kennzeichen STORNIERTE BEWEGUNGEN VERARBEITEN nicht gesetzt haben, erhalten Sie keine Daten zu dem Wertpapierkauf. Machen Sie die Auswertung mit der Stichtagsreferenz BESTANDSVALUTA, erhalten Sie für den Wertpapierkauf den Plansatz wie in Abbildung 11.9. In diesen beiden Fällen unterscheidet sich also die Bestandsauswertung im Transaction Manager von den Bestandswerten im Hauptbuch.

BuKr	Bew...	Kennnummer	Depot	BestVal	BS	L...	Buchwert BW Anfang	Delta Buchwert B...	Buchwert BW Ende	BestWhrg
0001	001	DE0000004234	DEPOT BANK	29.02.2012			0,00	0,00	0,00	EUR
0001	001	DE0000004234	DEPOT BANK	01.03.2012	P	0	0,00	4.200,00	0,00	EUR
0001	001	DE0000004234	DEPOT BANK	31.03.2012			0,00	0,00	4.200,00	EUR

Abbildung 11.9 Bestandsauswertung des gebuchten und stornierten Wertpapierkaufs mit Stichtagsreferenz Bestandsvaluta

Die Bestandsauswertung mit der Stichtagsreferenz BUCHUNGSDATUM, für die das Kennzeichen STORNIERTE BEWEGUNGEN VERARBEITEN gesetzt ist, liefert das Ergebnis aus Abbildung 11.10.

BuKr	Bew...	Kennnummer	Depot	Buch.dat.	BS	L...	Buchwert BW Anfang	Delta Buchwert B...	Buchwert BW Ende	BestWhrg
0001	001	DE0000004234	DEPOT BANK	29.02.2012			0,00	0,00	0,00	EUR
0001	001	DE0000004234	DEPOT BANK	01.03.2012	S	3	0,00	4.200,00	0,00	EUR
0001	001	DE0000004234	DEPOT BANK	14.03.2012	S	2	0,00	4.200,00-	0,00	EUR
0001	001	DE0000004234	DEPOT BANK	31.03.2012			0,00	0,00	0,00	EUR

Abbildung 11.10 Bestandsauswertung des gebuchten und stornierten Wertpapierkaufs mit Stichtagsreferenz Buchungsdatum und gesetztem Kennzeichen »Stornierte Bewegungen verarbeiten«

Zum 1. März 2012 wird eine Kaufbewegung ausgewiesen, die zwar den Buchungsstatus STORNIERT trägt (Spalte BS), deren Ledger-Buchungsstatus aber GENERIERT-GEBUCHT ist (Spalte L...). Dann wird zum 14. März eine Stornobewegung ausgewiesen, deren Ledger-Buchungsstatus STORNIERT ist und die den Buchwert der Kaufbewegung mit dem umgekehrten Vorzeichen hat. Damit sind die Bestandswerte im Transaction Manager und im Hauptbuch gleich. Das Kennzeichen STORNIERTE BEWEGUNGEN VERARBEITEN hat keine Wirkung auf den operativen Bewertungsbereich für Darlehen.

Nur Bestände mit Bewegungen in der Periode

Möchten Sie in Ihrem Bericht nur Bestandspositionen auswerten, die sich in der Selektionsperiode geändert haben, können Sie das Kennzeichen NUR BESTÄNDE MIT BEWEGUNGEN IN DER PERIODE setzen. Dadurch werden nur die Bestandspositionen in die Ergebnisdaten aufgenommen, die wenigstens eine Bewegung in der Selektionsperiode aufweisen. Neben der Verminderung der Ergebnisdaten wird dadurch auch die Laufzeit der Auswertung verringert.

Restlaufzeit

Die Restlaufzeit und Überfälligkeit geben eine Übersicht über die Laufzeit der selektierten Bestandspositionen in Tagen, Monaten und Jahren an. Für die beiden Stichtagsauswertungen am Periodenanfang und -ende berechnen sich die Kennzahlen, wie in Abschnitt 11.1.2 beschrieben, aus der Differenz zwischen dem Laufzeitende und dem Bezugsdatum, das im Selektionsbild angegeben wird. Für die Bewegungsauswertung berechnen sich die Kennzahlen aus der Differenz zwischen dem Fälligkeitstermin und dem angegebenen Bezugsdatum, wobei die Kennzahlen für gebuchte und stornierte Bewegungen nicht ausgewertet werden.

Als Bezugsdatum stehen Ihnen für die zeitraumbezogene Auswertung die folgenden Zeitpunkte zur Verfügung:

- **Heute**
  Es wird die Differenz zwischen dem Laufzeitende bzw. dem Fälligkeitstermin und dem aktuellen Systemdatum gebildet.
- **Bezugsdatum**
  Sie können im Feld BEZUGSDATUM ein Datum hinterlegen. Die Restlaufzeit und Überfälligkeit werden zwischen dem Laufzeitende bzw. dem Fälligkeitstermin und dem hinterlegten Datum gebildet.
- **Tag vor dem Von-Datum**
  Es wird als Bezugsdatum der Stichtag der Auswertung zum Periodenanfang festgelegt. Entsprechend wird mit der Einstellung BIS-DATUM der Stichtag für die Stichtagsauswertung zum Periodenende festgelegt.

Die Angabe des Bezugsdatums ist natürlich nur dann notwendig, wenn eine Kennzahl der Restlaufzeit oder der Überfälligkeit ausgewählt ist.

Ergebnisse verdichten

Indem Sie das Kennzeichen ERGEBNISSE VERDICHTEN setzen, können Sie die Ergebnisdaten Ihres Berichts von der logischen Datenbank verdichten lassen. Die Verdichtung ist ähnlich der Verdichtung in den Queries von SAP NetWeaver BW: Ergebniszeilen mit den gleichen Merkmalen werden zu einer Zeile zusammengefasst, indem die Kennzahlen addiert werden. Technisch erfolgt die Verdichtung mit dem Befehl `COLLECT`, der Zeilen mit dem gleichen Schlüssel dadurch zusammenfasst, dass er die Kennzahlen vom Datentyp `i`, `p` und `f` addiert. Felder vom Datentyp `NUMC` sind Schlüsselfelder. Achten Sie bei der Berichtsdefinition darauf, dass es Kennzahlen wie den Zinssatz (Feld `PKOND`) gibt, für die eine additive Verdichtung nicht sinnvoll ist. Die Typisierung der Felder können Sie, wie in Abschnitt 11.1 beschrieben, über den Logical Database Builder einsehen.

Beispiel Verdichtungsfunktionen

Die Anwendung der Verdichtungsfunktionen stellen wir an Ihnen einem Beispiel vor. Sie möchten für einen Wertpapierbestand eine zeitraumbezogene Bestandsauswertung vornehmen und den Buchwert zum Anfang der Periode, die Veränderungen des Buchwerts sowie den Buchwert zum Ende der Periode bestimmen.

Ist das Kennzeichen ERGEBNISSE VERDICHTEN nicht gesetzt, erhalten Sie jeweils eigene Ergebnissätze für die Auswertung zum Anfang und zum Ende der Periode sowie für die Bewegungsauswertungen (siehe Abbildung 11.11).

BuKr	Be...	Kennnummer	Depot	Buchwert BW Anfang	Delta Buchwert ...	Buchwert BW E...	BestWhrg
0001	001	DE0000004234	DEPOT BANK	0,00	0,00	0,00	EUR
0001	001	DE0000004234	DEPOT BANK	0,00	4.200,00	0,00	EUR
0001	001	DE0000004234	DEPOT BANK	0,00	0,00	4.200,00	EUR

Abbildung 11.11 Auswertung ohne Verdichtung

Setzen Sie das Kennzeichen, werden die Sätze, die den gleichen Schlüssel haben, zu einer Zeile zusammengefasst, was das Berichtsergebnis wesentlich übersichtlicher gestaltet (siehe Abbildung 11.12).

BuKr	Be...	Kennnummer	Depot	Buchwert BW Anfang	Delta Buchwert B...	Buchwert BW Ende	BestWhrg
0001	001	DE0000004234	DEPOT BANK	0,00	4.200,00	4.200,00	EUR

Abbildung 11.12 Auswertung mit gesetztem Kennzeichen »Ergebnisse verdichten«

Das Kennzeichen ERGEBNISSE VERDICHTEN bewirkt eine Verdichtung auf der Ebene der logischen Datenbank. Der Schlüssel, nach dem verdichtet wird, setzt sich aus allen nicht numerischen Feldern zusammen, die zur Auswertung angefordert werden. Insbesondere können darin auch Felder enthalten sein, die nur im InfoSet einer SAP Query zur Herleitung anderer Felder verwendet, aber selbst nicht ausgegeben werden. Daher kann eine weitere Verdichtung durch das Berichtswerkzeug notwendig sein, um das gewünschte Ergebnis zu erhalten.

11.1.4 Logische Datenbank FTI_TR_PL_CF

Zeitraumbezogene Auswertung von Erträgen

Die logische Datenbank FTI_TR_PL_CF dient der zeitraumbezogenen Auswertung von Erträgen. Ihre Funktion und ihr Aufbau ähneln der logischen Datenbank FTI_TR_PERIODS, die wir in Abschnitt 11.1.3 beschreiben. Doch werden hier nur die ertragsrelevanten Kennzahlen ausgewertet, was zu wesentlich schnelleren Laufzeiten und geringerem Bedarf an Speicherplatz gegenüber dieser logischen Datenbank führt.

Bevor Sie Erträge mit den logischen Datenbanken FTI_TR_PERIODS und FTI_TR_PL_CF auswerten können, müssen Sie den ertragsrelevanten Bewegungen eine Erfolgsart zuordnen und das Kennzeichen für ihre Erfolgsrelevanz setzen. Erfolgsart und Erfolgsrelevanz können Sie im Customizing unter TREASURY AND RISK MANAGEMENT • TRANSACTION MANAGER • ALLGEMEINE EINSTELLUNGEN • INFORMATIONSSYSTEM • ERTRAGSKLASSIFIKATION pflegen. Für den operativen Bewertungsbereich für Darlehen müssen Sie kein zusätzliches Customizing vornehmen.

Struktur

Die Schnittstelle der logischen Datenbank FTI_TR_PL_CF wird durch die Struktur `FTI_LDB_TR_PL_CF` festgelegt (siehe Abbildung 11.3). Ihre Merkmale sind gleich den Merkmalen der logischen Datenbank FTI_TR_PERIODS, doch bestehen die Kennzahlen nur aus dem Erfolgsbetrag und dem periodengerecht abgegrenzten Betrag, jeweils in Erfolgs-, Bewertungs-, Haus- und Anzeigewährung. Der periodengerecht abgegrenzte Betrag wird nur für abgrenzungsrelevante Bewegungen ausgewiesen.

[»] **Zahlbetrag**

Die logischen Datenbanken FTI_TR_PERIODS und FTI_TR_PL_CF liefern nicht den Zahlbetrag. Für Berichte mit Zahlungsinformationen möchten wir Sie auf die logische Datenbank FTI_TR_CASH_FLOWS verweisen (siehe Abschnitt 11.1.5).

Abgrenzungen und Einstellungen zur Datenselektion

Die Abgrenzungen und Einstellungen sind gleich der logischen Datenbank FTI_TR_PERIODS, die in Abschnitt 11.1.3 beschrieben ist. Da aber keine Bestandsauswertung nötig ist, entfallen die Einstellungen zur Stichtagsreferenz und das Kennzeichen für die Verarbeitung von stornierten Bewegungen.

11.1.5 Logische Datenbank FTI_TR_CASH_FLOWS

Auswertung von Zahlungen

Die logische Datenbank FTI_TR_CASH_FLOWS ist für die Auswertung von Zahlungen entworfen und bildet auch die Basis für die Transaktion Zahlungsplan (Transaktion TJ04). Die Auswertung der Zahlungsbewegungen hängt dabei von ihrer Zahlungsrelevanz ab, die im Customizing gepflegt werden muss. Für Darlehen im operativen Bewertungsbereich können Sie das Customizing mittels der Transaktion SM30 in der Tabelle `TRGC_PAY_REL_LO` vornehmen. Das Customizing für die weiteren Produktgruppen und für Darlehen in den parallelen Bewertungsbereichen finden Sie im Customizing unter Treasury and Risk Management • Transaction Manager • Allgemeine Einstellungen • Informationssystem • Zahlungsreporting. Die Richtung der Bewegung wird bei der Zuordnung der Bewegungsarten zu den Fortschreibungsarten festgelegt. Zum Beispiel können Sie für Wertpapiere im Customizing unter Treasury and Risk Management • Transaction Manager • Wertpapiere • Geschäftsverwaltung • Fortschreibungsarten • Bewegungsarten den Fortschreibungsarten zuordnen festlegen, ob eine Bewegung ein Zufluss oder ein Abfluss ist.

Struktur

Die Schnittstelle der logischen Datenbank FTI_TR_CASH_FLOWS wird durch die Struktur `FTI_LDB_TR_CASH_FLOWS` dargestellt. Die Merkmale entsprechen den Merkmalen der logischen Datenbank FTI_TR_PERIODS (siehe Abschnitt 11.1.3).

Die Kennzahlen bestehen aus der Veränderung der Stückzahl und des Nominalbetrags in Bestandswährung und aus dem Zahlbetrag in Zahl-, Haus- und Anzeigewährung. Der Zahlbetrag wird nur von dieser logischen Datenbank gefüllt.

Zahlbetrag

Abgrenzungen und Einstellungen zur Datenselektion

Die Auswertung der logischen Datenbank FTI_TR_CASH_FLOWS ist zeitraumbezogen, und somit sind die Abgrenzungen und Einstellungen ähnlich denen der logischen Datenbank FTI_TR_PERIODS (siehe Abschnitt 11.1.3). Sie beinhalten jedoch einige wesentliche Unterschiede.

Zahlungen werden im Transaction Manager immer aus dem operativen Bewertungsbereich geleistet. Daher bilden nur die Bewegungen dieses Bewertungsbereichs die Datenbasis für die Auswertung. Die Selektionsoption für den Bewertungsbereich entfällt.

Zahlungsdatum

Das führende Datum ist das Zahlungsdatum, und der Zeitraum wird nach dem Zahlungsdatum eingegrenzt. Sie können zusätzlich eine weitere Abgrenzung über die Bestandsvaluta vornehmen, um damit die Laufzeit des Berichts zu verringern. Achten Sie bei dieser zusätzlichen Abgrenzung darauf, dass das Zahlungsdatum und die Bestandsvaluta nicht notwendigerweise gleich sein müssen, und wählen Sie die Selektionsperiode für die Bestandsvaluta größer als die Selektionsperiode für das Zahlungsdatum.

Vorzeichen Zahlbetrag

Mit dem Kennzeichen VORZEICHEN ZAHLBETRAG können Sie wählen, ob der Zahlbetrag als absoluter Wert ohne Vorzeichen oder als Wert mit Vorzeichen ermittelt werden soll. Ist das Kennzeichen gesetzt, hat der Zahlbetrag eines Zuflusses (Richtung der Bewegung »+«) ein positives Vorzeichen und der Zahlbetrag eines Abflusses (Richtung der Bewegung »–«) ein negatives Vorzeichen.

11.1.6 Logische Datenbank FTI_TR_THX_HEDGE

Hedge Accounting für Bestände

Mit der logischen Datenbank FTI_TR_THX_HEDGE können Sie Ihre Sicherungsbeziehungen auswerten, die Sie mit der Transaktion TPM100 für Exposures aus Wertpapier- und OTC-Beständen angelegt haben. Damit stehen Ihnen Informationen zur Sicherungsbeziehung, zum Grundgeschäft (Exposure), zum verwendeten Sicherungsinstrument und zum Effektivitätstest für Ihre Berichte zur Verfügung.

[»]

Auswirkungen der Sicherungsbeziehung auf Bestände

Die Auswirkungen einer Sicherungsbeziehung auf die Mengen und Werte der mit ihr verbundenen Bestände können Sie mit den beiden logischen Datenbanken FTI_TR_POSITIONS_1 und FTI_TR_PERIODS_1 darstellen (siehe Abschnitte 11.1.2 und 11.1.3).

Struktur

Die Schnittstelle der logischen Datenbank FTI_TR_THX_HEDGE hat ähnlich der Schnittstelle der logischen Datenbank FTI_TR_DEALS einen baumartigen Aufbau. Die Informationen zur Sicherungsbeziehung bilden im übertragenen Sinne die Wurzel, und daran hängen als Blätter zum einen die Informationen zum Grundgeschäft und Sicherungsinstrument und zum anderen die Informationen zum Effektivitätstest.

Sicherungsbeziehung

Die Informationen der Sicherungsbeziehung werden durch den Knoten HEDGE_REL gegeben. Neben der Nummer der Sicherungsbeziehung, dem Geschäftsjahr, dem Buchungskreis und dem Bewertungsbereich können Sie die Risikowährung, das Gültig-von-Datum der Sicherungsbeziehung und deren geplantes und tatsächliches Designations- und Dedesignationsdatum berichten. Darüber hinaus stehen Ihnen die Gruppierungsfelder, das Profil der Sicherungsbeziehung, das Sicherungsszenario, der Grundgeschäftstyp, der Sicherungsbeziehungstyp und letztlich auch die Kennzeichen wie Devisenrisiko, Kursrisiko und Zinsrisiko zur Verfügung, wie Sie sie auf der Registerkarte SICHERUNGSBEZIEHUNGSDETAILS der Transaktion TPM100 finden.

Grundgeschäft und Sicherungsinstrument

Der Knoten HITEM_N_HINST liefert Ihnen die Informationen zum Grundgeschäft und zum verwendeten Sicherungsinstrument. Mit dem Kennzeichen HM-FAM: KENNZ. Z IDENTIF. V GRUNDGESCH./SICHERNGSINSTR (LDB) können Sie feststellen, ob eine Ergebniszeile für das Grundgeschäft (Wert 1) oder das Sicherungsinstrument (Wert 2) gilt. Für eine Sicherungsbeziehung werden immer beide Ergebniszeilen ausgegeben, sofern sie vorhanden sind. Entsprechend sind dann die weiteren Felder gefüllt. Diese geben Auskunft über die Nummer des Grundgeschäfts oder des Sicherungsinstruments, über die Laufzeit des Grundgeschäfts und die Bestandsattribute und Mengen (Stücke oder Nominale) des Grundgeschäfts bzw. des Sicherungsinstruments.

Effektivitätstest

Für die durchgeführten Effektivitätstests der Sicherungsbeziehung können Sie mit dem Knoten EFF_TEST das Datum und den Typ des Tests und dessen Ergebnis auswerten. Darüber hinaus steht Ihnen zur Verfügung: Laufzeit des Tests, Kennzahlen zum Verhältnis der Wertänderungen von Sicherungsobjekt und -instrument, zur Summe der Wertänderungen aller Sicherungsinstrumente und zur Summe der Wertänderungen aller Sicherungsobjekte.

Abgrenzungen und Einstellungen zur Datenselektion

Die logische Datenbank FTI_TR_THX_HEDGE liefert ihre Ergebnisse stichtagsbezogen. Deshalb müssen Sie zu den typischen Abgrenzungen wie dem Buchungskreis, dem Bewertungsbereich, dem Geschäftsjahr und der Sicherungsbeziehungsnummer einen Stichtag angeben. Darüber hinaus kann die Datenselektion mit Angaben über den Status der Sicherungsbeziehung oder des Effektivitätstests, die Gruppierungsfelder, das Grundgeschäft und das Sicherungsinstrument abgegrenzt werden. Letztlich können Sie auch eine Abgrenzung über die in der Sicherungsbeziehung enthaltenen Bestände vornehmen. Die Datenselektion liefert auch ein Protokoll, das Sie anzeigen und auch auf der Datenbank sichern können.

11.1.7 Logische Datenbank FTI_TR_COMM_DEAL_EXP

Commodity-Exposures und Commodity-Derivate

Mit der logischen Datenbank FTI_TR_COMM_DEAL_EXP können Sie Informationen über Commodity-Exposures und Commodity-Derivate gemeinsam selektieren. Damit haben Sie die Möglichkeit, z.B. Ihre physischen Bestände aus der Logistik zusammen mit Ihren Beständen aus Finanzinstrumenten zu analysieren, um so offene Risikopositionen zu erkennen.

Struktur

Die Schnittstelle der logischen Datenbank FTI_TR_COMM_DEAL_EXP ist durch die Struktur `FTI_LDB_TR_COMM_DEAL_EXP` definiert, die sich in vier Teile unterteilt: einen allgemeinen Teil, einen Teil für Commodity-Futures, einen Teil für Commodity-OTC-Derivate und einen Teil für Exposure-Bestände.

Die Felder des allgemeinen Teils werden sowohl von den Commodity-Derivaten als auch von den Exposure-Beständen gefüllt. Darunter sind Attribute wie der Buchungskreis, die Commodity-ID und die Produktart, mit der Sie auch das Berichtsergebnis gruppieren können. Die Kennzahlen im allgemeinen Teil enthalten Felder für die physischen, fixierten und variablen Mengen, den Vertragswert und den jeweiligen Barwert.

Diese Kennzahlen erlauben eine gemeinsame Analyse der Bestände. Insbesondere können Sie durch die von der logischen Datenbank durchgeführte Unterscheidung der Mengen (in physische oder nicht physische Mengen und fixierte oder variable Mengen) diese Mengen untereinander vergleichen, um so die risikorelevanten offenen Mengen zu ermitteln.

[»] **Anzeigelogik der physischen, fixierten und variablen Mengen**

Für Commodity-Exposure-Positionen wird zum einen die Menge als physische Menge angezeigt, da der Bestand z.B. aus der Logistik hochgeladen wurde. Zum anderen wird, abhängig vom Fest-/Variabel-Kennzeichen des Bestands, die Menge als fixe oder variable Menge angezeigt.

- Bei Commodity-Futures und Commodity-Forwards wird die Menge für Long-Positionen (Kauf) als positive feste und negative variable Menge angezeigt. Im Fall von Short-Positionen (Verkauf) wird die Menge als negative feste und positive variable Menge angezeigt. Durch diese Duplizierung wird die Sicherungswirkung der Finanzinstrumente ausgedrückt.
- Für Commodity-Swaps wird die Menge abhängig von der im Customizing der Geschäftsart definierten Swap-Seite als feste oder variable Menge angezeigt. Im Fall von Average Swaps werden die Mengen auch nach dem Fixing-Datum bezüglich der festen und variablen Seite gesplittet. Darüber hinaus werden diese Mengen Zeiträumen zugeordnet und nach diesen Zeiträumen angezeigt. Wenn der Preis für eine variable Seite für ein Fixing-Datum bereits mit der Transaktion ZINSANPASSUNG (Transaktion TI10) fixiert wurde, wird die Menge als fixe Menge angezeigt.

Mit den weiteren drei Teilen der Struktur können Sie Detailinformationen über die jeweiligen Bestände getrennt darstellen, wobei die Informationen für Commodity-Derivate aus der Bestandsverwaltung und die Informationen über die Exposure-Bestände aus dem Exposure Management ermittelt werden.

Abgrenzungen und Einstellungen zur Datenselektion

Die Abgrenzungen zur Datenselektion folgen dem Aufbau der Struktur der Schnittstelle. In der allgemeinen Abgrenzung machen Sie

Angaben über die Commodity-ID, den Buchungskreis und die Produktart und legen einen Stichtag für die Ermittlung der Kennzahlen fest. Anschließend können Sie jeweils eine Abgrenzung für Commodity-Futures (börsennotierte Derivate), Commodity-OTC-Derivate (OTC-Geschäfte) und Exposure-Bestände vornehmen.

Über die Kontrollparameter legen Sie die Mengeneinheit für die Anzeige und die Anzeigewährung fest, geben für die Barwertberechnung eine Auswertungsart ein und wählen die Underlying-Menge aus. Das Fehlerprotokoll können Sie anzeigen und auch auf der Datenbank abspeichern.

Commodity-Bestandsreporting

Transaktion TISCERN

Die Transaktion COMMODITY POSITION REPORT (Transaktion TISCERN) verwendet die logische Datenbank FTI_TR_COMM_DEAL_EXP als Datengrundlage und ist ein schönes Beispiel, wie Sie diese logische Datenbank nutzen können. Sie finden die Transaktion im Menü unter TREASURY AND RISK MANAGEMENT • FINANCIAL RISK MANAGEMENT FÜR COMMODITIES • INFORMATIONSSYSTEME. Als Ergebnis der Transaktion erhalten Sie eine ALV-Liste mit verdichteten Mengen nach den Feldern für Commodities, Lokationen, Fest-/Variabel-Kennzeichen, Richtung und nach Zeiträumen. Mengen von Commodity-Käufen werden positiv und Mengen von Commodity-Verkäufen werden negativ angezeigt, um die mengenbasierten Risiken abzubilden. Durch einen Doppelklick auf eine eingeblendete Zeile können Sie in die Detaildaten des betreffenden Bestands abspringen und darin weiter auf die Commodity-Stammdaten oder je nachdem auf den Commodity-Future, das Commodity-OTC (Forward, Option, Swap) oder den Exposure-Bestand verzweigen.

11.1.8 Logische Datenbank FTI_TR_HEDGE

Hedge Accounting für Exposures

Die logische Datenbank FTI_TR_HEDGE gibt Ihnen die Möglichkeit, Berichte über die für das Hedge Accounting für Exposures verwalteten Daten anzulegen.

Struktur

Die baumartige Struktur dieser logischen Datenbank orientiert sich direkt am Aufbau der Transaktion SICHERUNGSPLAN (Transaktion

THMEX), mit der Sie auch das Hedge Accounting für Exposures verwalten (siehe Abbildung 11.13).

Name des Knotens	Tabelle / Typ	Knotenart	Kurztext
HEDGEPLAN	FTI_LDB_TR_HM_HEGDEPLAN	DDIC-Typ	Sicherungsplan
EXPOSURE	FTI_LDB_TR_HM_EXPOSURE	DDIC-Typ	Exposure
EXP_TRANS	FTI_LDB_TR_HM_EXP_TRANS	DDIC-Typ	Exposure-Transaktion
EXP_HEDGE_REL	FTI_LDB_TR_HM_EXP_HEDGE_REL	DDIC-Typ	Beziehung Exposure - Sicherungsobjekt
HEDGE_ID	FTI_LDB_TR_HM_HEDGE_ID	DDIC-Typ	Sicherungsobjekt
HEDGE_RELATION	FTI_LDB_TR_HM_HEDGE_RELATION	DDIC-Typ	Sicherungsbeziehung
EFFECTIVE_VAL	FTI_LDB_TR_HM_EFFECTIVE_VAL	DDIC-Typ	Effektivitätsergebnisse
NSH_EXP	FTI_LDB_TR_HM_NSH_EXPOSURE	DDIC-Typ	Non-single-Hedge: Exposure
NSH_EXP_TRANS	FTI_LDB_TR_HM_NSH_EXP_TR	DDIC-Typ	Non-single-Hedge: Exposure Trans
NSH_HEDGE_ID	FTI_LDB_TR_HM_NSH_HEDGE_ID	DDIC-Typ	Non-single-Hedge: Sicherungsobjekt
NSH_HEDGE_REL	FTI_LDB_TR_HM_NSH_HEDGE_REL	DDIC-Typ	Non-single-Hedge: Sicherungsbeziehung
NSH_EFF_VAL	FTI_LDB_TR_HM_NSH_EFF_VAL	DDIC-Typ	Non-single-Hedge: Effektivitätsergebnisse

Abbildung 11.13 Struktur der logischen Datenbank FTI_TR_HEDGE

Die Wurzel bildet der Sicherungsplan. Vom Sicherungsplan können Sie entweder in das Exposure (mit den einzelnen Exposure-Transaktionen), in das Sicherungsobjekt (mit der Sicherungsbeziehung und den Ergebnissen des Effektivitätstests) oder in das Non-single-Hedge-Exposure verzweigen. Sie verwalten Non-single-Hedge-Exposures für Zinsrisiken, wenn Sie Ihre Exposures mehreren Sicherungsobjekten und nicht nur genau einem zuordnen. Die Attribute und Kennzahlen der einzelnen Knoten im Baum entsprechen direkt den entsprechenden Informationen der Transaktion THMEX.

Abgrenzungen zur Datenselektion

Die Selektion der Daten können Sie unter anderem über den Buchungskreis, den Bewertungsbereich, den Sicherungsplan, die Exposure-Commodity-ID, das Sicherungsinstrument oder den Risikotyp vornehmen.

[»] **Auswirkungen der Sicherungsbeziehung auf Bestände**

Die beiden logischen Datenbanken FTI_TR_POSITIONS und FTI_TR_PERIODS enthalten beide die Identifikationsnummer des Sicherungsobjekts. Damit können Sie diese beiden Informationsquellen verwenden, um die Auswirkungen einer Sicherungsbeziehung auf die Mengen und Werte der mit ihr verbundenen Bestände darzustellen.

11.1.9 Logische Datenbank FTLM_DB01

Mit dem Credit Risk Analyzer können Sie Anrechnungsbeträge von Finanzinstrumenten ermitteln, um damit Ausfallrisiken zu messen und zu limitieren. In Kapitel 12, »Portfolio-Controlling mit den Analyzern«, stellen wir Ihnen den Credit Risk Analyzer vor und gehen auch auf die vorhandenen Berichte ein, die Ihnen für die Kontrolle der Anrechnungsbeträge, Limitvorgaben und Limitiansprüchnahmen zur Verfügung stehen. Diese Berichte sind teilweise auf Basis der logischen Datenbank FTLM_DB01 erstellt, die Sie natürlich auch als Grundlage für eigene Berichte verwenden können.

Struktur

Die baumartige Struktur der logischen Datenbank FTLM_DB01 hat als Wurzel die Informationen zu den Limitarten und steigt dann über die Informationen zu den Limitmerkmalen und Limitvorgaben ab (siehe Abbildung 11.14). Hier verzweigt die Struktur zu den Informationen über die Interimlimits, Limitleihen und Summensätze von Inanspruchnahmen und Sicherheiten. Sie können von den Summensätzen weiter in die Einzelsätze absteigen.

Name des Knotens	Tabelle / Typ	Knotenart	Kurztext
▾ TYPES	ATLA	DDIC-Typ	Limitarten
▾ CHARACTERISTIC	VTSL_VTBLSP	DDIC-Typ	Limitmerkmale
▾ LIMITS	VTBLVO	DDIC-Typ	Limitvorgaben
• INTERIMS	VTBLVILO	DDIC-Typ	Interimlimits
• LENDINGS	VTSL_VTBLL	DDIC-Typ	Limitleihe
▾ SUMRECORDS	VTSL_VTBLVIO	DDIC-Typ	Summensätze von Inanspruchnahmen und Sicherheiten
• SINGLERECORDS	VTBLISIE	DDIC-Typ	Einzelsätze von Inanspruchnahmen und Sicherheiten

Abbildung 11.14 Struktur der logischen Datenbank FTLM_DB01

Abgrenzungen und Einstellungen zur Datenselektion

Als Selektionskriterien stehen Ihnen unter anderem die Limitart, die Limitvorgabenwährung, das Ermittlungsverfahren, der Status der Inanspruchnahme und das Ermittlungsdatum zur Verfügung. Darüber hinaus können Sie über direkte Limitmerkmale (Buchungskreis, Geschäftspartner, Limitproduktgruppe, Portfolio und Händler), aber auch über abgeleitete Merkmale (Land, Branche und Rating, die aus dem Geschäftspartner abgeleitet werden) selektieren. Haben Sie Kundenmerkmale definiert, ist auch eine Abgrenzung darüber möglich.

[zB]

SAP Queries auf der logischen Datenbank

Beispiele für SAP Queries auf der logischen Datenbank FTLM_DB01 sind die beiden Transaktionen LIMITVORGABEN ÜBERSICHT und LIMITINANSPRUCHNAHMEN ÜBERSICHT, die Sie im Menü unter TREASURY AND RISK MANAGEMENT • CREDIT RISK ANALYZER • INFORMATIONSSYSTEM • SAP QUERIES finden.

11.1.10 Performance und Parallelisierung der logischen Datenbanken

Das Zusammenführen und Auswerten der Daten für einen Bericht stellt einen hohen Anspruch an die Verarbeitungsgeschwindigkeit und den Speicherbedarf. Deshalb können die Kernbausteine der logischen Datenbanken aus der Bestandsverwaltung parallel aufgerufen und die Bestandspositionen in Verarbeitungsblöcke aufgeteilt werden (deren Größe Sie selbst festlegen können). Auch wenn Sie die Parallelisierung nicht nutzen möchten, ist es sehr empfehlenswert, die Größe der Verarbeitungsblöcke festzulegen, um dadurch den Speicherverbrauch zu kontrollieren.

Die Einstellungen zur Parallelisierung können Sie im Customizing unter TREASURY AND RISK MANAGEMENT • TRANSACTION MANAGER • ALLGEMEINE EINSTELLUNGEN • INFORMATIONSSYSTEM • PARALLELISIERUNGSSTEUERUNG INFOSYSTEM UND BW-EXTRAKTOREN vornehmen. Achten Sie darauf, die Anzahl der erlaubten Prozesse und die Anzahl der Bestandspositionen pro Verarbeitungspaket nicht zu groß zu wählen. Wir empfehlen als Richtwerte eine maximale Anzahl von drei Prozessen und eine Paketgröße von 30 Beständen. Sie müssen aber selbst testen, welche Wahl von Parametern für Ihre Systemlandschaft optimal ist. Wenn Sie eine höhere Anzahl von erlaubten Prozessen zulassen möchten, können Sie diese auch auf einen Benutzer einschränken. Ist das Kennzeichen für die Aktivierung des Multitaskings nicht gesetzt, werden die selektierten Daten in Paketen zur festgelegten Paketgröße seriell verarbeitet.

[»]

Fehlerprotokoll und mehrfache Parallelisierung

Planen Sie Berichte, die die Parallelisierung nutzen, sorgfältig ein, und werten Sie auf jeden Fall immer das Fehlerprotokoll aus. Wenn Sie zusätzlich zur Parallelisierung die Menge der Bestandspositionen selbst unterteilen und den entsprechenden Bericht mehrfach aufrufen, hat das häufig keine Auswirkung auf die Verarbeitungsgeschwindigkeit. Daher raten wir von dieser Vorgehensweise ab und empfehlen Ihnen, die Mehrfachverarbeitung mit der Parallelisierungsfunktion der logischen Datenbanken durchzuführen.

11.1.11 Einstellungen zur Berechtigungsprüfung

Die Berechtigungsprüfung für Berichte auf den logischen Datenbanken der Geschäfts- und Bestandsverwaltung wird über das Berechtigungsobjekt `T_FTI_LDB` vorgenommen. Wenn Sie einen Bericht ausführen, werden alle Kombinationen aus Buchungskreis, Bewertungsbereich und Produktart geprüft, die durch die Berichtsabgrenzung und Ihre Einstellungen im Customizing möglich sind. Schlägt die Prüfung bei einer Kombination fehl, wird der Bericht nicht ausgeführt.

Für die logischen Datenbanken der Bestandsverwaltung kann diese allgemeine Berechtigungsprüfung in eine Berechtigungsprüfung auf Bestandsebene umgestellt werden (siehe SAP-Hinweis 1010403). Bei der Berechtigungsprüfung auf Bestandsebene wird aus den Berichtsabgrenzungen zuerst die Menge der damit abgegrenzten Bestände ermittelt. Für jeden dieser Bestände wird nun einzeln geprüft, ob der Benutzer die Berechtigung für den Buchungskreis, den Bewertungsbereich und die Produktart des Bestands hat. Nur die Bestände, für die der Benutzer eine Berechtigung hat, werden angezeigt. Das Berechtigungsobjekt bleibt weiterhin `T_FTI_LDB`, sodass Sie Ihre Rollen und Profile nicht ändern müssen. Die Berechtigungsprüfung auf der Bestandsebene hat den Vorteil, dass nicht der ganze Bericht abgewiesen wird, wenn der Benutzer nicht die Berechtigung für eine Kombination aus Buchungskreis, Bewertungsbereich und Produktart besitzt.

Das Customizing finden Sie unter Treasury and Risk Management • Transaction Manager • Allgemeine Einstellungen • Informationssystem • Allgemeine Einstellungen TM-Reporting • Berechtigungsprüfung in den logischen Datenbanken einstellen.

11.2 SAP Query

SAP Query ist ein typisches Werkzeuge, um in Ihrem ERP-System Berichte zu erstellen und auszuführen. Queries liefern in der Regel flache Listen, die mit dem SAP List Viewer (ALV, ehemals ABAP List Viewer) ausgegeben werden.

Wir können Ihnen in diesem Abschnitt keine ausführliche Anleitung zur Verwendung dieses Berichtswerkzeugs geben. Deswegen möchten wir Sie auf die weiterführende Literatur verweisen. Für uns ist in diesem Abschnitt wesentlich, dass die logischen Datenbanken natürliche Datenquellen für SAP Queries sind und sich die Ergebnisdaten mit wenigen Handgriffen durch zusätzliche Felder erweitern lassen. Wir stellen Ihnen daher drei ausgewählte Themen vor, nämlich SAP Queries für Standardberichte, eine Query für eine Fälligkeitsliste und die Berichts-Berichts-Schnittstelle.

11.2.1 SAP Queries für Standardberichte

SAP Queries werden mit den Transaktionen Queries pflegen (Transaktion SQ01) und InfoSets pflegen (Transaktion SQ02) erstellt, verwaltet und ausgeführt. Sie finden diese Transaktionen im Menü unter Treasury and Risk Management • Transaction Manager • Informationssystem • Werkzeuge • SAP Query.

Standardberichte

Für den Transaction Manager sind SAP Queries das wichtigste Werkzeug für die Erstellung der Standardberichte, die auf den logischen Datenbanken der Bestands- und Geschäftsverwaltung aufgebaut sind. Sie finden eine Übersicht der Standardberichte, die mit der Transaktion SQ01 als SAP Query erstellt wurden, in den Benutzergruppen /SAPQUERY/T1 und /SAPQUERY/LM, die im globalen Arbeitsbereich liegen. Um zu einer dieser Benutzergruppe zu gelangen, wählen Sie in der Menüleiste unter Umfeld • Arbeitsbereich den Globalen Bereich aus und darunter Bearbeiten • BenGruppe wechseln die Benutzergruppe /SAPQUERY/T1 (SAP Treasury and Risk Management) oder /SAPQUERY/LM (Limitverwaltung). Dort werden für jede Query der Titel, das InfoSet und die logische Datenbank als Datenquelle angezeigt.

[+]

Vorlagen für SAP Queries

Die ausgelieferten SAP Queries sind mit ihren InfoSets sehr gute Vorlagen für Ihre eigenen Berichte. Insbesondere können Sie mit den InfoSets die Erstellung zusätzlicher Felder nachvollziehen, mit denen Sie Ihre Berichte erweitern und anpassen können. Wenn Sie ausgelieferte Queries und InfoSets erweitern oder anpassen möchten, können Sie diese mit dem Programm RSAQCOPY kopieren. Natürlich können Sie das Programm auch für die Kopie Ihrer eigenen Queries und InfoSets verwenden.

11.2.2 Fälligkeitsliste

Wie einfach es mit einer SAP Query ist, einen Bericht auf den logischen Datenbanken zu erstellen, möchten wir Ihnen am Beispiel einer Fälligkeitsliste zeigen.

Felder

Für unsere Fälligkeitsliste brauchen wir die Felder Buchungskreis, Geschäft, Produktart, Kontrahent, Leitwährung, Folgewährung, Kurs, Seite, Zahlungstermin und Zahlbetrag in Zahlwährung. Wir wählen als Datenquelle die logische Datenbank FTI_TR_DEALS aus und erstellen zuerst mit der Transaktion SQ02 ein InfoSet. In das InfoSet nehmen wir aus den Hauptdaten (Knoten MAIN_DATA) die Felder Buchungskreis, Geschäft, Produktart, Kontrahent, Leitwährung, Folgewährung und Kurs auf. Aus den Bewegungsdaten (Knoten FLOWS) benötigen wir die Seite, den Zahlungstermin und den Zahlbetrag in Zahlwährung. Wir speichern das InfoSet ab, generieren es und ordnen es unserer gewünschten Benutzergruppe zu.

Die Query erstellen wir mit der Transaktion SQ01, geben unser InfoSet an und wählen die benötigten Felder aus. In der Grundliste ordnen wir die Felder an. Nach dem Speichern steht die Fälligkeitsliste zur Ausführung bereit.

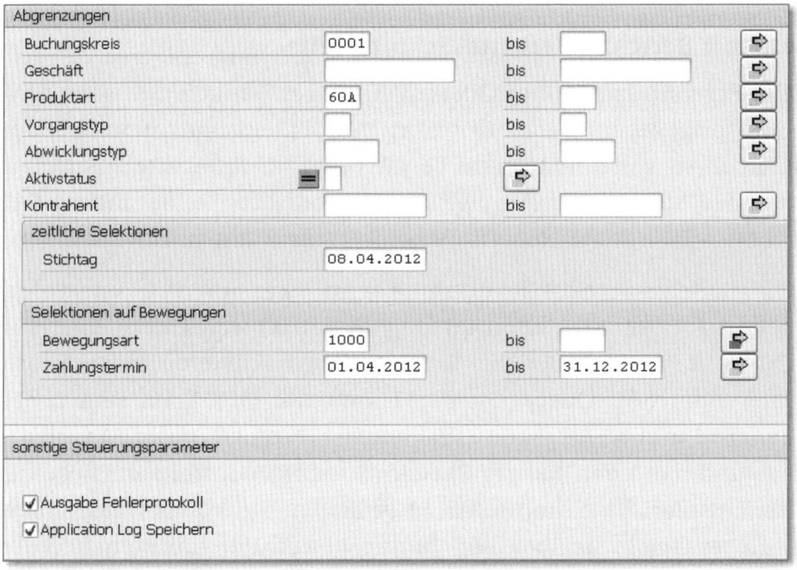

Abbildung 11.15 Selektionsbild der Fälligkeitsliste mit einer Variante gestaltet

Layout des Selektionsbildes

Um die Verwendung der SAP Query einfacher zu machen, können Sie das Layout des Selektionsbildes in einer Variante gestalten und festhalten. Sie können Felder, die nicht gebraucht werden, ausblenden und den Stichtag dynamisch mit dem aktuellen Tagesdatum vorbelegen (siehe Abbildung 11.6). Zusätzlich können Sie Werte für Felder wie den Buchungskreis, die Produktart und die Bewegungsart vorgeben und erhalten damit ein Selektionsbild wie in Abbildung 11.15, das gegenüber dem Ausgangsbild viel übersichtlicher ist.

Layout der Ausgabe

Die Ausgabe können Sie über eine ALV-Variante einrichten. Sie können die Ergebniszeilen nach Buchungskreis, Geschäft, Seite und Zahlungstermin sortieren und ein Streifenmuster festlegen (siehe Abbildung 11.16). Die ALV-Variante können Sie schon im Selektionsbild eingeben oder als Voreinstellung für die Query festlegen.

Fälligkeitsliste

BuKr	Geschäft	PArt	Kontrahent	S	Leitwhrg	Folgewh...	Kurs	ZhlgTermin	Zahlbetrag in Zahlwähru...	Zahlwährung
0001	6319	60A	DEUBA	1	EUR	USD	1,300085000	08.05.2012	9.230.165,72	EUR
		60A	DEUBA	2	EUR	USD	1,300085000	08.05.2012	12.000.000,00	USD
	7039	60A	DEUBA	1	EUR	USD	1,250000000	13.04.2012	125.000,00	USD
		60A	DEUBA	2	EUR	USD	1,250000000	13.04.2012	100.000,00	EUR
	7040	60A	DEUBA	1	EUR	USD	1,220000000	13.04.2012	122.000,00	USD
		60A	DEUBA	2	EUR	USD	1,220000000	13.04.2012	100.000,00	EUR

Abbildung 11.16 Ausgabe der Fälligkeitsliste mit einer ALV-Variante gestaltet

11.2.3 Berichts-Berichts-Schnittstelle

Die Ergebnisdaten einer Query werden gewöhnlich mit einer ALV-Liste ausgegeben. Neben dem Sortieren, Filtern und Summenbilden können Sie von dort auch die *Berichts-Berichts-Schnittstelle* aufrufen, mit der Sie aus der Anzeige der Ergebnisdaten eine andere SAP Query, einen ABAP-Report oder eine Transaktion aufrufen können.

Einrichten der Berichts-Berichts-Schnittstelle

Die Berichts-Berichts-Schnittstelle wird zwar im ALV aufgerufen, gehört aber zum Funktionsumfang der SAP Query. Um in einer SAP Query die Berichts-Berichts-Schnittstelle zu aktivieren, rufen Sie die Pflege der SAP Query mit der Transaktion SQ01 auf und gehen ändernd in die SAP Query. Wählen Sie SPRINGEN in der Menüleiste aus und dann den Eintrag BERICHTSZUORDNUNG, um zur Pflege der Berichts-Berichts-Schnittstelle zu gelangen. Sie können auswählen, welches Objekt Sie über die Schnittstelle aufrufen möchten, und den Namen des Objekts eingeben. Es können auch mehrere Objekte in der Schnittstelle gepflegt werden.

Bei der Anlage der Schnittstelle werden die Felder der Ergebnisdaten automatisch mit den entsprechenden Selektionsfeldern des aufgerufenen Objekts verknüpft. Diese Verknüpfung erfolgt auf der Grundlage der Komponenten- und Domänennamen der beteiligten Strukturen und passt nicht immer. Zum Beispiel sind mehrfach vergebene oder bedeutungsgleiche, aber syntaktisch nicht übereinstimmende Komponenten- und Domänennamen Ursachen für eine nicht passende Zuordnung. Dieser Fall lässt sich aber auf die folgende Weise lösen:

Beispiel Verknüpfung reparieren

Wir möchten nun eine zeitpunktbezogene SAP Query (für die Bestandsauswertung von Wertpapieren, Futures, börsennotierten Derivaten, Darlehen und OTC-Geschäften) über die Berichts-Berichts-Schnittstelle mit der Transaktion zur Detailanzeige der einzelnen Bestände verknüpfen. Für die Wertpapiere, Futures und börsennotierten Derivate wählen wir die Transaktion TPM13. Für die beiden anderen Fälle wählen wir die Anzeigetransaktion für Darlehen aus SAP Loans Management (ehemals CML) FNVS und die Anzeigetransaktion für OTC-Geschäfte aus der Geschäftsverwaltung FTR_EDIT.

In der Query setzen wir die folgenden Felder voraus:

- Buchungskreis (Feld `BUKRS`)
- Bewertungsbereich (Feld `VALUATION_AREA`)
- Bewertungsklasse (Feld `VALUATION_CLASS`)
- Kennnummer Feld `SECURITY_ID`)
- Depot (Feld `SECURITY_ACCOUNT`)
- Positionskonto für Optionen und Futures (Feld `POSITION_ACCOUNT`)
- Vertragsnummer (Feld `LOANS_CONTRACT`)
- bestandsbildendes Geschäft (Feld `DEAL_NUMBER`)
- Stichtag Feld `STICHTAG`)

Da wir je nach Finanzinstrument eine andere Transaktion aufrufen möchten und die Berichts-Berichts-Schnittstelle schon für die Transaktion TPM13 keine automatische Verknüpfung liefern kann, rufen wir in der Schnittstelle nicht direkt die Transaktionen, sondern einen kleinen ABAP-Report auf, den wir auf unsere Situation zugeschnitten haben (siehe Listing 11.1).

```
REPORT ztrm_position_detail.
DATA:
  lv_sec TYPE xfeld,
  lv_pos TYPE xfeld.
TABLES: trgs_position_selection.
RANGES:
  lr_bukrs   FOR trgs_position_selection-company_code,
  lr_keydate FOR fti_ldb_tr_positions-stichtag.
PARAMETERS:
  p_bukrs TYPE bukrs.
SELECT-OPTIONS:
  s_varea FOR trgs_position_selection-valuation_area,
  s_vcls  FOR trgs_position_selection-valuation_class,
  s_ranl  FOR trgs_position_selection-security_id,
  s_secac FOR trgs_position_selection-security_account,
  s_posac FOR trgs_position_selection-position_account.
PARAMETERS:
  p_deal   TYPE tb_rfha,
  p_loan   TYPE ranl,
  p_keydat TYPE fti_stichtag.

START-OF-SELECTION.
  IF p_loan IS NOT INITIAL.
    SET PARAMETER ID:
      'BUK' FIELD p_bukrs,
      'RAD' FIELD p_loan.
    CALL TRANSACTION 'FNVS' AND SKIP FIRST SCREEN.
  ELSEIF s_ranl-low IS NOT INITIAL.
    lr_bukrs-sign   = 'I'.
    lr_bukrs-option = 'EQ'.
    lr_bukrs-low    = p_bukrs.
    APPEND lr_bukrs.
    lr_keydate-sign   = 'I'.
    lr_keydate-option = 'BT'.
    lr_keydate-low    = '00000000'.
    lr_keydate-high   = p_keydat.
    APPEND lr_keydate.
    IF     s_secac-low IS NOT INITIAL.
      lv_sec = 'X'.
    ELSEIF s_posac-low IS NOT INITIAL.
      lv_pos = 'X'.
    ENDIF.
    SUBMIT rtpm_trl_show_flows
      WITH p_sec    = lv_sec
      WITH p_pos    = lv_pos
      WITH so_dat   IN lr_keydate
      WITH so_bukrs IN lr_bukrs
      WITH so_varea IN s_varea
      WITH so_vcls  IN s_vcls
      WITH so_ranl  IN s_ranl
      WITH so_secac IN s_secac
      WITH so_ranlp IN s_ranl
      WITH so_posac IN s_posac
      AND RETURN.
```

```
ELSEIF p_deal IS NOT INITIAL.
  CALL FUNCTION 'FTR_DISPATCH'
    EXPORTING
      i_bukrs                = p_bukrs
      i_rfha                 = p_deal
      i_functionclass        = 'DISPLAY'
    EXCEPTIONS
      not_found              = 1
      function_not_supported = 2
      OTHERS                 = 3.
  IF sy-subrc NE 0.
    RETURN.
  ENDIF.
ELSE.
  RETURN.
ENDIF.
```

Listing 11.1 Hilfsreport für die Berichts-Berichts-Schnittstelle

Diesen ABAP-Report können Sie natürlich weiter an Ihre Bedürfnisse anpassen.

Prüfen neuer Logik/Debugging [+]

Wenn Sie eine neue Logik in der Berichts-Berichts-Schnittstelle oder einem InfoSet prüfen möchten, setzen Sie einfach einen Haltepunkt durch die Anweisung `BREAK-POINT.` in die Programmlogik ein. Die Verarbeitung hält bei dem Haltepunkt an und startet den Debugger. Dieses Vorgehen ist einfacher, als einen Haltepunkt direkt zu setzen, da z.B. SAP Queries generierte Programme verwenden, die es schwer machen, die richtige Stelle für einen Haltepunkt zu finden.

11.3 Logische Datenbank LDB_PROCESS und RAPIs

Die logischen Datenbanken der Geschäfts- und Bestandsverwaltung lassen sich über den Funktionsbaustein `LDB_PROCESS` auch in ABAP-Reports einsetzen. Darüber hinaus stehen Ihnen für Ihre eigenen Reports *Reporting Application Programming Interfaces* (RAPIs) zur Verfügung, die auf den gleichen Selektionsalgorithmen wie die logischen Datenbanken aufbauen, aber für spezifische Anforderungen entworfen sind.

Eine wichtige Anwendung des Funktionsbausteins `LDB_PROCESS` ist dann gegeben, wenn Sie Ihre Ergebnisdaten nicht Zeile für Zeile, sondern übergreifend über die ganze Ergebnisliste auswerten möchten, um z.B. eine eigene Verdichtung der Ergebnisdaten vorzunehmen oder einen Durchschnittskurs zu berechnen. Mit SAP Queries ist das nicht möglich.

Die Verwendung von RAPIs bietet sich außer in Reports auch sehr gut in InfoSets an. So können Sie in einem InfoSet auf der logischen Datenbank FTI_TR_POSITIONS ein RAPI für das OTC-Einzel-Geschäftsreporting verwenden, um die Bestandsdaten mit Zusatzfeldern aus der Geschäftsverwaltung zu erweitern.

In diesem Abschnitt zeigen wir Ihnen an einem Beispiel die Verwendung des Funktionsbausteins `LDB_PROCESS` und stellen Ihnen die ausgelieferten RAPIs vor.

11.3.1 Funktionsbaustein LDB_PROCESS

Mit dem Funktionsbaustein `LDB_PROCESS` können Sie den Aufruf einer logischen Datenbank in einem Report umsetzen. Die Funktion erwartet als Eingabe den Namen der logischen Datenbank, eine Tabelle mit den Abgrenzungen und Einstellungen zur Datenselektion, eine Tabelle der Merkmale und Kennzahlen sowie Angaben für die Rückgabe der Ergebnisdaten (Callback).

Selektionsparameter, Merkmale und Kennzahlen

Eine Übersicht der Selektionsparameter zur Datenselektion und der Merkmale und Kennzahlen, die ausgewertet werden können, erhalten Sie mit der Transaktion Logical Database Builder (Transaktion SE36). Dort können Sie über den Radiobutton Selektionen die Selektionsparameter und über den Radiobutton Struktur die Merkmale und Kennzahlen der angegebenen logischen Datenbank einsehen.

In der Tabelle der Abgrenzungen und Einstellungen sowie in der Tabelle der auszuwertenden Merkmale und Kennzahlen müssen Sie die technischen Namen in Großbuchstaben angeben. Beachten Sie auch, dass es obligatorische Selektionsparameter gibt und Selektionsparameter, die durch die Auswahl bestimmter Merkmale dynamisch zu obligatorischen Parametern werden.

Callback

Der Callback findet über eine Form-Routine statt. Darin müssen die Ergebnisdaten in einer globalen Tabelle abgelegt werden. Aus dieser globalen Tabelle können Sie nach der Ausführung des Funktionsbausteins `LDB_PROCESS` die Ergebnisdaten abholen und weiterverarbeiten.

Selektionsparameter, Merkmale und Kennzahlen [+]

Wir empfehlen Ihnen, bevor Sie die Tabelle der Selektionsparameter und die Tabelle der Merkmale und Kennzahlen zusammenstellen, eine analoge SAP Query auf der logischen Datenbank zu erstellen, die Sie im Report aufrufen möchten. Insbesondere können Sie damit die obligatorischen Selektionsparameter bestimmen.

Beispiel

Das Programm in Listing 11.2 zeigt ein Beispiel für den Aufruf der logischen Datenbank FTI_TR_POSITIONS. Die Ergebnisliste legen wir in der globalen Tabelle `gt_positions` ab.

```
REPORT zfti_ldb_process_positions.
TYPE-POOLS rsfs.
DATA:
  gt_positions
    TYPE STANDARD TABLE OF fti_ldb_tr_positions,
  gt_errors TYPE bapierr_t.
DATA:
  ls_callback         TYPE ldbcb,
  lt_callback         TYPE STANDARD TABLE OF ldbcb,
  ls_selections       TYPE rsparams,
  lt_selections       TYPE STANDARD TABLE OF rsparams,
  ls_field_selection TYPE rsfs_tab_fields,
  lt_field_selection TYPE rsfs_fields.
* Informationen zum Callback
ls_callback-ldbnode  = 'POSITIONS'.
ls_callback-get      = 'X'.
ls_callback-cb_prog  = 'ZFTI_LDB_PROCESS_POSITIONS'.
ls_callback-cb_form  = 'CALLBACK_POSITIONS'.
APPEND ls_callback TO lt_callback.
CLEAR ls_selections.
ls_selections-kind    = 'P'.
ls_selections-selname = 'P_SEC'.
ls_selections-low     = 'X'.
APPEND ls_selections TO lt_selections.
CLEAR ls_selections.
ls_selections-kind    = 'S'.
ls_selections-selname = 'S_BUKRS'.
ls_selections-sign    = 'I'.
ls_selections-option  = 'EQ'.
ls_selections-low     = '0001'.
APPEND ls_selections TO lt_selections.
CLEAR ls_selections.
ls_selections-kind    = 'S'.
ls_selections-selname = 'S_VLAREA'.
ls_selections-sign    = 'I'.
ls_selections-option  = 'EQ'.
ls_selections-low     = '001'.
APPEND ls_selections TO lt_selections.
CLEAR ls_selections.
```

```
ls_selections-kind    = 'S'.
ls_selections-selname = 'S_DATS'.
ls_selections-sign    = 'I'.
ls_selections-option  = 'EQ'.
ls_selections-low     = '20120101'.
APPEND ls_selections TO lt_selections.
CLEAR ls_selections.
ls_selections-kind    = 'P'.
ls_selections-selname = 'P_RST_PB'.
ls_selections-low     = '1'.
APPEND ls_selections TO lt_selections.
CLEAR ls_selections.
ls_selections-kind    = 'P'.
ls_selections-selname = 'P_BILSTB'.
ls_selections-low     = '1'.
APPEND ls_selections TO lt_selections.
CLEAR ls_selections.
ls_selections-kind    = 'P'.
ls_selections-selname = 'P_ERRLOG'.
ls_selections-low     = 'X'.
APPEND ls_selections TO lt_selections.
CLEAR ls_selections.
ls_selections-kind    = 'P'.
ls_selections-selname = 'P_MEM_ID'.
ls_selections-low     = 'LDB_MESSAGES'.
APPEND ls_selections TO lt_selections.
ls_field_selection-tablename = 'POSITIONS'.
APPEND 'BUKRS'            TO ls_field_selection-fields.
APPEND 'VALUATION_AREA'   TO ls_field_selection-fields.
APPEND 'SECURITY_ID'      TO ls_field_selection-fields.
APPEND 'SECURITY_ACCOUNT' TO ls_field_selection-fields.
APPEND 'BOOK_VAL_PC'      TO ls_field_selection-fields.
APPEND 'SBWHR'            TO ls_field_selection-fields.
APPEND 'BOOK_VAL_LC'      TO ls_field_selection-fields.
APPEND 'SHWHR'            TO ls_field_selection-fields.
APPEND ls_field_selection TO lt_field_selection.
CALL FUNCTION 'LDB_PROCESS'
  EXPORTING
    ldbname                     = 'FTI_TR_POSITIONS'
    field_selection             = lt_field_selection
  TABLES
    callback                    = lt_callback
    selections                  = lt_selections
  EXCEPTIONS
    ldb_not_reentrant           = 1
    ldb_incorrect               = 2
    ldb_already_running         = 3
    ldb_error                   = 4
    ldb_selections_error        = 5
    ldb_selections_not_accepted = 6
    variant_not_existent        = 7
    variant_obsolete            = 8
    variant_error               = 9
```

```
    free_selections_error        = 10
    callback_no_event            = 11
    callback_node_duplicate      = 12
    callback_no_program          = 13
    callback_no_cbform           = 14
    dyn_node_no_type             = 15
    dyn_node_invalid_type        = 16
    OTHERS                       = 17.
IF sy-subrc NE 0.
  WRITE: / 'Exception:', sy-subrc.
ENDIF.
IMPORT p1 = gt_errors FROM MEMORY ID 'LDB_MESSAGES'.
*----------------------------------------------------------*
* FORM CALLBACK_POSITIONS                                  *
*----------------------------------------------------------*
FORM callback_positions
  USING
    name     TYPE ldbn-ldbnode
    workarea TYPE fti_ldb_tr_positions
    mode     TYPE c
    selected TYPE c.
  DATA:
    ls_positions TYPE fti_ldb_tr_positions.
  MOVE-CORRESPONDING workarea TO ls_positions.
  APPEND ls_positions TO gt_positions.
ENDFORM.                    "callback_positions
```

Listing 11.2 Report für den Aufruf der logischen Datenbank FTI_TR_POSITIONS

Dieser ABAP-Bericht beschränkt sich auf die notwendige Logik zum erfolgreichen Aufruf der logischen Datenbank FTI_TR_POSITIONS. Für Ihren Gebrauch sollten Sie diesen ABAP-Bericht erweitern und Ihren Bedürfnissen anpassen.

Nachrichten und Ausnahmen der logischen Datenbank [«]

Der Funktionsbaustein `LDB_PROCESS` hat keine eigene Schnittstelle für die Übergabe von Nachrichten der gerufenen logischen Datenbank. Deshalb können Sie für die logischen Datenbanken von SAP Treasury and Risk Management die Nachrichten wie in unserem Beispiel mittels des externen Memorys übergeben. Sie sollten auch unbedingt auf die Ausnahmen (`EXCEPTIONS`) des Funktionsbausteins `LDB_PROCESS` reagieren.

11.3.2 RAPIs

Reporting Application Programming Interfaces (RAPIs) sind eine weitere Möglichkeit, Ihre eigenen Reports und SAP Queries zu erweitern. Sie bauen auf den gleichen Selektionsalgorithmen wie die logischen

Datenbanken von SAP Treasury and Risk Management auf, sind aber für spezielle Aufgaben entworfen. Technisch gesehen, sind RAPIs freigegebene Funktionsbausteine, die Sie mit der Transaktion OBJECT NAVIGATOR (Transaktion SE80) in der Funktionsgruppe `FTI_LDB_RAPI` finden (siehe Abbildung 11.17).

FTI_LDB_RAPI	Reporting APIs
Funktionsbausteine	
FTI_LDB_GET_HM_DATA_BY_HEDGE	Hedge Management - Hedging Relationship Single Access
FTI_LDB_GET_HM_DATA_GENERAL	Hedge Management - Generic Data Access
FTI_LDB_GET_LOAN_DATA	Loan Reporting Position
FTI_LDB_GET_OTC_DEAL1_DATA	OTC Single Transaction Reporting - Main Data + Flows
FTI_LDB_GET_OTC_DEAL2_DATA	OTC Single Transaction Reporting - Main Data Incl. Risk Figures + Flows
FTI_LDB_GET_POS_DATA	TRL Single Position Reporting
FTI_LDB_GET_POS_DATA_BY_UID	Position Data using Position-GUID
FTI_LDB_GET_SECURITY_DEAL1	Single Transaction Reporting for Securities/Futures
FTI_LDB_GET_SUBPOS_DATA_BY_UID	SubPosition Data using SubPosition-GUID
FTI_LDB_GET_SWAP_DETAILS	Swap Details
FTI_LDB_GET_THX_DATA_BY_HREL	Hedge Management for FAM - Hedging Relationship Single Access

Abbildung 11.17 Reporting Application Programming Interfaces des TRM

Auswertung der Geschäftsverwaltung

Für die Auswertung von Daten der Geschäftsverwaltung stehen vier RAPIs zur Verfügung:

- `FTI_LDB_GET_OTC_DEAL1_DATA`
- `FTI_LDB_GET_OTC_DEAL2_DATA`
- `FTI_LDB_GET_SECURITY_DEAL1`
- `FTI_LDB_GET_SWAP_DETAILS`

Auswertung der Bestandsverwaltung

Diese RAPIs bauen auf den Selektionsalgorithmen der logischen Datenbank FTI_TR_DEALS auf. Für die Auswertung von Daten der Bestandsverwaltung sind die folgenden RAPIs angelegt:

- `FTI_LDB_GET_POS_DATA`
- `FTI_LDB_GET_POS_DATA_BY_UID`
- `FTI_LDB_GET_SUBPOS_DATA_BY_UID`
- `FTI_LDB_GET_LOAN_DATA`

Auswertung des Hedge Accountings für Exposures

Diese greifen auf die Algorithmen der logischen Datenbank FTI_TR_POSITIONS zurück. Für die Auswertung von Daten aus dem Hedge Accounting für Exposures sind zwei RAPIs vorhanden:

- `FTI_LDB_GET_HM_DATA_BY_HEDGE`
- `FTI_LDB_GET_HM_DATA_GENERAL`

Mit dem RAPI `FTI_LDB_GET_THX_DATA_BY_HREL` können Sie Informationen zum Hedge Accounting für Bestände ermitteln.

Diese RAPIs erläutern wir nun Schritt für Schritt.

RAPIs der Geschäftsverwaltung

Für den Aufruf der RAPIs der Geschäftsverwaltung ist neben der Festlegung des Buchungskreises und der Geschäftsnummer auch die Angabe des Stichtags wichtig, da Sie mit dem Stichtag den Zeitpunkt bestimmen, zu dem die Auswertung der Merkmale und Kennzahlen stattfindet.

- **RAPI FTI_LDB_GET_OTC_DEAL1_DATA**
  Das RAPI FTI_LDB_GET_OTC_DEAL1_DATA wertet für Finanzgeschäfte die Hauptdaten und Bewegungen aus. Mit zwei Kennzeichen können Sie steuern, ob Sie nur aktive Geschäfte selektieren und auch Bewegungen auswerten. Wird der Stichtag nicht angegeben, wird automatisch das Systemdatum als Stichtag verwendet.
- **RAPI FTI_LDB_GET_OTC_DEAL2_DATA**
  Das RAPI FTI_LDB_GET_OTC_DEAL2_DATA wertet wie das vorangegangene RAPI die Hauptdaten und Bewegungen eines Geschäfts aus. Darüber hinaus werden die Marktrisikokennzahlen des Geschäfts ermittelt. Deswegen müssen auch die Auswertungswährung und die Auswertungsart angegeben werden.
- **RAPI FTI_LDB_GET_SECURITY_DEAL1**
  Mit dem RAPI FTI_LDB_GET_SECURITY_DEAL1 können Sie Merkmale und Kennzahlen von Wertpapier- und Future-Geschäften auswerten. Die Angabe des Stichtags ist wieder optional, und der Stichtag wird mit dem Systemdatum belegt, wenn er leer bleibt.
- **RAPI FTI_LDB_GET_SWAP_DETAILS**
  Letztlich können Sie mit dem RAPI FTI_LDB_GET_SWAP_DETAILS die für einen SWAP produktspezifischen Felder der Hauptdaten auswerten.

RAPIs der Bestandsverwaltung

RAPI FTI_LDB_GET_POS_DATA

Mit dem RAPI FTI_LDB_GET_POS_DATA können Sie einzelne Bestände stichtagsbezogen auswerten. Das RAPI baut auf die Selektionsalgorithmen der logischen Datenbank FTI_TR_POSITIONS auf (siehe hierzu Abschnitt 11.1.2). Die Struktur der Ergebnistabelle E_TAB_LDB_POSITION_VALUE ist daher eine echte Teilstruktur der Struktur FTI_LDB_TR_POSITIONS. Darüber hinaus werden in der zweiten Ergebnistabelle E_TAB_POSITION_VALUE weitere Bestandskomponenten angeboten, die in der Regel selten verwendet werden, eine hohe Laufzeit haben und daher nicht in der Struktur der logischen Datenbank FTI_TR_POSITIONS enthalten sind. Zu diesen zusätzlichen Bestandskomponenten gehören die Aufteilung der Bewertungskomponenten in Zu- und Abschreibungen, der Abgrenzungsposten des Kaufwerts und die Index-Clean-Komponenten.

Ausgabe Die Ausgabe des RAPIs `FTI_LDB_GET_POS_DATA` erfolgt jeweils in einer Ergebnistabelle und nicht in einer Ergebnisstruktur. Damit wird dem Umstand Rechnung getragen, dass die Abgrenzung des auszuwertenden Bestands durch die Import-Parameter nicht eindeutig sein muss. Sie müssen zwar immer Folgendes angeben: Buchungskreis, Bewertungsbereich, entsprechend der Produktgruppe die Wertpapierkennnummer, die Kennnummer des Futures oder des börsennotierten Derivats mit dem Positionskonto, Vertragsnummer für Darlehen oder das bestandsbildende Finanzgeschäft. Doch reichen diese Informationen gerade für die eindeutige Differenzierung von Wertpapieren nicht unbedingt aus. Zum Beispiel erhalten Sie für einzelbestandsgeführte Bestände in den Ausgabetabellen mehrere Datensätze zurück, die sich durch die Lot-ID unterscheiden und weiter ausgewertet werden müssen, wenn nur ein einziger Ergebnissatz gewünscht ist.

Eingabe Wie wir schon angedeutet haben, setzen sich die Import-Parameter des RAPIs aus den typischen Parametern zur Differenzierung von Beständen zusammen. Diese sind der Buchungskreis, der Bewertungsbereich, die Bewertungsklasse und die Produktgruppe. Für Wertpapiere können Sie die Kennnummer, das Depot, die Depotgruppe, das Portfolio und die Lot-ID festlegen. Für Futures und börsennotierte Derivate stehen die Kennnummer und das Positionskonto zur Verfügung. Für Darlehen muss die Vertragsnummer und für OTC-Geschäfte das bestandsbildende Finanzgeschäft angegeben werden.

Stichtag und Stichtagsreferenz Der Stichtag bestimmt das Datum der Auswertung, und mit der Stichtagsreferenz können Sie festlegen, ob die Auswertung nach der Bestandsvaluta oder dem Buchungsdatum als Stichtagsreferenz erfolgen soll. Werten Sie nach der Bestandsvaluta aus, können Sie mit dem Kennzeichen I_WITH_PLANNED entscheiden, ob geplante Bewegungen selektiert werden. Werten Sie nach dem Buchungsdatum aus, werden auch die stornierten Bewegungen verarbeitet (siehe Abschnitt 11.1.3, Überschrift »Abgrenzungen und Einstellungen zur

Datenselektion«). Zuletzt können Sie mit dem Kennzeichen I_NO_ZEROS Nullsätze ausschließen.

Das RAPI FTI_LDB_GET_POS_DATA_BY_UID liefert analog zum RAPI FTI_LDB_GET_POS_DATA eine stichtagsbezogene Bestandsauswertung. Für dieses RAPI können Sie jedoch den Bestand mit seiner Position-Guid direkt bestimmen, anstatt die Parameter zur Differenzierung von Beständen zu verwenden. Die Ausgabe des RAPIs FTI_LDB_GET_POS_DATA_BY_UID liefert im Gegensatz zum RAPI FTI_LDB_GET_POS_DATA nicht die Sub-Positionen. Diese können Sie mittels dem RAPI FTI_LDB_GET_SUBPOS_DATA_BY_UID dazu selektieren. Dieses RAPI verlangt als Eingabeparameter die Position-Guid der Sub-Position.

RAPI FTI_LDB_GET_POS_DATA_BY_UID

Mit dem RAPI FTI_LDB_GET_LOAN_DATA können Sie die Bestandswerte des operativen Bewertungsbereichs für Darlehen ermitteln. Die Datengrundlage dieser Bestandswerte ist damit SAP Loans Management, und die Ausgabestruktur enthält die Kennzahlen, die SAP Loans Management verwendet. Insbesondere können Sie damit Berichte um Kennzahlen ergänzen, die die Ausgabestruktur der logischen Datenbank FTI_TR_POSITIONS nicht liefern kann.

RAPI FTI_LDB_GET_LOAN_DATA

RAPIs des Hedge Accountings für Exposures

Das RAPI FTI_LDB_GET_HM_DATA_BY_HEDGE liefert die wichtigsten Daten einer Sicherungsbeziehung, der darin enthaltenen Exposures und der zugehörigen Effektivitätsergebnisse. Mit diesem RAPI können Sie z. B. zeitpunktbezogene Berichte auf der logischen Datenbank FTI_TR_POSITIONS mit Daten aus dem Hedge Accounting für Exposures anreichern.

RAPI FTI_LDB_GET_HM_DATA_BY_HEDGE

Die Import-Parameter bestehen aus dem Buchungskreis und den Identifikationsnummern des Sicherungsobjekts und des Sicherungsgeschäfts. Das RAPI liefert immer nur die aktuelle Version des Sicherungsgeschäfts und ist für eine historische Auswertung nicht geeignet.

Das RAPI FTI_LDB_GET_HM_DATA_GENERAL liefert eine detaillierte Auswertung der Daten des Hedge Accountings für Exposures. Es verwendet die gleichen Algorithmen wie die logische Datenbank des Hedge Accountings FTI_TR_HEDGE (siehe Abschnitt 11.1.8). Als Import-Parameter können Sie den Buchungskreis, den Bewertungsbereich, den Hedge-Plan, die Identifikationsnnummern des Exposures, des

RAPI FTI_LDB_GET_HM_DATA_GENERAL

Sicherungsobjekts und des Sicherungsgeschäfts sowie den Risikotyp des Sicherungsobjekts angeben. Mit dem Kennzeichen I_FGL_VERS legen Sie fest, ob die aktuelle Version des Sicherungsgeschäfts ausgewertet werden soll. Standardmäßig ist das Kennzeichen gesetzt.

[+]

Identifikationsnummer des Sicherungsobjekts

Die beiden logischen Datenbanken FTI_TR_POSITIONS und FTI_TR_PERIODS enthalten als Merkmal auch die Identifikationsnummer des Sicherungsobjekts. Sie können für ein Finanzgeschäft, das in einer Sicherungsbeziehung steht, die Auswirkung der Klassifikation mit den Kennzahlen der erfolgsneutralen Bewertung des Titels ausweisen.

RAPI des Hedge Accountings für Bestände

RAPI FTI_LDB_GET_THX_DATA_BY_HREL

Mit dem RAPI `FTI_LDB_GET_THX_DATA_BY_HREL` können Sie für eine Sicherungsbeziehung die Details der Sicherungsbeziehung, das Grundgeschäft, das Sicherungsinstrument und die Ergebnisse des Effektivitätstests auswerten. Das RAPI verwendet die gleichen Algorithmen wie die die logische Datenbank FTI_TR_THX_HEDGE (siehe Abschnitt 11.1.6).

11.4 SAP NetWeaver BW

SAP NetWeaver Business Warehouse (SAP NetWeaver BW) ist eine flexible und systemübergreifende Plattform für die Erstellung und Ausführung von Berichten. Ihre Stärke liegt in der Kombination von Werkzeugen, die eine Zusammenführung und Homogenisierung von Daten aus verteilten Systemen und eine flexible Modellierung von Berichten ermöglichen. Ein typisches Beispiel für den Einsatz von BW ist das konzernweite Berichten, wobei speziell auf den Berichtsempfänger abgestimmte Berichte mit einer Tabellenkalkulation oder einem Internetbrowser ausgegeben werden können.

BW liegt in einem eigenen System, an das eines oder mehrere ERP-Systeme als Datenquellen angeschlossen sein können. Die Daten aus den ERP-Systemen werden mittels *Extraktoren* selektiert, durch *DataSources* an BW geliefert, dort zusammengeführt, verarbeitet und für Berichte bereitgestellt. Die Berichte greifen bei der Ausführung auf diese aufbereiteten Daten zu und verarbeiten sie zu ihren Ergebnisdaten weiter. Die Beschreibungen und Einstellungen dieses Prozesses von der Datenextraktion bis hin zur Ausgabe der Ergebnisdaten stellen den inhaltlichen Teil von BW dar und werden als *Business Content* bezeichnet.

Business Content

Für den Transaction Manager von SAP Treasury and Risk Management wird mit Business Content 7.0.3 ein Business Content für die Auswertung der folgenden Daten ausgeliefert:

- bestandsrelevante Kennzahlen aus den Sichten der Bestandsvaluta und des Buchungsdatums
- simulierte Bewertungen
- Marktdaten

Dazu kommt der Prozess für die Extraktion und Bereitstellung der Stammdaten. Abbildung 11.18 gibt Ihnen eine Übersicht über den ausgelieferten Business Content.

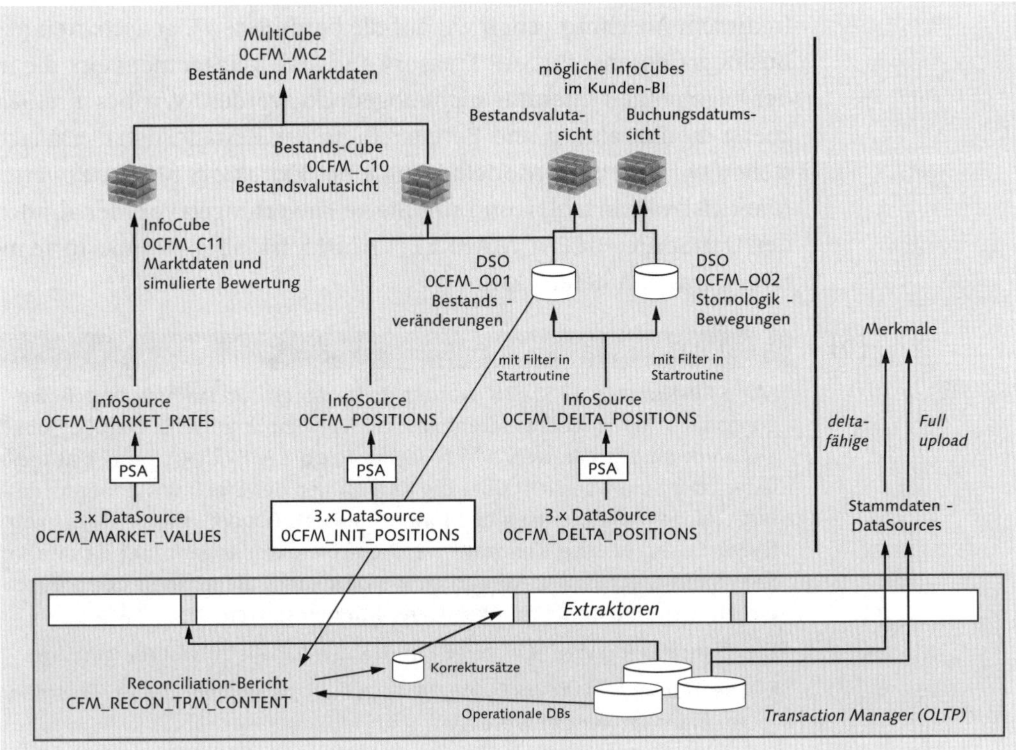

Abbildung 11.18 Business Content 7.0.3 Support Package 6 des Transaction Managers

Business Content des Transaction Managers

Der Business Content des Transaction Managers beinhaltet im Wesentlichen die Extraktion der Daten aus den Quellsystemen und deren Aufbereitung und Bereitstellung in BW. Queries sind nicht enthalten. Der Hintergrund für dieses Vorgehen ist, dem Anwender die Basis für den Aufbau eines eigenen Business Contents zu liefern, der dann nach spezifischen Anforderungen erweitert werden kann. Natürlich sind in dieser Basis die technischen Aufgaben wie die Extraktion der Bestands- und Stammdaten im Deltaverfahren oder die Stornologik für die Auswertung der bestandsrelevanten Kennzahlen aus der Sicht des Buchungsdatums schon gelöst.

Der auf die grundlegenden Teile beschränkte Business Content und die Notwendigkeit seiner Erweiterung fordern vom Anwender, dass er mit der Datenmodellierung, der Datenextraktion und der Erstellung von Queries für BW vertraut ist. Dazu möchten wir Sie auf die weiterführende Literatur verweisen.

In diesem Abschnitt gehen wir auf die besonderen Eigenschaften des Business Contents für SAP Treasury and Risk Management ein, die in der allgemeinen Literatur nicht abgedeckt werden. Wir beschreiben zuerst die Extraktion und Bereitstellung der Bestandsdaten. Danach stellen wir Ihnen die Modellierung eines Extraktors für Marktwerte, Marktrisikokennzahlen und simulierte Bewertungen vor, der ähnlich der DataSource 0CFM_MARKET_VALUES ist, aber eine performantere Extraktion liefern kann.

[»]

Extraktoren der Ergebnisdatenbank

Mit SAP-Hinweis 1711638 werden Extraktoren für Stamm- und Bewegungsdaten der Ergebnisdatenbank zur Verfügung gestellt. Darüber hinaus wird mit SAP-Hinweis 1711639 der Report `RAFWKF_OVERVIEW` ausgeliefert, der eine Übersicht über die Kennzahlen der Ergebnisdatenbank liefert. Unter anderem gibt Ihnen dieser Report die Möglichkeit festzustellen, welche Kennzahl welchem Extraktor zugeordnet ist und in SAP NetWeaver BW veröffentlich werden kann. Sie können den Report direkt über eine der folgenden Transaktionen starten:

Die Transaktion FWKF_OV zeigt Kennzahlen für alle Anwendungen an.

- Die Transaktion AFWKF_OV_PA zeigt Kennzahlen an, die im Portfolio Analyzer verwendet werden.
- Die Transaktion AFWKF_OV_RA zeigt Kennzahlen an, die im Market Risk Analyzer verwendet werden.
- Die Transaktion AFWKF_OV_RA zeigt Kennzahlen an, die im Accounting Analyzer verwendet werden.

11.4.1 Extraktion von Bestandsdaten

Für die Extraktion der Bestandsdaten stehen mit dem Business Content des Transaction Managers zwei Extraktions- und Aufbereitungsprozesse zur Verfügung. Zusammen stellen sie die Daten für die Auswertung der bestandsrelevanten Kennzahlen aus den Sichten der Bestandsvaluta und des Buchungsdatums bereit. Zusätzlich werden Daten für die erweiterte Stornologik bereitgestellt. Diese erlaubt es, für Berichte auf der logischen Datenbank FTI_TR_PERIODS die Bestandsdaten zwischen SAP Treasury and Risk Management und dem Hauptbuch abzugleichen (siehe Abschnitt 11.1.3, Überschrift »Abgrenzungen und Einstellungen zur Datenselektion«).

DataSource INIT_POSITIONS

Die DataSource 0CFM_INIT_POSITIONS liefert zusammen mit der InfoSource 0CFM_POSITIONS eine zeitpunktbezogene Auswertung der Bestandspositionen, ähnlich der logischen Datenbank FTI_TR_POSITIONS (siehe Abschnitt 11.1.2). Der Stichtag der Auswertung wird, wie weiter unten beschrieben, im Customizing festgelegt. Die Auswertung erfolgt nach der Stichtagsreferenz Bestandsvaluta, und es werden die historischen Kontierungsreferenzen ermittelt.

DataSource DELTA_POSITIONS

Die DataSource 0CFM_DELTA_POSITIONS mit der gleichnamigen InfoSource und den beiden *Data Store Objects* (DSO) 0CFM_O01 und 0CFM_O02 liefern eine Auswertung der bestandsrelevanten Bewegungen im Deltaverfahren AIE (After-Images über den Extraktor). Das DSO 0CFM_O01 enthält alle bestandsrelevanten Bewegungen, wie sie zum Zeitpunkt der letzten Extraktion im Quellsystem vorlagen. Bei einer neuen Extraktion werden die neuen Bewegungen des Quellsystems hinzugefügt, die geänderten Bewegungen durch eine neue aktualisierte Bewegung ersetzt und die gelöschten Bewegungen gelöscht. Der letzte Fall kann nur bei geplanten Bewegungen auftreten. Damit stellt das DSO 0CFM_O01 die Daten für Berichte unter den Sichten der Bestandsvaluta und des Buchungsdatums bereit. Dabei können für die Sicht des Buchungsdatums keine stornierten Bewegungen ausgewertet werden.

Erweiterte Stornologik

Um stornierte Bewegungen analog der logischen Datenbank FTI_TR_PERIODS auszuwerten, steht das DSO 0CFM_O02 zur Verfügung. Es enthält für jede Bewegung eines stornierten Treasury-Geschäftsvorfalls jeweils ein Paar von Datensätzen: der erste Datensatz gibt die gebuchte Bewegung wieder, und der zweite Datensatz enthält die dazugehörige Stornobewegung. Im DSO 0CFM_O01 sind für die stornierten Bewegungen wieder die entsprechenden Plansätze vorhanden.

Bestandscube Im Business Content ist bereits der *Bestandscube* 0CFM_C10 angelegt, der nur am DSO 0CFM_O01 angeschlossen ist und eine Bestandsvalutasicht der Daten liefert.

Reconciliation Für den Abgleich der Daten im DSO 0CFM_O01 mit den Daten des Quellsystems und deren eventueller Korrektur bei Schiefständen steht der Reconciliation-Bericht `CFM_RECON_TPM_CONTENT` zur Verfügung. Der Bericht sollte immer für eine festgelegte Periode ausgeführt werden, die schon komplett extrahiert wurde. Die Periode sollte aus Laufzeitgründen nicht zu groß gewählt werden. Bevor Sie den Reconciliation-Bericht zum ersten Mal ausführen, müssen Sie die Felder des Business Contents, die Sie abgleichen wollen, mit dem Bericht `CFM_RECON_REQ_CONTENT` festlegen.

Strukturen

Die Schnittstelle der DataSource 0CFM_INIT_POSITIONS ist über die Struktur `FTI_BIW_CFM_INIT_POSITIONS` festgelegt, und die Schnittstelle der DataSource 0CFM_DELTA_POSITIONS ist durch die Struktur `FTI_BIW_CFM_DELTA_POSITIONS` bestimmt. Diese beiden Strukturen müssen aufeinander abgestimmt sein, da sie gemeinsam einen Bestandscube aufbauen und fortschreiben müssen.

Somit beginnt die Struktur `FTI_BIW_CFM_INIT_POSITIONS` mit den Differenzierungsmerkmalen der Bestandspositionen und enthält danach die verschiedenen Bestandskennzahlen analog zur logischen Datenbank FTR_TR_POSITIONS. Die Struktur für die Extraktion der Bewegungsdaten `FTI_BIW_CFM_DELTA_POSITIONS` beginnt ebenso mit den Differenzierungsmerkmalen der Bestandspositionen. Anschließend folgen die Attribute der Bewegungen und die Felder, die die Änderung der Bestandskennzahlen wiedergeben.

Als Bestandskennzahlen sind nur Felder enthalten, die sich durch die Bewegungen der Bestände direkt fortschreiben lassen. Das gilt z.B. für die Stücke, den Nominalbetrag und den Buchwert, aber nicht für die aufgelaufenen Stückzinsen oder den Barwert. Diese Kennzahlen müssen gesondert extrahiert werden und können dann z.B. in einem MultiCube mit den Bestandskennzahlen abgemischt werden.

Customizing und Extraktion der Daten

Als ersten Vorgang der Datenextraktion für den Bestandscube 0CFM_C10 oder ein anderes geeignetes Datenziel, mit dem Sie Bestandsdaten auswerten möchten, müssen Sie einen Anfangsbestand zu einem Initialisierungsstichtag aufbauen. Dafür haben Sie zwei Möglichkeiten, die Sie über das Customizing festlegen können:

- **Verfahren 1**
  Extraktion eines Anfangsbestands
- **Verfahren 2**
  Extraktion aller Bewegungen

Die Extraktion eines Anfangsbestands hat gegenüber der Extraktion aller Bewegungen den Vorteil der geringeren Laufzeit und des kleineren Datenvolumens. Auch fallen bei diesem Verfahren Dateninkonsistenzen weniger ins Gewicht. Dagegen können Sie keine Auswertungen vor dem Initialisierungsstichtag vornehmen, was mit dem zweiten Verfahren möglich ist. Wenn Sie das erste Verfahren verwenden, sollten Sie deshalb den Initialisierungsstichtag hinreichend weit in der Vergangenheit wählen.

Das Verfahren zum Aufbau des Anfangsbestands legen Sie durch Einstellungen für die beiden DataSources 0CFM_INIT_POSITIONS und 0CFM_DELTA_POSITIONS fest, die Sie im Customizing unter Treasury and Risk Management • Transaction Manager • Allgemeine Einstellungen • Business Information Warehouse finden.

Gemeinsames Customizing beider Verfahren

Zuerst müssen Sie unabhängig vom Verfahren zum Aufbau des Anfangsbestands folgende Angaben machen:

- Unter dem Punkt InfoSources für Bestandsinitialisierung definieren müssen Sie einen Eintrag für die InfoSource 0CFM_INIT_POSITIONS anlegen.
- Das Datum der Bestandsinitialisierung bestimmt den Initialisierungsstichtag.
- Unter dem Punkt InfoSource für den Deltabestand tragen Sie 0CFM_DELTA_POSITIONS ein.
- Für den Punkt DataSource für die Bestandsinitialisierung legen Sie 0CFM_INIT_POSITIONS fest.

- Für den Punkt InfoSources für Delta-Bestand definieren erstellen Sie dann einen Eintrag für die InfoSource 0CFM_DELTA_POSITIONS.
- Unter dem Punkt DataSource für den Delta-Bestand geben Sie 0CFM_DELTA_POSITIONS an.
- In das Feld technisches Datum ab übernehmen Sie das Datum der Bestandsinitialisierung aus dem vorherigen Punkt InfoSources für Bestandsinitialisierung definieren.

[+]

Systemzeitzone und Residenzzeit

In der Customizing-Aktivität InfoSources für Delta-Bestand definieren können Sie mit dem Kennzeichen Systemzeitzone benutzen einstellen, ob bei der Umrechnung der für das Delta-Verfahren notwendigen UTC-Zeitstempel in Datum und Uhrzeit die Zeitzone des Systems anstelle der Zeitzone des Benutzers verwendet wird.

Darüber hinaus können Sie mit der Residenzzeit eine Zeitspanne in Sekunden festlegen, mit der die Uhrzeit für den Zeitstempel zurückgesetzt wird. Dies ist besonders dann zu empfehlen, wenn während der BW-Extraktion auch operative Prozesse, wie eine Plansatzfortschreibung oder eine Bewertung, durchgeführt werden, da die physische Verbuchung der neuen und geänderten Daten einige Sekunden später stattfinden kann, als ihr Zeitstempel angibt.

Unterschiedliches Customizing

Wenn Sie nun den Anfangsbestand mit Verfahren 1 aufbauen, darf das Kennzeichen Reine Delta-InfoSource nicht gesetzt sein. Wenn Sie dagegen Verfahren 2 durchführen möchten, muss das Kennzeichen gesetzt sein. Durch das Setzen des Kennzeichens liefert die DataSource 0CFM_INIT_POSITIONS keine Daten und setzt lediglich einen Zeitstempel für die Zeitstempelverwaltung, die das Deltaverfahren steuert.

Verfahren 1 – Extraktion eines Anfangsbestands

Zum Aufbau des Anfangsbestands nach dem ersten Verfahren unternehmen Sie in BW die folgenden Schritte:

1. Fordern Sie ein InfoPackage für die DataSource 0CFM_INIT_POSITIONS im Modus Anfangsbestand aufbauen an. Sie müssen den Buchungskreis und den Bewertungsbereich festlegen. Das InfoPackage liefert für die gegebene Datenselektion die Bestandswerte zum Initialisierungsstichtag.
2. Fordern Sie ein InfoPackage für die DataSource 0CFM_DELTA_POSITIONS im Modus Initialisierung des Delta-Verfahrens an,

und setzen Sie das Kennzeichen für INITIALISIERUNG OHNE DATENÜBERTRAGUNG. Es werden keine Daten in dem InfoPackage geliefert.

3. Fordern Sie ein InfoPackage für die DataSource 0CFM_DELTA_POSITIONS im Modus DELTA-UPDATE an. Das InfoPackage enthält die Bestandsveränderungen zwischen dem Initialisierungsstichtag und dem Systemdatum.

Nach diesen Schritten können Sie mit dem weiteren Deltaprozess fortfahren.

Verfahren 2 - Extraktion aller Bewegungen

Der Aufbau des Anfangsbestands mit dem zweiten Verfahren läuft in der folgenden Weise ab:

1. Fordern Sie ein InfoPackage für die DataSource 0CFM_INIT_POSITIONS im Modus ANFANGSBESTAND AUFBAUEN an. Sie müssen den Buchungskreis und den Bewertungsbereich festlegen. Das InfoPackage enthält keine Daten, da im Quellsystem das Kennzeichen REINE DELTA-INFOSOURCE gesetzt ist. Es wird aber ein Zeitstempel gesetzt, der für den weiteren Ablauf wichtig ist.
2. Fordern Sie ein InfoPackage für die DataSource 0CFM_DELTA_POSITIONS im Modus INITIALISIERUNG DES DELTA-VERFAHRENS an. Das InfoPackage enthält alle Bestandsveränderungen bis zum Initialisierungsstichtag. Damit können Sie zum Initialisierungsstichtag Ihre Bestände auswerten.
3. Fordern Sie ein InfoPackage für die DataSource 0CFM_DELTA_POSITIONS im Modus DELTA-UPDATE an. Das InfoPackage enthält die Bestandsveränderungen zwischen dem Initialisierungsstichtag und dem Systemdatum.

Nach diesen Schritten können Sie für das zweite Verfahren mit dem weiteren Deltaprozess fortfahren. Beide Verfahren liefern für Auswertungen nach dem Initialisierungsstichtag natürlich das gleiche Resultat.

[«]

Zeitstempel für eine InfoSource löschen

Mit der Customizing-Aktivität ZEITSTEMPEL FÜR INFOSOURCE LÖSCHEN, die Sie bei den erläuterten Customizing-Aktivitäten finden, können Sie die Zeitstempel, die die Zeitstempelverwaltung für die Organisation des Deltaverfahrens anlegt, wieder löschen. Zum Beispiel müssen die Zeitstempel gelöscht werden, wenn der Aufbau des Anfangsbestands wiederholt werden soll.

Testen der Daten

Die Extraktionsalgorithmen der beiden DataSources 0CFM_INIT_POSITIONS und 0CFM_DELTA_POSITIONS verwenden im Wesentlichen die gleichen Programmmodule für die Extraktion der Daten wie die logischen Datenbanken FTI_TR_POSITIONS und FTI_TR_PERIODS. Daher eignen sich Queries auf diesen beiden logischen Datenbanken sehr gut zum Überprüfen der Datenextraktion. Insbesondere wenn bei der Extraktion technische Probleme auftauchen, können sie dadurch eingegrenzt und behoben werden.

Performance und Parallelisierung der BW-Extraktoren

In der Regel werden bei der Datenextraktion über die DataSources 0CFM_INIT_POSITIONS und 0CFM_DELTA_POSITIONS große Datenmengen verarbeitet, da Sie als Selektionsoptionen nur den Buchungskreis und den Bewertungsbereich angeben können. Das gilt im besonderen Maße beim Aufbau des Anfangsbestands, aber auch bei der anschließenden Extraktion der Daten im Deltaverfahren. Wir empfehlen deshalb, die Parallelisierungsfunktion für die Extraktionsalgorithmen der beiden DataSources zu nutzen, die Sie im Customizing unter Treasury and Risk Management • Transaction Manager • Allgemeine Einstellungen • Business Information Warehouse • Parallelisierungssteuerung Infosystem und BW-Extraktion finden. Für die DataSource 0CFM_INIT_POSITIONS müssen Sie wie für die logische Datenbank FTI_TR_POSITIONS den Modus FTI_LDB_PB_SEL_POSITIONS auswählen. Für die DataSource 0CFM_DELTA_POSITIONS stellen Sie die Parallelisierung über den Modus 0CFM_DELTA_POSITIONS ein. Die weitere Pflege geschieht analog zu den Einstellungen für die Parallelisierung der logischen Datenbanken der Bestandsverwaltung (siehe Abschnitt 11.1.10). Eine Veränderung ist nur, dass die Paketgröße sich nun auf die Anzahl der Geschäftsvorfälle in einem Paket bezieht und nicht auf die Anzahl der Bestände. Bitte stimmen Sie Ihre Einstellungen mit Ihrem Basis- oder Hosting-Team genau ab, und schränken Sie gegebenenfalls eine Einstellung auf den Benutzer ALEREMOTE ein.

[+]

Selektionslogik des Extraktors 0CFM_DELTA_POSITIONS

SAP-Hinweis 1722632 liefert mittels einer Soft Modification für den Extraktor 0CFM_DELTA_POSITIONS eine neue Selektionslogik der Geschäftsvorfälle aus, die eine geringere Laufzeit gegenüber der Standardlogik hat.

11.4.2 Extraktion von Marktdaten

Mit der DataSource 0CFM_MARKET_VALUES, der InfoSource 0CFM_MARKET_RATES und dem InfoCube 0CFM_C11 werden Marktwerte, Marktrisikokennzahlen und simulierte Bewertungskennzahlen zur Verfügung gestellt (siehe Abbildung 11.18). Die Extraktion der Daten erfolgt stichtagsbezogen und liefert insbesondere die Nominale der eingehenden und ausgehenden Seite, den Marktwert, den Barwert und die wichtigsten Sensitivitäten.

Die DataSource 0CFM_MARKET_VALUES enthält Kennzahlen, deren Extraktion sehr laufzeitintensiv ist. Falls Sie nur einen kleinen Teil dieser Kennzahlen nutzen möchten, empfiehlt es sich, eine eigene DataSource anzulegen, die auf Ihre Kennzahlen zugeschnitten ist. Dafür liefert der ausgelieferte Business Content gerade die entsprechende Vorgehensweise: Die DataSource 0CFM_MARKET_VALUES ist über einen generischen Extraktor definiert, der auf der Basis eines InfoSets erstellt wurde, das wiederum auf der logischen Datenbank FTI_BW_CFM_VALUES aufbaut.

DataSource anlegen

Für Ihren Business Content können Sie eine DataSource in den folgenden Schritten anlegen:

1. Erstellen Sie mit der Transaktion SQ02 ein InfoSet auf der logischen Datenbank FTI_TR_POSITIONS. Diese logische Datenbank enthält neben Marktwert, Barwert, Sensitivitäten und simulierten Bewertungskennzahlen weitere Merkmale und Kennzahlen, die die logische Datenbank FTI_BW_CFM_VALUES nicht liefert (siehe Abschnitt 11.1.2). Sie können in Ihrem InfoSet auch Zusatzfelder erstellen, die dann gleich den gegebenen Feldern für die Extraktion zur Verfügung stehen.
2. Erstellen Sie mit der Transaktion SBIW einen generischen Extraktor auf dem InfoSet.
3. Replizieren Sie die Struktur des generischen Extraktors in BW.

Die InfoSource und den InfoCube legen Sie analog zur InfoSource 0CFM_MARKET_RATES und dem InfoCube 0CFM_C11 an.

Mit einer SAP Query, die alle Felder Ihres InfoSets enthält, können Sie die Extraktion der Daten testen und die Selektionsparameter bestimmen, die Sie für den generischen Extraktor verwenden wollen. Beachten Sie, dass die für die Query notwendigen Selektionsparameter auch Selektionsparameter des generischen Extraktors und damit der DataSource sein müssen.

Fazit

Mit den logischen Datenbanken der Geschäfts- und Bestandsverwaltung, den RAPIs und dem Business Content des Transaction Managers kennen Sie nun alle wesentlichen Werkzeuge für die Bereitstellung von Berichten für den Transaction Manager in SAP ERP und SAP NetWeaver BW.

Mit dem Portfolio-Controlling überwachen Sie die Risiken Ihres Portfolios, von Beständen, Exposures und Sicherungsinstrumenten. Darüber hinaus bestimmen Sie die erwirtschafteten Renditen.

12 Portfolio-Controlling mit den Analyzern

Die Familie der Analyzer besteht aus dem Market Risk Analyzer, dem Portfolio Analyzer, dem Accounting Analyzer und dem Credit Risk Analyzer. Gemeinsam bilden sie den analytischen Teil von SAP Treasury and Risk Management und werden meist einfach nur als »die Analyzer« bezeichnet. Value-at-Risk- und Performance-Analysen sind typische Werkzeuge, die Ihnen der Market Risk Analyzer und der Portfolio Analyzer zur Verfügung stellen, während der Accounting Analyzer das Risiko-Reporting mit Accounting-Kennzahlen bereichert. Mit dem Credit Risk Analyzer können Sie Anrechnungsbeträge und Ausfallrisiken messen und limitieren.

Mit den Analyzern stellen wir Ihnen eine komplette Tool-Familie zur Untersuchung Ihrer Bestände und Portfolios hinsichtlich unterschiedlichster Fragestellungen vor. Nach einem kurzen Einstieg in den Leistungsumfang in Abschnitt 12.1 wenden wir uns in Abschnitt 12.2 den architektonischen Grundprinzipien zu, die die Analyzer vom Transaction Manager unterscheiden. Schwerpunkt sind die Finanzobjekte und deren Integration mit dem Transaction Manager.

Mit diesem Wissen über die Fundamente der Analyzer wenden wir uns in Abschnitt 12.3 zentralen Strukturierungs- und Steuerungsentitäten wie der Auswertungsart und der Portfoliohierarchie zu, die eine vom Transaction Manager unabhängige, flexible Gestaltung und Untersuchung der Positionen ermöglichen. Nach diesen ersten Informationen, die für alle Analyzer gelten, geht es in den folgenden beiden Abschnitten um Teilaspekte des Market Risk Analyzers. In Abschnitt 12.4 beleuchten wir das Thema Value at Risk. Eine Übersicht über die Online-Analysen des Market Risk Analyzers stellen wir Ihnen in Abschnitt 12.5 vor.

Ausführlich gehen wir dann in Abschnitt 12.6 auf die Einrichtung und Handhabung der Ergebnisdatenbank ein, die gemeinsam für den Market Risk Analyzer, den Portfolio Analyzer und den Accounting Analyzer Analysedaten speichern kann und für übergreifende Auswertungen zur Verfügung stellt. Danach wenden wir uns in Abschnitt 12.7 dem Credit Risk Analyzer zu, bevor wir mit einem kurzen Abschnitt über Werkzeuge dieses Kapitel beenden.

[»]

Bemerkung zu Pfadangaben

An vielen Stellen sind aufgrund der strukturellen Ähnlichkeit die Menüpfade der Analyzer gleich aufgebaut. Daher verwenden wir auch hier eine verkürzte Darstellungsweise. Die Pfadangabe TREASURY AND RISK MANAGEMENT • MARKET RISK/PORTFOLIO/ACCOUNTING ANALYZER • WERKZEUGE • FINANZOBJEKT bedeutet, dass Sie die betreffende Transaktion meist sowohl unter TREASURY AND RISK MANAGEMENT • MARKET RISK ANALYZER • WERKZEUGE • FINANZOBJEKT sowie TREASURY AND RISK MANAGEMENT • PORTFOLIO ANALYZER • WERKZEUGE • FINANZOBJEKT als auch unter TREASURY AND RISK MANAGEMENT • ACCOUNTING ANALYZER • WERKZEUGE • FINANZOBJEKT finden können.

12.1 Die Analyzer-Familie

Geschichte

Heute sind die Analyzer ein integraler Bestandteil von SAP Treasury and Risk Management. Ihre Entwicklungsgeschichte war jedoch nicht so homogen. Die analytischen Module von SAP Treasury and Risk Management entstanden aus einer Ankopplung von Modulen von *SEM Banking* an das *Treasury Management* zu Release 4.6C, Add-on CFM 1.0. Wir werden Ihnen hier nur die Teile der Analyzer-Familie vorstellen, die für Sie als Nutzer relevant sind. An einigen wenigen Stellen werden wir aus Verständnisgründen jedoch explizit auf die Verbindung der Analyzer zu SEM Banking eingehen, um die Funktionen der Analyzer von SAP Treasury and Risk Management und von SEM Banking korrekt abzugrenzen.

Der Portfolio Analyzer und der Accounting Analyzer – der jüngste Spross der Familie der Analyzer – sind unabhängig vom SEM Banking entstanden.

12.1.1 Market Risk Analyzer

Marktrisiko

Die Kernaufgabe des *Market Risk Analyzers* (Transaktion TRM-MR) liegt in der Analyse von Marktrisiken der Finanzpositionen, die Sie verwalten. Marktpreisänderungen bilden wichtige Einflussfaktoren für den Unternehmenserfolg. Änderungen der Marktpreise können die Höhe oder den Gegenwert von Zahlungsströmen erheblich beeinflussen. Operative Unternehmensaktivitäten wie auch Treasury-Geschäfte unterliegen gleichermaßen diesen Risiken. Die methodische Leistungsvielfalt des Market Risk Analyzers erlaubt eine detaillierte Bewertung Ihrer bestehenden Positionen hinsichtlich der preisbestimmenden Faktoren.

Funktionales Spektrum

Der Market Risk Analyzer ist für die Bedürfnisse unterschiedlicher Branchen konzipiert. Er verbindet die methodischen Anforderungen aus dem Finanzdienstleistungsbereich mit der Möglichkeit, Zahlungsströme aus den operativen Unternehmensaktivitäten in die Risikoanalyse mit einzubeziehen. Risiken können nach ihren verursachenden Risikofaktoren wie Währungskursen, Zinsen oder Commodity-Preisen über frei definierbare Risiko- und Portfoliohierarchien analysiert werden. Zeitpunktbezogene Analysen wie z.B. die Barwertanalyse gehören genauso zum funktionalen Spektrum wie Value-at-Risk-Analysen als klassisches Instrument des Risiko-Controllings. Als integraler Bestandteil von SAP Treasury and Risk Management stehen in den Analysen alle relevanten Informationen aus der transaktionalen Abbildung der Positionen zur Verfügung. Die Ebene der realen Transaktionen, Bestände und Marktdaten kann bei Bedarf um Geschäftssimulationen und Marktdatenszenarien ergänzt werden, um Veränderungspotenziale bei alternativen Sicherungsstrategien aufzuzeigen. Der Market Risk Analyzer unterteilt sich daher in folgende Funktionsbereiche:

- Marktdatenmanagement
- Barwertrechner (auch Fair-Value- oder Net-Present-Value-Rechner)
- Online-Auswertungen
- Ergebnisdatenbank

12.1.2 Portfolio Analyzer

Funktionales Spektrum

Im *Portfolio Analyzer* (Transaktion TRM-PA) sind Werkzeuge zur Berechnung von Rendite- und Performancekennzahlen sowie zum

Vergleich dieser Kennzahlen mit Benchmarks zusammengefasst. Dabei ist er so konzipiert, dass Sie den Anlageerfolg aus verschiedensten kundendefinierten Perspektiven unabhängig von den transaktionalen Entitäten und mit unterschiedlichen Methoden messen können. Grundlage der Berechnungen ist die Strukturierung Ihres Portfolios in Portfoliohierarchien, die eine flexible Sicht auf Ihre Bestände mit unterschiedlichen Aggregationsebenen definieren. Auf jeder dieser Ebenen können Sie Renditen verschiedenster Ausprägungen berechnen und diese Benchmark-Kennzahlen gegenüberstellen.

Ergebnisdatenbank und Portfolio Analyzer

Der Portfolio Analyzer konzentriert sich auf die Ergebnisdatenbank, da die im Vergleich zum Market Risk Analyzer größeren Laufzeitanforderungen Online-Analysen weitgehend verbieten. Mit dem Reporting können Sie die gespeicherten Ergebnisse anzeigen, wobei eine Navigation bis hin zur Einzelgeschäftsebene Ihre Analyse erleichtert und die Ergebnisse transparent macht. Der Aufbau der Portfoliohierarchien sowie die Rendite- und Benchmark-Berechnungen werden versioniert, sodass jederzeit eine Revision der Berechnungsgrundlagen sowie die Historisierung der Berechnungsergebnisse möglich sind.

12.1.3 Accounting Analyzer

Funktionales Spektrum

Der *Accounting Analyzer* (Transaktion TRM-AA) stellt buchhalterische Größen wie z.B. den Buchwert oder den amortisierten Anschaffungswert, aber auch Größen wie den simulierten Buchwert oder die simulierte Amortisierung in der Welt der Analyzer zur Verfügung.

Nebenbuchbestand und Unterbestand

Es werden die Bestandskomponenten – getrennt nach Bewertungsbereich – direkt aus den Buchbeständen übernommen. Streng genommen, sind hier die Nebenbuchbestände und Unterbestände gemeint. Aus Gründen der Kompaktheit und besseren Lesbarkeit nutzen wir in diesem Kapitel meist den kompakteren Begriff des *Buchbestands*, sofern die differenzierte Betrachtung von Unterbeständen im jeweiligen Kontext nicht notwendig ist.

Integration mit anderen Analyzern

Der Accounting Analyzer steht Ihnen im Rahmen der Ergebnisdatenbank zur Verfügung. Dies ermöglicht das Reporting von Bestandskomponenten zusammen mit den Risiko- und Renditekennzahlen des Market Risk Analyzers und des Portfolio Analyzers. Dabei können Bestandskomponenten verschiedener Bewertungsbereiche in einem Report zusammengeführt werden. Klassisch arbeiten der Market Risk

Analyzer und der Portfolio Analyzer auf der Granularität der externen Bestände. Um die Kennzahlen des Accounting Analyzers mit den Risiko- und Renditekennzahlen des Market Risk Analyzers und Portfolio Analyzers vergleichen zu können, steht Ihnen daher zusätzlich die Möglichkeit zur Verfügung, den Market Risk Analyzer und den Portfolio Analyzer auf der Granularität der Buchbestände zu betreiben.

12.1.4 Credit Risk Analyzer

Adressrisiko

Der *Credit Risk Analyzer* (Transaktion TRM-CR) ermöglicht die aktive Steuerung von Ausfallrisiken über die Ermittlung von Anrechnungsbeträgen und Vorgaben von Limits. Dabei wird im Rahmen von SAP Treasury and Risk Management nur das *Adressrisiko* betrachtet, also die Gefahr des Wertverlusts einer Forderung aufgrund der Bonitätsverschlechterung des Geschäftspartners. Die drei wesentlichen Funktionen, die für diese Aufgabe benötigt werden, sind die Anrechnungsbetragsermittlung, das Limitmanagement und die Prüfung der Limitinanspruchnahmen.

Anrechnungsbetragsermittlung

In der *Anrechnungsbetragsermittlung* wird für die Forderung, die dem Ausfallrisiko unterliegt, der Anrechnungsbetrag ermittelt. Die Berechnungsgrundlage bildet typischerweise der Barwert oder Nominalbetrag der Forderung. Diese Kennzahlen können entweder in voller Höhe angerechnet oder über Formeln mit einer Ausfallwahrscheinlichkeit und einer Recovery Rate (Rückzahlungsquote) kombiniert werden, die die Höhe des Betrags mindern. Auch das Netting von gegenläufigen Forderungen kann für die Anrechnungsbetragsermittlung umgesetzt werden.

Limitmanagement

Im *Limitmanagement* können Sie Limitarten nach verschiedenen Limitmerkmalen anlegen. Zu den Limitmerkmalen zählen der Buchungskreis, der Geschäftspartner, der Händler und die Währung. Darüber hinaus stehen Kundenmerkmale zur Verfügung, die Sie frei belegen können. Für jede konkrete Ausprägung der Merkmale einer Limitart können Sie Limitvorgaben festlegen, gegen die dann bei der Limitprüfung eines Geschäfts der Anrechnungsbetrag geprüft wird.

Geschäftsprüfung und Tagesendverarbeitung

Die Prüfung der Geschäfte kann durch die integrierte Einzelgeschäftsprüfung und in der Tagesendverarbeitung erfolgen. Die integrierte Einzelgeschäftsprüfung können Sie direkt bei der Anlage oder Änderung eines Geschäfts im Transaction Manager durchführen. Die Tagesendverarbeitung wird im Credit Risk Analyzer vorgenommen.

12.2 Grundlagen, Architektur, Datenhaltung

Im Folgenden stellen wir Ihnen die fundamentalen Architekturprinzipien der Analyzer vor. Das Finanzobjekt entkoppelt die operationale von der analytischen Welt, in der Sie mit den Analysemerkmalen eine unabhängige Analysesicht auf Ihre Positionen aufbauen können.

12.2.1 Grundlegende Begriffe

Finanzobjekt und Analysemerkmal

Für das Verständnis der grundlegenden Begriffe ist es von Vorteil, wenn wir uns zu Beginn von unserem eigentlichen Thema, den Analyzern, etwas abwenden und einen Blick auf deren Wurzeln, das SEM Banking, werfen. Diese Vorgehensweise eröffnet den Blick auf die wesentlichen Eigenschaften der Handhabung und der Begriffe. Als analytisches Modul kennt SEM Banking keine eigentlichen operationalen Prozesse wie Geschäftserfassung, Zahlungen oder buchhalterische Bewertungen. Es lädt Markt- und Geschäftsdaten der operationalen Prozesse aus verschiedenen Vorsystemen in seine Datenbank und führt danach die entsprechenden Analysen durch. Es wirkt also als eine Art Data Warehouse. Jedes Vorsystem hat seine eigenen Begriffe, Entitäten und Architektur. Damit ist es die erste Aufgabe, die verschiedenen Entitäten in eine einheitliche Sprache und einen einheitlichen Zuschnitt zu transformieren. An dieser Stelle stehen die beiden Begriffe *Finanzobjekt* und *Analysemerkmal*, die wir jetzt vorstellen werden.

Finanzobjekt

Das *Finanzobjekt* ist die zentrale Harmonisierungsentität, auf die alle eingelesenen Bestände und Geschäfte abgebildet werden. Es ist aber kein zentrales Datenobjekt, das die gesamte Information eines Bestands oder Geschäfts trägt. Es handelt sich beim Finanzobjekt vielmehr um ein Metaobjekt mit den folgenden Eigenschaften:

- Es trägt das Wissen darüber, welcher Finanzinstrumenttyp sich dahinter verbirgt, also wo die eigentlichen Bestands- oder Geschäftsdaten zu finden sind. Dabei kann es sich sowohl um einen externen als auch um einen Buchbestand oder einen simulierten Bestand handeln.
- Es trägt zentrale Verwaltungsinformationen.
- Es trägt in verschiedenen Teilen für die jeweiligen analytischen Module optimierte und notwendige Informationen, z.B. eine Reihe von Analysemerkmalen als Attributen.

Analysemerkmale

Die *Analysemerkmale* stellen die harmonisierte Sicht auf die Begriffe der Vorsysteme dar. Dabei können eigene Analysemerkmale definiert werden, sodass die analytischen Anforderungen und die dafür zu wählenden Beschreibungen und Entitäten von den operationalen Begriffen entkoppelt werden können – aber nicht müssen. Dabei kann die Befüllung der Analysemerkmale aus den einzelnen Vorsystemen über Ableitungsregeln individuell gesteuert werden.

Das Erbe des SEM Bankings

Ersetzen Sie nun das Vorsystem durch den Transaction Manager oder die Bestandsverwaltung, und Sie haben die Kerneigenschaften der Analyzer-Architektur schon vor Ihrem geistigen Auge. Durch dieses Erbe von SEM Banking ergeben sich für die Analyzer einige Eigenschaften, die von unschätzbarem Vorteil sind:

- Bereitstellung von informationstragenden Strukturen, die an die Bedürfnisse der jeweiligen analytischen Applikation angepasst sind.
- Die Verwendung von Analysemerkmalen, die unabhängig von operationalen Begriffen und Merkmalen definiert werden können.
- Die Möglichkeit, nicht nur Daten von SAP Treasury and Risk Management, sondern auch aus anderen Modulen wie SAP Cash and Liquidity Management, der Darlehensverwaltung (SAP Loans Management), dem Hauptbuch (FI-GL), SAP In-House Cash oder auch einfach manuell eingegebene Objekte bearbeiten und analysieren zu können.

Verhältnis Finanzobjekt zu Primärobjekt

Damit haben Sie die Möglichkeit, eine Art Data Warehouse mit leistungsfähigen analytischen Kompetenzen aufzubauen. Betrachten wir nun die Einzelteile und deren Eigenschaften innerhalb von SAP Treasury and Risk Management. SAP Treasury and Risk Management werden Sie normalerweise mit aktiver Finanzobjektintegration betreiben. Dabei wird für jede Finanzinstrumentposition ein Finanzobjekt erzeugt. Der Begriff *Finanzinstrumentposition* ist dabei nicht streng »operativ« gemeint. Wie in Abbildung 12.1 angedeutet, koppeln sich die Analyzer sowohl an den externen Bestand als auch an die Bestände und Unterbestände an. Für die Finanzobjekte der Bestandsverwaltung werden buchhalterische Aspekte wie bewertungsbereichsabhängige Zuschnitte von Positionen berücksichtigt. Für die folgenden Entitäten wird damit ein Finanzobjekt erzeugt:

- **OTC-Geschäfte**
  Für jedes OTC-Geschäft wird ein Finanzobjekt erzeugt.

- **Wertpapiere**
  Für jeden Depotgattungsbestand wird ein Finanzobjekt erzeugt. Darüber hinaus kann für jedes Wertpapiergeschäft ein Finanzobjekt erzeugt werden.
- **Futures und handelbare Optionen**
  Hier gibt es zwei Möglichkeiten, die parallel genutzt werden können: Für jeden Positionskontogattungsbestand wird ein Finanzobjekt erzeugt, darüber hinaus wird für jeden lotbasierten Positionskontobestand ein Finanzobjekt erzeugt.
- **Darlehen**
  Das Finanzobjekt für Darlehen wird aus der operativen Darlehensverwaltung SAP Loans Management heraus erzeugt. Das Darlehensfinanzobjekt zeigt also nicht auf die Abbildung des Darlehens innerhalb des Transaction Managers.
- **Operative Exposures**
  Für jede Exposure-Position, die im Rahmen des Exposure Managements (siehe Kapitel 8) erzeugt wird, wird ein Finanzobjekt erzeugt.
- **Interne Bestände**
  Getrennt nach Bewertungsbereich wird für jeden einzelnen Bestand und Unterbestand ein Finanzobjekt erzeugt. Dabei zerfällt ein Bestand in mehrere Unterbestände, sobald er in eine Sicherungsbeziehung eingebunden ist.

Operatives und TRL-Primärobjekt

Die Entitäten des externen Bestands, die als Anker für ein Finanzobjekt dienen, nennen wir *operative Primärobjekte,* während wir Entitäten des internen Bestands als *TRL-Primärobjekte* bezeichnen. Daneben können aber in den Analyzern von SAP Treasury and Risk Management auch für eine ganze Reihe weiterer Entitäten Finanzobjekte erzeugt werden, die auch in die Analysen eingebunden werden können. Dazu gehören z.B. Sachkonten aus dem Hauptbuch, Konten aus dem Bankenkontokorrent (SAP BCA), Konten aus SAP In-House Cash (SAP IHC) oder Verträge aus dem Darlehen (SAP Loans Management).

Nutzung in den Analyzern

Während der Market Risk Analyzer und der Portfolio Analyzer auf alle Arten von Finanzobjekten zugreifen können, stehen dem Accounting Analyzer naturgemäß lediglich die Finanzobjekte der TRL-Primärobjekte zur Verfügung. Der Credit Risk Analyzer wiederum greift nur auf die Finanzobjekte der operativen Primärobjekte zu.

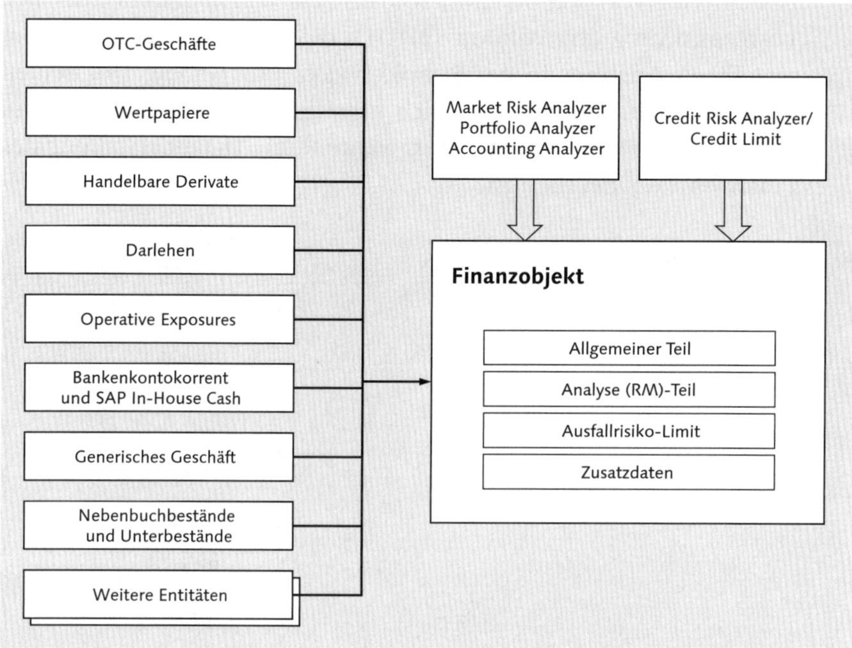

Abbildung 12.1 Finanzobjekt als Metaobjekt zur Entkopplung zwischen unterschiedlichen operationalen Datenablagen und den analytischen Modulen

12.2.2 Finanzobjektbestandteile und -pflege

Wenden wir uns nun dem Finanzobjekt, seiner Struktur und seiner Pflege zu.

Einstieg und allgemeiner Teil des Finanzobjekts

Finanzobjekt

Das Finanzobjekt als zentrale Entität bedarf einer genauen Betrachtung. In diesem Abschnitt werden wir Ihnen das Finanzobjekt, seine Struktur sowie die Möglichkeiten der manuellen Pflege vorstellen. Im Betrieb werden diese Schritte innerhalb der Finanzobjektintegration, die wir in Abschnitt 12.2.5 beschreiben werden, automatisch im Hintergrund durchgeführt. Aber auch bei aktiver Finanzobjektintegration ist es manchmal erforderlich, die Daten eines Finanzobjekts manuell abzuändern.

Transaktionen zur manuellen Pflege

Wir nähern uns dem Finanzobjekt, indem wir Ihnen die manuelle Pflege der Finanzobjekte vorstellen. Zur manuellen Pflege eines Finanzobjekts des externen Bestands nutzen Sie die Transaktion FINANZOBJEKT (Transaktion JBDO) und für Finanzobjekte des Buchbestands die Transaktion FINANZOBJEKT FÜR NEBENBUCHBESTAND UND UNTERBESTÄNDE (Transaktion JBDO1), die Sie im Menü unter dem jeweiligen Analyzer in der Rubrik WERKZEUGE finden. Die beiden Transaktionen unterscheiden sich hinsichtlich des Selektionsbildes zur Auswahl eines Finanzobjekts, während die Detaildarstellung des Finanzobjekts identisch ist.

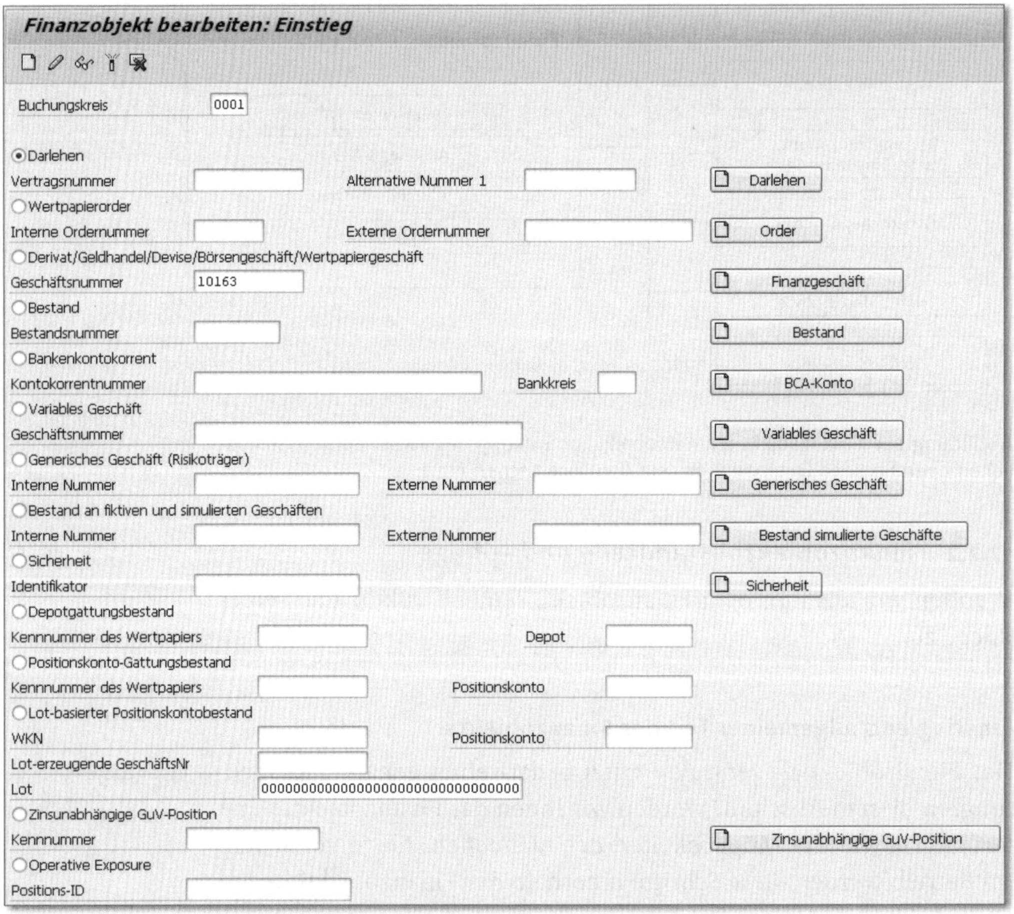

Abbildung 12.2 Selektionsbild der Transaktion JBDO zur manuellen Pflege von Finanzobjekten des externen Bestands

Selektionsbild JBDO

Das Einstiegsbild zur Pflege von Finanzobjekten des externen Bestands (siehe Abbildung 12.2) dient zum einen der Selektion des auszuwählenden Finanzobjekts, zum anderen können Sie über die Buttons in die Pflege der abzubildenden operativen Entitäten abspringen. Da diese Transaktion sowohl für SEM Banking als auch für SAP Treasury and Risk Management gilt, tauchen einige operative Primärobjekte auf, die für SAP Treasury and Risk Management irrelevant sind, wie z. B. die Felder bzw. Buttons BESTAND und SICHERHEIT. Nach der Eingabe des vollständigen Schlüssels eines externen Bestands in Abbildung 12.2 gelangen Sie zum allgemeinen Teil des Finanzobjekts (siehe Abbildung 12.4).

Selektionsbild der Transaktion JBDO1

Im Einstiegsbild zur Pflege von Finanzobjekten der Buchbestände (siehe Abbildung 12.3) legen Sie im Bildbereich OBJEKTTYP mithilfe der entsprechenden Radiobuttons fest, ob Sie ein Finanzobjekt für einen BESTAND oder einen UNTERBESTAND bearbeiten möchten.

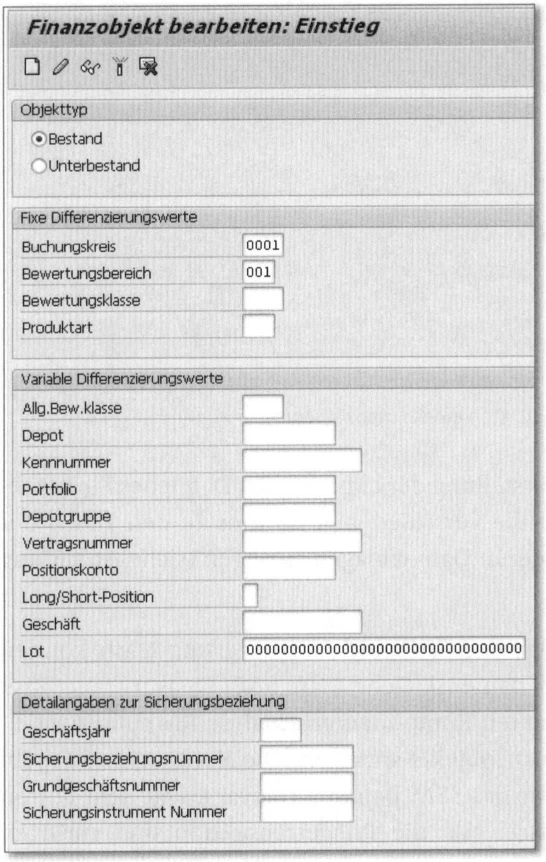

Abbildung 12.3 Selektionsbild der Transaktion JBDO1 zur manuellen Pflege von Finanzobjekten für Nebenbuchbestände und Unterbestände

In den Bildbereichen FIXE DIFFERENZIERUNGSKRITERIEN sowie VARIABLE DIFFERENZIERUNGSKRITERIEN geben Sie weitere Ausprägungen an, die den gewünschten Buchbestand weiter festlegen. Darüber hinaus können Sie – sofern Sie ein Finanzobjekt eines Unterbestands bearbeiten möchten – im Bildbereich Detailangaben zur Sicherungsbeziehung weitere Angaben zur gewünschten Sicherungsbeziehung machen. Legen die eingegebenen Differenzierungskriterien und Angaben zur Sicherungsbeziehung kein Finanzobjekt eindeutig fest, wird in einem Pop-up die Liste der möglichen Finanzobjekte angeboten. Nach der Auswahl eines der Finanzobjekte gelangen Sie wiederum zum allgemeinen Teil des Finanzobjekts (siehe Abbildung 12.4).

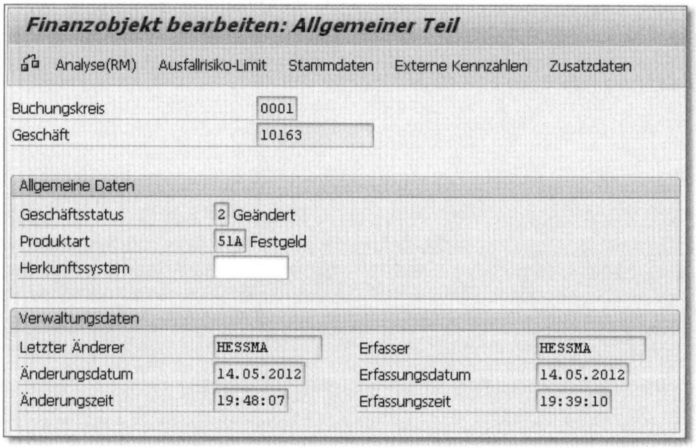

Abbildung 12.4 Allgemeine Daten eines Finanzobjekts

Aufbau und Navigation

Ausgehend von der Darstellung der allgemeinen Daten des Finanzobjekts können Sie über die verschiedenen Buttons zu den Teilen des Finanzobjekts und anderen Datenablagen springen (siehe Abbildung 12.4).

- Über die Buttons Analyse(RM) und Ausfallrisiko-Limit können Sie zu den beiden namensgleichen, in SAP Treasury and Risk Management relevanten Komponenten Analyse(RM) und Ausfallrisiko-Limit des Finanzobjekts springen. Die Komponente Ergebnisanalyse ist nur für das SEM Banking relevant. Mit dem Button Stammdaten verlassen Sie die Pflegetransaktion und springen zum operativen Primärobjekt bzw. dem TRL-Primärobjekt, mit dessen Schlüssel Sie das Finanzobjekt angesprochen haben.
- Mit dem Button Externe Kennzahlen verlassen Sie ebenfalls das eigentliche Finanzobjekt. Hier können Sie dann Kennzahlen (Beträge, Mengen und Prozentsätze) hinterlegen, die nicht selbst

im System zur Verfügung stehen. Diese externen Kennzahlen werden im Modul Credit Risk Analyzer zur Anrechnungsbetragsermittlung verwendet.

- Der Button ZUSATZDATEN zeigt die technische Finanzobjekt-ID an, die das System intern vergibt. In der Interaktion mit dem Endanwender wird ein Finanzobjekt jedoch immer durch die Schlüssel des zugeordneten operativen oder TRL-Primärobjekts oder durch die Ausprägungen der Analysemerkmale angesprochen.

Relevante FO-Komponenten

Relevant für Sie als Nutzer der Analyzer in SAP Treasury and Risk Management sind im Grunde genommen nur die beiden Finanzobjektkomponenten (FO-Komponenten) Analyse(RM) und Ausfallrisikolimit, wobei Analyse(RM) für »Analyse im Risk Management« steht. Ein Finanzobjekt besteht also aus mehreren Teilen, *Komponenten* genannt, die unabhängig voneinander angelegt und gespeichert werden können. Wenn Sie den Market Risk Analyzer, den Portfolio Analyzer oder den Accounting Analyzer nutzen möchten, müssen Sie die Finanzobjektkomponente Analyse(RM) anlegen. Wenn Sie das Ausfallrisikolimit nutzen möchten, müssen Sie die Finanzobjektkomponente Ausfallrisikolimit anlegen und pflegen. In den folgenden beiden Abschnitten beleuchten wir nun die Informationen, die diese beiden Finanzobjektkomponenten enthalten.

Finanzobjektkomponente Analyse(RM)

Abnehmer

Durch Anklicken des Buttons ANALYSE(RM) in Abbildung 12.4 gelangen Sie in die Pflege der namensgleichen Finanzobjektkomponente (siehe Abbildung 12.5). Die Attribute, die Sie einem Finanzobjekt hier mitgeben können, regeln den Zugriff und die Verarbeitung dieses Finanzobjekts im Market Risk Analyzer, im Portfolio Analyzer und im Accounting Analyzer. Im Pflegedialog (siehe Abbildung 12.5) finden Sie unterhalb der ID des operativen Primärobjekts mehrere Bildbereiche. Im Bildbereich ANALYSEPARAMETER befinden sich zwei sehr wichtige Parameter, das Kennzeichen ANALYSE AKTIV und das Feld BEWERTUNGSREGEL.

[«]

Kennzeichen »Analyse aktiv«

Das Kennzeichen ANALYSE AKTIV macht ein Finanzobjekt erst sichtbar für die Auswertungen des Market Risk Analyzers, des Portfolio Analyzers und des Accounting Analyzers.

Besonders in der Einführungsphase kann es aufgrund noch fehlerhafter Einstellungen in den Ableitungsregeln der Finanzobjektintegration (siehe Abschnitt 12.2.5) sein, dass dieses Kennzeichen nicht gesetzt ist und das Finanzobjekt nicht selektiert wird.

Falls Sie eine Menge von Finanzobjekten selektiv deaktivieren oder aktivieren möchten, können Sie dies mit der Transaktion FINANZOBJEKTE BEARBEITEN (Transaktion JBRFO) erreichen, die Sie im Menü unter WERKZEUGE • REORGANISATIONSTOOLS • FINANZOBJEKT • FINANZOBJEKT PFLEGEN finden. Ähnliche Funktionen finden Sie auch in den Transaktionen zur Massenbearbeitung von Finanzobjekten, die wir Ihnen in Abschnitt 12.2.5 unter der Überschrift »Werkzeuge zur Finanzobjektintegration« vorstellen.

Bewertungsregel

Bewertungsregeln können Sie im Customizing definieren. Dort hinterlegen Sie eine ID und eine Bezeichnung für eine bestimmte Bewertungsregel, aber keine Regeln im eigentlichen Wortsinn, die festlegen, wie das Finanzobjekt zu bewerten ist. Damit ist die Bewertungsregel als Attribut eines Finanzobjekts primär eine Bewertungsgruppierung. Erst wenn Sie in der Auswertungsart für eine Bewertungsregel Einstellungen zur bewertungsregelspezifischen Behandlung vornehmen, wird der Name *Bewertungsregel* mit Leben gefüllt. Diese spezifischen Einstellungen gelten dann für alle Finanzobjekte, die diese Bewertungsregel als Attribut in der Finanzobjektkomponente Analyse(RM) tragen (siehe auch Abschnitt 12.3.1).

Gültigkeit

Im Bildbereich GÜLTIGKEIT können Sie die Gültigkeitsdauer von Finanzobjekten begrenzen.

[»]

Optimierung der Zugriffslaufzeit über die Gültigkeit

Die Gültigkeit eines Finanzobjekts wird in keiner analytischen Fragestellung verwendet. Deshalb wäre es naheliegend, diese nicht zu füllen. Wir raten Ihnen trotzdem zu einer sorgfältigen Befüllung, am besten mit ein paar Tagen »Zuschlag« am Beginn und Ende der realen Gültigkeit des Finanzobjekts. Durch eine korrekt gefüllte Gültigkeit können Sie die Performance Ihres Systems entscheidend verbessern.

Hierzu ein Beispiel: Betrachten wir einen Bericht in den Analyzern, der über die eingegebenen Selektionskriterien eine Menge an Finanzobjekten mit den dahinterliegenden Finanzinstrumentbeständen selektiert und verarbeitet. Ist für ein Finanzobjekt ein Eintrag in der Gültigkeit vorhanden und der Stichtag der Selektion liegt außerhalb der Gültigkeit, wird schon im ersten Selektionsschritt, noch bevor die Selektion an die originäre Datenhaltung im Transaction Manager weitergeleitet wird, das Finanzobjekt aus der zu selektierenden Menge ausgefiltert

Ist die Befüllung hingegen vernachlässigt worden, leitet die zentrale Zugriffslogik die Selektion an die originären Finanzinstrumentbestände weiter. Vom Selektor im Transaction Manager werden dann alle Bewegungen selektiert und saldiert, um daraufhin festzustellen, dass der Saldo null, der Bestand also irrelevant ist.

Das Ergebnis ist bei gefüllter oder nicht gefüllter Gültigkeit dasselbe, der zweite Weg erfordert jedoch mehr Leistung und Zeit und belastet damit die Performance.

Analysemerkmale

Nach dem Bildbereich für Verwaltungsdaten gelangen wir zum Bildbereich mit Analysemerkmale. Die Analysemerkmale bestehen aus den Feldern der aktiven Analysestruktur. Wie diese definiert und verwaltet wird, erfahren Sie in Abschnitt 12.2.3.

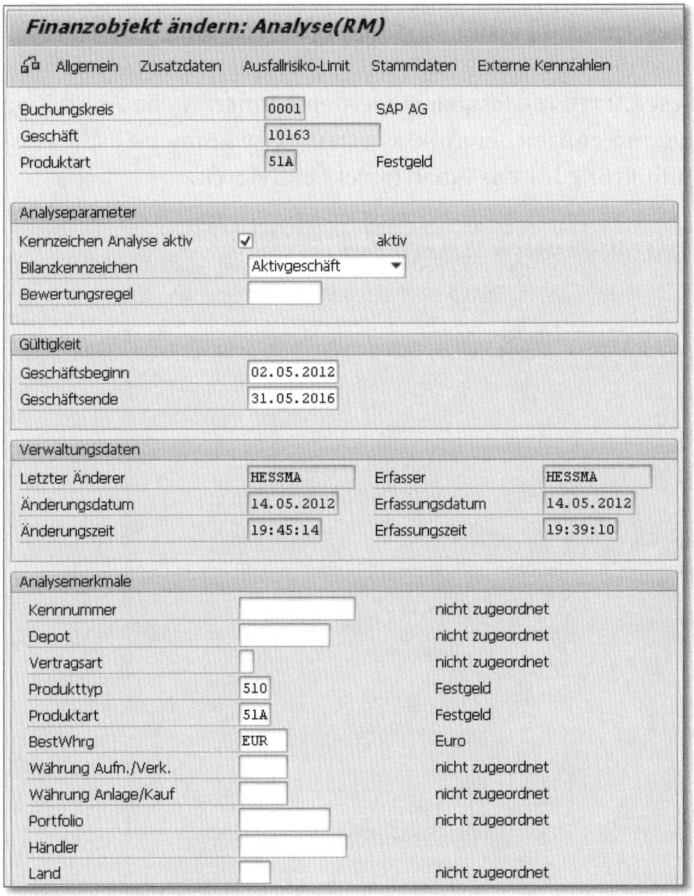

Abbildung 12.5 Detailbild der Transaktion JBDO bzw. JBDO1 zur Pflege der Analyse(RM)-Komponente

An dieser Stelle reicht es, zu wissen, dass Sie die Analysemerkmale ohne Rücksicht auf die Entitäten des Transaction Managers definieren und jedem Finanzobjekt eigene Merkmalsausprägungen mitgeben können. Diese Analysemerkmale sind in allen Auswertungen des Market Risk Analyzers, des Portfolio Analyzers und des Accounting Analyzers die einzige Zugriffsentität. Sie können hier die Analysemerkmale manuell erfassen oder ändern. Wie schon angesprochen, übernehmen im Normalfall der Finanzobjektintegration die Ableitungsregeln der Merkmalsableitung automatisch diese Aufgabe (siehe Abschnitt 12.2.5).

Finanzobjektkomponente Ausfallrisikolimit

Die Finanzobjektkomponente des Ausfallrisikolimits besteht aus den Limitmerkmalen, den Auswertungsparametern für die Anrechnungsbetragsermittlung, der Geschäftszuordnung für Netting-Gruppen und der Gültigkeit, mit der explizit der Geschäftsbeginn und das Geschäftsende festgelegt werden können (siehe Abbildung 12.6). Mit dem Kennzeichen Adressrisiko aktiv können Sie die Ausfallrisikolimitierung für das Finanzobjekt aktivieren.

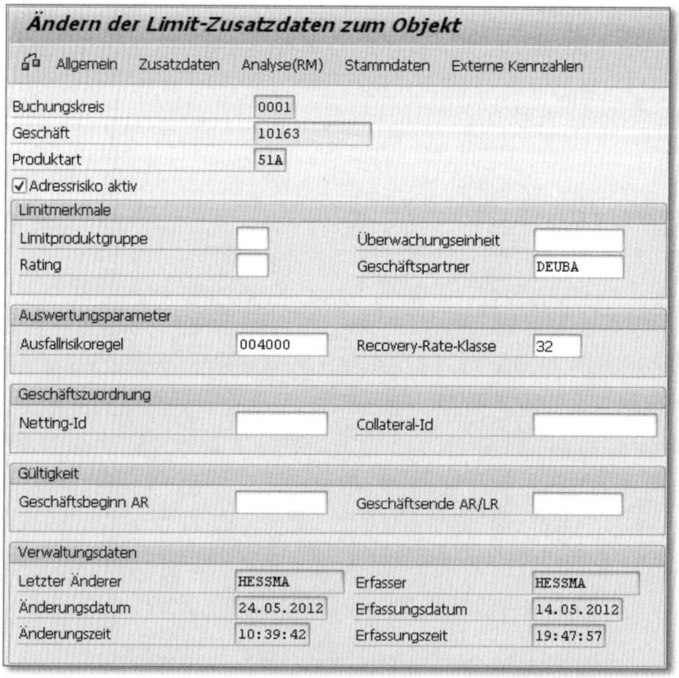

Abbildung 12.6 Detailbild der Transaktion JBDO zur Pflege der Ausfallrisikokomponente

[«]

Finanzobjekte und Ausfallrisikolimit

Die Finanzobjektkomponente Ausfallrisikolimit kann nicht bei allen Finanzobjekten genutzt werden. Insbesondere für Finanzobjekte für Buchbestände steht das Ausfallrisikolimit nicht zur Verfügung. Dasselbe gilt für Finanzobjekte für Positionskontogattungsbestände, lotbasierte Positionskontobestände sowie operative Exposures.

12.2.3 Analysemerkmale und Analysestruktur

Verwendung

Nachdem Sie nun das Finanzobjekt kennengelernt haben, wollen wir Ihnen eine andere wichtige Einheit vorstellen: die Analysestruktur mit ihren Analysemerkmalen. Die Analysemerkmale sind Ordnungs- und Klassifizierungsbegriffe, die Sie nach eigenen Kriterien festlegen. Sie stellen die Merkmale dar, nach denen Sie Ihre Bestände analysieren möchten. Wie wir schon im vorangegangenen Abschnitt gesehen haben, werden die Analysemerkmale als Zugriffsentität auf den Oberflächen im Market Risk Analyzer, im Portfolio Analyzer und im Accounting Analyzer verwendet. Im Credit Limit spielen sie nur eine untergeordnete Rolle. Nähere Informationen zur Verwendung von Analysemerkmalen im Credit Limit erhalten Sie in Abschnitt 12.2.4.

Wir wollen nun ein neues Analysemerkmal pflegen und gehen die einzelnen Schritte – von der Definition des Merkmals selbst bis hin zum pflegbaren und auswertbaren Merkmal am Finanzobjekt – durch.

Pflege der Analysemerkmale

Die Transaktion Analysemerkmale definieren (Transaktion TMA5) dient der Pflege von Analysemerkmalen. Sie finden diese Transaktion im Customizing unter Treasury and Risk Management • Analyzer Basiseinstellungen • Reportingmerkmale • Analysemerkmale definieren. Im Einstiegsbild (siehe Abbildung 12.7) können Sie zur Bearbeitung bestehender Merkmale im Bildbereich Merkmale auswählen in das zu bearbeitende Analysemerkmal abspringen. Wir legen nun ein neues Merkmal an.

Merkmal anlegen

Die Definition eines Analysemerkmals ist mandantenübergreifend. Der Name muss mit »WY« beginnen und vier- oder fünfstellig sein, falls das Merkmal nicht aus einer Tabelle übernommen wird. Wir wollen ein neues Merkmal für die Assetklasse definieren, eine Entität, die keine operationale Entsprechung hat. Dazu geben Sie die ID

»WYACL« im Bildbereich MERKMAL ANLEGEN ein und gelangen mit dem Button ANLEGEN/ÄNDERN in ein Pop-up (siehe Abbildung 12.8).

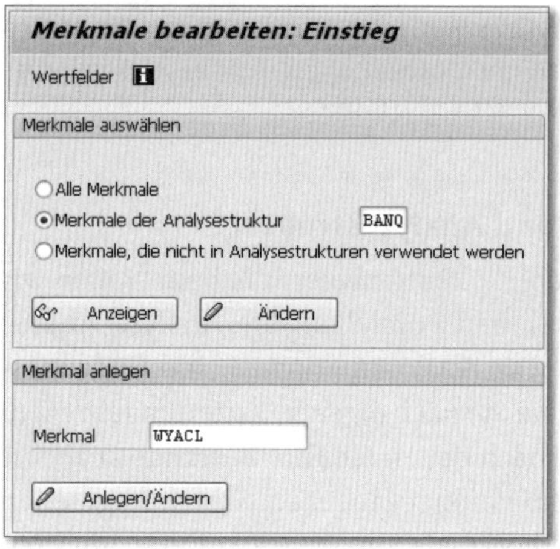

Abbildung 12.7 Einstiegsbild der Transaktion TMA5 zur Pflege von Analysemerkmalen

Abbildung 12.8 Pop-up zur Auswahl der Merkmalsreferenz beim Anlegen eines Merkmals

Die Neuanlage kann auf zwei Arten erfolgen:

- **Merkmal aus Vorlagetabelle übernehmen**
  Bei der Anzeige der Tabelle sind automatisch nur Tabellenfelder

der Formate CHAR, NUMC oder CUKY auswählbar. Ist der Feldname des ausgewählten Tabellenfeldes fünfstellig, kann der Originalname verwendet werden.

- **Merkmal neu definieren**
  Sie können das Merkmal unabhängig von bestehenden Feldern definieren.

  Bei der Neudefinition eines Merkmals ohne Bezug zu einem bestehenden Feld einer Tabelle können Sie zwischen folgenden Varianten wählen:

  - Sie können das Merkmal mit Bezug auf ein bestehendes Datenelement mit den dahinterliegenden Merkmalswerten und die Merkmalswerte und -texte definieren. Dazu wählen Sie den Radiobutton MIT BEZUG AUF VORHANDENE WERTE. Wird dem neu definierten Merkmal ein vorhandenes Datenelement zugeordnet, werden die Eigenschaften des Datenelements vererbt, d.h., es werden die Domäneneigenschaften und die Prüf- und Texttabellen verwendet. Möchten Sie dem Analysemerkmal eine vom Datenelement abweichende Bezeichnung geben, muss der Bezug zum Datenelement über den Menüpunkt BEARBEITEN • DATENELEMENT gelöscht werden. Es wird nun ein Datenelement mit den Eigenschaften des referenzierten Datenelements, aber mit eigener Bezeichnung generiert.
  - Sie können das Merkmal unabhängig von bestehenden Entitäten anlegen. In diesem Fall können Sie wählen, ob Sie eine eigene Wertepflege nutzen möchten oder nicht. Aus Konsistenz- und Usability-Gründen (Feldverprobung) empfehlen wir Ihnen die Anlage mit eigener Wertepflege (Radiobutton MIT EIGENER WERTEPFLEGE).

Neuanlage ohne Bezug

Wird nicht auf ein schon bestehendes Datenelement Bezug genommen, werden folgende Elemente zusätzlich angelegt: Datenelement JRMC_name, Domäne JRMC_name, Prüftabelle I81xx (xx = laufende Nummer) und Texttabelle I82xx.

Wir wählen die Option der eigenen Merkmalspflege und gelangen in den eigentlichen Pflegedialog (siehe Abbildung 12.9). Wie Sie sehen, gibt es nur wenige Eingabefelder. Im Fall der anderen Anlageoptionen wie der Übernahme aus einer Vorlagetabelle sind einige der anderen Felder schon belegt.

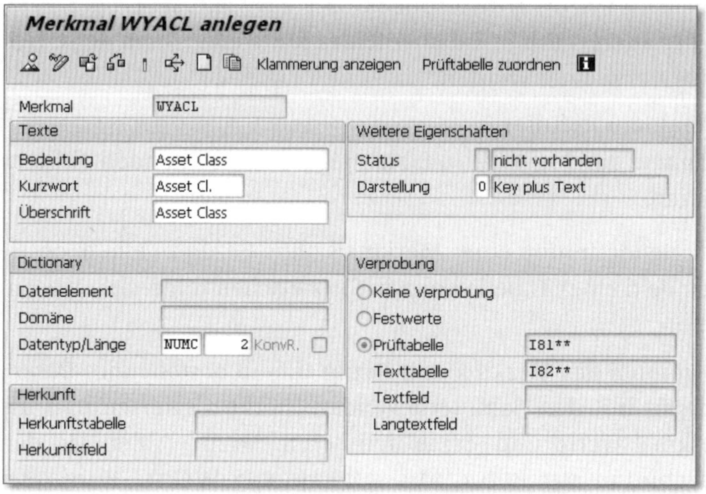

Abbildung 12.9 Hauptpflegedialog der Transaktion TMA5

Wir geben nun die Texte ein, mit denen unser Merkmal in den Selektionsbildern und in Überschriften erscheinen soll (Bildbereich TEXTE), legen im Bildbereich DICTIONARY die technischen Dictionary-Eigenschaften fest und wählen im Bildbereich WEITERE EIGENSCHAFTEN die Art der Merkmalswertdarstellung in der Recherche (Attribut DARSTELLUNG). Nach dem SICHERN und AKTIVIEREN ( ) werden alle benötigten Dictionary-Objekte angelegt. Sie können noch wählen, welche Nummer das System zur Generierung von Prüf- und Texttabelle heranziehen soll (siehe Abbildung 12.10).

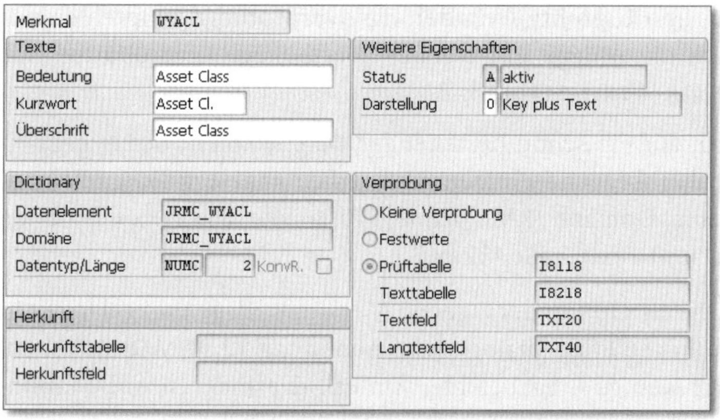

Abbildung 12.10 Detailbild eines aktiven Merkmals mit eigener, manueller Wertepflege

Merkmalsklammerung

Ist ein Merkmalswert nur im Zusammenhang mit dem Wert eines anderen Feldes sinnvoll und eindeutig definiert, spricht man von einer *Merkmalsklammerung* der beiden Felder. Zum Beispiel ist das Depot nur in Verbindung mit dem Buchungskreis eindeutig identifiziert. In diesem Fall muss das notwendige zweite Feld hier angegeben werden. Haben Sie ein solches Feld als Vorlage für ein Merkmal genommen, muss das zusätzliche Schlüsselfeld als Analysemerkmal vorliegen, und es erscheint in der Buttonleiste des Detailbildes ein neuer Button KLAMMERUNG ANZEIGEN. Über diesen können Sie sich zusätzlich die Klammerungsinformationen anzeigen lassen.

Änderungsmöglichkeiten

Nach der Sicherung und Aktivierung können im Änderungsmodus nur noch die Darstellungsart des Merkmals und die Texte geändert werden. Wenn ein Merkmal noch keiner Analysestruktur zugeordnet und auch kein Klammerungsmerkmal für ein anderes Analysemerkmal ist, kann es gelöscht werden.

Die Analysestruktur

Analysestruktur

Die Merkmale und deren Ausprägungen bilden die Auswahlkriterien, nach denen die Finanzinstrumentbestände in Auswertungen selektiert werden und über die in der Ergebnisanzeige der Auswertungen navigiert werden kann. Dazu werden die Analysemerkmale zu einer übergeordneten Datenstruktur, der *Analysestruktur*, zusammengefasst. Die Analysestruktur bildet damit die Grundlage für den Analyseteil des Finanzobjekts. Die Analysestruktur trägt also die kategorisierenden, in den Analysen sichtbaren Attribute eines Finanzobjekts. Die Analysestruktur ist eine echte Dictionary-Struktur, demnach ist sie mandantenübergreifend. Damit Sie die Möglichkeit haben, in parallelen Mandanten desselben Systems unterschiedliche Analysestrukturen zu nutzen, können Sie mehrere Analysestrukturen definieren. Sie müssen dann in jedem Mandanten die hier zu verwendende Analysestruktur aktivieren. Je Mandant ist immer genau eine Analysestruktur aktiv. Der Begriff *Aktivieren* ist also doppelt belegt. Auf diesen Unterschied gehen wir später ein. Über die Zuordnung der Analysemerkmale zur Analysestruktur ist auch die Verwendung von Merkmalen mandantenabhängig.

Wir möchten nun eine Analysestruktur anlegen. Sie finden die Transaktion ANALYSESTRUKTUR DEFINIEREN (Transaktion AFWA) im Customizing unter TREASURY AND RISK MANAGEMENT • ANALYZER BASISEIN-

STELLUNGEN • REPORTINGMERKMALE. Sie gelangen in das Hauptbild zur Pflege der Analysestruktur, aus dem Sie in alle Detailpflegebilder springen können (siehe Abbildung 12.11).

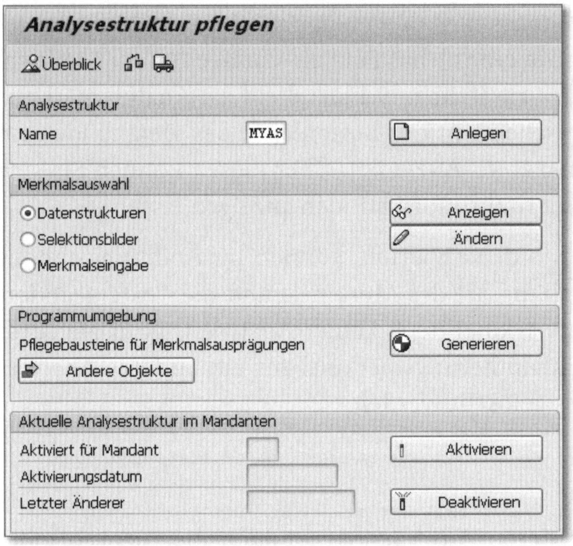

Abbildung 12.11 Hauptpflegedialog der Transaktion AFWA zur Pflege der Analysestruktur

[»]

Scheinbare Gleichheit der Analysestrukturen zwischen den Analyzern und SEM Banking

Bitte beachten Sie, dass ein struktureller Unterschied zwischen der Analysestruktur der Analyzer von SAP Treasury and Risk Management und SEM Bankings besteht. Sie finden im Customizing des SEM Bankings eine Transaktion zur Pflege der Analysestruktur (Transaktion JBAP), die eine identische Pflegeoberfläche hat.

Intern werden jedoch für die jeweilige Anwendung spezifische Einstellungen erzeugt und fortgeschrieben, sodass mit der Transaktion JBAP erzeugte Analysestrukturen in den Analyzern nicht verwendet werden können. Technische Randbedingungen verbieten sogar die parallele Nutzung von SAP Treasury and Risk Management und SEM Bankings innerhalb eines Mandanten.

Analysestruktur definieren

Sie möchten eine neue Analysestruktur definieren, vergeben einen vierstelligen Namen (MYAS) für die Analysestruktur und gelangen über den Button ANLEGEN in das Detailbild DATENSTRUKTUREN BEARBEITEN (siehe Abbildung 12.12). Hier können Sie definieren, welche der von Ihnen bisher angelegten Merkmale zur Analysestruktur gehören sollen. Sie können die Analysemerkmale des VORLAGE-Katalogs (rechte Bildseite) mittels des Pfeil-Icons (◄) in die DATENSTRUKTUR der Analysestruktur (linke Bildseite) aufnehmen. Im Bild aus Abbildung 12.12 können Sie die Auswahl der Analysemerkmale vornehmen, die Sie in Ihrer Analysestruktur nutzen möchten. Eine Analysestruktur kann maximal 60 Analysemerkmale aufnehmen. Es können dabei nur Merkmale übernommen werden, die sich im Status *aktiv* befinden. Möchten Sie ein Analysemerkmal übernehmen, das mit einem zweiten Merkmal geklammert ist, wird dieses geklammerte Merkmal automatisch mit in die Analysestruktur übernommen. Darüber hinaus können Sie eine Bezeichnung für Ihre Analysestruktur vergeben. Nach dem Sichern aktivieren Sie die Datenstruktur der Analysestruktur über das Icon AKTIVIEREN ( ). Damit wird eine Reihe von Tabellen generiert und aktiviert, die Sie sich über das Menü unter ZUSÄTZE • STATUSINFO • TABELLEN anschauen können.

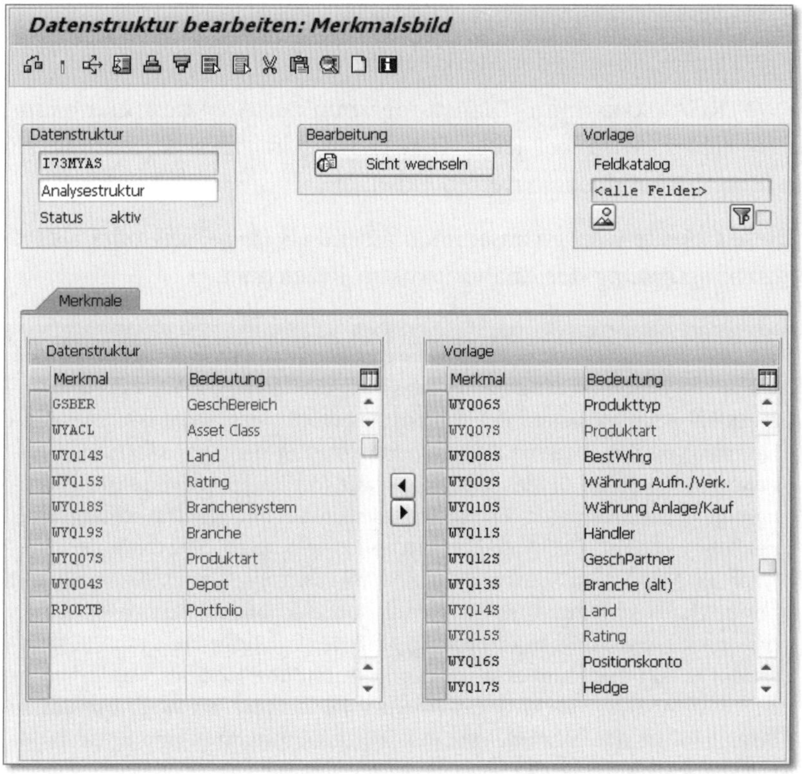

Abbildung 12.12 Detailbild der Transaktion AFWA

Umgebung der Analysestruktur

Für technisch interessierte Leser möchten wir kurz anführen, welche Entitäten für eine Analysestruktur erzeugt werden. Dabei steht xxxx für den Namen der Analysestruktur:

- I73xxxx: Diese Tabelle mit den Schlüsseln Mandant und Finanzobjektnummer enthält im Werteteil alle Merkmalsausprägungen des Finanzobjekts.
- I74xxxx: Tabelle der Basisportfolio-Merkmalsmuster (Kombination von Merkmalsausprägungen zu einer Sicht)
- I75xxxx: Struktur mit allen Merkmalen einer Analysestruktur. Sie wird für den Aufbau programminterner Tabellen verwendet, besonders bei der Fremddatenübernahme und für den Aufbau von Selektionstabellen.
- I961xxxx: Ergebnisstruktur der Barwertsicht einer Analysestruktur für die Recherche
- I963xxxx: Ergebnisstruktur GAP
- I791xxxx: Tabelle der Merkmalswerte pro RDB-Einzelsatz
- /1TRIS/00xxxxnnnn: Dienstprogramm zur Analysestruktur nnnn = Zähler, wird bei jeder Generierung hochgesetzt; enthält alle Zugriffe auf die generierten Tabellen.

Diese Objekte werden zusammenfassend als *Umgebung* oder als *Programmumgebung* der Analysestruktur bezeichnet.

[»]

Sonderrolle des Analysemerkmals »Buchungskreis«

Vielleicht ist Ihnen aufgefallen, dass in Abbildung 12.12 das Analysemerkmal Buchungskreis nicht auftritt, obwohl wir sowohl das SAP-Auslieferungsmerkmal Depot als auch Portfolio in die Analysestruktur aufgenommen haben. Beides sind Merkmale mit Referenzen auf die gleichnamigen operationalen Entitäten, die beide mit dem Buchungskreis geklammert sind. Das Merkmal Buchungskreis spielt innerhalb der Analyzer und der Analysestruktur eine Sonderrolle. Jedes Finanzobjekt benötigt als semantischen Schlüssel den Buchungskreis. Sie erkennen dies auch daran, dass in Abbildung 12.2 der Buchungskreis ein übergreifender Selektionsparameter ist, der in Abbildung 12.5 als Kopfinformation zum Analyseteil (RM) des Finanzobjekts angezeigt wird. Um das zu erreichen, ist das Merkmal Buchungskreis automatisch immer Bestandteil der Analysestruktur.

Merkmalsauswahl

Nach dem Aktivieren der Datenstruktur gehen wir zurück zum Hauptbild (siehe Abbildung 12.11). Im Bildbereich MERKMALSAUSWAHL finden Sie drei Radiobuttons:

- **Datenstrukturen**
  Über diesen Button gelangen Sie wieder in die soeben besprochene Pflege der Datenstruktur für eine existierende Analysestruktur.
- **Selektionsbilder**
  Mit diesem Radiobutton können Sie die Merkmale der Analysestruktur markieren, für die in den Auswertungen der Risikoanalyse in den Selektionsbildern eine zusätzliche Selektion über die Merkmalsausprägungen möglich sein soll.
- **Merkmalseingabe**
  Über diesen Button können Sie für die Pflege der Ausprägungen der Merkmale im Finanzobjekt zur Eingabeerleichterung die Anzeigereihenfolge festlegen. Per Drag & Drop lassen sich die Merkmale nach Doppelklick in der Reihenfolge sortieren und sogar ausblenden. Die Ausprägungen ausgeblendeter Merkmale werden dann in der Finanzobjektpflege nur noch über die Ableitung versorgt.

Pflegebausteine für Merkmalsausprägungen generieren

Im Bildbereich PROGRAMMUMGEBUNG können Sie die PFLEGEBAUSTEINE FÜR MERKMALSAUSPRÄGUNGEN generieren. Es werden Pflegeoberflächen für die Eingabe der Merkmalsausprägungen von selbst definierten Merkmalen mit eigener Wertepflege generiert. Die Pflege und den Transport von Merkmalswerten selbst definierter Merkmale mit eigener Wertepflege beschreiben wir im nächsten Abschnitt. Enthält das angezeigte Protokoll keine Fehlermeldung, verlassen Sie die Protokollanzeige und kehren in das Bild ANALYSESTRUKTUR PFLEGEN (siehe Abbildung 12.11) zurück. Eine manuelle Generierung weiterer Objekte ist gewöhnlich nicht nötig. Unter ANDERE OBJEKTE bzw. über das Menü unter SPRINGEN • UMGEBUNG GENERIEREN haben Sie jedoch die Möglichkeit der manuellen Generierung aller relevanten Objekte. Welche Möglichkeiten hier im Einzelnen bestehen, lesen Sie in der Dokumentation zu dieser Customizing-Aktivität.

Aktivieren einer Analysestruktur in einem Mandanten

Im letzten Bildbereich AKTUELLE ANALYSESTRUKTUR IN MANDANTEN sehen Sie dann, ob die gerade bearbeitete Analysestruktur in dem Mandanten, in dem Sie sich gerade befinden, die aktive ist. Da wir gerade eine neue Analysestruktur MYAS angelegt haben, ist dieser

Eintrag leer. In diesem Bildbereich können Sie nun über den Button Aktivieren die gerade bearbeitete Analysestruktur in dem Mandanten, in dem Sie gerade arbeiten, aktivieren.

[!]

Aktivieren vs. Aktivieren

Beachten Sie, dass der Begriff *Aktivieren* in dieser Transaktion zweimal auftaucht – mit zwei unterschiedlichen Bedeutungen.

- Im Detailbild Datenstrukturen bearbeiten (siehe Abbildung 12.12) versteht man unter Aktivieren die Erzeugung und Bereitstellung aller notwendigen Dictionary-Strukturen und Programmelemente für eine Analysestruktur, unabhängig davon, ob diese in einem Mandanten verwendet wird oder nicht.
- Im Hauptbild der Transaktion Analysestruktur pflegen (Transaktion AFWA) (siehe Abbildung 12.11) hingegen versteht man unter Aktivieren das mandantenspezifische Scharfschalten der Analysestruktur aus der Menge aller vorhandenen Analysestrukturen. Mit diesem Aktivieren wird diese Analysestruktur als Merkmalsträger für die Finanzobjekte bereitgestellt. Sie erhalten einen Überblick über alle Analysestrukturen, indem Sie auf den Button Überblick in der Buttonleiste oben klicken (siehe Abbildung 12.13). Hier können Sie leider nicht erkennen, ob der Mandant überhaupt eine aktive Analysestruktur hat. Dazu müssen Sie sich mittels der Transaktion Analysestruktur pflegen (Transaktion AFWA) jede Analysestruktur anschauen.

Gehen Sie mit der Aktion des Aktivierens einer Analysestruktur (Aktivieren im Hauptbild der Transaktion AFWA, Bildbereich Aktuelle Analysestruktur im Mandanten) sehr gewissenhaft um:

Wenn Sie in einem Produktivsystem mit bestehenden Finanzobjekten eine Analysestruktur 1234 aktiv nutzen und eine zweite Analysestruktur ABCD aktivieren, übernimmt diese direkt die Rolle der aktiven Analysestruktur. Die erste Analysestruktur 1234 wird deaktiviert. Die Folge ist, dass Sie kein einziges Finanzobjekt mehr finden können, da alle bestehenden Finanzobjekte ihre Merkmalsausprägungen in die gerade inaktiv geschalteten Tabellen der Analysestruktur 1234 legen. Wenn Sie das Missgeschick nicht direkt bemerken und der Systembetrieb weiterläuft, ohne dass die Analysestruktur 1234 wieder aktiviert wird, werden alle neuen und geänderten Finanzobjekte ihre Daten in die neuen Datenstrukturen schreiben. Damit haben Sie einen inkonsistenten Systemzustand erreicht. Irgendwann merken Sie dann, dass eigentlich keine Finanzobjekte, bis auf die neuen, mehr angesprochen werden können. Da es keine Art von »Storno«-Funktion gibt, sind die dann anstehenden Reparaturen sehr mühsam, langwierig und teuer.

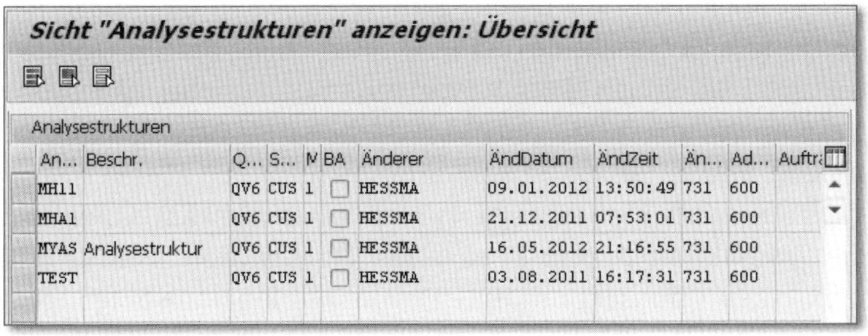

Abbildung 12.13 Übersicht über alle Analysestrukturen über den Button »Übersicht« in der Transaktion AFWA

Transport der Analysestruktur

Im Hauptbild zur Pflege der Analysestruktur (siehe Abbildung 12.11) gibt es noch zwei weitere Buttons. Der mittlere Button ANALYSESTRUKTUR PRÜFEN ( ), dient der Konsistenzprüfung der Einstellungen und des Zustands der Analysestruktur. Es wird auf eventuell noch fehlende Arbeitsschritte hingewiesen. Mit dem letzten Button, TRANSPORT EINER ANALYSESTRUKTUR ( ) können Sie die Analysestruktur auf einen Transportauftrag schreiben. Die Generierung der Umgebung ist weitgehend automatisiert. Nur die Generierung der Pflegebausteine für Merkmalswerte muss im Originalsystem, normalerweise das Entwicklungssystem, manuell angestoßen werden. Nach dem Transport der Analysestruktur wird die Umgebung im Zielsystem automatisch generiert. Dies geschieht zum Teil in sogenannten *After-Import-Methoden* des Transportsystems (Importprotokoll), zum Teil bei der ersten Verwendung der Programmobjekte.

Pflege der Merkmalswerte

Wenn Sie ein Merkmal mit eigener Wertepflege definiert haben, müssen Sie dem Merkmal Werte und Texte mitgeben. Wenn Sie einer Analysestruktur ein Merkmal mit eigener Wertepflege hinzugefügt haben, haben Sie in der Pflege der Analysestruktur die Möglichkeit, sich Pflegeoberflächen für die Eingabe der Werte und Texte generieren zu lassen. Dazu finden Sie im Customizing unter TREASURY AND RISK MANAGEMENT • ANALYZER BASISEINSTELLUNGEN • REPORTINGMERKMALE die Transaktion MERKMALSAUSPRÄGUNGEN DEFINIEREN (Transaktion JBRCU). Es werden alle Merkmale mit Wertepflege angezeigt, die einer Analysestruktur zugeordnet sind. Wurde dem Datenelement des Analysemerkmals eine Domäne mit Fixwerten zugeordnet, ist über diese Transaktion keine Pflege möglich. Wenn Sie eines Ihrer selbst definierten Merkmale mit eigener

Wertepflege hier nicht vorfinden, generieren Sie in der Pflege der Analysestruktur (Transaktion AFWA) über den Button ANDERE OBJEKTE im Bildbereich PROGRAMMUMGEBUNG (siehe Abbildung 12.11) die notwendigen Pflegedialoge. Neben den Einstellungen im Customizing finden Sie im Anwendungsmenü unter MARKET RISK/ PORTFOLIO ANALYZER • STAMMDATEN • MERKMALSAUSPRÄGUNGEN zwei ähnliche Transaktionen zum BEARBEITEN (Transaktion JBRCV) und TRANSPORTIEREN (Transaktion JBRCT) von Merkmalsausprägungen. Im Gegensatz zur Transaktion JBRCU werden aber nur die Merkmale mit Wertepflege der aktuell in diesem Mandanten aktiven Analysestruktur zur Bearbeitung angeboten.

[!]

Merkmalswertpflege für Merkmale mit Vorlagetabelle

Zu beachten ist, dass bei Analysemerkmalen, die auf operationale Vorlagetabellen zeigen, diese mit den Pflegetransaktionen JBRCU und JBRCV direkt geändert werden. Da diese Transaktionen im Anwendungsmenü hängen, können Sie damit direkt sowohl Merkmale mit Vorlagetabellen aus Applikationsdaten als auch Customizing-Daten ändern. Da diese Vorlagetabellen ihrem Ursprung entsprechend im Allgemeinen operationale Prozesse steuern oder abbilden, können Sie sich hier Inkonsistenzen schaffen. Wenn Sie z.B. für das Merkmal WÄHRUNG mit diesen Transaktionen in die Merkmalswertpflege gehen, können Sie direkt die systemweiten Währungseinstellungen ändern. Ändern Sie daher über diese Transaktionen bitte nur die Analysemerkmale mit eigener Wertepflege.

Merkmalshierarchie

Der Begriff *Merkmalshierarchie* ist weitgehend selbsterklärend. Man gliedert für ein Analysemerkmal die möglichen Merkmalsausprägungen zu einer hierarchischen Struktur. Damit können Merkmalshierarchien nur für Merkmale mit Wertepflege gebildet werden. Sie erlauben es, den Aufriss von Ergebnissen bezüglich dieses Analysemerkmals übersichtlicher zu gestalten. Zur Definition einer Merkmalshierarchie finden Sie im Menü unter MARKET RISK ANALYZER/ PORTFOLIO ANALYZER/ACCOUNTING ANALYZER • STAMMDATEN • MERKMALSHIERARCHIE die Transaktion MERKMALSHIERARCHIE BEARBEITEN (Transaktion JBWH). Im Einstiegsbild wählen Sie das Analysemerkmal aus, für das Sie eine Hierarchie anlegen oder bearbeiten möchten (siehe Abbildung 12.14).

Kennzeichen für systemweit sichtbare Hierarchie

Wir möchten eine Hierarchie für das Merkmal LAND anlegen. Nach der Auswahl des Merkmals durch Markieren und Eingabe eines numerischen Schlüssels für die Hierarchie, die hier mit VARIANTE bezeichnet wird, gelangen wir zu den Kopfdaten der Hierarchie. In den Kopfdaten können Sie für die Hierarchie neben einer KURZBESCHREIBUNG die Reichweite der Sichtbarkeit definieren (siehe Abbildung 12.15).

Abbildung 12.14 Einstiegsbild zur Pflege von Merkmalshierarchien

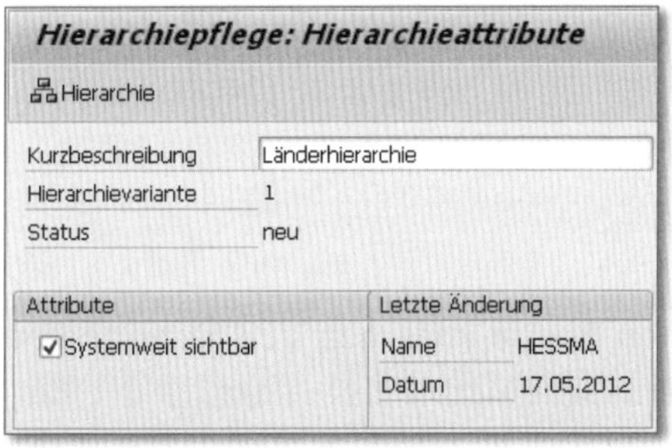

Abbildung 12.15 Kopfdaten einer Merkmalshierarchie

Die Pflege von Merkmalshierarchien ist eine weit verbreitete Funktion, die Sie in vielen Komponenten vorfinden. Wenn Sie Hierarchien anlegen und bearbeiten, wirkt sich dies normalerweise nur im Kontext der Komponente aus, in der Sie sich gerade befinden. Dabei zählen die Analyzer als eine Komponente. In anderen Komponenten ist die Hierarchie nicht verfügbar. Wenn Sie jedoch wünschen, dass eine Hierarchie komponentenübergreifend verfügbar sein soll, setzen Sie das Kennzeichen SYSTEMWEIT SICHTBAR. Voraussetzung für die Sichtbarkeit ist, dass das Feld, auf das sich die Hierarchie bezieht, im Feldkatalog der jeweiligen Komponente enthalten ist.

Pflege

Sie gelangen daraufhin zum eigentlichen Pflegebild der Hierarchie, wo zunächst das Template einer möglichen Hierarchie mit zwei Ebenen eingeblendet wird (siehe Abbildung 12.16). Sie können nun direkt Werte für die einzelnen Länder eingeben, eine [F4]-Wertehilfe unterstützt Sie dabei. Weitere Einträge in die Hierarchie lassen sich über die Schaltflächen GLEICHE EBENE oder EBENE DARUNTER erzeugen.

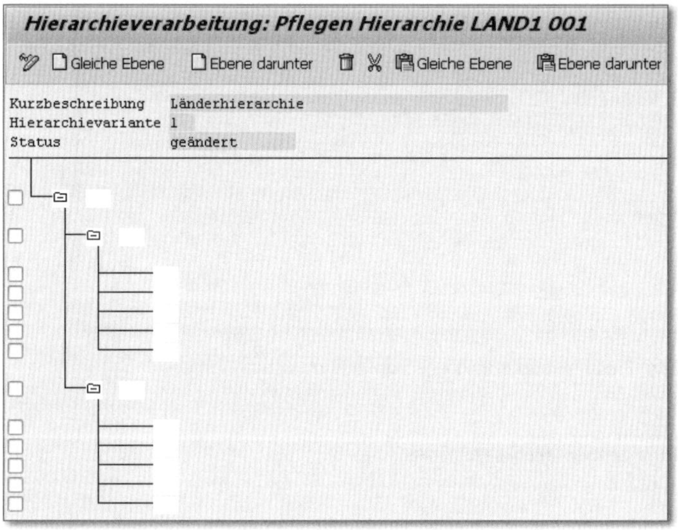

Abbildung 12.16 Hauptpflegebild der Merkmalshierarchie zu Beginn der Neuanlage einer Hierarchie

Knotentypen

Wir möchten nun auf der ersten Ebene zwischen den Kontinenten Europa, Amerika und Asien unterscheiden. Da aber weder der Eintrag »Europa« noch einer der anderen gewünschten Einträge in der [F4]-Hilfe (die in diesem Fall auf die zentrale, systemweit gültige Ländertabelle zugreift) verfügbar ist, machen wir uns an dieser Stelle zunutze, dass es zwei verschiedene Knotentypen gibt:

- **Bebuchbare Knoten**
  Dies sind Knoten in der Hierarchie, die in einer Auswertung auch ohne hierarchisch darunterliegende Knoten oder Blätter Ergebniswerte tragen können. Diese etwas formal wirkende Definition beschreibt die Tatsache, dass in diesem Fall der Knoteneintrag ein Wert ist, der in der Wertehilfe des Analysemerkmals vorkommt – in unserem Beispiel also ein echtes Land.

- **Nicht bebuchbare Knoten**
  Dies sind Knoten in der Hierarchie, die nur die Ergebnisse der hierarchisch untergeordneten Knoten sammeln, aber selbst keine Ergebnisse tragen, da der Knoteneintrag keinem real auftretenden Merkmalswert entspricht – in unserem Beispiel also ein beliebiger Eintrag für ein »Land«, das kein reales Land ist.

Die Eingabe ist nun einfach: Geben Sie in einem Knoten, entweder direkt oder mittels [F4]-Hilfe, einen realen Wert für das Merkmal, in unserem Fall das Land, ein, belegt das System diesen Knoten mit diesem Wert und zieht über die Prüftabelle einen Text für den Knoten. Sie haben einen bebuchbaren Knoten angelegt. Geben Sie hingegen einfach auf einem Knoten einen Wert ein, der keinem vorkommenden Wert entspricht, merkt das System automatisch, dass Sie einen nicht bebuchbaren Knoten anlegen. Das System öffnet das Textfeld für diesen Knoten, sodass Sie einen Text für diesen nicht bebuchbaren Knoten eingeben können. Das System quittiert die Fertigstellung dieses Knotens mit der Nachricht, dass es soeben einen nicht bebuchbaren Knoten angelegt hat, da kein Wert in der Stammdatentabelle gefunden wurde, und fährt mit dem nächsten Knoten fort. Entsprechend dieser Logik haben wir nun für unsere Länderhierarchie folgende Eingaben in Abbildung 12.17 gemacht. Die in dieser Abbildung gezeigte Hierarchie ist nur teilweise aufgerissen. Sie sehen einen bebuchbaren Knoten (US mit darunterliegendem Eintrag PR) sowie einige nicht bebuchbare Knoten.

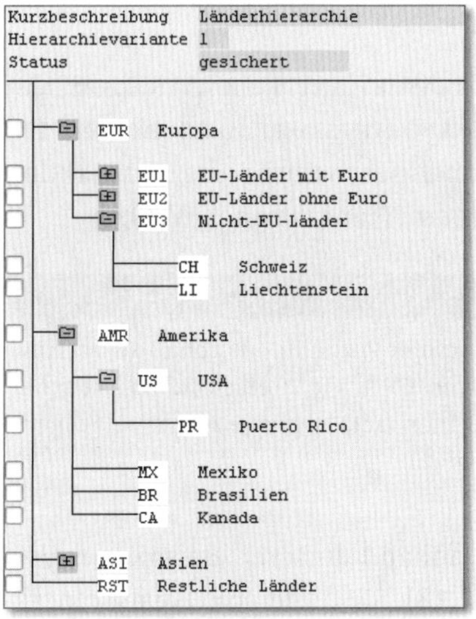

Abbildung 12.17 Beispiel einer Hierarchie über das Merkmal »Land«

Verwendung

Merkmalshierarchien können in folgenden Fällen genutzt werden:

- **Merkmalshierarchien in einer Portfoliohierarchie**
  Merkmalshierarchien können in eine Portfoliohierarchie eingemischt werden (siehe Abschnitt 12.3.4). Auf der strukturierten Auswertung mit Portfoliohierarchie basieren einige Berichte sowie Auswertungen der Ergebnisdatenbank. Für die Verwendung von Merkmalshierarchien in Portfoliohierarchien müssen alle Blattknoten einer Merkmalshierarchie Ausprägungen des Merkmals sein. Wenn Sie die Hierarchie aus Abbildung 12.17 so verwenden möchten, erhalten Sie eine Fehlermeldung. Betrachten wir die Definition genauer, sehen wir, dass der Blattknoten RST ein nicht bebuchbarer Knoten, also kein Land im Sinne der Ländertabelle, ist. Löschen Sie diesen Knoten oder fügen reale Länder darunter ein, können Sie diese Merkmalshierarchie verwenden.
- **Merkmalshierarchien bei den Rechercheauswertungen über Merkmale einer Analysestruktur**
  Merkmalshierarchien können in einen Bericht eingebunden werden. Die generischen Auswertungen basieren auf den pro Analysestruktur generierten Berichtsarten. Sie erlauben die freie Navigation in dem durch die Merkmale und Merkmalsausprägungen aufgespannten Datenwürfel. In diesem mehrdimensionalen Datenwürfel können die Merkmalshierarchien als Strukturelement mit eingebunden werden.

Merkmalsverwendung

Segmente

Im Customizing finden Sie unter TREASURY AND RISK MANAGEMENT • ANALYZER BASISEINSTELLUNGEN • REPORTINGMERKMALE neben den anderen Transaktionen zur Merkmalsbearbeitung die Transaktion MERKMALSVERWENDUNGEN BEARBEITEN (Transaktion AFWS).

[»]

Transaktion AFWS

Es ist wichtig, die Einstellungen, die Sie hier vornehmen, genau zu verstehen, auch wenn sie sich auf den ersten Blick nicht erschließen. Falsche oder nicht optimale Einstellungen können beträchtliche negative Folgen für die Systemperformance nach sich ziehen.

Betrachten wir den Pflegedialog anhand unserer Beispielanalysestruktur MYAS (siehe Abbildung 12.18). Sie finden die Analysemerkmale der Analysestruktur inklusive des intrinsischen Merkmals BUKRS für den Buchungskreis. In der Spalte SEGMENTE können Sie pro Analysemerkmal ein Kennzeichen setzen. Doch was genau steuern Sie damit aus? *Segmente* sind interne Schlüssel, die Merkmalsausprägungskombinationen beschreiben. Stellenweise wird anstelle von Segment auch der Begriff *Basisportfolio* verwendet. Sie können also einstellen, ob ein Merkmal segmentrelevant ist oder nicht. Mit dem Segment wird eine Kombination von Werten beliebig vieler Merkmale in einem einzigen Feld verschlüsselt. Dieser Segmentschlüssel wird an vielen Stellen im System anstelle der Merkmalsausprägungskombinationen verwendet. Die wichtigsten Verwendungen der Segmente sind:

- Nur Merkmale, die für die Segmentbildung verwendet werden, können in Portfoliohierarchien aufgenommen werden.
- In der Ergebnisdatenbank (siehe Abschnitt 12.6) werden Ergebnisse teilweise auf Segmente gespeichert.

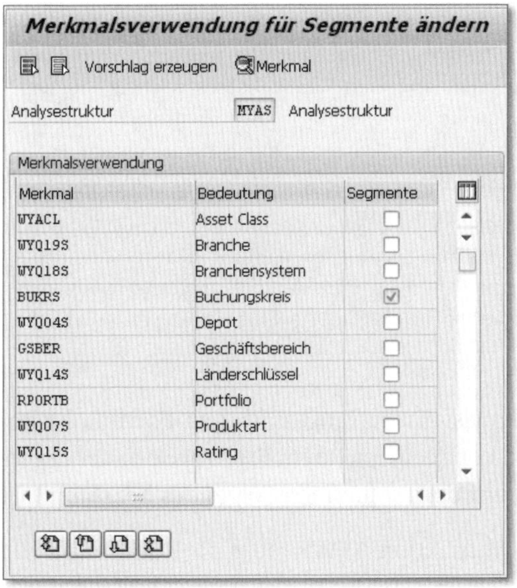

Abbildung 12.18 Definition der Merkmalsverwendung im Customizing

Segmente und Portfoliohierarchie

Portfoliohierarchien lassen sich also nur aus segmentbildenden Merkmalen definieren und werden vor allem genutzt, um eine strukturierte und aggregierende Sicht auf Merkmale wie Kennzahlen zu erlangen. Näheres zum Thema Portfoliohierarchien erfahren Sie in

Abschnitt 12.3.4. An dieser Stelle genügt es, zu wissen, dass Portfoliohierarchien unter anderem dazu dienen, nicht-additive Kennzahlen wie den Value at Risk auf ihnen zu berechnen, zu speichern und darzustellen. Besteht eine Portfoliohierachie aus vielen Knoten, muss für jeden Knoten separat die nicht-additive Kennzahl, meist ab-initio, also ohne die Ergebnisse darunterliegender Knoten erneut verwenden zu können, berechnet werden. Wenn also ein Merkmal wie GESCHÄFTSNUMMER oder VERTRAGSNUMMER als segmentbildend eingeordnet wird, gäbe es mindestens so viele Segmente wie Geschäfte bzw. Verträge. Diese oder ähnliche Einstellungen führten zu sehr hohen Laufzeiten bei Berechnungen auf Portfoliohierarchien, und die Sinnhaftigkeit des Aufrisses einer Portfoliohierarchie mit mehreren tausend Einträgen darf auch bezweifelt werden.

[+]

Faustregel für die Merkmalsverwendung

Die Auswahl von Merkmalen für die Segmentbildung sollte aus Gründen der Performance so erfolgen, dass die Anzahl der Merkmalsausprägungskombinationen segmentrelevanter Merkmale eine kritische Grenze nicht übersteigt. Die kritische Grenze hängt naturgemäß vom Sizing des Systems ab, daher können wir hier nur einen Orientierungswert von etwa 20.000 Merkmalskombinationen angeben. Dabei ist es wichtig, zu wissen, dass nur die tatsächlich vorkommenden Kombinationen relevant sind, nicht die theoretisch möglichen. Da dies aber oft nur schwer abzuschätzen ist, sollten Sie stark differenzierende Merkmale wie die Geschäfts- oder Vertragsnummer vermeiden.

Sollten Sie trotzdem ein Reporting auf diesen stark differenzierenden Merkmalen wünschen, stehen Ihnen für eine Analyse unterhalb des letzten Blattes einer Portfoliohierarchie die Online-Einzelanalysen sowie die Recherche zur Verfügung.

Änderungen

Bei Änderungen der Merkmalsverwendung, nachdem Portfoliohierarchien definiert wurden und vor allem nachdem Ergebnisse in der Ergebnisdatenbank geschrieben wurden, sollten Sie Folgendes beachten:

- Nach Änderung in der Transaktion AFWS muss die Zuordnung von Finanzobjekten zu Segmenten aktualisiert werden. Dies kann durch Massenbearbeitungsfunktionen für Finanzobjekte erfolgen. Informationen zu diesen Funktionen finden Sie in Abschnitt 12.2.5 unter der Überschrift »Werkzeuge zur Finanzobjektintegration«.
- Die Werte in der Ergebnisdatenbank werden nur bei zukünftigen Auswertungen entsprechend der neuen Merkmalsverwendung

abgelegt. Bereits erzeugte Auswertungsergebnisse werden nicht verändert. Die Vergleichbarkeit von Ergebnissen kann daher eingeschränkt sein.

Die Sicht

Die Analysestruktur umfasst alle Analysemerkmale. Mit der soeben betrachteten Merkmalsverwendung steuern Sie, auf Basis welcher Merkmale Sie Portfoliohierarchien bilden können. Die Sicht ist eng mit dem Begriff der Merkmalsverwendung verwandt. Der Begriff *Sicht* wird nur im Modul SEM Banking verwendet, hier können Sie den Vorgang der Merkmalsverwendung mehrmals durchführen. Sie legen Sichten an, wobei jede Sicht eine bestimmte Betrachtungsweise der Analysestruktur darstellt und eine Teilmenge der Analysemerkmale ist. Jede Sicht in SEM Banking ist eine eigenständige Merkmalsverwendung. Auf Basis der Merkmale einer Sicht können Portfoliohierarchien aufgebaut werden. Dies hat zur Folge, dass in SEM Banking Portfoliohierarchien nur in Verbindung mit einer Sicht definiert sind und man diese immer angeben muss.

Die unsichtbare Sicht

Wieso stellen wir diesen Sachverhalt dar? Sie werden sich erinnern, dass die Analyzer aus SEM Banking hervorgegangen sind. Zur Vereinfachung wurde die Logik der Sichten für SAP Treasury and Risk Management derart verändert, dass nur eine interne Sicht verwendet wird. Diese wird in der Funktion MERKMALSVERWENDUNG erzeugt. In der Dokumentation, die Sie z.B. auch im SAP Help Portal (*http://help.sap.com)* finden können, treffen Sie auf folgende Aussage:

> *Beachten Sie, dass in der Komponente Market Risk Analyzer des Treasury and Risk Managements nur eine interne Sicht verwendet wird. Diese wird für den Anwender nicht sichtbar.*

Im Normalfall ist der Begriff *Sicht* in den Analyzern also ausgeblendet. Wir haben ihn hier der Vollständigkeit halber dargestellt, da er in der Dokumentation sowie im Rahmen von Fehlermeldungen genannt wird.

Auslieferungs-Customizing

Das Auslieferungs-Customizing für Analysemerkmale und Analysestrukturen arbeitet aufgrund der Dictionary-generierenden Aktionen anders als klassisches Auslieferungs-Customizing, in dem die ausgelieferten Inhalte über Tabelleneinträge transportiert werden. Sie finden im Customizing unter Treasury and Risk Management • Analyzer Basiseinstellungen • Reportingmerkmale • Mustercustomizing übernehmen zwei Transaktionen: Analysemerkmale und -struktur: Vorlage aktivieren (Transaktion AFW_ACT1) und Analysestruktur: Customizing aus Vorlage übernehmen (Transaktion AFW_ACT2).

- **Mandantenübergreifende Einstellungen erzeugen**
  Die erste Transaktion, Analysemerkmale und -struktur: Vorlage aktivieren (Transaktion AFW_ACT1), bietet Ihnen zwei Optionen an. Sie können entweder nur die ausgelieferten Analysemerkmale oder zusätzlich noch eine Analysestruktur anlegen. In beiden Fällen werden alle Merkmale aus dem Auslieferungs-Customizing-Vorrat in den aktiven Feldkatalog übernommen. Nicht verwendete Merkmale können danach wieder gelöscht werden. Alle in dieser Transaktion erzeugten Objekte und Einstellungen werden auf einen Transportauftrag (Workbench-Auftrag) geschrieben. Diese erste Transaktion erzeugt die mandantenübergreifenden Einstellungen.
- **Mandantenabhängige Einstellungen erzeugen**
  Mit der zweiten Transaktion, Analysestruktur: Customizing aus Vorlage übernehmen (Transaktion AFW_ACT2), kann dann das mandantenabhängige Customizing für eine Analysestruktur aus dem Auslieferungs-Customizing übernommen werden. Alle Einstellungen können dann mit den entsprechenden Pflegetransaktionen weiterbearbeitet werden. Folgende Einstellungen können Sie übernehmen: Merkmalsverwendung, Portfoliohierarchien sowie die Einstellungen zur Finanzobjektintegration (Ableitungsregeln) pro Geschäftstyp (Geldhandel, Devisen etc.).

Wenn bei den Einstellungen zur Finanzobjektintegration mindestens ein Geschäftstyp ausgewählt ist, wird auch die allgemeine Ableitungsstrategie übernommen, die für alle Geschäfte gilt. Die Finanzobjektintegration wird für den jeweiligen Geschäftstyp auf *teilaktiv* gesetzt. Für eine sinnvolle Übernahme des Auslieferungs-Customizings ist es notwendig, dass die Merkmale der Ziel-Analysestruktur wenigstens teilweise mit den Merkmalen der Vorlage übereinstimmen. Merkmale, die in der Ziel-Analysestruktur nicht vorhanden sind, weil sie z.B. wieder gelöscht wurden, werden in dieser Transaktion aus allen Einstellungen gelöscht. Im Fall von Ableitungsstrategien können sich daraus semantische Fehler ergeben. Für Merkmale, die nicht in der Vorlage vorkommen, wird kein Customizing angelegt. Dies muss manuell erfolgen.

12.2.4 Merkmale im Credit Risk Analyzer

Direkte Merkmale

Die Merkmale des Ausfallrisikolimits folgen einer einfacheren Logik als die Merkmale des Market Risk Analyzers und des Portfolio Analyzers. Der Credit Risk Analyzer gibt Ihnen für das Ausfallrisikolimit die folgenden sieben direkten Merkmale vor:

- Buchungskreis
- Geschäftspartnernummer
- Limitproduktgruppe
- Portfolio
- Händler
- Währung als Limitmerkmal
- Überwachungseinheit

Indirekte und individuelle Merkmale

Zusätzlich können Sie aus dem Geschäftspartner die indirekten Merkmale Länderschlüssel, Branche und Rating ableiten, Merkmale aus dem Market Risk Analyzer übernehmen und über einen Customer-Exit 15 weitere Merkmale individuell definieren. Die Limitmerkmale werden für die Anrechnungsbetragsermittlung und den Aufbau der Limitinanspruchnahmen verwendet. Wir stellen Ihnen die Ausfallrisikolimitierung mit dem Credit Risk Analyzer in Abschnitt 12.7 vor.

12.2.5 Finanzobjektintegration

Wir wollen uns nun der Finanzobjektintegration zuwenden, die ein automatisches Erzeugen und Befüllen der Finanzobjekte im Hintergrund sicherstellt.

Aktivierung und Systemverhalten

Finanzobjekttyp

Das Finanzobjekt bildet für die verschiedensten operativen und TRL-Primärobjekte des Transaction Managers sowie auch anderer Module das Proxy, über das auf diese Positionen zugegriffen werden kann. In Abschnitt 12.2.2 haben Sie auch gesehen, wie Sie für ein Primärobjekt ein Finanzobjekt anlegen und pflegen können. Damit Sie nun nicht für jede einzelne Position ein Finanzobjekt anlegen müssen, können Sie die Funktion der *automatischen Finanzobjektintegration*, meist kurz nur als *FO-Integration* bezeichnet, nutzen. Dabei wird bei der Ersterfassung einer neuen Position direkt ein Finanzobjekt erzeugt. Es gibt eine Reihe von *Finanzobjekttypen*, die jeweils eine bestimmte Klasse von Beständen beschreiben:

- Geldhandelsgeschäfte
- Devisengeschäfte
- OTC-Derivategeschäfte
- Wertpapiergeschäfte
- Depotgattungsbestände (Wertpapiere)
- Positionskontogattungsbestände (handelbare Derivate)
- lotbasierte Positionskontobestände (handelbare Derivate)
- Darlehensverträge
  (Finanzobjekte für Darlehen werden aus SAP Loans Management heraus erzeugt. Wie auch im Informationssystem (siehe Kapitel 11, »Reporting mit dem Informationssystem«) ist die Integration der Darlehensverträge in Berichte und Analysen eine wichtige Aufgabe, die hier ganz natürlich gelöst ist.)
- operative Exposures
- Buchbestände

Um die automatische Finanzobjektintegration nutzen zu können, müssen Sie diese im Einführungsleitfaden für den jeweiligen Finanzobjekttyp aktivieren. Dazu finden Sie im Customizing unter Treasury and Risk Management • Analyzer Basiseinstellungen • Automatische Finanzobjekt-Integration in Geschäftsstammdaten unter den jeweiligen Klassen der Bestände eine Transaktion, die mit Finanzobjekt-Integration aktivieren/inaktivieren bezeichnet ist. Die Aktivierungstransaktionen selbst sowie die Auswirkungen auf den Transaction Manager lassen sich in Gruppen gliedern. Wir wollen diese zuerst nur kurz skizzieren und dann im Folgenden auf die Eigenschaften und das Verhalten dieser Gruppen genauer eingehen.

FO-Integration für bestandsbildende Geschäfte

Für Finanzobjekte des externen Bestands, die genau ein bestandsbildendes Finanzgeschäft widerspiegeln, bildet das Geschäft selbst die Stammdaten des externen Bestands, der abgebildet werden soll. Dieses betrifft die Finanzobjekttypen für Geldhandels-, Devisenhandels- und OTC-Derivatgeschäfte. Die FO-Integration wird auf der Ebene Buchungskreis, Produktart und Finanzobjektkomponente aktiviert. Zum Begriff *Finanzobjektkomponente* beachten Sie bitte auch Abbildung 12.1 bzw. Abschnitt 12.2.2. Bei aktiver FO-Integration erscheint dann in der Geschäftsverwaltung für jede Finanzobjektkomponente eine eigene Registerkarte, auf der die entsprechenden Daten des zum Geschäft korrespondierenden Finanzobjekts dargestellt und gepflegt werden können.

FO-Integration für explizite Bestände

Für Finanzobjekte, die einen externen Bestand widerspiegeln, der durch eine explizite Bestandsführung dargestellt werden kann, gibt es diesen Stammdatenanker nicht explizit. Dies betrifft Depotgattungsbestände und Positionskontogattungsbestände, also Wertpapiere und handelbare Derivate. Für Letztgenannte gibt es zusätzlich die Möglichkeit, die FO-Integration auf Lot-Ebene zu aktivieren. Da ein solcher externer Bestand durch verschiedene Geschäfte, Rechteausübungen oder Kapitalmaßnahmen beeinflusst wird, gibt es natürlicherweise den einen zentralen Finanzobjektrepräsentationsanker am Geschäft nicht. Bei aktiver FO-Integration erscheint deshalb am Wertpapier- oder Future-Geschäft keine zusätzliche Registerkarte, die ein solches Finanzobjekt repräsentiert. Die FO-Integration wird auf der Ebene Buchungskreis, Produktart und Finanzobjektkomponente aktiviert, wobei die Aktivierung auf der Ebene der Produktart optional ist. Für die Finanzobjekte der Positionskontogattungsbestände und der lotbasierten Positionskontobestände wird lediglich die Finanzobjektkomponente Analyse(RM) unterstützt.

FO-Integration für Wertpapiergeschäfte

Eine Ausnahme bilden die Wertpapiergeschäfte, für die ebenfalls einzelne Finanzobjekte erzeugt werden können, obwohl sie die oben genannten expliziten Bestände beeinflussen. Damit wird das mit einem Wertpapiergeschäft verbundene Risiko schon zum Abschlussdatum in den Analyzern erfasst, bevor der betroffene explizite Depotgattungsbestand zum Bestandsvaluta-Datum angepasst wird. Ist die Anpassung des Depotgattungsbestands zum Bestandsvaluta-Datum erfolgt, wird das Finanzobjekt für das Wertpapiergeschäft von den Analyzern nicht mehr betrachtet. Die FO-Integration wird auf der Ebene Buchungskreis, Produktart und Finanzobjektkomponente aktiviert. Ist die FO-Integration aktiv, erscheint im Wertpapiergeschäft pro Komponente eine zusätzliche Registerkarte.

FO-Integration für Buchbestände

Der Anker für Finanzobjekte für Buchbestände ist der Bestand selbst, der durch mehrere Geschäfte oder durch Designation von Sicherungsbeziehungen aufgebaut wird. Die FO-Integration erfolgt auf der Ebene Buchungskreis, Bewertungsbereich sowie der Produktart. Nur die Finanzobjektkomponente Analyse(RM) wird unterstützt.

FO-Integration für operative Exposures

Der Anker für Finanzobjekte für operative Exposures sind Exposure-Positionen des Exposure Managements (siehe Kapitel 8). Die FO-Integration erfolgt auf der Ebene des Buchungskreises. Nur die Finanzobjektkomponente Analyse(RM) wird unterstützt.

Aktivierung

Betrachten wir den Vorgang und die Möglichkeiten der Aktivierung der FO-Integration genauer. Die Transaktion zur Aktivierung der FO-Integration für Finanzobjekttypen der Gruppe der bestandsbildenden Geschäfte sowie der expliziten Bestände besteht aus einem zweistufigen Prozess. Beispielhaft dargestellt ist die Aktivierung für Geldhandelsgeschäfte, bestehend aus Hauptbild (siehe Abbildung 12.19) und Detailbild (siehe Abbildung 12.20). Die entsprechende Transaktion für Buchbestände besteht dagegen gar aus einem dreistufigen Prozess (siehe Abbildung 12.21), während die Transaktion zur Aktivierung für operative Exposures nur aus einem einstufigen Bild besteht (siehe Abbildung 12.22).

Abbildung 12.19 Hauptbild der Aktivierung der FO-Integration für Geldhandel

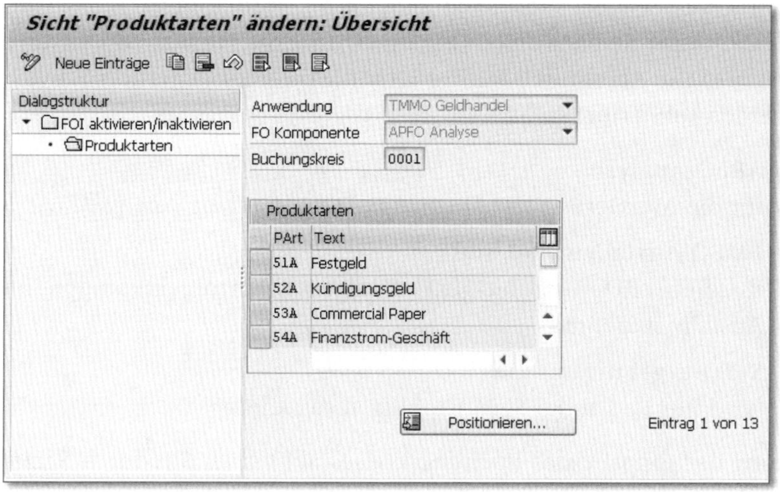

Abbildung 12.20 Detailbild der Aktivierung der FO-Integration für Geldhandel

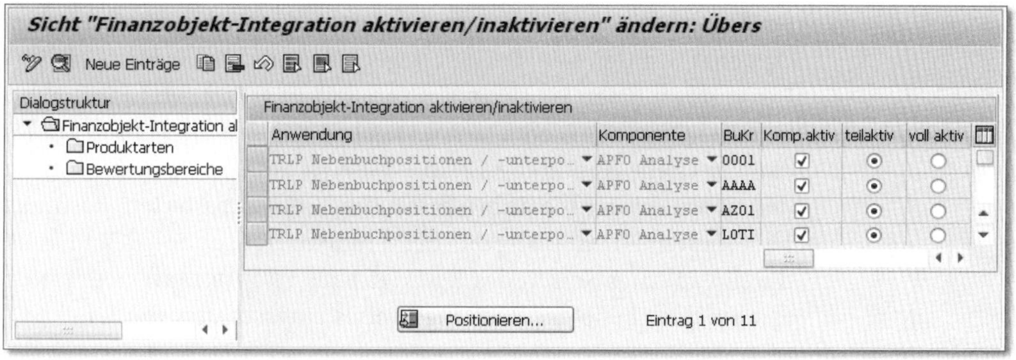

Abbildung 12.21 Aktivierung der FO-Integration für Nebenbuchbestände und Unterbestände

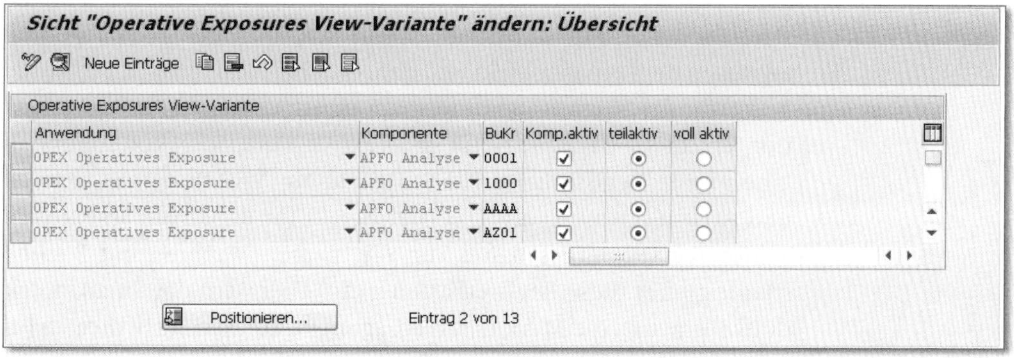

Abbildung 12.22 Aktivierung der FO-Integration für operative Exposures

Betrachten wir das Vorgehen anhand der Abbildungen 12.19 und 12.22. In der Spalte KOMPONENTE geben Sie die Finanzobjektkomponente (siehe Abschnitt 12.2.2) an, für die die FO-Integration aktiviert werden soll. Dabei steht:

- **APFO-Analyse**
  für die Aktivierung der Finanzobjektkomponente Analyse(RM)
- **LMFO-Ausfallrisiko-Limit**
  für die Aktivierung der gleichnamigen Finanzobjektkomponente Ausfallrisiko-Limit
- **STFO-Ergebnisanalyse**
  wird nur im Modul SEM Banking verwendet

Nach der Eingabe des Buchungskreises aktivieren Sie durch Setzen des Kennzeichens in der Spalte KOMP. AKTIV die FO-Integration für diese Selektion. Außerdem müssen Sie durch ein Kennzeichen in der entsprechenden Spalte entscheiden, ob die FO-Integration TEILAKTIV oder VOLLAKTIV sein soll. Den Unterschied zwischen diesen beiden Optionen werden wir gleich darlegen. Mit Ausnahme der operativen Exposures müssen Sie zusätzlich pro Buchungskreis und FO-Komponente explizit die Produktarten angeben, für die die FO-Integration aktiv ist (siehe Abbildung 12.20). Dabei ist bei Depotgattungsbeständen, Positionskontogattungsbeständen und lotbasierten Positionskontobeständen die Angabe der Produktarten optional und muss durch explizites Setzen des Kennzeichens PRODUKTARTEBENE BENUTZEN auf der Ebene des Buchungskreises eingeschaltet werden.

Wirkung im Transaction Manager

Nach der Aktivierung der FO-Integration mit mindestens einer der beiden Finanzobjektkomponenten wird bei jeder Anlage eines neuen Primärobjekts, also bei jedem neuen Bestand, ein Finanzobjekt mit den entsprechenden Finanzobjektkomponenten erzeugt. Für bestandsbildende Finanzgeschäfte stellt aufgrund der 1:1-Zuordnung zwischen dem Finanzobjekt und dem Geschäft Letzteres einen idealen Anker für die Finanzobjektinformationen dar. Bei aktiver FO-Integration erscheint daher hier für jede aktive Finanzobjektkomponente eine eigene Registerkarte (siehe Abbildung 12.23): ANALYSEPARAM. und AUSFALLRISIKO-LIMIT. Das Gleiche gilt für die Finanzobjekte einzelner Wertpapiergeschäfte. Für Wertpapier-, Future- und Buchbestände gibt es diese Registerkarten nicht. Hier wird das Finanzobjekt dunkel erzeugt, die Merkmalsausprägungen können Sie in diesem Fall nur über die Ableitungsregeln füllen. Das Gleiche gilt für die Finanzobjekte für operative Exposures, die im Rahmen des Exposure Managements erzeugt werden.

Manuelle Pflege

Unabhängig davon können Sie sich in beiden Fällen das Finanzobjekt mittels der Transaktionen JBDO bzw. JBDO1 (siehe Abschnitt 12.2.2) anzeigen lassen und unabhängig vom Primärobjekt pflegen.

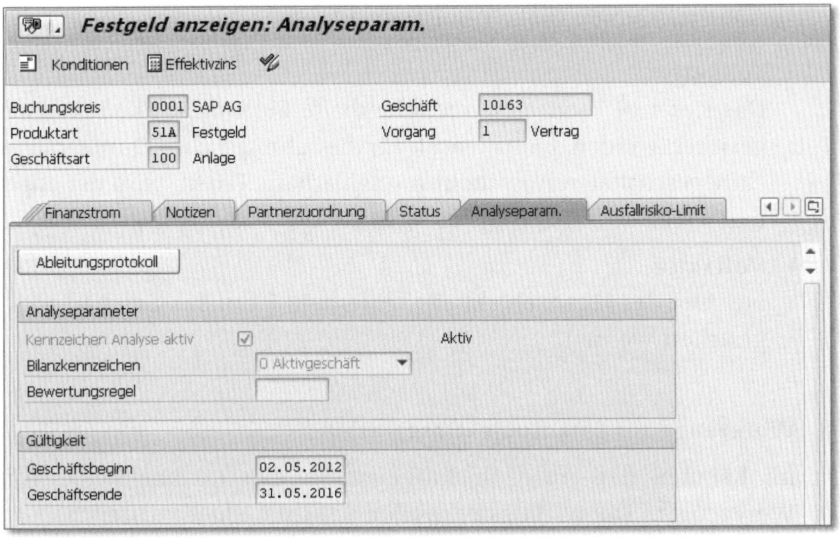

Abbildung 12.23 Geschäftsanzeige bei aktiver FO-Integration für die Finanzobjektkomponenten Analyse(RM) und Ausfallrisiko-Limit, oberer Teil

Merkmalsableitung

Die operativen Prozesse in Front- und Middleoffice sollen schlank und effizient gehalten werden. So sollen bei der Geschäftserfassung nach Möglichkeit keine Informationen für nachgelagerte analytische Prozesse eingegeben werden. Zur Unterstützung bietet Ihnen das System an, alle Daten des Finanzobjekts beider Finanzobjektkomponenten durch automatische Ableitungsregeln füllen zu lassen. Natürlich können Sie Daten auch manuell erfassen. Zur Definition der Ableitungsregeln finden Sie im Customizing unter TREASURY AND RISK MANAGEMENT • ANALYZER BASISEINSTELLUNGEN • AUTOMATISCHE FINANZOBJEKT-INTEGRATION IN GESCHÄFTSSTAMMDATEN eine Reihe von Transaktionen, alle bezeichnet mit ABLEITUNGSSTRATEGIE FÜR ... DEFINIEREN. Die Merkmalsableitung nutzt das Merkmalsableitungstool, das wir Ihnen ausführlich in Abschnitt 15.1 vorstellen. Betrachten Sie noch einmal Abbildung 12.23. Sie finden zu Beginn der Registerkarte ANALYSEPARAMETER den Button ABLEITUNGSPROTOKOLL. Damit können Sie sich nach einer Merkmalsableitung das Protokoll über die einzelnen Ableitungsschritte und eventuell aufgetretene Fehler anzeigen lassen.

Teilaktiv vs. vollaktiv

Beim Speichern des Geschäfts erfolgt eine Prüfung der Informationen der einzelnen Finanzobjektkomponenten. Ist einer der Finanzobjektteile fehlerhaft, hängen die Reaktionen von der Art der Aktivierung ab, die Sie über die Radiobuttons TEILAKTIV oder VOLLAKTIV aussteuern können (siehe Abbildung 12.19).

- **Teilaktiv**
  Das Geschäft kann ohne die fehlerhafte Finanzobjektkomponente gesichert werden. Enthalten alle für die automatische FO-Integration aktiv geschalteten Anwendungen fehlerhafte Daten, wird der allgemeine Teil des Finanzobjekts nicht auf der Datenbank gesichert.
- **Vollaktiv**
  Ist einer der Finanzobjektteile fehlerhaft, kann das Geschäft nicht gesichert werden.

Werkzeuge zur Finanzobjektintegration

Im Rahmen der Finanzobjektintegration gibt es eine Reihe von Werkzeugen. Die wichtigsten wollen wir Ihnen hier vorstellen.

Finanzobjekte generieren

Mit der Einführung der Analyzer werden Sie auch die Finanzobjektintegration aktiv schalten. Zu diesem Zeitpunkt haben Sie normalerweise schon viele operative oder TRL-Bestände, sei es, dass Sie die Analyzer erst nach dem Transaction Manager einführen oder per Altdatenübernahme die operativen Bestände erzeugt haben. In diesem Fall können Sie sich für die bestehenden Bestände Finanzobjekte in Massenläufen erzeugen lassen. Dazu stehen Ihnen in den Analyzern jeweils unter WERKZEUGE • REORGANISATIONSTOOLS • FINANZOBJEKT • FINANZOBJEKTINTEGRATION folgende Transaktionen zur Verfügung:

- Aufbau von Finanzobjekten zu Finanzgeschäften (Transaktion FTR_OPEN_TRTM_INIT)
- Aufbau von Finanzobjekten zu Depotgattungsbeständen (Transaktion AFO_AP_POS1_MMIG)
- Aufbau von Finanzobjekten zu Positionskontogattungsbeständen (Transaktion AFO_AP_POS2_MMIG)
- Aufbau von Finanzobjekten zu lotbasierten Positionskontobeständen (Transaktion AFO_AP_POS3_MMIG)

- Aufbau von Finanzobjekten zu Darlehen (Transaktion AFO_AP_LOAN_MMIG)
- Aufbau von Finanzobjekten zu operativen Exposures (Transaktion AFO_AP_EXP_MMIG)
- Aufbau von Finanzobjekten zu Nebenbuchbeständen und Unterbeständen (Transaktion AFO_AP_TRL_MMIG), diesen Bericht finden Sie auch im Menü des Accounting Analyzers.

Beachten Sie, dass zum Zeitpunkt des Finanzobjektaufbaus die Merkmalsableitung vollständig gepflegt sein sollte, um Nacharbeiten zu vermeiden.

Finanzobjekt nachbearbeiten

Im laufenden Betrieb der FO-Integration kann es vorkommen, dass Finanzobjekte in den operationalen Transaktionen des Transaction Managers, wie z.B. der Geschäftserfassung, nur mit Fehlern gespeichert werden. Die Fehlerprotokolle der FO-Integration können Sie mit einer Transaktion auswerten, die Sie in allen drei Analyzern im Menü jeweils unter WERKZEUGE • REORGANISATIONSTOOLS • FINANZOBJEKT • FINANZOBJEKTINTEGRATION unter verschiedenen Namen finden. Die Transaktion heißt im Market Risk Analyzer, im Portfolio Analyzer und im Accounting Analyzer FINANZOBJEKT NACHBEARBEITEN (Transaktion AFO_FOI_PP), im Credit Risk Analyzer NACHBEARBEITUNG FINANZOBJEKTINTEGRATION (Transaktion AFO_FOI_PP). Sie erhalten nach der Eingabe der Selektionskriterien eine Liste der Protokolle (siehe Abbildung 12.24). Durch Doppelklick auf ein einzelnes Protokoll gelangen Sie in die Anzeige desselben. Über den Button NACHBEARBEITEN gelangen Sie für das markierte Finanzobjekt direkt in die Transaktion zur manuellen Pflege von Finanzobjekten, die Transaktion JBDO oder JBDO1.

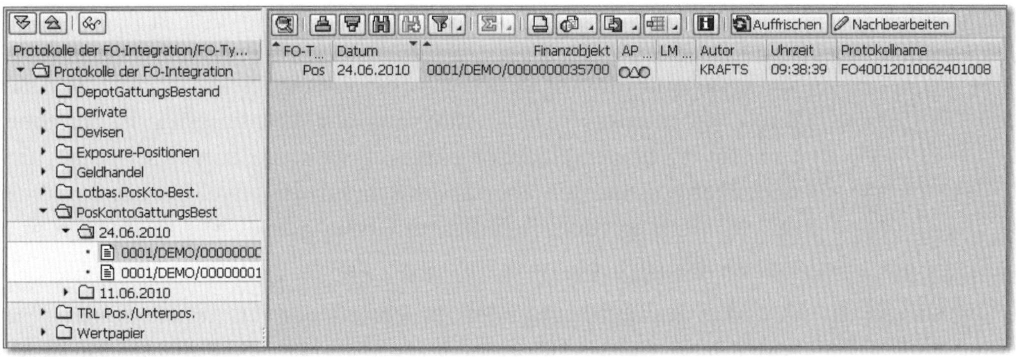

Abbildung 12.24 Nachbearbeitung von Fehlerprotokollen zur Finanzobjektintegration (Transaktion AFO_FOI_PP)

Finanzobjekte prüfen

Für die Finanzobjektkomponente Analyse(RM) steht Ihnen eine Prüftransaktion zur Verfügung, mit der Sie die Konsistenz der Finanzobjekte hinsichtlich der internen Verwaltung der Segmente überprüfen können, was insbesondere zu Beginn der Nutzung der Analyzer sinnvoll ist. Sie finden die Transaktion KONSISTENZPRÜFUNG DATENPOOL (Transaktion RM_98) im Menü des Market Risk Analyzers, des Portfolio Analyzers und des Accounting Analyzers jeweils unter WERKZEUGE • REORGANISATIONSTOOLS • FINANZOBJEKT. Die Ergebnisse können Sie sich ALS ARBEITSVORRAT SICHERN lassen. Dieser Arbeitsvorrat kann dann als Eingangsselektion für die Transaktionen zur Bearbeitung von Finanzobjekten dienen, die wir im Anschluss besprechen.

Finanzobjekte bearbeiten

Es ist normal, dass sich die Anforderungen an Ihre Analysen im Laufe der Zeit ändern. Diese neuen Anforderungen erfordern teilweise Änderungen in den Finanzobjekten:

- Manchmal benötigen Sie neben Ihren bisherigen Analysemerkmalen auch neue. Das Erzeugen und Anfügen eines neuen Merkmals nehmen Sie vor, wie in diesem Abschnitt beschrieben. Sie werden dieses neue Merkmal in Ihre Ableitungsstrategien mit aufnehmen. Damit wird das neue Merkmal ab sofort gefüllt. In allen bestehenden Finanzobjekten wird der Wert aber erst einmal initial sein. Damit Sie dieses Merkmal auch in bestehenden Finanzobjekten füllen können stehen eine Reihe von Transaktionen zur Verfügung.
- Ein anderer Fall könnte sein, dass Sie ein bestehendes Analysemerkmal neu als segmentbildend kennzeichnen müssen. Die erforderliche Reorganisation der Segmente wird von den gleichen Transaktionen durchgeführt.
- Ein weiterer Fall könnte sein, dass Sie die Ableitungsregeln ändern mussten und diese nun auf die bestehenden Finanzobjekte angewandt werden müssen.

Die erste Anforderung betrifft nur die Finanzobjektkomponente Analyse(RM), andere wie eine Änderung der Ableitungsregeln bestehen zwar für die beiden Finanzobjektkomponenten Analyse(RM) und Ausfallrisikolimit, müssen aber spezifisch für die jeweilige Komponente durchgeführt werden. Aus diesem Grund gibt es hier je eine Gruppe von spezifischen Transaktionen pro Finanzobjektkomponente.

Finanzobjekte bearbeiten für Finanzobjektkomponente Analyse(RM)

Für die Durchführung der beschriebenen Aktionen finden Sie sowohl im Market Risk Analyzer als auch im Portfolio Analyzer jeweils unter WERKZEUGE • REORGANISATIONSTOOLS • FINANZOBJEKT • FINANZOBJEKTINTEGRATION folgende Berichte:

- Finanzobjekte zu Finanzgeschäften bearbeiten (Transaktion AFO_AP_TRTM_MUPD)
- Finanzobjekte zu Depotgattungsbeständen bearbeiten (Transaktion AFO_AP_POS1_MUPD)
- Finanzobjekte zu Positionskontogattungsbeständen bearbeiten (Transaktion AFO_AP_POS2_MUPD)
- Finanzobjekte zu lotbasierten Positionskontobeständen bearbeiten (Transaktion AFO_AP_POS3_MUPD)
- Finanzobjekte zu Darlehen bearbeiten (Transaktion AFO_AP_LOAN_MUPD)
- Finanzobjekte zu operativen Exposures bearbeiten (Transaktion AFO_AP_EXP_MUPD)
- Finanzobjekte zu Nebenbuchbeständen und Unterbeständen bearbeiten (Transaktion AFO_AP_TRL_MUPD), diesen Bericht finden Sie auch im Menü des Accounting Analyzers.

Neben der direkten Eingrenzung der zu bearbeitenden Finanzobjekte können Sie auch einen Arbeitsvorrat, den Sie mit der Transaktion Konsistenzprüfung Datenpool (Transaktion RM_98) erzeugt haben, als Selektionsgrundlage verwenden. Über diese Massentransaktionen können Sie zudem auch Finanzobjekte hinsichtlich der FO-Komponente Analyse(RM), und damit für den Market Risk Analyzer, den Portfolio Analyzer sowie für den Accounting Analyzer, selektiv aktivieren und deaktivieren.

Finanzobjekte bearbeiten für Finanzobjektkomponente Ausfallrisikolimit

Für die Finanzobjektkomponente Ausfallrisikolimit, die im Credit Risk Analyzer verwendet wird, stehen Ihnen die notwendigen Transaktionen unter Treasury and Risk Management • Credit Risk Analyzer • Werkzeuge • Reorganisationstools • Finanzobjekt • Finanzobjektintegration zur Verfügung:

- Finanzobjekte zu Finanzgeschäften bearbeiten (Transaktion LMFO_TRTM_MUPD)
- Finanzobjekte zu Depotgattungsbeständen bearbeiten (Transaktion LMFO_POS1_MUPD)
- Finanzobjekte zu Darlehen bearbeiten (Transaktion LMFO_LO_MUPD)

Über diese Massentransaktionen können Sie auch Finanzobjekte hinsichtlich der FO-Komponente Ausfallrisikolimit, und damit für den Credit Risk Analyzer, selektiv aktivieren und deaktivieren. Außerdem bieten diese Transaktionen die Option an, die Finanzobjekte auf Konsistenz zu prüfen.

[!]

Massenlauf Finanzobjekte bearbeiten

Die Reports zur Bearbeitung von Finanzobjekten durchlaufen die komplette Ableitungsstrategie erneut. Berücksichtigen Sie Folgendes:

- dass bestehende, rein manuell befüllte und vor allem bestehende, zuerst automatisch befüllte und danach manuell geänderte Merkmalswerte nicht durch einen Ableitungsschritt überschrieben werden. Beachten Sie dazu die Ausführungen in Abschnitt 15.1, hier speziell den Hinweis zu den Feldeigenschaften des Zielfeldes.
- dass Änderungen in den Ableitungsschritten für bestehende Merkmale zu neuen Merkmalswerten führen können. Dadurch werden bestehende Ergebnisse, insbesondere von Ergebnissen in der Ergebnisdatenbank, nicht mehr nachvollziehbar, und Sie können alte nicht mehr mit neu erzeugten Ergebnissen vergleichen.

Überlappende Finanzobjekte

Wie Sie der Liste der Arten von Finanzobjekten entnehmen können, sind die dahinterliegenden Primärobjekte nicht frei von Überlappungen. Das System verhindert jedoch durch verschiedene Mechanismen, dass im Rahmen der Risikoanalyse überlappende Finanzobjekte verarbeitet werden. Diese Mechanismen möchten wir an dieser Stelle kurz beschreiben:

- **TRL-Primärobjekte und operative Primärobjekte**
  Die Finanzobjekte der TRL-Primärobjekte überlappen sich mit denjenigen der operativen Primärobjekte. Das System bietet dazu in den Selektionsbildern der Online-Transaktionen (siehe Abschnitt 12.5) sowie in der Definition der Kennzahlen der Ergebnisdatenbank (Abschnitt 12.6) die Möglichkeit, den Bewertungsbereich einzugeben. Wird dieser gefüllt, werden die Finanzobjekte der TRL-Primärobjekte des eingegebenen Bewertungsbereichs verarbeitet, während alle anderen Finanzobjekte ausgefiltert werden. Andernfalls werden die Finanzobjekte von TRL-Primärobjekten automatisch ausgefiltert, während alle anderen Finanzobjekte Eingang in die Verarbeitung finden.

- **Futures und handelbare Derivate**
  Auch innerhalb der Futures und handelbaren Derivate gibt es Überlappungen zwischen dem Finanzobjekttyp *Positionskontogattungsbestand* und dem Finanzobjekttyp *Lotbasierter Positionskontobestand*. Um die überlappungsfreie Verarbeitung zu gewährleisten, bietet das System hier eine entsprechende Einstellung im Rahmen der Auswertungsart an (siehe Abschnitt 12.3.1).

- **Wertpapiergeschäfte und Wertpapierbestände**
  Die Finanzobjekte für die einzelnen Wertpapiergeschäfte und die expliziten externen Bestände für Wertpapiere überlappen sich prinzipiell ebenfalls. Hier sorgt das System jedoch automatisch für eine konsistente Verarbeitung: Sobald die durch ein Wertpapiergeschäft verursachte Bestandsänderung zum Valutadatum durchgeführt ist, werden die Daten des Wertpapiergeschäfts vom System automatisch nicht mehr betrachtet.

Technische Berichte zu Finanzobjekten

Lesende Berichte

Neben den soeben vorgestellten Werkzeugen, mit denen Sie Finanzobjekte in Massenläufen erzeugen und verändern können, gibt es Transaktionen, mit denen Sie rein lesend auf Finanzobjekte zugreifen können. Wir möchten Ihnen zwei davon vorstellen, die Finanzobjektanzeige und die Geschäftsanzeige.

Finanzobjektanzeige

Mit der Transaktion FINANZOBJEKT ANZEIGEN (Transaktion RMFD) können Sie sich einen Überblick über die technischen Eigenschaften von Finanzobjekten verschaffen. Dabei wird nur die Finanzobjektkomponente Analyse(RM) untersucht. Sie finden die Transaktion im Menü unter TREASURY AND RISK MANAGEMENT • MARKET RISK ANALYZER • WERKZEUGE • REORGANISATIONSTOOLS • FINANZOBJEKT • FINANZOBJEKT PFLEGEN. Der Bewertungsbereich dient der getrennten Verarbeitung von TRL-Primärobjekten (siehe Überschrift »Überlappende Finanzobjekte« in diesem Abschnitt). Im Selektionsbild können Sie die Finanzobjekte sowohl semantisch auf der Registerkarte ALLG. SELEKTION über die Felder PORTFOLIOHIERARCHIE und PORTFOLIOHIERARCHIEKNOTEN eingrenzen als auch auf der Registerkarte MERKMALE über die Analysemerkmale (siehe Abbildung 12.25). Außerdem stehen Ihnen auch technische Selektionskriterien wie die Felder ERFASSUNGSDATUM und ERFASSER zur Verfügung. Eine hilfreiche Selektion ist der Bildbereich AKTIVER/INAKTIVER/ARCHIVIERBARER FINANZOB-

JEKTE. Darüber hinaus können Sie über den gleichnamigen Button die FINANZOBJEKTE ZÄHLEN.

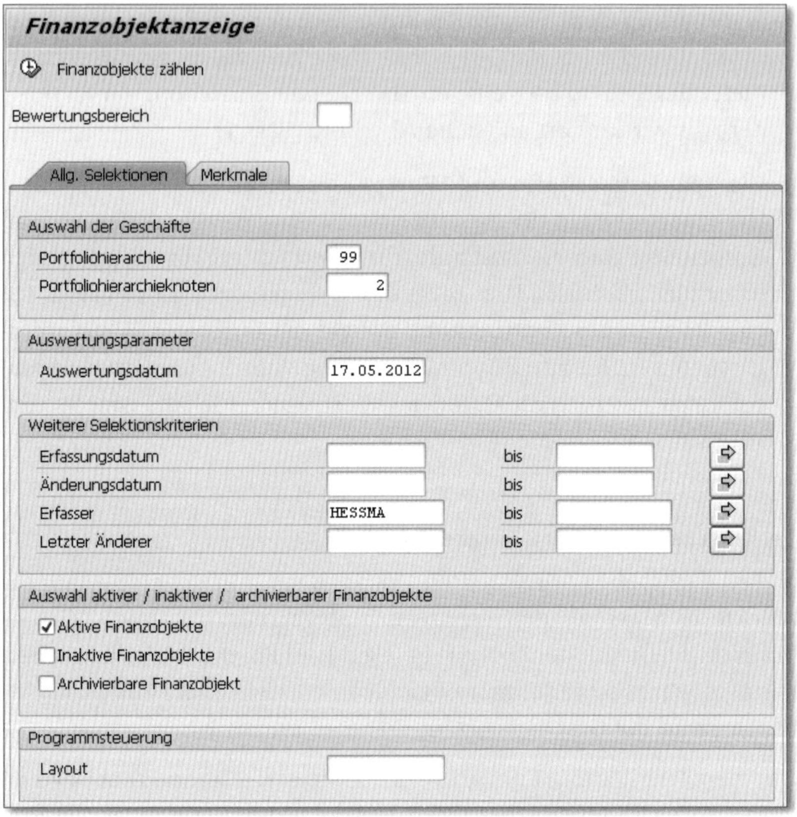

Abbildung 12.25 Selektionsbild der Finanzobjektanzeige (Transaktion RMFD)

Als Ergebnis erhalten Sie eine Übersicht über die Finanzobjekte mit allen Analysemerkmalen (siehe Abbildung 12.26).

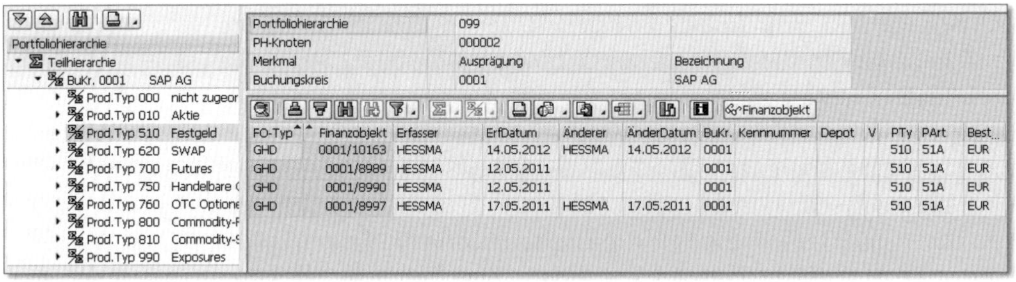

Abbildung 12.26 Ergebnis der Finanzobjektanzeige (Transaktion RMFD)

Während Sie durch einen Doppelklick von der Ergebnisanzeige in das Primärobjekt navigieren, können Sie über den Button FINANZOBJEKT in die Transaktion JBDO oder JBDO1 zur Anzeige einzelner Finanzobjekte abspringen.

Geschäftsanzeige

Mit der Transaktion GESCHÄFTE ANZEIGEN (Transaktion RMTD) können Sie sich einen Überblick über die technischen Eigenschaften von Finanzobjekten verschaffen. Der Name der Transaktion ist noch ein Relikt aus SEM Banking, in dem alle Primärobjekte als *Geschäfte* bezeichnet wurden. Sie finden die Transaktion im Menü unter TREASURY AND RISK MANAGEMENT • MARKET RISK ANALYZER • WERKZEUGE • GESCHÄFTSANSICHT. Im Selektionsbild können Sie die Finanzobjekte auch hier semantisch über die Portfoliohierarchie oder über die Analysemerkmale eingrenzen. Als Ergebnis erhalten Sie einen Überblick über die wichtigsten Attribute und Kennzahlen der operativen Primärobjekte (siehe Abbildung 12.27). Im Default-ALV-Layout werden Ihnen der Nominalbetrag und die Stückzahl ausgewiesen. Im Feldvorrat des ALV-Layouts finden Sie eine Vielzahl an Attributen, operativen Attributen wie Geschäftspartner oder Laufzeitbeginn und -ende sowie alle Analyse- und Limitmerkmale. Ein Doppelklick bringt Sie zum Primärobjekt selbst.

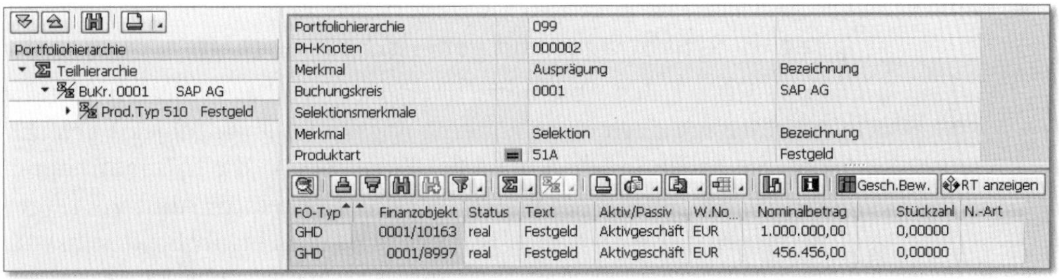

Abbildung 12.27 Ergebnis der Geschäftsanzeige der Finanzobjekte (Transaktion RMTD)

Detailsicht Risikoträger

Über den Button RT ANZEIGEN (Risikoträger anzeigen) gelangen Sie zur internen Darstellung der Daten des Finanzobjekts (siehe Abbildung 12.28). Hier finden Sie die Daten des operativen Primärobjekts projiziert auf die interne Darstellung vor, die der Barwertrechner direkt verarbeiten kann. Diese interne Darstellung wird *Risikoträger* genannt.

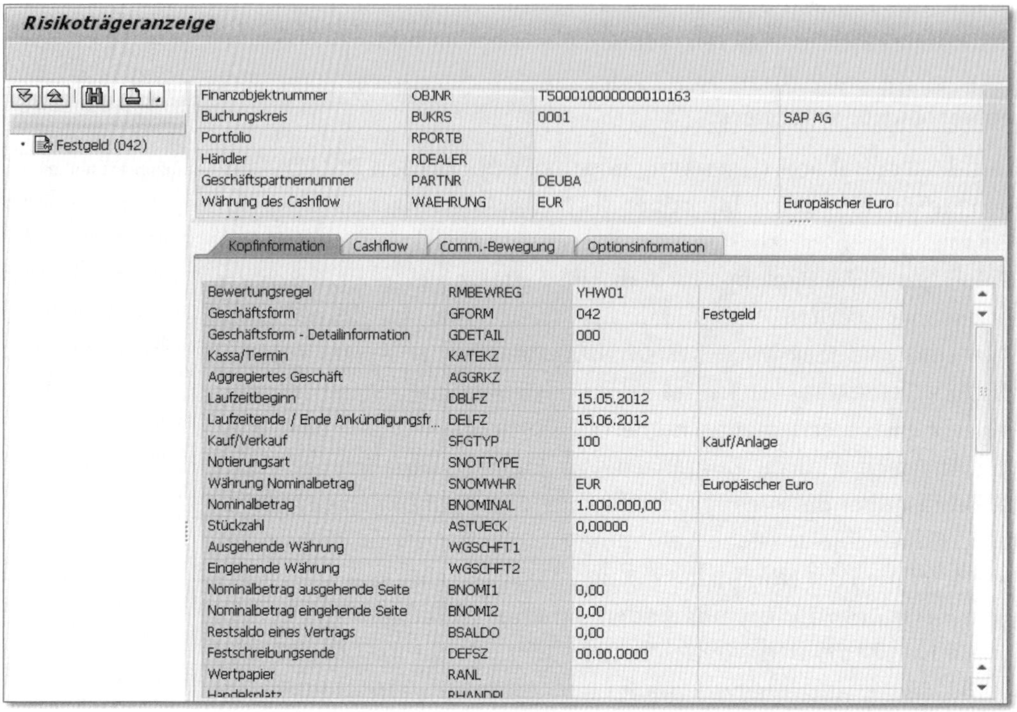

Abbildung 12.28 Risikoträgerdarstellung eines Finanzobjekts (Transaktion RMTD)

12.2.6 Risikoträger und generisches Geschäft

Interner Risikoträger

Zum Schluss des Abschnitts über die Grundlagen der Architektur möchten wir noch einen anderen Aspekt des Finanzobjekts beleuchten. Sie haben gesehen, dass das Finanzobjekt die harmonisierende Entität ist, um Primärobjekte verschiedenster Herkunft zu vereinheitlichen. Sie haben auch gesehen, dass das Finanzobjekt selbst nur Verwaltungsdaten, Merkmale und Parameter, aber keine Anwendungsdaten wie Bewegungen oder Bestände persistiert. Die Daten werden zur Laufzeit aus den Primärobjekten über Selektoren gelesen. Diese Selektoren wandeln die primärobjektspezifischen Datenstrukturen in eine einheitliche Struktur um. Diese Struktur wird *interner Risikoträger* genannt. Den internen Risikoträger aller Finanzobjekte können Sie mithilfe der Transaktion GESCHÄFTE ANZEIGEN (Transaktion RMTD) einsehen (siehe hierzu Abschnitt 12.2.5, Überschrift »Technische Berichte zu Finanzobjekten«). Die Struktur des Risikoträgers (siehe Abbildung 12.29) finden Sie in dieser Transaktion durch die Hierarchie der Elementargeschäfte links sowie in den entsprechenden Registerkarten wieder. Elementargeschäfte sind die

Atome, in die ein Bestand zerlegt werden kann. Dabei wird jedem Elementargeschäft eine Geschäftsform zugewiesen. Geschäftsformen sind z.B. Anleihe, Aktie oder auch Commodity Swap und operatives Exposure. Die eigentlichen Bewegungen sind in der Regel als Cashflows abgebildet. Eine Ausnahme bilden die Commodity-basierten Geschäftsformen wie z.B. Commodity-Swaps oder operative Exposures mit Commodity-Preisrisiko: In diesem Fall werden die Bewegungen als Commodity-Flows abgelegt, deren Datenstruktur für diesen Zweck optimiert ist. Eine komplette Dokumentation der Elementargeschäfte mit ihren Geschäftsformen finden Sie in der Dokumentation im SAP Help Portal unter *http://help.sap.com*.

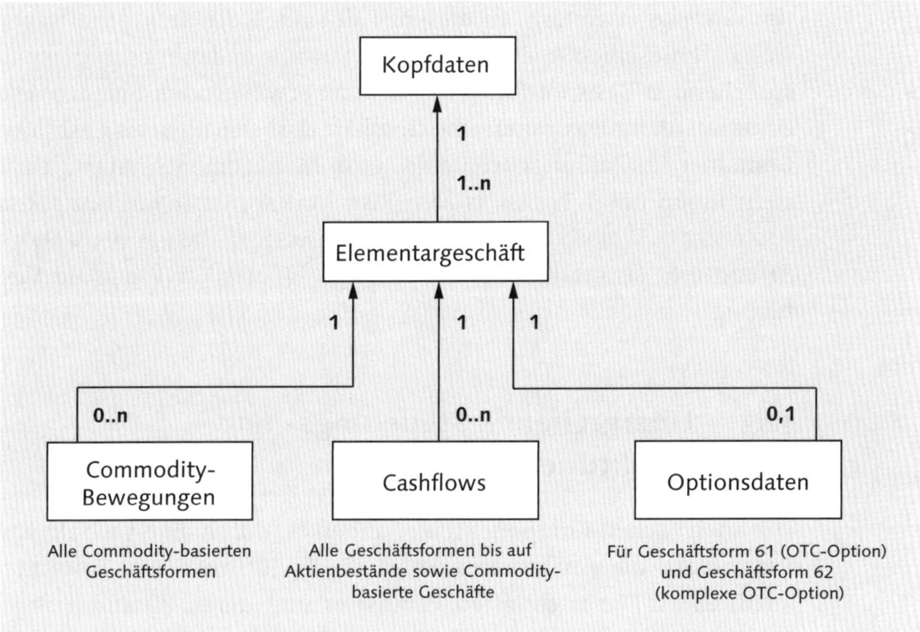

Abbildung 12.29 Struktur des Risikoträgers und des generischen Geschäfts

Generisches Geschäft

Neben den Finanzobjekten, die durch Primärobjekte definiert wurden, können Sie auch Finanzobjekte verwalten und analysieren, die keine Repräsentanz durch ein im System befindliches, operatives oder TRL-Primärobjekt haben. Diese Finanzobjekte können Sie mit dem Finanzobjekttyp generisches Geschäft abbilden. In diesem Fall muss das Finanzobjekt selbst die Anwendungsdaten tragen. Für die Darstellung wurde genau die Struktur des internen Risikoträgers gewählt. Dadurch können Sie auch komplexe Finanzinstrumente durch die Kombination geeigneter Elementargeschäfte darstellen. Im

SAP Help Portal finden Sie eine Liste aller Geschäftsformen neben zahlreichen ausführlichen Beispielen, wie sich komplexe Finanzinstrumente konstruieren lassen.

Pflege im System

Die Pflege des generischen Geschäfts finden Sie im System unter Treasury and Risk Management • Market Risk Analyzer • Stammdaten • Generisches Geschäft (Transaktion RCA00). Da die Handhabung im SAP Help Portal ausführlich beschrieben ist, möchten wir an dieser Stelle darauf verzichten, die Handhabung darzustellen.

Anwendungen

Mit dem generischen Geschäft können Sie also systemextern gehaltene Positionen der Risikoanalyse zuführen. Auch können Sie bestehende Positionen hinsichtlich deren Risikoabbildung z. B. für Simulationszwecke erweitern. In diesem Fall sollten Sie dem generischen Geschäft dieselben Analysemerkmale zuweisen, damit es in den entsprechenden Basisportfolios mit dem zu erweiternden Finanzobjekt zusammenfällt. Das generische Geschäft lässt sich auch als Cashflow-Container für Zahlungsströme des Cash Managements nutzen. Dazu steht Ihnen unter Treasury and Risk Management • Market Risk Analyzer • Werkzeuge mit der Transaktion Cashmanagement-Anbindung (Transaktion RMCM) ein geeignetes Werkzeug zur Verfügung.

12.3 Übergreifende Steuerungs- und Strukturierungsentitäten

Die analytischen Komponenten erlauben es, durch eine Vielzahl von Parametern die Analysen exakt an die Bedürfnisse der Anwender anzupassen. Die wichtigsten Parameter und deren Zusammenspiel und Verwendung sollen erläutert werden. Wenn Sie einen ersten Überblick über den Market Risk Analyzer oder den Portfolio Analyzer erhalten möchten, überschlagen Sie dieses Kapitel und greifen bei Bedarf auf die Beschreibung der einzelnen Entitäten zurück, die wir Ihnen hier vorstellen.

12.3.1 Cashflow-Kennzeichen

Ableitung des Cashflow-Kennzeichens

In den Cashflows des Risikoträgers finden sich keine Eigenschaften der Primärobjekte wie z. B. die Bewegungsart oder Fortschreibungsart wieder. Stattdessen gibt es das *Cashflow-Kennzeichen*, das bei der

Ableitung des Risikoträgers aus den Eigenschaften der Cashflows der Primärobjekte abgeleitet wird.

Im Customizing stellen Sie die notwendige Verbindung zwischen Fortschreibungsarten bzw Bewegungsarten und dem Cashflow-Kennzeichen her:

- Für bestandsbildende Finanzgeschäfte sowie für Darlehen weisen Sie den Bewegungsarten die entsprechenden Cashflow-Kennzeichen zu. Die entsprechende Customizing-Aktivität finden Sie unter Treasury and Risk Management • Market Risk Analyzer • Bewegungsarten CashFlow-Kennzeichen zuordnen • Zuordnung manuell definieren.
- Für Wertpapiere weisen Sie das Cashflow-Kennzeichen den Fortschreibungsarten unter Treasury and Risk Management • Market Risk Analyzer • Wertpapiere mit Fortschreibungsarten: CF-Knz. zuordnen zu.
- Für generische Geschäfte weisen Sie den Cashflow-Arten des generischen Geschäfts die entsprechenden Cashflow-Kennzeichen unter Treasury and Risk Management • Market Risk Analyzer • CashFlow-Arten definieren und CashFlow-Kennzeichen zuordnen zu.

Für eine korrekte Berechnung des Barwerts (siehe Abschnitt 12.5.1) ist eine korrekte Zuweisung notwendig. Abbildung 12.30 zeigt die Zuweisung der Cashflow-Kennzeichen (Spalte CFK) zu den Fortschreibungsarten (Spalte FArt). Setzen Sie für eine Fortschreibungsart das Fiktivkennzeichen (Spalte Fikt.), wird in der Barwertberechnung dieser Cashflow nicht berücksichtigt.

FArt	Bezeichnung Fortschreibungsart	CFK	Fikt.
SAM5009	Zinsen (stücknotiert)	1 Zins-Cashflow	☐
SAM5010	Zinsen (stücknotiert) (-)	1 Zins-Cashflow	☐
SAM5013	Dividende	4 Dividenden-Cashflow	☐
SAM5014	Ausschüttung	4 Dividenden-Cashflow	☐
SAM5015	Bonus	4 Dividenden-Cashflow	☐
SAM5019	Zinsen (stücknotiert) -	1 Zins-Cashflow	☐
SAM6000	Nominalzinsen (ZE)	1 Zins-Cashflow	☐

Abbildung 12.30 Zuweisung des Cashflow-Kennzeichens am Beispiel Wertpapiere

12.3.2 Auswertungsart und Bewertungsregel

Die Auswertungsart und die Bewertungsregel sind die zentralen Entitäten zur Kontrolle der Barwertberechnung. Hier werden die Quelle der zu nutzenden Marktdaten sowie das Bewertungsmodell festgelegt.

Barwertmethodik

Barwert – eine Definition

Die Auswertungsart kontrolliert die Barwertberechnung. Dieser kurze Satz beinhaltet zwei Aussagen, die wir genauer erläutern werden. Zum einen ist da der Begriff *Auswertungsart* selbst, zum anderen die Frage, wie diese die Barwertberechnung kontrolliert. Zuerst möchten wir den Begriff des Barwerts näher erläutern. Ein großer Teil der Fachliteratur versteht unter dem Begriff *Barwert* eine diskontierte Zahlung bzw. die Summe der diskontierten Zahlungen einer Zahlungsreihe. SAP Treasury and Risk Management verwendet den Begriff wesentlich weiter. Es versteht vielmehr unter Barwert den Wert, zu dem eine Position glattgestellt werden kann. Für Long-Positionen bedeutet dies, dass der erzielbare Veräußerungspreis ermittelt wird. Für Short-Positionen wird der Rückkaufswert ermittelt. Der Barwertbegriff innerhalb von SAP Treasury and Risk Management ist also vielmehr mit dem *Fair-Value*-Ansatz, z.B. wie er von IAS/IFRS oder US-GAAP verwendet wird, gleichzusetzen. Anstelle des Begriffs *Barwert* wird in SAP Treasury and Risk Management gelegentlich auch der Begriff *Net-Present-Value* (NPV) verwendet, im Bereich von optionalen Finanzinstrumenten auch der Begriff *Optionspreis*. Der Rechenkernel selbst wird meist Barwertrechner, stellenweise auch Preisrechner bzw. bei Optionen *Optionspreisrechner* genannt.

Wir wollen noch zwei andere sehr zentrale Begriffe erläutern: *Auswertungsdatum* und *Horizont*. Diese Begriffe tauchen an vielen verschiedenen Stellen im System auf und stehen in vielen Analysen nebeneinander zur Selektion bereit. Da es auch bei der Auswertungsart Einstellungen gibt, die diese Begriffe verwenden, möchten wir sie an dieser Stelle definieren und erklären. Wir nähern uns beiden Begriffe über ihre Eigenschaften.

Auswertungsdatum

Das *Auswertungsdatum* hat folgende Eigenschaften:

- Zum Auswertungsdatum werden die Positionen selektiert. Der Stand der Geschäfte, Bestände und operativen Exposures zu diesem Datum wird ermittelt.

- Zum Auswertungsdatum werden die Marktdaten gelesen, von diesem Datum aus werden Forward-Daten berechnet. Liegt das Auswertungsdatum vor dem aktuellen Datum (Systemdatum), werden die Marktdaten aus den historischen Tabellen gelesen, und der historische Zustand der Geschäfte/Bestände wird betrachtet. Liegt das Auswertungsdatum nach dem Systemdatum, werden die letzten gefundenen Marktdaten als am Auswertungsdatum gültig interpretiert und von diesem Datum aus die Forward-Daten berechnet.

Die Eigenschaften des *Horizonts* sind folgende:

Horizont

- Der Horizont ist das Datum, auf das die Ergebnisse hin berechnet und Cashflows abgezinst werden. Es wirkt also als Bewertungsdatum. Alle Cashflows ab diesem Datum fließen in die Berechnung ein.
- Der Horizont ist der Zeitpunkt, an dem die Gültigkeit von verwendeten Szenarien angenommen wird.
- Ausgehend vom Auswertungsdatum, werden Forward-Marktdaten für den Horizont bestimmt.

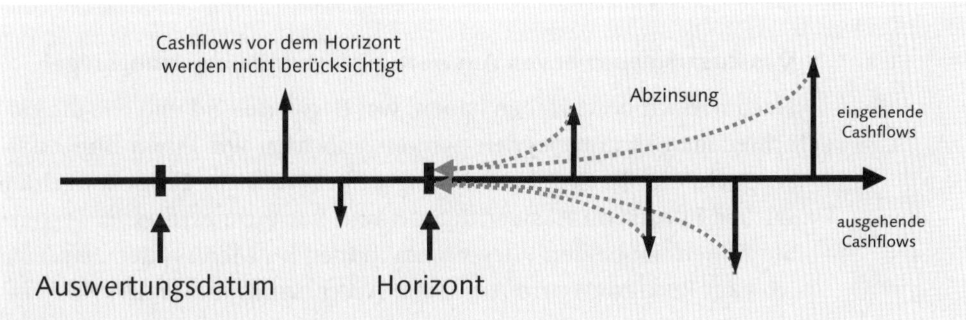

Abbildung 12.31 Wirkung von Auswertungsdatum und Horizont

[zB]

Gegeben sei eine Position, die eindeutig durch ihre Cashflows beschrieben ist. Wir wollen nun mit Auswertungsdatum heute und einem in der Zukunft liegenden Horizont (siehe Abbildung 12.31) den Barwert der Position ermitteln. Für das Auswertungsdatum werden Marktdaten gelesen. Darauf aufbauend wird eine am Horizont gültige Zinskurve als Forward-Kurve aus den heutigen Marktdaten berechnet. Mit dieser Zinskurve werden alle Cashflows, die nach dem Horizont liegen, auf den Horizont abgezinst. Der Barwert der Position errechnet sich als Summe der diskontierten einzelnen Zahlungen.

Herkunft der Cashflows

Die in Abbildung 12.31 dargestellten ein- und ausgehenden zu diskontierenden Cashflows können verschiedenen Ursprungs sein. In Abschnitt 12.2.6 wurde die Struktur des Risikoträgers vorgestellt, der – je nach Geschäftsform – Cashflows oder Commodity-Flows enthalten kann. Beide Arten von Bewegungen führen letztlich zu Cashflows im Sinne von Abbildung 12.31:

- Die Höhe fixer Cashflows wird durch einen festgelegten Betrag, einen festen Zinssatz oder einen fixierten Commodity-Preis festgelegt.
- Variable Cashflows beziehen sich entweder auf einen Referenzzins (siehe Kapitel 7) oder einen variablen Commodity-Preis. Im ersten Fall wird der zu diskontierende Cashflow über eine Forward-Zinsberechnung mittels der dem Referenzzins zugeordneten Forward-Zinskurvenart bestimmt. Im zweiten Fall wird mithilfe der Commodity-Kurvenart eine Forward-Berechnung für den Commodity-Preis durchgeführt (siehe Kapitel 7).

Das Zusammenspiel von Auswertungsart und Bewertungsregel

Nachdem wir beschrieben haben, was Barwerte sind und wie die verschiedenen Datumsbegriffe wirken, möchten wir Ihnen nun erklären, wie die Bartwertberechnung gesteuert wird. Dazu betrachten wir die Pflege von Auswertungsart und Bewertungsregel im System. Sie finden die beiden Pflegetransaktionen im Menü unter dem Pfad Market Risk/Portfolio Analyzer/Accounting Analyzer • Auswertungssteuerung • Bewertungseinstellungen:

- Bewertungsregel definieren (Transaktion S_KK4_13000240)
- Auswertungsart definieren und einstellen (Transaktion JBREVAL)

Bewertungsregel

Wir haben im letzten Abschnitt festgestellt, dass die Auswertungsart die Bewertung von Finanzobjekten regelt. Das System erlaubt es uns nun aber, Bewertungsregeln zu definieren; ein Ausdruck, der nahelegt, dass diese Entität die Bewertung regeln soll. Wir folgen zuerst unserem sprachlichen Verständnis und wenden uns also der Bewertungsregel zu. Starten Sie die Pflege der *Bewertungsregel*, stellen Sie fest, dass Sie gar keine »Regeln« für eine Bewertung oder Barwertermittlung eingeben können. Sie können nur Bewertungsregelwerte mit Langtexten vergeben. Damit haben Sie nach Abschluss der Pflegetransaktion für Bewertungsregeln nur einige Ausprägungen mit Texten definiert.

Bewertungsregel am Finanzobjekt

Wenn Sie noch einmal einen Blick auf das Finanzobjekt selbst, speziell die Finanzobjektkomponente Analyse(RM), werfen (siehe Abbildung 12.5), finden Sie hier das Feld BEWERTUNGSREGEL als Attribut eines Finanzobjekts vor. Im Beispiel in Abbildung 12.5 ist dieses Attribut nicht gefüllt. Es ist also am Finanzobjekt kein Muss-Feld, sondern ein echtes Attribut. Es stellt sich die Frage, was denn genau die Bewertungsregel regelt, wenn sie optional ist und außer einer Beschreibung keine Parameter trägt.

Auswertungsart

Die Logik, die sich damit abbilden lässt, erkennen wir am besten, wenn wir uns ein Beispiel einer *Auswertungsart* genauer ansehen. Dazu starten wir die Transaktion AUSWERTUNGSART DEFINIEREN UND EINSTELLEN (Transaktion JBREVAL) und gelangen zu Abbildung 12.32.

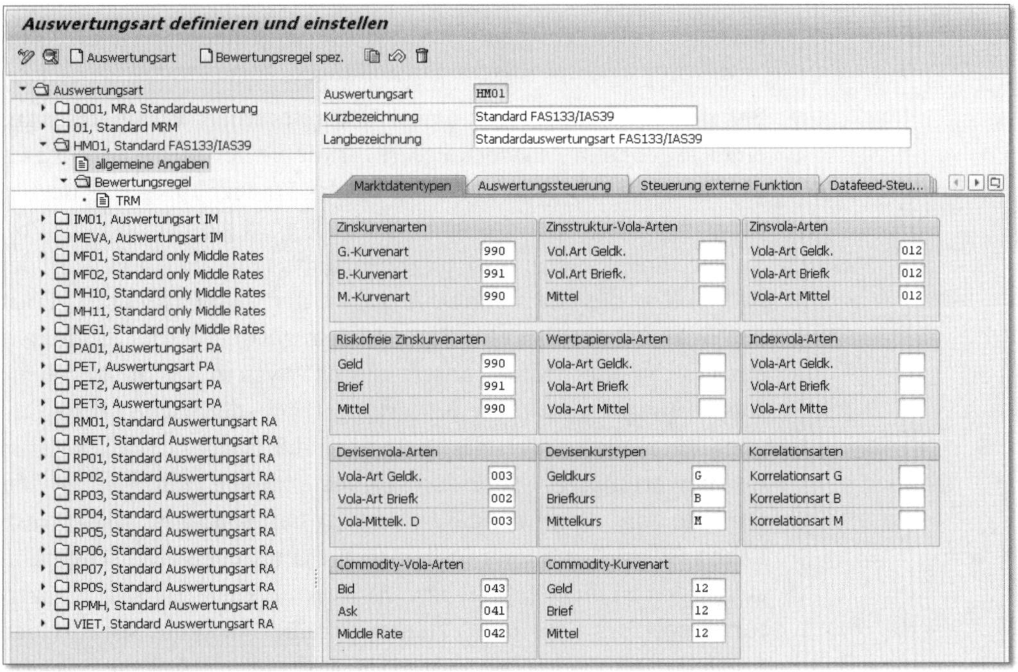

Abbildung 12.32 Pflege der Auswertungsart

Eine der Auswertungsarten ist aufgerissen, man erkennt die allgemeinen Daten mit den Registerkarten MARKTDATENTYPEN, AUSWERTUNGS-

STEUERUNG und weitere. Darüber hinaus ist aber auch zu erkennen, dass sich unterhalb des Menüpunktes ALLGEMEINE ANGABEN in der Navigationsleiste links für die ausgewählte Auswertungsart Einträge für die Bewertungsregel befinden, in diesem Beispiel genau einer (TRM). Ein Doppelklick auf eine Bewertungsregel führt uns zu einem sehr ähnlichen Bild, nur dass hier die Parameter auf den Registerkarten für die Kombination aus Auswertungsart und Bewertungsregel gültig sind. Hier liegt der Schlüssel zum Verständnis:

- Bewertungsregeln verschlüsseln eigenständig keine Regeln für die Bewertung von Finanzobjekten. In diesem Sinne ist der Name sprachlich nicht treffend.
- Produktarten kann unter TREASURY AND RISK MANAGEMENT • ANALYZER BASISEINSTELLUNGEN • BEWERTUNG • BEWERTUNGSREGEL ÜBER PRODUKTART ZUORDNEN eine Bewertungsregel zugeordnet werden (siehe Abbildung 12.33).
- Finanzobjekte können als Attribut eine Bewertungsregel tragen.
- In einer Auswertungsart können Sie allgemeine Angaben und bewertungsregespezifische Einstellungen vornehmen.
- Bei der Ermittlung von bewertungsrelevanten Parametern aus einer gegebenen Auswertungsart für die Bewertung eines Finanzobjekts prüft das System zuerst, ob das Finanzobjekt eine Bewertungsregel trägt. Ist dies nicht der Fall, wird geprüft, ob der Produktart eine Bewertungsregel zugeordnet ist. Ist auch dies nicht der Fall, gelten die allgemeinen Angaben der Auswertungsart. Trägt das Finanzobjekt aber eine Bewertungsregel oder ist der Produktart eine solche zugeordnet, untersucht das System, ob die gegebene Auswertungsart für diese Bewertungsregel spezifische Einstellungen trägt. Falls ja, prüft das System, ob der benötigte Parameter in den bewertungsregelspezifischen Einstellungen gefüllt ist. Ist dies der Fall, wird dieser für die Bewertung herangezogen. In den restlichen Fällen (Parameter in den bewertungsregelspezifischen Einstellungen ist nicht gefüllt, bzw. Auswertungsart hat für die Bewertungsregel des Finanzobjekts/der Produktart keine spezifischen Einstellungen) gelten wiederum die allgemeinen Angaben.

Wirkung der Bewertungsregel

Die Bewertungsregel wirkt also primär als gruppierendes Attribut, mit dem sich Finanzobjekte für die Bewertung zu Gruppen gleichen Bewertungsverhaltens zusammenfassen lassen. Erst durch die bewertungsregelspezifische Parametrisierung innerhalb einer Auswertungsart wird der Begriff der Bewertungs*regel* mit Leben gefüllt. Ein Beispiel soll Ihnen die Zugriffslogik verdeutlichen.

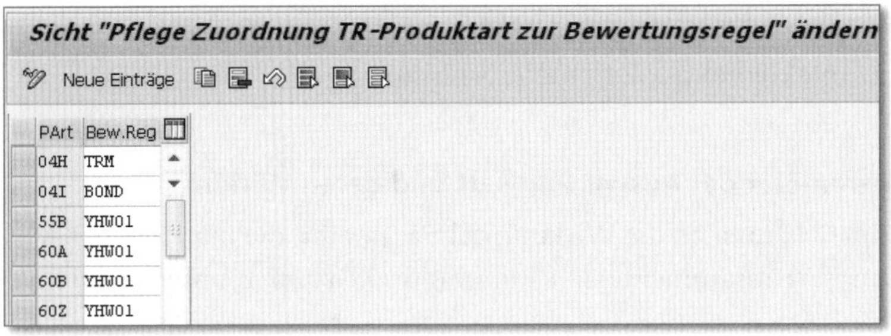

Abbildung 12.33 Zuordnung von Bewertungsregeln zu Produktarten

Beispiel

Abbildung 12.34 verdeutlicht den Vorrang der bewertungsregelspezifischen Einstellungen vor den allgemeinen Einstellungen und zeigt exemplarisch eine mögliche Zugriffslogik auf einen gesuchten Parameter innerhalb einer Auswertungsart. Aus Gründen der Übersichtlichkeit wird in diesem Beispiel die Ebene der Produktart zur Zuordnung der Bewertungsregel nicht genutzt. Eine Reihe von Finanzobjekten wird innerhalb eines analytischen Prozesses mit einer Auswertungsart MY_1 bewertet.

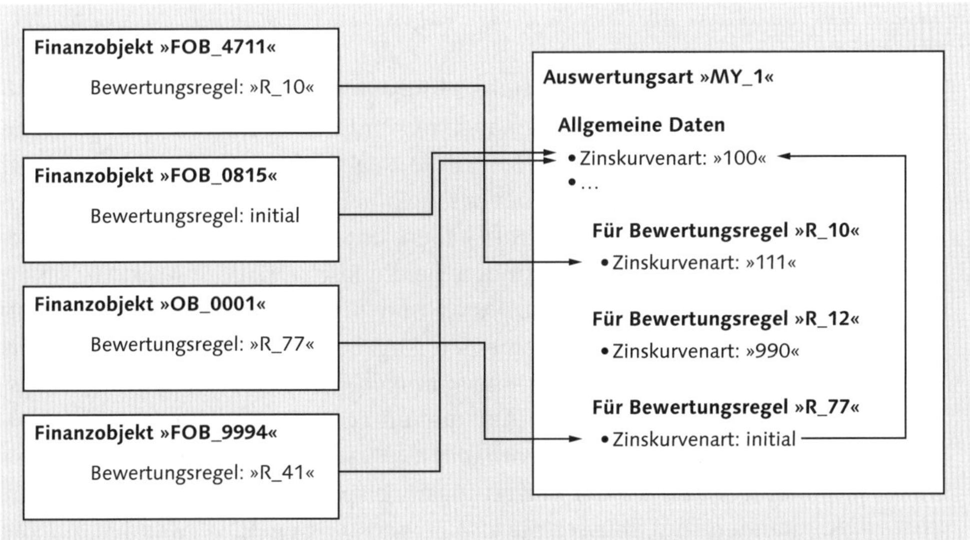

Abbildung 12.34 Beispiel für die Zugriffslogik auf Parameter der Auswertungsart

Vom Prozessor wird jeweils die Zinskurvenart gesucht. Nach der Ermittlung der Bewertungsregel des Finanzobjekts wird immer zuerst gesucht, ob es zu dieser Bewertungsregel spezifische Einstellungen gibt und ob der gesuchte Parameter gefüllt ist. Die Pfeile geben an, welchen logischen Weg das System für jedes der vier Finanzobjekte bei der Parameterermittlung geht.

Die Parameter der Auswertungsart und deren Wirkung

Drei Gruppen

Prinzipiell kann man die Wirkung der Parameter, die man in einer Auswertungsart zusammenfassen kann, in drei Gruppen unterscheiden:

- Parameter zur Steuerung des Marktdatenzugriffs
- Parameter zur Finanzobjektselektion und -aufbereitung
- Parameter zur Methodenansteuerung im Barwertrechner

Wir werden uns bei der Beschreibung der Möglichkeiten dieser Parametergruppen auf die wichtigsten beschränken. Die Auswertungsart ist auch eine der Stellen im System, an denen die beiderseitige Verwendung des Codings sowohl in den Analyzern von SAP Treasury and Risk Management als auch in SEM Banking zu Tage tritt. Es gibt eine Reihe von Parametern, die nur in SEM Banking relevant sind und hier keine Wirkung haben.

Überblick über die Registerkarten

Beachten Sie, dass Sie einige Registerkarten sowohl unter den allgemeinen Angaben als auch unter den bewertungsregelspezifischen Einstellungen finden, andere hingegen entweder nur unter den allgemeinen Angaben oder auch nur unter den bewertungsregelspezifischen Einstellungen. Selbst die Registerkarten, die es sowohl bei den allgemeinen Angaben als auch bei den bewertungsregelspezifischen Einstellungen gibt, haben unterschiedliche Parameterbelegungen. Zum Beispiel finden Sie die Registerkarten MARKTDATENTYPEN, AUSWERTUNGSSTEUERUNG und STEUERUNG EXTERNE FUNKTION sowohl unter den allgemeinen Angaben als auch unter den bewertungsregelspezifischen Einstellungen. Hingegen ist z.B. die Registerkarte VALUE-AT-RISK-ART nur unter den bewertungsregelspezifischen Einstellungen vorhanden. Für Parameter, die nur auf der feineren Ebene der bewertungsregelspezifischen Einstellungen vorhanden sind, müssen Sie also Bewertungsregeln verwenden, um die Wirkung dieser Parameter nutzen zu können.

Beispiel Auswertungssteuerung

Als Beispiel stellen wir die Registerkarte AUSWERTUNGSSTEUERUNG unter den allgemeinen Angaben (siehe Abbildung 12.35) derselben Registerkarte AUSWERTUNGSSTEUERUNG unter den bewertungsregelspezifischen Einstellungen (siehe Abbildung 12.36) gegenüber. Sie erkennen deutlich die verschiedenen Parameter auf den verschiedenen Ebenen.

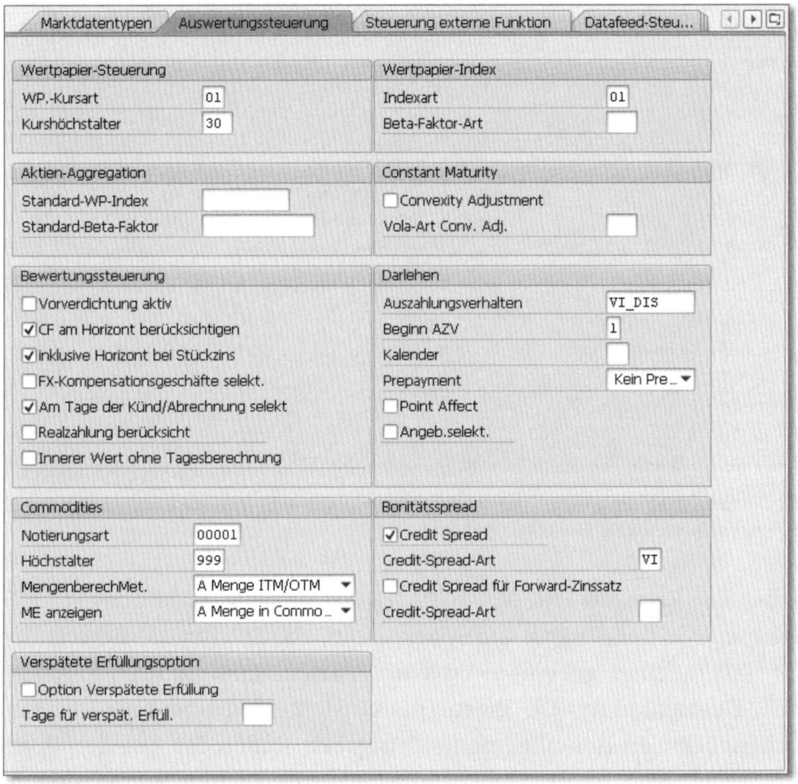

Abbildung 12.35 Auswertungsart: die Parameter der Registerkarte »Auswertungssteuerung«, allgemeine Angaben

Nach diesem Vergleich der Parameter ein und derselben Registerkarte auf den beiden Ebenen wenden wir uns nun den wichtigsten Parametern auf den einzelnen Registerkarten zu und gruppieren diese nach ihrer Wirkung:

- den Marktdatenzugriff
- die Finanzobjektselektion
- den Barwertrechner

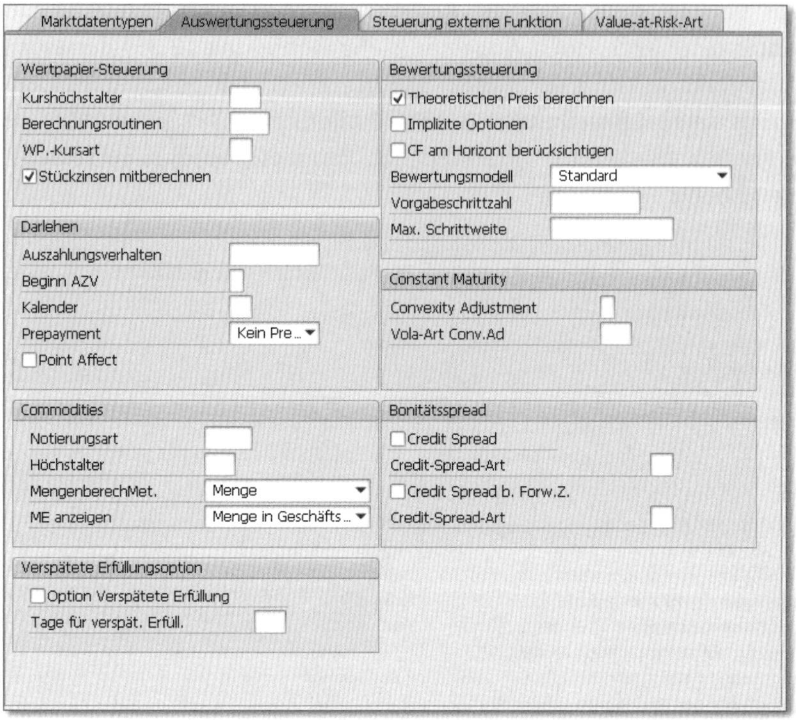

Abbildung 12.36 Parameter der Registerkarte »Auswertungssteuerung«, bewertungsregelspezifische Einstellungen

Steuerung Marktdatenzugriff

Über die Registerkarte MARKTDATENTYPEN (siehe Abbildung 12.32) können Sie den Zugriff auf Marktdaten, die Sie für die Bewertung benötigen, über geeignete Zinskurvenarten, Commodity-Kurvenarten, Devisenkurstypen, Wertpapiereinstellungen und Volatilitätsarten steuern. In den allgemeinen Angaben finden Sie fast dieselben Parameter wie in den bewertungsregelspezifischen Einstellungen. Nur wenn Sie die zweite Volatilitätsablage (siehe Abschnitt 8.5) ansteuern wollen, können Sie den benötigten VOLANAMEN nur in den bewertungsregelspezifischen Einstellungen eingeben. Weitere Angaben können Sie auf der Registerkarte AUSWERTUNGSSTEUERUNG machen. Hier geben Sie unter anderem die Wertpapierkursart (Feld WP.-KURSART) sowie das Höchstalter für den Kurs (Feld KURSHÖCHSTALTER) oder die Indexart (Feld INDEXART) an. Darüber hinaus können Sie die Nutzung von Spreadarten getrennt für die Diskontierung sowie die Forward-Berechnung festlegen. Die Anwendung dieses Spreads führt zu einer Parallelverschiebung der jeweiligen Zinskurve.

Steuerung Finanzobjektselektion

Die Selektion der Finanzobjekte läuft weitgehend generisch ab. Es werden die zum Stichtag gültigen Daten der operativen Primärobjekte gelesen. Doch in einigen Fällen benötigt man hier Variationsmöglichkeiten. So lässt sich auf der Registerkarte AUSWERTUNGSSTEUERUNG die Selektion von FX-Kompensationsgeschäften steuern oder ob ein OTC-Geschäft am Tage der Kündigung oder Ausübung noch selektiert werden oder schon als abgelaufen erkannt werden soll (siehe die Kennzeichen im Bildbereich BEWERTUNGSSTEUERUNG in Abbildung 12.35). Eine andere wichtige Einstellung ist das Kennzeichen CF (Cash Flow) AM HORIZONT BERÜCKSICHTIGEN. Normalerweise werden nur Cashflows mit Fälligkeit größer als der Horizont selektiert. Manchmal ist es jedoch notwendig, die Cashflows mit Stichtag des Horizonts mit zu berücksichtigen. Sollten Sie z.B. Sachkonten bewerten, liefern die Selektoren nur einen einzigen Cashflow in Höhe des Sachkontensaldos zum Horizont. Demnach führt das Setzen dieses Kennzeichens zu einem Barwert in Höhe des Sachkontensaldos, ansonsten in Höhe von null. Die in Abschnitt 12.2.5 (Überschrift »Überlappende Finanzobjekte«) erwähnte Einstellung zur Selektion der überlappenden Finanzobjekte für Positionsgattungsbestände sowie lotbasierte Positionsbestände finden Sie auf der Registerkarte FINANZOBJEKT-SELEKTION. Die Funktionsweise dieses Parameters ist in dessen [F1]-Hilfe detailliert erläutert.

Steuerung des Barwertrechners

Zur Beeinflussung des Barwertrechners selbst gibt es eine ganze Reihe von Einstellungsmöglichkeiten. Die wohl fundamentalste ist, anstelle des in den Analyzer eingebauten Barwertrechners einen externen Barwertrechner anzusteuern. Die notwendigen Einstellungen für einen externen Barwertrechner nehmen Sie auf der Registerkarte STEUERUNG EXTERNE FUNKTION vor, die Sie sowohl bei den allgemeinen Angaben als auch bei den bewertungsregelspezifischen Einstellungen finden. Ein anderes wichtiges Kennzeichen ist das Kennzeichen THEORETISCHEN PREIS BERECHNEN, das Sie in den bewertungsregelspezifischen Einstellungen auf der Registerkarte AUSWERTUNGSSTEUERUNG finden (siehe Abbildung 12.36). Je nach Marktsegment oder Wertpapierart kann die Versorgung mit Marktpreisen für Anleihen oder auch für Optionsscheine mangelhaft sein. Durch das Setzen des Kennzeichens können Sie steuern, ob ein theoretischer Wert durch Abzinsen der zukünftigen Cashflows ermittelt oder ob der Barwert durch eine Mark-to-Market-Bewertung mittels des Wertpapierkurses erfolgen soll.

Preisberechnung von Optionen

Zur Bewertung von optionalen Finanzinstrumenten stellt das System die Bewertungsmodelle von *Black-Scholes* sowie – für Zinsoptionen – von *Hull-White* zur Verfügung. Beide basieren auf einem stochastischen Modell für die zugrunde liegende Zufallsvariable: Im Falle des Black-Scholes-Modells für den Spot- oder Forward-Preis des Underlyings, im Falle von Hull-White für den Momentanzins (in der Literatur unter dem Begriff *Short-Rate-Modell* bekannt). Die entsprechende Einstellung nehmen Sie im Feld BEWERTUNGSMODELL vor. Während im Falle von Optionen des europäischen Typs die Modelle jeweils analytisch lösbar sind, muss bei Optionen des amerikanischen Typs die Preisberechnung durch numerische Iteration mittels eines Baumverfahrens erfolgen: Im Falle von Black-Scholes mittels des Binomialbaumverfahrens und im Falle von Hull-White mithilfe des Trinomialbaumverfahrens. Eine detaillierte Beschreibung der beiden Baumverfahren finden Sie beispielsweise in »Optionen, Futures und andere Derivate« von Prof. Dr. John C. Hull (2005). Während beim Binomialbaumverfahren die Schrittzahl und Schrittweite nicht veränderbar sind, können Sie dies beim Trinomialbaumverfahren mittels der Einstellungen VORGABESCHRITTZAHL und MAX.SCHRITTWEITE beeinflussen. Da die Berechnung von Optionspreisen unter anderem von der impliziten Volatilität abhängt, verweisen wir an dieser Stelle auf die Angabe des VOLANAMENS auf der Registerkarte MARKTDATENTYPEN bei den bewertungsregelspezifischen Einstellungen: Damit wird der Bezug zur zentralen Volatilitätsdatenbank hergestellt, die es erlaubt, Moneyness-abhängige Volatilitäten abzulegen (siehe Kapitel 7).

Damit haben wir Ihnen die wesentlichen Parameter der Auswertungsart vorgestellt. Wir wollen an dieser Stelle die Beschreibung der Auswertungsart beenden und auf die vorhandene Dokumentation, auch über die [F1]-Hilfen, verweisen.

[+]

Dynamische Anpassung der Bewertungseinstellungen und des Risikoträgers: BAdI JBA_SFGDT

In Abschnitt 12.2.6 hatten wir die generische Struktur des Risikoträgers vorgestellt und schließlich in Abschnitt 12.3.2 die flexiblen Einstellungen an der Auswertungsart/Bewertungsregel eingeführt. Die Preisrechner selbst operieren auf beiden Datenstrukturen als Eingangsinformation: Der Risikoträger legt fest, *was* bewertet werden soll, während die Auswertungsart/Bewertungsregel festlegt, *wie* bewertet werden soll. In Einzelfällen kann es nützlich sein, zum Bewertungszeitpunkt – direkt vor Aufruf des Preisrechners – die beiden Datenstrukturen individuell zu manipulieren. Zu diesem Zweck steht Ihnen das BAdI `JBA_SFGDT` zur Verfügung.

12.3.3 Filter

Ein *Filter* ist die persistierte Zusammenfassung beliebiger Selektionsbedingungen für mehrere frei ausgewählte Analyseparameter. Welche Filtertypen es gibt und wie sie definiert und verwendet werden, wollen wir im Folgenden beschreiben.

Pflege

Filterpflege

Zur Pflege von Filtern finden Sie in den Analyzern jeweils unter MARKET RISK/PORTFOLIO/ACCOUNTING ANALYZER • AUSWERTUNGSSTEUERUNG • ERGEBNISDATENBANK die Transaktion FILTER DEFINIEREN (Transaktion AFWFL). Über das Einstiegsbild (siehe Abbildung 12.37) können Sie über den oberen Bildbereich FILTER einen Filter insgesamt anlegen oder ändern. Über den unteren Bildbereich FILTEROBJEKTE können Sie, nach der erstmaligen Anlage, die einzelnen Filterobjektteile direkt anspringen und ändern.

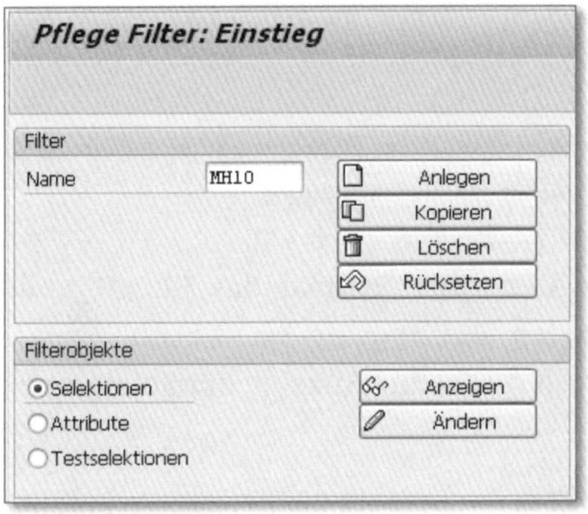

Abbildung 12.37 Einstiegsbild der Transaktion AFWFL zur Pflege von Filtern

Filtertyp

Wenn Sie einen Filter neu anlegen möchten, erhalten Sie ein Pop-up, in dem Sie aufgefordert werden, zu wählen, welchen Filtertyp der anzulegende Filter haben soll.

- Filter mit freien Abgrenzungen (Filtertyp » «)
- Filtergruppe (Filtertyp »CX«)
- Filter zu Portfoliohierarchien (Filtertyp »PH«)

Bevor wir auf die Unterschiede mit ihren spezifischen Eigenschaften genauer eingehen, betrachten wir zunächst den einfachsten und historisch ältesten Filtertyp, den Filter mit freien Abgrenzungen. Nachdem Sie für einen neuen Filter im nächsten Bild die notwendigen Eingaben für die Beschreibung und optional für die Berechtigungsgruppe vorgenommen haben, gelangen Sie zur Pflege der Selektionen. Das Beispiel zeigt eine Einschränkung auf das Analysemerkmal Kennnummer (siehe Abbildung 12.38).

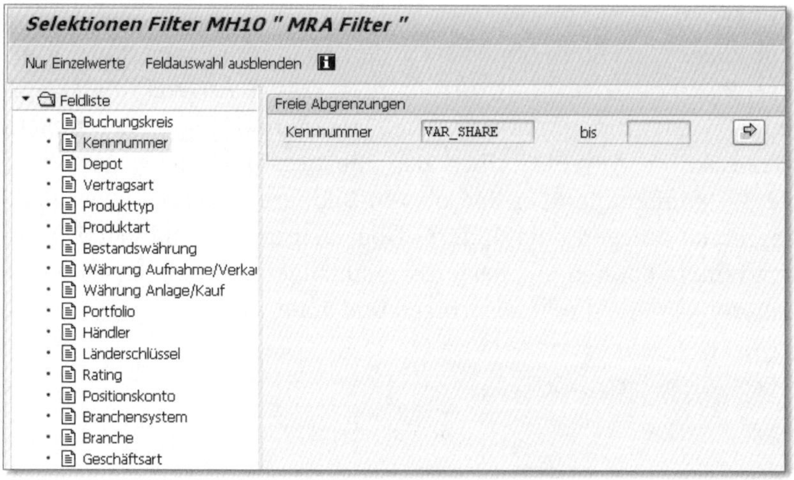

Abbildung 12.38 Pflege und Anzeige der Selektion eines Filters.

Selektionen

Gehen wir zurück und betrachten noch einmal das Einstiegsbild (siehe Abbildung 12.37). Über den Radiobutton Selektionen gelangen Sie für bestehende Filter auch direkt zur Anzeige der Selektionen von Abbildung 12.37.

Attribute als zentrale Navigation

Über den Radiobutton Attribute erreichen Sie die Anzeige von Kopf- und Verwaltungsdaten. Für das hier betrachtete Beispiel ergäbe sich ein ähnliches Bild wie das in Abbildung 12.39 dargestellte. Neben den bekannten Kopfinformationen erhalten Sie im Bildbereich Umgebung auch Aussagen über eine eventuell vorhandene Historie (Button Hist. Versionen). Dieser Button ist nur eingeblendet, wenn es eine Historie gibt. *Historie* bedeutet, dass es Änderungen in den Selektionen gegeben hat. Das erscheinende Pop-up dokumentiert genau, wann welche Änderung an den Selektionen vorgenommen wurde.

Der zweite Button in diesem Bildbereich, Customizingobjekte, zeigt alle Einzelsatz- und Endergebnisverfahren an, in denen dieser Filter direkt oder über die Portfoliohierarchie (bei Filtertyp PH) verwendet wird. Auf die Verwendung der unterschiedlichen Filtertypen gehen wir später noch genauer ein. Sollte der Filter als Kopiervorlage verwendet worden sein, erscheint zwischen den beiden dargestellten Buttons noch ein dritter Button Referenz auf Filter, der diese Informationen liefert. Oben in der Buttonleiste werden dynamisch verschiedene Buttons für weitere Absprünge angeboten. Der Button Selektionen führt wieder zur Darstellung von Abbildung 12.37 Der Button Testselektionen führt zur Anzeige der Testselektionen, die Sie auch direkt aus dem Einstiegsbild über den dritten Radiobutton erreichen können und die wir daher später ausführlicher beschreiben werden.

Abbildung 12.39 Transaktion AFWFL zur Anzeige der Attribute

Bei Filtern des Filtertyps PH finden Sie noch einen Button Portfoliohierarchien, über den Sie sich alle Portfoliohierarchien ähnlich der Transaktion JBRK (siehe Abbildung 12.37) anzeigen lassen können, in denen dieser Filter in der Portfoliohierarchiedefinition angegeben wurde (siehe Abbildung 12.43, Spalte Filter). Außerdem finden Sie hier eine Funktion zur Anzeige aller Finanzobjekte, die den Filterselektionen entsprechen. Beachten Sie, dass Sie je nach Selektionskriterium eine große Anzahl an Finanzobjekten mit entsprechend langen

Antwortzeiten selektieren und darstellen. In unserem Fall ist der Filter stark einschränkend, sodass die Darstellung übersichtlich bleibt (siehe Abbildung 12.40).

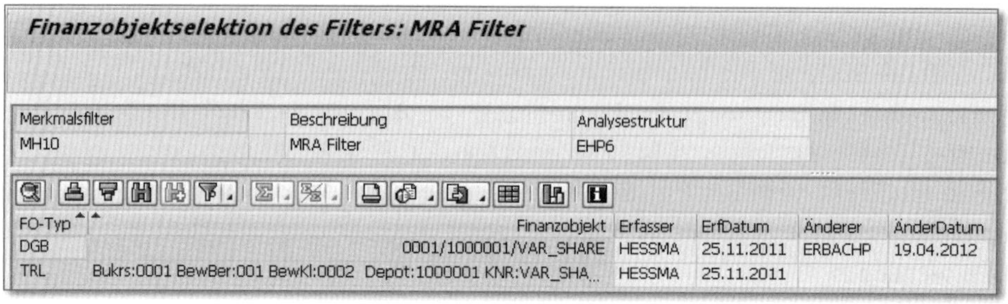

Abbildung 12.40 Anzeige der Finanzobjekte, die den Filterselektionen entsprechen

Testselektionen Über den dritten Radiobutton des Einstiegsbildes (TESTSELEKTIONEN, siehe Abbildung 12.37) gelangen Sie zu den Testselektionen. Testselektionen dienen der Vereinfachung in der Testphase der Ergebnisdatenbank. Bei vorhandenen, abhängigen Ergebnisdaten in der Ergebnisdatenbank können Filter nicht bzw. nur eingeschränkt geändert werden. Aber gerade in der Testphase ist eine schnelle, flexible und einschränkende Selektion der Finanzobjekte gewünscht. Für diesen Zweck können Sie neben den normalen Selektionen zu einem Filter Testselektionen definieren. Filter mit Testselektionen sind beliebig änderbar und können auf allen Analysemerkmalen definiert werden (siehe Abbildung 12.41).

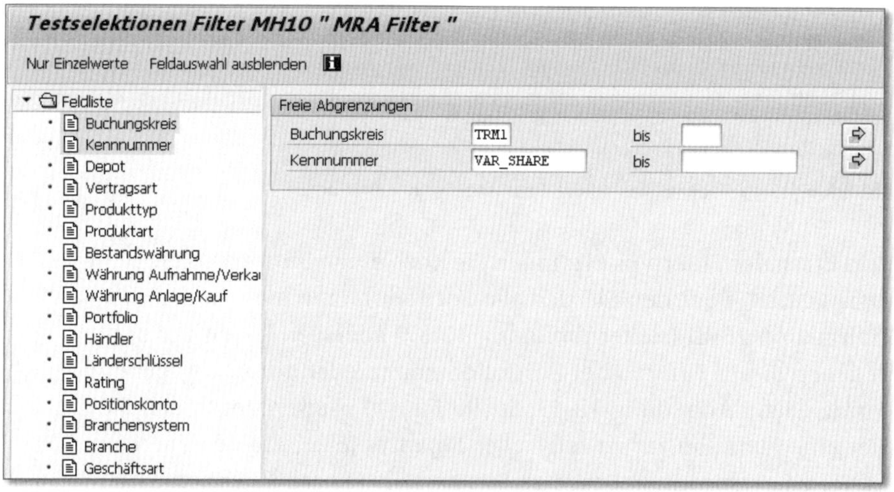

Abbildung 12.41 Beispiel für eine Testselektion

Die Funktion Testselektionen zu nutzen, ist nur im Testsystem sinnvoll. Daher können Filter mit bestehenden Testselektionen nicht transportiert werden. Wollen Sie einen Filter transportieren, kann der Teststatus des Filters durch Löschen der Testselektion über das Menü Filter • Löschen Testselektionen wieder rückgängig gemacht werden. Ein weiteres sinnvolles Werkzeug finden Sie über das Menü unter Zusätze • Finanzobjekte (Testselektionen) anzeigen bzw. Zusätze • Finanzobjekte (Testselektionen) zählen.

Transport von Filtern

Filtertypen und deren Verwendung

Wenden wir uns den eingangs erwähnten Filtertypen und ihren Verwendungen zu. Die erwähnten Abkürzungen treten in den verschiedenen [F4]-Hilfen wieder auf und helfen Ihnen, die Filter im Betrieb zu unterscheiden.

Filter mit freien Abgrenzungen

Beim Filtertyp Filter mit freien Abgrenzungen (Filtertyp = » «) können Sie für jeden einzelnen Analyseparameter beliebige Selektionsbedingungen definieren und speichern. Die Selektionsbedingungen der einzelnen Analyseparameter werden mit logisch-UND verknüpft. Die oben dargestellten Bilder der Pflege in Abbildung 12.38 und Abbildung 12.39 basieren auf diesem Filtertyp. Filter dieses Typs lassen sich Einzelsatzverfahren zuordnen. Bei Angabe eines Filters werden für die Berechnung der Einzelsätze nur die Geschäfte selektiert, die den Selektionsbedingungen des Filters entsprechen (siehe Abschnitt 12.6.3). Beachten Sie, dass Filter, die einem Einzelsatzverfahren zugeordnet sind, nicht mehr geändert werden dürfen, sobald Kennzahlen zu diesem Verfahren existieren. Nutzen Sie zu Testzwecken daher die Mimik der Testselektionen.

Filtergruppe

Bei Filtern des Typs Filtergruppe (Filtertyp = CX) handelt es sich um logisch-ODER-verknüpfte Filter des Typs Filter mit freier Abgrenzung. Die Pflege der Filter dieses Filtertyps ist weitgehend identisch mit der Pflege von Filtern mit freien Abgrenzungen. Eine Ausnahme bildet natürlich die Pflege der Selektionen selbst. Hier stehen Ihnen keine Analysemerkmale zur Verfügung, sondern Sie können in einem entsprechenden Bild aus den vorhandenen Filtern mit freien Abgrenzungen beliebige mit einem logischen ODER zu einer Filtergruppe verknüpfen (siehe Abbildung 12.42). Filtergruppen lassen sich, genauso wie die zugrunde liegenden Filter mit freien Abgrenzungen, in Einzelsatzverfahren zur Finanzobjektselektion verwenden.

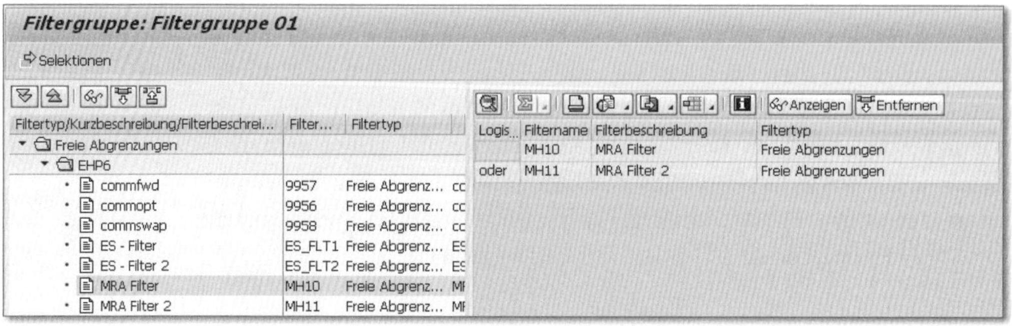

Abbildung 12.42 Pflege der Selektion von Filtern des Filtertyps »Filtergruppe«

[+]

Filtergruppen – oder noch besser?

Filtergruppen sind dann hilfreich, wenn Sie Analysemerkmale nutzen, die mit anderen Merkmalen geklammert sind, und darauf Filterselektionen einstellen wollen.

Sollten Sie allerdings Filtergruppen benötigen, für die Sie eine große Anzahl an Filtern zu einer Filtergruppe verknüpfen müssten, dann kann es von Vorteil sein, ein eigenes Analysemerkmal speziell für die Filterdefinition zu definieren und die Merkmalsausprägungen mit geeigneten Informationen aus den (geklammerten) Merkmalen zu versorgen.

Mit dieser Logik lassen sich oft auch Filteranforderungen auf sich ändernden Merkmalsausprägungen lösen, da meistens eine den Merkmalsausprägungen inhärente Logik sich in fixe, diese Logik repräsentierende Merkmalsausprägungen überführen lässt.

Filter zu Portfoliohierarchien

Die Definition von Filtern des Filtertyps Filter zu Portfoliohierarchien (Filtertyp = PH) verläuft fast identisch wie beim Filtertyp Filter mit freien Abgrenzungen. Der Unterschied liegt in den zur Verfügung stehenden Analysemerkmalen. Filter des Filtertyps Filter zu Portfoliohierarchien können Sie nur auf den Merkmalen durchführen, die Sie in der Merkmalsverwendung als segmentbildend gekennzeichnet haben. Filter dieses Typs können einer Portfoliohierarchie zugeordnet werden (siehe Abbildung 12.43, Spalte Filter). In diesem Fall enthält die PH nur Basisportfolios, deren Ausprägungen zum Filter passen.

[+]

Richtig filtern

Für ein richtiges Verständnis müssen Ihnen die Begriffe und Eigenschaften der Portfoliohierarchie (siehe Abschnitt 12.3.4) und der Ergebnisdatenbank (siehe Abschnitt 12.6) bekannt sein.

Wenn Sie einem Einzelsatzverfahren einen Filter zugeordnet haben, können Sie oft die Performance der zugeordneten Endergebnisverfahren einfach optimieren.

Haben Sie im Filter des Einzelsatzverfahrens segmentbildende Analysemerkmale selektiert, ist es meistens sinnvoll, in den zugehörigen Endergebnisverfahren die Berechnung nur für Portfoliohierarchieknoten durchzuführen, für deren zugeordnete Segmente (Basisportfolios) Einzelsätze der Ergebnisdatenbank existieren. Da dem Endergebnisverfahren nicht direkt ein Filter zugeordnet werden kann, können Sie dies aber implizit trotzdem dadurch erreichen, dass Sie der Portfoliohierarchie einen äquivalenten Filter vom Typ FILTER ZU PORTFOLIOHIERARCHIEN mitgeben.

12.3.4 Portfoliohierarchie

Eine Portfoliohierarchie ist die hierarchische Gliederung ausgewählter Analysemerkmale. Sie definiert eine baumartige Struktur über frei wählbare Merkmale, z.B. Branche, Land, Händler, Abteilung oder Produktart. Dadurch können Sie Ihr Portfolio sehr flexibel in verschiedene Aggregationsebenen gliedern und für jede dieser Ebenen Kennzahlen in den verschiedenen Analysen berechnen sowie Kennzahlen in der Ergebnisdatenbank ablegen. Dabei können Sie für Ihre verschiedenen Berichtsanforderungen bis zu 999 verschiedene Portfoliohierarchien anlegen und nutzen.

PH-Knoten und PH-Blatt

Die einzelnen Aggregationsebenen werden *PH-Knoten*, oder manchmal vereinfacht auch nur *Knoten*, genannt. Die unterste Ebene einer Portfoliohierarchie wird *PH-Blatt* oder *Blatt* genannt. Diese unterste Stufe stellt im Normalfall immer noch eine Aggregation verschiedener Finanzobjekte dar.

Pflegeübersicht

Zur Pflege der Portfoliohierarchien nutzen Sie die Transaktion PORTFOLIOHIERARCHIE DEFINIEREN (Transaktion AFWPH), die Sie im Menü in den Analyzern unter MARKET RISK/PORTFOLIO/ACCOUNTING ANALYZER • AUSWERTUNGSSTEUERUNG • PORTFOLIOHIERARCHIE finden. Nach dem Start der Transaktion gelangen Sie zunächst auf die erste Stufe eines zweistufigen Pflegedialogs (siehe Abbildung 12.43). Sie finden neben dem numerischen Schlüssel der PORTFOLIOHIERARCHIE eine Icon-Spalte für den STATUS sowie Felder für beschreibende Texte. Außerdem können Sie einen FILTER für die Portfoliohierarchie hinterlegen. Die Wirkung dieses Eintrags werden wir später beschreiben.

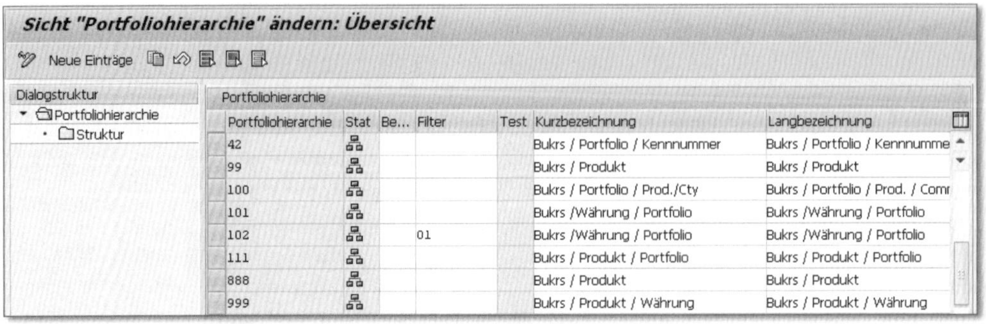

Abbildung 12.43 Transaktion AFWPH zur Pflege von Portfoliohierarchien

Neuanlage Wir möchten eine neue Portfoliohierarchie anlegen. Durch Anklicken des Buttons NEUE EINTRÄGE gelangen Sie in die Pflege der Kopfdaten einer Portfoliohierarchie (siehe Abbildung 12.44). Nach dem Eintragen der notwendigen Kopfdaten markieren Sie die Zeile und gelangen durch Doppelklick in der linken Navigationsleiste auf den Eintrag STRUKTUR in die Pflege der Portfoliohierarchiestruktur (siehe Abbildung 12.45). Hier können Sie die Merkmale eintragen, die die Portfoliohierarchie definieren sollen (Feld MERKMAL), und die Reihenfolge der Merkmale über das Feld SORTIERUNG festlegen. Die kleinste Nummer bedeutet dabei die höchste Hierarchieebene.

Abbildung 12.44 Anlegen einer neuen Portfoliohierarchie, Schritt 1 – Kopfdaten

Abbildung 12.45 Anlegen einer neuen Portfoliohierarchie, Schritt 2 – Strukturdaten

Generieren

Dabei können Sie nur die Merkmale auswählen, die Sie in der Merkmalsverwendung (siehe Abschnitt 12.2.3, Überschrift »Merkmalsverwendung«) ausgewählt haben. Wir wollen eine zweistufige Portfoliohierarchie über Land und Produkttyp definieren und nehmen die entsprechenden Eingaben vor (siehe Abbildung 12.45).

Mit dem Sichern wird die Portfoliohierarchie aufgebaut und generiert. Beim Generieren der Portfoliohierarchie kombiniert das System sukzessive die vorhandenen Merkmalsausprägungen aller vorhandenen Finanzobjekte miteinander, bis alle möglichen Kombinationen (Segmente bzw. Basisportfolios) vorhanden sind. Diese Basisportfolios werden mit den Hierarchieinformationen abgespeichert und bilden die Portfoliohierarchie. Die mit der Transaktion AFWPH definierte Portfoliohierarchie lässt sich nach der Generierung über die Transaktion Portfoliohierarchie anzeigen (Transaktion JBRK), die Sie im gleichen Menübaum direkt neben der Transaktion AFWPH finden, anzeigen. Für unser Beispiel und die zum Zeitpunkt der Definition im System vorhandenen Finanzobjekte mit ihren Merkmalsausprägungen ergibt sich dann die Portfoliohierarchie aus Abbildung 12.46.

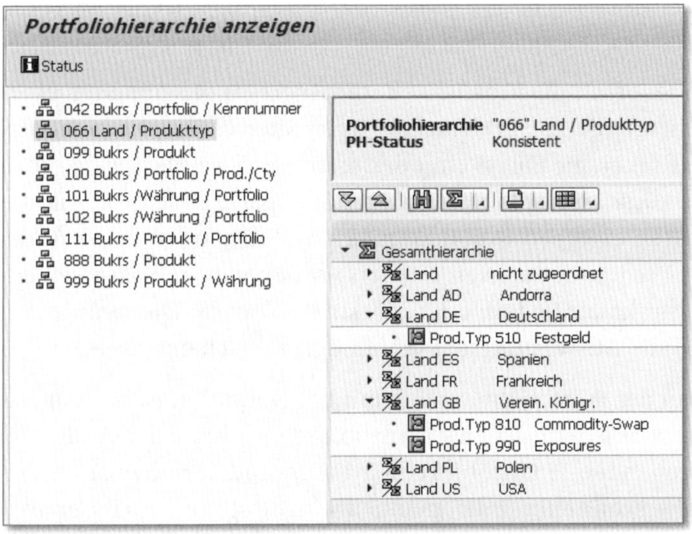

Abbildung 12.46 Anzeigen der Portfoliohierarchie mit der Transaktion JBRK

Verwendung von Filtern und Merkmalshierarchie

Das System legt nur dann Basisportfolios an, wenn Geschäfte mit entsprechender neuer Kombination der Merkmalswerte vorliegen. Wenn keine Finanzobjekte vorliegen, existieren auch keine Basisportfolios, und die Portfoliohierarchie besteht nur aus der Gesamthierarchie. Jetzt wird auch klar, was das Feld FILTER in der Definition der Portfoliohierarchie (siehe Abbildung 12.43) bewirkt: Anstatt Basisportfolios für alle Merkmalsausprägungskombinationen zu bilden, gehen in die Portfoliohierarchie nur die Merkmalsausprägungen ein, die den Filterkriterien genügen. Die Portfoliohierarchie wird dadurch schlanker. Auf der anderen Seite kann es sein, dass Sie ein Analysemerkmal mit einer Vielzahl von Merkmalsausprägungen verwenden. Es empfiehlt sich, für dieses Merkmal eine Merkmalshierarchie zu verwenden, die Sie vorher definiert haben (siehe Abschnitt 12.2.3, Überschrift »Merkmalshierarchie«). Mit der Merkmalshierarchie können Sie Ihre Merkmale gruppieren und übersichtlicher machen. Wenn Sie eine Merkmalshierarchie verwenden möchten, tragen Sie diese in der Strukturdefinition (siehe Abbildung 12.45) bei dem betreffenden Merkmal ein (Spalte MHIE). Beachten Sie, dass Sie hier nur Merkmalshierarchien verwenden können, die auf den Blättern nur Merkmalswerte enthalten. Sie können die Merkmalshierarchie über die Spalte TYP auch als selektiv kennzeichnen. Die Wirkung ist ähnlich der eines Filters auf Kopfdatenebene. Zur Einschränkung der Merkmalswerte einer Portfoliohierarchie ist die Verwendung von Filtern vorzuziehen, da diese die wesentlich performantere Art der Filterung darstellt.

Erweiterungen

Sie haben jederzeit die Möglichkeit, die Aggregationseinheiten einer Portfoliohierarchie zu verkleinern. Fügen Sie dazu der Portfoliohierarchie auf unterster Ebene ein oder mehrere neue Merkmale hinzu indem Sie diese mit höherer Sortierung – Spalte SORTIERG. – in die Strukturdaten einfügen (Abbildung 12.45). Sie können keine Änderungen auf schon definierten Ebenen vornehmen, d.h. die Reihenfolge der Merkmale ändern oder Merkmale löschen. Dies würde den Zugriff auf die Auswertungsdaten unmöglich machen.

Portfoliohierarchien im Hintergrund

Der Aufbau der Portfoliohierarchie mit der Definition ist nur ein erster Schritt. Bei jedem neuen Finanzobjekt und bei jeder Änderung eines bestehenden Finanzobjekts wird aufgrund der über die Ableitungsregeln ermittelten oder manuell eingetragenen Analysemerkmale dieses Finanzobjekts geprüft, ob diese Merkmalsausprägungskombination in allen bestehenden Portfoliohierarchien vorhanden ist oder nicht. Bei jeder Portfoliohierarchie, in der die Merkmalsausprägungskombination in kein bestehendes Basisportfolio fällt, wird ein neues Basisportfolio erzeugt und die Portfoliohierarchie angepasst.

Deaktivieren und Reaktivieren

Wenn eine Portfoliohierarchie für aktuelle Auswertungen nicht mehr relevant ist, können Sie diese deaktivieren. Das erledigen Sie über die Transaktion PORTFOLIOHIERARCHIE LÖSCHEN/DEAKTIVIEREN (Transaktion JBR4E), die Sie im Market Risk Analyzer, im Portfolio Analyzer und im Accounting Analyzer im gleichen Menübaum direkt neben der Transaktion AFWPH finden. Die Deaktivierung ist auch dann möglich, wenn Auswertungsdaten in der Ergebnisdatenbank (siehe Abschnitt 12.6) vorliegen, die auf der Portfoliohierarchie basieren. Inaktive Portfoliohierarchien dienen nur noch der Anzeige von existierenden Ergebnissen und werden bei der Finanzobjektanlage nicht mehr aktualisiert. Auf Basis einer inaktiven Portfoliohierarchie können Sie keine Geschäftsselektionen oder Berechnungen mehr ausführen. Wenn Sie eine inaktive Portfoliohierarchie wieder reaktivieren, wird diese vom System neu generiert und damit aktualisiert. Dabei werden auch die Merkmalshierarchien unter der Voraussetzung aktualisiert, dass in der aktuellen Definition der Merkmalshierarchie keine Knoten gelöscht oder verändert worden sind. Danach wird die Baumstruktur um alle neuen Basisportfolios aktualisiert. Falls Sie also Portfoliohierarchien nutzen, die nicht mehr den aktuellen Berichtsanforderungen genügen, haben Sie mit der Deaktivierung die Möglichkeit, Ihr System zu entlasten und zu beschleunigen.

Löschen

Die gerade beschriebene Transaktion PORTFOLIOHIERARCHIE LÖSCHEN/DEAKTIVIEREN (Transaktion JBR4E) ermöglicht auch das Löschen von Portfoliohierarchien. Dies ist allerdings nur möglich, wenn sich in der Ergebnisdatenbank keine Endergebnisdaten und keine archivierten Auswertungsdaten zu dieser Portfoliohierarchie mehr befinden.

Aktualisieren

In der Regel aktualisiert das System die Portfoliohierarchie beim Anlegen der Analysestruktur zu einem Finanzobjekt. Diese automatische Aktualisierung der Portfoliohierarchie ist allerdings nicht möglich, wenn zur gleichen Zeit ein anderer Anwender die Portfoliohierarchie im Änderungsmodus bearbeitet. Das System weist Sie in diesem Fall darauf hin, die Portfoliohierarchie zu einem späteren Zeitpunkt manuell zu aktualisieren. Sollte es doch einmal zu Inkonsistenzen kommen, steht Ihnen eine ganze Reihe an Transaktionen zur Verfügung, wie die Transaktion PORTFOLIOHIERARCHIE ANPASSEN (Transaktion JBR8) oder die Transaktionen JBRPO und JBR5. Wir empfehlen Ihnen, dass Sie diese Aktionen immer über die Transaktion PORTFOLIOHIERARCHIEN GENERIEREN (Transaktion JBRW) durchführen, die Sie im Menü auch unter MARKET RISK/PORTFOLIO/

Accounting Analyzer • Werkzeuge • Reorganisationstools • Portfoliohierarchien finden. Diese Transaktion optimiert intern die Reorganisation und stößt genau die Prozesse an, die notwendig sind, um die Portfoliohierarchie wieder konsistent zu machen. Mit ihr lassen sich auch Strukturänderungen in der Portfoliohierarchiedefinition vornehmen.

12.4 Value at Risk

Die Berechnung des Value at Risks ist eine der anspruchsvolleren Analysen innerhalb der Finanzmathematik. Im Rahmen dieses Buches legen wir den Fokus auf das notwendige handwerkliche Rüstzeug zur Umsetzung der Value-at-Risk-Kalkulation innerhalb des Market Risk Analyzers. Dazu gehört auch ein Abriss der wichtigsten mathematischen Grundlagen, soweit diese zum Verständnis der praktischen Anwendung hilfreich sind. Bezüglich der exakten mathematischen Definitionen und Herleitungen verweisen wir jedoch auf die entsprechende Fachliteratur der Finanzmathematik. Die Abschnitte sind wie folgt strukturiert:

In Abschnitt 12.4.1 schildern wir zunächst die allgemeinen Grundlagen der Value-at-Risk-Berechnung. Abschnitt 12.4.2 beschreibt die Bedeutung der Risikofaktoren sowie die systematische Bildung von Konsolidierungsstufen im Rahmen der Risikohierarchie, bevor wir in Abschnitt 12.4.3 die Kalkulation der historischen Volatilitäten und Korrelationen mithilfe des Statistikrechners erläutern. Damit sind die wichtigsten Ingredienzien zur Berechnung des Value at Risks definiert, sodass wir in Abschnitt 12.4.4 dessen konkrete Berechnungsverfahren beleuchten können. In den folgenden beiden Abschnitten setzen wir uns mit weitergehenden Möglichkeiten auseinander, die die Value-at-Risk-Funktionalität abrunden: Nachdem wir in Abschnitt 12.4.5 das Backtesting als standardisiertes Verfahren zur Verifizierung der Güte der Value-at-Risk-Berechnung beleuchtet haben, schließen wir das Kapitel mit einem Blick auf eine Reihe ergänzender Kennzahlen im Umfeld des Value at Risks.

12.4.1 Grundlagen

Motivation und Definition

Welche Frage soll mit der Kennzahl *Value at Risk* beantwortet werden? Stellen Sie sich ein komplexes Portfolio vor, das aus den verschiedensten Finanzinstrumenten besteht. Abbildung 12.47 zeigt symbolisch ein solches Portfolio sowie den historischen zeitlichen Verlauf des zugehörigen Barwerts unter der Annahme einer konstanten Zusammensetzung:

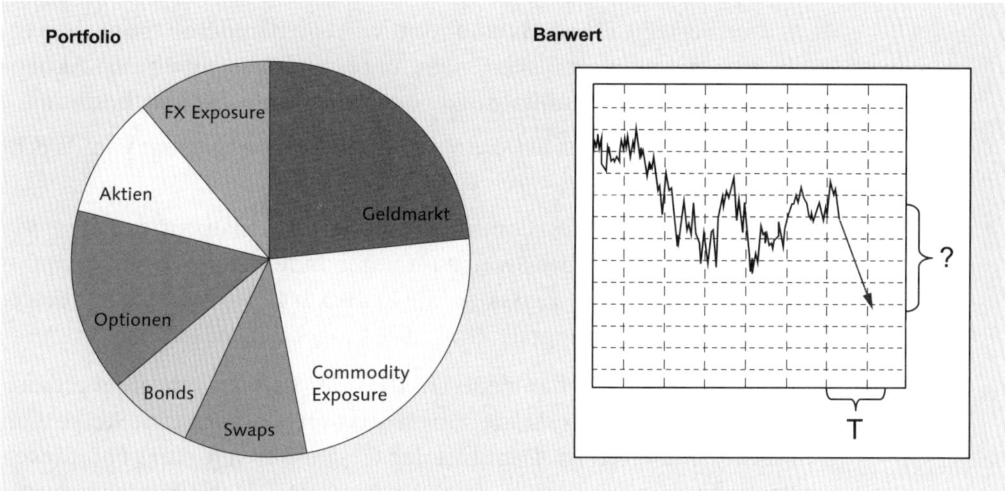

Abbildung 12.47 Beispielhaftes Portfolio mit einer Vielzahl verschiedener Positionen

Wenn Sie sich nun die Frage stellen, wie groß innerhalb einer bestimmten Wahrscheinlichkeit – in diesem Umfeld als Konfidenzniveau bezeichnet der maximale Verlust (Abnahme des Barwerts des Portfolios bei unveränderter Zusammensetzung desselben) innerhalb einer bestimmten zukünftigen Haltedauer T ist, stellen Sie die Frage nach dem Value at Risk Ihres Portfolios: In der Fachliteratur finden Sie den Value at Risk genau auf diese Art und Weise definiert.

Um diese Frage zu beantworten, müssen Sie zunächst der Ursache der zeitlichen Variabilität des Barwerts auf den Grund gehen. Der Schlüssel zum Verständnis liegt in der Abhängigkeit des Barwerts der einzelnen im Portfolio enthaltenen Geschäfte und Bestände von Marktparametern, deren Ablage im SAP-System in Kapitel 7, »Marktdaten«, beschrieben ist. Eine detaillierte Beschreibung der Preisrechner, die die konkrete Abhängigkeit von Marktgrößen beschreiben, erhalten Sie in der Online-Dokumentation der SAP, die Sie auch im SAP Help Portal (*http://help.sap.com*) finden. An dieser Stelle möchten wir lediglich qualitativ anhand einiger Finanzinstrumente und Bestände die Größen angeben, die in die Barwertberechnung als Eingangsgrößen eingehen:

- Der Barwert eines Aktienbestands hängt naturgemäß vom aktuellen Aktienkurs ab.
- Der Barwert eines Zinsgeschäfts hängt von variablen Zinssätzen ab, die in die Zinskurve zur Forward-Berechnung bzw. zur Diskontierung der zukünftigen Zahlungsströme eingehen.
- Der Barwert einer Aktienoption wird gemäß dem Optionsbewertungsmodell von *Black-Scholes* unter anderem durch den Aktienkurs, dessen Volatilität sowie den risikolosen Zinssatz bestimmt.
- Der Barwert eines Exposures in Fremdwährung hängt vom Wechselkurs ab.
- Der Barwert eines Commodity-basierten Finanzinstruments wie z.B. ein Commodity-Swap wird unter anderem durch den Commodity-Preis und die Zinssätze, die in die zur Diskontierung der Bewegungen herangezogene Zinskurve eingehen, beeinflusst.

Risikofaktoren

Diese Beispiele machen deutlich, dass der Barwert einzelner Finanzinstrumente und Bestände eine Funktion einer ganzen Reihe von Marktparametern ist. Damit ist der Gesamtbarwert eines komplexen Portfolios eine Funktion einer Vielzahl von Marktparametern wie z.B. Aktienkursen, Zinssätzen, Wechselkursen oder Commodity-Preisen. Die zeitliche Schwankung des Barwerts ist also ursächlich auf die zeitlich veränderlichen Marktparameter, in diesem Zusammenhang als *Risikofaktoren* bezeichnet, zurückzuführen. Möchten Sie eine Abschätzung der maximalen Abnahme des Barwerts – also den Value at Risk des Portfolios – innerhalb eines bestimmten Zeitraums zu einem gegebenen Konfidenzniveau vornehmen, müssen Sie zunächst die Risikofaktoren identifizieren, die den Barwert mitbestimmen. Dabei ist es wichtig, alle eingehenden Risikofaktoren zu identifizieren, um die Vollständigkeit der Value-at-Risk-Kalkulation zu gewährleisten. Die systematische Sammlung und hierarchische Gruppierung der Risikofaktoren im Rahmen einer Risikohierarchie sind Thema des folgenden Abschnitts.

12.4.2 Risikohierarchie

Haben Sie die Risikofaktoren, die den Barwert beeinflussen, identifiziert, müssen Sie diese systematisch sammeln und hierarchisch anordnen. Zulässige Risikofaktoren sind Stützstellen von Zinskurven (Referenzzinsen), Devisenkurse, Wertpapierkurse, Aktienindizes, Commodity-Preise, unterschiedliche Volatilitäten und abstrakte Risikofaktoren. Die Anordnung mittels Risikohierarchien ist Thema dieses Abschnitts.

Risikohierarchie

Das System erlaubt es, Risikofaktoren als Knoten in einer *Risikohierarchie* zu ordnen. In der Risikohierarchie wird die Aufspaltung des Marktrisikos in seine Komponenten definiert. Die Anordnung der Risikofaktoren in einer Risikohierarchie wird nur im Umfeld des Value at Risks benötigt: entweder zur Berechnung des Value at Risks selbst (siehe Abschnitt 12.4.4) oder im Rahmen des Statistikrechners (siehe Abschnitt 12.4.3).

Pflege

Zur Pflege einer Risikohierarchie steht Ihnen im Menü unter TREASURY AND RISK MANAGEMENT • MARKET RISK ANALYZER • STAMMDATEN die Transaktion RISIKOHIERARCHIE (Transaktion JBRR) zur Verfügung. Die Pflege ist weitgehend selbsterklärend. Nach Eingabe der Kopfdaten wie der Bezeichnung der Risikohierarchie sowie eines Default-Aggregationstyps gelangen Sie in den Hauptpflegedialog (siehe Abbildung 12.48).

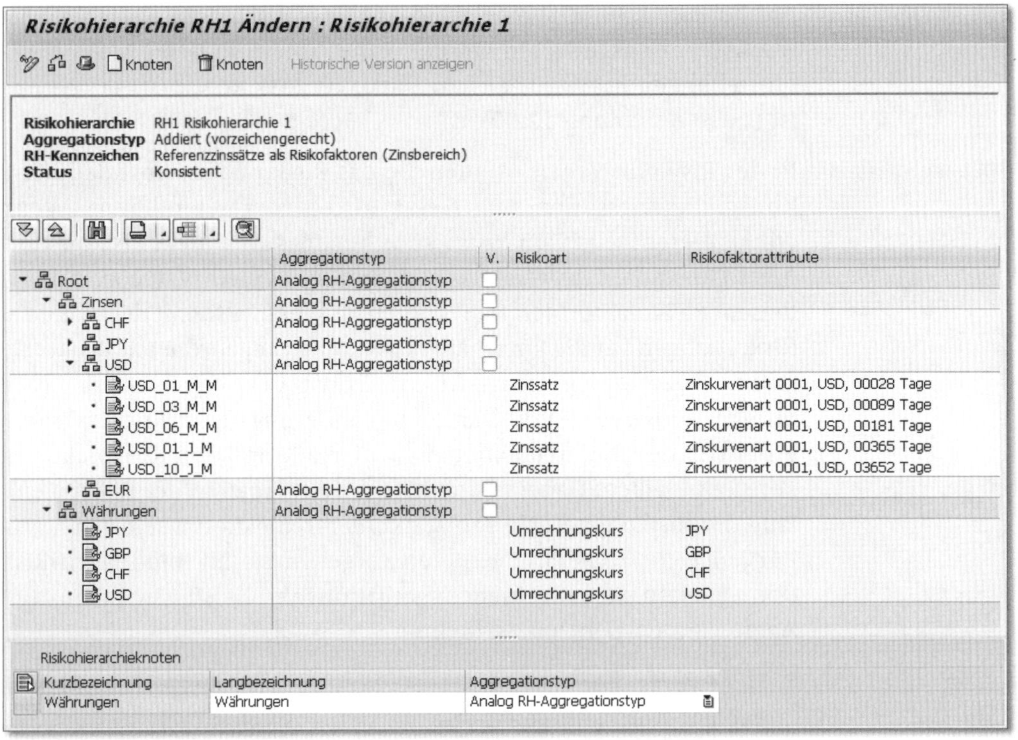

Abbildung 12.48 Hauptpflegedialog für eine Risikohierarchie

Nachdem Sie einen Risikohierarchieknoten markiert haben, können Sie über den Button Knoten (anlegen) (Knoten) neue Knoten einfügen. Geben Sie im unteren Detailbild in der gleichnamigen Spalte eine Risikoart an, erscheinen abhängig von der Risikoart zusätzliche risikospezifische Felder für die notwendigen Attribute des Risikofaktors (siehe Abbildung 12.49).

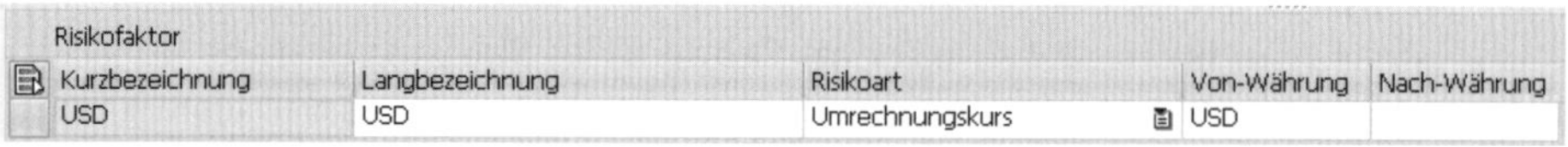

Abbildung 12.49 Hauptpflegedialog: Detailbereich für einen Risikofaktor.

Geben Sie hier hingegen nur einen Namen ohne Angabe einer Risikoart an, legen Sie eine neue Konsolidierungsstufe an. Für diese können Sie dann einen Eintrag im Feld Aggregationstyp ergänzen (siehe Abbildung 12.48, Bildbereich Risikohierarchieknoten). Außerdem können Sie für Konsolidierungsstufen das Kennzeichen kein Value-at-Risk unterhalb dieses Knotens setzen (Spalte V in Abbildung 12.48). Das bewirkt, dass kein Value at Risk unterhalb dieses Knotens ausgewiesen werden kann, sofern in den Customizing-Einstellungen das Kennzeichen Value at Risk konsolidiert gesetzt ist (siehe Abbildung 12.57).

Risikoaggregation

In der Risikohierarchie können Sie das Risiko über selbst definierte Konsolidierungsstufen zum Gesamtrisiko zusammenführen. Wenn wir an dieser Stelle vom *Risiko* sprechen, das auf einem Risikofaktorhierarchieknoten liegt, ist das synonym mit einem Value at Risk auf diesem Risikofaktorhierarchieknoten zu sehen, also mit dem Value at Risk, bezogen auf die unterhalb des Knotens angeordneten Risikofaktoren. Oder anders ausgedrückt: Es ist der Value-at-Risk-Anteil infolge der Barwert- und Marktdatenänderungen der Risikofaktoren unterhalb des Hierarchieknotens, wobei alle anderen Risikofaktoren konstant bleiben. Dabei können Sie die Aggregation der Risiken entlang der Risikohierarchie pro Risikohierarchieknoten selbst steuern. Für jeden Risikohierarchieknoten vergeben Sie im Bildbereich Risikohierarchieknoten einen Aggregationstyp. Es stehen Ihnen fünf Aggregationstypen zur Verfügung:

- Der Aggregationstyp korreliert zieht zur Aggregation der Risiken explizit Korrelationen zwischen den Risikofaktoren in Betracht. Details dazu beschreiben wir in Abschnitt 12.4.4.
- Im Fall der differenzierten Betrachtungsweise wird jeweils der größere Wert der positiven und negativen Risikosummen genommen.

- Beim Aggregationstyp ADDITION ABSOLUT erfolgt immer eine Addition der in den Knoten einfließenden einzelnen Risikofaktoren (Risikohierarchieblätter), sodass bei diesem Verfahren Einstellungen von Aggregationstypen für Risikohierarchieknoten, die zwischen dem jeweiligen Auswertungsknoten und den Blattknoten liegen, unberücksichtigt bleiben.
- Die VORZEICHENGERECHTE ADDITION erfolgt, indem von unterster Ebene der Risikohierarchie alle Werte vorzeichengerecht aufaddiert werden. Aggregationstypen auf Vorstufen werden ignoriert.
- Beim Aggregationstyp ADDITION DIREKTER VORGÄNGERKNOTEN ergibt sich das Risiko aus den Risiken der direkten Vorgängerknoten per Addition. Im Gegensatz zum Verfahren VORZEICHENGERECHTE ADDITION werden bei diesem Verfahren alle vorherigen Aggregationstypen berücksichtigt.

Durch die Möglichkeit, pro Risikohierarchieknoten den Aggregationstyp einzustellen, können Sie also vom korrelierten Aggregationstyp spezifisch abweichen. Sie können z.B. die komplette Risikohierarchie mit Ausnahme der Aktienrisiken korreliert aggregieren und die Aktienrisiken dann per vorzeichengerechter Addition.

Bedeutung des Aggregationstyps [«]

Bitte beachten Sie, dass der Aggregationstyp nur beim Varianz-Kovarianz-Verfahren berücksichtigt wird, während bei Simulationsverfahren implizit immer Korrelationen berücksichtigt werden (siehe Abschnitt 12.4.4).

Die Währungsbewertung ist prinzipiell eine lineare Funktion. Um diese Linearität aufrechtzuerhalten, werden intern mengennotierte Kurse in preisnotierte Kurse umgewandelt. Bei der Definition von Risikofaktoren für Währungen sollten Sie darauf achten, dass Sie nur die Von-Währung eingeben und die Nach-Währung leer lassen. Das System wird diese automatisch durch die Auswertungswährung ersetzen.

Abstrakte Risikofaktoren

Eine Reihe von Risikofaktoren, die in die Preisberechnung eingehen, können nicht explizit in die Risikohierarchie aufgenommen werden. Prominentestes Beispiel ist die implizite Volatilität, die in der zentralen Volatilitätsdatenbank abgelegt ist (siehe Kapitel 7) und in die Optionspreisberechnung eingehen kann. An dieser Stelle kommen *abstrakte Risikofaktoren* ins Spiel, die selbst explizit in die Risikohierarchie aufgenommen werden können und wiederum mit echten Risikofaktoren – z.B. impliziten Volatilitäten – verknüpft sind. Die Pflegetransaktionen der abstrakten Risikofaktoren sowie die Zuordnung von impliziten Volatilitäten findet sich im Customizing unter TREASURY AND RISK MANAGEMENT • GRUNDFUNKTIONEN • MARKTDATENVERWALTUNG • STAMMDATEN • ABSTRAKTER RISIKOFAKTOR. Neben den impliziten Volatilitäten können abstrakte Risikofaktoren zur Abbildung folgender preisbestimmender Risikofaktoren genutzt werden:

- *Korrelationen* sind relevant bei der Preisbestimmung von Basket-Optionen.
- *Beta-Faktoren* verknüpfen den Kurs von Wertpapieren mit einem Index und können daher in die Barwertbestimmung von Wertpapierbeständen eingehen.
- Darüber hinaus können abstrakte Risikofaktoren zur Einbindung kundeneigener Risikofaktoren genutzt werden. Da die SAP-Preisrechner von derartigen Risikofaktoren naturgemäß nicht beeinflussbar sind, muss damit auch eine kundeneigene Implementierung der Preisrechner einhergehen (siehe Abbildung 12.32, Registerkarte STEUERUNG EXTERNE FUNKTION).

12.4.3 Statistikrechner

Volatilität und Korrelation

Wie in Abschnitt 12.4.1 beschrieben ist, ist der Barwert eines Portfolios eine Funktion von einer Menge von Risikofaktoren, deren systematische Einteilung in Konsolidierungsstufen wir in Abschnitt 12.4.2 beschrieben haben. Möchten Sie nun zu einer Abschätzung der möglichen zukünftigen Barwertänderungen des Portfolios kommen, besteht eine Möglichkeit darin, die Variabilität und Korrelation der den Barwert beeinflussenden Risikofaktoren abzuschätzen. Dies bedeutet die Betrachtung der Volatilität einzelner Risikofaktoren sowie die Korrelation derselben untereinander. Beides berechnet der Statistikrechner unter Berücksichtigung der individuellen historischen Zeitreihen. Die berechneten Volatilitäten werden in der in Kapitel 7 beschriebenen ersten Volatilitätsdatenbank gespeichert, die Korrelationen in der in Kapitel 7 skizzierten Ablage. Neben der automatischen Berechnung können diese statistischen Daten alternativ manuell eingegeben oder von Marktdatenprovidern bezogen werden. Durch das Berechnungsverfahren wird also die Detailinformation aus den Zeitreihen der einzelnen Risikofaktoren auf einige wenige Größen reduziert. Dabei liegt die Annahme zugrunde, dass die historischen Änderungen der Risikofaktoren normalverteilt sind.

Je schlechter diese Annahme erfüllt ist, desto ungenauer beschreiben die berechneten Größen Volatilität und Korrelation die Historie der Risikofaktoren.

Der Statistikrechner berücksichtigt nur Risikofaktoren der angegebenen Risikohierarchie. Wir geben zuerst die verwendeten Formeln an, die Sie in der Online-Dokumentation nicht finden, erklären die Funktion der *Statistikart* und beschreiben dann die Handhabung des Statistikrechners.

Theorie

Sei $P_{i,t}$ der Wert (= Preis) des i-ten Risikofaktors RF_i zum Tag t. Sei T die *Haltedauer*. Dann gilt Folgendes:

$$R_{i,t} = \frac{P_{i,t} - P_{i,t-T}}{P_{i,t-T}} \quad \textit{die relative Änderung von } RF_i$$

$$D_{i,t} = P_{i,t} - P_{i,t-T} \quad \textit{die absolute Änderung von } RF_i$$

$$E_{i,t} = ln\left(\frac{P_{i,t}}{P_{i,t-T}}\right) \quad \textit{die logarithmierte Änderung von } RF_i$$

Dies gilt jeweils zum Tag t, wobei t-T zeitlich gesehen T Tage älter ist als t.

Elementtyp

Im weiteren Verlauf bezeichnen wir mit $\varepsilon_{i,t}$ die absolute, relative oder logarithmierte Kursveränderung des i-ten Risikofaktors zum Zeitpunkt t. Das heißt, im weiteren Verlauf wird $\varepsilon_{i,t}$ in den Formeln je nach Sicht entsprechend durch $R_{i,t}$, $D_{i,t}$ oder $E_{i,t}$ ersetzt. Die Art und Weise, wie $\varepsilon_{i,t}$ berechnet wird, wird im System als *Elementtyp* bezeichnet. Der Elementtyp weist genau die drei Ausprägungen RELATIV, ABSOLUT und LOGARITHMIERT entsprechend den obigen Formeln auf und wird dem Statistikrechner über die Statistikart mitgeteilt (siehe Abbildung 12.51), deren Attribut der Elementtyp ist (siehe Abbildung 12.50).

Übersicht über Berechnungsverfahren

Außerdem bezeichnen wir mit $\mu_{i,t}$ den Erwartungswert der i-ten Risikofaktoränderung zum Zeitpunkt t. Die benötigten statistischen Parameter können im Statistikrechner mit verschiedenen Verfahren berechnet werden:

- klassische Standardabweichungen und Korrelationskoeffizienten
- exponentiell gewichtete Standardabweichungen und Korrelationskoeffizienten
- Über ein Customer-Exit können Sie eigene Schätzverfahren hinterlegen, um z.B. kompliziertere GARCH-Modelle zu implementieren.

Klassische Standardabweichung und Korrelationskoeffizient

Die ersten beiden Verfahren stellen wir Ihnen explizit vor. Die Formeln für die *klassische Standardabweichung* $\sigma_{i,t}$ der Risikofaktoränderung des i-ten Risikofaktors sowie für die klassische Kovarianz $\sigma_{ij,t}$ zwischen dem i-ten und j-ten Risikofaktor lauten folgendermaßen:

$$\sigma_{i,t}^2 = \frac{\sum_{k=1}^{N} (\varepsilon_{i,t-k} - \mu_{i,t})^2}{N-1}$$

$$\sigma_{ij,t}^2 = \frac{\sum_{k=1}^{N} (\varepsilon_{i,t-k} - \mu_{i,t}) \cdot (\varepsilon_{j,t-k} - \mu_{j,t})}{N-1}$$

Diese Formeln kollabieren unter der Annahme, dass der Erwartungswert der Risikofaktoränderungen null ist, folglich zu folgenden Formeln:

$$\sigma_{i,t}^2 = \frac{\sum_{k=1}^{N} \varepsilon_{i,t-k}^2}{N-1} \quad \text{sowie}$$

$$\sigma_{ij,t}^2 = \frac{\sum_{k=1}^{N} \varepsilon_{i,t-k}\varepsilon_{j,t-k}}{N-1}$$

Exponentiell gewichtete Standardabweichung und Korrelationskoeffizient

Daraus errechnet man den *klassischen Korrelationskoeffizienten* mit folgender Formel:

$$\rho_{ij,t} = \frac{\sigma_{ij,t}}{\sigma_{i,t}\sigma_{j,t}} \text{ mit } -1 \leq \rho_{ij,t} \leq 1$$

Die *exponentiell gewichtete Standardabweichung* des i-ten Risikofaktors errechnet sich rekursiv aus folgender Formel:

$$\tilde{\sigma}^2_{ij,t} = (1-\lambda)\sum_{k=1}^{N}\lambda^{k-1}\varepsilon^2_{i,t-k} \quad \text{mit } \varepsilon_{i,t-N} = 0$$

λ gibt dabei den sogenannten *Decay-Faktor* an. Diesen hinterlegen Sie in der Statistikart. Genauso errechnen sich die exponentiell gewichtete Kovarianz sowie die *exponentiell gewichteten Korrelationskoeffizienten*

$$\tilde{\rho}_{ij,t} = \frac{\tilde{\sigma}_{ij,t}}{\tilde{\sigma}_{i,t}\tilde{\sigma}_{j,t}}$$

Die Statistikart

Statistikart

Bevor wir uns dem eigentlichen Statistikrechner widmen, wollen wir noch auf die Statistikart eingehen. Mit der *Statistikart* legen Sie die Parameter fest, die die statistische Auswertung von Marktdaten steuern. Außerdem können hier Kursarten für die Underlying-Instrumente hinterlegt werden. Die Pflege der Statistikart erfolgt im Customizing unter TREASURY AND RISK MANAGEMENT • GRUNDFUNKTIONEN • MARKTDATENVERWALTUNG • STAMMDATEN • STATISTIKDATEN • STATISTIKART DEFINIEREN (siehe Abbildung 12.50).

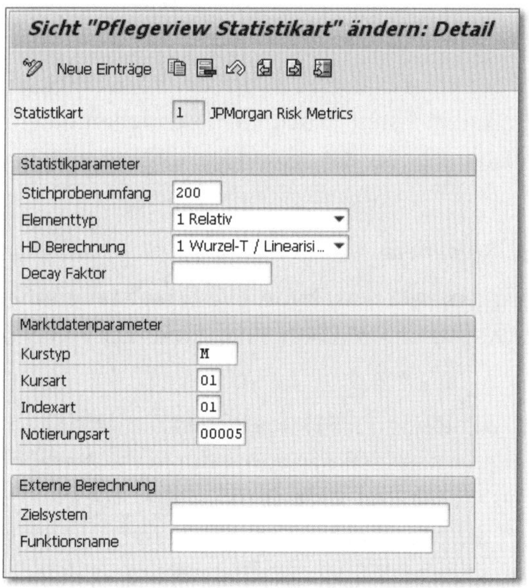

Abbildung 12.50 Definition der Statistikart

Zu den obligatorischen Parametern der Statistikart gehören die folgenden:

- Der STICHPROBENUMFANG, der die Größe der Stichprobe angibt, für die die zu berechnenden statistischen Parameter bestimmt werden.
- Der ELEMENTTYP, auch als *Ermittlungstyp Stichprobenelemente* bezeichnet, der festlegt, ob die Stichprobenelemente absolut, relativ oder logarithmiert berechnet werden.
- Der HALTEDAUERTYP (HD BERECHNUNG), der das Verfahren beschreibt, mit dem eine Haltedauer größer als ein Tag ermittelt wird. Zurzeit wird nur ein Haltedauertyp unterstützt, der bei logarithmiert geschätzten Volatilitäten die Wurzel-Methode anwendet und ansonsten linear interpoliert.
- Der DECAY FAKTOR beeinflusst, wie gerade unter der Überschrift »Theorie« beschrieben wurde, die Berechnung der Volatilität und Korrelation, indem aktuelleren Marktdaten ein größeres Gewicht verliehen wird als älteren Marktdaten.

Die weiteren Felder KURSTYP, KURSART, INDEXART und NOTIERUNGSART legen die Quelle der zu verarbeitenden Marktdaten und damit der Zeitreihen fest. Die Felder im Bildbereich EXTERNE BERECHNUNG können optional gefüllt werden, sofern die Kalkulationen in einer eigenen Implementierung ablaufen sollen.

Verwendung

Die Statistikart ist sowohl der Volatilitätsart als auch der Korrelationsart zugeordnet, die Sie – wie im nächsten Abschnitt beschrieben – beim Berechnungslauf des Statistikrechners auf dessen Startbild angeben.

Handhabung des Statistikrechners

Sie finden den STATISTIKRECHNER (Transaktion TVS1) im Menü unter TREASURY AND RISK MANAGEMENT • MARKET RISK ANALYZER • WERKZEUGE • PREISRECHNER.

Selektionsbild

Im Selektionsbild (siehe Abbildung 12.51) übergeben Sie dem Statistikrechner die zu prozessierenden Risikofaktoren durch die Angaben in den Feldern RISIKOHIERARCHIE und RISIKOHIERARCHIEKNOTEN. Der Statistikrechner speichert die berechneten Ergebnisse in Datenbanktabellen ab, auf die die spätere Value-at-Risk-Berechnung wieder zugreift. Dazu ist es notwendig, die Felder VOLATILITÄTSART und KORRELATIONSART zu füllen. Beiden ist die im vorangegangenen Abschnitt eingeführte Statistikart zugeordnet. Der Parameter LAUFZEIT beschreibt die *Haltedauer T*. Die Angabe der Laufzeit erfolgt immer in Geschäftstagen. Intern werden diese Geschäftstage aber in Kalendertage unter Berücksichtigung eines Kalenders (Feld KALENDER) umgerechnet. Die Ablage und der Zugriff der statistischen Daten erfolgen dann unter Nutzung der Kalendertage.

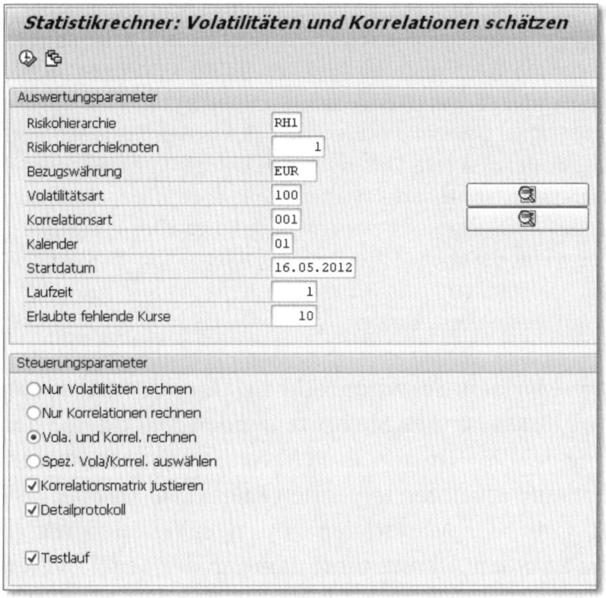

Abbildung 12.51 Selektionsbild des Statistikrechners (Transaktion TVS1)

Annualisierung

Intern werden die Volatilitäten immer auf ein Kalenderjahr hochgerechnet, also annualisiert abgelegt. Die Annualisierung der Volatilitäten wird wie folgt durchgeführt:

$$V_{annualisiert} = V \cdot \sqrt{\frac{\#(K)}{T}}$$

Dabei bezeichnet *#(K)* die Anzahl der Geschäftstage des Kalenders K. Durch die annualisierte Ablage der Volatilität muss zum Zeitpunkt der Nutzung einer Volatilität im Rahmen einer Value-at-Risk-Kalkulation (siehe Abschnitt 12.4.4) nicht notwendigerweise eine Volatilität mit genau passender Haltedauer vorhanden sein. Durch Umkehrung der Formel zur Annualisierung wird zum Auswertungszeitpunkt die Volatilität immer der gewünschten Laufzeit angepasst. Dagegen können Korrelationen nicht annualisiert werden. Damit müssen zum

Zeitpunkt der Nutzung von Korrelationen im Rahmen einer Value-at-Risk-Kalkulation immer Korrelationen mit genau passender Haltedauer vorhanden sein.

[+]

Passende Haltedauern!

Wir empfehlen Ihnen dringend, sowohl Volatilitäten als auch Korrelationen zu genau den Haltedauern zu erzeugen, mit denen die Value-at-Risk-Kalkulation durchgeführt werden soll. Ansonsten ist nicht gewährleistet, dass sich das System bei der Suche nach Statistikdaten bei Volatilitäten und Korrelationen gleichartig verhält: Im Hinblick auf Korrelationen sucht das System nach genau passenden Haltedauern und nutzt dazu, falls notwendig, ältere Datensätze. Bei Volatilitäten ist das System bezüglich der Haltedauer toleranter: Bevor ältere Datensätze in Betracht gezogen werden, werden Volatilitäten zu anderen Haltedauern akzeptiert, da diese durch Umkehrung der Annualisierung ohnehin auf die gewünschte Haltedauer umgerechnet werden. Durch Sicherstellung, dass es sowohl für Korrelationen als auch Volatilitäten genau passende Haltedauern gibt, vermeidet man von vornherein diese Ungleichbehandlung.

Fehlende Marktdaten

Wenden wir uns wieder dem Selektionsbild zu. Über den Parameter ERLAUBTE FEHLENDE KURSE können Sie bei fehlenden Marktdaten den Stichprobenumfang in die Historie erweitern. Streng genommen, meint der Parameter die erlaubten fehlenden *Kurspaare*, da eine Risikofaktoränderung ja immer Marktdaten von zwei Daten benötigt: Ein fehlender Kurs zu einem Datum führt damit in der Regel zu zwei fehlenden Kurspaaren. Bei der Berechnung der Korrelationen werden für die beteiligten Risikofaktoren synchrone Marktdaten benötigt, daher müssen hier die Marktdaten für beide Risikofaktoren vorhanden sein. Fehlt zu einem Kurspaar einer der Marktwerte bezogen auf den ersten Risikofaktor, wird dieses Kurspaar auch als fehlend, bezogen auf den zweiten Risikofaktor, gewertet, und für beide Risikofaktoren wird das Lesen der Historie erweitert. Sobald die maximale Anzahl fehlender Kurspaare überschritten wird, wird die Berechnung für diesen Wert abgebrochen.

Justierung

Bei den VaR-Berechnungen nach dem Monte-Carlo-Verfahren und dem Varianz-Kovarianz-Verfahren (siehe den Abschnitt 12.4.4) werden positiv definite Korrelationsmatrizen erwartet. Die Prüfung, ob die ermittelten Korrelationen positiv definierte Korrelationsmatrizen liefern, kann bereits im Statistikrechner erfolgen, mit der Möglichkeit, eine Justierung der Korrelationen vor der Speicherung durchzuführen. Dazu setzen Sie das Kennzeichen KORRELATIONSMATRIX JUSTIEREN. Dabei wird das Verfahren nach *Rebonato* et al. angewandt (siehe Riccardo Rebonato und Peter Jäckel, »The most general methodology to create a valid correlation matrix for risk management and option pricing purposes«). Da dieses auch in der Online-Dokumentation gut beschrieben ist, verweisen wir hier darauf.

Ergebnisse

Unabhängig davon, ob Sie die Ergebnisse speichern möchten oder nicht, was Sie über das Kennzeichen TESTLAUF aussteuern können, erhalten Sie die angeforderten Ergebnisse, wie in Abbildung 12.52 und Abbildung 12.53 dargestellt.

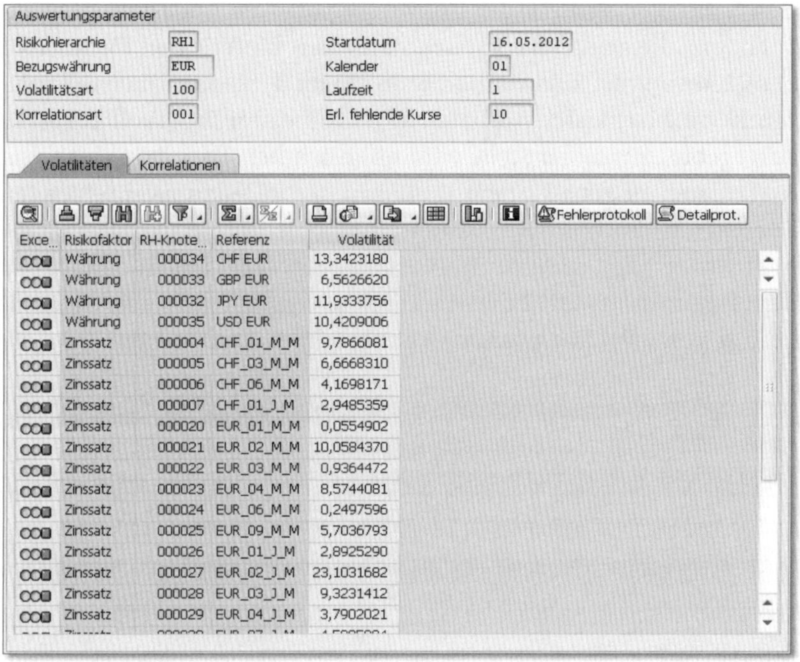

Auswertungsparameter

Risikohierarchie	RH1	Startdatum	16.05.2012
Bezugswährung	EUR	Kalender	01
Volatilitätsart	100	Laufzeit	1
Korrelationsart	001	Erl. fehlende Kurse	10

Volatilitäten | Korrelationen

Fehlerprotokoll | Detailprot.

Exce...	Risikofaktor	RH-Knote...	Referenz	Volatilität
	Währung	000034	CHF EUR	13,3423180
	Währung	000033	GBP EUR	6,5626620
	Währung	000032	JPY EUR	11,9333756
	Währung	000035	USD EUR	10,4209006
	Zinssatz	000004	CHF_01_M_M	9,7866081
	Zinssatz	000005	CHF_03_M_M	6,6668310
	Zinssatz	000006	CHF_06_M_M	4,1698171
	Zinssatz	000007	CHF_01_J_M	2,9485359
	Zinssatz	000020	EUR_01_M_M	0,0554902
	Zinssatz	000021	EUR_02_M_M	10,0584370
	Zinssatz	000022	EUR_03_M_M	0,9364472
	Zinssatz	000023	EUR_04_M_M	8,5744081
	Zinssatz	000024	EUR_06_M_M	0,2497596
	Zinssatz	000025	EUR_09_M_M	5,7036793
	Zinssatz	000026	EUR_01_J_M	2,8925290
	Zinssatz	000027	EUR_02_J_M	23,1031682
	Zinssatz	000028	EUR_03_J_M	9,3231412
	Zinssatz	000029	EUR_04_J_M	3,7902021

Abbildung 12.52 Darstellung der Ergebnisse des Statistikrechners für Volatilitäten

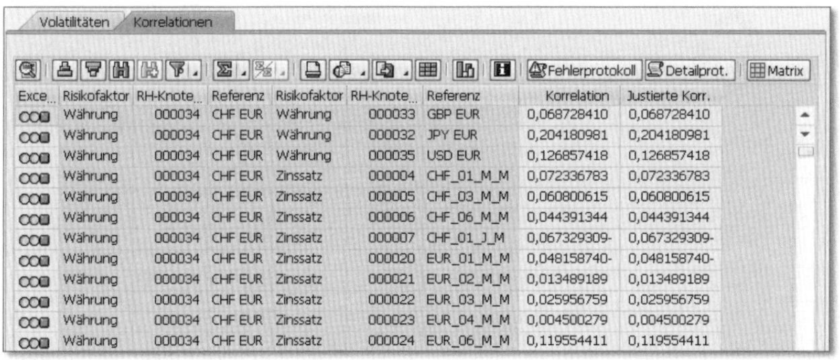

Volatilitäten | Korrelationen

Fehlerprotokoll | Detailprot. | Matrix

Exce...	Risikofaktor	RH-Knote...	Referenz	Risikofaktor	RH-Knote...	Referenz	Korrelation	Justierte Korr.
	Währung	000034	CHF EUR	Währung	000033	GBP EUR	0,068728410	0,068728410
	Währung	000034	CHF EUR	Währung	000032	JPY EUR	0,204180981	0,204180981
	Währung	000034	CHF EUR	Währung	000035	USD EUR	0,126857418	0,126857418
	Währung	000034	CHF EUR	Zinssatz	000004	CHF_01_M_M	0,072336783	0,072336783
	Währung	000034	CHF EUR	Zinssatz	000005	CHF_03_M_M	0,060800615	0,060800615
	Währung	000034	CHF EUR	Zinssatz	000006	CHF_06_M_M	0,044391344	0,044391344
	Währung	000034	CHF EUR	Zinssatz	000007	CHF_01_J_M	0,067329309-	0,067329309-
	Währung	000034	CHF EUR	Zinssatz	000020	EUR_01_M_M	0,048158740-	0,048158740-
	Währung	000034	CHF EUR	Zinssatz	000021	EUR_02_M_M	0,013489189	0,013489189
	Währung	000034	CHF EUR	Zinssatz	000022	EUR_03_M_M	0,025956759	0,025956759
	Währung	000034	CHF EUR	Zinssatz	000023	EUR_04_M_M	0,004500279	0,004500279
	Währung	000034	CHF EUR	Zinssatz	000024	EUR_06_M_M	0,119554411	0,119554411

Abbildung 12.53 Darstellung der Ergebnisse des Statistikrechners für Korrelationen

Detailprotokoll

Haben Sie im Selektionsbild das Kennzeichen DETAILPROTOKOLL gesetzt, besteht im Ergebnisbild über den gleichnamigen Button die Möglichkeit, für jede einzelne berechnete Volatilität und Korrelation ein Detailberechnungsprotokoll anzuzeigen. Abbildung 12.54 zeigt einen Ausschnitt aus dem Detailprotokoll zur Berechnung einer Volatilität: Im Kopfbereich finden Sie Details zum Risikofaktor sowie die Eigenschaften der Statistikart, die der Volatilitätsart zugeordnet ist. In der Detailliste finden Sie zu jedem Zeitintervall – dessen Länge in Geschäftstagen sich aus der Laufzeit ergibt – die Änderung des Risikofaktors, die gemäß dem in der Statistikart hinterlegten Elementtyp berechnet wurde. Sind zumindest in einem der beiden Intervallgrenzen keine Marktdaten vorhanden, wird dies im Protokoll ebenfalls ausgegeben. An dieser Stelle wird offensichtlich, dass das Fehlen von Marktdaten zu genau einem Datum in der Regel zu zwei fehlenden Kurspaaren führt, da ein Datum einmal als untere und einmal als obere Intervallgrenze auftritt: In Abbildung 12.54 fehlen offenbar zu dem Datum 10.05.2012 die Marktdaten, weshalb die Risikofaktoränderung von zwei Kurspaaren nicht berechnet werden kann.

Volatilitätsart	Beginndatum	LZ	F. Kurse	Kalender	Ann.-Faktor
100	16.05.2012	1	10	01	15,7480157

StatistArt	Elementkat.	StProbUmfang	Kurstyp	WP-Kursart	Indexart	Comm.-NotierArt	Decay-Faktor	Exit-Funktion
001	Relativ	200	M	01	01	00005	0,000000000	

RHierarch.	RH-Knoten	Risikoart	Risikofaktor	Ungült. StProbe	Volatilität
RH1	000021	Zins	EUR_02_M_M	2	10,0584370

Kursänderungen:

Gült. StPr.	Von-Datum	Bis-Datum	Kursänderung
1	15.05.12	16.05.12	-4,0736243292878E-03
2	14.05.12	15.05.12	7,6626058846418E-04
3	11.05.12	14.05.12	8,0744929302927E-03
-	10.05.12	11.05.12	Fehlende Marktdaten
-	09.05.12	10.05.12	Fehlende Marktdaten
4	08.05.12	09.05.12	-4,2856998596342E-03
5	07.05.12	08.05.12	7,3157979326157E-03
6	04.05.12	07.05.12	1,1363823413221E-02
7	03.05.12	04.05.12	1,1458658508668E-02
8	02.05.12	03.05.12	-7,7314797606215E-03
9	30.04.12	02.05.12	9,7039199332778E-03
10	27.04.12	30.04.12	6,9389768945716E-03
11	26.04.12	27.04.12	-4,2314856821493E-03
12	25.04.12	26.04.12	6,0279354636525E-03
13	24.04.12	25.04.12	2,8728661796997E-03
14	23.04.12	24.04.12	-4,4538986837795E-03
15	20.04.12	23.04.12	-1,9909380881126E-03

Abbildung 12.54 Ausschnitt aus dem Detailprotokoll der Berechnung einer Volatilität

Nutzung des Detailprotokolls [+]

Wird eine große Risikohierarchie verarbeitet, raten wir Ihnen von der Nutzung dieser Funktionalität ab, da das Bereitstellen der Detailprotokolle zu erheblichem Speicherverbrauch führen kann. Wir empfehlen Ihnen dagegen, die Detailprotokolle zur stichprobenartigen Kontrolle heranzuziehen, z.B. indem Sie im Selektionsbild auf einen bestimmten Knoten der Risikohierarchie einschränken oder die Option SPEZ. VOLA/KORREL. AUSWÄHLEN (siehe Abbildung 12.51) nutzen.

Falls Sie den Statistikrechner im Batch-Modus starten, spielt das Kennzeichen DETAILPROTOKOLL keine Rolle. In diesem Fall erstellt das System in keinem Fall die Detailprotokolle.

Im Ergebnisbild für Korrelationen (siehe Abbildung 12.53) haben Sie über den Button MATRIX die Möglichkeit, die Korrelationen in Form einer Matrix zu betrachten, was eine schnellere Übersicht über die berechneten Korrelationen erlaubt (siehe Abbildung 12.55). Bitte beachten Sie, dass es sich dabei um die Korrelationsmatrix, nicht jedoch um die Kovarianzmatrix handelt.

Risikofaktor	CHF EUR	GBP EUR	JPY EUR	USD EUR	CHF_01_M_M	CHF_03_M_M	CHF_06_M_M
Währung/CHF EUR		0,068728410	0,204180981	0,126857418	0,072336783	0,060800615	0,044391344
Währung/GBP EUR	0,068728410		0,506653963	0,706665675	0,129615079	0,036184479	0,062024679
Währung/JPY EUR	0,204180981	0,506653963		0,743341462	0,193232975	0,067653229	0,144918215
Währung/USD EUR	0,126857418	0,706665675	0,743341462		0,127101347	0,107409523	0,052789359
Zinssatz/CHF_01_M_M	0,072336783	0,129615079	0,193232975	0,127101347		0,029323568	0,089405029
Zinssatz/CHF_03_M_M	0,060800615	0,036184479	0,067653229	0,107409523	0,029323568		0,087948253-
Zinssatz/CHF_06_M_M	0,044391344	0,062024679	0,144918215	0,052789359	0,089405029	0,087948253-	

Abbildung 12.55 Ausschnitt aus der Matrixdarstellung der Korrelationen

Besonderheit Zinssätze

Hervorzuheben ist das Verfahren bei der Berechnung der Marktpreisveränderungen bei Zinssätzen. Dabei wird zwischen Zinskurvenarten mit Parkupon- und Zerokuponrenditen unterschieden. An dieser Stelle verweisen wir auf Kapitel 7, »Marktdaten«, in dem diese Unterscheidungen und die Umrechnungen beschrieben werden. Bei der Berechnung der Marktpreisveränderungen von Parkuponrenditen werden die Parkuponzinssätze zuerst in Zerokuponzinsätze umgerechnet. Darauf aufbauend, werden dann die statistischen Kennzahlen (Standardabweichungen und Korrelationskoeffizienten) berechnet. Bei Marktpreisveränderungen von Zerokuponrenditen erfolgt die Berechnung der Kennzahlen direkt.

12.4.4 Kalkulation des Value at Risks

Zwei Gruppen

In diesem Abschnitt wollen wir Ihnen die verschiedenen vom System unterstützten Value-at-Risk-Ansätze vorstellen. Die verfügbaren Berechnungsverfahren lassen sich grob in zwei Gruppen einteilen:

- ein analytisches Berechnungsverfahren (Varianz-Kovarianz-Ansatz)
- Simulationsverfahren, die sich wiederum in die Simulation mit historischen Marktdaten (historische Simulation) und in mit Monte-Carlo-Verfahren erzeugte Marktdaten (Monte-Carlo-Simulation) unterteilen lassen

Bevor wir auf die Kalkulationsverfahren näher eingehen, unternehmen wir einen letzten vorbereitenden Schritt: einen kleinen Exkurs zum Thema Approximation der Barwertfunktion.

Approximation der Barwertfunktion

Es ist hilfreich, die Barwertfunktion um den Bereich der aktuellen Marktdaten durch Näherungsverfahren zu approximieren. Im Falle des analytischen Value-at-Risk-Berechnungsansatzes wird dies vom zugrunde liegenden mathematischen Modell verlangt, während bei Simulationsverfahren Vorteile bezüglich der Systemlaufzeit auf Kosten der Rechengenauigkeit zu erzielen sind (mehr dazu erfahren Sie im folgenden Abschnitt »Berechnungsverfahren«). Es werden folgende zentrale Annahmen gemacht:

- Die Barwertfunktion lässt sich in eine Taylor-Reihe entwickeln.
- Die dabei benötigten Ableitungen lassen sich durch Bildung des Differenzenquotienten hinreichend genau bestimmen.
- Im Falle von mehrdimensionalen Barwertfunktionen können gemischte Ableitungen nach unterschiedlichen Risikofaktoren vernachlässigt werden.
- Ableitungen dritten oder höheren Grades lassen sich ebenfalls vernachlässigen.

Delta-Verfahren

Im Rahmen des *Delta-Verfahrens* wird die Barwertfunktion als eine lineare Funktion angenähert, d.h., in der Taylor-Entwicklung der Barwertfunktion wird schon die Ableitung zweiten Grades vernachlässigt. Unter dieser Annahme wird die erste partielle Ableitung der

Barwertfunktion nach dem i-ten Risikofaktor mittels eines rechtsseitigen Differenzenquotienten δ_i angenähert. In der Ermittlung des Differenzenquotienten δ_i, der auch als *Delta-Position* bezeichnet wird, wird als festgelegter Shift für den Risikofaktor Zins fix ein Basispunkt und für alle anderen Risikofaktoren $0{,}001 \cdot P_i$ angenommen, wobei P_i der aktuelle Wert (= Preis) des i-ten Risikofaktors RF_i ist. Es müssen genau zwei Vollbewertungen zur Ermittlung der Delta-Position δ_i durchgeführt werden. Während bei Aktien der Delta-Ansatz exakt und bei Cashflow-basierten Positionen je nach Duration der Position hinreichend bis meist mäßig genau ist, führt die Annahme einer linearen Barwertfunktion besonders im Bereich der Optionsgeschäfte zu Ungenauigkeiten.

Delta-Gamma-Verfahren

Der Unterschied des *Delta-Gamma-Verfahrens* gegenüber dem Delta-Verfahren liegt in der Berücksichtigung der Terme nächsthöherer Ordnung der Taylor-Entwicklung unter Vernachlässigung der gemischten Ableitungen. Genau wie beim Delta-Verfahren berechnet das System Shifts zur Bestimmung der Differenzenquotienten. In Analogie zum Delta-Verfahren wird nun auch die zweite partielle Ableitung der Barwertfunktion nach dem i-ten Risikofaktor berücksichtigt und mit dem zweiseitigen symmetrischen Differenzenquotienten Γ_i angenähert, der auch als *Gamma-Position* bezeichnet wird. Das Delta-Gamma-Verfahren liefert eine genauere Approximation der Barwertfunktion als das Delta-Verfahren. Es müssen genau drei Vollbewertungen zur Ermittlung der Delta-Position δ_i und der Gamma-Position Γ_i durchgeführt werden.

Berechnungsverfahren

In den vorangegangenen Abschnitten haben wir die Grundlagen gelegt und alle notwendigen Ingredienzien eingeführt, um nun die konkrete Kalkulation des Value at Risks anzugehen. Wie bereits erwähnt, unterteilen sich die Ansätze im Wesentlichen in einen analytischen Ansatz und zwei Simulationsansätze. Abbildung 12.56 zeigt eine schematische Darstellung aller Kalkulationsverfahren, die wir im Folgenden näher charakterisieren.

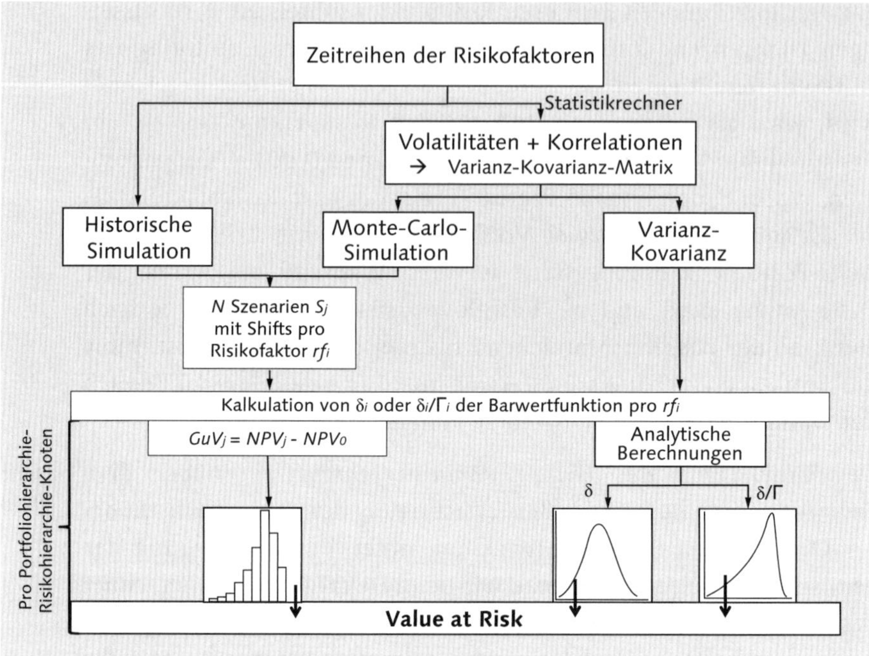

Abbildung 12.56 Schematische Darstellung der Kalkulationsverfahren des Value at Risks

Historische Simulation

Beginnen wollen wir mit der historischen Simulation, die intuitiv am einfachsten nachzuvollziehen ist. Das Verfahren beruht im Wesentlichen darauf, von historischen Marktpreisänderungen auf potenzielle zukünftige Barwertänderungen zu schließen und daraus den Value at Risk auf unterschiedlichen Konsolidierungsebenen der Risikohierarchie nach statistischen Gesichtspunkten zu bestimmen.

Marktdatenszenarien

Dazu wird die gesamte Historie der Zeitreihen der Risikofaktoren herangezogen. Es wird einerseits keine Annahme bezüglich der konkreten Verteilung der historischen Risikofaktoränderungen getroffen. Andererseits wird unterstellt, dass die historisch aufgetretenen Risikofaktoränderungen eine Aussagekraft bezüglich zukünftiger Risikofaktoränderungen beinhalten. Um für die Simulation eine ausreichend umfangreiche Statistik zu erhalten, werden Zeitreihen betrachtet, die typischerweise mehrere hundert Tage in die Vergangenheit zurückreichen. Aus jedem in der Vergangenheit festgestellten Satz von Risikofaktoränderungen – die je nach Elementtyp aus der absoluten, relativen oder logarithmischen Risikofaktoränderung entnommen werden – ergibt sich durch deren Anwendung auf die aktuellen Marktdaten ein Marktdatenszenario S_j. Für jedes dieser Szenarien S_j wird nun pro Risikohierarchieknoten und Finanzobjekt der simulierte Barwert NPV_j bestimmt. Der simulierte Barwert eines Portfolios setzt sich letztlich aus der Summe der simulierten Barwerte der enthaltenen Finanzobjekte zusammen.

Berechnung des simulierten Barwerts NPVj

Dabei kann der simulierte Barwert NPV_j eines Finanzobjekts pro Risikohierarchieknoten auf folgende Weisen berechnet werden:

- Durch Anwendung des im vorangegangenen Abschnitt eingeführten Delta-Verfahrens ergibt sich folgende Formel:

  $$NPV_j = NPV_0 + \sum_i \delta_i D_{i,j}$$

  Dabei läuft die Summe über alle Risikofaktoren der Konsolidierungsstufe (siehe Knoten der Risikohierarchie in Abbildung 12.48), während $D_{i,j}$ die absolute Änderung des i-ten Risikofaktors im Szenario S_j ist.

- Durch Anwendung des im vorangegangenen Abschnitt eingeführten Delta-Gamma-Verfahrens ergibt sich folgende Formel, die auch die quadratischen Terme von $D_{i,j}$ berücksichtigt:

  $$NPV_j = NPV_0 + \sum_i \delta_i D_{i,j} + \frac{\Gamma_i}{2} D_{i,j}^2$$

  Genau wie bei der Anwendung des Delta-Verfahrens läuft auch hier die Summe über alle Risikofaktoren der Konsolidierungsstufe, während $D_{i,j}$ die absolute Änderung des i-ten Risikofaktors im Szenario S_j ist.

- Durch Durchführung einer Vollauswertung, bei der naturgemäß keine Annahme über den funktionalen Verlauf der Barwertfunktion getroffen wird.

Gewinn/Verlust GuV pro Szenario

Durch Subtraktion des aktuellen Barwerts NPV_0 vom simulierten Barwert NPV_j ergibt sich damit der Gewinn/Verlust GuV_j pro Szenario S_j:

$$GuV_j = NPV_j - NPV_0$$

[»] **Gewinn/Verlust GuV**

Die Barwertänderungen werden im System oft mit *GuV* für Gewinne und Verluste bezeichnet, wobei an dieser Stelle mit GuV nicht der buchhalterische Begriff gemeint ist.

[»] **Systemlaufzeit: Anzahl der Preisrechneraufrufe**

Die Laufzeit eines Value-at-Risk-Berechnungslaufs wird unter anderem von der Anzahl der notwendigen Preisrechneraufrufe bestimmt. Diese Anzahl der Aufrufe pro Finanzobjekt hängt wie folgt von der Berechnung des simulierten Barwerts NPV_j ab:

Im Falle des Delta-Verfahrens gibt es pro Risikofaktor (Blatt der Risikohierarchie) unabhängig von der Anzahl der Marktdatenszenarien S_j genau zwei Aufrufe, die zur Bestimmung des rechtsseitigen Differenzenquotienten und damit der Delta-Position notwendig sind. Beim Delta-Gamma-Verfahren sind es pro Risikofaktor dagegen genau drei Aufrufe, da hier der beidseitige Differenzenquotient zu bestimmen ist.

Bei der Vollauswertung gibt es für jedes Marktdatenszenario S_j und jeden Knoten der Risikohierarchie einen Aufruf des Preisrechners. Damit wird deutlich, dass bei einer großen Zahl von Marktdatenszenarien und einer großen Risikohierarchie dieses Verfahren die deutlich höhere Systemlaufzeit mit sich bringt.

Die Barwertänderung für einen Knoten der Portfoliohierarchie $GuV_{P,j}$ zu einem Szenario S_j ergibt sich durch einfache Aufsummierung der Barwertänderungen der enthaltenden Finanzobjekte. Die Ermittlung des Value at Risks kann nun mit unterschiedlichen Verfahren unter Verwendung der Barwertänderungen des Portfoliohierarchieknotens $GuV_{P,j}$ erfolgen:

- **VaR-Ermittlung aus Gewinnen und Verlusten**
  Die ermittelten Gewinne und Verluste werden sortiert, und es erfolgt eine Ermittlung des Value at Risks durch Abzählen der relevanten Werte gemäß dem Konfidenzniveau.
- **VaR-Ermittlung aus absoluten Gewinnen und Verlusten**
  Barwert-Symmetrie: Vor dem Abzählen gemäß Konfidenzniveau wird die Zeitreihe von Portfoliogewinnen und -verlusten verdoppelt, indem jedem Verlust ein entsprechender Gewinn bzw. jedem Gewinn ein entsprechender Verlust gegenübergestellt wird. Damit ist sichergestellt, dass der Erwartungswert der Portfoliobarwertänderung null und die Verteilung symmetrisch ist. Man nimmt dabei

an, dass jede Barwertänderung mit gleicher Wahrscheinlichkeit auch mit umgekehrten Vorzeichen auftritt.

- **Marktpreissymmetrie**
  Man nimmt an, dass alle Marktpreisänderungen mit gleicher Wahrscheinlichkeit auch in die andere Richtung auftreten können. Man verdoppelt damit künstlich die Marktdatenszenarien S_j.
- **VaR-Ermittlung unter Normalverteilungsannahme**
  Anstelle des Abzählens der diskreten Gewinne und Verluste kann eine Normalverteilungsannahme unterstellt werden, auf deren Basis dann die Value-at-Risk-Ermittlung erfolgt: Man bestimmt Mittelwert und Standardabweichung der Barwertveränderungen. Damit lässt sich durch die kumulierte Normalverteilung das gewünschte Quantil gemäß Konfidenzniveau bestimmen (ähnlich wie beim Varianz-Kovarianz-Ansatz).

Vollauswertung oder Approximation der Barwertfunktion [«]

Bei der Vollauswertung werden keinerlei Annahmen an die Barwertfunktion gestellt. Vielmehr wird der tatsächliche Barwert und damit die Barwertänderung für jedes Marktdatenszenario exakt ermittelt. Dieses Verfahren ist insbesondere für Geschäfte gedacht, für die die Annahmen des Delta-Gamma- oder Delta-Verfahrens nicht zu halten sind. Eine Gesamtportfoliobewertung mittels dieses Verfahrens ist jedoch aus Gründen der Systemlaufzeit nicht zu empfehlen.

Idealerweise setzt man das Kombinationsverfahren ein, das es ermöglicht, pro Finanzobjekt das konkrete Verfahren (Vollauswertung, Delta-Gamma, Delta) festzulegen. So können Sie erreichen, dass z. B. Aktienbestände mit dem schnellen Delta-Verfahren verarbeitet werden, während Optionen mit der laufzeitintensiven Vollauswertung prozessiert werden.

Monte-Carlo-Simulation

Ähnlich der historischen Simulation

Nachdem wir Ihnen im vorangegangenen Abschnitt die historische Simulation ausführlich erläutert haben, ist der Schritt zur Beschreibung des alternativen Monte-Carlo-Verfahrens ein denkbar kurzer: Die Monte-Carlo-Simulation ist wie die historische Simulation eine Simulationsmethode, bei der die potenziellen Wertänderungen der Risikofaktoren durch Szenarien S_j beschrieben werden.

Datenerzeugung mithilfe eines stochastischen Prozesses

Im Gegensatz zur historischen Simulation werden Szenarien aber nicht direkt aus historischen Daten ermittelt, sondern mithilfe eines stochastischen Prozesses erzeugt. Die dafür benötigten Zufallszahlen werden durch einen Zufallszahlengenerator erzeugt und können mithilfe verschiedener Methoden in die Standardnormalverteilung transformiert werden. Die für den stochastischen Prozess benötigten Parameter können in Gestalt der Volatilitäten und Korrelationen aus historischen Marktdaten mittels des Statistikrechners (siehe Abschnitt 12.4.3) berechnet werden. Diese Art der Simulation wird *Structurized Monte Carlo* (SMC) genannt. Sind die Szenarien S_j erzeugt, erfolgt die weitere Kalkulation des Value at Risks identisch zum Verfahren der historischen Simulation. Wir verweisen an dieser Stelle daher lediglich auf die Ausführungen des vorangegangenen Abschnitts.

Varianz-Kovarianz-Ansatz

Der *Varianz-Kovarianz-Ansatz* basiert auf der klassischen von J. P. Morgan/Reuters als Risk-Metrics vorgeschlagenen Methodik. Dazu finden Sie auf der Homepage der heutigen RiskMetrics Group (*www.riskmetrics.com*) umfangreiche Materialien. Die notwendigen Volatilitäten und Korrelationen können mittels des Statistikrechners (siehe Abschnitt 12.4.3) ermittelt oder als Datensätze eingelesen werden (siehe Kapitel 7, »Marktdaten«).

Zentrale Annahmen des Verfahrens

Die zentralen Annahmen des Varianz-Kovarianz-Ansatzes sind:

- Die Änderungen der Risikofaktoren sind normalverteilt. Da speziell bei Volatilitäten die Normalverteilungsannahme nicht bestätigt werden kann, findet im Rahmen des Varianz-Kovarianz-Ansatzes kein Ausweis von Volatilitätsrisiken statt.
- Die Barwertfunktion lässt sich, wie unter der Überschrift »Approximation der Barwertfunktion« erläutert, durch eine Taylor-Reihe bis zum ersten oder zweiten Glied annähern (bezüglich der Details der damit gemachten Annahmen verweisen wir auf obigen Unterabschnitt). Die Möglichkeit einer Vollauswertung wie bei den Simulationsverfahren besteht beim Varianz-Kovarianz-Ansatz nicht.

Unter diesen Annahmen lässt sich die Fragestellung der Berechnung des Value at Risks mittels eines analytischen Berechnungsverfahrens lösen: Es lassen sich die Momente der GuV-Verteilung bestimmen, nämlich der Mittelwert, die Standardabweichung, die Schiefe und die Kurtosis. Der Value at Risk lässt sich daraus ohne Umwege über Simulationsverfahren anhand von mathematischen Gleichungen direkt berechnen. In die Gleichungen gehen lediglich die Momente der Verteilungen, die Delta- oder Delta-Gamma-Positionen sowie die Volatilitäten und Korrelationen der einzelnen Risikofaktoren ein.

Die Grundzüge der analytischen Berechnung des Value-at-Risks beim Delta- bzw. Delta-Gamma-Verfahren lassen sich wie folgt skizzieren:

- Beim reinen Delta-Verfahren, bei dem ein linearer Zusammenhang zwischen Barwertfunktion und den Risikofaktoren unterstellt wird, ist auch die Verteilung der Barwertänderungen normalverteilt. Die Verteilung wird damit vollständig durch ihre ersten beiden Momente, den Mittelwert und die Standardabweichung, bestimmt. Der Value at Risk zu einem bestimmten Konfidenzniveau erfolgt damit einfach analytisch über das entsprechende Quantil der Verteilung.
- Beim Delta-Gamma-Verfahren, bei dem ein nicht-linearer Zusammenhang zwischen Barwertfunktion und den Risikofaktoren zugelassen wird, ist die Verteilung der Barwertänderungen im Allgemeinen nicht normalverteilt. Es kommen die höheren Momente der Verteilung – Schiefe und Kurtosis – ins Spiel. Dieser Sachverhalt ist in Abbildung 12.56 durch die asymmetrische Verteilung angedeutet. Das Berechnungsverfahren trägt diesen beiden Momenten bei der Bestimmung des Quantils der Verteilung Rechnung.

Customizing

Nachdem wir Ihnen im Detail die Kalkulationsverfahren des Value at Risks vorgestellt haben, fragen Sie sich sicher, wo Sie die Stellschrauben zur Value-at-Risk-Berechnung im System festlegen können. Dazu bietet das System zwei Möglichkeiten: Die Value-at-Risk-Art für die Online-Analyse (siehe Abschnitt 12.5.3) sowie die Kennzahltypen *VaR nach Varianz/Kovarianz* (RAK1) und *VaR aus Simulation* (RAV1), die primär für die Ergebnisdatenbank (siehe Abschnitt 12.6) gedacht sind, aber auch in der Online-Analyse zur Verfügung stehen.

Value-at-Risk-Art

Da die Customizing-Einstellungen dieser beiden Möglichkeiten weitestgehend deckungsgleich sind, beschränken wir uns an dieser Stelle auf die Beschreibung der Value-at-Risk-Art. (Eine Übersicht über die entsprechenden Einstellungen der Kennzahlen der Ergebnisdatenbank finden Sie in Abschnitt 12.6.2.) Die Pflege der Value-at-Risk-Art finden Sie im Customizing unter TREASURY AND RISK MANAGEMENT • MARKET RISK ANALYZER • AUSWERTUNGSSTEUERUNG • BEWERTUNGSEINSTELLUNGEN. Abbildung 12.57 zeigt das Detailbild einer Value-at-Risk-Art, auf das wir im Folgenden näher eingehen: Durch den Parameter VAR-TYP legen Sie grundsätzlich fest, ob der Value at Risk mittels Simulation oder mithilfe des Varianz-Kovarianz-Verfahrens bestimmt werden *soll*. (Bei den Value-at-Risk-Kennzahlen der Ergebnisdatenbank treffen Sie diese Entscheidung durch Auswahl des Kennzahltyps RAK1 oder RAV1.) Im Falle der Simulation können Sie mithilfe der Einstellung VAR-SIMULATIONSTYP zwischen der historischen Simulation und diversen Spielarten der Monte-Carlo-Simulation wählen.

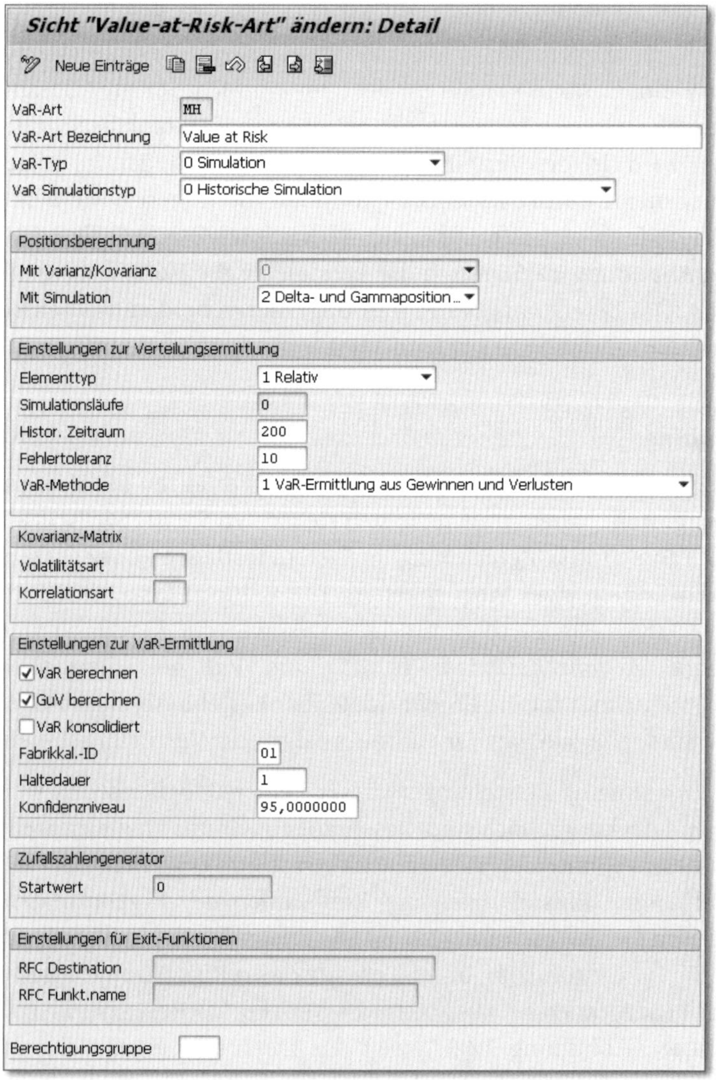

Abbildung 12.57 Detailbild der Value-at-Risk-Art

Abhängig vom VaR-Typ und dem VaR-Simulationstyp können Sie eine Reihe weiterer Einstellungen vornehmen. Im Änderungsmodus sind nur die Felder eingabebereit, die für den gewählten VaR-Typ und den VaR-Simulationstyp relevant sind. In Abbildung 12.57 ist als Kalkulationsverfahren die historische Simulation ausgewählt, dennoch werden wir hier alle Einstellungsmöglichkeiten beleuchten, also auch die, die in der Abbildung nicht eingabebereit sind. Im Bildbereich POSITIONSBERECHNUNG wählen Sie zwischen dem Delta, dem Delta-Gamma und – für Simulationsverfahren – der Vollauswertung bzw. dem Kombinationsverfahren.

Simulationsspezifische Angaben

Die Einstellungen im Bildbereich EINSTELLUNGEN ZUR VERTEILUNGSERMITTLUNG sind nur relevant für Simulationsverfahren, da nur hier eine Gewinn- und Verlustverteilung explizit erzeugt wird:

- Der Parameter ELEMENTTYP ist nur für die historische Simulation von Belang. Er gibt an, ob die historischen Wertänderungen absolut, relativ oder logarithmiert zu bestimmen sind. Diese Einstellung entspricht also genau der gleichnamigen Einstellung in der Statistikart, die das Verhalten des Statistikrechners steuert (siehe Abschnitt 12.4.3).
- Die Anzahl der erzeugten Marktdatenszenarien wird im Falle der Monte-Carlo-Simulation durch das Feld SIMULATIONSLÄUFE bestimmt, während für die historische Simulation der Parameter HISTOR. ZEITRAUM bestimmend ist.
- Für die historische Simulation ist darüber hinaus das Feld FEHLERTOLERANZ wichtig, das die maximale Anzahl fehlender Marktdaten in der Historie festlegt. Es hat damit dieselbe Bedeutung wie das Feld ERLAUBTE FEHLENDE KURSE bei der Ausführung des Statistikrechners (siehe Abbildung 12.51).
- Durch die Angabe im Feld VAR-METHODE wählen Sie aus, wie aus der Gewinn- und Verlustverteilung der Value at Risk zu bestimmen ist. Die verfügbaren Möglichkeiten wurden in Abschnitt »Historische Simulation« ausführlich erläutert.

Kovarianzmatrix

Im Bildbereich KOVARIANZ-MATRIX können Sie die Volatilitätsart sowie die Korrelationsart angeben, die, wie in Abschnitt 12.4.4 beschrieben, für den Varianz-Kovarianz-Ansatz sowie die Monte-Carlo-Simulation notwendig sind.

Allgemeingültige Angaben

Im Bildbereich EINSTELLUNGEN ZUR VAR-ERMITTLUNG finden Sie allgemeine Einstellungsmöglichkeiten, die – mit einer Ausnahme – für alle Value-at-Risk-Kalkulationsverfahren von Bedeutung sind:

- In der Regel sollten Sie das Kennzeichen VAR BERECHNEN setzen, außer Sie sind nur an der Berechnung der Delta-Gamma-Positionen oder der einzelnen Gewinne und Verluste interessiert.
- Das Kennzeichen GUV BERECHNEN ist nur für Simulationsverfahren relevant und steuert, ob die Gewinn- und Verlustverteilungen dem Endanwender in der Analyse zur Verfügung stehen sollen.
- Die Angabe im Feld FABRIKKALENDER-ID wird – je nach Value-at-Risk-Kalkulationsverfahren – für verschiedene Zwecke benötigt. In der historischen Simulation werden damit die Handelstage für das Bereitstellen der historischen Zeitreihen der Risikofaktoren bestimmt. Beim Varianz-Kovarianz-Ansatz sowie der Monte-Carlo-Simulation dient der Kalender zur Anpassung der Volatilität (die über die Angabe im Feld VOLATILITÄTSART gelesen wurde) an die Angabe im Feld HALTEDAUER der Value-at-Risk-Kalkulation: Wie in Abschnitt 12.4.3 beschrieben wurde, wird die Volatilität immer annualisiert abgelegt. Bei der Verwendung dieser Volatilität muss die Annualisierung wieder rückgängig gemacht und damit an die Haltedauer der Value-at-Risk-Berechnung angepasst werden. Dazu braucht das System die Anzahl der Geschäftstage pro Jahr, die aus dem Kalender bestimmt werden.
- Das Feld HALTEDAUER gibt an, für welchen Zeithorizont der Value at Risk berechnet werden soll.
- Das Feld KONFIDENZNIVEAU gibt die Wahrscheinlichkeit an, mit der ein tatsächlich eintretender Verlust den Value at Risk nicht überschreitet.

Zufallszahlen

Im Bildbereich ZUFALLSZAHLENGENERATOR können Sie optional einen STARTWERT für das Monte-Carlo-Simulationsverfahren angeben. Damit stellen Sie sicher, dass immer identische Zufallszahlen erzeugt werden und damit im Wiederholungslauf die Marktdatenszenarien und folglich die Gewinn- und Verlustverteilung sowie der daraus abgeleitete Value at Risk exakt reproduzierbar sind.

Schließlich haben Sie im Bildbereich EINSTELLUNGEN FÜR EXIT-FUNKTIONEN die Möglichkeit, für bestimmte Monte-Carlo-Simulationsverfahren eigene Implementierungen zur Erzeugung der Zufallszahlen zu hinterlegen.

12.4.5 Backtesting

Test der Value-at-Risk-Kalkulation

Wie bereits beschrieben, macht die Kennzahl Value at Risk eine Aussage über den maximalen Verlust eines Portfolios zu einem gegebenen Konfidenzniveau innerhalb einer bestimmten Haltedauer *T*. Nach Ablauf der Haltedauer *T* ist es daher interessant, den tatsächlich aufgetretenen Verlust (oder Gewinn) zu ermitteln. Mittels des *Backtestings* gibt Ihnen das System ein solches Kontrollverfahren an die Hand. Das Verfahren steht Ihnen naturgemäß nur im Rahmen der Ergebnisdatenbank als Kennzahltyp RABCKO zur Verfügung. Der allgemeine Aufbau der Ergebnisdatenbank wird in Abschnitt 12.6 beschrieben. Das Backtesting-Verfahren ist in Abbildung 12.58 skizziert.

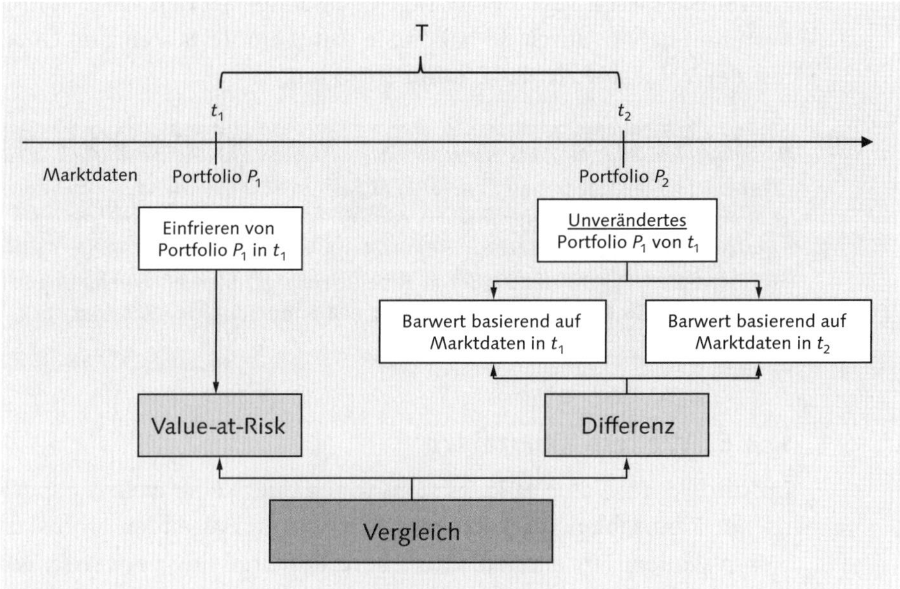

Abbildung 12.58 Schematische Darstellung des Backtesting-Verfahrens

Zum Zeitpunkt t_1 wird der Value at Risk berechnet. Nach Ablauf der Haltedauer *T*, also zum Zeitpunkt t_2, wird der tatsächlich aufgetretene Verlust bestimmt. Dazu wird der Barwert des Portfolios unter Betrachtung der Marktdaten sowohl zum Zeitpunkt t_1 als auch zum Zeitpunkt t_2 bestimmt. Dabei müssen Sie die Zusammensetzung des Portfolios zum Zeitpunkt t_1 heranziehen, da der Value at Risk die Barwertänderung ausgelöst durch Marktdatenänderungen beschreibt, nicht jedoch die Barwertänderung, die durch eine Änderung des Portfolios selbst ausgelöst wird.

Gesicherte Stände

Das Einfrieren des Portfolios wird im System durch gesicherte Stände abgebildet, die Sie beim Lauf des Einzelsatzverfahrens zur Berechnung des Backtestings in der Ergebnisdatenbank mitgeben müssen (siehe Abschnitt 12.6.5). Gesicherte Stände werden vom System im Format des Risikoträgers abgelegt (siehe Abschnitt 12.2.6) und können mithilfe der Transaktion JBAS, die Sie im Menü unter TREASURY AND RISK MANAGEMENT • MARKET RISK ANALYZER • WERKZEUGE • BACKTESTING finden, erzeugt werden. Dort finden Sie auch die weiteren Transaktionen JBAI zur Bewertung gesicherter Stände sowie RMRB zu deren Verwaltung.

Führen Sie diesen Test für alle Tage t_i, an denen Sie den Value at Risk bestimmt haben, durch, so haben Sie damit ein Verfahren zum Gütetest der Value-at-Risk-Kalkulation zur Hand.

[zB]

Gütetest der Value-at-Risk-Kalkulation

Nehmen wir an, Sie haben den Value at Risk an 100 aufeinanderfolgenden Tagen mit einem Konfidenzniveau von 95 % bestimmt. Dann würden Sie erwarten, dass der tatsächlich aufgetretene Verlust in etwa 5 % der Fälle (also an fünf Tagen) den Value at Risk übersteigt. Starke Abweichungen davon sind ein Indikator für eine unzureichende Güte der Value-at-Risk-Berechnung.

12.4.6 Weitere Kennzahlen

Im Umfeld des Value at Risks steht Ihnen eine Reihe weiterer spezifischer Kennzahlen zur Verfügung, die wir im Folgenden grob skizzieren wollen. Für eine ausführlichere Beschreibung verweisen wir Sie auf die Dokumentation im SAP Help Portal, die Sie unter der URL *http://help.sap.com* finden. Allen Kennzahlen ist gemeinsam, dass sie keine eigenen Customizing-Einstellungen benötigen, sondern die notwendigen Informationen aus dem Value-at-Risk-Customizing beziehen, in dessen Kontext sie berechnet werden.

Mean Excess Loss

Die Kennzahl *Mean Excess Loss* steht Ihnen bei den Simulationsverfahren in der Ergebnisdatenbank (Kennzahltyp RAV2) und in der Online-Analyse zur Verfügung. Sie berechnet sich aus dem Mittelwert der Gewinn- und Verlustverteilung jenseits des Value at Risks und macht damit eine Aussage über den Ausläufer der Verteilung für

Verluste, die über den Value at Risk hinausgehen (siehe Abbildung 12.59). Wie die Value-at-Risk-Kennzahl selbst kann auch der Mean Excess Loss pro Knoten der Risikohierarchie und Portfoliohierarchie separat bestimmt werden.

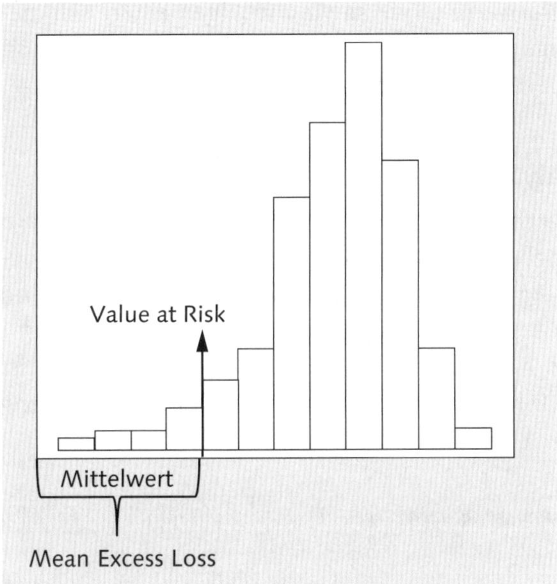

Abbildung 12.59 Schematische Definition des Mean Excess Loss

Value at Risk Contribution

Die Kennzahl *Value at Risk Contribution* steht Ihnen beim Varianz-Kovarianz-Ansatz (reines Delta-Verfahren) in der Ergebnisdatenbank (Kennzahltyp RAK2) zur Verfügung. Die Kennzahl misst den Beitrag eines Knotens der Portfoliohierarchie – und damit eines Subportfolios – zum Value at Risk des Gesamtportfolios.

Marginal Value at Risk

Die Kennzahl *Marginal Value at Risk* steht Ihnen ebenfalls beim Varianz-Kovarianz-Ansatz (reines Delta-Verfahren) in der Ergebnisdatenbank (Kennzahltyp RAK3) zur Verfügung. Die Kennzahl misst den Effekt, den kleine Änderungen in der Portfoliozusammensetzung auf den Value at Risk des Gesamtportfolios haben. Mathematisch gesehen, entspricht die Kennzahl der partiellen Ableitung des Value at Risks des Gesamtportfolios nach dem Barwert einzelner Bestände.

Die beiden Kennzahlen *VaR Contribution* und *Marginal VaR* stehen in der Online-Analyse (siehe Abschnitt 12.5.3) nicht zur Verfügung, da dort der Value at Risk nicht auf Portfolioebene berechnet wird, sondern nur für einzelne Finanzobjekte.

12.5 Online-Analysen des Market Risk Analyzers

Die Online-Analysen des Informationssystems des Market Risk Analyzers decken eine ganze Reihe von speziellen Fragestellungen ab. Im Detail stellen wir Ihnen hier die wichtigsten vor, nämlich die spezielle Online-Analyse *Barwertanalyse* sowie die allgemeinere Online-Analyse *Kennzahlenanalyse*. Schließlich beenden wir den Abschnitt mit einem kurzen Überblick über sonstige Analyseberichte.

12.5.1 Barwertanalyse

Selektionen allgemein

Die Barwertanalyse ermöglicht die Kalkulation des Barwerts pro Finanzobjekt mit möglicher Navigation in das operative Primärobjekt. Sie finden die Barwertanalyse (Transaktion JBRX) im Menü unter TREASURY AND RISK MANAGEMENT • MARKET RISK ANALYZER • INFORMATIONSSYSTEM • MARKET-TO-MARKET. Das Selektionsbild ist wie viele andere Online-Analysen gegliedert (siehe Abbildung 12.60).

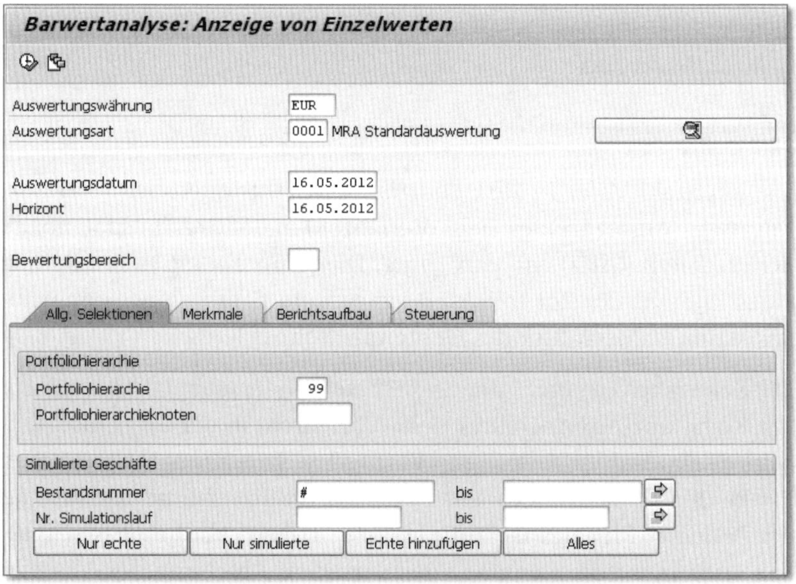

Abbildung 12.60 Selektionsbild der Barwertanalyse (Transaktion JBRX)

Zu Beginn füllen Sie die Felder AUSWERTUNGSWÄHRUNG und AUSWERTUNGSART sowie HORIZONT und AUSWERTUNGSDATUM. Optional können Sie auch den Parameter BEWERTUNGSBEREICH angeben und damit, wie in Abschnitt 12.2.5 unter der Überschrift »Überlappende Finanzobjekte«, beschrieben ist, die Selektion der Finanzobjekte beeinflussen. Die beiden Registerkarten ALLG. SELEKTIONEN sowie MERKMALE dienen der Selektion der zu bearbeitenden Finanzobjekte. Auf der Registerkarte ALLG. SELEKTION können Sie dies durch Angabe einer PORTFOLIOHIERARCHIE oder eines Portfoliohierarchieknotens erledigen. Die Selektion im Bildbereich SIMULIERTE GESCHÄFTE wird vor allem in SEM Banking verwendet, in den Analyzern ist sie ohne Bedeutung. Auf der Registerkarte MERKMALE können Sie dann Finanzobjekte anhand ihrer Analysemerkmale selektieren. Es werden Ihnen dementsprechend die Analysemerkmale der aktiven Analysestruktur angezeigt.

Dieser Aufbau des Selektionsbildes mit Kopfdaten und Registerkarten, wobei eine Registerkarte allgemeine Selektionen und eine andere Selektionen über Analysemerkmale anbietet, ist auch in anderen Online-Analysen ein gängiger Aufbau.

Sonstige Einstellungen

Auf der Registerkarte BERICHTSAUFBAU wählen Sie die Verwendung eines Szenarios oder Marktdatenshifts aus. Auf der Registerkarte STEUERUNG können Sie folgende Kennzeichen setzen:

- Erzeugen des DETAILPROTOKOLLS, das es Ihnen erlaubt, die einzelnen Rechenschritte nachzuvollziehen
- Anzeige der PORTFOLIOHIERARCHIE
- Berechnung der Sensitivitätskennzahlen der GRIECHEN für Optionen. Diese werden zwar im Detailprotokoll, nicht aber in der Ergebnissicht ausgegeben.
- Berechnung des Barwerts (unter Benutzung der in der Auswertungsart (siehe Abbildung 12.32) im Bildbereich RISIKOFREIE ZINSKURVENARTEN eingetragenen Zinskurvenarten für die Diskontierung der Zahlungsströme)
- Die OBJEKTDIFFERENZIERUNG führt zur Zerlegung des Barwerts für ausgewählte Finanzinstrumente. Zum Beispiel wird im Falle eines Caps oder Floors der Barwert für jedes einzelne Caplet bzw. Floorlet ausgewiesen.
- Berechnung der MENGENKENNZAHL für Commodity-basierte Finanzinstrumente wie z.B. Commodity Swaps oder operative Exposures mit Commodity-Preisrisiko

Ergebnis Als Ergebnis erhalten Sie eine Darstellung wie in Abbildung 12.61. Über die Portfoliohierarchie können Sie die analysierten Finanzobjekte auswählen, die Ihnen mit den Bewertungsergebnissen tabellarisch angezeigt werden. Ein Doppelklick auf die Ergebniszeile eines Finanzobjekts führt Sie direkt zum operativen Primärobjekt. Über den Button BERECHNUNGSGRUNDLAGEN gelangen Sie zu den in der Barwertanalyse verwendeten Marktdaten. Der Button DETAILPROTOKOLL führt Sie zu einem ausführlichen Protokoll, das sich an vielen anderen Stellen im System wiederfindet, bis hin zum Effektivitätstest im Hedge Management.

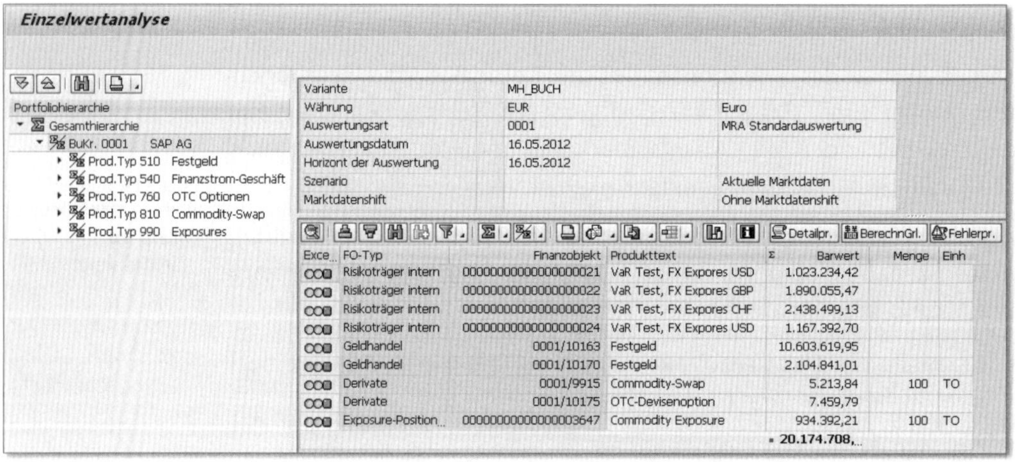

Abbildung 12.61 Ergebnissicht der Barwertanalyse (Transaktion JBRX)

Detailprotokoll Das Detailprotokoll ermöglicht Ihnen, die vom System durchgeführten Rechenschritte nachzuvollziehen (siehe Abbildung 12.62, zu sehen ist hier die Diskontierung eines Cashflows sowie die Umrechnung in die Auswertungswährung). So werden die kalkulierten Zahlungsströme, die zur Ermittlung des Zahlungsstroms unterlegten Kalkulationsparameter, wie z.B. die Forward-Zinskurvenart, aber auch die zur Bewertung herangezogenen Marktparameter für jedes einzelne Geschäft exakt protokolliert. Es wird z.B. aus der Multiplikation von Zahlungsstrom und Zerobondabzinsfaktor der Barwert eines jeden einzelnen Zahlungsstroms verständlich. Falls Sie die Options-Griechen berechnen lassen haben, finden Sie diese ebenfalls im Detailprotokoll. Dieses Protokoll dient insbesondere der Überprüfung unplausibler Barwertgrößen, aber auch der Durchführung von Tests bei der Einführung.

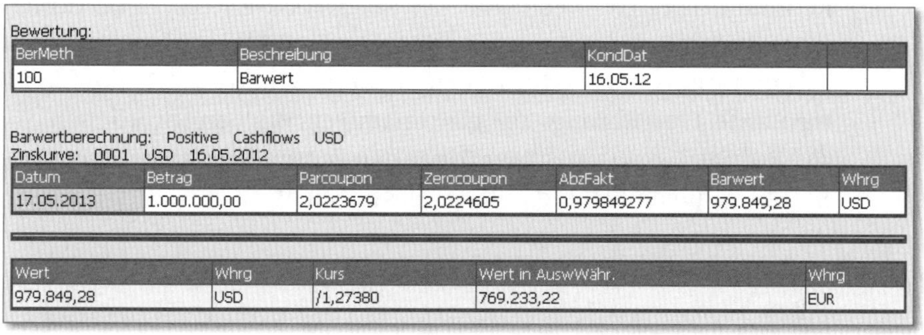

Bewertung:

BerMeth	Beschreibung	KondDat		
100	Barwert	16.05.12		

Barwertberechnung: Positive Cashflows USD
Zinskurve: 0001 USD 16.05.2012

Datum	Betrag	Parcoupon	Zerocoupon	AbzFakt	Barwert	Whrg
17.05.2013	1.000.000,00	2,0223679	2,0224605	0,979849277	979.849,28	USD

Wert	Whrg	Kurs	Wert in AuswWähr.	Whrg
979.849,28	USD	/1,27380	769.233,22	EUR

Abbildung 12.62 Ausschnitt aus dem Detailprotokoll

Integration von Kennzahlen des Market Risk Analyzers in das operative Reporting [«]

Sollten Sie die Options-Griechen oder andere Kennzahlen des Market Risk Analyzers wie Barwert oder Durationen in Berichten neben anderen Informationen aus der Bestandsverwaltung oder der Geschäftsverwaltung sehen wollen, verweisen wir Sie auf die logischen Datenbanken des Transaction Managers wie FTI_TR_POSITIONS oder FTI_TR_DEALS sowie auf RAPIs wie `FTI_LDB_GET_OTC_DEAL2_DATA` (siehe Kapitel 11, »Reporting mit dem Informationssystem«). Hier sind die wichtigsten Kennzahlen des Market Risk Analyzers integriert worden, sodass Sie schnell und unkompliziert die gewünschten Daten zusammenführen können.

12.5.2 Kennzahlenanalyse

Die Online-Analyse zur generischen Berechnung von Kennzahlen ist historisch gesehen die Weiterentwicklung der im Abschnitt zuvor dargestellten Online-Analyse der Barwertanalyse. Neben den im Rahmen der Barwertanalyse verfügbaren Kennzahlen können Sie im Rahmen der generischen Kennzahlenanalyse eine Vielzahl weiterer Kennzahlen pro Finanzobjekt oder auch pro Knoten der Portfoliohierarchie berechnen lassen. Dabei können Sie flexibel für jede der Kennzahlen individuell die Auswertungsart, das zu nutzende Marktdatenszenario oder die anzuwendende Shift-Regel definieren.

Sie finden die Generische Kennzahlenanalyse (Transaktion AISGENKF) im Menü unter Treasury and Risk Management • Market Risk Analyzer • Informationssystem • Market-to-Market. Da das Selektionsbild grundsätzlich ähnlich wie das der Barwertanalyse gegliedert ist (siehe Abbildung 12.63), konzentrieren wir uns an dieser Stelle auf die zusätzlichen Möglichkeiten, die die generische

Kennzahlenanalyse bietet: Auf der Registerkarte ALLG. SELEKTIONEN finden Sie neben der optionalen Eingabe im Bildbereich GESICHERTER DATENSTAND (Details dazu finden Sie in Abschnitt 12.4.5) die fundamentalste Erweiterung: Im gleichnamigen Bildbereich können Sie das REPORT-LAYOUT angeben. Über den Button REPORT-LAYOUT DEFINIEREN springen Sie in die Pflege desselben ab.

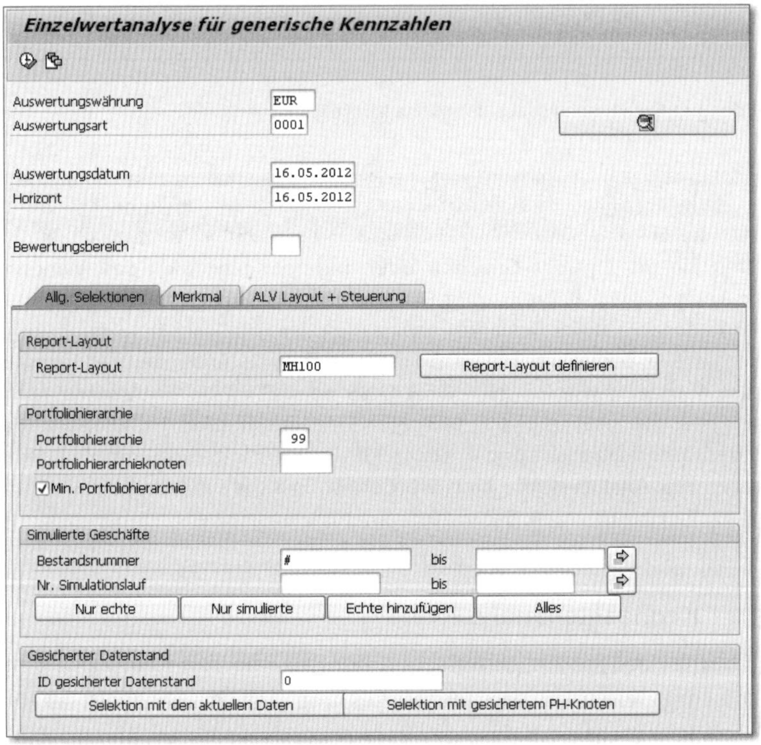

Abbildung 12.63 Selektionsbild der Kennzahlenanalyse (Transaktion AISGENKF)

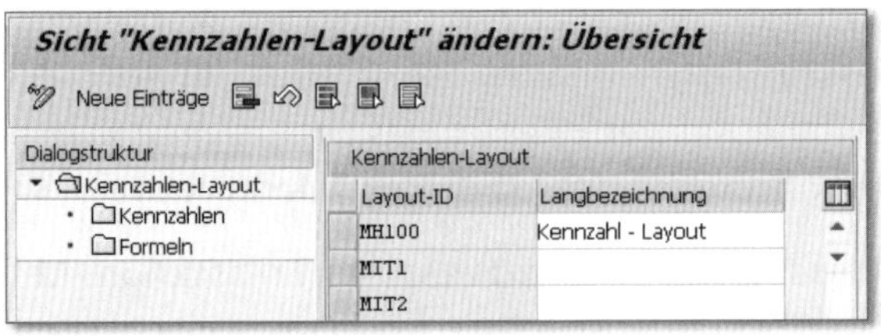

Abbildung 12.64 Hauptbild der Pflege von Report-Layouts für die Kennzahlenanalyse

Wir wollen nun die Definition von Report-Layouts für die Kennzahlenanalyse im Detail beleuchten. Abbildung 12.64 zeigt das Hauptbild der Pflege der Report-Layouts. Über den Button NEUE EINTRÄGE können Sie ein neues Layout anlegen, für das Sie an dieser Stelle lediglich den technischen Schlüssel vergeben müssen und optional Texte angeben können.

Kennzahlen im Report-Layout

Durch Doppelklick auf den Knoten KENNZAHLEN in der Dialogstruktur gelangen Sie ins Detailbild zur Pflege der Kennzahlen eines Report-Layouts (siehe Abbildung 12.65). Jede einzelne hier gepflegte Kennzahl erscheint in der Ergebnissicht der Kennzahlenanalyse in einer separaten Spalte, in der Portfoliohierarchie und/oder der Einzelliste der Finanzobjekte (siehe Abbildung 12.68). Mit dem Button NEUE EINTRÄGE können Sie neue Kennzahlen anlegen. Die entscheidende Eigenschaft einer Kennzahl ist der Kennzahltyp, der die Semantik festlegt. (Dieser Kennzahlentyp ist nicht identisch mit dem in Abschnitt 12.6.2 beschriebenen Kennzahltyp der Ergebnisdatenbank, ist ihm aber durchaus ähnlich.)

Kennzahlentyp

Die verfügbaren Kennzahltypen sind dabei vom System fest vorgegeben. Die wichtigsten Kennzahlen sind:

- Barwert
- Clean Price
- Base Point Value
- Convexity
- Modified Duration
- Macaulay Duration
- Yield to Maturity
- die Options-Griechen Delta, Gamma, Theta und Vega
- die Mengenkennzahl für Commodity-basierte Finanzinstrumente

Dabei kann eine Reihe der genannten Kennzahltypen sowohl für ein gesamtes Finanzobjekt als auch nur für die ein- oder ausgehende Seite berechnet werden, was speziell bei Swaps relevant ist.

Zu jeder Kennzahl können Sie festlegen, in welchem Bereich der Ergebnissicht (Abbildung 12.68) die Kennzahl zu berichten ist: Setzen Sie das Kennzeichen POSBEREICH, wird die Kennzahl pro Bestand – genauer pro Finanzobjekt – angezeigt. Das Kennzeichen PH-BEREICH kann nur für additive Kennzahlen gesetzt werden und bewirkt die Anzeige der Kennzahl im Bereich der Portfoliohierarchie (siehe Abbildung 12.65).

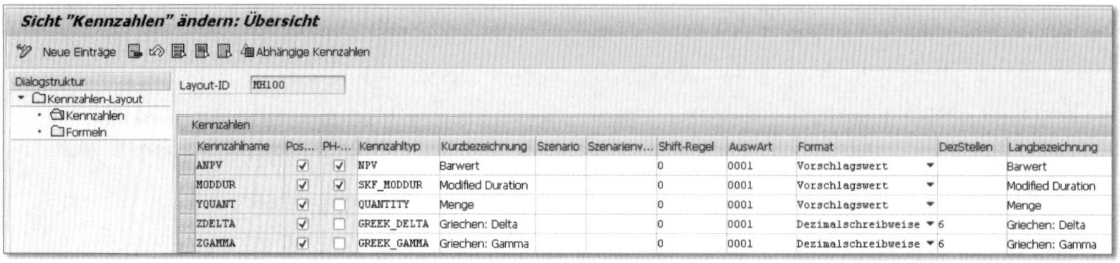

Abbildung 12.65 Detailbild zur Pflege der Kennzahlen in einem Report-Layout für die Kennzahlenanalyse

Simulation und Szenarien

Außerdem haben Sie die Möglichkeit, für Simulationszwecke pro Kennzahl eine eigene Auswertungsart, ein Szenario, einen Szenarioverlauf oder eine Shift-Regel zu hinterlegen. Damit können Sie z.B. Kennzahlen vom selben Kennzahltyp unter Verwendung verschiedener Marktdatenszenarien oder Auswertungsarten in einem Bericht direkt miteinander vergleichen. Neben Einstellungen zur Ausgabeformatierung wie der Anzahl der Nachkommastellen vergeben Sie auch pro Kennzahl Texte, die in der Ergebnissicht als Spaltenüberschriften angezeigt werden.

Abbildung 12.66 Detailbild zur Pflege von Formeln in einem Report-Layout für die Kennzahlenanalyse

Formeln

Wie Sie sehen, bietet Ihnen die Definition der individuellen Kennzahlen vielfältige Möglichkeiten zur Gestaltung eines Berichts. Mit der Möglichkeit, Formeln zu definieren, haben Sie darüber hinaus weitere flexible Alternativen, um Kennzahlen zu definieren (siehe Abbildung 12.66). Über den Button Neue Einträge können Sie eine neue Formel anlegen. Nachdem Sie ein einen technischen Bezeichner vergeben und den Berechnungsschritt (Spalte BERSCHRITT) festgelegt haben, springt das System automatisch in den Formeleditor (siehe Abbildung 12.67). Falls Sie Details der Formel noch nachträglich ändern möchten oder sich einfach die Definition im Formeleditor ansehen möchten, können Sie jeweils über den Button FORMULA EDITOR in die Detailsicht abspringen. Innerhalb des Formeleditors haben Sie Zugriff auf die verschiedensten Komponenten, die als Formelbestandteile in die Kalkulation eingehen können – z.B. die schon definierten Kennzahlen und Formeln.

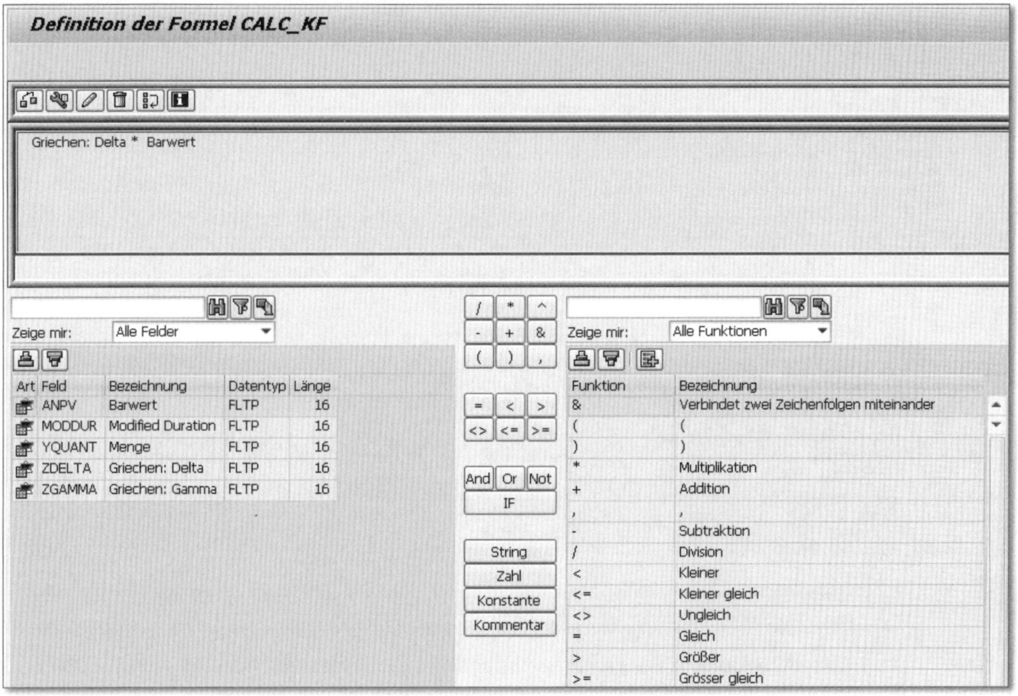

Abbildung 12.67 Detaildefinition einer Formel für ein Report-Layout der Kennzahlenanalyse

Ergebnis

Nachdem Sie ein Report-Layout definiert und im Selektionsbild der Kennzahlenanalyse im entsprechenden Eingabefeld eingetragen haben (siehe Abbildung 12.63), können Sie schließlich den Report ausführen und gelangen damit in die Ergebnissicht (siehe Abbildung 12.68). Da im Selektionsbild eine Portfoliohierarchie angegeben war, ist in der Ergebnissicht im oberen Bereich die Portfoliohierarchie gemeinsam mit den Kennzahlen zu sehen, die gemäß der Layout-

Definition im Bereich der Portfoliohierarchie dargestellt werden sollen. Durch Doppelklick auf einen Knoten der Portfoliohierarchie wird auch der untere Bereich der Ergebnissicht gefüllt: Im Bereich der Einzelliste werden die Finanzobjekte gezeigt, deren Basisportfolio zum ausgewählten Knoten der Portfoliohierarchie beiträgt. Im Bereich dieser Einzelliste sind die Kennzahlen und Formeln zu sehen, die diesem Bereich im Rahmen der Definition des Report-Layouts zugeordnet sind.

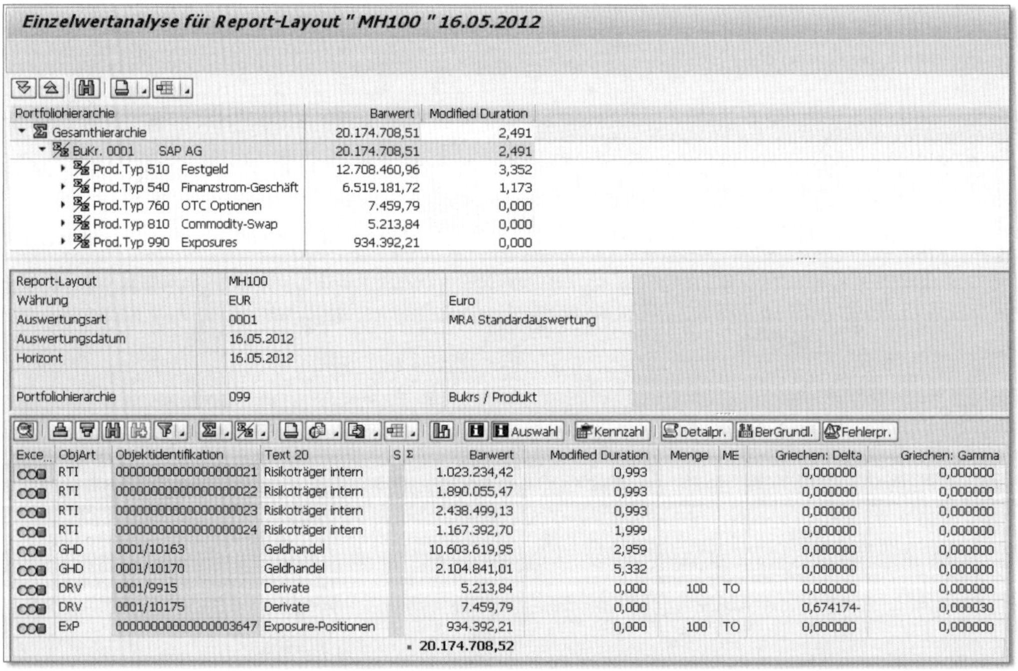

Einzelwertanalyse für Report-Layout " MH100 " 16.05.2012

Portfoliohierarchie	Barwert	Modified Duration
Gesamthierarchie	20.174.708,51	2,491
BuKr. 0001 SAP AG	20.174.708,51	2,491
Prod.Typ 510 Festgeld	12.708.460,96	3,352
Prod.Typ 540 Finanzstrom-Geschäft	6.519.181,72	1,173
Prod.Typ 760 OTC Optionen	7.459,79	0,000
Prod.Typ 810 Commodity-Swap	5.213,84	0,000
Prod.Typ 990 Exposures	934.392,21	0,000

Report-Layout	MH100	
Währung	EUR	Euro
Auswertungsart	0001	MRA Standardauswertung
Auswertungsdatum	16.05.2012	
Horizont	16.05.2012	
Portfoliohierarchie	099	Bukrs / Produkt

Exce...	ObjArt	Objektidentifikation	Text 20	S	Σ	Barwert	Modified Duration	Menge	ME	Griechen: Delta	Griechen: Gamma
	RTI	0000000000000000021	Risikoträger intern			1.023.234,42	0,993			0,000000	0,000000
	RTI	0000000000000000022	Risikoträger intern			1.890.055,47	0,993			0,000000	0,000000
	RTI	0000000000000000023	Risikoträger intern			2.438.499,13	0,993			0,000000	0,000000
	RTI	0000000000000000024	Risikoträger intern			1.167.392,70	1,999			0,000000	0,000000
	GHD	0001/10163	Geldhandel			10.603.619,95	2,959			0,000000	0,000000
	GHD	0001/10170	Geldhandel			2.104.841,01	5,332			0,000000	0,000000
	DRV	0001/9915	Derivate			5.213,84	0,000	100	TO	0,000000	0,000000
	DRV	0001/10175	Derivate			7.459,79	0,000			0,674174-	0,000030
	ExP	0000000000000003647	Exposure-Positionen			934.392,21	0,000	100	TO	0,000000	0,000000
					▪	20.174.708,52					

Abbildung 12.68 Ergebnissicht der Kennzahlenanalyse (Transaktion AISGENKF)

Wie bei der Barwertanalyse stehen Ihnen auch hier die Buttons DETAILPR. (Detailprotokoll), BERECH.GRUNDL. (Berechnungsgrundlage) und FEHLERPR. (Fehlerprotokoll) zur Verfügung.

12.5.3 Value-at-Risk-Einzelanalyse

VaR-Einzelanalyse

Mithilfe der Transaktion VAR-EINZELANALYSE (Transaktion RMVO), die Sie im Menü unter TREASURY AND RISK MANAGEMENT • MARKET RISK ANALYZER • INFORMATIONSSYSTEM • VALUE AT RISK finden, können Sie Value-at-Risk-Auswertungen auf der Ebene einzelner Finanzobjekte durchführen. Sie erhalten eine Liste der selektierten Finanzobjekte, die Ihnen einen Überblick über den Value at Risk, im Falle von Simulationsverfahren den Mean Excess Loss, den aktuellen Barwert und die Delta- und Gamma-Position gibt. Eine detaillierte Beschreibung der möglichen VaR-Kalkulationen finden Sie in Abschnitt 12.4.

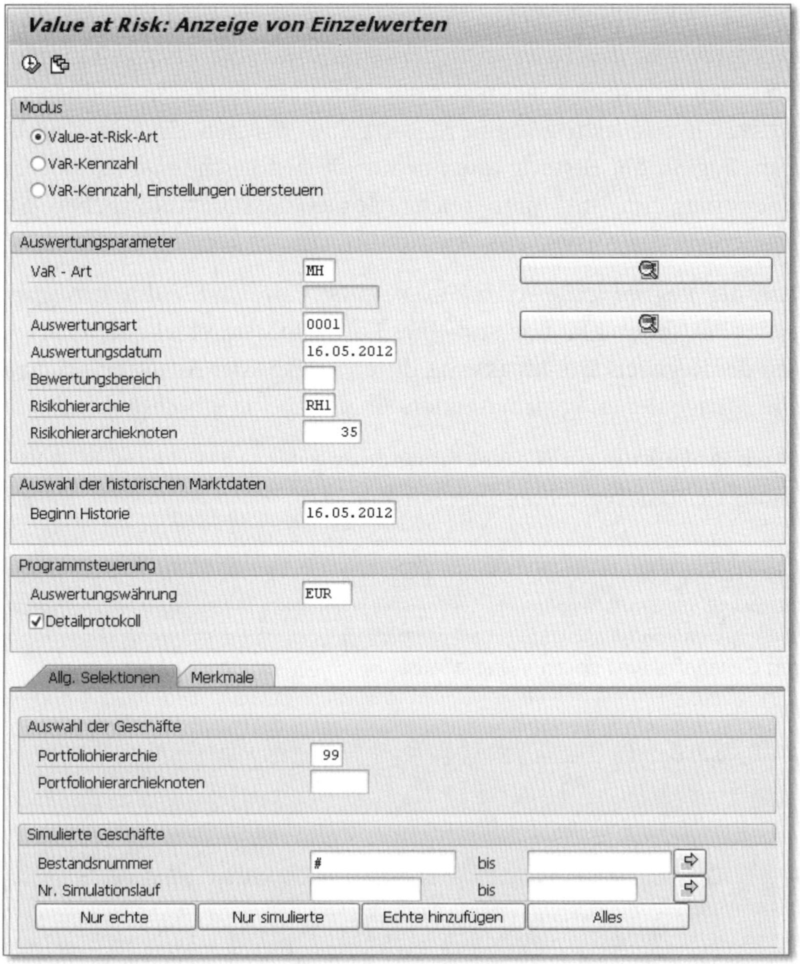

Abbildung 12.69 Selektionsbild der VaR-Einzelanalyse

Value-at-Risk-Art oder Kennzahldefinition

Abbildung 12.69 zeigt das Selektionsbild der VaR-Einzelanalyse. Im Bildbereich MODUS legen Sie die Quelle fest, aus der die Customizing-Einstellungen zu lesen sind, die die Value-at-Risk-Kalkulation festlegen: entweder aus einer Value-at-Risk-Art oder aus einer VaR-

Kennzahl, also einer Kennzahl der Ergebnisdatenbank der Kennzahltypen RAK1 oder RAV1. Im Modus VAR-KENNZAHL, EINSTELLUNGEN ÜBERSTEUERN haben Sie die Möglichkeit, bestimmte Einstellungen der VaR-Kennzahl im Selektionsbild zu übersteuern. Im Bildbereich AUSWERTUNGSPARAMETER können Sie schließlich die Angaben zur VALUE-AT-RISK-ART und der VAR-KENNZAHL vornehmen. Darüber hinaus stehen Ihnen Felder für die AUSWERTUNGSART, das AUSWERTUNGSDATUM, den BEWERTUNGSBEREICH sowie die RISIKOHIERARCHIE und den RISIKOHIERARCHIEKNOTEN zur Verfügung. Im Bildbereich AUSWAHL DER HISTORISCHEN MARKTDATEN machen Sie eine Angabe zum Beginn der Historie, die nur für die historische Simulation von Bedeutung ist. Im Bildbereich PROGRAMMSTEUERUNG geben Sie schließlich die AUSWERTUNGSWÄHRUNG an.

Finanzobjektselektion

Auf der Registerkarte ALLG. SELEKTIONEN können Sie durch Angabe einer Portfoliohierarchie und eines Portfoliohierarchieknotens sowie auf der Registerkarte MERKMALE durch Angabe der Analysemerkmale die Menge der zu verarbeitenden Finanzobjekte einschränken.

Nach Ausführung des Selektionsbildes gelangen Sie zum in Abbildung 12.70 dargestellten Ergebnisbild.

Abbildung 12.70 Ergebnisbild der VaR-Einzelanalyse

Ergebnis Kopf

Im Kopfbereich des Ergebnisbildes sehen Sie die gewählten Startparameter, unter anderem auch den RISIKOHIERARCHIEKNOTEN. In der Ergebnisliste selbst sehen Sie nur diejenigen Finanzobjekte, die – bezogen auf die im Risikohierarchieknoten enthaltenen Risikofaktoren – überhaupt einen Value at Risk tragen, deren Barwertfunktion also von mindestens einem dieser Risikofaktoren abhängt. Über den Button KNOTEN RISIKOHIERARCHIE haben Sie die Möglichkeit, über ein Pop-up einen anderen Knoten der Risikohierarchie auszuwählen.

Ergebnisliste

Die Ergebnisliste zeigt die folgenden Informationen pro Finanzobjekt:

- die Kennzahl VALUE AT RISK
- den aktuellen Barwert
- Die Delta- und Gammaposition, sofern der gewählte Knoten der Risikohierarchie ein Blatt ist und damit einen einzelnen Risikofaktor repräsentiert. Falls für ein Finanzobjekt der Value at Risk mittels Vollauswertung berechnet wurde, wird jedoch keine Delta- oder Gamma-Position ausgewiesen.
- Falls der Value at Risk mittels Simulationsverfahren bestimmt wurde, wird in einer zusätzlichen Spalte die Kennzahl MEAN EXCESS LOSS ausgegeben.

Ergebnisdetail

Über den gleichnamigen Button können Sie sich das DETAILPROTOKOLL zu einem einzelnen Finanzobjekt anzeigen lassen. Während Sie über den Button BERECHNUNGSBASIS die verwendeten originären Marktdaten einsehen können, führt der Button GENERIERTE MARKTDATENSHIFTS Sie zu einer Übersicht über die verwendeten Marktdatenszenarien. Der Button GUV VERTEILUNG führt Sie zur Anzeige der Gewinn- und Verlustverteilung für ein einzelnes Finanzobjekt, bezogen auf den gewählten Risikohierarchieknoten. Dieses Detailbild, das nur bei Simulationsverfahren darstellbar ist, sehen Sie in Abbildung 12.71.

Ergebnisdetail: GuV-Verteilung

Im linken Teil des Detailbildes wird in der gleichnamigen Spalte jeder einzelne GEWINN/VERLUST pro Marktdatenszenario in einer Liste gezeigt. Da im dargestellten Beispiel die historische Simulation gewählt wurde, ist jedes Marktdatenszenario mit einem historischen Datumspaar versehen, dessen Länge in Geschäftstagen sich aus der Haltedauer ergibt. Die grafischen Darstellungen auf der rechten Seite zeigen die GEWINNE/VERLUSTE nach deren Größe sortiert (obere Grafik) sowie als G/V-HÄUFIGKEITSVERTEILUNG, an die eine Normalverteilungsfunktion angepasst ist (untere Grafik).

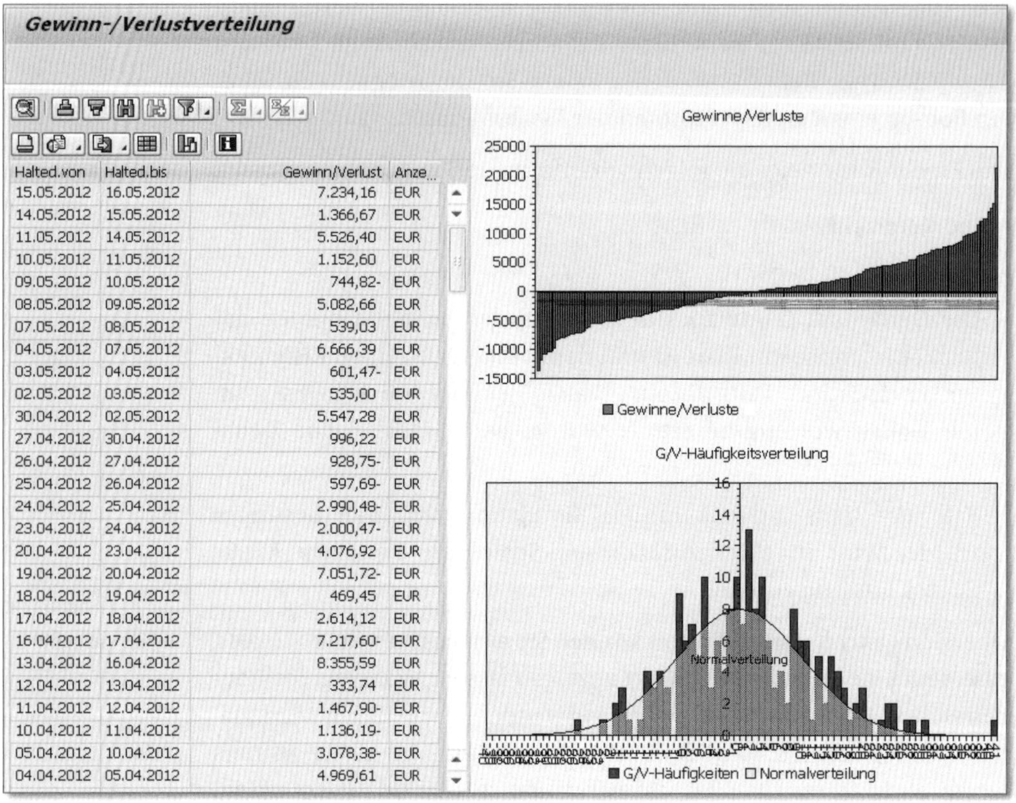

Halted.von	Halted.bis	Gewinn/Verlust	Anze...
15.05.2012	16.05.2012	7.234,16	EUR
14.05.2012	15.05.2012	1.366,67	EUR
11.05.2012	14.05.2012	5.526,40	EUR
10.05.2012	11.05.2012	1.152,60	EUR
09.05.2012	10.05.2012	744,82-	EUR
08.05.2012	09.05.2012	5.082,66	EUR
07.05.2012	08.05.2012	539,03	EUR
04.05.2012	07.05.2012	6.666,39	EUR
03.05.2012	04.05.2012	601,47-	EUR
02.05.2012	03.05.2012	535,00	EUR
30.04.2012	02.05.2012	5.547,28	EUR
27.04.2012	30.04.2012	996,22	EUR
26.04.2012	27.04.2012	928,75-	EUR
25.04.2012	26.04.2012	597,69-	EUR
24.04.2012	25.04.2012	2.990,48-	EUR
23.04.2012	24.04.2012	2.000,47-	EUR
20.04.2012	23.04.2012	4.076,92	EUR
19.04.2012	20.04.2012	7.051,72-	EUR
18.04.2012	19.04.2012	469,45	EUR
17.04.2012	18.04.2012	2.614,12	EUR
16.04.2012	17.04.2012	7.217,60-	EUR
13.04.2012	16.04.2012	8.355,59	EUR
12.04.2012	13.04.2012	333,74	EUR
11.04.2012	12.04.2012	1.467,90-	EUR
10.04.2012	11.04.2012	1.136,19-	EUR
05.04.2012	10.04.2012	3.078,38-	EUR
04.04.2012	05.04.2012	4.969,61	EUR

Abbildung 12.71 Barwertänderungen der Marktdatenszenarien und deren Verteilung bei historischer Simulation – Haltedauer: 1 Tag

12.5.4 Übersicht über andere Online-Analysen

Neben der Barwertanalyse und der generischen Kennzahlenanalyse finden Sie noch eine Reihe weiterer Online-Analysen. Die wichtigsten sind:

Sensitivitätskennzahlen

Der Bericht SENSITIVITÄTSKENNZAHLEN (Transaktion AISS) dient dem Ausweis von Sensitivitätskennzahlen wie Durationskennzahlen, der Konvexität oder auch der Sensitivität pro Basispunkt auf Einzelfinanzobjektebene. Sie finden diesen Bericht unter TREASURY AND RISK MANAGEMENT • MARKET RISK ANALYZER • INFORMATIONSSYSTEM • SENSITITIVITÄTSANALYSE. Das Selektionsbild und die Ansteuerung sind fast identisch mit der Barwertanalyse (Transaktion JBRX). Dies schließt die Verwendung von Szenarien und Marktdatenshifts mit ein. Auch die in diesem Bericht ausgewerteten Kennzahlen stehen Ihnen in den logischen Datenbanken und RAPIs des Transaction Managers zur Verfügung. Außerdem können Sie die Sensitivitätskennzahlen im Rahmen der generischen Kennzahlenanalyse (Transaktion AISGENKF) nutzen.

Sensitivitätsanalyse

Die Sensitivitätsanalyse (Transaktion JBRJ) bietet Ihnen die Möglichkeit, eine Portfolioauswertung unter systematischer Änderung der Marktparameter vorzunehmen. Dadurch können Sie erkennen, wie sensitiv die Portfoliowerte auf die Änderung dieser Einflussgrößen, wie z.B. Währungskurs und Zinsstrukturkurve, reagieren. Für jeden Portfoliohierarchieknoten wird der Barwert aufgrund der Marktdaten bzw. der Barwert auf der Grundlage der angegebenen Szenarien als Akt. Barwert ausgewiesen. Zusätzlich werden jeweils der veränderte Barwert auf der Grundlage der Marktpreisänderungen (Sim. Barwert) und die absolute Differenz aus beiden Größen als Gewinn/Verlust ausgewiesen. Sie finden die Sensitivitätsanalyse unter demselben Pfad wie die Transaktion Sensitivitätskennzahlen.

Gitteranalyse

Im Rahmen der *Gitteranalyse* können zwei Risikofaktoren beliebig kombiniert werden. Dabei kann matrixartig eine beliebige Rasterung der beiden Risikofaktoren eingestellt werden. Insbesondere bei nichtlinearen Portfolios wie komplexen Optionsportfolios kann so jede Konstellation von Underlying- und Volatilitätsänderung untersucht werden. Die Ergebnisse lassen sich grafisch darstellen, sodass Sie einen schnellen Eindruck vom Risiko eines solchen Portfolios erhalten. Da das System für alle Rasterpunkte eine Vollbewertung des Barwerts durchführt, müssen Sie auf die Größe des Portofolios achten. Sie finden die Gitteranalyse (Transaktion JBRI) im Menü ebenfalls unter Treasury and Risk Management • Market Risk Analyzer • Informationssystem • Sensititivitätsanalyse.

Recherche

Mit dem Market Risk Analyzer können Sie auch interaktive Rechercheberichte erstellen. Unter Market Risk Analyzer • Werkzeuge • Recherche finden Sie die gewohnten Recherchewerkzeuge, um solche Berichte zu erzeugen. Für eine detaillierte Einführung zu Rechercheberichten empfehlen wir Ihnen das »Praxishandbuch Report Painter/Report Writer« von Jörg Siebert und Martin Munzel (SAP PRESS 2012).

12.6 Ergebnisdatenbank des Market Risk Analyzers, des Portfolio Analyzers und des Accounting Analyzers

Im Folgenden stellen wir Ihnen die Ergebnisdatenbank vor. Nach einer Einführung in die Architektur der Ergebnisdatenbank (siehe Abschnitt 12.6.1) lernen Sie in zwei weiteren Abschnitten wichtige Konzepte der Ergebnisdatenbank detaillierter kennen: Sie erfahren, wie Sie in der Ergebnisdatenbank Kennzahlen definieren (siehe Abschnitt 12.6.2) und wie die Ladeprozesse mit den Auswertungsverfahren zu gestalten sind (siehe Abschnitt 12.6.3). In den folgenden Abschnitten erläutern wir die Bedienung im Einzelnen. Sie werden feststellen, dass dabei der Portfolio Analyzer einen viel breiteren Raum einnimmt als der Market Risk Analyzer und der Accounting Analyzer. Wir haben dieses Vorgehen gewählt, weil der Portfolio Analyzer viele Besonderheiten bei der Handhabung aufweist – von der Berechnung und Ablage der Renditen mit dem intrinsischen Mapping der Renditeperiode auf einen Stichtag bis hin zum Benchmarking, das eine Sonderrolle einnimmt. Deshalb haben wir das Beispiel, in dem wir die einzelnen Schritte von der Kennzahldefinition und -berechnung (siehe Abschnitte 12.6.4 bis 12.6.8) bis zur Handhabung des Analyzer-Informationssystems (siehe Abschnitt 12.6.9) beschreiben, durchgängig aus dem inhaltlichen Umfeld des Portfolio Analyzers gewählt.

12.6.1 Einführung in die Ergebnisdatenbank

Ziele der Ergebnisdatenbank

Sie haben nun einige Berichte kennengelernt, die eine leistungsfähige Analyse von Beständen hinsichtlich spezieller Fragestellungen erlauben. Es bleibt aber eine ganze Reihe von Fragen und Anforderungen offen. So lassen sich Kennzahlen der verschiedenen Spezialberichte nicht zusammenführen oder sind lange Laufzeiten bei großen Datenmengen ein Problem. Verschärft wird dieses Problem dadurch, dass insbesondere in der Analyse von nicht-additiven Kennzahlen bei einem Fehler wie fehlenden Marktdaten das Ergebnis im Online-Bericht komplett neu errechnet werden muss. Deshalb entstand das Konzept der Ergebnisdatenbank. Sie bietet flexible Möglichkeiten zur Erreichung der folgenden Ziele:

- **Trennung der Prozesse Kennzahlberechnung und Kennzahlanzeige**
  Mit der Trennung von Kennzahlberechnung und -anzeige lassen sich die sehr zeitaufwendigen Rechenprozesse in Batch-Prozesse auslagern. Das Reporting besteht nur noch aus dem Lesen der gespeicherten Ergebnisdaten. Die Reporting-Performance wird damit unabhängig von der Komplexität der Berechnungsmethodiken und der Anzahl der Positionen.
- **Dauerhafte Speicherung von berechneten Kennzahlwerten**
  Die Speicherung der berechneten Kennzahlwerte ermöglicht eine schnelle Verfügbarkeit der Ergebnisse in Verbindung mit einer hohen Datensicherheit. Persistierte Ergebnisse bieten zudem neue Möglichkeiten, historische Vergleiche und Zeitreihenanalysen durchzuführen. Die Speicherung erfüllt auch die immer wichtiger werdende Anforderung nach Revisionssicherheit der Ergebnisse.
- **Flexibles Reporting auf beliebigen Kennzahlkombinationen**
  Die Online-Berichte des Market Risk Analyzers bieten für viele Fragestellungen spezialisierte Berichte an. Das Analyzer-Informationssystem AIS auf der Ergebnisdatenbank ermöglicht hingegen ein flexibles Reporting beliebiger Kennzahlkombinationen aus Market Risk Analyzer, Portfolio Analyzer und Accounting Analyzer.
- **Speicherung der Verdichtungspfade mit der Möglichkeit des Aufrisses und des Drill Downs**
  Die Ergebnisdatenbank speichert nicht nur die Ergebnisse, sondern erlaubt auch Aufrisse der Ergebnisse entlang der Portfoliohierarchie bis zum Basisportfolio, weiter über Einzelpositionslisten bis hin zum originären Primärobjekt in den Transaction Manager und letztlich bis hin zu einem einzelnen Buchungsbeleg ins Hauptbuch. Dieser Drill Down ermöglicht ein genaues Verständnis der Berechnungslogik und erlaubt eine schnelle und effiziente Fehleranalyse bei typischen Fragestellungen (z. B. Was ist die Ursache für diesen Ausreißer?). Für Kennzahlen im Umfeld des Value at Risks, die entlang einer Risikohierarchie berechnet werden, wird außerdem ein Aufriss entlang der Risikohierarchie angeboten.
- **Nachbearbeitung auf Einzelsatzebene**
  Gerade bei großen und komplexen Positionen ist es notwendig, bei Analysen einen Überblick zu erhalten, ob die eingehenden Daten der operativen Primärobjekte und vor allem die Marktdaten vollständig, aktuell und korrekt sind. Die Prozesse der Ergebnisermittlung erlau-

ben eine schnelle Analyse und Korrektur fehlerhafter Eingangsdaten und bieten Prozessschritte wie die selektive Nach- und Neubewertung von Finanzobjekten an, ohne die große Masse der schon bewerteten Finanzobjekte nochmals bewerten zu müssen.

Market Risk Analyzer, Portfolio Analyzer und Accounting Analyzer

Mit der Ergebnisdatenbank steht Ihnen eine Art Data Warehouse zur Verfügung, in dem die Ergebnisse unterschiedlichster, meist sehr rechenintensiver Analysen gespeichert und abgerufen werden können. Die Ergebnisdatenbank umfasst die Kennzahlen des Market Risk Analyzers. Zudem wurden die Methoden und Kennzahlen zur Renditeermittlung und das Benchmarking des Portfolio Analyzers in die Ergebnisdatenbank integriert. Außerdem wurden die buchhalterischen Kennzahlen der Bestandsführung in den Accounting Analyzer einbezogen. Da der Portfolio Analyzer keine ausgeprägte Online-Berichtsstruktur hat, besteht diese damit hauptsächlich aus ihrer Repräsentanz in der Ergebnisdatenbank.

Prozessübersicht der Ergebnisdatenbank

Bevor wir Ihnen die Ergebnisdatenbank mit ihren Transaktionen selbst vorstellen, werden wir Ihnen in den folgenden Abschnitten noch einige Grundprinzipien näher erläutern, die zum Verständnis der Ergebnisdatenbank essenziell sind.

Einleitung

Eines der Ziele der Ergebnisdatenbank ist die Trennung der Prozesse Auswertung und Reporting, verbunden mit der Speicherung der Ergebnisse. Es wurde darauf geachtet, dass eine Vielzahl semantisch unterschiedlicher Kennzahlen auf die gleiche Art und Weise gehandhabt werden kann, von der Definition der Kennzahl über die Berechnung und Speicherung bis hin zum Reporting. Außerdem werden Sie in der Handhabung feststellen, dass viel Wert auf Prozessoptimierung gelegt wurde: Die einzelnen Bereiche unterteilen sich in:

- Aufgaben organisatorischer Art, die nur sporadisch bei geänderten Anforderungen erledigt werden müssen
- die rechenintensiven Teile der Kennzahlberechnung
- die Analyse der Kennzahlen im Reporting

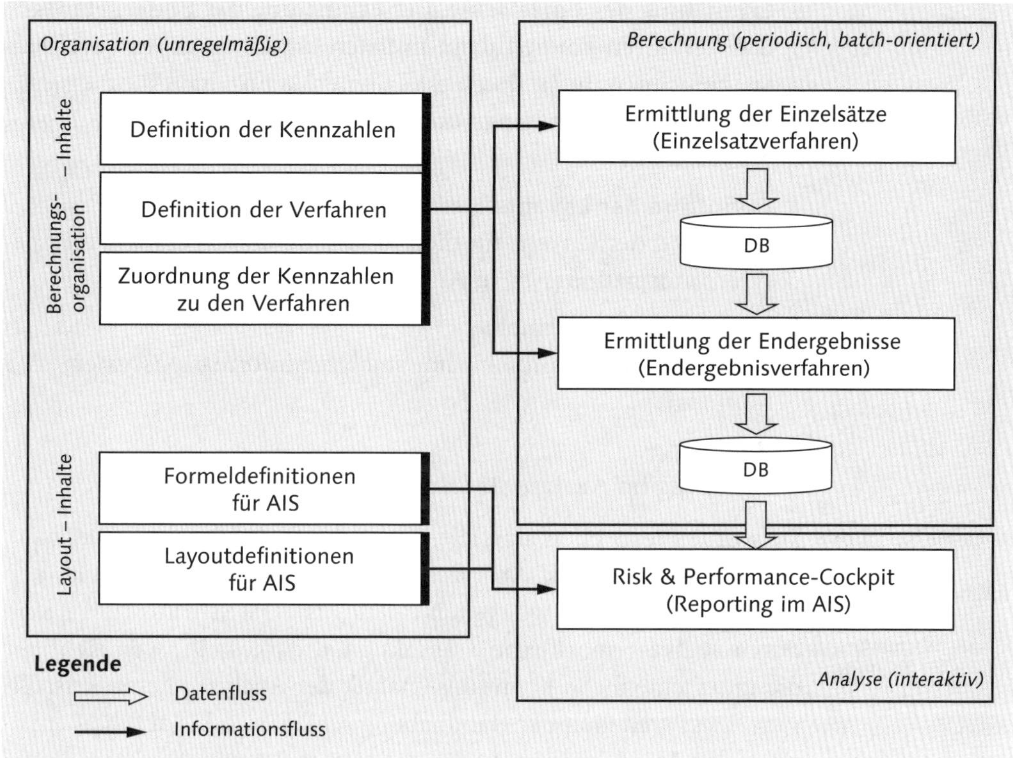

Abbildung 12.72 Übersicht über die Prozesse rund um die Ergebnisdatenbank

Prozessübersicht

Um die Ergebnisdatenbanfk effektiv zur Erfüllung Ihrer analytischen Anforderungen nutzen zu können, müssen Sie im Einzelnen die folgenden Schritte durchführen (siehe auch Abbildung 12.72):

1. **Definition der Kennzahlen**
   Festlegung der betriebswirtschaftlichen Inhalte durch Ausprägung von persistierten Kennzahldefinitionen
2. **Definition der Verfahren und Zuordnung der Kennzahlen zu den Verfahren**
   Die Verfahren bündeln Kennzahlen, die gemeinsam berechnet und abgespeichert werden. Es wird unterschieden zwischen Einzelsatzverfahren, die Kennzahlen auf Finanzobjektebene ablegen, und Endergebnisverfahren, die Kennzahlen auf Knoten von Portfoliohierarchien berechnen und ablegen.

3. **Ermittlung der Einzelsätze und Ermittlung der Endergebnisse**
   Die Verfahren können dann in Batch-Läufen eingeplant werden. Sie berechnen die in ihnen enthaltenen Kennzahlen für die selektierte Finanzobjektmenge und speichern die Daten in die Ergebnisdatenbank.
4. **Definition der Layouts**
   Definition der Layouts für die Darstellung der Ergebnisse im Analyzer-Informationssystem AIS.
5. **Definition von Formeln**
   Definition von Formeln im Analyzer-Informationssystem AIS (optional).
6. **Reporting**
   Reporting im Analyzer-Informationssystem AIS.

Analogie zwischen Market Risk Analyzer, Portfolio Analyzer und Accounting Analyzer

Sie werden feststellen, dass die Handhabung der Ergebnisdatenbank für den Market Risk Analyzer, den Portfolio Analyzer und den Accounting Analyzer weitgehend analog ist. Die Schritte 1 bis 3 sind durch analyzer-spezifische Transaktionen dargestellt, weil sich hier die unterschiedliche Kennzahlsemantik der Analyzer herauskristallisiert. Die Parallelität der Handhabung schlägt sich bis auf die Benennung der Transaktionen durch, die sich meist nur durch ein Präfix oder Suffix wie RA für Market Risk Analyzer, PA für Portfolio Analyzer oder AA für Accounting Analyzer unterscheiden.

Die Schritte 4 bis 6 sind dann identisch, und in den Menübäumen des Market Risk Analyzers, des Portfolio Analyzers und des Accounting Analyzers finden Sie dementsprechend identische Transaktionen hierfür. Sie erkennen den generischen Aspekt der Ergebnisdatenbank. Dies bedeutet unter anderem auch, dass Sie im Analyzer-Informationssystem AIS Kennzahlen dieser Analyzer beliebig nebeneinanderstellen können. In den folgenden Abschnitten werden wir Ihnen die einzelnen Punkte Schritt für Schritt erklären.

Übersicht über die Transaktionen

Die Parallelität der Prozesse in der Ergebnisdatenbank erkennen Sie auch, wenn Sie sich die Übersicht der einzelnen Transaktionen anschauen (siehe Tabelle 12.1). Nicht aufgeführt sind die Transaktionen zum Benchmarking und für risikoadjustierte Kennzahlen, da diese spezifisch für den Portfolio Analyzer sind. Auf die Transaktionen werden wir im Folgenden detailliert eingehen.

	Market Risk Analyzer	Portfolio Analyzer	Accounting Analyzer
Definition der Kennzahlen			
Definition der Auswertungsverfahren	AFWKF_RA	AFWKF_PA	AFWKF_AA
Zuordnung Kennzahlen zu Auswertungsverfahren			
Filterdefinition	AFWFL		
Monitor Kennzahlen und Auswertungsverfahren	AFWKF_MD		
Lauf Einzelsatzverfahren	RAEP1	PAEP1	AAEP1
Übersicht Ermittlung von Einzelsätzen	AFWO1		
Löschen Einzelsätze	RASRPDEL	PASRPDEL	AASRPDEL
Lauf Endergebnisverfahren	RAEP2	PAEP2	AAEP2
Übersicht Ermittlung von Endergebnissen	AFWO2		
Einstiegslayout definieren	AIS_LAY_DEF		
Formel Definition (für Layout)	AIS_FORMULA_DEF		
Analyzerinformations-system	AIS_STDREP		

Tabelle 12.1 Vergleichende Übersicht über die Transaktionen zur Ergebnisdatenbank für Market Risk Analyzer, Portfolio Analyzer und Accounting Analyzer

12.6.2 Kennzahlen und Kennzahltypen

Kennzahltyp

Zu den Einstellungen der Ergebnisdatenbank gehört die Definition der Kennzahlen. Bevor wir auf die Pflegetransaktion selbst eingehen, möchten wir zuerst den Begriff *Kennzahltyp* einführen. Ein Kennzahltyp ist eine abstrakte, nicht ausgeprägte *Kennzahl*. In der Objektorientierung würde man sagen, der Kennzahltyp ist das Objekt, die Kennzahl eine Instanz des Objekts Kennzahltyp.

Kennzahltyp-hierarchie

In der Ergebnisdatenbank können nur Kennzahlwerte zu Kennzahlen berechnet werden, deren Kennzahltypen Elemente einer *Kennzahltyp-hierarchie* mit jeweils festgelegten Attributen je Kennzahl sind. Zwischen den einzelnen Kennzahlen bestehen betriebswirtschaftliche und rechnerische Abhängigkeiten. Im System finden Sie drei Kennzahltyphierarchien, jeweils eine für den Market Risk Analyzer (siehe Abbildung 12.73), eine für den Portfolio Analyzer (siehe Abbildung 12.75) und eine für den Accounting Analyzer (siehe Abbildung 12.77).

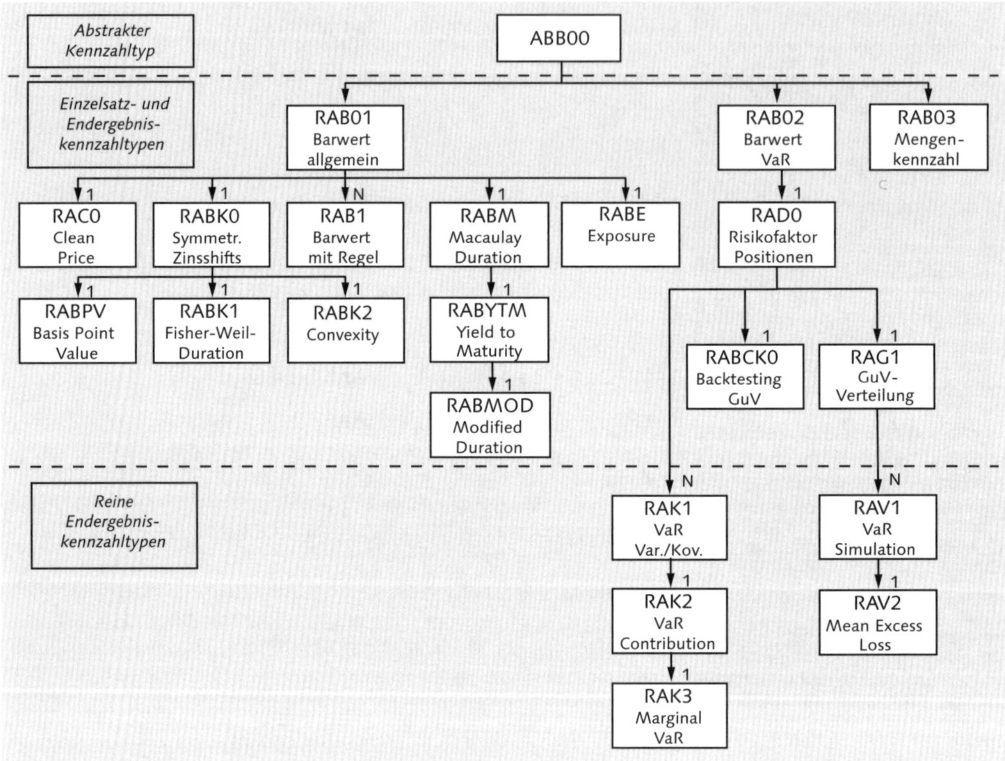

Abbildung 12.73 Kennzahltyphierarchie für den Market Risk Analyzer

Kennzahltyphierarchie Market Risk Analyzer

Die Kennzahltyphierarchie des Market Risk Analyzers (siehe Abbildung 12.73, VaR = Value at Risk, GuV = Gewinne und Verluste) zerfällt in drei Hauptäste:

- Der erste Ast (Barwert-Ast), beginnend mit dem Kennzahltyp RAB01, bietet eine Reihe von Kennzahlen zur Abbildung von barwertigen bzw. barwertbasierten Kennzahlen an. Alle Kennzahlen dieses Astes können sowohl im Einzelsatz- als auch im Endergebnisverfahren berechnet werden, wobei die nicht-additiven Kennzahlen wie die Fisher-Weil-Duration auf einer Portfoliohierarchie für jeden PH-Knoten exakt berechnet und gespeichert werden.
- Der zweite Ast (VaR-Ast), beginnend mit dem Kennzahltyp RAB02, dient der Value-at-Risk-Analyse. Kennzahlen aus den beiden Kenn-

zahltypästen (Barwert-Ast und Value-at-Risk-Ast) können in den Einzel- und Endergebnisverfahren nicht gemischt werden.

- Der dritte Ast besteht aus der Mengenkennzahl RAB03 für Commodity-basierte Positionen.

In Abbildung 12.74 finden Sie die Darstellung der Kennzahltyphierarchie im System.

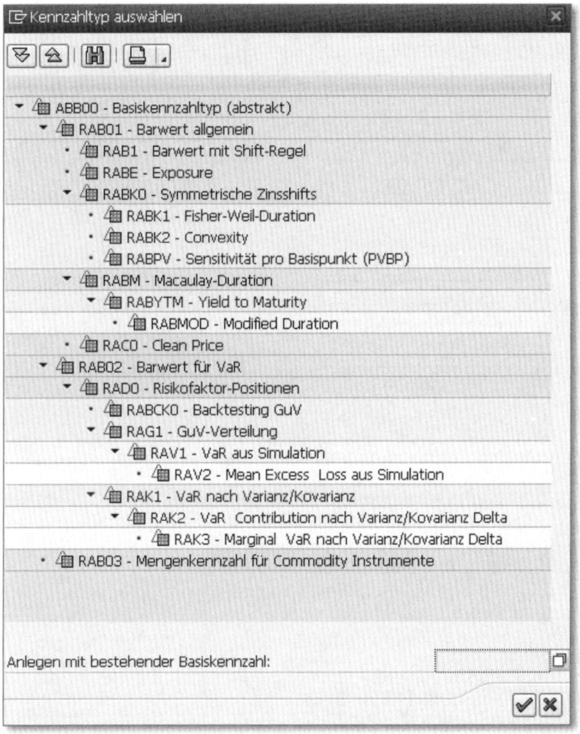

Abbildung 12.74 Kennzahltyphierarchie des Market Risk Analyzers im System

Die Kennzahltyphierarchie des Portfolio Analyzers (siehe Abbildung 12.75) weist eine Besonderheit auf: Streng genommen, ist es nämlich keine Hierarchie, da die Renditekennzahlen nicht einen, sondern jeweils zwei Vorläuferknoten haben. Man benötigt zur Berechnung von Renditen sowohl Bestandswerte der Positionen, die meistens durch eine Barwertberechnung ermittelt werden, als auch die Bewegungen (Cashflows) der Positionen innerhalb des Berechnungsintervalls. Implizit findet in der Kennzahldefinition eine Verprobung entsprechend Abbildung 12.75 statt (BW = Bestandswährung, AW = Auswertungswährung, TW = Transaktionswährung). Systemseitig ist die Darstellung der Kennzahltyphierarchie so gewählt, dass ein eigenständiger Wurzelknoten zur Darstellung dieses Sachverhalts eingeführt wurde (siehe Abbildung 12.76).

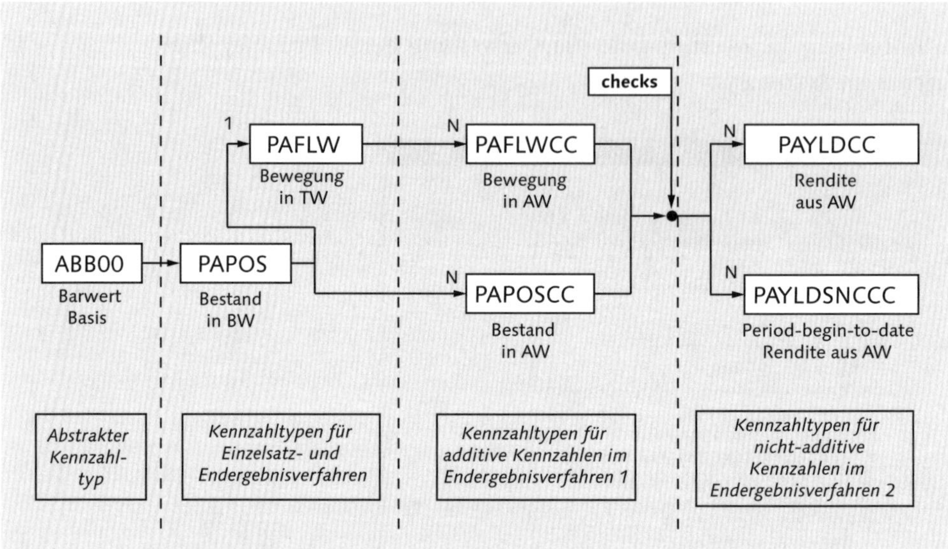

Abbildung 12.75 Kennzahltyphierarchie für den Portfolio Analyzer mit ihren Zuordnungen zu den Verfahren

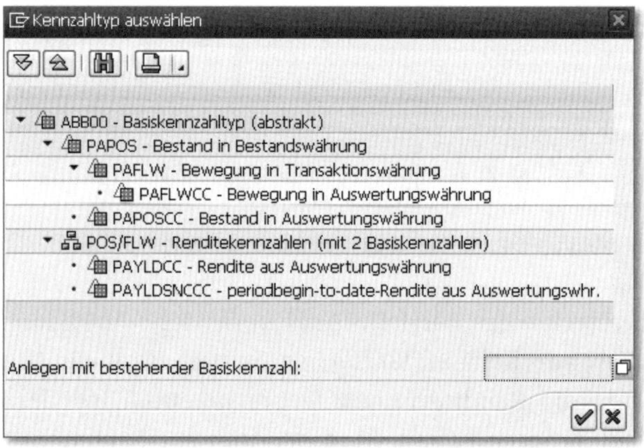

Abbildung 12.76 Kennzahltyphierarchie des Portfolio Analyzers

Sonderrolle Benchmarking und risikoadjustierte Kennzahlen

Es sei noch angemerkt, dass innerhalb des Portfolio Analyzers die Kennzahlen des Benchmarkings und die risikoadjustierten Kennzahlen weder in der Kennzahltyphierarchie auftauchen noch in den normalen Verfahren (Einzelsatz- und Endergebnisverfahren) definiert und berechnet werden. Die Eigenschaften und die Handhabung des Benchmarkings werden wir in Abschnitt 12.6.7 und die der risikoadjustierten Kennzahlen in Abschnitt 12.6.8 erläutern.

Die Kennzahltyphierarchie des Accounting Analyzers (siehe Abbildung 12.77) besteht aus Kennzahltypen, die nur Einzelsatzverfahren oder nur Endergebnisverfahren zugeordnet werden können. In Abbildung 12.78 finden Sie die Darstellung der Kennzahltyphierarchie im System. Bei der Definition einer Kennzahl können Sie im Wesentlichen den Bezug zu Bestandskomponenten der Bestandsführung, aus denen die Werte zu entnehmen sind, definieren.

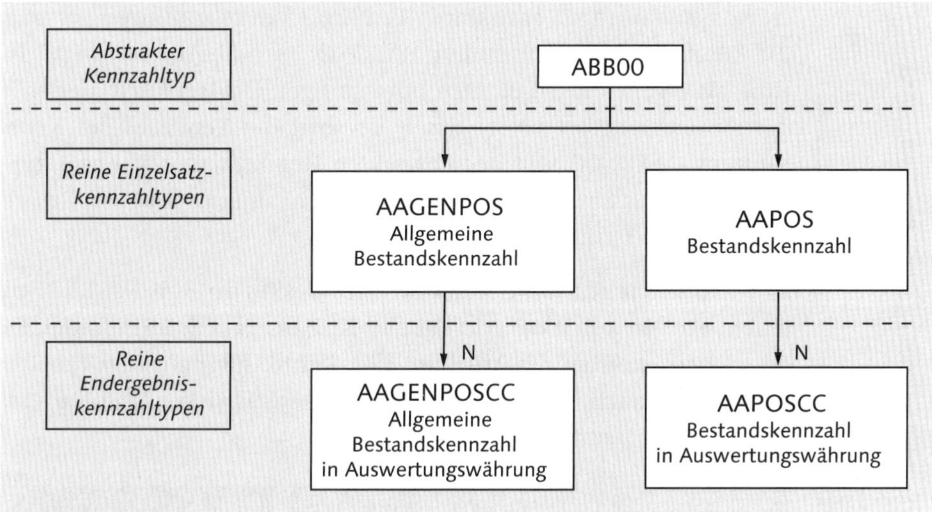

Abbildung 12.77 Kennzahltyphierarchie für den Accounting Analyzer

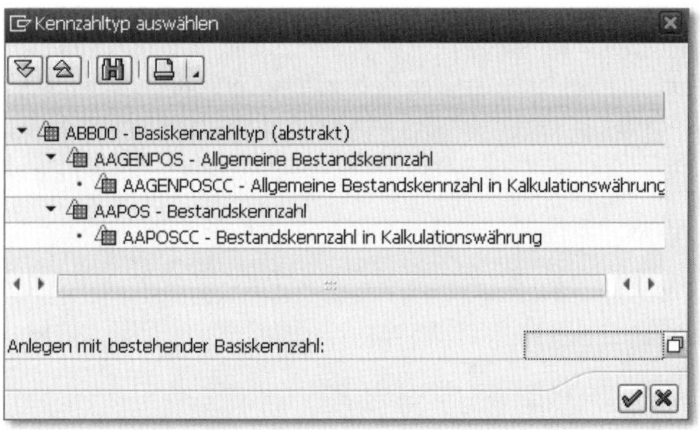

Abbildung 12.78 Kennzahltyphierarchie des Accounting Analyzers

Basiskennzahl und Tochterkennzahl

Um die Beziehung zwischen hierarchisch abhängigen Kennzahlen auszudrücken, werden die Begriffe *Tochterkennzahl* für eine hierarchisch abhängige, also tiefer liegende, Kennzahl und *Basiskennzahl* für eine hierarchisch übergeordnete Kennzahl verwendet. So ist z. B. innerhalb einer Kennzahlhierarchie die Kennzahl vom Kennzahltyp ABB00 Basiskennzahl für alle Kennzahlen der Hierarchie.

Attributvererbung

Diese Art der Kennzahldefinition über eine Kennzahltyphierarchie führt zu einer Vererbung der Attribute einer Kennzahl an ihre Tochterkennzahlen entlang der Kennzahltyphierarchie. Wenn z. B. im Portfolio Analyzer die Umrechnung der Bestandswerte in Bestandswährung (Kennzahltyp PAPOS) in die entsprechenden Werte in Auswertungswährung (Kennzahltyp PAPOSCC) durchzuführen ist, trägt die Kennzahl vom Kennzahltyp PAPOSCC nur die Auswertungswährung als eigenes Attribut. Den notwendigen Devisenkurstyp, der in der Auswertungsart verschlüsselt ist, erbt die Kennzahl des Kennzahltyps PAPOSCC von der abstrakten Kennzahl des Kennzahltyps ABB00, die als einzige Attribute die Auswertungsart und den Bewertungsbereich besitzt (siehe Tabelle 12.2).

Die expliziten Attribute einer Kennzahl sind in Tabelle 12.2 mit einem großen **X** markiert. In Tabelle 12.2 bis Tabelle 12.5 finden Sie eine Übersicht über die Attribute aller Kennzahltypen. Den Tabellen können Sie auch entnehmen, von welchem Basiskennzahltyp eine Kennzahl die benötigten Attribute erbt.

[»]

Value-at-Risk-Kennzahlentypen und Value-at-Risk-Art

Bitte beachten Sie bei den Attributen der Kennzahltypen des VaR-Asts (siehe Abbildung 12.73) die Parallelen zur Value-at-Risk-Art (siehe Abbildung 12.57):

Die Einstellungen, die Sie im Rahmen der Value-at-Risk-Art pflegen können, stehen Ihnen auch im Rahmen der Kennzahldefinition der Ergebnisdatenbank zur Verfügung. Im letzteren Fall sind die Einstellungsmöglichkeiten als Attribute über mehrere Kennzahltypen des VaR-Asts verteilt.

		Auswertungsart	Bewertungsbereich	Währung	Renditemethode	Intervall. Perioden	Start Renditeperiode
ABB00	Basiskennzahl	**X**	**X**				
PAPOS	Bestand in BW	x	x				
PAFLW	Bewegung in TW	x	x				
PAPOSCC	Bestand in AW	x	x	**X**			
PAFLWCC	Bewegung in AW	x	x	**X**			
PAYLDCC	Rendite aus AW	x	x	x	**X**	**X**	
PAYLDSNCCC	Period-Begin-to-Date-Rendite aus AW	x	x	x	**X**		**X**

Tabelle 12.2 Attribute der Kennzahltypen des Portfolio Analyzers

		Auswertungsart	Bewertungsbereich	Währung	Horizont	Szenario	Shiftregel	Laufzeitband
ABB00	Basiskennzahl	**X**	**X**					
RAB01	Barwert allgemein	x	x	**X**	**X**	**X**		
RAB1	Barwert mit Shiftregel	x	x	x	x	x	**X**	
RAC0	Cleanpreis	x	x	x	x	x		
RABE	FX-Exposure	x	x	x	x	x		**X**
RABM	Macaulay Duration	x	x	x	x	x		
RABYTM	Yield to Maturity	x	x	x	x	x		
RABMOD	Modified Duration	x	x	x	x	x		
RABK0	Symmetrischer Zinsshift	x	x	x	x	x		
RABK1	Fisher-Weil-Duration	x	x	x	x	x		
RABK2	Convexity	x	x	x	x	x		
RABPV	Basis Point Value	x	x	x	x	x		

Tabelle 12.3 Attribute der Kennzahltypen des Market Risk Analyzers für den Barwert-Ast der Kennzahltyphierarchie

	ABB00 Basiskennzahl	RAB02 Barwert für VaR	RAD0 Risikofaktorpositionen	RABCK0 Backtesting GuV	RAG1 Gewinne und Verluste	RAV1 VaR Simulation	RAV2 Mean Excess Loss	RAK1 VaR Varianz/Kovarianz	RAK2 VaR Contribution	RAK3 Marginal VaR
Auswertungsart	**X**	x	x	x	x	x	x	x	x	x
Bewertungsbereich	**X**	x	x	x	x	x	x	x	x	x
Währung		**X**	x	x	x	x	x	x	x	x
Risikohierarchie			**X**	x	x	x	x	x	x	x
Positionstyp			**X**	x	x	x	x	x	x	x
Kennzeichen VaR Konsolidiert			**X**	x	x	x	x	x	x	x
Simulationstyp					**X**	x	x			
Simulationsläufe					**X**	x	x			
Haltedauer				**X**	**X**	x	x	**X**	x	x
Kalender				**X**	**X**	x	x	**X**		
Fehlertoleranz				**X**	**X**	x	x			
Ermittlungstyp Szenario					**X**	x	x			
Beginn Historie				**X**	**X**	x	x	**X**	x	x
Startwert Simulation + Exits					**X**	x	x			
Volatilitätsart					**X**	x	x	**X**	x	x
Korrelationsart					**X**	x	x	x	x	x
Konfidenzniveau						**X**	x	**X**	x	x
Ermittlungsverfahren VaR						**X**	x			

Tabelle 12.4 Attribute der Kennzahltypen des Market Risk Analyzers für den Barwert-Ast der Kennzahltyphierarchie

		Auswertungsart	Bewertungsbereich	Stichtagsreferenz	Währungstyp	Formel*	Währung	AA Kennzahltyp
ABB00	Basiskennzahl	X	X					
AAGENPOS	Allg. Bestandskennzahl	x	x	X	X	X		
AAGENPOSCC	Allg. Bestandskennzahl in AW	x	x	x	x	x	X	
AAPOS	Bestandskennzahl	x	x	X				X
AAPOSCC	Bestandskennzahl in AW	x	x	x			X	x
* = Formel (Bestandskomponente)								

Tabelle 12.5 Attribute der Kennzahltypen des Accounting Analyzers

12.6.3 Auswertungsverfahren

Auswertungsverfahren

Zur Kennzahlermittlung werden Kennzahlen in verschiedenen Auswertungsverfahren zusammengefasst. Ein *Auswertungsverfahren* ist eine Zusammenfassung von Kennzahlen, die Sie in einem Schritt berechnen wollen. Es wird unterschieden zwischen *Einzelsatzverfahren* und *Endergebnisverfahren* (siehe Abbildung 12.79).

Einzelsatzverfahren – Selektion der Bestandswerte

Im ersten Schritt selektiert das System im *Einzelsatzverfahren* (ESV) die Bestandswerte über die relevanten Finanzobjekte. Dabei können sowohl externe Bestände des Transaction Managers als auch Darlehensverträge aus SAP Loans Management sowie andere Entitäten hinter den Finanzobjekten liegen (siehe Abschnitt 12.2.1). Die Art und Weise der Selektion der Finanzobjekte hängt davon ab, ob gesicherte Stände verwendet werden.

- Ohne Verwendung von gesicherten Ständen werden im ersten Schritt die relevanten Finanzobjekte selektiert. Die wichtigsten Kriterien für die Relevanz eines Finanzobjekts sind zum einen der Gültigkeitszeitraum eines Finanzobjekts (siehe Ausführungen zur Gültigkeit in Abschnitt 12.2.2) und zum anderen das Vorhandensein eines Filters zur inhaltlichen Einschränkung der Merkmale über persistierte Selektionen (siehe Abschnitt 12.3.3). Im zweiten Schritt werden für die Finanzobjekte die operativen Primärobjekte selektiert.

- Bei Verwendung von gesicherten Ständen (Hintergrundinformationen dazu finden Sie in Abschnitt 12.4.5) werden die Finanzobjekte und deren eingefrorene Daten direkt aus den gesicherten Ständen selbst gelesen. Ein Zugriff auf operative Tabellen ist nicht notwendig.

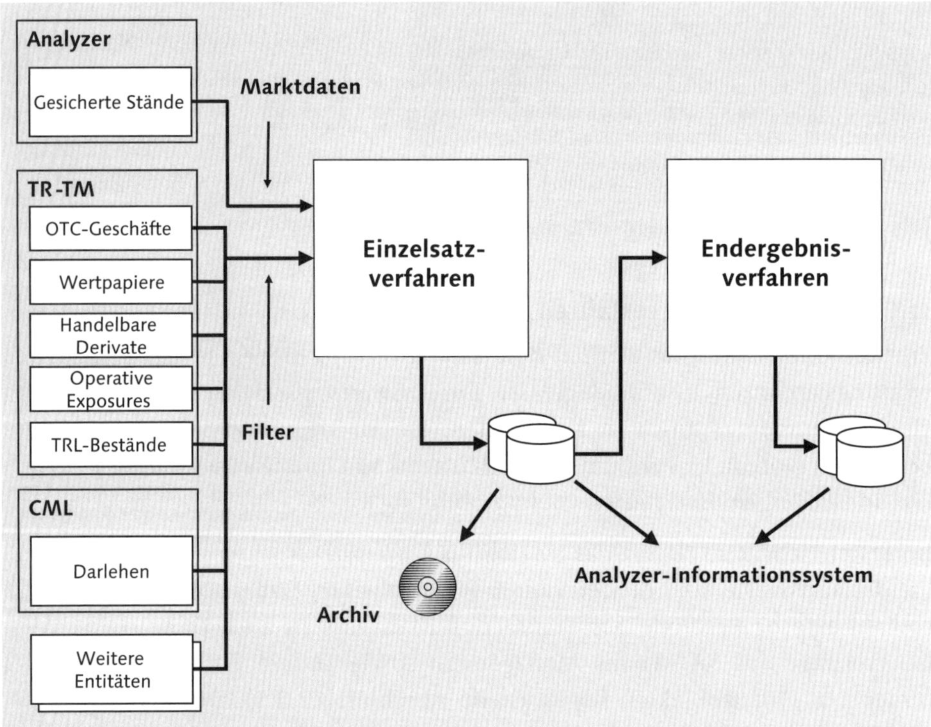

Abbildung 12.79 Übersicht über die Wirkung der Verfahren

Beachten Sie, dass gesicherte Stände nur beim Market Risk Analyzer, nicht jedoch beim Portfolio Analyzer oder Accounting Analyzer zur Verfügung stehen.

[+]

Laufzeitverbesserung durch gesicherte Stände

Ursprünglich wurden die gesicherten Stände für das Backtesting-Verfahren zur Kontrolle der Qualität der Value-at-Risk-Kalkulationen eingeführt (siehe Abschnitt 12.4.5).

Optional ist die Verwendung von gesicherten Ständen auch bei anderen Berechnungsläufen von Einzelsatzverfahren im Rahmen des Market Risk Analyzers möglich, nicht jedoch beim Portfolio Analyzer und Accounting Analyzer. Als Nebeneffekt führt die Nutzung von gesicherten Ständen zu einer deutlichen Reduzierung der Laufzeit der Berechnungsläufe, da das Lesen der zu bewertenden Daten aus den gesicherten Ständen deutlich schneller ist als das Lesen aus den operativen Tabellen und die anschließende Konvertierung in das Format des Risikoträgers: Gesicherte Stände müssen nur einmal pro Auswertungsdatum erzeugt werden und können dann für Berechnungsläufe mehrerer Einzelsatzverfahren genutzt werden.

Berechnung der Bestands- und Barwerte

Schließlich werden für die selektierten Finanzobjekte die Bestands- und Barwerte berechnet sowie, beim Portfolio Analyzer, die Bewegungen gelesen. Die Ergebnisse werden pro Finanzobjekt in der Einzelsatzergebnisdatenbank gespeichert. Dieser zweite Schritt ist im Allgemeinen zeitaufwendig, da für jedes selektierte Finanzobjekt ein Barwert ermittelt werden muss. Für das Einzelsatzverfahren stehen Korrekturmechanismen zur Verfügung, um die bei der Selektion der operativen Primärobjekte und der Bewertung immer wieder auftretenden Fehler schnell zu verbessern. Wie Sie ein Einzelsatzverfahren definieren, mit ihm Daten berechnen und speichern und wie Sie durchgeführte Läufe überwachen, werden wir Ihnen in den folgenden Abschnitten erklären.

Sonderrolle Basiskennzahl

Eine Sonderrolle spielt die Wurzel beider Kennzahltyphierarchien, die Basiskennzahl (abstrakt) des Kennzahltyps ABB00. Diese kann keinem Einzelsatzverfahren zugeordnet werden und wird nicht auf der Einzelsatzergebnisdatenbank gespeichert. Sie dient nur als Wurzel beider Kennzahltyphierarchien und trägt die Auswertungsart sowie den Bewertungsbereich als Attribut, auf die alle Kennzahlen als Tochterkennzahlen zugreifen.

Endergebnisverfahren

Liegt ein kompletter Satz von korrekt berechneten Kennzahlen vor, kann die weitere Verarbeitung mit einem Endergebnisverfahren durchgeführt werden. Aufgabe eines *Endergebnisverfahrens* (EEV) ist es, basierend auf den im Einzelsatzverfahren errechneten und in der Einzelsatzergebnisdatenbank gespeicherten Kennzahlen nachgelagerte Kennzahlen zu berechnen und abzuspeichern. Der Fokus liegt auf der korrekten Berechnung nicht-additiver Kennzahlen wie Renditen, Sensitivitäten oder Value at Risks, die für die einzelnen Knoten einer Portfoliohierarchie sukzessive errechnet und in der Endergebnisdatenbank auf den Portfoliohierarchieknoten gespeichert werden.

Besonderheiten im Portfolio Analyzer

Besonderheiten für Einzelsatzverfahren

Im Portfolio Analyzer können in einem Einzelsatzverfahren maximal zwei Kennzahlen berechnet werden, nämlich je eine Kennzahl vom Kennzahltyp PAPOS und PAFLW, wobei die Kennzahl vom Kennzahltyp PAPOS Basiskennzahl zu der Kennzahl vom Kennzahltyp PAFLW sein muss.

Besonderheiten für Endergebnisverfahren

Im Gegensatz zum Market Risk Analyzer, in dem die Umrechnung der bewerteten Ergebnisse pro Finanzobjekt aus der Bestandswährung des Finanzobjekts in die Auswertungswährung bereits im Einzelsatzverfahren durchgeführt wird und die Einzelsatzkennzahlwerte bereits in der Auswertungswährung gespeichert werden, ist dieser Schritt im Portfolio Analyzer nachgelagert. Der Schritt der Umrechnung in die Auswertungswährung wurde dabei von der Berechnung der nicht-additiven Kennzahlen getrennt. Daher gibt es im Portfolio Analyzer zwei verschiedene Endergebnisverfahren:

- **Endergebnisverfahren 1**
  Dieses Verfahren (Abkürzung: EEV1) dient nur der Umrechnung der Einzelsatzkennzahlwerte in die jeweilige Auswertungswährung mit entsprechender Persistierung der Kennzahlwerte. Dieses Verfahren trägt auch die Bezeichnung *Endergebnisverfahren für additive Kennzahlen*.
- **Endergebnisverfahren 2**
  Dieses Verfahren (Abkürzung: EEV2) berechnet aus den Ergebnissen des EEV1 die nicht-additiven Kennzahlen des Portfolio Analyzers (Renditen) entlang der angegebenen Portfoliohierarchien und wird daher auch *Endergebnisverfahren für nicht-additive Kennzahlen* genannt.

Vorteile

Durch diese Aufteilung in insgesamt drei Auswertungsverfahren für den Portfolio Analyzer in ESV, EEV1 und EEV2 können Sie die verschiedenen Schritte entkoppeln und die Ergebnisse optimal wiederverwenden (siehe auch Abbildung 12.80):

- Die Ergebnisse eines ESV können Sie für beliebig viele Auswertungswährungen in voneinander unabhängige EEV1 weiterverarbeiten.
- Die stichtagsbezogenen Kennzahlwerte eines EEV1 können Sie in beliebig vielen EEV2 weiterverarbeiten, um verschiedene Renditen unterschiedlicher Periodenlängen zu berechnen.

Besonderheiten Market Risk Analyzer und Accounting Analyzer

Kennzahltyp-Ast-spezifische Zuordnung

Im Market Risk Analyzer und Accounting Analyzer können die definierten Kennzahlen gemäß der in Abbildung 12.73 und Abbildung 12.77 dargestellten Zuordnungen den Verfahren zugeordnet werden. Zu beachten ist beim Market Risk Analyzer, dass in einem Auswertungsverfahren nicht Kennzahlen der beiden Äste (Barwert-Ast und VaR-Ast) zusammen berechnet werden können.

Vergleich mit dem Portfolio Analyzer

Abbildung 12.80 stellt vergleichend die Auswertungsverfahren mit ihren analyzer-spezifischen Besonderheiten dar.

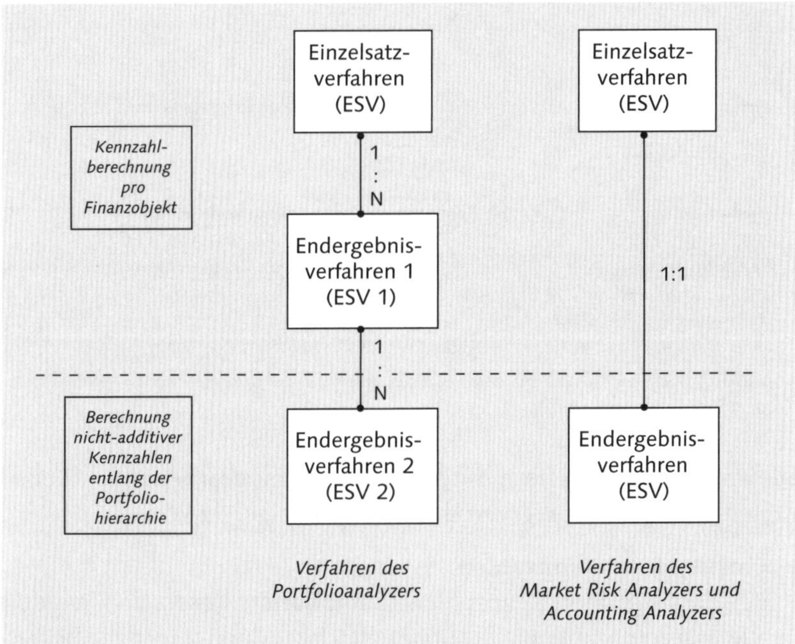

Abbildung 12.80 Vergleich der Auswertungsverfahren zwischen Market Risk Analyzer, Portfolio Analyzer und Accounting Analyzer mit Angabe der möglichen Kardinalitäten

12.6.4 Pflege der Kennzahlen und Auswertungsverfahren

Nachdem Sie ein grundlegendes Verständnis der Architektur der Befüllung der Ergebnisdaten erlangt haben, möchten wir Ihnen nun die Handhabung erklären. Zur Definition von Kennzahlen stehen Ihnen drei Transaktionen zur Verfügung, je eine für den Market Risk Analyzer, eine für den Portfolio Analyzer und eine für den Accounting Analyzer, die wir im Folgenden beschreiben.

Pflege der Kennzahlen und Auswertungsverfahren – Portfolio Analyzer

Transaktion AFWKF_PA

Die Pflege der Kennzahlen und Auswertungsverfahren für den Portfolio Analyzer erreichen Sie über die Transaktion PFLEGE DER KENNZAHLEN UND AUSWERTUNGSVERFAHREN (Transaktion AFWKF_PA), die Sie im Menü unter TREASURY AND RISK MANAGEMENT • PORTFOLIO ANALYZER • AUSWERTUNGSSTEUERUNG • ERGEBNISDATENBANK finden. Sie gelangen in ein Einstiegsbild, in dem Sie wählen können, ob Sie Kennzahlen oder Verfahren bearbeiten möchten (siehe Abbildung 12.81).

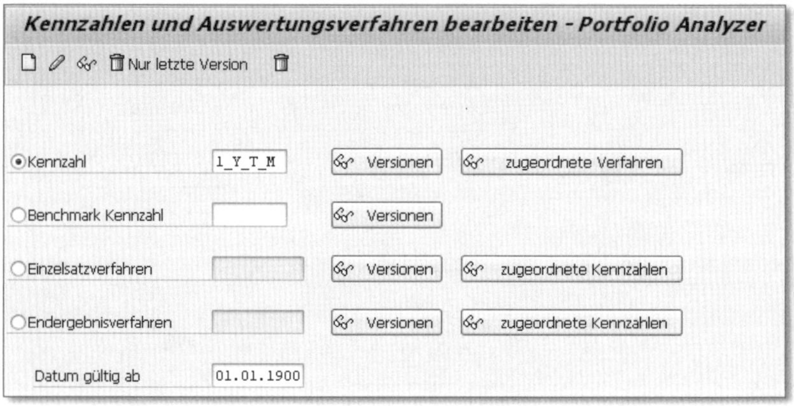

Abbildung 12.81 Einstiegsbild zur Pflege der Kennzahlen und Auswertungsverfahren für den Portfolio Analyzer

Die Radiobuttons steuern die Selektion der zu bearbeitenden Kennzahlen und Auswertungsverfahren auf die folgende Weise:

- **Einstieg über Kennzahlen**
  Bei Einstieg über Kennzahlen (Radiobutton KENNZAHL) werden alle Basiskennzahlen, alle auf der gleichen Hierarchieebene liegenden Kennzahlen mit gleichem Vaterknoten (gilt vor allem für Renditekennzahlen) sowie die Verfahren, denen diese Kennzahlen zugeordnet sind, gelesen und dargestellt. Die Pflege von BENCHMARK-KENNZAHLEN, die Sie über den gleichnamigen Radiobutton anstoßen können, erläutern wir separat unter der Überschrift »Definition der Benchmark-Kennzahlen« in Abschnitt 12.6.7.
- **Einstieg über Auswertungsverfahren**
  Bei Einstieg über Auswertungsverfahren (Radiobuttons EINZELSATZVERFAHREN und ENDERGEBNISVERFAHREN) werden die diesen Verfahren zugeordneten Kennzahlen sowie deren hierarchisch höher gelegene Kennzahlen gelesen und dargestellt.

Umfang des Beispiels

Im Folgenden werden wir beispielhaft einige Renditekennzahlen definieren, anhand derer wir die Vorgehensweise zum Anlegen von Kennzahlen erläutern. Dabei handelt es sich um monatliche sowie jährliche Renditen, die beide mittels der TWRR (Time Weighted Rate of Return) und der Modified Dietz Methode berechnet werden (nähere Informationen dazu finden Sie in Abschnitt 12.6.6, Überschrift »Renditemethoden«).

Einstieg

Sie geben Ihre Kennzahldefinition ein und klicken auf den Button ANLEGEN (□). Zuvor sollten Sie sich vergewissert haben, dass das Feld DATUM GÜLTIG AB einen für Ihre Auswertungen korrekten Wert trägt.

Versionen

Über das Feld DATUM GÜLTIG AB werden die *Versionen* der Kennzahlen und Auswertungsverfahren gesteuert. Liegen z.B. für eine Kennzahl auf der Ergebnisdatenbank Kennzahlwerte vor, können diese Kennzahl und alle ihre Basiskennzahlen nicht mehr geändert werden, da ansonsten die Semantik der Kennzahl, die sich in den direkten und geerbten Kennzahlattributen darstellt, zerstört wird. Um trotzdem die manchmal notwendigen Änderungen an den Definitionen von Kennzahlen und Auswertungsverfahren vornehmen zu können, können Sie eine neue Version der zu ändernden Entität definieren. Dabei dürfen natürlich für dieses Datum oder nachfolgende Daten keine Kennzahlwerte vorliegen.

[zB]

Versionen

Einige Beispiele verdeutlichen den Einsatz der Versionen.

- Sie möchten zu einem bestimmten Datum ein Kennzahlattribut ändern, wie z.B. im Rahmen einer Hauswährungsumstellung, im Zuge derer Sie auch die Auswertungswährung an die neue Hauswährung anpassen wollen.
- Sie möchten ab einem bestimmten Datum eine Portfoliohierarchie einem Endergebnisverfahren hinzufügen oder wegnehmen.
- Sie möchten ab einem bestimmten Datum die Kennzahlzuordnung zu einem Verfahren ändern, also Kennzahlen hinzufügen oder wegnehmen. Dadurch können die eingeplanten Batch-Jobs der Verfahren unangetastet bleiben. Bei der Umorganisation der Kennzahlzuordnung von Renditekennzahlen zu Endergebnisverfahren sollten Sie bei dem Feld DATUM GÜLTIG AB darauf achten, dass dieses genau auf das Datum wirkt, mit dem Renditen stichtagsweise in die Endergebnisdatenbank fortgeschrieben werden (siehe Abschnitt 12.6.6, Überschrift »Renditeperioden und Ablage von Renditen«).

[+]

Versionsdatum und Kennzahlberechnung

Die Vergabe des Versionsdatums über das Feld DATUM GÜLTIG AB hat auch direkte Auswirkungen auf die Kennzahlberechnung. Möchten Sie eine Kennzahl berechnen, zu der noch gar keine Version gültig ist, findet das System keine Kennzahldefinition und kann daraufhin diese Kennzahl nicht berechnen. Dies ist insbesondere beim Portfolio Analyzer relevant, da Sie hier ja meist Bestände und Bewegungen auch aus der Vergangenheit berechnen müssen. Achten Sie darauf, dass das DATUM GÜLTIG AB einen hinreichend langen Zeitraum in der Vergangenheit abdeckt. Beim Anlegen der ersten Version, also beim erstmaligen Anlegen einer der Entitäten Kennzahl oder Verfahren, macht das System entsprechende Vorschläge. Bei der Anlage einer weiteren Version wird im Allgemeinen das Systemdatum als Vorschlagswert verwendet, das allerdings nur selten die Anforderungen erfüllt.

Auswahl des Kennzahltyps

Kehren wir zurück zur Pflege. Sie haben den Einstieg über den Radiobutton KENNZAHL gewählt. Nach einem Klick auf den Button ANLEGEN (□) gelangen Sie in ein Pop-up, das die jeweilige Kennzahltyphierarchie des Analyzers anzeigt (siehe Abbildungen 12.74, 12.76 und 12.78). Sie wählen den gewünschten Kennzahltyp aus, in diesem Fall PAYLDCC. Hier können Sie auch bestimmen, dass Sie nicht die komplette Kennzahlhierarchie anlegen, sondern sich auf eine bestehende Kennzahl beziehen wollen.

Aktive Definition und aktueller Fokus

Danach gelangen Sie dann in den Hauptpflegedialog (Abbildung 12.82). Der Pflegedialog ist in drei Bereiche unterteilt. Links oben finden Sie den aktuellen Stand der durch die Selektion in Bearbeitung genommenen Kennzahlen und Auswertungsverfahren, die sogenannte *aktive Definition*. Darunter sehen Sie die gültige Kennzahltyphierarchie des jeweiligen Analyzers mit den jeweiligen Zuordnungsmöglichkeiten zu den Verfahren und möglichen Kardinalitäten. Die rechte Hälfte des Pflegedialogs wird vom *aktuellen Fokus* der Pflege eingenommen. Da wir über die Selektion der Kennzahlen eingestiegen sind, finden Sie hier die Pflege der Kennzahldefinition vor. Jeder einzelne Bildbereich stellt die Attribute einer Kennzahl dar. Eine Übersicht über die jeweiligen Attribute sowie die Attributvererbung erhalten Sie in Tabelle 12.2 bis Tabelle 12.5.

Wir beginnen mit der Ausprägung der Kennzahlschlüssel im Feld KENNZAHL, der Beschreibungen im Feld BESCHREIBUNG sowie der Kennzahlattribute in den übrigen Feldern. Im Fall des Portfolio Analyzers ist es wichtig, dass beim Kennzahlpaar der Kennzahltypen PAPOSCC und PAFLWCC beide die gleiche Währung tragen. Das ist notwendig, damit die Definition der darauf aufbauenden Renditekennzahlen semantisch korrekt durchgeführt werden kann. Das System überprüft diese Einstellung intern beim Speichern.

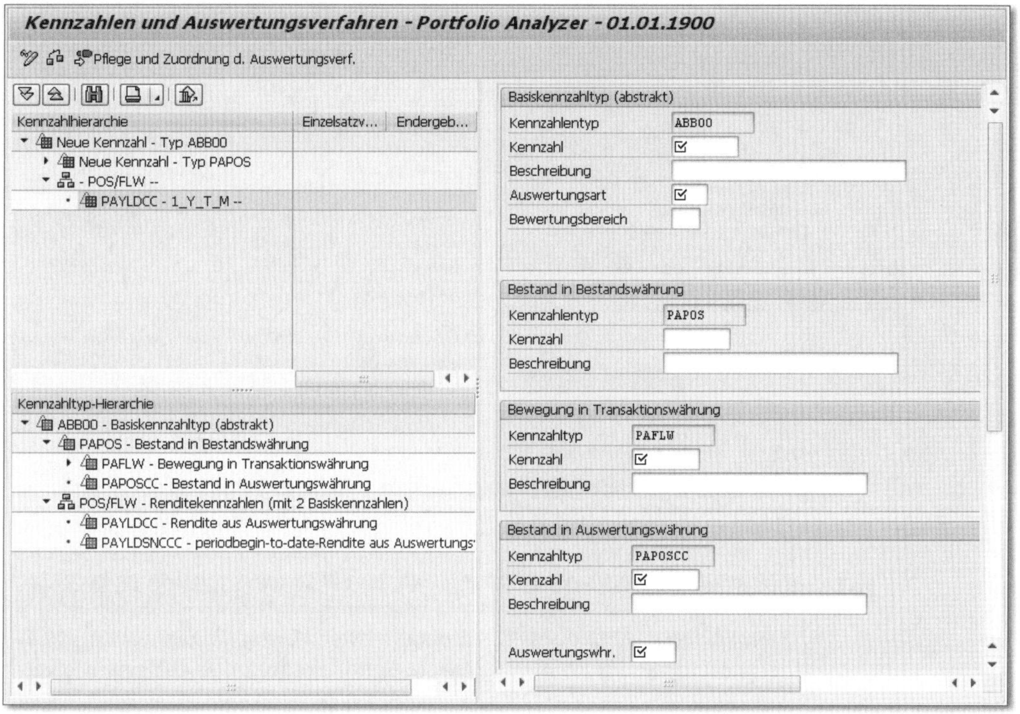

Abbildung 12.82 Hauptpflegedialog der Pflege der Kennzahlen und Auswertungsverfahren mit gesetztem Fokus auf Kennzahldefinition

Renditeintervalle

Eine Übersicht über die zur Verfügung stehenden Renditemethoden finden Sie in Abschnitt 12.6.6. Sollten Sie neben den ausgelieferten Intervalllängen (Feld Intervall f. Perioden, siehe Abbildung 12.83) weitere benötigen, können Sie diese im Customizing unter Treasury and Risk Management • Portfolio Analyzer • Ergebnisdatenbank • Renditeintervalle definieren einstellen.

Nach dem Speichern der bisher vorgenommenen Einstellungen aktualisiert das System die aktive Definition oben links, wie in Abbildung 12.83 dargestellt. Nun wollen wir die weiteren Renditekennzahlen unseres Beispiels anlegen.

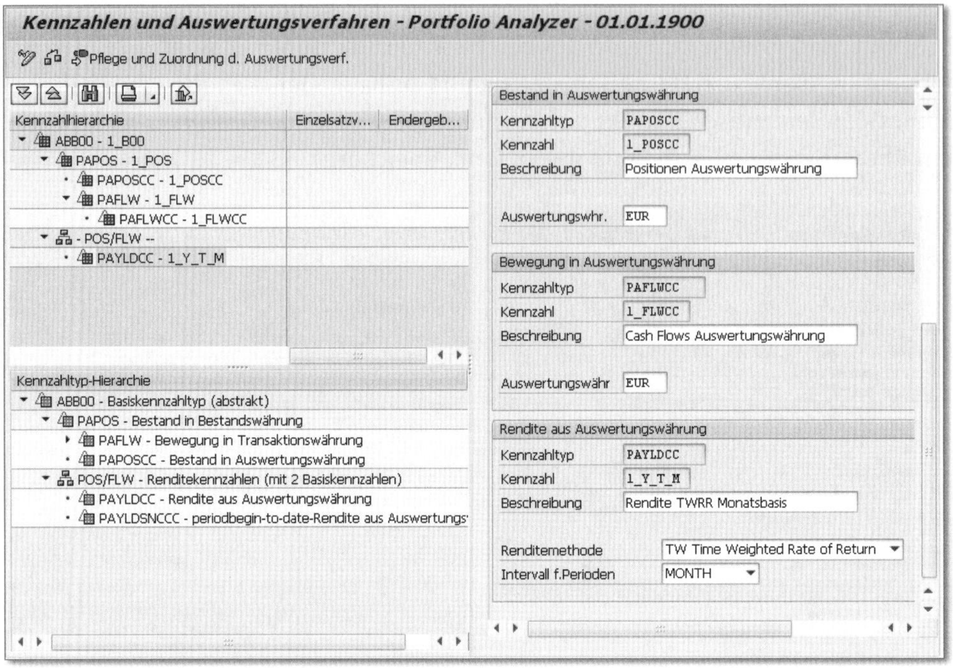

Abbildung 12.83 Hauptpflegedialog nach dem Sichern einer Kennzahl vom Kennzahltyp PAYLDCC inklusive der hierarchisch übergeordneten Kennzahlen

[»]

Kennzahlkardinalitäten und Laufzeitoptimierung

Gemäß den in Abbildung 12.75 dargestellten Kardinalitäten der Kennzahlen untereinander können wir viele Renditekennzahlen auf einem einzigen Kennzahlpaar PAPOSCC und PAFLWCC aufbauen. Das birgt einen enormen Vorteil. Die Kennzahlen der Typen PAPOS und PAFLW gehören zu den laufzeitintensivsten in der ganzen Kennzahlberechnung. Durch folgende Kardinalitätenfolge können wir demnach aus einem einzigen Satz bewerteter Finanzobjekte (PAPOS) beliebig viele Renditen in beliebig vielen Auswertungswährungen berechnen.

(PAPOS&PAFLW) : (PAPOSCC&PAFLWCC)
= 1 : N =
(PAPOSCC&PAFLWCC) : (alle PAYLD*-Kennzahlen)

Optimieren Sie also die Kennzahldefinitionen, insbesondere im Portfolio Analyzer, hinsichtlich der Kardinalitäten. Dadurch erlangen Sie einen enormen Laufzeitgewinn und eine in sich konsistente Kennzahlablage, da zeitaufwendige und fehlerträchtige Doppelberechnungen entfallen.

Nachfolgerkennzahlen

Wir wollen natürlich diese Doppelberechnungen umgehen und möchten daher die drei anderen Renditekennzahlen, die wir in der Beschreibung des Beispielumfangs angeführt haben, auf dem gleichen Kennzahlpaar des Kennzahltyps (PAPOSCC/PAFLWCC) definieren. Dazu starten wir die Transaktion AFWKF_PA nochmals und geben dann im Pop-up zur Auswahl des Kennzahltyps ein, dass wir auf einer bestehenden Kennzahl aufsetzen möchten (Feld ANLEGEN MIT BESTEHENDER BASISKENNZAHL, siehe Abbildung 12.76). Da Renditekennzahlen keinen eindeutigen Vorgänger haben, sollten Sie sich in diesem Fall auf Kennzahlen vom Kennzahltyp PAPOSCC beziehen.

Nachfolgerkennzahlen über Kontextmenü

Wir möchten einen schnelleren, alternativen Weg beschreiten, um die Nachfolgekennzahlen anzulegen. Da wir uns noch in der Pflege der Kennzahlen und Auswertungsverfahren befinden (siehe Abbildung 12.83), können Sie in der aktiven Definition über das Kontextmenü zu jeder angezeigten Kennzahl Tochterkennzahlen anlegen. Markieren Sie also die gerade definierte Kennzahl vom Kennzahltyp PAPOSCC und 1_POSCC, und legen Sie über das Kontextmenü der rechten Maustaste Tochterkennzahlen an. So erzeugen Sie sukzessive die anderen drei Renditekennzahlen.

Wechsel des aktiven Fokus

Nach der Definition aller bisher gewünschten Renditekennzahlen wechseln wir den Fokus über den Button PFLEGE UND ZUORDNUNG DER AUSWERTUNGSVERFAHREN (siehe Abbildung 12.83) und gehen zur Pflege der Auswertungsverfahren. Die beiden linken Bildteile bleiben stehen, rechts wechselt die Darstellung des aktiven Fokus. Über den nun erscheinenden Button PFLEGE DER KENNZAHLEN können wir wieder in den alternativen Fokus wechseln. Links in der aktiven Definition können Sie jetzt auch gut sehen, dass die vier gerade angelegten Renditekennzahlen alle auf demselben Kennzahlteilbaum basieren (siehe Abbildung 12.84).

Definition Auswertungsverfahren

Nun können wir die Verfahren definieren. Im Portfolio Analyzer benötigen wir zur Berechnung einer Rendite ein Einzelsatzverfahren sowie zwei Endergebnisverfahren. Wir tragen die Schlüssel, Bezeichnungen und Attribute für die drei Verfahren ein und sichern diese. Das Einzelersatzverfahren (Bildbereich EINZELSATZVERFAHREN) hat als optionales Attribut einen Filter (Feld FILTERNAME), mit dem Sie die Menge der zu bearbeitenden Finanzobjekte einschränken können (siehe Abschnitt 12.3.3). Die beiden Endergebnisverfahren haben als Attribute Einzelersatzverfahren (Felder EINZELSATZVERFAHREN). Über dieses Attribut erfolgt die Zuordnung der vom Endergebnisverfahren zu verwendenden Einzelsatzkennzahlwerte. Endergebnisverfahren, die nicht-additive Kennzahlen berechnen, benötigen zusätzlich die Angabe mindestens einer Portfoliohierarchie, die die Verdichtungsebenen zur Berechnung und Speicherung definiert (siehe Bildbereich

ZUORDNUNG PORTFOLIOHIERARCHIEN ZUM ENDERGEBNISVERFAHREN). Abbildung 12.84 zeigt den Pflegedialog mit eingetragenen Attributen für die drei Verfahren des Portfolio Analyzers vor dem Sichern und vor der Zuordnung von Kennzahlen zu den Verfahren an.

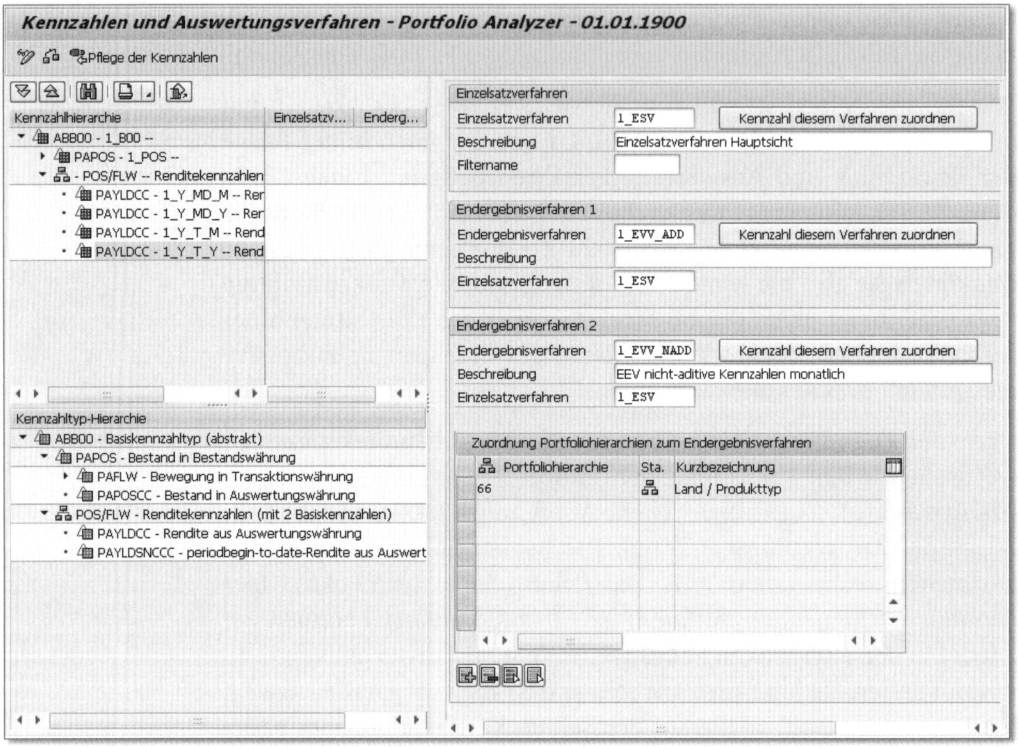

Abbildung 12.84 Hauptpflegedialog der Kennzahlen und Auswertungsverfahren mit Fokus auf der Definition der Auswertungsverfahren

Zuordnung Kennzahl zu Verfahren, erster Aufruf

Nach dem Speichern der Verfahren können wir über den Button KENNZAHL DIESEM VERFAHREN ZUORDNEN die Zuordnung vornehmen. Wir beginnen mit dem Einzelsatzverfahren. Es erscheint ein Pop-up, in dem alle Kennzahlen aufgelistet werden, die diesem Verfahren zugeordnet werden können. Abbildung 12.85 zeigt den ersten Aufruf in der Zuordnung der Kennzahlen zum Einzelsatzverfahren des Portfolio Analyzers. Zum Zeitpunkt der Zuordnung werden genau die Kennzahlen aufgelistet, die gemäß Kennzahltyp zugeordnet werden können und noch keinem Verfahren zugeordnet sind. Sie können nun genau eine Kennzahl auswählen und zuordnen. Gemäß Abbildung 12.85 können Sie im Einzelsatzverfahren des Portfolio Analyzers nur Kennzahlen der Kennzahltypen PAPOS und PAFLW zuweisen, die das System automatisch selektiert. Nur eine Kennzahl auszuwählen mag auf den ersten Blick wie ein Mangel an Anwenderfreundlichkeit aussehen. Der nächste Aufruf der Zuordnung zeigt aber den Nutzen dieser funktionalen Vorgehensweise.

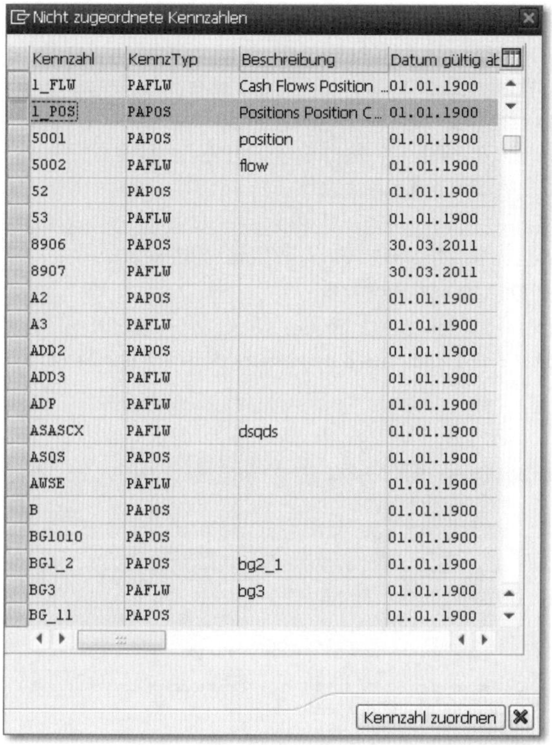
Nicht zugeordnete Kennzahlen

Kennzahl	KennzTyp	Beschreibung	Datum gültig ab
1_FLW	PAFLW	Cash Flows Position ...	01.01.1900
1_POS	PAPOS	Positions Position C...	01.01.1900
5001	PAPOS	position	01.01.1900
5002	PAFLW	flow	01.01.1900
52	PAPOS		01.01.1900
53	PAFLW		01.01.1900
8906	PAPOS		30.03.2011
8907	PAFLW		30.03.2011
A2	PAPOS		01.01.1900
A3	PAFLW		01.01.1900
ADD2	PAPOS		01.01.1900
ADD3	PAFLW		01.01.1900
ADP	PAFLW		01.01.1900
ASASCX	PAFLW	dsqds	01.01.1900
ASQS	PAPOS		01.01.1900
AWSE	PAFLW		01.01.1900
B	PAPOS		01.01.1900
BG1010	PAPOS		01.01.1900
BG1_2	PAPOS	bg2_1	01.01.1900
BG3	PAFLW	bg3	01.01.1900
BG_11	PAPOS		01.01.1900

Kennzahl zuordnen

Abbildung 12.85 Pop-up zur Zuordnung der Kennzahlen zum Verfahren

Zuordnung Kennzahl zu Verfahren, nachfolgende Aufrufe

Bei weiterem Anklicken des Buttons KENNZAHL DIESEM VERFAHREN ZUORDNEN erhalten Sie genau die Kennzahlen dargestellt, die Sie zu diesem Zeitpunkt noch zuordnen können. Da wir im ersten Schritt die Kennzahl 1_POS vom Kennzahltyp PAPOS zugeordnet haben, können wir jetzt nur noch die Kennzahl vom Kennzahltyp PAFLW zuordnen, die Tochterkennzahl zu 1_POS ist: Es wird also nur noch die Kennzahl 1_FLW zur Auswahl angeboten. Auch in anderen Fällen prüft das System in der Zuordnung schrittweise, welche Zuordnungen noch erlaubt sind, wobei bei den internen Prüfungen verschiedene Punkte wie semantische Korrektheit, kennzahltyphierarchieinterne Abhängigkeiten und Restriktionen sowie Optimierung der Lastverteilung bei späteren Läufen verprobt werden. Mit der gleichen Funktion weisen wir dann die weiteren Kennzahlen den anderen Verfahren zu.

[+]

Organisation der Endergebnisverfahren 2

Die Auswertungsverfahren dienen der Erzeugung der Kennzahlwerte und werden im Produktivbetrieb mit großer Wahrscheinlichkeit in regelmäßigen Batch-Jobs eingeplant. Da die Renditeberechnung sehr laufzeitintensiv ist, raten wir Ihnen, bei der Zuordnung von Renditekennzahlen zu Endergebnisverfahren 2 (EEV2) folgende Faustregeln zu beachten:

- Ordnen Sie nie Renditekennzahlen der Kennzahltypen PAYLDCC und PAYLDSNCC gleichzeitig einem EEV2 zu.
- Ordnen Sie Renditekennzahlen der Kennzahltypen PAYLDCC verschiedenen EEV2 so zu, dass in einem EEV2 nur Kennzahlen mit gleicher Periodenlänge zusammengefasst werden.
- Ordnen Sie Renditekennzahlen EEV2 immer so zu, dass alle Renditekennzahlen eines EEV2 die gleiche Basiskennzahl des Kennzahltyps PAPOSCC haben.

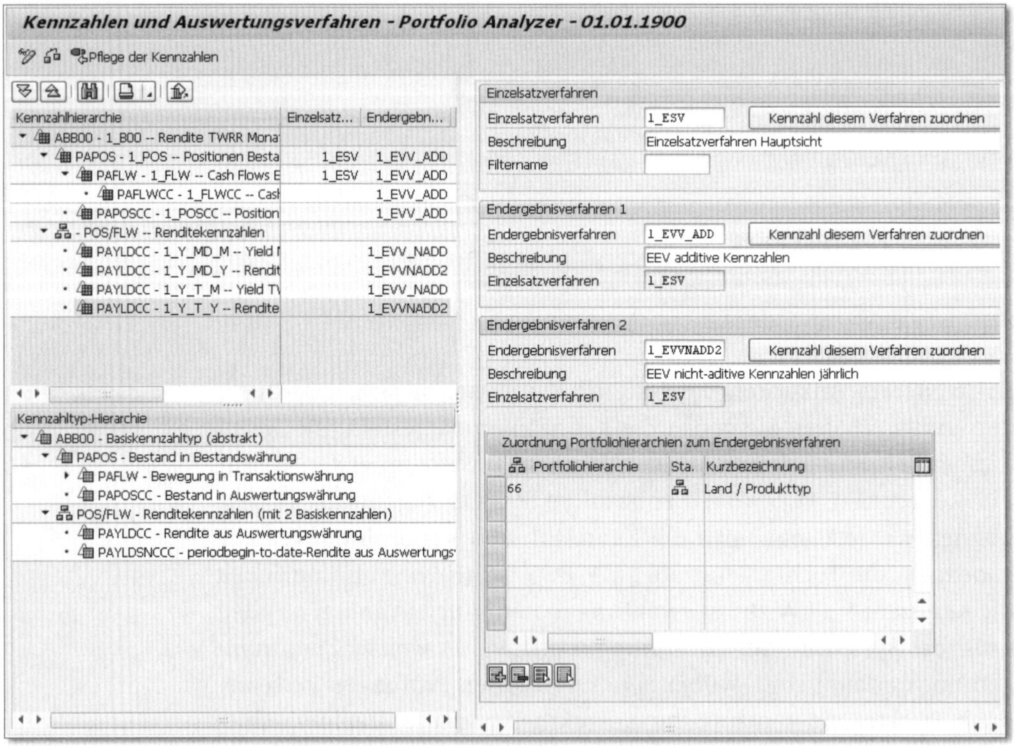

Abbildung 12.86 Hauptpflegedialog bei vollständiger Definition von Kennzahlen und Auswertungsverfahren sowie Zuordnung der Kennzahlen zu Auswertungsverfahren

Da wir in unserem Beispiel sowohl Renditekennzahlen auf Monatsbasis als auch auf Jahresbasis berechnen möchten, definieren wir nach diesen Faustregeln zwei EEV2 und ordnen die Renditekennzahlen auf Monatsbasis dem ersten EEV2 und die Renditekennzahlen auf Jahresbasis dem zweiten EEV2 zu. Nach dem Sichern erscheint dann die Zuordnung der Kennzahlen zu den Auswertungsverfahren auch in der aktiven Definition (siehe Abbildung 12.86).

Pflege der Kennzahlen und Auswertungsverfahren – Market Risk Analyzer und Accounting Analyzer

AFWKF_RA und AFWKF_AA

Die Transaktion Kennzahlen und Auswertungsverfahren definieren (Transaktion AFWKF_RA) für den Market Risk Analyzer finden Sie im Menü unter Treasury and Risk Management • Market Risk Analyzer • Auswertungssteuerung • Ergebnisdatenbank, während Sie die entsprechende Transaktion für den Accounting Analyzer (Transaktion AFWKF_AA) im Menü unter Treasury and Risk Management • Accounting Analyzer • Auswertungssteuerung • Ergebnisdatenbank finden. Die Pflege der Kennzahlen und Auswertungsverfahren ist weitgehend identisch mit der des Portfolio Analyzers. Aus diesem Grund beschränken wir uns darauf, die wesentlichen Unterschiede zu erläutern:

- Die Pflege der Benchmark-Kennzahlen sowie der risikoadjustierten Kennzahlen fehlt, da diese eine spezifische Funktion des Portfolio Analyzers sind.
- Die Zuordnung der Kennzahlen zu den Auswertungsverfahren folgt eigenen Regeln, die für den Market Risk Analyzer und Accounting Analyzer spezifisch sind. Die wesentlichen Unterschiede hier ergeben sich aus dem Vergleich der Kennzahltyphierarchie des Market Risk Analyzers (siehe Abbildung 12.73) bzw. des Accounting Analyzers (siehe Abbildung 12.77) mit der des Portfolio Analyzers (siehe Abbildung 12.75).
- Im Market Risk Analyzer und Accounting Analyzer gibt es nur ein einstufiges Endergebnisverfahren im Vergleich zum zweistufigen Endergebnisverfahren des Portfolio Analyzers (siehe Abbildung 12.80).

Stammdaten-Reporting für Kennzahlen und Auswertungsverfahren

Stammdatenmonitor

Wenn Sie viele Auswertungsverfahren nutzen, ist die sehr detaillierte Darstellung der Kennzahlen und Auswertungverfahren, wie sie in den Pflegetransaktionen AFWKF_PA, AFWKF_RA und AFWKF_AA vorliegt, für einen Überblick hinderlich. Für diese Zwecke steht Ihnen ein übergreifendes Stammdaten-Reporting zur Verfügung, das Sie in den Analyzern jeweils unter Market Risk/Portfolio Analyzer/Accounting Analyzer • Auswertungssteuerung • Ergebnisdatenbank • Monitor: Kennzahlen und Auswertungsverfahren (Transaktion AFWKF_MD) finden.

Selektionsbild

Im Gegensatz zu anderen Selektionen werden hier die Selektionsparameter im Selektionsbild (siehe Abbildung 12.87) nicht mit einem logischen UND verknüpft. Die Eingaben im Bildbereich Selektionen für Kennzahlen wirken sich nur auf den oberen Bereich, die Eingaben im Bildbereich Selektionen für Einzelsatzverfahren nur auf den unteren Bereich aus. Es werden immer alle abhängigen Endergebnisverfahren gemeinsam dargestellt, was insbesondere im Portfolio Analyzer aufgrund der dort wahrscheinlich recht großen Anzahl an Endergebnisverfahren für die verschiedenen Renditekennzahlgruppen sonst schnell unübersichtlich werden kann.

Abbildung 12.87 Selektionsbild des Stammdaten-Reportings für Kennzahlen und Auswertungsverfahren (Transaktion AFWKF_MD)

Nach Eingabe der Selektionen gelangen Sie in das Stammdaten-Reporting (siehe Abbildung 12.88). Im oberen Bereich finden Sie die selektierten Kennzahlen, im unteren Bereich die selektierten Auswertungsverfahren mit den ihnen zum Gültigkeitsdatum zugeordneten Kennzahlen. Eine weitere wichtige Information hier ist die Angabe, wann das jeweilige dargestellte Auswertungsverfahren zuletzt berechnet wurde (Spalte ZULETZT BERECHNET AM). **Ergebnis**

Hierarchie der Kennzahlen	Beschreibung	gültig ab	Erfasser	Letzter Änderer
1_B00 - ABB00	Rendite TWRR Monatsbasis	01.01.1900	HESSMA	HESSMA
1_POS - PAPOS	Positionen Bestandswährung	01.01.1900	HESSMA	HESSMA
1_FLW - PAFLW	Cash Flows Bestandswährung	01.01.1900	HESSMA	HESSMA
1_FLWCC - PAFLWCC	Cash Flows Auswertungswährung	01.01.1900	HESSMA	HESSMA
1_POSCC - PAPOSCC	Positionen Auswertungswährung	01.01.1900	HESSMA	HESSMA
1_Y_MD_M - PAYLDCC	Yield MD Monthly Basis	01.01.1900	HESSMA	HESSMA
1_Y_MD_Y - PAYLDCC	Rendite MD Jahresbasis	01.01.1900	HESSMA	HESSMA
1_Y_T_M - PAYLDCC	Yield TWRR Monthly Basis	01.01.1900	HESSMA	HESSMA
1_Y_T_Y - PAYLDCC	Rendite TWRR Jahresbasis	01.01.1900	HESSMA	HESSMA

Hierarchie der Auswertungsverfahren mit Kennzahlen	Beschreibung	gültig ab	Zuletzt bere...	Erfasser	Letzter Änderer
1_ESV	Einzelsatzverfahren Hauptsicht	01.01.1900	16.05.2012	HESSMA	HESSMA
1_FLW - PAFLW	Cash Flows Bestandswährung	01.01.1900	16.05.2012	HESSMA	HESSMA
1_POS - PAPOS	Positionen Bestandswährung	01.01.1900	16.05.2012	HESSMA	HESSMA
1_EVVNADD2	EEV nicht-aditive Kennzahlen jäh...	01.01.1900		HESSMA	HESSMA
1_Y_MD_Y - PAYLDCC	Rendite MD Jahresbasis	01.01.1900		HESSMA	HESSMA
1_Y_T_Y - PAYLDCC	Rendite TWRR Jahresbasis	01.01.1900		HESSMA	HESSMA
1_EVV_ADD	EEV additive Kennzahlen	01.01.1900		HESSMA	HESSMA
1_FLWCC - PAFLWCC	Cash Flows Auswertungswährung	01.01.1900		HESSMA	HESSMA
1_POSCC - PAPOSCC	Positionen Auswertungswährung	01.01.1900		HESSMA	HESSMA
1_FLW - PAFLW	Cash Flows Bestandswährung	01.01.1900		HESSMA	HESSMA
1_POS - PAPOS	Positionen Bestandswährung	01.01.1900		HESSMA	HESSMA
1_EVV_NADD		01.01.1900		HESSMA	HESSMA
1_Y_MD_M - PAYLDCC	Yield MD Monthly Basis	01.01.1900		HESSMA	HESSMA
1_Y_T_M - PAYLDCC	Yield TWRR Monthly Basis	01.01.1900		HESSMA	HESSMA

Abbildung 12.88 Übersicht über die selektierten Kennzahlen und Auswertungsverfahren (siehe Transaktion AFWKF_MD)

12.6.5 Ermittlung der Einzelsätze und Endergebnisse

Im vorherigen Abschnitt haben wir die Pflege der notwendigen Customizing-Einstellungen, also der Kennzahlen sowie deren Zuordnung zu Einzelsatz- und Endergebnisverfahren, im Detail dargestellt. In diesem Abschnitt erfahren Sie nun, wie Sie die konkreten Berechnungsläufe anstoßen können, um dadurch die gewünschten Kennzahlen in der Ergebnisdatenbank fortzuschreiben.

Lauf des Einzelsatzverfahrens

Aufgabe des Einzelsatzverfahrens ist es, die operativen Primärobjekte der Finanzobjekte entsprechend dem Filter zu selektieren, daraus die **Lauf** geforderten Kennzahlen zu berechnen und auf der Einzelsatzergebnisdatenbank zu speichern. Die Erzeugung der Einzelsatzkennzahlwerte wird *Lauf* genannt. Ein Lauf beinhaltet im Market Risk Analyzer die Ausführung eines Einzelsatzverfahrens für einen einzelnen Tag bzw. im Portfolio Analyzer für eine Periode.

Transaktionen PAEP1, RAEP1 und AAEP1

Sie finden die Transaktionen PAEP1, RAEP1 und AAEP1, alle ERMITTLUNG VON EINZELSÄTZEN genannt, im Menü jeweils unter dem Pfad TREASURY AND RISK MANAGEMENT • MARKET RISK/PORTFOLIO ANALYZER/ACCOUNTING ANAYLZER • WERKZEUGE • ERGEBNISDATENBANK. Das Verhalten von Läufen im Market Risk Analyzer, im Portfolio Analyzer und im Accounting Analyzer ist weitgehend identisch. Es gibt nur folgenden Unterschied:

In der Transaktion ERMITTLUNG VON ENDERGEBNISSEN (Transaktion RAEP1) finden Sie zudem einen Parameter SICHERUNGS-ID zur Angabe eines gesicherten Standes. Dieser ist notwendig, falls im zugeordneten Endergebnisverfahren eine Kennzahl des Kennzahltyps RABCKO (Backtesting) enthalten ist. Hintergrundinformationen zu diesem Verfahren finden Sie in Abschnitt 12.4.5. In den anderen Fällen ist die Nutzung von gesicherten Ständen optional, kann jedoch aus Gründen der Laufzeitverbesserung genutzt werden (siehe Tipp in Abschnitt 12.6.3).

Im Folgenden möchten wir Ihnen anhand des Einzelsatzverfahrens eines der Analyzer die Handhabung erläutern. Abbildung 12.89 zeigt das Selektionsbild der Transaktion ERMITTLUNG VON EINZELSÄTZEN (Transaktion PAEP1) für den Portfolio Analyzer.

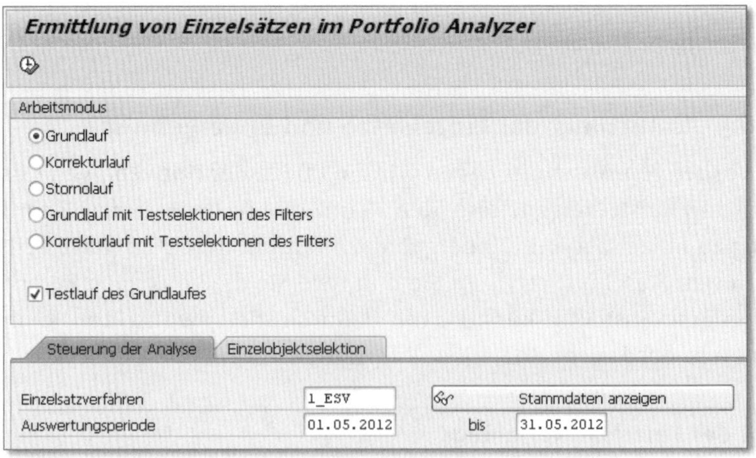

Abbildung 12.89 Selektionsbild der Transaktion Ermittlung von Einzelsätzen im Portfolio Analyzer (Transaktion PAEP1)

Arbeitsmodus

Neben den Feldern EINZELSATZVERFAHRENS und AUSWERTUNGSPERIODE und der Auswahl eines Radiobuttons im Bildbereich ARBEITSMODUS sind keine weiteren Angaben zu machen. Der einzige neue Parameter an dieser Stelle ist der ARBEITSMODUS, der die folgenden Werte haben kann:

- **Wert »Grundlauf«**
  Hiermit stoßen Sie die Berechnung der Kennzahlwerte für eine Auswertungsperiode bzw. einen Stichtag an.
- **Wert »Korrekturlauf«**
  Mit dem Korrekturlauf können Sie die Berechnung einzelner Finanzobjekte erneut anstoßen. Hinter dieser einfachen Modusausprägung verbirgt sich eine Reihe von Funktionen, die wir im Anschluss detailliert darstellen werden.
- **Wert »Stornolauf«**
  Mit diesem Laufmodus können Sie alle Kennzahlwerte durch ein Stornokennzeichen invalidieren.
- **Wert »Grundlauf mit Testselektionen des Filters« und »Korrekturlauf mit Testselektion des Filters«**
  Diese beiden Modi des Grundlaufs und des Korrekturlaufs schränken die Finanzobjekte auf die Testselektionen eines eventuell am Einzelsatzverfahren vorhandenen Filters ein. Vergleichen Sie die Ausführungen zu Testselektionen in Abschnitt 12.3.3. Diese beiden Arbeitsmodi sind in einem Produktivsystem irrelevant.
- **Wert »Löschlauf«**
  Diesen Arbeitsmodus finden Sie nicht direkt im Einzelsatzverfahren. Insbesondere im Produktivsystem sollte zur Invalidierung von Einzelsatzergebnisdaten der Stornolauf verwendet werden, da bei der Erzeugung der Einzelsätze auch die jeweils historischen Marktdaten gespeichert werden. Falls Sie trotz der Funktionen des Stornolaufs sowie der Archivierung einen Löschlauf benötigen, finden Sie diesen als eigenständige Transaktion NICHTARCHIVIERTE EINZELSÄTZE LÖSCHEN (Transaktion RASRPDEL für den Market Risk Analyzer, Transaktion PARSPDEL für den Portfolio Analyzer sowie AARSPDEL für den Accounting Analyzer) im jeweiligen Menü TREASURY AND RISK MANAGEMENT • MARKET RISK/PORTFOLIO ANALYZER/ACCOUNTING ANALYZER • WERKZEUGE • ERGEBNISDATENBANK.

Abbildung 12.90 zeigt die mögliche Prozessabfolge für ein Einzelsatzverfahren.

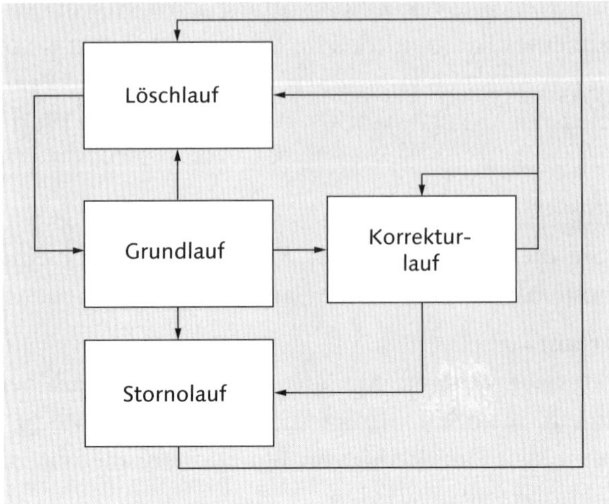

Abbildung 12.90 Prozessabfolge für Einzelsatzverfahren

Korrekturlauf

Das Einzelsatzverfahren stellt die Schnittstellen zwischen der operativen Welt und der Welt der Ergebnisdatenbank dar. Im Korrekturlauf überprüft das System bei jedem einzelnen Finanzobjekt, ob alle zur Bewertung des Finanzobjekts notwendigen Daten am Finanzobjekt und in den Marktdaten vorliegen. Aufgrund der Vielzahl an operationalen Prozessen, die korrekt und vollständig durchlaufen werden müssen, kommt es immer wieder zu Konstellationen, die eine korrekte Behandlung eines Finanzobjekts innerhalb eines Einzelsatzverfahrens verhindern. Dabei ist zu unterscheiden zwischen syntaktischen, prozessoralen und semantischen Fehlerkonstellationen.

Syntaktischer Fehler

Wir sprechen von einem *syntaktischen Fehler*, wenn das Einzelsatzverfahren aufgrund der Datenlage für ein Finanzobjekt und Auswertungsdatum eine Kennzahl nicht ermitteln kann. In diesem Fall schreibt das System eine entsprechende Fehlermeldung ins Protokoll, die die Fehlerursache genau beschreibt. Die häufigsten Gründe sind fehlende oder zu alte Marktdaten.

Prozessoraler Fehler

Wir sprechen von einem *prozessoralen Fehler*, wenn im Fall der Parallelisierung ein paralleler Task nicht zum Hauptprozess zurückkommt.

Semantischer Fehler

Wir sprechen von einem *semantischen Fehler*, wenn zwar das Einzelsatzverfahren die Einzelsatzkennzahl berechnen und speichern konnte, es sich aber im Nachhinein herausstellte, dass entweder das Finanzobjekt oder die Marktdaten nicht aktuell oder fehlerbehaftet waren. In diesem Fall kann das System natürlich keinen Fehler feststellen und demnach auch keine Meldungen ausgeben. Damit Sie nun nur die fehlerhaften Finanzobjekte selektiv nachbearbeiten können, bietet der Korrekturlauf zwei verschiedene Optionen an.

Generischer Korrekturlauf

Im Fall eines syntaktischen oder prozessoralen Fehlers schreibt das System neben der Fehlermeldung im Protokoll intern eine Nachbearbeitungstabelle fort. Diese Tabelle ist für Sie nicht einsehbar. Nachdem Sie in der Protokollanalyse die Fehlerquellen identifiziert und beseitigt haben, müssen Sie nur noch den *generischen Korrekturlauf* für diesen Tag starten. Diesen starten Sie, indem Sie im Lauf des Einzelsatzverfahrens den Radiobutton KORREKTURLAUF setzen und einfach den Lauf beginnen. Das System führt bei einem generischen Korrekturlauf folgende Aktionen automatisch durch:

- Das System lädt automatisch die Finanzobjekte der Nachbearbeitungstabelle und versucht, die Finanzobjekte neu zu bewerten. Dabei wird berücksichtigt, ob es sich um einen prozessoralen oder syntaktischen Fehler handelte.
- Das System prüft unter Berücksichtigung des Filters zudem, ob seit dem letzten Lauf neue Finanzobjekte erzeugt wurden. Diese werden ebenfalls automatisch erkannt und verarbeitet.
- Das System prüft bei Vorhandensein eines Filters am Einzelsatzverfahren, ob es seit dem letzten Lauf Änderungen an den Analysemerkmalen der bestehenden Finanzobjekte gegeben hat. Sind Änderungen erkannt worden, können folgende Konstellationen auftreten:
  - Das Finanzobjekt war vorher nicht im Filter, fällt aber aufgrund der Änderungen der Analysemerkmalsausprägungen nun in den Filter. Das Finanzobjekt wird als neu erkannt und verarbeitet.
  - Das Finanzobjekt war vorher im Filter, fällt aber aufgrund der Merkmalswertänderungen aus dem Filter. Das Finanzobjekt wird als zu invalidieren erkannt, und die vorhandenen Daten in der Einzelsatzergebnisdatenbank werden storniert. Alle anderen Änderungen am Finanzobjekt haben keine Wirkung.

Sowohl Änderungen am Filter als auch Änderungen der operativen Primärobjekte können vom generischen Korrekturlauf nicht erkannt werden.

[»] **Grenzen des generischen Korrekturlaufs – PA-Bewegungen**

Diese Logik greift nicht, wenn in der Ermittlung von PA-Bewegungen (Kennzahltyp PAFLW) nicht-gebuchte Bewegungen vorgefunden wurden. Diese müssen mittels Korrekturlauf mit manueller Finanzobjektselektion nachselektiert werden.

Korrekturlauf mit manueller Finanzobjektselektion

Bei einem semantischen Fehler kann das System keinen Automatismus bereitstellen. Daher müssen Sie in diesem Fall auf der zweiten Registerkarte EINZELOBJEKTSELEKTION des jeweiligen Einzelsatzlaufs (PAEP1, RAEP1 bzw. AAEP1, siehe Abbildung 12.89) die nachzubearbeitenden Finanzobjekte manuell eingeben. Sie erreichen diese Registerkarte nur, wenn Sie vorher den Radiobutton KORREKTURLAUF gesetzt haben. Die nachzubearbeitenden Finanzobjekte werden anhand ihrer Merkmalsausprägungen erkannt, eine direkte Eingabe der Finanzobjekt-ID ist nicht möglich.

Korrektur der Korrektur

Korrekturläufe können Sie beliebig oft hintereinander ausführen und dabei beliebig zwischen generischen Korrekturläufen und Korrekturläufen mit manueller Finanzobjektselektion wechseln.

Lauf des Endergebnisverfahrens

Transaktionen PAEP2, RAEP2 und AAEP2

Der Fokus der Endergebnisverfahren liegt in der Berechnung nichtadditiver Kennzahlen entlang einer Portfoliohierarchie. Aber auch das Endergebnisverfahren 1 des Portfolio Analyzers liegt im Framework der Endergebnisverfahren. Sie finden die jeweilige Transaktion für den Portfolio Analyzer (Transaktion PAEP2), den Market Risk Analyzer (Transaktion RAEP2) und den Accounting Analyzer (Transaktion AAEP2) im Menü jeweils unter dem Pfad TREASURY AND RISK MANAGEMENT • MARKET RISK/PORTFOLIO ANALYZER/ACCOUNTING ANALYZER • WERKZEUGE • ERGEBNISDATENBANK • ERMITTLUNG VON ENDERGEBNISSEN. Alle Transaktionen sind nahezu identisch. Der Unterschied ist folgender: In der Transaktion ERMITTLUNG VON ENDERGEBNISSEN (Transaktion PAEP2) für den Portfolio Analyzer finden Sie eine AUSWERTUNGSPERIODE anstelle eines Auswertungsdatums, wie es in den Transaktionen RAEP2 des Market Risk Analyzers und AAEP2 des Accounting Analyzers vorhanden ist.

Selektionen

Wir werden Ihnen den Lauf des Endergebnisverfahrens wieder am Beispiel des Portfolio Analyzers erläutern. Abbildung 12.91 zeigt das Selektionsbild der Transaktion PAEP2. Im Gegensatz zum Einzelsatzverfahren finden Sie die Arbeitsmodi GRUNDLAUF und LÖSCHLAUF. Die nicht-additive Natur der Kennzahlen führt dazu, dass ein Korrekturlauf nur schwer darstellbar ist und keine großen Zeitgewinne mit sich bringt, sodass er nicht vorhanden ist. Wie beim Einzelsatzverfahren verschaltet der Parameter ENDERGEBNISVERFAHREN auch hier, welche Kennzahlen wie zu berechnen sind, sodass Sie nur noch den Parameter AUSWERTUNGSPERIODE füllen müssen.

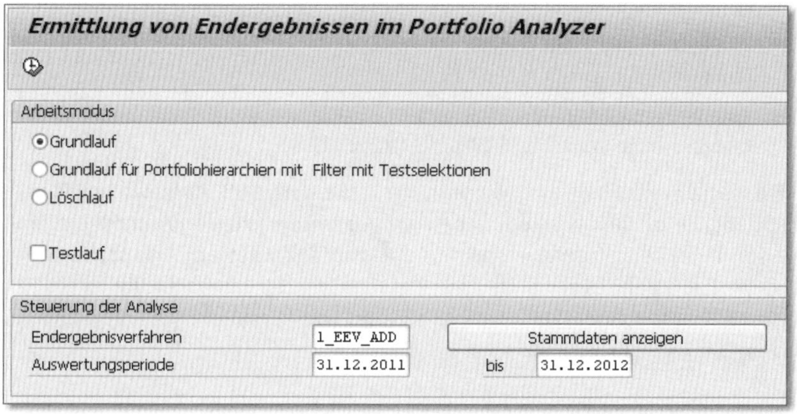

Abbildung 12.91 Transaktion PAEP2 zur Ermittlung von Endergebnissen für den Portfolio Analyzer

Auswertungsperiode und Laufzeitfalle für Renditekennzahlen [!]

Die Befüllung des Parameters AUSWERTUNGSPERIODE scheint einfach und klar. Im Endergebnisverfahren 1 beinhaltet sie die Periode, für die die Umrechnung der Kennzahlen des Einzelsatzverfahrens in die entsprechenden Einzelsatzkennzahlen in Auswertungswährung durchgeführt wird. Wenn wir in unserem Beispiel das Endergebnisverfahren 2 1_EEVNADD2 laufen lassen, in dem wir wie beschrieben die Renditekennzahlen auf jährlicher Basis zusammengefasst haben, scheint es naheliegend, für die Berechnung der Jahresrenditen für das Jahr 2012 die Periode 01.01.2012 bis 31.12.2012 einzutragen. Dies wäre jedoch ein schwerwiegender Fehler.

Bevor wir Ihnen erklären, was in diesem Fall genau passieren würde, lesen Sie Abschnitt 12.6.6, Überschrift »Renditeperioden und Ablage von Renditen«.

Nun betrachten wir das Ergebnis der scheinbar logischen Eingabe. Die Jahresrendite für das Jahr 2012 wird eindeutig durch einen Stichtag 31.12.2012 definiert, und das gilt für die gesamte Handhabung, von der Definition über die Ablage auf der Endergebnisdatenbank bis hin zur Auswertung im Analyzer-Informationssystem.

Die Periodenlänge steckt, wie andere Attribute auch, in der Kennzahldefinition. Wenn wir also eingeben, dass wir unser Endergebnisverfahren 2 mit den Jahresrenditen vom 1.1.2012 bis 31.12.2012 laufen lassen möchten, berechnet das System 365 Jahresrenditen, gemäß der Interpretation der Auswertungsperiode als Abfolge von Stichtagen, zu denen Renditen mit der Intervalllänge 1 Jahr berechnet und auf der Endergebnisdatenbank abgelegt werden sollen. Einige Beispiele:

- 1. Kennzahlwert mit Datum 1.1.2012 = Jahresrendite vom 2.1.2011 bis 1.1.2012
- 2. Kennzahlwert mit Datum 2.1.2012 = Jahresrendite vom 3.1.2011 bis 2.1.2012
- 365. Kennzahlwert mit Datum 31.12.2012 = Jahresrendite vom 1.1.2012 bis 31.12.2012

Da wir ja nur die Jahresrendite für 2012, die dem 365. Kennzahlwert entspricht, berechnen wollten, haben wir gegenüber unseren Anforderungen enorm viel Zeit, Kosten, Nerven und Akzeptanz verloren. Also starten wir unser Endergebnisverfahren 2 zur Berechnung der Jahresrendite für 2012 durch Angabe einer Auswertungsperiode von genau einem Tag, nämlich dem 31.12.2012.

Kontrolle der Laufergebnisse

Laufübersicht

Sie werden im Produktivbetrieb die Läufe mit großer Wahrscheinlichkeit im Batch einplanen und ausführen. Da die Anzahl der Läufe schnell unübersichtlich wird, gibt es für die Einzelsatzverfahren sowie für die Endergebnisverfahren jeweils einen Übersichtsreport, mit dessen Hilfe Sie den Status kontrollieren und Einsicht in die Protokolle nehmen können. Beide Berichte, die jeweils generisch für die Analyzer arbeiten, finden Sie in den Analyzern unter TREASURY AND RISK MANAGEMENT • MARKET RISK/PORTFOLIO ANALYZER/ACCOUNTING ANALYZER • WERKZEUGE • ERGEBNISDATENBANK. Dies sind:

- Übersicht über die Ermittlung von Einzelsätzen (Transaktion AFWO1)
- Übersicht über die Ermittlung von Endergebnissen (Transaktion AFWO2)

Mit diesen Berichten besitzen Sie ein flexibles Werkzeug, mit dem Sie schnell die Qualität der Einzelsatzergebnisdaten kontrollieren und sicherstellen können.

Rolle der Ampelfarbe

Für das Einzelsatzverfahren hat die gelbe Ampel eine besondere Bedeutung. Technisch gesehen, können Sie die Weiterverarbeitung in Endergebnisverfahren schon anstoßen und z. B. schon Renditen berechnen, aber aufgrund fehlender Daten wie fehlender Einzelsatzergebnisse durch nicht bewertete Finanzobjekte sind dies nur Näherungswerte.

Batch-Orientierung

Sie erkennen die starke Batch-Orientierung der Befüllung der Ergebnisdatenbank: Alle betriebswirtschaftlichen Angaben sind, vielfach verschachtelt und verdichtet, in einer einzigen Entität zusammengefasst, dem Auswertungsverfahren. Die Erzeugung der Kennzahlwerte kann dann weitgehend automatisiert im Batch ablaufen.

12.6.6 Portfolio Analyzer: Renditemethoden und -ermittlung

In den vorherigen Abschnitten haben wir Ihnen die notwendigen Schritte zur technischen Definition der Kennzahlen sowie den Prozess zur Ermittlung der Kennzahlwerte vorgestellt. In diesem Abschnitt wollen wir die konkreten Berechnungsmethodiken der wichtigsten Kennzahlen des Portfolioanalyzers vorstellen, nämlich den Renditekennzahlen.

Renditemethoden

Für die Renditeberechnung stehen Ihnen verschiedene Berechnungsmethoden zur Verfügung. Neben einer reinen Aufzählung wollen wir als Ergänzung die verwendeten Formeln sowie die Grundzüge der dynamischen Ermittlungslogik darstellen. Die Formeln sind dabei der offiziellen Systemdokumentation von SAP entnommen, die Sie auch im SAP Help Portal finden (unter *http://help.sap.com*).

Time-Weighted Rate of Return

Die *zeitgewichtete Rendite* (*Time-Weighted Rate of Return*, TWRR) (RTWRR) beschreibt die allein von einem Portfolio Manager erzielte Rendite. Dazu wird die zu berechnende Rendite von allen Zu- und Abflüssen (*exogene Cashflows*) bereinigt, die extern, z. B. vom Mandatgeber, initiiert sind und sich nicht vom Portfolio Manager beeinflussen lassen. Das System zerlegt den Betrachtungszeitraum so in Teilperioden, dass keine exogenen Cashflows in diesen Teilperioden liegen. Die erste Teilperiode endet mit dem ersten exogenen Cashflow; jeder weitere exogene Cashflow definiert das Ende einer neuen Teilperiode. Die letzte Teilperiode endet mit dem Ende des Betrachtungszeitraums.

Die Rendite R_i einer Teilperiode *i* ist wie folgt definiert:

$$1 + R_i = \frac{MVE_i}{MVB_i} = \frac{PAPOSCC_i + CF_i}{PAPOSCC_{i-1}}, \; i = 1,\ldots,n$$

Dabei ist MVE_i der Marktwert des Portfolios am Ende von Teilperiode *i*, was als Summe aus dem Barwert $PAPOSCC_i$ des Portfolios am Endedatum von Teilperiode *i* und den Bewegungen CF_i am Endedatum der Teilperiode *i* berechnet wird. MVB_i ist der Marktwert des Portfolios zu Beginn von Teilperiode *i*, d.h. der Barwert $PAPOSCC_{i-1}$ des Portfolios am Vortag. Die zeitgewichtete Rendite R_{TWRR} des gesamten Betrachtungszeitraums wird wie folgt berechnet:

$$1 + R_{TWRR} = \prod_{i=1}^{n} (1 + R_i)$$

Money-Weighted Rate of Return (MWRR)

Bei der *wertgewichteten Rendite* (Money-Weighted Rate of Return, MWRR) erfolgt keine Bereinigung um exogene Zu- und Abflüsse. Sie ist als Rendite RMWRR definiert, mit der das Portfolio inklusive Zu- und Abflüssen verzinst werden müsste, damit sich am Ende des Betrachtungszeitraums genau der Marktwert des Portfolios ergibt. Sie stellt damit die Rendite vom Besitzer des Portfolios dar. Das System ermittelt zunächst die annualisierte wertgewichtete Rendite *RaMWRR*:

$$MVB \cdot (1 + R^a_{MWRR})^{\frac{T}{360}} + \sum_{i=1}^{n} CF_i \cdot (1 + R^a_{MWRR})^{\frac{T - d_i}{360}} = MVE$$

Dabei ist *MVB* der Marktwert des Portfolios zu Beginn der Periode und *MVE* der Marktwert des Portfolios am Ende der Periode; *T* ist die Länge der Periode in Tagen, und CF_i zeigt die Zu- und Abflüsse; d_i gibt an, an welchem Tag vom Periodenbeginn gerechnet der Cashflow CF_i fließt. Anschließend berechnet das System die wertgewichtete Rendite für den Betrachtungszeitraum:

$$1 + R_{MWRR} = (1 + R^a_{MWRR})^{\frac{T}{360}}$$

Modifizierte Dietz-Methode

Die *modifizierte Dietz-Methode* ist ein Näherungsverfahren für die zeitgewichtete Rendite, ermittelt also den internen Zinssatz, den das Portfolio erzielt. Der Bewertungszeitraum wird wieder in Teilperioden aufgeteilt. Innerhalb dieser Teilperioden wird eine lineare Verzinsung angenommen. Die Rendite der Teilperiode ist definiert als der Quotient aus dem *innerhalb* der Teilperiode erzielten Nettozuwachs und dem in der Periode eingesetzten, mittleren Kapital, die Zu- und Abflüsse werden für die Berechnung des eingesetzten, mittleren Kapitals linear zeitgewichtet:

$$R_i = \frac{MVE_i - MVB_i + \sum_{j=1}^{n_j} CF_{i,j}}{MVB_i + \sum_{j=1}^{n_j} \frac{T_i - d_{i,j}}{T_i} \cdot CF_{i,j}}$$

Dabei ist MVB_i der Marktwert des Portfolios zu Beginn der Teilperiode i und MVE_i der Marktwert des Portfolios am Ende der Teilperiode i; T_i ist die Länge der Teilperiode i in Tagen, und $CF_{i,j}$ bildet die Zu- und Abflüsse in Teilperiode i ab; $d_{i,j}$ gibt an, an welchem Tag vom Beginn der Teilperiode i gerechnet der Cashflow $CF_{i,j}$ fließt. Die Rendite R_{MDI} nach der modifizierten Dietz-Methode ist wie folgt definiert:

$$1 + R_{MDI} = \prod_{i=1}^{n} (1 + R_i)$$

Dietz-Methode

Bei der *Dietz-Methode* wird die Rendite nicht bei jedem Kapitalfluss berechnet. Das System teilt die Bewertungsperiode in gleich lange Teilperioden auf, für die eine konstante Rendite angenommen wird. Zudem wird angenommen, dass alle Kapitalflüsse jeweils in der Mitte der Teilperioden erfolgen. Im Gegensatz zur modifizierten Dietz-Methode werden die Bewegungen nicht mit der zeitlichen Dauer ihrer Wirksamkeit gewichtet.

Renditeperioden und Ablage von Renditen

Stichtags- vs. Periodenkennzahlen

Die Kennzahlen, die Sie in der Ergebnisdatenbank ablegen können, sind alle zeitpunktorientiert: Sei es Barwert, Durationen oder der Value at Risk, zur zeitlichen Einordnung wird nur ein zeitliches Merkmal benötigt, der Stichtag. Wenn Sie dagegen eine Rendite beschreiben möchten, geben Sie anstelle eines Stichtags eine Periode an. Renditen werden also nicht stichtagsbezogen, sondern periodenbezogen berechnet.

Rendite als synthetische Stichtagskennzahl

Die Ergebnisdatenbank bedient sich nun eines logischen Tricks, um die Renditen mit derselben generischen Logik bezüglich des Stichtags abzubilden. Dieser Trick bedeutet bei der Handhabung von Renditekennzahlen zu Beginn einige ungewöhnliche Eigenschaften, die aber in der Gesamtsicht zu einer Vereinfachung führen. Der Trick besteht darin, dass Renditen wie alle anderen Kennzahlen zeitpunktbezogen, also nur bezüglich des Stichtags, abgespeichert werden. Dazu wird die Information über die Periode aufgeteilt in die Information über das Periodenende (Stichtag) und die Periodenlänge. Die Periodenlänge wird dabei in der Kennzahldefinition verschlüsselt.

Feste Periodenlänge vs. festes Startdatum

Um nun die gewünschte Flexibilität hinsichtlich der darzustellenden Perioden zu gewährleisten, unterstützt das System zwei verschiedene Typen von Renditekennzahlen, ausgeprägt durch zwei verschiedene Kennzahltypen der Kennzahltyphierarchie.

Rendite mit fester Periodenlänge

Für den Kennzahltyp *Rendite mit fester Periodenlänge* (Kennzahltyp PAYLDCC = Portfolio Analyzer: Rendite aus Auswertungswährung, Abbildung 12.92 oben) legen Sie in der Definition der Kennzahl (Transaktion AFWKF_PA, siehe Abbildung 12.83) im Feld INTERVALL F. PERIODEN die Länge der Berechnungsperiode fest. SAP liefert die Periodenlängen Monat, Quartal, Halbjahr und Jahr aus. Im Customizing unter TREASURY AND RISK MANAGEMENT • PORTFOLIO ANALYZER • ERGEBNISDATENBANK • RENDITEINTERVALLE DEFINIEREN können Sie davon abweichende, eigene Intervalllängen aus einer festen Anzahl der Periodenlängen Tag, Monat und Jahr definieren.

[zB]

Jahresrendite berechnen

Sie möchten eine Jahresrendite für die Periode vom 01.01.2012 – 31.12.2012 berechnen, speichern und später im Analyzer-Informationssystem auswerten. Dazu benötigen Sie eine Kennzahl vom Kennzahltyp PAYLDCC mit der Intervalllänge JAHR. Dann berechnen Sie diese mithilfe eines Endergebnisverfahrens für nicht-additive Kennzahlen zum Datum 31.12.2012, Sie geben also nicht explizit den Periodenbeginn ein. Bei der Berechnung liest das System aus der Kennzahldefinition die Intervalllänge, ermittelt implizit über die Intervalllänge den Periodenbeginn zum 01.01.2012, berechnet mit der dadurch festgelegten Periode die Rendite und speichert diese in der Ergebnisdatenbank ab. Im Analyzer-Informationssystem wählen Sie dann in einem Layout diese Kennzahl aus und starten den Bericht mit Selektionsdatum 31.12.2012.

Rendite mit festem Startdatum

Die Rendite mit festem Startdatum (Kennzahltyp PAYLDSNCCC = Portfolio Analyzer: YieLD SinNCe in Calculation Currency, siehe Abbildung 12.92 unten) wird oft auch als *Period-Begin-to-Date-Rendite* bezeichnet. In diesem Fall wird das das Startdatum fixiert. Mit unterschiedlichen Stichtagen ist demnach auch die Periodenlänge unterschiedlich groß.

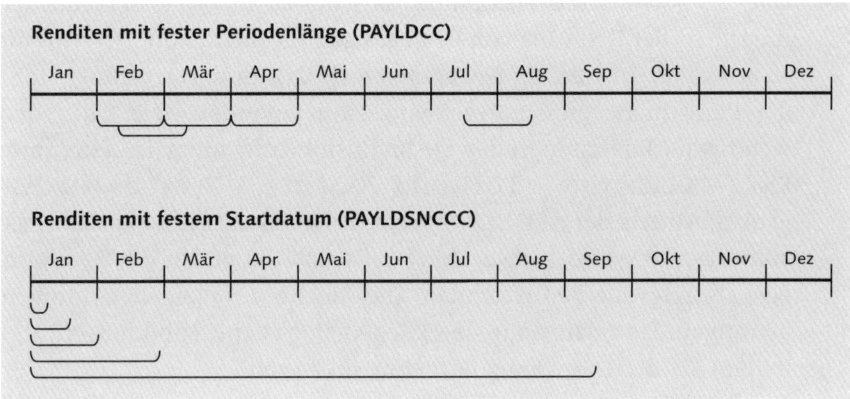

Abbildung 12.92 Renditen mit fester Periodenlänge und mit festem Startdatum

Zusammenfassung Renditeablage

Renditen werden in der Ergebnisdatenbank wie alle anderen Kennzahlen pro Stichtag abgelegt. Der Stichtag steht für das Periodenende der Periode, für die die Rendite berechnet wurde. Die Periodenlänge ist abgespalten und in der Kennzahldefinition gespeichert. Aufgrund dessen reicht genau ein Datum aus, um die Renditekennzahl inklusive der Periodenlänge genau zu definieren. Unter diesem einen Datum wird die Rendite berechnet, abgespeichert und im Reporting wieder angesprochen.

Exogene Cashflows

Exogener Cashflow

Für jede Renditemethode werden *exogene Cashflows* benötigt. Nach verschiedenen *Performance Presentation Standards* (PPS) wie AIMR-PPSoder GIPS sind dies alle zahlungs- oder kapitalflussrelevanten Bewegungen. Für interne Renditemodelle kann es davon jedoch Abweichungen geben. Zum Beispiel sollen bestimmte Gebühren als nicht relevant angesehen werden, obwohl sie zahlungsrelevant sind, oder man möchte anstelle des Zahlungseingangs die Sollstellung von Zinsen als renditerelevant ansehen.

PA-Bewegung

Innerhalb des Portfolio Analyzers werden für die Bewegungen, die in Kennzahlen des Kennzahltyps PAFLW zusammengefasst und gespeichert werden, zwei unterschiedliche Begriffe synonym zueinander verwendet. Sie finden sowohl den theoretisch motivierten Begriff *exogener Cashflow* als auch den eher pragmatischen Begriff *PA-Bewegung*, wobei PA auch hier für Portfolio Analyzer steht.

Cashflow-Relevanz von Bewegungen

Um die gewünschte Flexibilität hinsichtlich der unterschiedlichen Ansichten der Relevanz von Bewegungen für die Renditeberechnung zu erlangen, müssen die Bewegungen als Cashflow-relevant im Sinne der Performancemessung gekennzeichnet werden. Die dafür notwendigen Aktivitäten finden Sie im Customizing unter Treasury and Risk Management • Portfolio Analyzer • Bewegungen/Cash Flows. Mittels der Aktivität Bewegungen als relevant für die Performancemessung kennzeichnen können Sie genau die Bewegungen als relevant kennzeichnen, die Sie für Ihre eigenen Modelle benötigen. Sie gelangen in den Pflegedialog (siehe Abbildung 12.93), in dem Sie die Zuordnung vornehmen können.

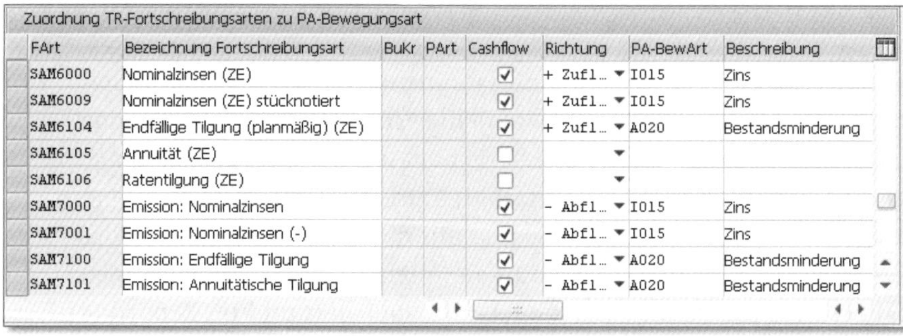

Zuordnung TR-Fortschreibungsarten zu PA-Bewegungsart

FArt	Bezeichnung Fortschreibungsart	BuKr	PArt	Cashflow	Richtung	PA-BewArt	Beschreibung
SAM6000	Nominalzinsen (ZE)			☑	+ Zufl...	I015	Zins
SAM6009	Nominalzinsen (ZE) stücknotiert			☑	+ Zufl...	I015	Zins
SAM6104	Endfällige Tilgung (planmäßig) (ZE)			☑	+ Zufl...	A020	Bestandsminderung
SAM6105	Annuität (ZE)			☐			
SAM6106	Ratentilgung (ZE)			☐			
SAM7000	Emission: Nominalzinsen			☑	- Abfl...	I015	Zins
SAM7001	Emission: Nominalzinsen (-)			☑	- Abfl...	I015	Zins
SAM7100	Emission: Endfällige Tilgung			☑	- Abfl...	A020	Bestandsminderung
SAM7101	Emission: Annuitätische Tilgung			☑	- Abfl...	A020	Bestandsminderung

Abbildung 12.93 Pflegedialog – Fortschreibungsarten als exogene Cashflows kennzeichnen, Zuordnung der PA-Bewegungsart

PA-Cashflow-Relevanz

Die notwendigen Einstellungen können Sie auf der Ebene Fortschreibungsart (Spalte FArt), Buchungskreis (Spalte BuKr) und Produktart (Spalte PArt) aussteuern. Mit dem Kennzeichen Cashflow legen sie fest, ob eine Fortschreibungsart PA-Cashflow-relevant im Sinne eines exogenen Cashflows ist. Dieses Vorgehen ähnelt dem der Zuordnung der echten Zahlungsrelevanz für das operative Zahlungsreporting, z.B. für die logische Datenbank FTI_TR_CASH_FLOWS, zu sehen. Neben der obligatorischen Angabe in der Spalte Richtung können Sie noch die PA-Bewegungsart (Spalte PA-BewArt) einstellen.

PA-Bewegungsart

Doch was verbirgt sich hinter der PA-Bewegungsart? Die PA-Bewegungsart dient später im Analyzer-Informationssystem einer integrierenden und verdichtenden Darstellung der Bewegungen. Damit können Bewegungen nach Renditegesichtspunkten gruppiert und attributiert werden.

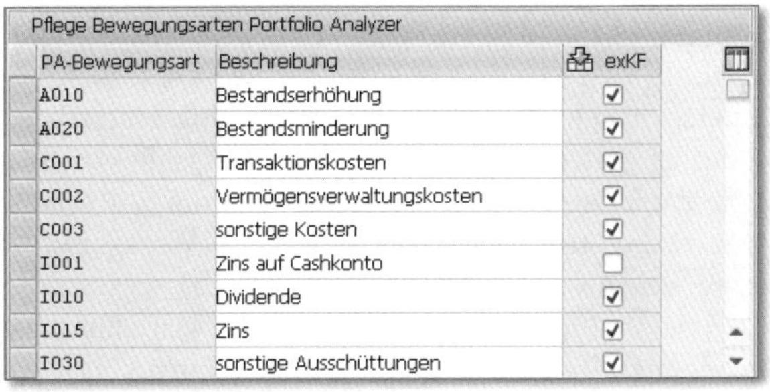

Pflege Bewegungsarten Portfolio Analyzer

PA-Bewegungsart	Beschreibung	exKF
A010	Bestandserhöhung	☑
A020	Bestandsminderung	☑
C001	Transaktionskosten	☑
C002	Vermögensverwaltungskosten	☑
C003	sonstige Kosten	☑
I001	Zins auf Cashkonto	☐
I010	Dividende	☑
I015	Zins	☑
I030	sonstige Ausschüttungen	☑

Abbildung 12.94 Pflege der PA-Bewegungsarten im Customizing

Die Pflege der PA-Bewegungsarten (siehe Abbildung 12.94) finden Sie im gleichen Customizing-Pfad unter TREASURY AND RISK MANAGEMENT • PORTFOLIO ANALYZER • BEWEGUNGEN/CASH FLOWS. Im Auslieferungs-Customizing wird eine Reihe von PA-Bewegungsarten ausgeliefert, die Sie durch eigene ergänzen oder ersetzen können. Wenn Sie PA-Bewegungsarten verwenden, achten Sie darauf, dass für fast alle PA-Bewegungsarten das Kennzeichen EXKF gesetzt werden muss. Dieses Kennzeichen markiert exogene Kapitalflüsse, die als performanceneutrale Ein- bzw. Ausbuchungen eines Portfolios angesehen werden.

Kennzeichen »exKF« [zB]

Zum Beispiel verändert eine Zinszahlung auf ein Geldkonto (Bankkonto) Bestand und Ertrag desselben Portfolios. Es findet kein Mittelabgang statt, daher wird diese Option gesetzt. Die Zinszahlung auf ein Geldhandelsgeschäft ist für dieses Geschäft ertrags-, aber nicht bestandswirksam. Nach Ertragsverbuchung erfolgt eine performanceneutrale Umbuchung auf ein zugeordnetes Geldkonto. Es findet also ein Mittelabgang statt, daher müssen Sie diese Option setzen.

Im Allgemeinen bildet die Verzinsung von Bankkonten, die außerhalb des Transaction Managers z.B. als ein Sachkontobestand des FI-GL abgebildet ist, die einzige Ausnahme, in der Sie das Kennzeichen EXKF nicht setzen. Da eine Zuordnung von PA-Bewegungsarten nur zu Fortschreibungsarten des Transaction Managers sowie zu Bewegungsarten von SAP Loans Management verfügbar ist, müssen Sie das BAdI zum Füllen der PA-Bewegungsart ausprogrammieren, das Sie im selben Customizing-Pfad finden.

[»] **Relevanter Bewertungsbereich**

Alle PA-Bewegungen werden für Finanzobjekte des Transaction Managers aus Bewertungsbereich 001 gelesen, während für TRL-Finanzobjekte die Bewegungen aus dem jeweiligen Bewertungsbereich gelesen werden. Bewegungen für Finanzobjekte des Typs DARLEHEN (Vertragsart 1) werden dagegen aus dem operationalen Darlehen, das im Modul SAP Loans Management abgebildet ist, gelesen. Dabei wird die PA-Cashflow-Relevanz fest über die echte Zahlungsrelevanz von Bewegungen in SAP Loans Management ausgesteuert. Im Customizing des Transaction Managers finden Sie unter TREASURY AND RISK MANAGEMENT • PORTFOLIO ANALYZER • BEWEGUNGEN/CASH FLOWS eine Zuordnungstabelle, um den Darlehensbewegungsarten PA-Bewegungsarten zuzuweisen. Darüber hinaus gibt es die Möglichkeit, in Analogie zu den Fortschreibungsarten des Transaction Managers auch hier die explizite PA-Cashflow-Relevanz von Darlehensbewegungsarten unabhängig von deren Zahlungsverhalten einzustellen.

Vorschlagsgenerierung statt Auslieferungs-Customizing

Für die Zuordnung der Fortschreibungsarten zu PA-Bewegungsarten wird kein Auslieferungs-Customizing ausgeliefert. Stattdessen finden Sie im Customizing unter TREASURY AND RISK MANAGEMENT • PORTFOLIO ANALYZER • BEWEGUNGEN/CASH FLOWS den Customizing-Hilfsreport `PA_FILLUTYPEMATCH` (Vorschlagsgenerierung PA-CashFlows), mit dem Sie Einträge für Fortschreibungsarten aus Ihrem vorgelagerten Customizing des Transaction Managers erzeugen können. Die Ergebnisse müssen Sie aber auf jeden Fall manuell nachbearbeiten, da einige Einstellungen nicht automatisch erkannt werden.

Besonderheiten der Bewegungsselektion

Im Fokus der Kennzahlen des Portfolio Analyzers stehen Informationen, die eine reine Ex-post-Sicht darstellen. Die Kennzahlen sollen eine Aussage darüber treffen, wie sich Positionen über die vergangenen Perioden hinweg entwickelt haben. Die Barwertberechnung selbst, die Grundlage für die meisten Kennzahlen der Analyzer ist, macht keinen Unterschied, ob ein operatives Primärobjekt zu einem Stichtag noch *in Bearbeitung* oder *schon abgeschlossen* ist. Die Frage, wann ein operatives Primärobjekt noch *in Bearbeitung* ist oder nicht, ist nicht einfach zu beantworten. Da es nicht sinnvoll ist, nur zu diesem Zweck eine Art Periodenabschluss durchzuführen, wird ein anderer Weg beschritten. Als Näherungsmaß für diesen Status wird verprobt, ob es in der Bewegungsselektion (Selektion der Kennzahlen vom Kennzahltyp PAFLW) für ein Finanzobjekt noch Bewegungen gibt, die nicht gebucht wurden.

Buchungsstatus und Bewegungsselektion [«]

Das Einzelsatzverfahren im Portfolio Analyzer selektiert für Kennzahlen des Kennzahltyps PAFLW nur Bewegungen einer Position, die den Status *gebucht* tragen, also ins Hauptbuch überführt wurden. Bewegungen im Status *geplant* werden nicht selektiert. Im Protokoll wird eine Warnmeldung ausgegeben, dass zu dieser Position nicht-gebuchte Bewegungen vorliegen. Diese nicht-gebuchten Bewegungen werden nicht vom automatischen Korrekturmodus eines Korrekturlaufs erfasst. Sie müssen also diese Positionen immer über die manuelle Finanzobjektselektion eines Korrekturlaufs nachselektieren.

12.6.7 Portfolio Analyzer: Benchmarking

Benchmarks

Um die Wertentwicklung von Finanzanlagen zu bewerten, werden üblicherweise *Benchmarks* verwendet. Diese Vergleichskennzahlen orientieren sich an Marktdaten, meistens Indizes, oder werden so konstruiert, dass sie für das zu bewertende Portfolio möglichst aussagekräftig sind. Sie dienen als Vergleichsmaßstab, um die Performance eines Portfolios gegenüber der Benchmark zu vergleichen.

Vorgehen im Benchmarking

Die Auswertung der Benchmarks erfolgt im Framework der Ergebnisdatenbank. Die Art und Weise der Integration der Benchmarks in die Ergebnisdatenbank orientiert sich dabei am normalen Vorgehen im Asset-Management-Prozess.

1. Zuerst werden die Portfolios identifiziert, die gemessen werden sollen. Dieses geschieht im System in der Regel schon durch den Aufbau von Analysemerkmalen sowie einer passenden Portfoliohierarchie.
2. Für jedes Portfolio oder Teilportfolio wird eine geeignete Benchmark definiert. Dieser Schritt besteht also aus zwei Teilschritten, die im System durch zwei unterschiedliche Transaktionen abgebildet werden:
   - Definition der Benchmark (siehe die nächste Überschrift »Benchmark-Stammdaten«)
   - Zuweisung zum Portfolio (siehe Überschrift »Benchmarks Portfoliohierarchieknoten zuordnen« im vorliegenden Abschnitt)
3. Danach werden für die Benchmarks Renditen berechnet. Dazu wurde das verwendete Framework der Ergebnisdatenbank weitge-

hend wiederverwendet. In Analogie zu den Portfoliorenditen müssen folgende Schritte durchgeführt werden:

- Definition der Benchmark-Kennzahlen (siehe Überschrift »Definition der Benchmark-Kennzahlen« im vorliegenden Abschnitt)
- Berechnung der Benchmark-Renditen (siehe Überschrift »Ermittlung der Benchmark-Renditen« im vorliegenden Abschnitt)

4. Danach können die Benchmark-Renditen im Analyzer-Informationssystem mit den ermittelten Portfoliorenditen verglichen werden (siehe Abschnitt 12.6.9, Überschrift »Layoutdefinition«). Zudem können, falls erforderlich, mithilfe der Formelfunktionen abgeleitete Kennzahlen wie z.B. die *aktive Rendite* ermittelt werden (siehe Abschnitt 12.6.9, Überschrift »Formeln«).

Wir führen Sie nun durch die einzelnen Schritte.

Benchmark-Stammdaten

Zur Pflege der Benchmark-Stammdaten steht Ihnen im Menü unter Treasury and Risk Management • Portfolio Analyzer • Stammdaten • Benchmark die Transaktion Benchmark-Stammdaten bearbeiten (Transaktion AFWBM) zur Verfügung. Mit dieser Transaktion können Benchmarks verschiedenen Typs angelegt und gepflegt werden. Dabei unterstützt das System Benchmarks der Typen Index-Benchmark, Devisen-Benchmark sowie feste Zinsrate als Basis-Benchmarks und darauf aufbauend Composite-Benchmarks.

Wir wollen als Beispiel eine Composite-Benchmark aus vier Basis-Benchmarks definieren.

Beispiel Basis-Benchmark

Nach der Eingabe der Benchmark-ID und des Gültigkeitsdatums gelangen Sie für Basis-Benchmarks in einen einfachen Pflegedialog (siehe Abbildung 12.95). Neben dem Feld Bezeichnung füllen Sie vor allem die Felder Benchmark-Währung sowie auf der Registerkarte Eigenschaften der Basis-Benchmark die notwendigen Attribute, in diesem Fall den verwendeten Index. Genau wie bei der Definition von Kennzahlen des Portfolio Analyzers sollten Sie auch hier das Gültigkeitsdatum so legen, dass die Benchmark auch für rückblickende Berechnungen gültig ist.

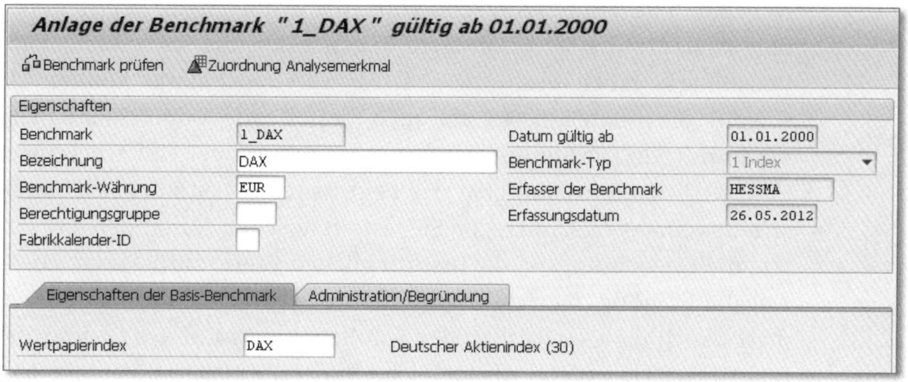

Abbildung 12.95 Stammdatenpflegedialog für Basis-Benchmarks am Beispiel einer Index-Benchmark (Transaktion AFWBM)

Composite-Benchmark

Wir legen nunmehr die erforderlichen vier Basis-Benchmarks an und wollen aus diesen im nächsten Schritt die Composite-Benchmark bauen, die der strategischen Asset Allocation unseres Portfolios möglichst gut entspricht. Betrachten wir die Pflege. Das Pflegebild weist für Composite-Benchmarks eine andere Struktur auf (siehe Abbildung 12.96).

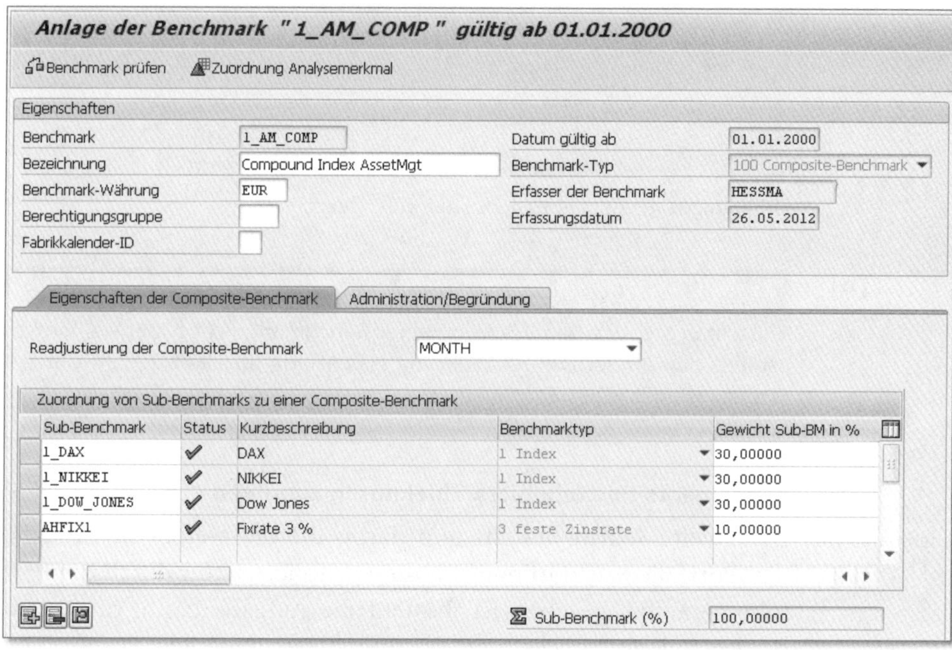

Abbildung 12.96 Stammdatenpflege für eine Composite-Benchmark

Neben den bekannten Angaben können Sie nun auf der Registerkarte EIGENSCHAFTEN DER COMPOSITE-BENCHMARK die einzelnen Sub-Benchmarks tabellarisch erfassen. Als Sub-Benchmarks können Sie sowohl Basis-Benchmarks als auch bestehende Composite-Benchmarks nutzen. Die Summe der Gewichte muss dabei 100 % betragen. Eine wichtige Einstellung ist das Feld READJUSTIERUNG DER COMPOSITE-BENCHMARK. Damit legen Sie fest, in welchen Abständen das System die Gewichtung auf die ursprünglichen Werte zurücksetzt. Diese Angabe ist nötig, da sich je nach dem Werteverlauf der Sub-Benchmarks auch die Gewichtung der Sub-Benchmarks in der Composite-Benchmark verschiebt. Als mögliche Intervalle stehen Ihnen die *Renditeintervalle* zur Verfügung, die Sie im Customizing bei Bedarf um eigene erweitern können. Die zweite Registerkarte ADMINISTRATION/BEGRÜNDUNG (siehe Abbildung 12.97) bietet neben den üblichen User-Daten vor allem Platz, um Informationen zur Dokumentation der Benchmark-Definition zu hinterlegen.

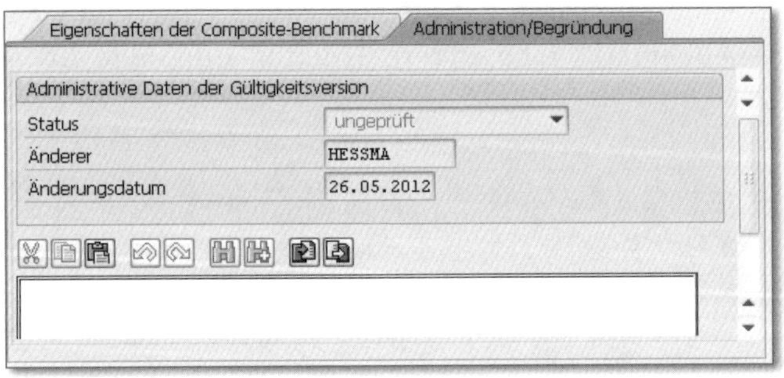

Abbildung 12.97 Administrationsdaten einer Benchmark

[»]

Benchmark-Währung und Historie

Beachten Sie, dass die Währung einer Benchmark nicht historisierbar ist, sodass eine Änderung der Währung gleichzeitig für alle früheren Gültigkeitsversionen einer Benchmark gilt.

Benchmarks Portfoliohierarchieknoten zuordnen

Benchmarks zu PH-Knoten zuordnen

Der zweite Schritt besteht nun darin, die definierten Benchmarks den Portfolios zuzuordnen. Da die Portfoliostruktur durch die Portfoliohierarchie gegeben ist, besteht die Aufgabe darin, die Benchmarks den entsprechenden Portfoliohiearchieknoten zuzuordnen.

Dazu nutzen Sie die Transaktion BENCHMARK EINEM PORTFOLIOHIERARCHIEKNOTEN ZUORDNEN (Transaktion AFHBMPH), die Sie im Menü unter TREASURY AND RISK MANAGEMENT • PORTFOLIO ANALYZER • STAMMDATEN • BENCHMARK finden. Im Einstiegsbild müssen Sie neben der zu bearbeitenden Portfoliohierarchie, deren Knoten Sie Benchmarks zuweisen wollen, eine ZUORDNUNGSVARIANTE angeben (siehe Abbildung 12.98).

Abbildung 12.98 Einstiegsbild der Transaktion zur Zuordnung von Benchmarks zu Portfoliohierarchieknoten (Transaktion AFWBMPH)

Zuordnungsvariante

Eine *Zuordnungsvariante* bündelt eine Menge Zuordnungen von Benchmarks zu Portfoliohierarchieknoten. Dadurch lassen sich Benchmarks in verschiedenen Portfoliohierarchien unterschiedlichen Portfoliohierarchieknoten zuordnen. Benchmark-Renditen müssen Sie also nur einmal definieren und berechnen und können diese dann mehrfach verwenden. Da Sie für eine Portfoliohierarchie bis zu fünf Zuordnungsvarianten anlegen können, können Sie also auch ein Portfolio mit mehreren Benchmarks vergleichen.

Zuordnung durchführen

Im linken Teil des Hauptpflegebildes der Zuordnung (siehe Abbildung 12.99) finden Sie alle im System vorhandenen Benchmarks nach Typen gegliedert vor. Im rechten Teil finden Sie die für die Zuordnung ausgewählten Portfoliohierarchien. Hier können Sie nun entweder per Drag & Drop oder über den Button PH-ZUORDNUNG aus den vorhandenen Benchmarks Zuordnungen zu einzelnen Portfoliohierarchieknoten treffen. Sollten Sie die Zuordnung über den Button durchführen wollen, markieren Sie zunächst die zuzuordnende Benchmark. Nach Anklicken des Buttons erhalten Sie dann ein Popup, in dem Sie einen PORTFOLIOHIERARCHIEKNOTEN auswählen können. Einem Portfoliohierarchieknoten zugeordnete Benchmarks werden direkt unterhalb desselben dargestellt (siehe Abbildung 12.99).

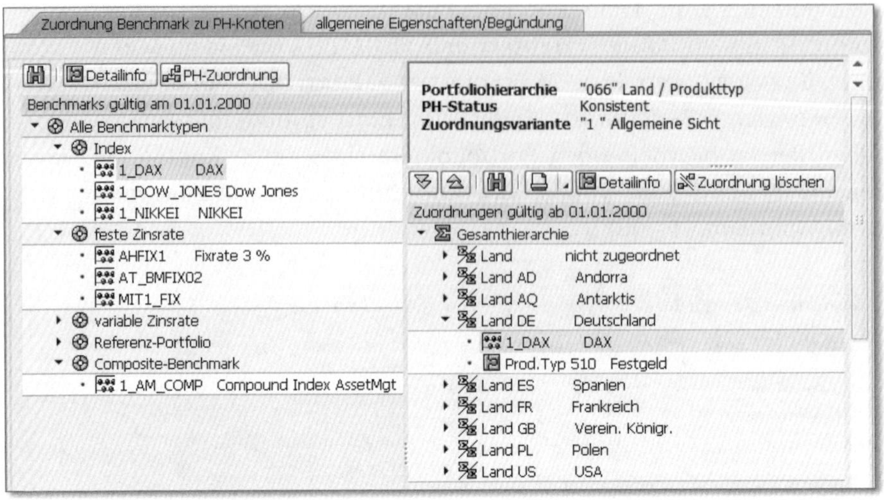

Abbildung 12.99 Hauptpflegebild der Transaktion zur Zuordnung von Benchmarks zu Portfoliohierarchieknoten (Transaktion AFWBMPH)

Zuordnung löschen

Sollten Sie eine Zuordnung wieder zurücknehmen wollen, können Sie das nicht per Drag & Drop, sondern nur über den Button ZUORDNUNG LÖSCHEN erreichen.

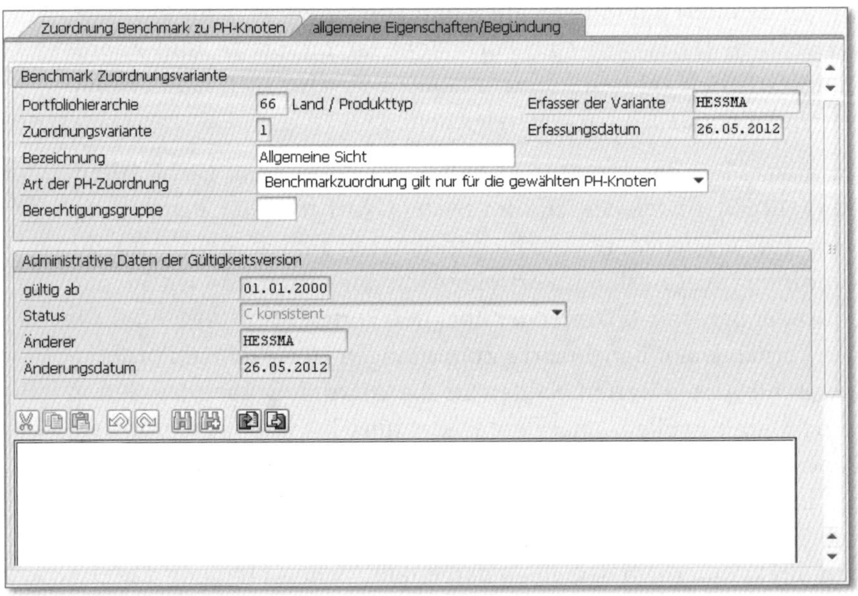

Abbildung 12.100 Kopf- und weitere allgemeine Daten einer Zuordnungsvariante

Vor dem Sichern müssen Sie auf der zweiten Registerkarte ALLGEMEINE EIGENSCHAFTEN/BEGRÜNDUNG (Abbildung 12.100) noch einige Angaben machen. Im oberen Bildbereich finden Sie die Attribute, die für alle Gültigkeitsversionen der Zuordnungsvariante gelten. Neben der Beschreibung der Zuordnungsvarianten und anderen allgemeinen Information müssen Sie im Feld ART DER PH-ZUORDNUNG entscheiden, ob die Zuordnung einer Benchmark stets nur für den ausgewählten Portfoliohierarchieknoten gilt oder sich die Zuordnung auch auf die darunterliegenden Knoten vererbt. Mit dieser Einstellung können Sie erreichen, dass sich auch die Anzeige der Benchmarks auf ganze Zweige der Portfoliohierarchie vererbt. Im unteren Bildbereich finden Sie die Attribute, die nur für die aktuelle Gültigkeitsversion der Zuordnungsvariante gelten.

Allgemeine Daten

Definition der Benchmark-Kennzahlen

Nachdem Sie die Benchmarks definiert haben, müssen Sie nun die Benchmark-Rendite berechnen. Analog zu normalen Renditekennzahlen müssen Sie zuerst Benchmark-Kennzahlen definieren, danach in Läufen die Benchmark-Renditen berechnen und abspeichern. Die Definition der Benchmark-Kennzahlen nehmen Sie mit derselben Transaktion vor, mit der Sie auch normale Kennzahlen des Portfolio Analyzers definieren.

Benchmark-Kennzahlen

Da wir diese Transaktion schon ausführlich beschrieben haben (siehe Abschnitt 12.6.4, Überschrift »Pflege der Kennzahlen und Auswertungsverfahren – Portfolio Analyzer«), wollen wir die Pflege hier nur kurz beschreiben. Sie finden die Transaktion PFLEGE DER KENNZAHLEN UND AUSWERTUNGSVERFAHREN (Transaktion AFWKF_PA) im Menü unter TREASURY AND RISK MANAGEMENT • PORTFOLIO ANALYZER • AUSWERTUNGSSTEUERUNG • ERGEBNISDATENBANK. Zur Definition verwenden Sie die Option BENCHMARK KENNZAHL des Selektionsbildes (siehe Abbildung 12.81). Die Pflege läuft mit einigen Ausnahmen analog zur Pflege normaler Kennzahlen ab.

Definition Benchmark-Kennzahl

Da Benchmarks keine Bewegungen tragen, müssen Sie auch keine Bewegungskennzahlen definieren. Sie werden Ihnen erst gar nicht in der besonderen Kennzahltyphierarchie angeboten. Zur Ermittlung von Renditen müssen intern auch für Benchmarks zuerst Bestände (Kennzahltyp PAPOS und PAPOSCC) ermittelt werden, aus denen dann die Renditen (Kennzahltyp PAYLDCC und PAYLDSNCCC) berechnet wer-

Nur Bestände, keine Bewegungen

den. Daher müssen Sie diese Kennzahlen inklusive einer eigenen abstrakten Basiskennzahl definieren.

Renditemethoden und Renditeintervalle

Da Benchmarks keine Bewegungen kennen, liefern alle Renditemethoden dasselbe Ergebnis. Die Benchmark-Renditen sollten auf alle Fälle die gleichen Renditeintervalle haben wie die Portfoliorenditen, mit denen diese verglichen werden sollen. Außerdem raten wir Ihnen, dass auch die Renditemethoden der Benchmark-Rendite und der zu vergleichenden Portfoliorendite gleich sein sollten.

Auswertungswährung

Die Auswertungswährungen der den Portfolio- und Benchmark-Renditen zugrunde liegenden Basiskennzahlen vom Typ PAPOSCC sollten identisch sein.

Spezielle Benchmark-Läufe

Da die Ermittlung der Benchmark-Renditen in eigenen Läufen stattfindet, finden Sie in der Transaktion AFWKF_PA für Benchmark-Kennzahlen auch keine Möglichkeit, Auswertungsverfahren zu definieren oder eine Zuordnung von Benchmark-Kennzahlen zu Verfahren vorzunehmen.

Ermittlung der Benchmark-Renditen

Benchmark-Lauf

Für die Ermittlung der Benchmark-Werte zu den Benchmarks verwendet das System keines der existierenden Auswertungsverfahren der Ergebnisdatenbank, sondern einen eigenständigen *Benchmark-Lauf*, den Sie unabhängig von den Auswertungen auf der Ergebnisdatenbank starten. Diesen Lauf finden Sie im Menü unter TREASURY AND RISK MANAGEMENT • PORTFOLIO ANALYZER • WERKZEUGE • ERGEBNISDATENBANK unter der Transaktion ERMITTLUNG VON BENCHMARK-KENNZAHLEN (Transaktion PAEPBM). Hier legen Sie in den Selektionsparametern (siehe Abbildung 12.101) fest, welche Kennzahlwerte berechnet werden sollen. Erst beim Benchmark-Lauf verbindet das System die Benchmarks (Stammdaten) mit den Benchmark-Kennzahlen, die Sie als Ablage für die Kennzahlwerte definiert haben. Dabei ermittelt das System die Benchmark-Renditen nur für die Portfoliohierarchieknoten, denen Sie Benchmarks zugeordnet haben. Die Benchmarks wählen Sie daher also implizit über die Angabe einer oder mehrerer Zuordnungsvarianten aus. Ähnlich wie beim Endergebnisverfahren 2 stehen auch hier die Arbeitsmodi GRUNDLAUF und LÖSCHLAUF zur Verfügung. Im Grundlauf ermittelt das System die Kennzahlwerte für alle Kombinationen der angegebenen Benchmarks und der Benchmark-Kennzahlen. Für den Löschlauf ist zu bemerken, dass das System auch alle Composite-Benchmarks löscht, die die zu löschenden Benchmarks enthalten.

Kontrolle der Laufergebnisse

Analog zu den normalen Auswertungsverfahren steht zur Kontrolle der Laufergebnisse ein Reporting mit Absprüngen zu den Protokollen zur Verfügung. Sie finden die Transaktion ÜBERSICHT ERMITTLUNG VON BENCHMARKKENNZAHLEN (Transaktion AFWOBM) im Menü direkt neben der Transaktion für die Benchmark-Läufe.

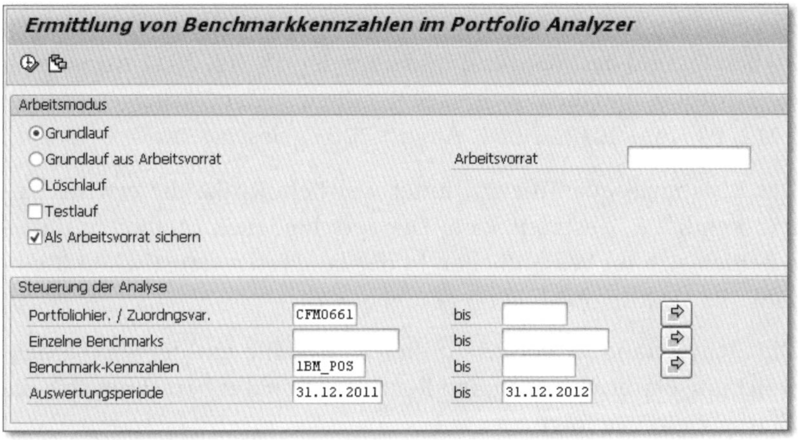

Abbildung 12.101 Ermittlung von Benchmark-Kennzahlwerten (Transaktion PAEPBM)

12.6.8 Portfolio Analyzer: risikoadjustierte Kennzahlen

In den vorangegangenen Abschnitten haben wir Ihnen Methoden zur Berechnung von Portfoliorenditen sowie Benchmark-Renditen vorgestellt. Ein einfaches Gegenüberstellen der Portfolio- und Benchmark-Renditen greift jedoch im Allgemeinen zu kurz: Man kann lediglich erkennen, ob eine erwirtschaftete Portfoliorendite die Benchmark-Rendite übersteigt. Es ist jedoch nicht erkennbar, von welcher Qualität die Portfoliorendite ist, oder – anders gesagt – unter welchem Risiko die Portfoliorendite erwirtschaftet wurde. An dieser Stelle helfen die *risikoadjustierten Kennzahlen*, die neben der Portfolio- und Benchmark-Rendite ein Risikomaß betrachten.

Berechnungsmethoden

Alle Berechnungsmethoden stellen die Überrendite – die Differenz zwischen Portfoliorendite R_P und Benchmark-Rendite R_B – einem

Risikomaß gegenüber. Dabei ist die Rendite R_P die annualisierte, geometrisch gemittelte Rendite der beobachteten Portfoliorenditen $R_{P,i}$:

$$R_P = \left(\prod_{i=1}^{n} R_{P,i} \right)^{\frac{a}{n}}$$

Der Annualisierungsfaktor a hängt vom Renditeintervall ab und hat z.B. bei monatlichen Renditen den Wert 12. Die Benchmark-Rendite R_B berechnet sich analog. Falls etwa die Anzahl n der Beobachtungen 36 beträgt und das Auswertungsdatum der 01. Juli 2012 ist, werden die Portfolio- und die Benchmark-Renditen zu den Stichtagen 01. Juli 2012, 01. Juni 2012, ..., 01. August 2009 gelesen.

Das Risikomaß quantifiziert, unter welchem Risiko die erwirtschaftete Rendite R_P zustande kam. Die verschiedenen Methoden unterscheiden sich im Wesentlichen in der konkreten statistischen Kennzahl, die als Risikomaß herangezogen wird.

Sharpe Ratio

Die Sharpe Ratio *SR* vergleicht die Überrendite mit der Standardabweichung der erwirtschafteten Renditen. Konkret berechnet sich die Sharpe Ratio wie folgt:

$$SR = \frac{R_P - R_B}{\sigma}$$

Die annualisierte Standardabweichung σ ergibt sich aus den beobachteten Portfoliorenditen $R_{P,i}$ wie folgt:

$$\sigma = \sqrt{\sum_{i=1}^{n} \frac{\left(R_{P,i} - \overline{R}_P\right)^2}{n}} \cdot \sqrt{a}$$

Mit der mittleren Rendite:

$$\overline{R}_P = \frac{\sum_{i=1}^{n} R_{P,i}}{n}$$

Die Sharpe Ratio *SR* ist also eine dimensionslose Kennzahl, die die Überrendite mit der Volatilität der beobachteten Portfoliorenditen vergleicht. Je größer die Sharpe Ratio, desto besser, da die Überrendite dann mit geringerem Risiko erwirtschaftet wurde.

Die Information Ratio *IR* ist wie folgt definiert:

Information Ratio

$$IR = \frac{R_P - R_B}{TE}$$

Hierbei ist der Tracking Error *TE* durch die annualisierte Standardabweichung der beobachteten Renditeüberschüsse definiert:

$$TE = \sqrt{\sum_{i=1}^{n} \frac{R_{P,i} - R_{B,i} - \bar{R}_{P-B}}{n}} \cdot \sqrt{a} \text{ mit } \bar{R}_{P-B} = \frac{\sum_{i=1}^{n} (R_{P,i} - R_{B,i})}{n}$$

Die Information Ratio *IR* stellt die Überschussrendite in Relation zur Standardabweichung der einzelnen Überschussrenditen. Sie ist der Sharpe Ratio sehr ähnlich, nutzt aber als Risikomaß die Volatilität der Überschussrendite anstelle der Portfoliorendite.

Die Sortino Ratio *SOR* ist ebenfalls ähnlich der Sharpe Ratio definiert:

Sortino Ratio

$$SOR = \frac{R_P - R_B}{\sigma_D}$$

Als Risikomaß wird jedoch das annualisierte Downside-Risiko σ_D verwendet:

$$\sigma_D = \sqrt{\sum_{i=1}^{n} \frac{(min((R_{P,i} - R_{B,i}), 0))^2}{n}} \cdot \sqrt{a}$$

Das Downside-Risiko ist ähnlich der Standardabweichung definiert, es werden jedoch – wegen des *MIN*-Operators – nur die negativen Überrenditen betrachtet. Positive Überrenditen führen daher nicht zu einer ansteigenden Sortino Ratio. Darüber hinaus geht der Mittelwert der beobachteten Überrenditen nicht explizit ein.

Die Treynor Ratio *TR* vergleicht die Überrendite mit dem β-Faktor des Portfolios:

Treynor Ratio

$$TR = \frac{R_P - R_B}{\beta}$$

Der β-Faktor ist dabei folgendermaßen definiert:

$$\beta = \frac{\sum_{i=1}^{n} (R_{P,i} - \bar{R}_P) \cdot (R_{B,i} - \bar{R}_B)}{\sum_{i=1}^{n} (R_{B,i} - \bar{R}_B)^2}$$

Er kann als Steigung einer Regressionsgerade zwischen beobachteten Portfoliorenditen und den Benchmark-Renditen – jeweils bezogen auf die mittlere Rendite – interpretiert werden. Er ist damit ein Maß für das Risiko des Portfolios im Vergleich zur Benchmark. Ein ansteigendes Risiko führt daher zu kleineren Werten der Treynor Ratio *TR*.

Jensen's Alpha

In das Risikomaß *Jensen's Alpha* geht neben der Portfolio- und Benchmark-Rendite noch die annualisierte risikolose Benchmark-Rendite R_{RF} ein:

$$\alpha = R_P - R_{RF} - \beta \cdot (R_B - R_{RF})$$

Der β-Faktor ist wie bei der Treynor Ratio definiert, während sich die risikofreie Rendite R_{RF} analog zur Benchmark-Rendite R_B berechnet. Jensen's Alpha vergleicht sowohl die Portfoliorendite als auch die Benchmark-Rendite – mittels des β-Faktors an das Risiko des Portfolios im Vergleich zur Benchmark angepasst – mit der risikolosen Rendite. Ein positiver Wert für α bedeutet eine höhere Portfoliorendite im Vergleich zur Benchmark bei gleichem systematischen Risiko.

Definition der risikoadjustierten Kennzahlen

Ähnlich wie bei Renditekennzahlen und Benchmark-Kennzahlen müssen im ersten Schritt die risikoadjustierten Kennzahlen definiert werden, um diese danach in Berechnungsläufen zu ermitteln und abzuspeichern.

Definition risikoadjustierte Kennzahl

Die Transaktion zur Pflege haben wir in Abschnitt 12.6.4, Überschrift »Pflege der Kennzahlen und Auswertungsverfahren – Portfolio Analyzer«, schon ausführlich beschrieben. Zur Definition der risikoadjustierten Kennzahlen nutzen Sie dieselbe Transaktion, mit deren Hilfe Sie auch andere Kennzahlen des Portfolio Analyzers sowie Benchmark-Kennzahlen definieren. Sie finden die Transaktion Pflege der Kennzahlen und Auswertungsverfahren (Transaktion AFWKF_PA) im Menü unter Treasury and Risk Management • Portfolio Analyzer • Auswertungssteuerung • Ergebnisdatenbank. Zur

Definition risikoadjustierter Kennzahlen verwenden Sie die Option BENCHMARK-KENNZAHL des Selektionsbildes (siehe Abbildung 12.81). Abbildung 12.102 zeigt die Kennzahltyphierarchie der für die Benchmark-Berechnung notwendigen Kennzahlen sowie der risikoadjustierten Kennzahlen.

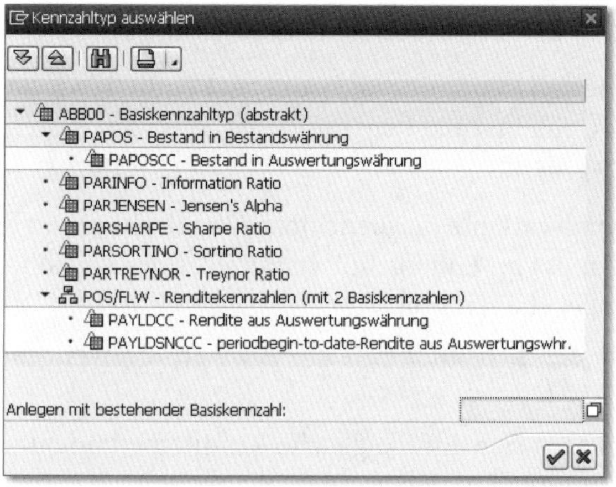

Abbildung 12.102 Kennzahltyphierarchie der Benchmark-Kennzahlen und risikoadjustierten Kennzahlen des Portfolio Analyzers

Die Pflege der risikoadjustierten Kennzahlen läuft mit einigen Ausnahmen analog zur Pflege normaler Kennzahlen ab. Als Beispiel zeigt Abbildung 12.103 die Pflege der Attribute einer Kennzahl des Typs *Sharpe Ratio*.

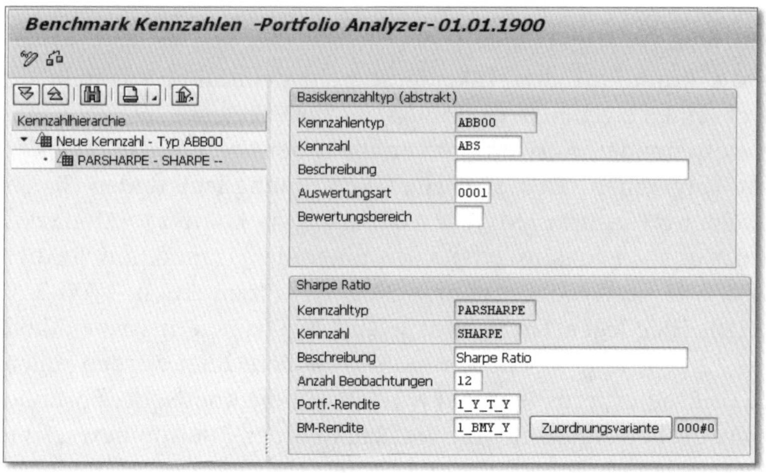

Abbildung 12.103 Pflege der Attribute der Sharpe Ratio – einer der Typen von risikoadjustierten Kennzahlen

Neben der Anzahl der Beobachtungen *n* (Feld ANZAHL BEOBACHTUNGEN) müssen eine Kennzahl für die Portfoliorendite (Feld PORTF.-REDITE) und eine Kennzahl für die Benchmark-Rendite (Feld BM-RENDITE) samt ZUORDNUNGSVARIANTE, siehe den gleichnamigen Button, angegeben werden. Im Falle der risikoadjustierten Kennzahl *Jensen's Alpha* müssen Sie noch eine zweite Benchmark-Kennzahl mit Zuordnungsvariante angeben, die die risikofreie Rendite festlegt.

Konsistenzprüfungen

Die einer risikoadjustierten Kennzahl zugeordneten Renditekennzahlen müssen folgende Gemeinsamkeiten aufweisen, die vom System automatisch geprüft werden:

- Die in der Zuordnungsvariante der Benchmark-Kennzahl genutzte Portfoliohierarchie muss im Endergebnisverfahren 2 der Portfoliorenditekennzahl angegebenen sein.
- Die Kennzahlen müssen sich auf die gleiche Auswertungswährung beziehen.
- Die Kennzahlen müssen sich auf die gleiche Renditemethode und das gleiche Renditeintervall beziehen. Diese Bedingung gilt jedoch nicht für die Sharpe Ratio, da hier nur die Portfoliorenditen, nicht jedoch die Benchmark-Renditen, in das statistische Maß eingehen.

Spezielle Auswertungsläufe

Analog zu Benchmark-Renditen findet auch die Berechnung der risikoadjustierten Kennzahlen in eigenen Läufen statt. Daher gibt es in der Transaktion AFWKF_PA keine Möglichkeit, risikoadjustierten Kennzahlen Auswertungsverfahren zuzuordnen.

Ermittlung der risikoadjustierten Kennzahlen

Berechnungslauf

Für die Ermittlung der risikoadjustierten Kennzahlwerte stellt das System einen eigenen Berechnungslauf zur Verfügung, eine Nutzung der existierenden Auswertungsverfahren der Ergebnisdatenbank ist nicht vorgesehen. Den speziellen Berechnungslauf finden Sie im Menü unter TREASURY AND RISK MANAGEMENT • PORTFOLIO ANALYZER • WERKZEUGE • ERGEBNISDATENBANK unter der Transaktion ERMITTLUNG VON RISIKOADJUSTIERTEN MASSEN (Transaktion PAEPBM_RATIO). Hier legen Sie in den Selektionsparametern (siehe Abbildung 12.104) fest, welche Kennzahlwerte berechnet werden sollen. Eine risikoadjustierte Kennzahl wird nur für die Knoten der Portfoliohierarchie berechnet, für die im Rahmen der Zuordnungsvariante eine Benchmark hinterlegt und damit eine Benchmark-Kennzahl überhaupt verfügbar ist. Analog zur Berechnung von Benchmark-

Kennzahlen und zum Endergebnisverfahren 2 stehen Ihnen auch hier die Arbeitsmodi Grundlauf und Löschlauf zur Verfügung.

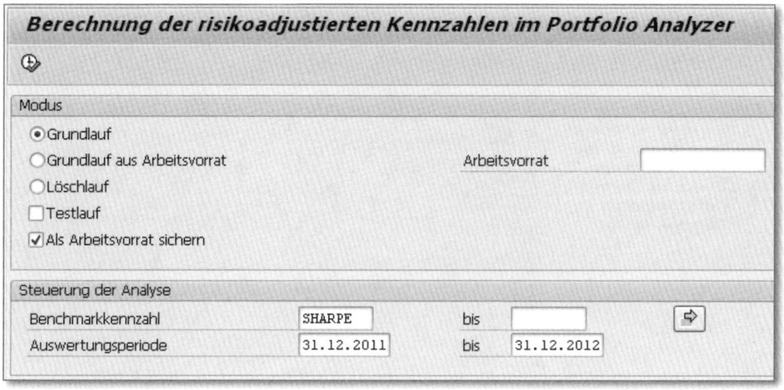

Abbildung 12.104 Ermittlung von risikoadjustierten Kennzahlwerten (Transaktion PAEPBM_RATIO)

Kontrolle der Laufergebnisse

Zur Kontrolle der Berechnungsläufe der risikoadjustierten Kennzahlen steht Ihnen dieselbe Transaktion Übersicht Ermittlung von Benchmarkkennzahlen (Transaktion AFWOBM) zur Verfügung, die Sie auch für die Kontrolle der Läufe zur Berechnung von Benchmark-Kennzahlen verwenden können.

12.6.9 Analyzer-Informationssystem

Das Analyzer-Informationssystem stellt das Reporting der Kennzahlen der Ergebnisdatenbank zur Verfügung, von hoch verdichteten Kennzahlen auf einer Portfoliohierarchie mit Drill Down bis in den Transaction Manager.

Layoutdefinition

Layout

Bevor Sie das Analyzer-Informationssystem starten können, müssen Sie sich ein Layout zusammenstellen. Die notwendige Pflegetransaktion Einstiegslayout festlegen (Transaktion AIS_LAY_DEF) finden Sie in den Analyzern unter Treasury and Risk Management • Market Risk/Portfolio Analyzer/Accounting • Analyzer • Werkzeuge • Analyzer Info System (siehe Abbildung 12.105). Jedem Bereich des Analyzer-Informationssystems (linke Seite) können Sie Kennzahlen zuordnen (rechte Seite). Die Wirkung der Einstellungen möchten wir an dieser Stelle nicht erläutern. Diese erschließt sich, wenn Sie die

Handhabung des Analyzer-Informationssystems im übernächsten Abschnitt kennenlernen.

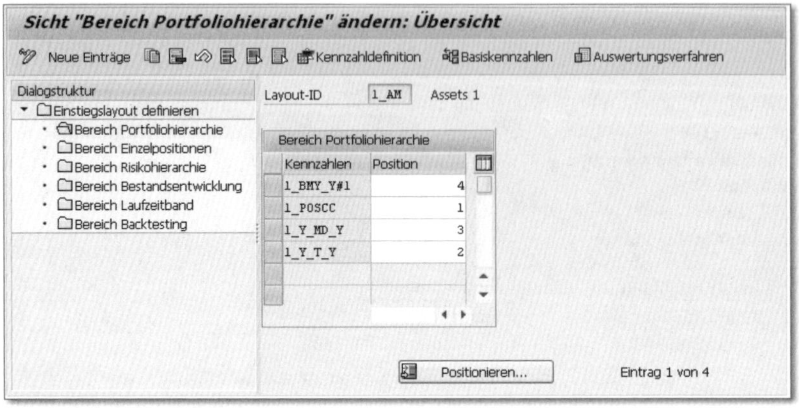

Abbildung 12.105 Pflegebild der Transaktion AIS_LAY_DEF zur Layoutdefinition des Analyzer-Informationssystems

Übergreifende Layouts

Im Analyzer-Informationssystem ist die Trennung nach Analyzern aufgehoben, sodass Sie Kennzahlen aus dem Market Risk Analyzer mit Kennzahlen des Portfolio Analyzers sowie den Accounting-Kennzahlen des Accounting Analyzers beliebig mischen können.

Formeln

Formeln auf Ergebniskennzahlen

Oft ist es sinnvoll, aus bestehenden in der Ergebnisdatenbank gespeicherten Kennzahlen über Formelfunktionen abgeleitete Kennzahlen zu ermitteln. Zu diesem Zweck steht Ihnen ein Formeleditor für das Analyzer-Informationssystem zur Verfügung. Sie finden die Transaktion FORMELN FÜR AIS DEFINIEREN (Transaktion AIS_FORMULA_DEF) in den Analyzern jeweils unter TREASURY AND RISK MANAGEMENT • MARKET RISK/PORTFOLIO ANALYZER/ACCOUNTING ANALYZER • WERKZEUGE • ANALYZER INFO SYSTEM.

Kopfdaten der Formel

Nach dem Aufruf der Transaktion müssen Sie zuerst das Layout sowie den Bereich des Layouts auswählen, zu dem Sie Formeln definieren möchten. Wir wollen nun für unser Beispiel im Layout 1_AM als formelbasierte Kennzahl im Bereich der Portfoliohierarchie die aktive Rendite berechnen. Als Maß für die aktive Rendite setzen wir die Differenz zwischen Portfolio- und Benchmark-Rendite an. Nach der Auswahl des LAYOUTS und des BEREICHS gelangen wir zur Übersicht der Formeln für diesen Bereich in diesem Layout (siehe Abbildung 12.106). Hier geben wir neben dem Namen der Formel (Spalte FORMEL), die als Kennzahl-ID wirkt, und einer BESCHREIBUNG (siehe gleichnamige Spalte) auch Layoutinformationen an. Zum einen die Kennzahl, neben der die Formelergebnisse erscheinen sollen (Spalte NEBEN KENNZAHL, diese Einstellung können Sie im AIS mithilfe der ALV-Funktionen abändern), sowie die Anzahl der Dezimalstellen (Spalte DEZSTELLEN), mit der die Kennzahl dargestellt werden soll.

Abbildung 12.106 Übersicht über die bestehenden Formeln für einen AIS-Bereich eines AIS-Layouts (Transaktion AIS_FORMULA_DEF)

Formeleditor

Danach gelangen Sie in den eigentliche Formeleditor (siehe Abbildung 12.107). Er weist die typischen Handhabungsmerkmale eines Formeleditors im ABAP-Umfeld auf. Wenn Sie bei der Verwendung des Formeleditors Hilfe benötigen, nutzen Sie zur Laufzeit die Online-Dokumentation, die Sie über den Button mit dem Informationsicon erreichen können. Wir definieren nun die Kennzahl ACT_YLD als Differenz von Portfoliorendite und Benchmark-Rendite, prüfen die Formel auf Konsistenz und speichern diese ab.

[+]

MAX(a, b)-Funktion

In einigen Formeln benötigen Sie die *MAX*-Funktion:

MAX(a, b) = a, wenn a b, sonst = b.

Damit lassen sich Kennzahlen wie die *Stille Reserve* (auf Einzelbestandsebene) abbilden als:

Stille Reserve = MAX(Barwert – Buchwert, 0)

Die Funktion *MAX(a, b)* steht Ihnen nicht direkt zur Verfügung. Sie können sie aber selbst mittels der *IF*-Funktion erzeugen. Die Stille Reserve würde im Formeleditor wie folgt gebildet werden:

= *IF(Barwert>Buchwert, Barwert-Buchwert, 0).*

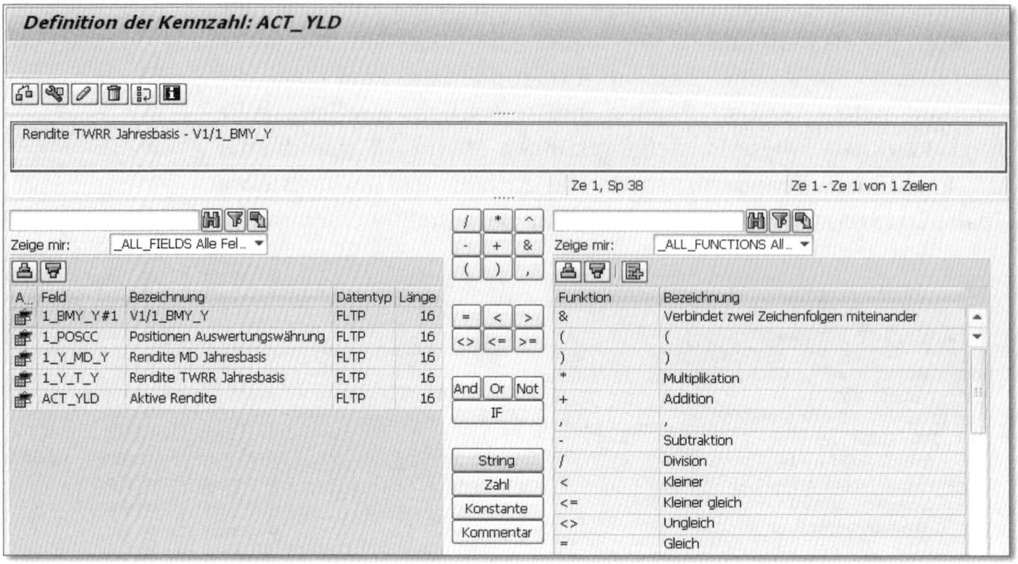

Abbildung 12.107 Formeleditor der Transaktion AIS_FORMULA_DEF

Flüchtige Kennzahlwerte

Die formelbasierten Kennzahlen werden nicht in der Ergebnisdatenbank gespeichert, sondern werden vom System zur Laufzeit beim Aufruf des AIS berechnet. Im AIS werden die formelbasierten Kennzahlen zusammen mit den Kennzahlen angezeigt, die Sie im Einstiegslayout des AIS hinterlegt haben. Beim Aufruf des AIS überprüft das System alle Formeln des Einstiegslayouts. Wenn Fehler auftauchen, zeigt das System die betreffenden Formeln nicht an und gibt ein Fehlerprotokoll aus. Dies kommt z.B. vor, wenn Sie Formeln mithilfe von Kennzahlen definiert haben, die im Einstiegslayout gelöscht wurden.

Handhabung des Analyzer-Informationssystems

AIS

Zentrales Auswertungswerkzeug für die Ergebnisdaten ist das Analyzerinformationssystem (Transaktion AIS_STDREP), meist nur kurz mit *AIS* bezeichnet. Sie finden diese zentrale Reporting-Transaktion der Ergebnisdatenbank im Menü der Analyzer jeweils unter Treasury and Risk Management • Market Risk/Portfolio Analyzer/ Accounting Analyzer • Informationssystem.

[»]

AIS

Beachten Sie, dass der Begriff AIS in SAP Treasury and Risk Management doppelt belegt ist. Mit AIS wird auch das Audit Information System abgekürzt (siehe Kapitel 15, »Integrations- und Systemwerkzeuge«).

Einstieg

Im Selektionsbild (siehe Abbildung 12.108) füllen Sie obligatorisch die Felder PORTFOLIOHIERARCHIE, mindestens einen STICHTAG sowie das EINSTIEGSLAYOUT, das Sie mit der Transaktion AIS_LAY_DEF definiert haben (siehe Überschrift »Layoutdefinition«). Das Einstiegslayout steuert die Selektion der Kennzahlen der Ergebnisdatenbank sowie der formelbasierten Berechnungen. Zudem definiert es auch Default-ALV-Layouts. Sie können auch mehrere Stichtage angeben, um Stichtagsvergleiche vorzunehmen. Das Einstiegslayout können Sie zur Laufzeit durch ALV-Layoutvarianten verändern, sodass Sie auch bei der Eingabe mehrerer Stichtage den Stichtagsvergleich auf eine einzelne Kennzahl einschränken können.

Im Bildbereich ALV-LAYOUT DES ANALYZER INFOSYSTEM können Sie für jeden Bereich des AIS eine ALV-Layoutvariante eingeben und so das Bild gestalten. Den Begriff *Bereich* erläutern wir im nächsten Abschnitt. Wenn Sie das Kennzeichen MINIMALE PORTFOLIOHIERARCHIE setzen, werden nur die Portfoliohierarchieknoten angezeigt, für die Werte der durch das Einstiegslayout festgelegten Kennzahlen in der Ergebnisdatenbank vorliegen.

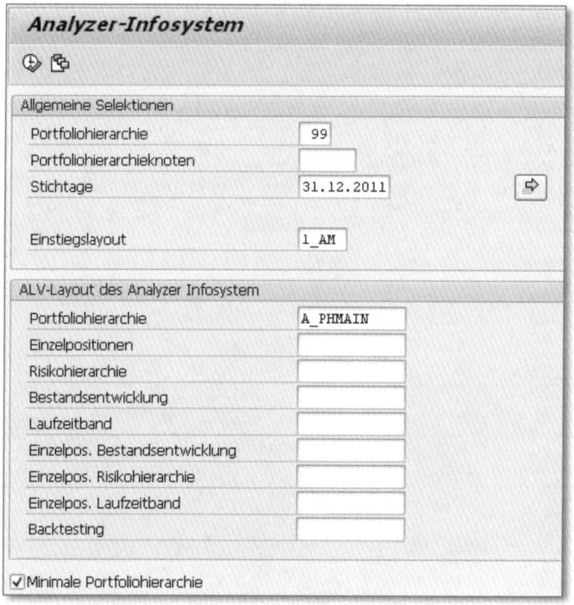

Abbildung 12.108 Selektionsbild des AIS

Bereich

Danach gelangen in das Hauptbild (siehe Abbildung 12.109). Hier werden in Abhängigkeit vom definierten Einstiegslayout die Kennzahlen dargestellt. Dabei werden im oberen Bildbereich die Kennzahlen auf Basis der Portfoliohierarchie aufgelistet, im unteren Bildbereich werden auf Registerkarten kennzahltypspezifische Informationen angezeigt. An dieser Stelle wird auch der Begriff *Bereich*, den Sie schon in der Layoutdefinition kennengelernt haben, greifbar. Der Bereich PORTFOLIOHIERARCHIE entspricht dem oberen Bildbereich, die anderen Bereiche entsprechen jeweils einer Registerkarte, wobei eine Registerkarte im unteren Bildbereich nur dann erscheint, wenn ihr im Layout mindestens eine Kennzahl zugeordnet wurde. Die unteren Bereiche nehmen dabei Basiskennzahlen der Portfoliohierarchiekennzahlen auf und sind inhaltlich so zugeschnitten, dass jeweils eine Gruppe zusammenhängender Kennzahlen in einer geeigneten Weise dargestellt werden kann. Dabei weisen die unteren Bereiche jeweils eigenständige Darstellungen und Zusatzfunktionen auf. Zudem werden auch die Pop-ups, wie z.B. EINZELPOSITIONEN DER BESTANDSENTWICKLUNG (siehe Abbildung 12.110), die Sie durch Drill Downs aus einem der Bereiche der unteren Registerkarten aufrufen können, als Bereiche bezeichnet. Für alle diese Bereiche können Sie zur Laufzeit ALV-Layoutvarianten definieren, die Sie beim Start im Bildbereich ALV-LAYOUT DES ANALYZER INFOSYSTEM (siehe Abbildung 12.108) eingeben können.

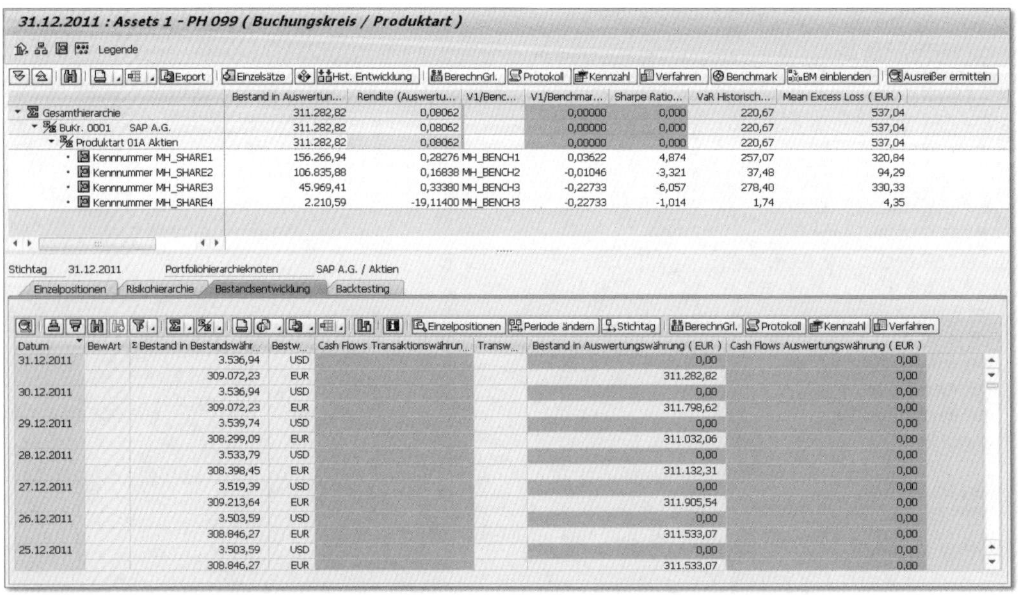

Abbildung 12.109 Analyzer-Informationssystem: Beispiel für einen Navigationszustand eines Layouts

ALV im AIS

Das AIS bietet eine Vielzahl an Möglichkeiten zur Navigation und zur Anzeige zusätzlicher Informationen. Da die Anzeige mit dem SAP List Viewer (ALV, ehemals ABAP List Viewer) erfolgt, stehen Ihnen auch alle Möglichkeiten dieses Tools zur Verfügung, um die Darstellung anzupassen. Anzeigevarianten, die Sie hier einrichten, können Sie im Selektionsbild direkt für den jeweiligen Bereich mitgeben. Doch neben diesen klassischen Möglichkeiten des SAP List Viewers wird Ihnen eine ganze Palette zusätzlicher Funktionen angeboten.

Vollbildmodus

In der obersten Buttonleiste können Sie sich über den Button Portfoliohierarchie im Vollbildmodus () die Portfoliohierarchie im Vollbild anzeigen lassen. Mit dem Button Standardanzeige () schalten Sie wieder auf die normale Darstellung zurück.

Navigation

Die Navigation arbeitet meist zellensensitiv, manchmal auch spaltensensitiv, und wir unterscheiden zwischen Navigation durch Doppelklick und Navigation durch Markieren einer Zelle (Kennzahlwert) oder Spalte mit nachfolgender Buttonnavigation.

Buttonleiste

In der zweiten Buttonleiste, die Sie im Bereich Portfoliohierarchie finden, befindet sich eine ganze Reihe Buttons, die Ihnen z.B. einen Export (Button Export) in eine normale Tabelle oder eine Pivottabelle nach Microsoft Excel anbieten oder auch die Möglichkeit, einen historischen Vergleich (Button Hist. Entwicklung) von Datensätzen aus der Ergebnisdatenbank über die Angabe von Terminen vorzunehmen.

Drill Down 1

Direkt nach dem Start der Transaktion sind alle unteren Bereiche leer. Sie füllen diese, indem Sie einen Drill Down durchführen. Generell sprechen Sie durch Doppelklick auf eine Zelle im Bereich Portfoliohierarchie einen Drill Down an. Haben Sie im unteren Bildbereich den Fokus auf eine Registerkarte gelegt, die Basiskennzahlen zu einer Kennzahl im Bereich Portfoliohierarchie enthält, laden Sie durch den Doppelklick genau die Basiskennzahlwerte zu der angeklickten Zelle. Ein Beispiel soll das Verhalten erläutern.

[zB]

Renditekennzahl: Zellensensitive Navigation

Wir haben in Abbildung 12.109 im Layout des Bereichs Bestandsentwicklung die Basiskennzahlen vom Typ PAPOS, PAPOSCC, PAFLW und PAFLWCC eingebunden, die Basiskennzahlen unserer Renditekennzahlen sind. Ein Doppelklick auf die Zelle einer Renditekennzahl lädt nun genau die Kennzahlwerte in diesen Bereich, die zur Berechnung des angeklickten Zellenwerts herangezogen wurden.

Bei Doppelklick auf eine Jahresrendite 2011 auf den Wurzelknoten sind das alle Bestände und Bewegungen vom 31.12.2010 bis 31.12.2011. Beim Doppelklick auf eine Zelle derselben Renditekennzahl auf einem Teilportfolio werden nur die entsprechenden Basiskennzahlwerte der Finanzobjekte, die auf diesem Teilportfolio liegen, selektiert.

[»] **Drill-Down-Navigation und Performance**

Bedenken Sie bei der Drill-Down-Navigation, dass die Daten der unteren Bereiche erst aufgrund des Drill Downs aus der Ergebnisdatenbank gelesen werden. Bei großen Portfoliohierarchien kann es, ähnlich wie in großen Berichten in BI, zu entsprechend langen Antwortzeiten kommen.

Sonderfunktionen pro Bereich

Jeder Bereich im unteren Bildbereich bietet spezifische Sonderfunktionen. So weist z.B. der Bereich/die Registerkarte BACKTESTING neben einem Aufriss der Backtesting-Ergebnisse in einer Risikohierarchie auch backtestingspezifische Grafiken wie QQ-Plot, PP-Plot oder VaR-vs-reale-GuV-Verteilung über die Stichtage aus.

Sonderfunktionen im Bereich Bestandsentwicklung

Betrachten wir noch einmal den Bereich/die Registerkarte BESTANDSENTWICKLUNG. Hier können Sie über den Button PERIODE ÄNDERN die Darstellung in diesem Bereich ändern. Anstatt die Daten auf täglicher Basis zu sehen, können Sie durch die Wahl anderer Perioden (wöchentlich, monatlich, viertel- und halbjährlich sowie jährlich) ein Raster auf die Daten legen. Sie erhalten eine Liste der Kennzahlwerte für die Bestände an den dadurch erzeugten Stichtagen und der Bewegungen in den dazwischenliegenden Perioden. Der Button EINZELPOSITIONEN erlaubt es, sich Einzelpositionen anzeigen zu lassen.

Drill Down 2

Da der Button EINZELPOSITIONEN auch auf einigen anderen Registerkarten bereitgestellt wird, wollen wir uns die dahinterliegende Funktion genauer ansehen. Nach einem Klick auf den Button EINZELPOSITIONEN in Abbildung 12.109 gelangen wir in ein Pop-up (siehe Abbildung 12.110), das den Aufriss der auf Portfoliohierarchieknotenebene aggregierten Kennzahlwerte in die Kennzahlwerte der darunterliegenden Finanzobjekte darstellt. Ein Doppelklick auf eine einzelne Zeile führt uns in einem weiteren Drill-Down-Schritt zum operativen Primärobjekt. Bei OTC-Geschäften wird dies mittels der Transaktion FTR_EDIT im Detail angezeigt, bei Depotgattungsbeständen gelangt man zur Transaktion TPM12.

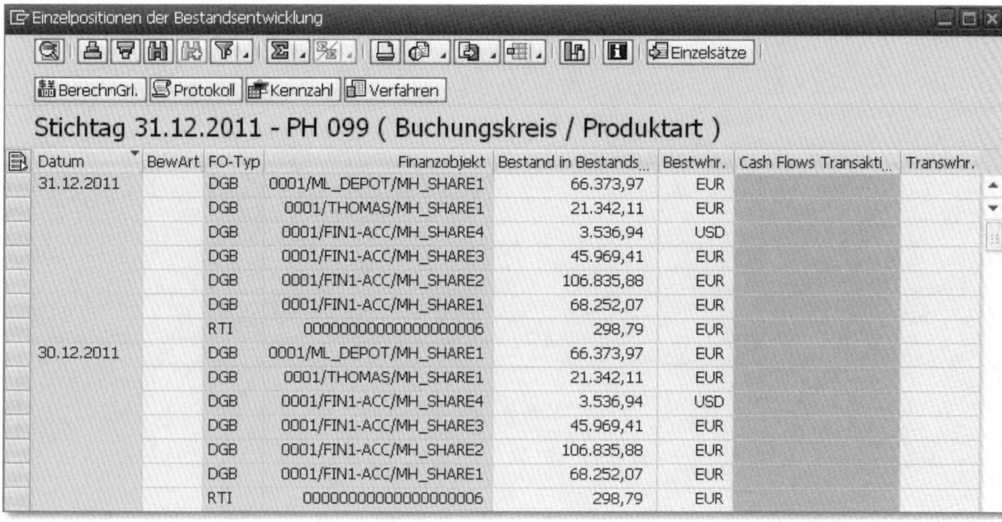

Abbildung 12.110 Darstellung der Einzelpositionen über den namensgleichen Button im Bereich »Bestandsentwicklung«

Gehen wir noch einmal zurück zu Abbildung 12.110. In diesem Detailbild der Einzelpositionen können Sie sich nun auch die EINZELSÄTZE über den gleichnamigen Button anzeigen lassen (siehe Abbildung 12.111). Damit tauchen wir auf die technische Ebene der Ergebnisdatenbank ab. Wir finden alle Einzelsätze, die zu diesem Finanzobjekt und Datum ermittelt wurden, inklusive stornierter Datensätze, mit den technischen Datenbankschlüsseln. Selbst hier können Sie noch weiter per Drill Down navigieren und erhalten bei Doppelklick auf eine Zeile, die genau einem Eintrag in der Einzelsatzergebnisdatenbank entspricht, weitere Detailinformationen (siehe Abbildung 12.112).

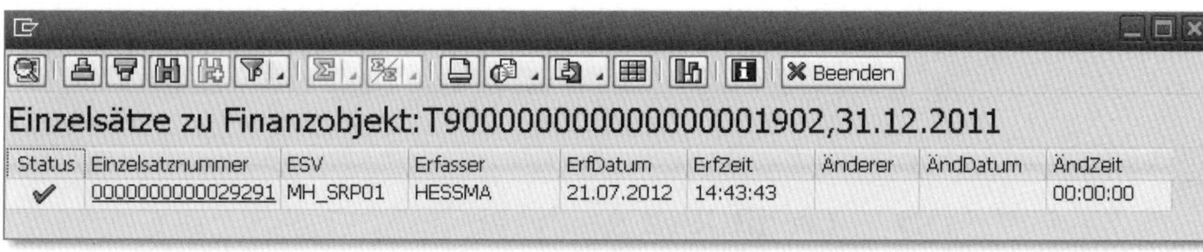

Abbildung 12.111 Einzelsatzübersicht eines Finanzobjekts für einen Stichtag

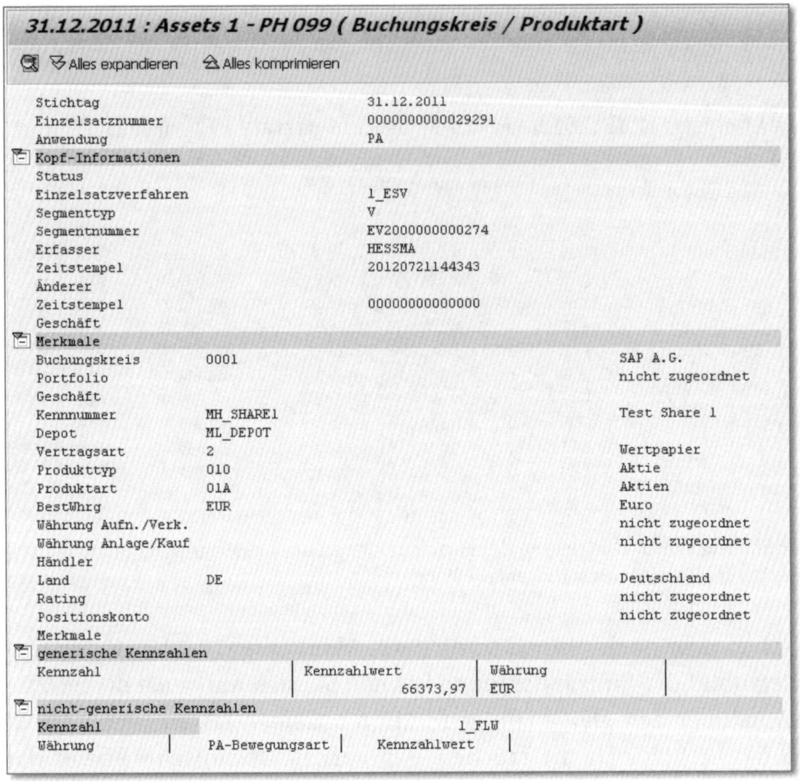

Abbildung 12.112 Detailinformationen zu einem Einzelsatz

Resümee

Sie sehen, dass die Ergebnisdatenbank so gestaltet wurde, dass die Einrichtung sehr flexibel ist. Die Datenbefüllung kann durch die Batch-Orientierung der Architektur in Läufe weitgehend automatisiert ablaufen. Die Handhabung der Ergebnisse im AIS lässt sich sehr flexibel gestalten, wobei für die Fehleranalyse eine größtmögliche Transparenz durch beliebige Drill Downs von hoch verdichteten Ergebnissen bis hin zu einem einzelnen operativen Geschäftsvorfall im Transaction Manager zur Verfügung steht.

12.7 Credit Risk Analyzer

Adressrisiko

Der Credit Risk Analyzer ist ein Werkzeug für die aktive Steuerung der Ausfallrisikolimitierung Ihrer Finanzinstrumente. Mit ihm können Sie durch die *Anrechnungsbetragsermittlung* eine marktnahe Quantifizierung des Ausfallrisikos Ihrer Finanzinstrumente vornehmen und über das *Limitmanagement* die ermittelten Anrechnungsbeträge verursachungsgerecht zuordnen sowie durch die Gegenüberstellung der Anrechnungsbeträge und der jeweiligen Limitvorgaben das Ausfallrisiko überwachen und steuern. Die Ausfallrisikolimitierung wird in SAP Treasury and Risk Management für Adressrisiken betrachtet, wobei sowohl das Kreditrisiko während der Laufzeit eines Finanzgeschäfts als auch das Settlementrisiko bei der Geschäftsabwicklung erfasst werden können. Durch die Möglichkeit, unterschiedliche Ermittlungsverfahren für die Anrechnungsbetragsermittlung zu definieren, kann das Kreditrisiko feiner bestimmt und ausgewertet werden, indem es z.B. in das Kontrahenten- und Emittentenrisiko unterteilt wird.

Länderrisiko

Die Länderrisikolimitierung steht ausschließlich SEM Banking zur Verfügung.

Integrierte Einzelgeschäftsprüfung und Tagesendverarbeitung

Die typische Anwendung des Credit Risk Analyzers ist die integrierte Einzelgeschäftsprüfung. Sie erlaubt es, gleich bei der Anlage oder Änderung eines Finanzgeschäfts die Anrechnungsbetragsermittlung vorzunehmen und den Limitvorgaben gegenüberzustellen. Aber auch in der Tagesendverarbeitung können die Anrechnungsbetragsermittlung und die Inanspruchnahme der Limitvorgaben durchgeführt werden.

Beispiel Devisengeschäft

Wir stellen Ihnen den Aufbau des Credit Risk Analyzers anhand der Ausfallrisikolimitierung von Devisengeschäften vor. Dabei möchten wir das Settlement- und das Kreditrisiko erfassen. Das Kreditrisiko messen wir dabei auf zwei verschiedene Arten und ordnen es auch unterschiedlich zu. Dadurch enthält unser Beispiel alle wesentlichen Eigenschaften, und Sie können daraus die Einstellungen für weitere Produktgruppen ableiten. Insbesondere haben Sie eine Vorlage, um das Kreditrisiko in das Kontrahenten- und Emittentenrisiko aufzuteilen.

Übersicht des Abschnitts

Wir beginnen mit den globalen Einstellungen, nehmen dann die Definitionen für die Anrechnungsbetragsermittlung vor und richten anschließend das Limitmanagement und die automatische Finanzobjektintegration ein. Nach diesen Customizing-Aktivitäten beschreiben wir die Anwendung des Credit Risk Analyzers in der integrierten Einzelgeschäftsprüfung und der Tagesendverarbeitung. Die Vorstellung des Informationssystems und weiterer Werkzeuge schließt diesen Abschnitt ab.

[»]

Sicherheitenstellung und Netting-Gruppen

Bei unserer Besprechung der Ausfallrisikolimitierung nehmen wir keine Sicherheitenstellung vor und richten auch keine Netting-Gruppen ein. Für diese beiden Themen möchten wir Sie auf die Dokumentation der einzelnen Aktivitäten im Customizing sowie auf die Dokumentation des Credit Risk Analyzers im SAP Help Portal unter *http://help.sap.com* verweisen.

12.7.1 Globale Einstellungen

Ausfallrisiko und Auswertungsart

Mit den globalen Einstellungen aktivieren Sie im Customizing unter TREASURY AND RISK MANAGEMENT • CREDIT RISK ANALYZER • GRUNDEINSTELLUNGEN • GLOBALE EINSTELLUNGEN die Funktionen des Credit Risk Analyzers. Wenn Sie die Ausfallrisikolimitierung nutzen möchten, müssen Sie wie in Abbildung 12.113 das Kennzeichen AUSFALLRISIKO AKTIV setzen und das Feld AUSWERTUNGS-ART füllen. Die Auswertungsart – in Abschnitt 12.3.2 eingeführt – wird zur Ermittlung des Anrechnungsbetrags benötigt, wenn dieser als Basiskennzahl den Barwert hat (siehe Abschnitt 12.7.2).

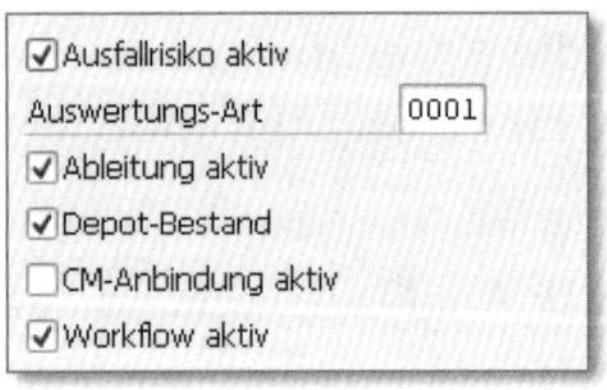

Abbildung 12.113 Globale Einstellungen für den Credit Risk Analyzer

Automatische Ableitung

Mit dem Kennzeichen ABLEITUNG AKTIV geben Sie an, ob die Ausfallrisikoregel und die weiteren Steuerungsparameter, die für die Verarbeitung eines Finanzgeschäfts innerhalb der Ausfallrisikolimitierung benötigt werden, automatisch bei der Anlage eines Geschäfts im Transaction Manager abgeleitet werden sollen. Soll die automatische Ableitung auch für Depotgattungsbestände gelten, müssen Sie zusätzlich das Kennzeichen DEPOT-BESTAND setzen. Die Ableitungsstrategien für die automatische Ableitung definieren Sie im Customizing unter TREASURY AND RISK MANAGEMENT • CREDIT RISK ANALYZER • GRUNDEINSTELLUNGEN • AUTOMATISCHE FINANZOBJEKT-INTEGRATION IN GESCHÄFTSSTAMMDATEN. Wir gehen in Abschnitt 12.7.4 auf die automatische Finanzobjektintegration und die Ableitungsstrategien näher ein.

Wenn bei der Überschreitung eines Limits innerhalb der integrierten Einzelgeschäftsprüfung eine Nachricht an die verantwortlichen Mitarbeiter gesendet werden soll, müssen Sie das Kennzeichen WORKFLOW AKTIV setzen. Die Einstellungen für das Anlegen und Senden einer entsprechenden Nachricht über einen Workflow finden Sie im Customizing unter SAP NETWEAVER • APPLICATION SERVER • BUSINESS MANAGEMENT • SAP BUSINESS WORKFLOW. Darüber hinaus können Sie eine direkte Zuordnung eines Empfängers zu einem Sender im Customizing unter TREASURY AND RISK MANAGEMENT • CREDIT RISK ANALYZER • GRUNDEINSTELLUNGEN • ZUORDNUNGEN • ZUORDNUNGEN SENDER • EMPFÄNGER vornehmen.

Workflow

Die Anbindung des Credit Risk Analyzers an das Cash Management kann mit dem Kennzeichen CM-ANBINDUNG AKTIV aktiviert werden. Für diesen Punkt verweisen wir auf die [F1]-Hilfe des Kennzeichens. Damit sind die globalen Einstellungen abgeschlossen, und wir kommen gleich zur Anrechnungsbetragsermittlung.

Cash-Management-Anbindung

12.7.2 Anrechnungsbetragsermittlung

Für Devisengeschäfte möchten wir bei der Ausfallrisikolimitierung sowohl das Settlement- als auch das Kreditrisiko betrachten. Zusätzlich möchten wir das Kreditrisiko auf zwei verschiedene Arten messen. Da die grundsätzliche Steuerung der Anrechnungsbetragsermittlung über die Ausfallrisikoregel vorgenommen wird, müssen wir für ein Devisengeschäft bezüglich dessen zugeordneter Ausfallrisikoregel drei verschiedene Ermittlungsverfahren hinterlegen. Ein Ermittlungsverfahren muss während der Abwicklung aktiv sein, und die beiden anderen Ermittlungsverfahren werden während der Laufzeit angewandt. Bevor wir zur Formelbildung für die Anrechnungsbeträge kommen, müssen Sie zuerst die notwendigen Definitionen für die Ermittlungsverfahren und die Ausfallrisikoregel festlegen.

Definitionen für die Ermittlungsverfahren und Ausfallrisikoregeln

Die Definitionen für die Ermittlungsverfahren und Ausfallrisikoregeln legen Sie im Customizing unter TREASURY AND RISK MANAGEMENT • CREDIT RISK ANALYZER • GRUNDEINSTELLUNGEN • DEFINITIONEN fest.

Bewertungsfaktorfindung definieren

Mit der Aktivität BEWERTUNGSFAKTORFINDUNG DEFINIEREN müssen Sie ein Verfahren definieren, das festlegt, ob die Anrechnungsbeträge für Adressrisiken oder Länderrisiken berechnet werden sollen. Da das Länderrisiko ausschließlich dem SEM Banking vorbehalten ist, dürfen Sie in SAP Treasury and Risk Management, wie in Abbildung 12.114 gezeigt, im Feld ADRESS/LÄNDERRISIKO nur das ADRESSRISIKO und im Feld RECOVERY-RATE-BASIS nur das GESCHÄFTSPARTNER-RATING auswählen. Das Verfahren wird später für die Zuordnung der Risikosensitivitäten, Adressausfallwahrscheinlichkeiten und Recovery Rates benötigt.

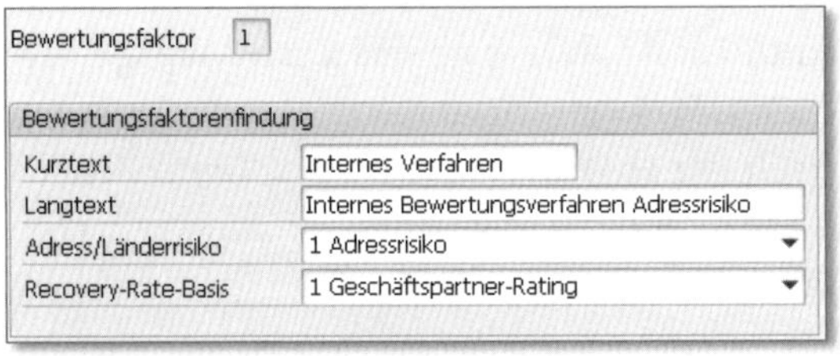

Abbildung 12.114 Definition einer Bewertungsfaktorfindung

Sicherheitenbewertungsregel

Obwohl wir die Stellung von Sicherheiten nicht betrachten, müssen Sie wenigstens eine *Sicherheitenbewertungsregel* anlegen, da diese für die Definition der Ermittlungsverfahren notwendig ist. Die Sicherheitenbewertungsregel legt fest, ob eine Sicherheit den Anrechnungsbetrag in der Höhe reduziert, in der sie das wirtschaftliche, das politische oder das maximale Risiko aus beiden Bereichen abdeckt. Wir betrachten nur das Adressrisiko, und so können Sie mit der Aktivität SICHERHEITENBEWERTUNGSREGEL DEFINIEREN eine Sicherheitenbewertungsregel anlegen, die als PRIMÄRRISIKOREDUKTION und SEKUNDÄRRISIKOAUSWEIS jeweils WIRTSCHAFTLICH trägt.

Ermittlungsverfahren

Das Ermittlungsverfahren legt die Parameter fest, die zusammen mit einer Ausfallrisikoregel die Berechnung eines Anrechnungsbetrags steuern. Für die Ausfallrisikolimitierung unserer Devisengeschäfte benötigen wir drei Ermittlungsverfahren, eines für das Settlementrisiko und zwei für das Kreditrisiko, da wir das Kreditrisiko auf zwei Arten messen wollen. Mit der Aktivität ERMITTLUNGSVERFAHREN DEFINIEREN können Sie die Ermittlungsverfahren anlegen und für diese deren notwendige Parameter BEWERTUNGSFAKTOR, RISIKOTYP, EXPOSURE und SICHERHEITENBEWERTUNGSREGEL festlegen (siehe Abbildung 12.115).

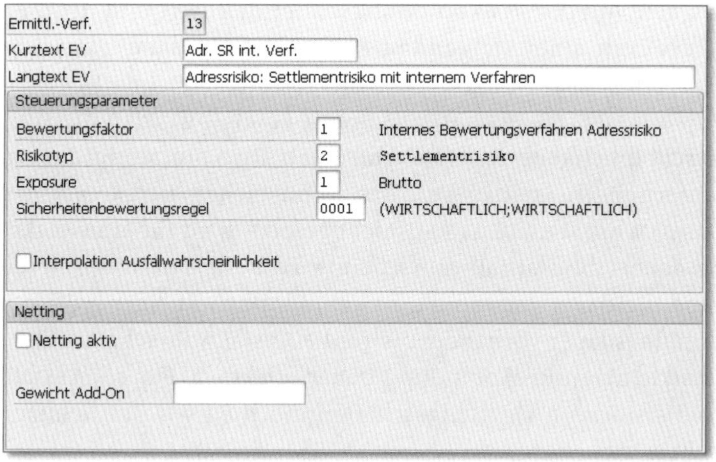

Abbildung 12.115 Definition eines Ermittlungsverfahrens

Bewertungsfaktor und Risikotyp

Als Bewertungsfaktor geben Sie das mit der Aktivität Bewertungsfaktorfindung definieren angelegte Verfahren zur Bewertungsfaktorfindung an. Für den Risikotyp stehen Ihnen die Werte Kreditrisiko oder Settlementrisiko zur Verfügung. Das Ermittlungsverfahren für die Berechnung des Settlementrisikos muss den Risikotyp Settlementrisiko tragen, die beiden anderen Ermittlungsverfahren haben den Risikotyp Kreditrisiko.

[«]

Settlementrisiko für Devisentermingeschäfte

Das Settlementrisiko besteht gemäß den derzeit üblichen Handelsusancen für ein Devisentermingeschäft ab zwei Werktagen vor der im Geschäft angegebenen Valuta.

Exposure und Sicherheitenbewertungsregel

Wird der Wert Brutto als Exposure gewählt, haben die Sicherheitenstellungen keine reduzierende Auswirkung auf den Anrechnungsbetrag eines Finanzgeschäfts. Ist dagegen der Wert Netto ausgewählt, gehen die Sicherheiten mit der im Feld Sicherheitenbewertungsregel angegebenen Regel ein. Wir betrachten die Sicherheitenstellung nicht, und so müssen Sie den Wert Brutto als Exposure eingeben. Da die Sicherheitenbewertungsregel ein notwendiger Parameter ist, müssen Sie die in der Aktivität Sicherheitenbewertungsregel definieren angelegte Regel eingeben.

Interpolation der Ausfallwahrscheinlichkeit

Die *Risikobindungsdauer* beschreibt den Zeitraum, innerhalb dessen eine Auflösung eines Geschäfts nur schwer möglich oder sogar unmöglich ist. Daher werden die Ausfallwahrscheinlichkeiten in

Abhängigkeit von der Risikobindungsdauer definiert und nehmen in der Regel mit einer steigenden Risikobindungsdauer zu. Ist in der Pflege eines Ermittlungsverfahrens das Kennzeichen INTERPOLATION DER AUSFALLWAHRSCHEINLICHKEIT gesetzt, werden die Ausfallwahrscheinlichkeiten zwischen zwei Risikobindungsdauern linear interpoliert. Ist dagegen das Kennzeichen INTERPOLATION DER AUSFALLWAHRSCHEINLICHKEIT nicht gesetzt, wird für eine Risikobindungsdauer die Ausfallwahrscheinlichkeit der nächstgrößeren Risikobindungsdauer verwendet. Ist kein Eintrag mit einer größeren Risikobindungsdauer vorhanden, wird die Ausfallwahrscheinlichkeit der nächstkleineren Risikobindungsdauer selektiert. Für die Ausfallrisikolimitierung von Devisengeschäften möchten wir das Kennzeichen nicht setzen.

Ausfallrisikoregel

Nachdem Sie die drei Ermittlungsverfahren angelegt haben, können Sie mit der Aktivität AUSFALLRISIKOREGEL DEFINIEREN eine Ausfallrisikoregel für unser Beispiel anlegen. Die *Ausfallrisikoregel* legt die betriebswirtschaftlichen Eingabeparameter für die Anrechnungsbetragsermittlung fest. Daher muss jedem Finanzobjekt für die Ausfallrisikolimitierung eine Ausfallrisikoregel zugeordnet werden (siehe Abbildung 12.6), und für Finanzgeschäfte mit der gleichen Ausfallrisikoregel werden die Anrechnungsbeträge mit den gleichen betriebswirtschaftlichen Parametern ermittelt.

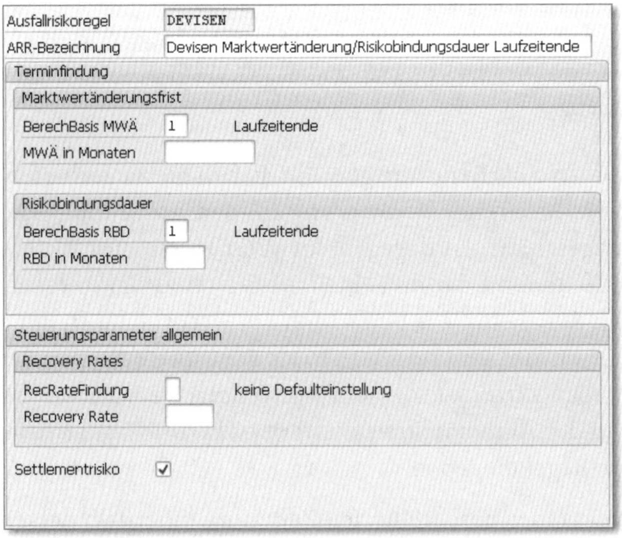

Abbildung 12.116 Definition einer Ausfallrisikoregel

Terminfindung

Für die Definition der Ausfallrisikoregel legen Sie, wie in Abbildung 12.116 dargestellt, im Bildbereich TERMINFINDUNG fest, wie die Marktwertänderungsfrist und die Risikobindungsdauer des Finanzgeschäfts bestimmt werden sollen. Typische Fristen bzw. Dauern sind das Laufzeitende, die Zinsbindung oder die Kapitalbindung. Es können aber auch Festwerte vergeben werden, wobei dann der entsprechende Wert in Monaten angegeben werden muss. Möchten Sie die Marktwertänderungsfrist oder die Risikobindungsdauer vernachlässigen, können Sie den Wert NICHT ZU BETRACHTEN wählen. Die Marktwertänderungsfrist geht in die Bestimmung der Add-on-Faktoren ein. Die Risikobindungsdauer wird für die Ermittlung der Ausfallwahrscheinlichkeiten und der Prüfung gegen die Limitvorgaben benötigt. Für unser Beispiel wollen wir jeweils den Wert LAUFZEITENDE für die Bestimmung der Marktwertänderungsfrist und der Risikobindungsdauer betrachten. Die Add-on-Faktoren und Ausfallwahrscheinlichkeiten besprechen wir im Anschluss unter der Überschrift »Formelbildung«.

Recovery-Rate-Findung

Im Bildbereich STEUERUNGSPARAMETERN ALLGEMEIN können Sie für die Recovery-Rate-Findung angeben, ob Sie keine Standardeinstellung vorgeben, die Recovery Rate aus der Ausfallrisikoregel bestimmen oder aus der Bewertungsfaktorfindung ableiten möchten. Die Recovery Rate behandeln wir ebenfalls unter der Überschrift »Formelbildung«. Ist für die Recovery-Rate-Findung die Bewertungsfaktorfindung angegeben, wird die Recovery Rate aus dem Geschäftspartner-Rating abgeleitet. In unserem Beispiel wollen wir am Finanzobjekt selbst eine Recovery Rate hinterlegen, die dann diese Einstellung übersteuert. So können Sie für unser Beispiel das Feld RECOVERY RATE FINDUNG leer lassen.

Settlementrisiko

Mit dem Kennzeichen SETTLEMENTRISIKO geben Sie an, ob für die Ausfallrisikoregel auch ein Anrechnungsbetrag für das Settlementrisiko berechnet werden soll. Da wir das Settlementrisiko betrachten wollen, müssen Sie das Kennzeichen setzen.

[+]

Beginndatum für Geldhandelsgeschäfte

Für Geldhandelsgeschäfte können Sie mit der Customizing-Aktivität BEGINNDATUM ZUR RISIKOBERECHNUNG DEFINIEREN wählen, ab wann das Finanzgeschäft in der Risikoberechnung berücksichtigt wird. Zur Auswahl stehen der Laufzeitbeginn oder das Abschlussdatum. Wenn z.B. das Abschlussdatum gewählt ist, kann ein Geschäft schon vor dem Laufzeitbeginn in die Risikoberechnung eingehen.

Mit diesen Bemerkungen sind die Definitionen für die Ermittlungsverfahren und die Ausfallrisikoregel abgeschlossen, und wir kommen zur Formelbildung.

Formelbildung

Übersicht

Die Einstellungen zur Formelbildung können Sie im Customizing unter Treasury and Risk Management • Credit Risk Analyzer • Anrechnungsbetragsermittlung treffen, worauf sich nun alle Customizing-Aktivitäten beziehen, deren Pfad nicht vollständig angegeben ist. Wir müssen für unsere drei Ermittlungsverfahren Formeln definieren, die sich zum einen aus den Basiskennzahlen des Finanzgeschäfts wie dem Nominalbetrag oder dem Barwert zusammensetzen. Zum anderen basieren die Formeln auf Add-on-Faktoren für die Marktwertänderung des Geschäfts sowie auf Ausfallwahrscheinlichkeiten und Recovery Rates der Kontrahenten bzw. Emittenten. Wir beginnen mit der Formelbildung und betrachten danach die weiteren Formelbestandteile.

Aufbau der Formel

Als *Exposure* wird der Betrag bezeichnet, der dem Ausfallrisiko unterliegt. Das Exposure dient als Eingangsgröße für die Ermittlung des Anrechnungsbetrags, der die bewertete Höhe des Ausfallrisikos wiedergibt. Um einen Anrechnungsbetrag ermitteln zu können, hinterlegen Sie pro Kombination aus Ermittlungsverfahren und Ausfallrisikoregel Formeln zur Berechnung. Genauer gesagt, wird dabei jeder Kombination aus Ermittlungsverfahren und Ausfallrisikoregel eine Kombination von Formel-ID, Berechnungsbasis und Variablenbelegungs-ID zugewiesen. Bevor wir auf die Handhabung eingehen, erläutern wir zuerst das iterative Zusammenspiel dieser drei Entitäten Formel-ID, Berechnungsbasis und Variablenbelegungs-ID. Das Grundprinzip besteht darin, dass man eine komplexe mathematische Funktion in Iterierungsschritte zerlegt, sodass jeder Schritt eine mathematische Funktion ist, die von genau einem Parameter abhängt.

1. **Formel-ID**
   Die oberste Ebene ist die *Formel-ID*. Dabei ist die Formel-ID eine Funktion $f = f(BBAS)$, wobei *BBAS* die Berechnungsbasis ist. SAP liefert insgesamt sechs Formeln aus, die wir bei der Pflege der ermittlungsverfahrensspezifischen Einstellungen auflisten.

2. **Berechnungsbasis**
   Die zweite Ebene stellt die *Berechnungsbasis* dar, wobei die Berechnungsbasis *BBAS* eine Funktion von maximal vier Variablen var_i ist: $g = g(var_1, var_2, var_3, var_4)$. Diese vier Variablen werden zusammengefasst in der Variablenbelegungs-ID, sodass g = *g(Variablenbelegungs-ID)* ist. SAP liefert auch hier Logiken für die Berechnungsbasis aus, die wir ebenfalls bei der Pflege der ermittlungsverfahrensspezifischen Einstellungen auflisten.
3. **Variablenbelegungs-ID**
   Die Variablenbelegungs-ID hat die Aufgabe, die von der Berechnungsbasis benötigten Variablen mit Kennzahlwerten zu befüllen. Dabei können Sie den von der Berechnungsbasis benötigten Variablen beliebig Basiskennzahlen zuweisen. Die von SAP ausgelieferten Basiskennzahlen listen wir in der Pflege der Variablenbelegungs-ID auf.

Nach dieser Übersicht wenden wir uns zuerst der Pflege der Variablenbelegungs-ID und danach der eigentlichen Formelpflege in den ermittlungsverfahrensspezifischen Einstellungen zu.

Variablenbelegungs-ID

In der Formelbildung können Sie bis zu vier Variablen für die Definition der Berechnungsbasis verwenden. Mit der Aktivität Variablenbelegungs-ID definieren können Sie diese Variablen belegen und der Belegung eine Identifikationsnummer zuweisen. Wir benötigen für die Ausfallrisikolimitierung von Devisengeschäften, wie in Abbildung 12.117 gezeigt, eine Variablenbelegung für den Barwert und eine zweite Variablenbelegung für den Nominalbetrag. Den entsprechenden Wert müssen Sie im Feld Variable 1 angeben.

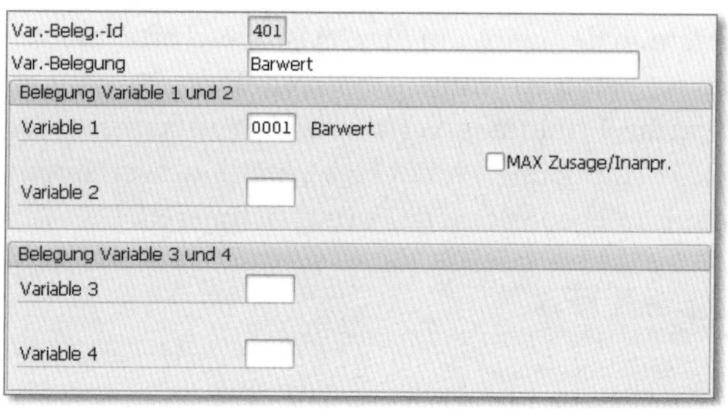

Abbildung 12.117 Definition einer Variablenbelegungs-ID

Interne und externe Kennzahlen

Das System stellt Ihnen für diese maximal vier Variablen folgende Basiskennzahlen zur Verfügung, die entweder intern vom System berechnet und zur Verfügung gestellt oder von extern angeliefert werden:

- Barwert
- Nominalbetrag
- Gegenleistungsbetrag
- Vorleistungsbetrag
- Barwert auf Basis externer Zusage
- Nominalbetrag auf Basis externer Zusage
- Buchwert in Geschäftswährung (extern)

Darüber hinaus können Sie zusätzliche externe Kennzahlen im Customizing mit der Aktivität TREASURY AND RISK MANAGEMENT • CREDIT RISK ANALYZER • STAMMDATEN • EXTERNE KENNZAHLEN DEFINIEREN anlegen. Die Kennzahlwerte pflegen Sie mit der Transaktion FINANZOBJEKT (Transaktion JBDO), die Sie im Menü unter TREASURY AND RISK MANAGEMENT • CREDIT RISK ANALYZER • WERKZEUGE finden (siehe Abschnitt 12.2.2, hier speziell in Abbildung 12.6 den Button EXTERNE KENNZAHLEN). Weitere Informationen, wie das System eine Basiskennzahl wie z.B. den Gegenleistungsbetrag ermittelt, finden Sie in der Dokumentation, die auch im SAP Help Portal vorliegt (*http://help.sap.com*).

Ermittlungsverfahrensspezifische Einstellungen

Die eigentliche Formelbildung können Sie mit der Aktivität ERMITTLUNGSVERFAHRENSSPEZIFISCHE EINSTELLUNGEN BEARBEITEN durchführen. Wir haben für unser Beispiel eine Ausfallrisikoregel angelegt und drei Ermittlungsverfahren definiert, um für Devisengeschäfte drei verschiedene Anrechnungsbetragsermittlungen durchführen zu können. Für jede Kombination aus Ermittlungsverfahren und Ausfallrisikoregel können wir nun wie in Abbildung 12.118 eine ermittlungsverfahrensspezifische Einstellung anlegen, also eine Formel definieren.

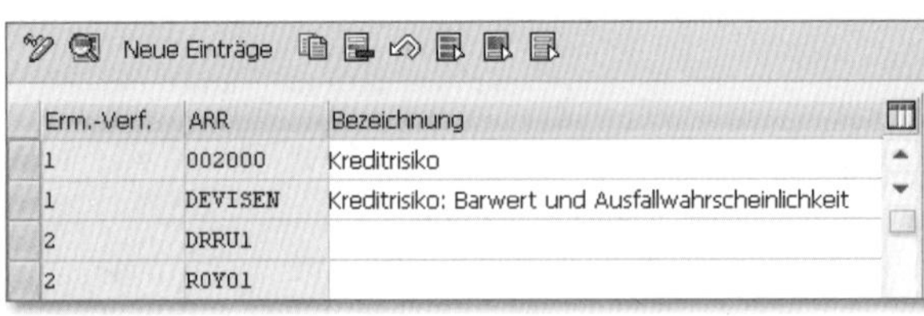

Abbildung 12.118 Pflege der ermittlungsverfahrensspezifischen Einstellungen

Mit dem Button Neue Einträge springen Sie in die Definition der Formel, mit der das Ermittlungsverfahren die Anrechnungsbetragsermittlung durchführt. Abbildung 12.119 zeigt eine Formeldefinition, bei der der Anrechnungsbetrag als Barwert, multipliziert mit der Ausfallwahrscheinlichkeit, berechnet wird. Mit dem Feld Formel-Id. wird die Struktur der Formel festgelegt, mit dem Feld Berechnungsbasis der Parameter BBAS bestimmt und mit dem Feld Var.-Beleg.-Id die Variablenbelegungs-ID für die Berechnungsbasis gewählt.

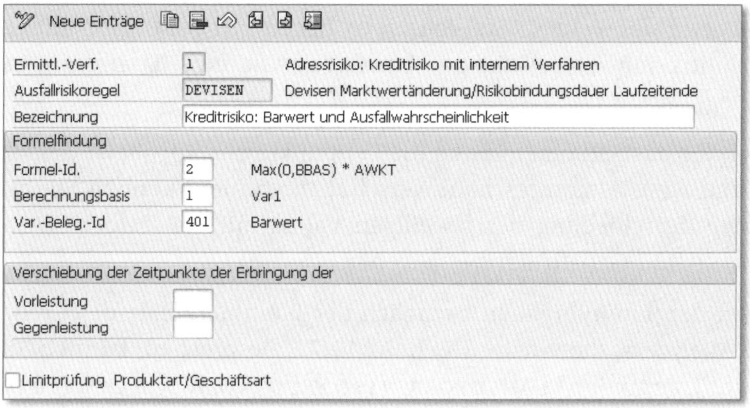

Abbildung 12.119 Definition einer Formel zur Anrechnungsbetragsermittlung

Formel-Id.

Mit der Formel-Id. können Sie unter den folgenden Formeln auswählen:

- Max(0,BBAS)
- Max(0,BBAS) • AWKT
- ABS(BBAS)
- MAX(0,BBAS) • (1 – RR)
- MAX(0,BBAS) • AWKT • (1 – RR)

Dabei bezeichnet BBAS die Berechnungsbasis, AWKT die Ausfallwahrscheinlichkeit und RR die Recovery Rate. Zusätzlich können Sie über einen User-Exit eine Berechnung durch eine externe Formel durchführen. Dazu müssen Sie für die Formel-ID den Wert 999 eintragen und mit der Erweiterung FKLR0001 das eigene Verfahren implementieren. Weitere Informationen dazu finden Sie in der Dokumentation des Funktionsbausteins `EXIT_SAPLKLEX_001` sowie in Kapitel 13, »Schnittstellen und Erweiterungen«.

Berechnungsbasis

Als BERECHNUNGSBASIS können Sie einen der folgenden Werte wählen:

- Var1
- Max(0, Var1) + Var2 • Aof
- Var1 • Aof
- Var3 – Var4
- Var3 – Var4 + Var2 • Aof
- Max(0, Var3 – Var4) + Var2 • Aof.

Die Werte des Feldes VAR.-BELEG.-ID haben wir zu Beginn dieses Abschnitts mit der Aktivität VARIABLENBELEGUNGS-ID DEFINIEREN angelegt.

Verschiebung Vor- und Gegenleistung

Sollen für das Settlementrisiko die Zeitpunkte der Vor- bzw. Gegenleistung eines Finanzgeschäfts verschoben werden, können Sie die relative Verschiebung der jeweiligen Valuta mit den Feldern VORLEISTUNG und GEGENLEISTUNG angeben.

Limitprüfung Produktart/ Geschäftsart

Neben den Limitvorgaben bezüglich der Limitmerkmale des Credit Risk Analyzers, die wir in Abschnitt 12.7.3 besprechen, können Sie mit der Transaktion LIMITVORGABEN PRO PRODUKTART UND GESCHÄFTSART BEARBEITEN (Transaktion KLMAXLIMIT) Limitvorgaben pro Produktart und Geschäftsart hinterlegen. Sie finden diese Transaktion im Menü unter TREASURY AND RISK MANAGEMENT • CREDIT RISK ANALYZER • STAMMDATEN • LIMITVORGABEN. Soll dann eine Prüfung des Anrechnungsbetrags gegen diese Limitvorgaben durchgeführt werden, müssen Sie das Kennzeichen LIMITPRÜFUNG PRODUKTART/GESCHÄFTSART setzen.

Wir benötigen für unsere Ausfallrisikoregel und unsere drei Ermittlungsverfahren je eine eigene Formel, nehmen dabei keine Verschiebung der Zeitpunkte der Vor- und Gegenleistung vor und setzen auch das Kennzeichen LIMITPRÜFUNG PRODUKTART/GESCHÄFTSART nicht.

Formelparameter

In der soeben beschriebenen Formelbildung werden für das Feld BERECHNUNGSBASIS Add-on-Faktoren (Aof) verwendet, und im Feld FORMEL-ID. tauchen die Parameter AUSFALLWAHRSCHEINLICHKEIT (AWKT) und RECOVERY RATE (RR) auf. Diese Formelparameter wollen wir jetzt besprechen.

Add-on-Faktoren

Mit den *Add-on-Faktoren* können Sie einen Risikozuschlag für die mögliche positive Marktwertänderung Ihrer Finanzgeschäfte hinterlegen. Dabei ist der Add-on-Faktor ein Prozentsatz, der über die Berechnungsbasis der ermittlungsverfahrensspezifischen Einstellungen z.B. mit der Formel *Max(0, Var1) + Var2 • Aof* in die Anrechnungsbetragsermittlung eingeht. Die Add-on-Faktoren werden mit der Aktivität ADD-ON-FAKTOREN BEARBEITEN abhängig von einer Marktwertänderungsfrist und einer Risikosensitivität angelegt (siehe Abbildung 12.120).

Neue Einträge

MWÄ in Mon	RisikoSens	AOF in %
12	1	0,50
12	2	1,00
12	3	3,00
12	4	6,00
12	5	7,00
12	6	7,00

Abbildung 12.120 Pflege der Add-on-Faktoren

Die *Risikosensitivitäten* können Sie im Customizing unter TREASURY AND RISK MANAGEMENT • CREDIT RISK ANALYZER • GRUNDEINSTELLUNGEN • DEFINITIONEN • RISIKOSENSITIVITÄT DEFINIEREN definieren und ebenfalls im Customizing mit der Aktivität TREASURY AND RISK MANAGEMENT • CREDIT RISK ANALYZER • GRUNDEINSTELLUNGEN • ZUORDNUNGEN • ZUORDNUNGEN ZUR AUSFALLRISIKOREGEL • RISIKOSENSITIVITÄTEN ZUORDNEN einer Ausfallrisikoregel zuordnen. Da auch die Marktwertänderungsfrist in der Ausfallrisikoregel hinterlegt ist, hängt die Ermittlung der Add-on-Faktoren direkt und indirekt von der Ausfallrisikoregel ab. Die Add-on-Faktoren können außer im Customizing auch mit der Transaktion ADD-ON-FAKTOREN PFLEGEN (Transaktion S_KK4_13000287) gepflegt werden, die Sie im Menü unter TREASURY AND RISK MANAGEMENT • CREDIT RISK ANALYZER • UMFELD • LFD. EINSTELLUNGEN finden.

Adressausfallwahrscheinlichkeiten

Die *Ausfallwahrscheinlichkeit* für Adressen ist ein Prozentsatz, der die Wahrscheinlichkeit eines Ausfalls des Geschäftspartners innerhalb der Risikobindungsdauer beschreibt. Sie können die Ausfallwahrscheinlichkeiten mit der Aktivität ADRESSAUSFALLWAHRSCHEINLICHKEITEN BEARBEITEN eingeben, wobei die einzelnen Ausfallwahrscheinlichkeiten von dem Verfahren der Bewertungsfaktorfindung (Spalte BEW.FAKTOR), dem Rating des Geschäftspartners (Spalte RATING) und der Risikobindungsdauer des Geschäfts (Spalte RBD IN MON) abhängen. Dazu können Sie noch ein Gültigkeitsdatum angeben (siehe Abbildung 12.121).

Die Bewertungsfaktorfindung ist im Ermittlungsverfahren festgelegt, das Rating wird aus den Daten des Geschäftspartners ermittelt (Transaktion BP), und die Risikobindungsdauer wird aus der Ausfallrisikoregel in Kombination mit dem Finanzgeschäft und seinem Finanzobjekt bestimmt. Ob bei der Bestimmung der Ausfallwahrscheinlichkeit für eine Risikobindungsdauer, für die kein Wert gepflegt ist, der Wert der nächstlängeren Risikobindungsdauer verwendet oder zwischen den Risikobindungsdauern linear interpoliert wird, ist ebenfalls im Ermittlungsverfahren hinterlegt. Mit der Transaktion Ausfallwahrscheinlichkeiten pflegen (Transaktion S_KK4_13000288), die Sie im Menü unter Treasury and Risk Management • Credit Risk Analyzer • Umfeld • Lfd. Einstellungen finden, können Sie die Ausfallwahrscheinlichkeiten auch pflegen.

Bew.Faktor	Rating	RBD in Mon	Gültig ab	Awkt in %
1	A	3	01.01.2012	0,01
1	B	3	01.01.2012	0,05
1	C	3	01.01.2012	0,10

Abbildung 12.121 Pflege der Adressausfallwahrscheinlichkeiten

Recovery Rate

Die *Recovery Rate* (Rückzahlungsquote) ist eine prozentuale Schätzung des Anteils einer Forderung, der trotz Ausfall des Geschäfts bzw. des Geschäftspartners bedient werden kann.

Recovery-Rate-Klasse

Wir wollen Recovery Rates für unser Beispiel verwenden, doch bevor Sie die eigentlichen Raten anlegen können, müssen Sie im Customizing unter Treasury and Risk Management • Credit Risk Analyzer • Grundeinstellungen • Definitionen • Recovery Rate Klasse definieren Recovery-Rate-Klassen zur Charakterisierung der Recovery Rates anlegen. Zusätzlich müssen Sie den Ratings der Geschäftspartner eine Recovery-Rate-Klasse zuweisen, was Sie im Customizing mit der Aktivität Treasury and Risk Management • Credit Risk Analyzer • Grundeinstellungen • Zuordnungen • Zuordnungen zur Recovery Rate • Adressrating zuordnen erledigen können.

Recovery Rates pflegen

Die Recovery Rates können Sie nun mit der Aktivität Recovery Rates bearbeiten wie in Abbildung 12.122 eingeben. Neben dem Verfahren zur Bewertungsfaktorfindung (Spalte Bewertungsfaktor) und der Recovery Rate Klasse (Spalte Recovery Rate) hängt die Recovery Rate auch von einem Gültigkeitsdatum ab (Spalte GÜLTIG AB). Auch im Menü können Sie unter TREASURY AND RISK MANAGEMENT • CREDIT RISK ANALYZER • UMFELD • LFD. EINSTELLUNGEN mit den beiden Transaktionen RECOVERY RATE KLASSE DEFINIEREN (Transaktion S_KK4_13000302) und RECOVERY RATES PFLEGEN (Transaktion S_KK4_13000289) die Pflege der Recovery Rates vornehmen.

Damit ist das Customizing für die Ermittlung der Anrechnungsbeträge abgeschlossen.

Pflege der Recovery Rates

Bewertungsfaktor	Recovery Rate	Gültig ab	Wert in %
1	22	01.01.2012	80,00
1	32	01.01.2012	74,00

Abbildung 12.122 Pflege der Recovery Rates

12.7.3 Limitmanagement

Das Limitmanagement übernimmt die Verwaltung der Limitvorgaben und die verursachungsgerechte Zuordnung der Anrechnungsbeträge. Um das Limitmanagement aufzubauen, müssen wir zuerst Limitarten definieren und danach Limitvorgaben für explizite Ausprägungen der Limitarten vergeben. Anschließend gehen wir auf die weitere Pflege der Limitvorgaben ein.

Aufbau des Limitmanagements

Limitmerkmale

Zur Differenzierung Ihrer Limitvorgaben stehen Ihnen im Standard die folgenden zehn Limitmerkmale zur Verfügung:

- Buchungskreis
- Geschäftspartnernummer
- Limitproduktgruppe
- Portfolio
- Händler
- Währung als Limitmerkmal
- Überwachungseinheit
- Länderschlüssel
- Branche
- Rating

Die ersten sieben Limitmerkmale werden direkt durch das Finanzobjekt der Ausfallrisikolimits gesteuert, und die letzen drei Merkmale werden aus dem Geschäftspartner abgeleitet. Die Limitproduktgruppen können Sie im Customizing mit der Aktivität Treasury and Risk Management • Credit Risk Analyzer • Limitmanagement • Limitproduktgruppen definieren anlegen. Zusätzlich haben Sie die Möglichkeit, 15 Limitmerkmale individuell über einen Customer-Exit zu definieren und generierte Merkmale aus dem Market Risk Analyzer zu übernehmen. Nähere Informationen dazu finden Sie in der Dokumentation des Credit Risk Analyzers.

Limitarten

Um Ihre Limitvorgaben individuell abzubilden, können Sie die Limitmerkmale entweder einzeln oder in beliebiger Kombination nutzen und daraus Limitarten aufbauen. Die Limitarten werden mit der Aktivität Limitarten definieren definiert, die Sie im Customizing unter Treasury and Risk Management • Credit Risk Analyzer • Limitmanagement finden. Das Einstiegsbild in Abbildung 12.123 zeigt Ihnen die angelegten Limitarten, und mit dem Button Neue Einträge können Sie eine neue Limitart anlegen.

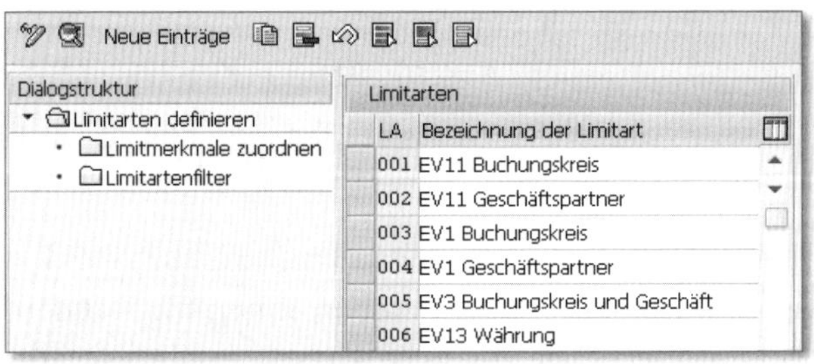

Abbildung 12.123 Definition der Limitarten

Details der Limitart

Die Neuanlage einer Limitart oder ein Doppelklick auf eine vorhandene Limitart führt Sie zu den Detailinformationen (siehe Abbildung 12.124). Im Bildbereich Ermittlung Limitanspruchnahmen geben Sie das Ermittlungsverfahren an, dessen Anrechnungsbeträge die Limitvorgaben der Limitart in Anspruch nehmen. Sie können mehreren Limitarten das gleiche Ermittlungsverfahren zuordnen, um dadurch den ermittelten Anrechnungsbetrag unter verschiedenen Limitierungen zu betrachten. Mit dem Parameter Geschäfte legen Sie fest, ob Sie nur Aktivgeschäfte oder Passivgeschäfte betrachten oder ob Sie die Aktiv- und Passivgeschäfte akkumulieren oder saldieren möchten. Für den Fortschreibungstyp müssen Sie den Wert

Fortschreibung beim Inanspruchnahmenaufbau u. im Online eintragen, damit der Anrechnungsbetrag sowohl bei der Tagesendverarbeitung als auch bei der integrierten Einzelgeschäftsprüfung auf die Limitart angerechnet wird. Mit dem Feld Limitvorgabewährung wird die Währung festgelegt, in der die Limits geführt werden, und im Feld Frühwarnsteuerung können Sie festlegen, ob eine Warnung beim Erreichen einer prozentualen Schranke oder des externen Limits über einen Workflow ausgegeben werden soll. Die Bildbereiche Wiedervorlage, Freigabe (betrifft Freigabeverfahren der Limitart) sowie Geschäftspartner-Beziehung (letztere dienen einer gegenseitigen Anrechnung der Anrechnungsbeträge) nutzen wir nicht und möchten für diese auf die Dokumentation verweisen.

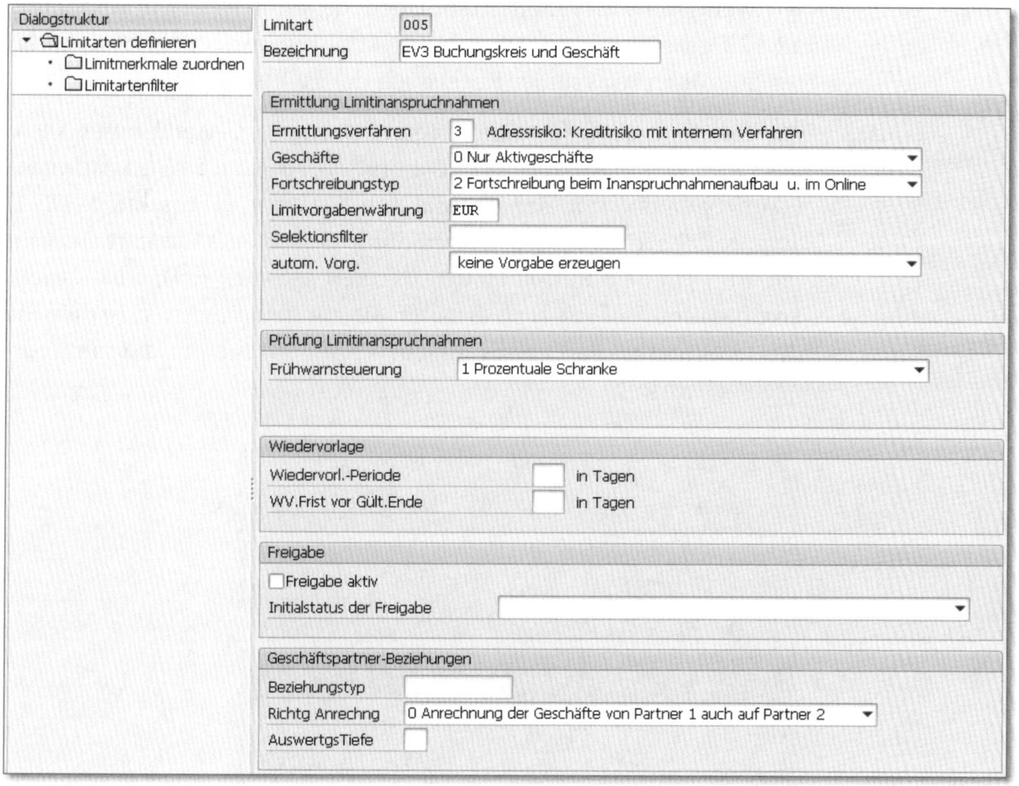

Abbildung 12.124 Detailbild der Definition einer Limitart

Limitmerkmale zuordnen

Nachdem die Detailinformationen der Limitart gegeben sind, können Sie die Limitmerkmale für die Limitart auswählen. Sie können ähnlich zur Abbildung 12.125 Limitmerkmale kombinieren oder auch einzeln verwenden.

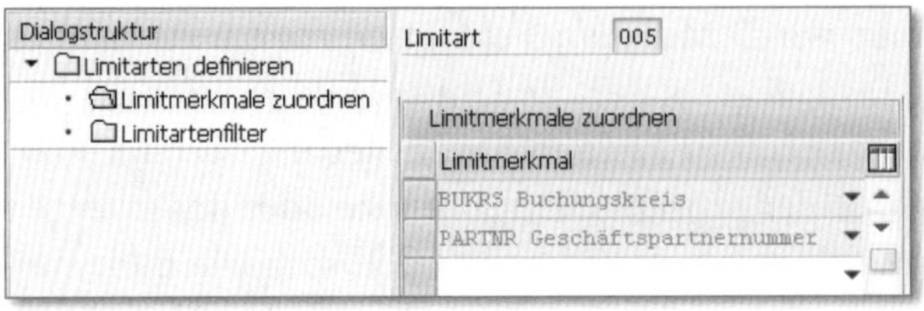

Abbildung 12.125 Festlegung der Limitmerkmale für eine Limitart

Für unser Beispiel der Ausfallrisikolimitierung von Devisengeschäften haben wir drei Ermittlungsverfahren definiert. Daher brauchen wir wenigstens drei Limitarten. Doch Sie können, wie in Abbildung 12.123 gezeigt, einem Ermittlungsverfahren auch mehrere Limitarten zuordnen, was in der Regel auch der Fall ist.

Anlage Limitvorgaben

Die Limitvorgaben für eine Limitart werden im Menü unter Treasury and Risk Management • Credit Risk Analyzer • Stammdaten • Limitvorgaben mit der Transaktion Pflegen (Transaktion TBL1) angelegt. Sie können wie in Abbildung 12.126 eine Limitart auswählen, und mit dem Button Limitvorgaben anlegen (□), oder Tastenkombination [Strg] + [F3]) erhalten Sie ein neues Fenster, in dem Sie die Limitmerkmale explizit angeben können, für die die Limitvorgabe gelten soll.

Abbildung 12.126 Anlage einer Limitvorgabe: Eingabe der Merkmale

Anschließend können Sie die Details der Limitvorgabe erfassen (siehe Abbildung 12.127). Diese bestehen aus dem Gültigkeitsbeginn, dem internen und externen Gültigkeitsende, der Vorgabewährung, dem internen und externen Limitbetrag, der kritischen Limitauslastung und der maximalen Risikobindungsdauer in Monaten. Im Feld INTERNENRLIMITBETRAG können Sie eine Limitvorgabe festlegen, die für Sie nur intern gelten soll und die größer sein kann als die Angabe im Feld EXTERNER LIMITBETRAG. Die kritische Limitauslastung gibt die prozentuale Schranke an, ab der die Frühwarnsteuerung eine Meldung erzeugt. Wenn Sie gegen die Limitvorgabe prüfen möchten, müssen Sie den Wert des Parameters LIMITVORGABE auf PRÜFEN setzen.

Interimslimits und Limitleihen

Auf der Registerkarte INTERIMSLIMITS können Sie Zeiträume und Änderungsbeträge für Interimslimits angeben, und analog dient die Registerkarte LIMITLEIHEN der Erfassung der Änderungen durch Limitleihen.

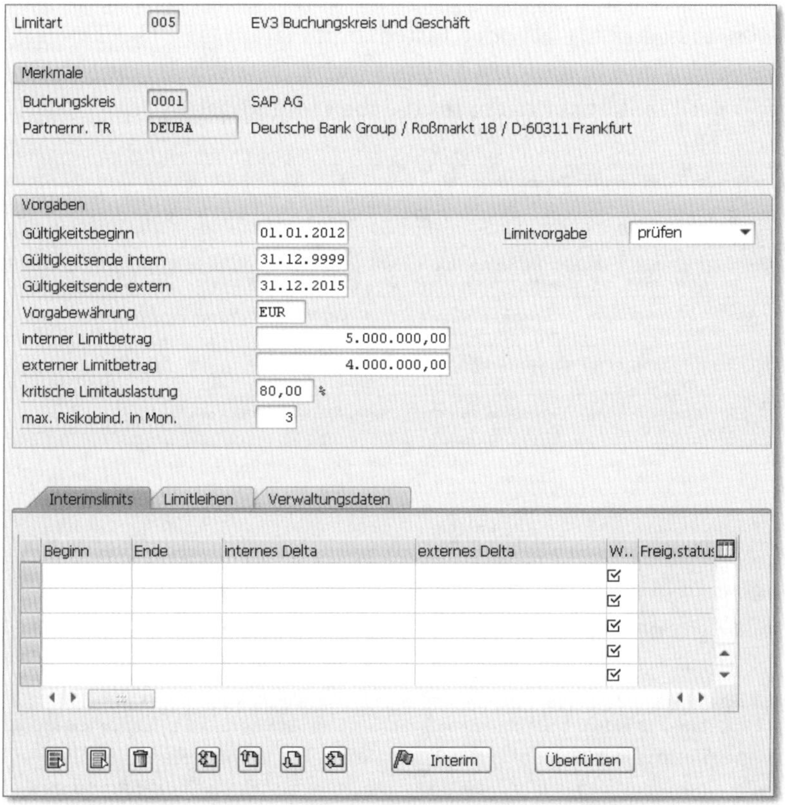

Abbildung 12.127 Anlage einer Limitvorgabe: Eingabe der Limitdetails

Pflege des Limitmanagements

Für die Pflege der Limitvorgaben wird wie zum Anlegen auch die Transaktion TBL1 verwendet. Im Einstiegsbild der Transaktion können Sie neben dem Anlegen neuer Limitvorgaben die Buttons LIMITVORGABEN ÄNDERN (oder Tastenkombination ⇧ + F4) und LIMITVORGABEN ANZEIGEN (oder Tastenkombination ⇧ + F6) nutzen. Letzterer zeigt die markierten Limitarten in einem Übersichtsbild an.

Das Übersichtsbild bietet zudem, wie in Abbildung 12.128 gezeigt, über Buttons die Möglichkeiten des Anlegens (Button , oder Tastenkombination ⇧ + F4) und Kopierens (Button , oder Tastenkombination ⇧ + F5) von Limitvorgaben. Mit dem Button VORGABE AUSWÄHLEN (oder Taste F8) können Sie in die Limitdetails abspringen. Dazu müssen Sie vorher die gewünschte Limitvorgabe markieren. Darüber hinaus können Sie die ÄNDERUNGSBELEGE (oder Tastenkombination ⇧ + F8) einer Limitvorgabe anzeigen, zum GESCHÄFTSPARTNER (, oder Tastenkombination Strg + ⇧ + F8) verzweigen und in das CUSTOMIZING (oder Tastenkombination ⇧ + F10) der Limitart springen, für die die Limitvorgabe gilt.

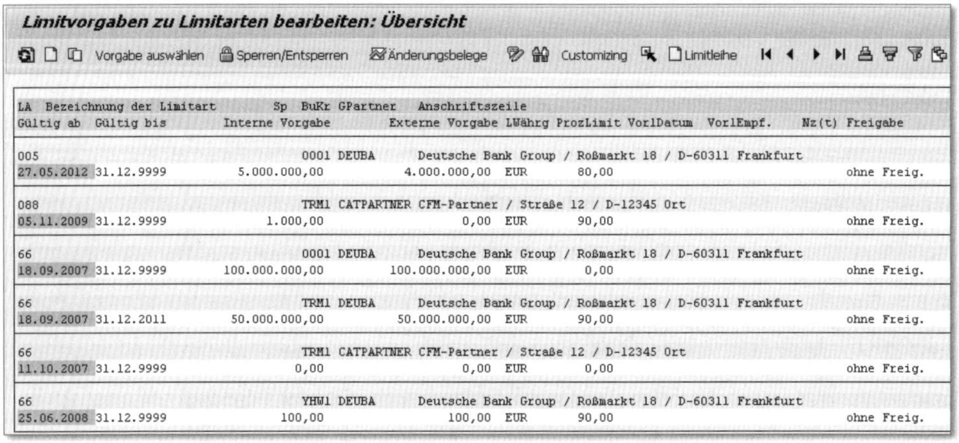

Abbildung 12.128 Übersichtsbild für die Pflege der Limitvorgaben

[+] **Limitinanspruchnahmen anzeigen**

Wenn Sie im Übersichtsbild der Transaktion TBL1 im letzten Drittel einer Zeile einen Doppelklick auf die Zeile machen, springen Sie direkt zu einer detaillierten Übersicht, die die Limitinanspruchnahme der entsprechenden Limitvorgabe ausweist (siehe Abbildung 12.133).

Diese Übersicht der Limitinanspruchnahmen beschreiben wir in Abschnitt 12.7.6. Auf den Aufbau der Limitinanspruchnahmen gehen wir in Abschnitt 12.7.5 ein.

12.7.4 Automatische Finanzobjektintegration

Automatische Finanzobjekt-integration

Wenn Sie gleich bei der Anlage eines Geschäfts im Transaction Manager ein Finanzobjekt für die Ausfallrisikolimitierung erzeugen und eine Ausfallrisikoregel sowie weitere Steuerungsparameter für das Finanzobjekt ableiten möchten, müssen Sie die automatische Finanzobjektintegration aktivieren. Die notwendigen Aktivitäten dazu finden Sie im Customizing unter Treasury and Risk Management • Credit Risk Analyzer • Grundeinstellungen • Automatische Finanzobjekt-Integration in Geschäftsstammdaten. Die genaue Vorgehensweise ist in Abschnitt 12.2.5 beschrieben. Als Finanzobjektkomponente müssen Sie das Ausfallrisiko-Limit wählen, und für die Ableitung der Steuerungsparameter stehen Ihnen neben den Limitmerkmalen weitere Merkmale aus dem Finanzgeschäft zur Verfügung.

Integrierte Ausfallrisiko-Limit-Prüfung aktivieren

Da wir auch die integrierte Einzelgeschäftsprüfung nutzen möchten, müssen Sie mit der Aktivität Integrierte Ausfallrisiko-Limit-Prüfung aktivieren unter dem Customizing-Pfad Treasury and Risk Management • Credit Risk Analyzer • Grundeinstellungen abhängig von der Produktgruppe und dem Buchungskreis die integrierte Limitprüfung aktivieren. Wie in Abbildung 12.129 gezeigt, kann dann auf der Registerkarte Ausfallrisiko-Limit mit dem Button Details Limitauslastung die Einzelgeschäftsprüfung vorgenommen werden.

12.7.5 Integrierte Einzelgeschäftsprüfung und Tagesendverarbeitung

Die Überwachung der Ausfallrisikolimitierung findet mit der integrierten Einzelgeschäftsprüfung und der Tagesendverarbeitung statt. Diese beiden Prozesse führen die Anrechnungsbetragsermittlung durch und stellen die errechneten Beträge den Limitvorgaben gegenüber. Die integrierte Einzelgeschäftsprüfung können Sie direkt bei der Anlage oder Bearbeitung eines Finanzgeschäfts durchführen, um sofort die Auswirkungen des Geschäfts auf Ihre Limitvorgaben zu betrachten. Wird das Geschäft geändert, werden auch die entsprechenden Anrechnungsbeträge und Limitauslastungen aktualisiert. Die Tagesendverarbeitung findet dagegen einmal täglich statt und schreibt die Limitauslastungen für den entsprechenden Tag fest.

Version 1 und Version 2

Damit eine Unterscheidung der Limitinanspruchnahmen möglich ist, die untertägig von der integrierten Einzelgeschäftsprüfung und täglich von der Tagesendverarbeitung fortgeschrieben werden, wird die Fortschreibung der Inanspruchnahmen in zwei Versionen unterteilt. Limitinanspruchnahmen der *Version 1* werden nur von der Tagesendverarbeitung fortgeschrieben, während Inanspruchnahmen der *Version 2* von beiden Prozessen fortgeschrieben werden. Wir besprechen zuerst die integrierte Einzelgeschäftsprüfung und gehen danach auf die Tagesendverarbeitung ein.

Integrierte Einzelgeschäftsprüfung

Mit der integrierten Einzelgeschäftsprüfung können Sie bei der Anlage oder Bearbeitung eines Finanzgeschäfts den Anrechnungsbetrag des Geschäfts ermitteln, den Limitarten zuordnen und den Limitvorgaben gegenüberstellen. Dadurch haben Sie die Möglichkeit, gleich nach der Anlage oder Änderung eines Geschäfts dessen Limitauslastung festzustellen und aktiv Ihr Ausfallrisikolimit zu steuern.

Voraussetzungen

Die integrierte Einzelgeschäftsprüfung kann nur dann durchgeführt werden, wenn, wie in Abschnitt 12.7.4 beschrieben, die automatische Finanzobjektintegration und die integrierte Ausfallrisiko-Limit-Prüfung aktiv sind. Dadurch erhalten Sie bei der Anlage und Bearbeitung eines Finanzgeschäfts im Transaction Manager, wie in Abbildung 12.129 gezeigt, die zusätzliche Registerkarte Ausfallrisiko-Limit, in der die Bildbereiche Limitmerkmale des Finanzobjekts und weitere Auswertungsparameter zur Verfügung stehen. Bevor die Prüfung durchgeführt werden kann, muss mit der Transaktion Inanspruchnahmen aufbauen (Transaktion KLNACHT), die wir unter der Überschrift »Tagesendverarbeitung« besprechen, eine erste Limitinanspruchnahme aufgebaut sein.

Prüfung

Die Prüfung des Finanzgeschäfts kann durch drei Aktivitäten angestoßen werden:

- Prüfen (Tastenkombination [Strg] + [F2])
- Speichern (Tastenkombination [Strg] + [S])
- Button Details Limitauslastung

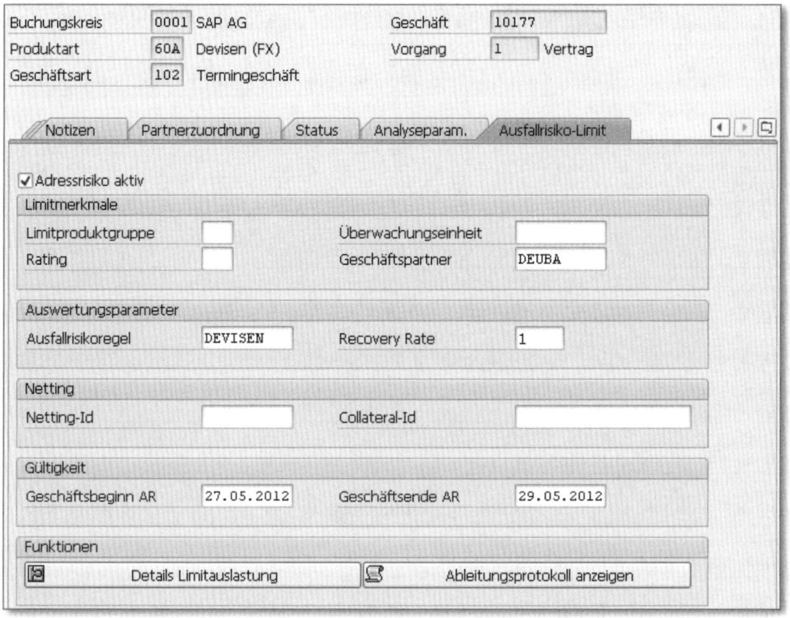

Abbildung 12.129 Registerkarte für die integrierte Einzelgeschäftsprüfung

Wenn Sie das Finanzgeschäft prüfen oder speichern, wird auch die Prüfung gegen die relevanten Limitvorgaben des Geschäfts durchgeführt und gemeldet, ob Limits überzogen sind oder nicht. Wenn Sie nur prüfen, werden die Anrechnungsbeträge nicht fortgeschrieben. Wenn Sie speichern, werden die Anrechnungsbeträge fortgeschrieben, und bei einer Überschreitung einer Limitvorgabe wird eine Nachricht über einen Workflow versendet, die im Standard an Ihren SAP Business Workplace geliefert wird.

Details Limitprüfung

Wenn Sie auf der Registerkarte Ausfallrisiko-Limit den Button Details Limitprüfung anklicken, wird die Prüfung durchgeführt, und Sie erhalten ein detailliertes Protokoll, das die Anrechnungsbeträge, die relevanten Limitarten und deren jeweilige Limitauslastung inklusive des aktuellen Geschäfts anzeigt (siehe Abbildung 12.130). Wenn Sie eine Zeile des Detailprotokolls markieren, können Sie mit dem Button Einzel-IA in die markierte Einzelinanspruchnahme abspringen.

Ändern

Falls Sie vor der nächsten Tagesendverarbeitung das Finanzgeschäft ändern, werden auch die Anrechnungsbeträge neu ermittelt und die Limitinanspruchnahmen des Geschäfts aktualisiert.

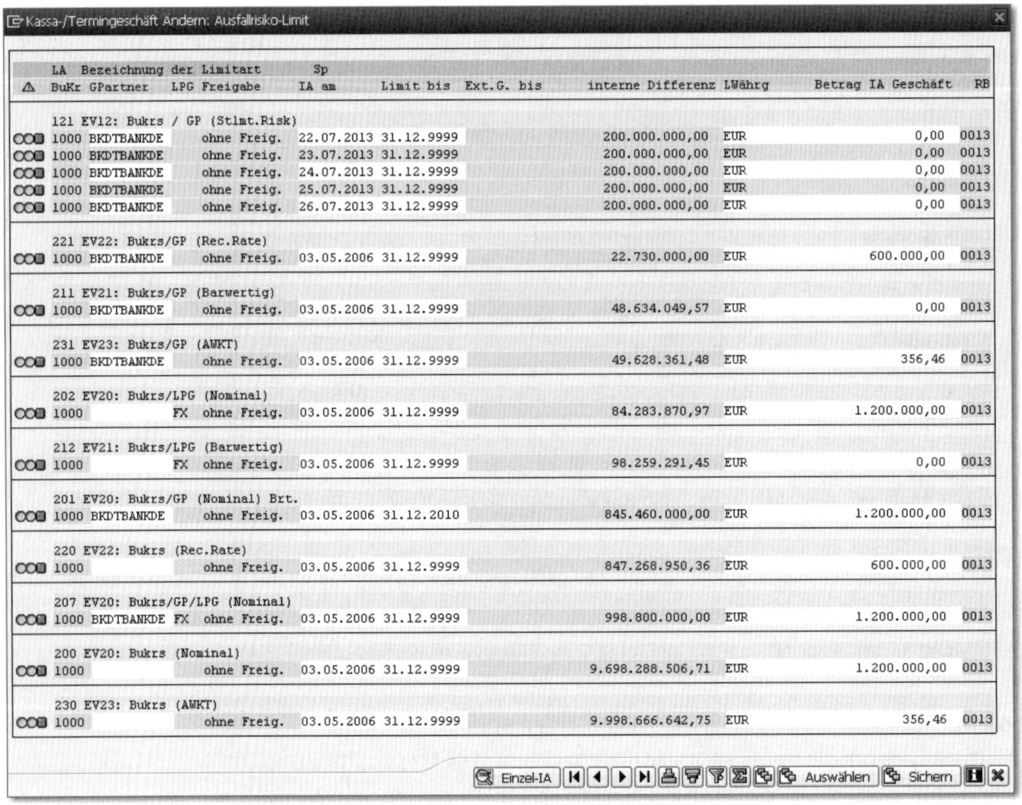

Kassa-/Termingeschäft Ändern: Ausfallrisiko-Limit

LA Bezeichnung der Limitart / BuKr	GPartner	LPG	Freigabe	IA am	Limit bis	Ext.G. bis	interne Differenz	LWährg	Betrag IA Geschäft	RB
121 EV12: Bukrs / GP (Stlmt.Risk)										
1000	BKDTBANKDE		ohne Freig.	22.07.2013	31.12.9999		200.000.000,00	EUR	0,00	0013
1000	BKDTBANKDE		ohne Freig.	23.07.2013	31.12.9999		200.000.000,00	EUR	0,00	0013
1000	BKDTBANKDE		ohne Freig.	24.07.2013	31.12.9999		200.000.000,00	EUR	0,00	0013
1000	BKDTBANKDE		ohne Freig.	25.07.2013	31.12.9999		200.000.000,00	EUR	0,00	0013
1000	BKDTBANKDE		ohne Freig.	26.07.2013	31.12.9999		200.000.000,00	EUR	0,00	0013
221 EV22: Bukrs/GP (Rec.Rate)										
1000	BKDTBANKDE		ohne Freig.	03.05.2006	31.12.9999		22.730.000,00	EUR	600.000,00	0013
211 EV21: Bukrs/GP (Barwertig)										
1000	BKDTBANKDE		ohne Freig.	03.05.2006	31.12.9999		48.634.049,57	EUR	0,00	0013
231 EV23: Bukrs/GP (AWKT)										
1000	BKDTBANKDE		ohne Freig.	03.05.2006	31.12.9999		49.628.361,48	EUR	356,46	0013
202 EV20: Bukrs/LPG (Nominal)										
1000		FX	ohne Freig.	03.05.2006	31.12.9999		84.283.870,97	EUR	1.200.000,00	0013
212 EV21: Bukrs/LPG (Barwertig)										
1000		FX	ohne Freig.	03.05.2006	31.12.9999		98.259.291,45	EUR	0,00	0013
201 EV20: Bukrs/GP (Nominal) Brt.										
1000	BKDTBANKDE		ohne Freig.	03.05.2006	31.12.2010		845.460.000,00	EUR	1.200.000,00	0013
220 EV22: Bukrs (Rec.Rate)										
1000			ohne Freig.	03.05.2006	31.12.9999		847.268.950,36	EUR	600.000,00	0013
207 EV20: Bukrs/GP/LPG (Nominal)										
1000	BKDTBANKDE	FX	ohne Freig.	03.05.2006	31.12.9999		998.800.000,00	EUR	1.200.000,00	0013
200 EV20: Bukrs (Nominal)										
1000			ohne Freig.	03.05.2006	31.12.9999		9.698.288.506,71	EUR	1.200.000,00	0013
230 EV23: Bukrs (AWKT)										
1000			ohne Freig.	03.05.2006	31.12.9999		9.998.666.642,75	EUR	356,46	0013

Abbildung 12.130 Details der Limitauslastung eines Finanzgeschäfts für die relevanten Limitvorgaben

[»]

Nicht-integrierte Einzelgeschäftsprüfung

Wenn Sie ein Finanzgeschäft, das Sie im Transaction Manager angelegt haben, mit der nicht-integrierten Einzelgeschäftsprüfung prüfen möchten, müssen Sie im Customizing mit der Aktivität Treasury and Risk Management • Credit Risk Analyzer • Grundeinstellungen • Definitionen • EPG-Produkt definieren ein Default-EPG-Produkt anlegen. Die Einzelgeschäftsprüfung finden Sie im Menü unter Treasury and Risk Management • Credit Risk Analyzer • Werkzeuge • Einzelgeschäftsprüfung.

Tagesendverarbeitung

Transaktion KLNACHT

In der Tagesendverarbeitung werden die zum Bewertungsdatum aktiven Finanzgeschäfte über ihr Finanzobjekt selektiert. Für diese Geschäfte werden die Anrechnungsbeträge ermittelt, den Limitarten zugeordnet und dadurch die Limitinanspruchnahmen aufgebaut. Die Tagesendverarbeitung starten Sie mit der Transaktion Inanspruchnahmen aufbauen (Transaktion KLNACHT), die Sie im Menü unter Treasury and Risk Management • Credit Risk Analyzer • Werkzeuge • Tagesendverarbeitung finden (siehe Abbildung 12.131). Sie müssen das Bewertungsdatum und die Ermittlungsverfahren angeben, für die die Limitinanspruchnahmen aufgebaut werden sollen. Optional können Sie den Lauf auf bestimmte Buchungskreise eingrenzen.

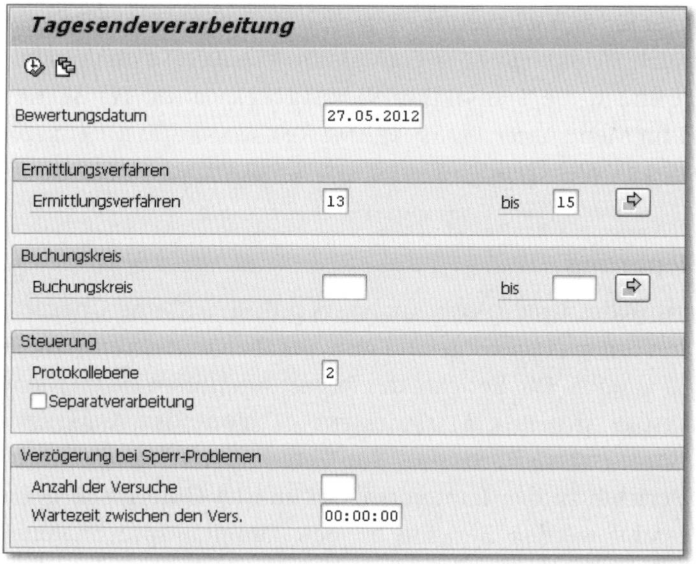

Abbildung 12.131 Tagesendverarbeitung

Laufzeit

Die Transaktion Inanspruchnahmen aufbauen (Transaktion KLNACHT) hat in der Regel lange Laufzeiten, da für alle selektierten Finanzgeschäfte bzw. für deren Finanzobjekte die Anrechnungsbeträge neu berechnet und die Limitinanspruchnahmen neu aufgebaut werden müssen. Daher sollten Sie diese Transaktion im Batch einplanen. Die Laufzeit wird erheblich verbessert, wenn Sie für Ihre Finanzobjekte die Felder Geschäftsbeginn AR und Geschäftsende AR gepflegt haben (siehe Abbildung 12.129). Sie können die Tagesendverarbeitung auch parallelisieren. Die entsprechenden Einstellungen nehmen Sie mit der Transaktion Parallelisierung (Transaktion JBMT2) vor (siehe Abschnitt 12.8).

Protokoll Nachbearbeitung

Das Protokoll der Tagesendverarbeitung können Sie sich mit der Transaktion PROTOKOLLE TAGESENDEVERARBEITUNG (Transaktion KLEH) anzeigen lassen, die Sie im Menü unter TREASURY AND RISK MANAGEMENT • CREDIT RISK ANALYZER • INFORMATIONSSYSTEM • REPORTING finden. Geschäfte, die in der Tagesendverarbeitung nicht verarbeitet und somit für die Limitinanspruchnahme nicht fortgeschrieben werden konnten, können nach ihrer Korrektur mit der Transaktion NACHBEARBEITUNG AUSFÜHREN (Transaktion KLNACHT2) nachträglich für die Limitinanspruchnahme verarbeitet werden. Bei der Ausführung der Transaktion KLNACHT legt das System automatisch einen Arbeitsvorrat für die nicht verarbeiteten Geschäfte an. Diesen Arbeitsvorrat können Sie dann mit der Transaktion KLNACHT2 direkt selektieren. Sie finden die Transaktion KLNACHT2 wie die Transaktion KLNACHT im Menü unter TREASURY AND RISK MANAGEMENT • CREDIT RISK ANALYZER • WERKZEUGE • TAGESENDVERARBEITUNG.

12.7.6 Reporting

Das Reporting des Credit Risk Analyzers gibt Ihnen eine Übersicht über die von Ihnen eingerichteten Limitvorgaben und deren aktuelle Inanspruchnahmen. Die Berichte des Reportings finden Sie im Menü unter TREASURY AND RISK MANAGEMENT • CREDIT RISK ANALYZER • INFORMATIONSSYSTEM • REPORTING. Im Untermenü VORGABEN befinden sich Berichte zu den Limitvorgaben, und im Untermenü INANSPRUCHNAHMEN werden Berichte zu den Limitinanspruchnahmen bereitgestellt. Wir gehen auf eine kleine Auswahl der Berichte ein.

Limitvorgaben

Mit der Transaktion ÜBERSICHT LIMITVORGABEN (Transaktion TBL3) rufen Sie den Standardbericht für die Übersicht über Ihre Limitvorgaben auf. Diese Transaktion führt Sie genau zu der gleichen Funktionalität, die Sie auch mit der Transaktion TBL1 erreichen, wenn Sie sich die Limitvorgaben anzeigen lassen. Daher möchten wir Sie auf Abschnitt 12.7.3, Überschrift »Pflege des Limitmanagements«, verweisen.

Inanspruchnahmen

Eine Übersicht über die Limitinanspruchnahmen Ihrer Finanzgeschäfte erhalten Sie mit den Transaktionen ÜBERSICHT: SELEKTION ÜBER ALLE MERKMALE (Transaktion TBLB) und ÜBERSICHT: SELEKTION ÜBER DIREKTE MERKMALE (Transaktion TBL4), die sich nur durch ihre Vorgehensweise bei der Selektion der Limitinanspruchnahmen unterscheiden. Wie in Abbildung 12.132 werden auf der Ergebnisliste der beiden Transaktionen Überschreitungen der Limitvorgaben farblich hervorgehoben. Sie können nach dem Markieren einer Zeile mithilfe von Buttons in die Pflege der Limitvorgaben (Button VORGABE PFLEGEN), zum Geschäftspartner (Button 🔍), wenn dieser ein Limitmerkmal der Limitvorgabe ist, und in das EPG-Protokoll (Button EGP-PROT.) abspringen. Bitte beachten Sie die Spalte STATUS (der Inanspruchnahme), die anzeigt, ob eine Inanspruchnahme bezüglich der Tagesendverarbeitung (Status 1) oder der integrierten Einzelgeschäftsprüfung (Status 2) ausgewiesen wird.

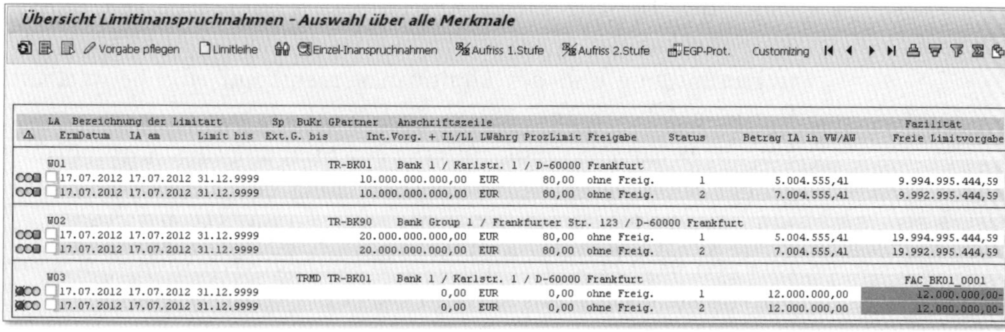

Abbildung 12.132 Report für die Übersicht der Limitinanspruchnahmen

Einzelinanspruchnahmen und Anrechnungsbetragsermittlung

Der Button EINZEL-INANSPRUCHNAHMEN führt Sie zu einer detaillieren Zusammenstellung der Einzelinanspruchnahmen der markierten Limitvorgabe (siehe Abbildung 12.133). Wenn Sie nun wiederum eine Zeile markieren, können Sie mit dem Button STAMMDATEN in das Finanzgeschäft verzweigen und mit dem Button ANRECHNUNGSBETRAGSERM. in das Protokoll der Anrechnungsbetragsermittlung einsteigen. Dort erhalten Sie z.B. die genauen Informationen, die der Barwertermittlung für das entsprechende Geschäft zugrunde liegen.

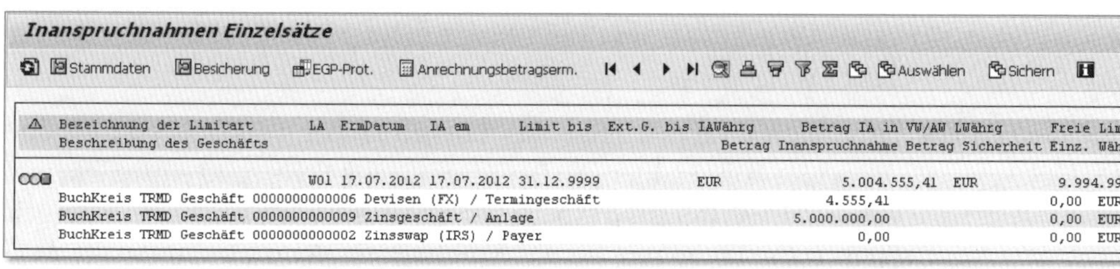

Abbildung 12.133 Einzelinanspruchnahmen für eine Limitart

12.7.7 Weitere Funktionen und Werkzeuge

Der Credit Risk Analyzer bietet Ihnen für die Ausfallrisikolimitierung noch viele weitere Funktionalitäten wie die Stellung von Sicherheiten, das Bilden von Netting-Gruppen und die 24-Stunden-Fähigkeit der Tagesendverarbeitung, die die integrierte Einzelgeschäftsprüfung auch dann ermöglicht, wenn der Prozess der Tagesendverarbeitung läuft. Darüber hinaus finden Sie im Menü und im Customizing-Pfad weitere nützliche Werkzeuge, die Ihnen bei der Wartung und Pflege des Credit Risk Analyzers helfen.

Auf diese weiteren Funktionen und Werkzeuge einzugehen würde leider den Umfang dieses Abschnitts überschreiten. Wir müssen auch erwähnen, dass wir uns beim Customizing der Anrechnungsbetragsermittlung und des Limitmanagements auf eine beispielhafte Darstellung beschränkt haben. Doch sind alle wesentlichen Einstellungen behandelt, und unsere Beschreibung des Customizings genügt schon einer einfachen Umsetzung der Ausfallrisikolimitierung. Damit haben Sie eine Basis, von der aus Sie den Credit Risk Analyzer nach Ihren Anforderungen konfigurieren können, um Ihre Ausfallrisikolimitierung aktiv zu steuern.

12.8 Werkzeuge – Parallelisierung

Parallelisierung – Transkation JBMT2

Viele Verarbeitungen in den Analyzern stellen hohe Ansprüche an die Systemressourcen und beanspruchen hohe Laufzeiten. Um die jeweiligen Auswertungen möglichst performant durchzuführen, können Sie mithilfe der Parallelisierung die Auswertungen im Market Risk Analyzer und Portfolio Analyzer auf mehrere Tasks eines Servers oder auf mehrere Server verteilen. Sie finden die Transaktion PARALLELISIERUNG (Transkation JBMT2) im Market Risk Analyzer und Portfolio Analyzer jeweils unter MARKET RISK/PORTFOLIO ANALYZER • WERKZEUGE, im Credit Risk Analyzer unter CREDIT RISK ANALYZER • WERKZEUGE • TAGESENDVERARBEITUNG.

Ansteuerung

Abbildung 12.134 zeigt das Pflegebild der Parallelisierungssteuerung. Sie können hier pro Benutzer (Spalte BENUTZER) einstellen, welchen Auswertungstyp (Spalte AUSWTYP) Sie wie parallelisieren möchten. Dazu aktivieren Sie das Multitasking-Kennzeichen (Spalte MT). Neben der Paketgröße (Spalte PAKETGR...) können Sie über die Spalte MAX-ANZ. (Maximale Anzahl Tasks) die Belastung je Servergruppe einschränken. Geben Sie optional im Feld SERVERGRUPPE eine Gruppe von Servern an, über die die Tasks der Auswertung parallel verarbeitet werden sollen.

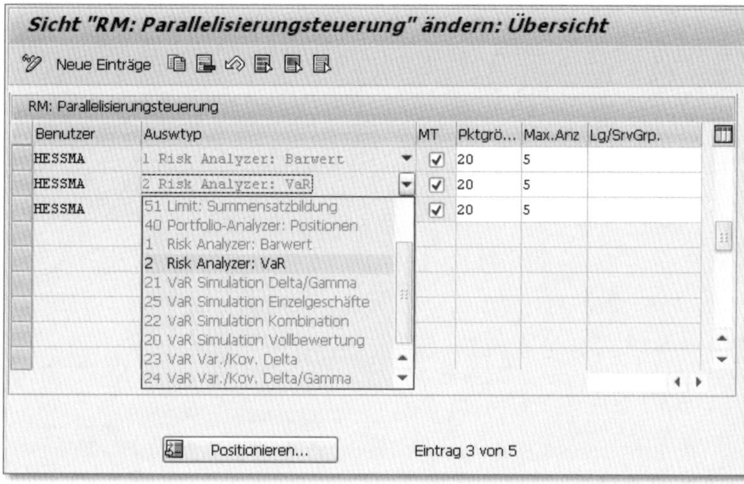

Abbildung 12.134 Parallelisierungssteuerung in den Analyzern (Transaktion JBMT2)

Über Schnittstellen und Erweiterungen können Sie auf wohldefinierte Weise Einfluss auf Geschäftsprozesse und Daten nehmen. Für diesen Zweck stellen wir Ihnen verschiedene Möglichkeiten vor, die SAP Treasury and Risk Management bietet.

13 Schnittstellen und Erweiterungen

Mithilfe von Schnittstellen und Erweiterungen können Sie die Geschäftsprozesse und Daten von SAP Treasury and Risk Management beeinflussen. Externe Anwendungen können über BAPIs und PI-Messages an Ihr System angebunden werden. Für Erweiterungen stehen Ihnen BAdIs, Erweiterungsspots und Customer-Exits zur Verfügung.

In diesem Kapitel geben wir Ihnen einen Überblick über die Verwendung von Schnittstellen und Erweiterungen innerhalb von SAP Treasury and Risk Management. Wir können dabei aber nicht auf die zugrunde liegende Technologie der Schnittstellen und Erweiterungen eingehen, da dies den Umfang des Buches sprengen würde. Wenn Sie sich über diese Grundlagen informieren möchten, empfehlen wir Ihnen die Bücher »SAP-Schnittstellenprogrammierung« von Michael Wegelin und Michael Englbrecht (SAP PRESS 2011), »Praxisleitfaden SAP NetWeaver PI – Administration« von Marcus Banner, Heinzpeter Klein und Christian Riesener (SAP PRESS 2009) sowie »Praxishandbuch SAP NetWeaver PI – Entwicklung« von Valentin Nicolescu et al. (SAP PRESS 2009).

In Abschnitt 13.1 widmen wir uns den BAPIs. Nach einer Einführung in deren allgemeine Funktionen und Eigenschaften werden die BAPIs von SAP Treasury and Risk Management vorgestellt. Sowohl der betriebswirtschaftliche Hintergrund als auch die Art und Weise des Einsatzes dieser BAPIs werden mit Beispielen verdeutlicht. Anschließend stellen wir in Abschnitt 13.2 anhand eines Beispiels die PI-Message `TreasuryDealNotification` vor. Hierbei gehen wir speziell auf das notwendige Mapping und dessen Reihenfolge ein.

Abschließend wenden wir uns in Abschnitt 13.3 den Erweiterungsmöglichkeiten zu. Dort finden Sie eine Liste der vorhandenen Erweiterungen mit kurzen Erläuterungen und Hinweisen zur Implementierung. Die Techniken der Customer-Exits, klassischen BAdIs und Erweiterungsspots werden in diesem Abschnitt ebenfalls angesprochen.

13.1 BAPIs

Programmierschnittstellen für externe Anwendungen

Business Application Programming Interfaces (BAPIs) sind standardisierte und stabile Programmierschnittstellen, die es externen Anwendungen ermöglichen, auf die Geschäftsprozesse und Daten eines SAP-Systems zuzugreifen. Zuerst erläutern wir den technischen Rahmen der BAPIs und beschreiben deren allgemeine Funktionen und Eigenschaften. Die BAPIs von SAP Treasury and Risk Management lassen sich in folgende Gruppen einteilen: finanzinstrumentspezifische und -übergreifende BAPIs, BAPIs für das Gesamtgeschäft, für Stammdaten sowie für das Exposure Management und das Hedge Accounting für Exposures. Auf diese BAPI-Gruppen werden wir nach einer kurzen Einführung jeweils in einem eigenen Abschnitt eingehen.

13.1.1 Einführung in BAPIs

Business-Objekttypen und BAPIs

Die Kommunikation zwischen unterschiedlichen Softwareprodukten basiert heute meist auf objektorientierten Technologien. Zu diesem Zweck wurden von SAP Business-Objekttypen eingeführt, die die Funktionalität und Daten eines betriebswirtschaftlichen Sachverhalts abbilden. BAPIs werden als Methoden an diesen Business-Objekttypen definiert und stellen die Schnittstelle auf der betriebswirtschaftlichen Ebene dar. Nach außen sind nur die Methoden der Business-Objekttypen sichtbar, die Implementierungsdetails und internen Daten der Business-Objekttypen bleiben verborgen.

Eine Methode eines Business-Objekttyps ist die objektorientierte Verschalung eines remotefähigen Funktionsbausteins. Damit ist es möglich, sowohl den Funktionsbaustein direkt aufzurufen als auch die Methode objektorientiert über das *Business Object Repository* (BOR) zu nutzen. Dazu können Sie den Integrationsdienst *Application Link Enabling* (ALE) nutzen.

Business-Objekttyp

Ein *Business-Objekttyp* ist das Abbild eines betriebswirtschaftlichen Sachverhalts und umfasst sowohl die Funktionalität als auch die Daten dieses Sachverhalts. Die Methoden des Business-Objekttyps definieren sein Verhalten, denn nur über diese Methoden können die Daten des Business-Objekttyps angelegt und geändert werden. Damit findet eine Trennung zwischen dem betriebswirtschaftlichen Inhalt und der zugrunde liegenden Kommunikationstechnologie statt.

Widerspiegelung eines betriebswirtschaftlichen Sachverhalts

[zB]

Business-Objekttyp

Für Devisengeschäfte gibt es z.B. den Business-Objekttyp `BUS5600` mit dem Namen `ForeignExchange`. Mit der Transaktion Business Object Builder (Transaktion SWO1) können Sie sich seine Schlüsselfelder, Attribute und Methoden ansehen (siehe Abbildung 13.1). Diese Transaktion finden Sie im Menü unter Werkzeuge • ABAP Workbench • Entwicklung.

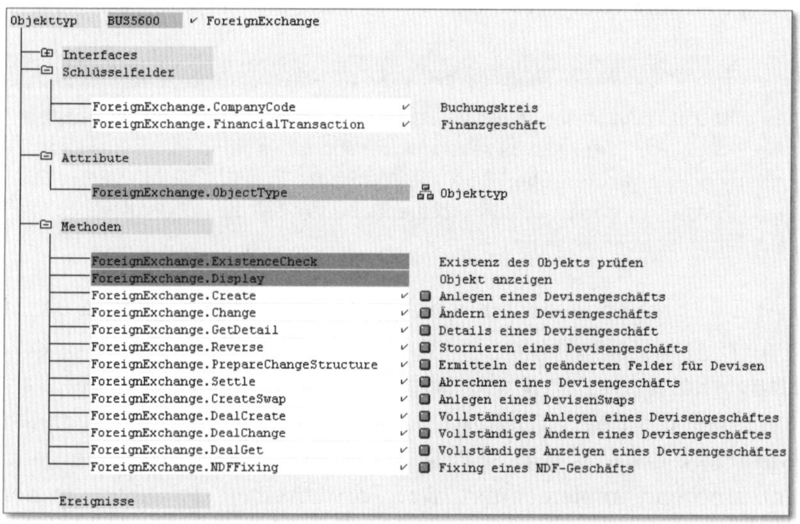

Abbildung 13.1 Business-Objekttyp BUS5600 in der Transaktion SWO1

Business-Objekt

Ein Business-Objekt ist die spezifische Darstellung oder Instanz eines Business-Objekttyps. In den objektorientierten Sprachen entspricht der Begriff *Business-Objekttyp* einer Klasse, und der Begriff *Business-Objekt* entspricht einer Instanz der Klasse.

Spezifische Darstellung eines Business-Objekttyps

[zB]

Business-Objekt

Während der Laufzeit einer Anwendung wird für das Devisengeschäft 4711 ein Business-Objekt als spezifische Instanz des Business-Objekttyps `BUS5600` angelegt.

BAPI

Remotefähige Funktionsbausteine

BAPIs sind die Methoden eines Business-Objekttyps und können über das Business Object Repository (BOR) aufgerufen werden. Mit ihnen ist es externen Anwendungen möglich, auf die Geschäftsprozesse und Daten eines SAP-Systems zuzugreifen. BAPIs sind als remotefähige Funktionsbausteine implementiert. Diese Funktionsbausteine können aber auch direkt aufgerufen werden, dies wird von allen gängigen Entwicklungsplattformen unterstützt.

Die Namen für Methoden, Parameter und Felder der BAPIs werden in englischer Sprache vergeben. Eine Trennung von Namensteilen erfolgt mithilfe von Versalien.

[zB]

BAPI

Es gibt z.B. zum Anlegen eines Devisengeschäfts den Funktionsbaustein `BAPI_FTR_FXT_CREATE`. Diesen Funktionsbaustein können Sie direkt aufrufen, oder Sie rufen über BOR die Methode `ForeignExchange.Create` auf. Der Aufruf erfolgt auf unterschiedliche Weise, die aufgerufene Funktionalität ist aber dieselbe.

Verbuchung

BAPIs werden entweder vollständig oder gar nicht ausgeführt. Damit hinterlassen BAPI-Aufrufe immer einen konsistenten Datenbankzustand. Ebenfalls für einen konsistenten Datenbankzustand darf innerhalb des BAPIs der ABAP-Befehl `COMMIT WORK` nicht aufgerufen werden, die BAPIs von SAP Treasury and Risk Management sind entsprechend implementiert. Das Fortschreiben der Daten in der Verbuchung erfolgt nach dem BAPI-Aufruf durch den Aufruf des Funktionsbausteins `BAPI_TRANSACTION_COMMIT` oder der Methode `BapiService.TransactionCommit`. Alternativ findet eine Rücknahme über den Funktionsbaustein `BAPI_TRANSACTION_ROLLBACK` oder die Methode `BapiService.TransactionRollback` statt.

Testlauf

Standardmäßig verfügt jedes BAPI über den Parameter `TestRun`. Ist dieser Parameter gesetzt, wird ein Probelauf ausgeführt. Darüber hinaus gibt es eine Returntabelle vom Typ `BAPIRET2`, in der die Meldungen zurückgegeben werden.

Erweiterungsparameter

Zudem können BAPIs die Erweiterungsparameter `ExtensionIn` und `ExtensionOut` vom Typ `BAPIPAREX` besitzen. Diese Erweiterungsparameter sind Container, in denen beliebige Daten in das BAPI hineingegeben oder aus diesem herausgegeben werden können. Innerhalb des Funktionsbausteins stehen Ihnen ein BAdI zur Prüfung der Daten und ein BAdI zur weiteren Verarbeitung zur Verfügung. Diese BAdIs werden vom Anwender implementiert. Sind die beiden Parameter nicht vorhanden, ist nur über eine Modifikation des Funktionsbausteins eine Änderung der Schnittstelle und des Verhaltens möglich.

Änderungsparameter

Sollen Werte auf der Datenbank abgelegt oder geändert werden, muss man zwischen den Parameterfeldern unterscheiden, die geändert werden sollen, und denen, die unverändert bleiben. Es reicht nicht aus, ein Parameterfeld leer zu lassen, denn in diesem Fall ist nicht klar, ob der vorhandene Wert beibehalten oder gegebenenfalls gelöscht werden soll – weil der Eintrag durch das leere Feld überschrieben wird. Die Identifizierung der änderungsrelevanten Felder erfolgt über eine Markierung. Zu jedem Parameter gibt es einen Änderungsparameter mit demselben Namen und einem Suffix X. In diesem Änderungsparameter sind dieselben Feldnamen aufgeführt, allerdings vom Typ `BAPIUPDATE`. Ist in dem Änderungsparameter für ein Feld der Wert »X« eingetragen, wird der Wert aus dem Parameterfeld übernommen.

[zB]

Änderungsparameter

Die Methode `ForeignExchange.Change` hat z.B. einen Parameter `Forex` und den dazugehörigen Änderungsparameter `ForexX`. Beide Parameter haben dieselben Feldnamen. Ist in dem Änderungsparameter für das Feld `BUY_AMOUNT` der Wert »X« gesetzt, wird der Wert aus dem Feld `BUY_AMOUNT` des Parameters `Forex` in die Methode übernommen. Ist in dem Änderungsparameter der Wert »X« nicht gesetzt, wird der Wert aus dem Feld des Parameters nicht übernommen.

Business Object Repository

Zentrales Verzeichnis der Business-Objekttypen

Das *Business Object Repository* (BOR) ist das zentrale Verzeichnis, in dem alle Business-Objekttypen, deren Methoden sowie die Dokumentation enthalten sind. Zudem erstellt das BOR zur Laufzeit die Business-Objekte.

[zB]

Business Object Repository

Mit der Transaktion BAPI Explorer (Transaktion BAPI), die Sie im Menü unter Werkzeuge • ABAP Workbench • Übersicht • Anwendungshierarchie finden, rufen Sie den BAPI-Explorer auf. In der Komponentenhierarchie finden Sie die BAPIs von SAP Treasury und Risk Management unter Financials • Financial Supply Chain Management. Wählen Sie als Beispiel die Methode `Create` des Business-Objekts `ForeignExchange` aus. Sie sehen, dass der zugehörige Funktionsbaustein `BAPI_FTR_FXT_CREATE` heißt. Auf der Registerkarte Dokumentation können Sie sich die Dokumentation zu dem BAPI oder zu den einzelnen Parametern ansehen (siehe Abbildung 13.2).

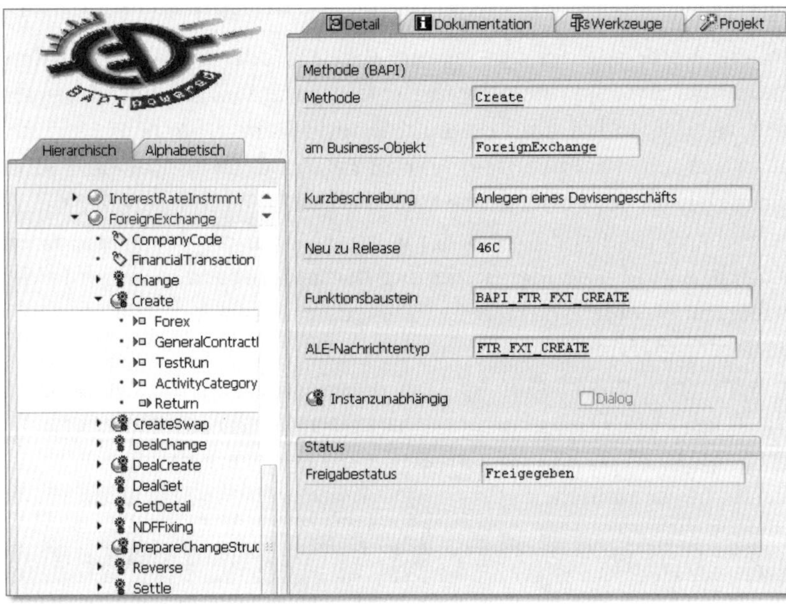

Abbildung 13.2 BAPI-Explorer

ALE

Der Integrationsdienst *Application Link Enabling* (ALE) übernimmt die Aufgabe, verteilte Geschäftsprozesse zu realisieren, indem Daten kontrolliert ausgetauscht und konsistent gehalten werden. ALE basiert auf BAPIs und benötigt eine BAPI-ALE-Schnittstelle. Dies gilt für alle BAPIs von SAP Treasury and Risk Management.

Verteilungsmodell und IDoc

Das ALE-Verteilungsmodell beschreibt den Nachrichtenfluss zwischen den Systemen. Es legt fest, welche Nachrichten zwischen den Systemen ausgetauscht bzw. welche BAPIs aufgerufen werden. Das verwendete Datenformat für die Übertragung der Daten ist das *Intermediate Document* (IDoc). Dies sind strukturierte Datencontainer, in denen Daten hierarchisch abgelegt werden können.

Lose Kopplung

Die Kopplung zwischen den verteilten Systemen kann eng oder lose sein. Bei einer losen Kopplung sind die Systeme voneinander unabhängig. Bei einem Ausfall des aufgerufenen Systems oder einem Kommunikationsfehler kann das aufrufende System weiterarbeiten. Eine lose Kopplung wird über asynchrone Kommunikation realisiert und bei schreibenden Zugriffen verwendet. Der Nachteil ist, dass es außer dem Returnparameter keine weiteren Rückgabeparameter gibt.

Der Ablauf einer Datenübertragung bei loser Kopplung ist wie folgt:

1. Zuerst wird das Verteilungsmodell abgefragt.
2. Dann wird im sendenden System beim Aufruf des BAPIs ein zugehöriges IDoc erzeugt und mit den Daten aus dem BAPI-Aufruf gefüllt. Dieses IDoc wird an das Zielsystem geschickt.
3. Im Zielsystem wird ein BAPI-Aufruf aus dem IDoc erzeugt.
4. Tritt bei der Verarbeitung des IDocs ein Fehler auf, wird das fehlerhafte IDoc abgespeichert und ein Workflow zum ALE-Administrator erzeugt. So wird sichergestellt, dass die Daten konsistent fortgeschrieben werden.

Enge Kopplung

Eine enge Kopplung über synchrone Aufrufe sollten Sie dagegen nur beim Lesen von Daten einsetzen. Die enge Kopplung erfordert das Vorhandensein des aufgerufenen Systems und wird über den synchronen Aufruf eines remotefähigen Funktionsbausteins realisiert. Dabei können die Rückgabeparameter ausgewertet werden. Der Ablauf der Datenübertragung bei enger Kopplung umfasst zuerst die Abfrage des Verteilungsmodells und anschließend den Aufruf des BAPIs im Zielsystem über einen Remote Function Call.

ALE-Schnittstelle [zB]

Zum Beispiel können Sie sich mit der Transaktion ALE-SCHNITTSTELLE FÜR BAPI ANLEGEN (Transaktion BDBG), die im Menü unter WERKZEUGE • ALE • ALE-ENTWICKLUNG • BAPI zu finden ist, die Schnittstelle für den Business-Objekttyp `BUS5600` und die Methode `Create` anzeigen lassen. Dabei werden auch die Funktionsbausteine `IDOC_INPUT_FTR_FXT_CREATE` für die Eingangsverarbeitung und `FTR_ALE_FXT_CREATE` für die Ausgangsverarbeitung angezeigt.

13.1.2 Finanzinstrumentspezifische BAPIs

Zum Anlegen oder Ändern von Geschäften können Sie in der Geschäftsverwaltung die Handelsfunktionen und Abwicklungsfunktionen nutzen (siehe Abschnitte 3.2.3 und 3.3). Dieses Anlegen oder Ändern von Geschäften können Sie auch mit den finanzinstrumentspezifischen BAPIs erledigen. Im Vergleich zu den Transaktionen FINANZGESCHÄFT ANLEGEN (Transaktion FTR_CREATE) und FINANZGESCHÄFT BEARBEITEN (Transaktion FTR_EDIT) lassen Sie mithilfe der BAPIs Finanzgeschäfte in vereinfachter und standardisierter Weise durchführen. Dabei wird im BAPI größtenteils dasselbe Coding wie in den Transaktionen durchlaufen. Beide Transaktionen finden Sie mehrfach im Menü unter TREASURY AND RISK MANAGEMENT • TRANSACTION MANAGER • GELDHANDEL/DEVISEN/DERIVATE/WERTPAPIERE/COMMODITIES/FREMDFINANZIERUNG • HANDEL/ABWICKLUNG.

Ablauf

Um den Aufbau der BAPIs zu verstehen, sollten Sie Abschnitt 3.6 zur Architektur der Geschäftsverwaltung gelesen haben. In der Geschäftsverwaltung gibt es für jeden Produkttyp eine Anwendung, in der die Oberfläche und betriebswirtschaftliche Logik programmiert ist. Ein BAPI hat während seines Aufrufs die Kontrolle über den Ablauf und ruft über wohldefinierte Methoden in die Anwendung. Dort findet keine Unterscheidung zu einem Aufruf durch eine Transaktion statt. Die Aufrufe des Application Frameworks erfolgen dabei durch das BAPI. Darüber hinaus führt das BAPI ein Mapping der Eingangswerte auf die Strukturen der Anwendung durch und übernimmt die technischen Aufgaben des Bildes, wie z.B. die Muss-Feld-Prüfung.

Finanzinstrumentspezifische Business-Objekttypen

Da die Liste der vorhandenen BAPIs zu umfangreich ist, um sie hier alle zu nennen, führen wir in Tabelle 13.1 die Business-Objekttypen an, die jeweils einem Finanzinstrument entsprechen. Zu den jeweiligen Business-Objekttypen existieren meistens die allgemeinen Methoden `Create`, `Change`, `GetDetail` und `Reverse`. Zum anderen gibt es für weitere Handelsfunktionen und Abwicklungsfunktionen zusätzliche Methoden. Die Methode `PrepStruc` ist eine technische Methode, um die geänderten Felder zu einer Struktur zu ermitteln und damit den Änderungsparameter zu füllen.

Business-Objekttyp	Objektname	Beschreibung
BUS5200	SecurityTransaction	Wertpapiergeschäft
BUS5510	FixedTermDeposit	Festgeld

Tabelle 13.1 Finanzinstrumentspezifische Business-Objekttypen

Business-Objekttyp	Objektname	Beschreibung
BUS5520	DepositAtNotice	Kündigungsgeld
BUS5530	CommercialPaper	Commercial Paper
BUS5540	CashFlowTransaction	Finanzstromgeschäft
BUS5550	InterestRateInstrument	Zinsgeschäft
BUS5600	ForeignExchange	Devisengeschäft
BUS5610	OTCInterestCapFloor	Zinsderivat Cap/Floor
BUS5620	OTCInterestSwap	Zinsderivat Swap
BUS5630	OTCInterestFRA	Zinsderivat FRA
BUS5640	TotalReturnSwap	Total Return Swap
BUS5700	Future	Future
BUS5760	ForeignExchangeOption	Devisenoption
BUS5770	SecuritiesLending	Wertpapierleihe
BUS5800	CommodityForward	Commodity Forward
BUS5810	CommoditySwap	Commodity Swap

Tabelle 13.1 Finanzinstrumentspezifische Business-Objekttypen (Forts.)

Einen vollständigen Überblick über die BAPIs samt Dokumentation erhalten Sie in der Transaktion BAPI EXPLORER (Transaktion BAPI), die Sie im Menü unter WERKZEUGE • ABAP WORKBENCH • ÜBERSICHT • ANWENDUNGSHIERARCHIE angeordnet finden.

Testen der BAPIs [+]

Zum Testen der BAPIs aus SAP Treasury and Risk Management können Sie die Transaktion TESTPROGRAMM FÜR BAPI (Transaktion FTR_BAPI) nutzen, die Ihnen gleichzeitig einen Überblick über die vorhandenen BAPIs bietet. Diese Transaktion ist nicht im Menü vorhanden.

13.1.3 Finanzinstrumentübergreifende BAPIs

Sollen bei Handelsfunktionen und Abwicklungsfunktionen der Geschäftsverwaltung finanzinstrumentübergreifende Daten, wie z.B. Konditionen oder Zahlungsverbindungen, angelegt oder verändert werden, stehen dafür auch entsprechende BAPIs zur Verfügung. Diese BAPIs simulieren einen vereinfachten und standardisierten Aufruf der Geschäftsbearbeitung (Transaktion FTR_EDIT).

Finanzinstrumentübergreifende Business-Objekttypen

Anstatt alle Methoden an den Business-Objekttypen, also den BAPIs, anzuführen, beschränken wir uns auch bei den finanzinstrumentübergreifenden Daten aus Platzgründen auf die Business-Objekttypen. Für Änderungen der Konditionendetails, der Zusatzbewegung, der Zahlungsverbindung und der Daten für das Hedge Accounting für Exposures gibt es jeweils eigene Business-Objekttypen. Diese besitzen die allgemeinen Methoden `Create`, `Change`, `GetList` und `Delete`. Eigentlich sind auch die Hauptbewegungen finanzinstrumentübergreifend. Deren Änderungen werden jedoch direkt als Methode an den finanzinstrumentspezifischen Business-Objekttyp angeboten. Für die Abwicklungsfunktionen, die bei allen Finanzinstrumenten gleich sind, gibt es den Business-Objekttyp `BUS2042` für ein Finanzgeschäft. Zu dessen Methoden zählen `Settle`, `CounterConfirm`, `GetList`, `TriggerCorres` und `Novation`. Eine Auflistung der finanzinstrumentübergreifenden Business-Objekttypen entnehmen Sie Tabelle 13.2.

Business-Objekttyp	Objektname	Beschreibung
`BUS5102`	`FTRCondition`	Kondition
`BUS5101`	`FTRAdditionalFlow`	Zusatzbewegung
`BUS5103`	`FTRPaymentDetail`	Zahlungsverbindung
`BUS5104`	`FTRHedgeMgmtData`	Sicherungsverwaltungsdaten
`BUS2042`	`FinancialTransaction`	Finanzgeschäft

Tabelle 13.2 Finanzinstrumentübergreifende Business-Objekttypen

Einen vollständigen Überblick über die BAPIs samt Dokumentation erhalten Sie, wie für die finanzinstrumentspezifischen BAPIs, mit der Transaktion BAPI EXPLORER (Transaktion BAPI). Und auch zum Testen können Sie genauso die Testtransaktion TESTPROGRAMM FÜR BAPI (Transaktion FTR_BAPI) nutzen.

Beispiel für finanzinstrumentübergreifende BAPIs

Sie möchten ein Devisengeschäft über BAPIs anlegen. Der Abschluss fand am 26.04.2012 statt, wobei der Tausch von 100.000 EUR gegen USD zum 26.05.2012 zum Kurs von 1,3 vereinbart wurde. Zudem soll die Zahlung der EUR vom Konto 4711 bei der BANK1 erfolgen, die USD sollen dem Konto ABC bei der BANK2 gutgeschrieben werden.

Zur Anlage eines solchen Geschäfts rufen Sie zuerst die Methode `ForeignExchange.Create` auf. Dabei geben Sie dem Parameter `Forex` die Werte entsprechend Tabelle 13.3 mit.

Feldname	Wert
SELL_CURRENCY	EUR
SELL_AMOUNT	100.000
BUY_CURRENCY	USD
VALUE_DATE	26.05.2012
FORWARD_RATE	1,3

Tabelle 13.3 Beispielwerte für den Parameter »Forex«

Mit Aufruf der Methode `BapiService.TransactionCommit` schreiben Sie anschließend dieses Geschäft auf die Datenbank.

Nun rufen Sie die Methode `FTRPaymentDetail.GetList` auf und betrachten die aus den Standing Instructions gezogenen Zahlungsverbindungen. Sind hier die gewünschten Zahlungsverbindungen vorhanden, sind Sie fertig mit der Anlage des Devisengeschäfts. Ansonsten müssen Sie entweder die vorhandenen Zahlungsverbindungen jeweils einzeln über die Methode `FTRPaymentDetail.Change` ändern, oder Sie müssen die Zahlungsverbindungen einzeln über die Methode `FTRPaymentDetail.Create` anlegen. Überflüssige Zahlungsverbindungen können Sie ebenfalls einzeln über die Methode `FTRPaymentDetail.Delete` löschen.

Verbuchung [«]

Beachten Sie, dass Sie unmittelbar nach jedem Aufruf eines BAPIs, das die Datenbank verändert, die Verbuchung anstoßen oder die Änderungen zurücknehmen müssen. Zu diesem Zweck gibt es die Methoden `BapiService.TransactionCommit` und `BapiService.TransactionRollback`.

13.1.4 BAPIs für das Gesamtgeschäft

Problematische Situationen

Wie Sie am Beispiel zu den finanzinstrumentübergreifenden BAPIs gesehen haben, kann das bisherige Konzept der BAPIs dazu führen, dass Sie sehr viele BAPIs aufrufen müssen, bevor das Geschäft wie gewünscht angelegt ist. Dies kann zu Performanceproblemen führen. Für den Fall, dass es in einem BAPI zu einer Fehlermeldung kommt, kann zudem nur das einzelne BAPI zurückgerollt werden. Dies ist problematisch, da ein Geschäft immer bereits vorhanden ist und eine Geschäftsnummer vergeben wurde. Hinzu kommt, dass auch das Konzept der Änderungsparameter beim Anlegen nicht berücksichtigt ist, sodass Vorbelegungen nicht gelöscht werden können. Zum Beispiel kann ein standardmäßig gesetztes Inklusivkennzeichen für den Laufzeitbeginn beim Anlegen eines Geschäfts über ein BAPI nicht deaktiviert werden.

Business-Objekttypen für das Gesamtgeschäft

Diese Situation führte vor allem bei Devisengeschäften zu Problemen. Um diese Probleme zu lösen, wurden BAPIs für das Gesamtgeschäft eingeführt. Diese stehen für die in Tabelle 13.4 ersichtlichen Business-Objekttypen zur Verfügung. Diese Business-Objekttypen besitzen die neuen Methoden `DealCreate`, `DealChange` und `DealGet`. Diesen Methoden geben Sie sämtliche benötigten Werte mit, und das Geschäft wird durch einen einzigen BAPI-Aufruf vollständig angelegt, geändert oder angezeigt. Anschließend müssen Sie über die Methode `BapiService.TransactionCommit` die Verbuchung anstoßen.

Business-Objekttyp	Objektname	Beschreibung
BUS5200	SecurityTransaction	Wertpapiergeschäft
BUS5510	FixedTermDeposit	Festgeld
BUS5550	InterestRateInstrument	Zinsgeschäft
BUS5600	ForeignExchange	Devisengeschäft
BUS5640	TotalReturnSwap	Total Return Swap
BUS5800	CommodityForward	Commodity Forward
BUS5810	CommoditySwap	Commodity Swap

Tabelle 13.4 Business-Objekttypen für das Gesamtgeschäft

Application Programming Interface

Um dieses Konzept der BAPIs für das Gesamtgeschäft zu realisieren, wurde die Architektur der BAPIs umgestellt. Die finanzinstrumentübergreifenden und finanzinstrumentspezifischen BAPIs stellen einen festgelegten Ablauf dar. In jedem BAPI wird einzeln der Aufruf von Funktionen der Anwendung implementiert. Da sich der Ablauf der BAPIs stark ähnelt, ähnelt sich auch die Implementierung der BAPIs. Um diese Gemeinsamkeiten auszunutzen, wurde eine API-Schicht (API = Application Programming Interface) ergänzt. In einem API wird das Prozessieren einer Registerkarte oder eines Detailbildes zur Verfügung gestellt. Die finanzinstrumentübergreifenden und finanzinstrumentspezifischen BAPIs rufen für ihren standardisierten Ablauf nur noch die benötigten APIs in der richtigen Reihenfolge auf. Für die BAPIs zum Gesamtgeschäft ist zudem ein flexibler Ablauf möglich, indem z.B. die Registerkarte Zusatzbewegungen so lange prozessiert wird, bis alle Zusatzbewegungen angelegt wurden.

Ablauf

Die BAPIs für das Gesamtgeschäft nutzen die APIs. Da Zahlungsverbindungen und Zusatzbewegungen mehrfach vorkommen können, werden diese als Tabellen übergeben. Auch für diese Tabellen sind Änderungsparameter notwendig. Daher haben diese Tabellen eine zusätzliche Spalte `TABLEINDEX`, um eine eindeutige Zuordnung zwischen einem Eintrag des Parameters und einem Eintrag des Änderungsparameters herzustellen.

Zusätzlich existieren für die Zahlungsverbindungen und Zusatzbewegungen die beiden Parameter `PaydetCompleteIndicator` und `AddflowCompleteIndicator`, die angeben, ob die in der Tabelle übergebenen Einträge vollständig sind oder nicht. Ist einer dieser Parameter gesetzt, sind die in der entsprechenden Tabelle übergebenen Einträge vollständig. Falls im Geschäft weitere Einträge vorhanden sind, werden diese gelöscht. Ist einer dieser Parameter nicht gesetzt, werden nur die in der entsprechenden Tabelle übergebenen Einträge geändert oder angelegt.

Falls die vorhandenen BAPIs Ihren Anforderungen nicht genügen, können Sie eigene Funktionsbausteine definieren, die Daten entgegennehmen und die APIs aufrufen.

[zB]

Gesamtgeschäft

Wir wollen als Beispiel dasselbe Geschäft wie im Beispiel aus Abschnitt 13.1.3 anlegen, aber diesmal mit lediglich einem BAPI-Aufruf. Zur Anlage des Geschäfts rufen Sie die Methode `ForeignExchange.DealCreate` auf. Im Parameter `Forex` geben Sie dieselben Werte wie im obigen Beispiel mit. Zudem setzen Sie im Parameter `ForexX` alle Felder auf »X«, deren Werte Sie übernehmen möchten. Dann setzen Sie den Parameter `PaydetCompleteIndicator` auf »X«. Nun füllen Sie in die Tabelle `PaymentDetail` die beiden Einträge für die Zahlungsverbindungen und vergeben für die Spalte `TABLEINDEX` die Werte »1« und »2«. Jetzt müssen Sie noch den Änderungsparameter für die Zahlungsverbindungen `PaymentDetailX` füllen. Geben Sie hier genauso zwei Einträge mit demselben `TABLEINDEX` vor, und setzen Sie jeweils alle Felder auf »X«, deren Werte Sie übernehmen möchten. Mit dem Aufruf der Methode `BapiService.TransactionCommit` schreiben Sie anschließend dieses Geschäft auf die Datenbank.

13.1.5 BAPIs für Stammdaten

Wertpapierstammdaten

Für die Anlage und das Bearbeiten von Wertpapierstammdaten für handelbare Finanzinstrumente gibt es eigene BAPIs. Über die Methoden an den Business-Objekttypen werden dieselben Funktionen wie bei den Transaktionen zu den Wertpapierstammdaten zur Verfügung gestellt (siehe Tabelle 13.5).

Business-Objekttyp	Objektname	Beschreibung
BUS1076	FinancialProduct	Wertpapiergattung
BUS1074	RedemptionSchedSet	Tilgungsplan Sets
BUS1064	RedemptionFactors	Auslosungsfaktoren
BUS1062	ExtSecurityAccStmnt	Externer Wertpapier-depotauszug

Tabelle 13.5 Business-Objekttypen für Wertpapierstammdaten

Die Methoden dieser Business-Objekttypen gehören zu den ersten BAPIs, die in SAP Treasury and Risk Management angelegt wurden. Daher sehen die Parameter teilweise anders als gewohnt aus. Die Änderungsparameter sind nicht zum Markieren der geänderten Felder gedacht, sondern geben den vermuteten Stand der Daten auf der Datenbank an. Beim Vergleich des Parameters mit dem Änderungsparameter wird klar, welche Daten wie geändert werden sollen. Falls die angenommene Datenbanksicht und die aktuelle Datenbanksicht nicht übereinstimmen, kommt es zu einem Fehler.

Commodity

Darüber hinaus gibt es für die Anlage und das Bearbeiten von Commodity-Stammdaten einen Business-Objekttyp (siehe Tabelle 13.6). Dort werden dieselben Funktionen wie bei den Transaktionen für Commodity-Stammdaten zur Verfügung gestellt.

Business-Objekttyp	Objektname	Beschreibung
BUS5120	CommodityMasterData	Commodity-Stammdaten

Tabelle 13.6 Business-Objekttypen für Commodity-Stammdaten

13.1.6 BAPIs für das Exposure Management und das Hedge Accounting für Exposures

Exposure Management

Sowohl für das Exposure Management als auch das Exposure Management 2.0 stehen BAPIs zur Verfügung. Details zu den beiden Modulen des Exposure Managements finden Sie in Kapitel 8, »Exposure Management«. Im Exposure Management werden finanzielle Risiken aus Ihrem operativen Geschäft verwaltet, die Sie mit Hedging-Aktivitäten sichern wollen.

Hedge Accounting für Exposures

Auch für die Funktionen des Hedge Accountings für Exposures (siehe Kapitel 9, »Hedge Accounting für Exposures«) stehen BAPIs zur Verfügung. Mit der Transaktion SICHERUNGSVERWALTUNG: ANWENDUNG (Transaktion THMEX), die Sie im Menü unter TREASURY AND RISK MANAGEMENT • TRANSACTION MANAGER • HEDGEMANAGEMENT • SICHERUNGSBEZIEHUNGEN finden, können Sie einem Sicherungsplan ein oder mehrere Exposures zuordnen. Anschließend können Sie das in den Exposures vorhandene Risiko mit Sicherungsgeschäften sichern. Die Verknüpfung zwischen Exposure und Sicherungsgeschäft wird über eine Sicherungsbeziehung dokumentiert.

Für das Exposure Management und das Hedge Accounting für Exposures sind entsprechende Business-Objekttypen angelegt (siehe Tabelle 13.7). Zu den Business-Objekttypen existieren die Methoden `Create`, `Change`, `GetDetail`, `Delete` und bei Exposures `GetList`.

Business-Objekttyp	Name	Beschreibung
`BUS5105`	`THAHedgePlan`	Sicherungsplan
`BUS5106`	`THATransFX`	FX-Transaktion
`BUS5107`	`THATransIR`	IR-Transaktion
`BUS5115`	`TEMExposure`	Exposure
`BUS5990`	`TEXExposure`	Exposure 2.0

Tabelle 13.7 Business-Objekttypen für das Exposure Management und Hedge Accounting für Exposures

13.2 PI-Message

Plattform für offene Integrationstechnologien

SAP NetWeaver *Process Integration* (SAP NetWeaver PI) bietet offene Integrationstechnologien, die eine prozessorientierte Zusammenarbeit zwischen SAP- und Nicht-SAP-Komponenten innerhalb und über Unternehmensgrenzen hinweg unterstützen. Innerhalb von PI werden Interfaces definiert, die Services zur Verfügung stellen. Beim Senden von Daten aus einem Ausgangssystem wird über den Ausgangsservice eine Message erzeugt. Diese Message wird innerhalb des PI-Systems an den entsprechenden Eingangsservice geroutet und bei Bedarf auch auf dessen Typ gemappt. Der Eingangsservice ruft einen Proxy des Zielsystems auf und übergibt die Daten. Innerhalb des Proxys kann erneut ein Mapping sowohl durch das System als auch durch den Anwender stattfinden. Abschließend wird die Anwendung aufgerufen.

In diesem Abschnitt wollen wir nicht PI und seine Einstellungsmöglichkeiten erklären. Wir empfehlen Ihnen dazu die Bücher »Praxisleitfaden SAP NetWeaver PI – Administration« von Marcus Banner, Heinzpeter Klein und Christian Riesener (SAP PRESS 2009) und »Praxishandbuch SAP NetWeaver PI – Entwicklung« von Valentin Nicolescu et al. (SAP PRESS 2009). Stattdessen wenden wir uns in diesem Buch der PI-Schnittstelle `TreasuryDealNotification` von SAP Treasury and Risk Management zu und stellen Ihnen ein Beispiel zum Anlegen eines Devisengeschäfts vor. Zuerst nehmen wir Beispieleinstellungen für das Routing und Mapping innerhalb von PI vor. Anschließend betrachten wir den Ablauf innerhalb des Proxys, inklusive des Aufrufs verschiedener BAdIs und des Ableitungstools zu bestimmten Zeitpunkten zur Ergänzung der Message.

13.2.1 PI-Schnittstelle TreasuryDealNotification

Unterstützte Finanzinstrumente

Über die PI-Schnittstelle `TreasuryDealNotification` können Sie Geschäfte zu den Finanzinstrumenten Devisen, Devisenswap und Devisenoption (Plain Vanilla) in SAP Treasury and Risk Management anlegen. Zum Beispiel können Sie mithilfe dieser PI-Schnittstelle einen elektronischen Marktplatz anschließen.

Im Unterschied zu den in Abschnitt 13.1 vorgestellten BAPIs funktionieren PI-Schnittstellen unabhängig von den Customizing-Einstellungen und der Organisationsstruktur im Zielsystem. So ist z.B. der Buchungskreis dem Ausgangssystem nicht zwangsläufig bekannt oder soll eventuell gar nicht bekannt sein. Im BAPI müssen Sie den Buchungskreis dagegen angeben. Natürlich wird der Buchungskreis zum Anlegen des Geschäfts benötigt. Daher muss dieser durch ein Mapping in PI oder im Proxy per BAdI oder Ableitungstool ergänzt werden. Wie und wo diese Ergänzung stattfindet, müssen Sie entscheiden und implementieren. Der Vorteil einer von Customizing-Einstellungen unabhängigen Schnittstelle liegt darin, dass bei mehreren Ausgangssystemen das Mapping genau einmal stattfindet, der Aufwand somit an nur einer Stelle anfällt und sich dadurch insgesamt reduziert. Darüber hinaus werden interne Einstellungen des Zielsystems nicht nach außen gegeben.

Aufbau der Schnittstelle

Die PI-Schnittstelle `TreasuryDealNotification` ist wie folgt aufgebaut (siehe Abbildung 13.3):

1. Zuerst kommen die allgemeinen Angaben über das Geschäft – wie die Geschäftsnummer, das Abschlussdatum und das Portfolio.
2. Dann folgen Angaben zu den Geschäftspartnern, wie der Requestor, der Provider und gegebenenfalls der PortalProvider.
3. Der Zweig `ForeignExchangeSingleLeg` wird für das Finanzinstrument Devisen gefüllt, für das Finanzinstrument Devisenoption der Zweig `ForeignExchangeSimpleOption` und für das Finanzinstrument Devisenswap der Zweig `ForeignExchangeSwap`, wobei dieser aus den Zweigen `NearLeg` und `FarLeg` besteht, die einen identischen Aufbau wie der Zweig `ForeignExchangeSingleLeg` haben.

Name	Kategorie	Typ
TreasuryDealNotification	Element	TreasuryDealNotificationMessage
TreasuryDeal	Element	TreasuryDeal
ID	Element	BusinessTransactionDocumentID
TradeDateTime	Element	DateTime
PortfolioID	Element	xsd:string
RequestorParty	Element	BusinessTransactionDocumentParty
ProviderParty	Element	BusinessTransactionDocumentParty
PortalProviderParty	Element	BusinessTransactionDocumentParty
ForeignExchangeSingleLeg	Element	ForeignExchangeLeg
ValueDate	Element	Date
SpotIndicator	Element	Indicator
BuyerParty	Element	BusinessTransactionDocumentParty2
SellerParty	Element	BusinessTransactionDocumentParty2
NotionalCurrencyFlow	Element	ForeignExchangeCurrencyFlow
OppositeCurrencyFlow	Element	ForeignExchangeCurrencyFlow
ExchangeRate	Element	
ForeignExchangeSwap	Element	ForeignExchangeSwap
NearLeg	Element	ForeignExchangeLeg
FarLeg	Element	ForeignExchangeLeg
ForeignExchangeSimpleOption	Element	ForeignExchangeSimpleOption
ExpiryDate	Element	Date
OptionTypeCode	Element	xsd:token
ExerciseStyleCode	Element	xsd:token
ValueDate	Element	Date
BuyerParty	Element	BusinessTransactionDocumentParty2
SellerParty	Element	BusinessTransactionDocumentParty2
Premium	Element	
NotionalAmount	Element	Amount
OppositeAmount	Element	Amount
StrikePrice	Element	

Abbildung 13.3 Aufbau der PI-Message TreasuryDealNotification

Die genaue Struktur der PI-Schnittstelle `TreasuryDealNotification` können Sie sich in PI in der Softwarekomponente EA-FINSERV 606 im

Namensraum *http://sap.com/xi/TRM* ansehen oder im Zielsystem mit der Transaktion ABAP-Proxy-Generierung (Transaktion SPROXY).

13.2.2 Beispiel zum Routing und Mapping in PI

An dieser Stelle zeigen wir Ihnen, wie Sie das Routing und Mapping in PI einstellen können. Mit dem Routing wird eine Nachricht von einem Ausgangssystem an ein Eingangssystem geleitet. Mit dem Mapping wird die Nachricht von einem Format in ein anderes Format überführt. Dieses Beispiel soll lediglich dem Verständnis von PI dienen und ist keine vollständige Beschreibung der Einstellungen.

Beispielbeschreibung

Aus dem Ausgangssystem `Sender` verschicken Sie über das Interface `ServiceInterfaceSender` eine Nachricht vom Typ `MessageType` an das Zielsystem `Receiver` mit dem Interface `TreasuryDealNotification_In`. Dabei findet ein `OperationMapping` unter Verwendung des Mapping-Programms `MessageMapping` auf den Typ `TreasuryDealNotification` statt. Für das Senden verwenden wir in diesem Beispiel eine eigene Software-Komponentenversion XITESTCOMPONENT 7.10_V1 mit dem Namensraum `http://xiTest.com/xi/PI_Trainings`. Die Nachricht wird in dem von SAP ausgelieferten Namensraum `http://sap.com/xi/TRM` der Software-Komponentenversion EA-FINSERV 606 empfangen.

Enterprise Service Repository

Beginnen wir das Beispiel mit dem Enterprise Service Repository. Starten Sie im ABAP-Teil des PI-Systems mit der Transaktion Start Integration Builder (Transaktion SXMB_IFR) den Integration Builder, oder geben Sie direkt die entsprechende URL in Ihren Webbrowser ein. Wählen Sie dort Enterprise Services Builder, und wechseln Sie in die Software-Komponentenversion XITESTCOMPONENT 7.10_V1 und den Namensraum `http://xiTest.com/xi/PI_Trainings`. In dem Beispiel enthält der Datentyp `DataType` lediglich die beiden Felder `Identifier` und `Date`. Der Message-Typ `MessageType` ist aus diesem Datentyp aufgebaut. Dann legen Sie für das Senden der Nachricht das Service-Interface `ServiceInterfaceSender` mit der Operation `Send` an (siehe Abbildung 13.4).

PI Operation-Mapping

Nun legen Sie das Operation-Mapping `OperationMapping` an. Die Ausgangsoperation lautet `ServiceInterfaceSender.Send`. Die Zieloperation lautet `TreasuryDealNotification_In` im Namensraum `http://sap.com/xi/TRM` der Softwarekomponente EA-FINSERV

606. Die Ausgangs-Message `MessageType` sowie die Ziel-Message `TreasuryDealNotification` werden automatisch ergänzt. Nun geben Sie das Mapping-Programm `MessageMapping` an (siehe Abbildung 13.5).

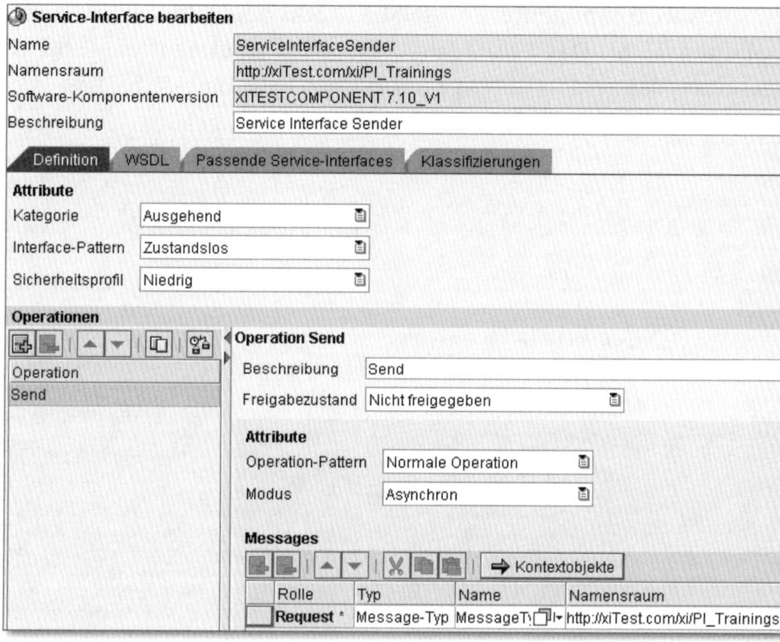

Abbildung 13.4 PI Service-Interface

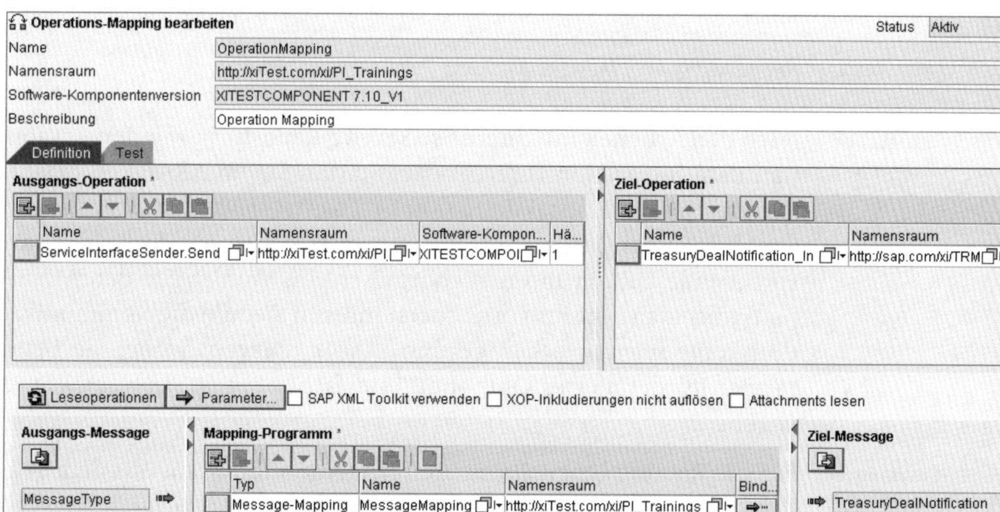

Abbildung 13.5 PI Operation-Mapping

PI Message-Mapping

Anschließend müssen Sie noch das eben verwendete Message-Mapping `MessageMapping` anlegen, mit dem der selbst definierte Message-Typ `MessageType` auf den von SAP definierten Message-Typ `TreasuryDealNotification_In` aus dem Namensraum `http://sap.com/xi/TRM` der Softwarekomponente EA-FINSERV 606 abgebildet wird (siehe Abbildung 13.6). Das Feld `Identifier` wird direkt auf das Feld `ID` abgebildet, das Feld `Date` hingegen auf das Feld `TradeDateTime`.

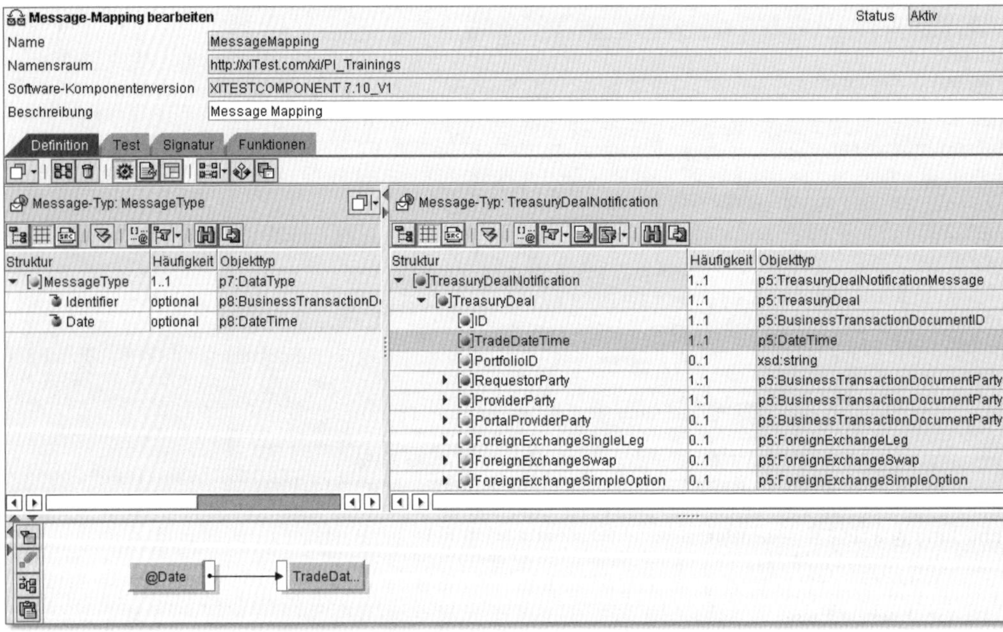

Abbildung 13.6 PI Message-Mapping

Integration Directory

Nach den Arbeiten im Enterprise Service Repository wenden wir uns nun dem Integration Directory zu. Starten Sie im ABAP-Teil des PI-Systems mit der Transaktion START INTEGRATION BUILDER (Transaktion SXMB_IFR) den Integration Builder, oder geben Sie direkt die entsprechende URL in Ihren Webbrowser ein. Wählen Sie den Menüpunkt INTEGRATION BUILDER. Zuerst müssen Sie nun die Kommunikationskomponenten `Receiver` und `Sender` anlegen, wobei Sie beim Sender Ihr definiertes Outbound-Interface `ServiceInterfaceSender` angeben.

PI-Empfängerermittlung

Für das Routing geben Sie die Empfängerermittlung an. Aus dem Sendersystem `Sender` soll das Outbound-Interface `ServiceInterfaceSender` an das Empfängersystem `Receiver` geroutet werden (siehe Abbildung 13.7).

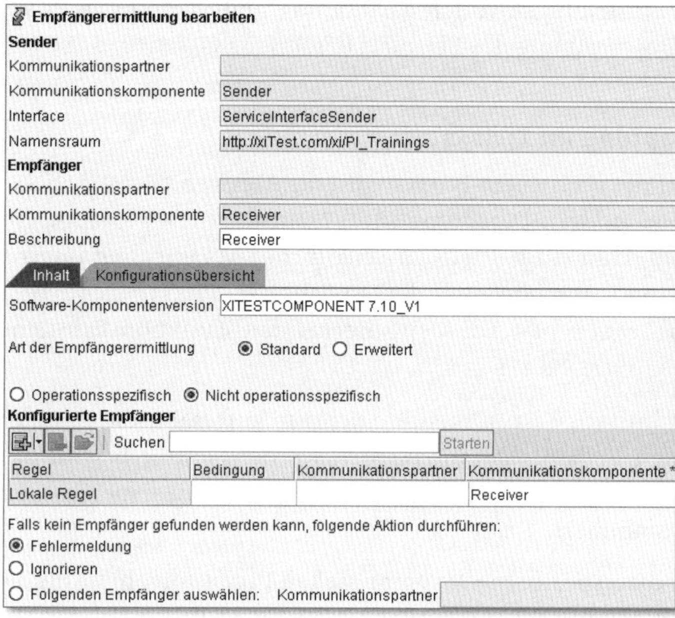

Abbildung 13.7 PI-Empfängerermittlung

PI-Interface-Ermittlung

Zum Finden des Empfänger-Interfaces und des zu verwendenden Mappings legen Sie die Interface-Ermittlung an. Aus dem Sendersystem `Sender` soll das Outbound-Interface `ServiceInterfaceSender` beim Empfängersystem `Receiver` mit dem Mapping `OperationalMapping` auf das Inbound-Interface `TreasuryDealNotification_In` abgebildet werden (siehe Abbildung 13.8).

Abbildung 13.8 PI-Interface-Ermittlung

Mit diesen Einstellungen laufen das Routing und Mapping in PI ab, wie in der Beschreibung des Beispiels beschrieben.

13.2.3 Mapping im Zielsystem

Beim Aufruf des Zielsystem-Proxys wird die Message `TreasuryDealNotification` auf den Datentyp `FTRXI_TR_DEAL_NOTIF` gemappt. Im Proxy erfolgt dann ein betriebswirtschaftliches Mapping auf interne Strukturen und abschließend der Aufruf des BAPIs `ForeignExchange.DealCreate` bzw. des entsprechenden Funktionsbausteins `BAPI_FTR_FXT_DEALCREATE`.

Der Ablauf im Proxy ist in mehrere Schritte aufgeteilt, die in einer vorgegebenen Reihenfolge durchlaufen werden. Dadurch wird das automatische Mapping des Systems mit einem benutzerspezifischen Mapping kombiniert.

BAdI-Implementierung oder Ableitungstool

Für das benutzerspezifische Mapping stehen Ihnen sowohl BAdIs als auch das Ableitungstool zur Verfügung. Es bleibt Ihnen überlassen, ob Sie ein oder mehrere BAdIs implementieren, das Ableitungstool nutzen oder beides miteinander kombinieren möchten. Sowohl die BAdIs als auch das Ableitungstool finden Sie im Customizing unter Treasury and Risk Management • Transaction Manager • Allgemeine Einstellungen • Geschäftsverwaltung • Externe Anbindung. Auf diese Weise können Sie zu den von Ihnen gewünschten Zeitpunkten in den Ablauf eingreifen und das von Ihnen vorgesehene Mapping durchführen.

Benutzerspezifisches Mapping mithilfe eines Proxys

In diesem Abschnitt stellen wir Ihnen die einzelnen Schritte innerhalb des Proxys vor und zeigen Ihnen, wie Sie das benutzerspezifische Mapping vornehmen können. Es ist zwingend notwendig, ein benutzerspezifisches Mapping durchzuführen. Sowohl Customizing-Einstellungen, wie z.B. die Produktart und die Geschäftsart, als auch die Organisationsstrukturen, wie z.B. der Buchungskreis, können nicht automatisch abgeleitet werden. Daher ist es notwendig, mindestens ein BAdI zu implementieren oder das Ableitungstool einzustellen.

Strukturen im Proxy

Innerhalb des Proxys gibt es zwei verschiedene Arten von Strukturen. Einerseits die EXT-Strukturen, die eine Sicht auf die Nachricht darstellen. Andererseits gibt es die INT-Strukturen, die verwendet werden, um abschließend das BAPI aufzurufen.

Der Ablauf innerhalb des Proxys von der Entgegennahme der Nachricht über das Mapping bis hin zum Anlegen des Geschäfts ist in folgende Schritte aufgeteilt:

1. **Vorbelegung EXT-Strukturen**
   Der erste Schritt innerhalb des Proxys ist das interne Mapping vom geschachtelten Datentyp FTRXI_TR_DEAL_NOTIF der Nachricht auf die flachen EXT-Strukturen. Dabei wird einerseits ein technisches Mapping von z.B. Beträgen, Kursen und Datumsangaben in das SAP-Format vorgenommen, andererseits werden alle vom Customizing und der Organisationsstruktur unabhängigen Daten gemappt. Ein Beispiel dafür ist das Vertragsabschlussdatum. Für dieses Datum wird das Feld TRADE_DATE_TIME in die Struktur FTR_XI_COMMON_EXT auf das Feld TRADE_DATE gemappt.
2. **BAdI-Methode »Mapping«**
   Der nächste Schritt des Proxys ist der Aufruf der Methode Mapping des BAdIs FTR_XI_INTERFACE_MAPPING. Diese Methode hat Zugriff auf die EXT-Strukturen, INT-Strukturen und die Nachricht selbst. Mit ihr können Sie eigene Felder, um die Sie die Nachricht erweitert haben, in die EXT-Strukturen und INT-Strukturen übernehmen. Sie können auch an dieser Stelle schon die EXT-Strukturen und INT-Strukturen so weit wie möglich füllen.
3. **BAdI-Methode »Get_Id_Types«**
   Daran schließt sich der Aufruf der Methode Get_Id_Types desselben BAdIs an. Der Sinn dieser Methode ist, den Geschäftspartnern ID-Arten zuzuordnen. Eine Voraussetzung dazu ist, dass in den Geschäftspartner-Stammdaten auf der Registerkarte IDENTIFIKATION zu einem Geschäftspartner eine alternative Identifikationsnummer mit einer Zuordnung zu einer ID-Art hinterlegt ist. Sobald die ID-Art angegeben ist, kann im Anschluss an diese Methode der Geschäftspartner automatisch gefunden werden.
4. **Vorbelegung INT-Strukturen**
   Als nächster interner Schritt innerhalb des Proxys erfolgt das Füllen der internen Strukturen. Dazu werden die Werte aus den EXT-Strukturen genommen und die im BAdI ermittelten ID-Arten verwendet. Wenn Felder schon innerhalb der BAdIs gefüllt wurden, werden sie nicht überschrieben. Wenn etwa in der Struktur FTR_XI_COMMON_INT das Feld CONTRACT_DATE noch nicht gefüllt wurde, wird dieses aus der Struktur FTR_XI_COMMON_EXT und dem Feld TRADE_DATE übernommen.

5. **BAdI-Methode »Pre_Mapping«**
   Als fünfter Schritt des Proxys wird die Methode `Pre_Mapping` des BAdIs `FTR_XI_GENERAL_MAPPING` ausgeführt, um die INT-Struktur weiter zu füllen. Falls Sie die Methode `Get_Id_Types` verwenden, um die Geschäftspartner automatisch zu ermitteln: Die Geschäftspartner sind dann erst hier bekannt, und auf dem Geschäftspartner basierendes Mapping können Sie in diesem Fall erst hier vornehmen.

6. **Ableitungstool**
   Mit dem Ableitungstool können Sie ohne spezielle Programmierkenntnisse Zuweisungen und Ableitungsregeln definieren und damit die INT-Strukturen weiter füllen. Das Ableitungstool wird in Abschnitt 15.1 näher erläutert.

[zB]

Ableitungstool

Zum Beispiel soll für ein Devisenkassageschäft die Geschäftsart abhängig von der Höhe des Betrags gewählt werden. Im zweiten, spezifischen Schritt MAPPING FÜR DEVISENKASSA- UND -TERMINGESCHÄFTE geben Sie eine neue Ableitungsregel ein. Als Quellfelder wählen Sie `NOTIONAL_AMOUNT` und `NOTIONAL_CURRENCY`, als Zielfeld `TRANSACTION_TYPE` (siehe Abbildung 13.9).

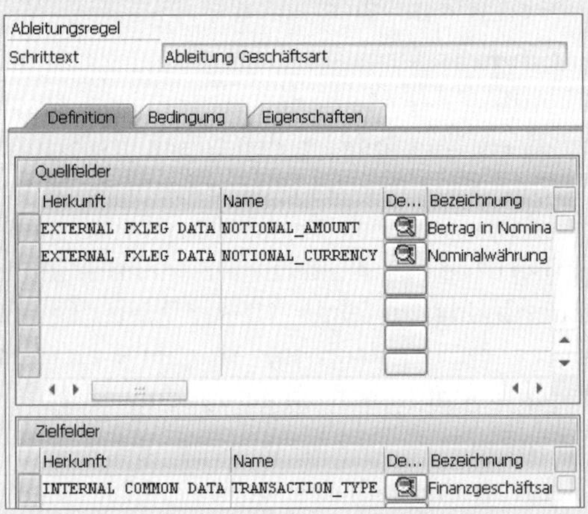

Abbildung 13.9 Ableitungsregel im Ableitungstool

Nun klicken Sie auf den Button REGELEINTRÄGE PFLEGEN. Um für Beträge bis 100.000 EUR die Geschäftsart 100 und für höhere Beträge andere Geschäftsarten abzuleiten, nehmen Sie den Eintrag entsprechend Abbildung 13.10 vor.

Betrag in Nominalwährung ("gehan...	bis Betrag in Nominalwährung ("ge...	Nominalwährung...	z...	Finanzgeschäftsart
0,0100	99.999,9900	EUR	=	100
100.000,0000	199.999,9900	EUR	=	200
200.000,0000	999.999,9900	EUR	=	300

Abbildung 13.10 Regeleinträge im Ableitungstool pflegen

Wenn Sie anstelle einer Ableitungsregel eine Zuweisung anlegen, können Sie auch eine Konstante auf ein Feld mappen. Es ist jedoch nicht möglich, zwei Felder miteinander zu vergleichen und daraus ein Mapping aufzubauen. Sie können also nicht das Vertragsabschlussdatum mit der Valuta vergleichen und daraus auf den Wert Devisenkassageschäft oder Devisentermingeschäft für die Geschäftsart schließen. Dies müssen Sie in einem BAdI programmieren.

Für das Mapping innerhalb des Proxys stehen unter Verwendung des Ableitungstools insgesamt vier Schritte zur Verfügung, von denen aber, abhängig vom Finanzinstrument, nur zwei Schritte aufgerufen werden. Zuerst wird das MAPPING FÜR ALLGEMEINE GESCHÄFTSINFORMATIONEN durchgeführt. Hier können Sie Felder mappen, die in mehreren Finanzinstrumenten verwendet werden. Anschließend wird, abhängig vom Finanzinstrument, einer der drei spezifischen Schritte MAPPING FÜR DEVISENKASSA- UND -TERMINGESCHÄFT, MAPPING FÜR DEVISENSWAP oder MAPPING FÜR DEVISENOPTION durchgeführt.

7. **BAdI-Methode »Post_Mapping«**
   Im Anschluss wird innerhalb des Proxys als nächster Schritt die Methode `Post_Mapping` des BAdIs `FTR_XI_GENERAL_MAPPING` aufgerufen. In dieser Methode können Sie nach den erfolgten Ableitungen im Ableitungstool die INT-Strukturen weiter füllen. Falls Sie sämtliches Mapping an einer Stelle programmieren möchten, können Sie die anderen BAdIs und das Ableitungstool ignorieren und dies hier tun.
8. **Aufruf der Anwendung**
   Im Proxy wird abschließend in einem internen Schritt das BAPI `ForeignExchange.DealCreate` oder – genauer – der Funktionsbaustein `BAPI_FTR_FXT_DEALCREATE` aufgerufen. Falls die INT-Strukturen jetzt vollständig und konsistent gefüllt sind, ist der Aufruf erfolgreich, und es wird der ABAP-Befehl `COMMIT WORK` ausgelöst. Außerdem wird im synchronen Fall die Geschäftsnummer zurückgegeben.

Dies war die Beschreibung, wie im Zielsystem im Proxy die Nachricht entgegengenommen und verarbeitet wird.

13.3 Erweiterungen

Mithilfe des Erweiterungskonzepts können Sie SAP-Anwendungen Ihre eigene Funktionalität hinzufügen – modifikationsfrei, der SAP-Quelltext wird dabei nicht verändert. Damit ist Ihre Erweiterung auch beim Einspielen von Korrekturen des Quelltextes über SAP-Hinweise, Support Packages oder einem neuen Release nicht betroffen.

Customer-Exit

Aus historischer Sicht gab es zuerst drei Arten von *Customer-Exits*:

- Über *Menü-Exits* können Sie neue Einträge im Aktionsmenü einer Anwendung vornehmen.
- Mithilfe von *Dynpro-Exits* können Sie neue Bilder einer Anwendung hinzufügen.
- Mithilfe von *Funktionsbaustein-Exits* können Sie eine Anwendung um eine neue Funktionalität erweitern.

Klassisches BAdI

Nach den Customer-Exits wurde das *klassische Business Add-in* (BAdI) eingeführt. Durch ein BAdI wird eine Erweiterungsoption definiert, die durch SAP oder den Kunden implementiert werden kann. SAP-interne BAdIs kann nur SAP implementieren. Für die übrigen BAdIs kann SAP eine Default-Implementierung ausliefern, die Sie durch eine eigene Implementierung ersetzen können.

Neues BAdI und Erweiterungsspot

Seit Softwarekomponente SAP_BASIS 700 gibt es neue BAdIs. Die Definition der neuen BAdIs wird durch *Erweiterungsspots* verwaltet. Ein einfacher Erweiterungsspot kann mehrere BAdI-Definitionen enthalten und dadurch die BAdIs semantisch gruppieren. Dadurch ist es nicht mehr notwendig, ein BAdI mit einer großen Menge von Interface-Methoden auszustatten oder semantisch zusammengehörige Bereiche über voneinander unabhängige BAdIs zu verteilen. Damit ist es nun einfacher möglich, nachträglich weitere Funktionen über Support Packages oder neue Releases auszuliefern.

Funktionsbausteine

Bei den Analyzern wurden die Erweiterungen außerhalb des eben vorgestellten allgemeinen Erweiterungskonzepts umgesetzt. Dort können Sie im Einstiegsbild teilweise einen Funktionsbausteinnamen angeben, der bei der Ausführung aufgerufen wird. Auf diese Weise können Sie ebenfalls modifikationsfrei Erweiterungen umsetzen. Die Schnittstelle der Funktionsbausteine ist jedoch fest vorgegeben. Um diese Schnittstellen bekannt zu machen, sind in der Funktionsgruppe RMXX Funktionsbausteine als Kopiervorlagen mit den korrekten Schnittstellen vorhanden. Zum Beispiel gibt es den Funktionsbaustein STATISTIKRECHNER_USEREXIT für Erweiterungen des Statistikrechners und den Funktionsbaustein BARWERT_USEREXIT_BEWERTUNG für Erweiterungen der Barwertberechnung. Auf diese Funktionsbausteine gehen wir in diesem Abschnitt jedoch nicht näher ein.

In den folgenden Abschnitten betrachten wir die in SAP Treasury and Risk Management vorhandenen Erweiterungen für die eben angeführten drei Erweiterungsarten. Wir beschreiben betriebswirtschaftlich, in welchem Zusammenhang die Erweiterungen stehen, und teilweise auch, worauf Sie bei der Implementierung achten sollten. Der technische Hintergrund der jeweiligen Erweiterung wird nicht beschrieben, da ein BAdI ja genau die technischen Details verbergen soll und die betriebswirtschaftliche Erweiterung im Fokus steht.

Diese Aufzählung umfasst die gängigen Erweiterungen für die Funktionen der Geschäftsverwaltung und Bestandsverwaltung. In Spezialfällen kann es jedoch weitere Erweiterungen geben, die hier nicht aufgeführt sind.

13.3.1 Customer-Exit

Die Definition der Customer-Exits finden Sie über die Transaktion SAP-Erweiterungsverwaltung (Transaktion SMOD) heraus. Für die Verwendung der Customer-Exits müssen Sie zuerst ein Zusatzprojekt mit der Transaktion Projektverwaltung (Transaktion CMOD) anlegen und die entsprechenden Customer-Exits dem Zusatzprojekt zuordnen. Beide Transaktionen sind im Menü unter Werkzeuge • ABAP Workbench • Hilfsmittel • Erweiterungen eingebunden.

In SAP Treasury and Risk Management werden Customer-Exits nur noch in wenigen Bereichen der Geschäftsverwaltung verwendet. Dazu zählen zum einen die »alte« Korrespondenz mit dem Korrespondenzmonitor, dem Korrespondenzabgleich und den SWIFT-Formaten, zum anderen die Devisengeschäfte mit dem Devisenfixing.

Korrespondenzmonitor

Mit dem Customer-Exit RFTBCOMO können Sie den Status für die Korrespondenz und die Korrespondenzplansätze setzen. Sie können dem

Feld SLIGHTS ein Icon, dem Feld XSLIGHTS den zugehörigen Text und dem Feld SLIGHTS_SORT einen Wert zuweisen, um Einfluss auf die Sortierung zu nehmen. Dieser Customer-Exit wird hauptsächlich in der Transaktion KORRESPONDENZMONITOR (Transaktion TBZ11) verwendet (siehe hierzu Abschnitt 4.1). Falls Ihre Implementierung nur für den Korrespondenzmonitor gelten soll, müssen Sie den Parameter PI_MODE berücksichtigen. Im Falle des Korrespondenzmonitors ist er mit dem Wert MONI vorbelegt, ansonsten bleibt er initial.

Korrespondenzabgleich

Der Abgleich zwischen Bestätigung und Gegenbestätigung und das Setzen des Bestätigungsstatus erfolgen automatisch. Für SWIFT-Files können Sie über den Customer-Exit FTRINCON einen eigenen Abgleich ergänzen und den Bestätigungsstatus entsprechend setzen. Zuerst ermitteln Sie zu einer Gegenbestätigung die Geschäfte. Anschließend können Sie die Vorgangsdaten beeinflussen und dabei auch den Bestätigungsstatus setzen.

SWIFT

Wenn Sie im Rahmen der Korrespondenz SWIFT-Files erzeugen, stehen Ihnen zur Veränderung der SWIFT-Formate einige Customer-Exits zur Verfügung. Für das SWIFT-Format MT300 können Sie mit dem Customer-Exit RFTXX300 die Feldwerte ändern, mit dem Customer-Exit RFTXX301 den Header und mit dem Customer-Exit RFTXX302 den Trailer. Dasselbe können Sie für das SWIFT-Format MT320 mit den Customer-Exits RFTXX320, RFTXX321 und RFTXX322 erledigen. Mit dem Customer-Exit SAPMFTD1 können Sie hingegen die Verwaltungsdaten des Datenträgers verändern.

Devisenfixing

Das Finanzinstrument Devisenfixinggeschäft bezieht sich auf einen an der Börse notierten Mittelkurs an einem festgelegten Tag. Sobald dieser Kurs feststeht, tragen Sie ihn durch das Fixing im Geschäft ein. Mit dem Customer-Exit RFTX70SO können Sie in die Kursermittlung eingreifen und eigene Kurse zur Verfügung stellen.

13.3.2 BAdI

Die Definition der klassischen Business Add-ins (BAdIs), der neuen BAdIs und der Erweiterungsspots können Sie über die Transaktion BADI-BUILDER – DEFINITIONEN (Transaktion SE18) betrachten und deren Implementierung über die Transaktion BADI-BUILDER – IMPLEMENTIERUNGEN (Transaktion SE19) vornehmen. Beide Transaktionen sind im Menü unter WERKZEUGE • HILFSMITTEL • BUSINESS ADD-INS zu finden.

SAP Treasury and Risk Management enthält viele klassische BAdIs. Dazu zählen zum einen die BAdIs der Geschäftsverwaltung: zur Beeinflussung der Prozesse bei der Geschäftsbearbeitung, zur Ergänzung der Korrespondenzdaten sowie zur Beeinflussung der Funktionen und zur Darstellung einiger Werkzeuge der Geschäftsverwaltung. Zum anderen zählen dazu die BAdIs der Bestandsverwaltung für die Übersteuerung von Einstellungen aus dem Customizing oder zur Beeinflussung des Ablaufs von Prozessen.

Im Folgenden führen wir die gebräuchlichsten BAdIs von SAP Treasury and Risk Management auf. Dies ist sicherlich keine vollständige Auflistung, jedoch beziehen sich die meisten übrigen BAdIs, die Sie in diesem Bereich finden, auf nicht mehr verwendete Programmstellen und sind damit obsolet.

BAdIs zur Geschäftsverwaltung

Wertpapiere

Bei der Geschäftserfassung von Wertpapieren und Repos können Sie die Vorbelegung der Daten auf der Registerkarte AUSSTATTUNG mit dem BAdI `FTR_SE_DEFAULTS` ändern.

Zinsgeschäft und Fazilität

Für die Finanzinstrumente Zinsgeschäft und Fazilität werden einige Funktionen über das BAdI `FTR_TR_EXTENTION` freigeschaltet. Außerdem können über dieses BAdI das Starten des Workflows verhindert und die Ergebnisse des Fazilitätsreportings manipuliert werden.

Open TRTM

Für eine gemeinsame Darstellung der Finanzinstrumente verwendet die Geschäftsverwaltung das Application Framework. Darin enthalten ist mit dem Open TRTM ein Interface, um weitere Komponenten an die Geschäftsverwaltung mithilfe von BAdIs anzuschließen. Diese haben wir in Abschnitt 3.6.2 schon aufgelistet und vorgestellt. Die dabei verwendeten BAdIs sind SAP-intern und können nicht für Erweiterungen genutzt werden.

Vertragsabschlussdatum

Bei der Geschäftserfassung wird das Vertragsabschlussdatum standardmäßig mit dem aktuellen Systemdatum vorbelegt. Weicht dieses jedoch ab, da z.B. der Systemserver in London steht, die Treasury-Abteilung jedoch in Sydney sitzt, kann die Vorbelegung über das BAdI `FTR_TR_TIME` entsprechend verändert werden.

Zinskapitalisierung

Gibt es abgeleitete Bewegungen zu Zinskapitalisierungsbewegungen, können sich diese abgeleiteten Bewegungen wiederum auf das Kapital und somit die folgenden Zinsbewegungen auswirken. Dazu ruft die Finanzmathematik über das BAdI FTR_TR_FIMA_CALLBACK die Anwendung, wo Sie die entsprechenden Änderungen an den Bewegungen vornehmen können. Ein Nebeneffekt ist, dass Sie durch eine eigene Implementierung des BAdIs Änderungen am Finanzstrom ergänzen können.

Steuer

Das BAdI IDCFMFLOWCALC erlaubt die flexible Erzeugung abgeleiteter Bewegungen für den Finanzstrom. Sie können dies z.B. für die Umsetzung lokaler Anforderungen zur Berechnung von Steuern nutzen. Speziell beim Wertpapiergeschäft können konditionsbasierte Steuerbewegungen mit dem BAdI TPM_TAX_CALCULATION geändert werden.

Interner Devisenhandel

In Abschnitt 3.7.3 wurde beschrieben, wie Sie mittels dem BAdI FTR_FX_INT_EXIT auf vielfältige Weise auf den Prozess des internen Devisenhandels Einfluss nehmen können. Sie können die Zeitspanne für die Kursakzeptierung verändern, eigene Vorschlagswerte definieren und komplexe Kursanpassungen vornehmen.

Positionsmonitor

Über das BAdI FTR_TR_POSMON können Sie Einfluss auf die Selektion und Bewertung der Daten für den Positionsmonitor nehmen. Dieser wird in Abschnitt 3.4.2 näher beschrieben.

BAdIs zur Korrespondenz

Das BAdI SMOD_RFTBCOEX löst den Customer-Exit RFTBCOEX ab. Darin können für die »alte« und die »neue« Korrespondenz die verschiedenen formularbasierten Korrespondenzen nach individuellen Wünschen ergänzt werden. Insbesondere können die Korrespondenz-Ausgabestrukturen (TBCO-Strukturen), die möglicherweise mit Append-Strukturen erweitert wurden, mit Werten gefüllt werden.

BAdIs zur Bestandsverwaltung

Customizing

Die Bestandsverwaltung leitet aus Customizing-Einstellungen Werte ab. Stimmen diese Werte in bestimmten Fällen nicht, können Sie über BAdIs auf die Ableitung Einfluss nehmen (siehe Abschnitt 5.3.5). Für die Aussteuerung der Kontierungsreferenzzuordnung im Bestandskennzeichen des Nebenbuchs können Sie auf das BAdI TPM_POS_IND_TRAC zurückgreifen, für das Bestandskennzeichen des Depots auf das BAdI TPM_POS_IND_TRS und für die Zuordnung des Bestandsführungsverfahrens und des Kennzeichens Aktiv/Passiv-Bestand auf das BAdI TPM_POS_IND_TRL. Soll bei der Erstellung eines

Bestands das ermittelte Bestandsführungsverfahren in Einzelfällen übersteuert werden, können Sie dazu das BAdI TPM_POS_MAN_PROC_TRL verwenden.

Wertpapiere

Für festverzinsliche Wertpapiere werden Stückzinsen berechnet, und die Fortschreibungsart wird automatisch ermittelt. Der gesamte Depotfinanzstrom lässt sich über das BAdI TPM_CASHFLOW_CALC verändern, insbesondere auch die Fortschreibungsart und die Zahlungsrichtung der Stückzinsen. Bei der Preis-Index-Bestimmung für Anleihen können Sie die Angaben zum Feststellungsdatum und zum interpolierten Wert über das BAdI TPM_PRICE_INDEX manipulieren. Beim Anlegen oder Ändern von Depotstammdaten können Sie zusätzliche Prüfungen über das BAdI SECURITY_ACCOUNT_TRS durchführen.

Abgeleitete Geschäftsvorfälle

Zur Manipulation der Bewegungen von abgeleiteten Geschäftsvorfällen und Geschäftsvorfällen von Stichtagsbewertungen steht das BAdI TPM_TRL_MANIPULATE zur Verfügung. Eine ausführlichere Dokumentation zu diesem BAdI finden Sie in SAP-Hinweis 865371.

Abgrenzung

Über das BAdI TPM_AD können Sie das Rücknahmeverfahren der Abgrenzung konfigurieren. Damit für die Berechnung des Abgrenzungsbetrags die Abgrenzungsbewegungen, Rücknahmebewegungen und Bewegungen aus der Customizing-Tabelle TRLIC_AD_EX1 berücksichtigt werden, müssen Sie den Exportparameter Result auf »X« setzen. Zudem können Sie über die Methode MODIFY_ACCRUED_AMOUNT auch den Abgrenzungsbetrag ändern. Dies kann z. B. notwendig sein, wenn Sie über das BAdI TPM_CASHFLOW_CALC den Finanzstrom ändern.

Bewertung und Amortisierung

Um bei der Stichtagsbewertung den zugrunde liegenden Preis zu verändern oder auf eigene Art und Weise zu ermitteln, können Sie das BAdI TPM_VALUATION_PRICE implementieren.

Amortisierungsbeträge werden entsprechend den Customizing-Einstellungen ermittelt. Sollen diese aufgrund eigener Anforderungen abweichen, können Sie dies über das BAdI TPM_AMORTIZATION_CAL erreichen.

Kapitalmaßnahme

Beim Buchen einer Kapitalmaßnahme werden die umzubuchenden Mengen automatisch ermittelt. Um z. B. die Rundung von Stücken zu korrigieren, steht Ihnen das BAdI TPM_CORPORATE_ACTION zur Verfügung.

Depotumbuchung

Mit der Transaktion Depotumbuchung (Transaktion FWDU) haben Sie die Möglichkeit, innerhalb eines Buchungskreises Bestände zum Buchwert von einem in ein anderes Depot umzubuchen (siehe

Abschnitt 5.2.1). Mit den beiden BAdIs TPM_SECACCTRANS und TPM_SECACCTRANS_SCR können Sie eigene Subscreens in die Transaktion einbinden.

BAdIs zur Integration mit anderen Modulen

Buchung

Die Relevanz einer Bewegung für die Buchung sowie die Felder eines Rechnungswesenbelegs in der Buchungsschnittstelle für die parallelen Bewertungsbereiche können Sie über das BAdI TPM_ACCIF_TRAC manipulieren (siehe Abschnitt 6.2.2). Dabei sollten Sie, wenn möglich, die spezielle Methode zum Ändern eines Feldes verwenden. Nur wenn keine spezielle Methode zur Verfügung steht, sollten Sie die allgemeine Methode ACCIT_EXIT implementieren. Wenn Sie in dieser Methode fehlerhafte Werte angeben, kann entweder eine Buchung nicht mehr durchgeführt werden, oder es können inkonsistente Daten entstehen.

Migration der Buchungsdaten

Bei der Migration von Buchungsdaten wird in ganz seltenen Fällen das BAdI TPM_MIGRATION_TRAC benötigt, um spezielle Daten migrieren zu können.

Zahlung

Im SAP-Standard werden Zahlungen aus SAP Treasury and Risk Management über die Erzeugung eines offenen Postens auf einem Debitor oder durch die Erzeugung einer Zahlungsanordnung abgewickelt. Die Felder der Zahlungsanordnung können Sie mit dem BAdI TPM_PAYREQIF_TRPR verändern. Das BAdI TPM_EXT_PAYMENT_TRPR ermöglicht es, über ein anderes Zahlprogramm zu zahlen. Und wenn Sie die Beispielimplementierung ICH_CFM_ADAPTOR aktivieren, werden die Zahlungen über das In-House Cash abgewickelt (siehe Abschnitt 6.3.3).

Beim Buchen von eingehenden Zahlungen zu Wertpapierbeständen kann es notwendig sein, Buchungsinformationen zu ändern. Dazu wird das BAdI TPM_INCOMING_PAYMENT von den Transaktionen MANUELLE SOLLSTELLUNG (Transaktion FWZE), BUCHUNG (Transaktion FWBS) und MASCHINELLE SOLLSTELLUNG (Transaktion FWSO) aufgerufen (siehe Abschnitt 6.2.1).

BAdIs bezüglich der Marktdaten

Volatilität

In der Regel sind die Volatilitäten nicht für alle Kombinationen von Restlaufzeit der Option, Restlaufzeit des Underlyings und Moneyness vollständig. Diese fehlenden Werte werden interpoliert. Wenn Sie die Interpolation nach Ihren eigenen Anforderungen durchführen wollen, steht Ihnen dazu das BAdI FTBB_MD_VOLA_COMPUTE zur Verfügung (siehe Abschnitt 7.7.3).

BAdIs zum Hedge Accounting für Exposures

Bei der Geschäftserfassung von Finanzinstrumenten, die für das Hedge Accounting für Exposures relevant sind, kann die Vorbelegung der Daten auf der Registerkarte HEDGE MANAGEMENT über das BAdI FTR_HEDGE_MGMT_USER beeinflusst werden.

BAdIs zum Portfoliocontrolling mit den Analyzern

Mit dem BAdI JBA_SFGDT können Sie zum Bewertungszeitpunkt direkt vor dem Aufruf des Preisrechners sowohl die generische Struktur des Risikoträgers (was bewertet werden soll) als auch die flexiblen Einstellungen zur Auswertungsart/Bewertungsregel (wie bewertet werden soll) beeinflussen (siehe Abschnitt 12.3.2).

PA-Bewegungsart

Im Portfolio Analyzer werden Bewegungen nach Renditegesichtspunkten gruppiert. Die dazu notwendige Bewegungsart können Sie im BAdI PFAIM_FILL_FLOWTYPE füllen. Näheres zu diesem Thema erfahren Sie in Abschnitt 12.6.6.

13.3.3 Erweiterungsspot

Die Erweiterungsspots gruppieren semantisch die neuen BAdIs, wodurch die Anzahl der Interface-Methoden gering gehalten werden kann. Die Definition der neuen BAdIs und der Erweiterungsspots können Sie, genauso wie die klassischen BAdIs, über die Transaktion BADI-BUILDER – DEFINITIONEN (Transaktion SE18) betrachten und deren Implementierung über die Transaktion BADI-BUILDER – IMPLEMENTIERUNGEN (Transaktion SE19) durchführen. Beide Transaktionen sind im Menü unter WERKZEUGE • HILFSMITTEL • BUSINESS ADD-INS zu finden.

Allgemeine Erweiterungsspots

Einzelfunktionen

Mit dem BAdI TRM_ADD_ON_BADI des Erweiterungsspots ES_TRM_ADD_ON können Sie einzelne Funktionen freischalten, die dann zu einem veränderten Systemverhalten führen. Der Importparameter bestimmt, um welche Funktion es sich handelt. In der Kundenimplementierung müssen Sie den Exportparameter auf »X« setzen, falls das geänderte Verhalten gewünscht ist. Folgende Funktionen stehen zur Verfügung:

- **TRL_AMORT_FLOWS_REL**
  Diese Funktion ermöglicht eine Prüfung, ob eine Bewegung relevant für die Amortisierung ist (siehe SAP-Hinweis 1542329).
- **TRL_AMORT_CONST_EFF_BOND**
  Mit dieser Funktion können Sie für eine Amortisierung mit konstanter Effektivzinsanpassung sorgen (siehe SAP-Hinweis 1475872).
- **TRL_AMORT_CONST_EFF_BOND_NEXT**
  Diese Funktion verhält sich wie die vorherige, es wird jedoch der Sprung in der Amortisierung, wenn die nächste Zinsanpassung nach der Amortisierung vorhanden ist, realisiert (siehe SAP-Hinweis 1475872).
- **FUTURE_INT_CONDITION**
  Diese Funktion erlaubt eine simulierte Amortisierung.
- **FTR_NEG_IRATE**
  Dieses BAdI ist eine veraltete Funktion, um negative Zinsen für das Zinsgeschäft zu erlauben. Inzwischen werden negative Zinsen grundsätzlich unterstützt (siehe SAP-Hinweis 1657221).
- **FTR_NOM_INC**
  Mit dieser Funktion können Sie beim Zinsgeschäft das Inklusiv- und Ultimokennzeichen für Nominalbewegung abweichend setzen (siehe SAP-Hinweis 717596).

Erweiterungsspots bezüglich Stammdaten

Wertpapierkennnummer

Der Erweiterungsspot `TPM_SEC_CONV` beinhaltet das BAdI `TPM_SEC_CONV_SEC_ID`. Hier können Sie die Konvertierung zwischen der im System vorhandenen Wertpapierkennnummer und der externen Wertpapierkennnummer (ISIN) vornehmen.

Gattungsstammdaten

In den Gattungsstammdaten können Sie zusätzliche Registerkarten verwenden. Dazu steht im Erweiterungsspot `TPM_SEC_CUST_DATA` das BAdI `TPM_SEC_CUST_DATA` zur Verfügung. Dies ist in Abschnitt 2.3.4 beschrieben.

Gattungsdaten

Der Erweiterungsspot `TPM_SEC_ADD_DATA` enthält ein gleichnamiges BAdI. Dieses BAdI wurde zur Umsetzung von länderspezifischen

Anforderungen angelegt, kann aber auch genutzt werden, um Gattungsdaten von Wertpapieren zu ergänzen.

Berechnung

Der Erweiterungsspot TPM_SEC_ADD_PRICING enthält ebenfalls ein gleichnamiges BAdI und wurde zur Umsetzung von länderspezifischen Anforderungen angelegt. Mit diesem Erweiterungsspot ist es möglich, die Preisberechnung von Wertpapieren mit zusätzlichen Daten auszuführen oder anders, als vom System vorgesehen, durchzuführen.

Erweiterungsspots zur Geschäftsverwaltung

Finanzstrom

Mithilfe des im Erweiterungsspot ES_TB_FIMA_CASHFLOW_MANIPULATE vorhandenen BAdIs BADI_TB_FIMA_CF_MANIPULATE ist es möglich, den mit den Standardfunktionen der SAP-Finanzmathematik berechneten Finanzstrom zu modifizieren (siehe SAP-Hinweise 1578149 und 1579863).

Erweiterungsspots für die neue Korrespondenz

Die neue Korrespondenz verwendet viele Erweiterungsspots (etwa ES_TCOR_MONITOR, ES_TCORF_CONFIG, ES_TCORF_MSG_INT oder FTR_TR_ALERT) jeweils mit vielen BAdIs. Diese sind in Abschnitt 4.12 ausführlich beschrieben.

Erweiterungsspots für die Bestandsverwaltung

Abgrenzung

Um Abgrenzungsbewegungen mit Zahlungsinformationen, z.B. aus der Ursprungsbewegung, zu ergänzen, steht Ihnen der Erweiterungsspot TPM_AD_PAYMENT_INFO mit BAdI TPM_AD_PAYMENT_INFO zur Verfügung (siehe SAP-Hinweis 1399787).

Externe Konten

Für das zentrale Clearing und Margening wurden die externen Konten eingeführt. Um auf diese externen Konten zuzugreifen, steht das BAdI TREA_QUERY aus dem Erweiterungsspot ES_TREA_QUERY zur Verfügung (siehe SAP-Hinweis 1694642). Die Erweiterungsimplementierung EI_TREA_QUERY wird nur gerufen, wenn über die Business Function das zentrale Clearing freigeschaltet ist.

Erweiterungsspots zur Integration mit anderen Modulen

Buchung

Wenn Sie weitere buchhalterisch relevante Kennzahlen definieren, werden diese über das Ableitungstool gefüllt. Mit den im Erweiterungsspot ES_TPM_ACCKEYFIG_TRAC enthaltenen BAdIs BADI_TPM_ACCKEYFIG_TRAC, BADI_TPM_ENHANCE_ACCFIG_TRAC und BADI_TPM_MAPKEYFIG_TRAC können Sie auf die Ableitung Einfluss nehmen.

Zahlung

Mithilfe des im Erweiterungsspot EP_TPM_TRANSFER_TRTF enthaltenen BAdIs BADI_TPM_PAYMENT_INFO_TRTF können Sie Zahlungsinformationen für Umbuchungen ergänzen.

Public-Sector-Migration und -Pool

Wollen Sie die Branchenlösung SAP for Public Sector mit Treasury and Risk Management integrieren, ist eine Migration notwendig. Für diese Migration sind die BAdIs für OTC-Geschäfte BADI_TPM_MIGPS_OTC_TRG und für Wertpapiergeschäfte BADI_TPM_MIGPS_SEC_TRG im Erweiterungsspot ES_TPM_MIGPS_TRG zusammengefasst. In der Erweiterungsimplementierung EI_TPM_MIGPS_TRG gibt es für beide BAdIs Default-Implementierungen.

Mit dem im Erweiterungsspot ES_TPM_TRANSACTION_TRE enthaltenen BAdI BADI_TPM_TRANSACTION_TRE können Sie die Erzeugung von Geschäften von Poolteilnehmern beeinflussen.

Meldewesen

Für die Kommunikation mit dem Meldewesen gibt es im Erweiterungsspot TRS_BAV das BAdI TRS_BAV. Dieses BAdI ist jedoch nur SAP-intern implementierbar.

Erweiterungsspots für Marktdaten

Commodity

Die Marktdaten von Commodity-Preisen werden über das BAdI BADI_TAN_CTY_PRICE_READ_TRCOC des Erweiterungsspots ES_TAN_CTY_PRICE_READ_TRCOC gelesen. Die Erweiterungsimplementierung EI_TAN_CTY_PRC_READ_TRCOC enthält die Default-Implementierung BADII_TAN_CTY_PRC_READ_TRCOC, mit dieser werden die Marktdaten aus der Commodity Pricing Engine (CPE) gelesen (siehe Abschnitt 7.4.1).

Erweiterungsspots für das Exposure Management

Altes Exposure Management

In der ersten Version des Exposure Managements, dem »alten Exposure Management«, gibt es für die Verwaltung von Exposures den Erweiterungsspot TEMES_VERSION, der zwei BAdIs enthält:

- Mit dem BAdI TEM_HEDGE_MGT_UPDATE können Sie für die Transaktion EXPOSUREANALYSE (Transaktion TEM20) zur Weiterleitung von Exposures an das Hedge Accounting für Exposures die Vorbelegung der Felder verändern.

- Mit dem BAdI TEM_VERSION_CREATE können Sie die Vorbelegung für die Transaktion VERSION ERZEUGEN (Transaktion TEM15) zur Erzeugung einer Exposure-Version ändern.

Beide Transaktionen sind im Menü unter TREASURY AND RISK MANAGEMENT • TRANSACTION MANAGER • HEDGEMANAGEMENT • EXPOSURE MANAGEMENT angeführt.

Logistik-Integration

Für Exposure Management 2.0 gibt es mehrere Erweiterungsspots, die in den folgenden Abschnitten beschrieben werden. Die Anbindung der Logistik ist über den Erweiterungsspot ES_TR_EXPOSURE_NOTIFICATION_IN mit dem SAP-internen BAdI BADI_TR_EXPOSURE_NOTIFY realisiert. Die Erweiterungsimplementierung EI_TEX_EXPOSURE_NOTIFICATION enthält die BAdI-Implementierung BADII_TEM_EXP_NOTIFICATION.

Über den Erweiterungsspot ES_TEX_MAPPING mit dem BAdI BADI_TEX_MAPPING können Sie die Nachricht aus der Logistik um Informationen anreichern, bevor aus dieser Nachricht ein Exposure angelegt wird (siehe Abschnitt 8.6.2).

Felder ableiten

Bei der Erzeugung von Rohexposures können Felder abgeleitet werden. Dabei wird das BAdI BADI_TEX_DERIVE_EXP_FIELDS des Erweiterungsspots ES_TEX_DERIVE_EXP_FIELDS aufgerufen (siehe SAP-Hinweis 1422539).

Unterrohexposure

Ein Rohexposure kann in mehrere Unterrohexposures aufgeteilt werden. Dazu steht im Erweiterungsspot ES_TEX_CTY_SPLIT das BAdI BADI_TEX_CTY_SPLIT zur Verfügung. Wenn Sie eigene Aufteilungen erreichen möchten, müssen Sie die Default-Implementierung BADII_TEX_CTY_SPLIT der Erweiterungsimplementierung EI_TEX_CTY_SPLIT durch eine eigene BAdI-Implementierung ersetzen.

Exposure-Positionsliste

Um die Arbeit mit der Transaktion EXPOSURE-POSITIONSLISTE (Transaktion FTREX12) zu vereinfachen, gibt es den Erweiterungsspot ES_TEX_POSITION. Ist das BAdI BADI_TEX_POSITION_EXPORT implementiert, können Sie die Exposure-Positionsdaten in andere Anwendungen exportieren. Das BAdI BADI_TEX_POSITION_REPORTING ermöglicht es, eigene Kennzahlen hinzuzufügen, und das BAdI BADI_TEX_UPDATE_THM erlaubt bei der Übertragung ins Hedge Accounting für Exposures die automatische Übertragung der Werte.

Erweiterungsspots für das Hedge Accounting für Exposures

Sicherungsbeziehung

Die Dokumentation der Sicherungsbeziehung kann über den Erweiterungsspot ES_TPM_HR_DOCU_THA mit dem BAdI BADI_TPM_HR_SELECT_THA beeinflusst werden. Hier können Sie die Attribute verändern.

Erweiterungsspots für das Hedge Accounting für Bestände

Effektivitätstest

Die Datenstrukturen der Risikoträger des gesicherten Instruments und des Sicherungsinstruments werden bei vielen Methoden des Effektivitätstests verwendet. Um diese Daten beeinflussen zu können, steht im Erweiterungsspot ES_THXE_MODIFY_SFGDTS_ACC_SCEN das BAdI BADI_THXE_MODIFY_SFGDTS zur Verfügung (siehe Abschnitt 10.3.6).

Effektivität – lineare Regression

Zur Bestimmung der Effektivität einer Sicherungsbeziehung werden mit der Methode der linearen Regression Kennzahlen berechnet. Mit dem BAdI BADI_THXE_LIN_REGR_EFFECTIVE des Erweiterungsspots ES_THXE_LIN_REGR_EFFECTIVE können Sie darauf basierend das Ergebnis setzen.

Sicherungsbeziehung

Die Dokumentation der Sicherungsbeziehung wird automatisch erstellt. Um die an das PDF-Formular übergebenen Werte zu beeinflussen, können Sie aus dem Erweiterungsspot ES_TPM_HREL_DOC_THX das BAdI BADI_TPM_HREL_DOC_THX verwenden. So können Sie insbesondere eigene Formulare mit zusätzlichen Werten realisieren.

Erweiterungsspots zum Reporting

Treasury-Informationen

Um die treasury-spezifischen Attribute für einen FI-Beleg zu liefern, steht Ihnen der Erweiterungsspot TRCAES_TRM_INFORMATION mit dem BAdI TRCAES_TRTM_READ zur Verfügung. Eine Erweiterungsimplementierung TRCAES_TRTM_READ_TRAC mit gleichnamiger BAdI-Implementierung ist vorhanden.

Erweiterungsspots für Schnittstellen

Beim Einspielen eines Devisengeschäfts über eine PI-Message wird über die BAdIs FTR_XI_GENERAL_MAPPING und FTR_XI_INTERFACE_MAPPING das Mapping von den externen Strukturen auf die internen Strukturen vorgegeben. Die beiden BAdIs sind im Erweiterungsspot FTR_XI_MAPPING zusammengefasst (siehe Abschnitt 13.2.3).

In einer Treasury-Abteilung geht üblicherweise eine kleine Anzahl von Personen mit viel Geld um. Vorschriften zur Vorbeugung von Betrug wirken sich hier besonders aus.

14 Gesetzliche Vorschriften

Alle Unternehmen unterliegen zahlreichen Vorschriften. Sehr häufig beruhen diese Vorschriften auf Gesetzen oder Verordnungen staatlicher Institutionen. Gelegentlich übernehmen auch standardisierte Anforderungen von Banken oder Märkten diese Rolle. Manche Vorschriften betreffen nur bestimmte Branchen, andere wiederum alle Unternehmen. Schon die Pflicht, eine Finanzbuchhaltung zu führen und jährlich Bilanz und Gewinn- und Verlustrechnung (GuV) mit ihren Anhängen zu veröffentlichen, ist eine solche Vorschrift. Sie besteht in praktisch allen Ländern, ist aber in einigen Ländern ein Gesetz und in anderen eine Übereinkunft.

Vorbeugung von Betrugsfällen

Wenn es darum geht, Betrugsfällen vorzubeugen, greift oft der Gesetzgeber ein und erlässt mehr oder weniger detaillierte Vorschriften. Mit zwei gesetzlichen Anforderungen, die im weitesten Sinne in diese Kategorie fallen, wollen wir uns in diesem Kapitel befassen. Als Reaktion auf spektakuläre Bilanzfälschungen in den USA wurde dort der Sarbanes-Oxley Act erlassen. Mit stärkeren Kontrollen will man die Richtigkeit veröffentlichter Unternehmenszahlen sicherstellen und so Anleger schützen. Mit den Auswirkungen, die der Sarbanes-Oxley Act auf die Treasury-Abteilung hat, beschäftigen wir uns in Abschnitt 14.1.

Um eine andere Qualität von Betrugsvorbeugung geht es in Abschnitt 14.2. Hier werden die Anforderungen von Finanzbehörden geschildert, Zugriff auf Unternehmensdaten in digitaler Form zu erhalten. Dabei geht es auch darum, sicherzustellen, dass dem Staat keine Steuereinnahmen entgehen.

14.1 Sarbanes-Oxley Act

Aufgrund ihrer Dimension haben die Bilanzfälschungen von Unternehmen wie Enron oder Wordcom, die dem Sarbanes-Oxley Act (SOX) von 2002 vorausgingen, weltweit Schlagzeilen gemacht. Aber dies allein ist nicht der Grund, warum dieses Gesetz so weit bekannt ist, denn schließlich ist es »nur« ein US-amerikanisches Gesetz.

Die Ursache für den Bekanntheitsgrad von SOX ist vielmehr auf folgende Zusammenhänge zurückzuführen: Da der amerikanische Aktienmarkt der größte der Welt ist, werden Aktien vieler internationaler Unternehmen auch an den dortigen Börsen gehandelt. Als Folge müssen sie den Vorschriften der amerikanischen Börsenaufsicht und damit auch diesem US-Gesetz genügen.

Interne Kontrollen durchführen

Der Sarbanes-Oxley Act schreibt vor, dass Unternehmen interne Kontrollen durchführen und dokumentieren müssen, die Betrugsfällen vorbeugen und damit die Richtigkeit vor allem der Finanzberichterstattung sicherstellen können. In diesem Zusammenhang muss auch dokumentiert werden, wie und auf welche Positionen der Bilanz oder GuV sich die Arbeit von Abteilungen oder Unternehmensteilen auswirkt. Durch Dokumentation der Prozesse und der darin vorgesehenen Kontrollmechanismen (z.B. hinsichtlich eines internen Kontrollsystems) kann man dann die Risiken einschätzen und gegebenenfalls auch minimieren. Diese Kontrollen und ihre Wirksamkeit müssen vom Wirtschaftsprüfer testiert werden, und ein Bericht hierzu ist Pflichtbestandteil des Jahresabschlusses. Zusätzlich muss die Unternehmensleitung die Richtigkeit der Finanzberichterstattung und die Wirksamkeit der Kontrollmechanismen regelmäßig schriftlich bestätigen und kann dafür auch haftbar gemacht werden.

SAP stellt Ihnen zwei Komponenten zur Verfügung, die Sie bei der Erfüllung dieser Vorschriften unterstützen.

14.1.1 SAP-Lösungen für Governance, Risk und Compliance

Wichtige Komponenten

Mit den *SAP-Lösungen für Governance, Risk und Compliance*, kurz SAP-Lösungen für GRC genannt, geht SAP den Themenkomplex SOX umfassend an:

- Das *SAP GRC Repository* speichert als zentraler Bestandteil der SAP-Lösungen für GRC übergreifend Informationen wie Richtlinien, Prozesse, Risiken, Testpläne oder Nachweise.

- Eine weitere Komponente der SAP-Lösungen für GRC, SAP Risk Management, hilft Ihnen, Geschäftsmöglichkeiten hinsichtlich ihrer finanziellen, rechtlichen oder operativen Risiken zu überprüfen.
- Im Zusammenhang mit dem Sarbanes-Oxley Act spielt die Komponente SAP Process Control eine besondere Rolle. Sie dient dazu, kritische Prozesse unternehmensweit zu überwachen. Sie können mit ihrer Hilfe Merkmale, z.B. Einstellungen im Customizing, automatisch prüfen lassen und so präventiv sicherstellen, dass darauf basierende Prüfungen in den Anwendungen stets durchgeführt werden. Verstöße gegen Kontrollvorschriften werden dokumentiert, und entsprechend den damit verbundenen Risiken können Korrekturmaßnahmen priorisiert werden. Im Fokus stehen hier bisher Prozesse aus der Beschaffung, der Auftragsabwicklung und der Finanzbuchhaltung.

Neben den beschriebenen Komponenten gibt es weitere, die sich mit Vorschriften zum Export, Umweltschutz oder Gesundheitsschutz befassen. Ausführlichere Informationen zu Teilen von SAP GRC finden Sie z.B. in dem Buch »Governance, Risk und Compliance mit SAP« von Sabine Schöler und Olaf Zink (SAP PRESS 2008) sowie im »Handbuch SAP-Revision. Internes Kontrollsystem und GRC« von Maxim Chuprunov (SAP PRESS 2012).

14.1.2 Management des internen Kontrollsystems

Kontrollen mit Bilanzpositionen verknüpfen

Explizit für die Anforderungen des Sarbanes-Oxley Acts wurde das Modul *Management des internen Kontrollsystems* (MIC) entwickelt. Diese Komponente bildet die Kontrollaktivitäten ab, die Teil der Prozesse in Ihrem Unternehmen sind, und verknüpft sie mit Bilanzpositionen. Sie erlaubt, eine Organisations- und eine Kontengruppenhierarchie zentral zu pflegen. Ebenfalls können Sie einen Prozesskatalog und Managementkontrollen zentral definieren.

Dezentral entscheidet dann jede Organisationseinheit, welche Prozesse für sie relevant sind, und dokumentiert entsprechende Kontrollmechanismen. MIC ist Teil von SAP ERP im Release ERP 6.0 EHP 6, wird aber nicht mehr erweitert.

14.1.3 Kontrollen im Treasury

Es ist unmittelbar verständlich, dass Kontrollen in einer Treasury-Abteilung von besonderer Bedeutung sind. Hier bewegt eine kleine

Gruppe von Menschen viel Geld und hat damit auch großen Einfluss auf Bilanz und GuV. Dieses Risikos sind sich Unternehmen und auch Softwareanbieter aber nicht erst seit dem Sarbanes-Oxley Act bewusst. Sowohl bei den SAP-Lösungen für GRC als auch bei MIC geht es daher zunächst nicht um die Einführung neuer Kontrollen in den Anwendungen selbst, sondern um die Dokumentation der vorhandenen Mechanismen und darum, sicherzustellen, dass diese Mechanismen nicht umgangen werden.

Rollen im Treasury

Die wichtigsten technischen Hilfsmittel in der Kontrolle von Prozessen sind die an Rollen gebundenen Berechtigungen sowie SAP Business Workflow, mit dessen Hilfe sich Kontrollen nach dem Vier-Augen-Prinzip einrichten lassen. Das Rollenkonzept und SAP Business Workflow werden in fast allen SAP ERP-Modulen eingesetzt. Wenn Sie sich über diese Themen informieren möchten, seien Ihnen die Bücher »SAP-Berechtigungswesen« (SAP PRESS 2012) und »Workflow-Management mit SAP« (SAP PRESS 2010) empfohlen.

SAP liefert für SAP Treasury and Risk Management einige Rollen aus, an denen Sie sich orientieren und die Sie als Kopiervorlage nutzen können, z.B.:

- SAP_TRM_DEALER für einen Händler
- SAP_TRM_TM_STAFF_ACCOUNTANT für einen Buchhalter
- SAP_TRM_RISK_CONTROLLER für einen Risikocontroller

Die ausgelieferten Rollen beginnen grundsätzlich mit SAP_TRM und lassen sich auf diese Weise in der Verwaltung der Rollen finden (Sie finden auch noch einige Rollen, die mit SAP_CFM oder SAP_TR beginnen. Diese Rollen wurden angelegt, als die Komponente noch Treasury bzw. Corporate Finance Management hieß).

Audit Information System

Die Komponente MIC kann auch auf Berichte des *Audit Information Systems* (AIS) zugreifen. AIS stellt vor allem Berichte für Wirtschaftsprüfer zur Verfügung. Im Bereich des Transaction Managers sind diese Berichte und die dazu notwendigen Berechtigungen in zwei Rollen zusammengefasst:

- SAP_AUDITOR_BA_CFM stellt ein Menü mit den wichtigsten Auswertungen zur Verfügung.
- SAP_AUDITOR_BA_CFM_A beinhaltet die Berechtigungen zu diesen Berichten.

Sie sollten diese Rollen nur als Vorlage einer eigenen Rolle verwenden, die Sie für einen Wirtschaftsprüfer anlegen.

14.2 Anforderungen von Finanzbehörden

GDPdU

In einigen Ländern gibt es inzwischen Vorschriften, die den Finanzbehörden den Zugriff auf die Daten eines Unternehmens sichern und ihn zugleich regeln. In Deutschland sind diese Richtlinien in den *Grundsätzen zur Durchsicht und Prüfbarkeit digitaler Unterlagen* (GDPdU) festgelegt. Im Wesentlichen geht es bei diesen Grundsätzen um zwei Bereiche.

- **Z1-Zugriff**
  Einerseits sichern sich die Finanzbehörden das Recht, in einer Firma Prüfungen durchzuführen, sich dazu unmittelbar an die Rechner zu setzen und sich Daten anzusehen. Dies wird in den Richtlinien als *Z1-Zugriff* bezeichnet.
- **Z3-Zugriff**
  Andererseits erwarten die Finanzbehörden, dass die Unternehmen steuerrelevante Daten in digitaler Form zur Verfügung stellen, die dann bei den Finanzbehörden ausgewertet werden. Diese Art der Auswertung wird *Z3-Zugriff* genannt.

Die Anforderungen der GDPdU wurden für den Bereich des Transaction Managers umgesetzt. Die Lösungen unterscheiden sich grundsätzlich nicht von dem, was andere SAP-Module zu diesem Zweck anbieten. Jedoch gibt es einige Besonderheiten, die wir erwähnen wollen.

14.2.1 Der Steuerprüfer im System

Zunächst wollen wir uns mit dem Fall beschäftigen, dass ein Steuerprüfer zu Ihnen in die Firma kommt und sich vor einen Rechner setzen will. Nach den GDPdU ist dies also der Z1-Zugriff.

Rollen für Steuerprüfer

Wie jedem Nutzer muss auch dem Steuerprüfer eine Rolle zugeordnet sein. Natürlich wollen Sie sicherstellen, dass ein Steuerprüfer nur Daten ansehen, sie aber keinesfalls verändern darf. Sie sollten sich also die Mühe machen, eine eigene Rolle für Steuerprüfer einzurichten. Als Vorlage dazu liefert Ihnen SAP zwei Rollen im Bereich des

Transaction Managers aus, SAP_AUDITOR_TAX_TR und SAP_AUDITOR_TAX_TR_A. Die erste Rolle stellt Ihnen ein Menü zur Verfügung, die zweite enthält alle wesentlichen Berechtigungsobjekte, die man für die Transaktionen im Menü benötigt.

Berechtigungen für Prüfungszeitraum

Damit allein ist es aber nicht getan, denn im Regelfall sollte die Berechtigung des Steuerprüfers nicht nur auf bestimmte Transaktionen, sondern insbesondere auf den Prüfungszeitraum eingeschränkt werden. Dies leistet die normale Berechtigungsprüfung nicht. Daher bietet SAP ein weiteres Berechtigungskonzept speziell für Steuerprüfer an. Wie auch in den anderen Modulen müssen Sie dazu einen Benutzer zunächst als Steuerprüfer deklarieren und den Prüfungszeitraum festlegen.

Die nicht im Menü eingebundenen dazu notwendigen Transaktionen Benutzer für Berechtigungsprüfung (Transaktion TPC2), Programme für Berechtigungsprüfung (Transaktion TPC4) und Zeiträume für Berechtigungsprüfungen (Transaktion TPC6) sind weitgehend selbsterklärend. Details dazu werden in SAP-Hinweis 445148 beschrieben.

In allen Anzeigetransaktionen des Transaction Managers wird diese besondere Berechtigungsprüfung für den Prüfungszeitraum durchgeführt, insbesondere in den folgenden:

- Transaktion Geschäft anzeigen (Transaktion FTR_EDIT)
- Transaktion Bestandsliste (Transaktion TPM12)
- Transaktion Bewegungsliste (Transaktion TPM13)
- Transaktion Buchungsjournal (Transaktion TPM20)
- alle Berichte auf der Basis der logischen Datenbanken

Interpretation des Prüfungszeitraums

Nun kommen wir zu den Besonderheiten, die Sie bei der Berechtigungsprüfung für einen Prüfzeitraum beachten sollten. Normalerweise bezieht sich der Prüfungszeitraum auf das Buchungsdatum. In manchen Berichten steht dieses Datum aber nicht zur Verfügung, z.B. in der Bestandsliste (Transaktion TPM12). In diesen Fällen wird das naheliegendste verfügbare Datum verprobt, in der Bestandsliste also das Bestandsdatum.

Die Bestandsliste ist auch ein gutes Beispiel für eine weitere Besonderheit. Bestände haben im Allgemeinen eine Lebensdauer, die über den Prüfungszeitraum hinausgehen kann. Das System interpretiert die Einschränkung des Prüfungszeitraums dann folgendermaßen: Wenn der Bestand zum angegebenen Stichtag nicht null ist, kann sich der Steuerprüfer den Bestand ansehen und von dort auch alle Bewegungen bis zum Stichtag einsehen, selbst wenn die Bewegungen vor dem Prüfungszeitraum liegen. Er kann aber keine Bewegungen nach dem Prüfungszeitraum sehen. Entsprechend gilt, dass sich der Steuerprüfer die Geschäfte vollständig ansehen darf, deren Laufzeit sich mit dem Prüfungszeitraum überschneiden. Es wird also nicht der Teil aus dem Finanzstrom herausgeschnitten, der nicht in den Prüfungszeitraum fällt.

Viele Berichte erlauben es, einen Zeitraum anstelle nur eines Zeitpunkts anzugeben. Hier macht es das System dem Steuerprüfer insofern einfach, dass es automatisch den Prüfungszeitraum vorschlägt, wenn der Prüfer nichts eingibt. Gibt er jedoch einen Zeitraum ein, muss dieser auch vollständig innerhalb des Prüfungszeitraums liegen.

Aktivitätenprotokoll des Steuerprüfers

Die Aktivitäten des Steuerprüfers werden vom System protokolliert. Sie können sich mit der Transaktion ANWENDUNGSLOG AUSWERTEN (Transaktion SLG1) das Protokoll ansehen. Dazu müssen Sie das Objekt »ATAX« eingeben. Die Transaktion SLG1 finden Sie z.B. im Menü unter TRANSACTION MANAGER • INFORMATIONSSYSTEM • WERKZEUGE.

Länderabhängigkeit des Z1-Zugriffs

Die Funktionalität für den Z1-Zugriff unterliegt keinerlei Einschränkung auf bestimmte Länder. So ist sie möglicherweise auch für nichtdeutsche Unternehmen bei Steuerprüfungen hilfreich. Etwas anders stellt sich die Situation dar, wenn es im folgenden Abschnitt um die Überlassung von steuerrelevanten Daten geht.

14.2.2 Überlassung steuerrelevanter Daten

DART

Aus den USA kam ursprünglich die Anforderung, den Finanzbehörden steuerrelevante Daten in digitaler Form zu Prüfungszwecken zu überlassen. Dazu hat SAP das *Data Retention Tool* (DART) entwickelt.

Transaction Manager und DART

Das Werkzeug wird auch zur Erfüllung des Z3-Zugriffs entsprechend den deutschen Gesetzen eingesetzt. Davon ausgehend, entwickelte sich dann die Initiative, auch Daten des Transaction Managers für dieses Werkzeug verfügbar zu machen. Dies geschah mit Release DART 2.2. Falls Sie auch die Darlehenslösung der SAP einsetzen (SAP

Loans Management, ehemals CML), müssen Sie mindestens das Release DART 2.3 verwenden. DART-Release 2.3 ist Teil der Standardauslieferung von SAP ERP 6.0 EHP 6.

Grundzüge des DARTs

DART erzeugt im Wesentlichen einen Extrakt bestimmter Datenbanktabellen und schreibt die Daten in einem bestimmten Format in eine Datei. Das Format ist dabei normalerweise relativ nah an den Datenbankstrukturen. Die Datenstrukturen werden in diesem Zusammenhang als *Segmente* bezeichnet. Einen Überblick über die Segmente erhalten Sie in der Transaktion SEGMENTKATALOG (Transaktion FTWCS), die im Menü unter RECHNUNGSWESEN • FINANZWESEN • HAUPTBUCH • PERIODISCHE ARBEITEN • DATA RETENTION TOOL • INFORMATIONSSYSTEM zu finden ist. Typischerweise enthält ein Segment eine von SAP als steuerlich relevant betrachtete Teilmenge der Elemente einer Datenbanktabelle.

Länderabhängigkeit des Z3-Zugriffs

Die extrahierten Daten sind länderspezifisch. Nur für deutsche Buchungskreise lassen sich Daten aus dem Transaction Manager extrahieren.

Eine Dokumentation zu DART finden Sie z.B. im SAP Help Portal (*http://help.sap.com*) in der deutschsprachigen Dokumentation SAP ERP CENTRAL COMPONENT 6.0 unter SAP ERP • ANWENDUNGSÜBERGREIFENDE FUNKTIONEN • ANWENDUNGSÜBERGREIFENDE KOMPONENTEN • ALLGEMEINE ANWENDUNGSFUNKTIONEN • DATA RETENTION TOOL.

Im Folgenden greifen wir einige Besonderheiten des Transaction Managers heraus, wobei Sie auch einen groben Einblick in DART erhalten. DART unterscheidet drei Arten von Daten:

- Bewegungsdaten
- Stammdaten
- Konfigurationsdaten

Bezüglich des Transaction Managers fallen in den Bereich der Bewegungsdaten die Bewegungen der Geschäfte bzw. der Nebenbuchbestände. Die Bestände selbst werden ebenso wie die Geschäfte als Stammdaten betrachtet. Auch der Geschäftspartner ist ein Stammdatum. Diese Unterteilung ist von Bedeutung, weil Sie bei einer Extraktion in unterschiedlicher Weise beeinflussen können, welche Daten Teil der Extraktion werden.

Daten extrahieren

Um einen Extrakt zu erzeugen, rufen Sie die Transaktion DATEN EXTRAHIEREN (Transaktion FTW1A) auf. Diese finden Sie im Menü unter RECHNUNGSWESEN • FINANZWESEN • HAUPTBUCH • PERIODISCHE ARBEITEN • DATA RETENTION TOOL • HILFSMITTEL. Das Selektionsbild ist in Abbildung 14.1 dargestellt. Sie geben zunächst den Buchungskreis, das Geschäftsjahr und die Perioden an, für die Daten extrahiert werden sollen. Für die Daten des Transaction Managers ist der Zeitraum vor allem für die Bewegungsdaten relevant.

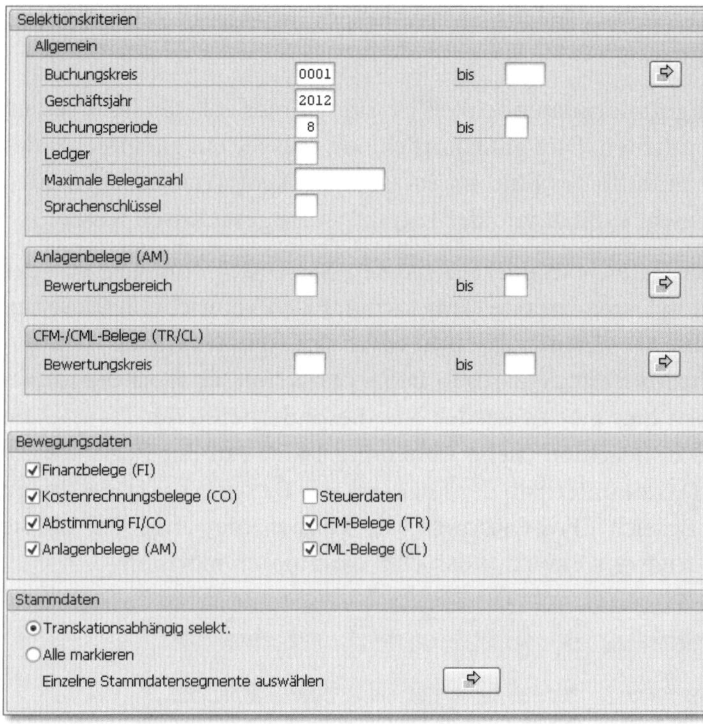

Abbildung 14.1 Erstellung eines Extrakts mit DART

Extraktion von Bewegungsdaten

Im Bereich BEWEGUNGSDATEN können Sie nun die Anwendungen auswählen, deren Daten Sie interessieren. Im Gegensatz zu den meisten anderen Modulen können Sie Daten des Transaction Managers auch ohne zugehörige Hauptbuchbelege extrahieren. Kreuzen Sie dazu das Kennzeichen CFM-BELEGE (TR) an. Sie können also Daten des Transaction Managers extrahieren, wenn die zugehörigen Hauptbuchbelege bereits archiviert sind. Die Auswahl der Anwendung bezieht sich ausschließlich auf die Bewegungsdaten.

Extraktion von Stammdaten

Im Bereich der STAMMDATEN finden Sie in Abbildung 14.1 über einen Radiobutton die Auswahl zwischen TRANSAKTIONSABHÄNGIG SELEKT. und ALLE MARKIEREN. Ersteres bedeutet, dass nur die Stammdaten ausgewählt werden, die auch gebuchte Bewegungen im angegebenen Zeitraum haben. Die alternative Auswahlmöglichkeit umfasst Geschäfte und Bestände, deren Lebensdauer sich mit dem Extraktionszeitraum überschneidet. Für OTC-Geschäfte entspricht die Lebensdauer der Laufzeit. Wertpapierbestände müssen im betrachteten Zeitraum von null verschieden gewesen sein. Selbst wenn Sie keine Anwendung auswählen, können Sie trotzdem noch Stammdaten extrahieren.

Extraktion von Konfigurationsdaten

Die Konfigurationsdaten schließlich sind immer vollständig in jedem Extrakt enthalten. Dies gilt natürlich nur, falls Sie ein entsprechendes Segment mithilfe des Buttons EINZELNE STAMMDATENSEGMENTE AUSWÄHLEN nicht explizit von der Extraktion ausgeschlossen haben.

Konfiguration des DARTs

Bevor Sie Daten extrahieren, müssen Sie DART einmalig mit der Transaktion Datenextrakte (Transaktion FTWP) einrichten. Diese finden Sie im Menü unter RECHNUNGSWESEN • FINANZWESEN • HAUPTBUCH • PERIODISCHE ARBEITEN • DATA RETENTION TOOL • KONFIGURATION. Auch hier gibt es wieder eine Besonderheit beim Transaction Manager zu beachten (siehe Abbildung 14.2). Auf der Registerkarte ANDERE DATEN unterhalb der Registerkarte DATENEXTRAKTION finden Sie den Bereich CFM-OPTIONEN. Sie können hier angeben, ob Sie auch HISTORISCHE BEWEGUNGSDATEN extrahieren möchten.

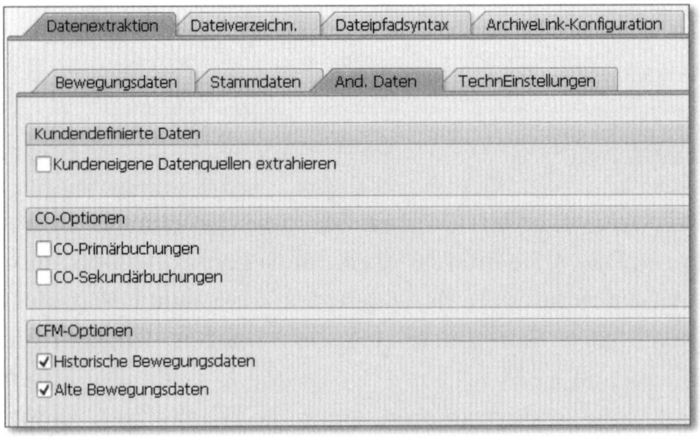

Abbildung 14.2 Konfiguration des Data Retention Tools (DART)

Wie beschrieben, werden normalerweise nur solche Bewegungen extrahiert, deren Buchungsdatum im Extraktionszeitraum liegt. Wenn Sie das Kennzeichen HISTORISCHE BEWEGUNGSDATEN setzen, werden nicht nur die Bewegungen im Extraktionszeitraum, sondern auch alle davorliegenden Bewegungen extrahiert. Natürlich werden vor dem Extraktionszeitraum bereits abgelaufene Geschäfte oder Bestände nicht beachtet. Diese Einstellung kann beim ersten Einsatz des Werkzeugs für Daten aus dem Transaction Manager sinnvoll sein. Dann enthält der erste Extrakt die gesamte noch relevante Geschichte, und alle folgenden Extrakte enthalten nur noch die hinzugekommenen Bewegungen. Vielleicht wollen Sie dem Betriebsprüfer aber auch grundsätzlich Geschäfte und Bestände mit deren Historie zur Verfügung stellen, weil sie sich nur so verstehen lassen. Dann lassen Sie das Kennzeichen immer gesetzt.

Erweiterungen von Extrakten [+]

Der Umfang eines Extrakts lässt sich ohne Modifikation erweitern, wenn Sie oder Ihr Prüfer der Meinung sind, dass der ausgelieferte Datenumfang nicht ausreicht. Wenn Sie sich in den Datenbanken des Transaction Managers auskennen und nur weitere Felder in einem vorhandenen Segment benötigen, reicht es aus, das Segment um eine Append-Struktur zu erweitern, die die zusätzlichen Felder mit den gleichen Namen wie in der Ausgangstabelle enthält. Die Bewegungsdaten der Bestandsverwaltung sind allerdings über eine ganze Reihe von Tabellen verstreut. Sie brauchen sich nicht die Mühe zu machen, diese Tabellen herauszufinden und ihre Beziehung zu verstehen, denn die extrahierten Daten werden alle in das Segment `FTR_GDPDU_XSTR_FLOW` gestellt. Die Informationen von der Datenbank befinden sich in der Struktur `FTR_GDPDU_STR_FLOW`. Solange sich Ihre gewünschten zusätzlichen Felder in dieser Struktur befinden, erreichen Sie die Erweiterung ebenfalls durch ein Append an das Segment `FTR_GDPDU_XSTR_FLOW`. Wenn nicht, wird es allerdings sehr schwierig und führt über den Rahmen dieses Buches hinaus.

Wie eingangs erwähnt, wurde der Anschluss des Transaction Managers an DART von deutschen Anforderungen getrieben. Der Datenumfang eines Extrakts ist vom Land des betroffenen Buchungskreises abhängig. Daher lassen sich derzeit nur für deutsche Buchungskreise Daten aus dem Transaction Manager fortschreiben.

An verschiedenen Stellen verwendet SAP Treasury and Risk Management Werkzeuge, die spezifisch für dieses Modul sind, aber auch in anderen SAP-Modulen vorkommen. Die wichtigsten Werkzeuge stellen wir Ihnen hier vor.

15 Integrations- und Systemwerkzeuge

SAP Treasury and Risk Management verwendet an verschiedenen Stellen Werkzeuge, die zum allgemeinen SAP-Funktionsumfang gehören. Diese Werkzeuge stellen wir Ihnen gebündelt in diesem Kapitel vor.

In Abschnitt 15.1 beschreiben wir das Merkmalsableitungstool, das SAP Treasury and Risk Management an mehreren Stellen verwendet, das aber stets im Hintergrund arbeitet. Zu den wichtigen, aber selten verwendeten Werkzeugen gehört die Altdatenübernahme aus einem Vorsystem, der sich Abschnitt 15.2 widmet. Die Initialisierung eines neuen Bewertungsbereichs stellen wir in Abschnitt 15.3 dar. In Abschnitt 15.4 weisen wir auf die Migration hin, die Ihnen möglicherweise bei einem Upgrade auf das in diesem Buch beschriebene Release SAP ERP 6.0 EHP 6 bevorsteht. Schließlich behandeln wir in Abschnitt 15.5 noch die spezifischen Aspekte der Archivierung im Umfeld von SAP Treasury and Risk Management.

15.1 Merkmalsableitungstool

Die Merkmalsableitung ermöglicht es, dass das SAP-System von bestimmten Merkmalsausprägungen auf andere Merkmalsausprägungen schließt. Damit wird ein automatisches, regelgesteuertes Versorgen von Merkmalen mit Werten ermöglicht. Innerhalb von SAP Treasury and Risk Management wird das Ableitungstool an mehreren Stellen eingesetzt, z.B. in der Kontierungsreferenzermittlung, in der Versorgung der Analysemerkmale innerhalb der Finanzobjektintegration oder im Mapping von PI-Nachrichten. Zunächst beschreiben wir die grundsätzliche Vorgehensweise der Merkmalsableitung und verdeutlichen sie dann anhand eines Beispiels.

15.1.1 Schrittarten

Die logischen Zusammenhänge zwischen den Merkmalsausprägungen bestehen aus einer Folge von Ableitungsschritten, meist als *Ableitungsstrategie* bezeichnet, über die nacheinander Merkmalswerte aus anderen Merkmalen abgeleitet werden. In den Ableitungsschritten steht Ihnen eine Reihe von verschiedenen Schrittarten zur Verfügung:

- **Initialisierung**
  Die *Initialisierung* setzt den Wert eines Merkmals auf den typgerechten Initialwert (Leerzeichen für Typ CHAR, null für Typ NUMC). Mit dieser Schrittart können Sie auch einen Wert löschen.
- **Zuweisung**
  Mithilfe von *Zuweisungen* kann der Inhalt eines beliebigen Quellfeldes oder eine Konstante einem Zielfeld zugewiesen werden.
- **Tabellenzugriff**
  Mithilfe von *Tabellenzugriffen* kann auf Einzelsätze beliebiger Tabellen, oft im Kundennamensraum, zugegriffen werden. Die Quellfelder müssen dem Schlüssel der zu selektierenden Tabelle entsprechen, aus der dann bestimmte Feldinhalte in Zielfelder übernommen werden können.
- **Ableitungsregel**
  Eine *Ableitungsregel* ist eine Wenn-dann-Regel, bei der Sie hinterlegen, welche konkreten Merkmalswerte oder Merkmalswertkombinationen der Quellfelder zu welchen Werten der Zielfelder führen sollen.
- **Erweiterung**
  Mit der *Erweiterung* können Sie sich einen eigenen Exit definieren. Nach Angabe der Quell- und Zielfelder erzeugt das System für jeden einzelnen Schritt dieser Schrittart einen User-Exit, in dem Sie dann frei programmiert und nach individueller Logik das Zielfeld befüllen können.

15.1.2 Verwendung und Beispiele

Verwendung

Es hängt von jeder Funktion, die das Merkmalsableitungstool anwendet, selbst ab, welche Schrittarten dem Anwender zur Verfügung gestellt werden. In der Versorgung der Analysemerkmale stehen Ihnen z.B. alle beschriebenen Schrittarten zur Verfügung. In der Kontierungsreferenzermittlung und beim Mapping der PI-Nachrichten stehen Ihnen nur die Schrittarten Ableitungsregel und Zuweisung zur Verfügung.

Beispiel

Wir möchten Ihnen nun anhand der Versorgung der Analysemerkmale innerhalb der Finanzobjektintegration (siehe Abschnitte 12.2.5 und 12.2.6) zeigen, wie einige Schrittarten eingerichtet werden. Abbildung 15.1 zeigt Ihnen für einen Finanzobjekttyp die verwendeten Ableitungsschritte. Diese Schritte bilden eine Schrittfolge, die der Reihe nach abgearbeitet wird. Dabei können Sie in einem Ableitungsschritt auf die Ergebnisse vorangegangener Ableitungsschritte zugreifen. Sie finden im Feldvorrat auch Felder vom Typ TEMP, die nur temporär Daten aufnehmen. Diese Daten können Sie für weitere Ableitungsschritte nutzen, am Ende der Schrittfolge werden sie jedoch verworfen. In unserem Beispiel liest der Schritt 3 mit der Bezeichnung Mustercustomizing: Partnertyp zentraler GP in USERTEMP2 den Partnertyp in ein solches temporäres Feld, wie Sie in Abbildung 15.4 noch sehen werden.

Abbildung 15.1 Ableitungsschrittfolge am Beispiel der Befüllung von Analysemerkmalen in der Finanzobjektintegration

Zuweisung

Betrachten wir zuerst die Schrittart Zuweisung aus Schritt 1. Sie finden in der Pflege dieser Schrittart zwei Registerkarten, die erste mit der Definition der Zuweisung, auf der zweiten können Sie Bedin-

GUNGEN für eine konditionale Zuweisung mitgeben (siehe Abbildung 15.2). Liegt eine solche Bedingung vor, erscheint sowohl auf der Registerkarte BEDINGUNG ein grünes Häkchen als auch in der namensgleichen Spalte in der Übersicht der Schrittfolgen. Für die Zuweisung aus Schritt 1 ist also, wie Sie auch anhand von Abbildung 15.1 sehen, noch keine Bedingung mitgegeben worden.

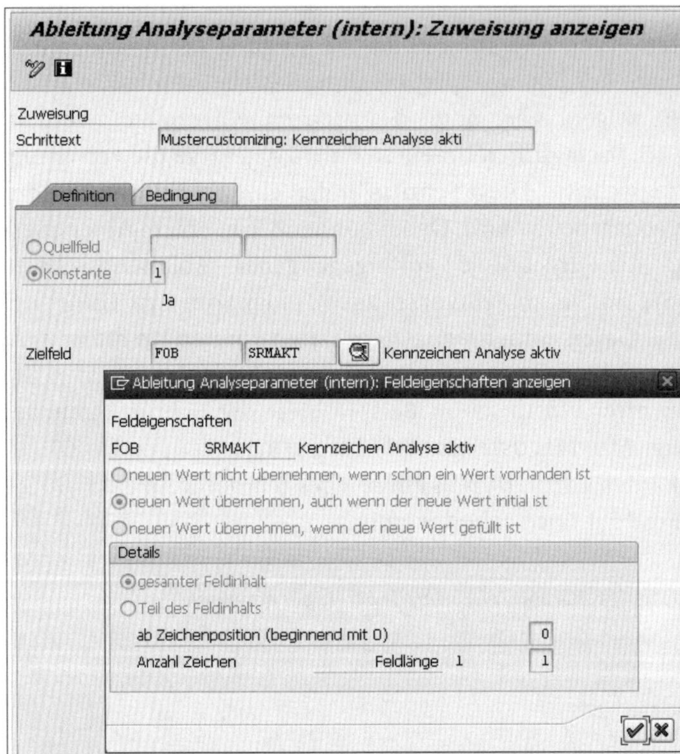

Abbildung 15.2 Definition eines Ableitungsschritts der Schrittart »Zuweisung«

[»]

Feldeigenschaften des Zielfeldes

In der Pflege eines Zuweisungsschritts (siehe Abbildung 15.2) erreichen Sie durch Klicken auf das Icon rechts neben dem ZIELFELD das Detailbild der Feldeigenschaften des Zielfeldes (siehe eingeblendetes Pop-up in Abbildung 15.2). Hier finden Sie unter FELDEIGENSCHAFTEN drei Radiobuttons, mit deren Hilfe Sie die Ausführung des Schritts steuern können. Diese Steuerungseinstellungen wirken sich folgendermaßen aus: Im Datenbild der Geschäftserfassung oder -bearbeitung (z.B. Transaktion FTR_EDIT oder FTR_CREATE) erscheint für alle bestandsbildenden Finanzgeschäfte eine Registerkarte für die Analysemerkmale.

Sie können also Merkmalswerte manuell eingeben. Die Ableitung läuft nach der Eingabe der Geschäftsdaten zum Zeitpunkt des Sicherns ab. Ist nun der Radiobutton Neuen Wert nicht übernehmen, wenn schon ein Wert vorhanden ist gesetzt, werden manuell eingetragene Merkmalswerte als Analysemerkmale übernommen. Ist hingegen einer der Radiobuttons Neuen Wert übernehmen gesetzt, wird der in der Ableitung gefundene Wert übernommen und überschreibt den manuell eingegebenen Wert.

In der Kontierungsreferenzermittlung spielt diese Einstellung keine Rolle, da diese komplett dunkel, also ohne Anwendungsoberfläche, abläuft.

Tabellenzugriff

Nun betrachten wir die Schrittart Tabellenzugriff aus Schritt 4. In der Pflege dieses Schritts tragen Sie auf der ersten Registerkarte Definition (siehe Abbildung 15.3) im oberen Bereich den vollständigen Schlüssel der Tabelle ein, die Sie auslesen wollen. Im unteren Bereich weisen Sie die gewünschten Tabellenfelder Ihren Zielfeldern zu. Sie können also hier parallel viele Zielfelder versorgen.

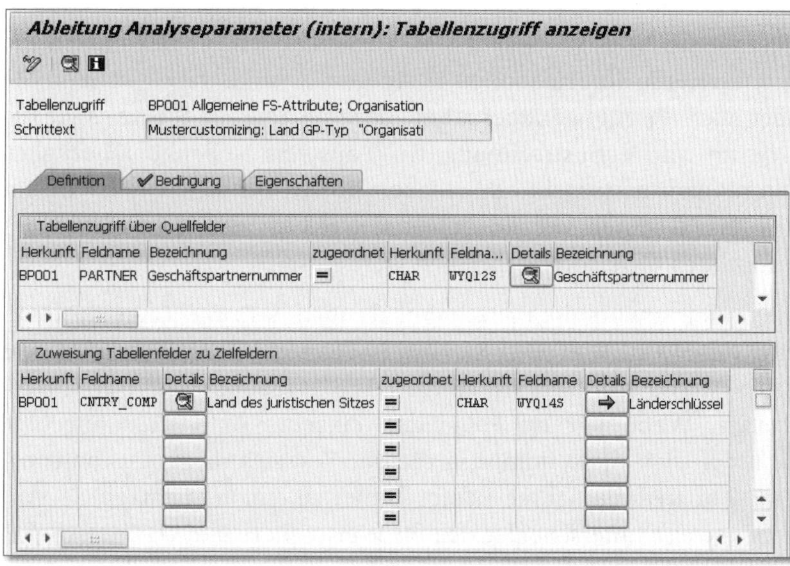

Abbildung 15.3 Definition eines Ableitungsschritts der Schrittart »Tabellenzugriff«

Auf der zweiten Registerkarte Bedingung können Sie hinterlegen, unter welchen Bedingungen der Schritt ausgeführt werden soll (siehe Abbildung 15.4). Hier sehen Sie auch, dass für die Kondition das in Schritt 3 aus Abbildung 15.1 abgeleitete, temporäre Feld (Herkunft mit dem Eintrag »TEMP«) verwendet wird.

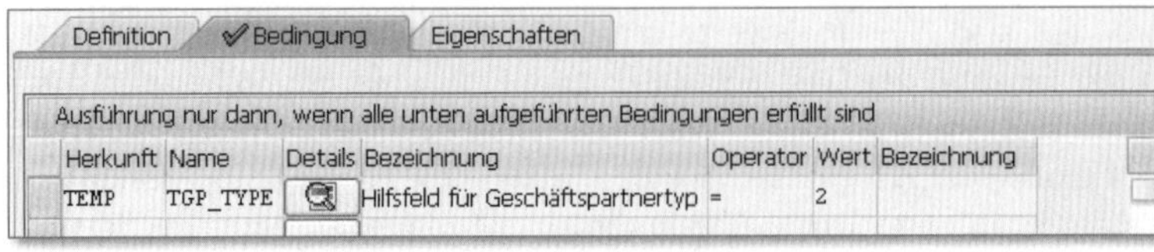

Abbildung 15.4 Sicht auf die Bedingung des Ableitungsschritts aus Abbildung 15.3

15.2 Altdatenübernahme

Szenarien der Altdatenübernahme

Bei der Einführung von SAP Treasury and Risk Management soll Ihnen die Funktion der *Altdatenübernahme* helfen, Informationen über die bereits bestehenden Geschäfte und Bestände in den Transaction Manager zu bringen. Zumeist wird SAP Treasury and Risk Management eingeführt, wenn das SAP-Hauptbuch (das klassische oder das neue) bereits im Einsatz ist. Das Hauptbuch enthält dann schon Salden der Finanzinstrumente in der Bilanz sowie Gewinne und Verluste für das aktuelle Geschäftsjahr. Aufgabe der Altdatenübernahme ist es in diesem Fall, ausschließlich im Nebenbuch die detaillierteren Informationen abzulegen. Grundsätzlich können Sie aber auch die Altdatenübernahme dazu nutzen, die Bilanz sowie die Gewinn- und Verlustrechnung (GuV) aus dem Nebenbuch bezüglich Ihrer Finanzinstrumente aufzubauen. Sofern wir nicht explizit darauf hinweisen, gehen wir im Folgenden jedoch davon aus, dass das Hauptbuch nicht fortgeschrieben werden soll.

Customizing

Sie finden sowohl die Funktionen als auch das zugehörige Customizing unter Treasury and Risk Management • Transaction Manager • Allgemeine Einstellungen • Werkzeuge • Altdatenübernahme. Wenn wir im Folgenden einzelne Aktivitäten angeben, befinden sich diese immer in diesem Verzeichnis im Customizing. Eine Altdatenübernahme erfolgt immer zu einem Stichtag. Die Vorgehensweise unterscheidet sich für Wertpapiere und OTC-Geschäfte, weil sie mit Beständen zu einem Stichtag unterschiedlich umgehen können:

- Bei Wertpapieren steht deren Bestand im Vordergrund, und es reicht aus, den Bestand zum Stichtag mit allen Werten zu übernehmen.
- Für OTC-Geschäfte gibt es keine explizite Bestandsverwaltung im Transaction Manager, und auch die historischen Bewegungen

eines Geschäfts können für dessen Verständnis wichtig sein. Deshalb wird stets das gesamte Geschäft übernommen.

- Futures und handelbare Optionen ähneln zwar den Wertpapieren, da über mehrere Geschäfte ein Bestand angesprochen werden kann. In der Altdatenübernahme werden sie jedoch analog zu OTC-Geschäften behandelt.

Wir erläutern diese Fälle nun beginnend mit den OTC-Geschäften. Anschließend gehen wir zuerst auf die Altdatenübernahme bei Wertpapieren ein, bevor wir uns den Futures und handelbaren Optionen zuwenden. Abschließend betrachten wir das Customizing.

15.2.1 Altdatenübernahme für OTC-Geschäfte

Geschäfte übernehmen

Vorhandene OTC-Geschäfte gelangen im Rahmen der Altdatenübernahme genauso wie neue Geschäfte in das System. Sie erfassen sie entweder manuell oder nutzen die vorhandenen BAPIs, um die vorhandenen OTC-Geschäfte maschinell einzuspielen. Möglicherweise verwenden Sie für die Altgeschäfte eigene Geschäftsarten, sodass Abrechnung oder Buchungsfreigabe nicht erforderlich sind. Nun müssen Sie alle Bewegungen vor dem Stichtag der Übernahme in den Status *gebucht* überführen, ohne tatsächlich Belege im Hauptbuch zu erzeugen. Dazu verwenden Sie die Transaktion BEWEGUNGEN ALS GEBUCHT KENNZEICHNEN (Transaktion TBB1_LC), die Sie im Verzeichnis der Altdatenübernahme unter BEWEGUNGSDATEN finden. Sie entspricht vollständig der Transaktion BEWEGUNGEN BUCHEN (Transaktion TBB1), die Sie aus Abschnitt 6.2.1 kennen. Im Unterschied zur Transaktion TBB1 können Sie jedoch nicht den operativen Bewertungsbereich allein als gebucht kennzeichnen, woraufhin die OTC-Geschäfte in den Bewertungsbereichen konsistent bleiben.

Wie bei der Transaktion TBB1 erhalten Sie auch ein Buchungsprotokoll. Da die Transaktion TBB1_LC keine Hauptbuchbelege erzeugt, finden Sie jedoch keine Referenz- und Belegnummern als Verweis in das Hauptbuch. Auch im BUCHUNGSJOURNAL (Transaktion TPM20) sehen Sie zwar die Bewegungen, jedoch tragen sie ebenfalls keine Verweise in das Hauptbuch.

Bewertungsergebnisse erfassen

Mit den Bewegungen der Geschäftsverwaltung sind die Buchwerte der OTC-Geschäfte noch nicht erklärt, denn Sie müssen auch noch die historischen Bewertungsergebnisse übernehmen. Dazu erfassen Sie einen Geschäftsvorfall, der zum Stichtag der Übernahme die Werte aller Bewertungskomponenten enthält (siehe Abschnitt 5.3.1, Überschrift »Komponenten«). Die historischen Bewertungsergebnisse werden also saldiert übernommen. Abbildung 15.5 zeigt die Erfassung eines solchen Geschäftsvorfalls mithilfe der Transaktion BEWERTUNGSBEREICHSABHÄNGIGE DATEN FÜR GELDHANDEL, DEVISEN, OTC-DERIVATE ERFASSEN (Transaktion TPM63C), die Sie im Verzeichnis der Altdatenübernahme unter BEWEGUNGSDATEN finden. Wie Sie sehen, ist ein solcher Geschäftsvorfall durch den Buchungskreis (Spalte BUKR), die Geschäftsnummer (Spalte GESCHÄFT), die Spalte BESTANDSVALUTA, die allgemeine Bewertungsklasse (Spalte ALLG.BEW.-K.) und die Spalte BEWERTUNGSBEREICH gekennzeichnet. Sie geben die kumulierten Bewertungsergebnisse in Bestands- und Bewertungswährung an (siehe die entsprechenden Spalten in Abbildung 15.5). Neben den historischen Bewertungsergebnissen können Sie in anderen Spalten auch die kumulierten Ergebnisse der Abgrenzung eintragen. Der Übernahmegeschäftsvorfall enthält für jede Komponente, für die Sie einen Betrag angegeben haben, eine Bewegung.

Bewertungsbereichsabhängige Daten für Geld, Dev., OTC-Der.

Bestandsvaluta	BuKr	Allg.Bew.k	Bewertungsbereich	Geschäft	PosNr	BestW	Bewertungswährung	Bewert. Ti. BestW	Bewert. Ti. BewW	Bewert. Devis
01.01.2012	0001	1	001	4711	0	EUR	EUR	253,34	253,34	
01.01.2012	0001	1	001	4712	0	EUR	EUR	340,00	340,00	

Abbildung 15.5 Erfassung bewertungsbereichsabhängiger Daten für OTC-Geschäfte

Bewertung mit Rücknahme erfassen

Wenn Sie üblicherweise Stichtagsbewertungen mit Rücknahme und die Altdatenübernahme zum Geschäftsjahresbeginn vornehmen, muss die Rücknahme der Bewertung des vorangegangen Geschäftsjahres durch die Altdatenübernahme erfolgen. In diesem Fall geben Sie für ein Geschäft zwei Geschäftsvorfälle an, unterschieden durch die Positionsnummer (Spalte POSNR) in Abbildung 15.5. Der eine Geschäftsvorfall repräsentiert die Stichtagsbewertung zum Ende des vorangegangenen Geschäftsjahres, der andere das kumulierte Ergebnis aller vorangegangen Bewertungen. Für den ersten Geschäftsvorfall setzen Sie zusätzlich das Kennzeichen Rücknahme der Bewertung (BEW RÜCK) und geben, falls nötig, ein abweichendes Bestandsdatum an. Eine Abgrenzung mit Rücknahme lässt sich analog erfassen.

Altdatenübernahme durchführen

Nachdem Sie auf diese Weise die Bewertungsergebnisse der OTC-Geschäfte erfasst haben, übertragen Sie sie mithilfe der Transaktion

Datenübernahme durchführen (Transaktion TPM63) in die interne Bestandsführung. Das Selektionsbild zeigt Abbildung 15.6. Im Bildbereich Buchungssteuerung können Sie für die Geschäftsvorfälle Buchungs- und Belegdatum angeben, wenn diese vom Bestandsdatum abweichen sollen. Ebenso können Sie eine Buchungsperiode angeben. Dies ist vor allem von Interesse, wenn Sie die Geschäftsvorfälle in das Rechnungswesen fortschreiben. Standardmäßig ist das entsprechende Kennzeichen Fortschreibung Rechnungswesen nicht gesetzt.

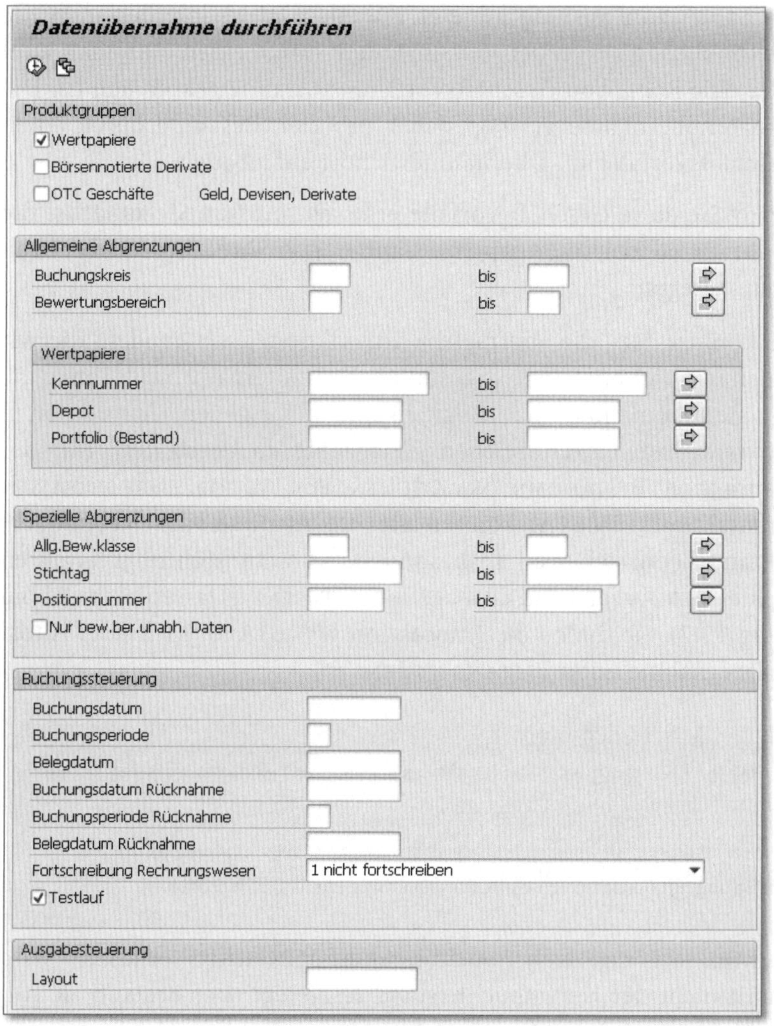

Abbildung 15.6 Altdatenübernahme durchführen

Stornierung

Sollten bei der Altdatenübernahme Fehler aufgetreten sein, können Sie sie mit der Transaktion DATENÜBERNAHME STORNIEREN (Transaktion TPM64) auch wieder stornieren. In der Transaktion TPM63C zeigt Ihnen das System in der Spalte DATEN ÜBERNOMMEN an, für welche Daten Geschäftsvorfälle erzeugt wurden.

15.2.2 Altdatenübernahme für Wertpapiere

Bei Wertpapieren folgt die Altdatenübernahme einer etwas abweichenden Logik, weil sich in diesem Fall eine konsequente Übernahme von Salden zum Stichtag anbietet. Für einen Wertpapierbestand ist es unerheblich, ob er in der Vergangenheit durch einen einzelnen Kauf oder eine Reihe von Geschäftsvorfällen zustande gekommen ist. Die Altdatenübernahme verfolgt daher das Ziel, Bestände durch einen Geschäftsvorfall zum Übernahmestichtag aufzubauen.

Bestandskennzeichen erfassen

Bevor Sie diese Geschäftsvorfälle erfassen, müssen Sie zunächst die Stammdaten der Wertpapierbestände, also ihre Bestandskennzeichen, anlegen.

Sie können dazu die »normalen« Transaktionen verwenden, die wir Ihnen in Abschnitt 5.3.5 vorgestellt haben. Alternativ bietet Ihnen die Altdatenübernahme die Möglichkeit, mit eigenen Transaktionen mehrere Bestandskennzeichen gleichzeitig zu bearbeiten. Mit der Transaktion BESTANDSINFORMATIONEN FÜR WERTPAPIERE ERFASSEN (Transaktion TPM61A) können Sie die Attribute des Nebenbuchbestandskennzeichens, insbesondere Bestandsführungsverfahren (Spalte BEST.F.VERF.) und KONTIERUNGSREFERENZ, erfassen (siehe Abbildung 15.7). Sie finden die Transaktion TPM61A im Menü der Altdatenübernahme unter BESTANDSDATEN.

Bestandsinformationen für Wertpapiere

BuKr	B...	All...	Kennnummer	Depot	Portfolio	Aktiv/Passiv	Best.f.verf.	Kontierungsreferenz	BKZ	§..
0001	001	1	X2000	SECACC1		Aktivbestand	2000	50100		
0001	001	2	X2000	SECACC2		Aktivbestand	9980	50100		

Abbildung 15.7 Erfassung des Bestandskennzeichens für Wertpapiere

Obwohl Sie das Nebenbuchbestandskennzeichen erfassen, wird damit nicht der Nebenbuchbestand festgelegt. Der Bestand ist vorwiegend über seine externen Merkmale beschrieben, also BUCHUNGSKREIS, KENNNUMMER, DEPOT, PORTFOLIO und ALLGEMEINE BEWER-

TUNGSKLASSE. Aus diesen externen Merkmalen leitet das System dann entsprechend der Differenzierung des entsprechenden Bewertungsbereichs (siehe Abschnitt 5.3.4) die tatsächlichen Schlüsselfelder des Buchbestands ab. Nachdem Sie die Bestandskennzeichen in der Transaktion TPM61A erfasst haben, legen Sie sie mithilfe der Transaktion DATENÜBERNAHME FÜR BESTÄNDE DURCHFÜHREN (Transaktion TPM61) tatsächlich an. Sie finden die Transaktion im Customizing gleich unter derjenigen zur Erfassung der Informationen.

Wertpapierbestände aufbauen

Sie haben nun zwei Möglichkeiten, Geschäftsvorfälle zu erfassen, die die Bestände zum Übernahmestichtag aufbauen. Sie können normale Wertpapierkäufe für Aktivbestände oder Platzierungen für Passivbestände eingeben. Diese Geschäfte verarbeiten Sie dann genauso weiter, wie im letzten Abschnitt für OTC-Geschäfte beschrieben. Mehr Flexibilität bietet Ihnen die Altdatenübernahme mit der Eingabe spezieller Geschäftsvorfälle über die Transaktion BEWERTUNGSBEREICHSUNABHÄNGIGE DATEN FÜR WERTPAPIERE ERFASSEN (Transaktion TPM61A). Sie finden diese Transaktion im Customizing der Altdatenübernahme unter BEWEGUNGSDATEN.

Wie Sie in Abbildung 15.8 sehen, identifizieren Sie einen Geschäftsvorfall über die Merkmale seines Bestands sowie die BESTANDSVALUTA. Anhand der Positionsnummer (Spalte POSNR) können Sie Einzelbestände unterscheiden. Sie geben die Mengen (Spalte NOMINALBETRAG) und die üblicherweise mit Zugängen verbundenen Werte (z.B. Spalte KAUFWERT) an. Es gibt weitere Spalten für aktivierte Kosten und Tilgungen. Darüber hinaus stehen Ihnen fünf weitere beliebig aussteuerbare Komponenten zur Verfügung. Der aufgrund dieser Daten erzeugte Geschäftsvorfall enthält je Komponente eine Bewegung. Ähnlich wie bei Käufen erhalten die Bewegungen erst durch die explizite Zuordnung von Bestandsänderungstypen eine Wirkung auf den Buchbestand (siehe Abschnitt 5.3.1, Überschrift »Bestandsänderungstyp und abgeleitete Geschäftsvorfälle«).

Bewertungsbereichsunabhängige Daten für Wertpapiere

Bestandsv...	BuKr	All...	Kennnummer	Depot	Portfolio	PosNr	BestW	Hauswährung	BerechTag	Nominalbetrag	W...	Kaufwert BestW	Kaufwert HW	Kaufwe
01.01.2012	0001	1	X2000	SECACC1		0	EUR	EUR	01.01.2012	100.000,00	EUR	98.000,00	98.000,00	
01.01.2012	0001	2	X2000	SECACC1		0	EUR	EUR	01.01.2012	150.000,00	EUR	147.000,00	147.000,00	

Abbildung 15.8 Erfassung bewertungsbereichsunabhängiger Daten für Wertpapiere

Customizing

Sie ordnen die Bestandsänderungstypen im Customizing unter TREASURY AND RISK MANAGEMENT • TRANSACTION MANAGER • ALLGEMEINE

Einstellungen • Buchhaltung • Einstellungen zur Bestandsführung • Auswirkungen der Fortschreibungsarten auf die Bestandskomponenten festlegen den Fortschreibungsarten zu. Dies erklärt auch die Möglichkeit, frei einstellbare Komponenten anzubieten.

[!]

Verwendung der freien Komponenten

Bedenken Sie bei der Verwendung der Komponenten, dass der erzeugte Geschäftsvorfall unabhängig vom Bewertungsbereich ist. Für Werte, die üblicherweise aus einer Stichtagsbewertung oder Abgrenzung hervorgehen, sind diese Komponenten ungeeignet, weil sich die Beträge zwischen den Bewertungsbereichen unterscheiden könnten.

Bewertungsergebnisse erfassen

Völlig analog zu den OTC-Geschäften erfassen Sie die kumulierten Ergebnisse der Bewertung in der Transaktion Bewertungsbereichsabhängige Daten für Wertpapiere erfassen (Transaktion TPM63A). Die Schlüsselfelder des Bestands entsprechen denen für die bewertungsbereichsunabhängigen Geschäftsvorfälle. Normalerweise tragen beide Geschäftsvorfälle das gleiche Bestandsdatum. Dies ist jedoch technisch nicht notwendig und wird auch nicht überprüft.

[»]

Erfassung von Einzelbeständen

Wenn Sie Einzelbestände mit den Transaktionen der Altdatenübernahme erfassen wollen, verwenden Sie die Positionsnummer. Achten Sie darauf, dass der bestandsaufbauende Geschäftsvorfall und derjenige zu den Bewertungsergebnissen die gleiche Positionsnummer tragen.

Wenn Sie die Einzelbestände über normale Käufe aufgebaut haben, müssen Sie bei der Erfassung der bewertungsbereichsabhängigen Geschäftsvorfälle in der Spalte Geschäft die entsprechende Geschäftsnummer angeben.

Altdatenübernahme durchführen

Aus den Daten, die Sie in den Transaktionen TPM61A und TPM63A eingegeben haben, erzeugen Sie wiederum mit der Transaktion Übernahme durchführen (Transaktion TPM63) Geschäftsvorfälle für die Bestandsverwaltung. Sie können auch zunächst nur die bewertungsbereichsunabhängigen Geschäftsvorfälle aufbauen lassen, indem Sie das entsprechende Kennzeichen im Bildbereich Spezielle Abgrenzungen setzen (siehe Abbildung 15.6). Diese Geschäftsvorfälle sind auch die Grundlage des Depotfinanzstroms (Transaktion TPM40), also der externen Wertpapierbestände.

15.2.3 Altdatenübernahme für Futures und handelbare Optionen

Behandlung entsprechend OTC-Geschäften

Futures und handelbare Optionen sind zwar standardisierte Finanzinstrumente, werden in der Altdatenübernahme jedoch analog zu OTC-Geschäften behandelt. Sie bauen die Bestände also durch die Erfassung geeigneter Open-Geschäftsvorfälle auf. Da Futures und handelbare Optionen Future-Style immer in Einzelbeständen geführt werden, müssen Sie bei der Erfassung der BEWERTUNGSBEREICHSABHÄNGIGEN DATEN (Transaktion TPM63D) über die Geschäftsnummer den Bezug zwischen dem Einzelbestand und dem ihn aufbauenden Geschäft herstellen.

15.2.4 Customizing der Altdatenübernahme

Customizing-Einstellungen für die Fortschreibungsarten

Vor einer Altdatenübernahme werden Sie das Customizing des Systems insgesamt bereits vollständig eingerichtet haben. Für die Übernahme selbst benötigen Sie vor allem Customizing-Einstellungen für die Fortschreibungsarten, die die Bewegungen der Übernahmegeschäftsvorfälle tragen sollen. Sie finden die Einstellungen im Customizing der Altdatenübernahme unter BEWEGUNGSDATEN • FORTSCHREIBUNGSARTEN • FORTSCHREIBUNGSARTEN FÜR ALTDATENÜBERNAHME ZUORDNEN. Wie Sie in Abbildung 15.9 sehen, können Sie die Einstellungen je Produktart vornehmen, jedoch auch einen allgemeinen Eintrag erfassen.

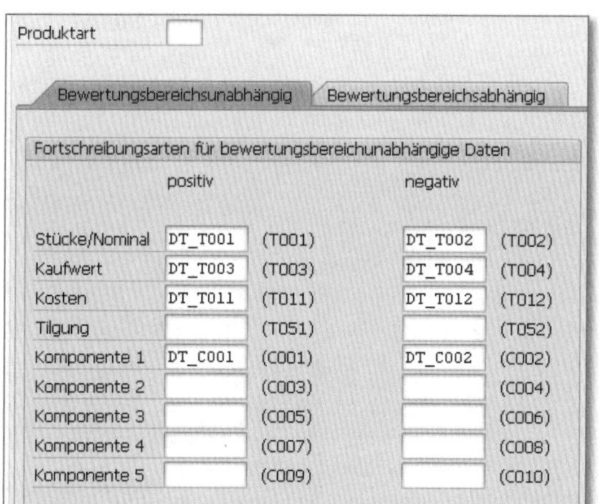

Abbildung 15.9 Fortschreibungsarten für bewertungsbereichsunabhängige Geschäftsvorfälle

Die Fortschreibungsarten sind aufgeteilt in diejenigen für bewertungsbereichsunabhängige und -abhängige Übernahmegeschäftsvorfälle, Erstere betreffen nur Wertpapiere. Sie erkennen die wenigen Komponenten wieder, die wir in Abschnitt 15.2.2 bei den bestandsaufbauenden Geschäftsvorfällen erwähnt haben. Wie Sie sehen, baut das System Mengen (Feld STÜCKE/NOMINAL) durch eigene Bewegungen auf.

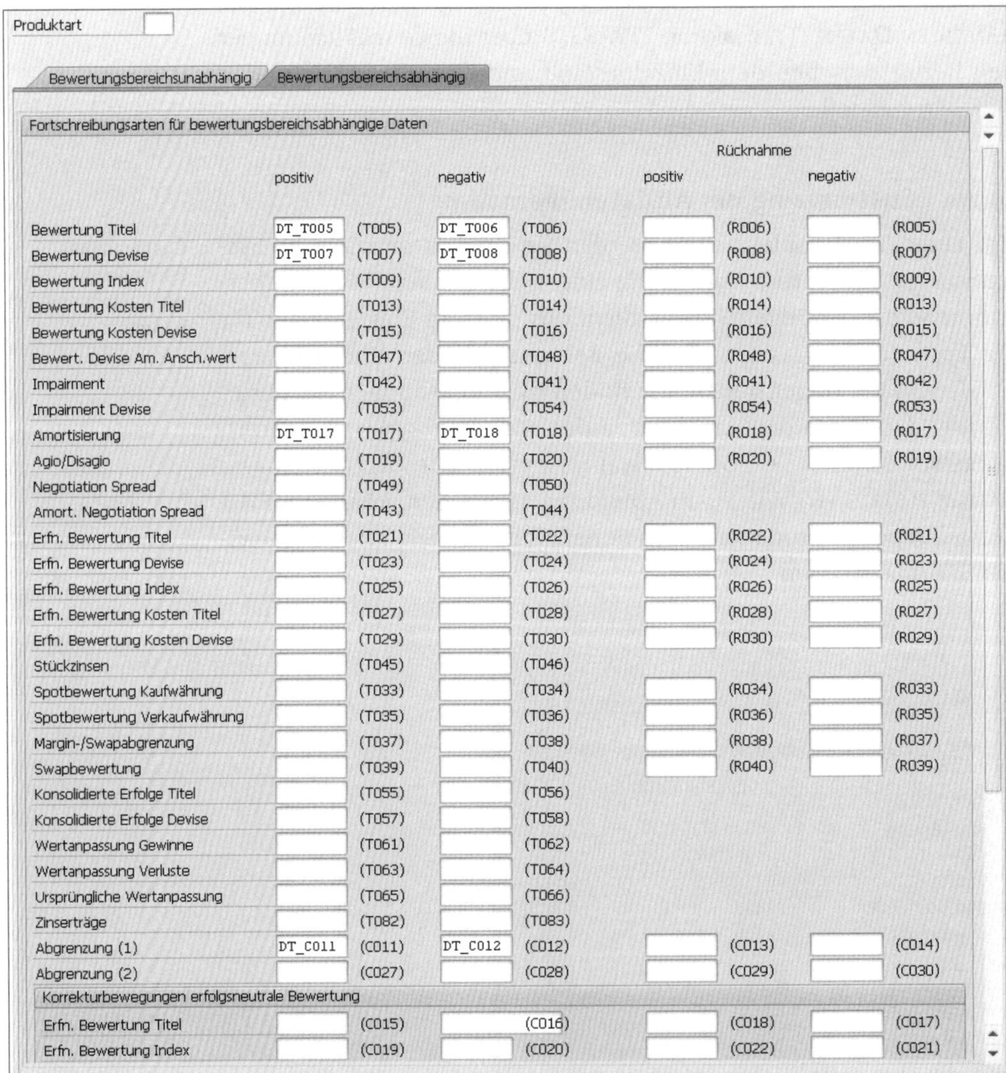

Produktart

Bewertungsbereichsunabhängig | Bewertungsbereichsabhängig

Fortschreibungsarten für bewertungsbereichsabhängige Daten

	positiv		negativ		Rücknahme positiv		Rücknahme negativ	
Bewertung Titel	DT_T005	(T005)	DT_T006	(T006)		(R006)		(R005)
Bewertung Devise	DT_T007	(T007)	DT_T008	(T008)		(R008)		(R007)
Bewertung Index		(T009)		(T010)		(R010)		(R009)
Bewertung Kosten Titel		(T013)		(T014)		(R014)		(R013)
Bewertung Kosten Devise		(T015)		(T016)		(R016)		(R015)
Bewert. Devise Am. Ansch.wert		(T047)		(T048)		(R048)		(R047)
Impairment		(T042)		(T041)		(R041)		(R042)
Impairment Devise		(T053)		(T054)		(R054)		(R053)
Amortisierung	DT_T017	(T017)	DT_T018	(T018)		(R018)		(R017)
Agio/Disagio		(T019)		(T020)		(R020)		(R019)
Negotiation Spread		(T049)		(T050)				
Amort. Negotiation Spread		(T043)		(T044)				
Erfn. Bewertung Titel		(T021)		(T022)		(R022)		(R021)
Erfn. Bewertung Devise		(T023)		(T024)		(R024)		(R023)
Erfn. Bewertung Index		(T025)		(T026)		(R026)		(R025)
Erfn. Bewertung Kosten Titel		(T027)		(T028)		(R028)		(R027)
Erfn. Bewertung Kosten Devise		(T029)		(T030)		(R030)		(R029)
Stückzinsen		(T045)		(T046)				
Spotbewertung Kaufwährung		(T033)		(T034)		(R034)		(R033)
Spotbewertung Verkaufwährung		(T035)		(T036)		(R036)		(R035)
Margin-/Swapabgrenzung		(T037)		(T038)		(R038)		(R037)
Swapbewertung		(T039)		(T040)		(R040)		(R039)
Konsolidierte Erfolge Titel		(T055)		(T056)				
Konsolidierte Erfolge Devise		(T057)		(T058)				
Wertanpassung Gewinne		(T061)		(T062)				
Wertanpassung Verluste		(T063)		(T064)				
Ursprüngliche Wertanpassung		(T065)		(T066)				
Zinserträge		(T082)		(T083)				
Abgrenzung (1)	DT_C011	(C011)	DT_C012	(C012)		(C013)		(C014)
Abgrenzung (2)		(C027)		(C028)		(C029)		(C030)
Korrekturbewegungen erfolgsneutrale Bewertung								
Erfn. Bewertung Titel		(C015)		(C016)		(C018)		(C017)
Erfn. Bewertung Index		(C019)		(C020)		(C022)		(C021)

Abbildung 15.10 Fortschreibungsarten für bewertungsbereichsabhängige Geschäftsvorfälle

Abbildung 15.10 zeigt die Fortschreibungsarten für bewertungsbereichsabhängige Geschäftsvorfälle. Sie finden alle Komponenten wieder, die die interne Bestandsverwaltung normalerweise aus Stichtagsbewertungen, abgeleiteten Geschäftsvorfällen oder Abgrenzungen füllt. Die Felder im Bildbereich KORREKTURBEWEGUNGEN ERFOLGSNEUTRALE BEWERTUNG erlauben Ihnen in Kombination mit den entsprechenden normalen Bewegungen, die Komponenten für die erfolgsneutralen Bewertungen mit Beträgen unterschiedlicher Vorzeichen in Bestands- und Bewertungswährung zu belegen.

Buchungsrelevante Bewegungen [«]

Zwar soll die Altdatenübernahme zumeist nicht das Hauptbuch fortschreiben, trotzdem müssen Sie die meisten Fortschreibungsarten als buchungsrelevant aussteuern und auch eine Kontenfindung im Customizing pflegen (siehe Abschnitt 6.2.2). Dies ist notwendig, damit die Daten der Bestandsverwaltung vollständig sind und insbesondere Kontierungsreferenzumbuchungen (siehe Abschnitt 5.4.5) korrekt durchgeführt werden können.

15.3 Initialisierung

Eine der Stärken der Bestandsführung des Transaction Managers ist die Unterstützung paralleler Rechnungslegungen. Der Transaction Manager unterstützt Sie dabei, auch nachträglich neue Rechnungslegungen in Form neuer Bewertungsbereiche einzuführen. Dieser Prozess wird als *Initialisierung* bezeichnet. Ziel der Initialisierung ist es, einen neuen Bewertungsbereich im Transaction Manager aufzubauen und gleichzeitig diese neue Sicht auf die Finanzinstrumente in das Hauptbuch zu bringen.

Initialisierung und Altdatenübernahme

Konzeptionell hat die Initialisierung einige Gemeinsamkeiten mit der Altdatenübernahme. Beide Vorgänge geschehen üblicherweise zu einem Stichtag. Während die Altdatenübernahme die Finanzinstrumente überhaupt erst im Transaction Manager bekannt macht, kann sich die Initialisierung auf den neuen Bewertungsbereich beschränken. Aus der Perspektive der internen Bestandsverwaltung sind beide Vorgänge jedoch analog. Daher unterscheidet die Initialisierung auch wieder zwischen OTC-Geschäften, Wertpapieren und Futures und wendet ähnliche Konzepte wie in der Altdatenübernahme an. Im Unterschied zur Altdatenübernahme sind mit der Initialisierung stets Buchungen in das Hauptbuch verbunden.

Initialisierung durchführen

Abbildung 15.11 zeigt die Transaktion INITIALISIERUNG PARALLELER BEWERTUNGSBEREICHE (Transaktion TPM_INITIALIZE), die Sie im Customizing unter TREASURY AND RISK MANAGEMENT • TRANSACTION MANAGER • ALLGEMEINE EINSTELLUNGEN • BUCHHALTUNG • ORGANISATION finden. Aus ihr heraus steuern Sie die Initialisierung jedes Bewertungsbereichs. Im rechten oberen Teil des Bilds zeigt Ihnen das System je Accounting-Kreis und Produktgruppe die Bewertungsbereiche an. Der operative Bewertungsbereich erscheint hier nicht, da er schon bei der Einführung des Transaction Managers verpflichtend ist (siehe Abschnitt 6.1). Die dort ausgewählte Zeile wird im linken oberen Teil von Abbildung 15.11 angezeigt. Sie sehen hier, dass eine Initialisierung stets zu einem STICHTAG, üblicherweise dem Beginn eines Geschäftsjahres, durchgeführt wird. Je nach Produktgruppe müssen Sie unterschiedliche Schritte durchführen, die Sie in der unteren Bildhälfte sehen. Diese Schritte müssen Sie jeweils in der angegebenen Reihenfolge erledigen. Falls während der Initialisierung Probleme auftreten, lassen sich die Schritte auch wieder stornieren. Zu den meisten Schritten bietet das System eine Online-Hilfe an (Button HILFE), sodass wir uns in diesem Abschnitt auf grundsätzliche Aspekte beschränken können.

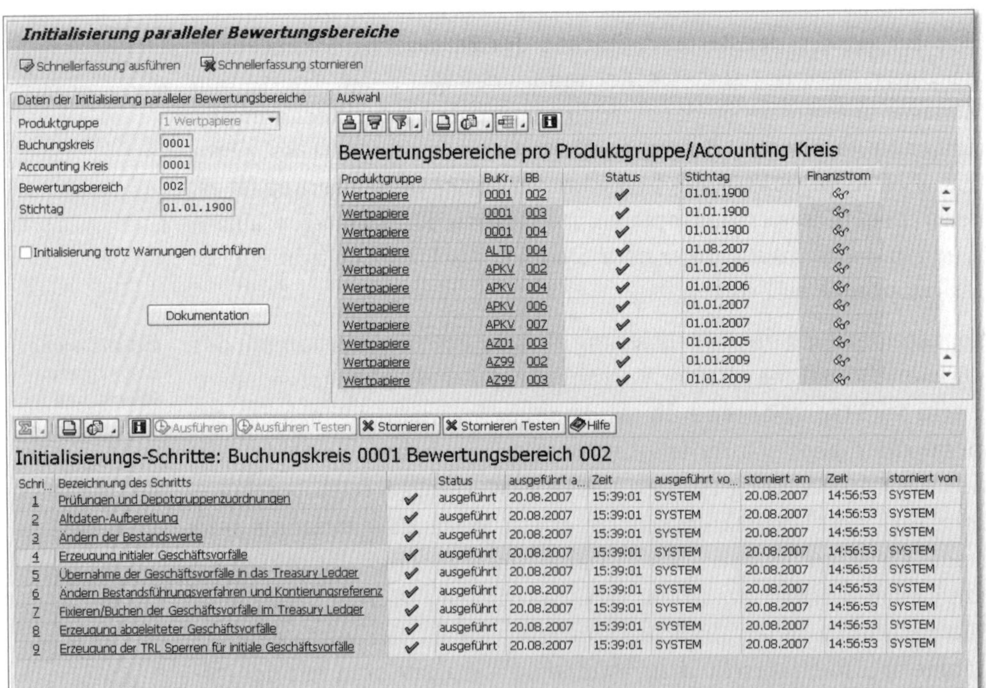

Abbildung 15.11 Initialisierung eines Bewertungsbereichs für Wertpapiere

Parallele Bewertungsbereiche bei der Einführung [«]

Formal muss jeder Bewertungsbereich außer dem operativen Bewertungsbereich eine Initialisierung durchlaufen. Wenn Sie bei der Einführung des Transaction Managers gleich zwei oder mehr Bewertungsbereiche verwenden, müssen Sie die verschiedenen Schritte der Initialisierung nicht durchlaufen, da Sie ja noch keine zu übernehmenden Daten haben. Stattdessen können Sie über den Button SCHNELLERFASSUNG AUSFÜHREN die Initialisierung je Buchungskreis, Bewertungsbereich und Produktgruppe als DURCHGEFÜHRT markieren. Eine Schnellerfassung können Sie über den Button SCHNELLERFASSUNG STORNIEREN wieder rückgängig machen.

15.3.1 Initialisierung für OTC-Geschäfte

Bewegungen der Geschäftsverwaltung

Für OTC-Geschäfte übernimmt die Initialisierung alle Bewegungen der Geschäftsverwaltung in den neuen Bewertungsbereich und bucht sie in der Regel auch in das Hauptbuch. Dabei wird das Buchungsdatum von Bewegungen, deren Bestandsdatum vor dem Stichtag der Initialisierung liegt, auf den Stichtag verschoben. Im Hauptbuch werden die Geschäfte also tatsächlich erst ab dem Stichtag übernommen.

Aufbau der GuV [«]

In die GuV dürfen letztlich nur Geschäftsvorfälle nach dem Initialisierungsstichtag gebucht werden. Sie können zwar nicht verhindern, dass die Initialisierung für Bewegungen vor dem Stichtag Buchungen in das Hauptbuch erzeugt, Sie können sie aber auf Konten umlenken, die Sie in der GuV nicht betrachten. Dazu geben Sie mithilfe der Transaktion SE16 in der Tabelle `TRAC_ACCSYMB_INI` an, welche Kontosymbole in der regulären Kontenfindung durch andere ersetzt werden sollen. Diese Ersetzung findet nur für Bewegungen vor oder am Stichtag der Initialisierung statt.

Saldierte Bewertungsergebnisse

Nach der Übernahme der Bewegungen der Geschäftsvorfälle müssen Sie möglicherweise noch Buchwerte zum Stichtag anpassen. Dazu können Sie entweder eine Stichtagsbewertung zum Initialisierungsstichtag vornehmen, oder Sie nutzen die Altdatenübernahme (Transaktionen TPM63C und TPM63).

Abgelaufene Geschäfte ausschließen [+]

Die Initialisierung übernimmt alle OTC-Geschäfte im Status *aktiv*. Diesen Status haben die weitaus meisten Geschäfte, selbst wenn sie ihr Vertragsende erreicht haben. Mithilfe des Reports `RFTR_MIGRATION_EXCLUDE_OTC` können Sie Geschäfte, deren Laufzeitende vor einem von Ihnen bestimmten Datum liegt, in den Status *Altgeschäft* überführen. Auf diese Weise können Sie das Datenvolumen für die Initialisierung deutlich reduzieren.

15.3.2 Initialisierung für Wertpapiere

Geschäftsvorfall zur Initialisierung

Die Initialisierung übernimmt für Wertpapiere nur Bewegungen nach dem Stichtag in den neuen Bewertungsbereich und baut den Bestand selbst durch einen besonderen Initialisierungsgeschäftsvorfall auf. Dieser Geschäftsvorfall ist nur für den neuen Bewertungsbereich gültig und enthält die Mengen- und Werteinformationen eines Bestands zum Stichtag. Das System unterstützt Sie beim Aufbau dieser Geschäftsvorfälle, indem es auf der Basis der Daten eines anderen Bewertungsbereichs Vorschläge erstellt. Die ersten beiden Schritte der Initialisierung für Wertpapiere dienen diesem Zweck (Schritte PRÜFUNG UND DEPOTGRUPPENZUORDNUNG und ALTDATEN-AUFBEREITUNG, siehe Abbildung 15.11).

Den Ausgangsbewertungsbereich geben Sie im Customizing unter TREASURY AND RISK MANAGEMENT • ALLGEMEINE EINSTELLUNGEN • BUCHHALTUNG • ORGANISATION • ACCOUNTING-KREISE UND BEWERTUNGSBEREICHE ZUORDNEN bei der Zuordnung des neuen Bewertungsbereichs zum Accounting-Kreis an. Die Vorschläge finden Sie in der Tabelle `TRLT_INIT_VAL_SE`. Die Daten in dieser Tabelle entsprechen dem Umfang, den Sie in der Altdatenübernahme in den bewertungsbereichsabhängigen und -unabhängigen Daten angeben (siehe Abbildungen 15.5 und 15.8). Zumeist müssen Sie die Geschäftsvorfälle noch bearbeiten, denn Bewertungsunterschiede zwischen den Rechnungslegungen sind ja der Anlass für die Einführung eines neuen Bewertungsbereichs. Der dritte Schritt – ÄNDERN DER BESTANDSWERTE – erlaubt Ihnen, die Daten auch maschinell im Rahmen der Transaktion TPM_INITIALIZE zu bearbeiten, indem Sie den Funktionsbaustein `TPM_TRL_MAINTAIN_BOOK_VAL_SE` modifizieren. Anschließend bauen die weiteren Schritte die Daten des neuen Bewertungsbereichs auf.

Customizing

Für die Initialisierungsgeschäftsvorfälle müssen Sie im Customizing Fortschreibungsarten hinterlegen. Sie finden die Aktivität unter TREASURY AND RISK MANAGEMENT • TRANSACTION MANAGER • ALLGEMEINE EINSTELLUNGEN • BUCHHALTUNG • BESTANDSINITIALISIERUNG • FORTSCHREIBUNGSARTEN. Die Einstellungen entsprechen denen für die Altdatenübernahme (siehe Abbildungen 15.9 und 15.10). Angaben zu Rücknahmen von Bewertungsergebnissen sind nicht möglich.

15.3.3 Initialisierung für Futures, handelbare Optionen und Darlehen

Initialisierung von Futures

Die Initialisierung für Futures und handelbare Optionen folgt der Logik von Wertpapieren. Die Vorschläge für die Initialisierungsgeschäftsvorfälle finden Sie in der Tabelle TRLT_INIT_VAL_FU.

Initialisierung von Darlehen

Die interne Bestandsverwaltung des Transaction Managers kann auch Darlehen der Darlehensverwaltung SAP Loans Management (ehemals CML) nach mehreren Rechnungslegungen bewerten (siehe Abschnitt 5.3). Die Initialisierung hat in diesem Fall nicht nur die Aufgabe, einen neuen Bewertungsbereich für diese Produktgruppe aufzubauen. Bei der ersten Initialisierung müssen die operativen Geschäftsvorfälle der Bestandsverwaltung darüber hinaus überhaupt erst bekannt gemacht werden. Im Übrigen folgt die Initialisierung dem Beispiel der Wertpapiere. Auch für Darlehen werden also besondere Geschäftsvorfälle zum Stichtag der Initialisierung erzeugt, und nur die nachfolgenden Bewegungen werden übernommen. Die Grundlage für den Vorschlag der Initialisierungsgeschäftsvorfälle bilden die Werte der Darlehensverwaltung selbst, nicht die eines anderen Bewertungsbereichs. Den Vorschlag finden Sie in der Tabelle TRLT_INIT_VAL_LO.

Produktarten von Bestandsführung ausschließen

Wenn Sie parallele Sichten auf Darlehen in der Bestandsverwaltung führen, müssen Sie Darlehen im operativen Bewertungsbereich von der Bestandsverwaltung ausschließen. Denn die Darlehensverwaltung selbst bucht ebenfalls in das Hauptbuch und zahlt auch (siehe Abschnitt 6.1). Sie schließen die Darlehen im Customizing unter Treasury and Risk Management • Transaction Manager • Allgemeine Einstellungen • Buchhaltung • Organisation • Auszuschliessende Produktgruppen, -typen und -arten im operativen Bewertungsbereich von der Bestandsverwaltung aus. Hier können Sie nicht nur Darlehen, sondern auch andere Produktarten in parallelen Bewertungsbereichen ausschließen.

15.4 Migration

SAP Treasury and Risk Management hat seit seiner Einführung schon eine Reihe von Releases durchlaufen, wobei im Bereich des Transaction Managers bei mehreren Releasewechseln auch eine Migration notwendig ist. Mit einer *Migration* meinen wir eine Datenumsetzung, ohne die das Modul nach dem technischen Upgrade auf das neue Release nicht weiterbetrieben werden kann. Eine Migration ist z. B. beim Upgrade auf das Release SAP R/3 Enterprise 2.0 oder ein nachfolgendes Release notwendig. Auch nach einer Aktivierung bestimmter Business Functions müssen Sie eine Migration durchführen, z. B. wenn Sie Business Function `FIN_TRM_LR_FI_AN` aktivieren.

Migration durchführen

Die Migration wird aus der zentralen Transaktion UMSETZPROGRAMME (Transaktion TPM_MIGRATION) heraus gesteuert, die Sie im Customizing unter TREASURY AND RISK MANAGEMENT • TRANSACTION MANAGER • ALLGEMEINE EINSTELLUNGEN • WERKZEUGE finden. Wie Sie in Abbildung 15.12 sehen, läuft die Umsetzung in mehreren Schritten ab. Neben der Umsetzung der Bewegungsdaten (Bildbereich SCHRITTE ZUR UMSETZUNG IM BUCHUNGSKREIS) baut die Migration auch das neue Customizing weitgehend auf (Bildbereich SCHRITTE ZUR UMSETZUNG (BUCHUNGSKREISUNABHÄNGIG)). Zu den meisten Schritten gibt es eine Dokumentation, die Sie über den Button HILFE erreichen.

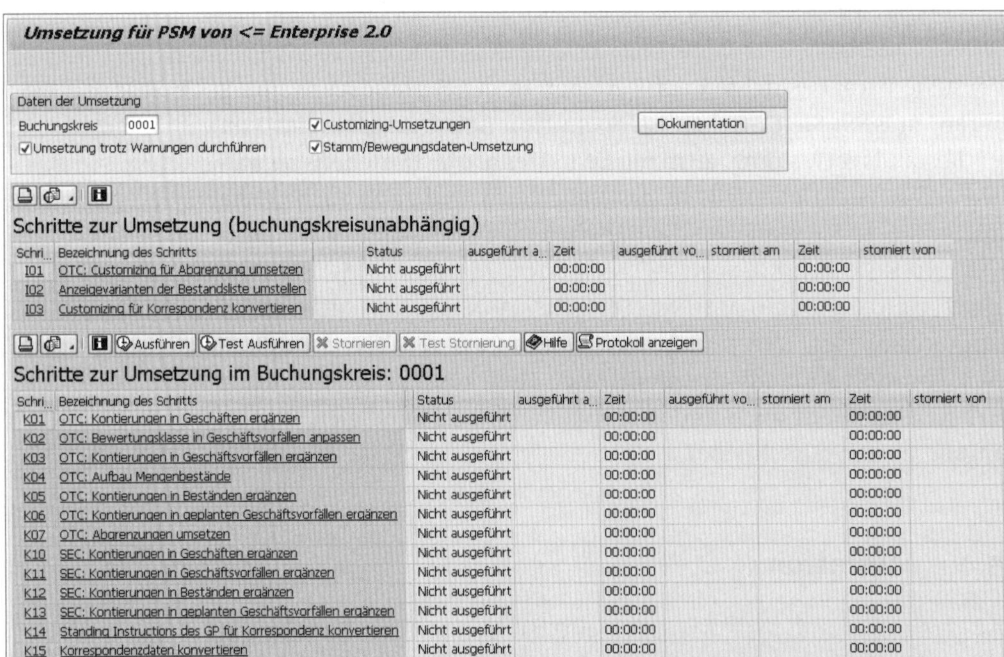

Abbildung 15.12 Schritte der Migration nach Aktivierung der Business Functions FIN_TRM_LR_FI_AN, FIN_TRM_PSM_INTEGRATION und FIN_TRM_CORR_FW

Für die folgenden Business Functions ist es notwendig, nach ihrer Aktivierung eine Migration durchzuführen:

Migration nach der Aktivierung der Business Functions

- **FIN_TRM_LR_FI_AN**
  Diese Business Function enthält die Umstellung der Abgrenzung der OTC-Geschäfte. Darüber hinaus können Sie mithilfe dieser Business Function das Mengenbuch für die OTC-Geschäfte aufbauen, um eine Bewertungsklassenumbuchung für OTC-Geschäfte durchführen zu können. Der Aufbau des Mengenbuchs mit den Schritten OTC: Bewertungskl. in Geschäftsvorfällen anpassen (optional) und OTC: Aufbau Mengenbestände (optional) ist optional.
- **FIN_TRM_PSM_INTEGRATION**
  Diese Business Function enthält die Integration mit dem Public Sector Management, die wir in Kapitel 6, »Integration mit anderen Modulen«, beschreiben. Bevor Sie die Migrationsschritte durchführen können, müssen Sie die Kontierungsobjekte Fond und Förderung für OTC-Geschäfte in der Tabelle `TRGT_MIGPS_OTC` und für die Wertpapiere in der Tabelle `TRGT_MIGPS_SEC` pflegen. In der Migration werden die Kontierungsobjekte Fond und Förderung in den existierenden Geschäften, Geschäftsvorfällen und Bestandskennzeichen ergänzt.
- **FIN_TRM_CORR_FW**
  Diese Business Function enthält die »neue« Korrespondenz. Die Migration der Korrespondenz ist optional und wird in Abschnitt 4.2 beschrieben. Die in diesem Abschnitt ausgesprochene Empfehlung ist, die Migration der Korrespondenz nicht durchzuführen, sondern die »neue« Korrespondenz direkt einzustellen.

Sie können mehrere Business Functions gleichzeitig aktivieren und die Migration auf einmal für alle aktivierten Business Functions durchführen. Abbildung 15.12 zeigt die Migrationsschritte nach der Aktivierung aller drei erwähnten Business Functions.

Migration auf Enterprise 2.0

Schließlich wollen wir kurz auf die Migration zu Release Enterprise 2.0 und höher eingehen. Diese Migration ist besonders aufwendig. Ziel der Datenumsetzung ist es, die Funktionen der parallelen Bestandsführung für alle Finanzinstrumente zur Verfügung zu stellen und damit insbesondere die Bewertungs- und Buchungsfunktionalität der Vorgängerreleases abzulösen. Diese Migration betrifft praktisch Ihren gesamten Datenbestand im Transaction Manager. Ein

Leitfaden beschreibt das gesamte Vorgehen sehr ausführlich. Sie finden den Leitfaden im Bereich SAP ERP Financials des SAP Service Marketplace (*http://service.sap.com/erp-financials*) unter TREASURY • TREASURY AND RISK MANAGEMENT • MEDIA LIBRARY • OTHER. In diesem Buch verzichten wir daher auf eine ausführliche Beschreibung.

[»]

Planung des Upgrade-Projekts

Wenn Sie bei Ihrem Upgrade von der Migration betroffen sind, sollten Sie ausreichend Zeit einplanen und die Migration mehrmals testen. Wenn Sie z. B. auf ERP 6.0 migrieren, sollten Sie abhängig vom Datenvolumen und den verwendeten Produktarten mit mehreren Monaten rechnen.

15.5 Archivierung

Archiving Development Kit

Bei der Archivierung werden operative Daten abgeschlossener Geschäfte in Archivdateien ausgelagert. Auf diese Daten kann das System im Lesemodus wieder zugreifen. SAP Treasury and Risk Management bedient sich zur Archivierung seiner Daten des Archiving Development Kits (ADK). Ausführliche Informationen zur Datenarchivierung und zu diesem Tool finden Sie im SAP Help Portal (*http://help.sap.com*) in der deutschsprachigen Dokumentation SAP ERP CENTRAL COMPONENT 6.0 unter SAP ERP • ANWENDUNGSÜBERGREIFENDE KOMPONENTEN • ANWENDUNGSÜBERGREIFENDE FUNKTIONEN • DATENARCHIVIERUNG (CA-ARC).

Zweistufiger Archivierungsvorgang

Aus Verständnisgründen ist es an dieser Stelle allerdings wichtig, zu erwähnen, dass der Archivierungsvorgang zweistufig ist, wobei mit einem sogenannten *Schreibprogramm* die archivierbaren Daten zunächst selektiert und in Auslagerungsdateien übertragen werden. In der nachfolgenden *Löschphase* werden die Originaldaten dann im System gelöscht.

Archivierungsobjekt

Die archivierbaren Daten sind für das ADK-Tool in Archivierungsobjekten strukturiert. Ein Archivierungsobjekt beschreibt einerseits, welche Daten betriebswirtschaftlich zusammengehören und folglich nur gemeinsam archiviert werden können, damit die Daten auch später noch interpretierbar sind. Andererseits legt das Archivierungsobjekt fest, wie diese Daten archiviert werden, also z.B. wie groß die erzeugten Archivdateien sind. Je Archivierungsobjekt kann es auch eigenes (applikationsspezifisches) Customizing geben, das vor allem festlegt, nach welcher Zeit ein Objekt für den normalen Betrieb des Systems nicht mehr notwendig ist und archiviert werden kann.

Aus der Transaktion ZENTRALE ARCHIVADMINISTRATION (Transaktion SARA) starten Sie die eigentliche Archivierung – generell als Hintergrundprozess – und können die entsprechenden Jobs und Protokolle verwalten. Außerdem ermöglicht diese Transaktion das Lesen archivierter Daten mittels eines applikationsspezifischen *Leseprogramms*.

In diesem Abschnitt gehen wir auf die verschiedenen Archivierungsobjekte von SAP Treasury and Risk Management ein.

15.5.1 Geschäftsverwaltung

Archivierungsobjekt TRTM_FTR

Auch wenn die Geschäftsverwaltung sehr viele unterschiedliche Finanzinstrumente unterstützt, werden die Daten für diese Finanzinstrumente doch in denselben Datenbanktabellen abgelegt. Deshalb können alle Geschäfte mit demselben Archivierungsobjekt TRTM_FTR archiviert werden.

Dabei zählen auch die Daten der Korrespondenz zum Geschäft. Da in der Regel nur Geschäfte archiviert werden, deren Laufzeitende eine längere Zeit vorbei ist, sollten auch alle Korrespondenzobjekte schon in einem abgeschlossenen Status sein. Daher wird bei der Archivierung eines Geschäfts nicht mehr der Status der zugeordneten Korrespondenzobjekte geprüft, sondern die Daten werden direkt in das Archiv geschrieben.

Im Customizing unter TREASURY AND RISK MANAGEMENT • TRANSACTION MANAGER • ALLGEMEINE EINSTELLUNGEN • WERKZEUGE • ARCHIVIERUNG VON FINANZGESCHÄFTEN UND BESTÄNDEN kann die Mindestverweildauer eines Geschäfts im System buchungskreisabhängig oder produktartabhängig eingestellt werden. Die Mindestverweildauer definiert, wie viele Tage ein Geschäft nach seinem Ablauf noch im System verweilen muss, bevor es archiviert und damit operativ gelöscht werden darf.

Damit ein Geschäft archiviert werden kann, muss die Mindestverweildauer abgelaufen sein, dürfen keine ungebuchten Bewegungen mehr vorhanden sein und muss der Korrespondenzstatus im Geschäft einen geeigneten Bestätigungsstatus aufweisen.

Beim Schreibprogramm der Datenarchivierung stehen Ihnen allgemeine, finanzinstrumentübergreifende Selektionskriterien zur Verfügung, z.B. die Produktart oder der Geschäftspartner.

15.5.2 Korrespondenz

Archivierungsobjekt TRTM_CO

In der »neuen« Korrespondenz existieren nicht nur Korrespondenzobjekte zu den Geschäften, sondern auch zu Depotumbuchungen, und möglicherweise in Zukunft auch zu anderen Auslösern. Sie können Korrespondenzobjekte mit dem Archivierungsobjekt TRTM_CO archivieren. Es ist also möglich, die Korrespondenzobjekte zu einem Geschäft mit der Geschäftsarchivierung oder der Korrespondenzarchivierung zu archivieren.

Dokumentenmanagementsystem

Die Nachrichten zu einem Korrespondenzobjekt werden im Dokumentenmanagementsystem abgelegt. Diese Daten werden in der Archivierung der Korrespondenz (und auch des Geschäfts) nicht mit archiviert.

Das Schreibprogramm der Datenarchivierung hat im Prinzip dasselbe Selektionsbild wie der Korrespondenzmonitor. Im Customizing unter Treasury and Risk Management • Transaction Manager • Allgemeine Einstellungen • Korrespondenz • Allgemeine Einstellungen • Verweildauer für Archivierung Korrespondenzobjekt bearbeiten werden eine implizite und eine explizite Einstellung vorgenommen. Ist für einen Buchungskreis keine Verweildauer eingestellt, werden alle Korrespondenzobjekte archiviert. Ist für einen Buchungskreis hingegen eine Verweildauer eingestellt, bedeutet dies implizit, dass nur Korrespondenzobjekte mit dem Status *Fertig gestellt* archiviert werden. In diesem Fall wird noch explizit die Anzahl Tage angegeben, die zwischen Sende- oder Empfangsdatum und der Archivierung vergehen müssen.

[+]

Explizite Archivierung von Korrespondenzobjekten

Wenn Sie keine Mindestverweildauer eingestellt haben, können Sie Korrespondenzobjekte auch über deren Status selektieren und archivieren. Es kann sinnvoll sein, Korrespondenz früher zu archivieren als Geschäfte, um die Performance des Systems zu verbessern. Dabei sollten Sie unbedingt den Status beachten und nur Korrespondenzobjekte in einem Endstatus archivieren, wie z.B. Invalidiert oder Fertig gestellt. Andere Korrespondenzobjekte zu archivieren birgt gewisse Gefahren, ist aber vom System nicht untersagt.

15.5.3 Bestandsverwaltung

Archivierungsobjekt TRTM_TPM

In der Bestandsverwaltung ist es nicht möglich, einfach einen Bestand zu archivieren, da dadurch Inkonsistenzen zwischen Bewertungsbereichen oder zu einem externen Wertpapierbestand auftreten können. Daher werden Bestände zu sogenannten *Bestandsgruppen* zusammengefasst, die mit dem Archivierungsobjekt TRTM_TPM archiviert werden können.

Ein Bestand kann nicht archiviert werden, wenn er z.B. Teil einer Intrakonzernbeziehung ist oder an einer Hedgebeziehung beteiligt ist. Kann ein Bestand nicht archiviert werden, kann auch die gesamte zugehörige Bestandsgruppe nicht archiviert werden. Zu einem Bestand werden Informationen zum Bestandskennzeichen mit archiviert, Wertpapierstammdaten oder das Depot werden hingegen nicht archiviert.

Das zugehörige Schreibprogramm der Datenarchivierung verwendet die üblichen Selektionskriterien der Bestandsverwaltung. Ist das Kennzeichen FÄLLIGKEIT PRÜFEN nicht gesetzt, können auch Bestände vor Fälligkeit des Wertpapiers archiviert werden. Nur vollständige Bestandsgruppen können archiviert werden. Mit dem Kennzeichen VERBUNDENE BESTÄNDE AUFNEHMEN können Sie unvollständige Bestandsgruppen um die nicht in der Selektion vorhandenen Bestände ergänzen, sodass die Bestandsgruppen vollständig archiviert werden. Normalerweise wird aus Performancegründen nach dem ersten Fehler abgebrochen. Durch Setzen des Kennzeichens ALLE FEHLER ANZEIGEN kann dieses Verhalten aber geändert werden. Es werden dann alle Fehler im Archivierungsprotokoll angezeigt.

15.5.4 Exposure Management

Archivierungsobjekte TRTM_REXP und TRTM_EXPOS

Beim Exposure Management 2.0 besteht eine enge Verbindung zwischen Rohexposures und Exposure-Positionen. Das Archivierungsobjekt TRTM_REXP beinhaltet folgende Informationen zu den Rohexposures: die Kopfdaten, die Rohexposure-Einzelsätze, die Unterrohexposures, die Risikoattribute, die Commodity-Split-Informationen, die verschiedenen Versionen, die administrativen Attribute und weitere Informationen. Das Archivierungsobjekt TRTM_EXPOS beinhaltet alle Daten der Exposure-Position und der zugehörigen Bestandsbewegungen, was auch Informationen über die zugrunde liegenden Rohexposures einschließt.

Um die Konsistenz der Daten zu gewährleisten, müssen Sie vor der Archivierung mit der Transaktion ROHEXPOSURES UND EXPOSURE-POSITIONEN VORVERARBEITEN (Transaktion FTREX31) eine Archivierungsvormerkung setzen. Diese können Sie mit der Transaktion ROHEXPOSURES UND EXPOSURE-POSITIONEN ZURÜCKSETZEN (Transaktion FTREX32) wieder zurücknehmen. Die Archivierung selbst führen Sie wieder mit der Transaktion SARA durch.

Rohexposures und Exposure-Positionen können archiviert werden, wenn Sie die Mindestverweildauer nach Fälligkeit im System erfüllt haben. Die Mindestverweildauer pflegen Sie im Customizing unter TREASURY AND RISK MANAGEMENT • TRANSACTION MANAGER • ALLGEMEINE EINSTELLUNGEN • EXPOSURE MANAGEMENT 2.0 • ARCHIVIERUNG VON ROHEXPOSURES UND EXPOSURE-POSITIONEN • BUCHUNGSKREISABHÄNGIGE VERWEILDAUER PFLEGEN.

15.5.5 Hedge Accounting

Archivierungsobjekt TRTM_HMLOG

Im Hedge Accounting werden bei der Effektivitätsprüfung Protokolle erzeugt. Ist im Customizing unter TREASURY AND RISK MANAGEMENT • TRANSACTION MANAGER • ALLGEMEINE EINSTELLUNGEN • HEDGE MANAGEMENT • EFFEKTIVITÄTSPRÜFUNG • BERECHNUNGSARTEN DEFINIEREN das Kennzeichen PROTOKOLL SPEICHERN gesetzt, werden die Protokolle auch auf der Datenbank gespeichert. Mit dem Archivierungsobjekt TRTM_HMLOG können Sie die Protokolle archivieren.

Das Schreibprogramm der Datenarchivierung hat eine sehr einfache Selektion. Die Daten werden nach Sicherungsobjekt und Datum der Bewertung des Sicherungsobjekts selektiert und archiviert.

15.5.6 Analyzer

Archivierungsobjekt TRTM_LM

Mit dem Archivierungsobjekt TRTM_LM können Sie Limitvorgaben und -inanspruchnahmen aus dem Limitmanagement archivieren.

Das Schreibprogramm der Datenarchivierung selektiert entweder nach der Gültigkeit der Limitvorgaben und findet somit die »abgelaufenen« Limitvorgaben und deren Inanspruchnahmen. Oder es selektiert nach dem Datum oder Status der Limitinanspruchnahmen.

Anhang

A Literatur

- Banner, Marcus; Klein, Heinzpeter; Riesener, Christian: »Praxisleitfaden SAP NetWeaver PI – Administration«. Bonn: SAP PRESS 2009.
- Bauer, Eric; Siebert, Jörg: »Das neue Hauptbuch in SAP ERP Financials«. 2., aktualisierte und erweiterte Aufl. Bonn: SAP PRESS 2010.
- Bieber, Robert; Kerber, Stephan: »Cash Management mit dem SAP Financial Supply Chain Management«. Bonn: SAP PRESS 2006.
- Chuprunov, Maxim: »Handbuch SAP-Revision. Internes Kontrollsystem und GRC«. 2., aktualisierte und erweiterte Aufl. Bonn: SAP PRESS 2012.
- Gatling, Ginger: »Workflow-Management mit SAP«. 2., aktualisierte und erweiterte Aufl. Bonn: SAP PRESS 2010.
- Hull, John C.: »Optionen, Futures und andere Derivate«. 2005.
- Knöchlein, German; Liermann, Volker: »Value at Risk-Verfahren und Approximation«. In: B.Bl. 8/00. S. 386–390. 2000.
- Lehnert, Volker; Stelzner, Katharina; John, Peter; Otto, Anna: »SAP-Berechtigungswesen. Konzeption und Realisierung«. 2., aktualisierte und erweiterte Aufl. Bonn: SAP PRESS 2012.
- Mendling, J.; Moser, M.; Neumann, G.; Verbeek, H. M. W.; van Dongen, B. F.; van der Aalst, W. M. P.: »A Quantitative Analysis of Faulty EPCs in the SAP Reference Model«. In: BPM Center Report BPM. S. 6–8. BPMcenter.org 2006.
- Nicolescu, Valentin; Burkhardt, Funk; Niemeyer, Peter; Heiler, Matthias; Wittges, Holger; Morandell, Thomas; Visintin, Florian; Kleine Stegemann, Benedikt: »Praxishandbuch SAP NetWeaver PI – Entwicklung«. Bonn: SAP PRESS 2009.
- Weiss, Jürgen: »Financial Supply Chain Management«. Bonn: SAP PRESS 2009.
- Rebonato, Riccardo; Jäckel, Peter: »The most general methodology to create a valid correlation matrix for risk management and

option pricing purposes«. Manuskript Quantitative Research Centre of the NatWest Group. 19. Oktober 1999.

- Schöler, Sabine; Zink, Olaf: »Governance, Risk und Compliance mit SAP«. Bonn: SAP PRESS 2008.
- Stadja, Eric: »Effective Document Management with SAP DMS«. Bonn: SAP PRESS 2009.
- Wegelin, Michael; Englbrecht, Michael: »SAP-Schnittstellenprogrammierung«. 2., aktualisierte und erweiterte Aufl. Bonn: SAP PRESS 2011.

B Die Autoren

Rudolf Bryša, Ph.D., studierte Finance und Informatik an der Masarykova Univerzita, Brünn, Tschechien, und der Georg-August-Universität Göttingen. 2012 wurde er an der Masarykova Univerzita promoviert. Seit 2006 arbeitet Rudolf Bryša bei SAP, zuerst als Support Consultant und seit 2008 im Bereich Installed Base Maintenance and Support (IMS). Durch seine Tätigkeit als Senior Developer ist Rudolf Bryša in ständigem Kontakt mit Kunden und konzentriert sich so sowohl auf technische Themen als auch auf Fragen zur Umsetzung der betriebswirtschaftlichen Anforderungen in SAP Treasury and Risk Management.

Thomas Fritzsche studierte Mathematik an der Bergischen Universität Wuppertal. Nach seinem Abschluss als Diplom-Mathematiker arbeitet er seit 2002 bei der SAP AG in der SAP Treasury and Risk Management-Entwicklungsabteilung. Zunächst begann er im Bereich Geschäftsverwaltung und Abwicklung von Finanzprodukten und wechselte dann für mehr als drei Jahre zu SAP Japan nach Tokio. Dort unterstützte er unzählige internationale SAP-Kundenprojekte und kehrte 2009 zurück zur SAP AG nach Walldorf. Seitdem arbeitet er vor allem im Bereich der Treasury-Bestandsführung und beschäftigt sich inzwischen als Development Architect vor allem mit Fragen der Softwarearchitektur der gesamten SAP Treasury and Risk Management-Lösung.

Dr. Markus Heß studierte Physik an der Ruprecht-Karls-Universität Heidelberg. Nach dem Abschluss der am Max-Planck-Institut für Kernphysik erstellten Promotionsarbeit wurde er 1998 von der Universität Heidelberg promoviert. Noch im selben Jahr begann er seine berufliche Laufbahn bei der SAP AG. Dabei war er immer in der Softwareentwicklung im Umfeld von Financials-Anwendungen tätig. Seit 2010 arbeitet er im Bereich SAP Treasury and Risk Management. In der Rolle des Senior Developers ist er für die Entwicklung und Architektur der Analyzer, mit Schwerpunkt auf dem Market Risk Analyzer, verantwortlich.

Sönke Jarré absolvierte eine Lehre zum Bankkaufmann, bevor er Informatik an der Universität Bremen studierte. Nach seinem Abschluss als Diplom-Informatiker arbeitet er seit 2001 bei der SAP AG im Bereich SAP Treasury and Risk Management und ist dort inzwischen als Senior Developer tätig. Dabei liegt der Schwerpunkt seiner Arbeit auf der Geschäftsverwaltung und deren Schnittstellen. Darüber hinaus unterstützt er noch die Installed Base Maintenance and Support (IMS) bei Kundenmeldungen. Zu seinen Hauptaufgaben zählen die Durchführung von Entwicklungsprojekten und die Modellierung der Anwendung einschließlich der Abstimmung mit angrenzenden Bereichen.

Dr. Reinhold Lövenich studierte Physik an der RWTH Aachen und am Forschungszentrum Jülich. Er wurde 1999 an der Universität Dortmund promoviert. Nach einem Forschungsstipendium am Lawrence Berkeley National Laboratory, USA, begann er 2002 seine Tätigkeit bei der SAP AG im Bereich SAP Treasury and Risk Management. Der Schwerpunkt seiner Tätigkeit als Senior Developer liegt in der Bestandsverwaltung und ihrer Verbindung zu angrenzenden SAP-Modulen. Die Zusammenarbeit mit Entwicklungsbereichen anderer Module und seine frühere Wartungstätigkeit haben seine Arbeit geprägt.

Dr. Andreas Martin studierte Mathematik an der Universität Kaiserslautern und der University of Warwick, UK, und wurde von der Ludwig-Maximilians-Universität München promoviert. Während seiner Promotionszeit war er wissenschaftlicher Mitarbeiter am Institut für Biomathematik und Biometrie des GSF-Forschungszentrums für Umwelt und Gesundheit GmbH, München. Zudem verbrachte er einen einjährigen Forschungsaufenthalt an der École Polytechnique Fédérale de Lausanne, Schweiz. Seit 2003 arbeitet er bei der SAP AG im Financial Services Team der Installed Base Maintenance and Support (IMS). Dadurch kennt er SAP Treasury and Risk Management sowohl aus der Sicht der Anwender als auch der Entwicklung und kann damit seine Architektur, Weiterentwicklung und Anwendung in ein umfassendes Bild einordnen.

Dr. Klaus G. Müller studierte Physik an der Universität Bonn und am Max-Planck-Institut für Polymerforschung in Mainz und wurde 1996 von der Johannes-Gutenberg-Universität Mainz promoviert. Seit 1996 arbeitet er bei der SAP AG im Umfeld von Treasury- und Bankenanwendungen. Beginnend als Developer, war er lange Jahre als Development Architect für die Architektur von SAP Treasury and Risk Management verantwortlich. Seit 2010 arbeitet er als Produktmanager und ist als Product Owner für die Weiterentwicklung von SAP Treasury and Risk Management in der Entwicklung insgesamt verantwortlich.

C Danksagung

An dieser Stelle möchten wir all den Menschen herzlich danken, ohne die dieses Buch und seine erweiterte zweite Auflage nicht möglich gewesen wären.

Zuallererst gilt unser Dank unseren Familien und Freunden. Viele Stunden unserer Zeit, die wir gerne mit ihnen verbracht hätten, haben wir in dieses Buch investiert. Unsere Familien und Freunde haben uns immer unterstützt und bestärkt, und wir freuen uns darauf, wieder mehr Zeit gemeinsam mit ihnen verbringen zu können.

Bei Patricia Sprenger und Eva Tripp vom Verlag Galileo Press möchten wir uns für das sehr gute Lektorat und die tolle Betreuung der beiden Auflagen bedanken. Sie ließen uns viel Freiraum für unsere Ideen und waren jederzeit mit Rat und Tat zur Stelle.

Unsere Kollegen haben uns nicht nur viele Fragen beantwortet und unsere Wissenslücken gefüllt, sondern haben auch die Texte aufmerksam Korrektur gelesen und kritisiert. Für die erste Auflage gilt unser Dank Petrina Ilg, Beate Kolhof, Sylvia Kraft, Axel Buurman, Lars Göhler, Ulrich Hänle, Waldemar Herzberg, Christian Kreps, Soeren Rabe, Albrecht Richter, Harald Roedel, Stefan Schmid und Christoph Vehns. Für die zweite Auflage möchten wir uns bedanken bei Sandor Cseh, Peter Erbach, Lars Göhler, Michael Gössler, Ulrich Hänle, Waldemar Herzberg, Georg Kinast, Beate Kolhof, Helmut Kötz, Christian Kreps, Edgar Maurer und Christiane Strasser-Gössler.

Unsere Vorgesetzten Soeren Rabe, Alois Schwane und Wolfgang Martin Straub sowie bei der ersten Auflage Birgit Röthinger, Georg Dopf und Thomas Härtlein waren von Anfang an von unserem Buchprojekt überzeugt und haben uns den Freiraum gegeben, es auch zu verwirklichen.

Abschließend möchten wir uns bei unserem Arbeitgeber, der SAP AG, bedanken. Er hat uns gestattet, das bei der Arbeit erworbene Wissen für unser Buch zu nutzen und die vielen Screenshots mit den internen Systemen zu erstellen, ohne die dieses Buch nur halb so wertvoll gewesen wäre.

Index

A

B

C

D

E

F

G

H

I

J

K

L

M

N

O

P

Q

R

S

T